HAND-PAINTED LANDSCAPE

DETAILS DESIGN MANUAL

手绘景观
细部设计手册

葛学朋 主编

華中科技大學出版社
http://www.hustp.com
中国·武汉

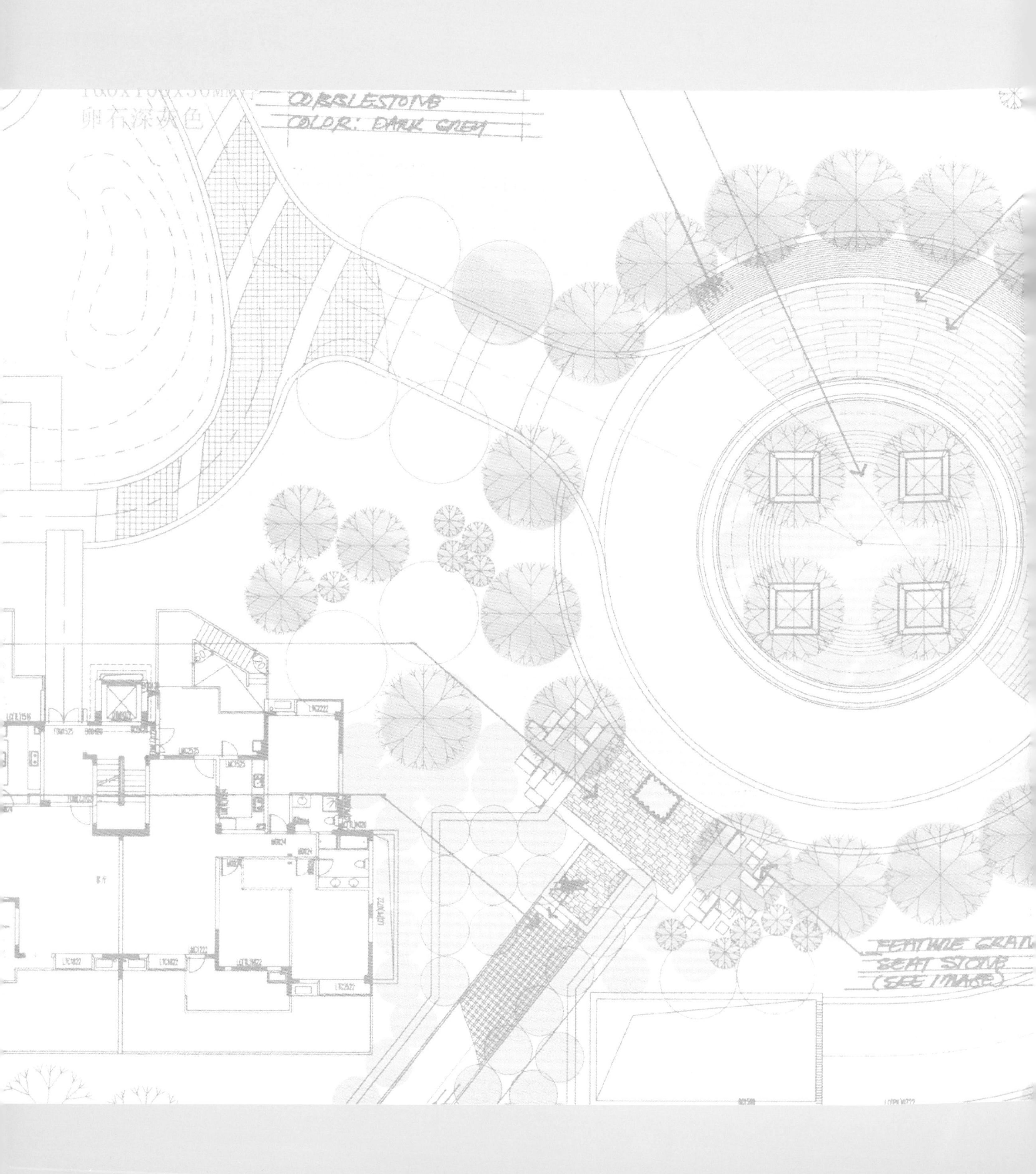

卵石深灰色
COBBLESTONE
COLOR: DARK GREY
SEAT STONE
(SEE IMAGE)

BUSH HAMMERED PAV
COLOR: DARK BEIGE
RADIAL CUT
300 X 300 X 50MM THK

CONTENTS 目录

ENTRANCE LANDSCAPE

HAND-PAINTED LANDSCAPE DETAILS DESIGN MANUAL　　手绘景观 细部设计手册

入口景观

入口景观作为居住小区景观的重要组成部分，它是居住小区与外部环境的连接点——居民进出小区的必经通道，也是居住小区与城市之间的过渡空间。它不仅能改善和丰富居住小区的整体环境，提高环境质量，还能美化街道，增强街道的特色和吸引力，甚至也可为城市带来繁荣与活力。

居住小区入口景观是由一系列景观元素构成的，其形态是居住小区入口特征的外在表现，是小区空间结构、文化传统、地域环境的反映。入口景观是小区设计的一个重要节点，也是小区风貌、文化特色的集中体现，是小区与外界联系的通道。

不同类型的居住小区入口景观的空间形态有相似之处，又各有特殊性。本书小区入口景观部分汇集众多著名设计师的成功之作，充分展示了不同地域的小区入口景观形态。

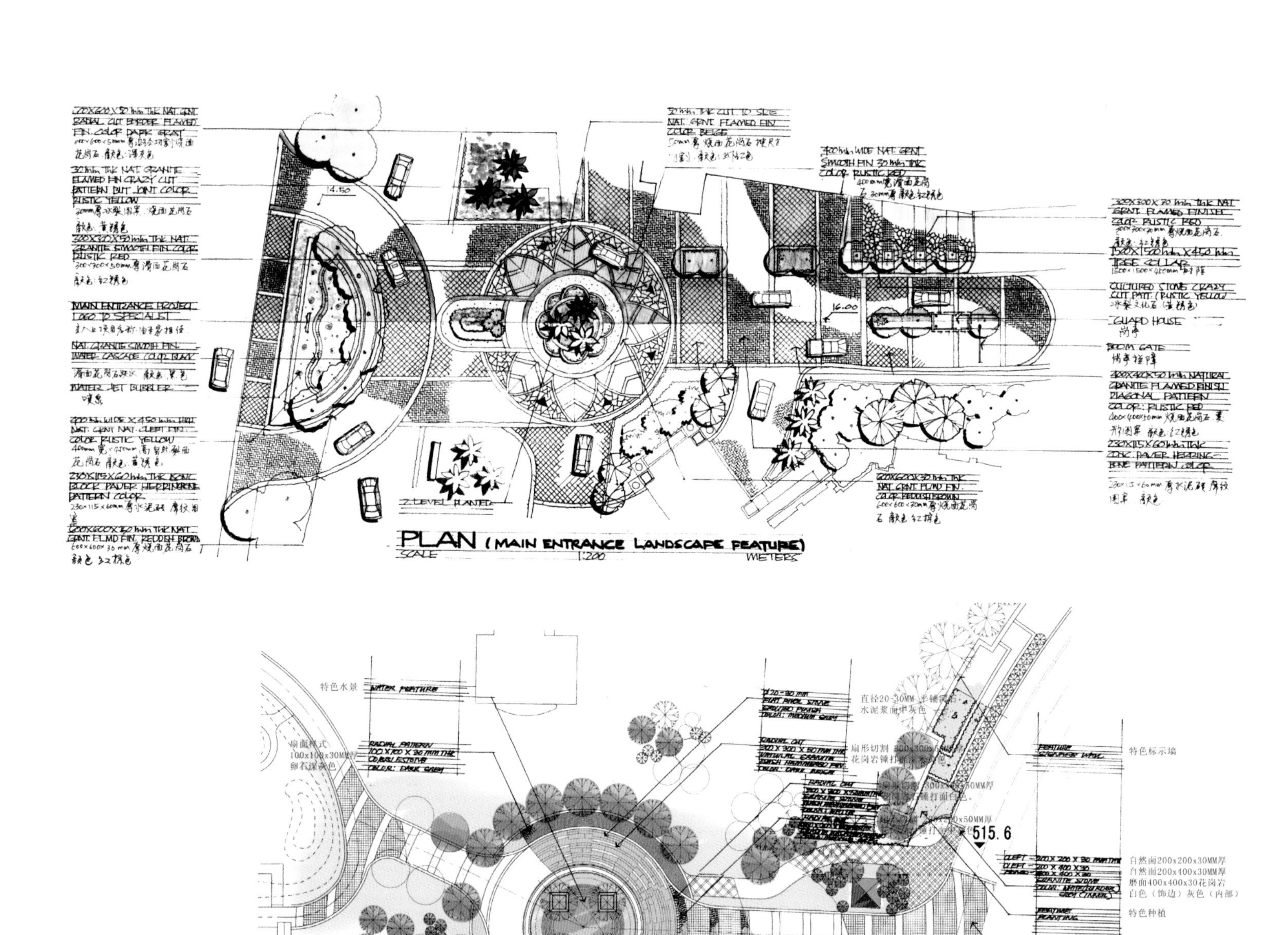
PLAN (MAIN ENTRANCE LANDSCAPE FEATURE)
SCALE 1:200 METERS
GUARD HOUSE
岗亭
BOOM GATE
特色水景
WATER FEATURE
扇面样式
100x100x30MM厚
卵石深灰色
直径20-30MM 平铺卵石
水泥浆面中灰色
特色标示墙
515.6
自然面200x200x30MM厚
自然面200x400x30MM厚
磨面400x400x30花岗岩
白色（饰边）灰色（内部）
特色种植
随机切割
100x300至300x600x30MM厚
花岗岩磨面深棕色
（见铺装意向图片）
100x100x30MM厚,
100x200x30MM厚,
200x200x30MM厚,
花岗岩浅、中、深灰色
（见铺装意向图片）
300x300x50MM厚
花岗岩磨面米黄色
特色花岗岩坐石
（见意向）
PART PLAN-01
入口广场平面图 1：150

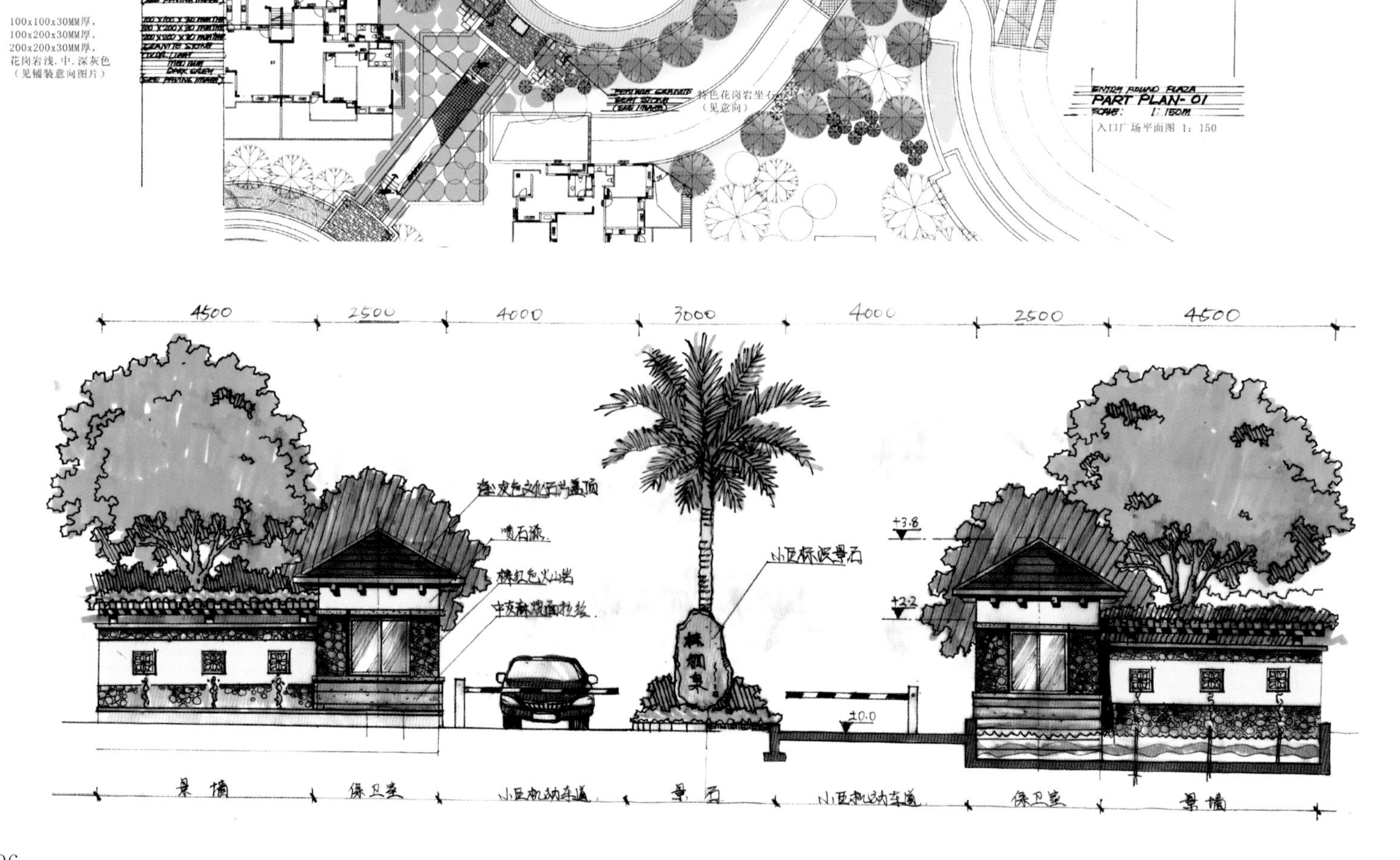
4500
2500
4000
3000
4000
2500
4500
+3.8
+2.2
±0.0

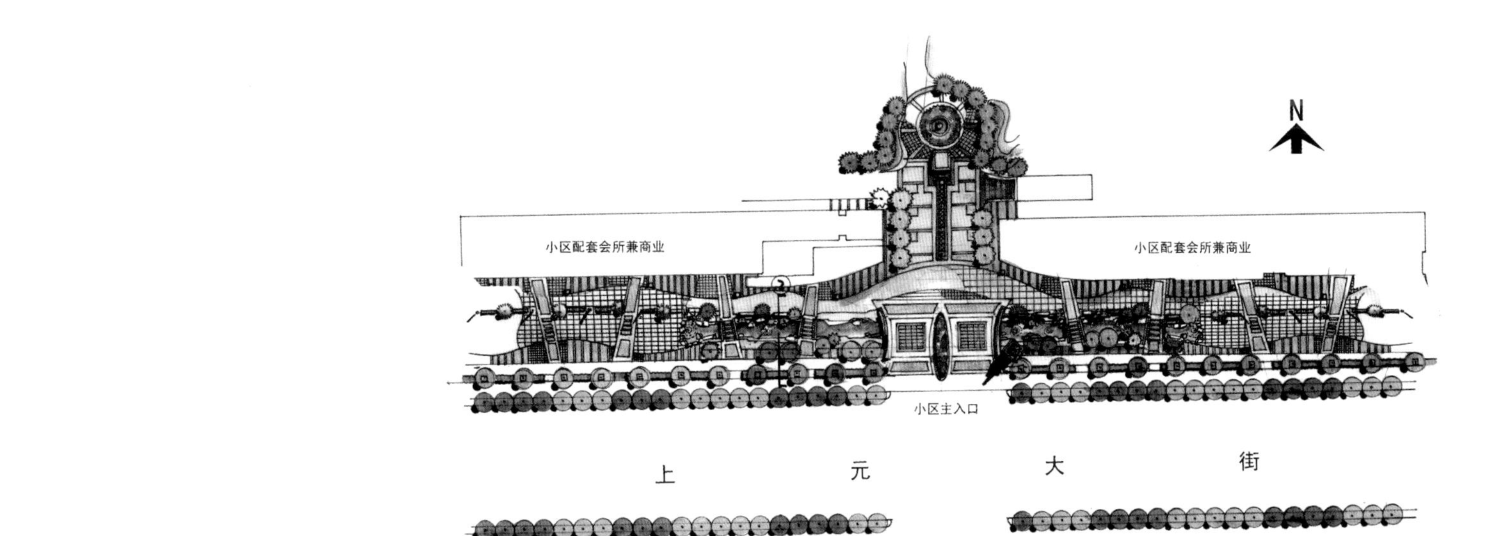
N
小区配套会所兼商业
小区配套会所兼商业
小区主入口
上 元 大 街

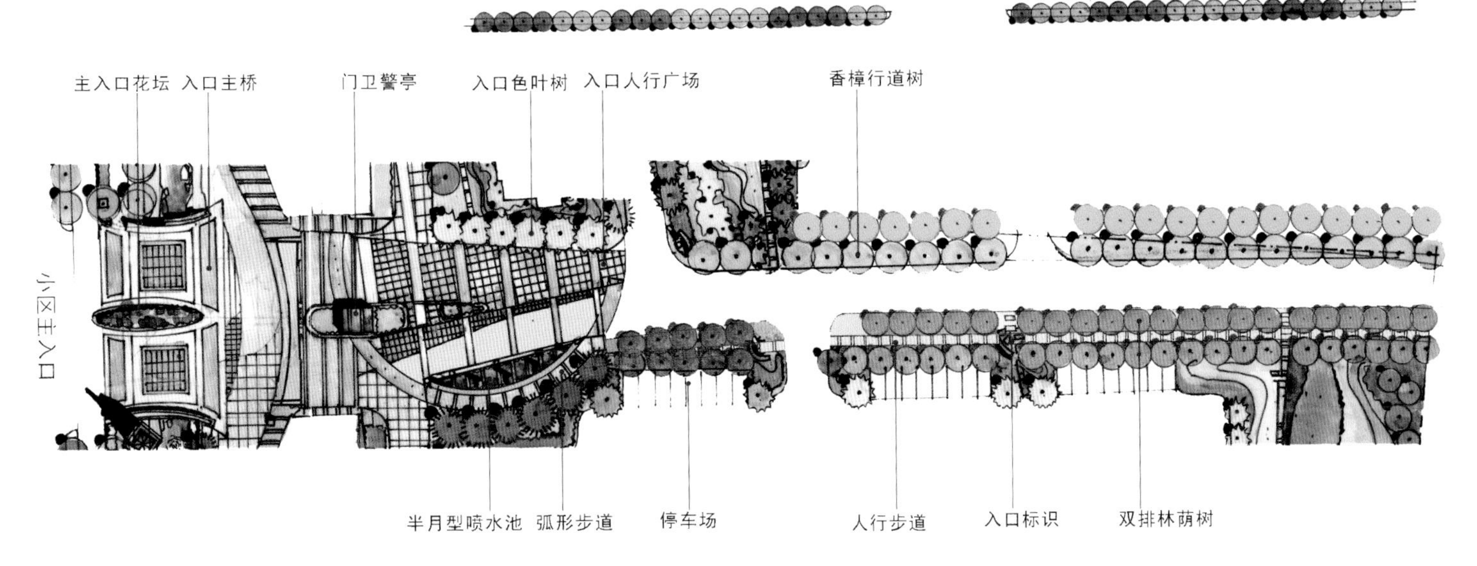
主入口花坛
入口主桥
门卫警亭
入口色叶树
入口人行广场
香樟行道树
小区主入口
半月型喷水池
弧形步道
停车场
人行步道
入口标识
双排林荫树

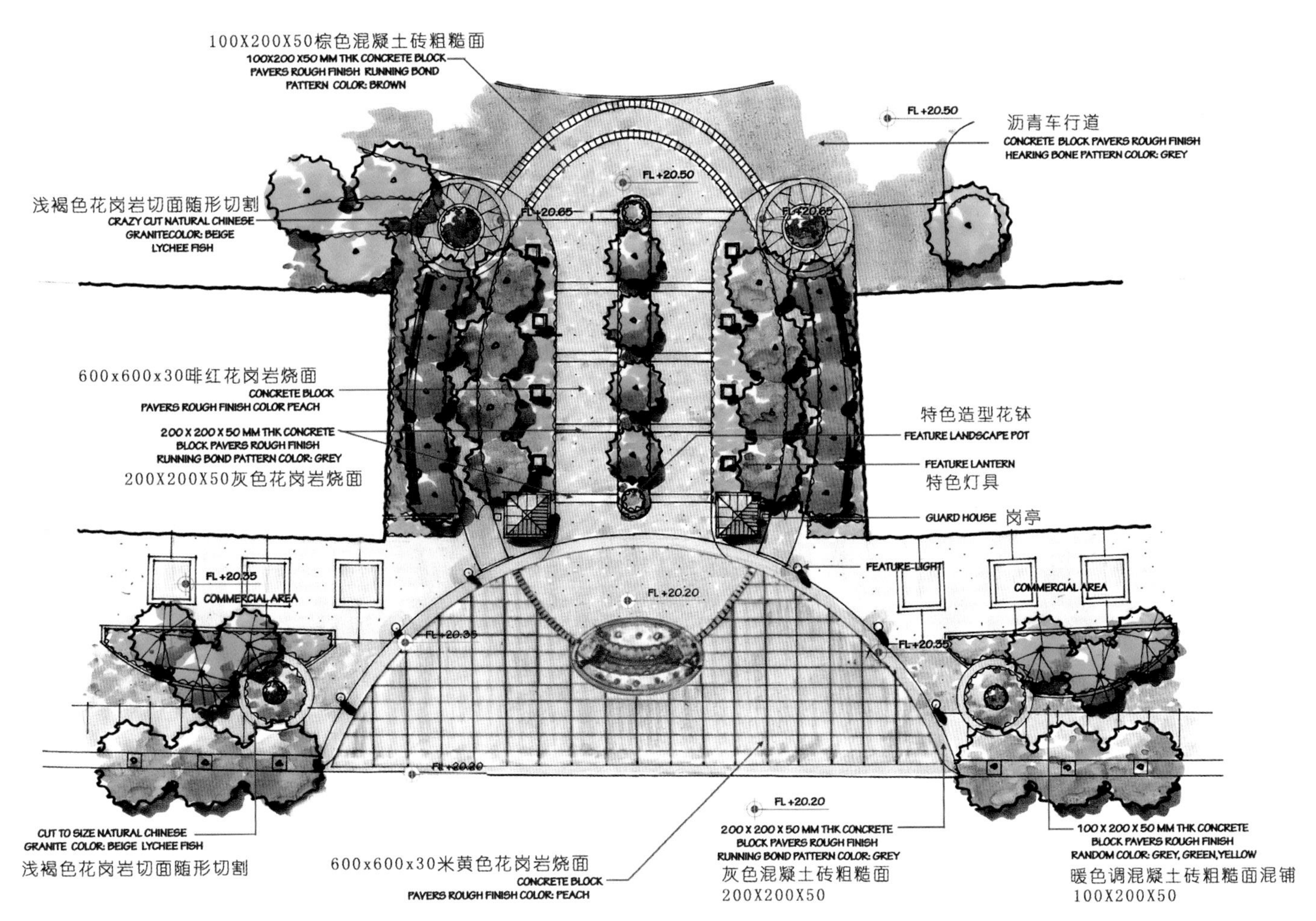
100X200X50棕色混凝土砖粗糙面
100X200 X50 MM THK CONCRETE BLOCK PAVERS ROUGH FINISH RUNNING BOND PATTERN COLOR: BROWN
FL +20.50
沥青车行道
CONCRETE BLOCK PAVERS ROUGH FINISH HEARING BONE PATTERN COLOR: GREY
FL +20.50
浅褐色花岗岩切面随形切割
CRAZY CUT NATURAL CHINESE GRANITECOLOR: BEIGE LYCHEE FISH
FL +20.65
FL +20.65
600x600x30啡红花岗岩烧面
CONCRETE BLOCK PAVERS ROUGH FINISH COLOR PEACH
200 X 200 X 50 MM THK CONCRETE BLOCK PAVERS ROUGH FINISH RUNNING BOND PATTERN COLOR: GREY
200X200X50灰色花岗岩烧面
特色造型花钵
FEATURE LANDSCAPE POT
FEATURE LANTERN
特色灯具
GUARD HOUSE 岗亭
FEATURE LIGHT
FL +20.35
COMMERCIAL AREA
COMMERCIAL AREA
FL +20.20
FL +20.35
FL +20.35
FL +20.20
FL +20.20
CUT TO SIZE NATURAL CHINESE GRANITE COLOR: BEIGE LYCHEE FISH
浅褐色花岗岩切面随形切割
600x600x30米黄色花岗岩烧面
CONCRETE BLOCK PAVERS ROUGH FINISH COLOR: PEACH
200 X 200 X 50 MM THK CONCRETE BLOCK PAVERS ROUGH FINISH RUNNING BOND PATTERN COLOR: GREY
灰色混凝土砖粗糙面
200X200X50
100 X 200 X 50 MM THK CONCRETE BLOCK PAVERS ROUGH FINISH RANDOM COLOR: GREY, GREEN,YELLOW
暖色调混凝土砖粗糙面混铺
100X200X50

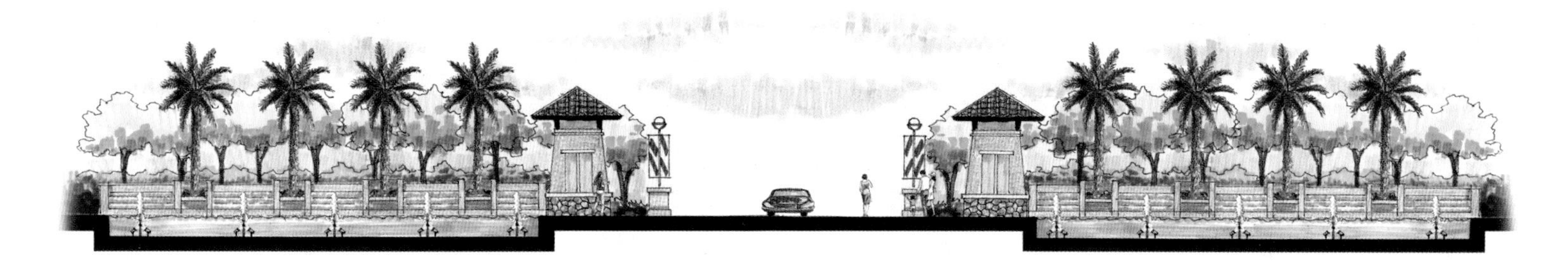

剖面图A-A

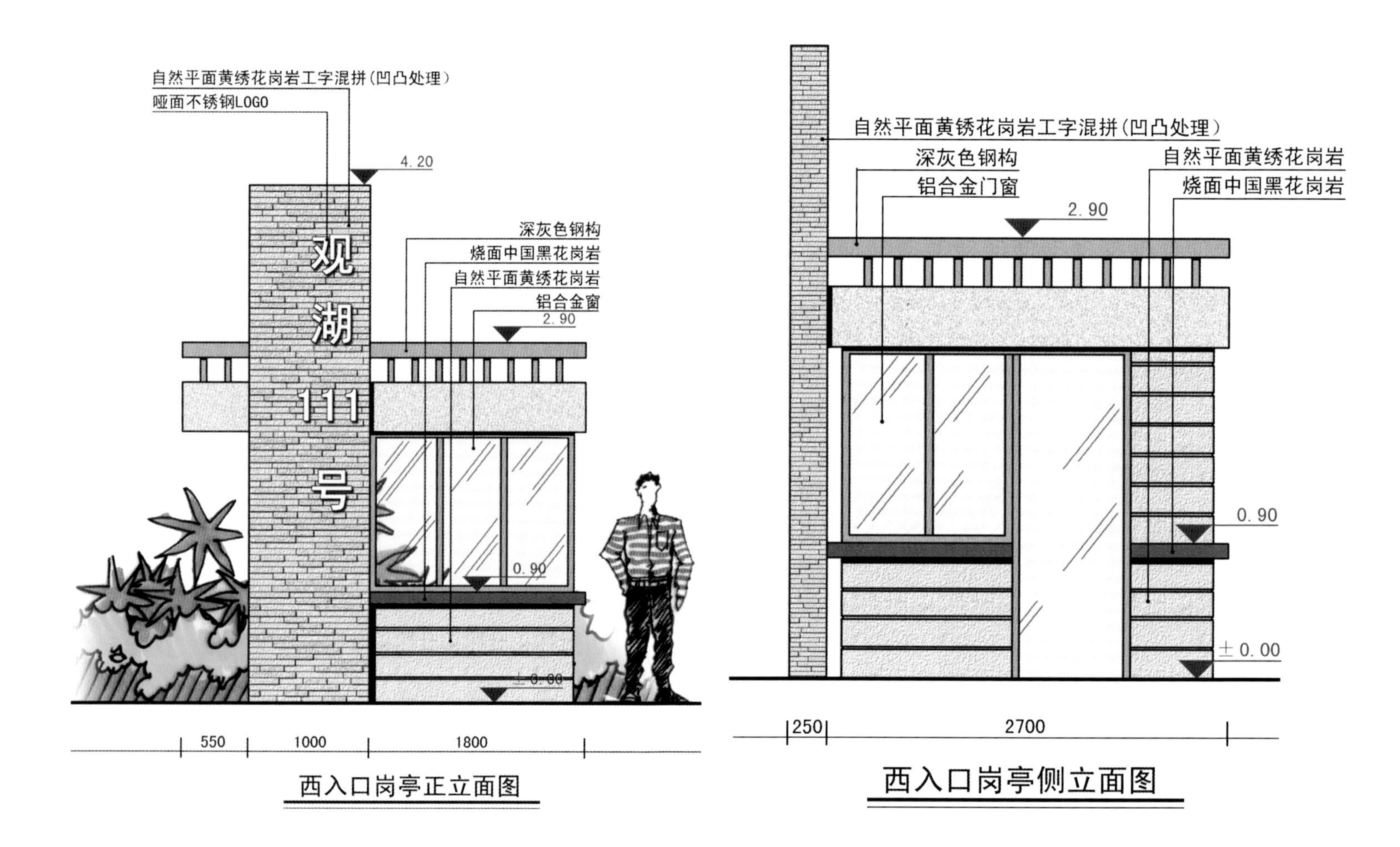

西入口岗亭正立面图

西入口岗亭侧立面图

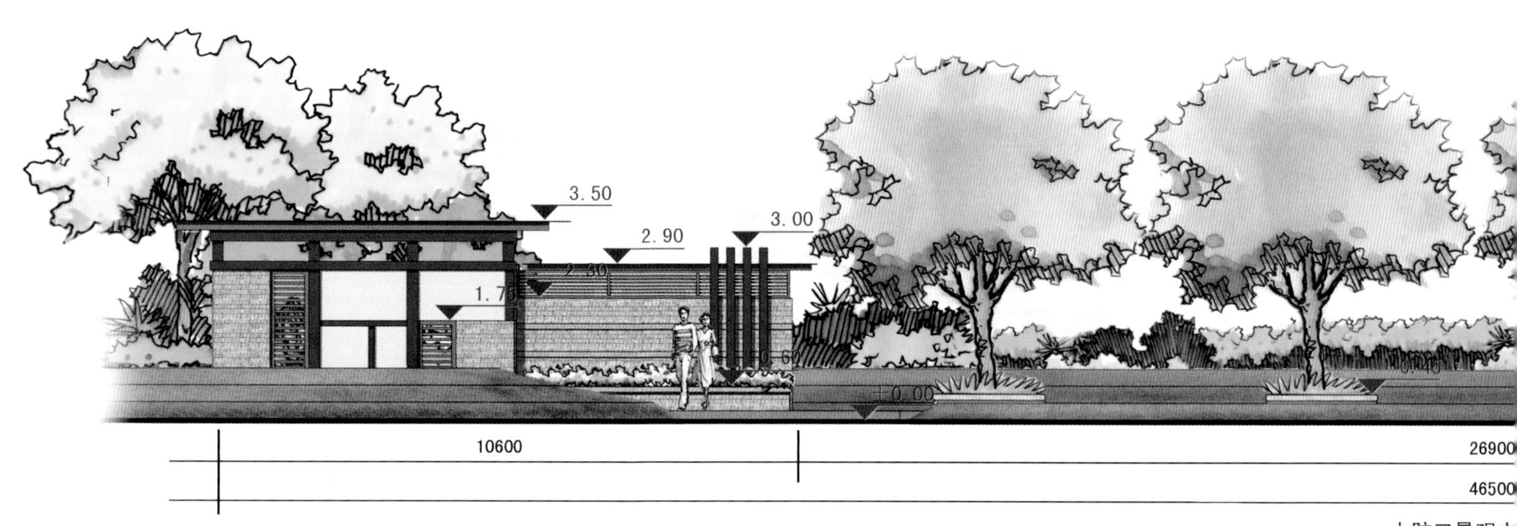

人防口景观立

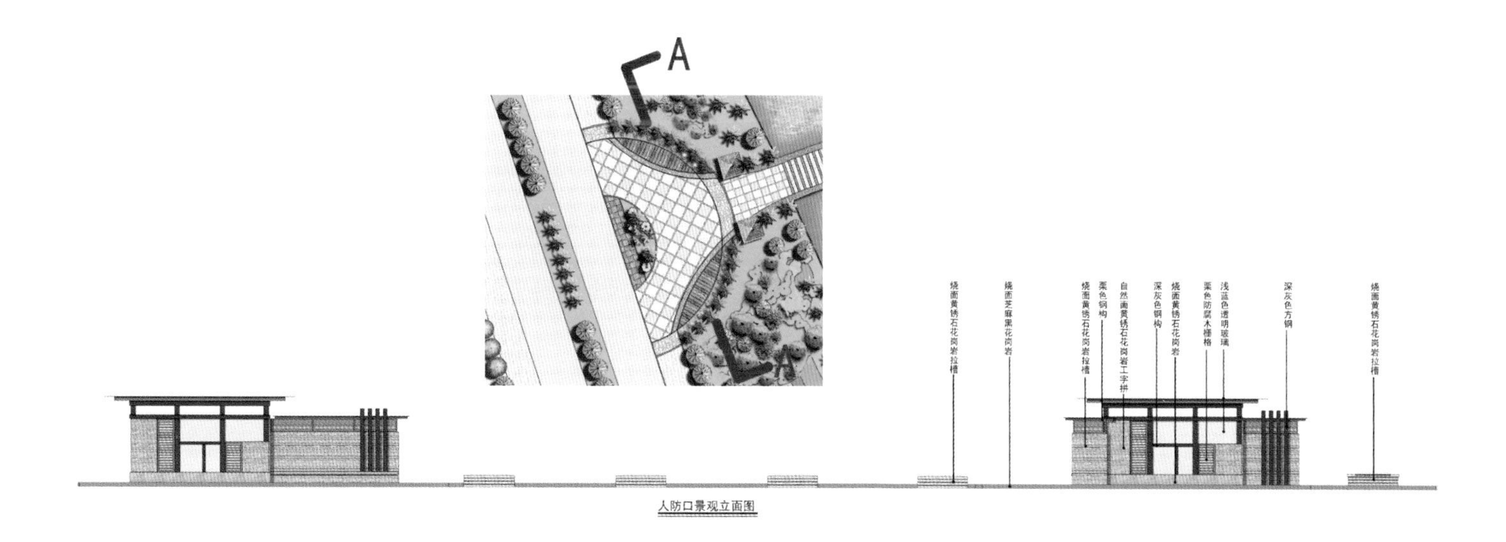

人防口景观立面图

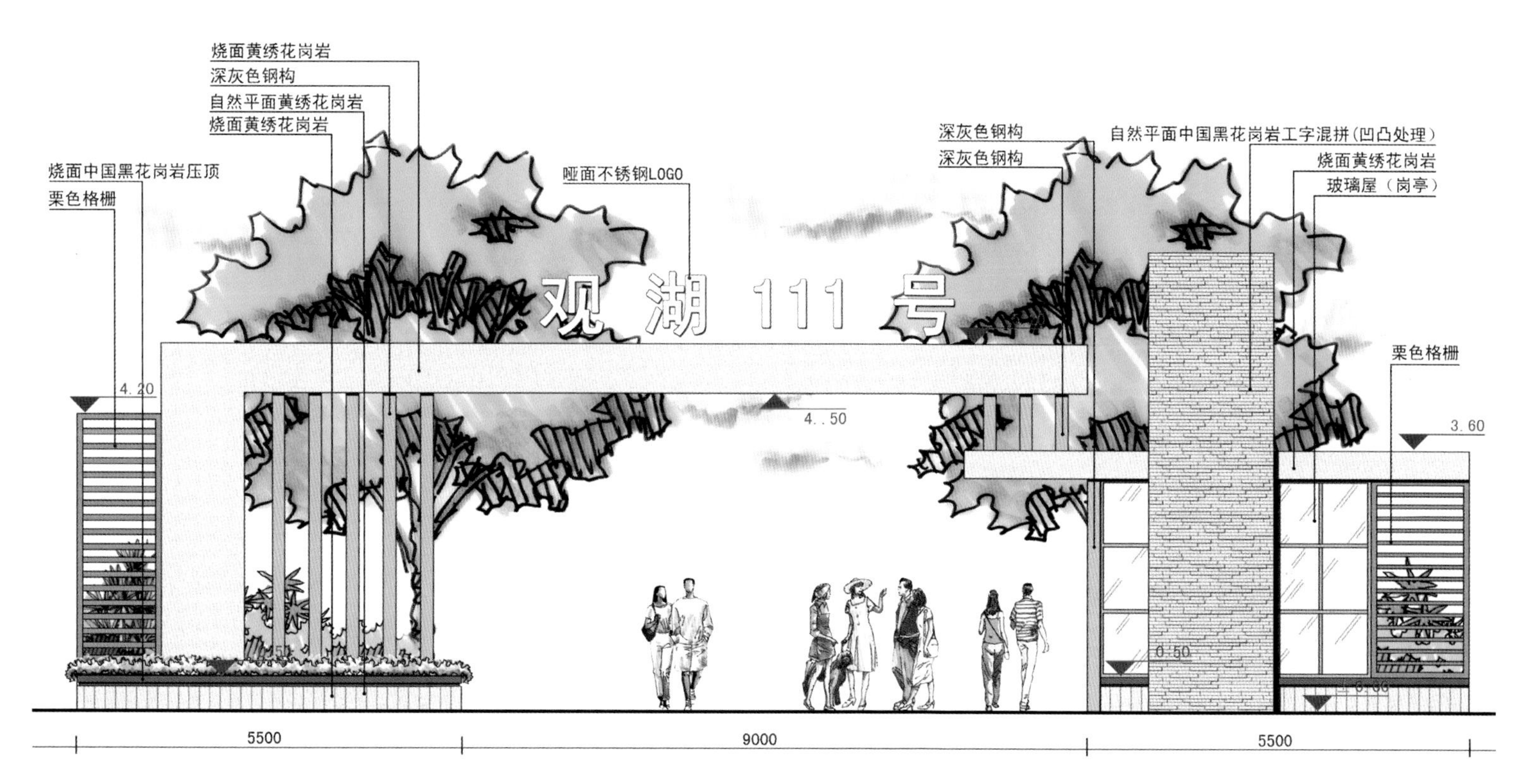

主入口大门正立面图

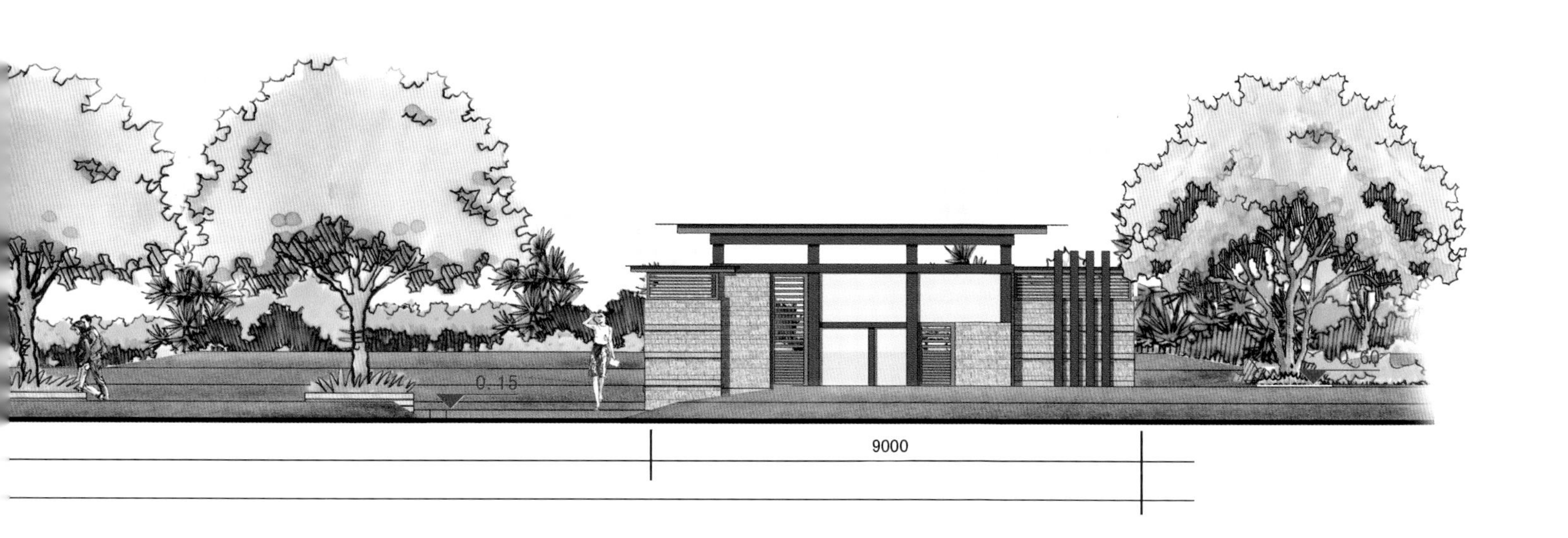

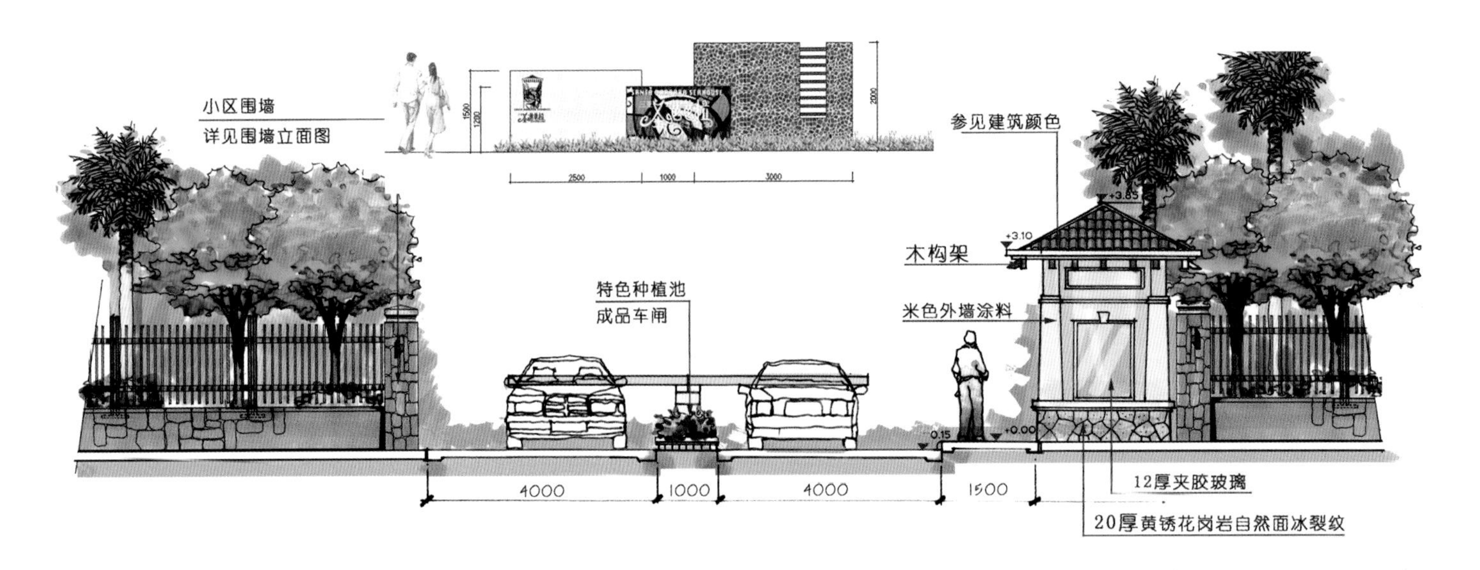

小区围墙
详见围墙立面图
2500
1000
3000
参见建筑颜色
+3.85
+3.10
木构架
特色种植池
成品车闸
米色外墙涂料
0.15
+0.00
4000
1000
4000
1500
12厚夹胶玻璃
20厚黄锈花岗岩自然面冰裂纹

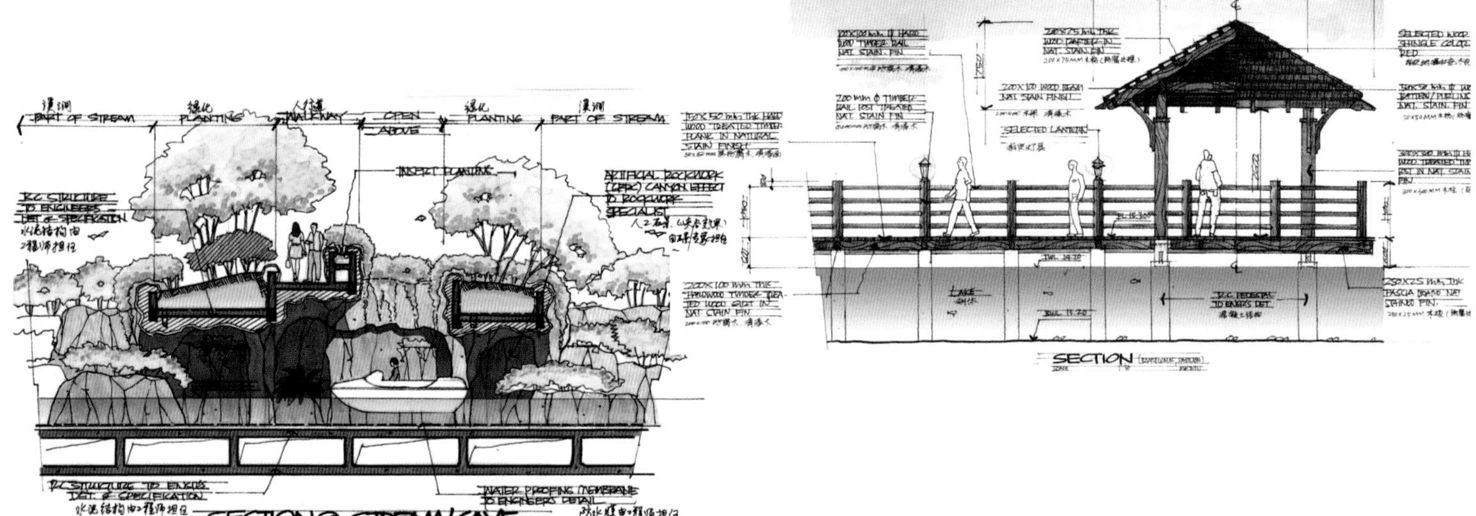

PART OF STREAM
PLANTING
WALKWAY
OPEN ABOVE
PLANTING
PART OF STREAM
SECTION @ STREAM/CAVE
SELECTED LANTERN
SECTION

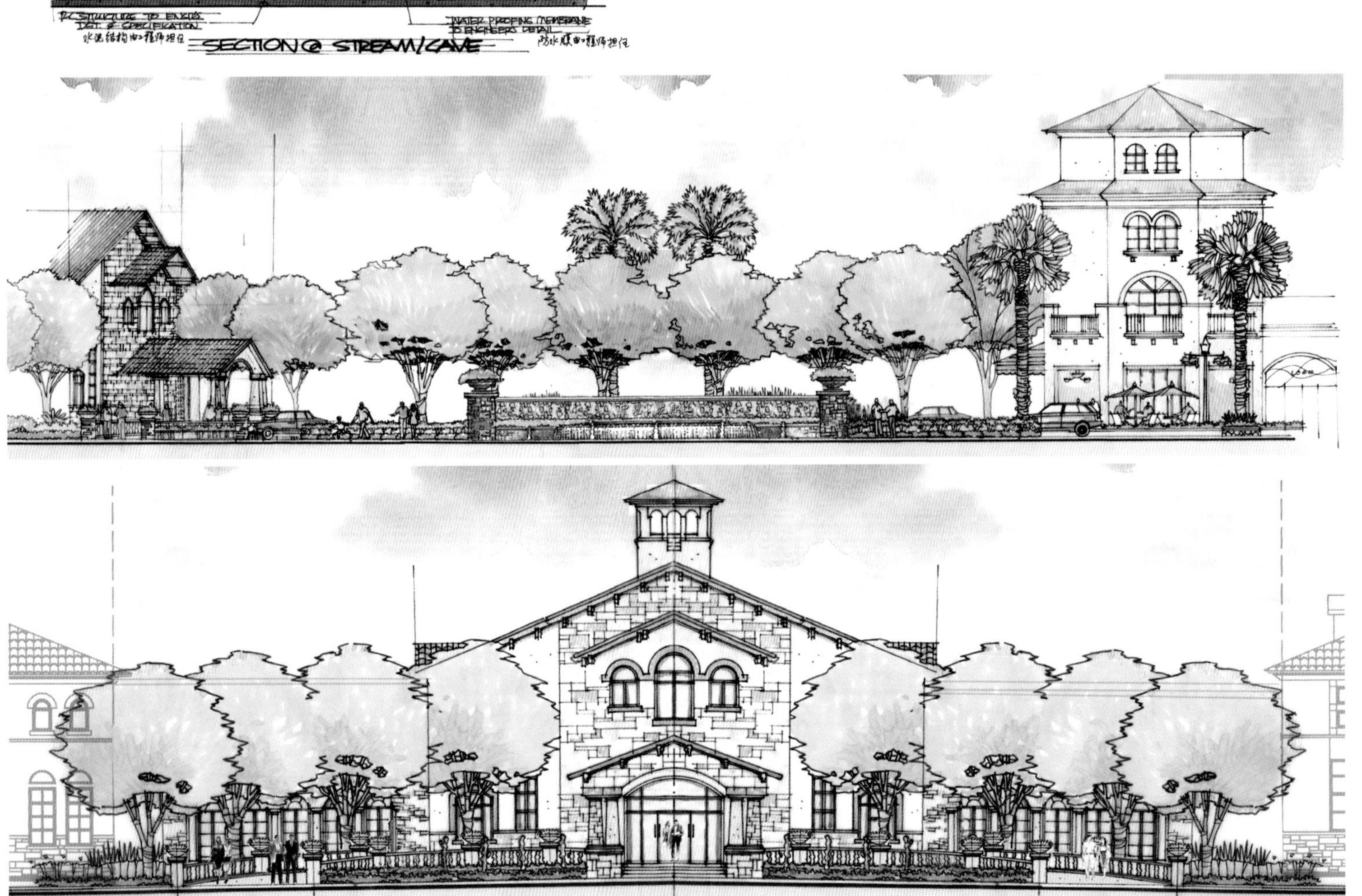

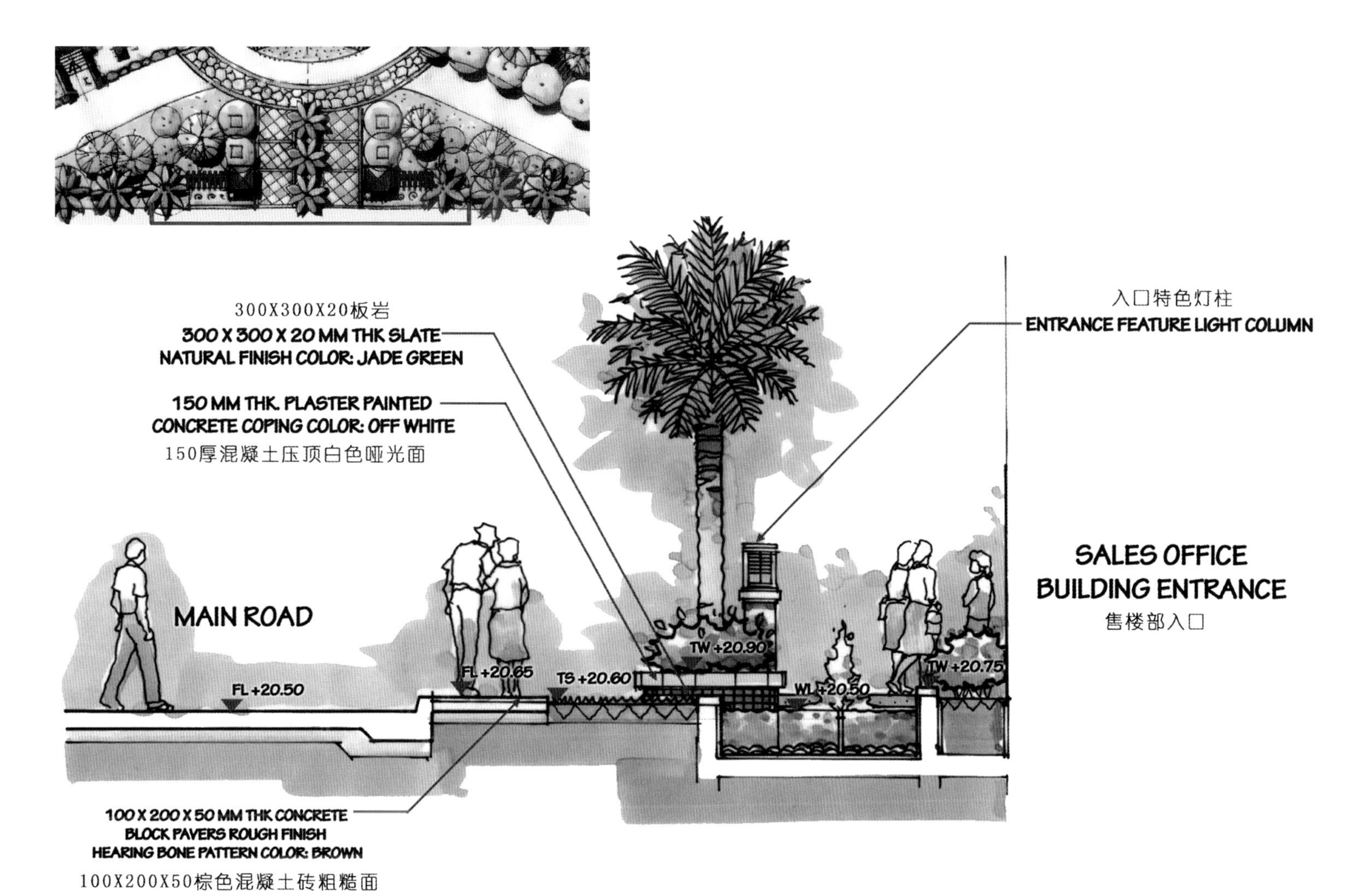

300X300X20板岩
300 X 300 X 20 MM THK SLATE
NATURAL FINISH COLOR: JADE GREEN
150 MM THK. PLASTER PAINTED
CONCRETE COPING COLOR: OFF WHITE
150厚混凝土压顶白色哑光面
入口特色灯柱
ENTRANCE FEATURE LIGHT COLUMN
MAIN ROAD
SALES OFFICE
BUILDING ENTRANCE
售楼部入口
FL +20.50
FL +20.65
TS +20.60
TW +20.90
WL +20.50
TW +20.75
100 X 200 X 50 MM THK CONCRETE
BLOCK PAVERS ROUGH FINISH
HEARING BONE PATTERN COLOR: BROWN
100X200X50棕色混凝土砖粗糙面

特色雕塑
SCULPTURE
特色景观陶罐见详图
LANDSCAPE FEATURE
CERAMIC POTS AS PER
SPECIALIST
售楼部主入口
SALLES OFFICE MAIN ENTRANCE
TP +21.75
TW +20.90
TW +20.75
TW +20.90
FL +20.65
300X300X20板岩
300 X 300 X 20 MM THK SLATE
NATURAL FINISH COLOR: JADE GREEN
150 MM THK. PLASTER PAINTED
CONCRETE COPING COLOR: OFF WHITE
150厚混凝土压顶白色哑光面
ENTRANCE FEATURE LIGHT COLUMN
入口特色灯柱

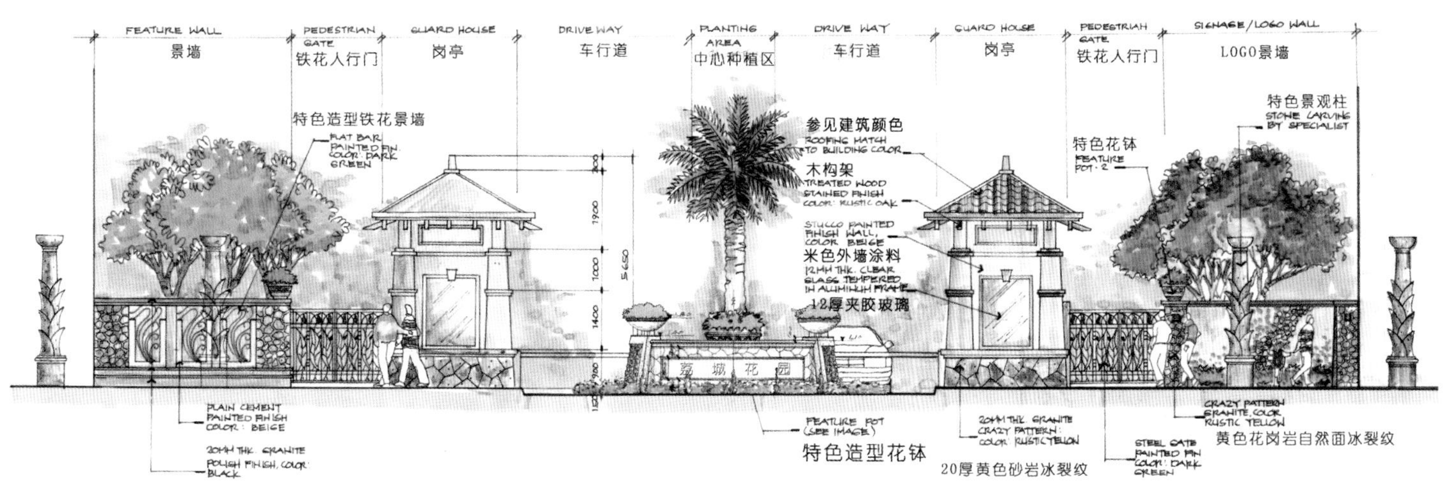

FEATURE WALL
景墙
PEDESTRIAN GATE
铁花人行门
GUARD HOUSE
岗亭
DRIVE WAY
车行道
PLANTING AREA
中心种植区
DRIVE WAY
车行道
GUARD HOUSE
岗亭
PEDESTRIAN GATE
铁花人行门
SIGNAGE/LOGO WALL
LOGO景墙
特色造型铁花景墙
参见建筑颜色
木构架
米色外墙涂料
12厚夹胶玻璃
特色花钵
特色景观柱
特色造型花钵
20厚黄色砂岩冰裂纹
黄色花岗岩自然面冰裂纹

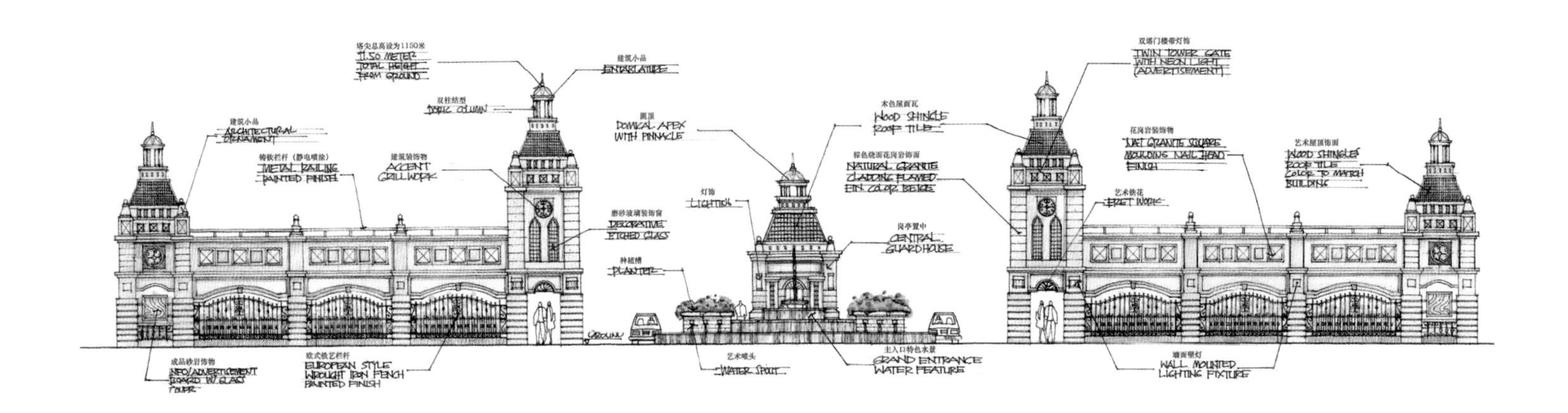
塔尖总高设为1150米
11.50 METER TOTAL HEIGHT FROM GROUND
建筑小品
ENTABLATURE
双柱结型
DORIC COLUMN
建筑小品
ARCHITECTURAL ORNAMENT
铸铁栏杆（静电喷涂）
METAL RAILING PAINTED FINISH
建筑装饰物
ACCENT GRILLWORK
磨砂玻璃装饰窗
DECORATIVE ETCHED GLASS
种植槽
PLANTER
圆顶
DOMICAL APEX WITH PINNACLE
灯饰
LIGHTING
木色屋面瓦
WOOD SHINGLE ROOF TILE
棕色烧面花岗岩饰面
NATURAL GRANITE CLADDING FLAMED FIN. COLOR BEIGE
岗亭置中
CENTRAL GUARDHOUSE
双塔门楼带灯饰
TWIN TOWER GATE WITH NEON LIGHT (ADVERTISEMENT)
花岗岩装饰物
NAT GRANITE SQUARE MOULDING NAIL HEAD FINISH
艺术铁花
FRET WORK
艺术屋顶饰面
WOOD SHINGLES ROOF TILE COLOR TO MATCH BUILDING
GROUND
成品砂岩饰物
INFO/ADVERTISEMENT BOARD W/ GLASS COVER
欧式铁艺栏杆
EUROPEAN STYLE WROUGHT IRON FENCH PAINTED FINISH
艺术喷头
WATER SPOUT
主入口特色水景
GRAND ENTRANCE WATER FEATURE
墙面壁灯
WALL MOUNTED LIGHTING FIXTURE

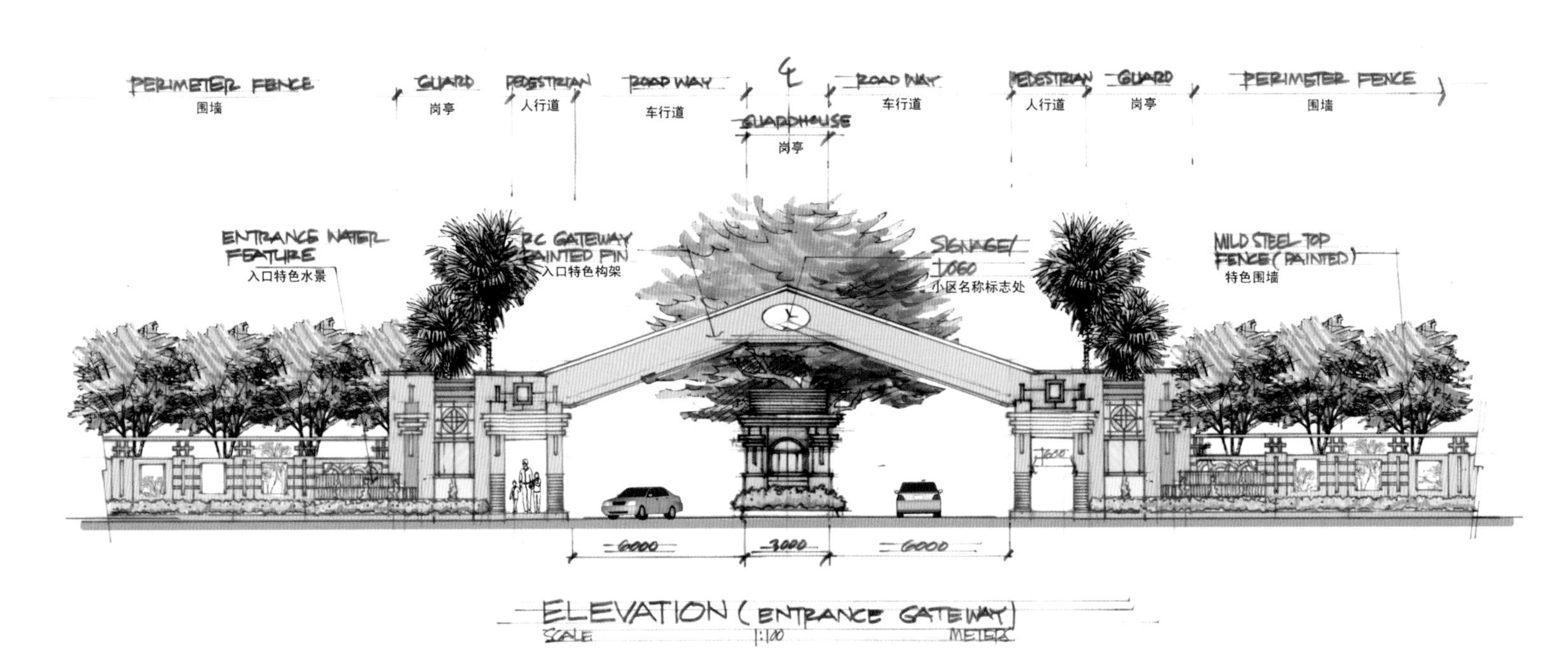
PERIMETER FENCE
围墙
GUARD
岗亭
PEDESTRIAN
人行道
ROAD WAY
车行道
℄
GUARDHOUSE
岗亭
ROAD WAY
车行道
PEDESTRIAN
人行道
GUARD
岗亭
PERIMETER FENCE
围墙
ENTRANCE WATER FEATURE
入口特色水景
R.C GATEWAY PAINTED FIN
入口特色构架
SIGNAGE/ LOGO
小区名称标志处
MILD STEEL TOP FENCE (PAINTED)
特色围墙
6000
3000
6000
ELEVATION (ENTRANCE GATEWAY)
SCALE 1:100 METERS

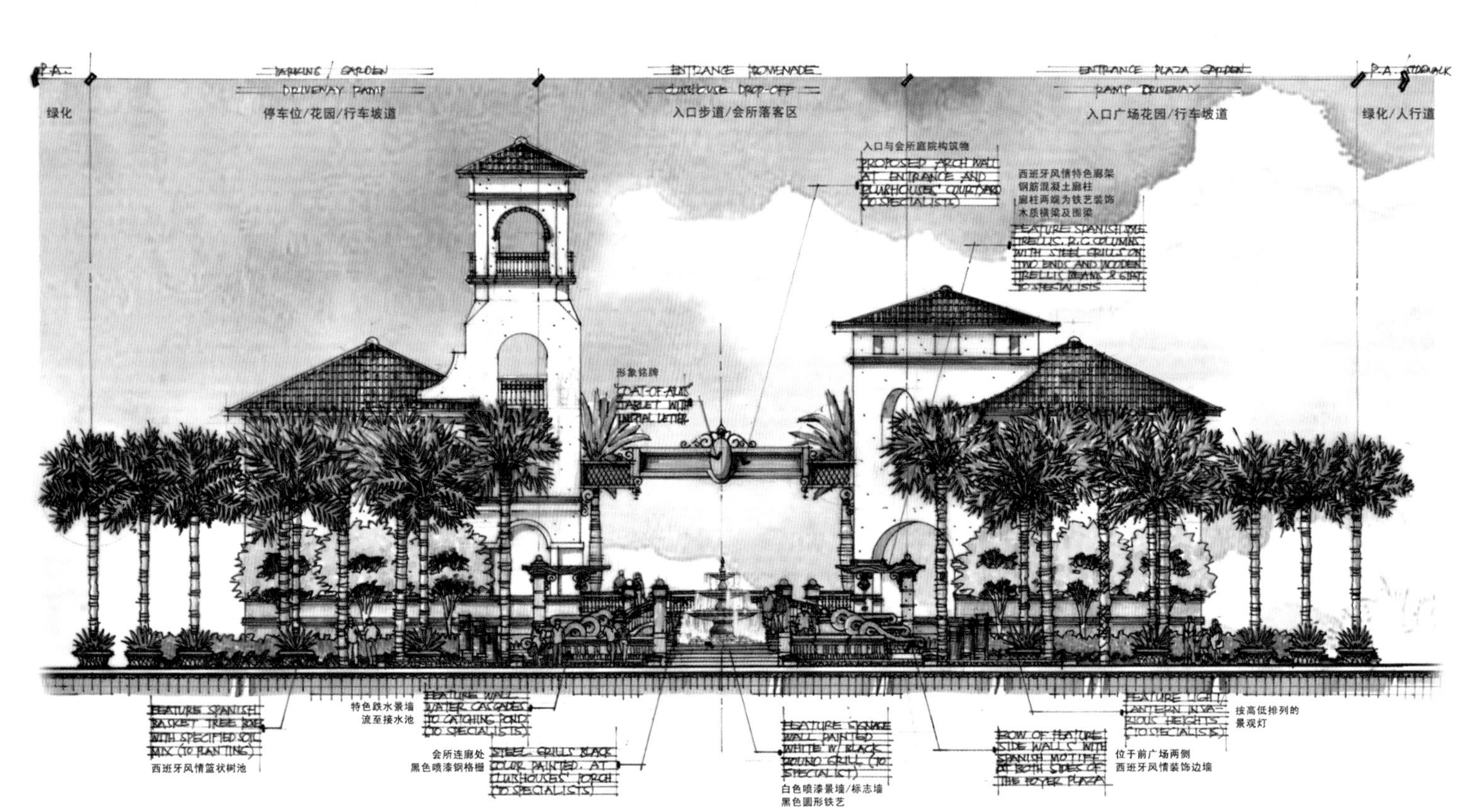
P.A.
绿化
PARKING / GARDEN
DRIVEWAY RAMP
停车位/花园/行车坡道
ENTRANCE PROMENADE
CLUBHOUSE DROP-OFF
入口步道/会所落客区
ENTRANCE PLAZA GARDEN
RAMP DRIVEWAY
入口广场花园/行车坡道
P.A. SIDEWALK
绿化/人行道
入口与会所庭院构筑物
PROPOSED ARCH WALL AT ENTRANCE AND CLUBHOUSE COURTYARD (TO SPECIALISTS)
西班牙风情特色廊架
钢筋混凝土廊柱
廊柱两端为铁艺装饰
木质横梁及围梁
FEATURE SPANISH TYPE TRELLIS, R.C COLUMNS WITH STEEL GRILLS ON TWO ENDS AND WOODEN TRELLIS BEAMS & GIRT TO SPECIALISTS
形象铭牌
"COAT-OF-ARMS" TABLET WITH INITIAL LETTER
FEATURE SPANISH BASKET TREE BOX WITH SPECIFIED SOIL MIX (TO PLANTING)
西班牙风情篮状树池
特色跌水景墙
流至接水池
FEATURE WALL WATER CASCADES TO CATCHING POND (TO SPECIALISTS)
会所连廊处
黑色喷漆钢格栅
STEEL GRILLS BLACK COLOR PAINTED, AT CLUBHOUSES' PORCH (TO SPECIALISTS)
FEATURE SIGNAGE WALL PAINTED WHITE W/ BLACK ROUND GRILL (TO SPECIALIST)
白色喷漆景墙/标志墙
黑色圆形铁艺
ROW OF FEATURE SIDE WALLS WITH SPANISH MOTIFE AT BOTH SIDES OF THE FOYER PLAZA
位于前广场两侧
西班牙风情装饰边墙
FEATURE LIGHT LANTERN IN VARIOUS HEIGHTS (TO SPECIALISTS)
按高低排列的
景观灯

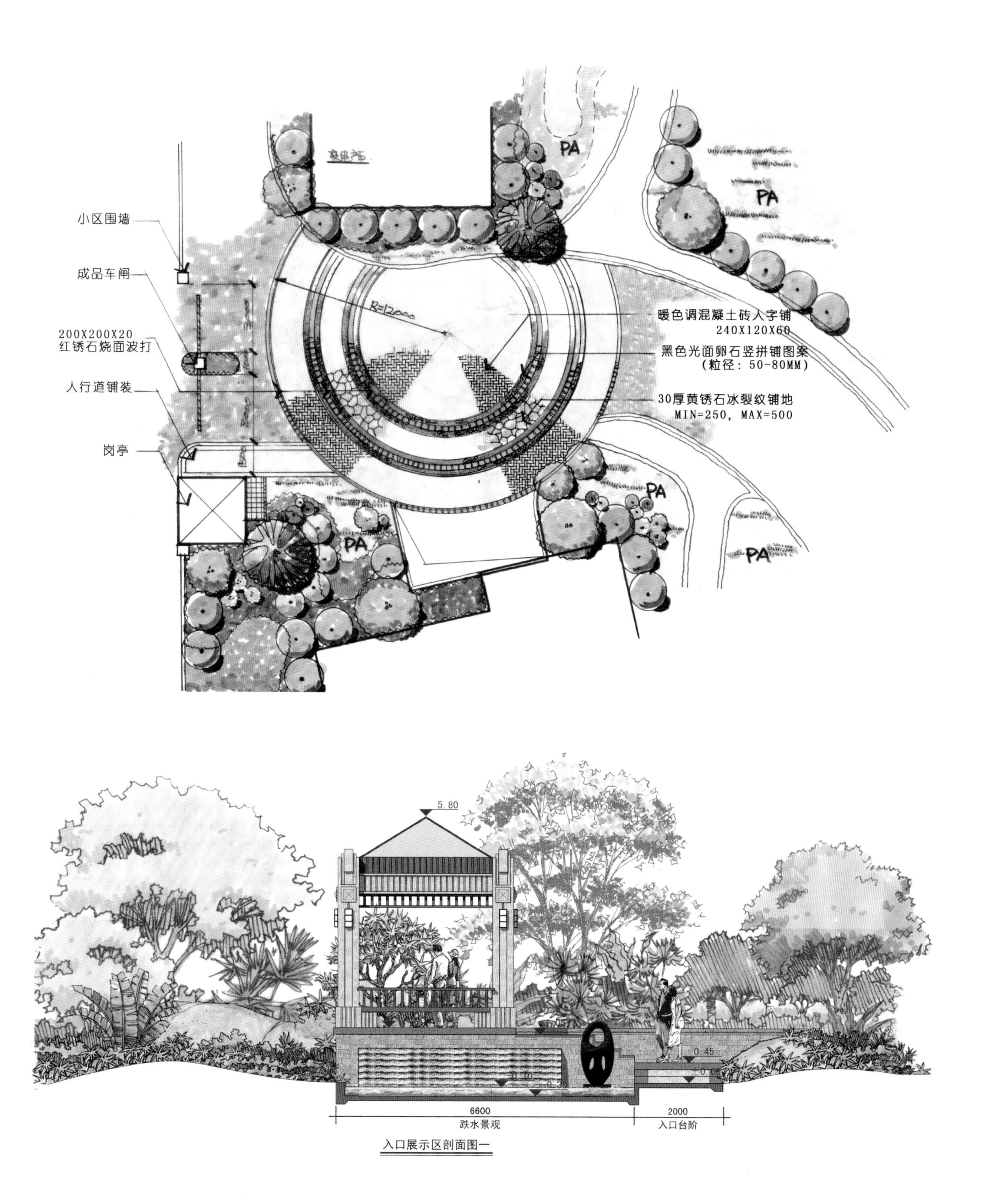

小区围墙
成品车闸
200X200X20
红锈石烧面波打
人行道铺装
岗亭
PA
R=12000
暖色调混凝土砖人字铺
240X120X60
黑色光面卵石竖拼铺图案
(粒径：50-80MM)
30厚黄锈石冰裂纹铺地
MIN=250, MAX=500
5.80
0.45
6600
跌水景观
2000
入口台阶

入口展示区剖面图一

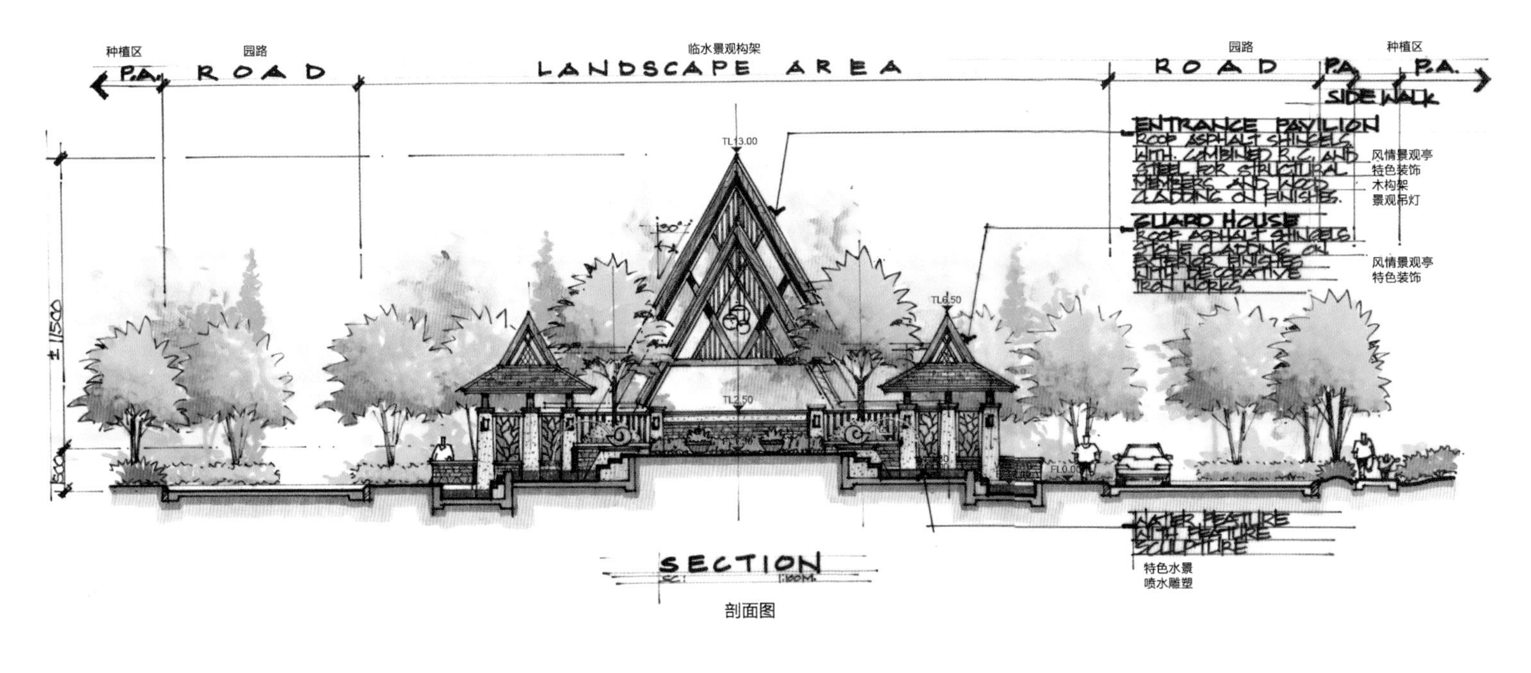

剖面图

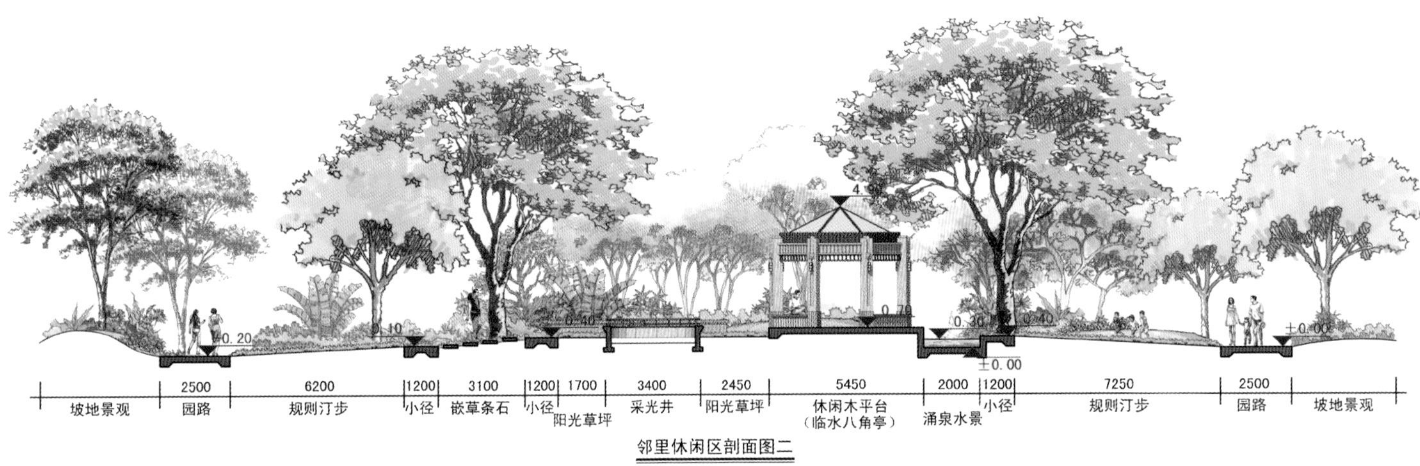

邻里休闲区剖面图二

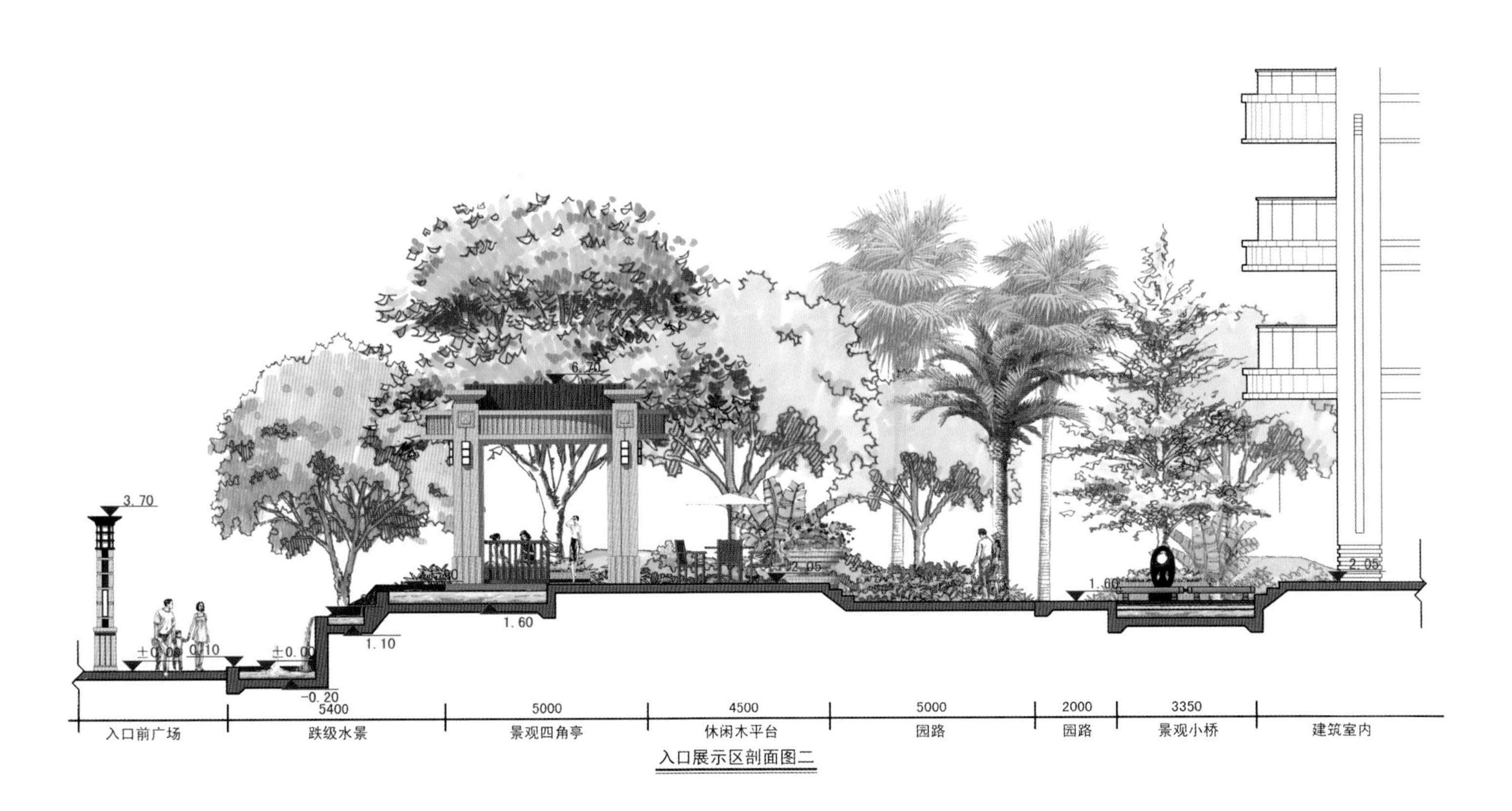

入口展示区剖面图二

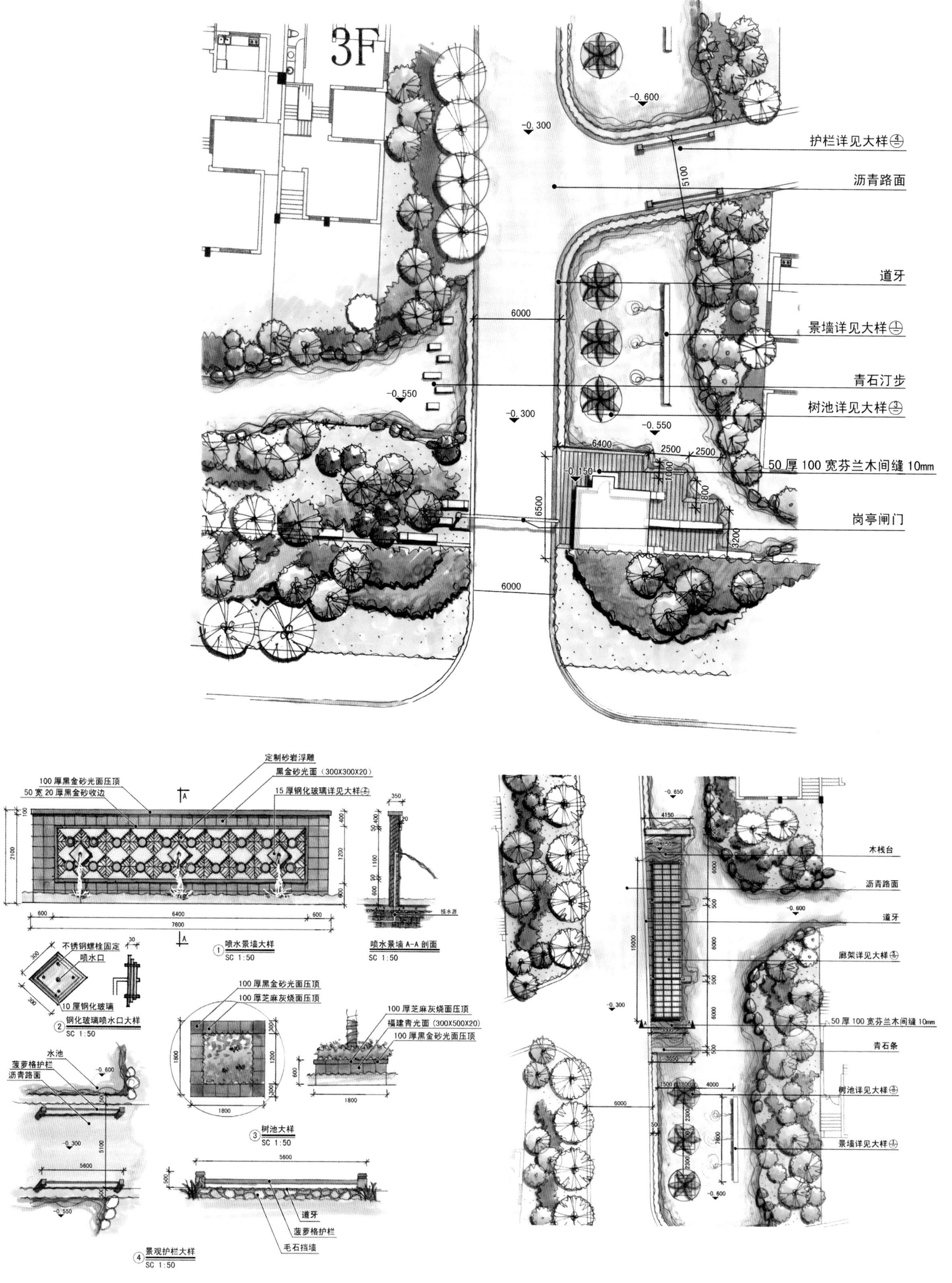

3F
-0.600
-0.300
护栏详见大样④
5100
沥青路面
道牙
6000
景墙详见大样①
青石汀步
-0.550
-0.300
树池详见大样③
-0.550
6400
2500
2500
-0.150
1000
50 厚 100 宽芬兰木间缝 10mm
1800
6500
岗亭闸门
3200
6000
定制砂岩浮雕
100 厚黑金砂光面压顶
黑金砂光面（300X300X20）
50 宽 20 厚黑金砂收边
15 厚钢化玻璃详见大样②
2100
600
6400
600
7600
喷水景墙大样
SC 1:50
喷水景墙 A-A 剖面
SC 1:50
不锈钢螺栓固定
喷水口
10 厘钢化玻璃
钢化玻璃喷水口大样
SC 1:50
100 厚黑金砂光面压顶
100 厚芝麻灰烧面压顶
1800
树池大样
SC 1:50
100 厚芝麻灰烧面压顶
福建青光面（300X500X20）
100 厚黑金砂光面压顶
1800
水池
菠萝格护栏
沥青路面
-0.600
-0.300
5100
5600
-0.550
5600
道牙
菠萝格护栏
毛石挡墙
景观护栏大样
SC 1:50
-0.650
4150
木栈台
沥青路面
-0.600
道牙
15000
廊架详见大样⑤
-0.300
50 厚 100 宽芬兰木间缝 10mm
青石条
3650
1500
1800
4000
树池详见大样③
6000
景墙详见大样①
-0.600

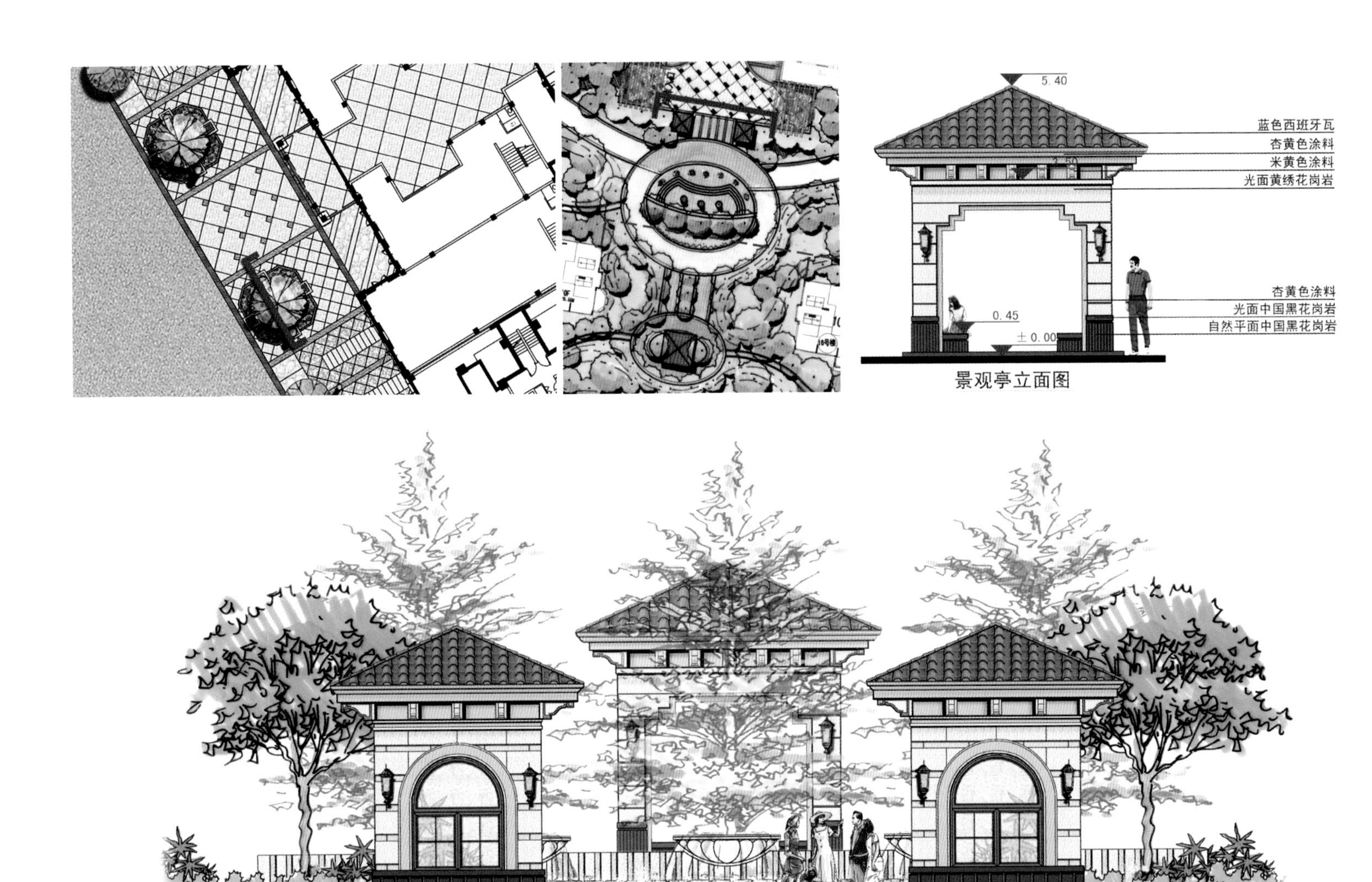

景观亭立面图

主入口区景观效果立面图

ENTRY WALL
入口景墙

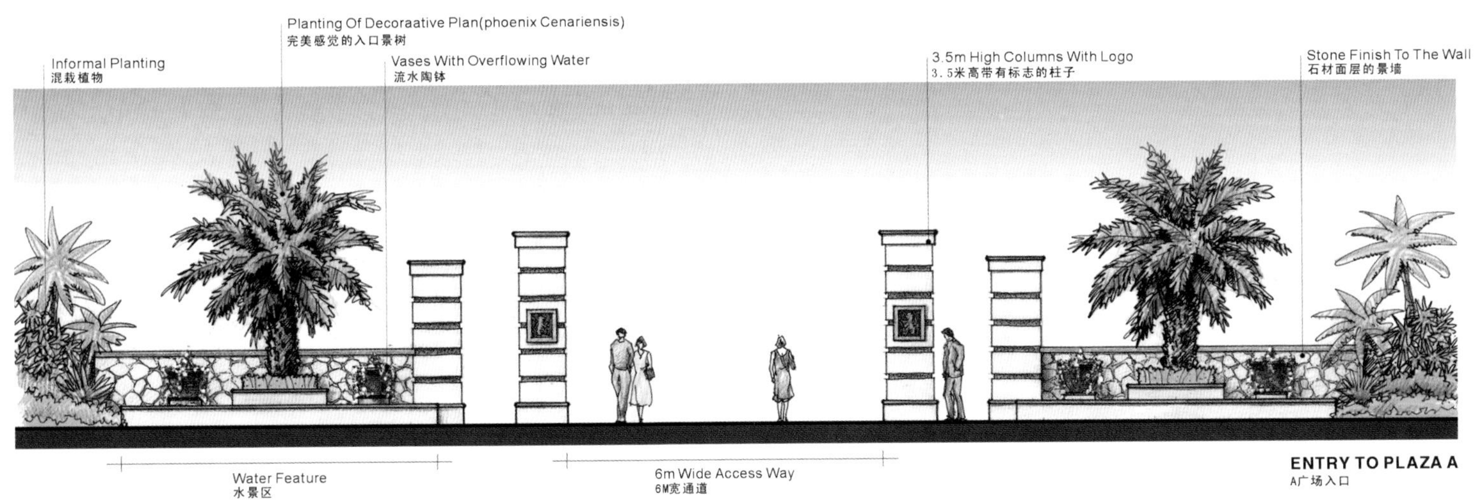

ENTRY TO PLAZA A
A广场入口

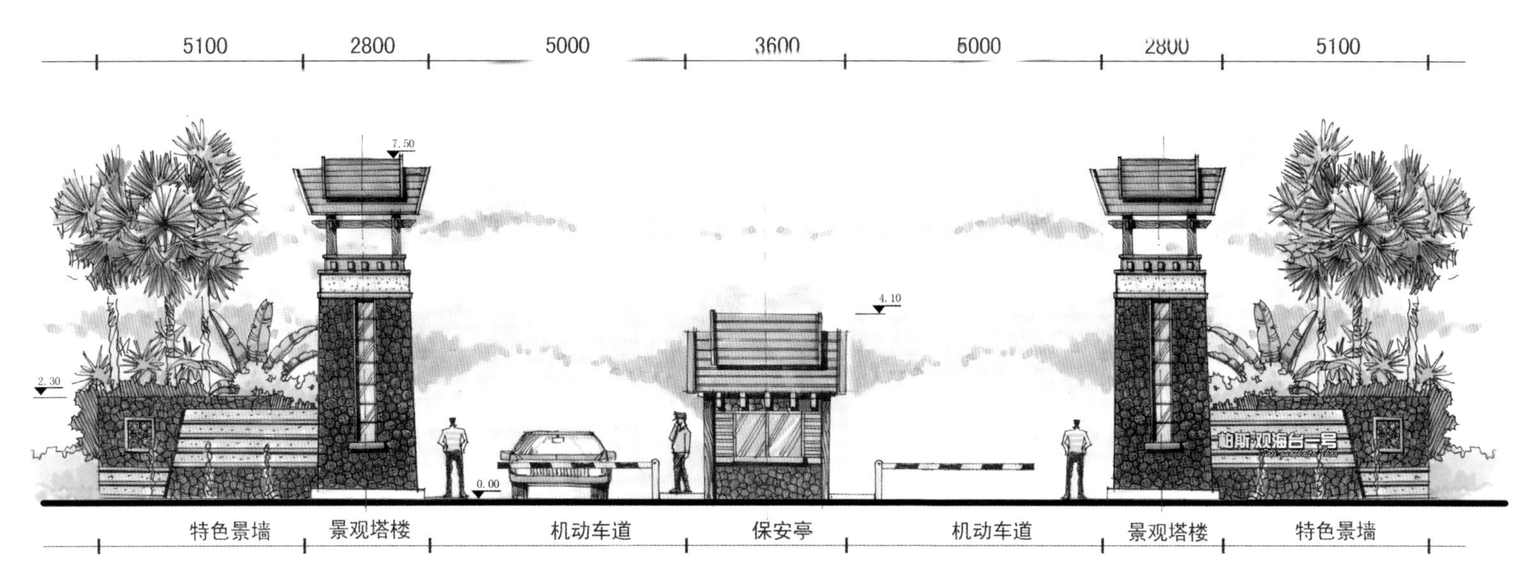

① 南入口立面示意图

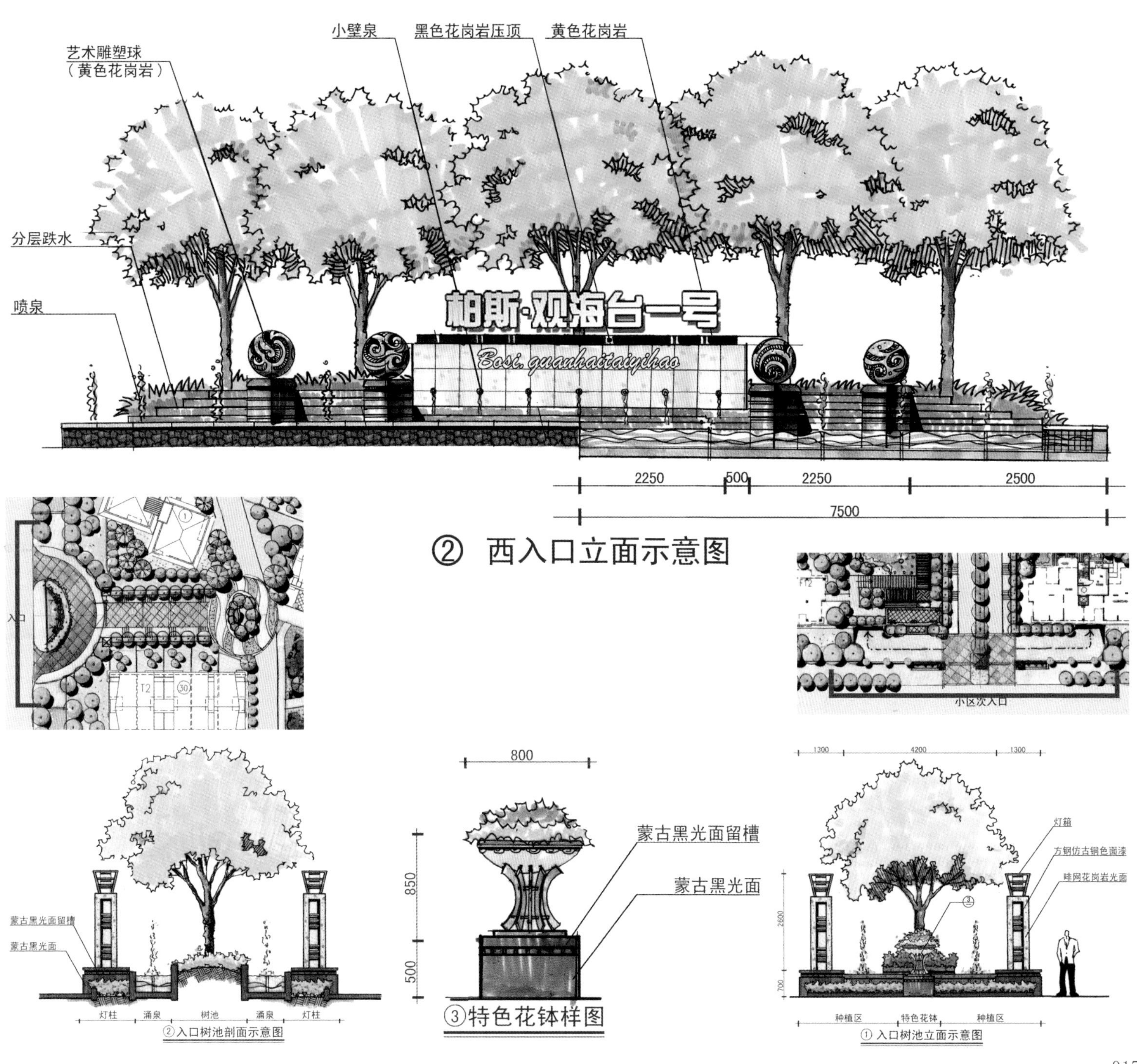

② 西入口立面示意图

②入口树池剖面示意图

③特色花钵样图

① 入口树池立面示意图

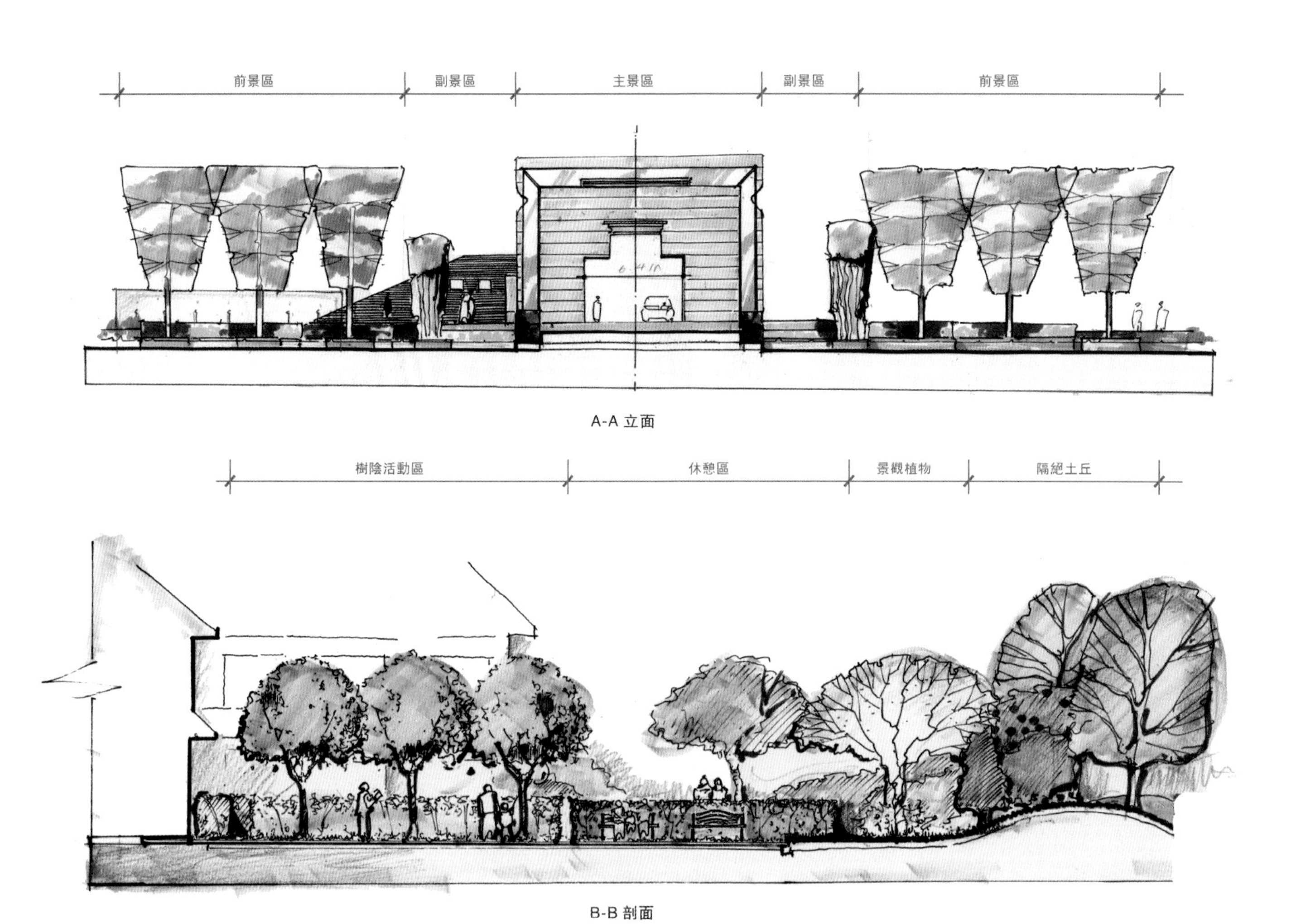
前景區
副景區
主景區
副景區
前景區
樹陰活動區
休憩區
景觀植物
隔絕土丘
A-A 立面

B-B 剖面

指定大树
（见参考图片）
BIG TREES
AS SPECIFIED
(SEE IMAGE)
人行入口
塔楼副楼
SOUTHERN
STRUCTURE
FOR PEDES-
TRIAN ACC
ESS
指定雕塑
（见参考图片）
SCULPTURE
BY ARTIST/
SPECIALIST
FEATURE MOUNDINGS
特色微地形
ACCESS
入口
PA
植物区
GATE
大门
栏栅
RAILING
ELEVATION
SCALE

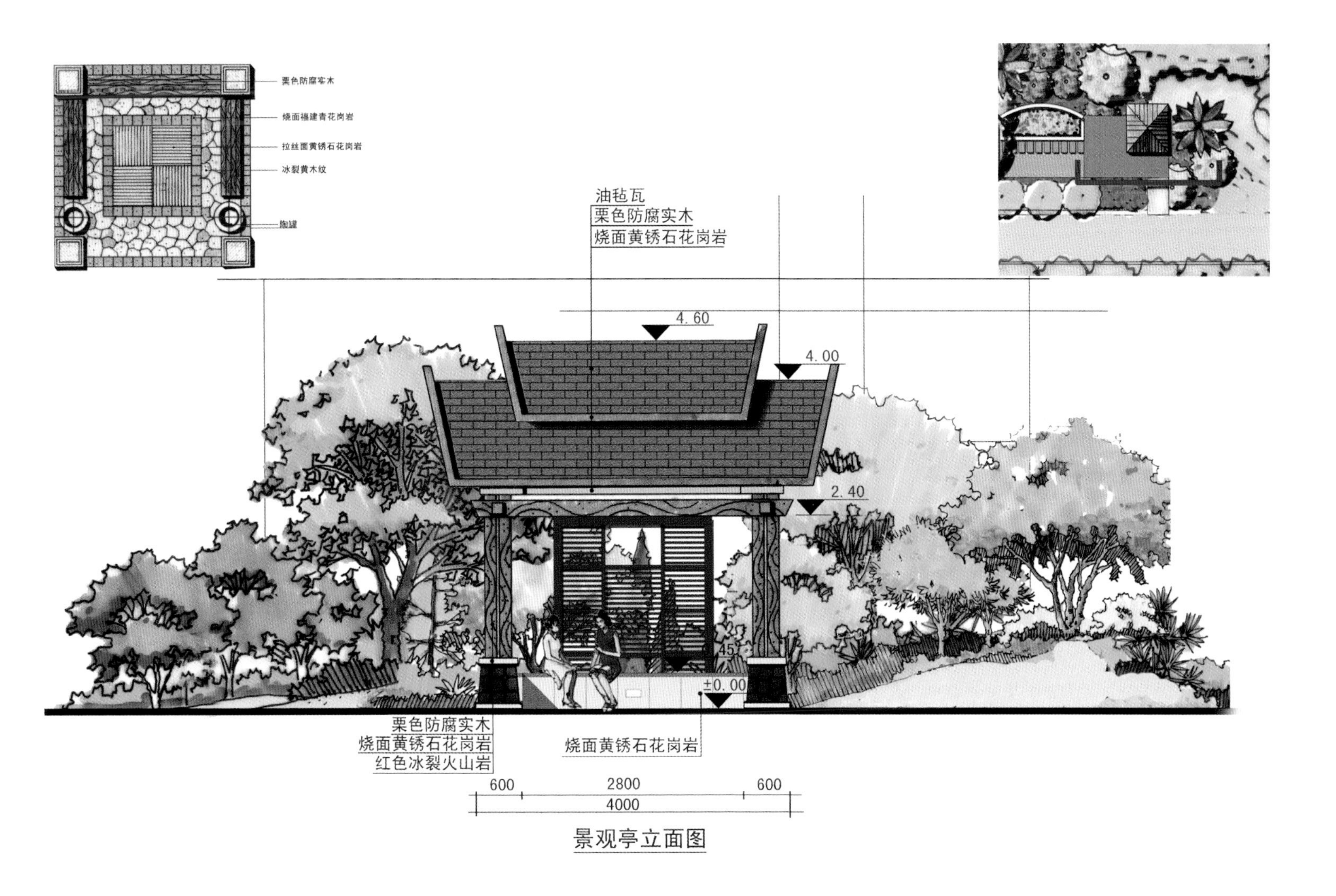
栗色防腐实木
烧面福建青花岗岩
拉丝面黄锈石花岗岩
冰裂黄木纹
陶罐
油毡瓦
栗色防腐实木
烧面黄锈石花岗岩
4.60
4.00
2.40
±0.00
栗色防腐实木
烧面黄锈石花岗岩
红色冰裂火山岩
烧面黄锈石花岗岩
600
2800
600
4000

景观亭立面图

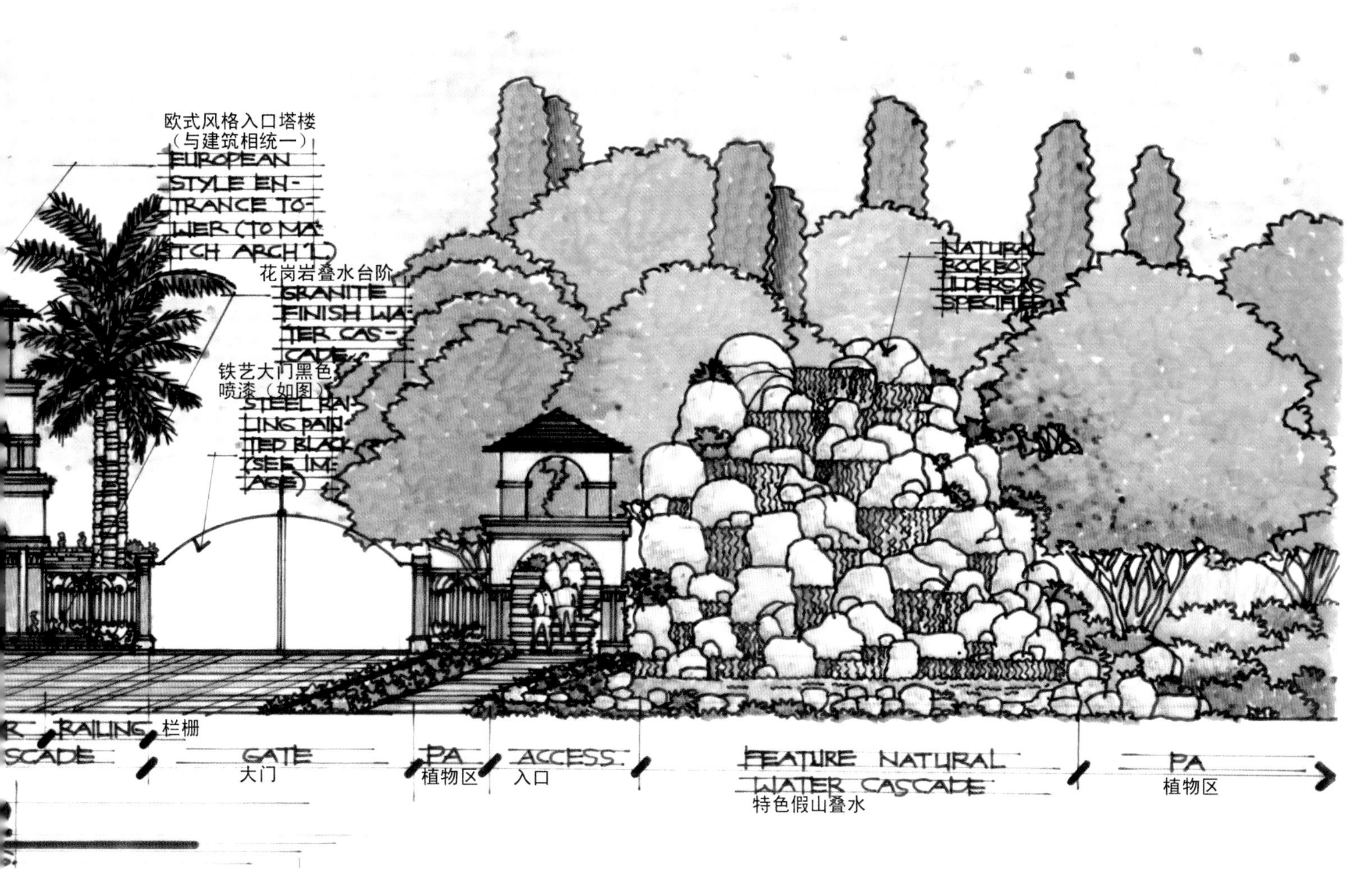
欧式风格入口塔楼（与建筑相统一）
EUROPEAN STYLE ENTRANCE TOWER (TO MATCH ARCH.)
花岗岩叠水台阶
GRANITE FINISH WATER CASCADE
铁艺大门黑色喷漆（如图）
STEEL RAILING PAINTED BLACK (SEE IMAGE)
RAILING 栏栅
SCADE
GATE 大门
PA 植物区
ACCESS 入口
FEATURE NATURAL WATER CASCADE 特色假山叠水
PA 植物区

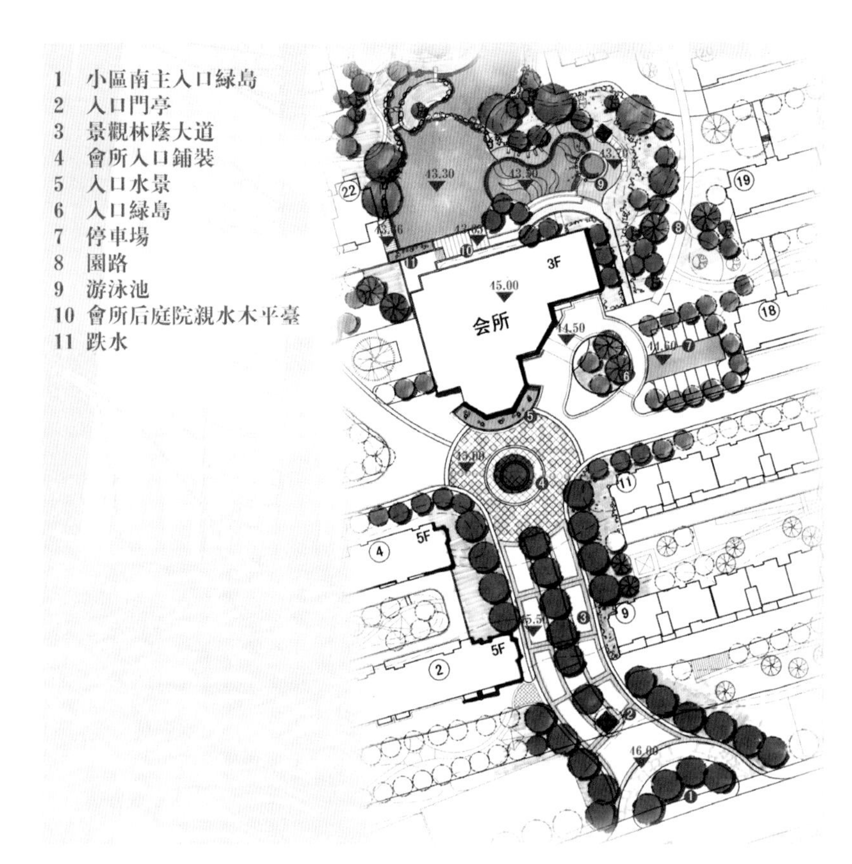
1 小區南主入口緑島
2 入口門亭
3 景觀林蔭大道
4 會所入口鋪裝
5 入口水景
6 入口緑島
7 停車場
8 園路
9 游泳池
10 會所后庭院親水木平臺
11 跌水
会所
3F
5F
43.30
45.00
14.50
16.00

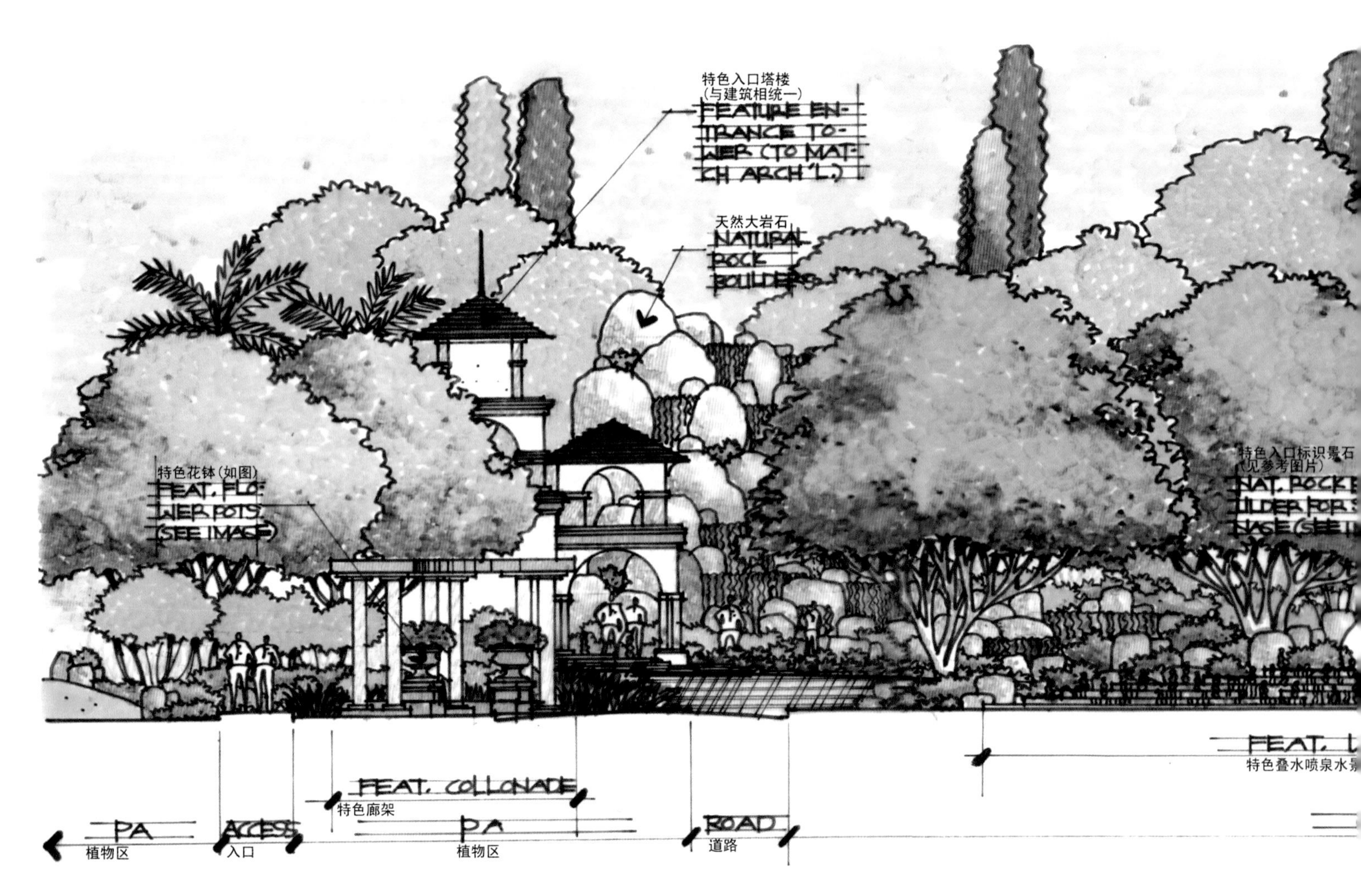
特色入口塔楼
(与建筑相统一)
FEATURE ENTRANCE TOWER (TO MATCH ARCH'L.)
天然大岩石
NATURAL ROCK BOULDERS
特色花钵(如图)
FEAT. FLOWER POTS (SEE IMAGE)
特色入口标识景石
(见参考图片)
FEAT. COLLONADE
特色廊架
PA
植物区
ACCESS
入口
PA
植物区
ROAD
道路
特色叠水喷泉水景

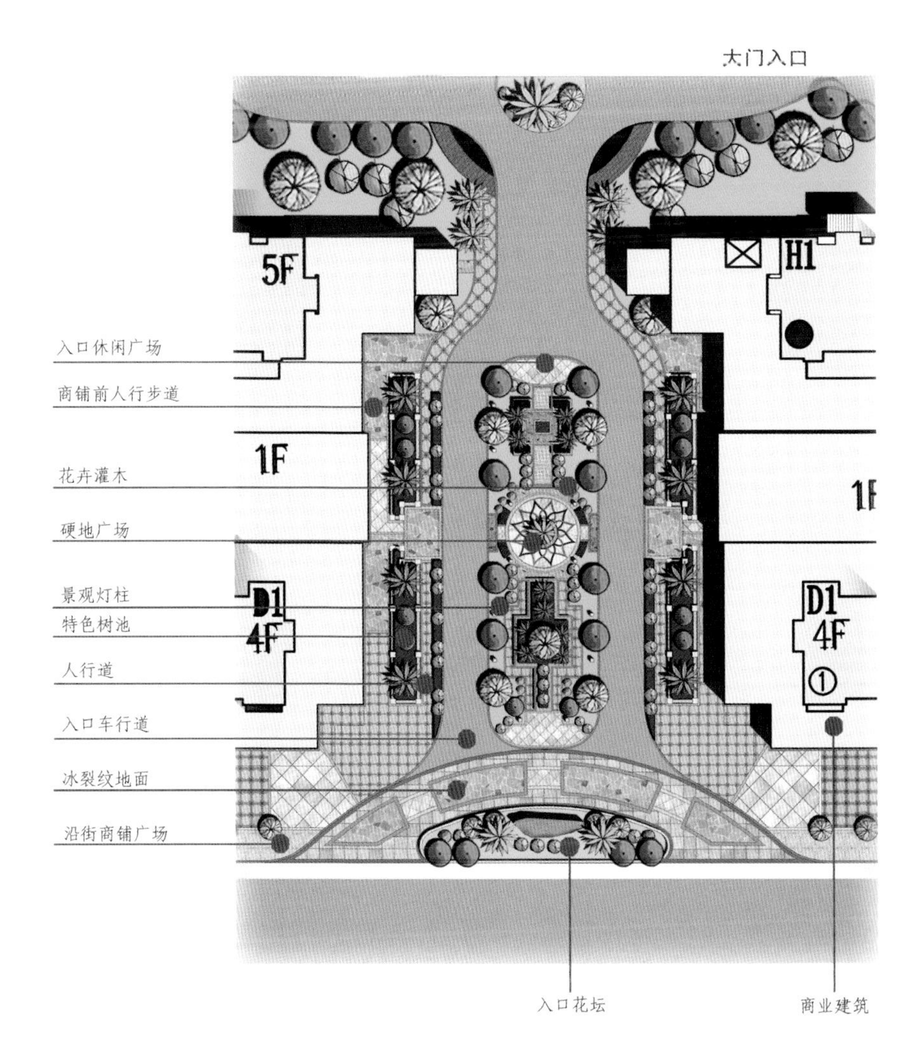
大门入口
5F
H1
1F
1F
D1
4F
D1
4F
①
入口休闲广场
商铺前人行步道
花卉灌木
硬地广场
景观灯柱
特色树池
人行道
入口车行道
冰裂纹地面
沿街商铺广场
入口花坛
商业建筑

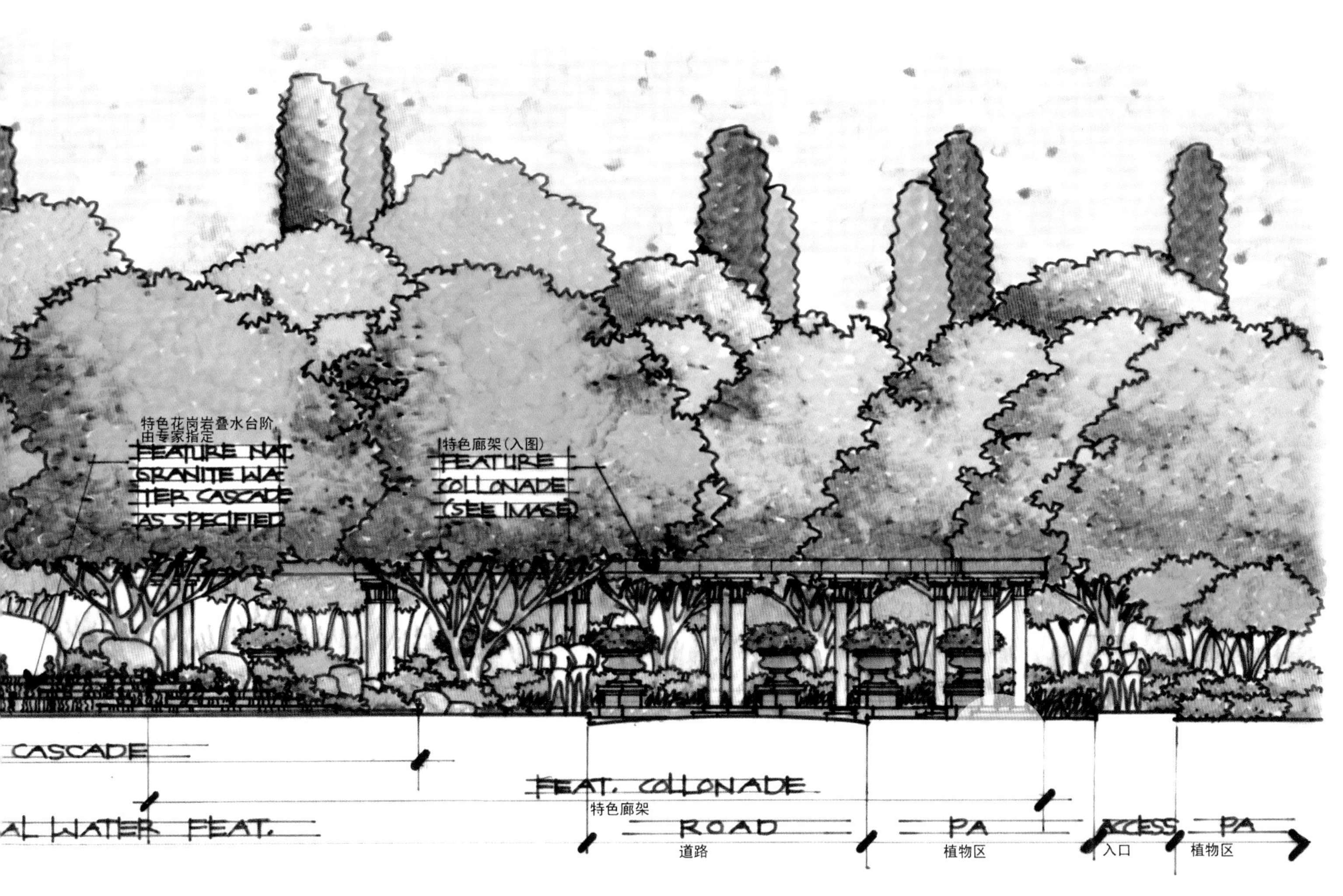
特色花岗岩叠水台阶
由专家指定
FEATURE NAT
GRANITE WA
TER CASCADE
AS SPECIFIED
特色廊架(入图)
FEATURE
COLLONADE
(SEE IMAGE)
CASCADE
FEAT. COLLONADE
特色廊架
AL WATER FEAT.
ROAD
道路
PA
植物区
ACCESS
入口
PA
植物区

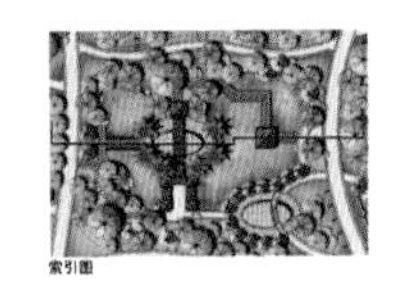

索引图

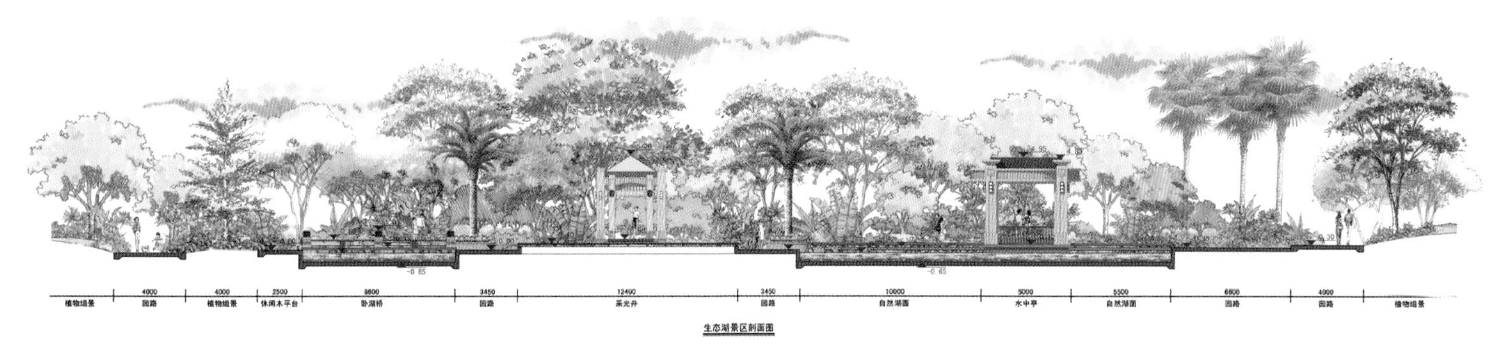

生态湖景区剖面图

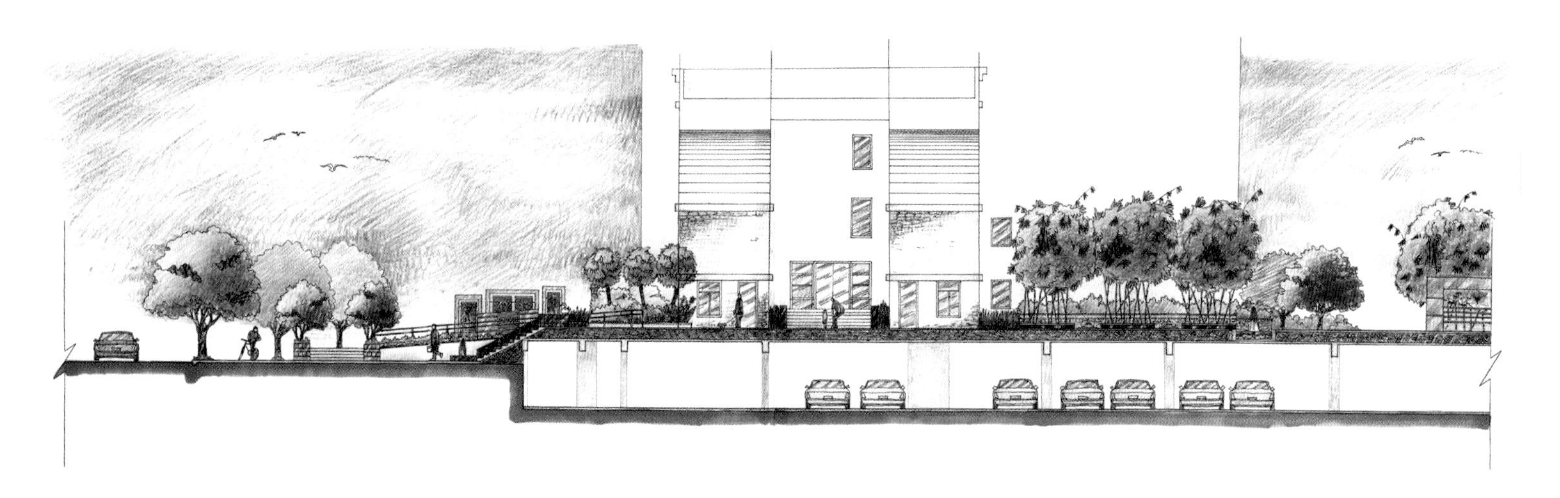

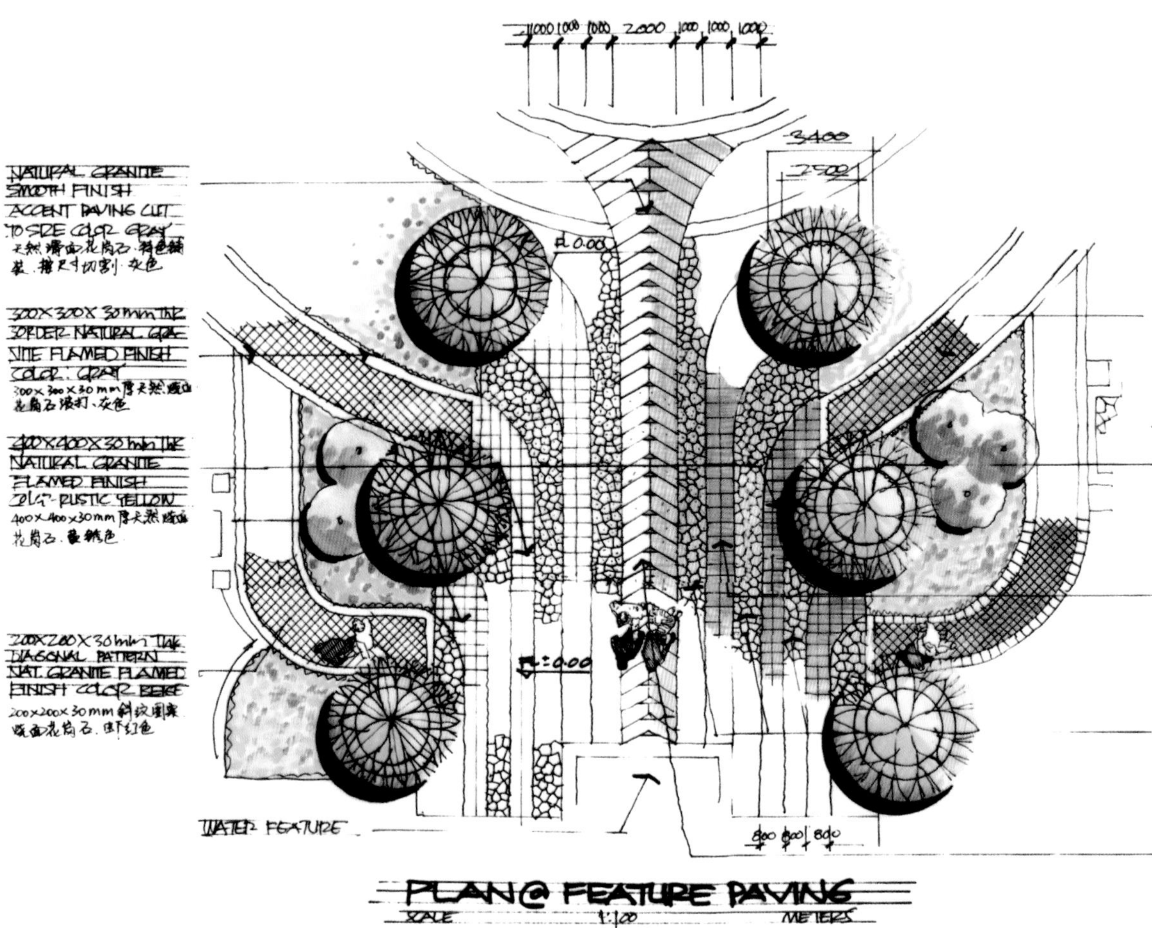

景点所在位置

索引
铝塑板
浅色花岗岩装饰性线角
浅色花岗岩贴面
木制门框
深色花岗岩腰线
车挡
文化石贴面
门卫岗亭方案一
铝塑板
木制条状装饰
铝合金窗框
装饰性木框架
褐色毛石墙基
空调外机放置空间
车挡
门卫岗亭方案二
6.50
4.25
2.20
0.00
4500
1950
4100
1950
11100
23600
跌水景观亭侧立面图
入口景观展示区剖面图
5.30
4.25
±0.00
特色亭廊组合（方案一）立面图
5.30
4.25
4.25
0.00
11000
特色亭廊组合
9500
休闲广场
5000
跌级水体
7000
入口特色拱桥
5000
跌级水体
9500
休闲广场
11000
特色亭廊组合
入口广场立面图

1200
6000
地块上原生凤凰树
灌木花槽
湖畔新城入口大道
景观设计
12000
芒果树
木栈道
6000
自然驳岸
2400
湖面
2400
6000
12000
6000
人防出入口景观亭
池岸景观区
主景树
池岸景观区
6.30
11500
7700
8000
10500

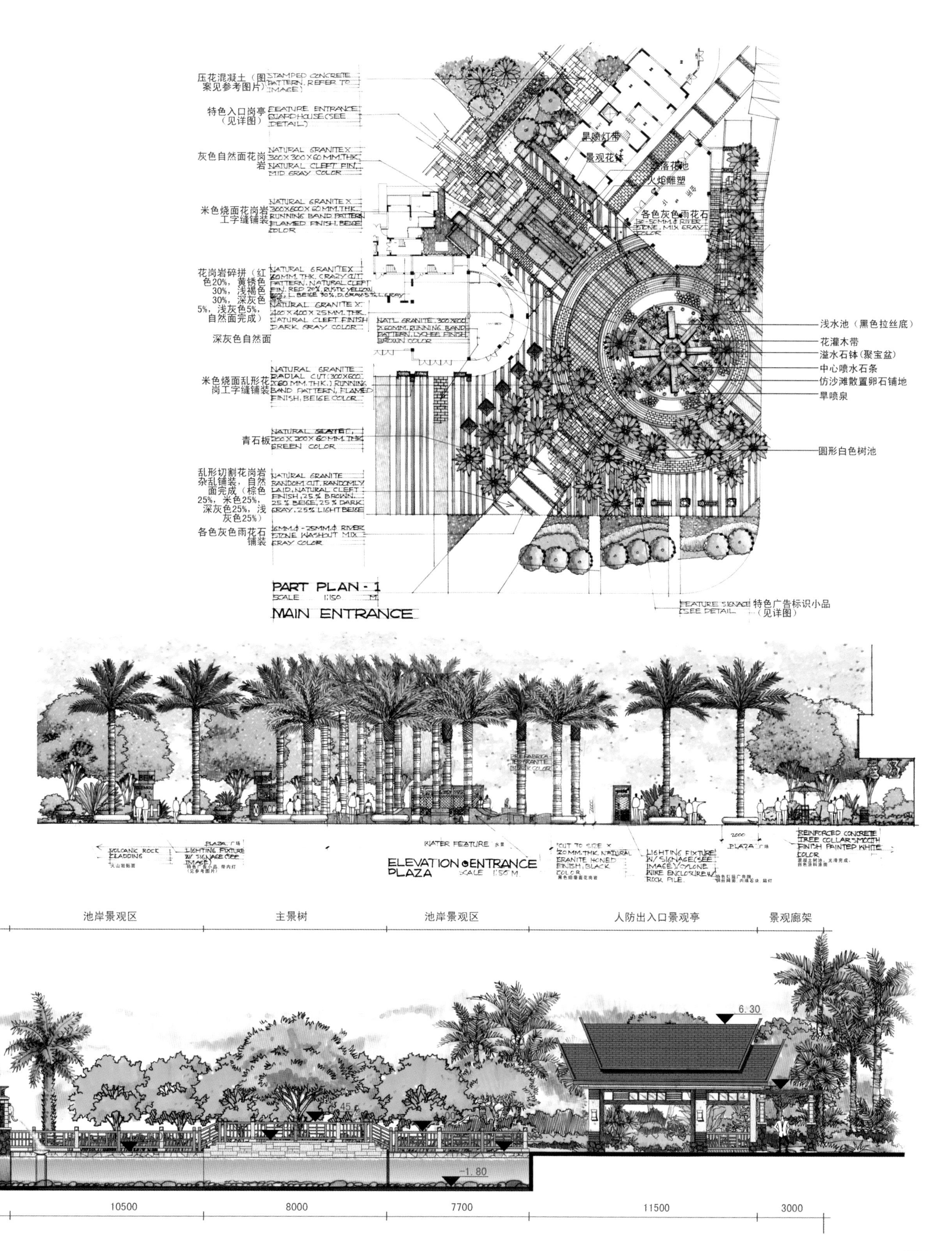

压花混凝土（图案见参考图片）
特色入口岗亭（见详图）
灰色自然面花岗岩
米色烧面花岗岩工字缝铺装
深灰色自然面
米色烧面乱形花岗工字缝铺装
青石板
各色灰色雨花石铺装
景观花钵
火炬雕塑
各色灰色雨花石
浅水池（黑色拉丝底）
花灌木带
溢水石钵（聚宝盆）
中心喷水石条
仿沙滩散置卵石铺地
旱喷泉
圆形白色树池
PART PLAN - 1
MAIN ENTRANCE
特色广告标识小品（见详图）
ELEVATION ENTRANCE PLAZA
池岸景观区
主景树
池岸景观区
人防出入口景观亭
景观廊架
6.30
-1.80
10500
8000
7700
11500
3000

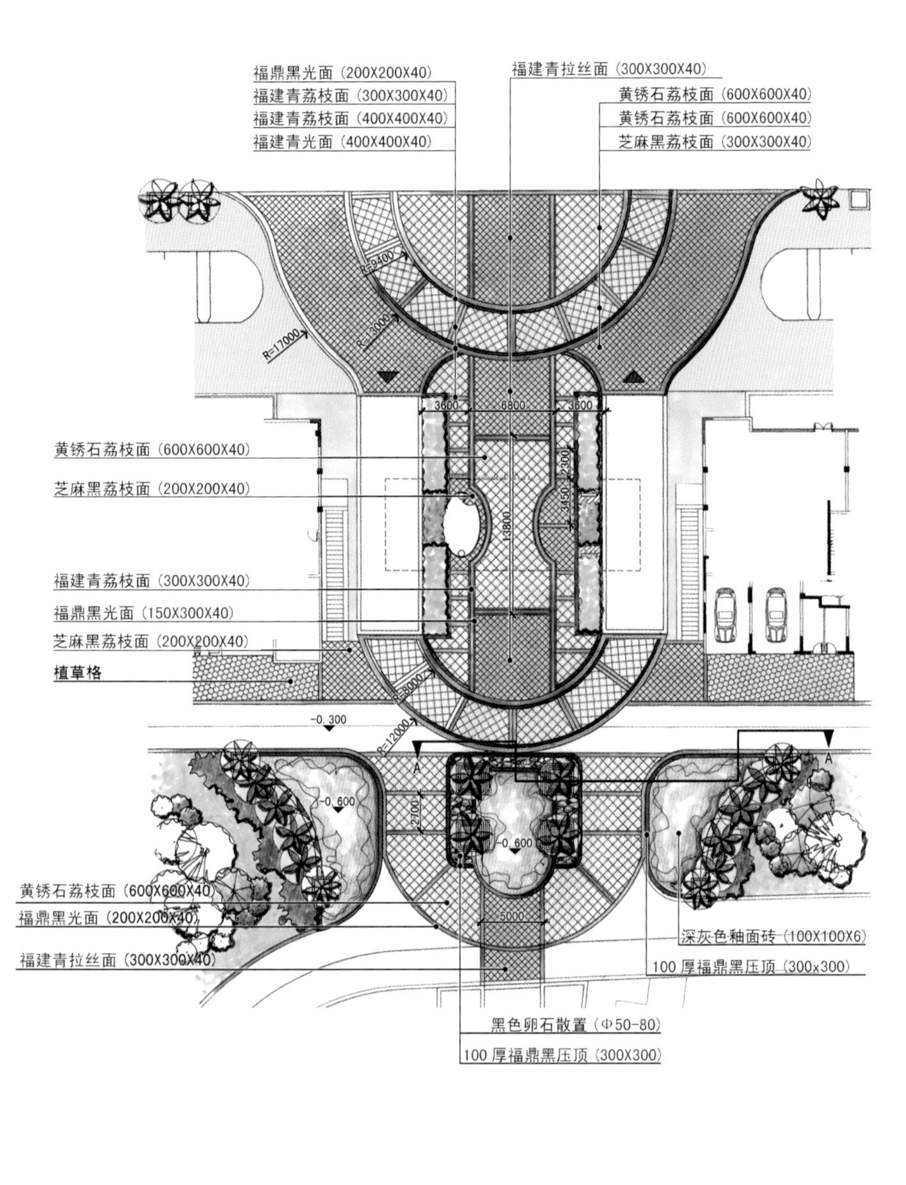
福鼎黑光面（200X200X40）
福建青荔枝面（300X300X40）
福建青荔枝面（400X400X40）
福建青光面（400X400X40）
福建青拉丝面（300X300X40）
黄锈石荔枝面（600X600X40）
黄锈石荔枝面（600X600X40）
芝麻黑荔枝面（300X300X40）
R=17000
R=3000
R=2400
3600
6800
3600
黄锈石荔枝面（600X600X40）
芝麻黑荔枝面（200X200X40）
2300
2450
13800
福建青荔枝面（300X300X40）
福鼎黑光面（150X300X40）
芝麻黑荔枝面（200X200X40）
植草格
R=8000
-0.300
R=12000
-0.600
2700
-0.600
黄锈石荔枝面（600X600X40）
福鼎黑光面（200X200X40）
福建青拉丝面（300X300X40）
5000
深灰色釉面砖（100X100X6）
100厚福鼎黑压顶（300x300）
黑色卵石散置（Φ50-80）
100厚福鼎黑压顶（300X300）

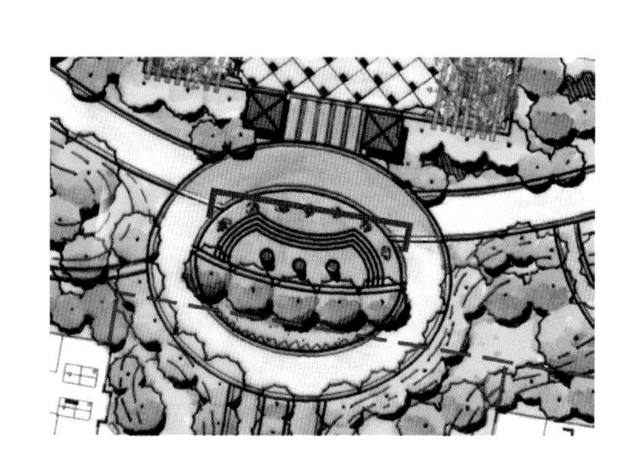

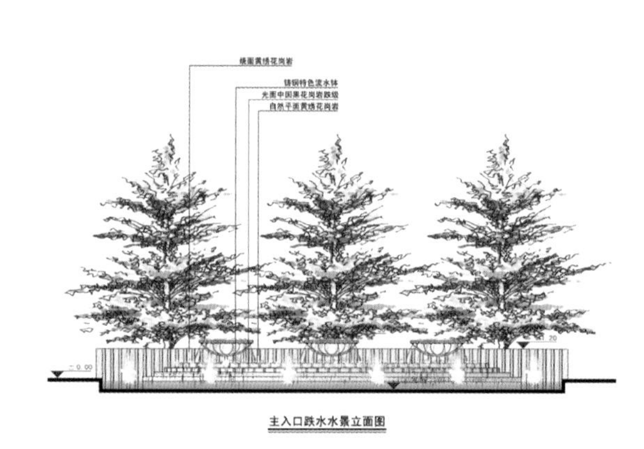
主入口跌水水景立面图

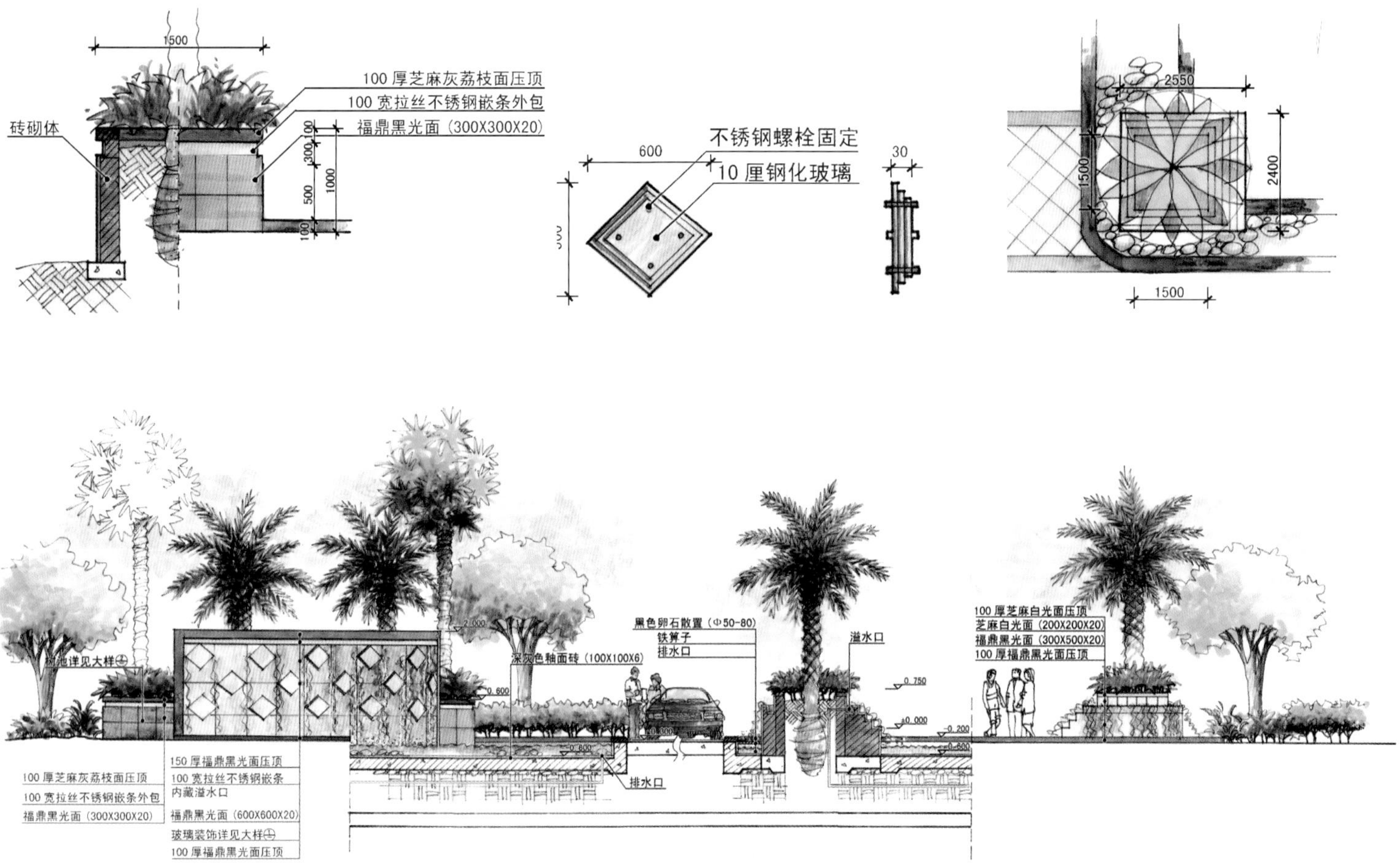
1500
100厚芝麻灰荔枝面压顶
100宽拉丝不锈钢嵌条外包
福鼎黑光面（300X300X20）
砖砌体
100
300
500
100
1000
600
不锈钢螺栓固定
10厘钢化玻璃
30
2550
1500
2400
1500
黑色卵石散置（Φ50-80）
铁箅子
排水口
深灰色釉面砖（100X100X6）
溢水口
0.750
0.000
100厚芝麻白光面压顶
芝麻白光面（200X200X20）
福鼎黑光面（300X500X20）
100厚福鼎黑光面压顶
100厚芝麻灰荔枝面压顶
100宽拉丝不锈钢嵌条外包
福鼎黑光面（300X300X20）
150厚福鼎黑光面压顶
100宽拉丝不锈钢嵌条
内藏溢水口
福鼎黑光面（600X600X20）
玻璃装饰详见大样
100厚福鼎黑光面压顶
排水口

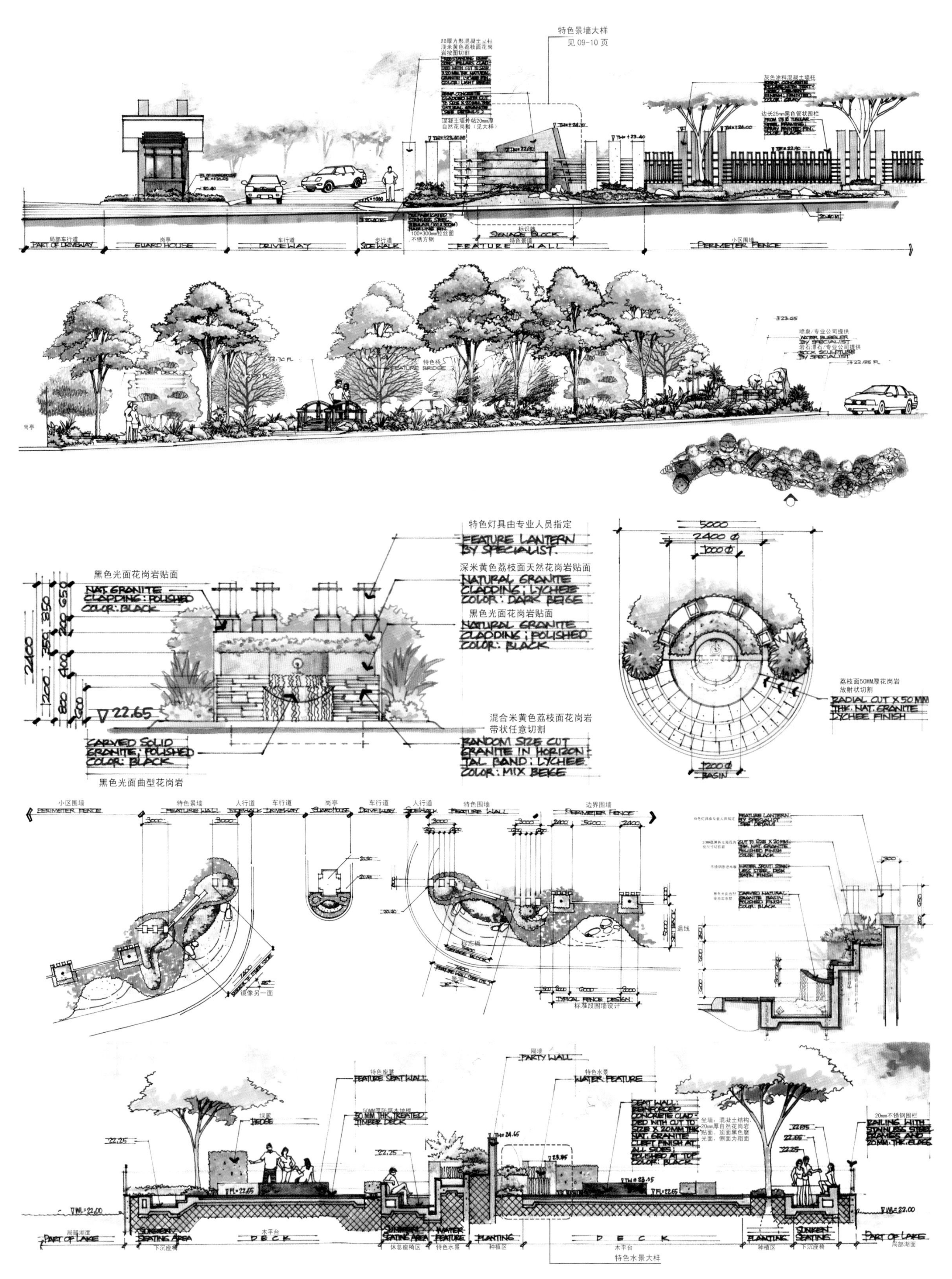

特色景墙大样
见 09-10 页
灰色涂料混凝土墙柱
边长25mm黑色管状围栏
局部车行道
PART OF DRIVEWAY
岗亭
GUARD HOUSE
车行道
DRIVEWAY
步行道
SIDEWALK
标识墙
SIGNAGE BLOCK
特色景墙
FEATURE WALL
小区围墙
PERIMETER FENCE
100×300mm拉丝面
不锈方钢
岗亭
特色桥
FEATURE BRIDGE
TIMBER DECK
喷泉/专业公司提供
WATER BUBBLER BY SPECIALIST
岩石雕石/专业公司提供
ROCK SCULPTURE BY SPECIALIST
特色灯具由专业人员指定
FEATURE LANTERN BY SPECIALIST.
深米黄色荔枝面天然花岗岩贴面
NATURAL GRANITE CLADDING: LYCHEE COLOR: DARK BEIGE
黑色光面花岗岩贴面
NATURAL GRANITE CLADDING: POLISHED COLOR: BLACK
黑色光面花岗岩贴面
NAT. GRANITE CLADDING: POLISHED COLOR: BLACK
2400
22.65
CARVED SOLID GRANITE: POLISHED COLOR: BLACK
黑色光面曲型花岗岩
混合米黄色荔枝面花岗岩
带状任意切割
RANDOM SIZE CUT GRANITE IN HORIZONTAL BAND: LYCHEE COLOR: MIX BEIGE
5000
2400 Φ
1000 Φ
荔枝面50MM厚花岗岩
放射状切割
RADIAL CUT X 50 MM THK. NAT. GRANITE LYCHEE FINISH
1200 Φ
BASIN
小区围墙
PERIMETER FENCE
特色景墙
FEATURE WALL
人行道
SIDEWALK
车行道
DRIVEWAY
岗亭
GUARD HOUSE
车行道
DRIVEWAY
人行道
SIDEWALK
特色围墙
FEATURE WALL
边界围墙
PERIMETER FENCE
3000
镜像另一面
标志板
SIGNAGE BLOCK
退线
TYPICAL FENCE DESIGN
标准段围墙设计
FEATURE LANTERN BY SPECIALIST
隔墙
PARTY WALL
特色座凳
FEATURE SEAT WALL
特色水景
WATER FEATURE
绿篱
HEDGE
50MM厚防腐木地板
50 MM THK. TREATED TIMBER DECK
坐墙：混凝土结构，20mm厚自然花岗岩贴面，顶面黑色磨光面，侧面为粗面
20mm不锈钢围栏
RAILING WITH STAINLESS STEEL FRAMES AND 20MM. THK. GLASS
22.25
WL=22.00
FL=22.65
局部湖面
PART OF LAKE
SUNKEN SEATING AREA
下沉座椅
太平台
DECK
休息座椅区
SEATING AREA
特色水景
WATER FEATURE
种植区
PLANTING
特色水景大样
SUNKEN SEATING

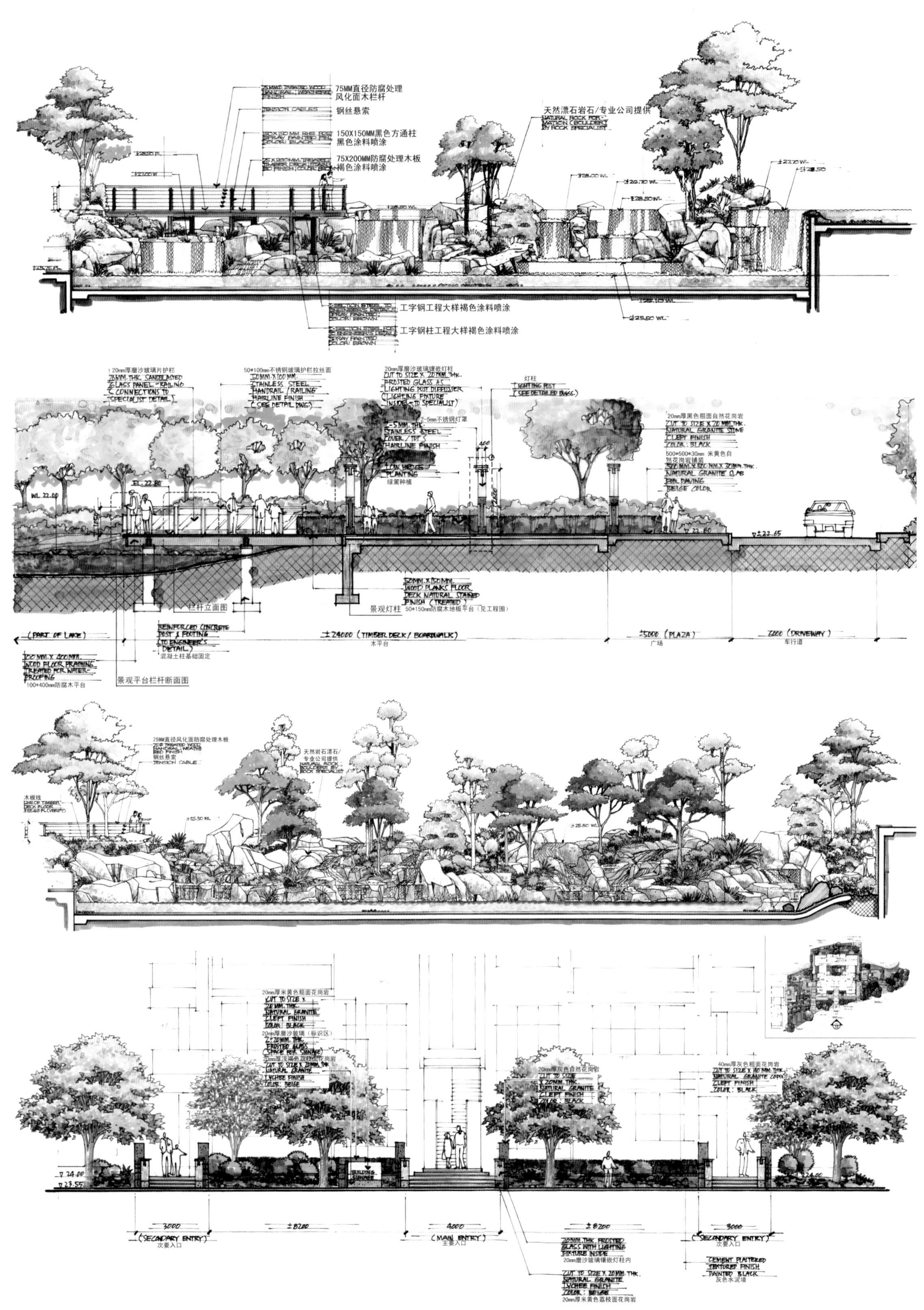

75MM直径防腐处理
风化面木栏杆
钢丝悬索
150X150MM黑色方通柱
黑色涂料喷涂
75X200MM防腐处理木板
褐色涂料喷涂
天然漂石岩石/专业公司提供
工字钢工程大样褐色涂料喷涂
工字钢柱工程大样褐色涂料喷涂
20mm厚磨沙玻璃片护栏
50*100mm不锈钢玻璃护栏拉丝面
20mm厚磨沙玻璃镶嵌灯柱
灯柱
LIGHTING POST
2-5mm不锈钢灯罩
绿篱种植
20mm厚黑色粗面自然花岗岩
NATURAL GRANITE STONE
CLEFT FINISH
COLOR: BLACK
500*500*30mm 米黄色自然花岗岩铺装
BEIGE COLOR
栏杆立面图
景观灯柱
50*150mm防腐木地板平台（见工程图）
(PART OF LAKE)
±24000 (TIMBER DECK / BOARDWALK)
木平台
±5000 (PLAZA)
广场
7200 (DRIVEWAY)
车行道
混凝土柱基础固定
景观平台栏杆断面图
100*400mm防腐木平台
75MM直径风化面防腐处理木板
钢丝悬索
TENSION CABLE
天然岩石漂石/专业公司提供
木板线
20mm厚米黄色粗面花岗岩
20mm厚磨沙玻璃（标识区）
20mm厚灰色自然花岗岩
40mm厚灰色粗面花岗岩
3000
±8200
4000
±8200
3000
(SECONDARY ENTRY)
次要入口
(MAIN ENTRY)
主要入口
20mm磨沙玻璃镶嵌灯柱内
20mm厚米黄色荔枝面花岗岩
CEMENT PLASTERED
TEXTURED FINISH
PAINTED BLACK
灰色水泥墙

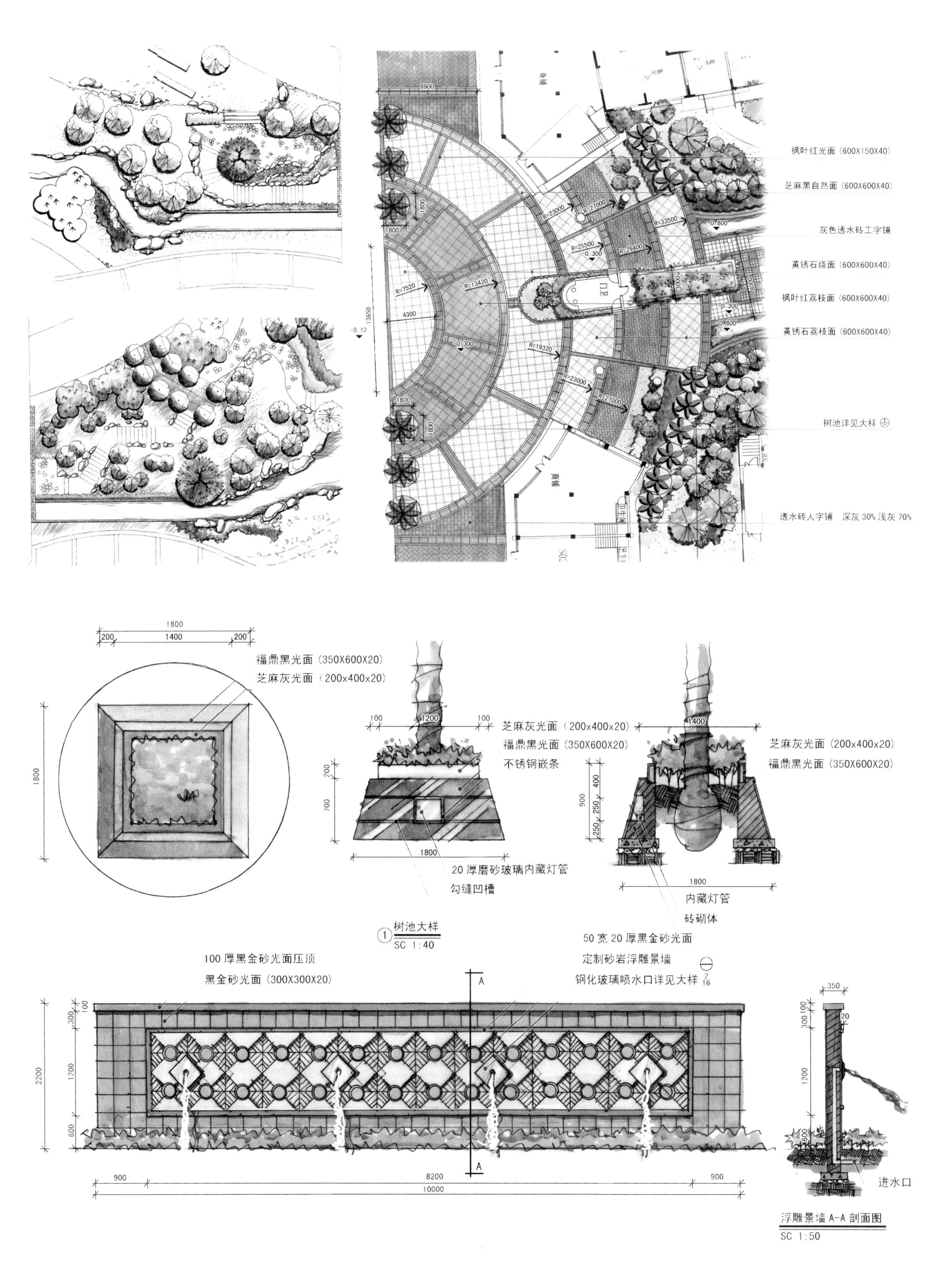
枫叶红光面（600X150X40）
芝麻黑自然面（600X600X40）
灰色透水砖工字铺
黄锈石烧面（600X600X40）
枫叶红荔枝面（600X600X40）
黄锈石荔枝面（600X600X40）
树池详见大样
透水砖人字铺　深灰 30% 浅灰 70%
福鼎黑光面（350X600X20）
芝麻灰光面（200x400x20）
芝麻灰光面（200x400x20）
福鼎黑光面（350X600X20）
不锈钢嵌条
20 厚磨砂玻璃内藏灯管
勾缝凹槽
芝麻灰光面（200x400x20）
福鼎黑光面（350X600X20）
内藏灯管
砖砌体
树池大样
SC 1:40
100 厚黑金砂光面压顶
黑金砂光面（300X300X20）
50 宽 20 厚黑金砂光面
定制砂岩浮雕景墙
钢化玻璃喷水口详见大样
进水口
浮雕景墙 A-A 剖面图
SC 1:50

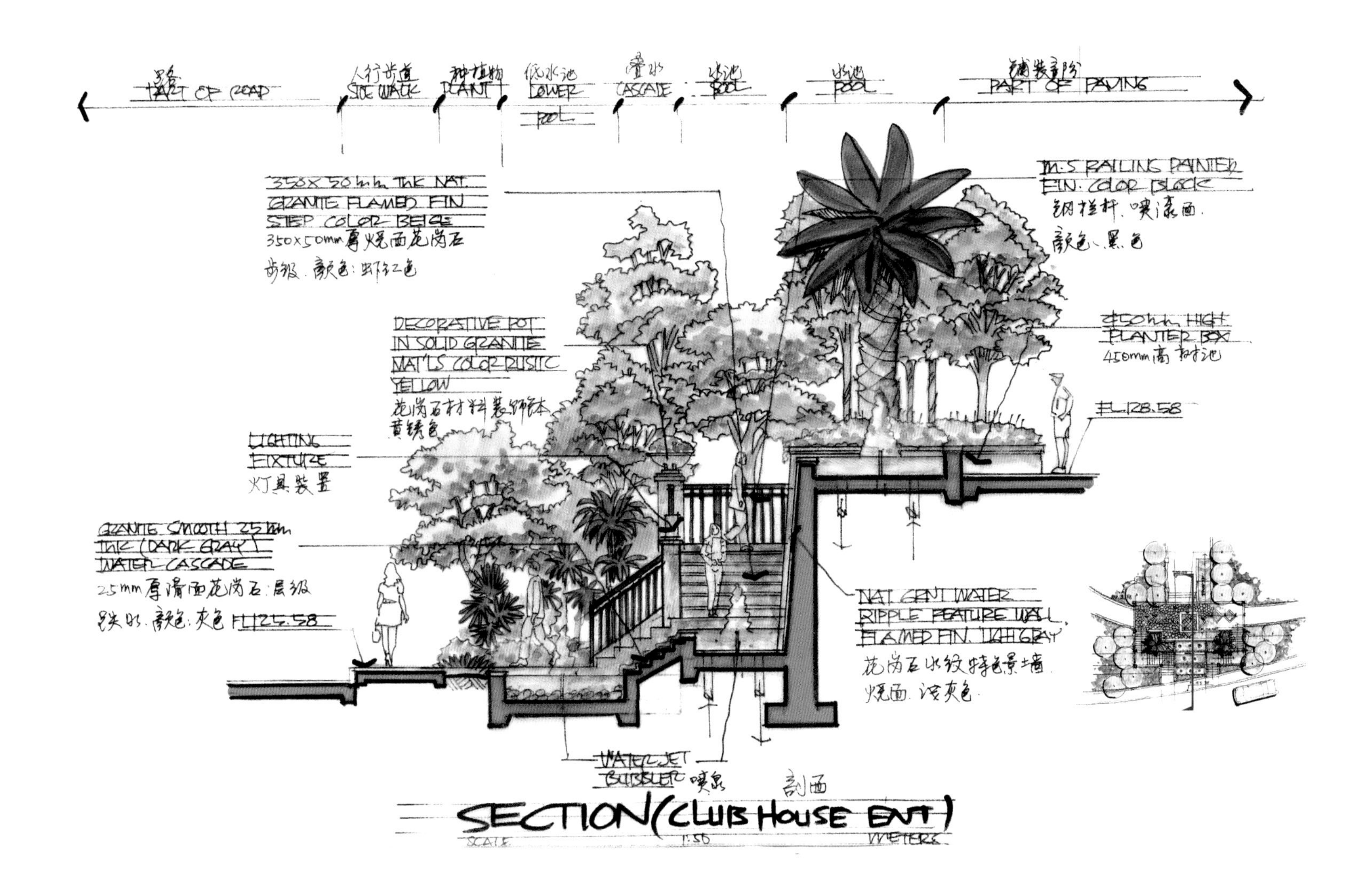
路
PART OF ROAD
人行步道
SIDE WALK
种植物
PLANT
低水池
LOWER
POOL
叠水
CASCADE
水池
POOL
水池
POOL
铺装部分
PART OF PAVING
350X50mm THK NAT. GRANITE FLAMED FIN STEP COLOR BEIGE
350x50mm厚烧面花岗石
步级、颜色：虾红色
M.S RAILING PAINTED FIN. COLOR BLACK
钢栏杆、喷漆面、
颜色、黑色
DECORATIVE POT IN SOLID GRANITE MAT'LS COLOR RUSTIC YELLOW
花岗石材料装饰体
黄锈色
450mm HIGH PLANTER BOX
450mm高种植池
EL.128.58
LIGHTING FIXTURE
灯具装置
GRANITE SMOOTH 25mm THK (DARK GRAY) WATER CASCADE
25mm厚滑面花岗石：层级
跌水、颜色：灰色
FL125.58
NAT. GRNT WATER RIPPLE FEATURE WALL FLAMED FIN. LIGHT GRAY
花岗石水纹特色景墙
烧面、浅灰色
WATER JET BUBBLER 喷泉
剖面
SECTION (CLUB HOUSE ENT)
SCALE 1:50 METERS

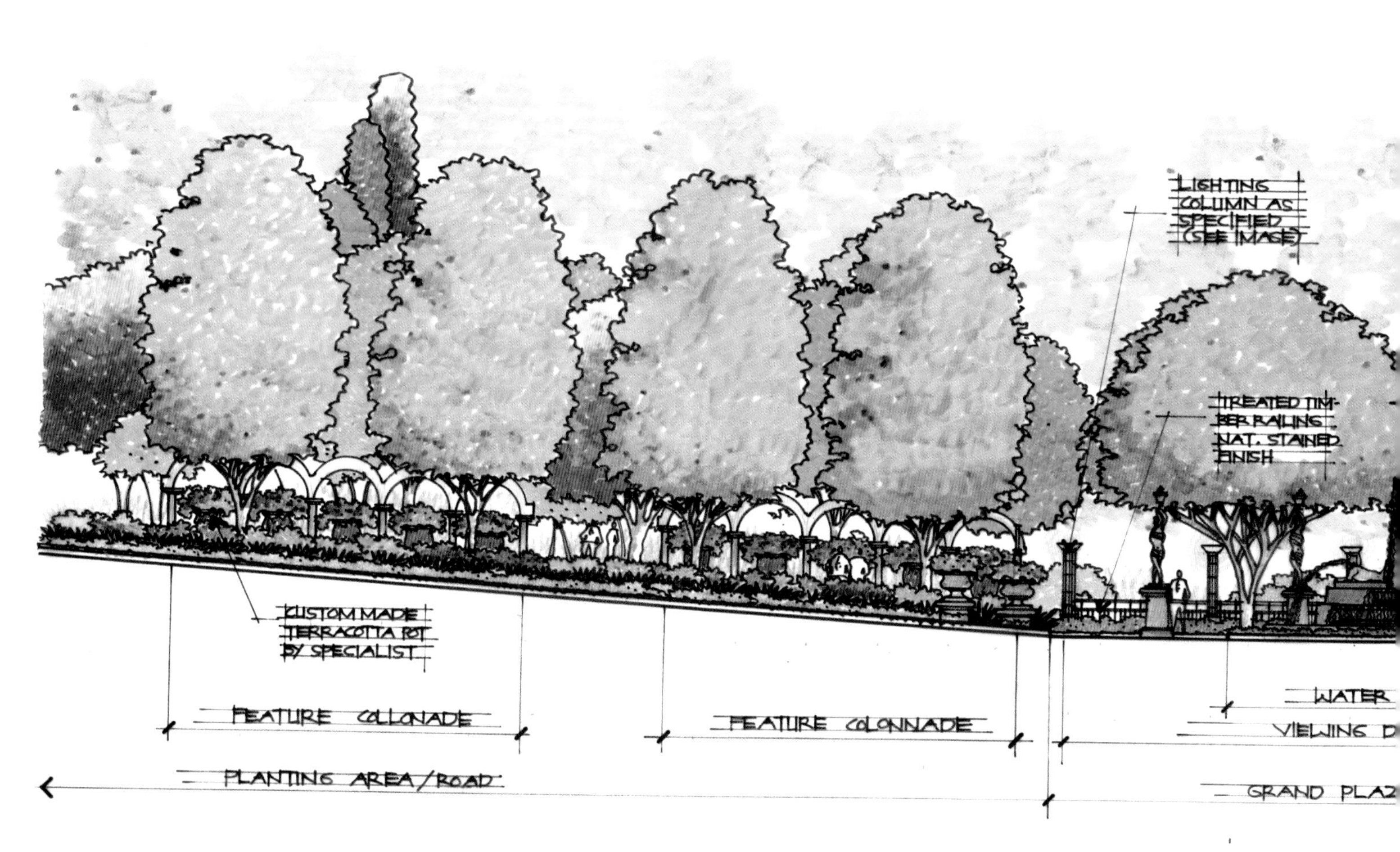
LIGHTING COLUMN AS SPECIFIED (SEE IMAGE)
TREATED TIMBER RAILING NAT. STAINED FINISH
CUSTOM MADE TERRACOTTA POT BY SPECIALIST
FEATURE COLLONADE
FEATURE COLONNADE
PLANTING AREA/ROAD
WATER
VIEWING D
GRAND PLAZ

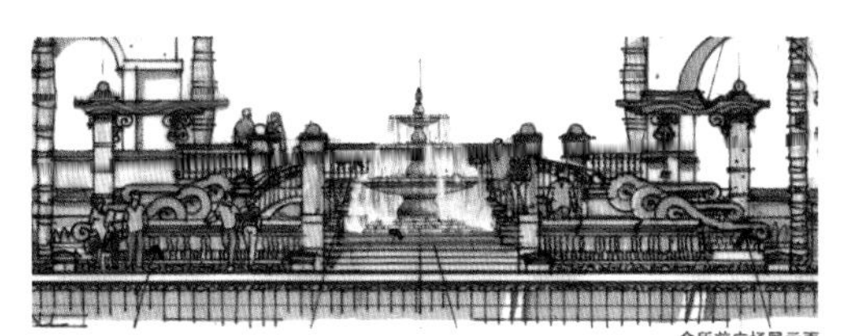

会所前广场展示面

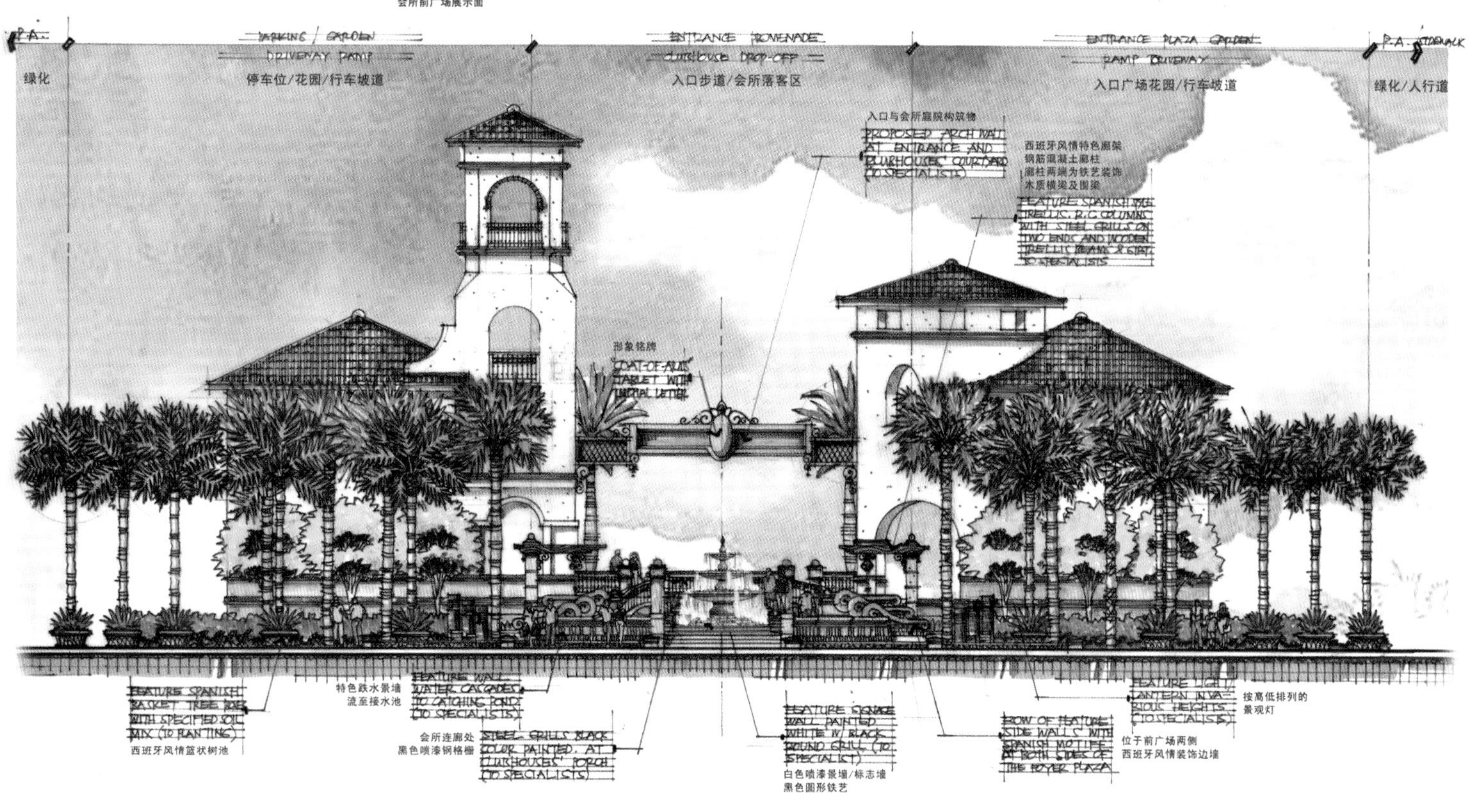

P.A.
绿化
DRIVEWAY RAMP
停车位/花园/行车坡道
入口步道/会所落客区
ENTRANCE PLAZA GARDEN
RAMP DRIVEWAY
入口广场花园/行车坡道
绿化/人行道
入口与会所庭院构筑物
PROPOSED ARCH WALL AT ENTRANCE AND CLUBHOUSES' COURTYARD (TO SPECIALISTS)
西班牙风情特色廊架
钢筋混凝土廊柱
廊柱两端为铁艺装饰
木质横梁及图梁
FEATURE SPANISH STYLE TRELLIS, R.C COLUMNS WITH STEEL GRILLS ON TWO ENDS AND WOODEN TRELLIS BEAMS & STRUT TO SPECIALISTS
形象铭牌
FEATURE SPANISH BASKET TREE BOX WITH SPECIFIED SOIL MIX (TO PLANTING)
西班牙风情篮状树池
特色跌水景墙
流至接水池
FEATURE WALL WATER CASCADES TO CATCHING POND (TO SPECIALISTS)
会所连廊处
黑色喷漆钢格栅
STEEL GRILLS BLACK COLOR PAINTED, AT CLUBHOUSES' PORCH (TO SPECIALISTS)
FEATURE SIGNAGE WALL PAINTED WHITE W/ BLACK ROUND GRILL (TO SPECIALIST)
白色喷漆景墙/标志墙
黑色圆形铁艺
ROW OF FEATURE SIDE WALLS WITH SPANISH MOTIFE AT BOTH SIDES OF THE FOYER PLAZA
位于前广场两侧
西班牙风情装饰边墙
FEATURE LIGHT LANTERN IN VARIOUS HEIGHTS (TO SPECIALISTS)
按高低排列的
景观灯

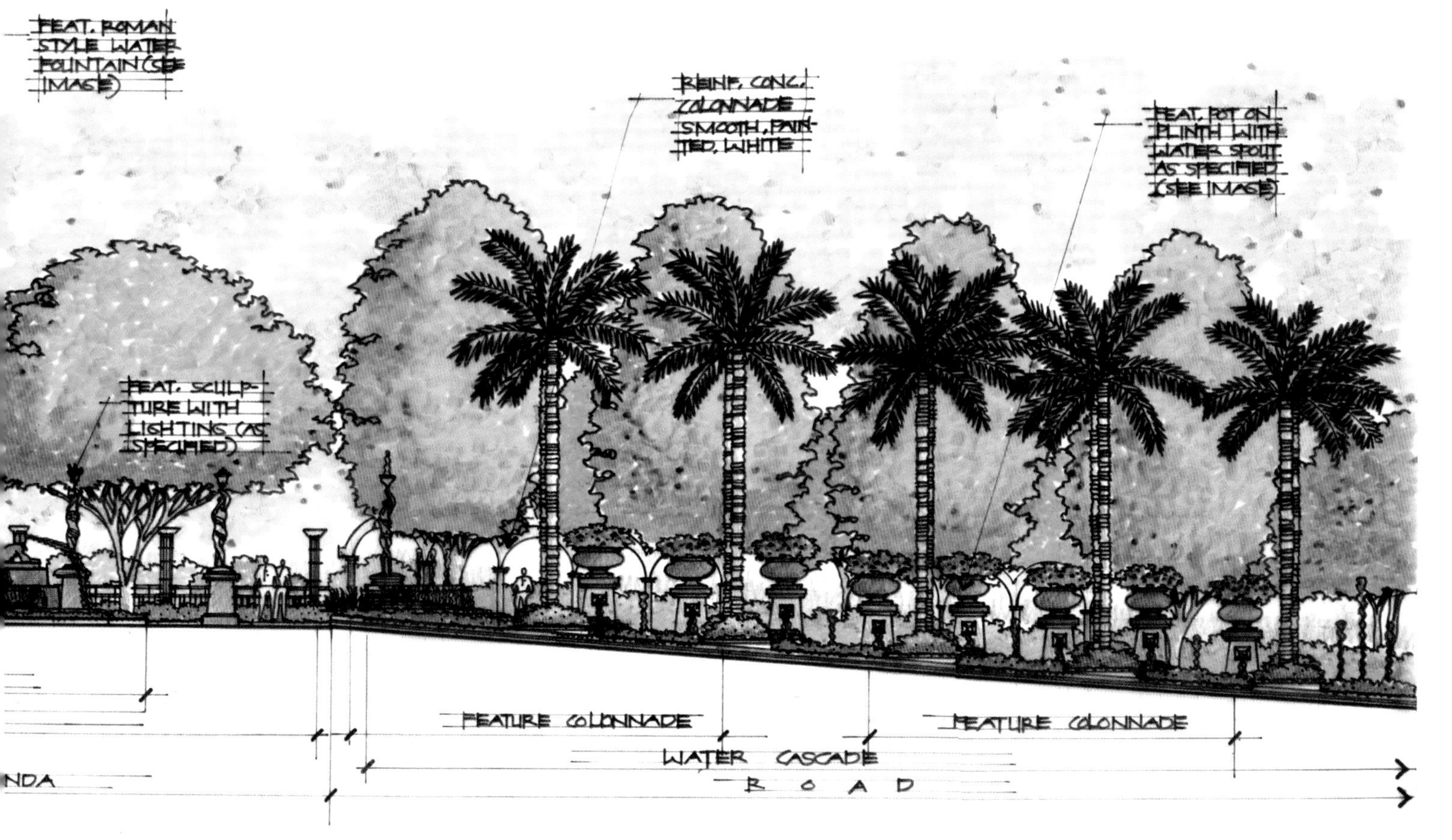

FEAT. ROMAN STYLE WATER FOUNTAIN (SEE IMAGE)
REINF. CONC. COLONNADE SMOOTH, PAINTED, WHITE
FEAT. POT ON PLINTH WITH WATER SPOUT AS SPECIFIED (SEE IMAGE)
FEAT. SCULPTURE WITH LIGHTING (AS SPECIFIED)
FEATURE COLONNADE
FEATURE COLONNADE
WATER CASCADE
NDA
R O A D

主入口岗亭正立面图

米黄色涂料
深灰色铝合金门
5.00
0.80
±0.00

主入口岗亭侧立面图

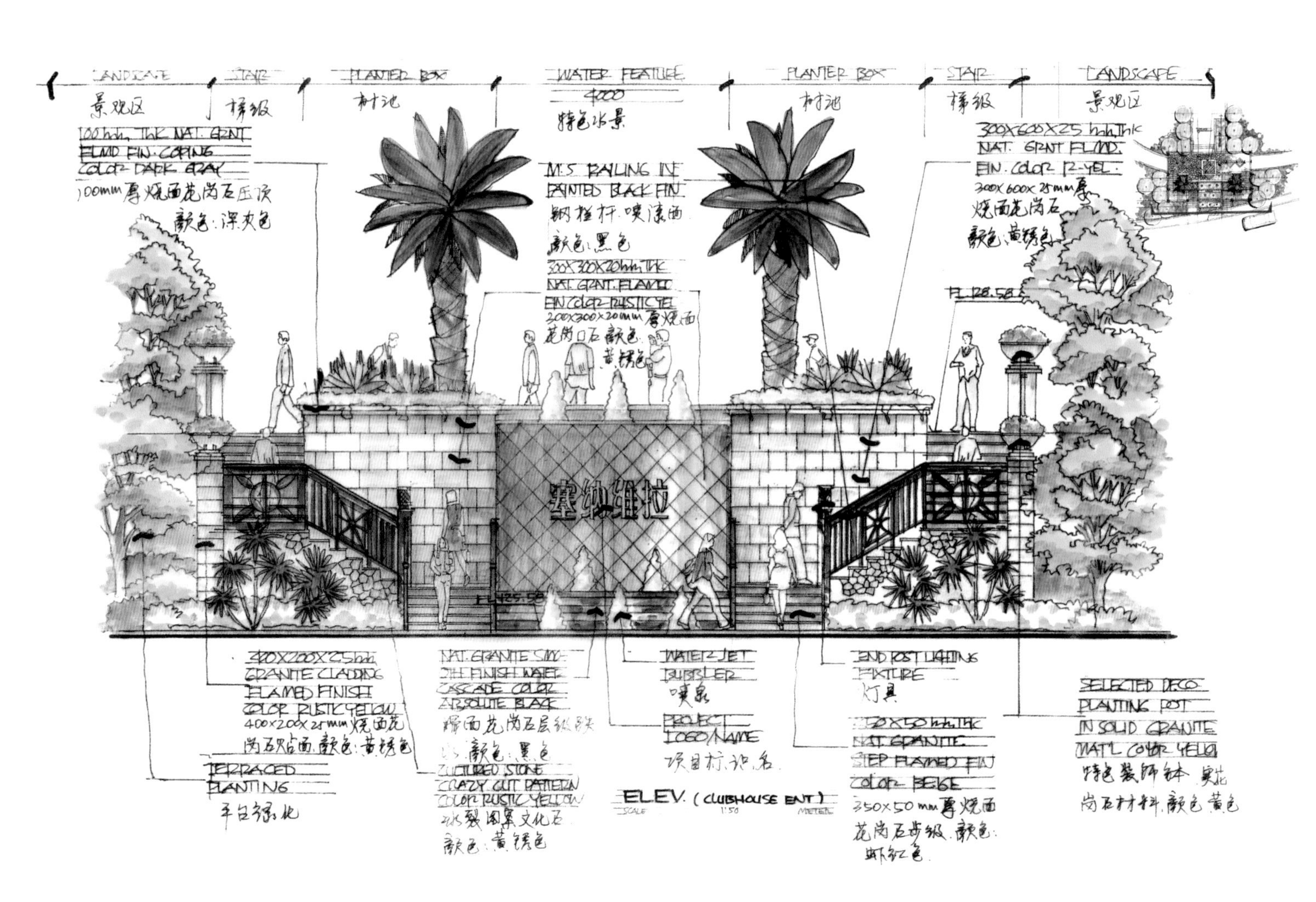

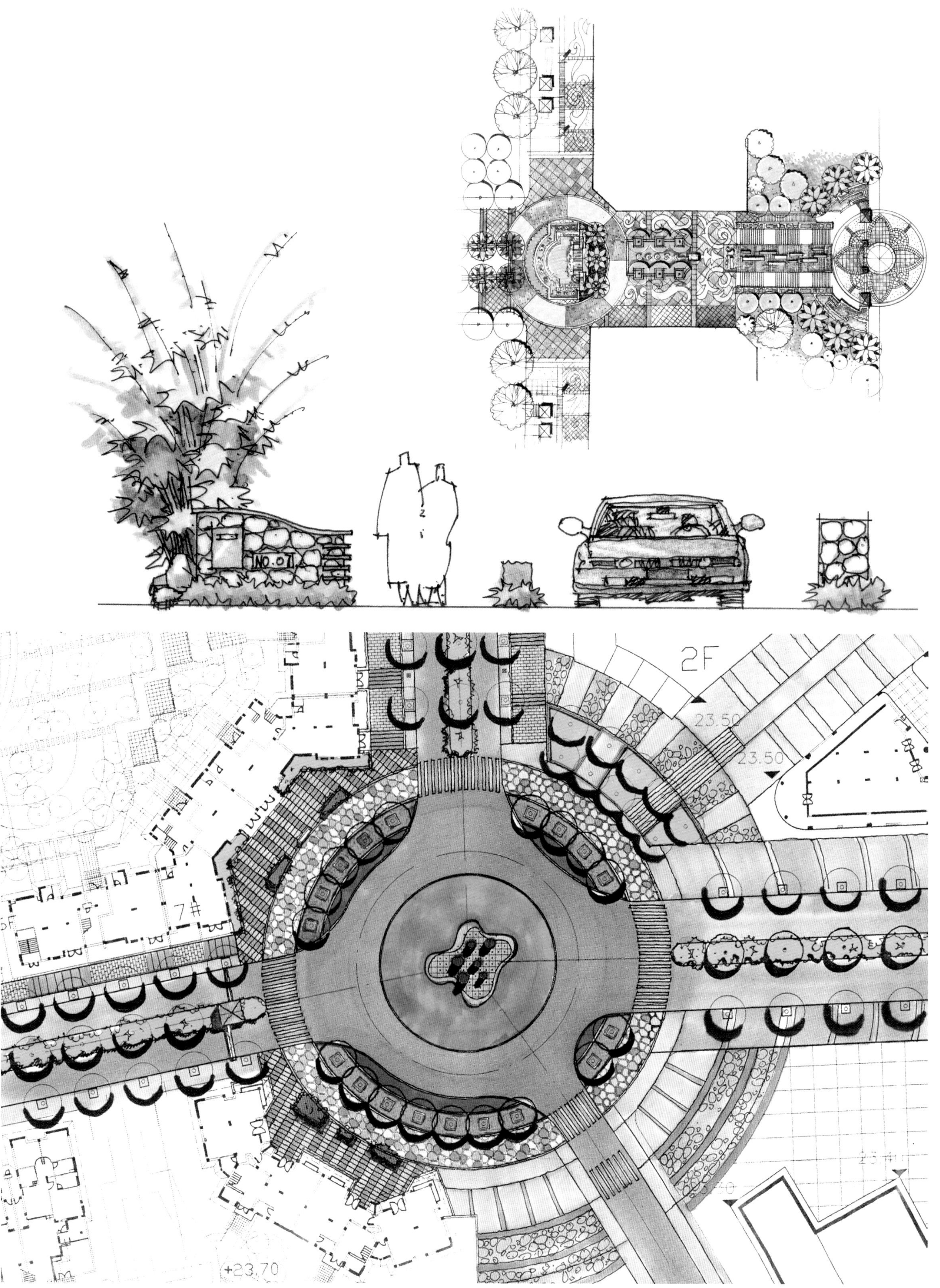
NO.07
2F
23.50
23.50
7#
+23.70

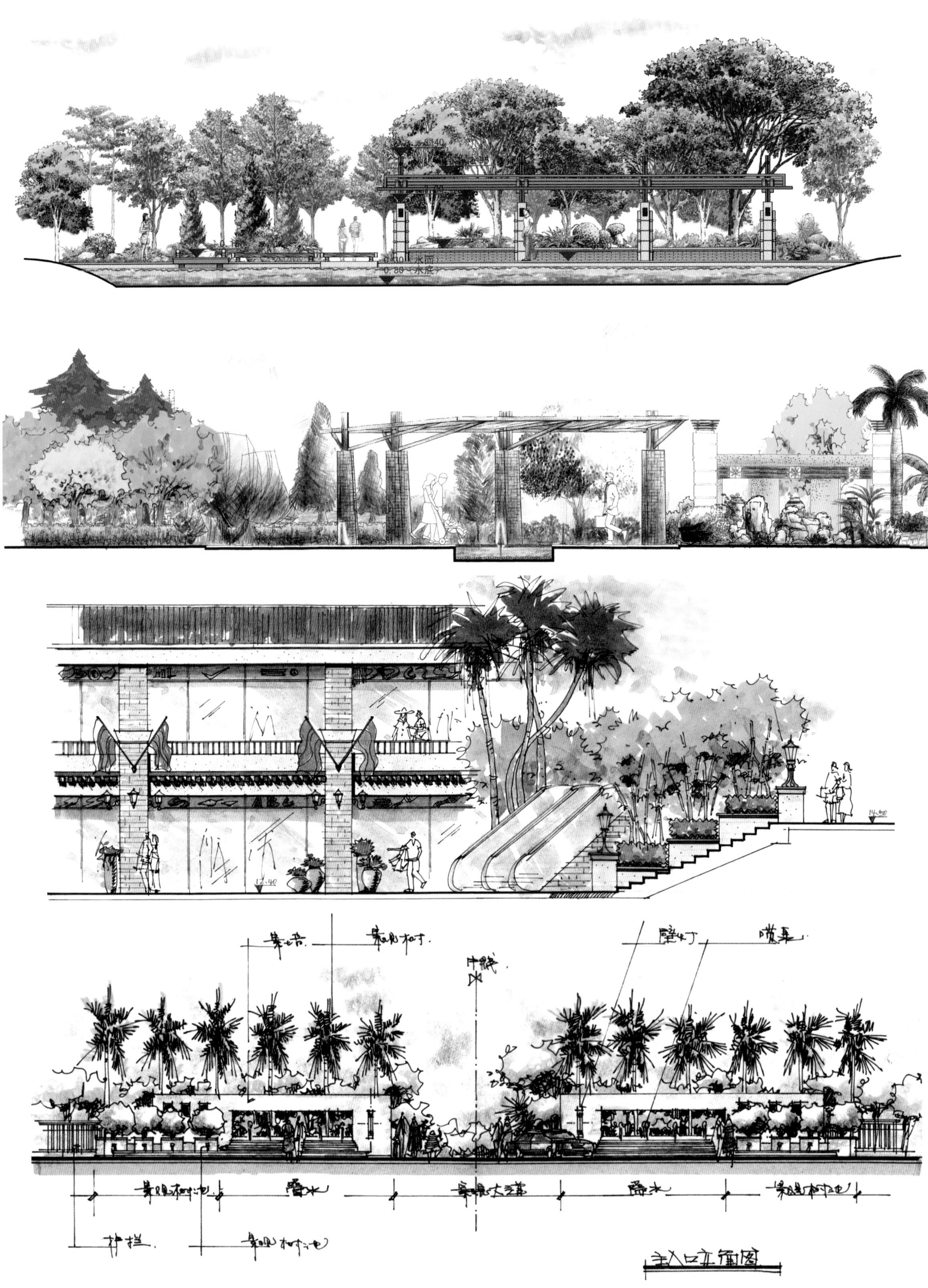
主入口立面图

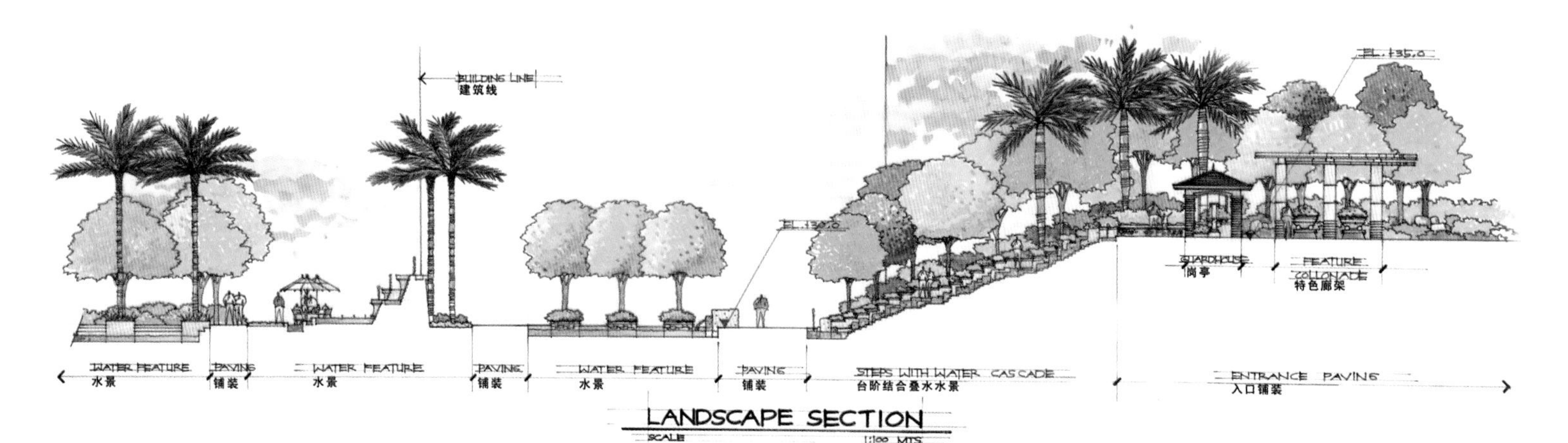

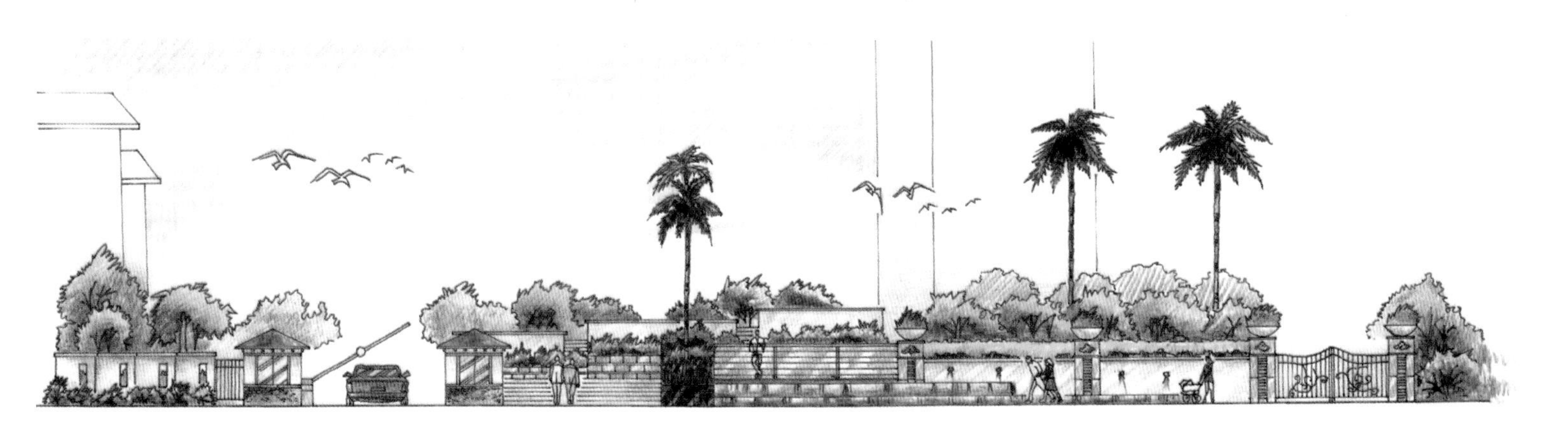

PP-01节点B-B剖面　1：30

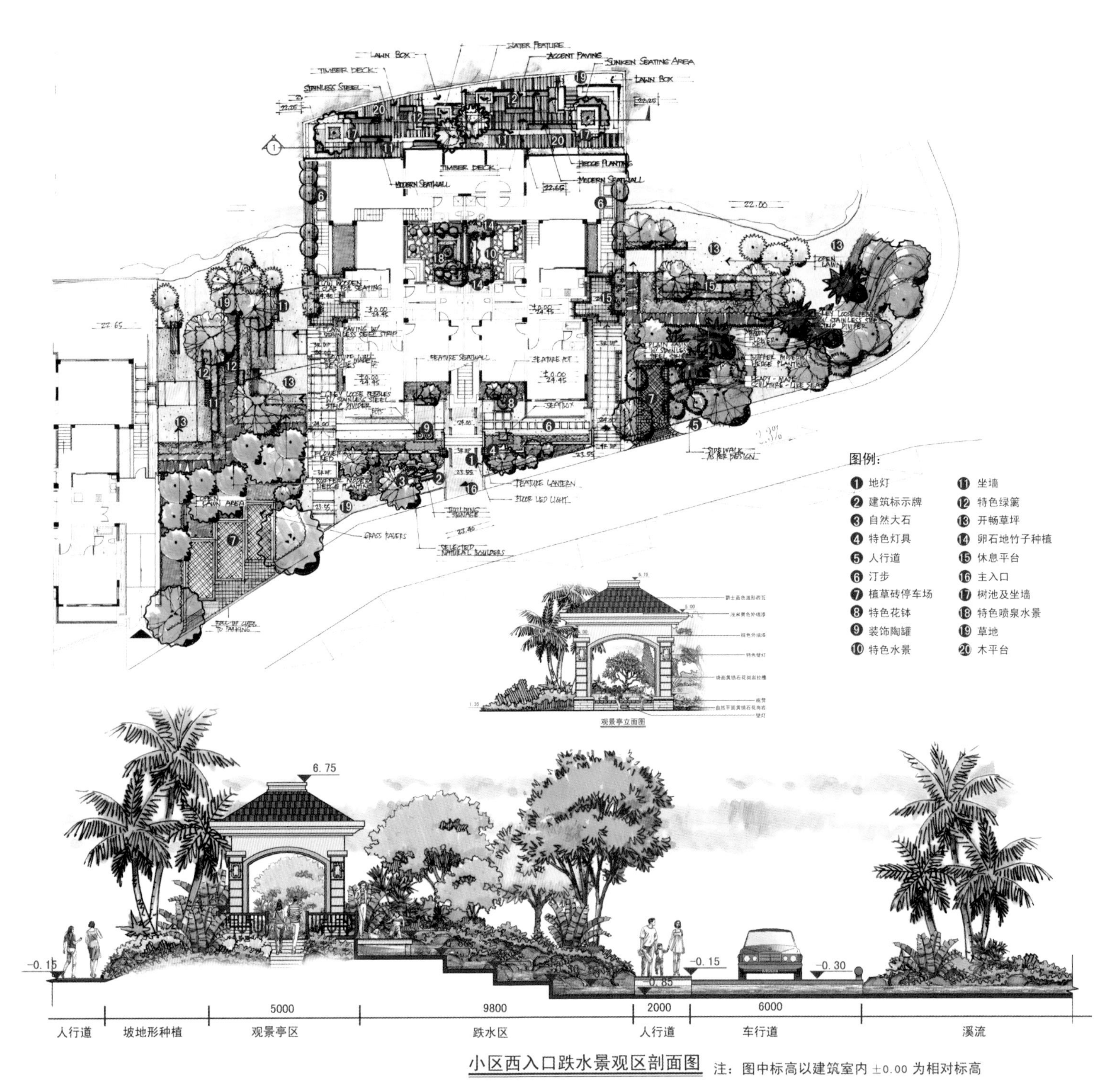

小区西入口跌水景观区剖面图　注：图中标高以建筑室内 ±0.00 为相对标高

PRE-FABRICATED BIRD MOTIF STEEL FENCE BY MANUFACTURER
浮雕景墙，由专家指定

RIGID STEEL SECTION, BLACK COLOR, SPRAY PAINTED.
钢结构，黑色喷漆

PRE-FABRICATED POT BY MANUFACTURER BEIGE COLOR
米色成品特色花钵

RANDOMLY LAID CULTURED STONE, RUSTIC BROWN AND YELLOW COLOR
锈棕色 黄色文化石，如图拼贴

CUT TO SIZE x 25 MM. THK. NATURAL GRANITE HONED FINISH, COLOR TO MATCH COLOR OF BUILDING
细磨面花岗岩，颜色同建筑相协调

25 MM. x 3 MM. THK. GALVANIZED FLAT BAR SPRAY PAINTED FINISH, BLACK COLOR.
铁艺大门，黑色喷漆，图案如图

60 x 100 MM. TUBULAR GALVANIZED HOLLOW SECTION (GMS) SPRAY PAINTED, BLACK COLOR
空心钢大门外框，黑色喷漆

1800　4000　500 600　±2400　600 500　4000　1800

TYPICAL

PLANTING AS SPECIFIED
指定植物

PRE-FABRICATED POT, TERRACOTTA COLOR BY MANUFACTURER
特色成品花钵

ENTRANCE GATE ELEVATION

SCALE 1:50 M

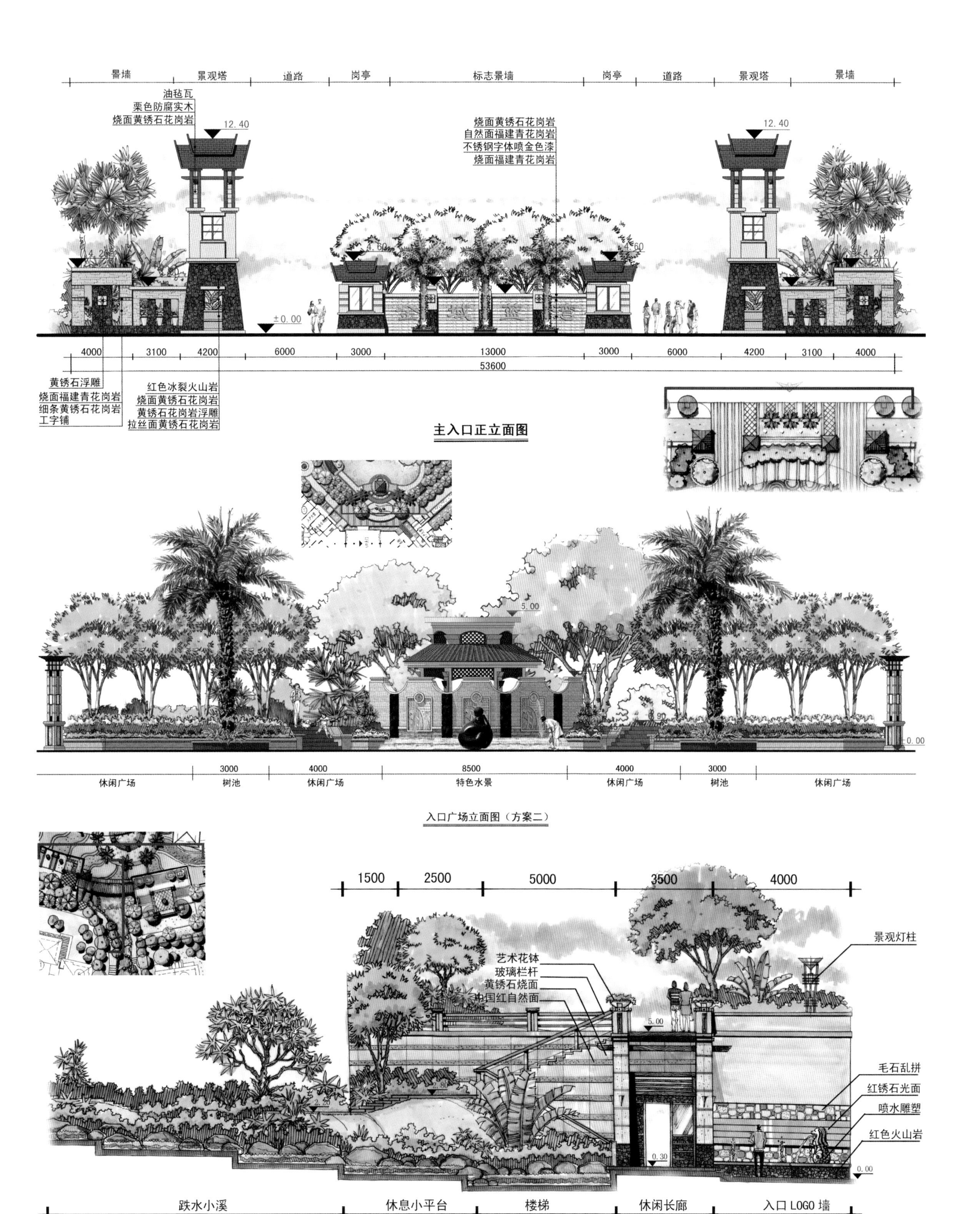

主入口正立面图

入口广场立面图（方案二）

② 北入口侧立面示意图

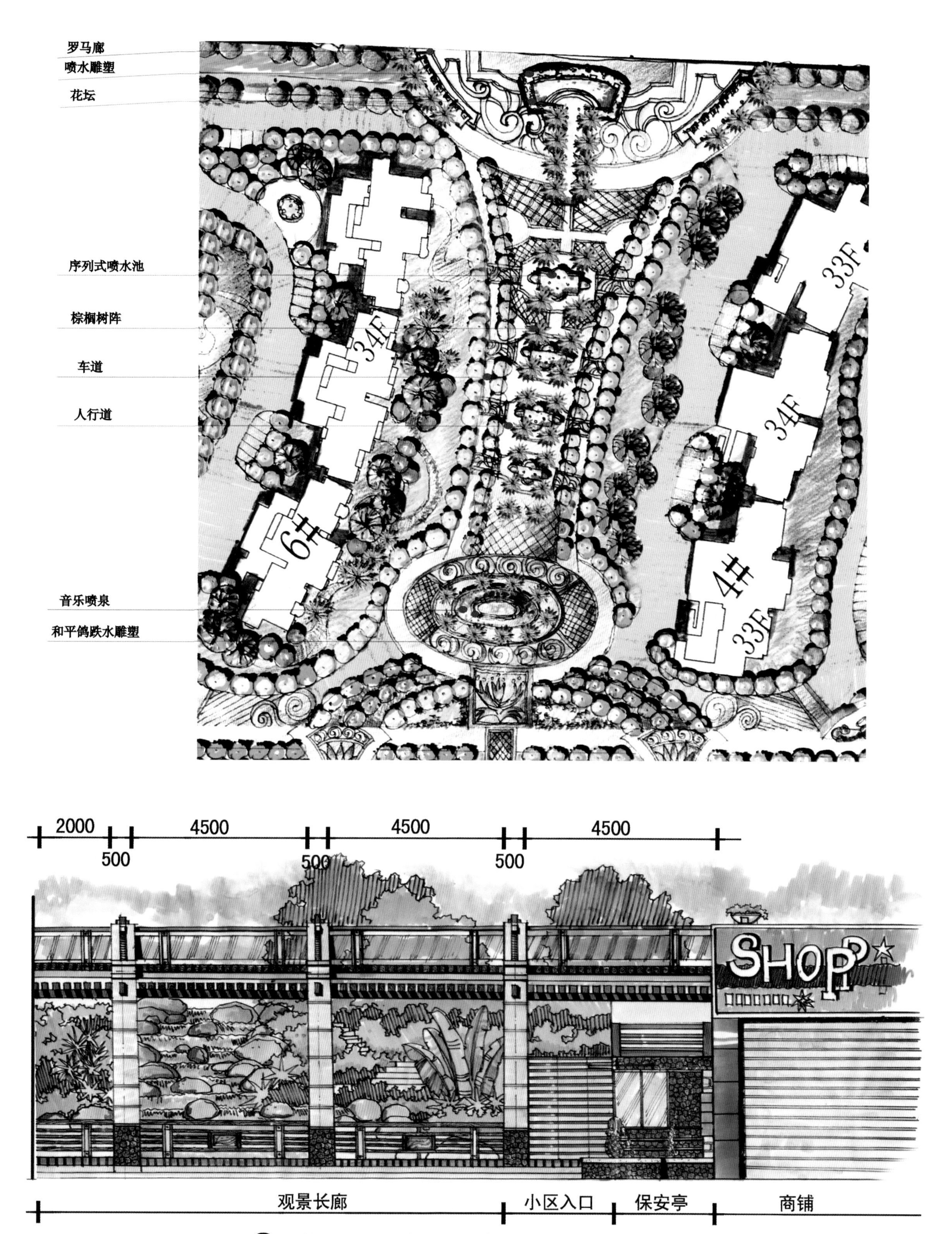
罗马廊
喷水雕塑
花坛
序列式喷水池
棕榈树阵
车道
人行道
音乐喷泉
和平鸽跌水雕塑
34F
6#
33F
34F
4#
33F
2000
4500
4500
4500
500
500
500
SHOP
观景长廊
小区入口
保安亭
商铺

① 北入口正立面示意图

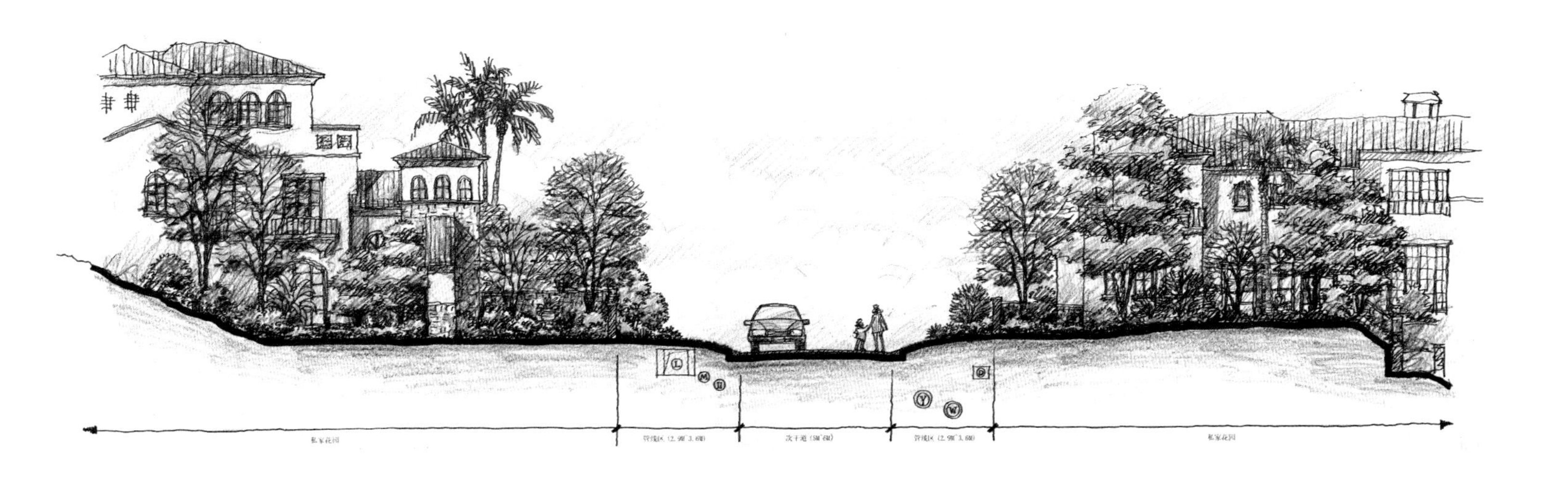

SIGNAGE WALL
LOGO景墙
ROAD
GUARDHOUSE
警卫室
ROAD
WATER FEATURE
喷泉水景
ROAD

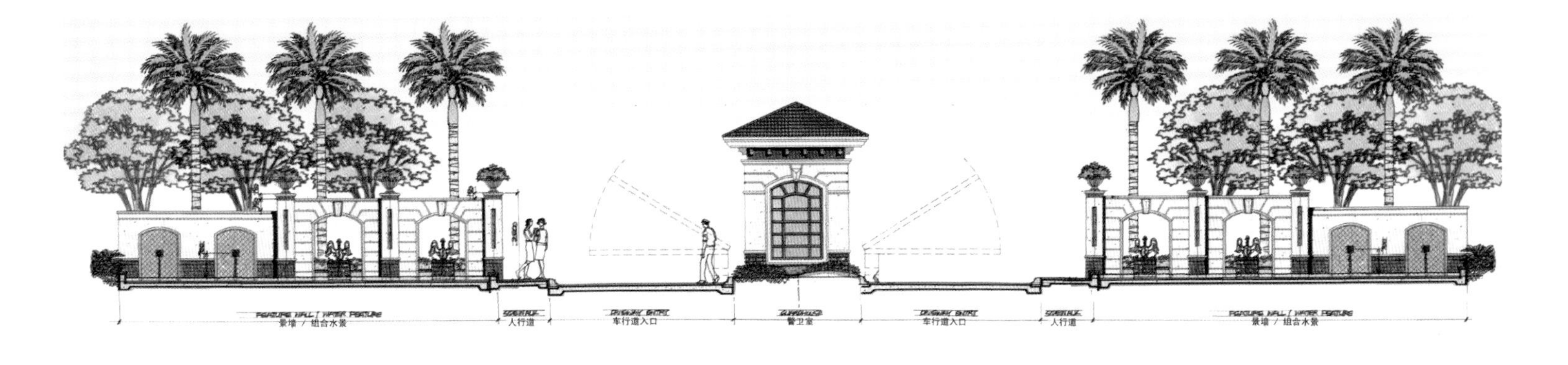
FEATURE WALL / WATER FEATURE
景墙 / 组合水景
SIDEWALK
人行道
DRIVEWAY ENTRY
车行道入口
GUARDHOUSE
警卫室
DRIVEWAY ENTRY
车行道入口
SIDEWALK
人行道
FEATURE WALL / WATER FEATURE
景墙 / 组合水景

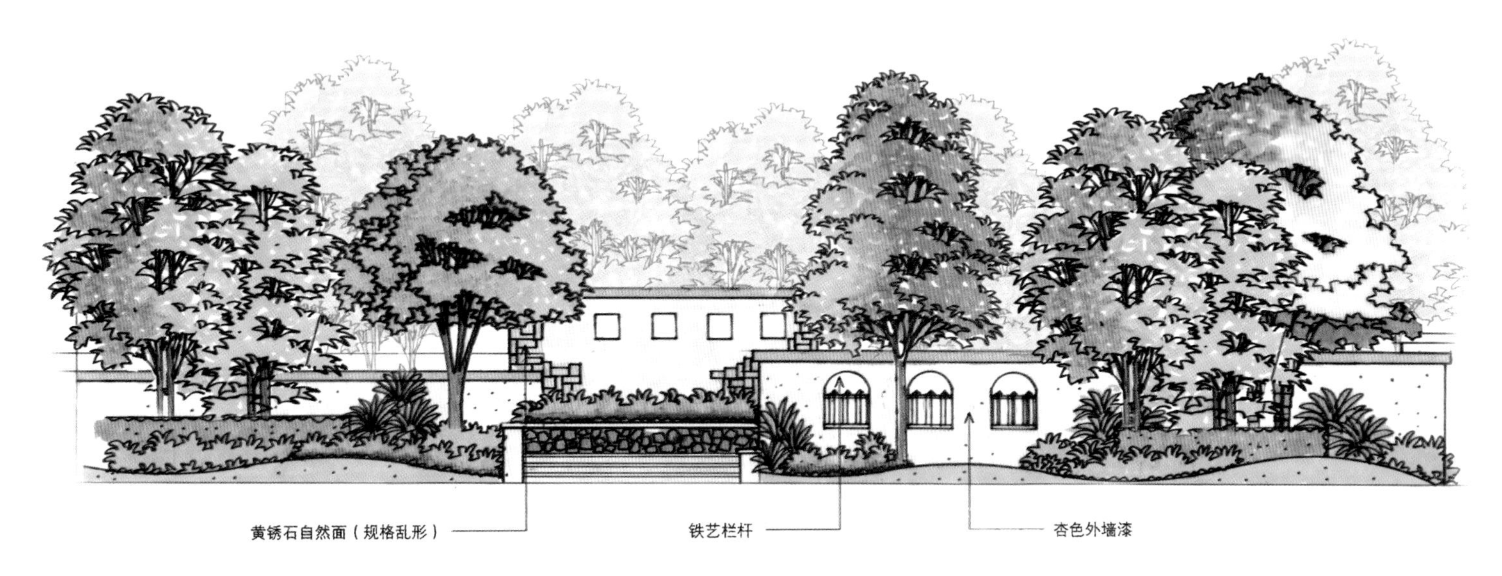
黄锈石自然面（规格乱形）
铁艺栏杆
杏色外墙漆

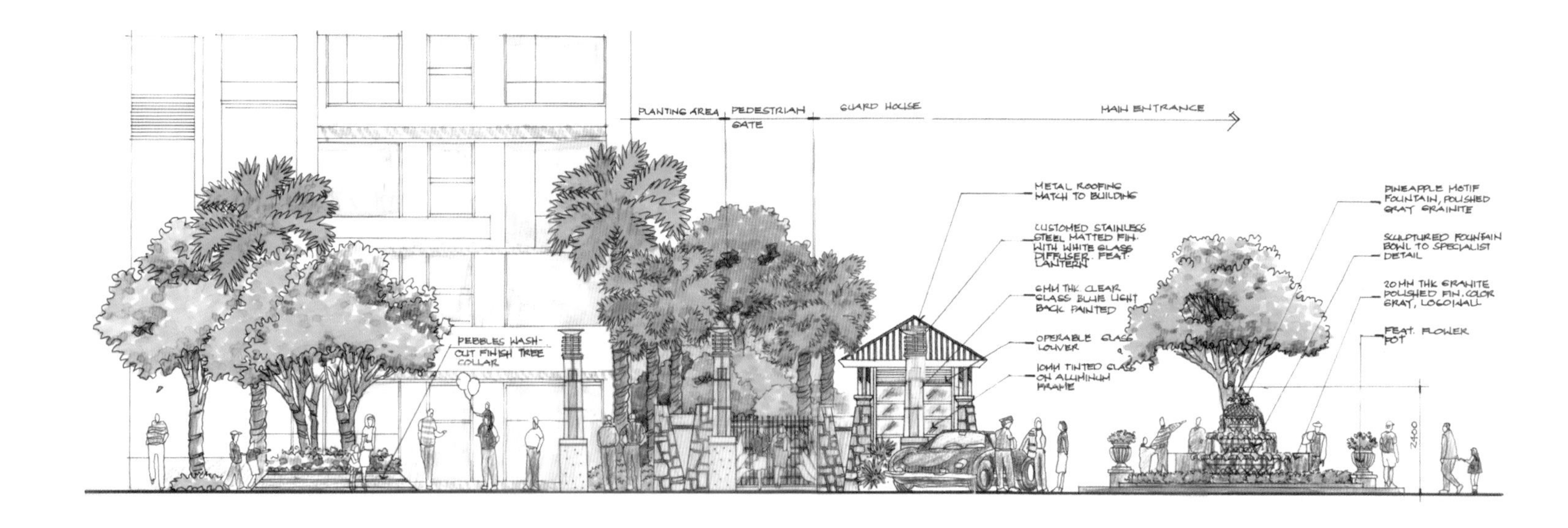
PLANTING AREA
PEDESTRIAN GATE
GUARD HOUSE
MAIN ENTRANCE
PEBBLES WASH-OUT FINISH TREE COLLAR
METAL ROOFING MATCH TO BUILDING
CUSTOMED STAINLESS STEEL MATTED FIN. WITH WHITE GLASS DIFFUSER. FEAT. LANTERN
6MM THK. CLEAR GLASS BLUE LIGHT BACK PAINTED
OPERABLE GLASS LOUVER
10MM TINTED GLASS ON ALUMINUM FRAME
PINEAPPLE MOTIF FOUNTAIN, POLISHED GRAY GRAINITE
SCULPTURED FOUNTAIN BOWL TO SPECIALIST DETAIL
20MM THK GRANITE POLISHED FIN. COLOR GRAY, LOGO WALL
FEAT. FLOWER POT
2400

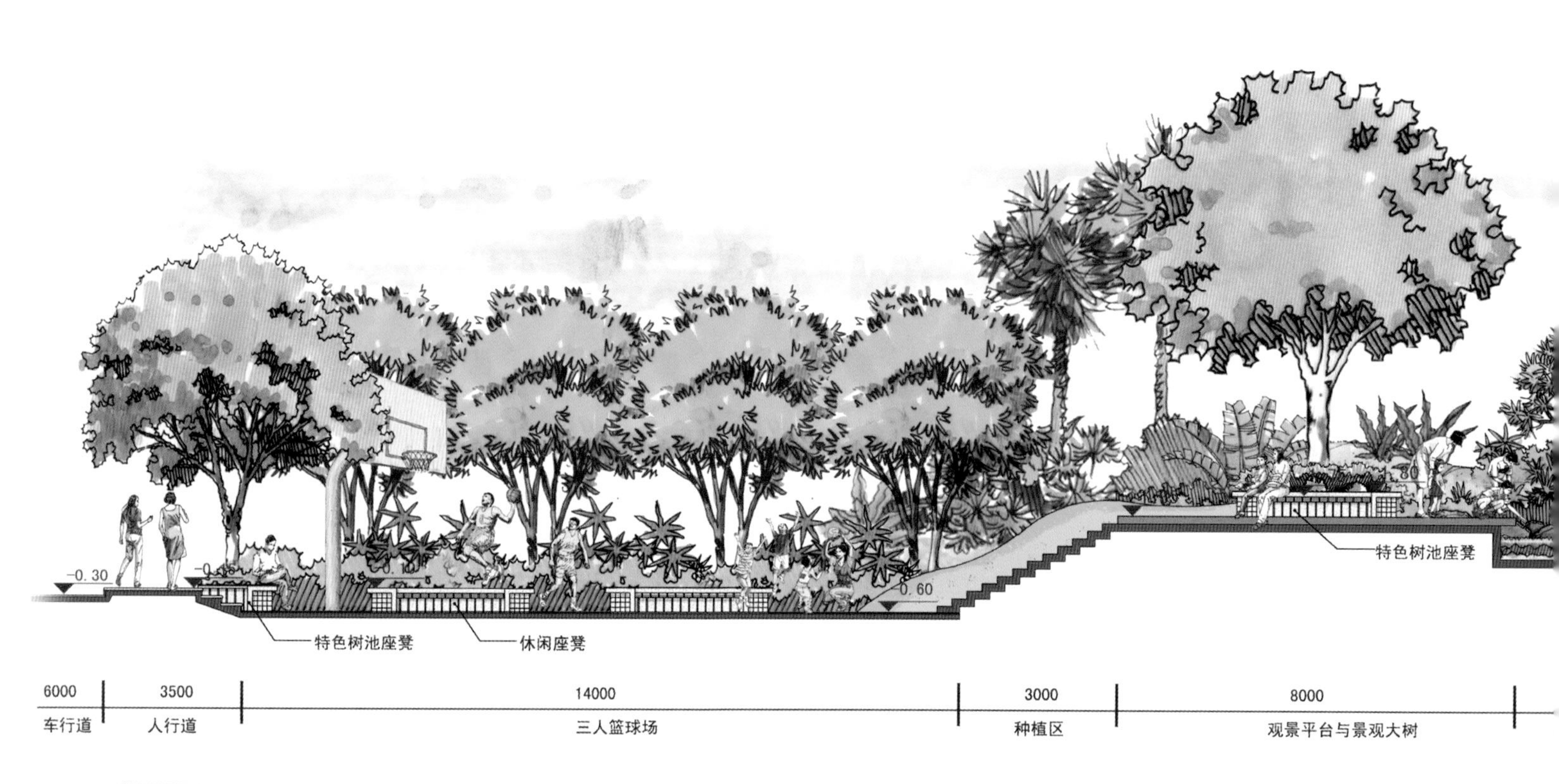
-0.30
-0.60
特色树池座凳
休闲座凳
特色树池座凳
6000
3500
14000
3000
8000
车行道
人行道
三人篮球场
种植区
观景平台与景观大树

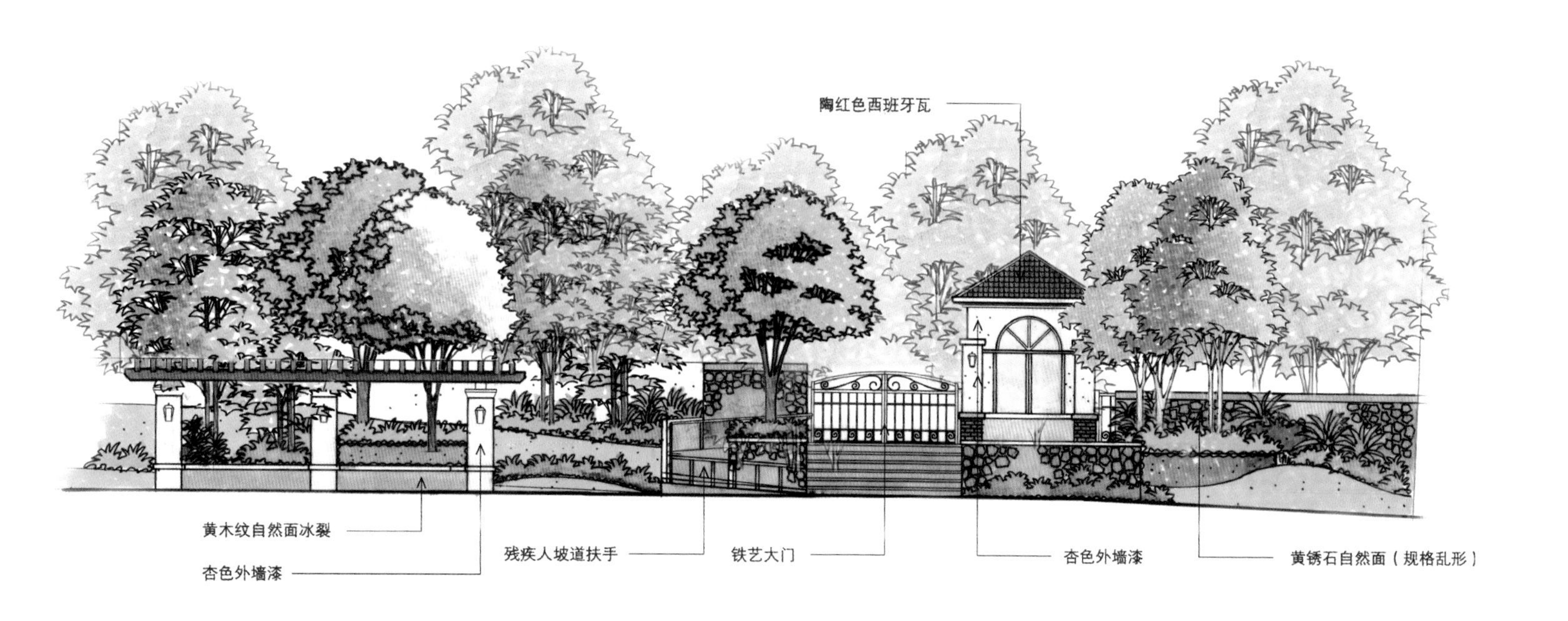
陶红色西班牙瓦
黄木纹自然面冰裂
杏色外墙漆
残疾人坡道扶手
铁艺大门
杏色外墙漆
黄锈石自然面（规格乱形）

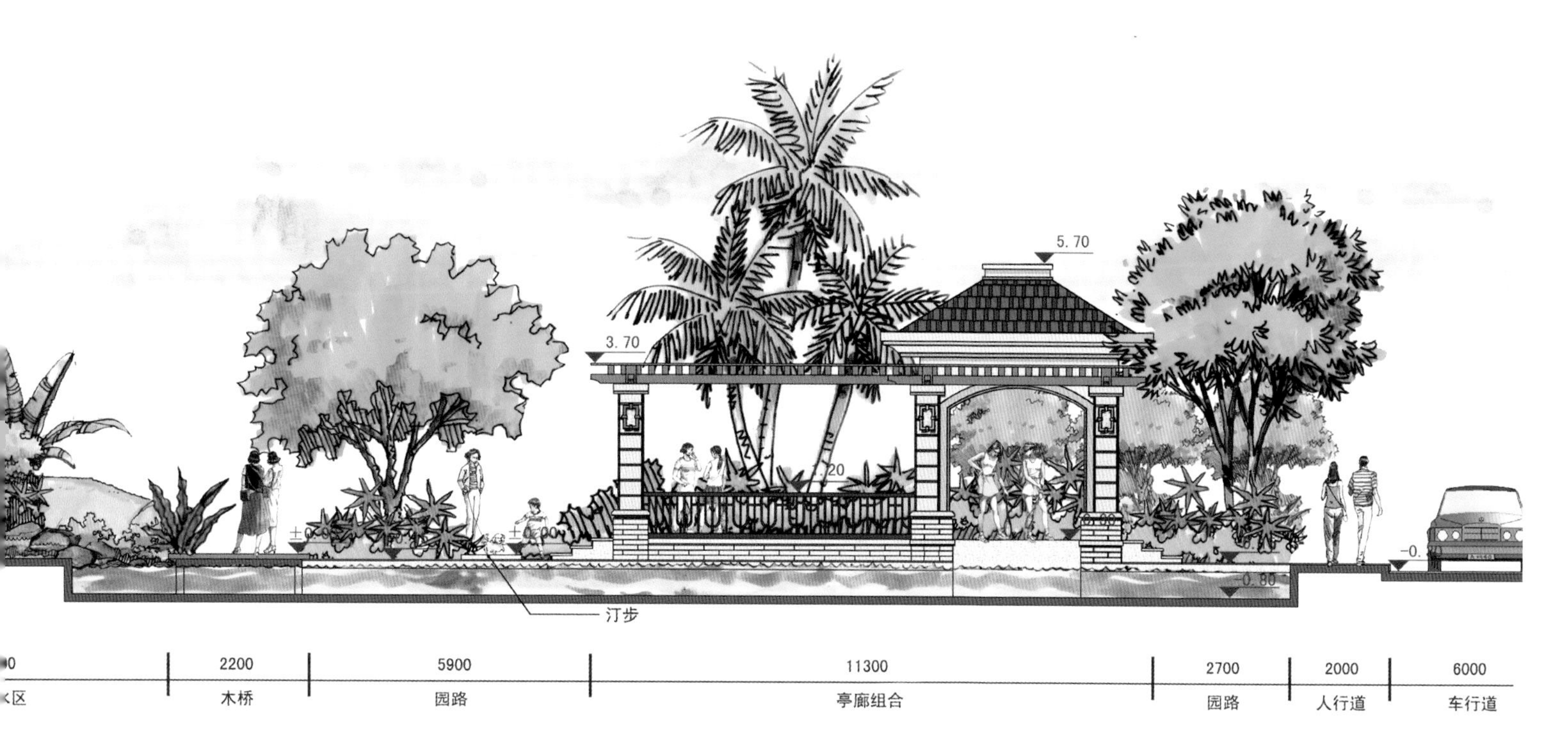
5.70
3.70
汀步
2200
5900
11300
2700
2000
6000
木桥
园路
亭廊组合
园路
人行道
车行道

SQUARE LANDSCAPE

HAND-PAINTED LANDSCAPE DETAILS DESIGN MANUAL　　手绘景观 细部设计手册

广场景观

广场是居住小区的标志，没有广场的小区是不完整的，由于缺乏高潮与序列感，居民生活的心理感受将日趋平淡，其生活也将因缺少变化而黯淡。如把广场设计成为小区的交往中心、娱乐中心、健身中心、游憩中心，其良好的活动场地，丰富的活动内容，将使其成为居民休闲的好去处，也将使居民感受到真实、自然的居住环境带来的愉悦。

小区广场的功能主要在于满足小区的人车集散、社会活动、老人活动、儿童玩耍、散步、健身等需求。其规划设计大多注重功能性，使之成为居民使用方便和舒适的小空间。活动场地的多功能性是居民使用小区的特点之一。居民的使用行为是一种自由与创造并举的行为，因此设计时需要刻意引导，否则会对小区环境造成破坏。而尽可能多的设施则是减少不良行为的有效方法，当设计者的预见性高于居民的创造性时，居民的不良行为则没有滋生的土壤。小区广场应避免在萧瑟的秋冬季节变成空旷的通风道，在炎热的夏季则成为一个大热锅，设计者在进行规划设计时，可采取各种有效的方法使之秋冬避风向阳，夏季通风阴凉。

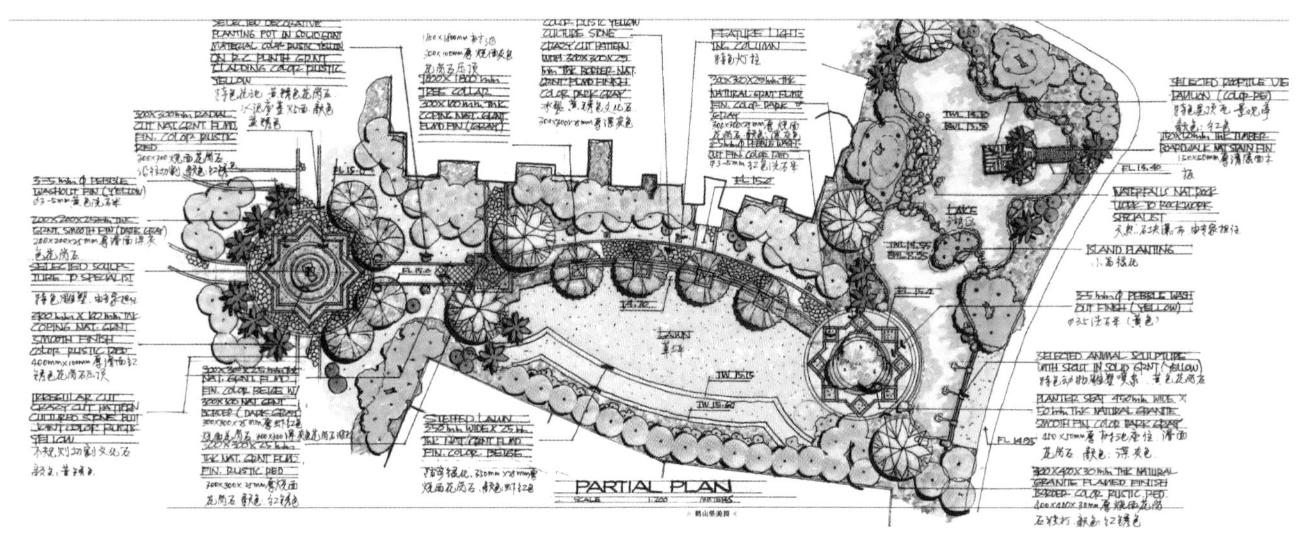

PARTIAL PLAN
SELECTED ANIMAL SCULPTURE WITH SPOUT IN SOLID GRANITE
ISLAND PLANTING
LAKE
LAWN
STEPPED LAWN

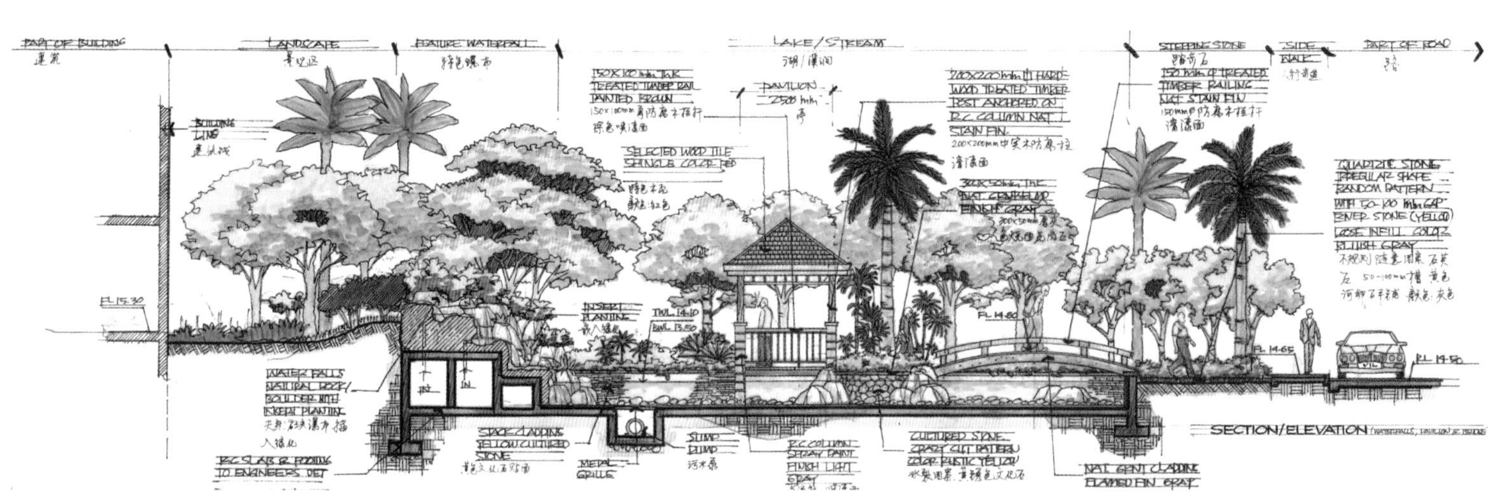

PART OF BUILDING
LANDSCAPE
FEATURE WATERFALL
LAKE / STREAM
STEPPING STONE
PART OF ROAD
PAVILION
SELECTED WOOD TILE SHINGLE COLOR RED
WATER FALLS NATURAL ROCK/BOULDER WITH FERN PLANTING
SECTION/ELEVATION

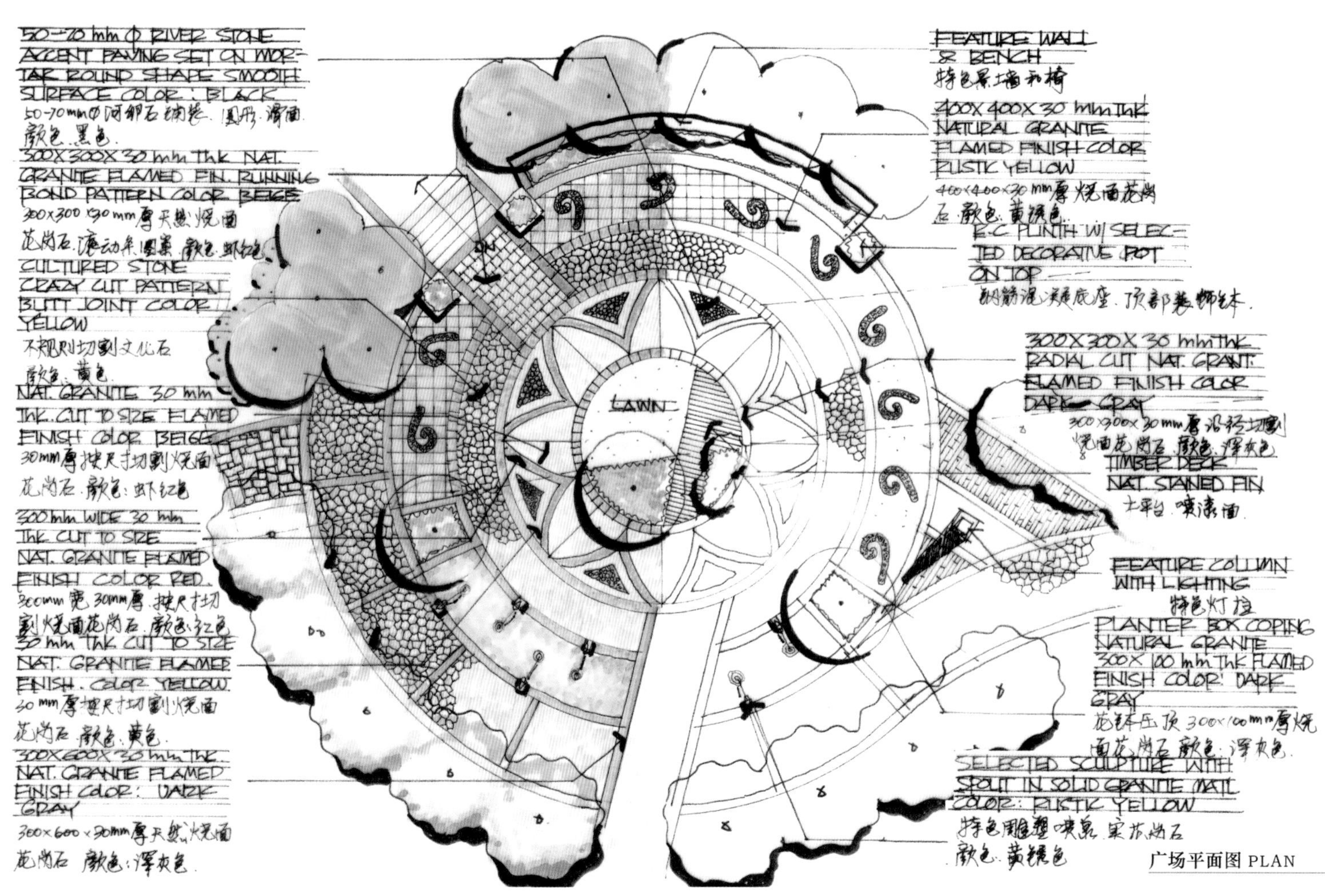

50-70 mm Φ RIVER STONE ACCENT PAVING SET ON MORTAR ROUND SHAPE SMOOTH SURFACE COLOR: BLACK
50-70mmΦ河卵石铺装. 圆形. 滑面. 颜色. 黑色.
300X300X30 mm THK NAT. GRANITE FLAMED FIN. RUNNING BOND PATTERN COLOR BEIGE
300×300×30mm厚天然烧面花岗石. 流动条图案. 颜色. 虾红色
CULTURED STONE CRAZY CUT PATTERN BUTT JOINT COLOR YELLOW
不规则切割文化石 颜色. 黄色.
NAT. GRANITE 30 mm THK CUT TO SIZE FLAMED FINISH COLOR BEIGE
30mm厚按尺寸切割烧面花岗石. 颜色. 虾红色
300 mm WIDE 30 mm THK CUT TO SIZE NAT. GRANITE FLAMED FINISH COLOR RED.
300mm宽, 30mm厚 按尺寸切割烧面花岗石. 颜色. 红色
30 mm THK CUT TO SIZE NAT. GRANITE FLAMED FINISH. COLOR YELLOW.
30mm厚按尺寸切割烧面花岗石. 颜色. 黄色.
300X600X30 mm THK. NAT. GRANITE FLAMED FINISH COLOR: DARK GRAY
300×600×30mm厚天然烧面花岗石 颜色. 深灰色.
FEATURE WALL & BENCH
特色景墙和椅
400X400X30 mm THK NATURAL GRANITE FLAMED FINISH COLOR RUSTIC YELLOW
400×400×30mm厚烧面花岗石. 颜色. 黄锈色.
R.C PLINTH W/ SELECTED DECORATIVE POT ON TOP
钢筋混凝土底座. 顶部装饰盆.
300X300X30 mm THK RADIAL CUT NAT. GRANIT FLAMED FINISH COLOR DARK GRAY
300×300×30mm厚沿径切割烧面花岗石. 颜色. 深灰色.
TIMBER DECK NAT. STAINED FIN
木平台 喷漆面
FEATURE COLUMN WITH LIGHTING
特色灯柱
PLANTER BOX COPING NATURAL GRANITE 300X100 mm THK FLAMED FINISH COLOR: DARK GRAY
花钵压顶 300×100mm厚烧面花岗石. 颜色. 深灰色.
SELECTED SCULPTURE WITH SPOUT IN SOLID GRANITE MAT. COLOR: RUSTIC YELLOW
特色雕塑喷泉 实心花岗石 颜色. 黄锈色
LAWN

广场平面图 PLAN

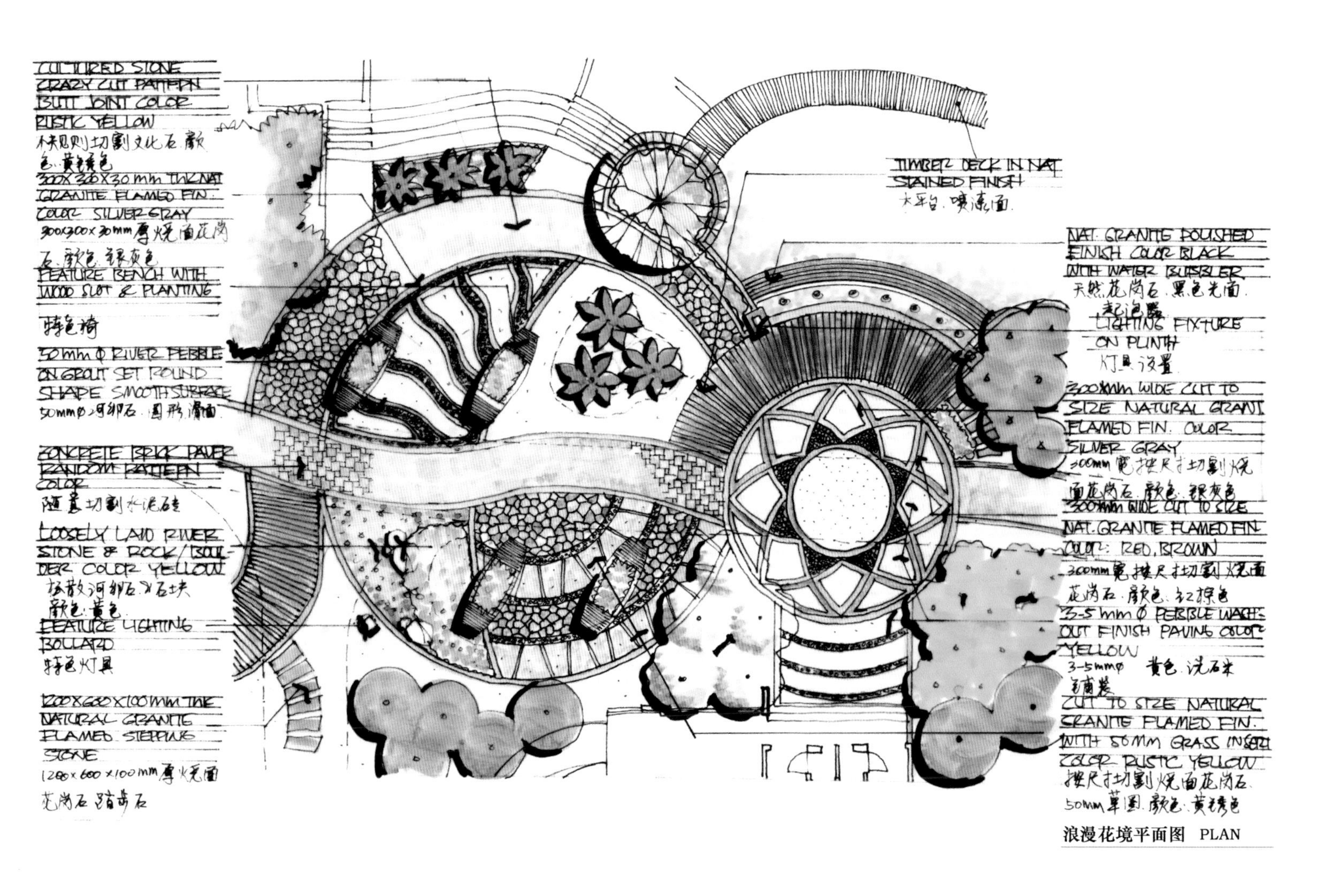

浪漫花境平面图 PLAN

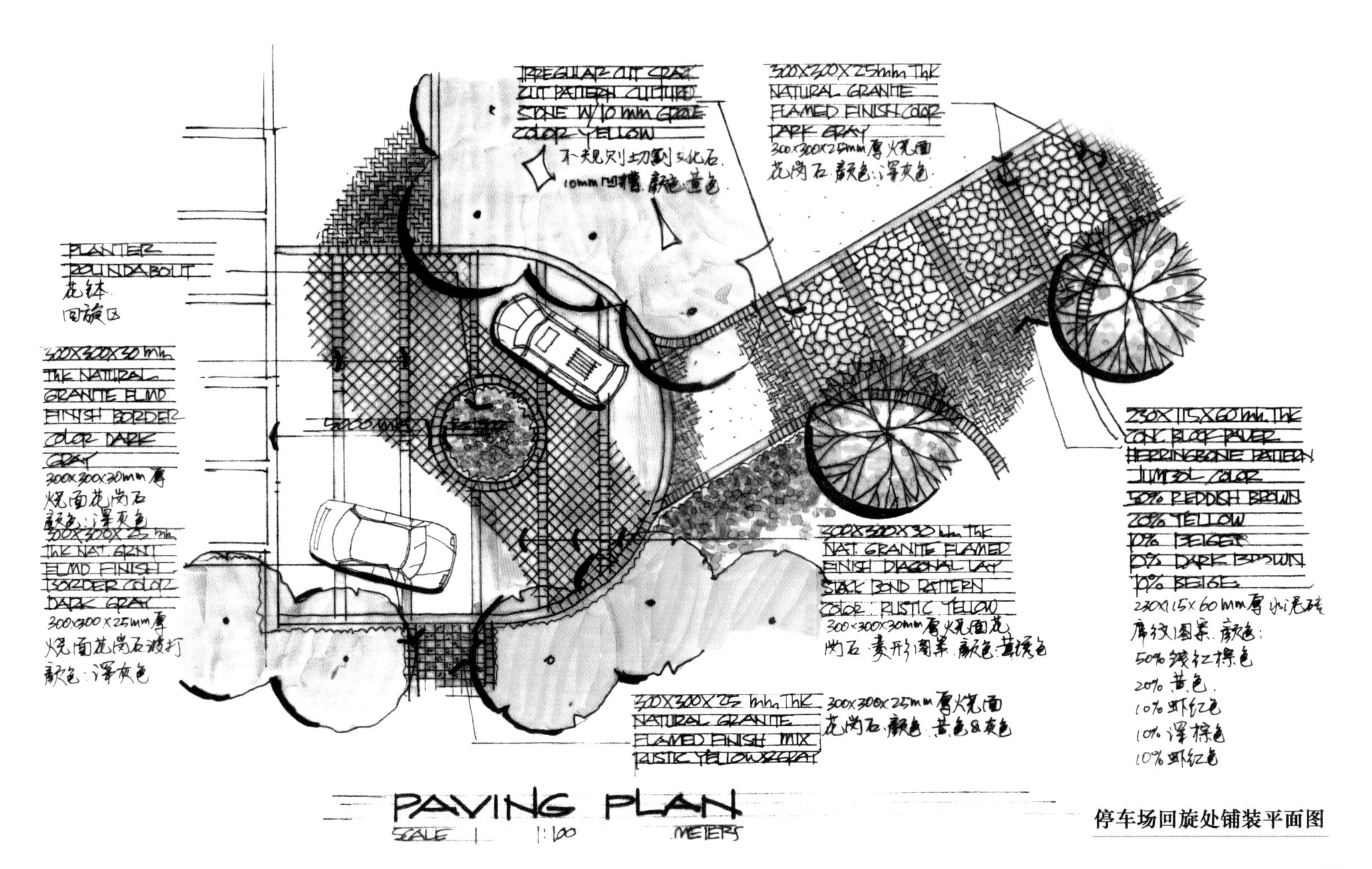

停车场回旋处铺装平面图

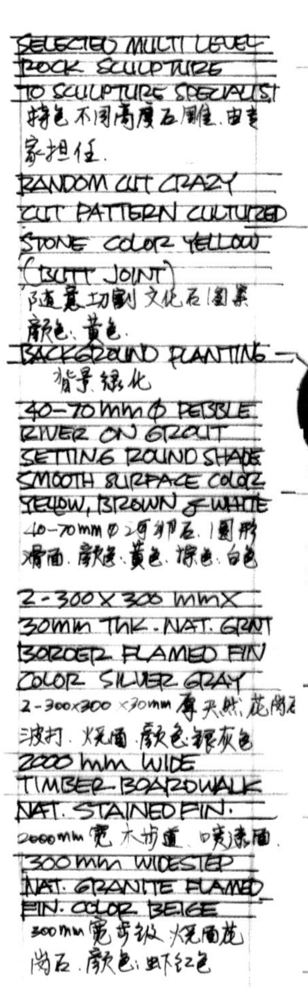

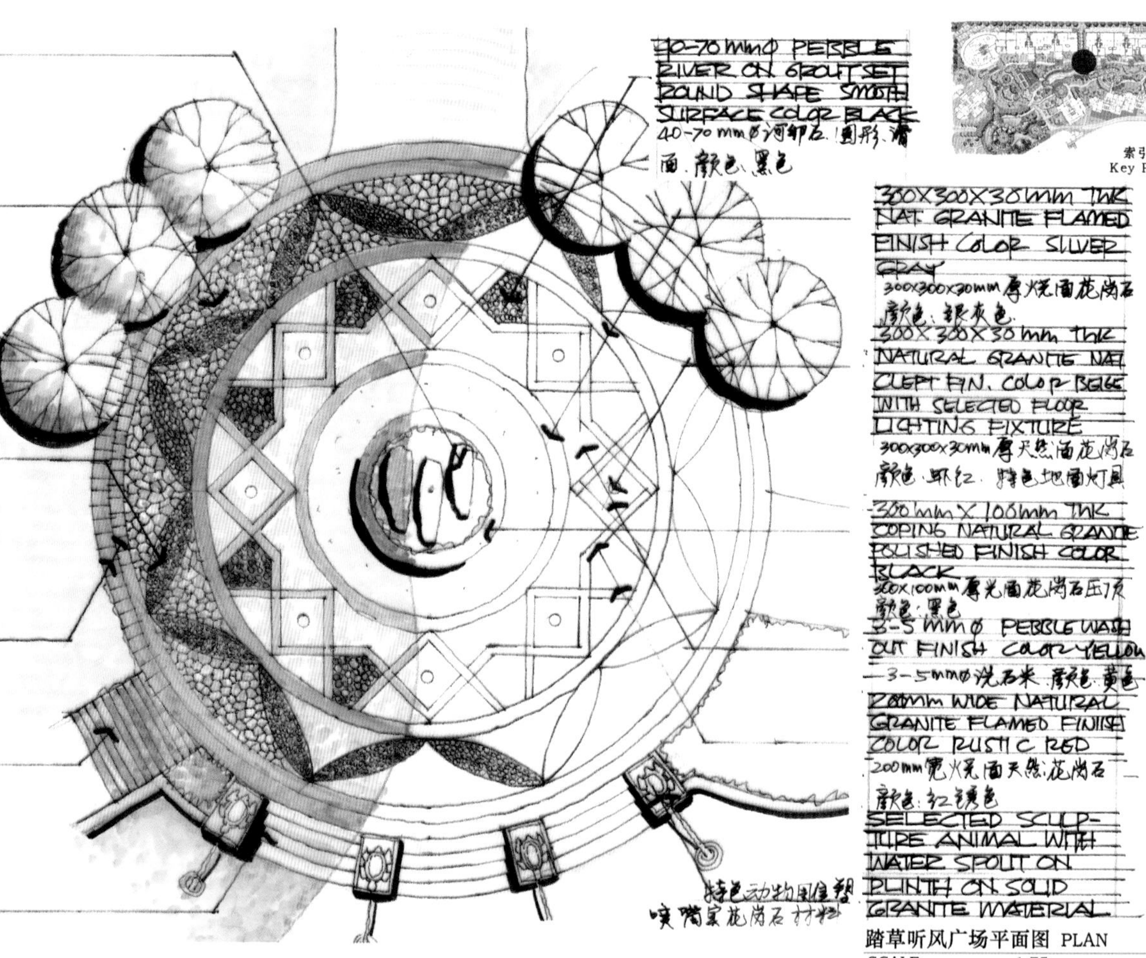

踏草听风广场平面图 PLAN
SCALE 1:75

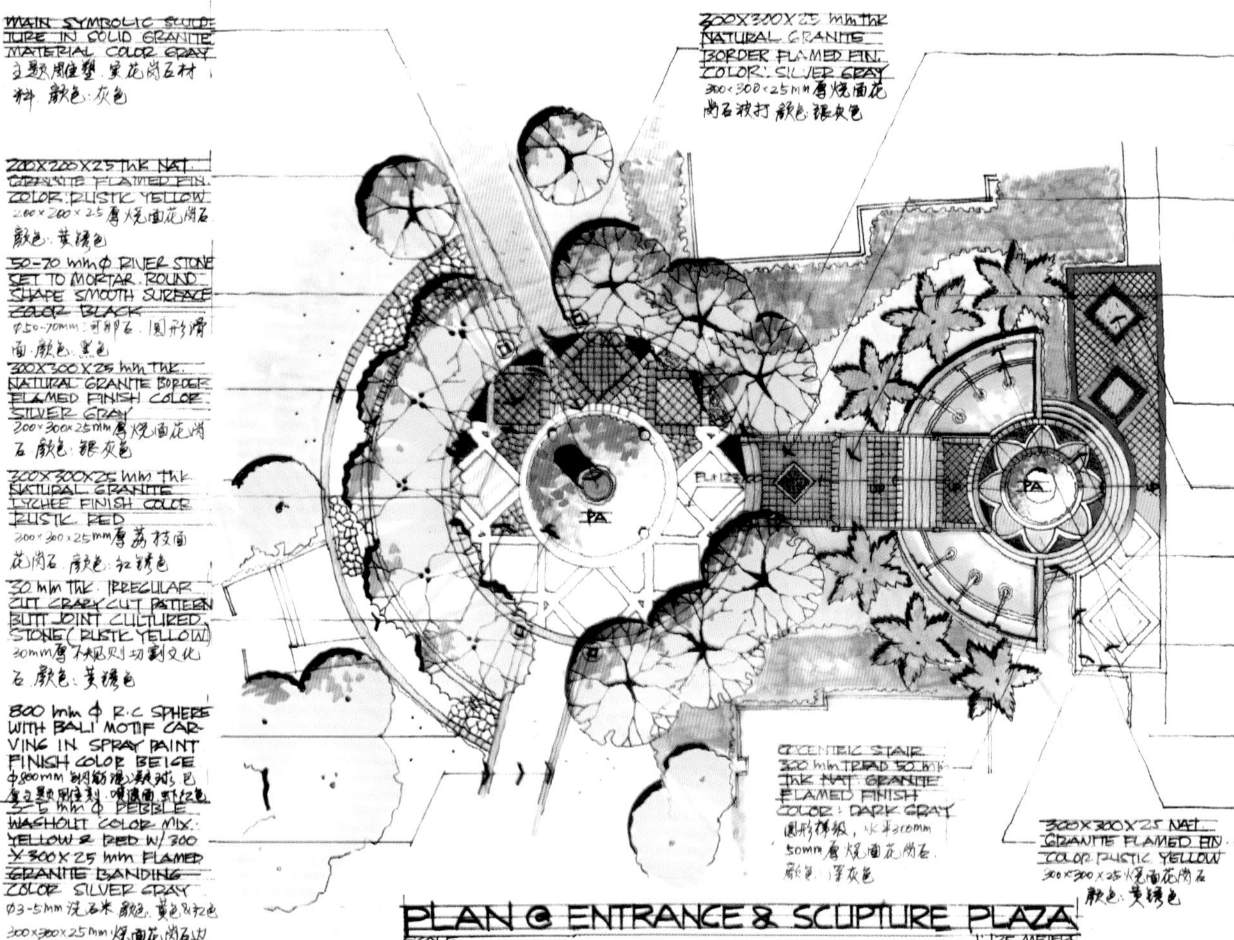

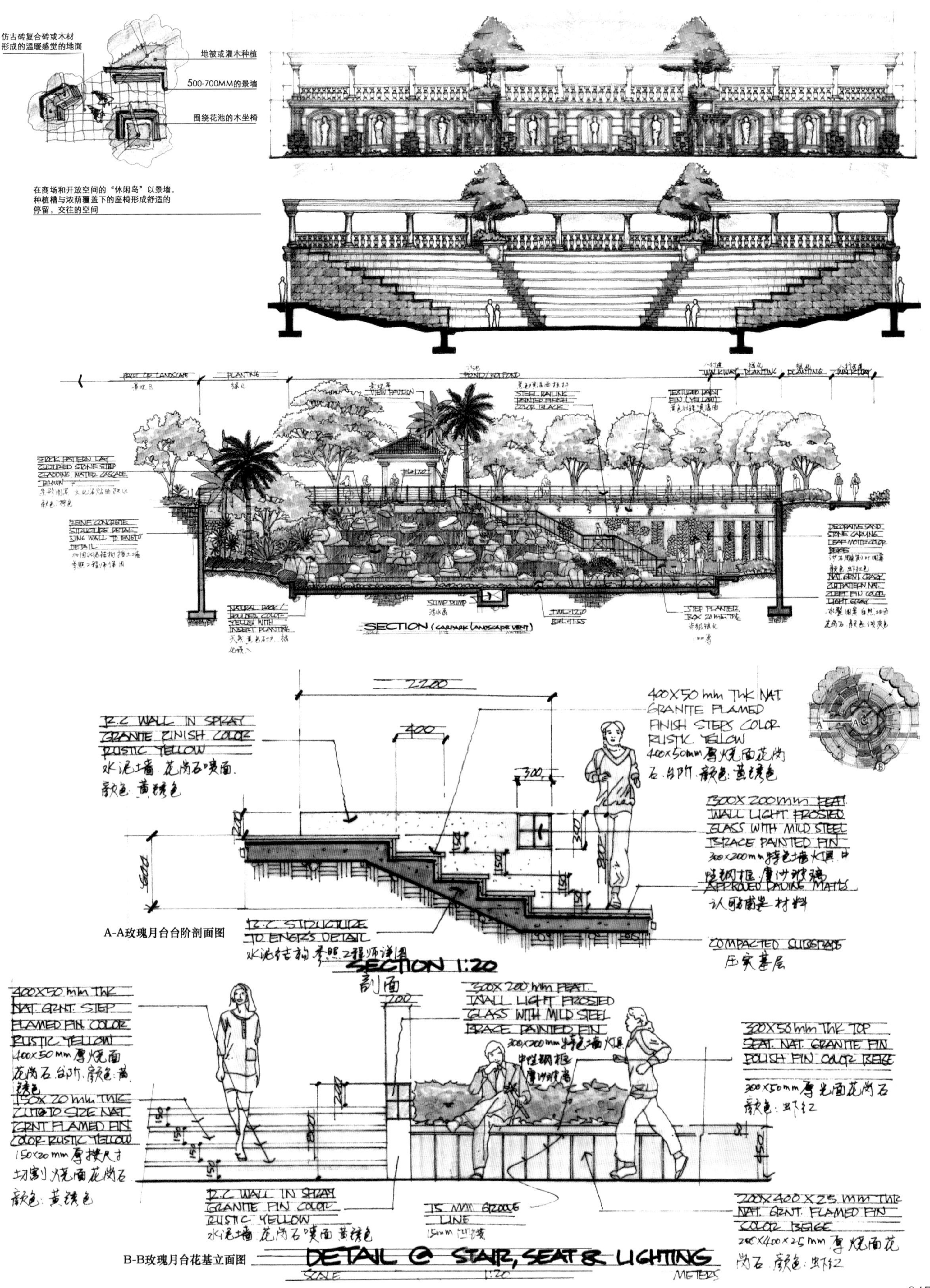

仿古砖复合砖或木材
形成的温暖感觉的地面
地被或灌木种植
500-700MM的景墙
围绕花池的木坐椅
在商场和开放空间的"休闲岛"以景墙，
种植槽与浓荫覆盖下的座椅形成舒适的
停留，交往的空间
SECTION (CARPARK LANDSCAPE VENT)
2200
400
300
R.C WALL IN SPRAY
GRANITE FINISH COLOR
RUSTIC YELLOW
水泥墙面 花岗石喷面
颜色: 黄琥色
400X50 mm THK NAT.
GRANITE FLAMED
FINISH STEPS COLOR
RUSTIC YELLOW
400x50mm厚烧面花岗
石 台阶 颜色: 黄琥色
300X200mm FEAT.
WALL LIGHT FROSTED
GLASS WITH MILD STEEL
BRACE PAINTED FIN
APPROVED PAVING MATLS
R.C STRUCTURE
TO ENGR'S DETAIL
水泥结构 参照工程师详图
COMPACTED SUBGRADE
压实基层
A-A玫瑰月台台阶剖面图
SECTION 1:20
剖面
400X50 mm THK
NAT. GRNT. STEP
FLAMED FIN. COLOR
RUSTIC YELLOW
150X20 mm THK
CUT TO SIZE NAT.
GRNT. FLAMED FIN
COLOR RUSTIC YELLOW
150x20mm厚按尺寸
切割 烧面花岗石
颜色: 黄琥色
300X200 mm FEAT.
WALL LIGHT FROSTED
GLASS WITH MILD STEEL
BRACE PAINTED FIN
300X50 mm THK TOP
SEAT. NAT. GRANITE FIN
POLISH FIN COLOR BEIGE
300x50mm厚光面花岗石
颜色: 虾红
R.C WALL IN SPRAY
GRANITE FIN COLOR
RUSTIC YELLOW
水泥墙 花岗石喷面 黄琥色
15 MM GROOVE
LINE
15mm凹线
200X400X25 MM THK
NAT. GRNT. FLAMED FIN
COLOR BEIGE
200x400x25mm 厚烧面花
岗石 颜色: 虾红
B-B玫瑰月台花基立面图
DETAIL @ STAIR, SEAT & LIGHTING
SCALE 1:20 METERS

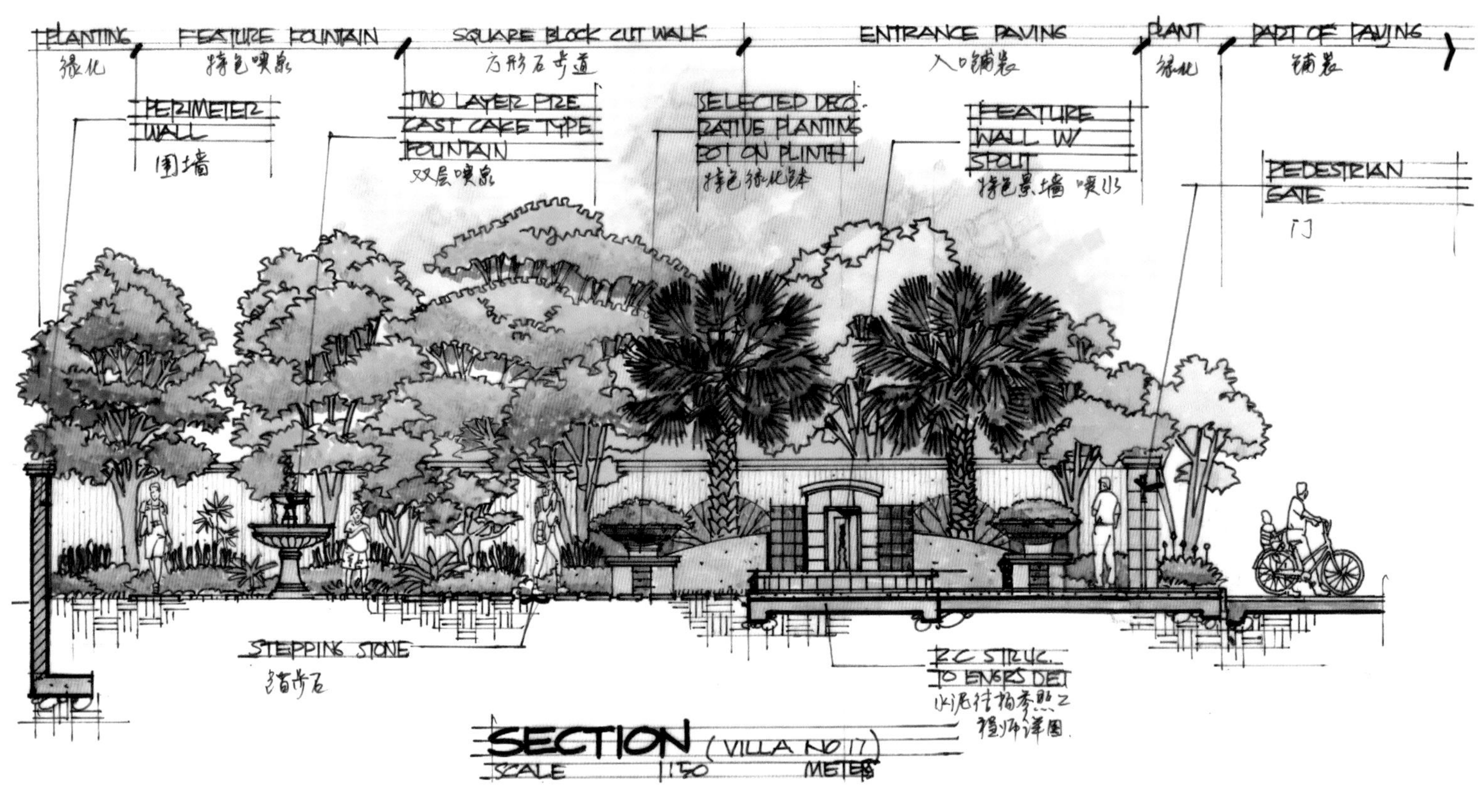
PLANTING
绿化
FEATURE FOUNTAIN
特色喷泉
SQUARE BLOCK CUT WALK
方形石步道
ENTRANCE PAVING
入口铺装
PLANT
绿化
PART OF PAVING
铺装
PERIMETER WALL
围墙
TWO LAYER PRE CAST CAKE TYPE FOUNTAIN
双层喷泉
SELECTED DECORATIVE PLANTING POT ON PLINTH
特色绿化盆
FEATURE WALL W/ SPOUT
特色景墙 喷嘴
PEDESTRIAN GATE
门
STEPPING STONE
踏步石
RC STRUC. TO ENGRS DET
混凝土结构参照工程师详图
SECTION (VILLA NO 17)
SCALE 1:50 METERS

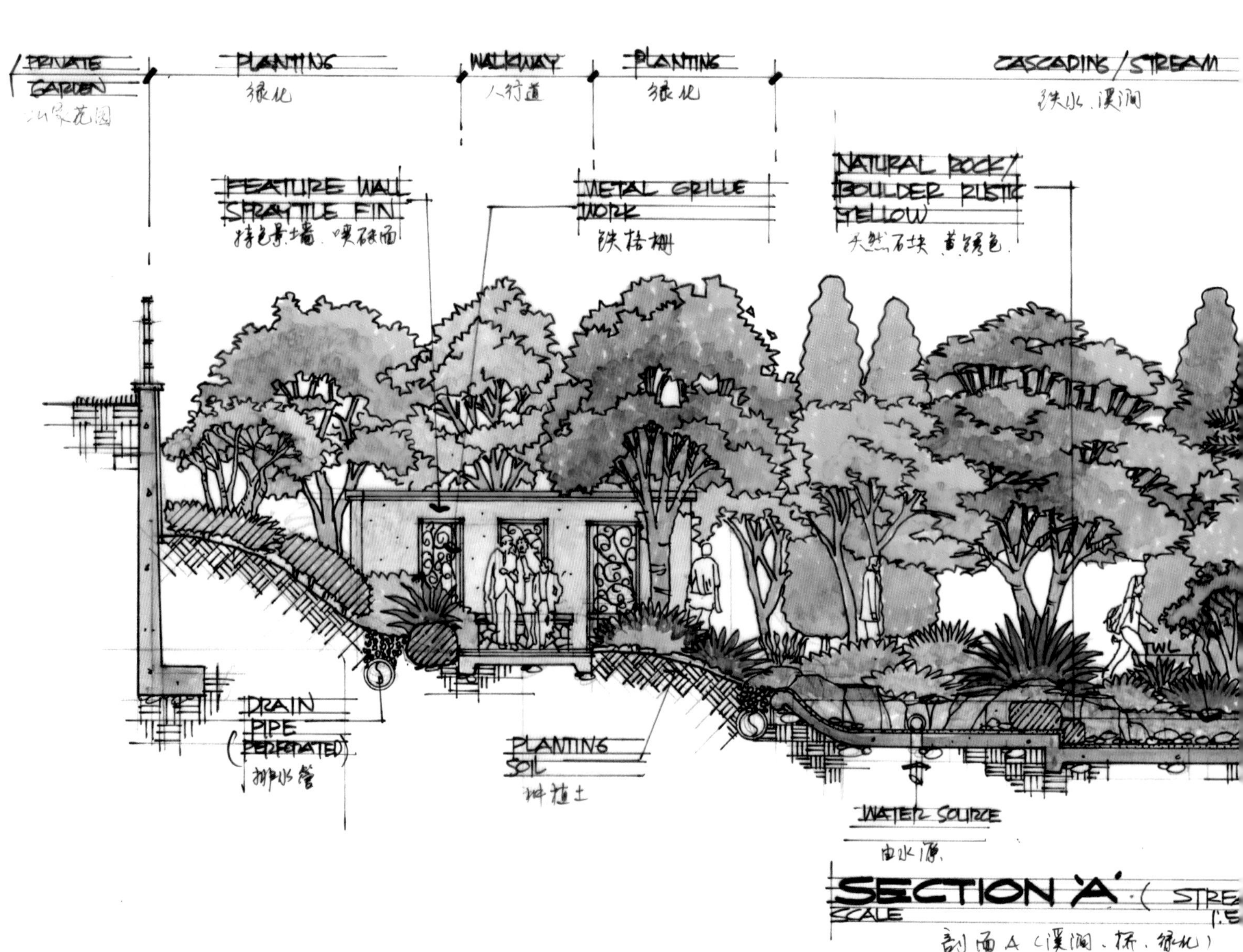
PRIVATE GARDEN
私家花园
PLANTING
绿化
WALKWAY
人行道
PLANTING
绿化
CASCADING/STREAM
跌水、溪涧
FEATURE WALL SPRAYTILE FIN
特色景墙、喷砖面
METAL GRILLE WORK
铁格栅
NATURAL ROCK/ BOULDER RUSTIC YELLOW
天然石块 黄锈色
DRAIN PIPE (PERFORATED)
排水管
PLANTING SOIL
种植土
WATER SOURCE
由水源
SECTION 'A' (STRE
SCALE
剖面A (溪涧、桥、绿化)

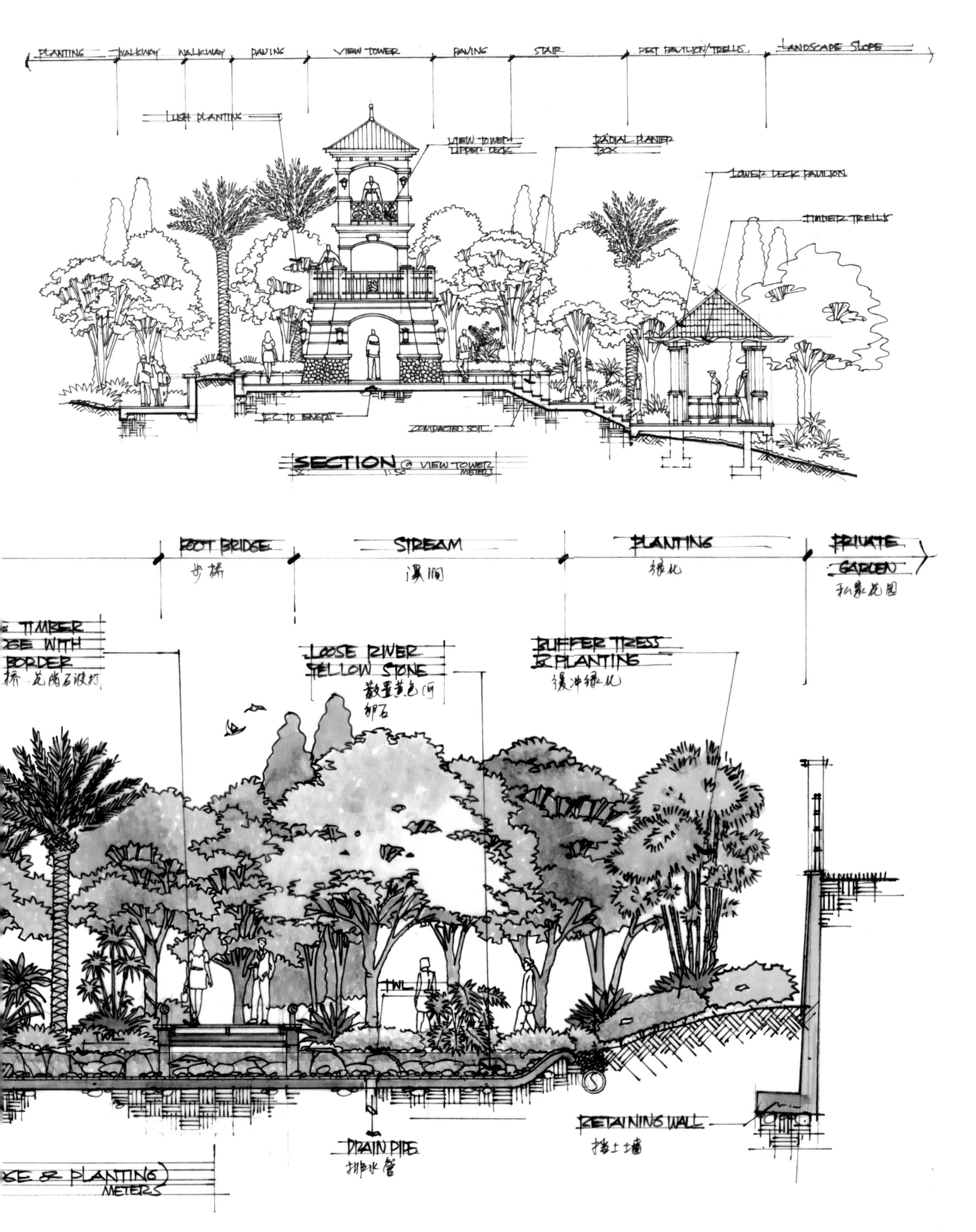
PLANTING
WALKWAY
WALKWAY
PAVING
VIEW TOWER
PAVING
STAIR
REST PAVILION/TRELLIS
LANDSCAPE SLOPE
LUSH PLANTING
VIEW TOWER UPPER DECK
RADIAL PLANTER BOX
LOWER DECK PAVILION
TIMBER TRELLIS
COMPACTED SOIL
SECTION @ VIEW TOWER
1:50
METERS
FOOT BRIDGE
步桥
STREAM
溪涧
PLANTING
绿化
PRIVATE GARDEN
私家花园
TIMBER
BORDER
LOOSE RIVER YELLOW STONE
散置黄色河卵石
BUFFER TREES & PLANTING
缓冲绿化
TWL
TWL
DRAIN PIPE
排水管
RETAINING WALL
挡土墙
METERS

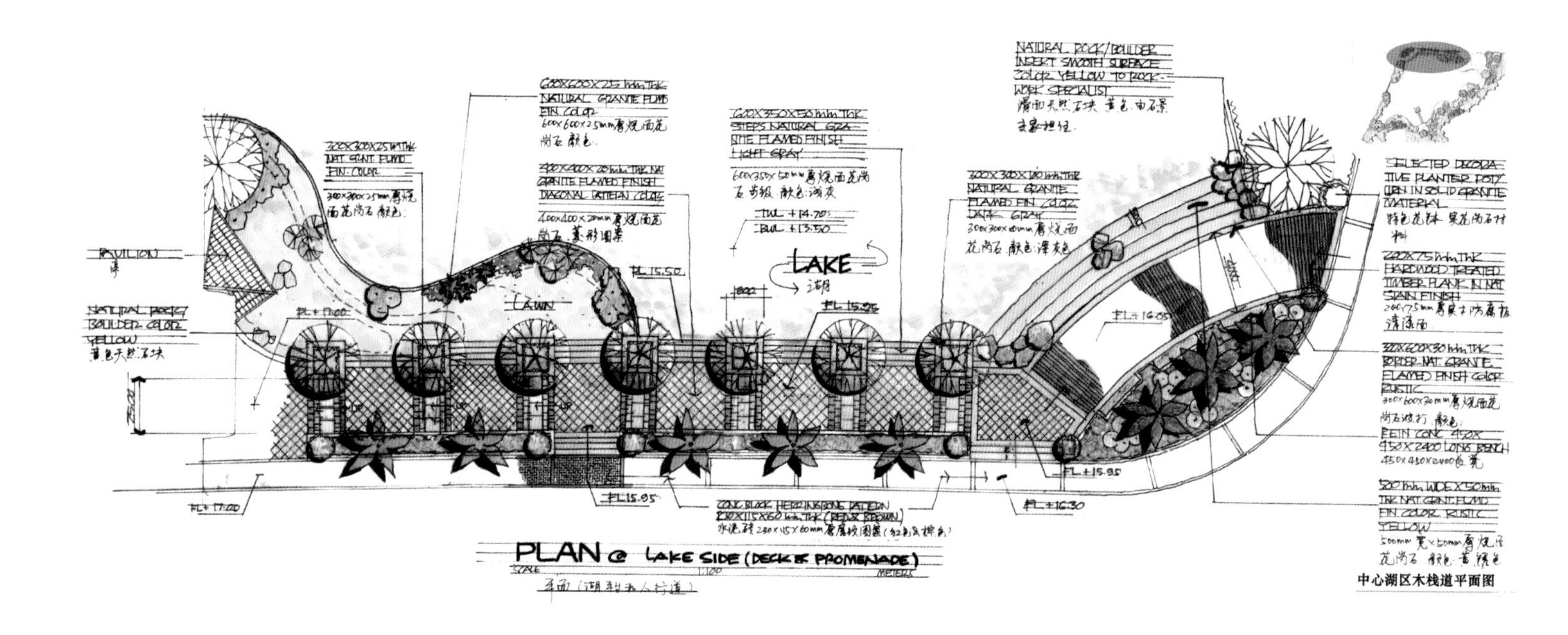

中心湖区木栈道平面图

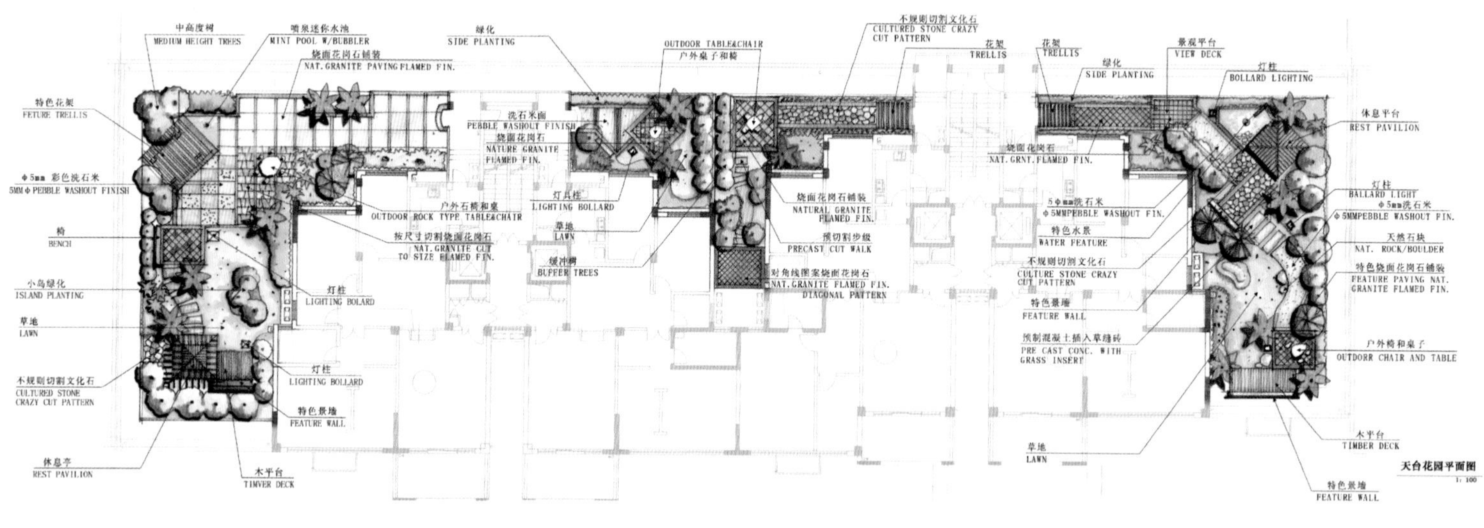

天台花园平面图 1:100

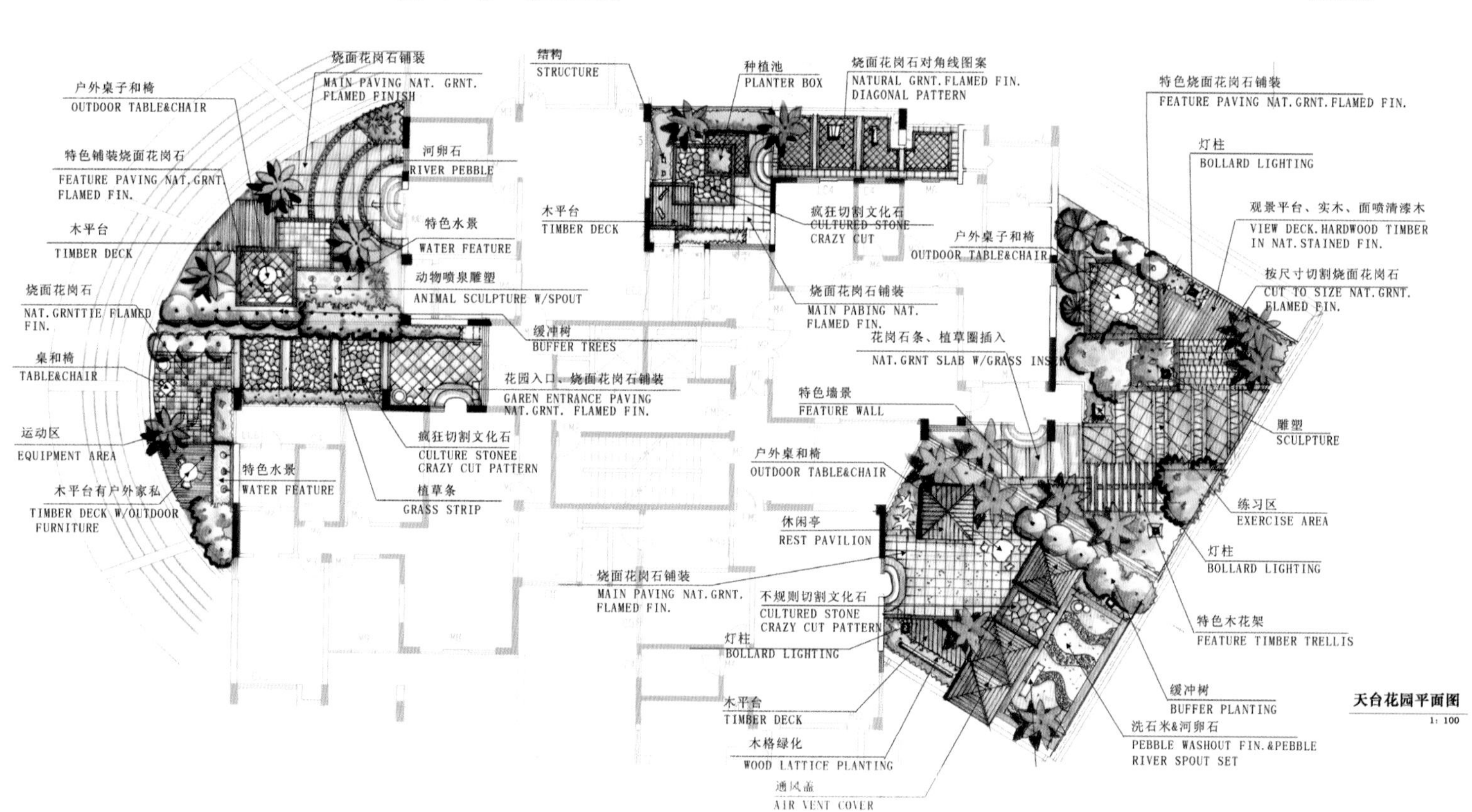

天台花园平面图 1:100

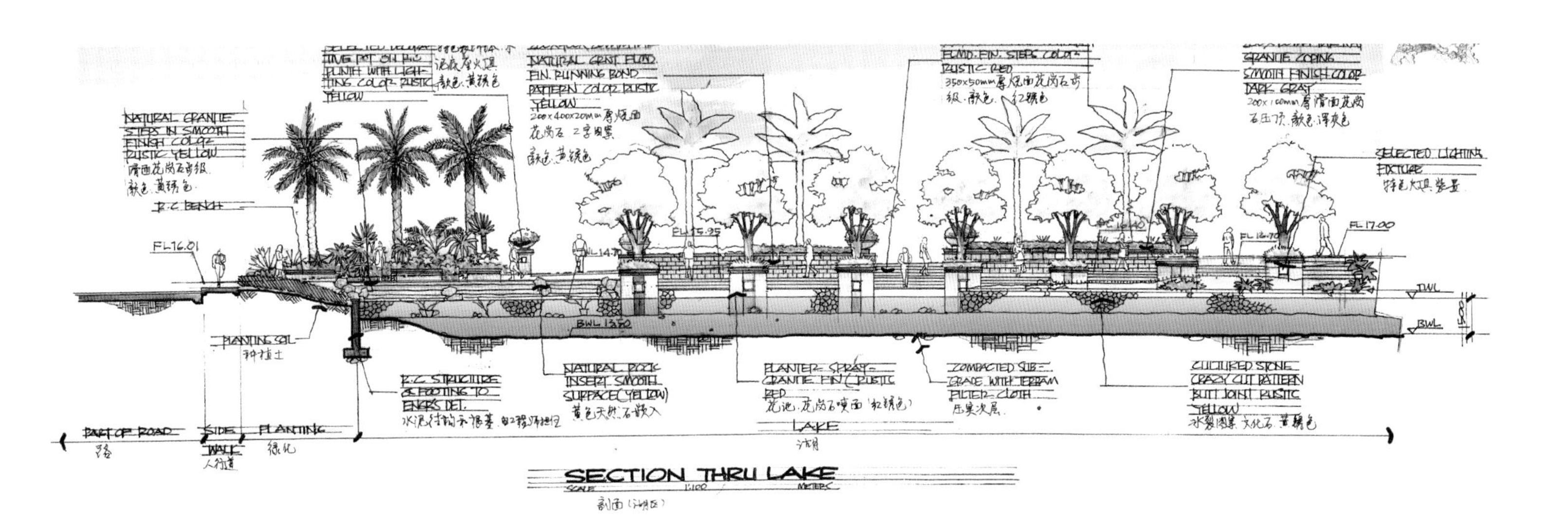
NATURAL GRANITE STEPS IN SMOOTH FINISH COLOR RUSTIC YELLOW
R.C BENCH
FL16.01
PLANTING SOIL
种植土
R.C STRUCTURE & FOOTING TO ENGRS DET.
NATURAL ROCK INSERT SMOOTH SURFACE (YELLOW)
黄色天然石镶入
PLANTER SPRAY GRANITE FIN. RUSTIC RED
COMPACTED SUB-GRADE WITH TERRAM FILTER CLOTH
CULTURED STONE CRAZY CUT PATTERN BUTT JOINT RUSTIC YELLOW
SELECTED LIGHTING FIXTURE
FL17.00
SMOOTH FINISH COLOR DARK GRAY
PART OF ROAD
SIDE WALK
人行道
PLANTING
绿化
LAKE
湖
SECTION THRU LAKE

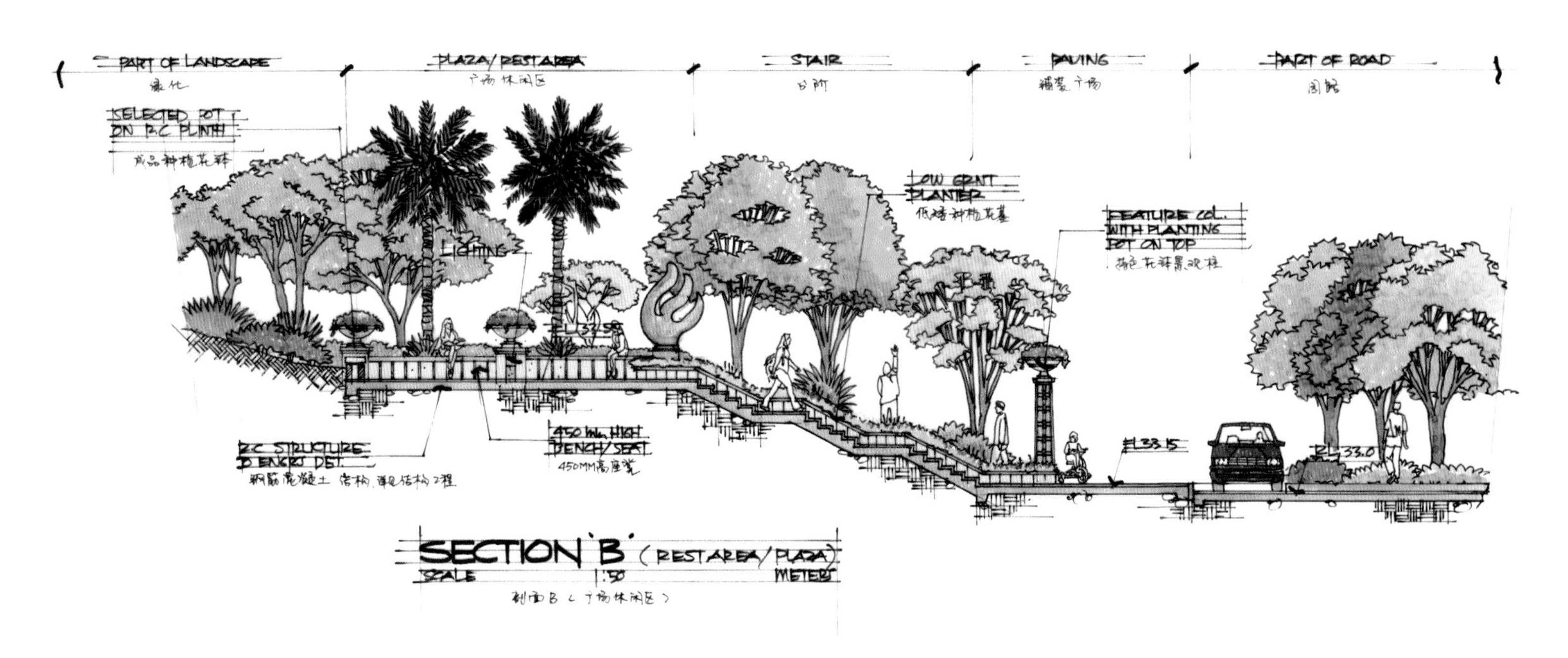
PART OF LANDSCAPE
绿化
PLAZA/RESTAREA
广场休闲区
STAIR
台阶
PAVING
铺装广场
PART OF ROAD
道路
SELECTED POT ON R.C PLINTH
成品种植花钵
LIGHTING
LOW GRNT. PLANTER
低矮种植花基
FEATURE COL. WITH PLANTING POT ON TOP
特色花钵景观柱
R.C STRUCTURE TO ENGRS DET.
450 Mm. HIGH BENCH/SEAT
450MM高座凳
FL33.15
FL33.0
SECTION 'B' (RESTAREA/PLAZA)
SCALE 1:50 METERS
剖面B（广场休闲区）

PLANTING/BUFFER
种植缓冲地带
ROADWAY
车行道
PLANTING
种植
FOUNTAIN
喷泉
PLANTING
种植
ROAD
道路
PLANTING
种植
PAVING
铺装
SCULPTURE
雕塑
PAVING
铺装
PLANTING
种植
SELECTED CLASSICAL DECO PLANTING POT
成品装饰花钵
PRE-CAST 2-LAYER FOUNTAIN
MANICURED/CLIPPED PLANTING TO HORTICULTURIST
修剪成形灌木
FEATURE BOLLARD LIGHTING @ STAIR
PERIMETER FENCE/WALL
私家花园围墙
ENTRANCE FEAT. BOTH SIDE WATER CASCADE
SELECTED CLASSICAL PLANT URN IN STONE MATERIAL
CLASSIC LADY STATUE TO SPECIALIST

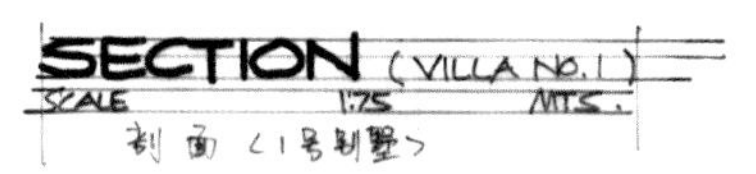
SECTION (VILLA NO.1)
SCALE 1:75 MTS.
剖面（1号别墅）

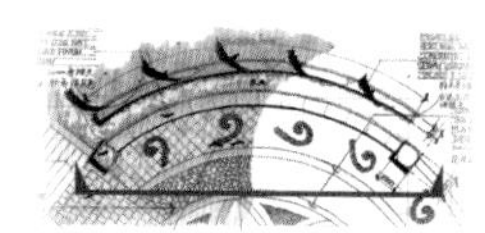
索引图:
Key Plan

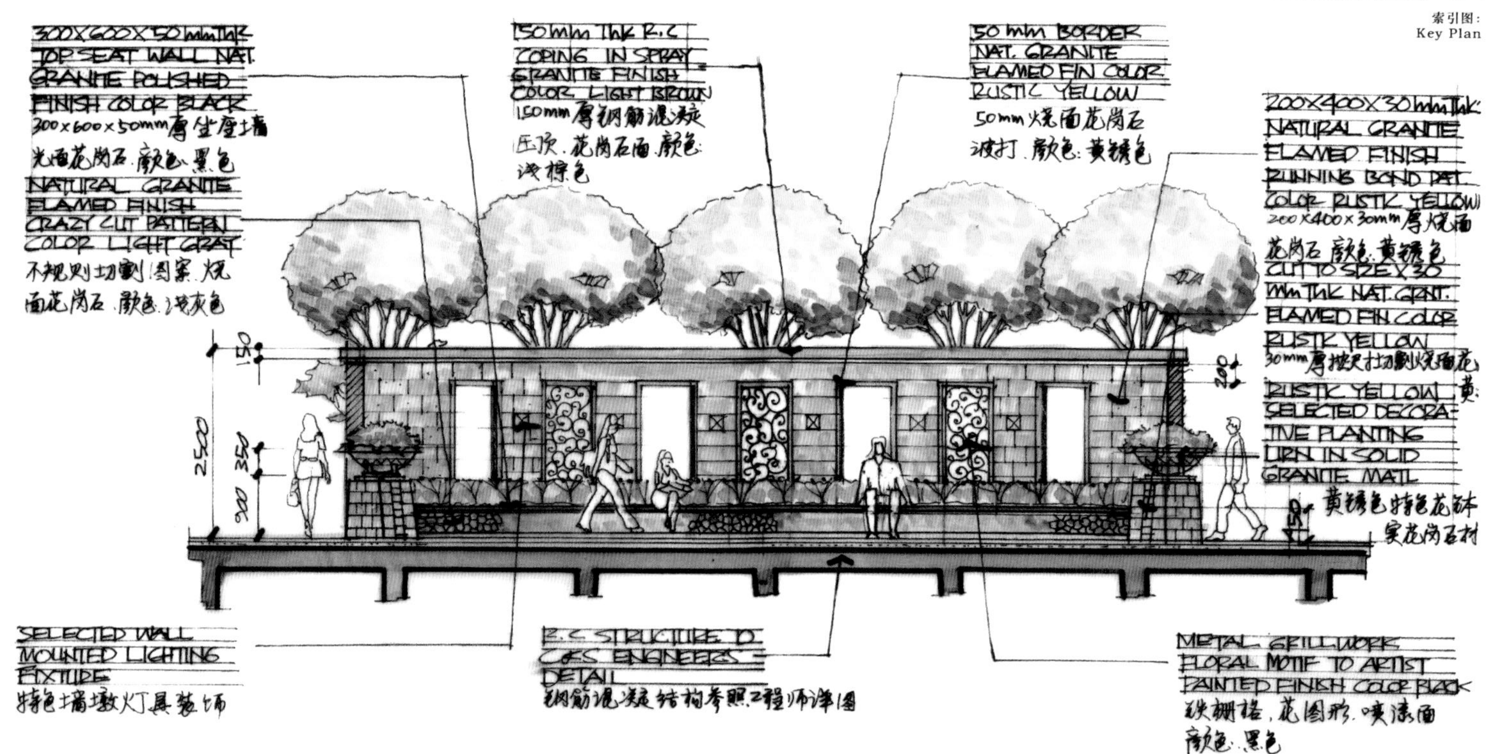

广场特色景墙立面图

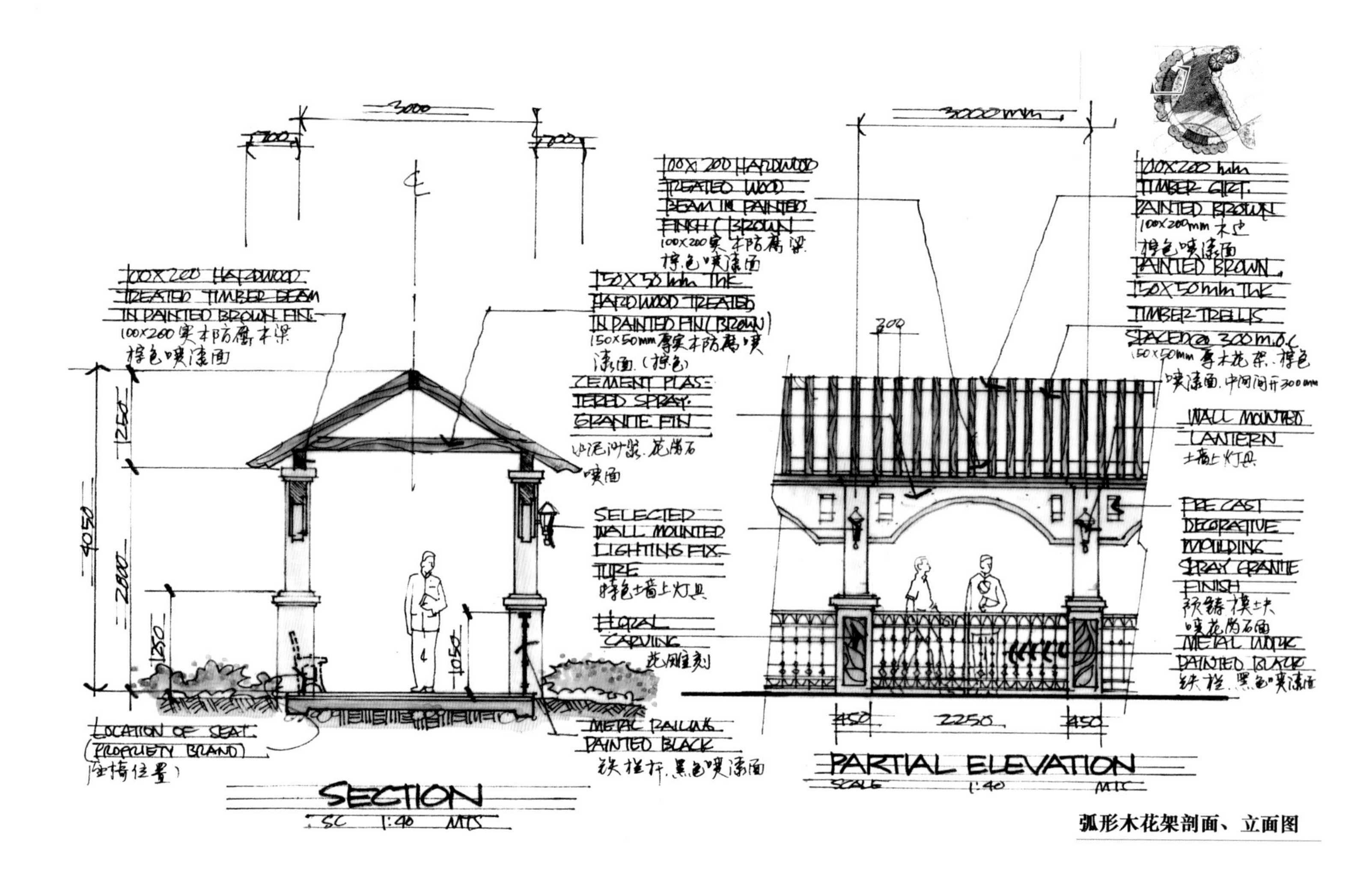

弧形木花架剖面、立面图

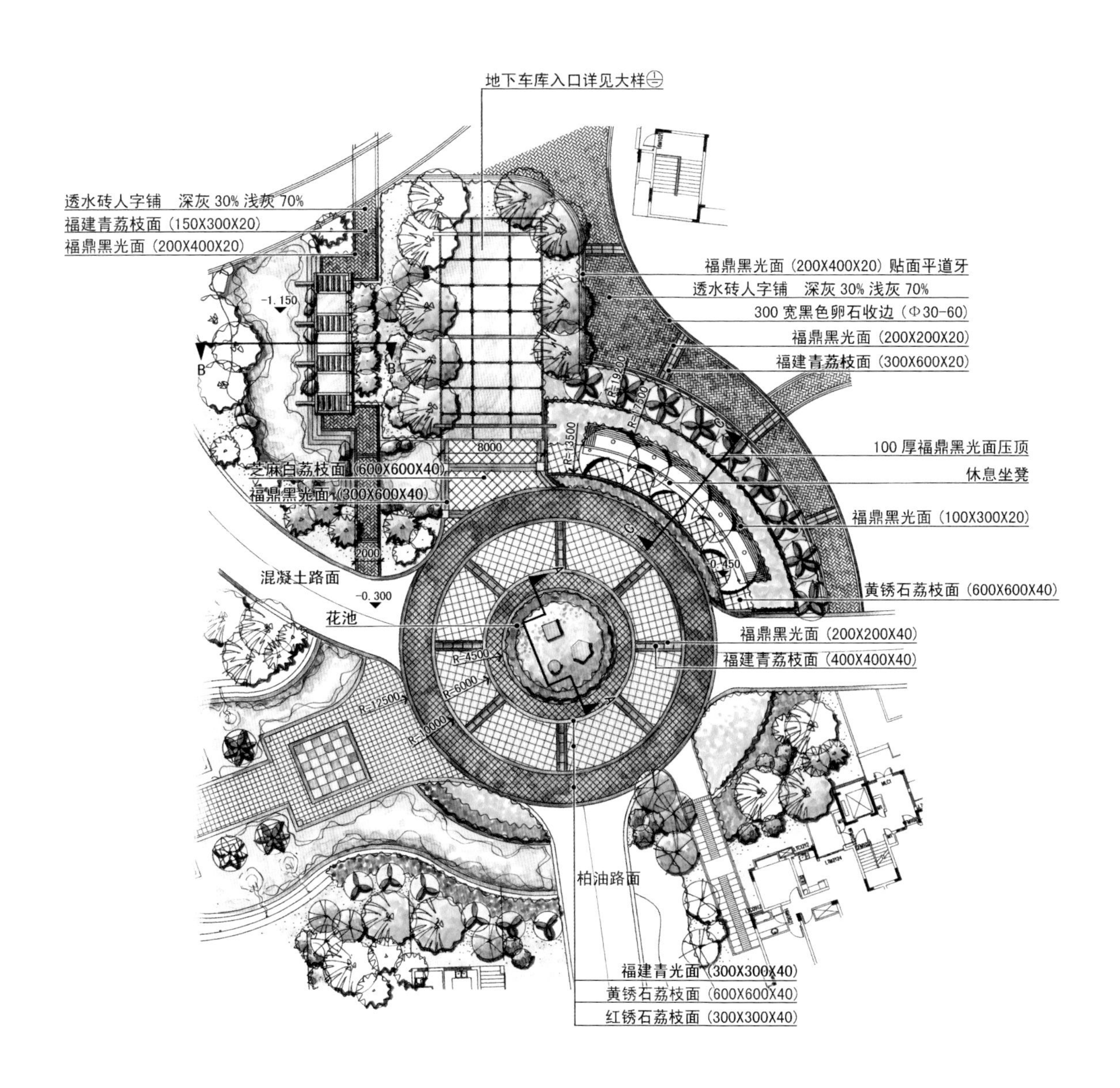

地下车库入口详见大样
透水砖人字铺　深灰 30% 浅灰 70%
福建青荔枝面 (150X300X20)
福鼎黑光面 (200X400X20)
-1.150
福鼎黑光面 (200X400X20) 贴面平道牙
透水砖人字铺　深灰 30% 浅灰 70%
300 宽黑色卵石收边 (Φ30-60)
福鼎黑光面 (200X200X20)
福建青荔枝面 (300X600X20)
100 厚福鼎黑光面压顶
休息坐凳
福鼎黑光面 (100X300X20)
黄锈石荔枝面 (600X600X40)
芝麻白荔枝面 (600X600X40)
福鼎黑光面 (300X600X40)
混凝土路面
-0.300
花池
福鼎黑光面 (200X200X40)
福建青荔枝面 (400X400X40)
柏油路面
福建青光面 (300X300X40)
黄锈石荔枝面 (600X600X40)
红锈石荔枝面 (300X300X40)

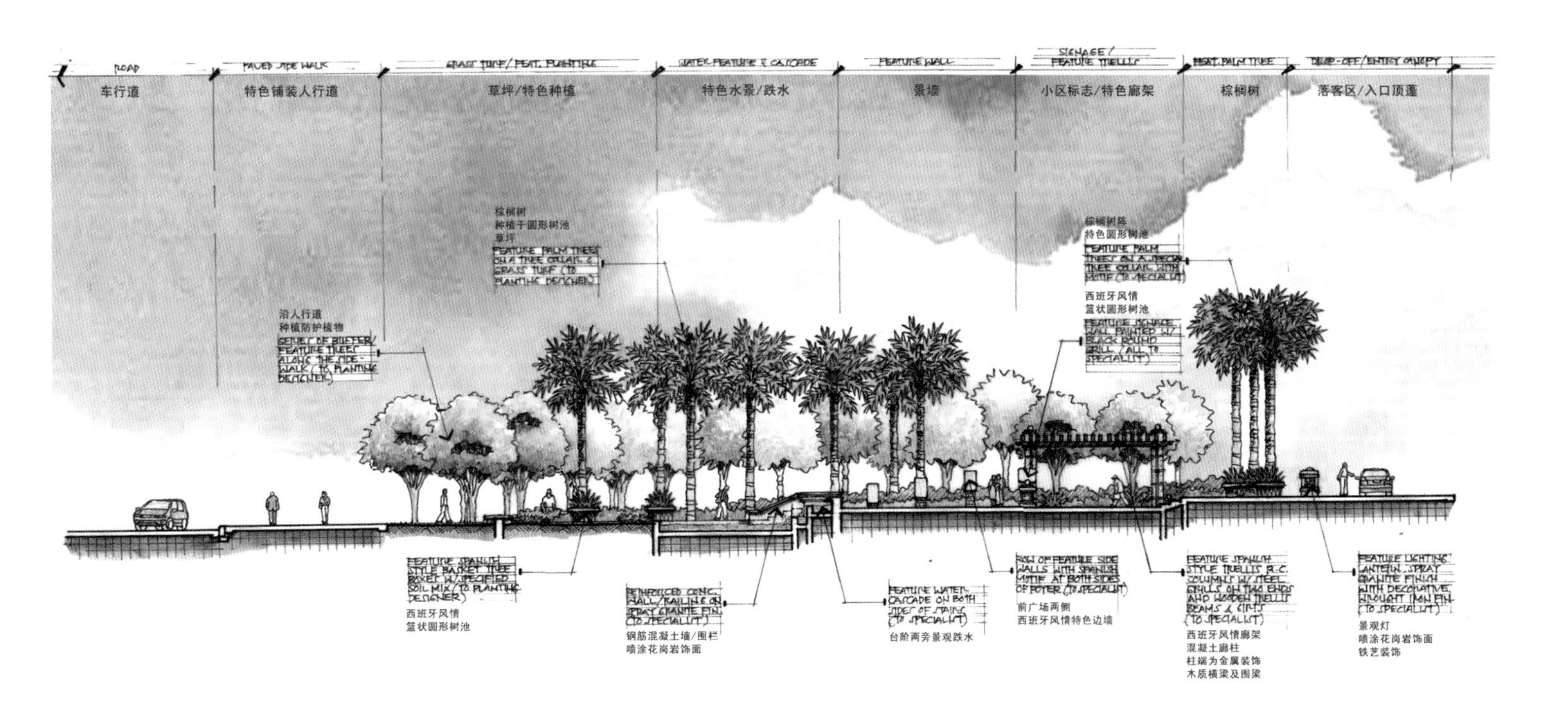

ROAD
车行道
PAVED SIDE WALK
特色铺装人行道
GRASS TURF/FEAT. PLANTING
草坪/特色种植
WATER FEATURE & CASCADE
特色水景/跌水
FEATURE WALL
景墙
SIGNAGE/FEATURE TRELLIS
小区标志/特色廊架
FEAT. PALM TREE
棕榈树
DROP-OFF/ENTRY CANOPY
落客区/入口顶蓬
棕榈树 种植于圆形树池 草坪
沿人行道 种植防护植物
棕榈树阵 特色圆形树池
西班牙风情 篮状圆形树池
西班牙风情 篮状圆形树池
钢筋混凝土墙/围栏 喷涂花岗岩饰面
台阶两旁景观跌水
前广场两侧 西班牙风情特色边墙
西班牙风情廊架 混凝土廊柱 杜端为金属装饰 木质横梁及围架
景观灯 喷涂花岗岩饰面 铁艺装饰

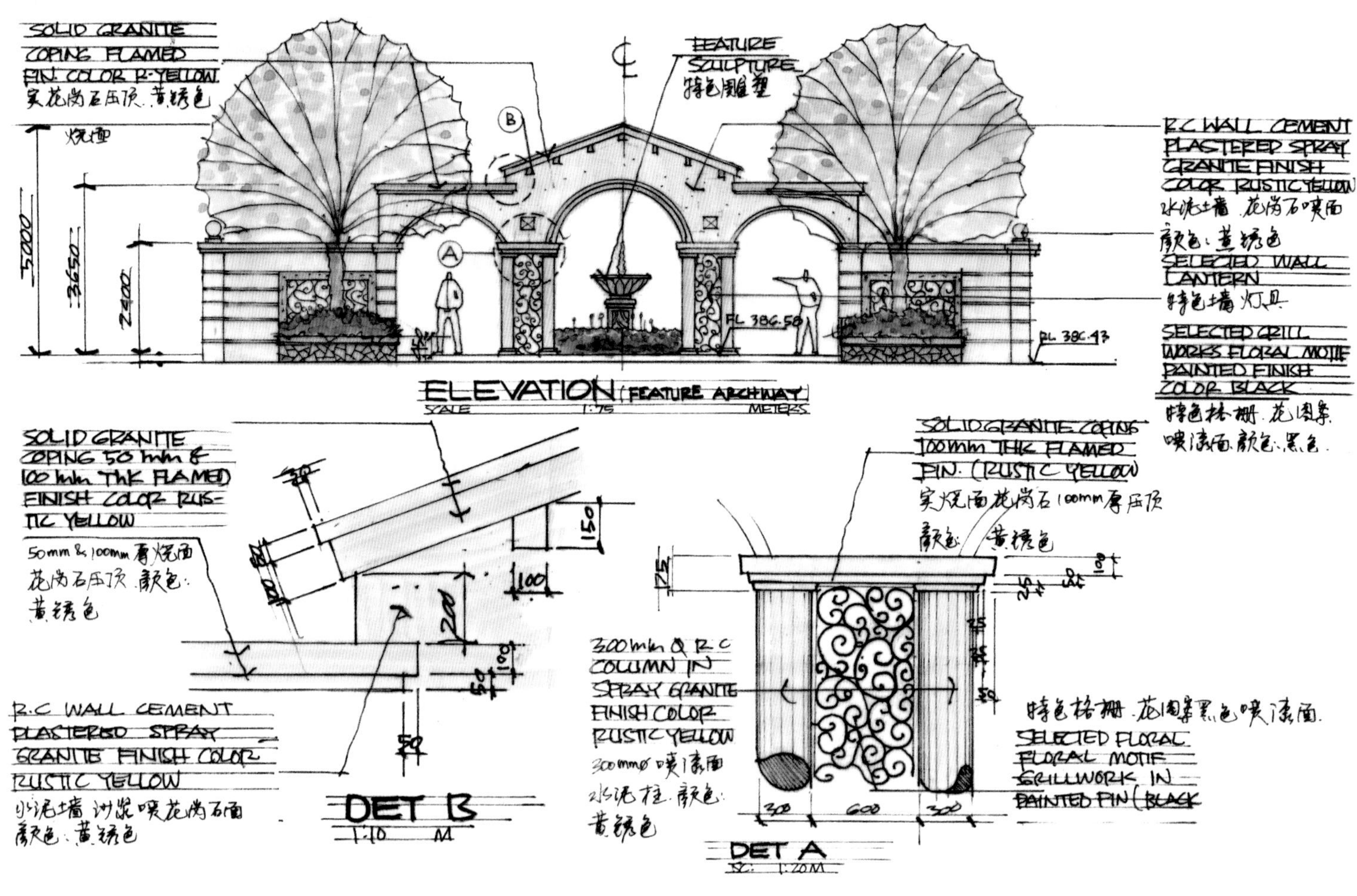
SOLID GRANITE COPING FLAMED FIN. COLOR R-YELLOW
实花岗石压顶. 黄锈色
FEATURE SCULPTURE
特色雕塑
R.C WALL CEMENT PLASTERED SPRAY GRANITE FINISH COLOR RUSTIC YELLOW
水泥墙. 花岗石喷面 颜色: 黄锈色
SELECTED WALL LANTERN
特色墙灯具
SELECTED GRILL WORKS FLORAL MOTIF PAINTED FINISH COLOR BLACK
特色格栅. 花图案 喷漆面. 颜色: 黑色.
5000
3650
2400
FL 386.58
FL 386.43
ELEVATION (FEATURE ARCHWAY)
SCALE 1:75 METERS
SOLID GRANITE COPING 50 mm & 100 mm THK FLAMED FINISH COLOR RUSTIC YELLOW
50mm & 100mm 厚烧面 花岗石压顶. 颜色: 黄锈色
R.C WALL CEMENT PLASTERED SPRAY GRANITE FINISH COLOR RUSTIC YELLOW
水泥墙 批泥喷花岗石面 颜色: 黄锈色
DET B
1:10 M
SOLID GRANITE COPING 100mm THK FLAMED FIN. (RUSTIC YELLOW
实烧面花岗石100mm厚压顶 颜色: 黄锈色
300mm Ø R.C COLUMN IN SPRAY GRANITE FINISH COLOR RUSTIC YELLOW
300mmØ 喷漆面 水泥柱. 颜色: 黄锈色
特色格栅. 花图案黑色喷漆面.
SELECTED FLORAL FLORAL MOTIF GRILLWORK IN PAINTED FIN (BLACK
300
600
300
DET A
SC: 1:20M

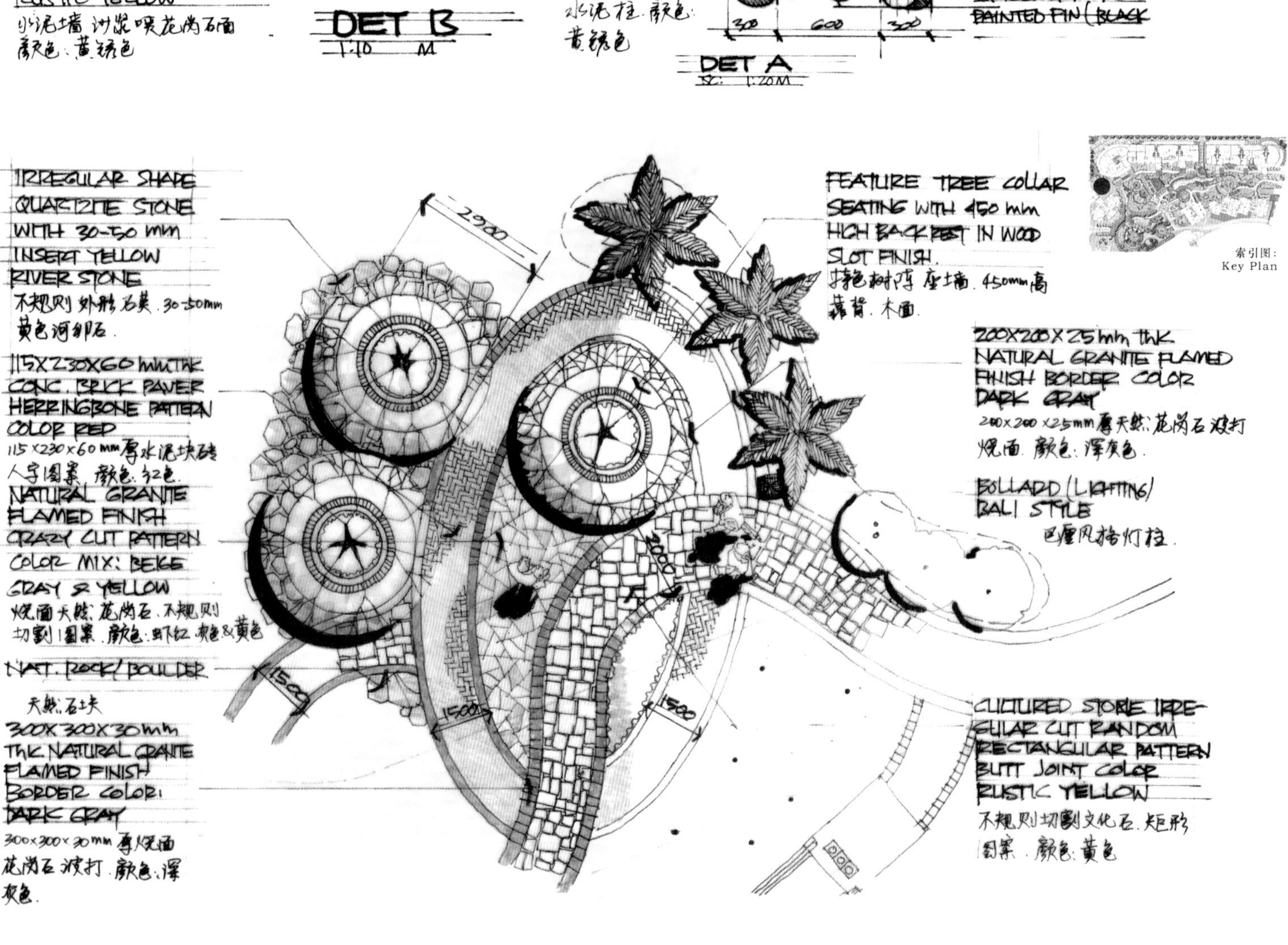
IRREGULAR SHAPE QUARTZITE STONE WITH 30-50 mm INSERT YELLOW RIVER STONE
不规则外形石英. 30-50mm 黄色河卵石.
115X230X60 mm THK CONC. BRICK PAVER HERRINGBONE PATTERN COLOR RED
115×230×60mm厚水泥块砖 人字图案. 颜色: 红色.
NATURAL GRANITE FLAMED FINISH CRAZY CUT PATTERN COLOR MIX: BEIGE GRAY & YELLOW
烧面天然花岗石. 不规则切割图案. 颜色: 虾红 灰色&黄色
NAT. ROCK/BOULDER
天然石块
300X300X30 mm THK NATURAL GRANITE FLAMED FINISH BORDER COLOR: DARK GRAY
300×300×30mm 厚烧面 花岗石 滚打. 颜色: 深灰色.
FEATURE TREE COLLAR SEATING WITH 450 mm HIGH BACK REST IN WOOD SLOT FINISH.
特色树池座墙. 450mm高 靠背. 木面.
200X200X25 mm THK NATURAL GRANITE FLAMED FINISH BORDER COLOR DARK GRAY
200×200×25mm 厚天然花岗石 滚打 烧面. 颜色: 深灰色.
BOLLARD (LIGHTING) BALI STYLE
巴厘风格灯柱.
CULTURED STONE IRREGULAR CUT RANDOM RECTANGULAR PATTERN BUTT JOINT COLOR RUSTIC YELLOW
不规则切割文化石. 矩形图案. 颜色: 黄色
2900
2000
1500
1500
1500

索引图:
Key Plan

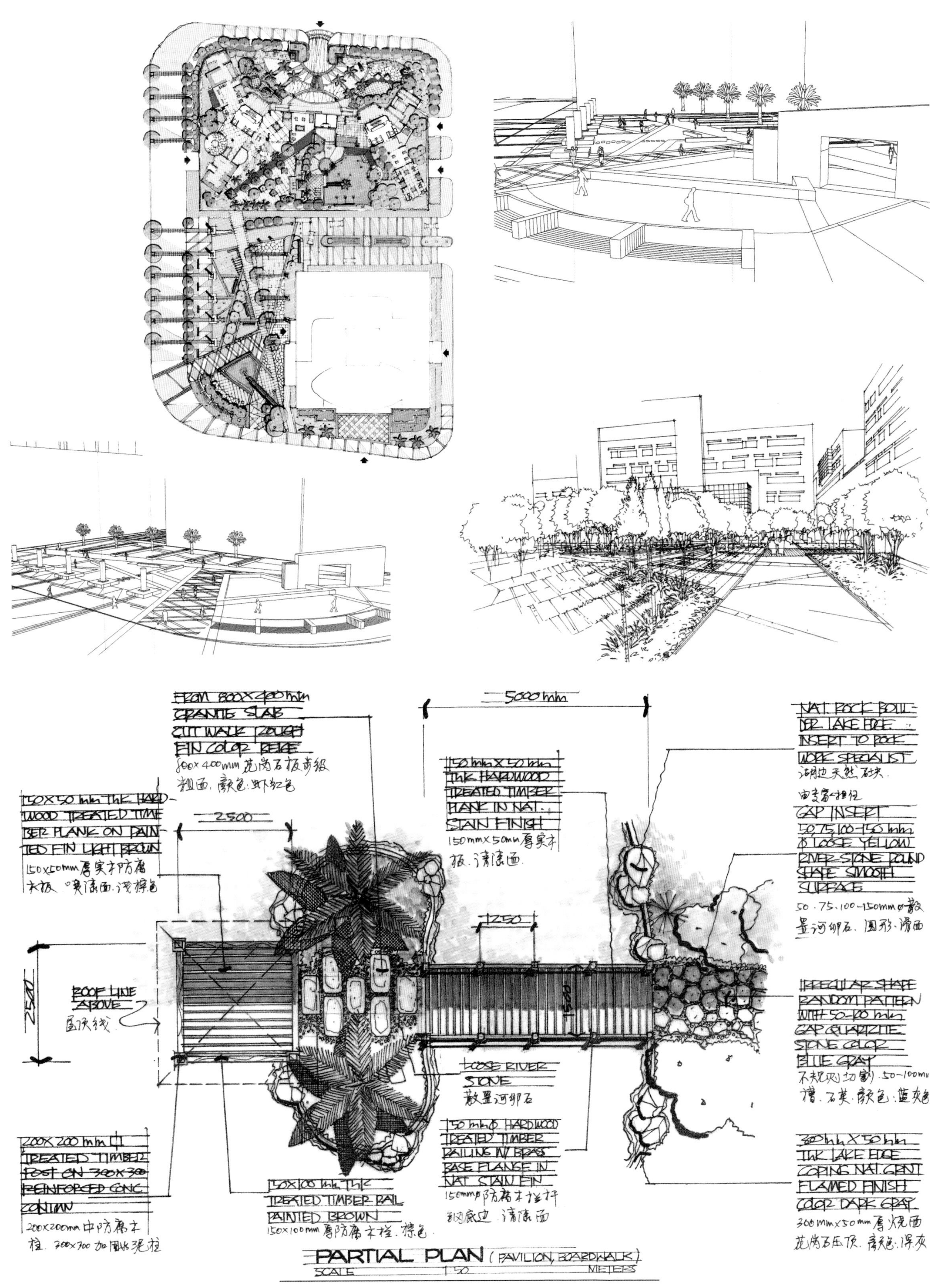

FROM 800X400 mm
GRANITE SLAB
CUT WALK ROUGH
FIN COLOR BEIGE
800×400mm 花岗石板台级
粗面，颜色：虾红色
150X50 mm THK HARD-
WOOD TREATED TIM-
BER PLANK ON PAIN-
TED FIN LIGHT BROWN
150×50mm厚实木防腐
木板 喷漆面，浅棕色
2500
5000 mm
150 mm X 50 mm
THK HARDWOOD
TREATED TIMBER
PLANK IN NAT.
STAIN FINISH
150mm×50mm厚实木
板，清漆面
NAT. ROCK BOUL-
DER LAKE EDGE
INSERT TO ROCK
WORK SPECIALIST
湖边天然石块
GAP INSERT
50,75,100-150 mm
Φ LOOSE YELLOW
RIVER STONE ROUND
SHAPE SMOOTH
SURFACE
50、75、100-150mmΦ散
置河卵石，圆形，滑面
1250
ROOF LINE
ABOVE
屋顶线
2500
IRREGULAR SHAPE
RANDOM PATTERN
WITH 50-100 mm
GAP QUARTZITE
STONE COLOR
BLUE GRAY
不规则切割，50~100mm
槽，石英，颜色：蓝灰色
LOOSE RIVER
STONE
散置河卵石
150 mm Φ HARDWOOD
TREATED TIMBER
RAILING W/ BRASS
BASE FLANGE IN
NAT STAIN FIN
150mmΦ防腐木栏杆
铜底边，清漆面
200X200 mm Φ
TREATED TIMBER
POST ON 300X300
REINFORCED CONC.
COLUMN
200×200mm Φ防腐木
柱，300×300加固水泥柱
150X100 mm THK
TREATED TIMBER RAIL
PAINTED BROWN
150×100mm厚防腐木栏，棕色
300 mm X 50 mm
THK LAKE EDGE
COPING NAT. GRNT
FLAMED FINISH
COLOR DARK GRAY
300mm×50mm厚火烧面
花岗石压顶，颜色：深灰
PARTIAL PLAN (PAVILION, BOARDWALK)
SCALE 1:50 METERS

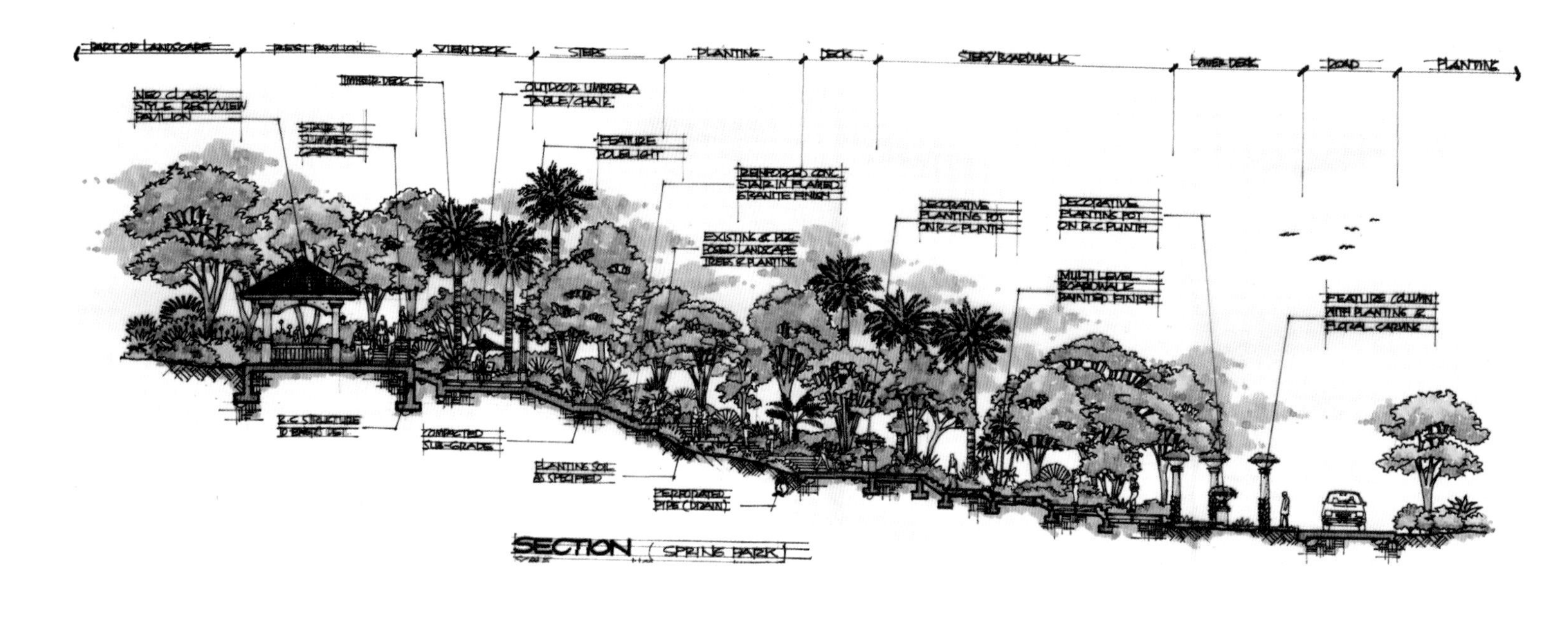
PART OF LANDSCAPE
REST PAVILION
VIEW DECK
STEPS
PLANTING
DECK
STEPS/BOARDWALK
LOWER DECK
ROAD
PLANTING
NEO CLASSIC STYLE REST/VIEW PAVILION
TIMBER DECK
STAIR TO SUMMER GARDEN
OUTDOOR UMBRELLA TABLE/CHAIR
FEATURE POLELIGHT
REINFORCED CONC. STAIR IN FLAMED GRANITE FINISH
EXISTING & PROPOSED LANDSCAPE TREES & PLANTING
DECORATIVE PLANTING POT ON R.C PLINTH
DECORATIVE PLANTING POT ON R.C PLINTH
MULTI LEVEL BOARDWALK PAINTED FINISH
FEATURE COLUMN WITH PLANTING & FLORAL CARVING
R.C STRUCTURE
COMPACTED SUB-GRADE
PLANTING SOIL AS SPECIFIED
PERFORATED PIPE (DRAIN)
SECTION (SPRING PARK)

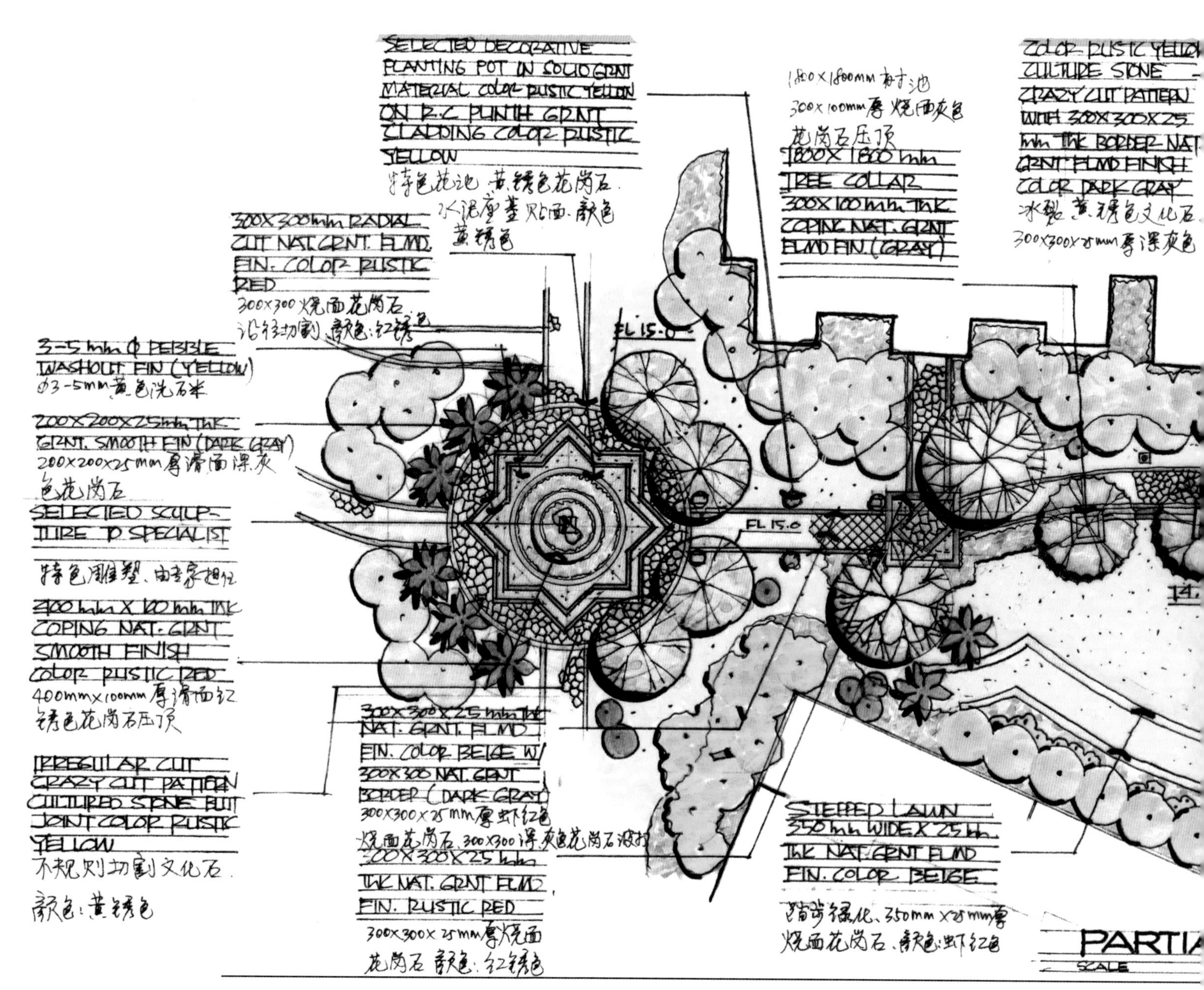
SELECTED DECORATIVE PLANTING POT IN SOLID GRNT MATERIAL COLOR RUSTIC YELLOW ON R.C PLINTH GRNT CLADDING COLOR RUSTIC YELLOW
特色花池，黄锈色花岗石，水泥座基贴面，颜色黄锈色
1800×1800mm树池
300×100mm厚烧面灰色花岗石压顶
1800X1800mm TREE COLLAR 300X100mm THK COPING NAT. GRNT FLMD FIN. (GRAY)
COLOR RUSTIC YELLOW CULTURE STONE CRAZY CUT PATTERN WITH 300X300X25 mm THK BORDER NAT GRNT FLMD FINISH COLOR DARK GRAY
冰裂，黄锈色文化石
300×300×25mm厚深灰色
300X300mm RADIAL CUT NAT. GRNT. FLMD. FIN. COLOR RUSTIC RED
300×300烧面花岗石
沿径切割，颜色：红锈
3-5mm Φ PEBBLE WASHOUT FIN (YELLOW)
Φ3-5mm黄色洗石米
200X200X25mm THK GRNT. SMOOTH FIN (DARK GRAY)
200×200×25mm厚滑面深灰色花岗石
SELECTED SCULPTURE TO SPECIALIST
特色雕塑，由专家担任
400mm X 100mm THK COPING NAT. GRNT SMOOTH FINISH COLOR RUSTIC RED
400mm×100mm厚滑面红锈色花岗石压顶
IRREGULAR CUT CRAZY CUT PATTERN CULTURED STONE BUTT JOINT COLOR RUSTIC YELLOW
不规则切割文化石.
颜色：黄锈色
300X300X25mm THK NAT. GRNT. FLMD FIN. COLOR BEIGE W/ 300X300 NAT. GRNT BORDER (DARK GRAY)
300×300×25mm厚虾红色烧面花岗石，300×300深灰色花岗石波打
300X300X25mm THK NAT. GRNT FLMD FIN. RUSTIC RED
300×300×25mm厚烧面花岗石 颜色：红锈色
FL 15.0
FL 15.0
STEPPED LAWN 350mm WIDE X 25mm THK NAT. GRNT FLMD FIN. COLOR BEIGE
踏步绿化，350mm×25mm厚烧面花岗石，颜色虾红色
PARTIA
SCALE

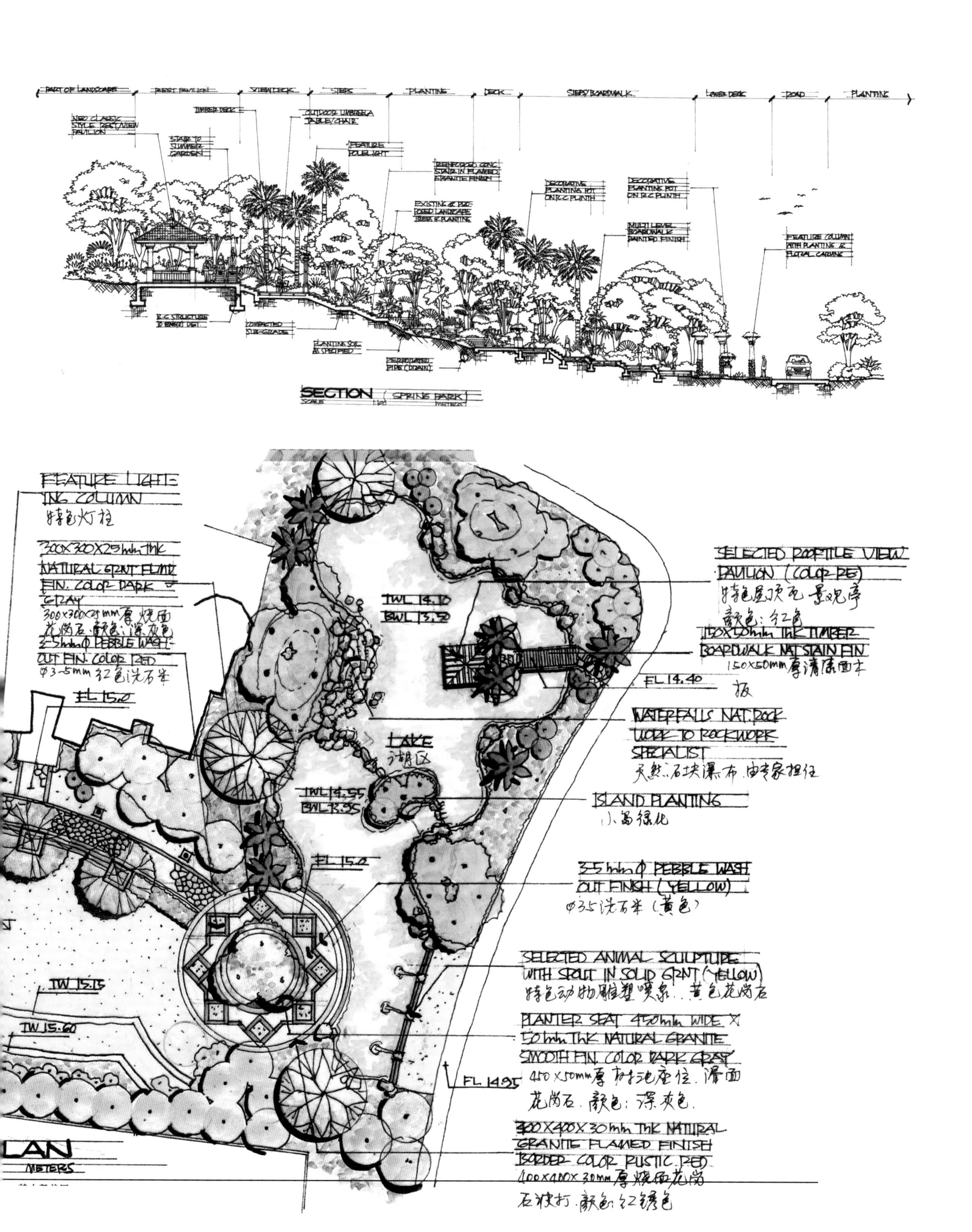
PART OF LANDSCAPE
REST PAVILION
VIEW DECK
STEPS
PLANTING
DECK
STEPS/BOARDWALK
LOWER DECK
ROAD
PLANTING
NEO CLASSIC STYLE REST/VIEW PAVILION
TIMBER DECK
STAIR TO SUMMER GARDEN
OUTDOOR UMBRELLA TABLE/CHAIR
FEATURE POLELIGHT
REINFORCED CONC. STAIR IN FLAMED GRANITE FINISH
EXISTING & PROPOSED LANDSCAPE TREES & PLANTING
DECORATIVE PLANTING POT ON R.C PLINTH
DECORATIVE PLANTING POT ON R.C PLINTH
MULTI LEVEL BOARDWALK PAINTED FINISH
FEATURE COLUMN WITH PLANTING & FLORAL CARVING
R.C STRUCTURE TO ENGR'S DET.
COMPACTED SUB-GRADE
PLANTING SOIL AS SPECIFIED
PERFORATED PIPE (DRAIN)
SECTION (SPRING PARK)
SCALE 1:100 METERS
FEATURE LIGHTING COLUMN
特色灯柱
300X300X25mm THK NATURAL GRNT FLAMED FIN. COLOR DARK GRAY
300×300×25mm厚 烧面花岗石，颜色：深灰色
3-5mm Φ PEBBLE WASH-OUT FIN. COLOR RED
Φ3-5mm 红色洗石米
FL 15.0
TWL 14.10
BWL 13.50
SELECTED ROOFTILE VIEW PAVILION (COLOR RED)
特色屋顶瓦 景观亭
颜色：红色
150X50mm THK TIMBER BOARDWALK NAT. STAIN FIN.
150×50mm厚清漆面木
FL 14.40
板
WATERFALLS NAT. ROCK WORK TO ROCKWORK SPECIALIST
天然石块瀑布 由专家担任
LAKE
湖区
TWL 14.55
BWL 13.35
ISLAND PLANTING
小岛绿化
FL 15.0
3-5mm Φ PEBBLE WASH OUT FINISH (YELLOW)
Φ3.5洗石米（黄色）
SELECTED ANIMAL SCULPTURE WITH SPOUT IN SOLID GRNT (YELLOW)
特色动物雕塑喷泉，黄色花岗石
TW 15.15
TW 15.60
PLANTER SEAT 450mm WIDE X 50mm THK NATURAL GRANITE SMOOTH FIN. COLOR DARK GRAY
450×50mm厚 花池座位，滑面花岗石，颜色：深灰色
FL 14.95
300X400X30mm THK NATURAL GRANITE FLAMED FINISH BORDER COLOR RUSTIC RED
400×400×30mm厚烧面花岗石镶边，颜色：红锈色
LAN
METERS

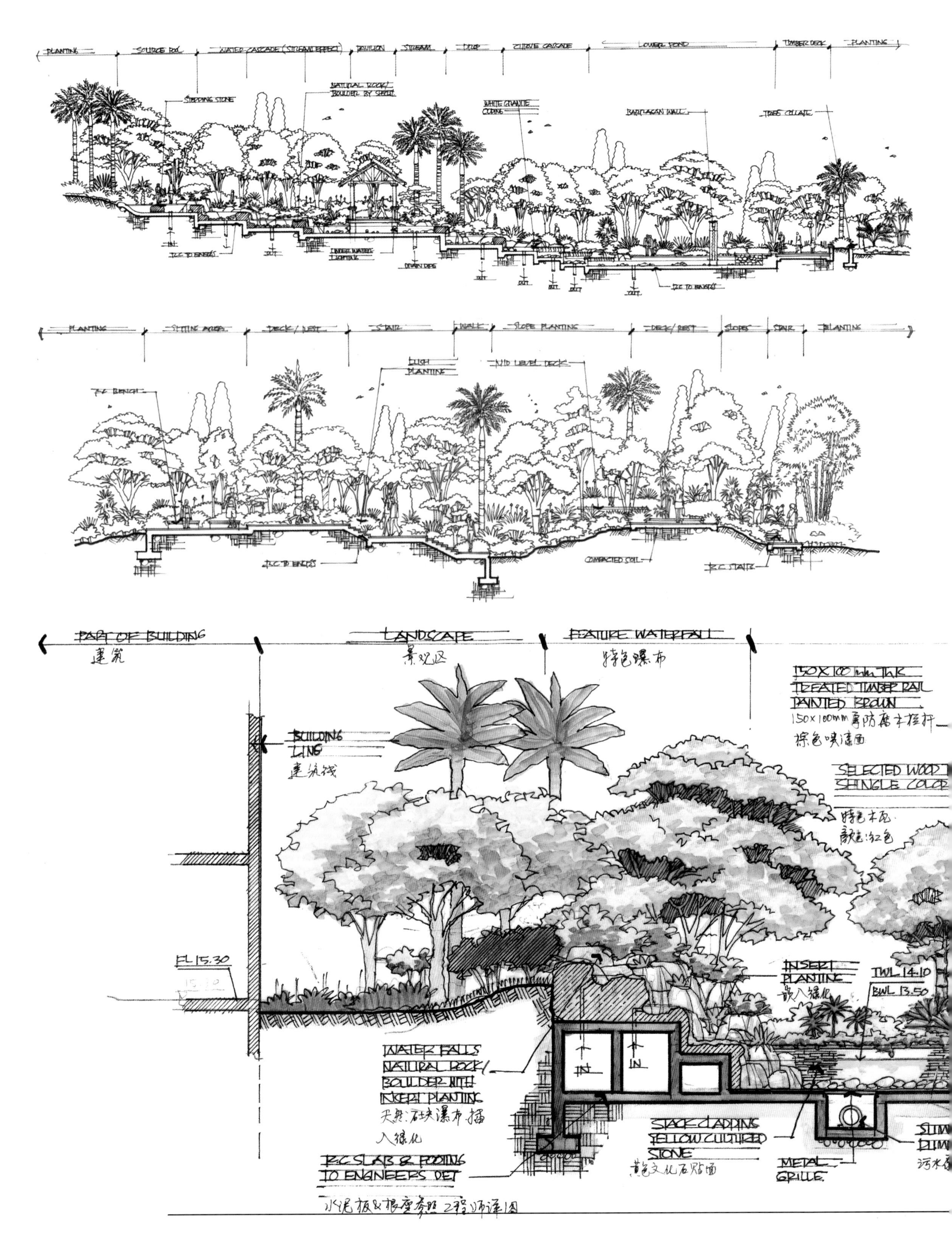
PLANTING
SOURCE POOL
WATER CASCADE (STREAM EFFECT)
PAVILION
STREAM
DROP
CURVE CASCADE
LOWER POND
TIMBER DECK
PLANTING
STEPPING STONE
NATURAL ROCK/
BOULDER BY SPECIAL
WHITE GRANITE
COPING
DRAIN PIPE
PLANTING
SITTING AREA
DECK / REST
STAIR
WALL
SLOPE PLANTING
DECK/REST
SLOPES
STAIR
PLANTING
LUSH
PLANTING
MID LEVEL DECK
COMPACTED SOIL
R.C STAIR
PART OF BUILDING
建筑
LANDSCAPE
景观区
FEATURE WATERFALL
特色瀑布
150X100 mm THK
TREATED TIMBER RAIL
PAINTED BROWN
150×100mm厚防腐木栏杆
棕色喷漆面
BUILDING
LINE
建筑线
SELECTED WOOD
SHINGLE COLOR
FL 15.30
INSERT
PLANTING
嵌入绿化
TWL 14.10
BWL 13.50
IN
IN
WATER FALLS
NATURAL ROCK/
BOULDER WITH
INSERT PLANTING
天然石块瀑布插
入绿化
STACK CLADDING
YELLOW CULTURED
STONE
黄色文化石贴面
METAL
GRILLE
R.C SLAB & FOOTING
TO ENGINEERS DET
水泥板&根座参照工程师详图

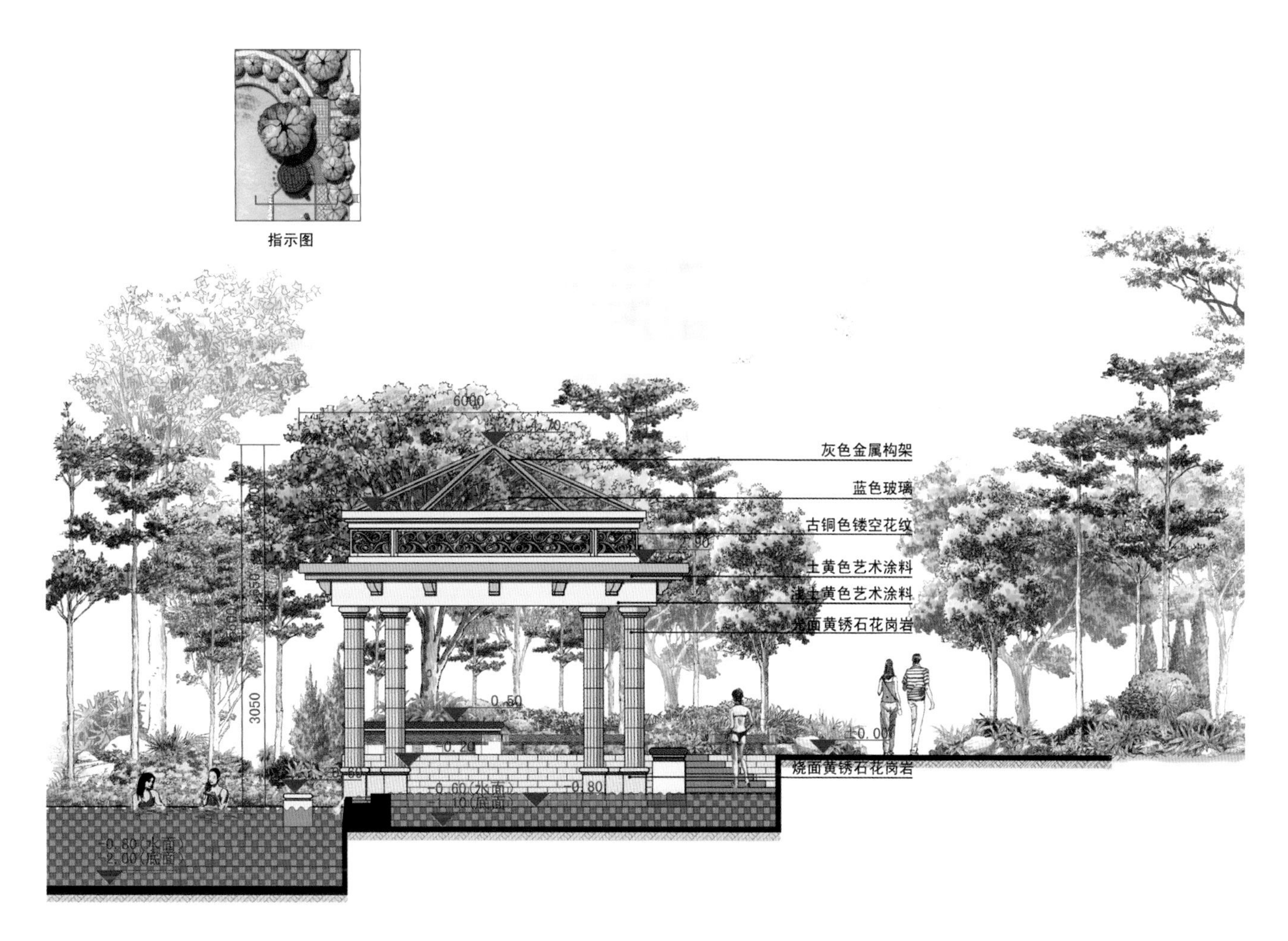
指示图
6000
灰色金属构架
蓝色玻璃
古铜色镂空花纹
土黄色艺术涂料
浅土黄色艺术涂料
烧面黄锈石花岗岩
3050
0.50
0.20
-0.60 (水面)
-1.10 (底面)
-0.80 (水面)
-2.00 (底面)
±0.00
烧面黄锈石花岗岩

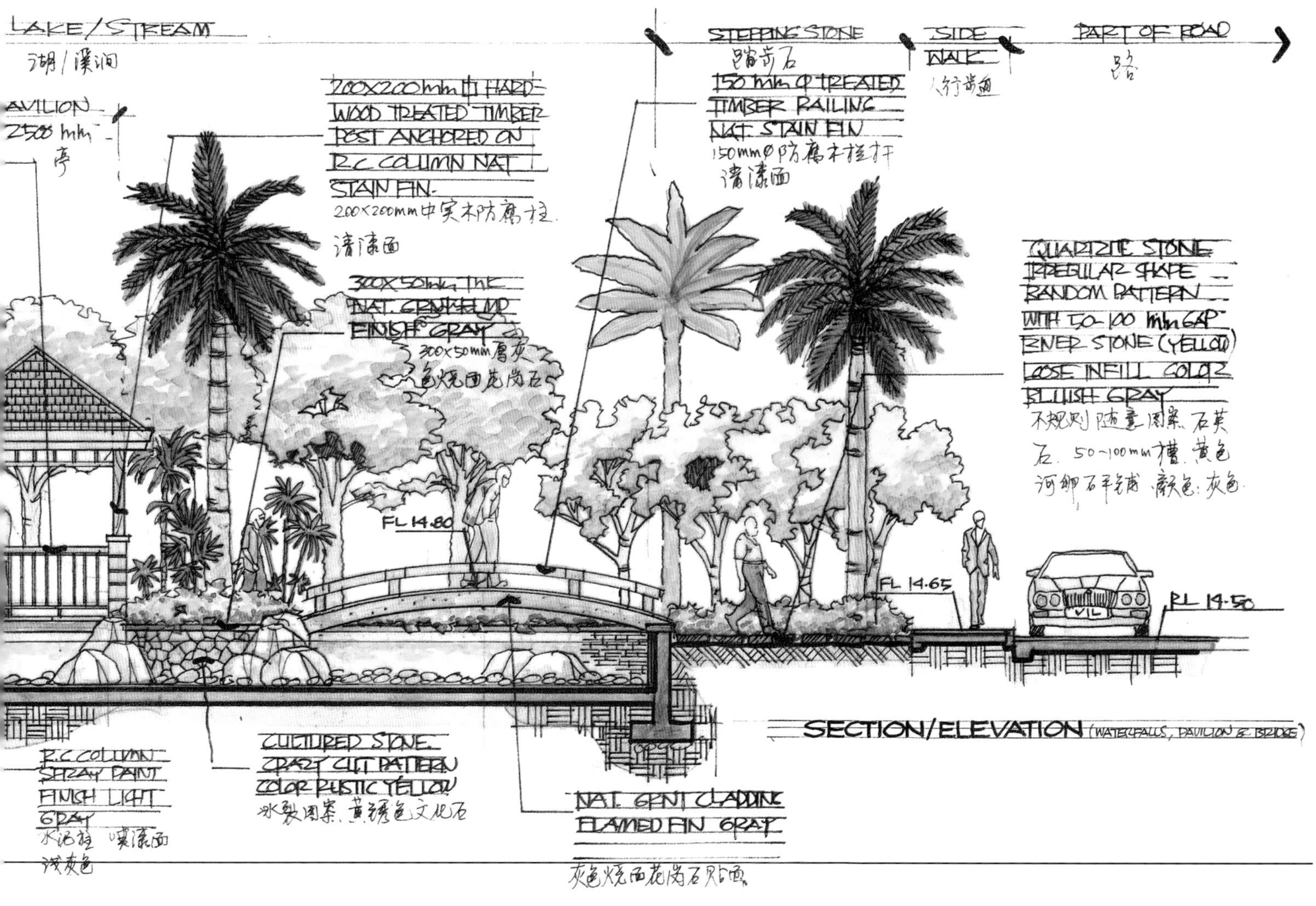
LAKE/STREAM
湖/溪涧
AVILION
2500 mm
亭
STEPPING STONE
踏步石
SIDE WALK
人行步道
PART OF ROAD
路
200X200mm HARD WOOD TREATED TIMBER POST ANCHORED ON R.C COLUMN NAT STAIN FIN.
200×200mm中实木防腐柱
清漆面
150 mm Φ TREATED TIMBER RAILING NAT STAIN FIN
150mmΦ防腐木栏杆
清漆面
300X50mm THK NAT. GRNT FLAMED FINISH GRAY
300×50mm厚灰色烧面花岗石
QUARTZITE STONE IRREGULAR SHAPE RANDOM PATTERN WITH 50-100 mm GAP RIVER STONE (YELLOW) LOOSE INFILL COLOR BLUISH GRAY
不规则随意图案，石英石，50~100mm缝，黄色河卵石铺，颜色：灰色
FL 14.80
FL 14.65
FL 14.50
SECTION/ELEVATION (WATERFALLS, PAVILION & BRIDGE)
R.C COLUMN SPRAY PAINT FINISH LIGHT GRAY
水泥柱 喷漆面 浅灰色
CULTURED STONE CRAZY CUT PATTERN COLOR RUSTIC YELLOW
冰裂图案，黄锈色文化石
NAT. GRNT CLADDING FLAMED FIN GRAY
灰色烧面花岗石贴面

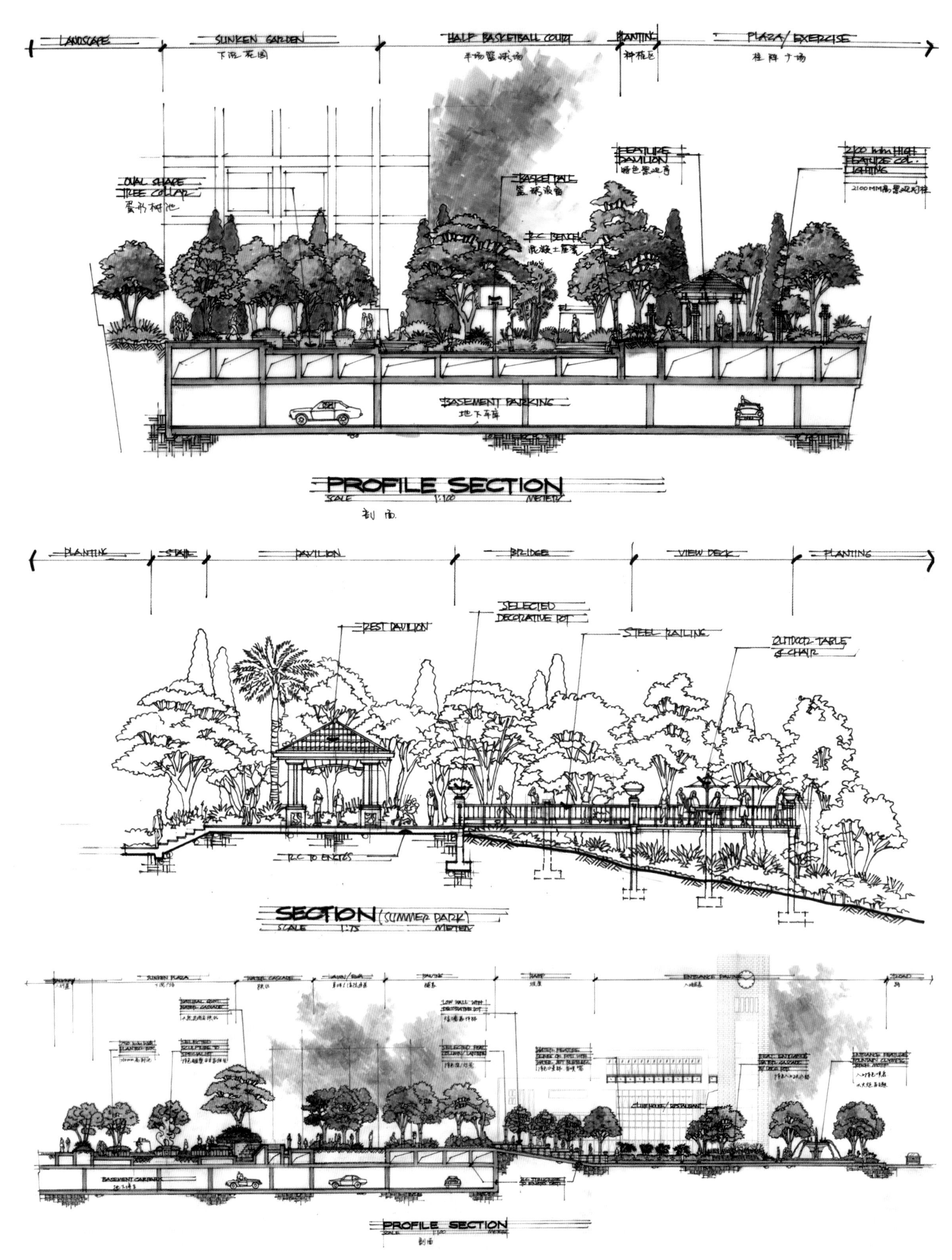

LANDSCAPE
SUNKEN GARDEN
下沉花园
HALF BASKETBALL COURT
PLANTING
PLAZA/ EXERCISE
OVAL SHAPE TREE COLLAR
BASKETBALL
R.C BENCH
混凝土座凳
FEATURE PAVILION
2100 MM HIGH FEATURE COL. LIGHTING
BASEMENT PARKING
地下车库
PROFILE SECTION
SCALE 1:100 METERS
剖面
PLANTING
STAIR
PAVILION
BRIDGE
VIEW DECK
PLANTING
SELECTED DECORATIVE POT
REST PAVILION
STEEL RAILING
OUTDOOR TABLE & CHAIR
SECTION (SUMMER PARK)
SCALE 1:75 METERS
BASEMENT CARPARK
CLUBHOUSE/ RESTAURANT
PROFILE SECTION
剖面

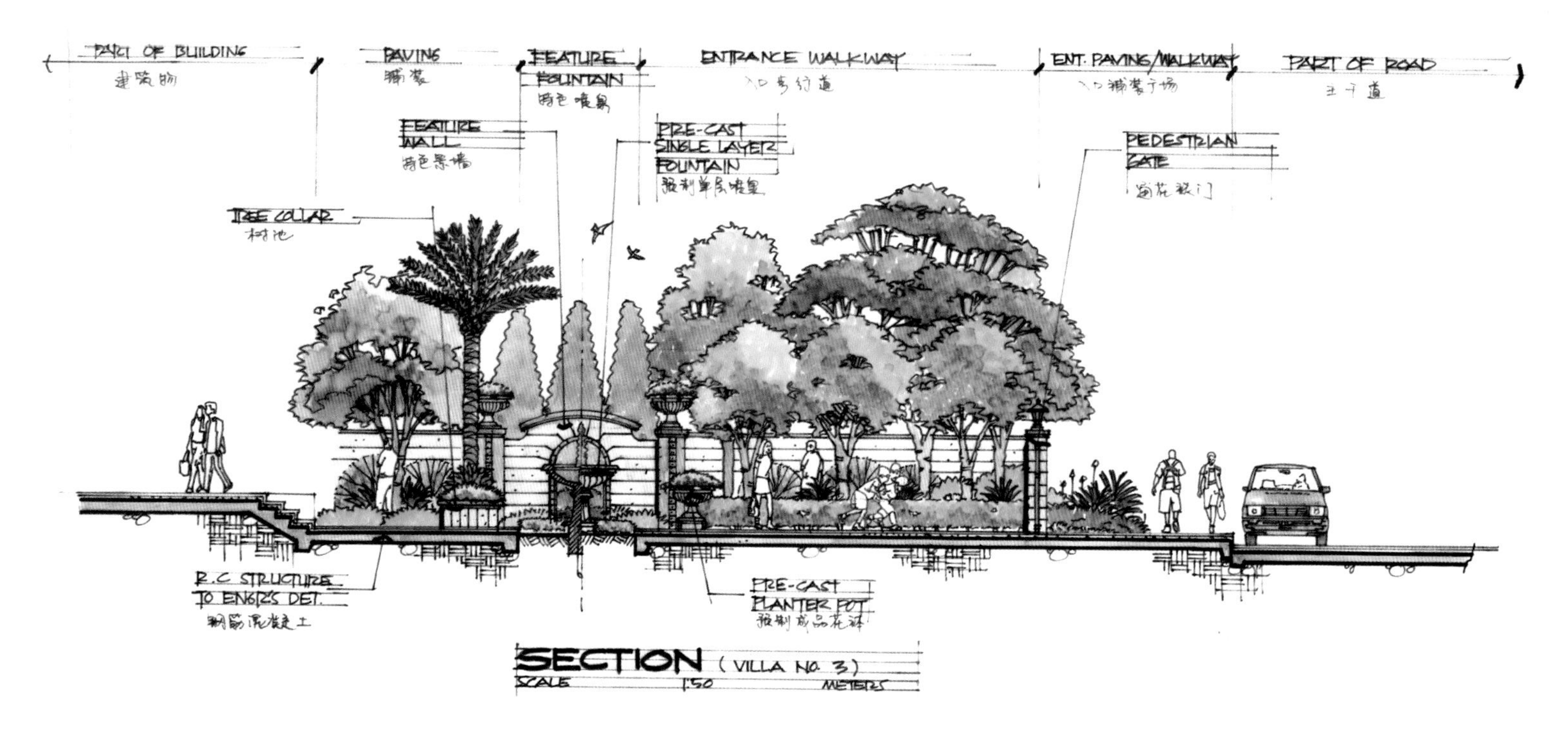
PART OF BUILDING
建筑物
PAVING
铺装
FEATURE FOUNTAIN
特色喷泉
ENTRANCE WALKWAY
入口步行道
ENT. PAVING/WALKWAY
入口铺装广场
PART OF ROAD
主干道
FEATURE WALL
特色景墙
PRE-CAST SINGLE LAYER FOUNTAIN
预制单层喷泉
PEDESTRIAN GATE
TREE COLLAR
树池
R.C STRUCTURE TO ENGR'S DET.
钢筋混凝土
PRE-CAST PLANTER POT
预制成品花钵
SECTION (VILLA NO. 3)
SCALE 1:50 METERS

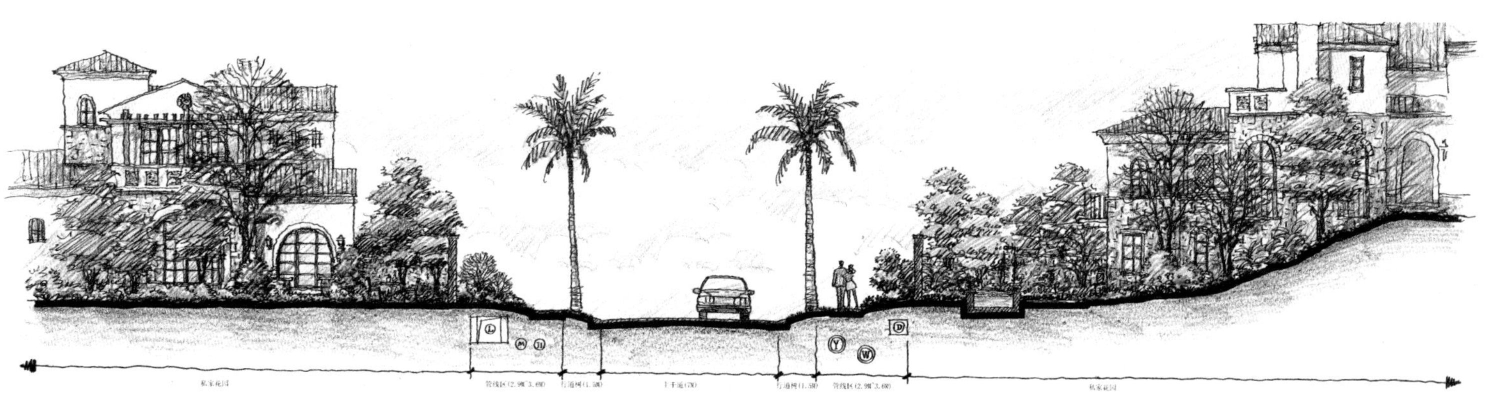

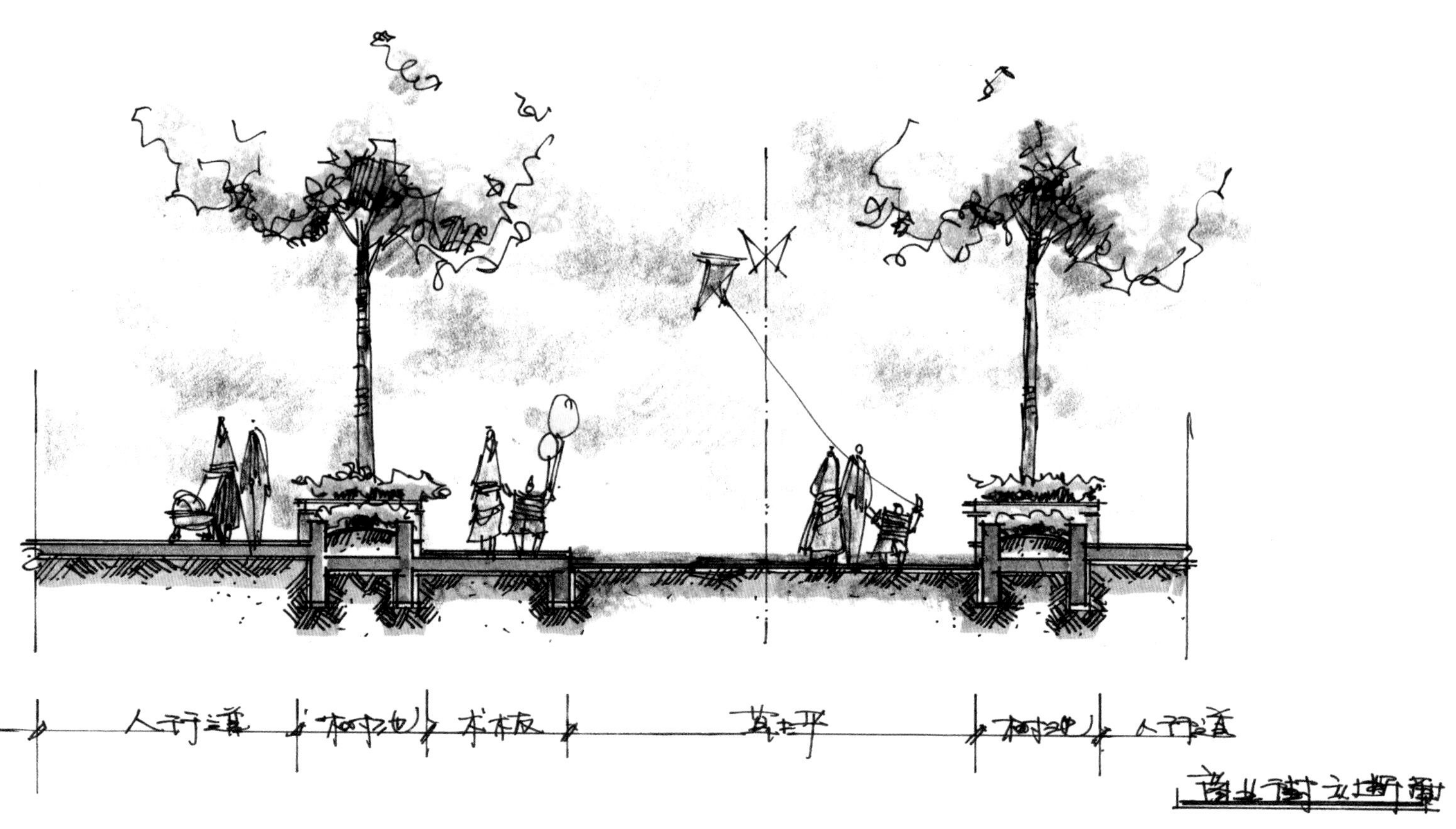
人行道
树池
木板
草坪
树池
人行道

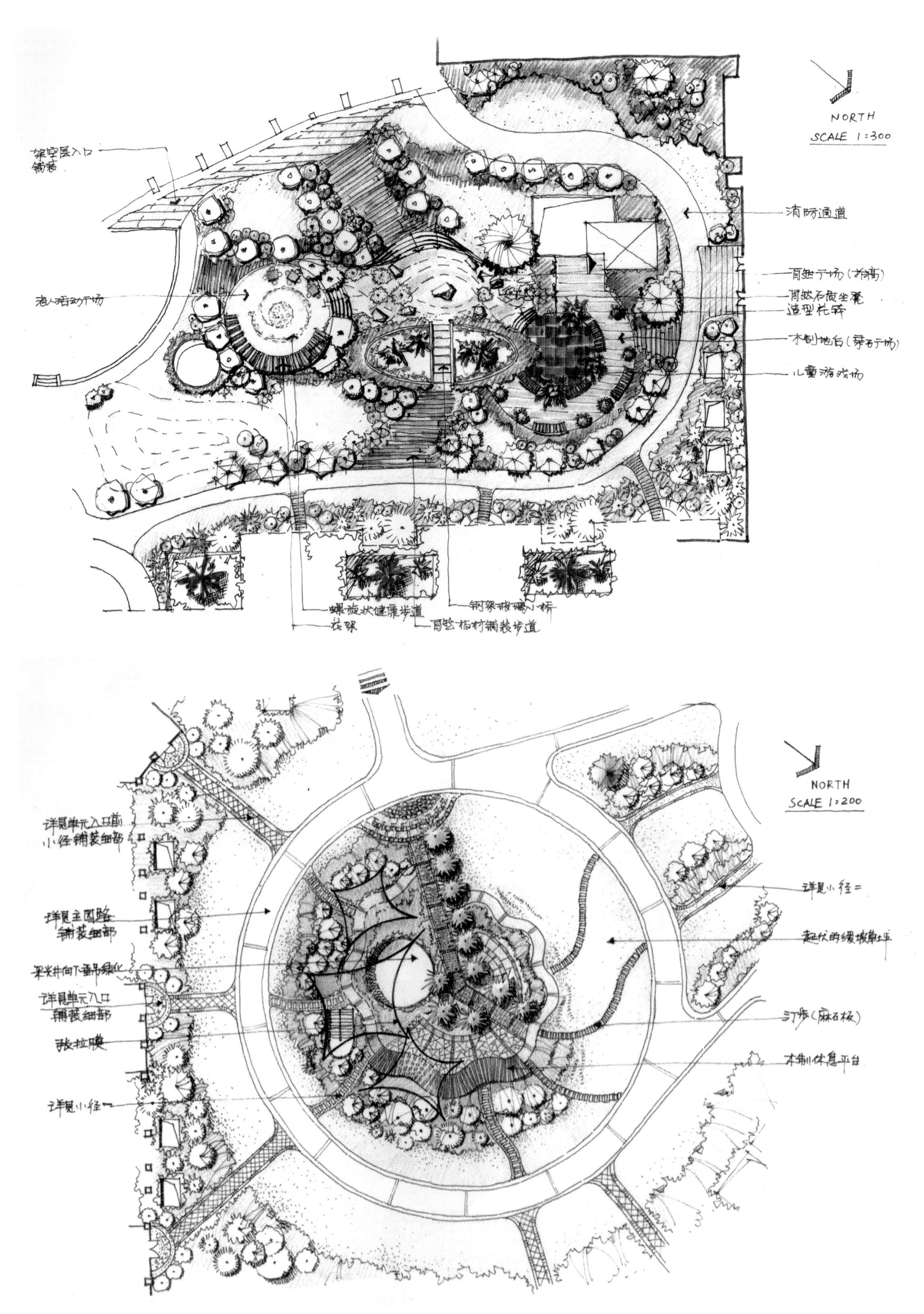

架空层入口
铺装
NORTH
SCALE 1:300
消防通道
自然广场（抬高）
自然石质坐凳
造型花钵
木制地台（亲子广场）
儿童游戏场
老人活动广场
螺旋状健康步道
花架
钢架玻璃小桥
自然板材铺装步道
NORTH
SCALE 1:200
详见单元入口前
小径铺装细部
详见主园路
铺装细部
采光井向下垂吊绿化
详见单元入口
铺装细部
张拉膜
详见小径一
详见小径二
起伏的缓坡草坪
汀步（麻石板）
木制休息平台

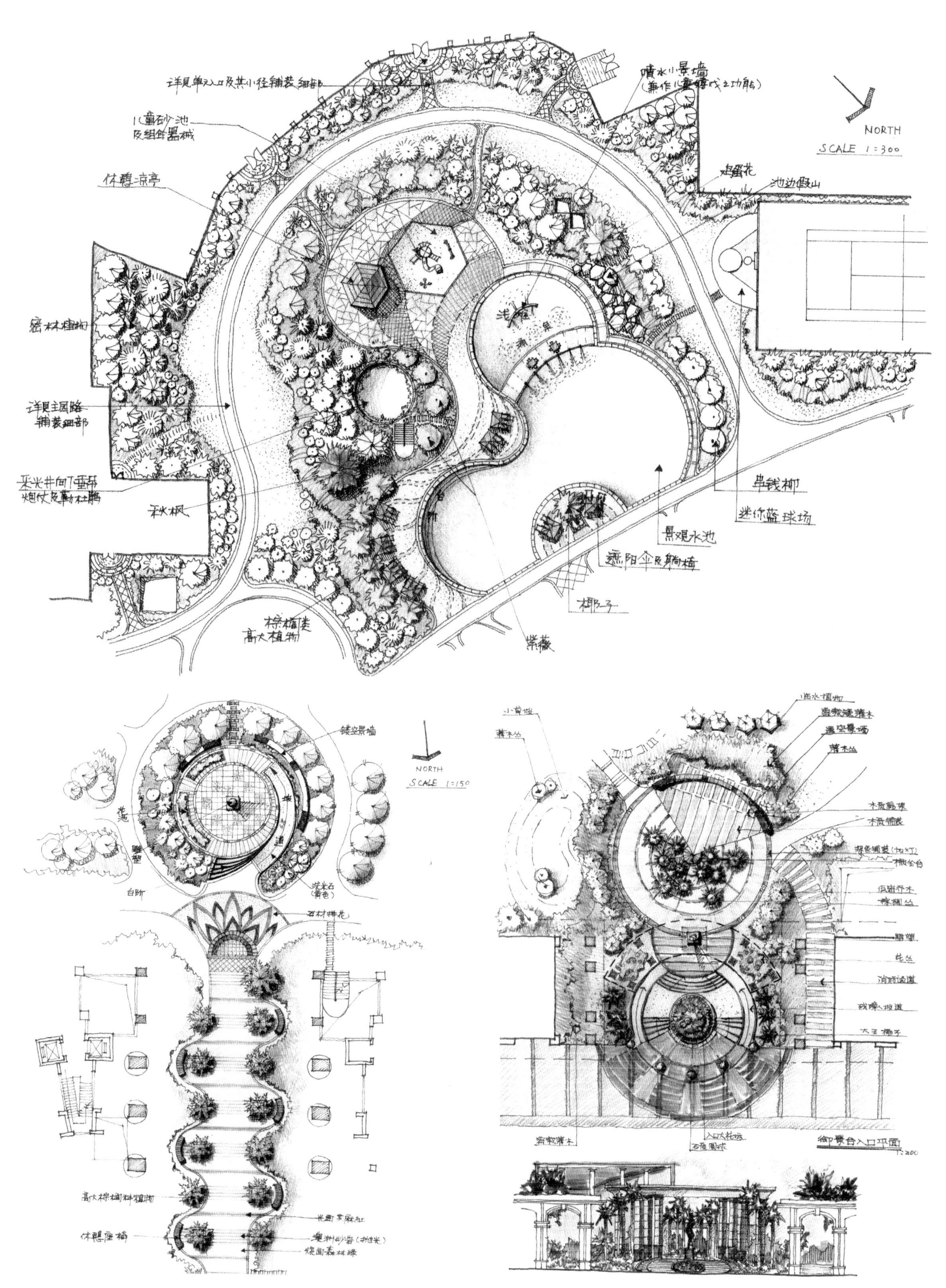

详见单入口及其小径铺装细部
儿童砂池
及组合器械
休憩凉亭
密林植物
详见主园路
铺装细部
采光井向下垂吊
炮仗及勒杜鹃
秋枫
棕榈类
高大植物
紫薇
椰子
遮阳伞及躺椅
景观水池
迷你篮球场
串钱柳
鸡蛋花
池边假山
喷水小景墙
(兼作儿童嬉戏之功能)
NORTH
SCALE 1:300
浅滩
镂空景墙
NORTH
SCALE 1:150
石材拼花
高大棕榈林植物
休憩座椅
临水植物
镂空景墙
木质铺装
御景台入口平面

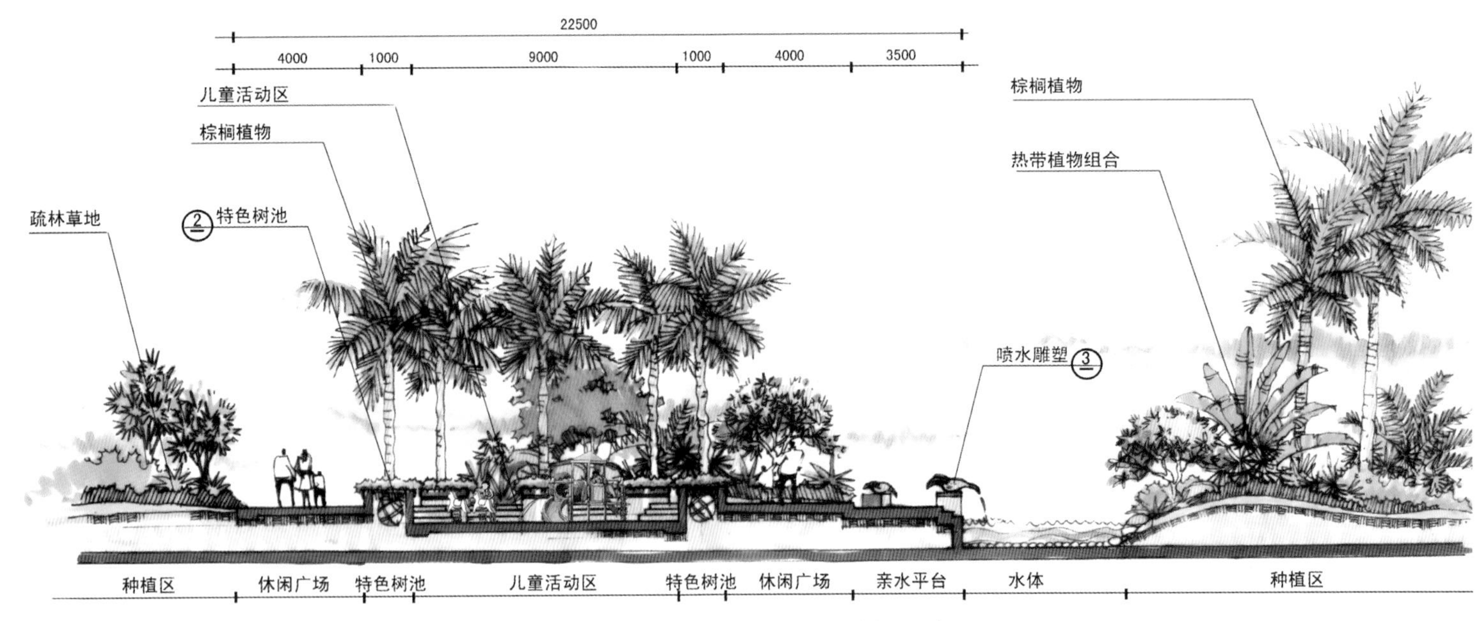

① 儿童活动区剖面示意图

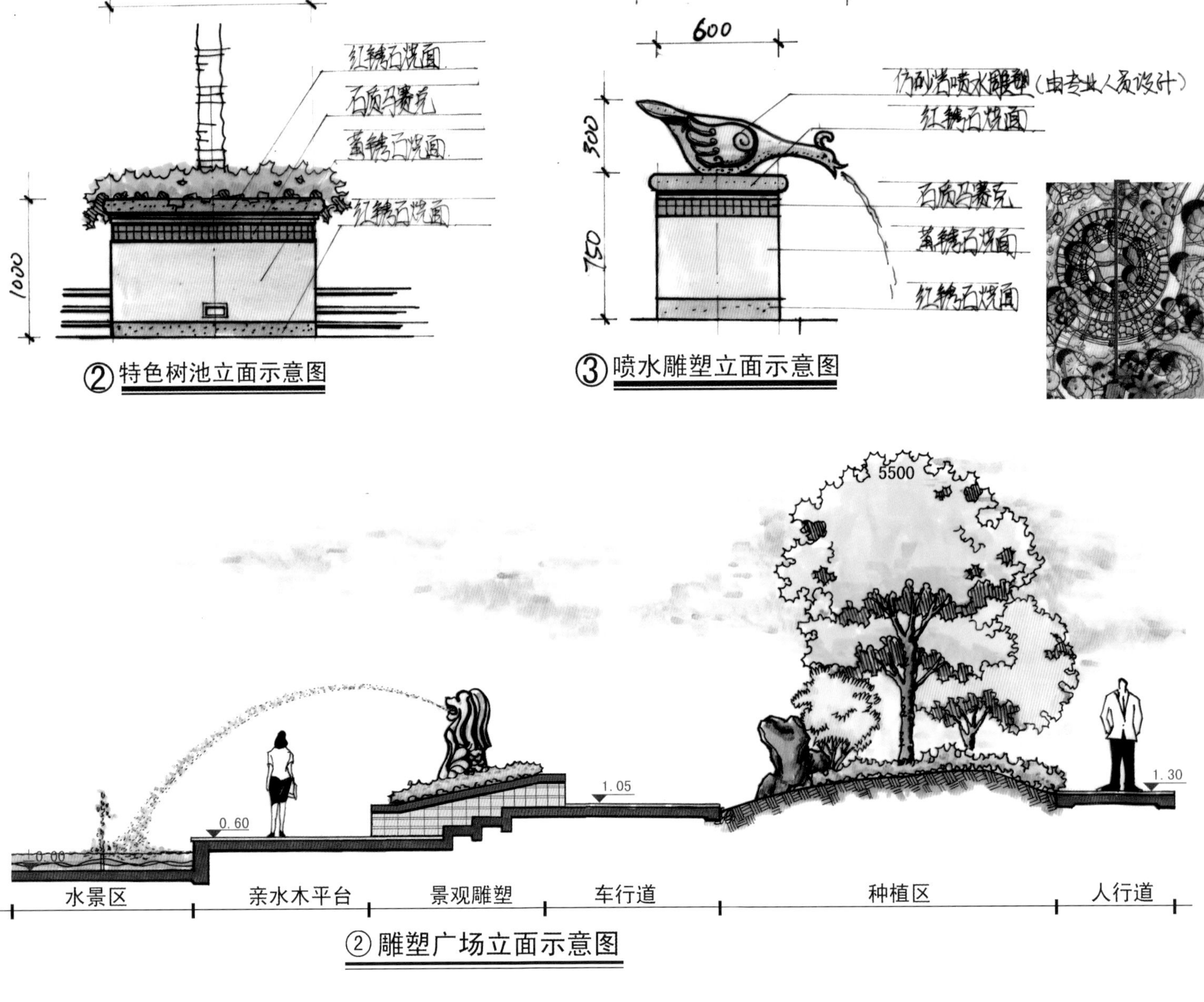

② 特色树池立面示意图

③ 喷水雕塑立面示意图

② 雕塑广场立面示意图

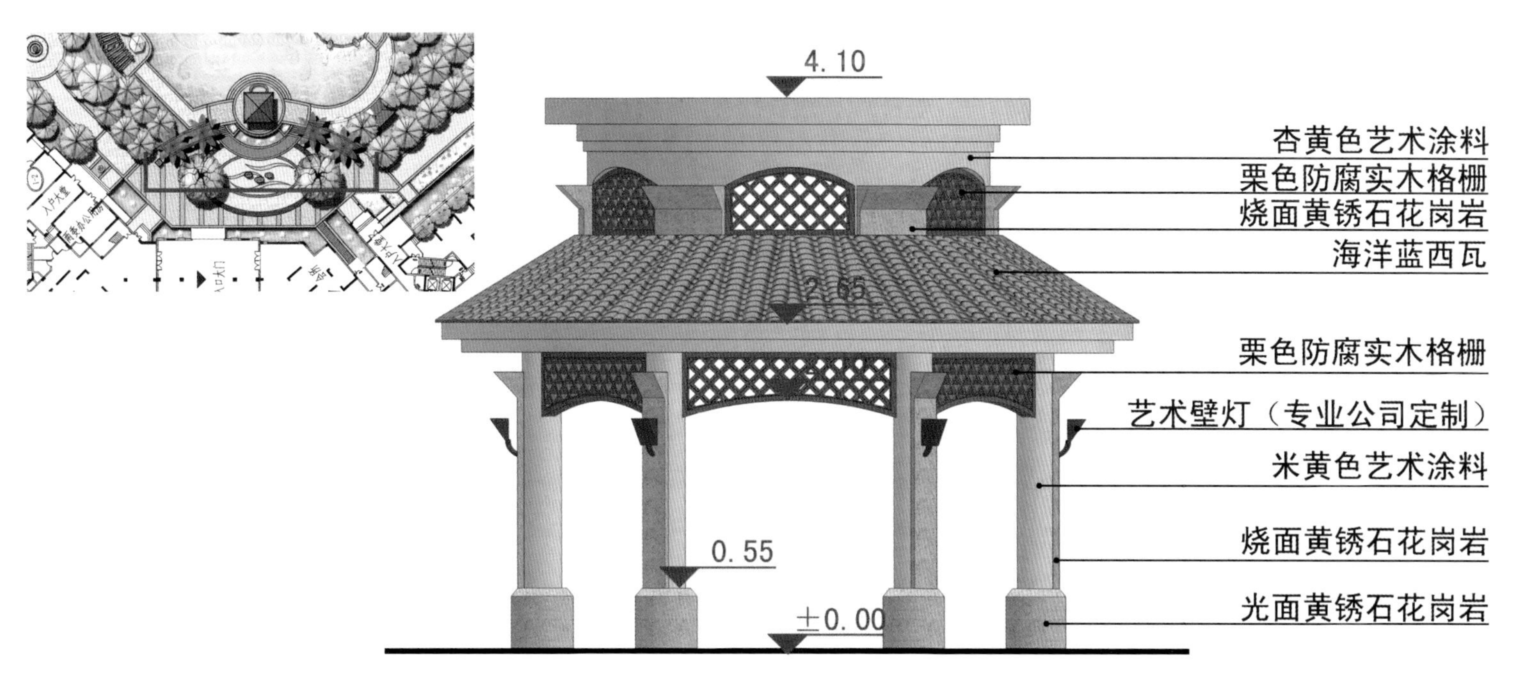

泳池景观亭立面图

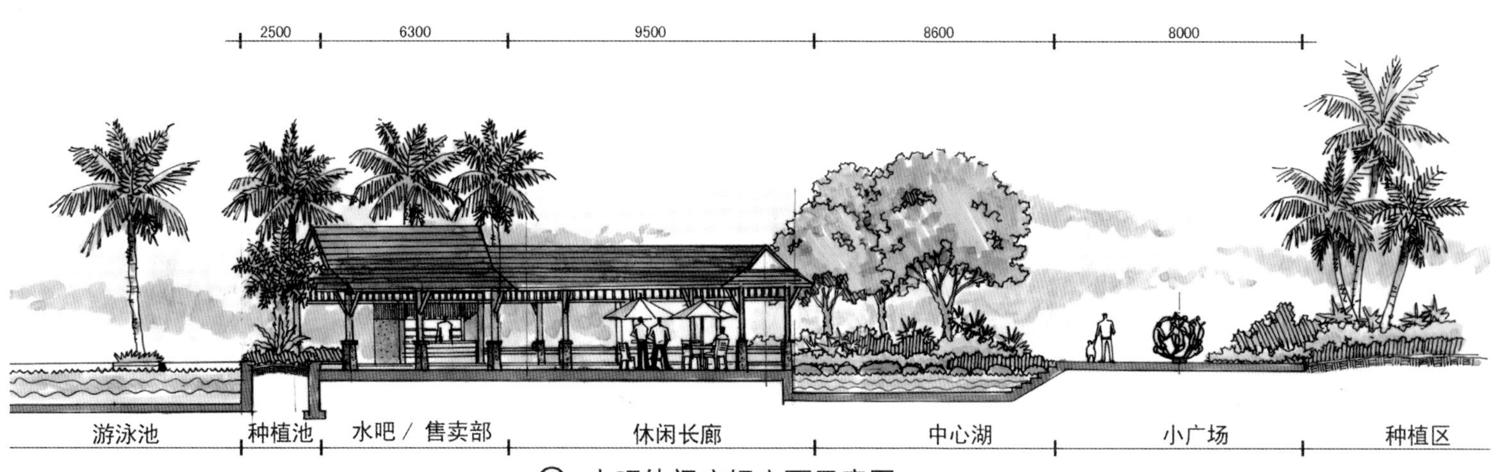

① 水吧休闲广场立面示意图

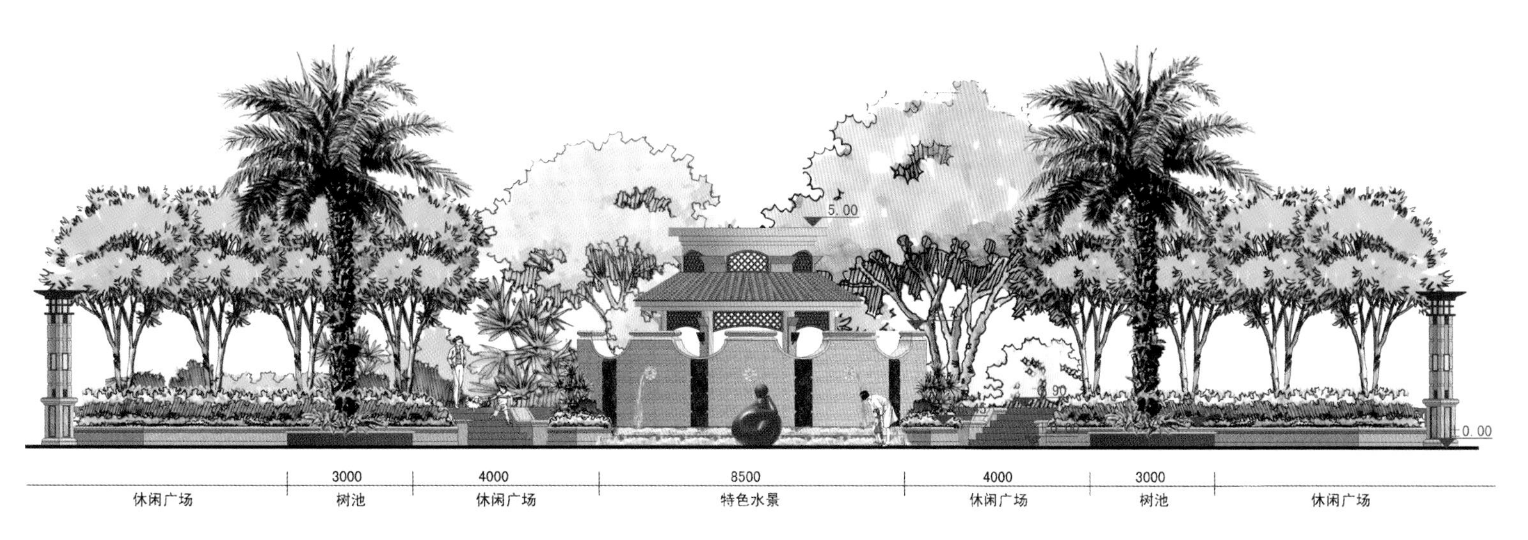

入口广场立面图（方案一）

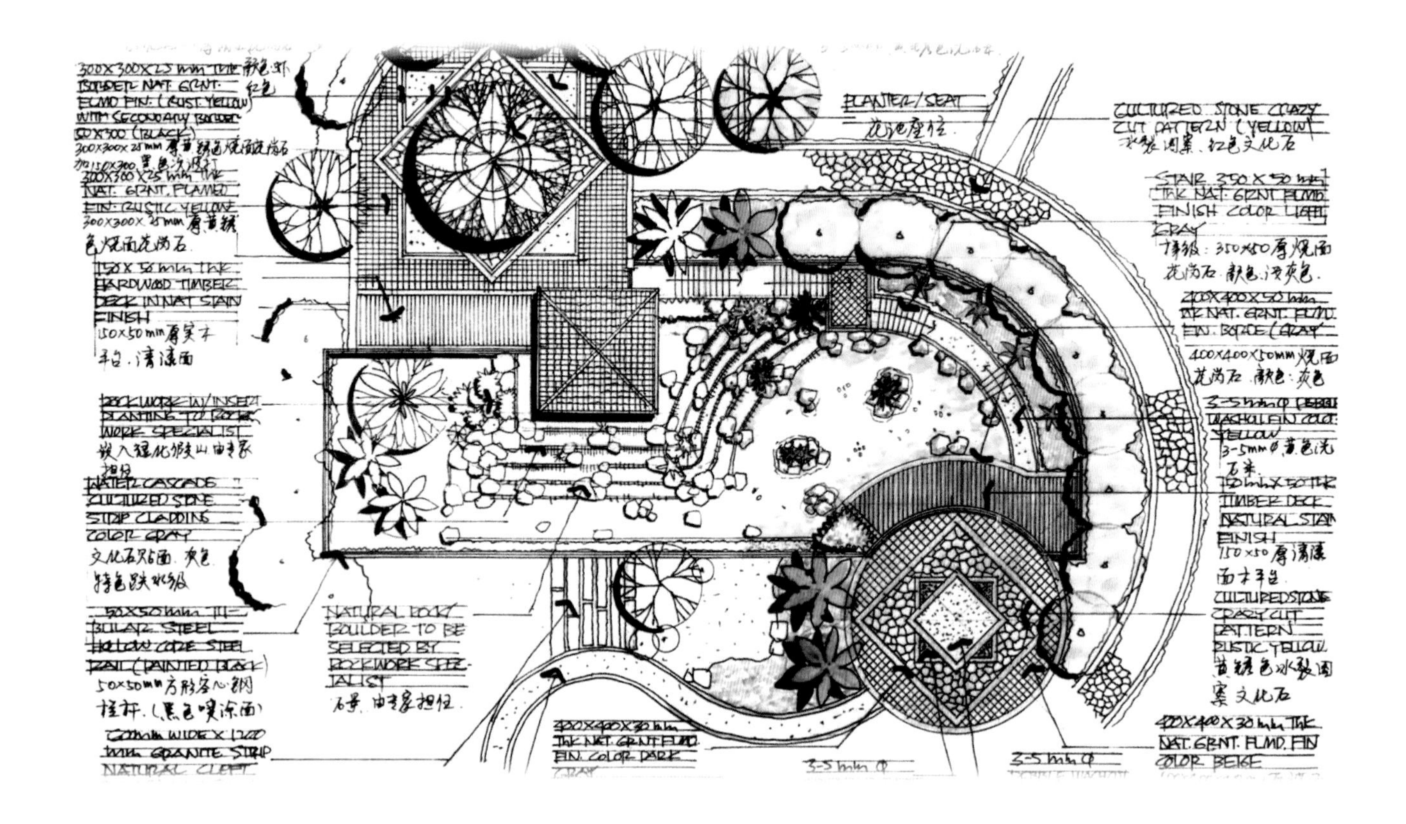

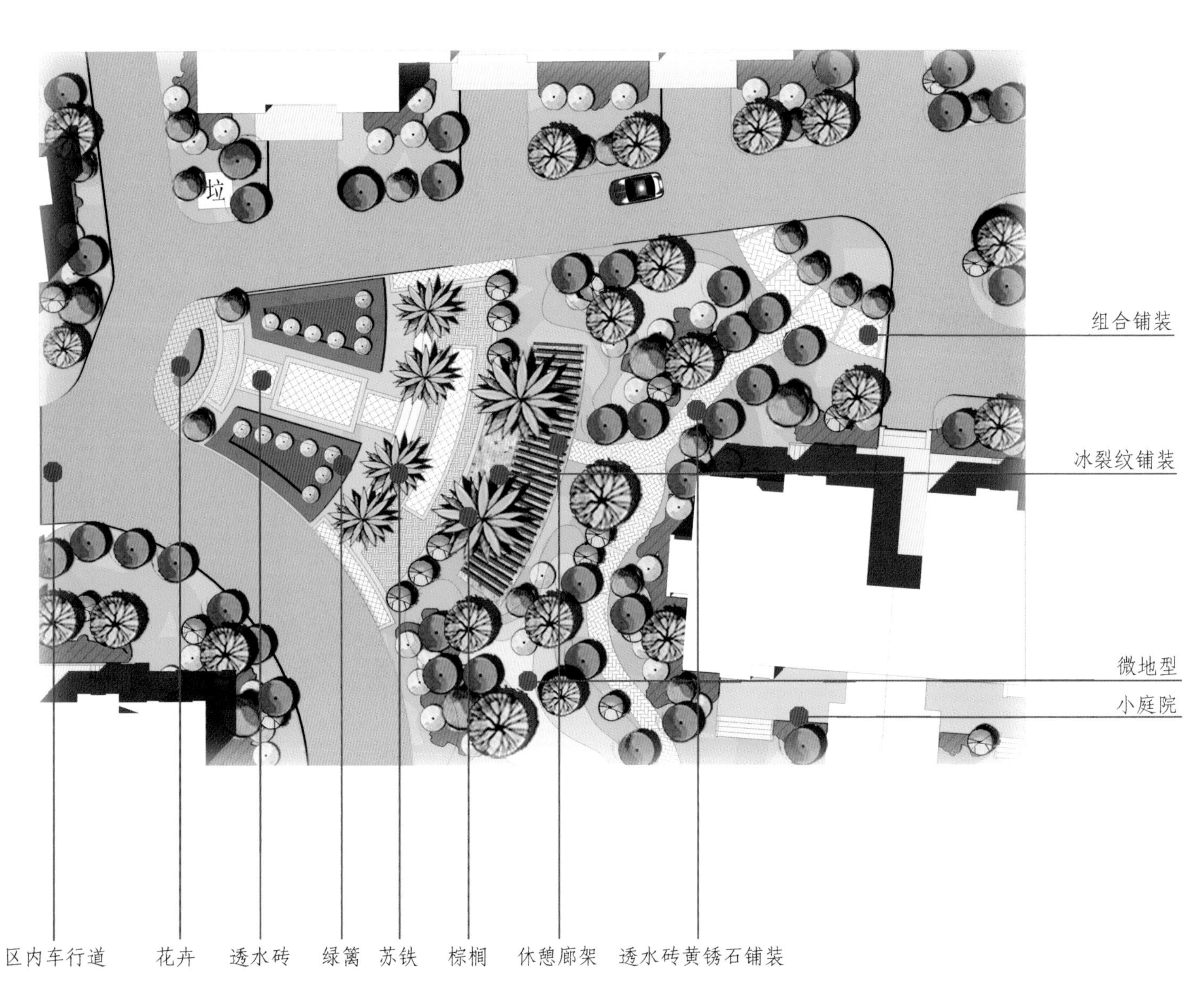
垃
组合铺装
冰裂纹铺装
微地型
小庭院
区内车行道
花卉
透水砖
绿篱
苏铁
棕榈
休憩廊架
透水砖黄锈石铺装

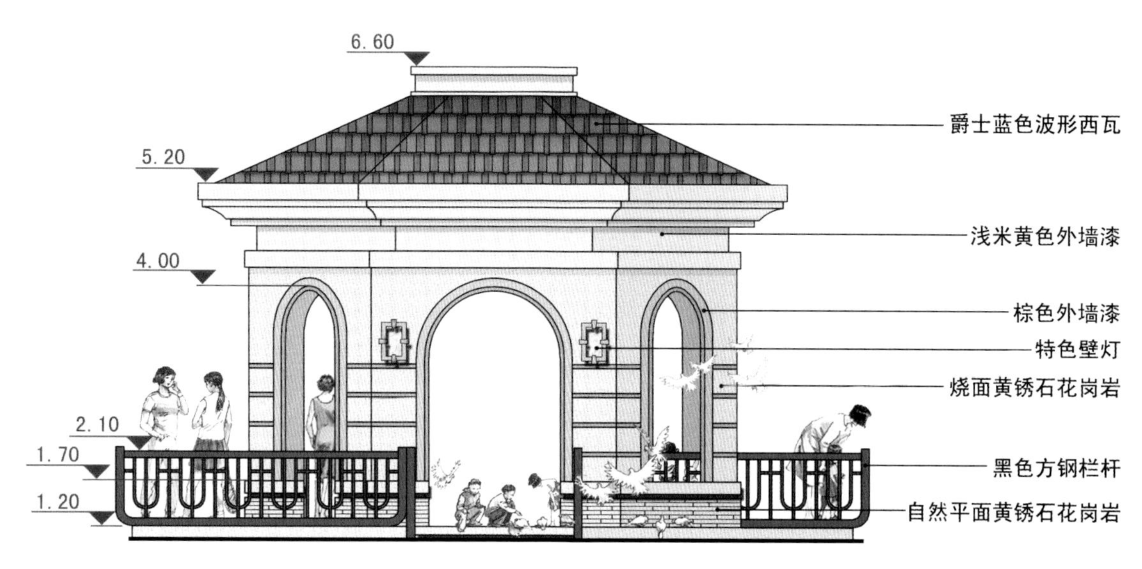

六角亭立面图

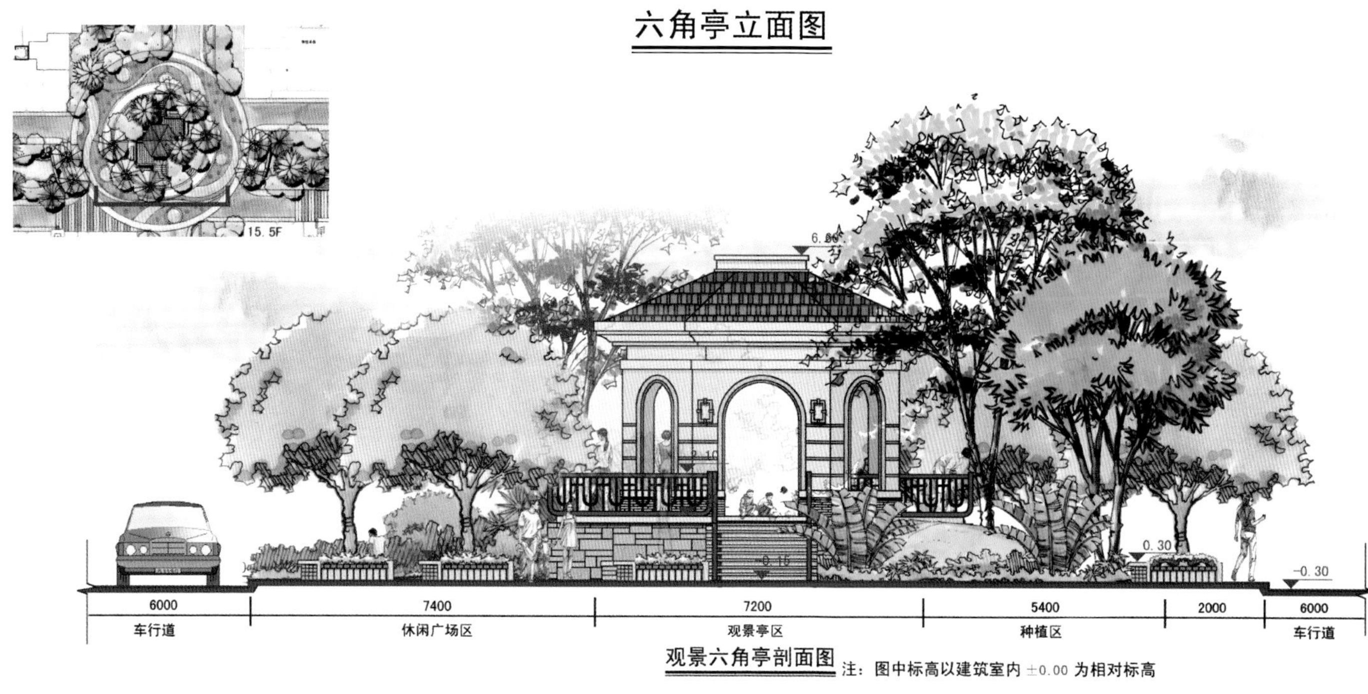

观景六角亭剖面图 注：图中标高以建筑室内 ±0.00 为相对标高

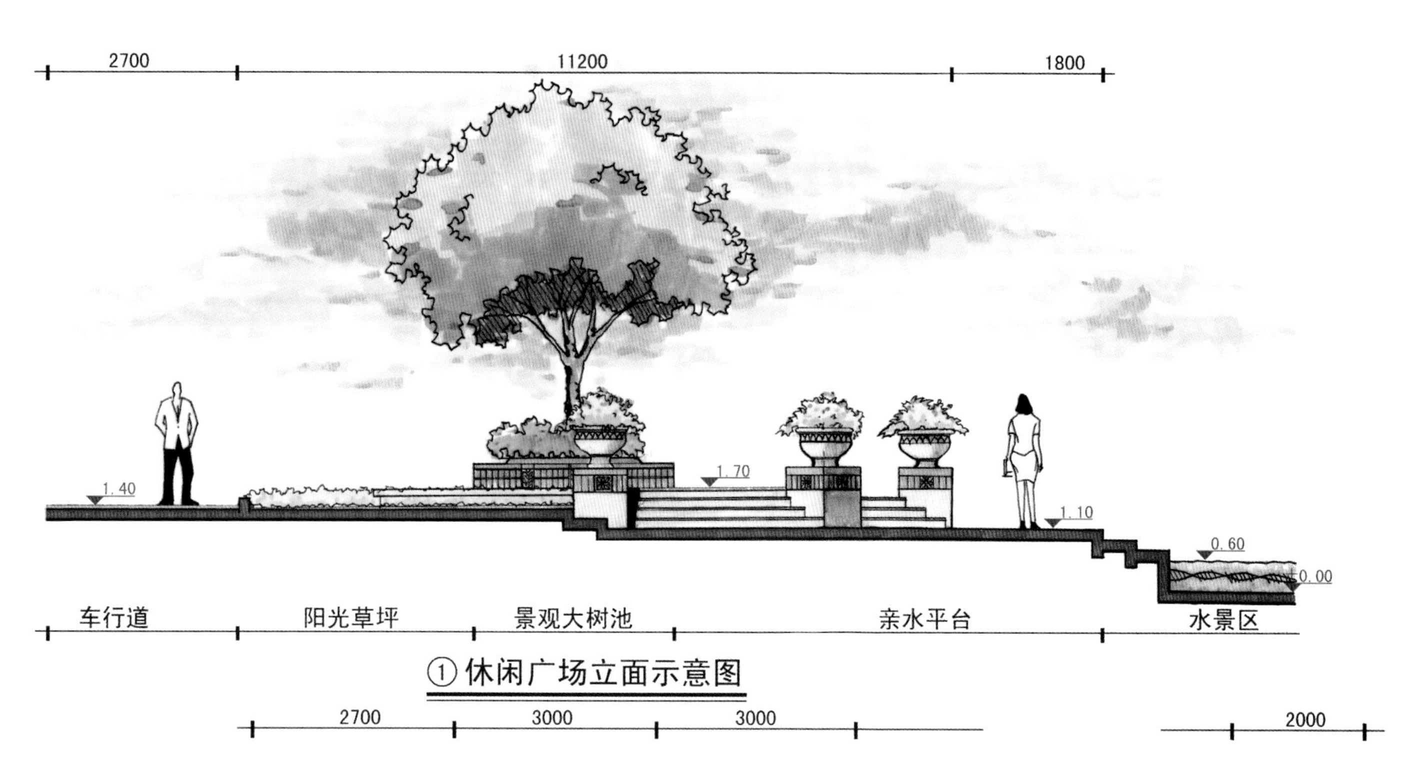

①休闲广场立面示意图

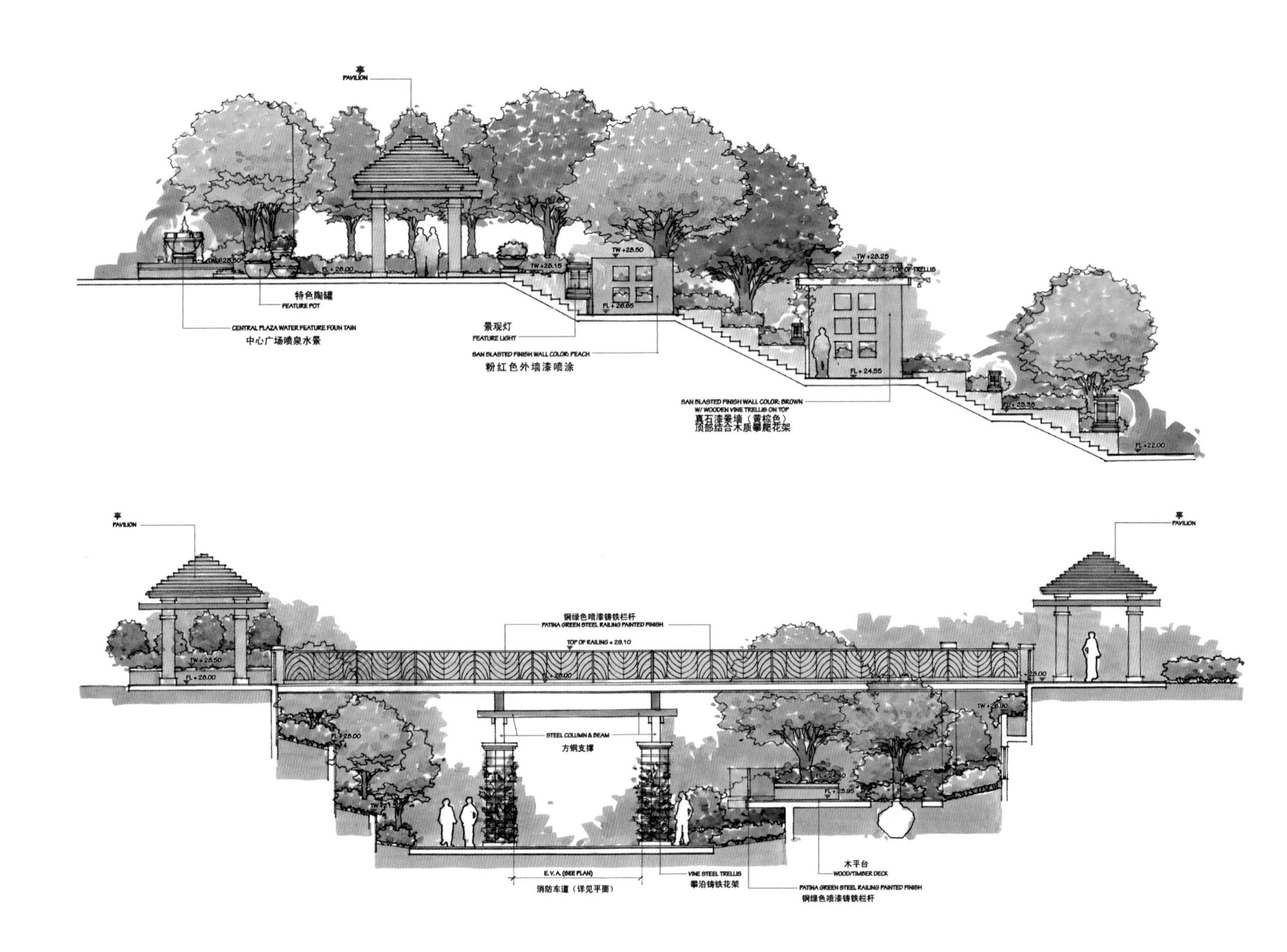
亭
PAVILION
特色陶罐
FEATURE POT
CENTRAL PLAZA WATER FEATURE FOUNTAIN
中心广场喷泉水景
景观灯
FEATURE LIGHT
SAN BLASTED FINISH WALL COLOR: PEACH
粉红色外墙漆喷涂
SAN BLASTED FINISH WALL COLOR: BROWN
W/ WOODEN VINE TRELLIS ON TOP
真石漆景墙（黄棕色）
顶部结合木质攀爬花架
铜绿色喷漆铸铁栏杆
PATINA GREEN STEEL RAILING PAINTED FINISH
STEEL COLUMN & BEAM
方钢支撑
E. V. A. (SEE PLAN)
消防车道（详见平面）
VINE STEEL TRELLIS
攀沿铸铁花架
木平台
WOOD/TIMBER DECK
PATINA GREEN STEEL RAILING PAINTED FINISH
铜绿色喷漆铸铁栏杆

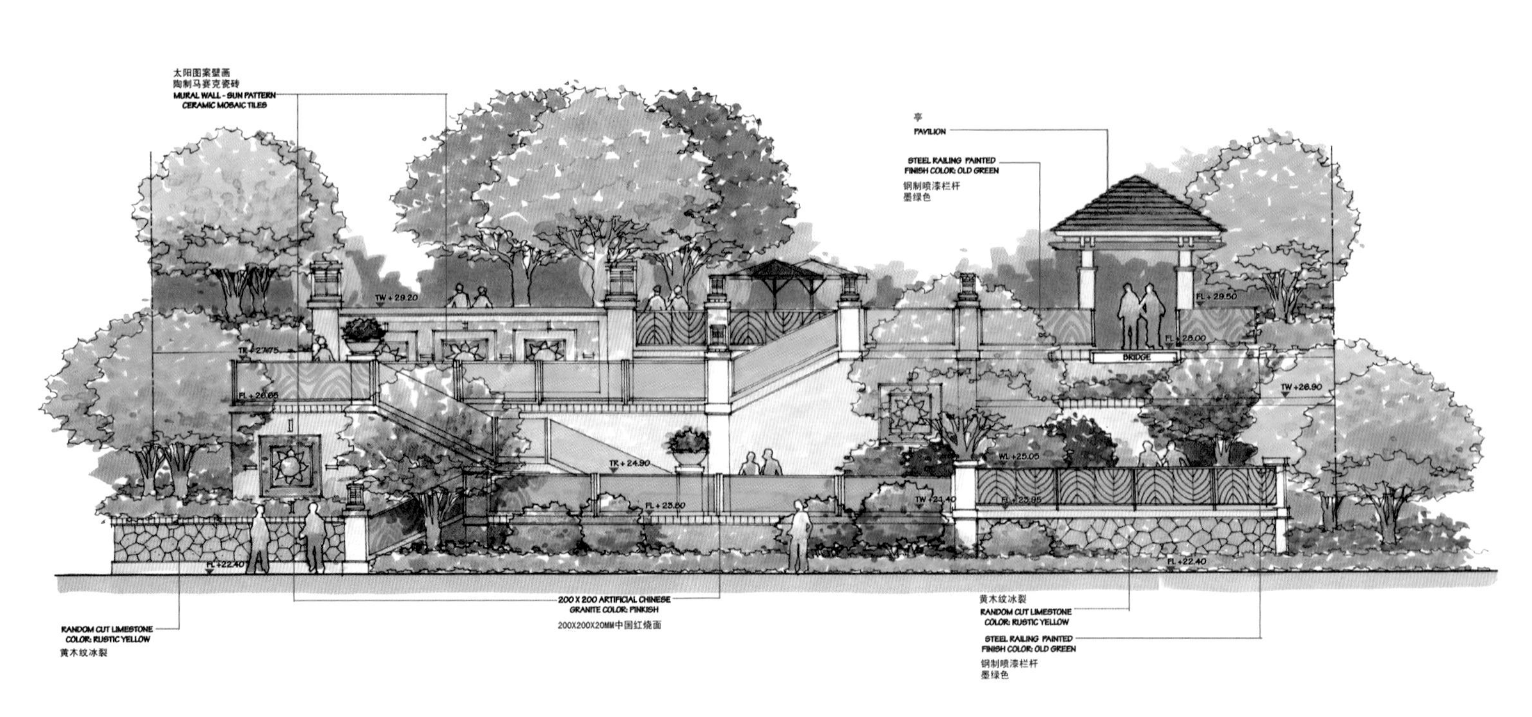
太阳图案壁画
陶制马赛克瓷砖
MURAL WALL - SUN PATTERN
CERAMIC MOSAIC TILES
亭
PAVILION
STEEL RAILING PAINTED
FINISH COLOR: OLD GREEN
铜制喷漆栏杆
墨绿色
BRIDGE
RANDOM CUT LIMESTONE
COLOR: RUSTIC YELLOW
黄木纹冰裂
200 X 200 ARTIFICIAL CHINESE
GRANITE COLOR: FINISH
200X200X20MM中国红烧面
黄木纹冰裂
RANDOM CUT LIMESTONE
COLOR: RUSTIC YELLOW
STEEL RAILING PAINTED
FINISH COLOR: OLD GREEN
铜制喷漆栏杆
墨绿色

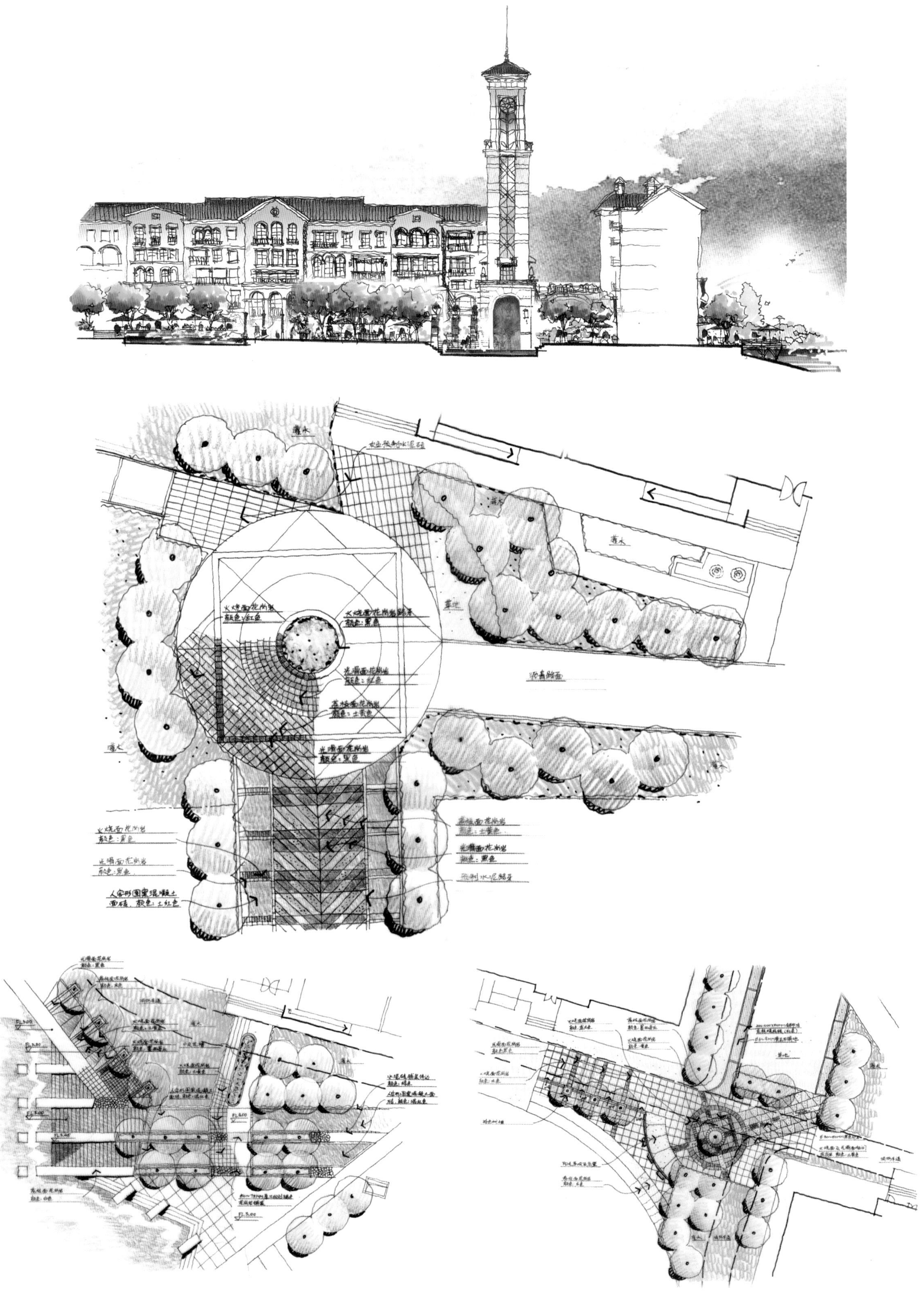
灌木
火烧面花岗岩
颜色：红色
火烧面花岗岩踏步
颜色：黑色
光滑面花岗岩
颜色：红色
荔枝面花岗岩
颜色：土黄色
光滑面花岗岩
颜色：黑色
火烧面花岗岩
颜色：黑色
光滑面花岗岩
颜色：黑色
人字形图案混凝土
面砖，颜色：土红色
荔枝面花岗岩
颜色：土黄色
光滑面花岗岩
颜色：黑色
预制水泥踏步

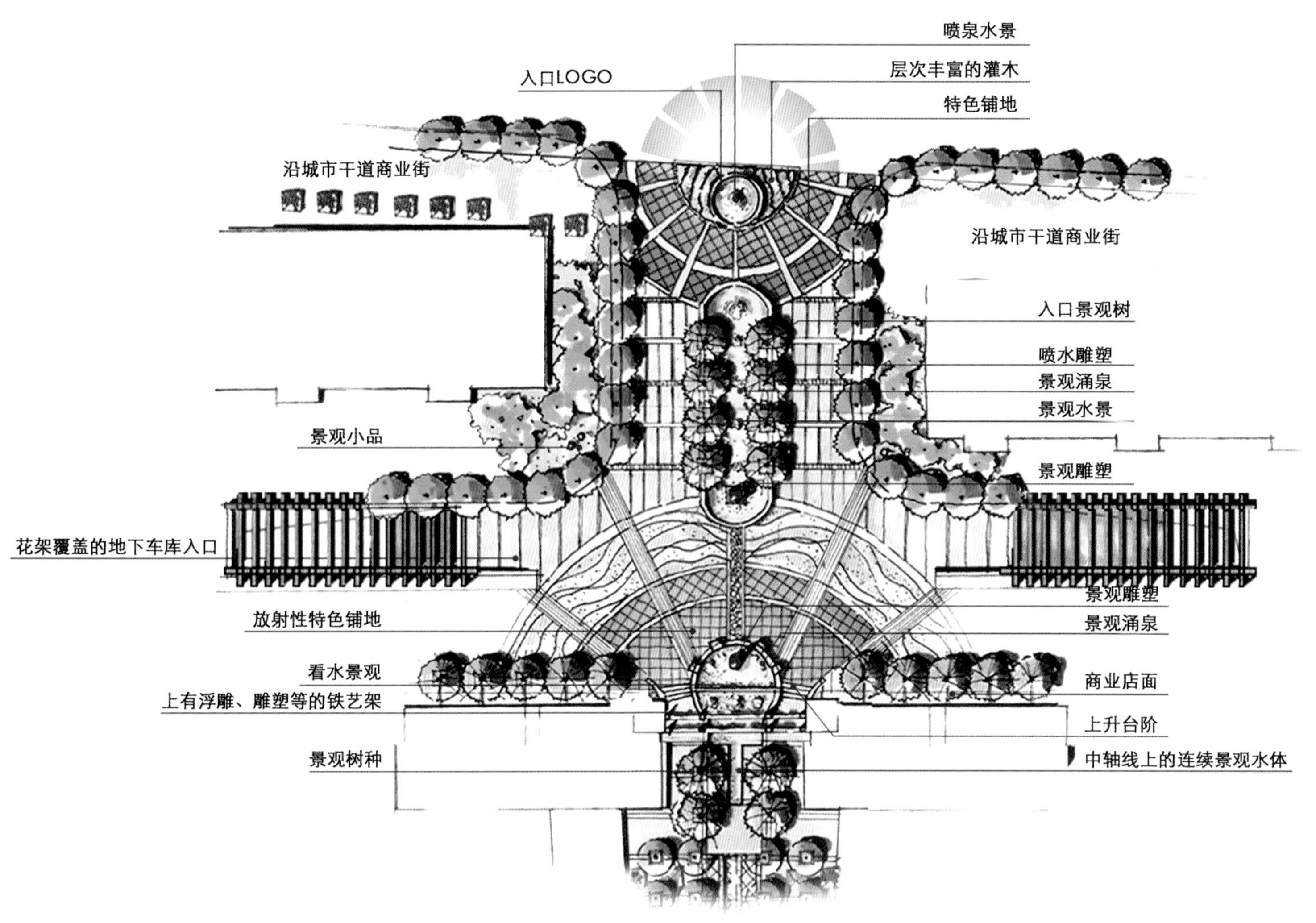

喷泉水景
入口LOGO
层次丰富的灌木
特色铺地
沿城市干道商业街
沿城市干道商业街
入口景观树
喷水雕塑
景观涌泉
景观水景
景观小品
景观雕塑
花架覆盖的地下车库入口
景观雕塑
放射性特色铺地
景观涌泉
看水景观
商业店面
上有浮雕、雕塑等的铁艺架
上升台阶
景观树种
中轴线上的连续景观水体

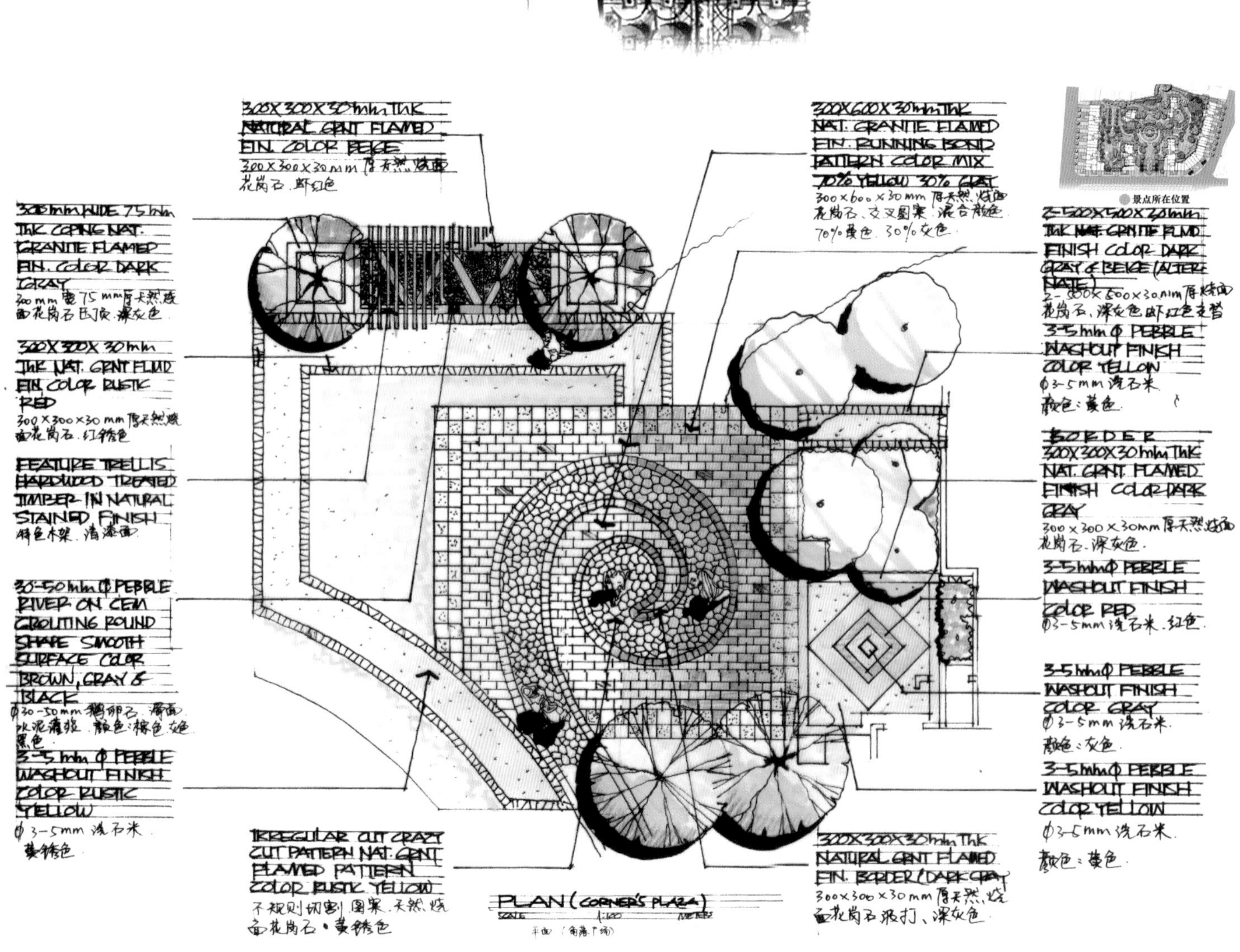

300X300X30mm THK NATURAL GRNT FLAMED FIN. COLOR BEIGE
300×300×30mm厚天然烧面花岗石.虾红色
300X600X30mm THK NAT. GRANITE FLAMED FIN. RUNNING BOND PATTERN COLOR MIX 70% YELLOW 30% GRAY
300×600×30mm厚天然烧面花岗石、交叉图案.混合颜色70%黄色.30%灰色
景点所在位置
300mm WIDE 75mm THK COPING NAT. GRANITE FLAMED FIN. COLOR DARK GRAY
300X300X30mm THK NAT. GRNT FLMD FIN. COLOR RUSTIC RED
300×300×30mm厚天然烧面花岗石.红锈色
FEATURE TRELLIS HARDWOOD TREATED TIMBER IN NATURAL STAINED FINISH
特色木架.清漆面
30-50mm Φ PEBBLE RIVER ON CEM GROUTING ROUND SHAPE SMOOTH SURFACE COLOR BROWN, GRAY & BLACK
3-5mm Φ PEBBLE WASHOUT FINISH COLOR RUSTIC YELLOW
Φ3-5mm 洗石米
黄锈色
2-500X500X30mm THK NAT. GRNITE FLMD FINISH COLOR DARK GRAY & BEIGE (ALTERNATE)
3-5mm Φ PEBBLE WASHOUT FINISH COLOR YELLOW
Φ3-5mm 洗石米
颜色：黄色
BORDER 300X300X30mm THK NAT. GRNT. FLAMED FINISH COLOR DARK GRAY
300×300×30mm厚天然烧面花岗石.深灰色
3-5mm Φ PEBBLE WASHOUT FINISH COLOR RED
Φ3-5mm 洗石米.红色
3-5mm Φ PEBBLE WASHOUT FINISH COLOR GRAY
Φ3-5mm 洗石米
颜色：灰色
3-5mm Φ PEBBLE WASHOUT FINISH COLOR YELLOW
Φ3-5mm 洗石米
颜色：黄色
IRREGULAR CUT CRAZY CUT PATTERN NAT. GRNT FLAMED PATTERN COLOR RUSTIC YELLOW
300X300X30mm THK NATURAL GRNT FLAMED FIN. BORDER/DARK GRAY
PLAN (CORNER'S PLAZA)

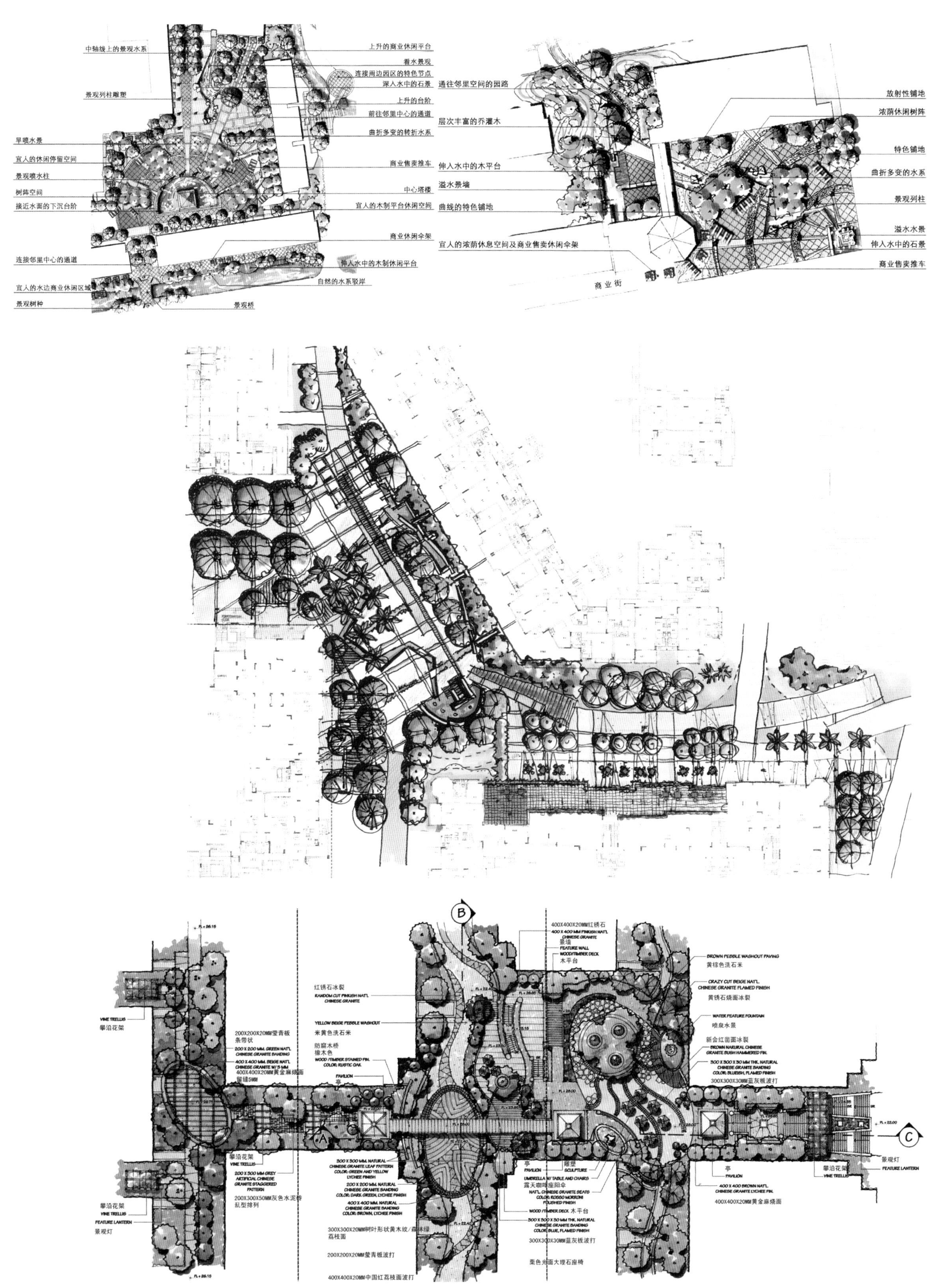
中轴线上的景观水系
景观列柱雕塑
旱喷水景
宜人的休闲停留空间
景观喷水柱
树阵空间
接近水面的下沉台阶
连接邻里中心的通道
宜人的水边商业休闲区域
景观树种
上升的商业休闲平台
看水景观
连接两边园区的特色节点
深入水中的石景
上升的台阶
前往邻里中心的通道
曲折多变的转折水系
商业售卖推车
中心塔楼
宜人的木制平台休闲空间
商业休闲伞架
伸入水中的木制休闲平台
自然的水系驳岸
景观桥
通往邻里空间的园路
层次丰富的乔灌木
伸入水中的木平台
溢水景墙
曲线的特色铺地
宜人的浓荫休息空间及商业售卖休闲伞架
商业街
放射性铺地
浓荫休闲树阵
特色铺地
曲折多变的水系
景观列柱
溢水水景
伸入水中的石景
商业售卖推车
VINE TRELLIS
攀沿花架
200X200X20MM莹青板
条带状
200 X 200 MM. GREEN NAT'L CHINESE GRANITE BANDING
400 X 400 MM. BEIGE NAT'L CHINESE GRANITE W/ 5 MM
400X400X20MM黄金麻烧面
留缝5MM
攀沿花架
VINE TRELLIS
200 X 300 MM GREY ARTIFICIAL CHINESE GRANITE STAGGERED PATTERN
200X300X50MM灰色水泥砖
乱型排列
攀沿花架
VINE TRELLIS
FEATURE LANTERN
景观灯
红锈石冰裂
RANDOM CUT PINKISH NAT'L CHINESE GRANITE
YELLOW BEIGE PEBBLE WASHOUT
米黄色洗石米
防腐木桥
橡木色
WOOD /TIMBER STAINED FIN. COLOR: RUSTIC OAK
PAVILION
亭
300 X 300 MM. NATURAL CHINESE GRANITE LEAF PATTERN COLOR: GREEN AND YELLOW LYCHEE FINISH
200 X 200 MM. NATURAL CHINESE GRANITE BANDING COLOR: DARK GREEN, LYCHEE FINISH
400 X 400 MM. NATURAL CHINESE GRANITE BANDING COLOR: BROWN, LYCHEE FINISH
300X300X20MM树叶形状黄木纹/森林绿荔枝面
200X200X20MM莹青板波打
400X400X20MM中国红荔枝面波打
400X400X20MM红锈石
400 X 400 MM PINKISH NAT'L CHINESE GRANITE
景墙
FEATURE WALL
WOOD/TIMBER DECK
木平台
亭
PAVILION
雕塑
SCULPTURE
UMBRELLA W/ TABLE AND CHAIRS
露天咖啡座阳伞
NAT'L. CHINESE GRANITE SEATS COLOR: ROSSO MORRONI POLISHED FINISH
WOOD /TIMBER DECK 木平台
300 X 300 X 30 MM THK. NATURAL CHINESE GRANITE BANDING COLOR: BLUE, FLAMED FINISH
300X300X30MM蓝灰板波打
栗色光面大理石座椅
BROWN PEBBLE WASHOUT PAVING
黄棕色洗石米
CRAZY CUT BEIGE NAT'L. CHINESE GRANITE FLAMED FINISH
黄锈石烧面冰裂
WATER FEATURE FOUNTAIN
喷泉水景
新会红凿面冰裂
BROWN NATURAL CHINESE GRANITE BUSH HAMMERED FIN.
300 X 300 X 30 MM THK. NATURAL CHINESE GRANITE BANDING COLOR: BLUEISH, FLAMED FINISH
300X300X30MM蓝灰板波打
亭
PAVILION
400 X 400 BROWN NAT'L. CHINESE GRANITE LYCHEE FIN.
400X400X20MM黄金麻烧面
攀沿花架
VINE TRELLIS
景观灯
FEATURE LANTERN

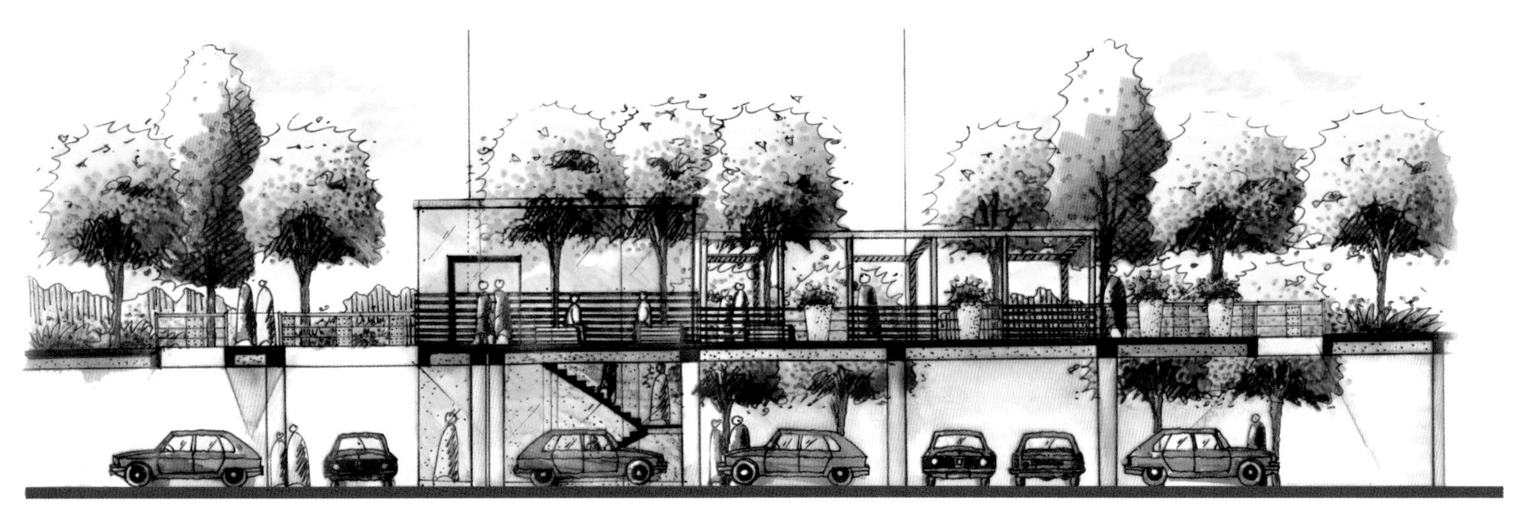

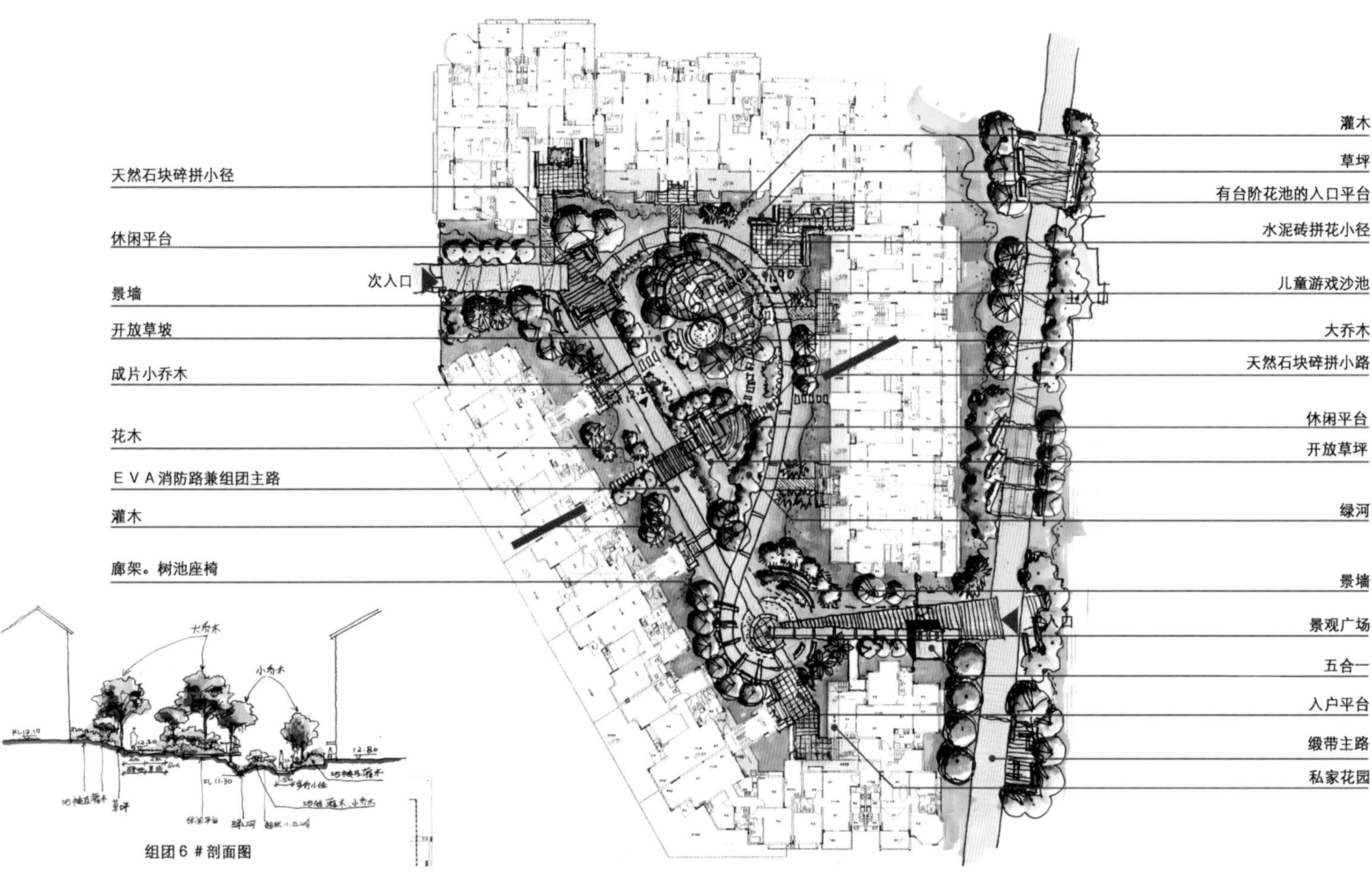
天然石块碎拼小径
休闲平台
次入口
景墙
开放草坡
成片小乔木
花木
ＥＶＡ消防路兼组团主路
灌木
廊架。树池座椅
灌木
草坪
有台阶花池的入口平台
水泥砖拼花小径
儿童游戏沙池
大乔木
天然石块碎拼小路
休闲平台
开放草坪
绿河
景墙
景观广场
五合一
入户平台
缎带主路
私家花园
大乔木
小乔木
草坪

组团６＃剖面图

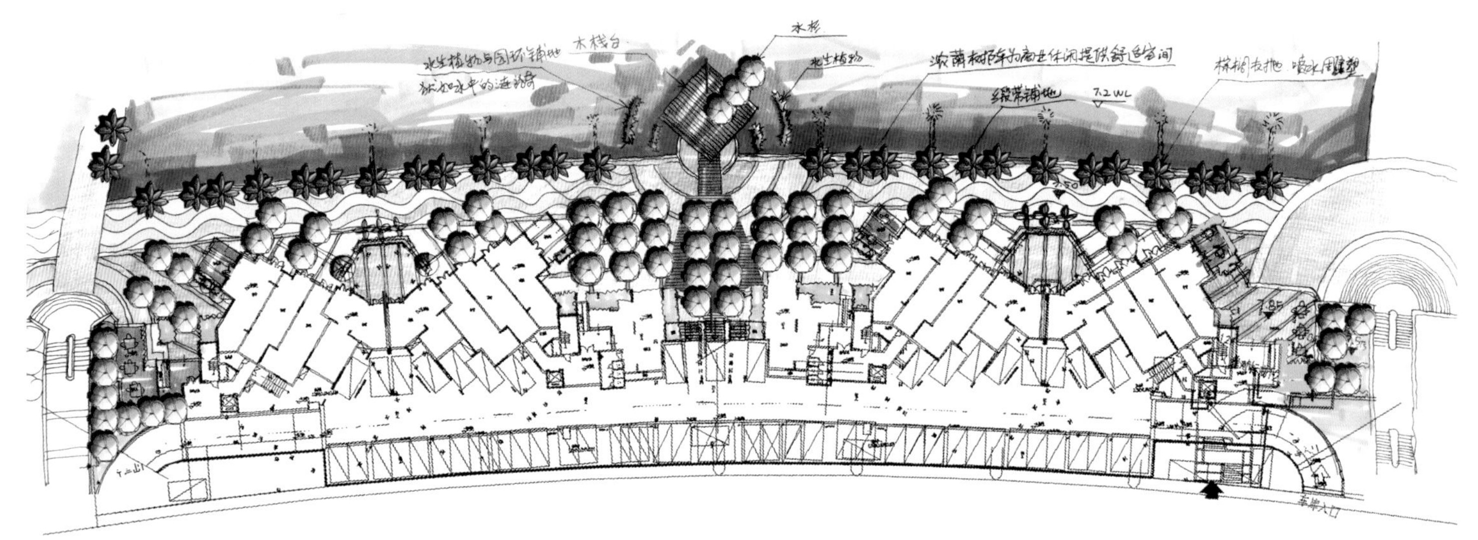
木栈台
水杉

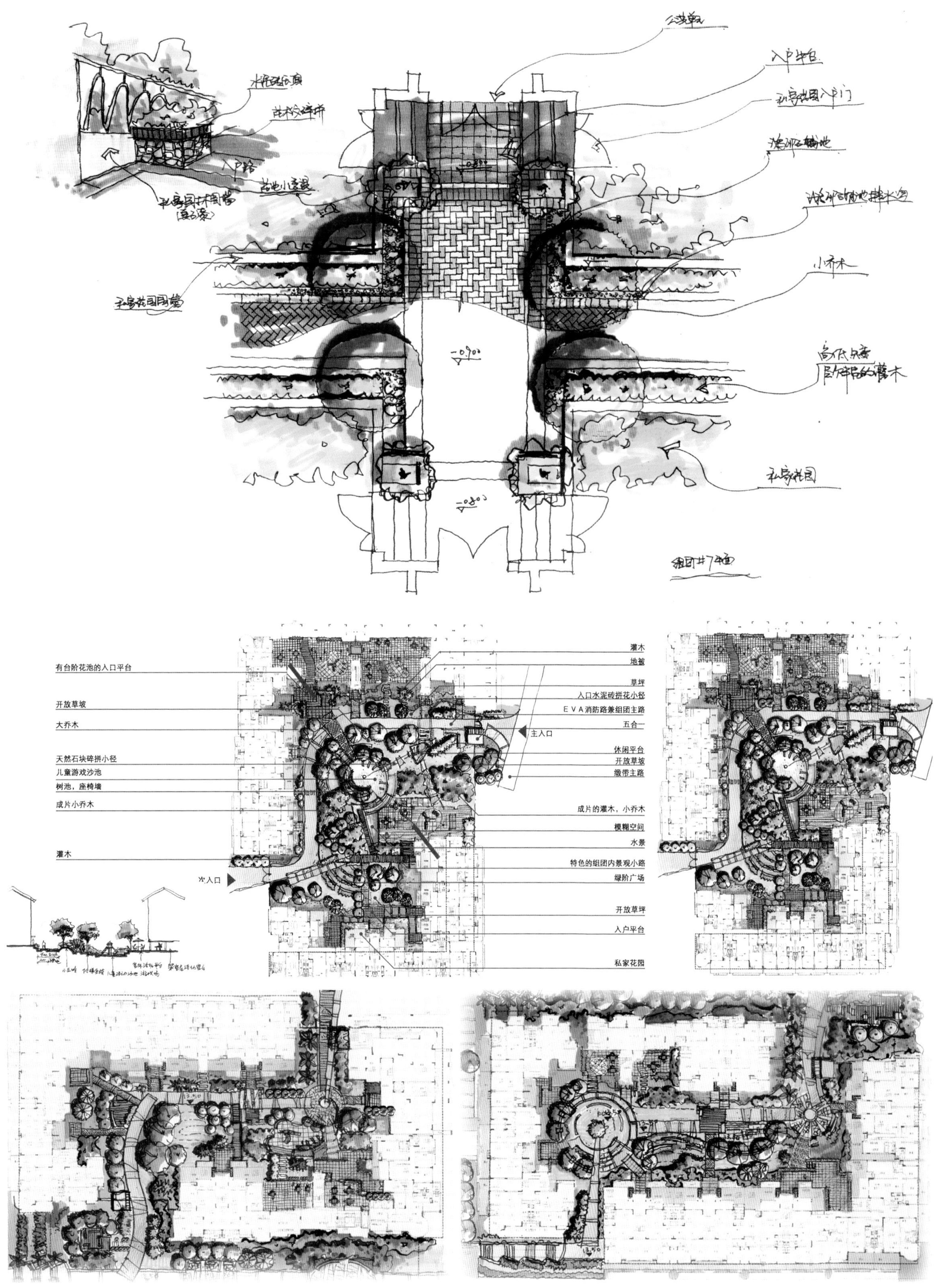
有台阶花池的入口平台
开放草坡
大乔木
天然石块碎拼小径
儿童游戏沙池
树池，座椅墙
成片小乔木
灌木
次入口
灌木
地被
草坪
入口水泥砖拼花小径
EVA消防路兼组团主路
五合一
主入口
休闲平台
开放草坡
缎带主路
成片的灌木，小乔木
模糊空间
水景
特色的组团内景观小路
绿阶广场
开放草坪
入户平台
私家花园

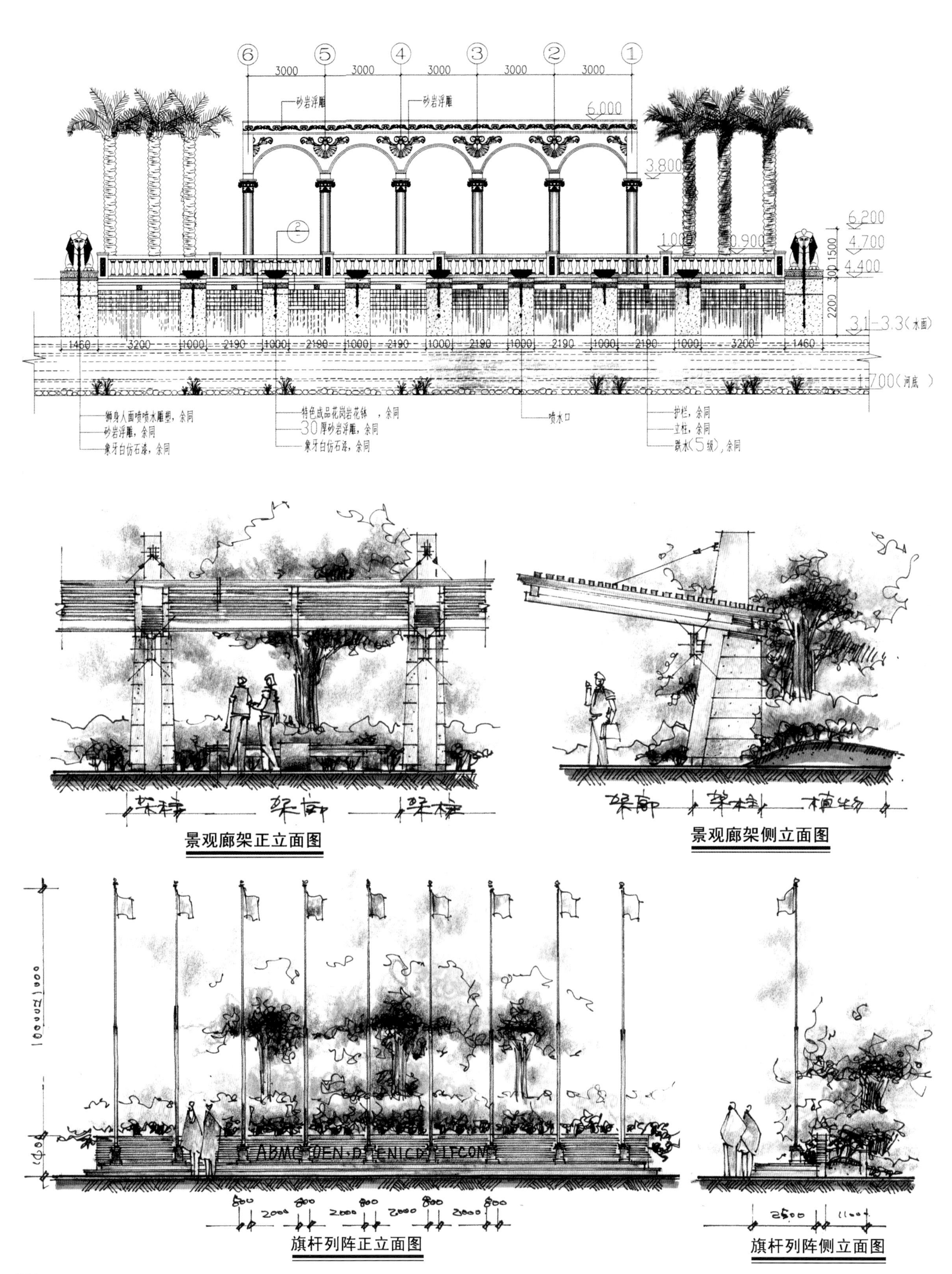

景观廊架正立面图

景观廊架侧立面图

旗杆列阵正立面图

旗杆列阵侧立面图

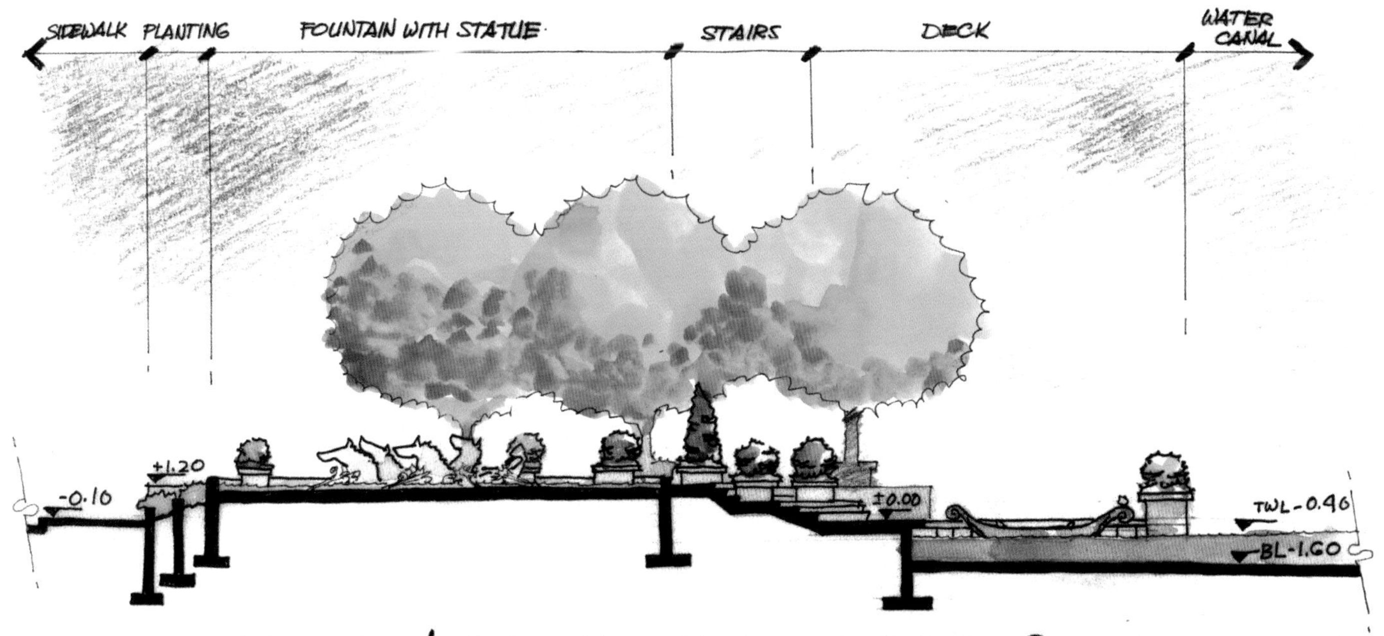

SECTION @ RIGHT SIDE CORNER PLAZA

SCALE 0 1 2 5 10 25

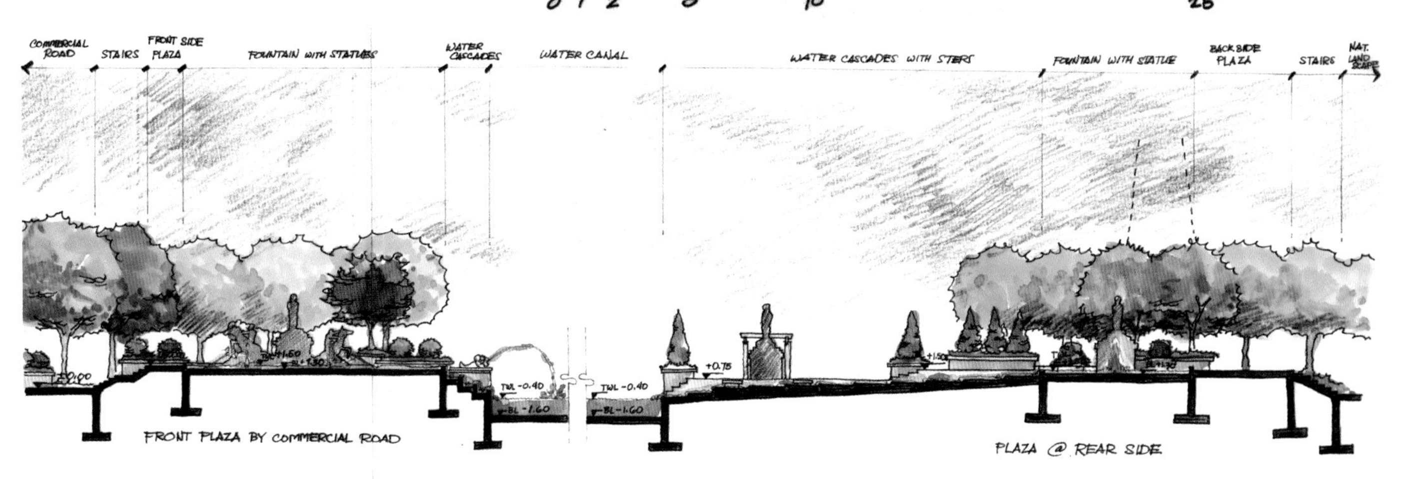

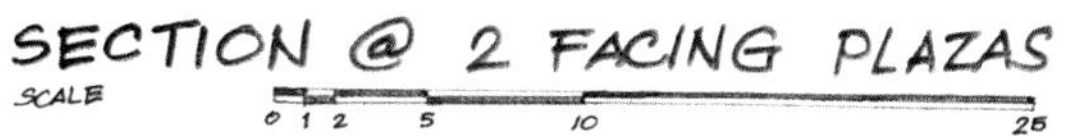

SECTION @ 2 FACING PLAZAS

SCALE 0 1 2 5 10 25

SECTION @ LEFT SIDE CORNER PLAZA

SCALE 0 1 2 5 10 25

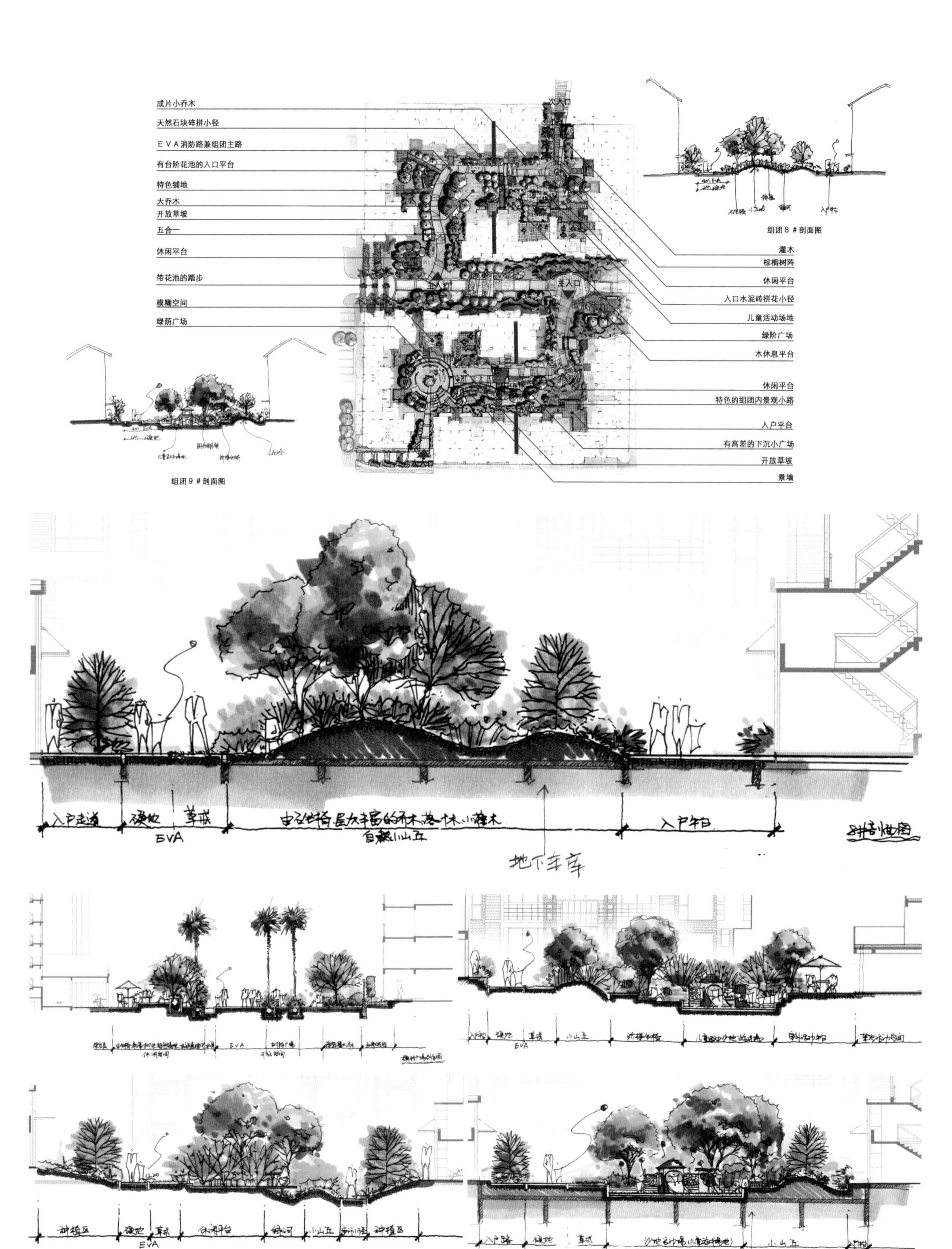
成片小乔木
天然石块碎拼小径
ＥＶＡ消防路兼组团主路
有台阶花池的入口平台
特色铺地
大乔木
开放草坡
五合一
休闲平台
带花池的踏步
模糊空间
绿荫广场
主入口
主入口
灌木
棕榈树阵
休闲平台
入口水泥砖拼花小径
儿童活动场地
绿阶广场
木休息平台
休闲平台
特色的组团内景观小路
入户平台
有高差的下沉小广场
开放草坡
景墙
组团８＃剖面图
组团９＃剖面图
入户走道
硬地
草坪
EVA
自然小山丘
入户平台
8#剖面图
地下车库
EVA
EVA
神植区
硬地
草坪
休闲平台
小山丘
神植区
EVA
入户路
硬地
草坪
小山丘
地下车库

商铺　商业内廊　步行休闲购物空间　骑士雕塑　步行休闲购物空间　商业内廊　商铺

水杉

住宅露台

水中木平台　树池　3M漫步道　树阵、灌木丛、坐椅　商店前硬地　骑楼

亲水台阶

商场

湖滨漫步道

棕榈树　商场前滨湖树阵　骑楼

湖面　亲水台阶　绿篱墙、坐椅、树池椅

树池、喷水雕塑

WATERSCAPE LANDSCAPE

HAND-PAINTED LANDSCAPE DETAILS DESIGN MANUAL 手绘景观 细部设计手册

水景景观

小区水景通常为人工水景。在进行水景设计之时，往往根据小区空间的不同，而采取多种手法引水造景，如叠水、溪流、瀑布、涉水池等。场地中若有自然水体景观则多保留利用，而后综合设计，使自然水景与人工水景融为一体。水景设计借助水的动态效果营造充满活力的居住氛围。

人工瀑布按其跌落形式分为滑落式、阶梯式、幕布式、丝带式等等，并模仿自然景观，采用天然石材或仿石材设置瀑布的背景和引导水的流向（如景石、分流石、承瀑石等），考虑到观赏效果，大多不宜采用平整饰面的白色花岗岩作为落水墙体。

溪流撷取山水园林中溪涧景色的精华，再现于城市园林之中。居住区里的溪涧是回归自然的真实写照。小径曲折通幽，溪水忽隐忽明，因落差而产生的流水之声，叮咚作响，仿佛达到了亲临自然的境界。

生态水池既适合水下动植物的生长，又能美化环境、调节小气候、提供优美水景。居住区里的生态水池多以饲养观赏鱼类和习水性植物（如鱼草、荷花、莲花等）为主，营造动物和植物互生互养的生态环境。

泳池小景以静为主，营造出一个使居住者身心放松的居住环境，同时也突出人的参与性特征（如游泳池、水上乐园等）。居住区内设置的露天泳池不仅是锻炼和游乐的上佳之所，也是邻里之间的重要交往场所。泳池的造型和水面也极具观赏价值。

居住区泳池设计大多不用于正规比赛，故池边多采用优美的曲线，以增加强水的动感。根据泳池的功能性，可将其分为儿童泳池和成人泳池。儿童池和成人池可统一设计，一般将儿童池放在较高位置，水经阶梯式或斜坡式跌水流入成人泳池，既保证了安全又可丰富泳池的造型。池岸通常作圆角处理，铺设软质渗水地面或防滑地砖。泳池周围多种灌木和乔木，提供休息和遮阳设施，有条件的小区可设计更衣室和野餐区域。

装饰水景不附带其他功能，只起到赏心悦目、烘托环境的作用，这种水景往往成为环境景观的中心。装饰水景通过人工对水流的控制实现其艺术效果，并借助音乐和灯光的变化产生视觉上的冲击，进一步展示出水体的活力和动态美，满足人们的亲水要求。

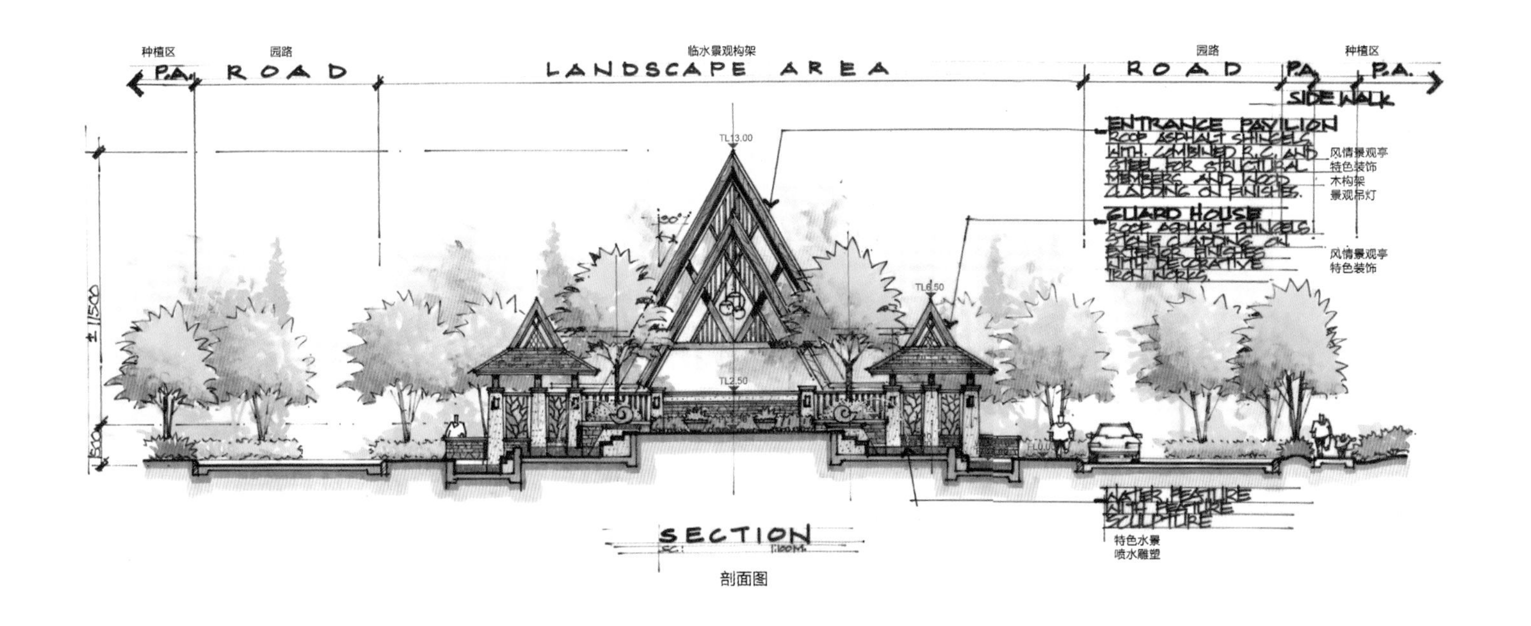

种植区
P.A.
园路
ROAD
临水景观构架
LANDSCAPE AREA
园路
ROAD
P.A.
种植区
P.A.
SIDE WALK
风情景观亭
特色装饰
木构架
景观吊灯
风情景观亭
特色装饰
TL13.00
TL8.50
TL2.50
SECTION
特色水景
喷水雕塑

剖面图

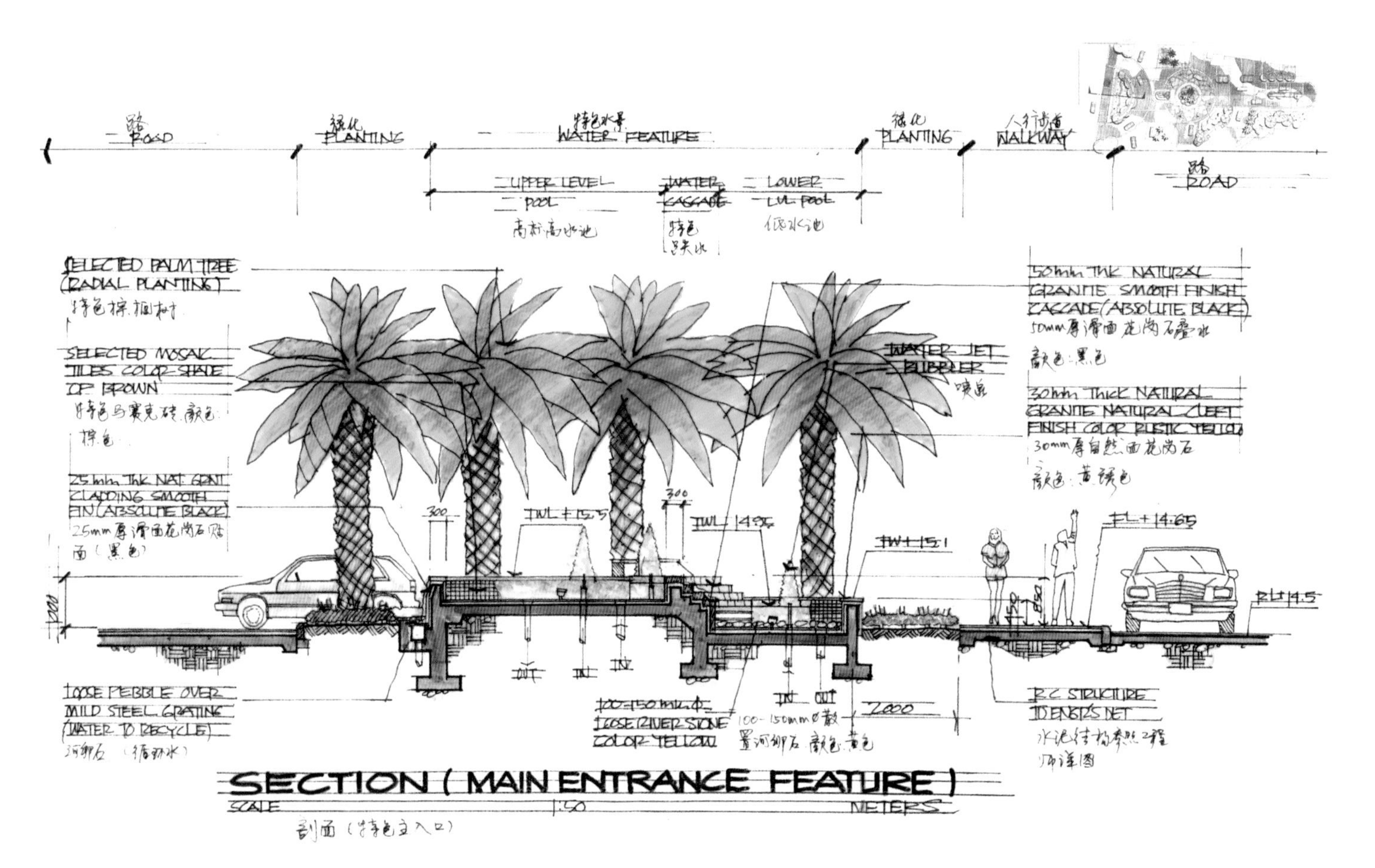

路
ROAD
绿化
PLANTING
特色水景
WATER FEATURE
绿化
PLANTING
人行步道
WALKWAY
路
ROAD
UPPER LEVEL POOL
高标高水池
WATER CASCADE
LOWER LVL POOL
低水池
SELECTED PALM TREE (RADIAL PLANTING)
SELECTED MOSAIC TILES COLOR SHADE OF BROWN
WATER JET BUBBLER
喷泉
LOOSE PEBBLE OVER MILD STEEL GRATING (WATER TO RECYCLE)
R.C STRUCTURE TO ENGR'S NET
2000
SECTION (MAIN ENTRANCE FEATURE)
SCALE
1:50
METERS

剖面（特色主入口）

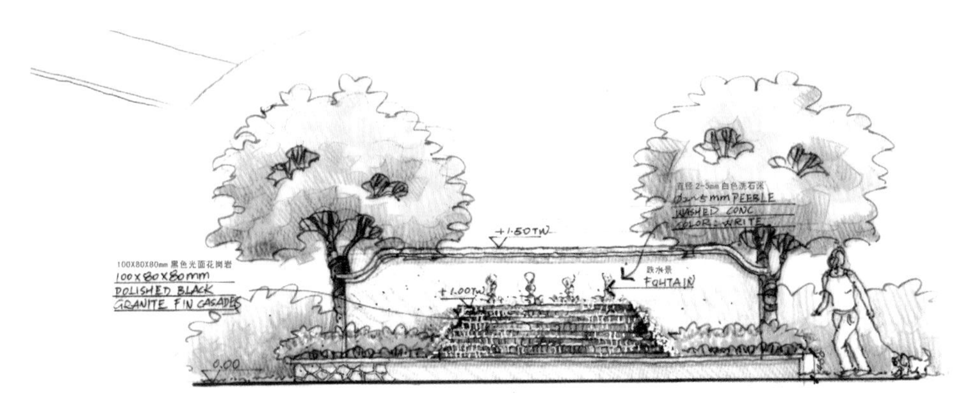

100X80X80mm 黑色光面花岗岩
100x80x80mm
POLISHED BLACK
GRANITE FIN CASCADE
+1.50TW
+1.00TW
跌水景
FOUNTAIN
0.00

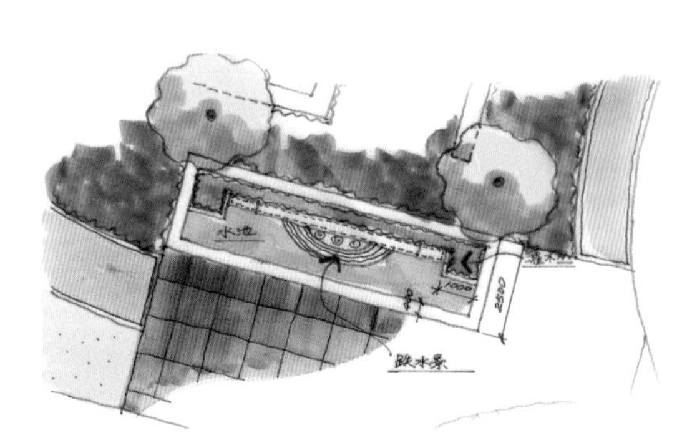

跌水景

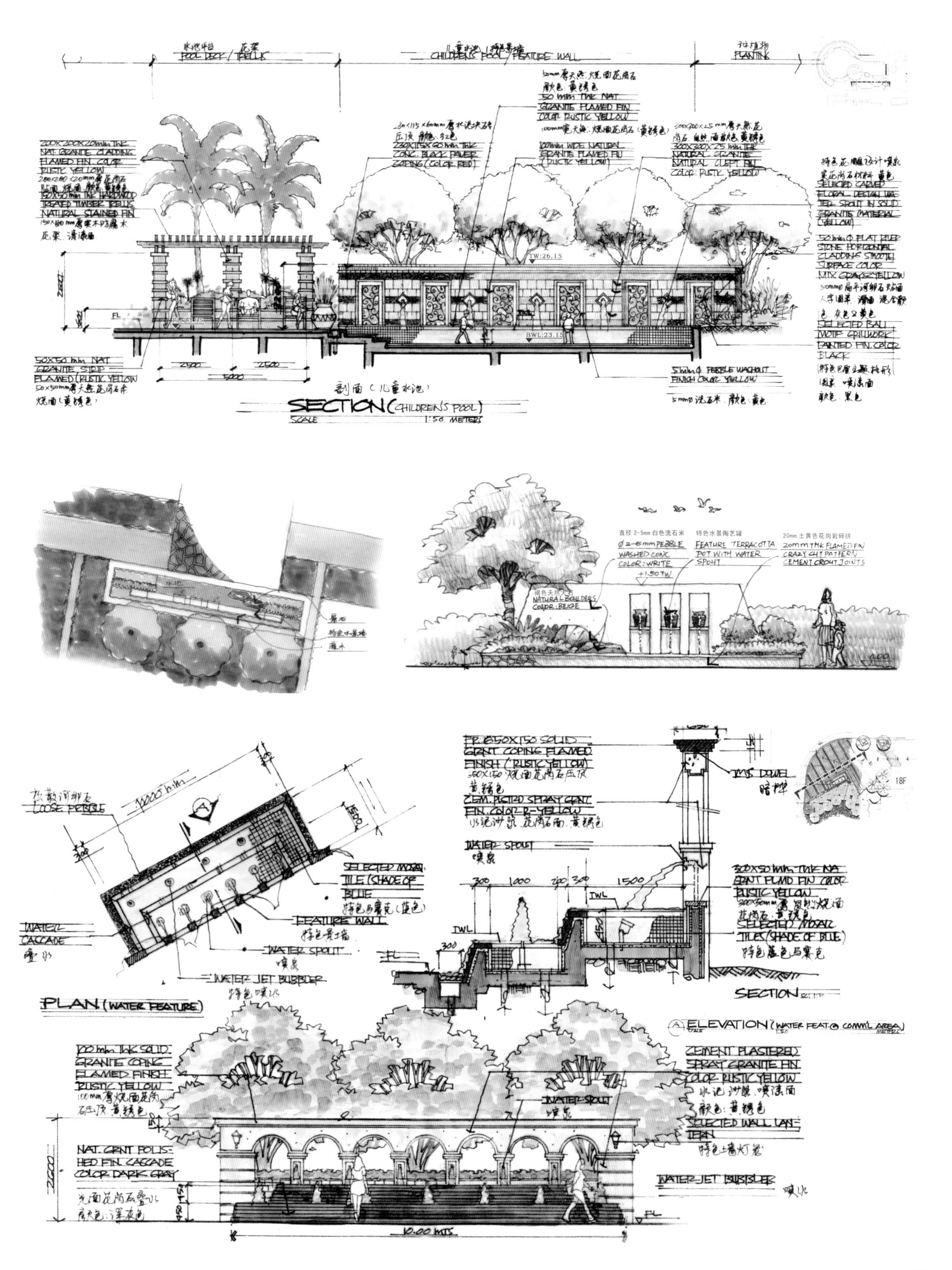

POOL DECK / TRELLIS
CHILDRENS POOL / FEATURE WALL
PLANTING
TW:26.15
BWL:23.15
FL
2500
2500
5000
剖面（儿童水池）
SECTION (CHILDREN'S POOL)
SCALE 1:50 METERS
直径 2-5mm 白色洗石米
Ø 2-5mm PEBBLE
WASHED CONC
COLOR: WRITE
特色水景陶艺罐
FEATURE TERRACOTTA
POT WITH WATER
SPOUT
20mm 土黄色花岗岩碎拼
20mm THK FLAMED FIN
CRAZY CUT PATTERN
CEMENT GROUT JOINTS
+1.50 TW
NATURAL BOULDERS
COLOR: BEIGE
0.00
LOOSE PEBBLE
SELECTED MOSAIC
TILE (SHADE OF
BLUE
FEATURE WALL
特色景墙
WATER CASCADE
WATER SPOUT
喷泉
WATER JET BUBBLER
PLAN (WATER FEATURE)
WATER SPOUT
喷泉
TWL
TWL
FL
300
1000
1500
SELECTED MOSAIC
TILES (SHADE OF BLUE)
SECTION
ELEVATION (WATER FEAT. @ COMM'L AREA)
CEMENT PLASTERED
SPRAY GRANITE FIN
COLOR RUSTIC YELLOW
WATER SPOUT
SELECTED WALL LANTERN
WATER JET BUBBLER
NAT. GRNT POLISHED FIN. CASCADE
COLOR DARK GRAY
2000
FL
10.00 MTS

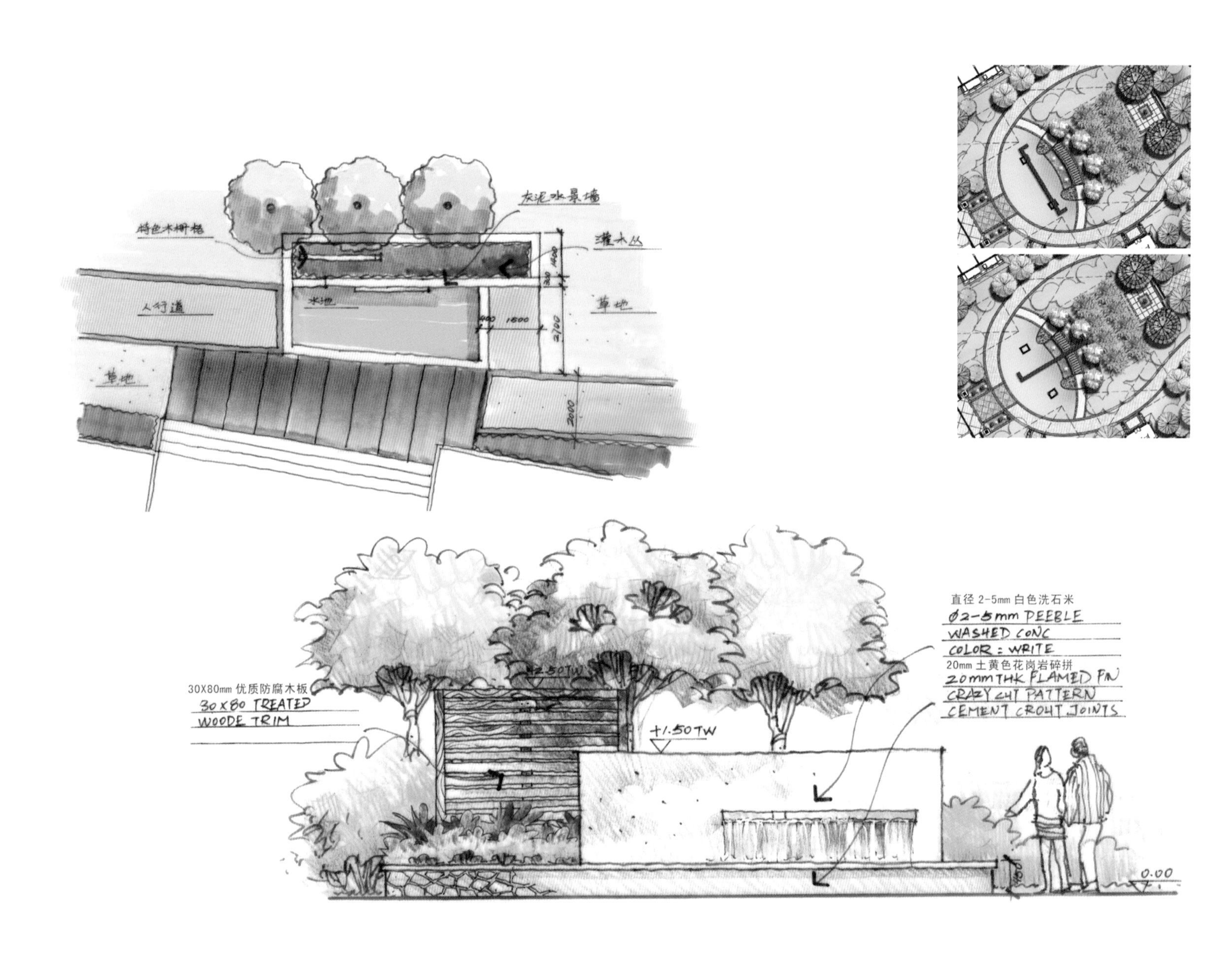
特色木栅格
灰泥水景墙
灌木丛
人行道
水池
草地
草地
1400
300
400
1500
2700
2000
直径 2-5mm 白色洗石米
Ø2-5mm PEEBLE
WASHED CONC
COLOR : WRITE
20mm 土黄色花岗岩碎拼
20mmTHK FLAMED FIN
CRAZY CUT PATTERN
CEMENT GROUT JOINTS
30X80mm 优质防腐木板
30x80 TREATED
WOODE TRIM
+1.50TW
0.00

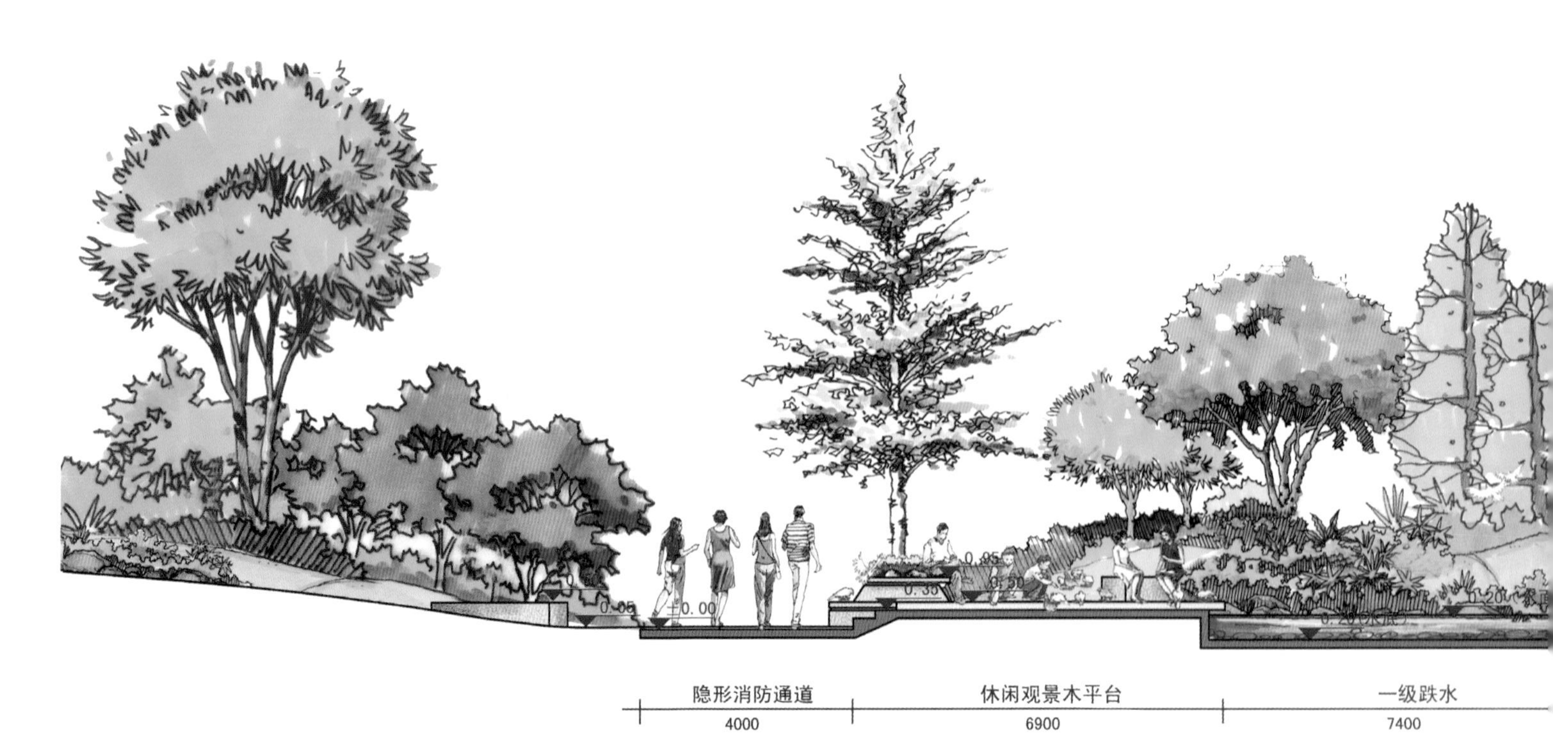
隐形消防通道
4000
休闲观景木平台
6900
一级跌水
7400

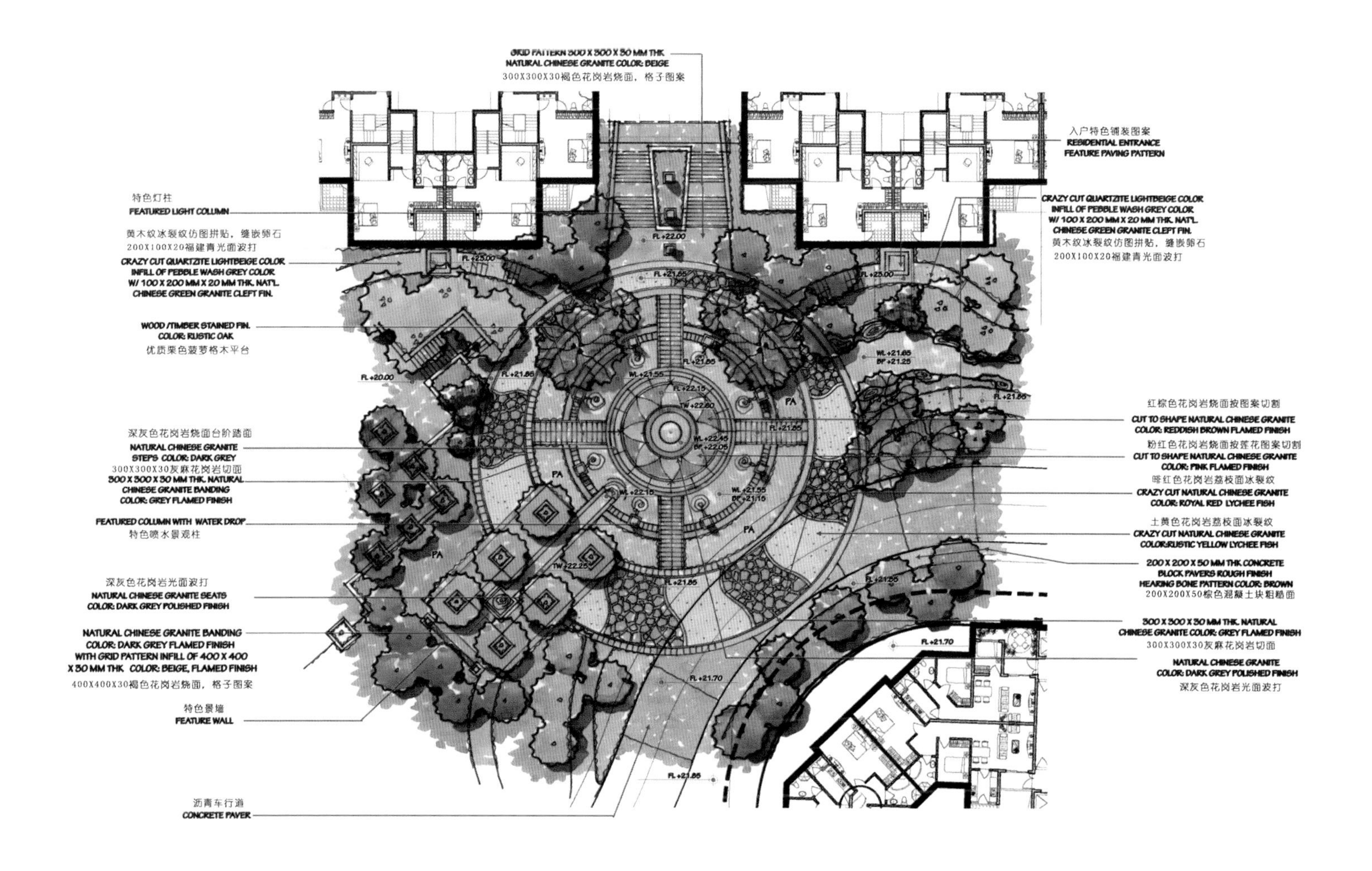

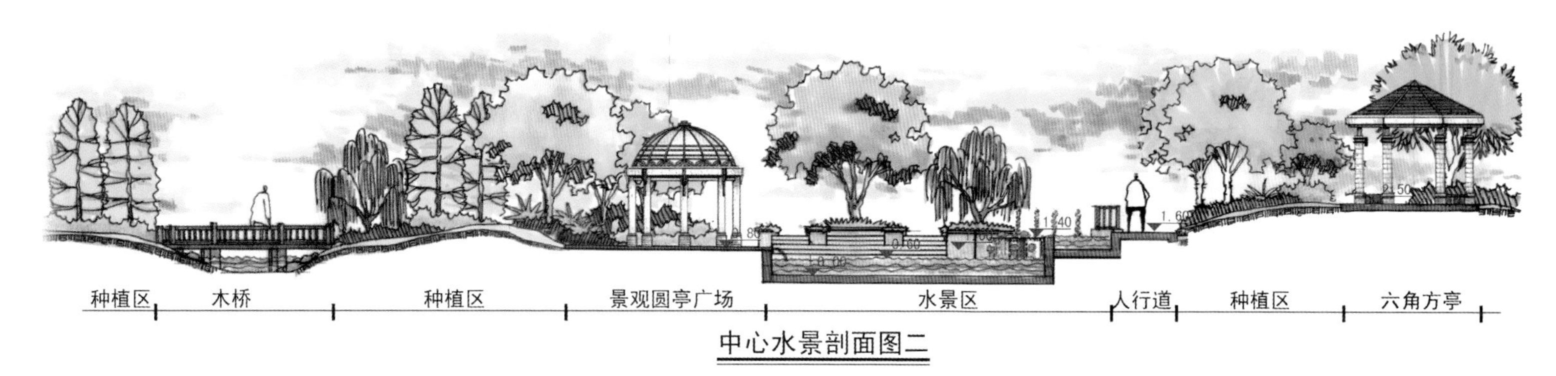

中心水景剖面图二

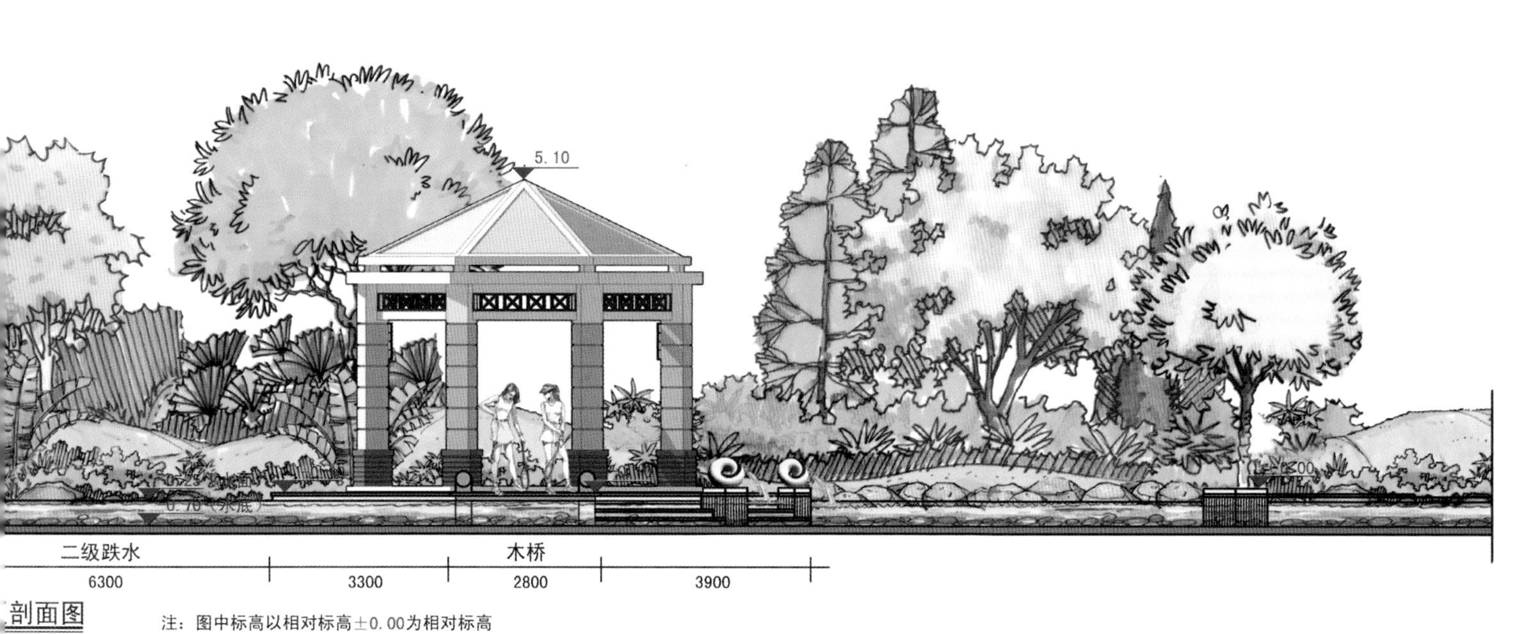

剖面图

注：图中标高以相对标高±0.00为相对标高

②入口水景剖面示意图

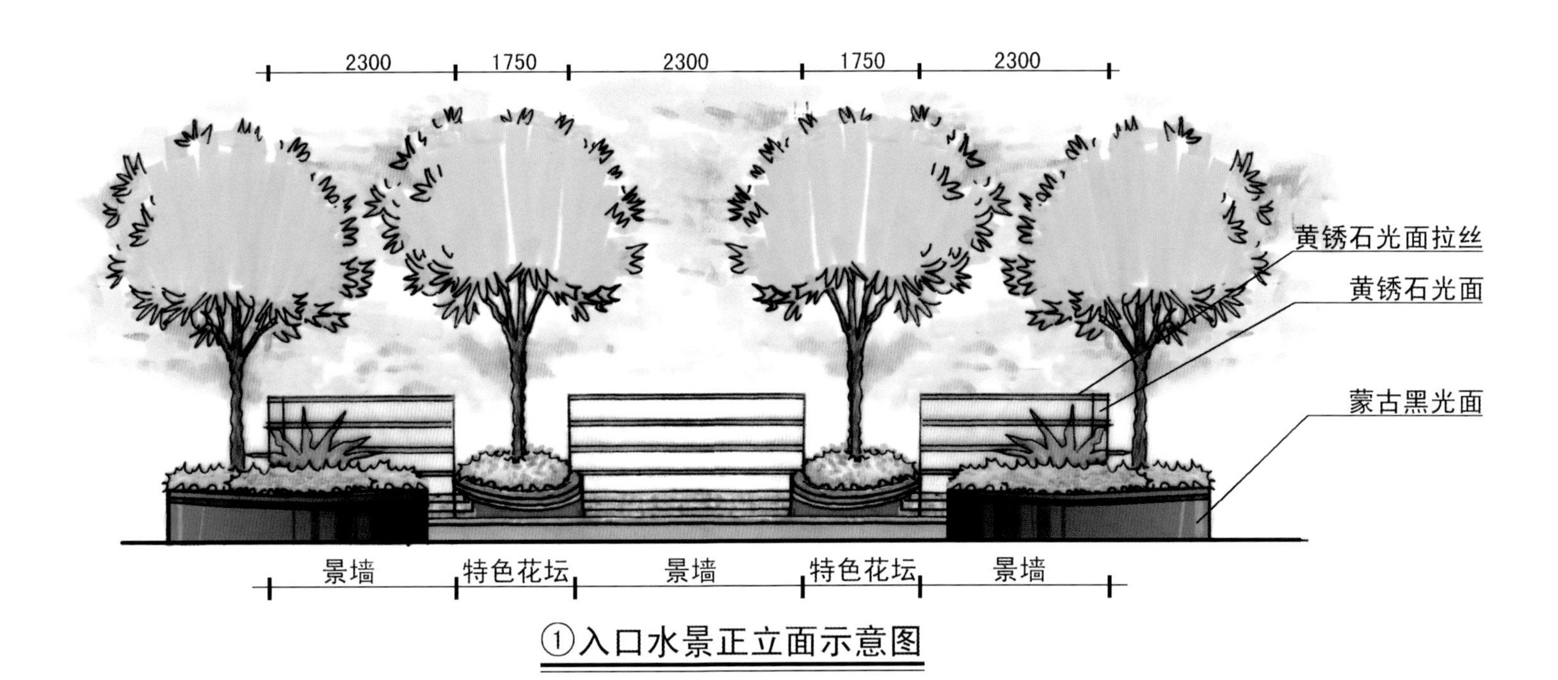

①入口水景正立面示意图

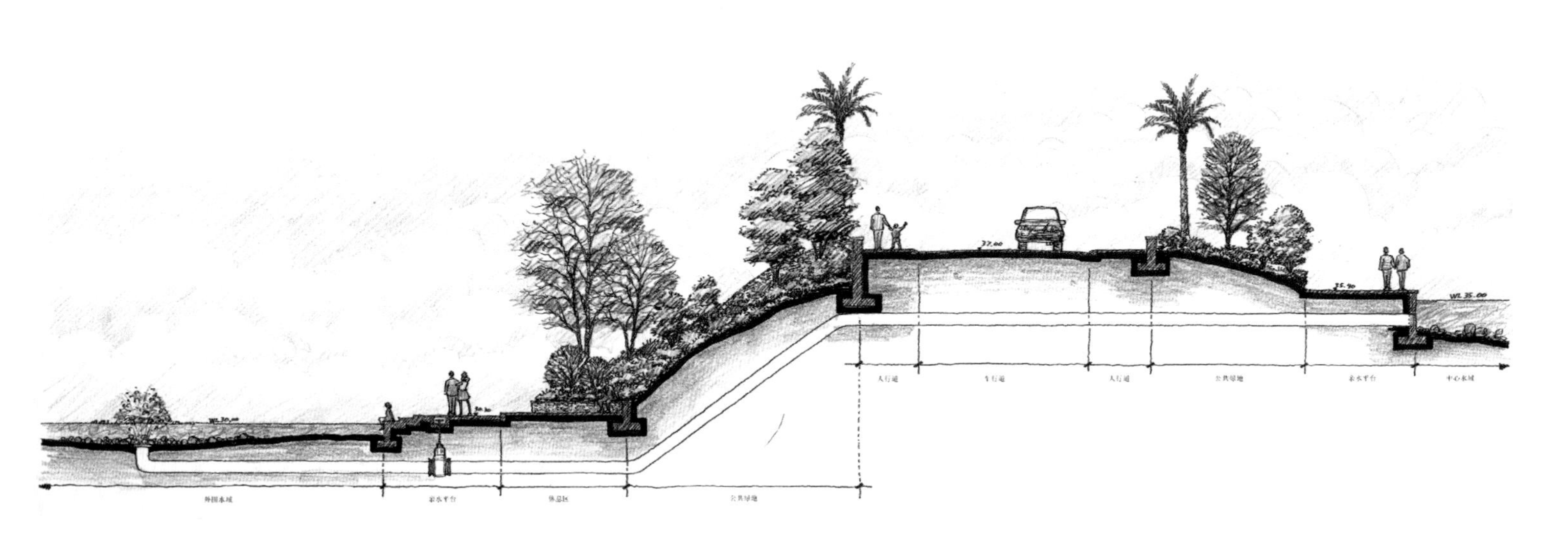

Ⓔ 剖面图
SCALE :200

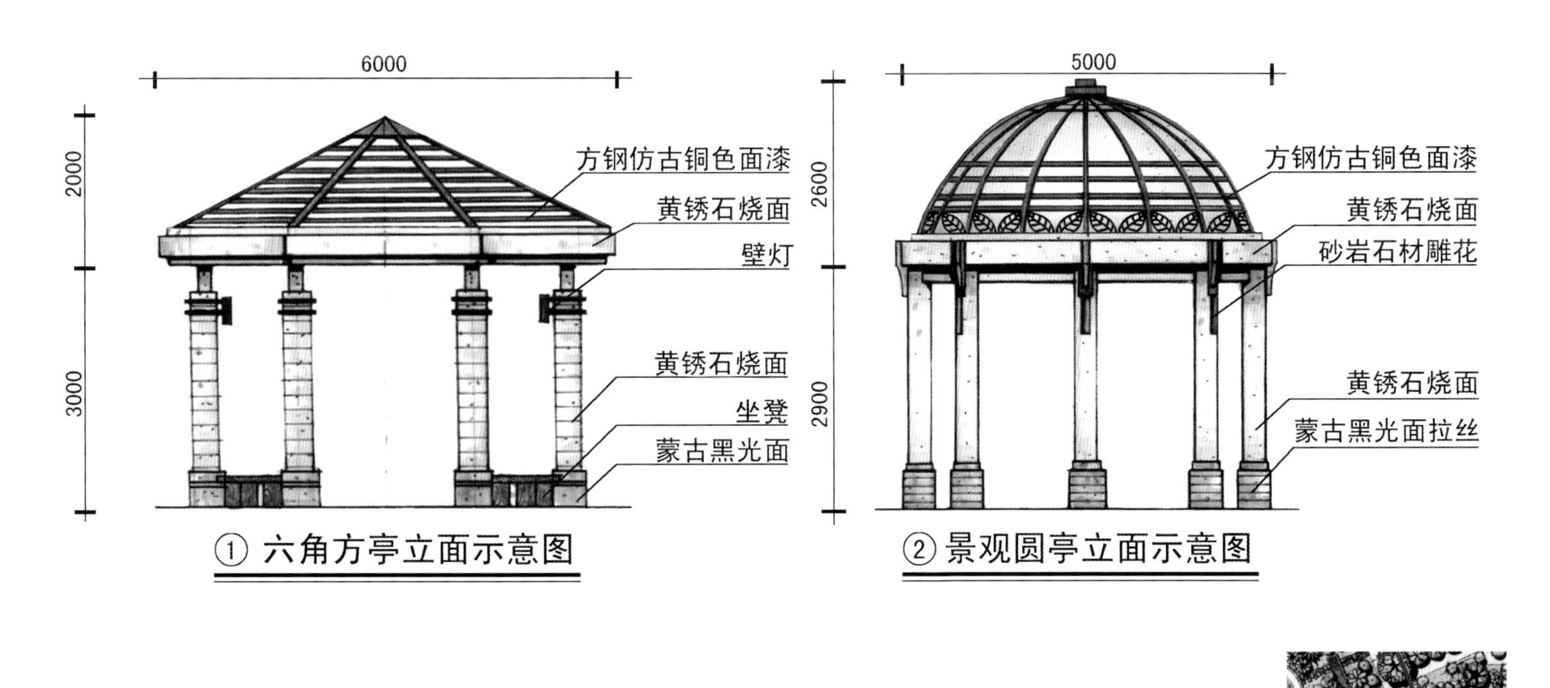

① 六角方亭立面示意图

② 景观圆亭立面示意图

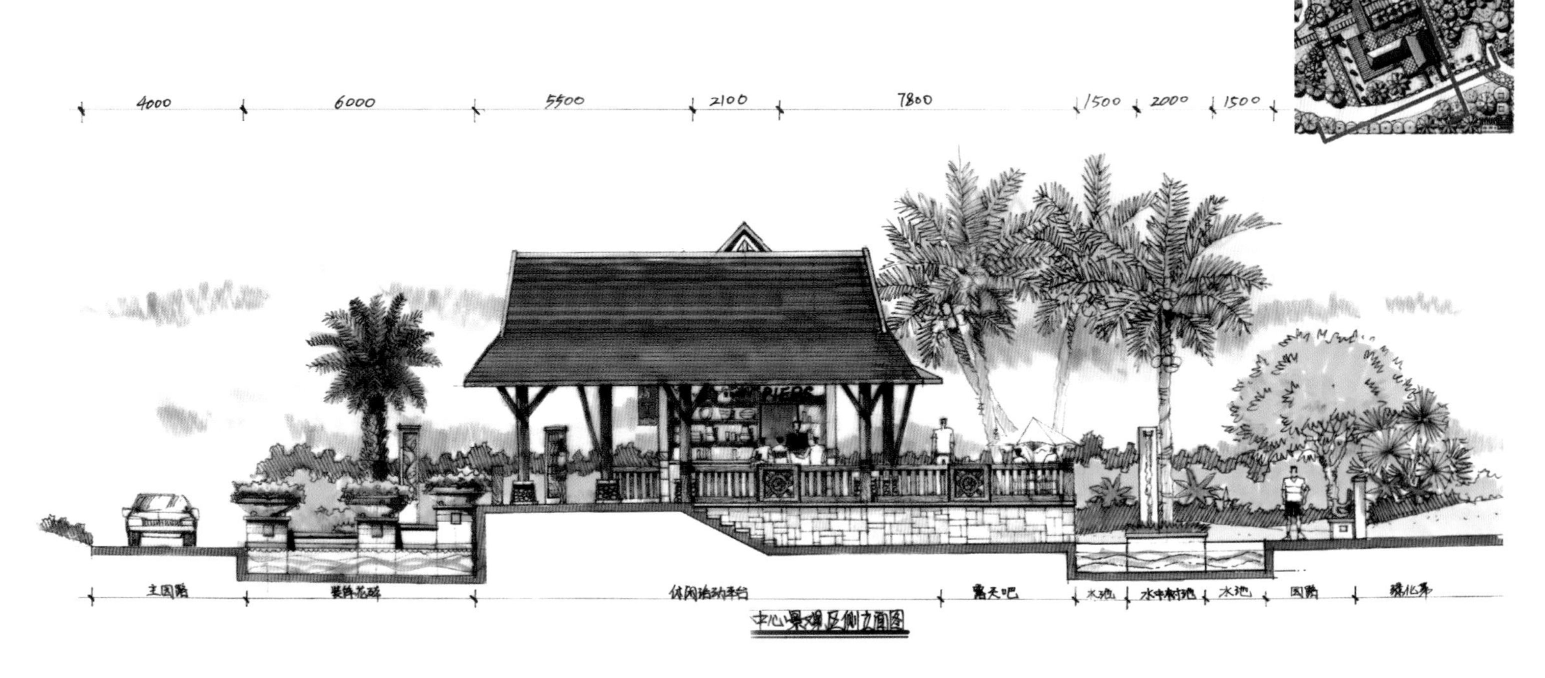

中心景观区侧立面图

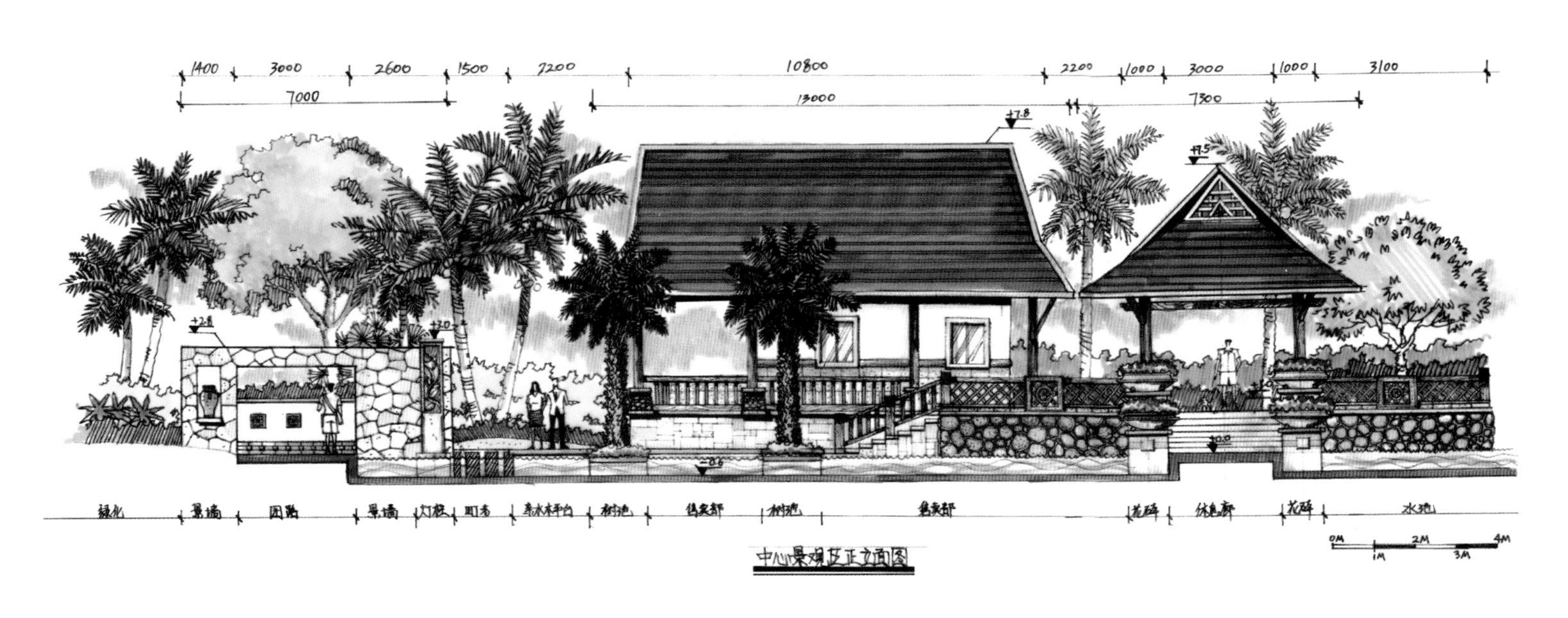

中心景观区正立面图

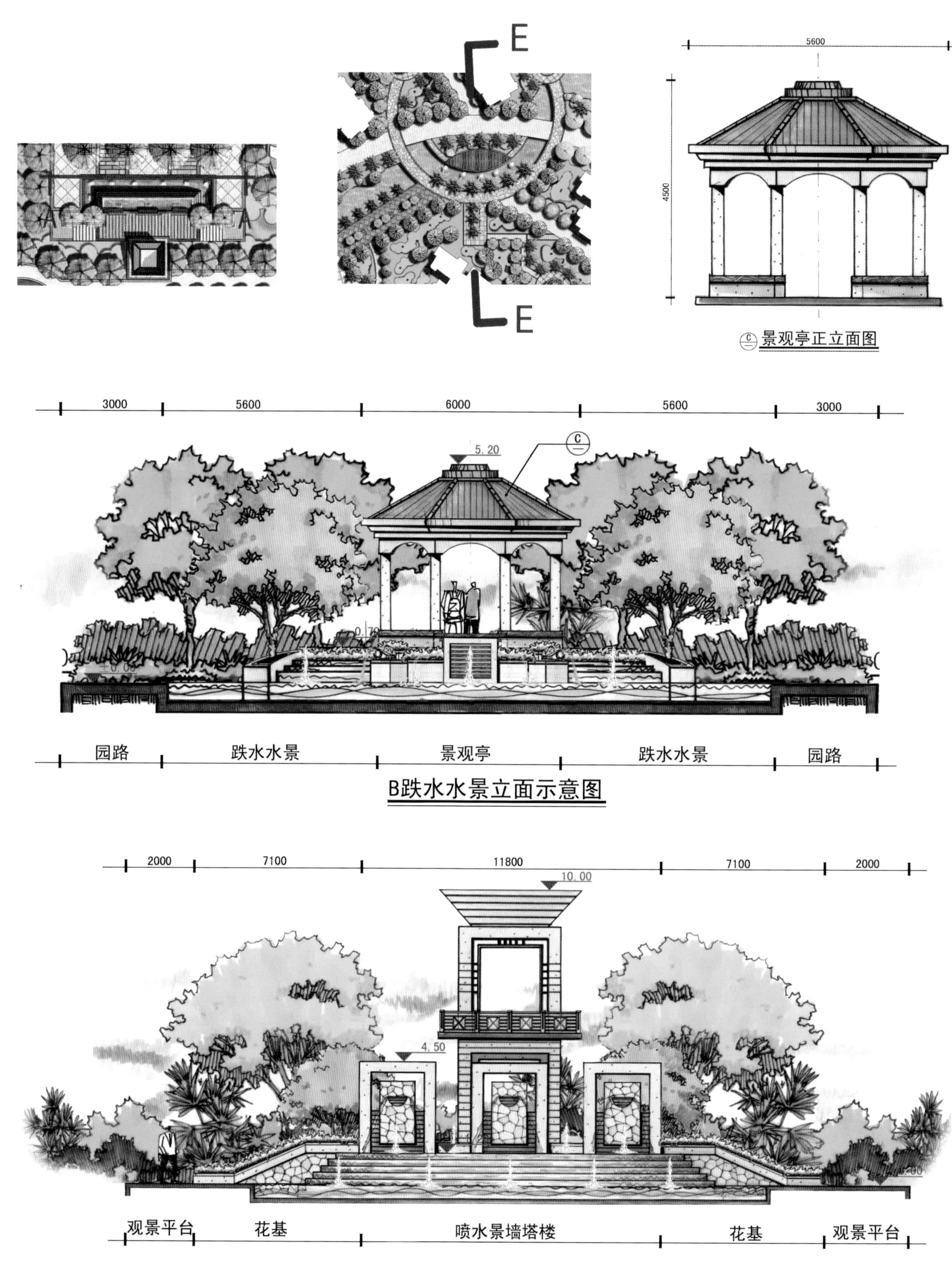
E
E
5600
4500
景观亭正立面图
3000
5600
6000
5600
3000
5.20
±0.00
园路
跌水水景
景观亭
跌水水景
园路
B跌水水景立面示意图
2000
7100
11800
7100
2000
10.00
4.50
观景平台
花基
喷水景墙塔楼
花基
观景平台
A组合景墙立面示意图

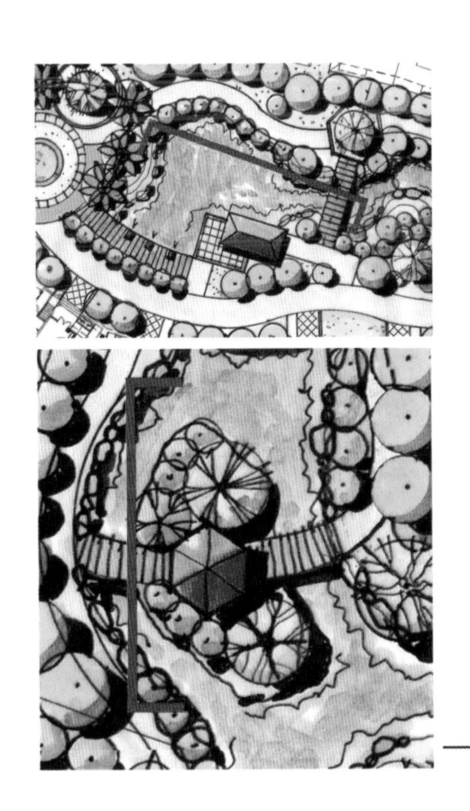

① 中心岛景观剖面示意图

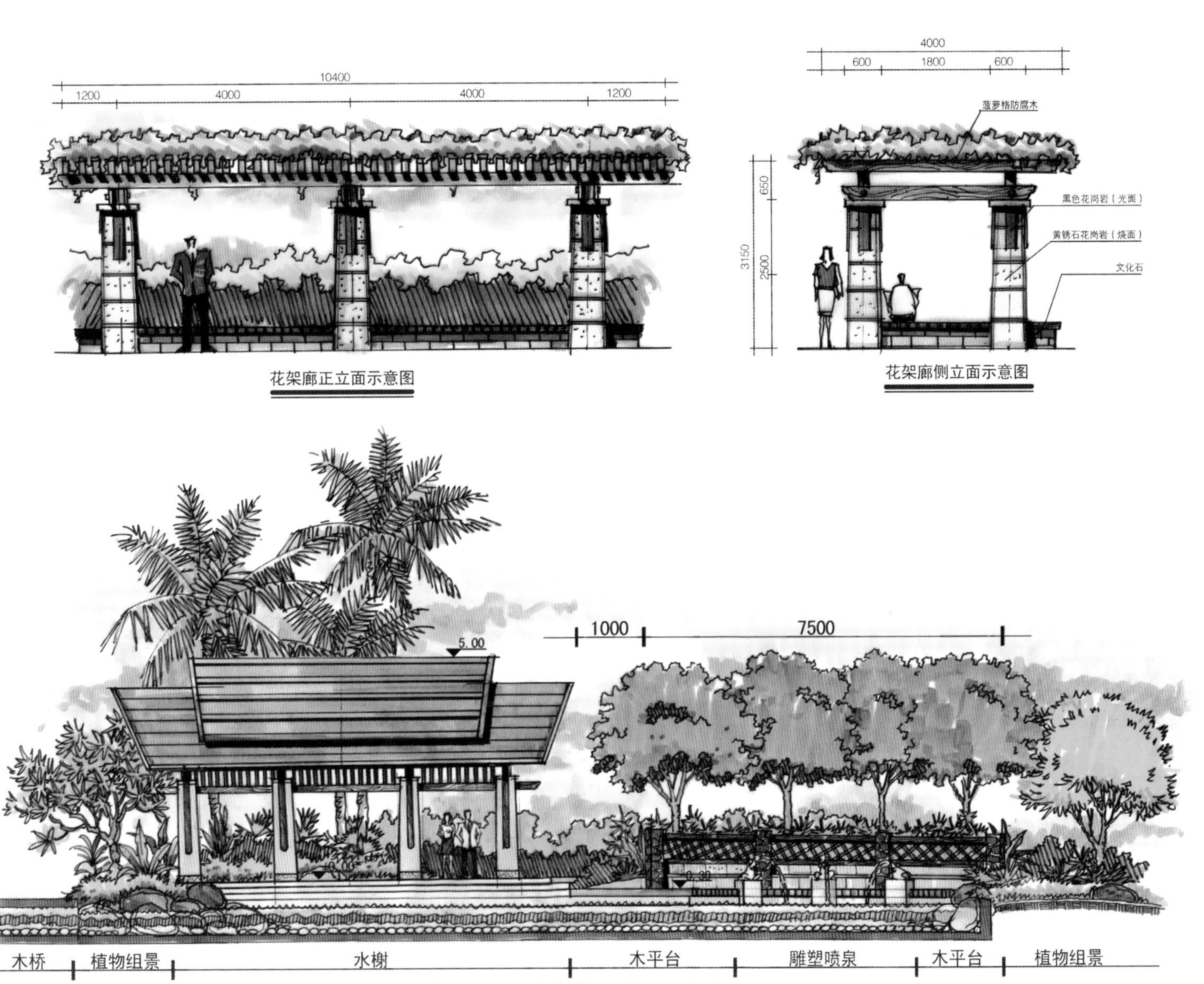

花架廊正立面示意图

花架廊侧立面示意图

② 组团一水榭景观剖面示意图

绿化
PLANTING
水池平台
POOL DECK
儿童泳池
CHILDREN'S POOL
木平台
TIMBER
DECK
SWI
SELECTED SCULPTURE
SNAIL WITH WATER
SPOUT
特色蜗牛雕塑喷泉
14.70
WL:14.70
BF:14.10
14.85
WL:14.70
BF:13.50
OUT
出水
IN
入水
DRAIN
排污水
R.C. STRUCTURE TO
ENGINEER'S DETAIL
水泥结构参照工程师详图
150X50mm THK TREA-
TED TIMBER PLANK
IN NAT. STAINED FIN.
150X50mm厚防腐木板.
清漆面.
SELECTED CERAMIC/
MOSAIC TILE
COLOR SHADES OF BLUE
特色马赛克砖，颜色:蓝色
50mm THK NAT
GRANITE FLMD.
FIN. COPING COLOR
RUSTIC YELLOW
50mm厚烧面花岗石
压顶，颜色:黄锈色
SECTION THRU SWI
SCALE 1:75
红锈石压顶
仿砂岩装饰构件
黄锈石烧面
800
2000
绿化种植带
水中树池
自然水景
休闲亭
自然水景
水中树池
景石叠水
绿化种植带

POOL DECK
PLANTING
POOL DECK
A
A
(详见八角亭平立面图)
POOL PAVILION
SUN BATH CHAIR
AREA
14.70
WL:14.70
BF:13.30
PATTERN COLOR
RUSTIC YELLOW
DRAINPIPE
TO FILTRATION
排污水
WATER SOURCE
1800
6500
4000
4000
4000
+2.2
+1.5
±0.0
景墙
喷水雕塑
木栈道
艺术景墙
休息座椅

B-B 中心水景剖面示意图

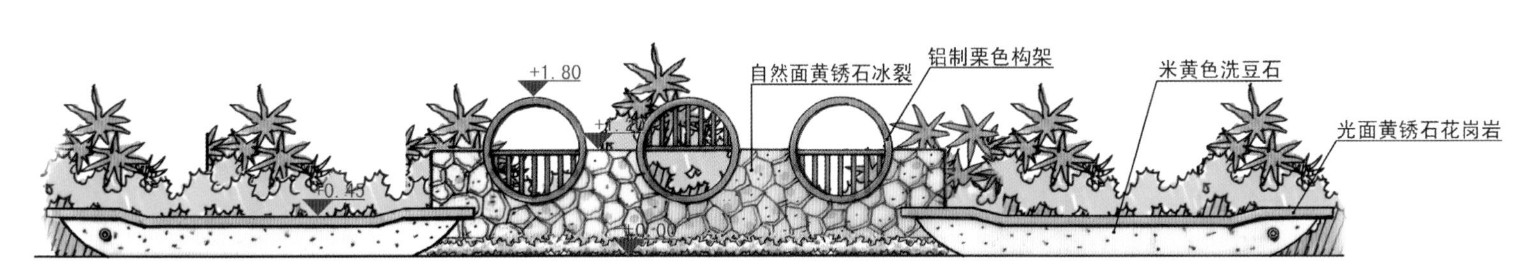

A-A 儿童乐园景墙立面示意图

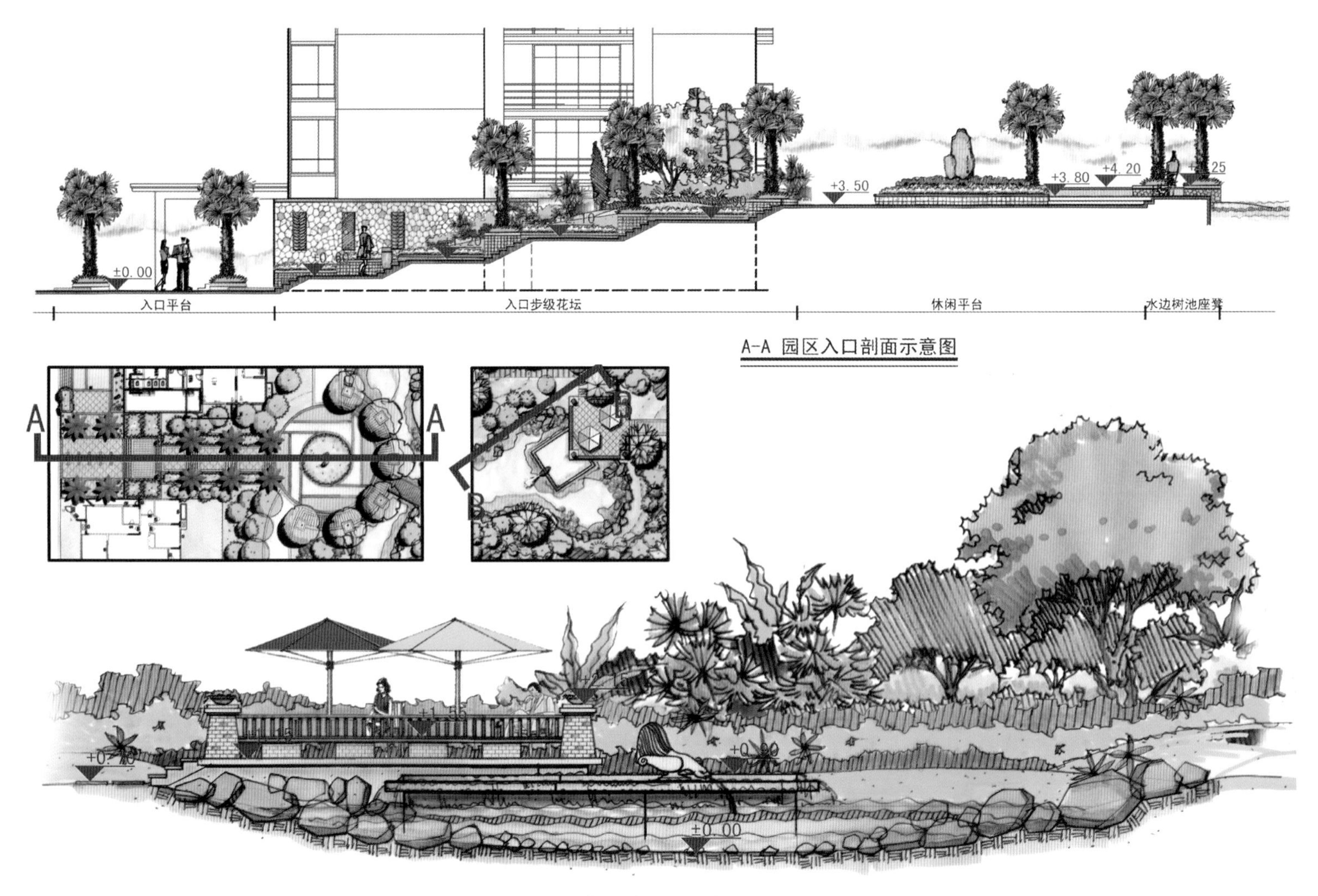

B-B 特色水景剖面示意图

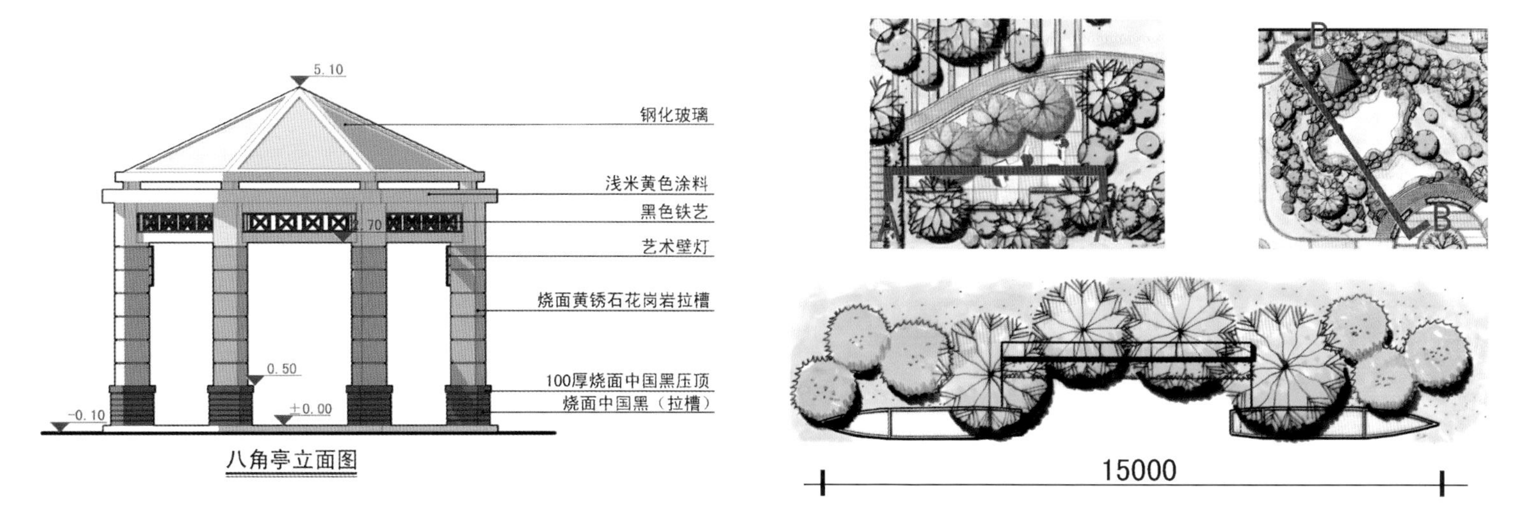

八角亭立面图

A-A 儿童乐园景墙平面示意图

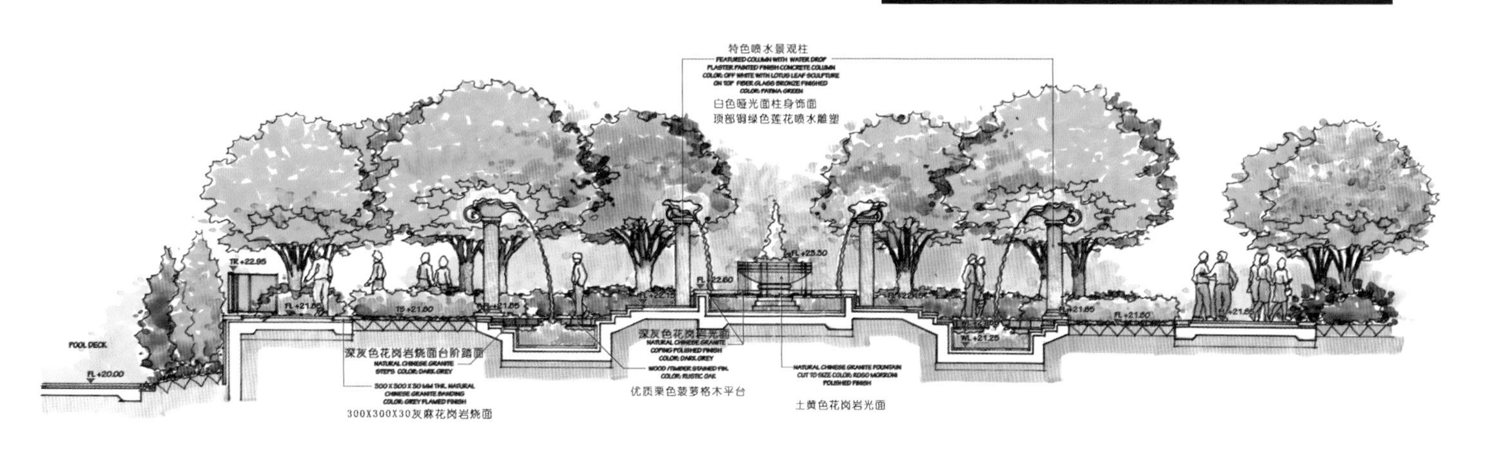

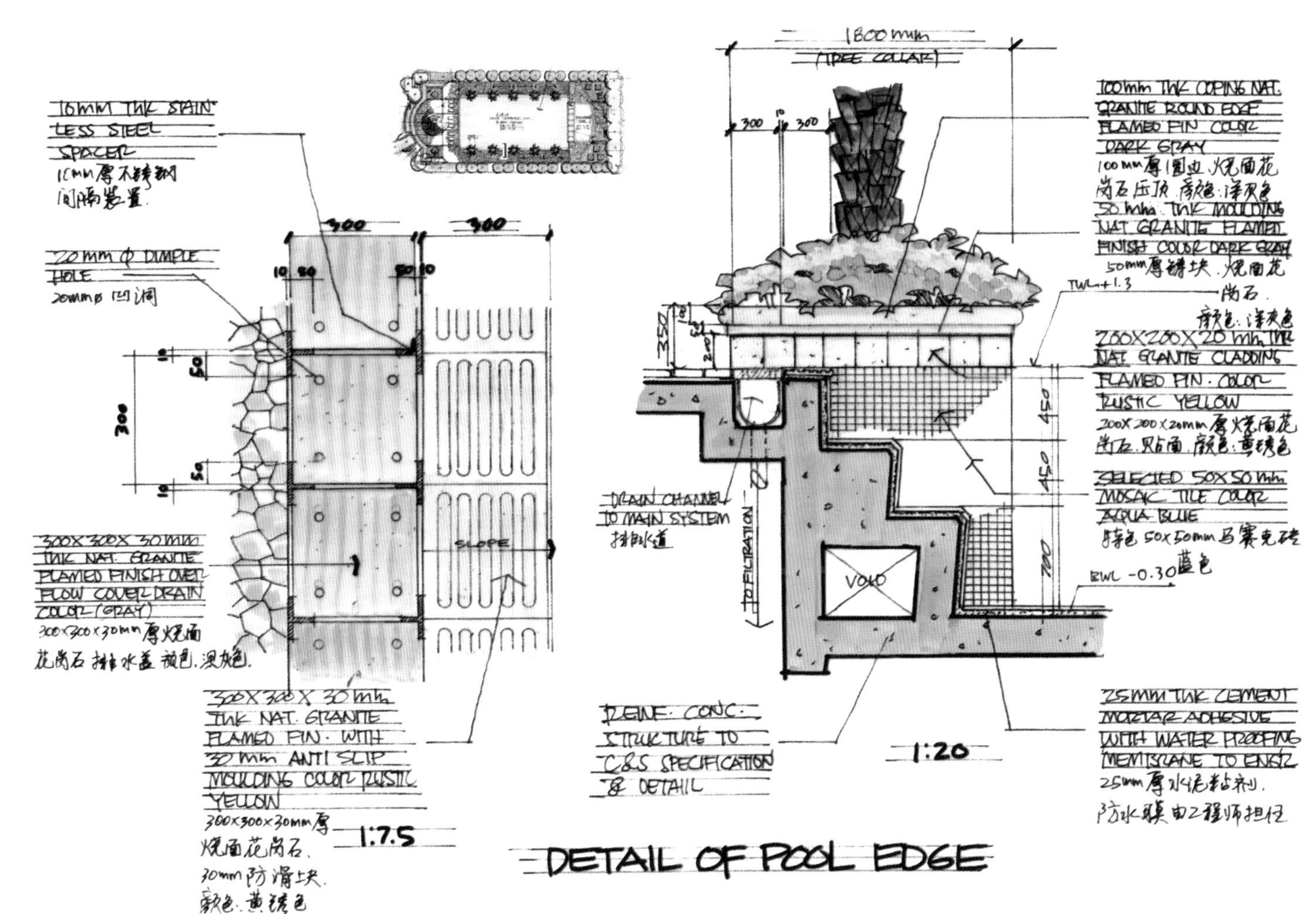

DETAIL OF POOL EDGE

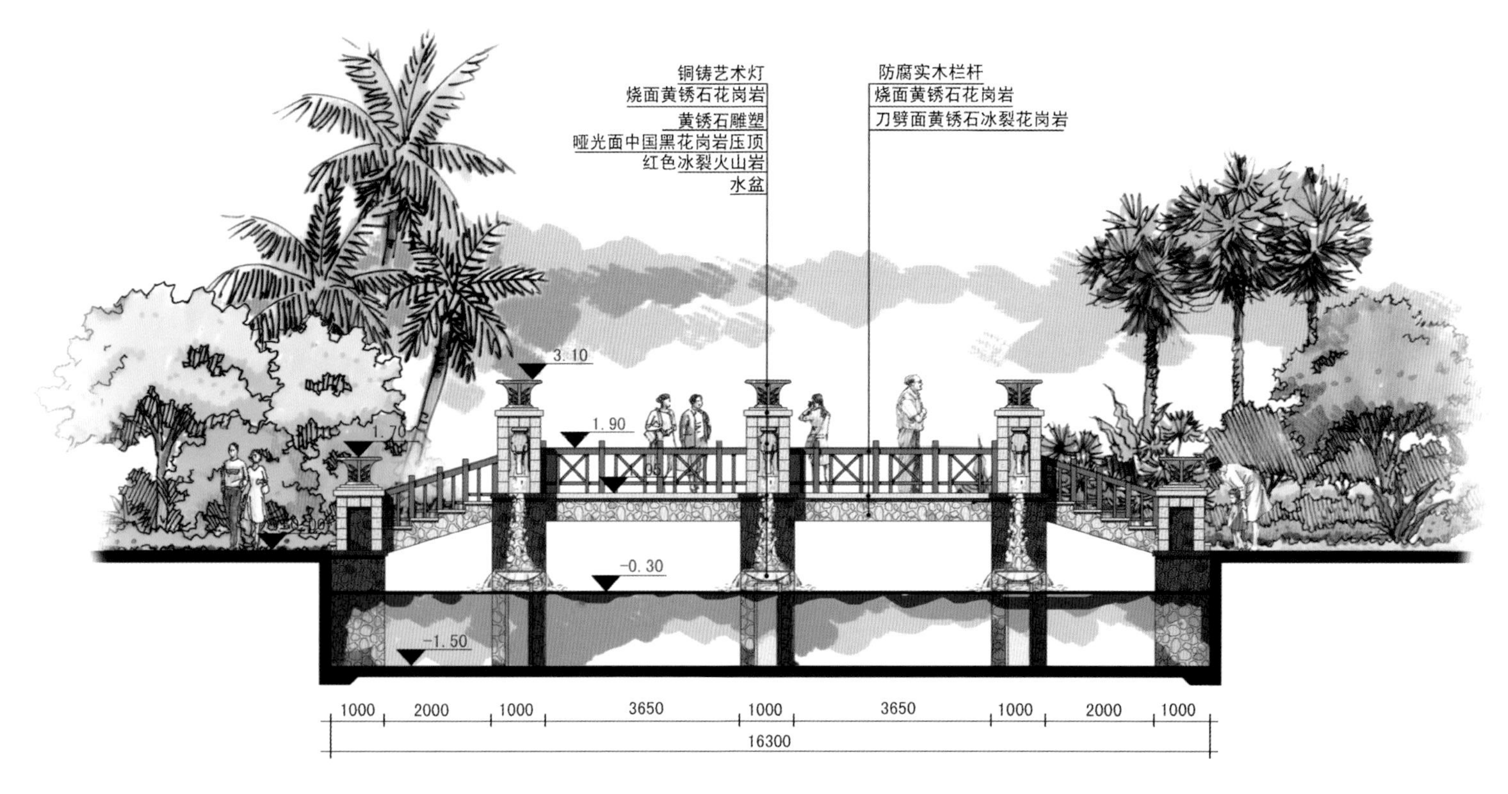

景观桥立面图

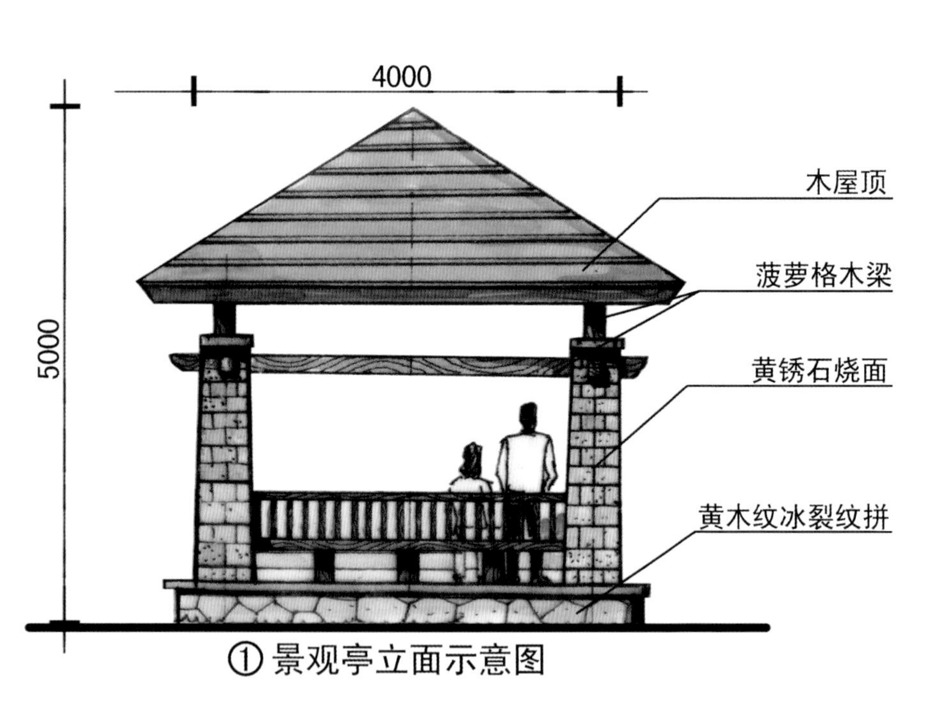

① 景观亭立面示意图

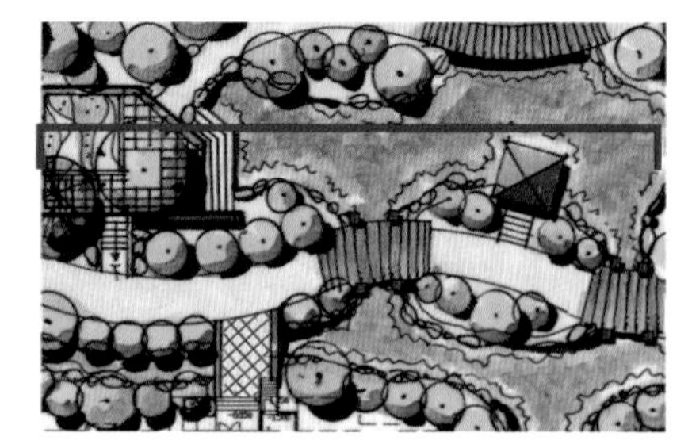

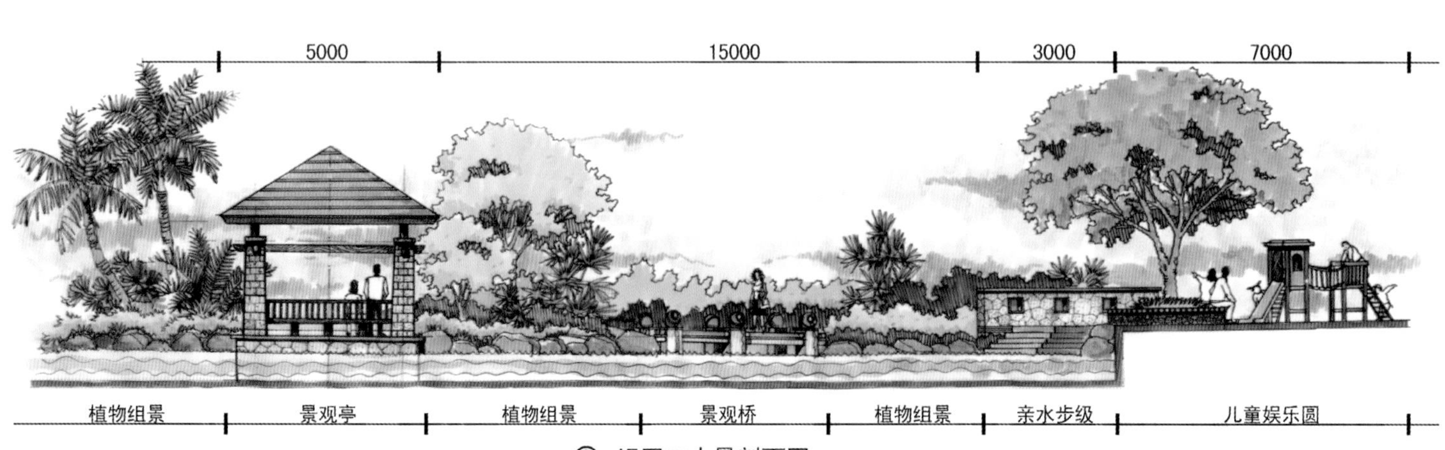

② 组团二水景剖面图

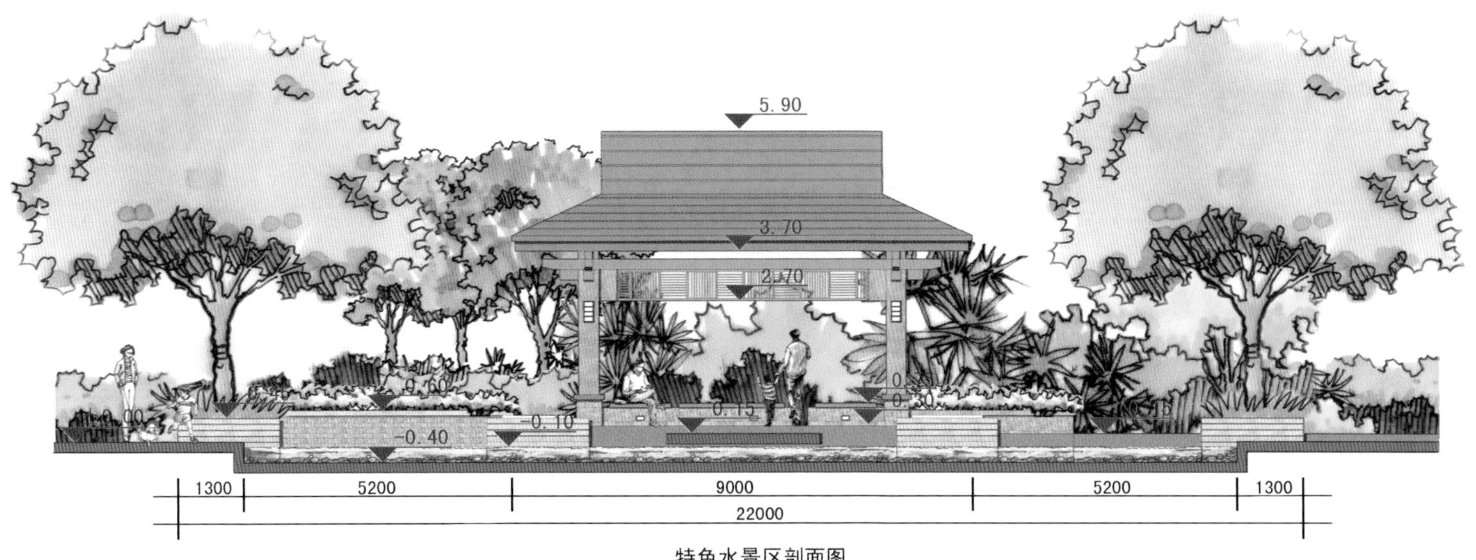

特色水景区剖面图

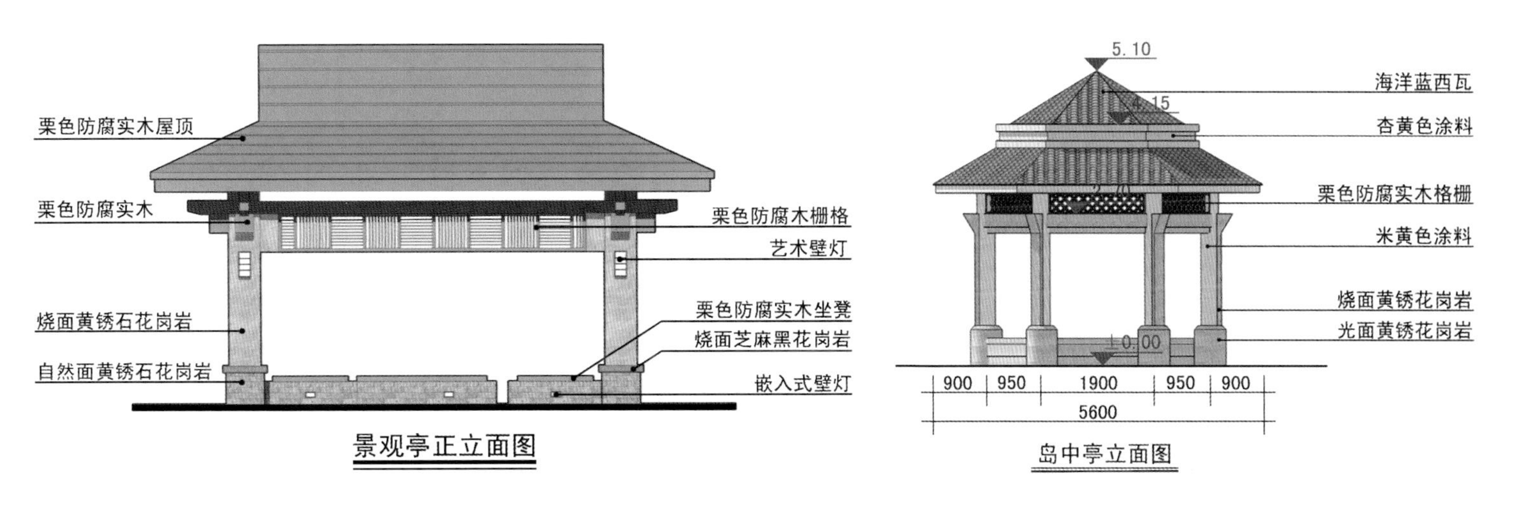

景观亭正立面图

岛中亭立面图

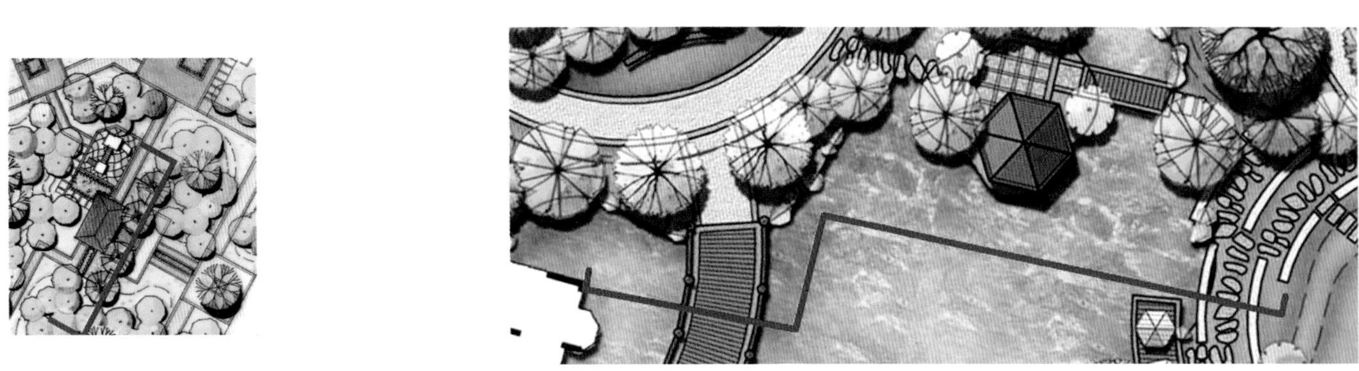

自然湖景剖面图

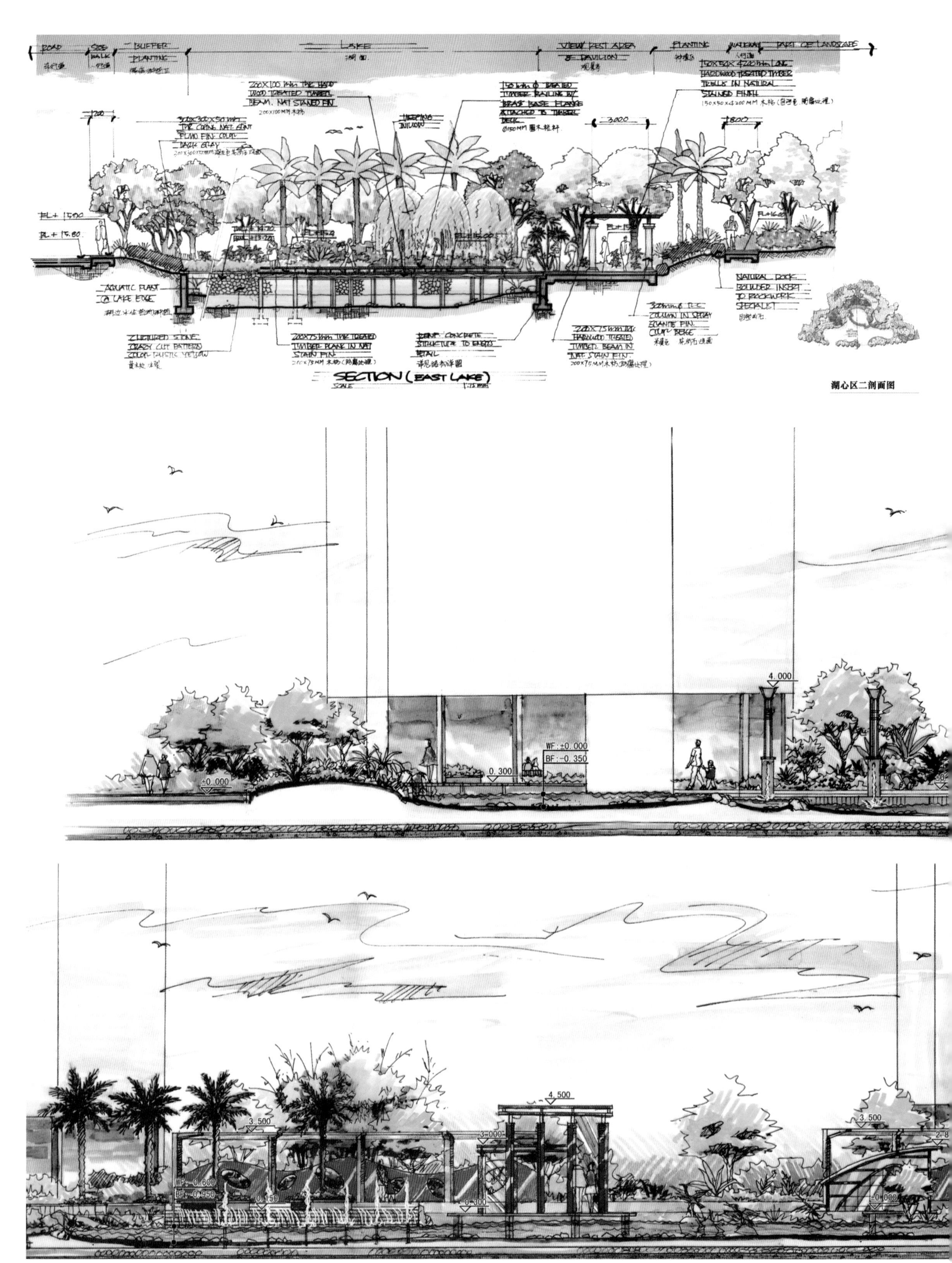
ROAD
SIDE WALK
BUFFER PLANTING
LAKE
VIEW REST AREA & PAVILION
PLANTING
NATURAL ROCK BOULDER INSERT TO ROCKWORK SPECIALIST
SECTION (EAST LAKE)
4.000
WF:±0.000
BF:-0.350
0.300
±0.000
4.500
3.500
3.000
WF:-0.600
BF:-0.950
0.150
0.300
±0.000
3.500

湖心区二剖面图

P.A.
种植区
PLAY AREA
儿童活动区
PLANTING AREA / WATER SCAPE
种植区/水景区
PAVILION
特色景亭
PLANTING AREA
种植区
FEATURE FOOT BRIDGE
木桥
PLAY EQUIPMENT
BY SPECIALIST
儿童活动设施
FEATURE
TRELLIS
特色花架
坐凳
3500
5000
200X50MM厚菜色防腐木板
ROOT
BALL
种植球
安全胶垫
SAFETY MATT
BY SPECIALIST
WATERPROOFING
TO ARCHITECT
AQUATIC PLANTING
ON POT
水生植物
2.800
3.200

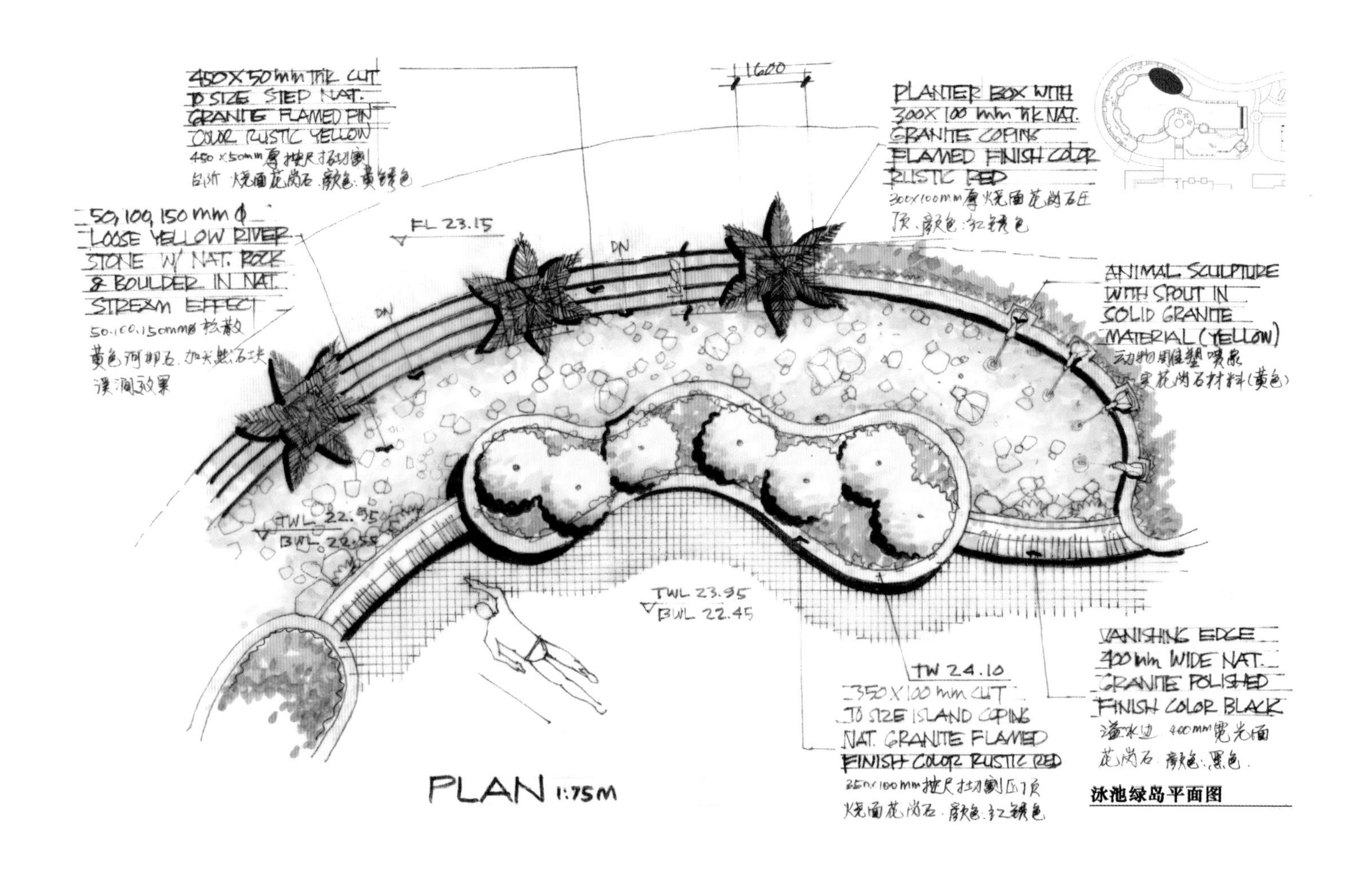

泳池绿岛平面图

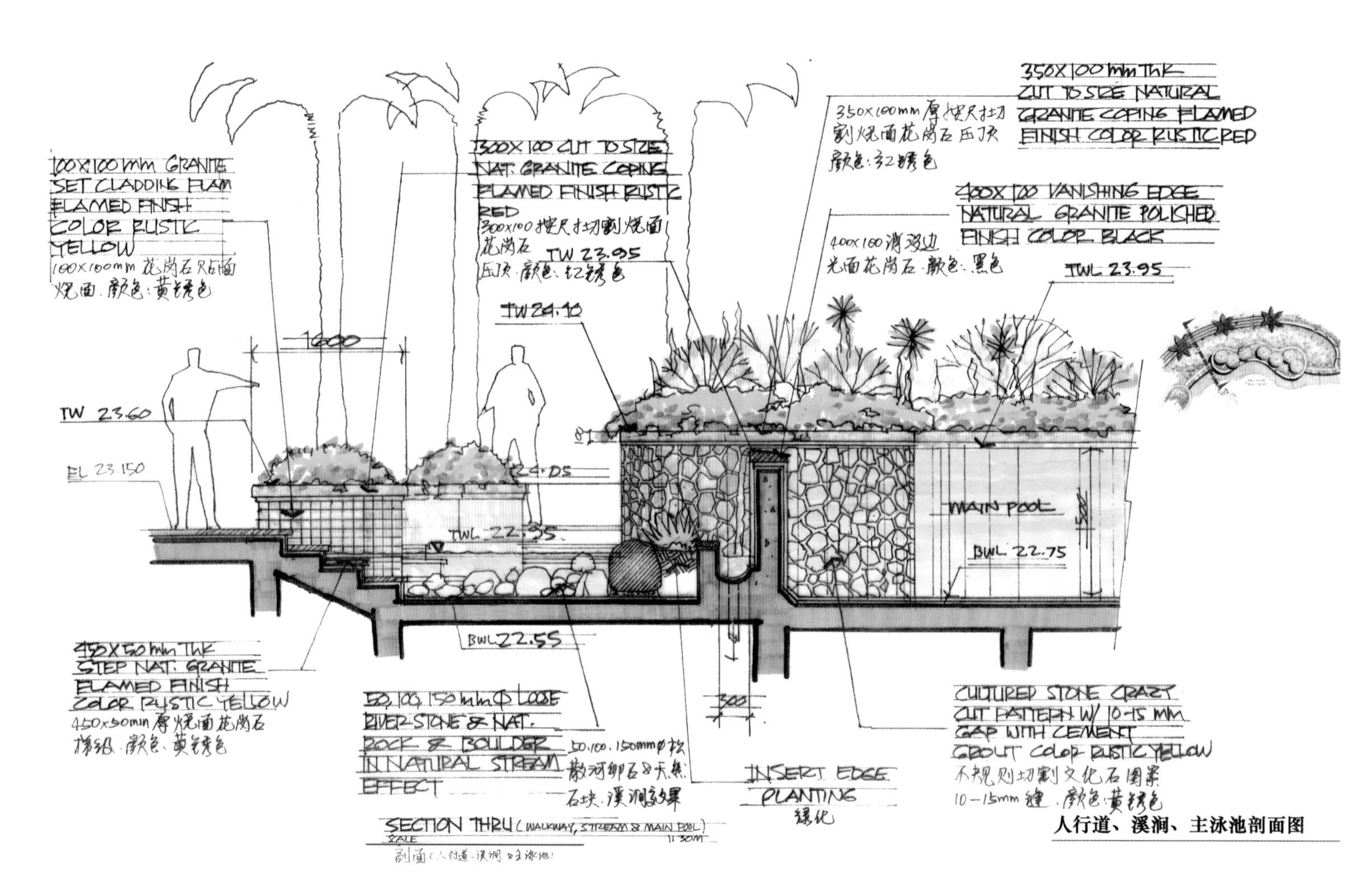

人行道、溪涧、主泳池剖面图

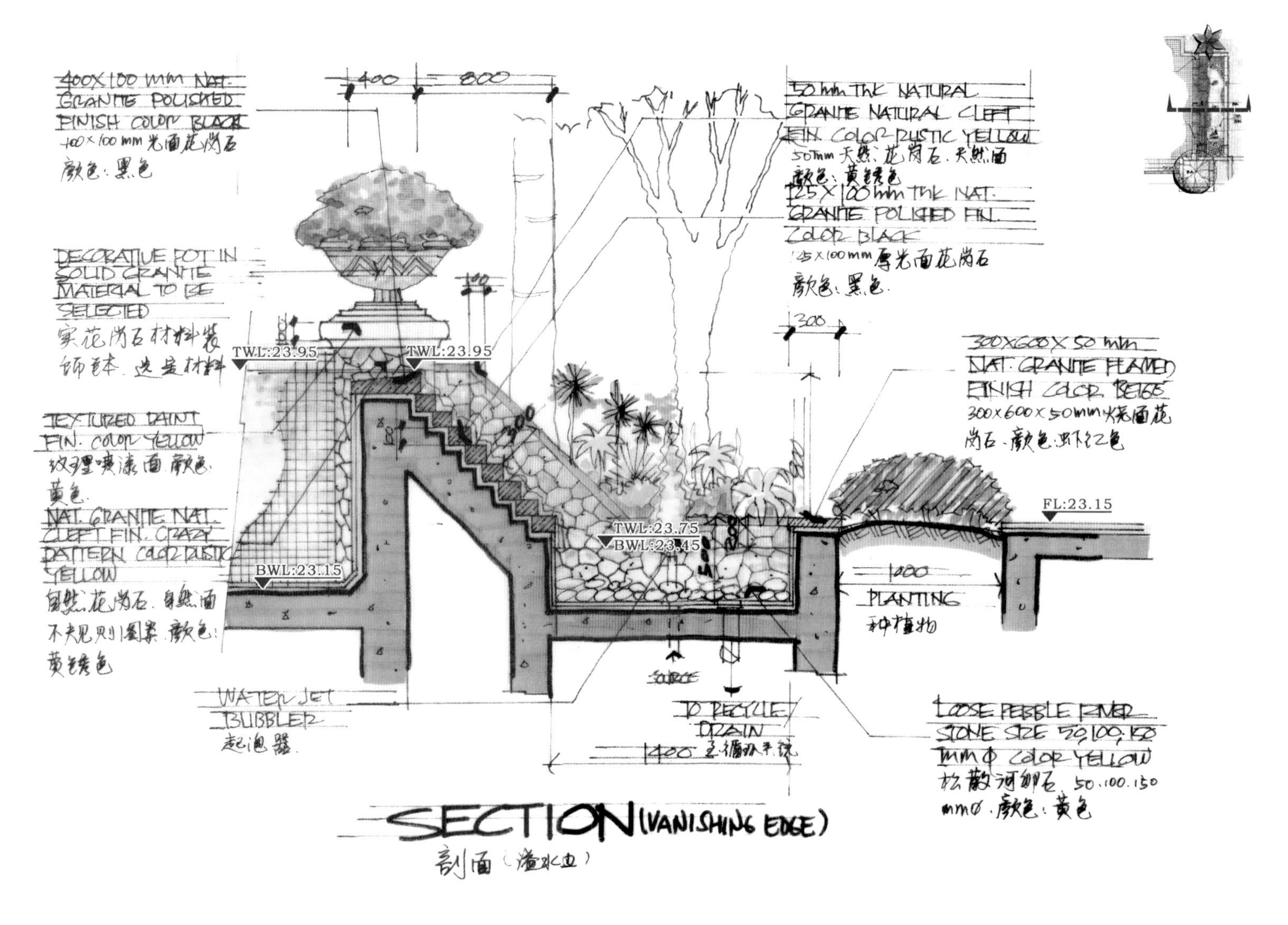
400X100 MM NAT. GRANITE POLISHED FINISH COLOR BLACK
400×100mm 光面花岗石 颜色：黑色
DECORATIVE POT IN SOLID GRANITE MATERIAL TO BE SELECTED
TEXTURED PAINT FIN. COLOR YELLOW
纹理喷涂面 颜色：黄色
NAT. GRANITE NAT. CLEFT FIN. CRAZY PATTERN COLOR RUSTIC YELLOW
自然花岗石 自然面 不规则图案 颜色：黄锈色
400
800
TWL:23.95
TWL:23.95
BWL:23.15
TWL:23.75
BWL:23.45
FL:23.15
50mm THK NATURAL GRANITE NATURAL CLEFT FIN. COLOR RUSTIC YELLOW
50mm 天然花岗石 天然面 颜色：黄锈色
125X100mm THK NAT. GRANITE POLISHED FIN. COLOR BLACK
125×100mm 厚光面花岗石 颜色：黑色
300
300X600X50 mm NAT. GRANITE FLAMED FINISH COLOR BEIGE
300×600×50mm 火烧面花岗石 颜色：虾红色
1000
PLANTING
种植物
WATER JET BUBBLER
起泡器
SOURCE
TO RECYCLE DRAIN
1400
LOOSE PEBBLE RIVER STONE SIZE 50,100,150 mm Φ COLOR YELLOW
松散河卵石 50.100.150 mmΦ 颜色：黄色
SECTION (VANISHING EDGE)

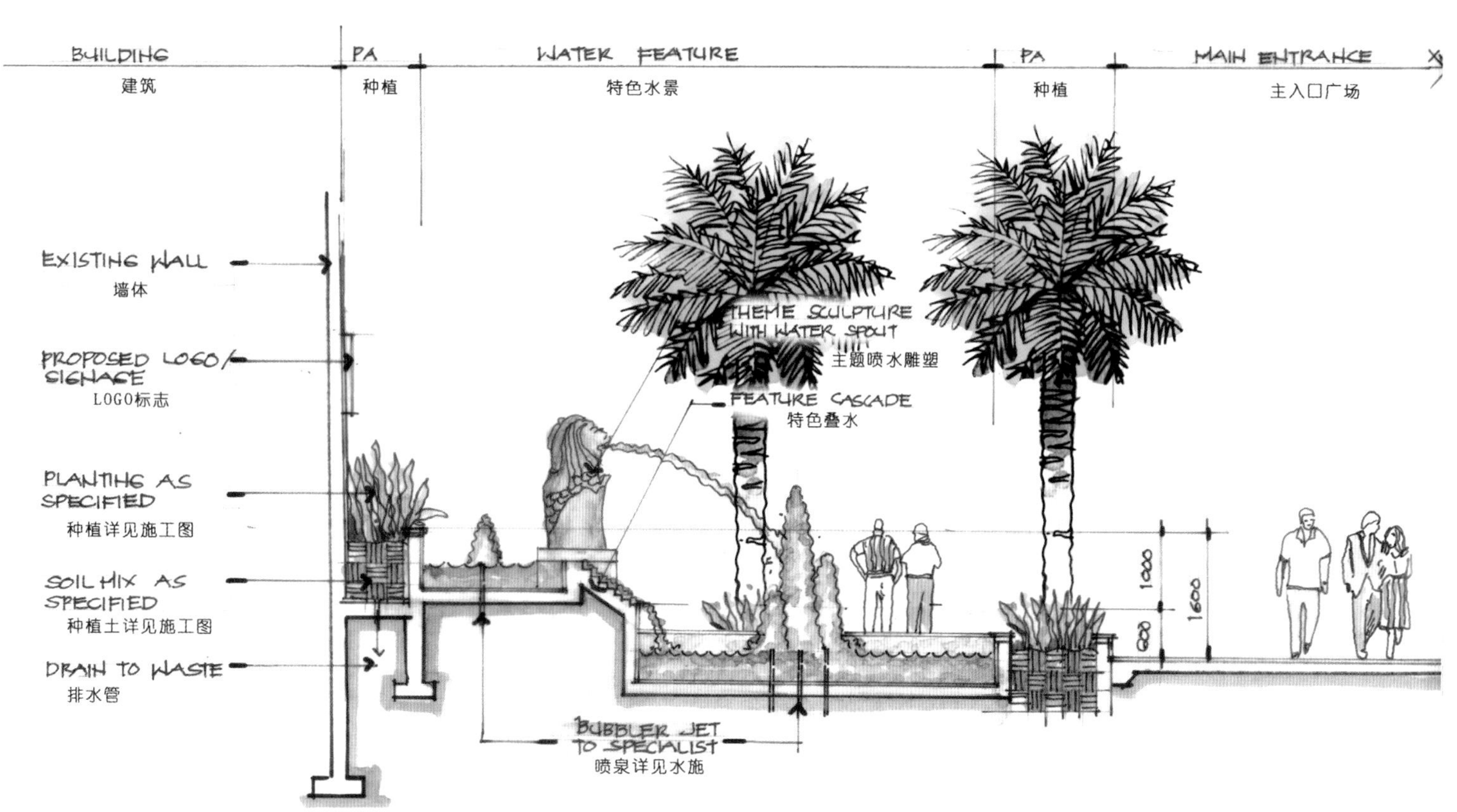
BUILDING
建筑
PA
种植
WATER FEATURE
特色水景
PA
种植
MAIN ENTRANCE
主入口广场
EXISTING WALL
墙体
PROPOSED LOGO/SIGNAGE
LOGO标志
PLANTING AS SPECIFIED
种植详见施工图
SOIL MIX AS SPECIFIED
种植土详见施工图
DRAIN TO WASTE
排水管
THEME SCULPTURE WITH WATER SPOUT
主题喷水雕塑
FEATURE CASCADE
特色叠水
BUBBLER JET TO SPECIALIST
喷泉详见水施
1000
600
1600

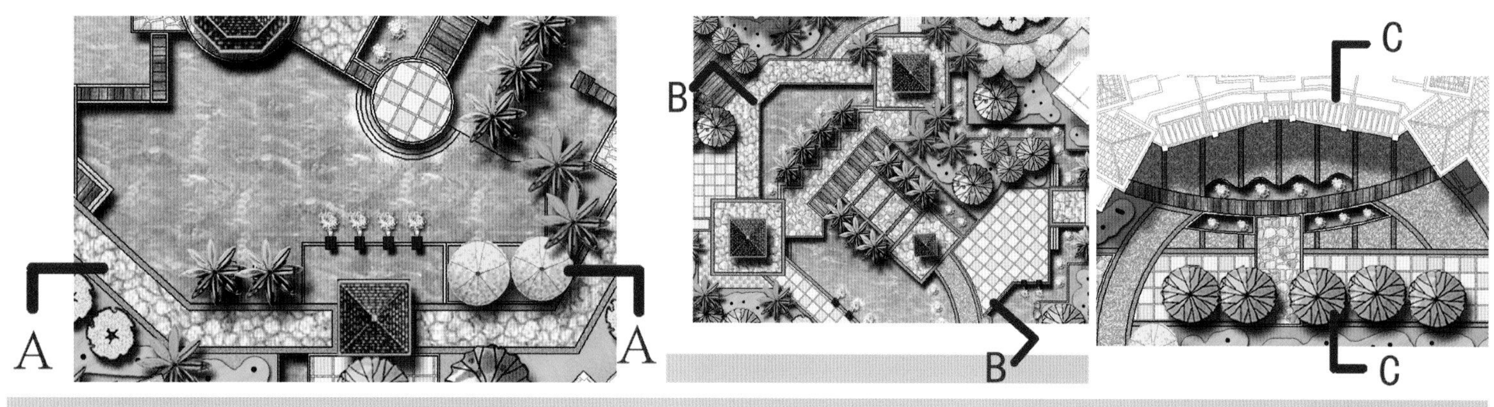

A-A 剖面

B-B 剖面

C-C 剖面

D-D 剖面

E-E 剖面

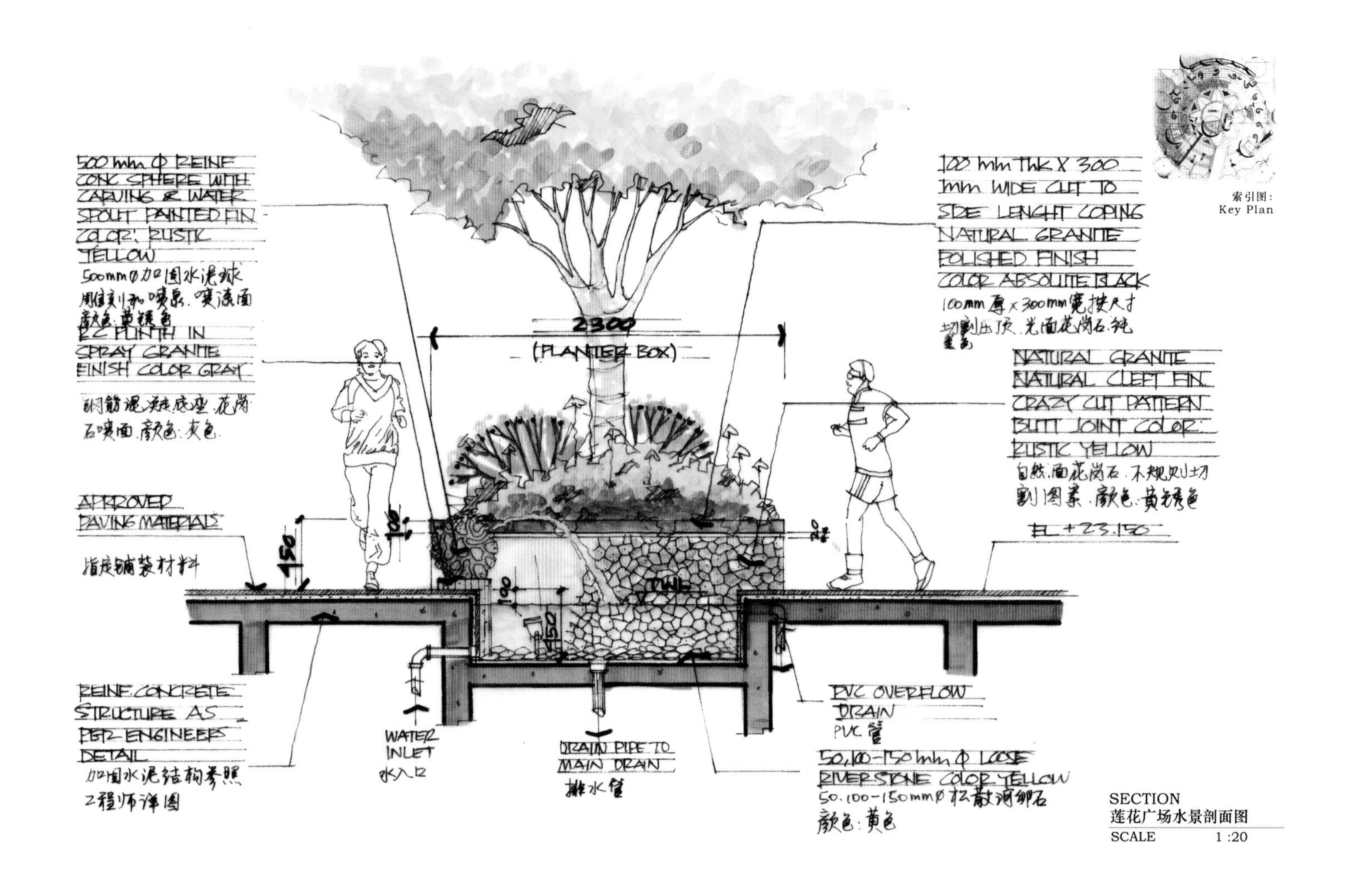

SECTION
莲花广场水景剖面图
SCALE 1 :20

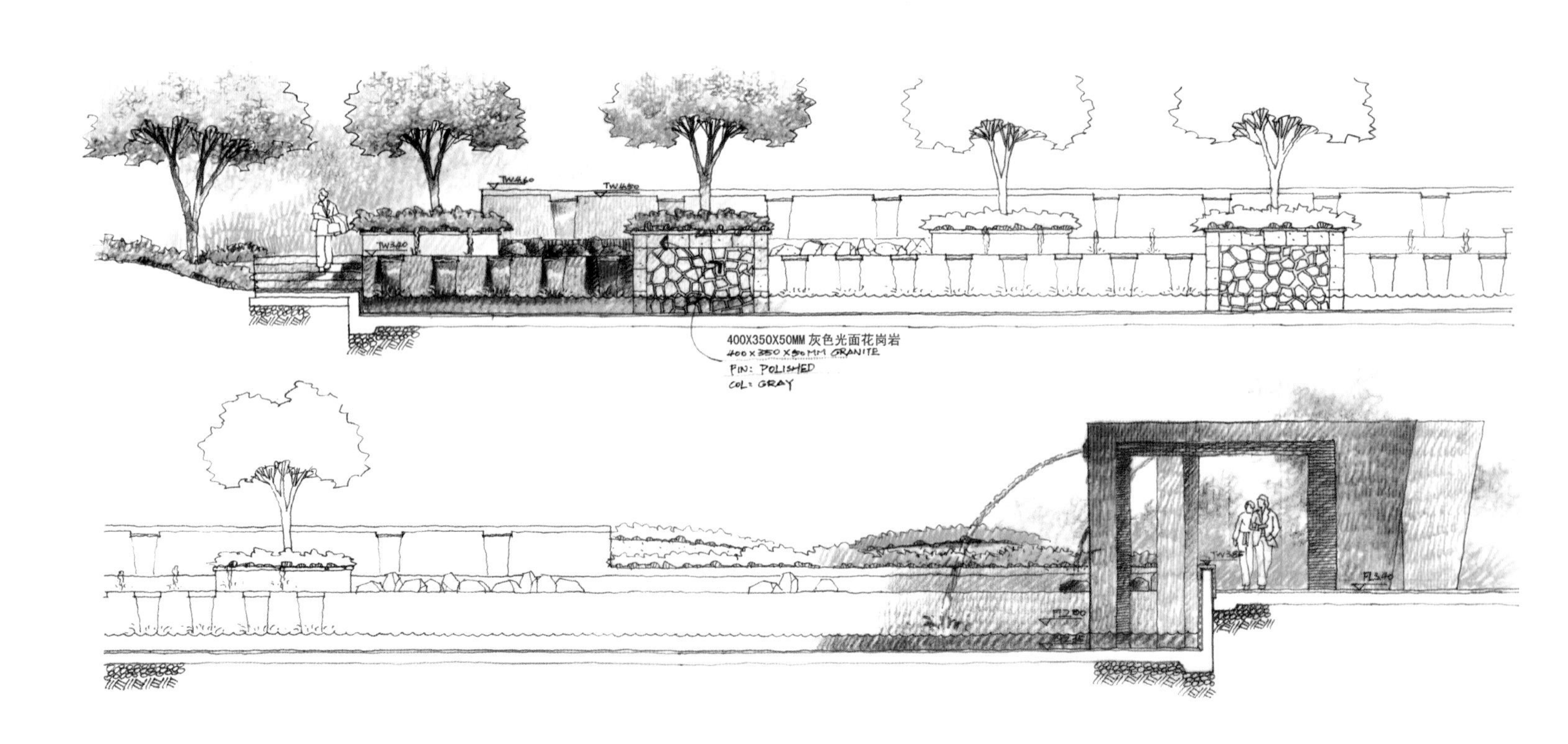

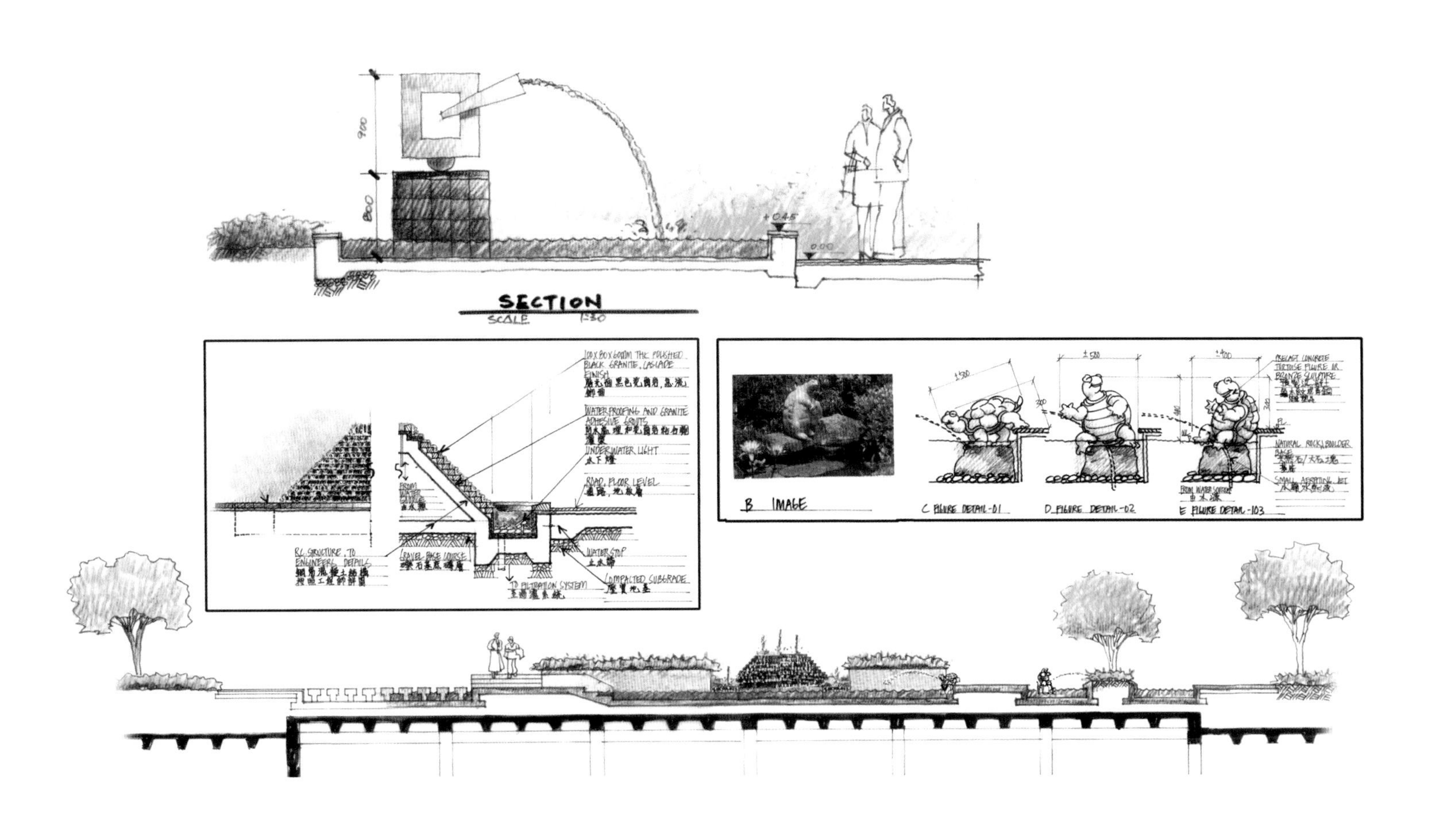

SECTION
SCALE 1:30
B IMAGE
C FIGURE DETAIL-01
D FIGURE DETAIL-02
E FIGURE DETAIL-03

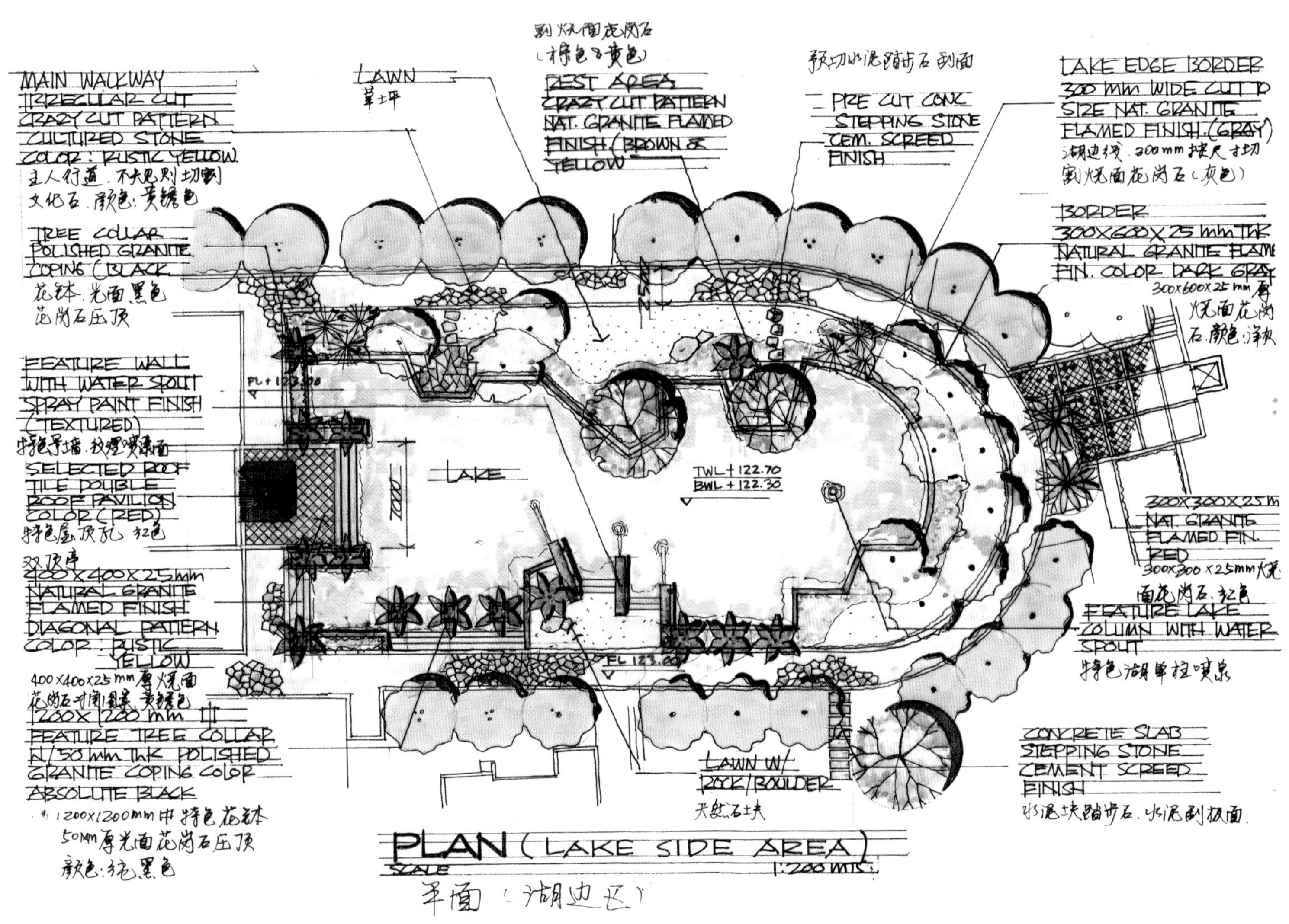

MAIN WALKWAY
IRREGULAR CUT
CRAZY CUT PATTERN
CULTURED STONE
COLOR: RUSTIC YELLOW
主人行道，不规则切割
文化石，颜色：黄锈色
LAWN
草坪
剁烧面花岗石
(棕色&黄色)
REST AREA
CRAZY CUT PATTERN
NAT. GRANITE FLAMED
FINISH (BROWN &
YELLOW
预切水泥踏步石 刮面
PRE CUT CONC
STEPPING STONE
CEM. SCREED
FINISH
LAKE EDGE BORDER
300 mm WIDE CUT TO
SIZE NAT. GRANITE
FLAMED FINISH (GRAY)
湖边线，300mm按尺寸切
割烧面花岗石(灰色)
TREE COLLAR
POLISHED GRANITE
COPING (BLACK
花钵，光面黑色
花岗石压顶
BORDER
300X600X25 mm THK
NATURAL GRANITE FLAME
FIN. COLOR: DARK GRAY
300x600x25 mm厚
烧面花岗
石，颜色：深灰
FEATURE WALL
WITH WATER SPOUT
SPRAY PAINT FINISH
(TEXTURED)
特色景墙，拉毛喷漆面
SELECTED ROOF
TILE DOUBLE
ROOF PAVILION
COLOR (RED)
特色屋顶瓦 红色
双顶亭
400X400X25mm
NATURAL GRANITE
FLAMED FINISH
DIAGONAL PATTERN
COLOR: RUSTIC
YELLOW
400X400X25mm厚烧面
花岗石斜向铺装，黄锈色
LAKE
TWL+122.70
BWL+122.30
300X300X25mm
NAT. GRANITE
FLAMED FIN.
RED
300x300x25mm火烧
面花岗石，红色
FEATURE LAKE
COLUMN WITH WATER
SPOUT
特色湖单柱喷泉
1200X1200 mm
FEATURE TREE COLLAR
W/50mm THK POLISHED
GRANITE COPING COLOR
ABSOLUTE BLACK
1200x1200mm 中特色花钵
50mm厚光面花岗石压顶
颜色：纯黑色
LAWN W/
ROCK/BOULDER
天然石块
CONCRETE SLAB
STEPPING STONE
CEMENT SCREED
FINISH
水泥块踏步石，水泥刮抹面
PLAN (LAKE SIDE AREA)
SCALE 1:200 MTS.
平面(湖边区)

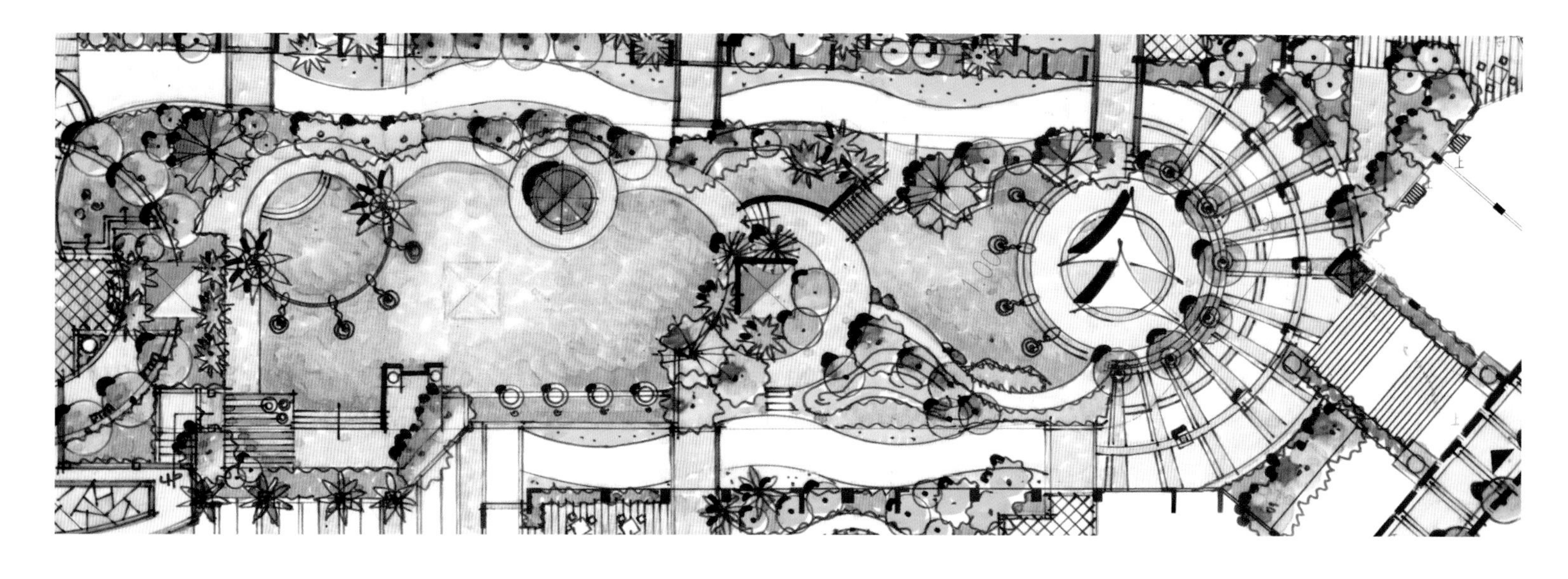

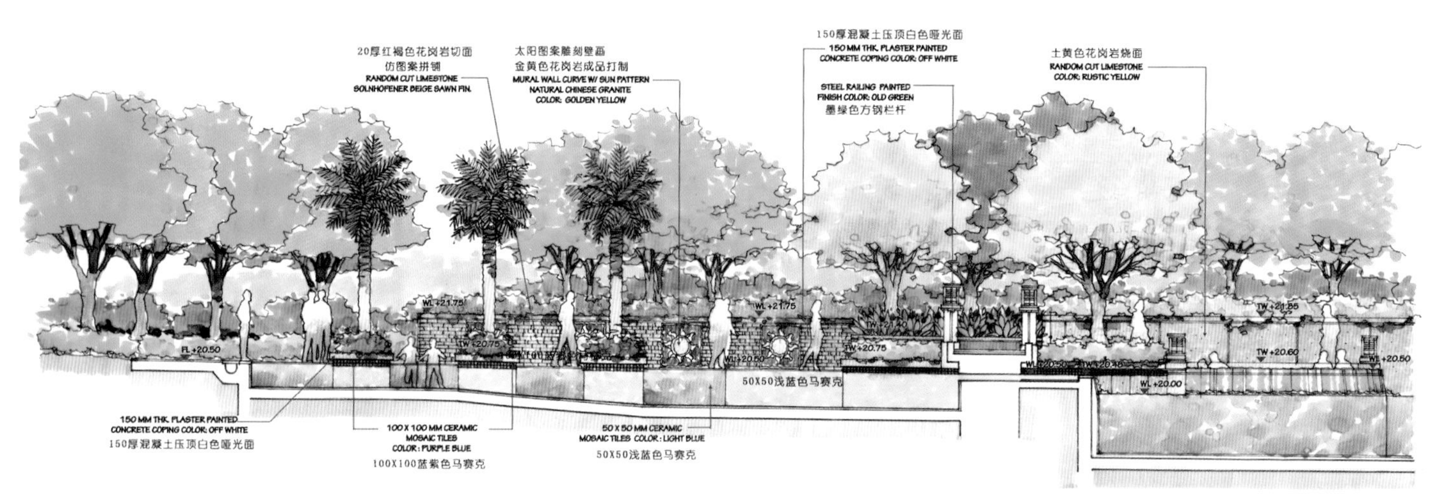

游泳池C-C剖面图　1：75

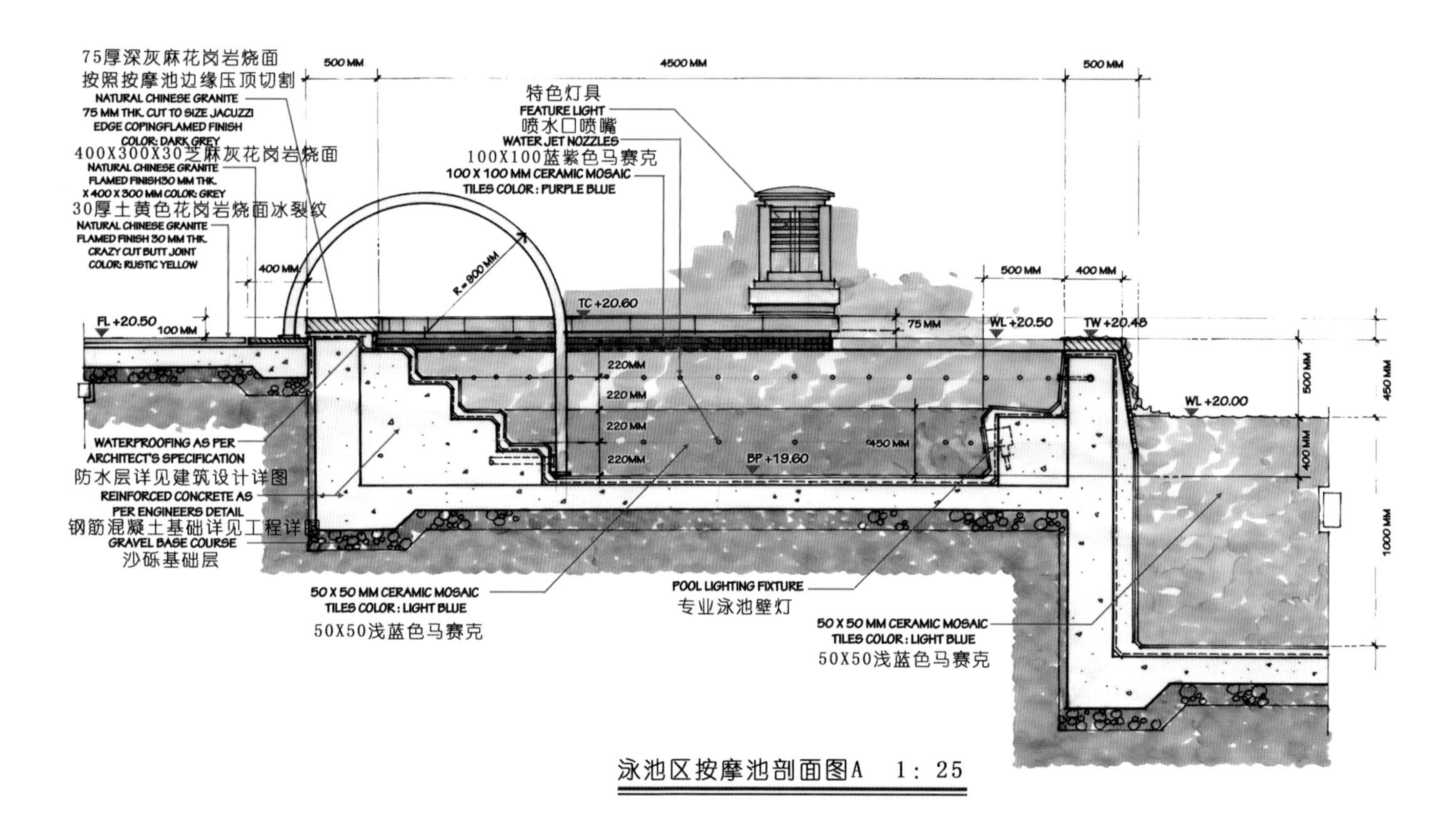

泳池区按摩池剖面图A　1：25

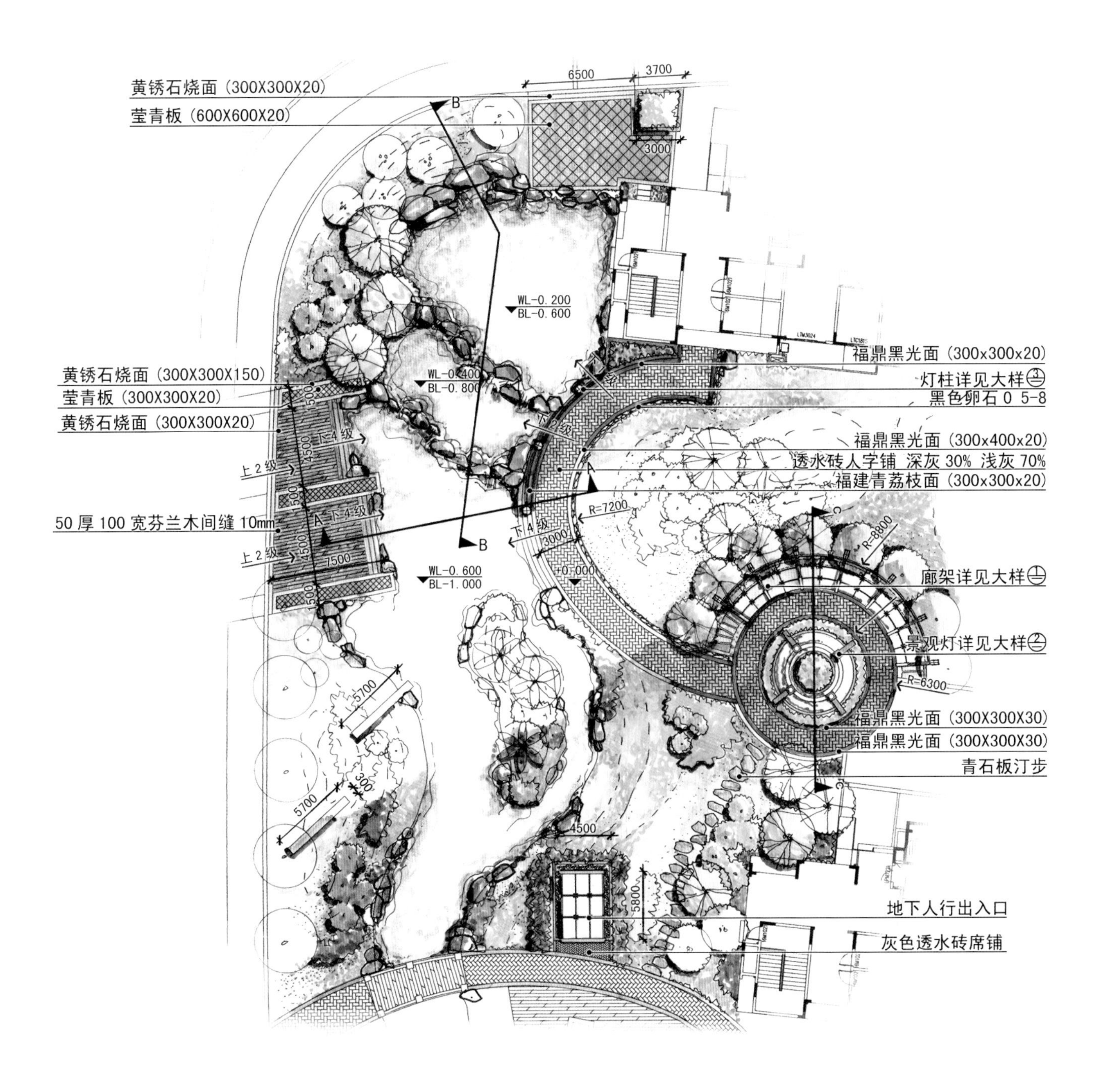
黄锈石烧面（300X300X20）
莹青板（600X600X20）
6500
3700
3000
WL-0.200
BL-0.600
WL-0.400
BL-0.800
WL-0.600
BL-1.000
黄锈石烧面（300X300X150）
莹青板（300X300X20）
黄锈石烧面（300X300X20）
50 厚 100 宽芬兰木间缝 10mm
上 2 级
下 4 级
7500
R=7200
R=8800
R=6300
+0.000
5700
4500
5800
福鼎黑光面（300x300x20）
灯柱详见大样
黑色卵石 0 5-8
福鼎黑光面（300x400x20）
透水砖人字铺 深灰 30% 浅灰 70%
福建青荔枝面（300x300x20）
廊架详见大样
景观灯详见大样
福鼎黑光面（300X300X30）
福鼎黑光面（300X300X30）
青石板汀步
地下人行出入口
灰色透水砖席铺

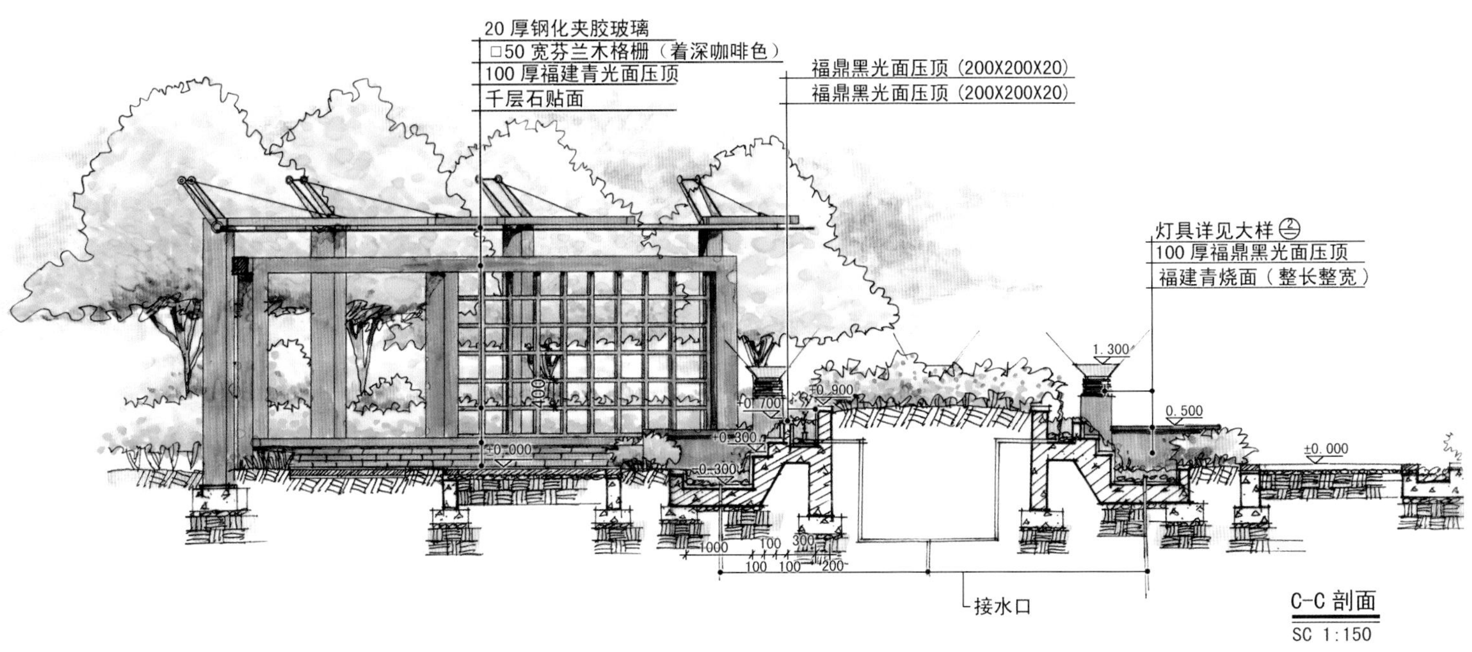
20 厚钢化夹胶玻璃
□50 宽芬兰木格栅（着深咖啡色）
100 厚福建青光面压顶
千层石贴面
福鼎黑光面压顶（200X200X20）
福鼎黑光面压顶（200X200X20）
灯具详见大样
100 厚福鼎黑光面压顶
福建青烧面（整长整宽）
1.300
0.500
±0.000
接水口

C-C 剖面

SC 1:150

剖面图 A-A

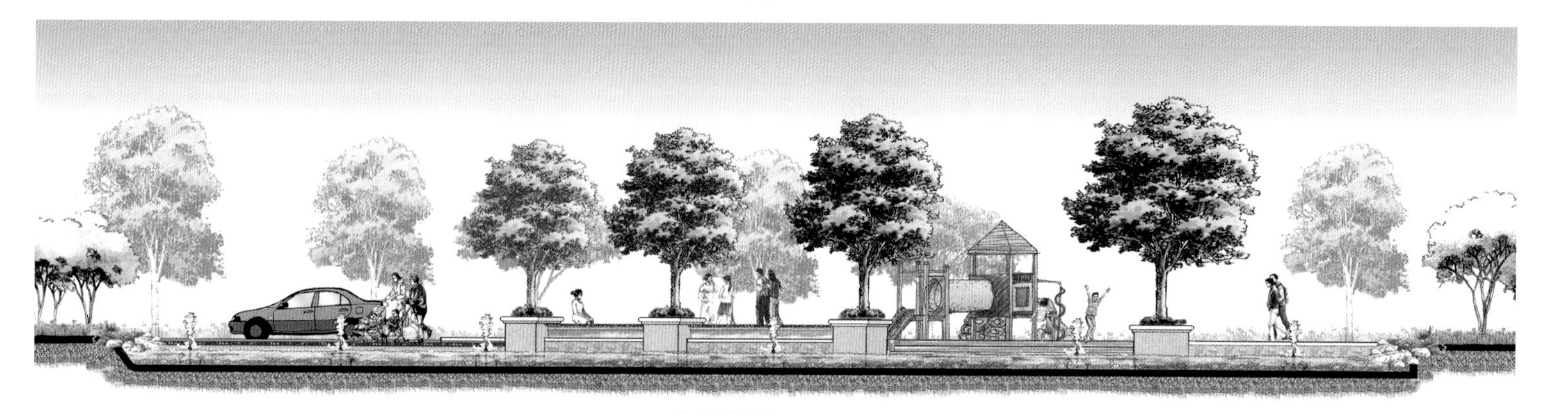

剖面图 B-B

剖面图 C-C

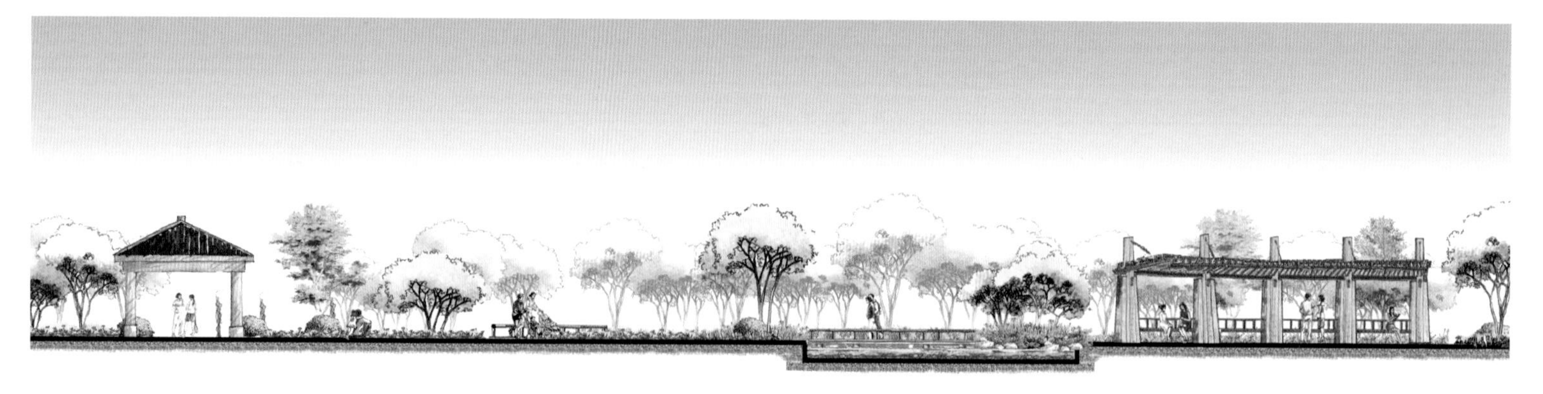

剖面图 D-D

剖面图 E-E

剖面图 F-F

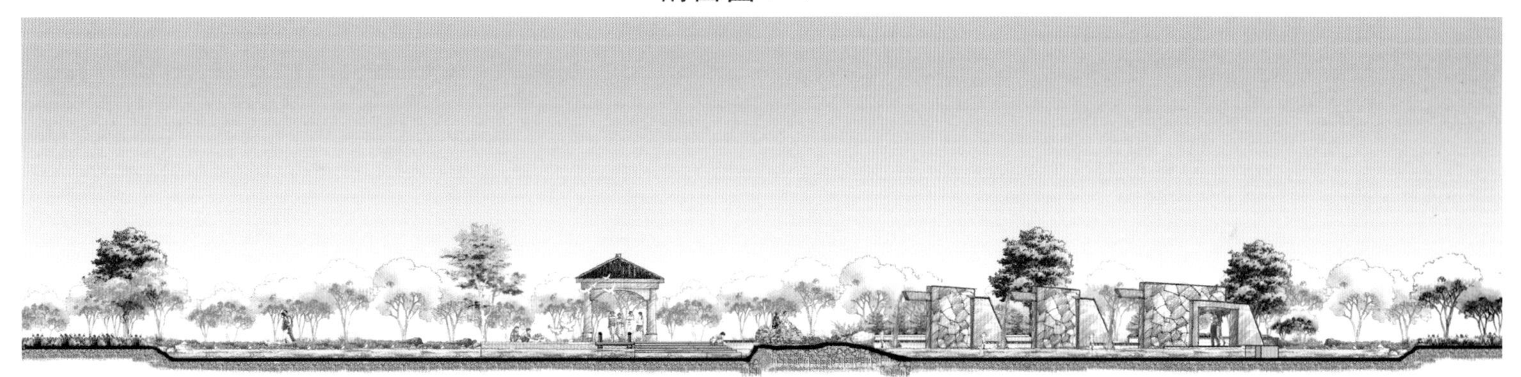

剖面图 H-H

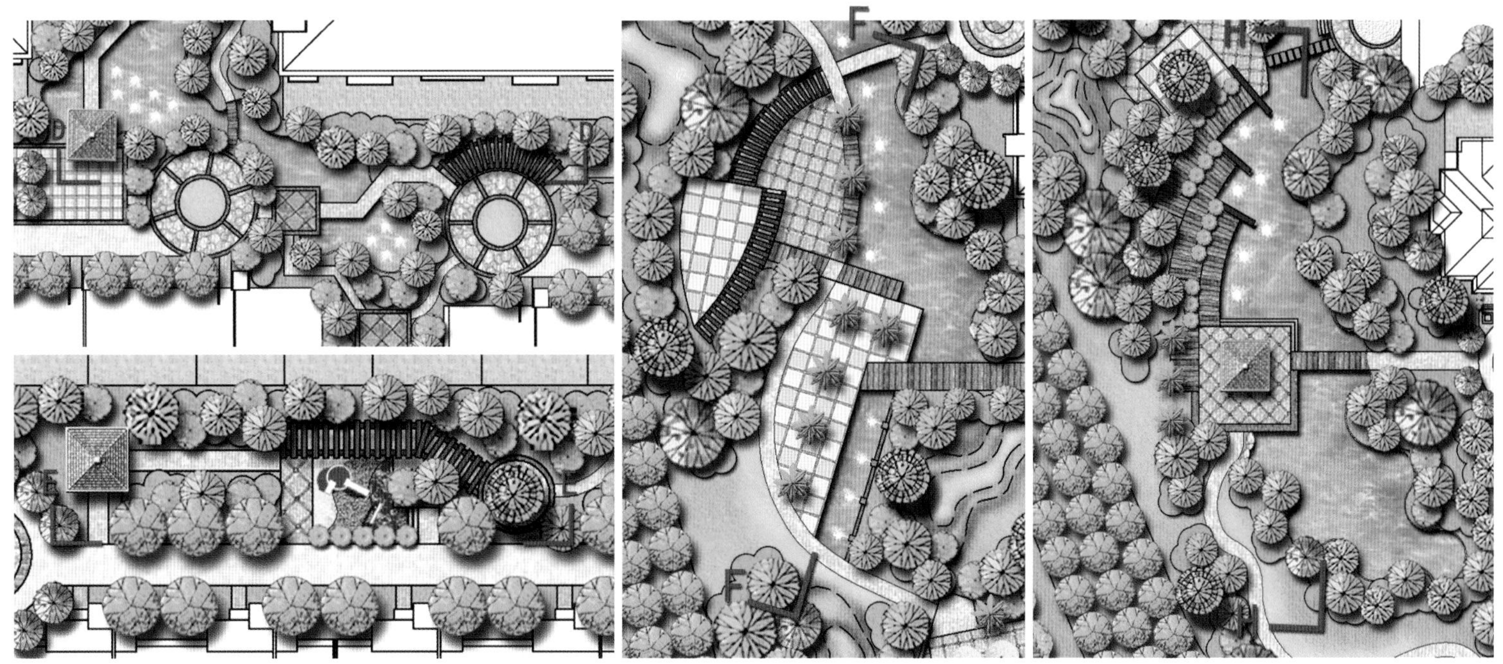

中心水景平面扩初

SC 1:200

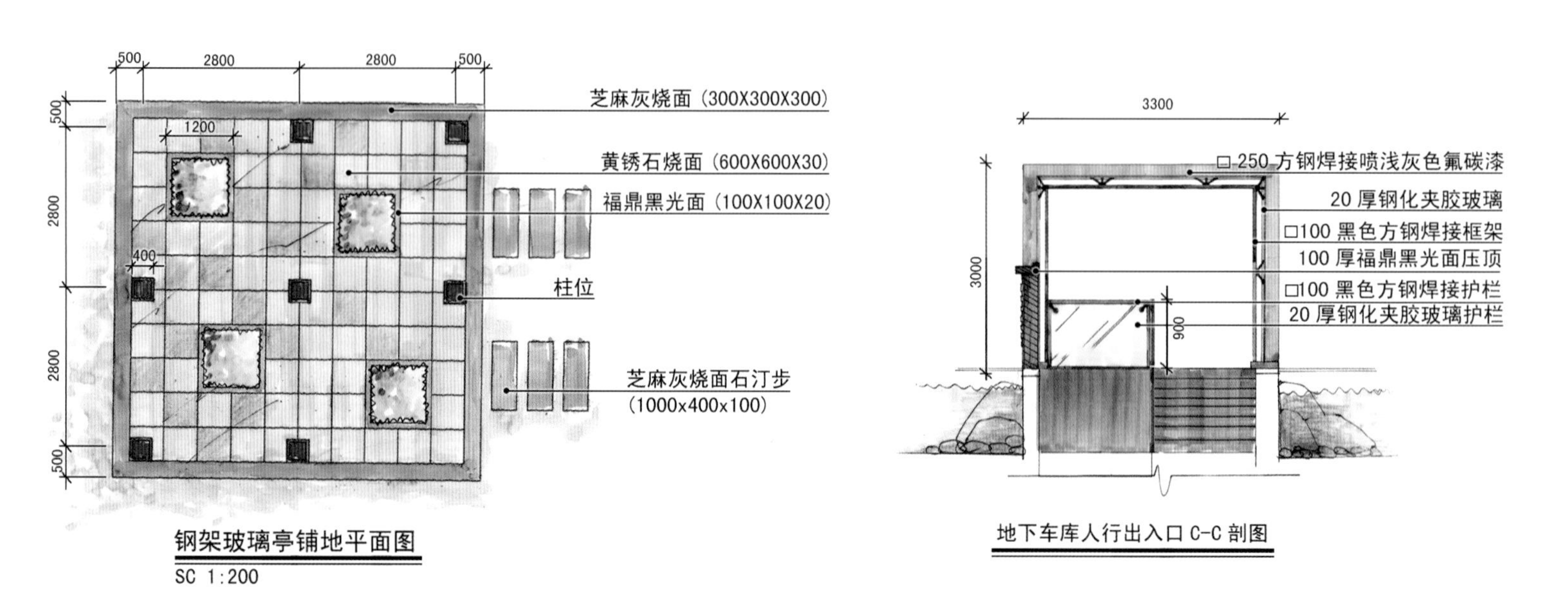

钢架玻璃亭铺地平面图

SC 1:200

地下车库人行出入口 C-C 剖图

C-C 剖面图

D-D 剖面图

E-E 剖面图

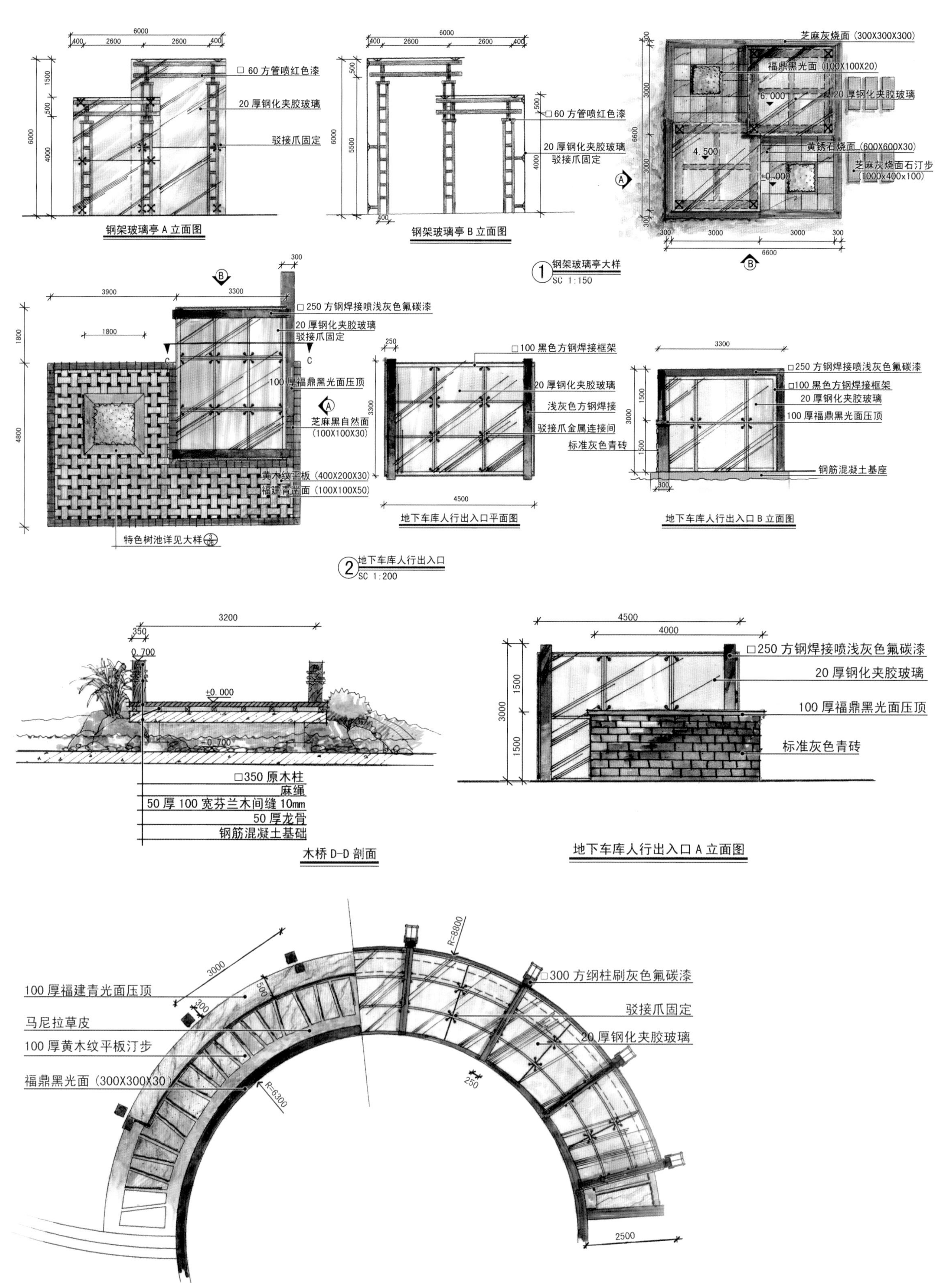

□60 方管喷红色漆
20 厚钢化夹胶玻璃
驳接爪固定
钢架玻璃亭 A 立面图
钢架玻璃亭 B 立面图
芝麻灰烧面（300X300X300）
福鼎黑光面（100X100X20）
20 厚钢化夹胶玻璃
黄锈石烧面（600X600X30）
芝麻灰烧面石汀步（1000x400x100）
钢架玻璃亭大样
SC 1:150
□250 方钢焊接喷浅灰色氟碳漆
20 厚钢化夹胶玻璃
驳接爪固定
100 厚福鼎黑光面压顶
芝麻黑自然面（100X100X30）
黄木纹平板（400X200X30）
福建青面（100X100X50）
特色树池详见大样
□100 黑色方钢焊接框架
浅灰色方钢焊接
驳接爪金属连接间
标准灰色青砖
地下车库人行出入口平面图
钢筋混凝土基座
地下车库人行出入口 B 立面图
地下车库人行出入口
SC 1:200
□350 原木柱
麻绳
50 厚 100 宽芬兰木间缝 10mm
50 厚龙骨
钢筋混凝土基础
木桥 D-D 剖面
地下车库人行出入口 A 立面图
100 厚福建青光面压顶
马尼拉草皮
100 厚黄木纹平板汀步
福鼎黑光面（300X300X30）
□300 方纲柱刷灰色氟碳漆

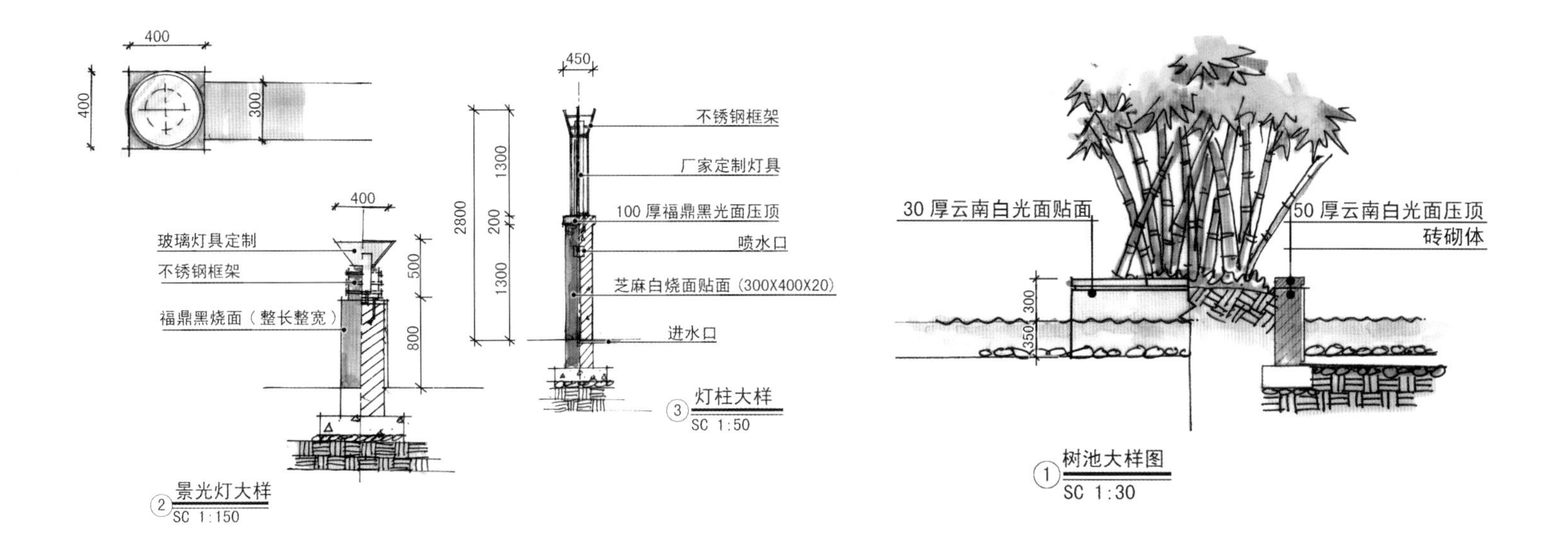

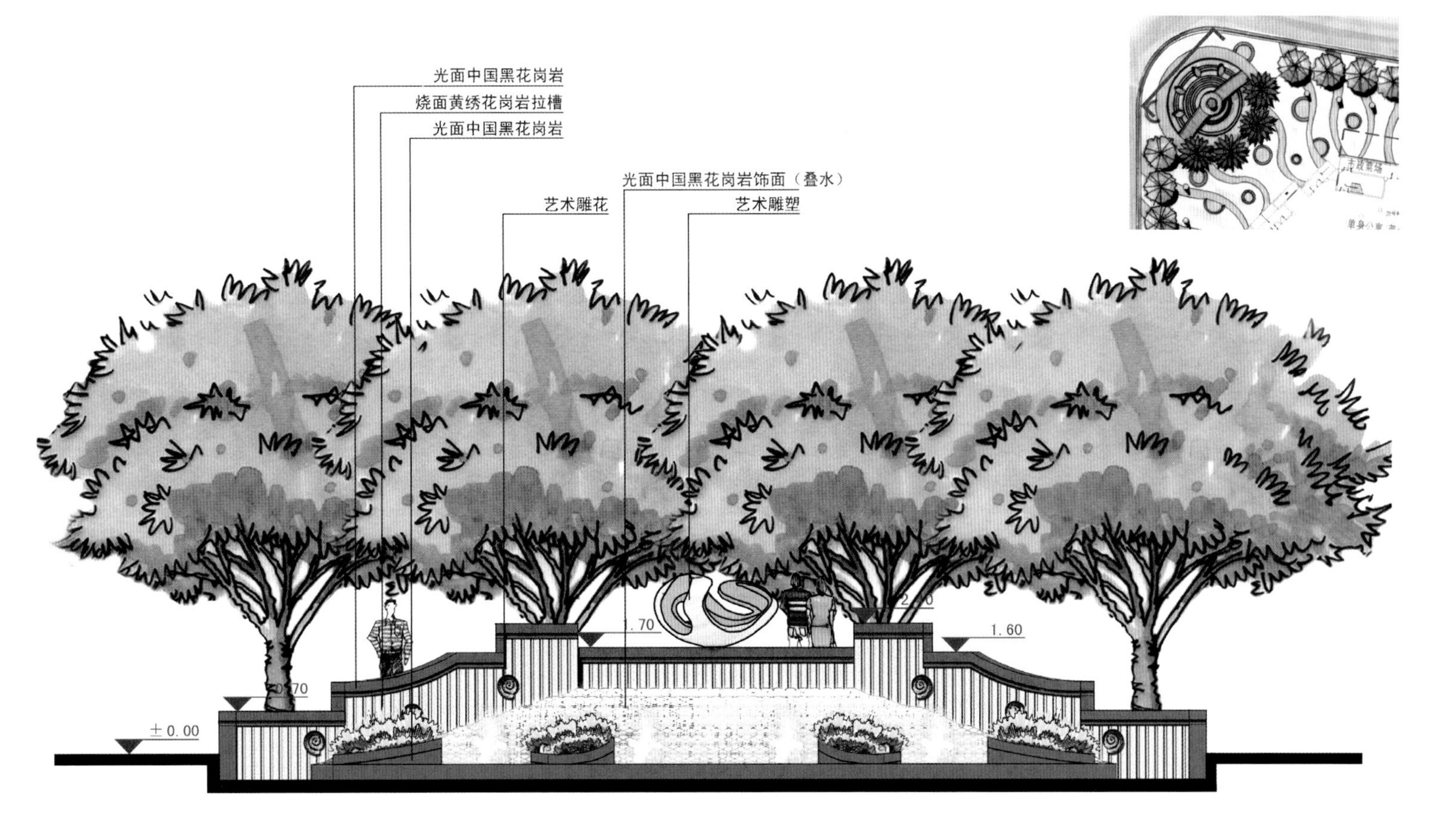

商业街叠水景观桥立面图

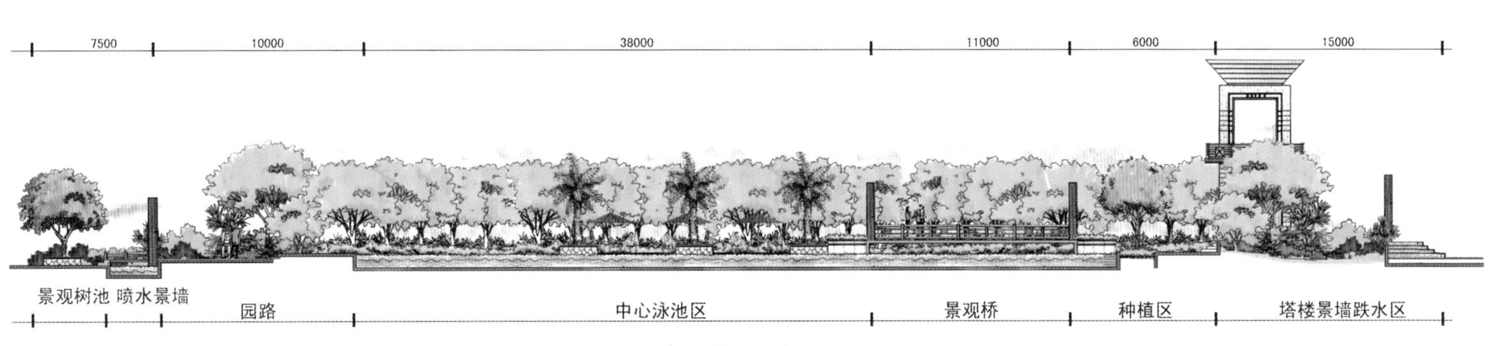

A中心景观区剖面图

4.50
3.20
0.45
±0.00（水面）
−0.80（水底）

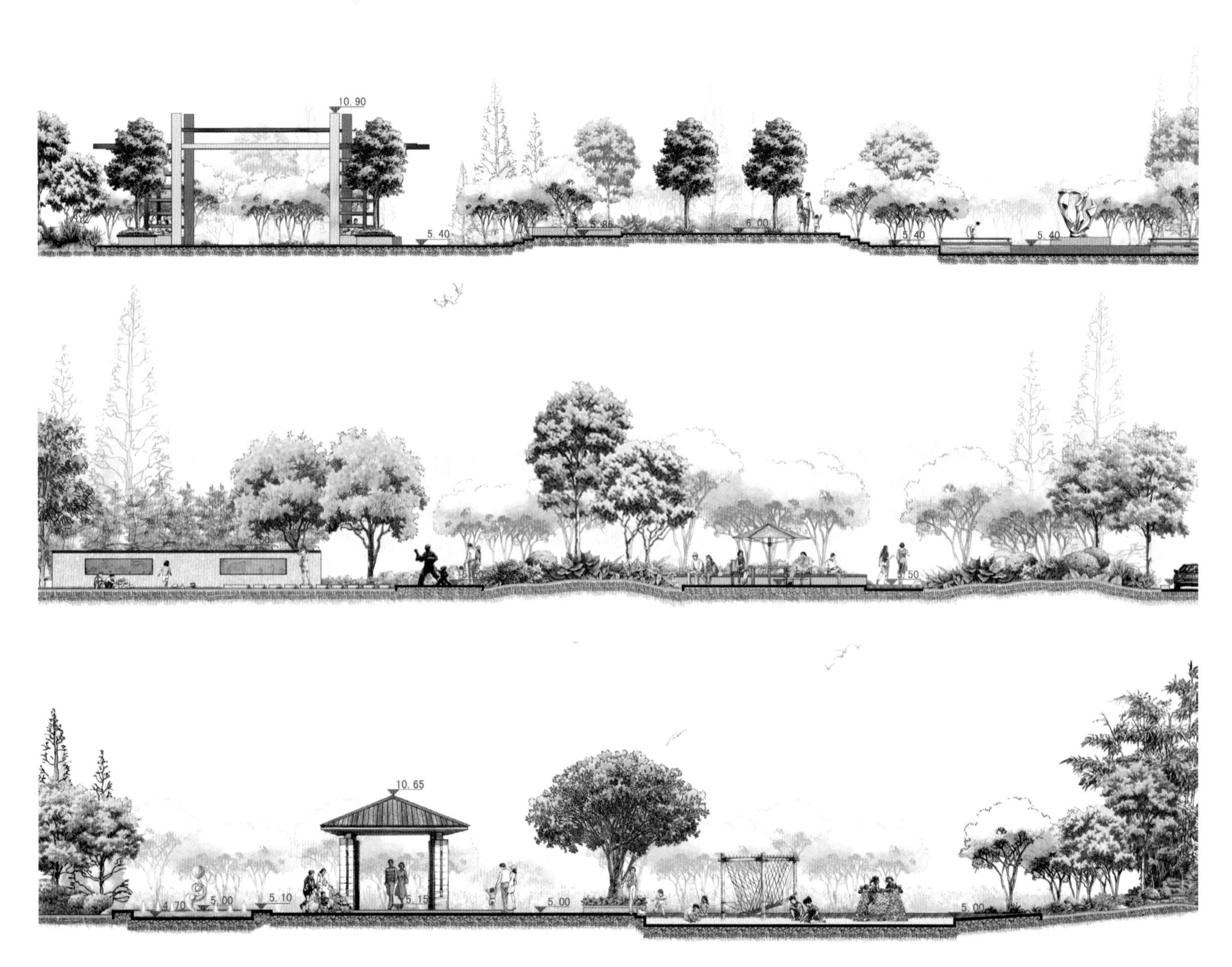
10.90
5.40
5.85
6.00
5.40
5.40
10.65
4.70
5.00
5.10
5.15
5.00
5.00

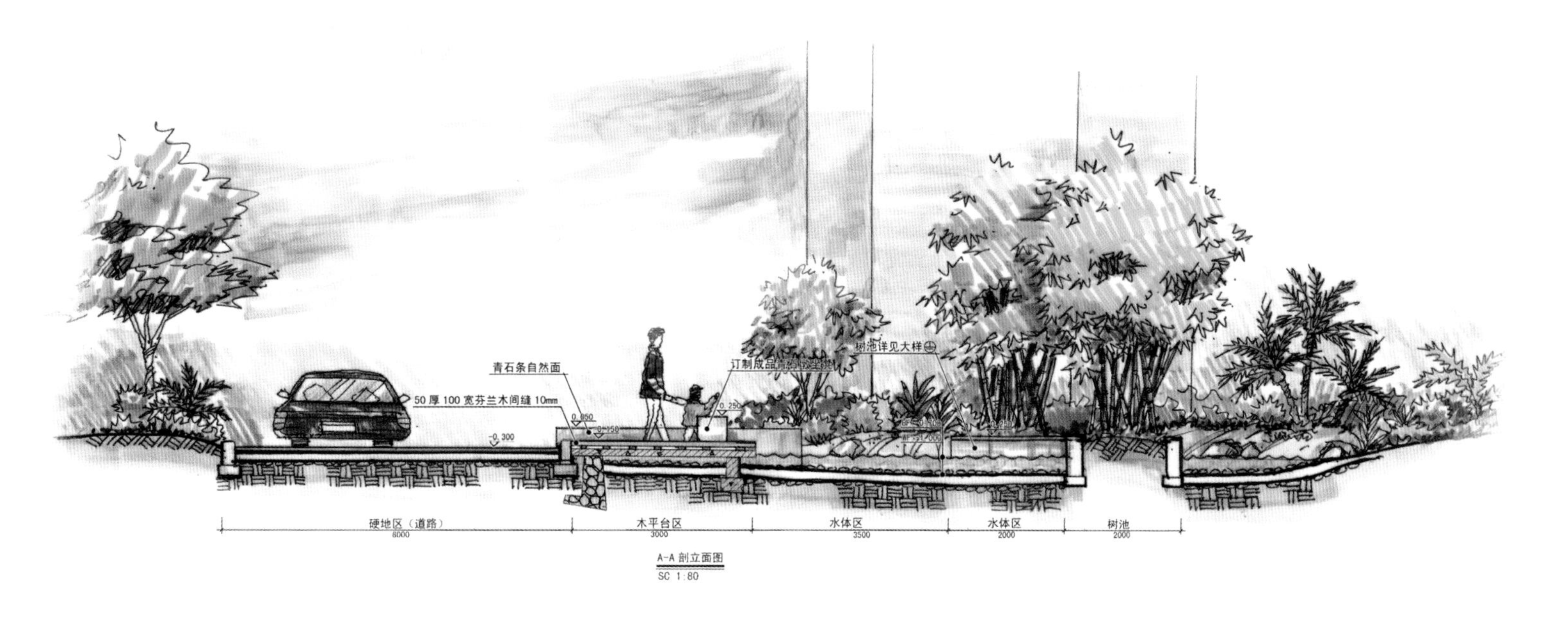
青石条自然面
50 厚 100 宽芬兰木间缝 10mm
0.050
-0.150
-0.300
0.250
树池详见大样
硬地区（道路）
6000
木平台区
3000
水体区
3500
水体区
2000
树池
2000
A-A 剖立面图
SC 1:80

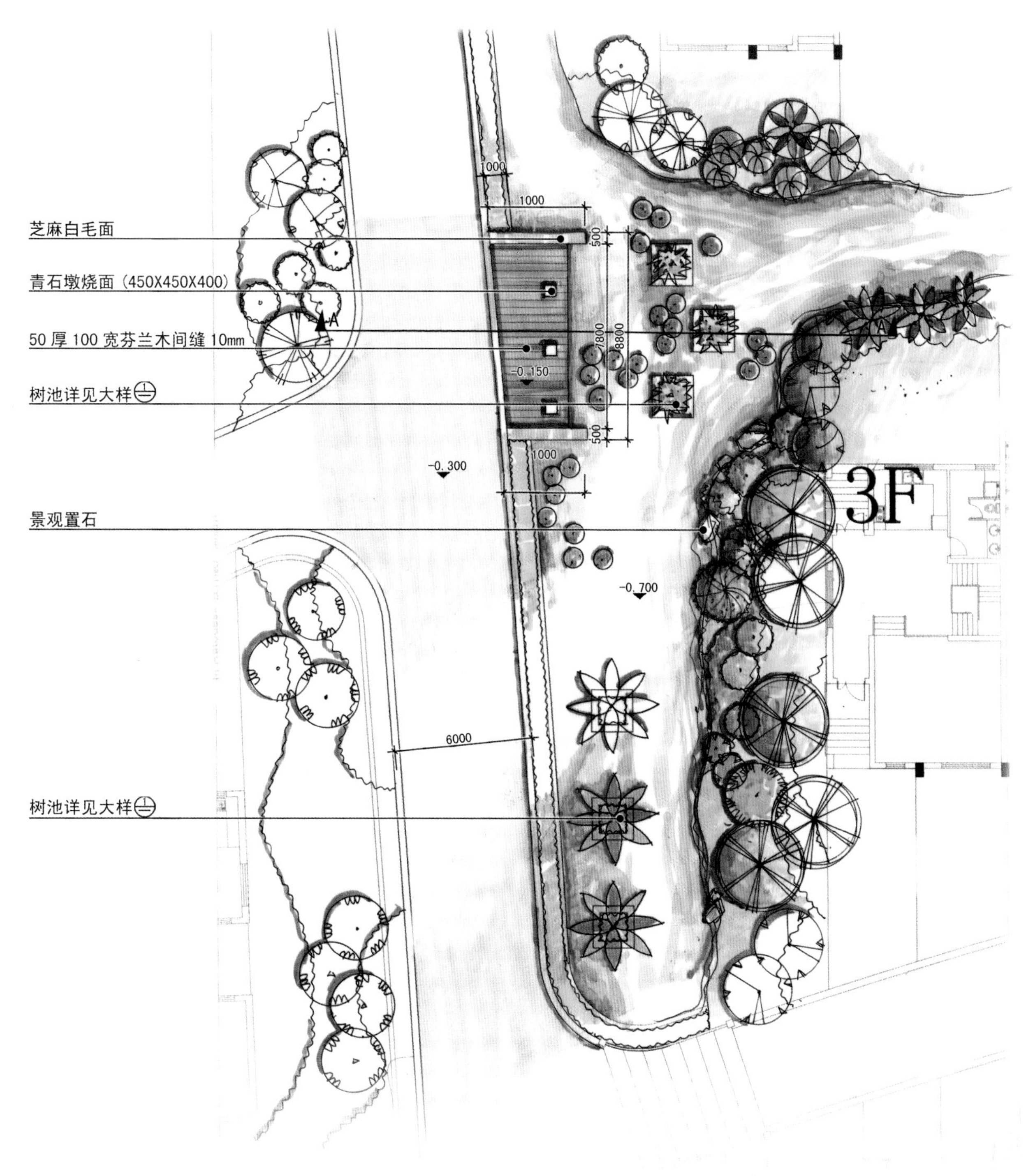
芝麻白毛面
青石墩烧面（450X450X400）
50 厚 100 宽芬兰木间缝 10mm
树池详见大样
景观置石
树池详见大样
1000
1000
500
7800
8800
-0.150
500
1000
-0.300
3F
-0.700
6000
A
A

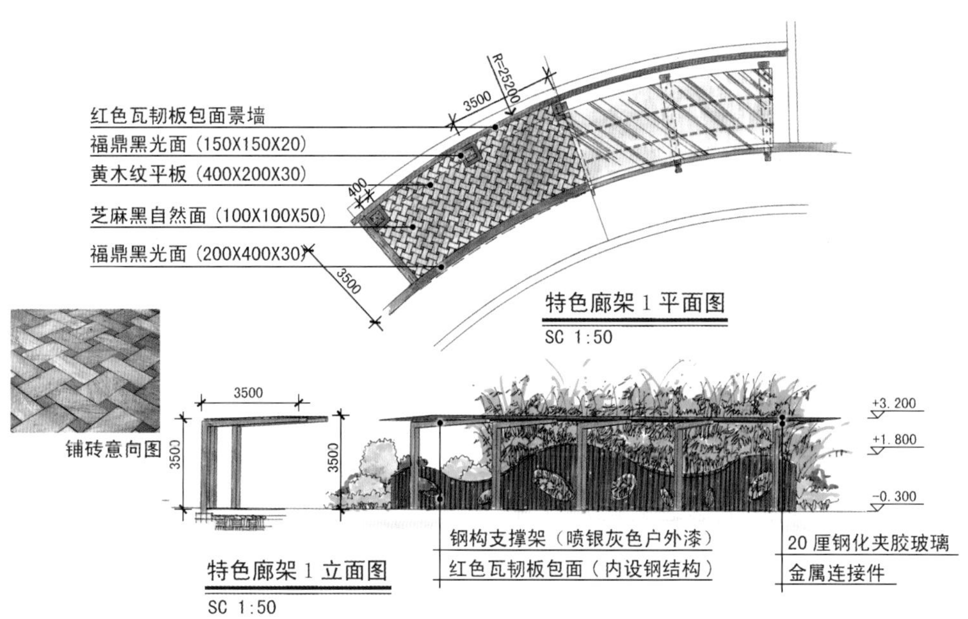
红色瓦韧板包面景墙
福鼎黑光面（150X150X20）
黄木纹平板（400X200X30）
芝麻黑自然面（100X100X50）
福鼎黑光面（200X400X30）
R=25200
3500
400
3500
特色廊架 1 平面图
SC 1:50
铺砖意向图
3500
3500
3500
+3.200
+1.800
-0.300
钢构支撑架（喷银灰色户外漆）
红色瓦韧板包面（内设钢结构）
20 厘钢化夹胶玻璃
金属连接件
特色廊架 1 立面图
SC 1:50

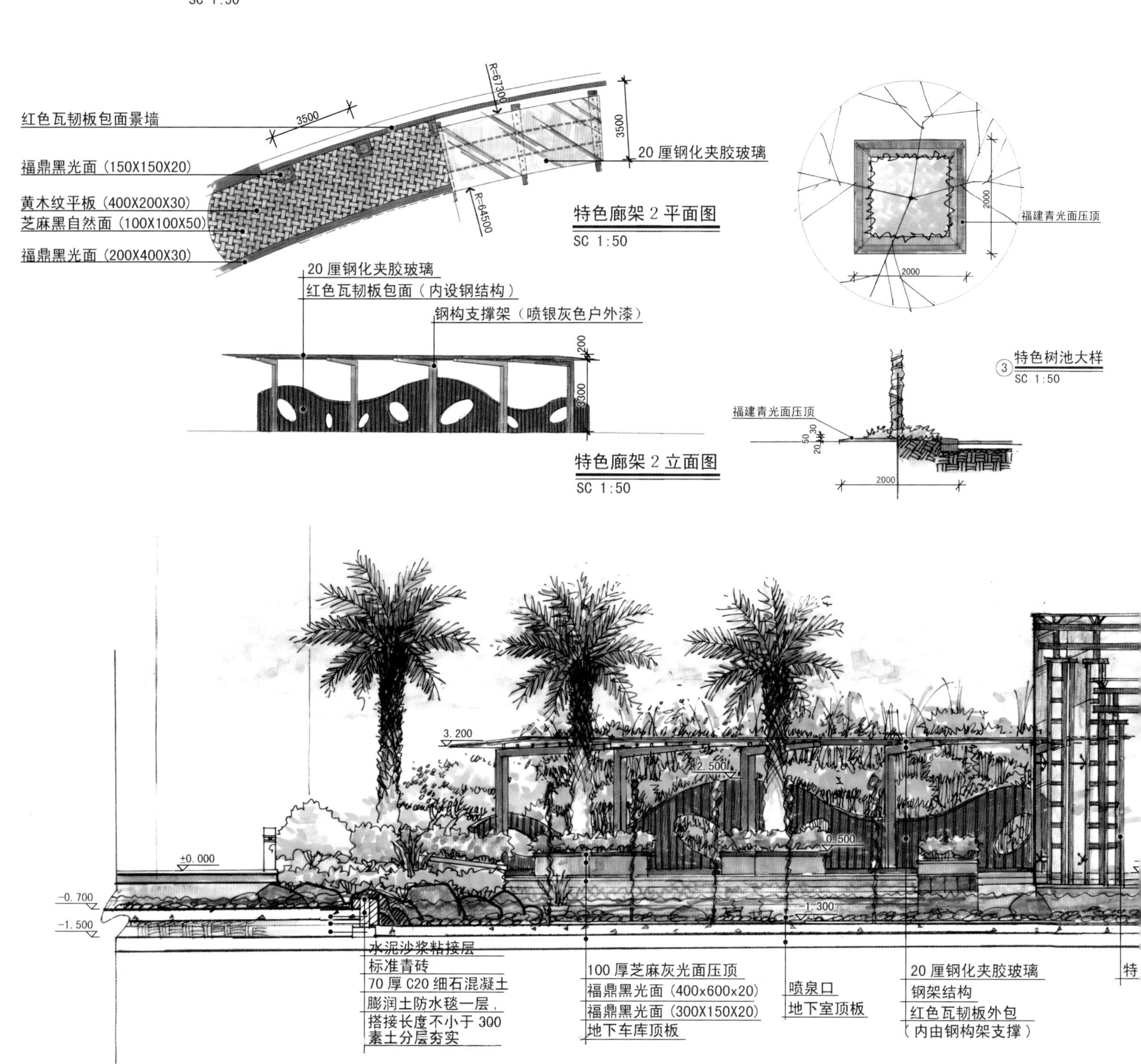
红色瓦韧板包面景墙
福鼎黑光面（150X150X20）
黄木纹平板（400X200X30）
芝麻黑自然面（100X100X50）
福鼎黑光面（200X400X30）
3500
R=67300
R=64500
3500
20 厘钢化夹胶玻璃
特色廊架 2 平面图
SC 1:50
2000
2000
福建青光面压顶
20 厘钢化夹胶玻璃
红色瓦韧板包面（内设钢结构）
钢构支撑架（喷银灰色户外漆）
200
3300
特色廊架 2 立面图
SC 1:50
③ 特色树池大样
SC 1:50
福建青光面压顶
50
30
20
2000
3.200
2.500
0.500
±0.000
-0.700
-1.500
-1.300
水泥沙浆粘接层
标准青砖
70 厚 C20 细石混凝土
膨润土防水毯一层，
搭接长度不小于 300
素土分层夯实
100 厚芝麻灰光面压顶
福鼎黑光面（400x600x20）
福鼎黑光面（300X150X20）
地下车库顶板
喷泉口
地下室顶板
20 厘钢化夹胶玻璃
钢架结构
红色瓦韧板外包
（内由钢构架支撑）
特

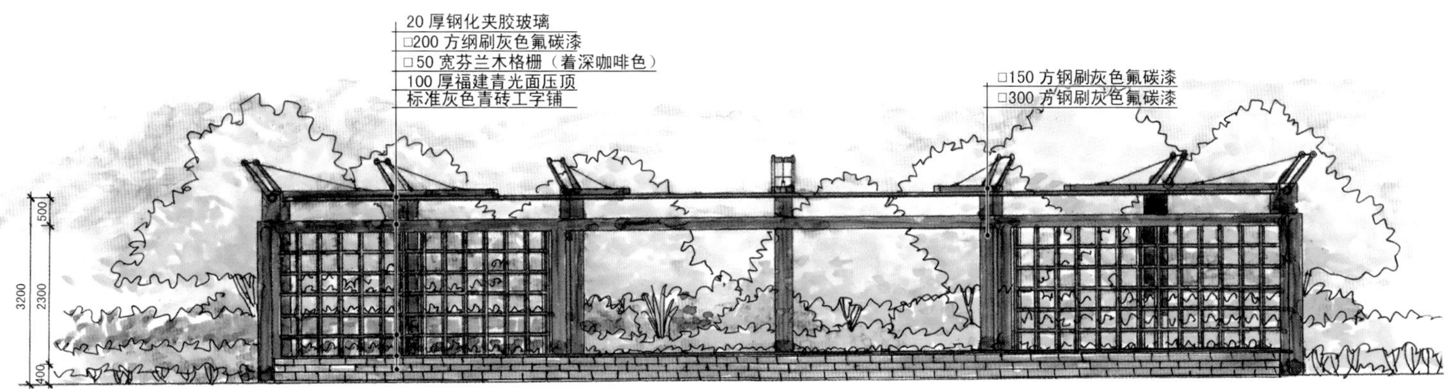

① 叠绿香洲廊柱大样
SC 1:150

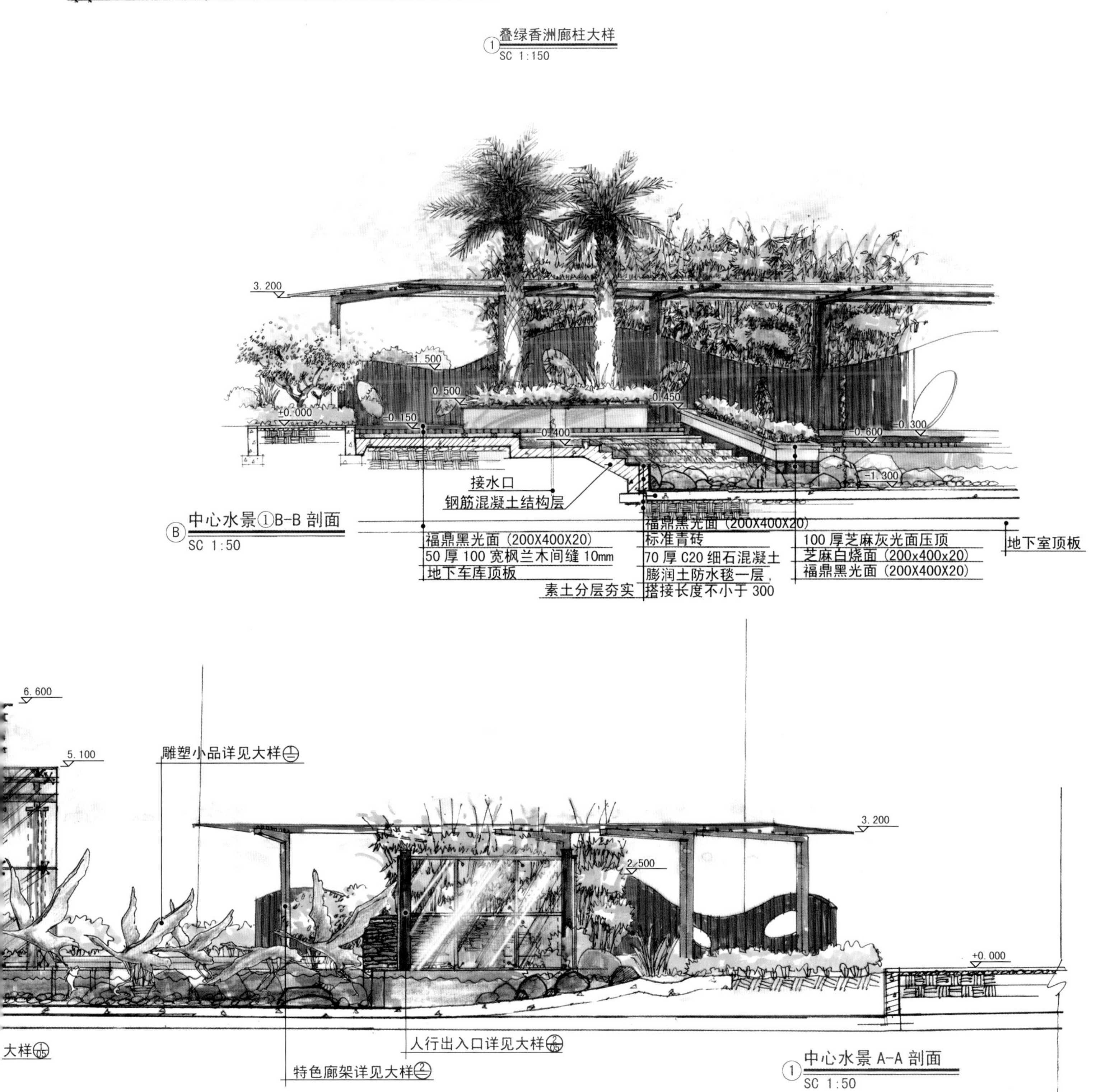

Ⓑ 中心水景①B-B 剖面
SC 1:50

① 中心水景 A-A 剖面
SC 1:50

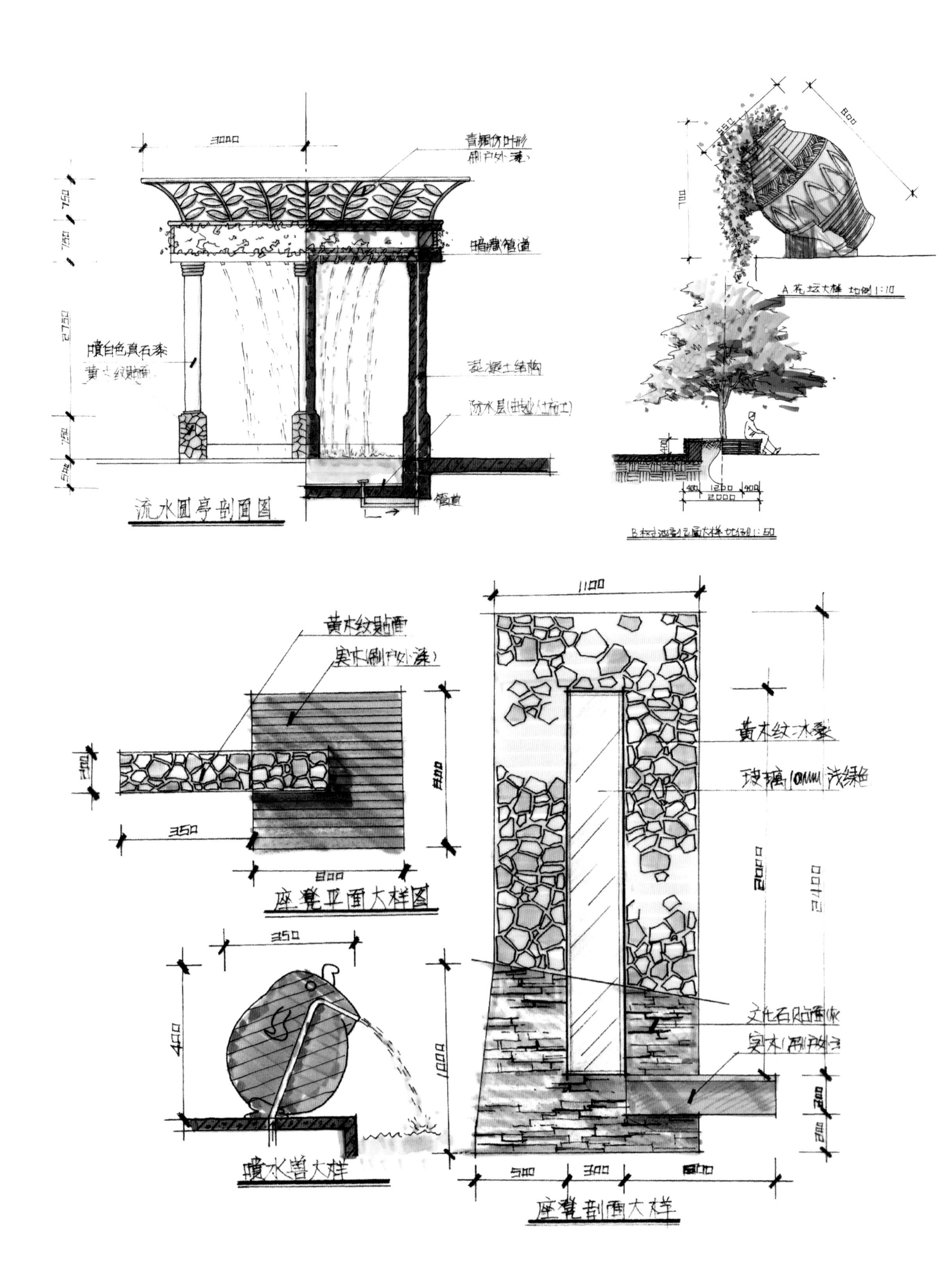

3000
青铜仿叶形
刷户外漆
暗藏管道
喷白色真石漆
混凝土结构
管道
流水圆亭剖面图
A花坛大样 比例1:10
1200
2000
黄木纹贴面
实木(刷户外漆)
350
800
座凳平面大样图
1100
350
400
1000
2000
喷水兽大样
500
300
600
座凳剖面大样

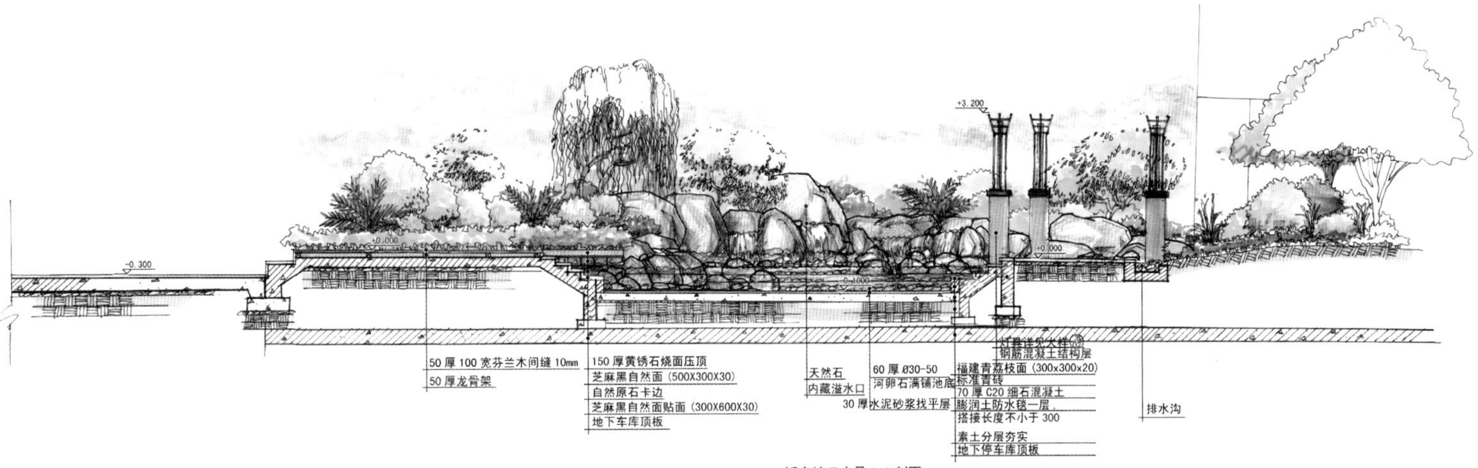

浮岛流云水景 A-A 剖面
SC 1:50

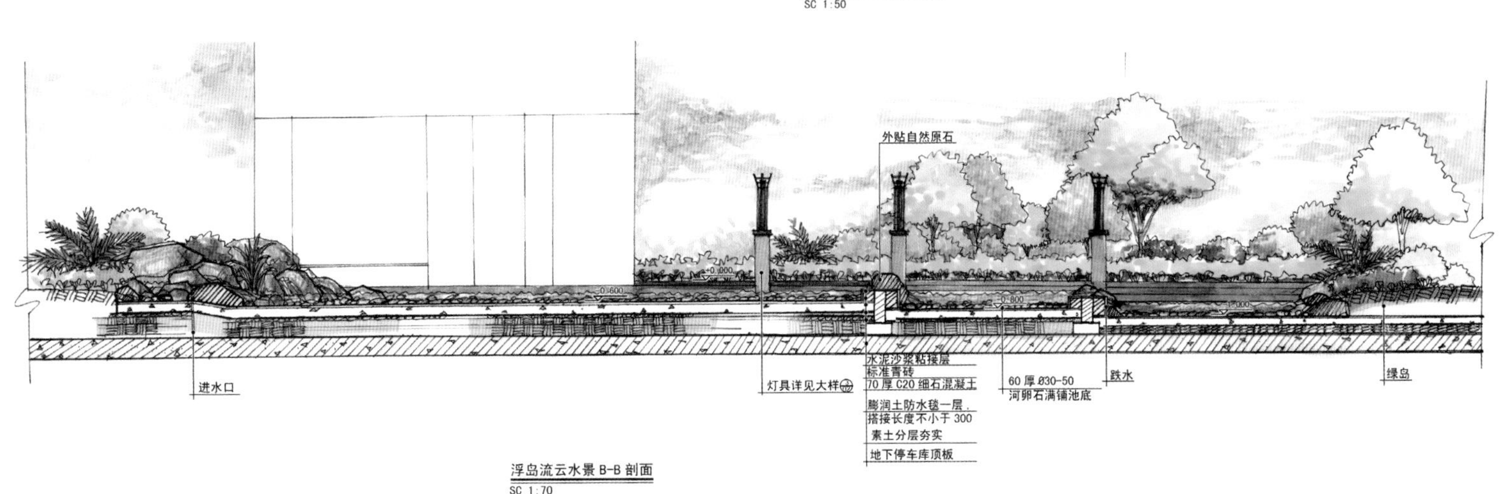

浮岛流云水景 B-B 剖面
SC 1:70

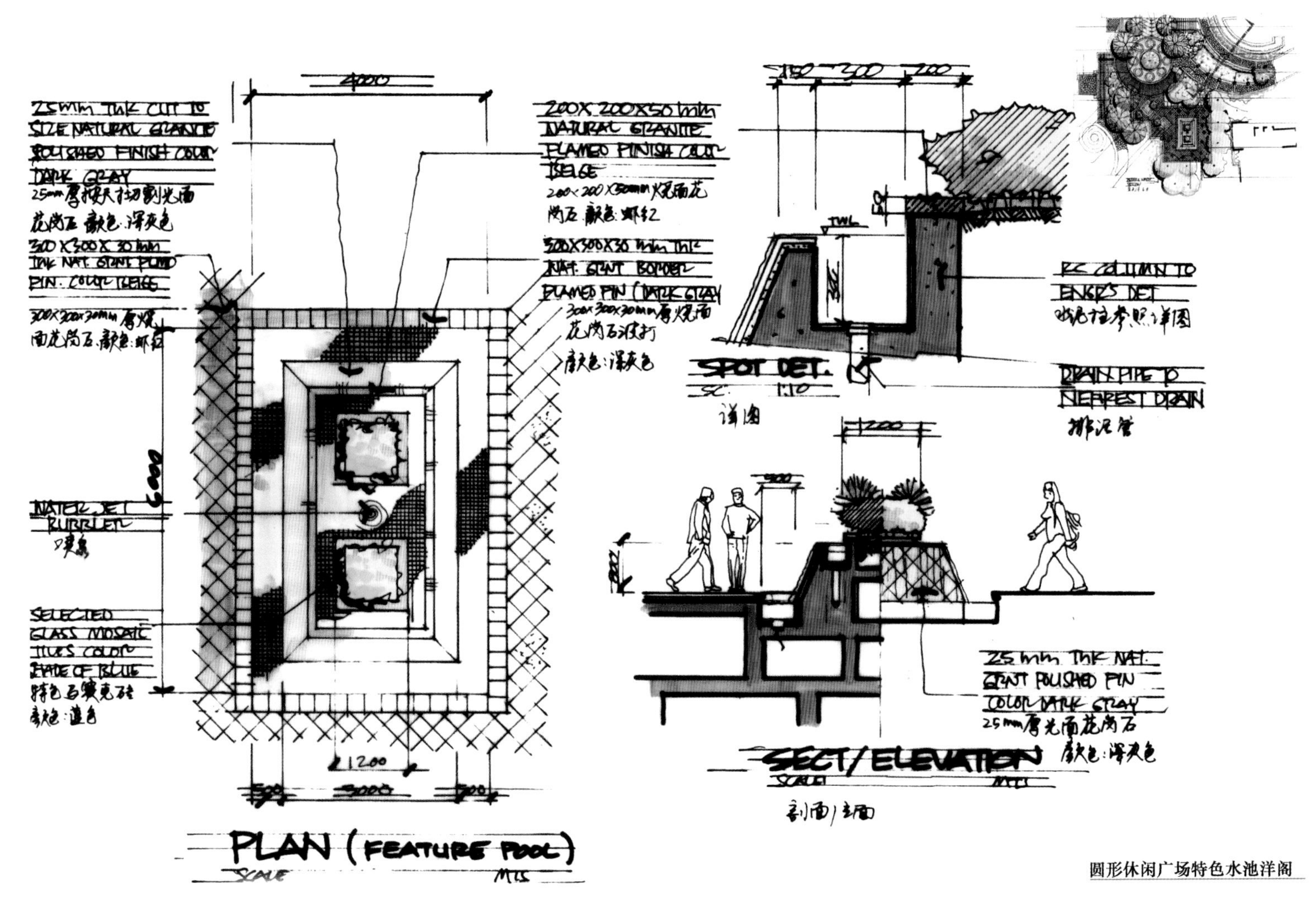

圆形休闲广场特色水池洋阁

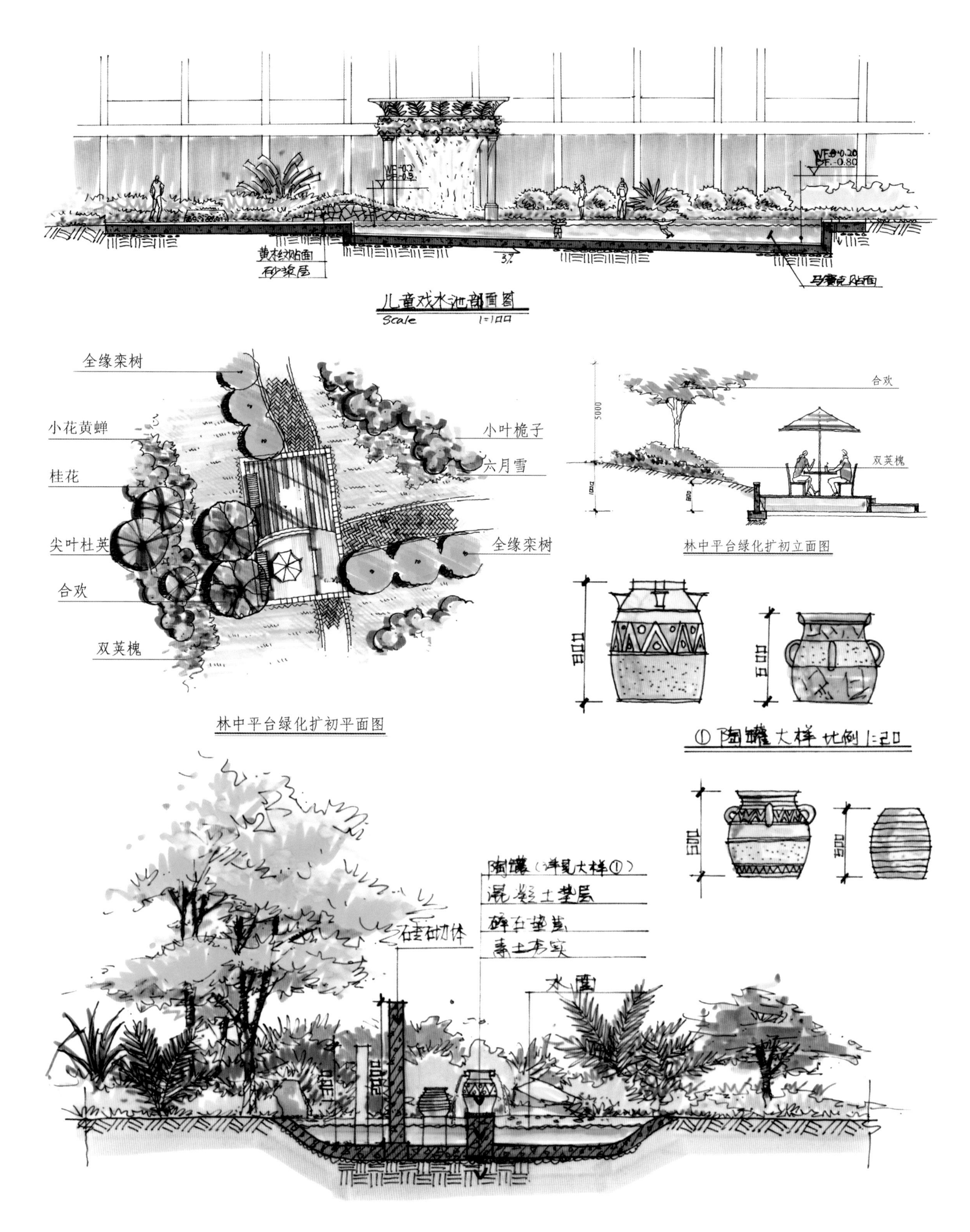
WF.-0.2
BF.-0.3
WF.-0.20
BF.-0.80
黄木纹贴面
砂浆层
3%
马赛克贴面
儿童戏水池剖面图
Scale 1:100
全缘栾树
小花黄蝉
桂花
尖叶杜英
合欢
双英槐
小叶桅子
六月雪
全缘栾树
林中平台绿化扩初平面图
合欢
5000
双英槐
林中平台绿化扩初立面图
① 陶罐大样 比例1:20
陶罐（详见大样①）
混凝土垫层
碎石垫基
素土夯实
砖砌体
水面
A~A剖面图 比例1:50

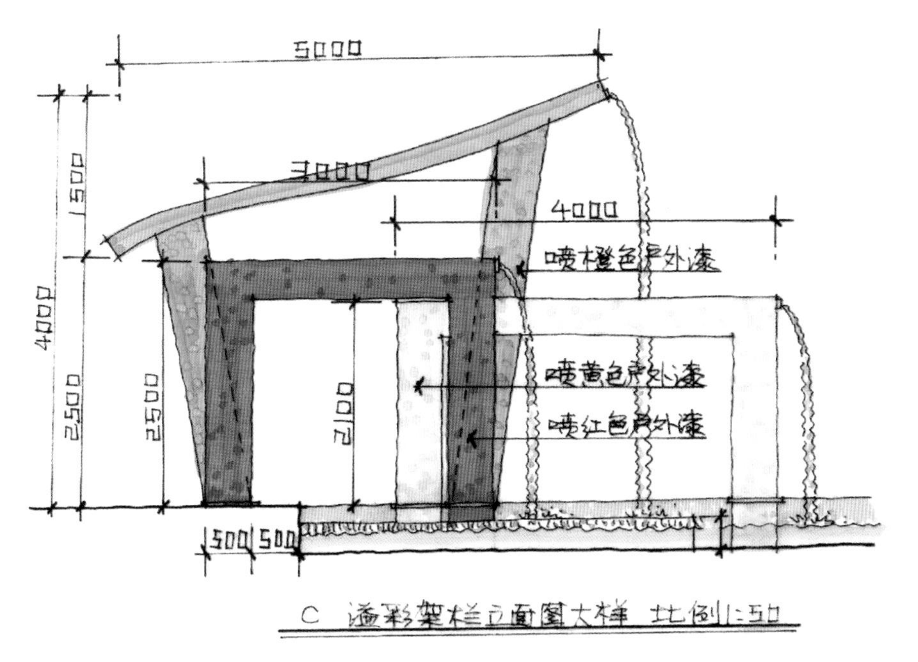

C 溢彩架栏立面图大样 比例1:50

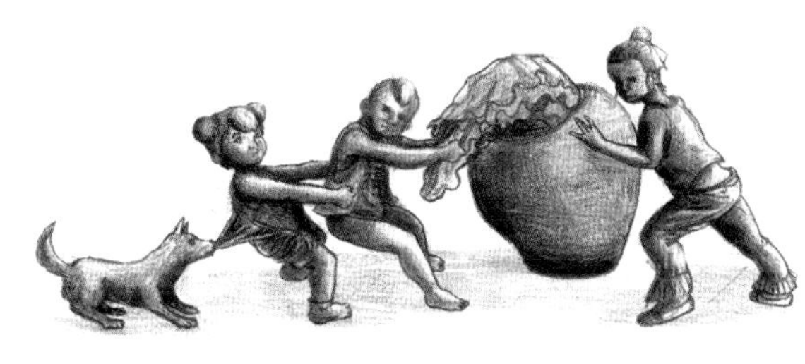

H 雕塑小品大样图

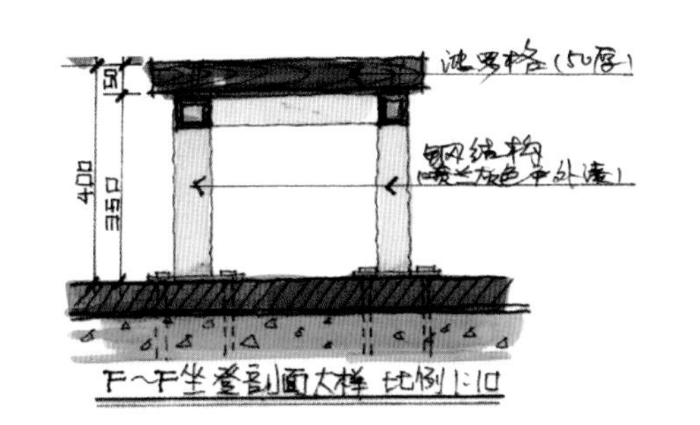

F~F 坐凳剖面大样 比例1:10

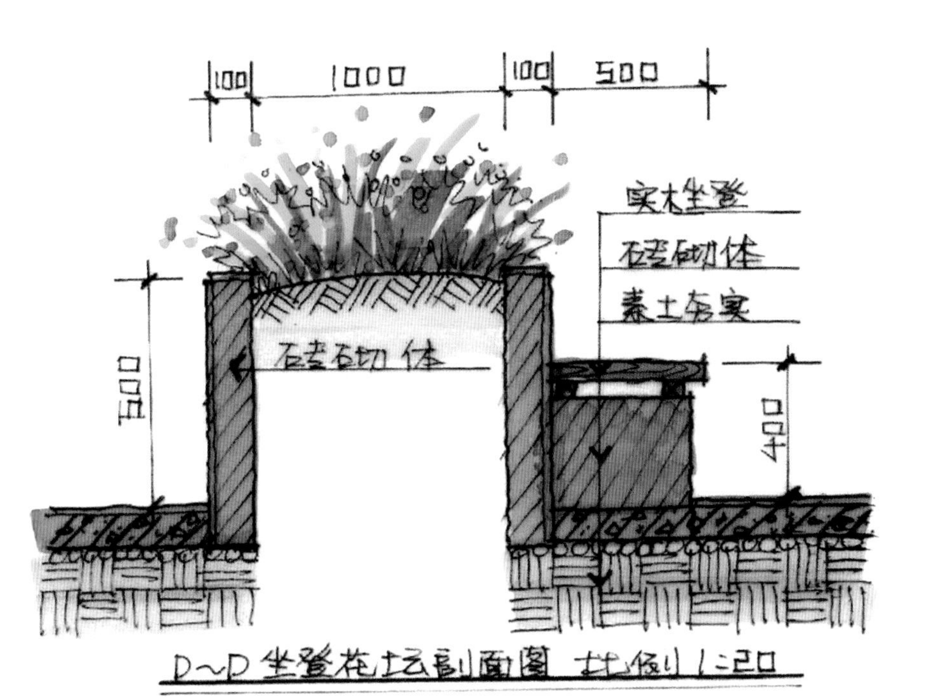

D~D 坐凳花坛剖面图 比例1:20

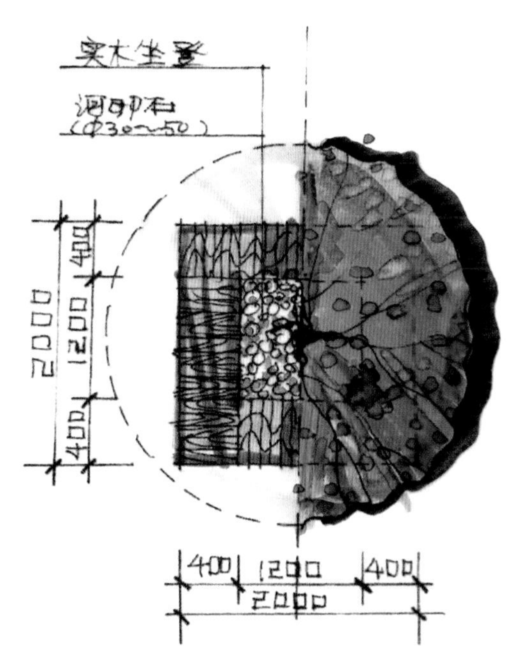

B 树池平面大样 比例1:50

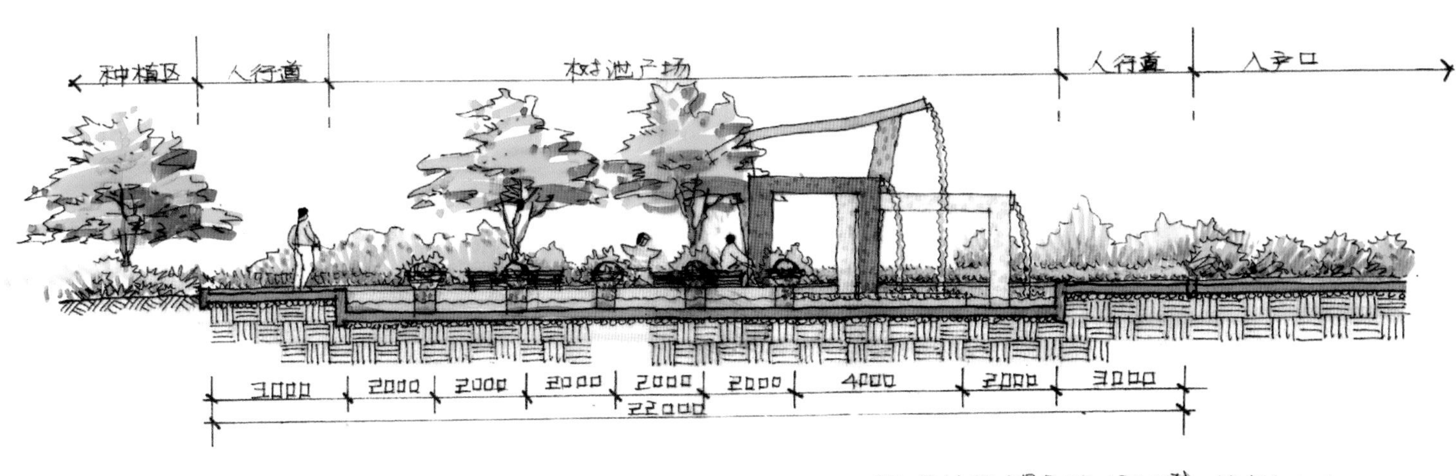

E~E 休闲水景剖面扩初图 比例1:100

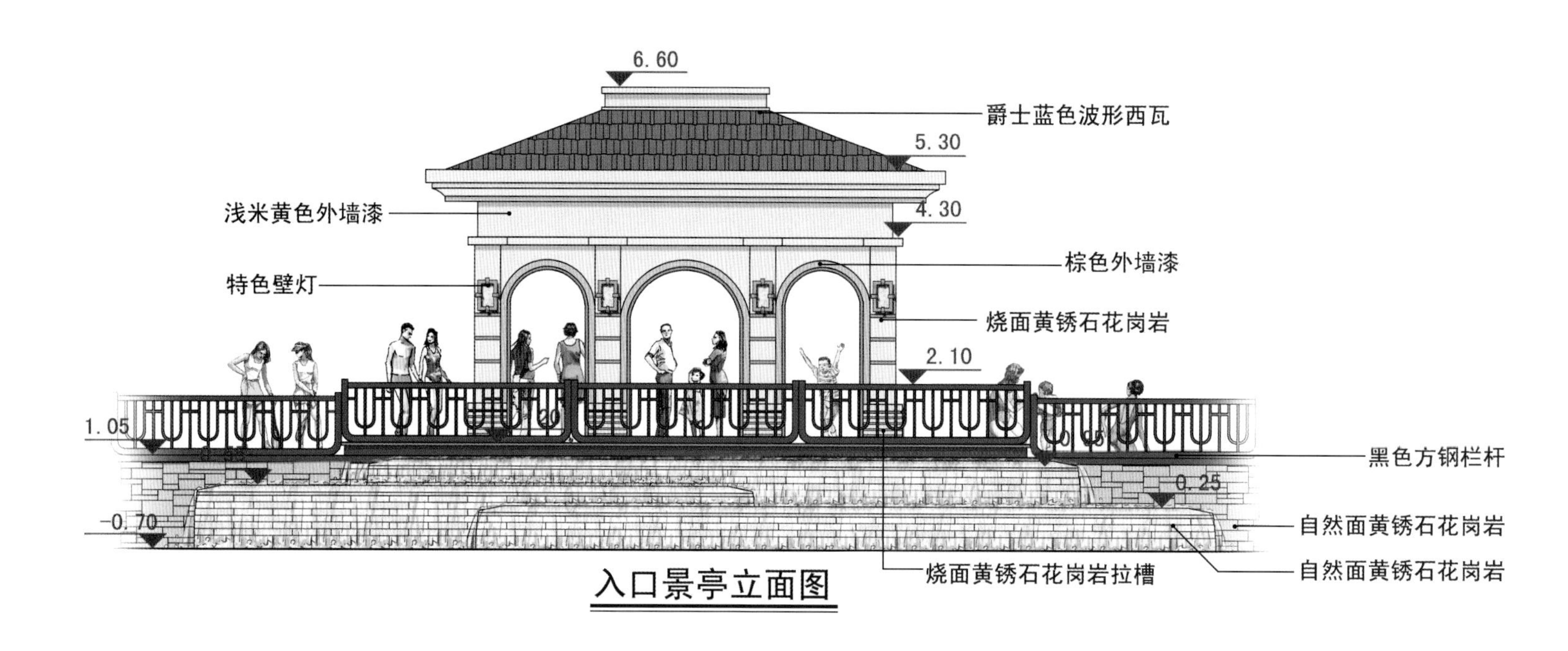

入口景亭立面图

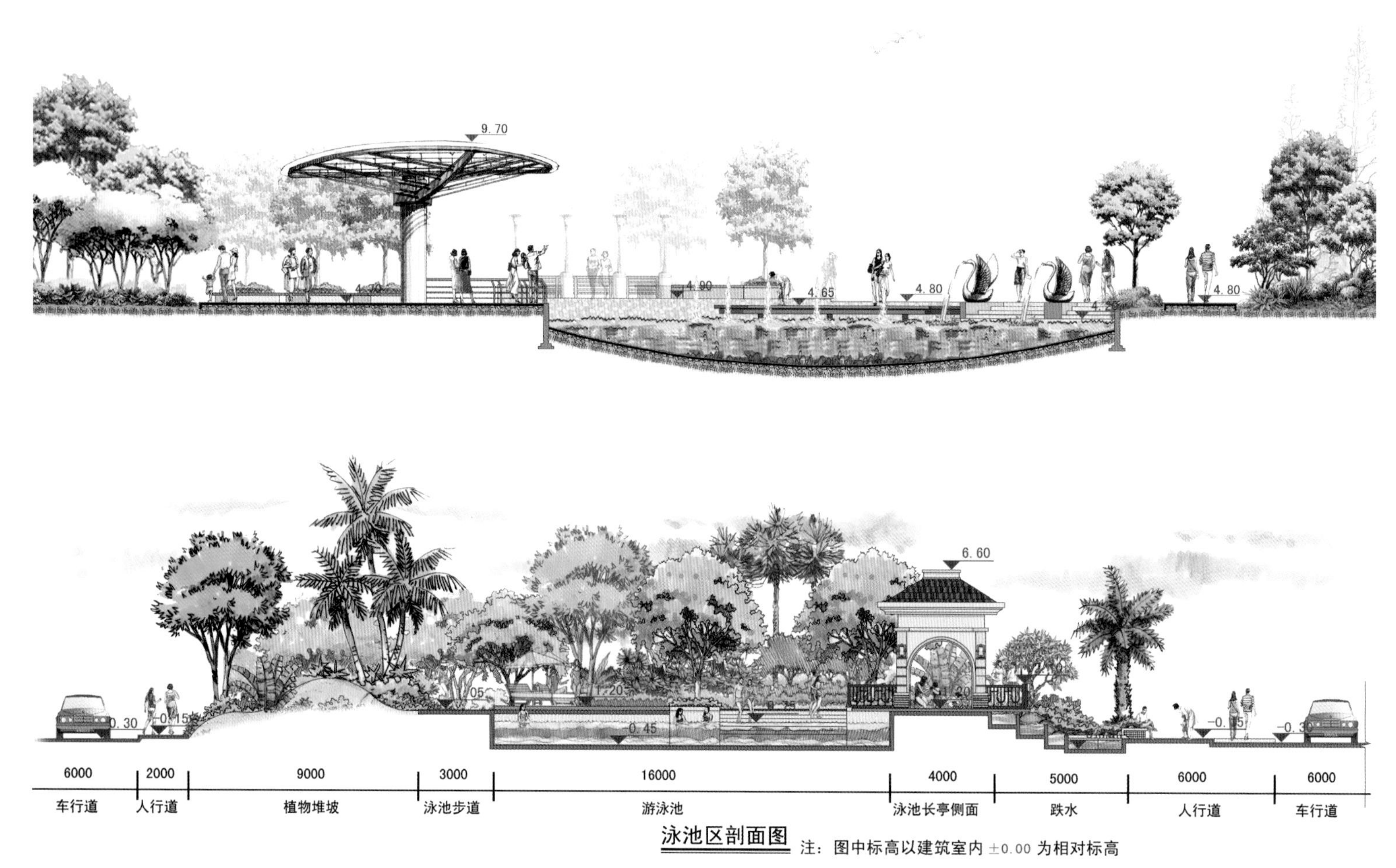

泳池区剖面图 注：图中标高以建筑室内 ±0.00 为相对标高

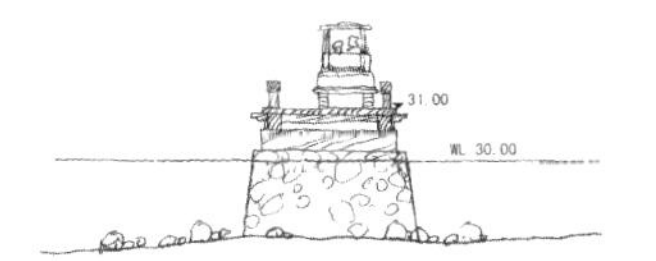

高尔夫桥断面图 1:100

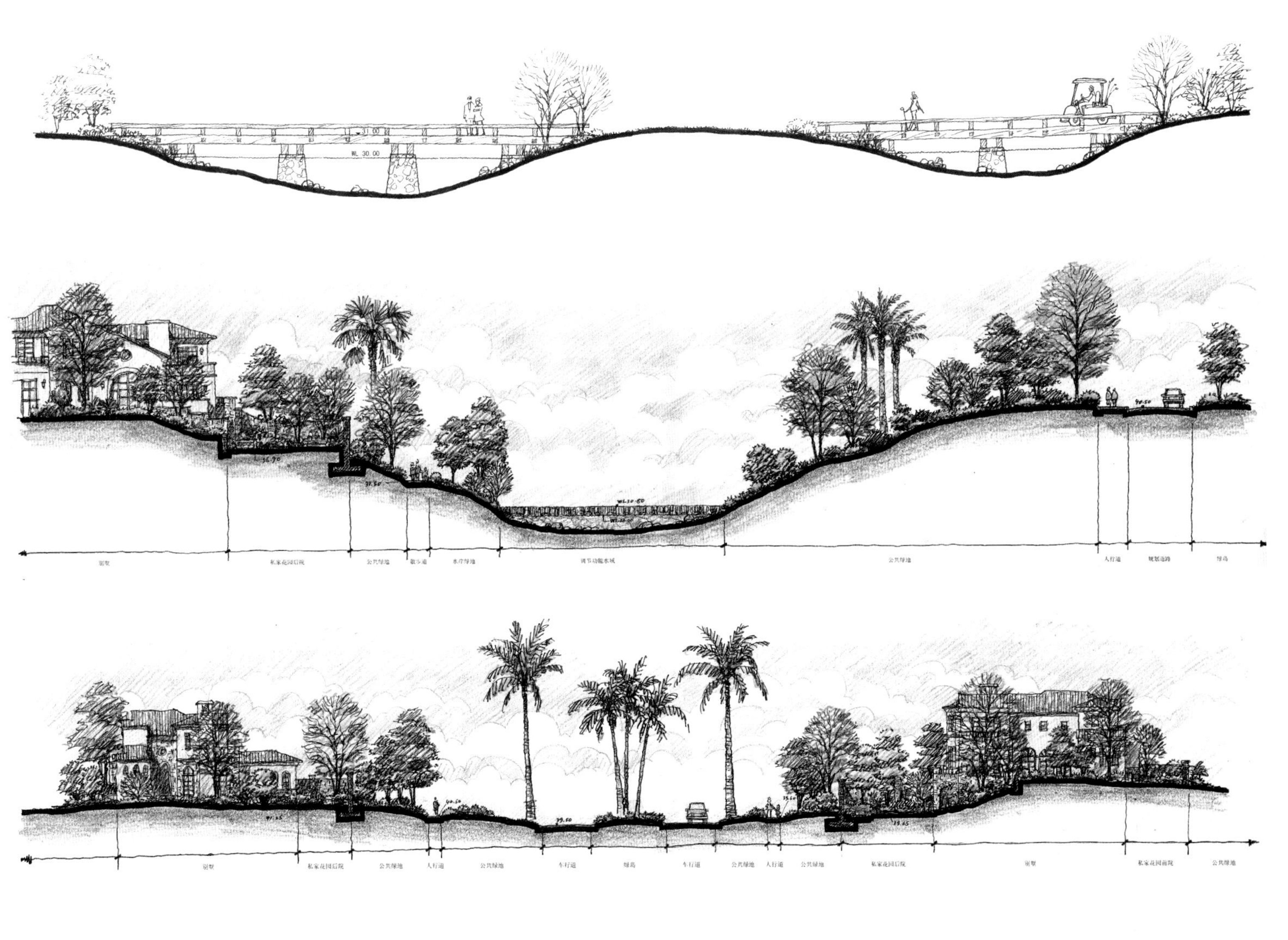

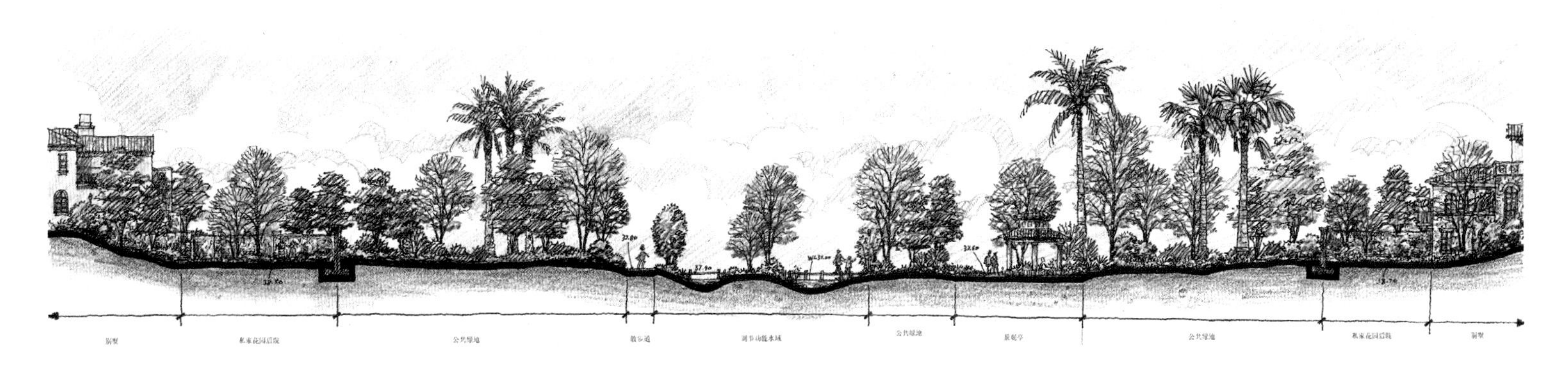

喷泉跌水景墙设计方案
栏杆
灯柱
82.50
喷水
种植
77.65
喷泉、落水景墙立剖

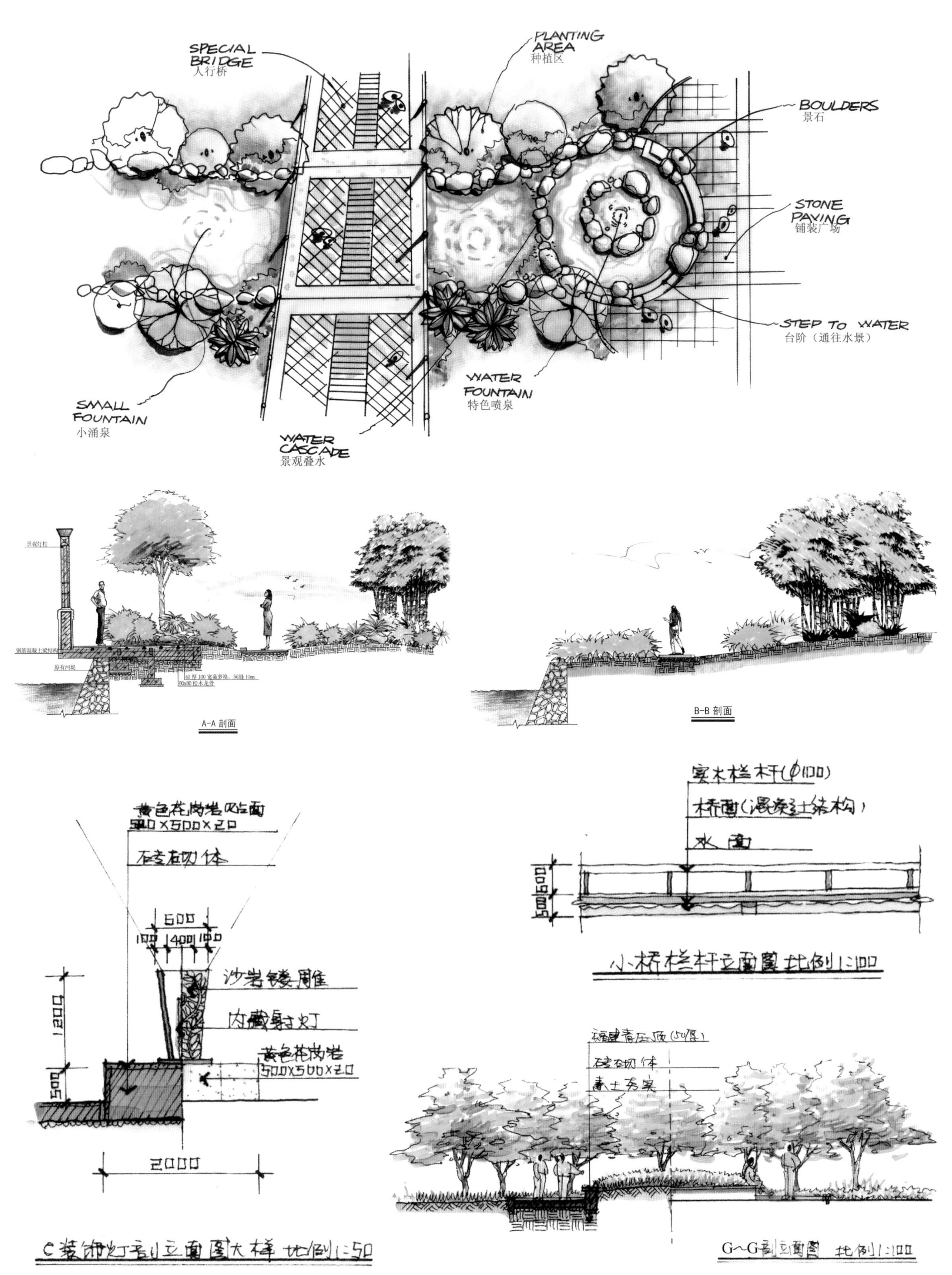
SPECIAL BRIDGE
人行桥
PLANTING AREA
种植区
BOULDERS
景石
STONE PAVING
铺装广场
STEP TO WATER
台阶（通往水景）
WATER FOUNTAIN
特色喷泉
SMALL FOUNTAIN
小涌泉
WATER CASCADE
景观叠水
景观灯柱
钢筋混凝土梁结构
原有河堤
40厚100宽菠萝格，间缝10mm
80x80松木龙骨
A-A 剖面
B-B 剖面
实木栏杆(Ø100)
桥面(混凝土结构)
水面
小桥栏杆立面图 比例1:100
黄色花岗岩贴面
500×500×20
砖砌体
500
100
400
100
沙岩镂雕
内藏射灯
黄色花岗岩
500×500×20
1200
500
2000
C装饰灯剖立面图大样 比例1:50
福建青石板(50厚)
砖砌体
素土夯实
G~G剖立面图 比例1:100

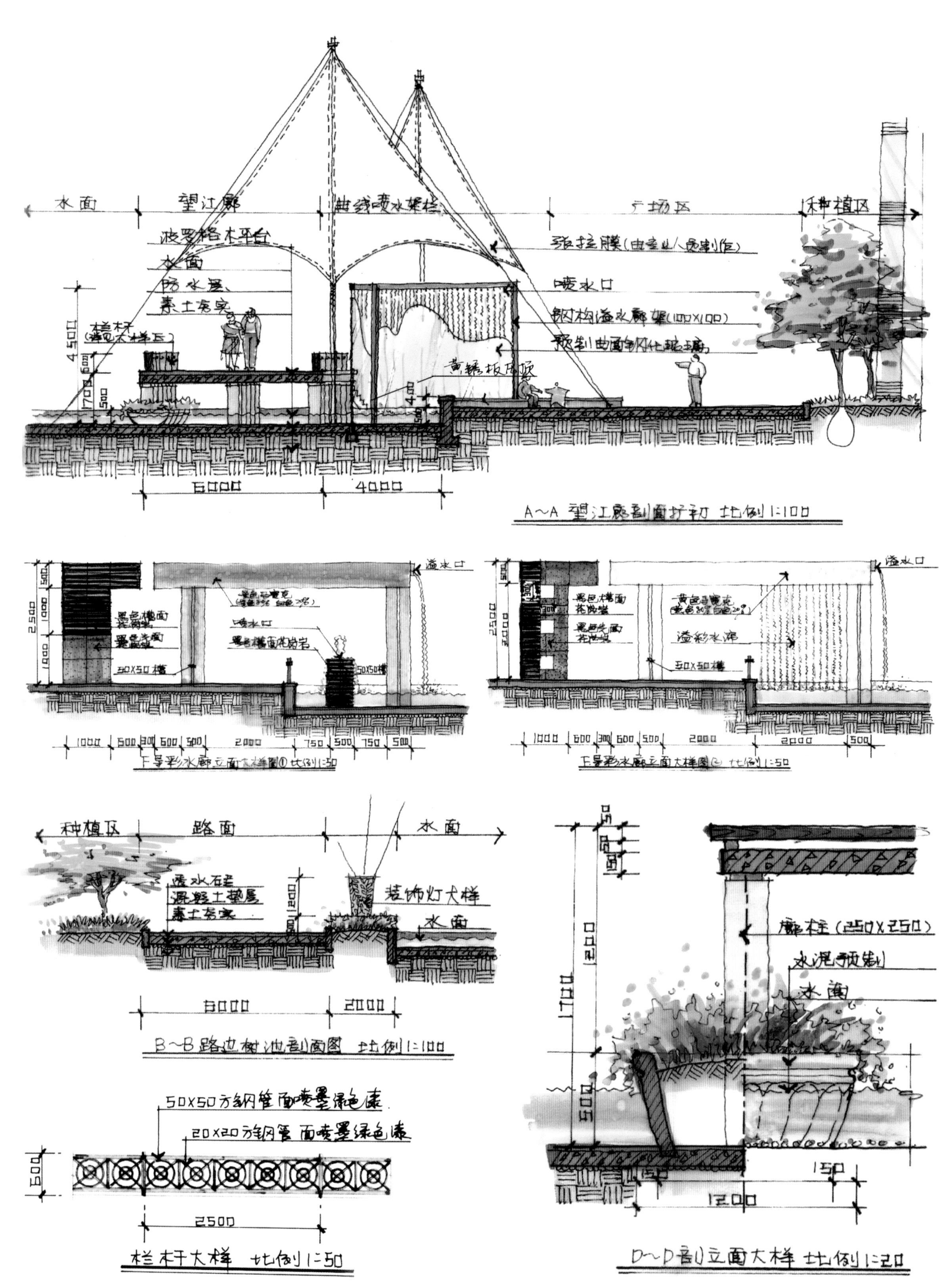

水面
望江廊
曲线喷水架栏
广场区
种植区
波罗格木平台
水面
防水层
素土夯实
张拉膜（由专业人员制作）
喷水口
钢构溢水廊架（100X100）
预制曲面钢化玻璃
黄锈板压顶
4500
6000
4000
A～A 望江廊剖面扩初 比例1:100
溢水口
喷水口
50X50
50X50槽
2500
1000
500
750
2000
溢彩水廊
50X50槽
2000
600
300
种植区
路面
水面
透水石垫
混凝土垫层
素土夯实
装饰灯大样
水面
8000
2000
B～B 路边树池剖面图 比例1:100
50X50方钢管面喷墨绿色漆
20X20方钢管面喷墨绿色漆
500
2500
栏杆大样 比例1:50
廊柱（250X250）
水泥预制
水面
1700
1200
500
150
D～D剖立面大样 比例1:20

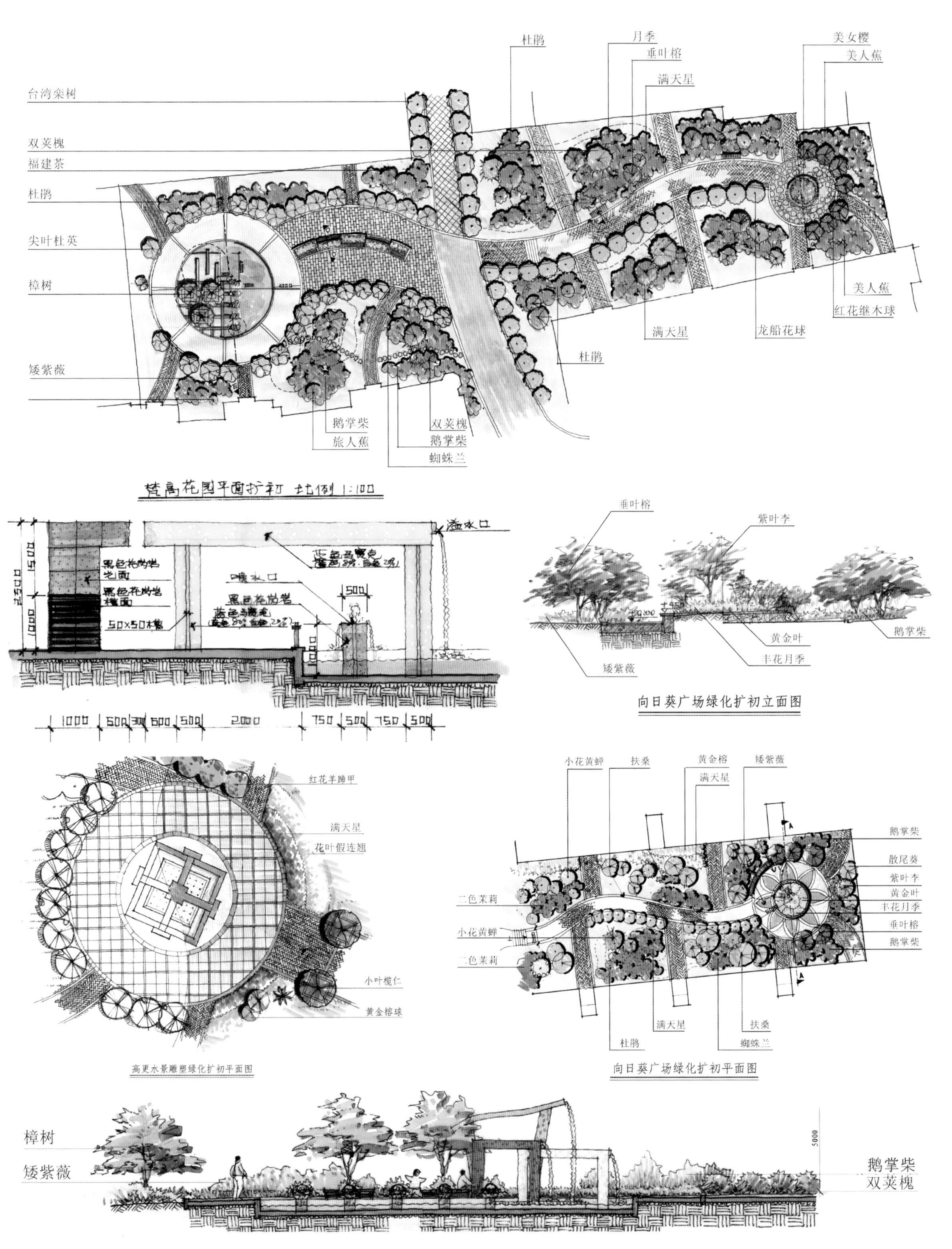

楚高花园平面扩初 比例 1:100

向日葵广场绿化扩初立面图

高更水景雕塑绿化扩初平面图

向日葵广场绿化扩初平面图

休闲水景绿化扩初立面图

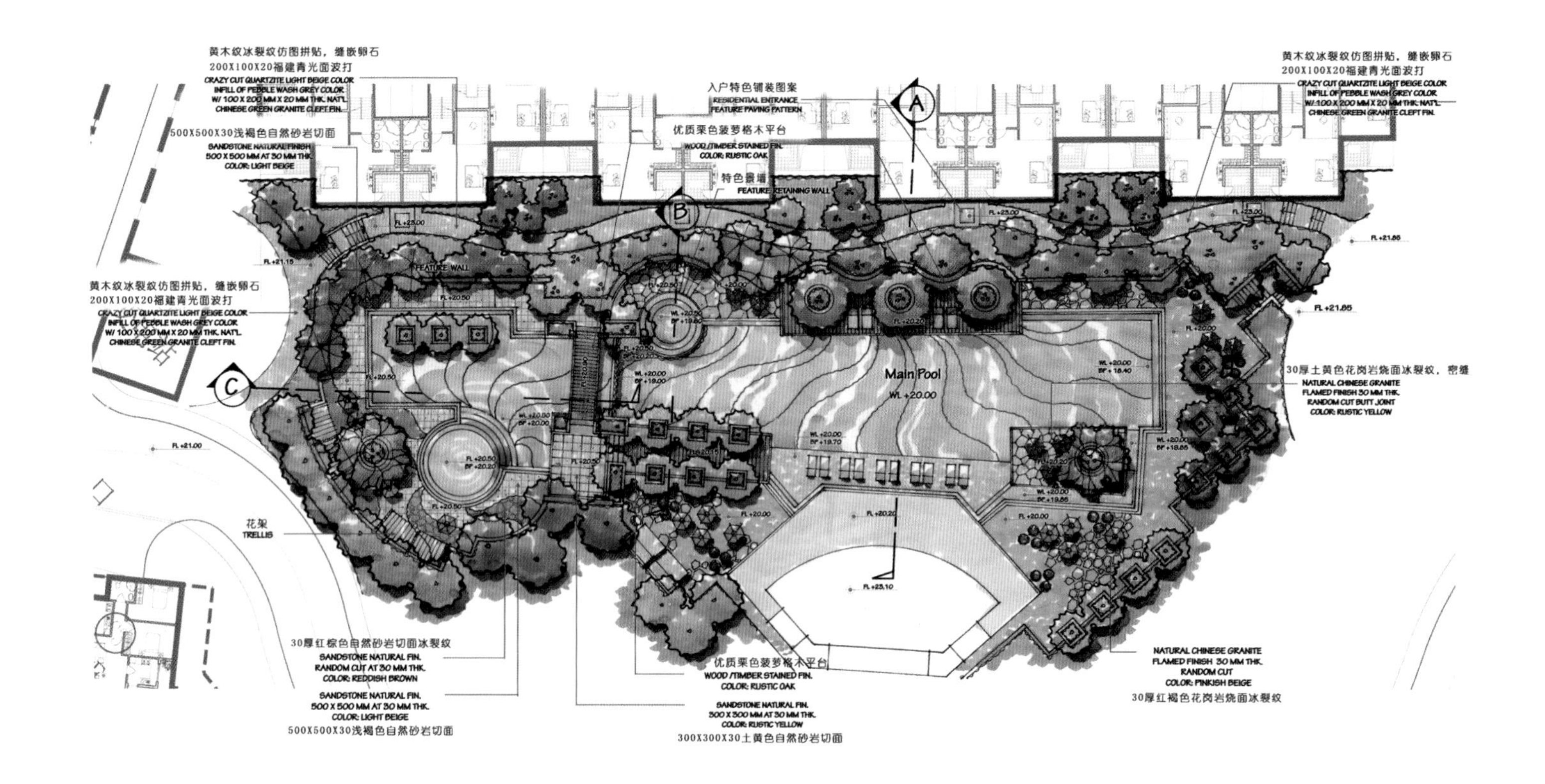

黄木纹冰裂纹仿图拼贴，缝嵌卵石
200X100X20福建青光面波打
CRAZY CUT QUARTZITE LIGHT BEIGE COLOR
INFILL OF PEBBLE WASH GREY COLOR
W/ 100 X 200 MM X 20 MM THK. NAT'L
CHINESE GREEN GRANITE CLEFT FIN.
500X500X30浅褐色自然砂岩切面
SANDSTONE NATURAL FINISH
500 X 500 MM AT 30 MM THK.
COLOR: LIGHT BEIGE
入户特色铺装图案
RESIDENTIAL ENTRANCE
FEATURE PAVING PATTERN
优质栗色菠萝格木平台
WOOD /TIMBER STAINED FIN.
COLOR: RUSTIC OAK
特色景墙
FEATURE RETAINING WALL
FEATURE WALL
Main Pool
WL +20.00
30厚土黄色花岗岩烧面冰裂纹，密缝
NATURAL CHINESE GRANITE
FLAMED FINISH 30 MM THK.
RANDOM CUT BUTT JOINT
COLOR: RUSTIC YELLOW
花架
TRELLIS
30厚红棕色自然砂岩切面冰裂纹
SANDSTONE NATURAL FIN.
RANDOM CUT AT 30 MM THK.
COLOR: REDDISH BROWN
SANDSTONE NATURAL FIN.
500 X 500 MM AT 30 MM THK.
COLOR: LIGHT BEIGE
500X500X30浅褐色自然砂岩切面
SANDSTONE NATURAL FIN.
300 X 300 MM AT 30 MM THK.
COLOR: RUSTIC YELLOW
300X300X30土黄色自然砂岩切面
NATURAL CHINESE GRANITE
FLAMED FINISH 30 MM THK.
RANDOM CUT
COLOR: PINKISH BEIGE
30厚红褐色花岗岩烧面冰裂纹

NIPA' THATCHED ROOFING BY SPECIALIST
茅草屋顶，由专家指定
LIGHTING FIXTURE/SEE IMAGE
投光灯
VOLCANIC ROCK WALL CLADDING
火山岩粘面
PEACOCK WATER SPOUT SCULPTURE BY SPECIALIST
成品孔雀喷泉雕塑
SWIMMING POOL
泳池
PRE-FABRICATED FLOWER POT TERRACOTTA COLOR
成品陶制花钵
FEATURE WATER SPOUT SCULPTURE BY SPECIALIST
特色喷泉雕塑
POOL DECK
泳池平台
NIPA' THATCHED ROOFING BY SPECIALIST
茅草屋顶，由专家指定
ROCK BOULDERS
岩石
PLANTING
植物
NATURAL GRANITE SHOWER WALL GRAY COLOR BY MANUFACTURER
灰色花岗岩贴面淋浴景墙，由专家指定
SWIMMING POOL SECTION
SCALE 1:50 M
游泳池剖面图

跌水
園路
自然石駁岸
水系
庭院親水木平台
會所后庭院休閑親水平台
會所
會所主入口
會所次入口水景
換衣間
地形綠化
游泳池
自行車位
環行車道
停車位
景觀綠島
碎石鋪裝
1 入口特色鋪裝
2 花崗岩碎拼
3 景觀人道
4 特色鋪裝
5 親水木平臺
6 景墻

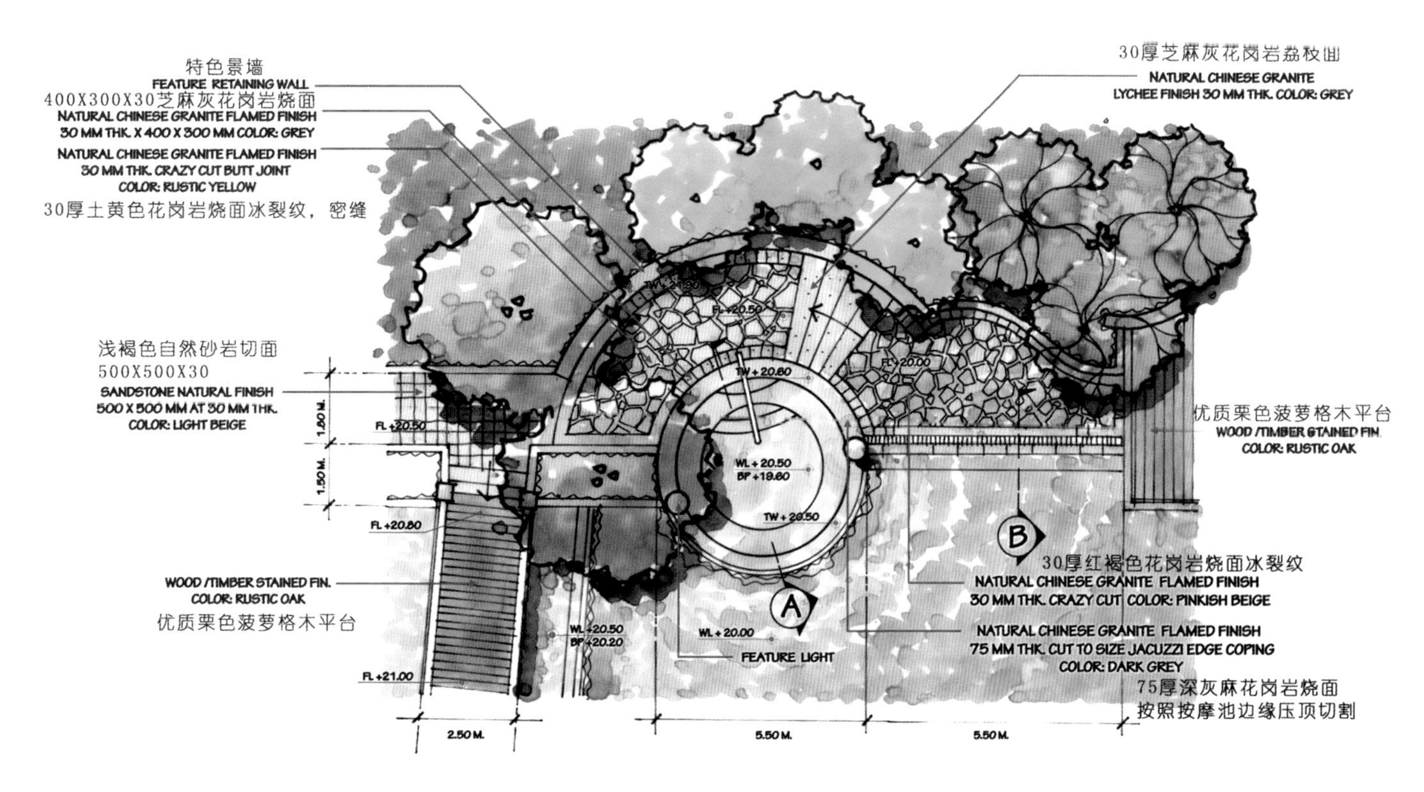

游泳池节点平面图 1: 75

游泳池A-A剖面图 1: 75

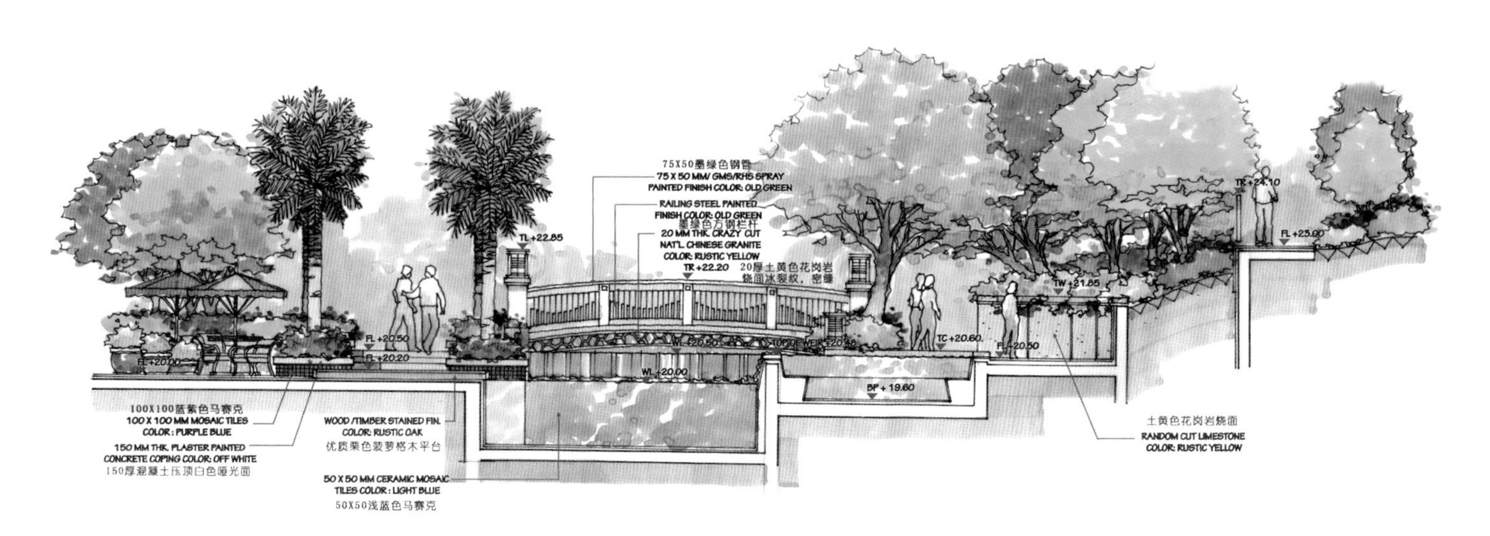

游泳池B-B剖面图 1: 75

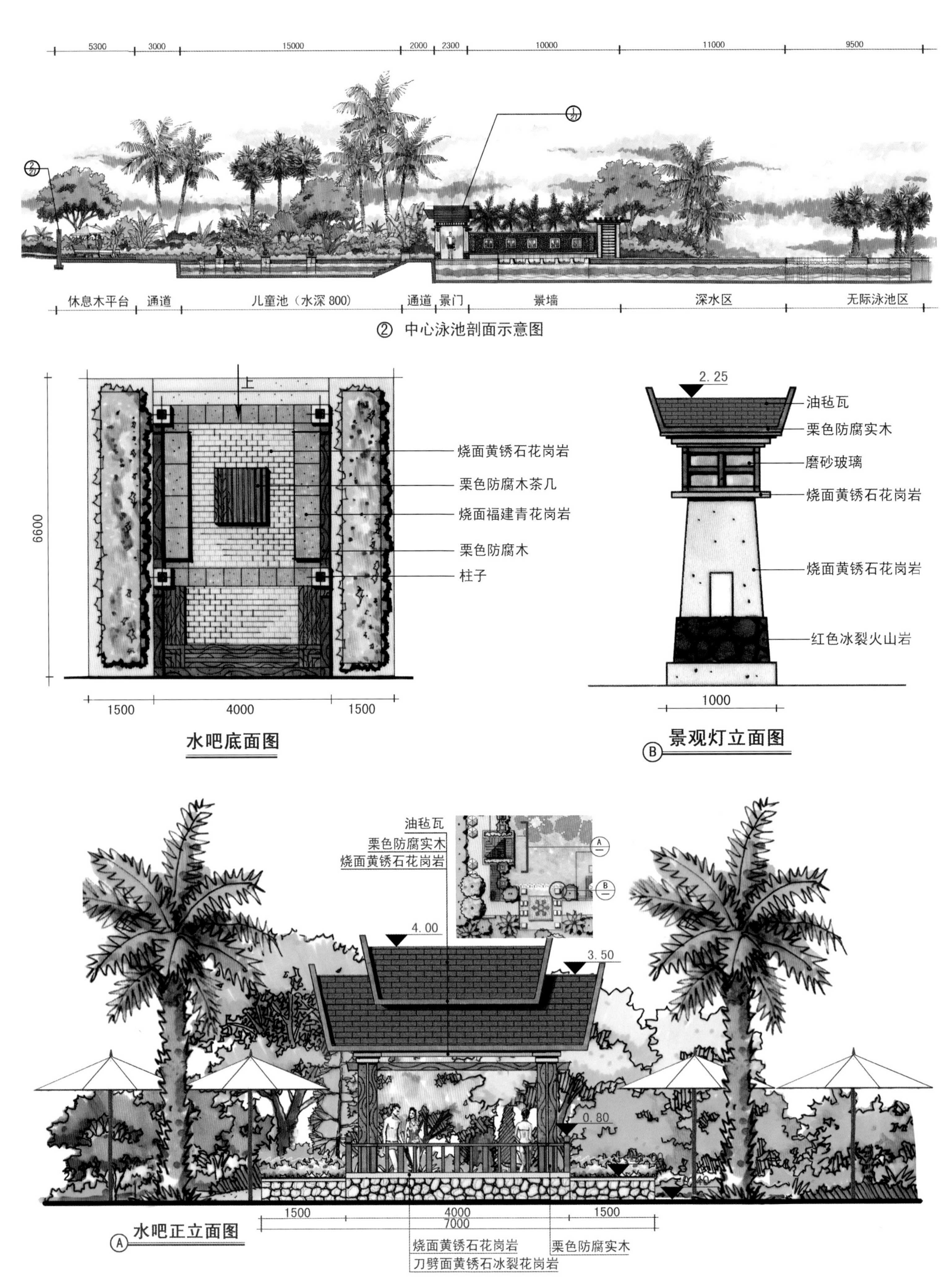
5300
3000
15000
2000
2300
10000
11000
9500
休息木平台
通道
儿童池（水深 800）
通道
景门
景墙
深水区
无际泳池区
② 中心泳池剖面示意图
6600
上
烧面黄锈石花岗岩
栗色防腐木茶几
烧面福建青花岗岩
栗色防腐木
柱子
1500
4000
1500
水吧底面图
2.25
油毡瓦
栗色防腐实木
磨砂玻璃
烧面黄锈石花岗岩
烧面黄锈石花岗岩
红色冰裂火山岩
1000
B 景观灯立面图
油毡瓦
栗色防腐实木
烧面黄锈石花岗岩
4.00
3.50
0.80
1500
4000
1500
7000
A 水吧正立面图
烧面黄锈石花岗岩
栗色防腐实木
刀劈面黄锈石冰裂花岗岩

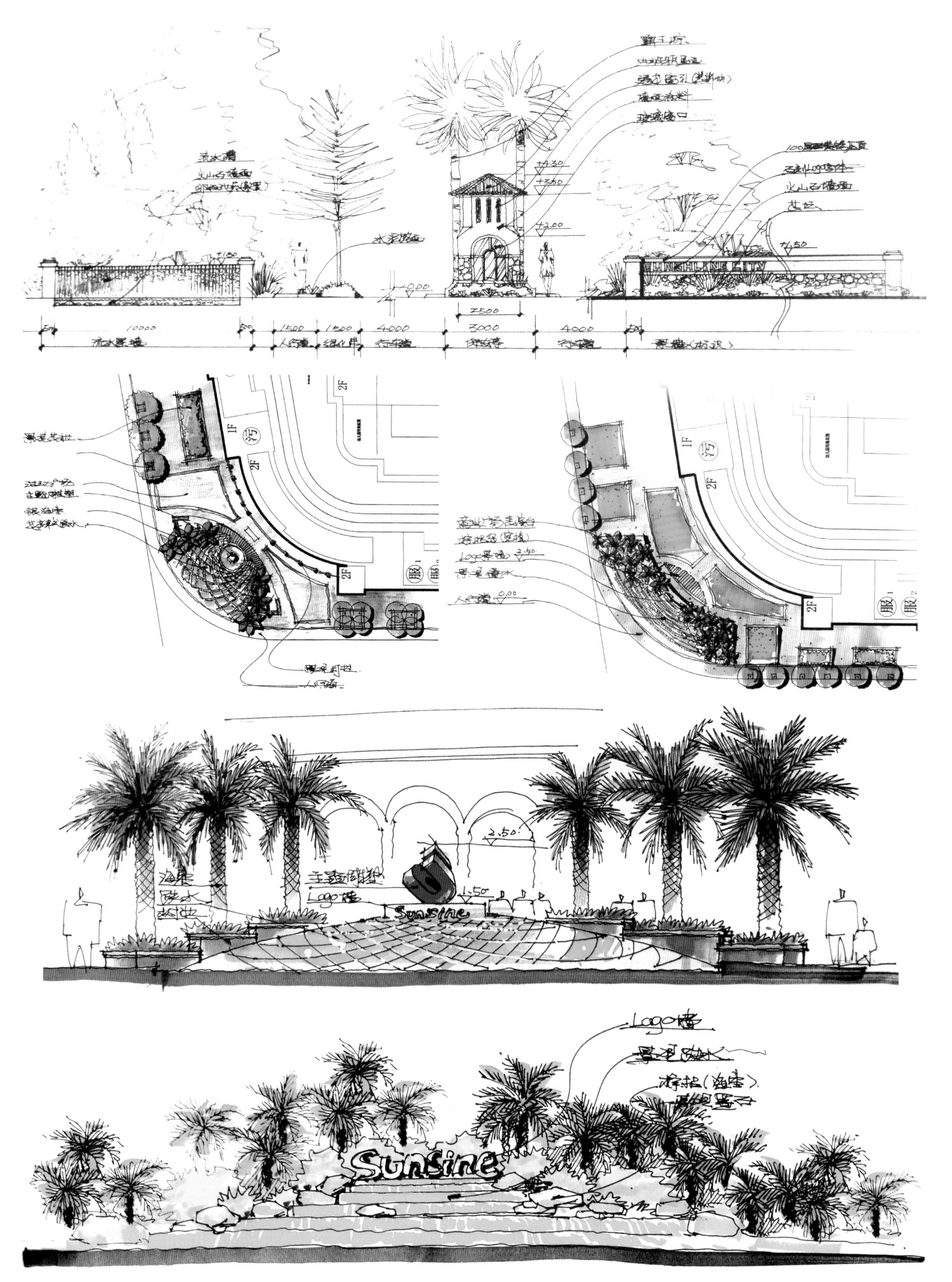

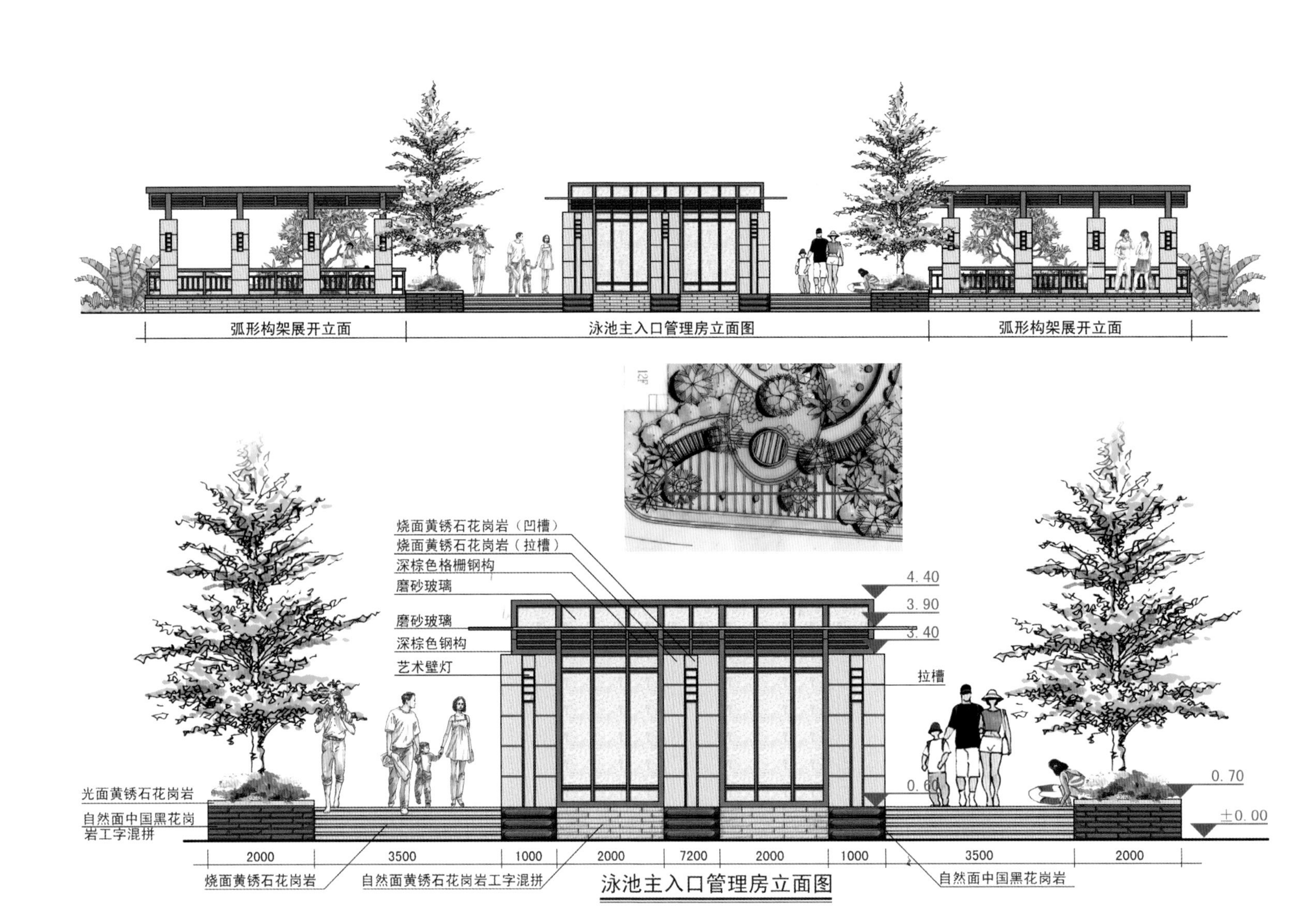
弧形构架展开立面
泳池主入口管理房立面图
弧形构架展开立面
烧面黄锈石花岗岩（凹槽）
烧面黄锈石花岗岩（拉槽）
深棕色格栅钢构
磨砂玻璃
磨砂玻璃
深棕色钢构
艺术壁灯
拉槽
4.40
3.90
3.40
0.70
±0.00
光面黄锈石花岗岩
自然面中国黑花岗岩工字混拼
2000
3500
1000
2000
7200
2000
1000
3500
2000
烧面黄锈石花岗岩
自然面黄锈石花岗岩工字混拼
自然面中国黑花岗岩
泳池主入口管理房立面图

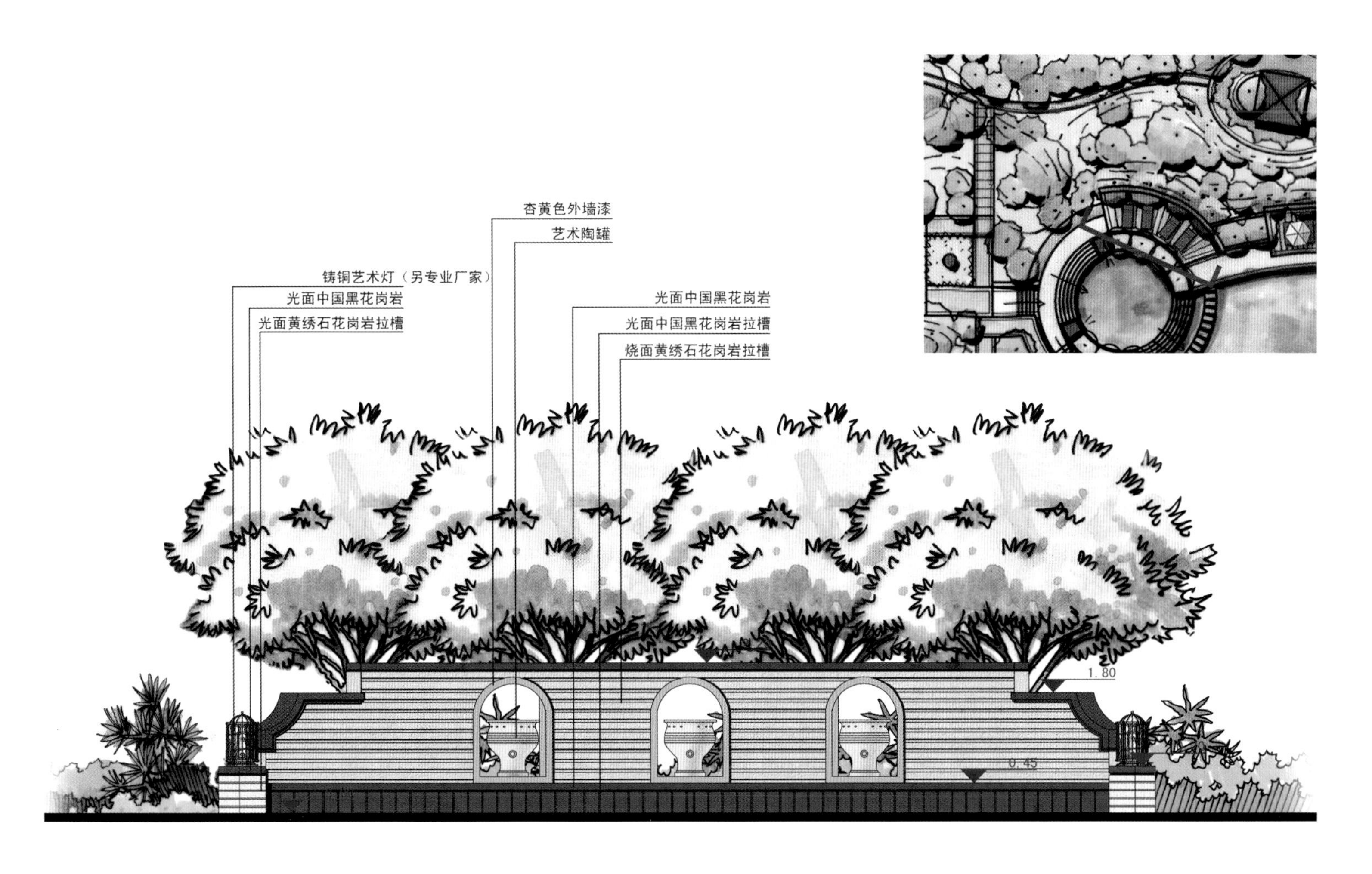
杏黄色外墙漆
艺术陶罐
铸铜艺术灯（另专业厂家）
光面中国黑花岗岩
光面黄锈石花岗岩拉槽
光面中国黑花岗岩
光面中国黑花岗岩拉槽
烧面黄锈石花岗岩拉槽
1.80
0.45

儿童泳池区景墙立面图

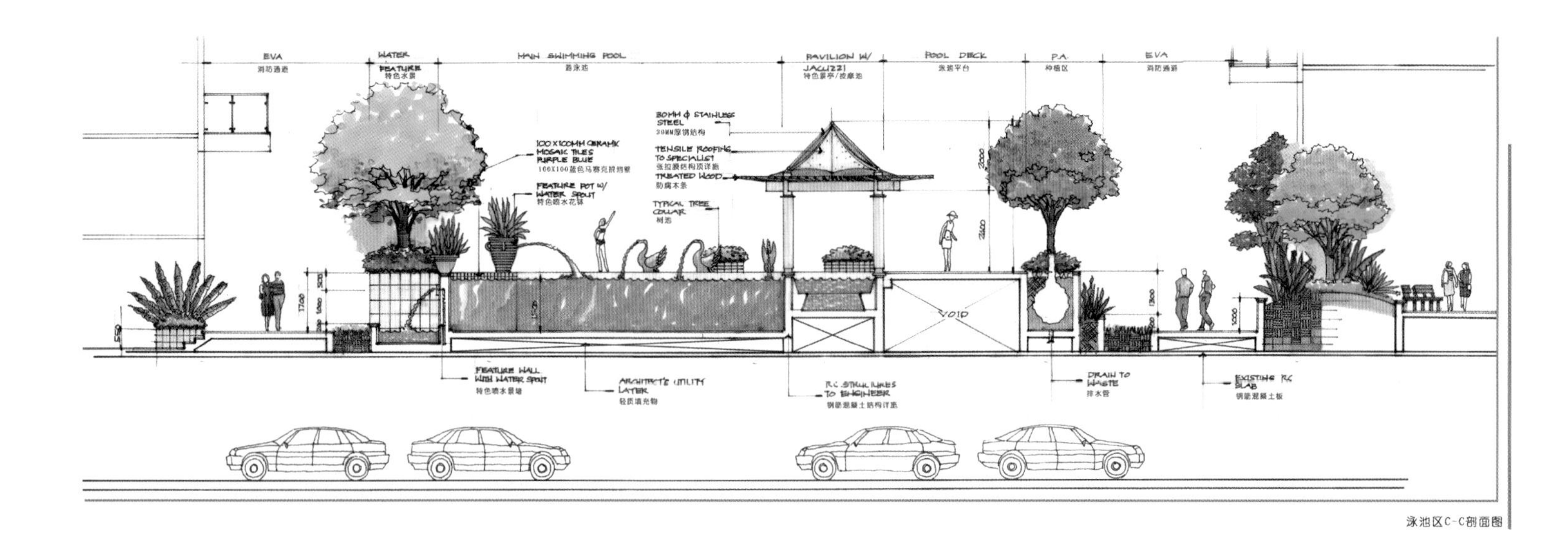

泳池区C-C剖面图

米黄色艺术涂料

深棕色西瓦

米黄色艺术涂料

杏黄色艺术涂料

磨砂钢化玻璃

栗色实木

艺术壁灯

烧面黄锈石花岗岩拉槽

烧面中国黑花岗岩拉丝

4.70

2.30

0.30

0.50

±0.00

1800　7300　1800

泳池区景观亭立面图

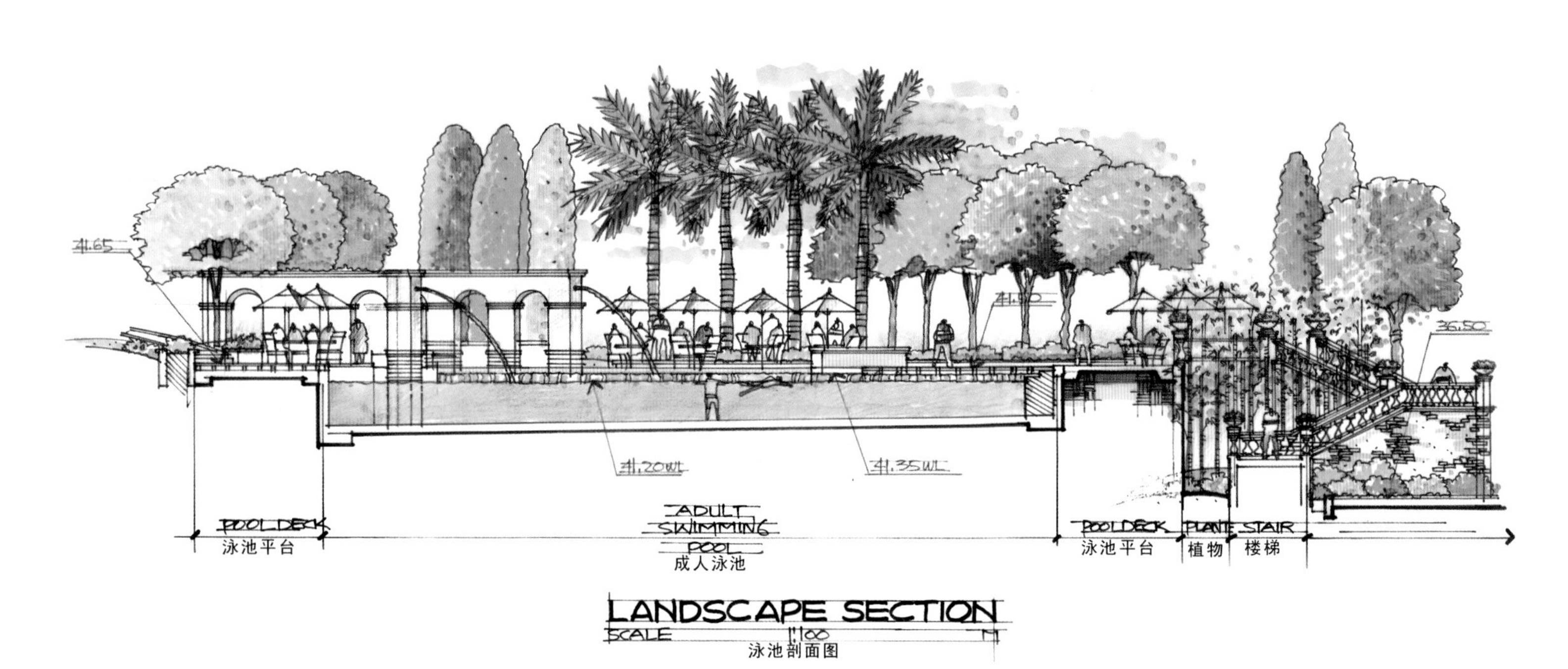

LANDSCAPE SECTION

SCALE 1:100

泳池剖面图

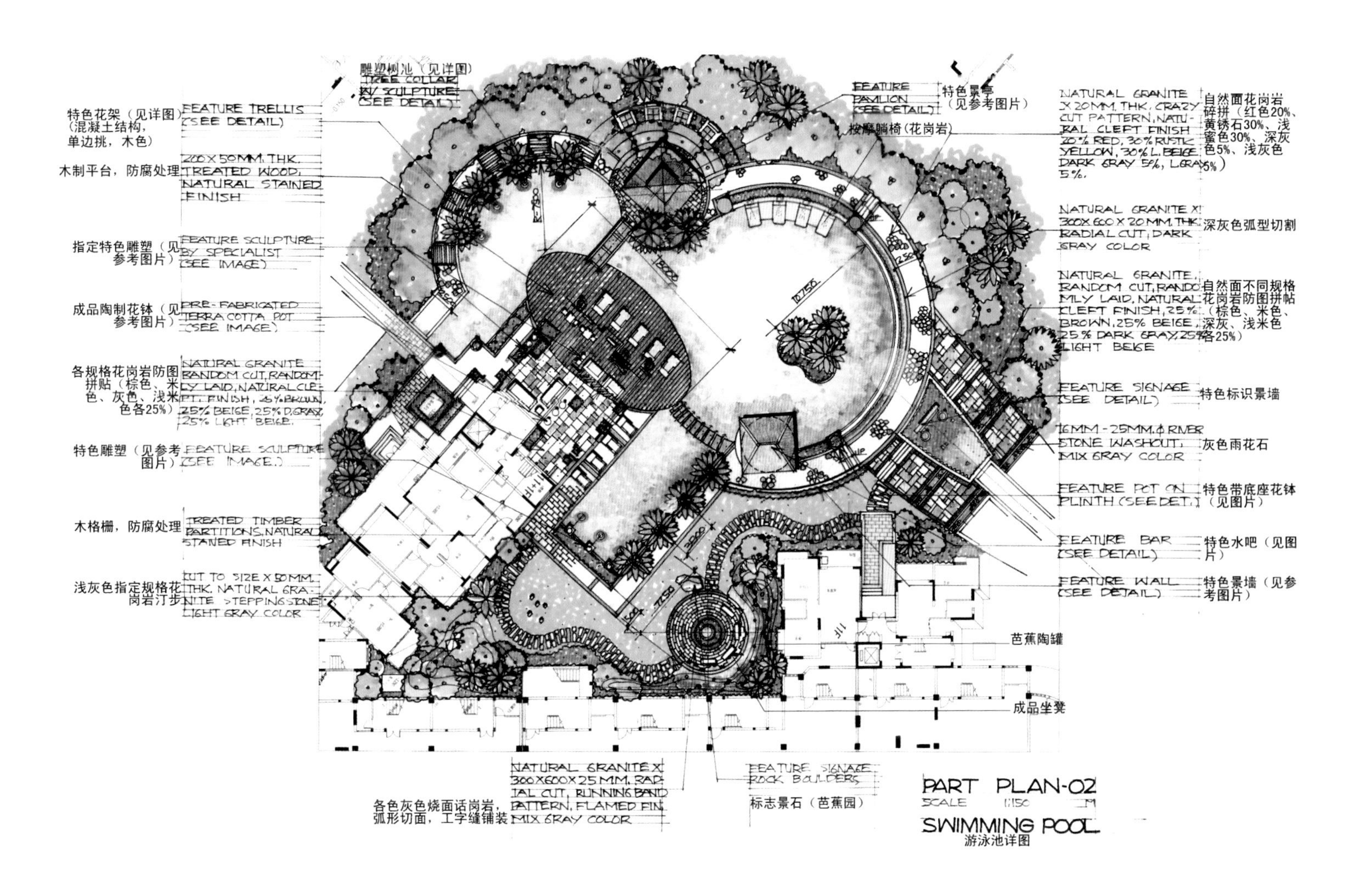

雕塑树池（见详图）
TREE COLLAR W/ SCULPTURE (SEE DETAIL)
特色花架（见详图）（混凝土结构，单边挑，木色）
FEATURE TRELLIS (SEE DETAIL)
木制平台，防腐处理
200 X 50MM. THK. TREATED WOOD. NATURAL STAINED FINISH
指定特色雕塑（见参考图片）
FEATURE SCULPTURE BY SPECIALIST (SEE IMAGE)
成品陶制花钵（见参考图片）
PRE-FABRICATED TERRA COTTA POT (SEE IMAGE)
各规格花岗岩防图拼贴（棕色、米色、灰色、浅米色各25%）
NATURAL GRANITE RANDOM CUT, RANDOMLY LAID, NATURAL CLEFT FINISH, 25% BROWN, 25% BEIGE, 25% D.GRAY, 25% LIGHT BEIGE.
特色雕塑（见参考图片）
FEATURE SCULPTURE (SEE IMAGE)
木格栅，防腐处理
TREATED TIMBER PARTITIONS. NATURAL STAINED FINISH
浅灰色指定规格花岗岩汀步
CUT TO SIZE X 50MM. THK. NATURAL GRANITE STEPPING STONE LIGHT GRAY COLOR
FEATURE PAVILION (SEE DETAIL)
特色景亭（见参考图片）
按摩躺椅（花岗岩）
NATURAL GRANITE X 20MM. THK. CRAZY CUT PATTERN, NATURAL CLEFT FINISH 20% RED, 30% RUSTIC YELLOW, 30% L. BEIGE DARK GRAY 5%, L.GRAY 5%.
自然面花岗岩碎拼（红色20%、黄锈石30%、浅蜜色30%、深灰色5%、浅灰色5%）
NATURAL GRANITE X 300X600 X 20MM. THK. RADIAL CUT, DARK GRAY COLOR
深灰色弧型切割
NATURAL GRANITE, RANDOM CUT, RANDOMLY LAID, NATURAL CLEFT FINISH, 25% BROWN, 25% BEIGE, 25% DARK GRAY, 25% LIGHT BEIGE
自然面不同规格花岗岩防图拼贴（棕色、米色、深灰、浅米色各25%）
FEATURE SIGNAGE (SEE DETAIL)
特色标识景墙
16MM-25MM.Φ RIVER STONE WASHOUT, MIX GRAY COLOR
灰色雨花石
FEATURE POT ON PLINTH (SEE DET.)
特色带底座花钵（见图片）
FEATURE BAR (SEE DETAIL)
特色水吧（见图片）
FEATURE WALL (SEE DETAIL)
特色景墙（见参考图片）
芭蕉陶罐
成品坐凳
NATURAL GRANITE X 300X600X25 MM. RADIAL CUT, RUNNING BAND PATTERN, FLAMED FIN. MIX GRAY COLOR
各色灰色烧面话岗岩，弧形切面，工字缝铺装
FEATURE SIGNAGE ROCK BOULDERS
标志景石（芭蕉园）
PART PLAN-02
SCALE 1:150 M
SWIMMING POOL
游泳池详图

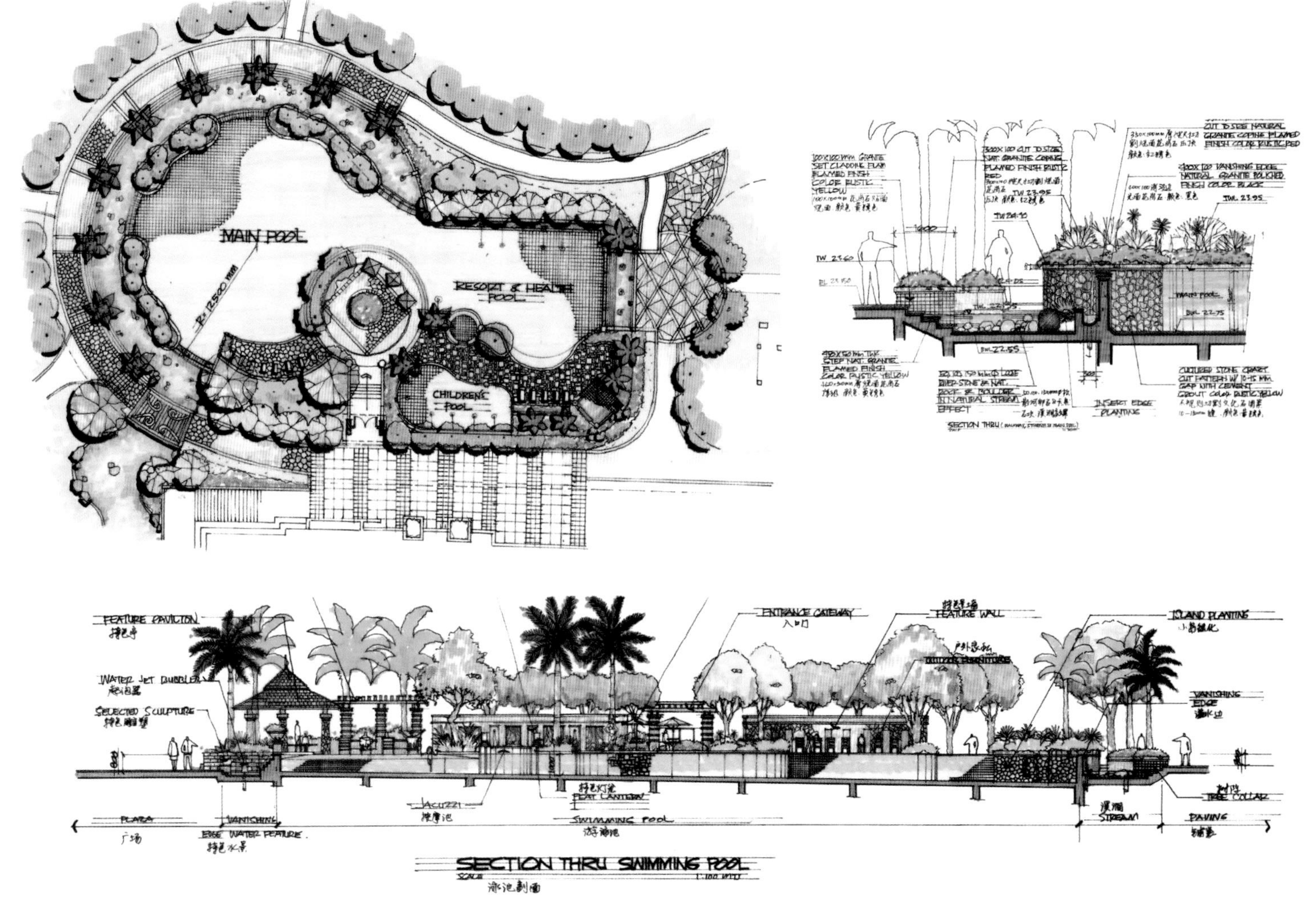

MAIN POOL
RESORT & HEALTH POOL
CHILDRENS POOL
TW. 23.95
TW. 23.60
BL. 22.55
MAIN POOL
SECTION THRU
FEATURE PAVILION
特色亭
WATER JET BUBBLER
SELECTED SCULPTURE
特色雕塑
ENTRANCE GATEWAY
入口门
FEATURE WALL
特色景墙
OUTDOOR FURNITURE
户外家私
ISLAND PLANTING
VANISHING EDGE
TREE COLLAR
JACUZZI
按摩池
FEAT. LANTERN
PLAZA
广场
VANISHING EDGE WATER FEATURE
SWIMMING POOL
游泳池
STREAM
PAVING
SECTION THRU SWIMMING POOL
泳池剖面

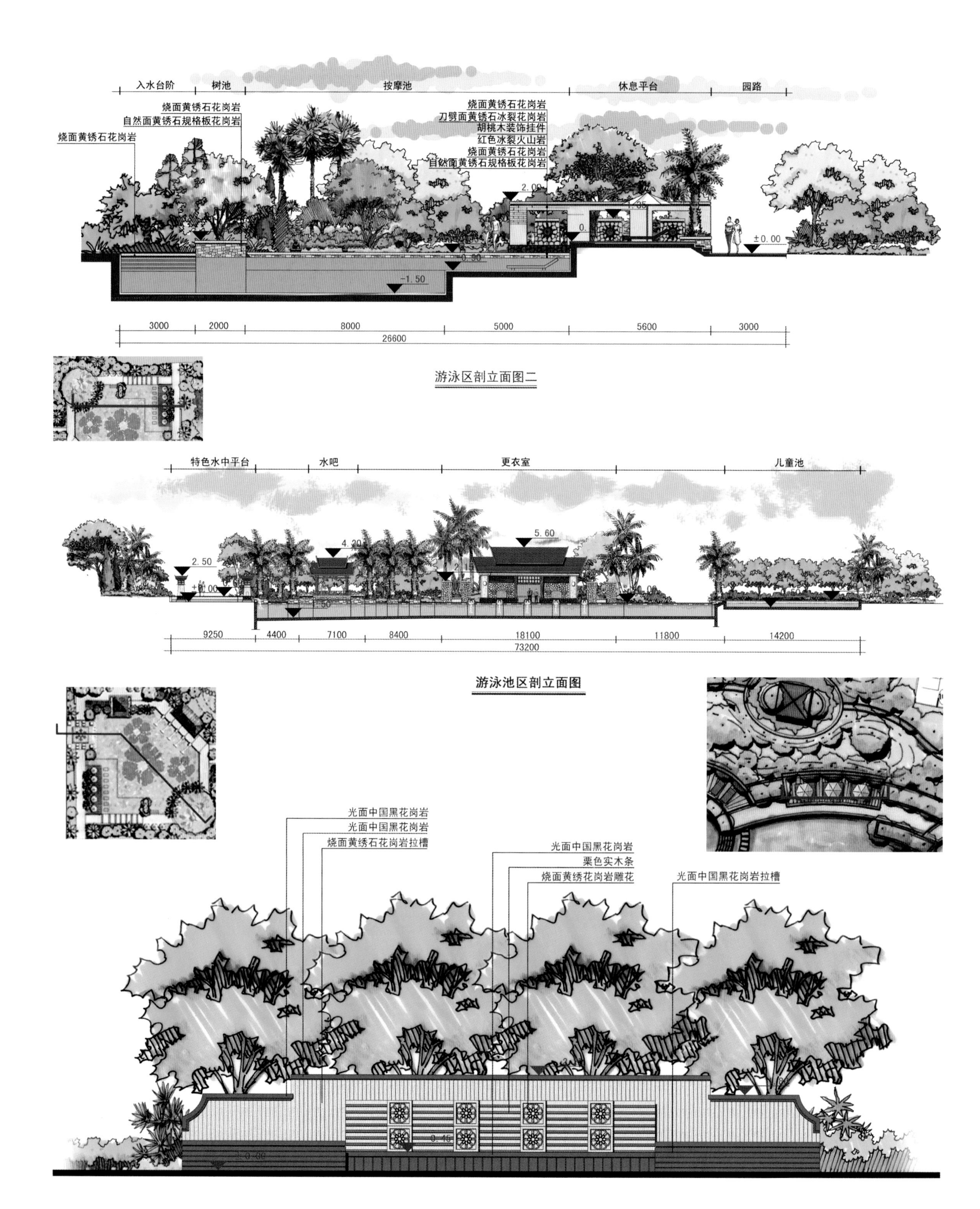

游泳区剖立面图二

游泳池区剖立面图

成人泳池区景墙立面图

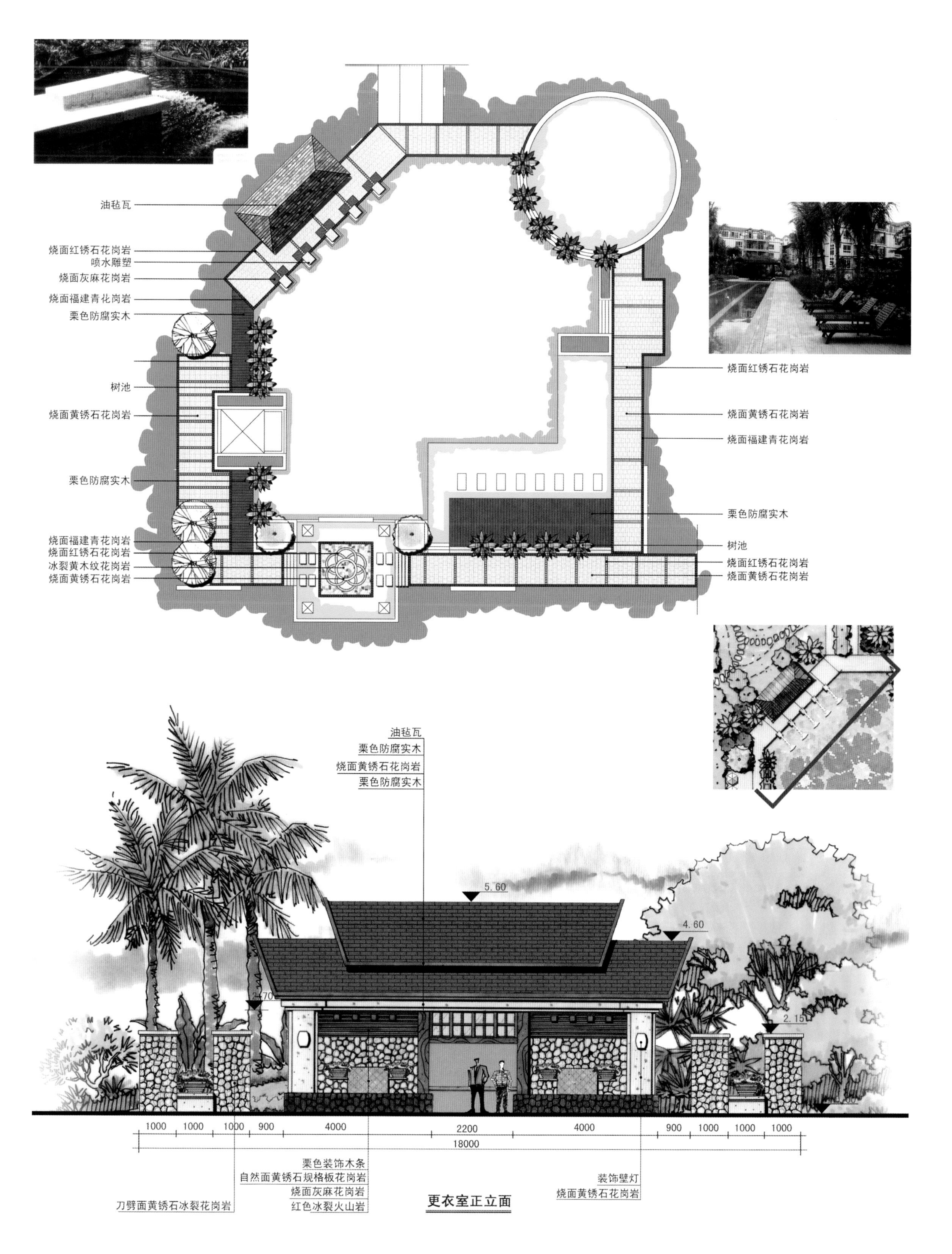
油毡瓦
烧面红锈石花岗岩
喷水雕塑
烧面灰麻花岗岩
烧面福建青花岗岩
栗色防腐实木
树池
烧面黄锈石花岗岩
栗色防腐实木
烧面福建青花岗岩
烧面红锈石花岗岩
冰裂黄木纹花岗岩
烧面黄锈石花岗岩
烧面红锈石花岗岩
烧面黄锈石花岗岩
烧面福建青花岗岩
栗色防腐实木
树池
烧面红锈石花岗岩
烧面黄锈石花岗岩
油毡瓦
栗色防腐实木
烧面黄锈石花岗岩
栗色防腐实木
5.60
4.60
2.70
2.15
1000
1000
1000
900
4000
2200
4000
900
1000
1000
1000
18000
栗色装饰木条
自然面黄锈石规格板花岗岩
烧面灰麻花岗岩
红色冰裂火山岩
刀劈面黄锈石冰裂花岗岩
装饰壁灯
烧面黄锈石花岗岩

更衣室正立面

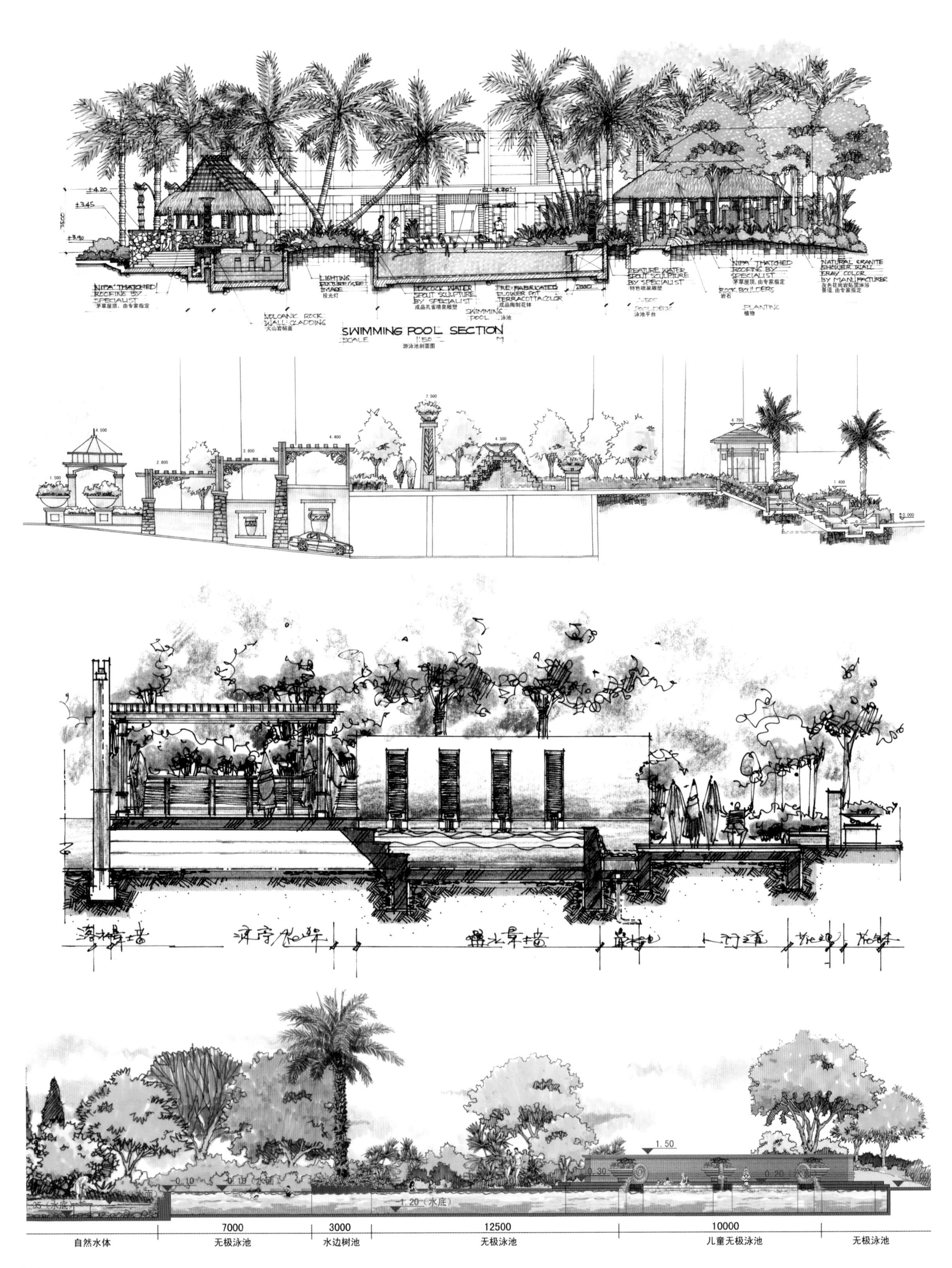

NIPA' THATCHED ROOFING BY SPECIALIST
茅草屋顶，由专家指定
VOLCANIC ROCK WALL CLADDING
火山岩帖面
LIGHTING FIXTURE (SEE IMAGE)
投光灯
PEACOCK WATER SPOUT SCULPTURE BY SPECIALIST
成品孔雀喷泉雕塑
PRE-FABRICATED FLOWER POT TERRACOTTA COLOR
成品陶制花钵
SWIMMING POOL
泳池
FEATURE WATER SPOUT SCULPTURE BY SPECIALIST
特色喷泉雕塑
POOL DECK
泳池平台
NIPA' THATCHED ROOFING BY SPECIALIST
茅草屋顶，由专家指定
ROCK BOULDERS
岩石
PLANTING
植物
NATURAL GRANITE SHOWER WALL GRAY COLOR BY MANUFACTURER
灰色花岗岩贴面淋浴景墙，由专家指定
SWIMMING POOL SECTION
SCALE 1:50 M
游泳池剖面图
自然水体
7000
无极泳池
3000
水边树池
12500
无极泳池
10000
儿童无极泳池
无极泳池

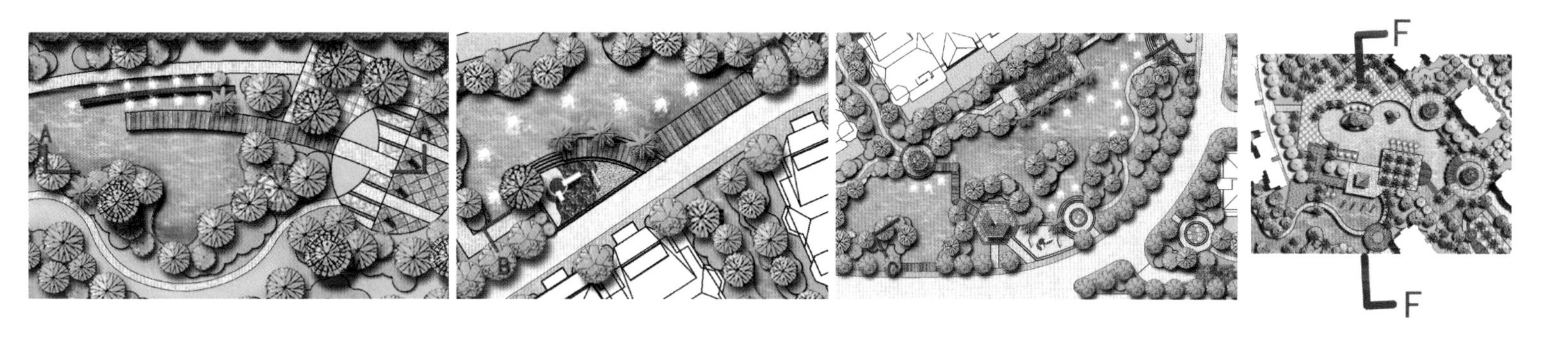

A-A 剖面图

B-B 剖面图

C-C 剖面图

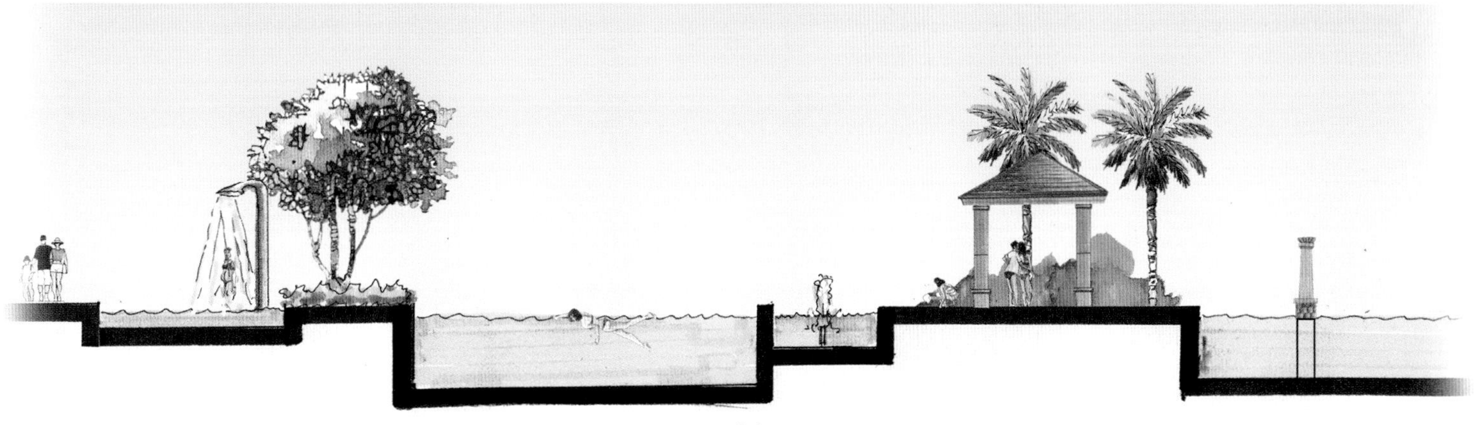

F-F 剖面图

PAVEMENT LANDSCAPE

HAND-PAINTED LANDSCAPE DETAILS DESIGN MANUAL　手绘景观 细部设计手册

铺装景观

居住小区的铺装设计也非常重要。居住区的铺装要根据交通对象的要求和气候特点而定，为居民提供坚实、耐磨、防滑的路面，保证车辆和行人的安全、舒适；铺装要通过铺砌图案给人以方向感，划分不同性质的交通区间，增加居住小区空间的可识别性；地面铺装要为居民创造适宜的交往空间，合理的铺装材料可以使枯燥的空间环境“化腐朽为神奇”，创造出符合人们心理需求的理想交往环境。如居住区入口铺装的主要作用是实现小区聚焦和分散，因道路具有明显的方向性，故铺装要以简洁明快、增强聚集感、强化道路方向性为目标；居住区园林小路铺装则需自然，多采用卵石、碎石、木板等材料，追求与园林环境的协调统一。

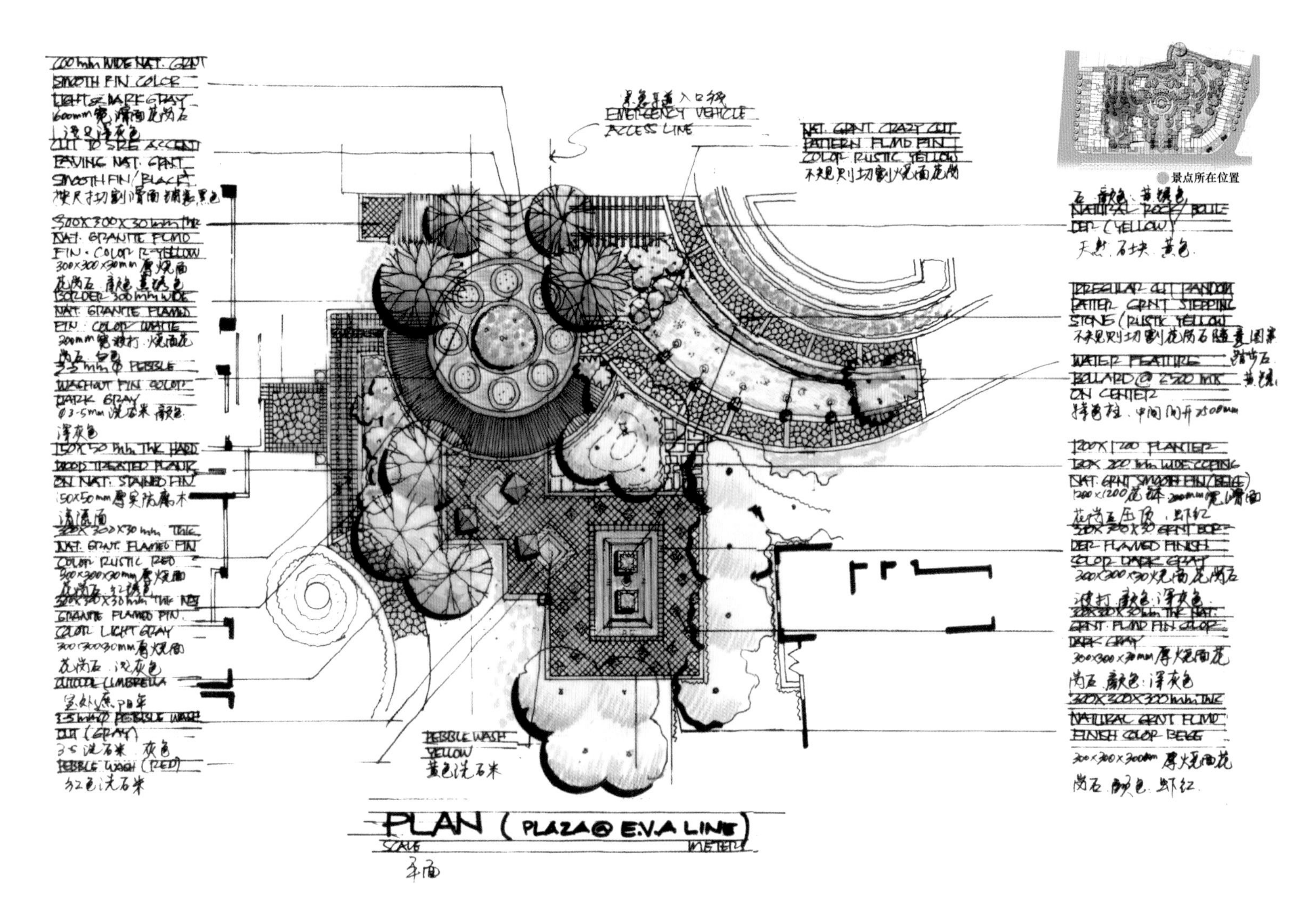
景点所在位置
EMERGENCY VEHICLE
ACCESS LINE
NAT. GRANT CRAZY CUT
PATTERN FLAMED FIN
COLOR RUSTIC YELLOW
不規則切割燒面花岗
天然石块 黄色
WATER FEATURE
1200X1200 PLANTER
PEBBLE WASH
YELLOW
黄色洗石米
PLAN (PLAZA@ E.V.A LINE)
SCALE
METER
平面

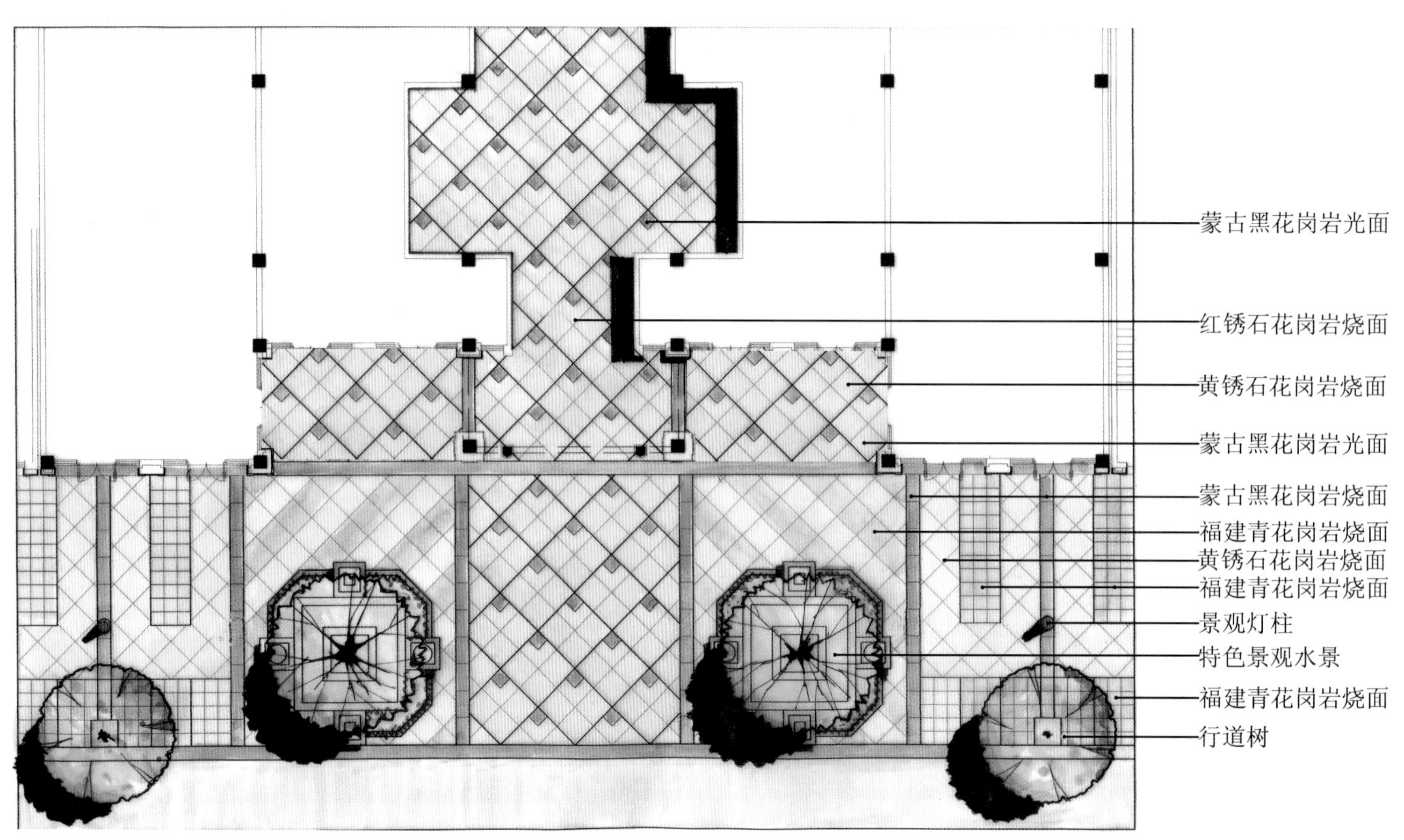
蒙古黑花岗岩光面
红锈石花岗岩烧面
黄锈石花岗岩烧面
蒙古黑花岗岩光面
蒙古黑花岗岩烧面
福建青花岗岩烧面
黄锈石花岗岩烧面
福建青花岗岩烧面
景观灯柱
特色景观水景
福建青花岗岩烧面
行道树

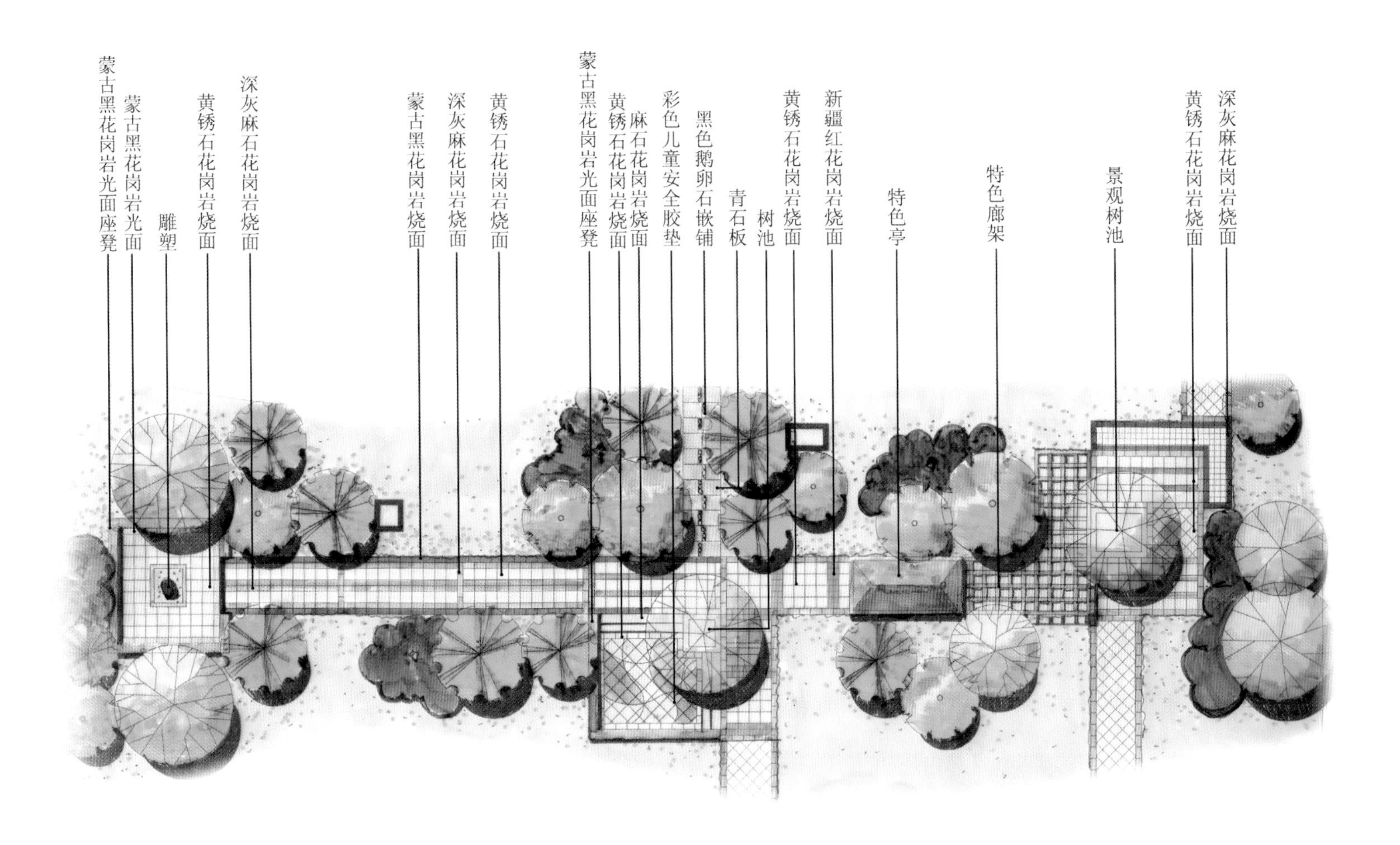

蒙古黑花岗岩光面座凳
蒙古黑花岗岩光面
雕塑
黄锈石花岗岩烧面
深灰麻石花岗岩烧面
蒙古黑花岗岩烧面
深灰麻花岗岩烧面
黄锈石花岗岩烧面
蒙古黑花岗岩光面座凳
黄锈石花岗岩烧面
麻石花岗岩烧面
彩色儿童安全胶垫
黑色鹅卵石嵌铺
青石板
树池
黄锈石花岗岩烧面
新疆红花岗岩烧面
特色亭
特色廊架
景观树池
黄锈石花岗岩烧面
深灰麻花岗岩烧面

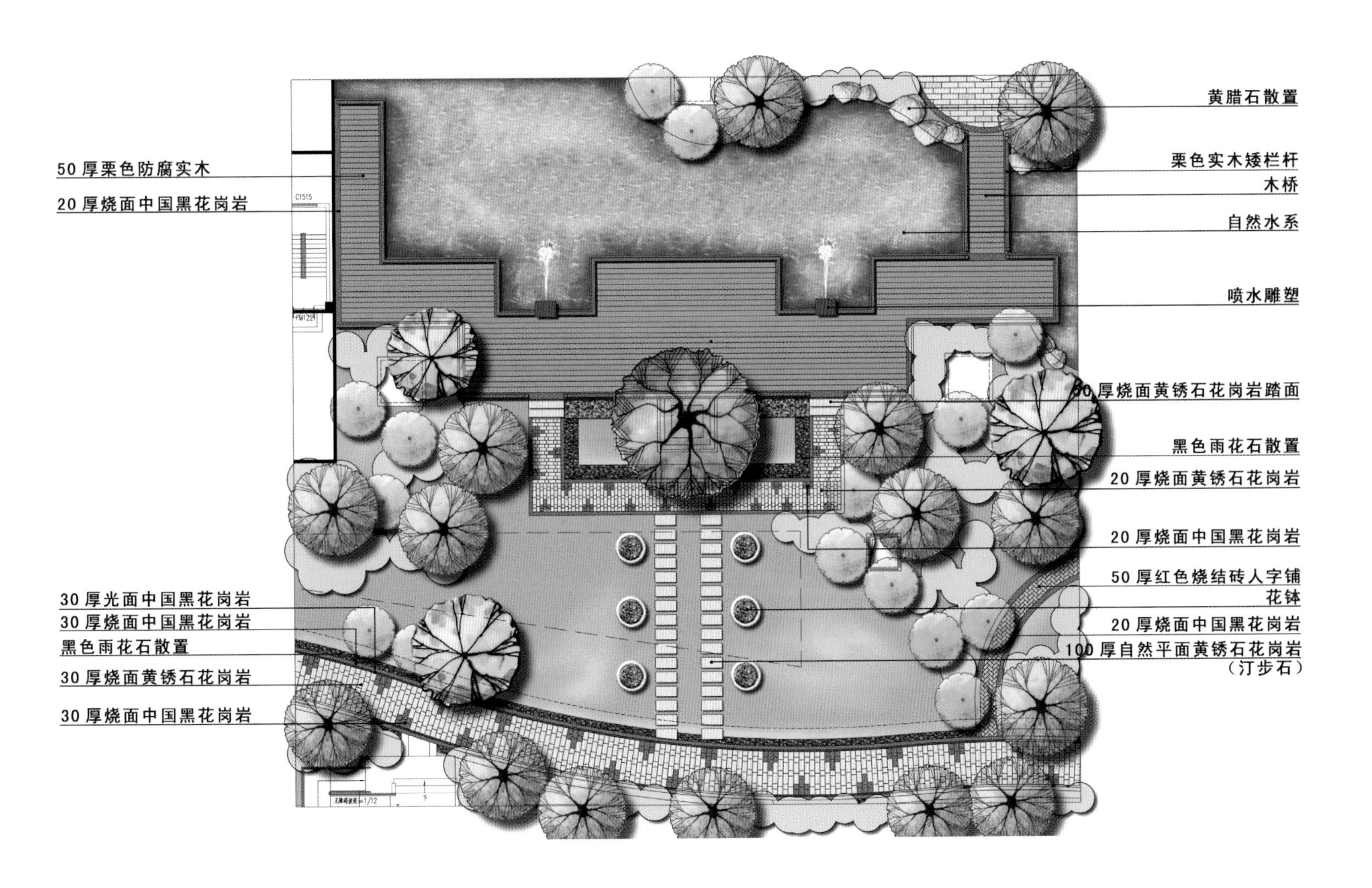

黄腊石散置
50厚栗色防腐实木
栗色实木矮栏杆
20厚烧面中国黑花岗岩
木桥
自然水系
喷水雕塑
30厚烧面黄锈石花岗岩踏面
黑色雨花石散置
20厚烧面黄锈石花岗岩
20厚烧面中国黑花岗岩
50厚红色烧结砖人字铺
30厚光面中国黑花岗岩
花钵
30厚烧面中国黑花岗岩
20厚烧面中国黑花岗岩
黑色雨花石散置
100厚自然平面黄锈石花岗岩
（汀步石）
30厚烧面黄锈石花岗岩
30厚烧面中国黑花岗岩

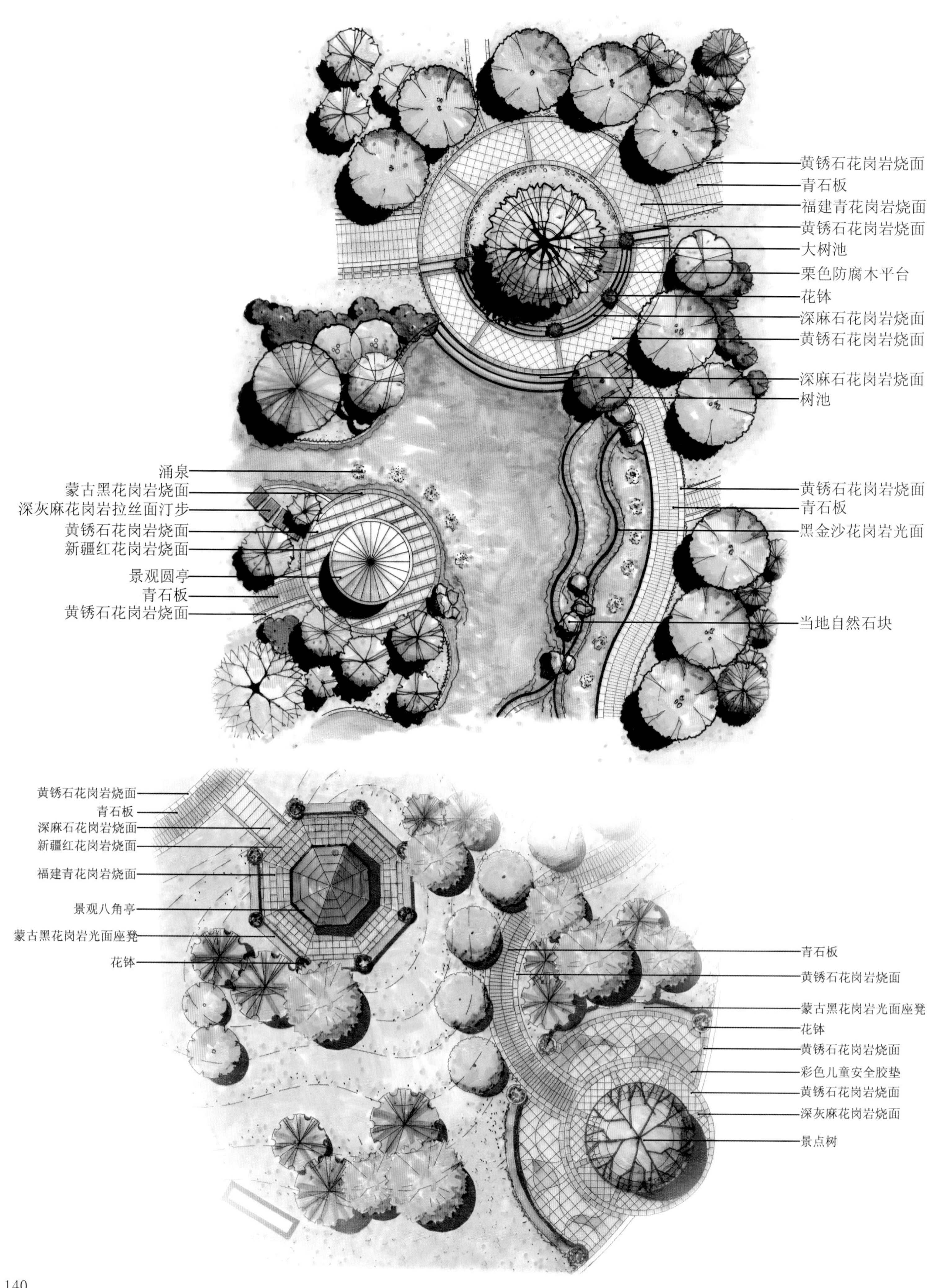
黄锈石花岗岩烧面
青石板
福建青花岗岩烧面
黄锈石花岗岩烧面
大树池
栗色防腐木平台
花钵
深麻石花岗岩烧面
黄锈石花岗岩烧面
深麻石花岗岩烧面
树池
涌泉
蒙古黑花岗岩烧面
深灰麻花岗岩拉丝面汀步
黄锈石花岗岩烧面
新疆红花岗岩烧面
景观圆亭
青石板
黄锈石花岗岩烧面
黄锈石花岗岩烧面
青石板
黑金沙花岗岩光面
当地自然石块
黄锈石花岗岩烧面
青石板
深麻石花岗岩烧面
新疆红花岗岩烧面
福建青花岗岩烧面
景观八角亭
蒙古黑花岗岩光面座凳
花钵
青石板
黄锈石花岗岩烧面
蒙古黑花岗岩光面座凳
花钵
黄锈石花岗岩烧面
彩色儿童安全胶垫
黄锈石花岗岩烧面
深灰麻花岗岩烧面
景点树

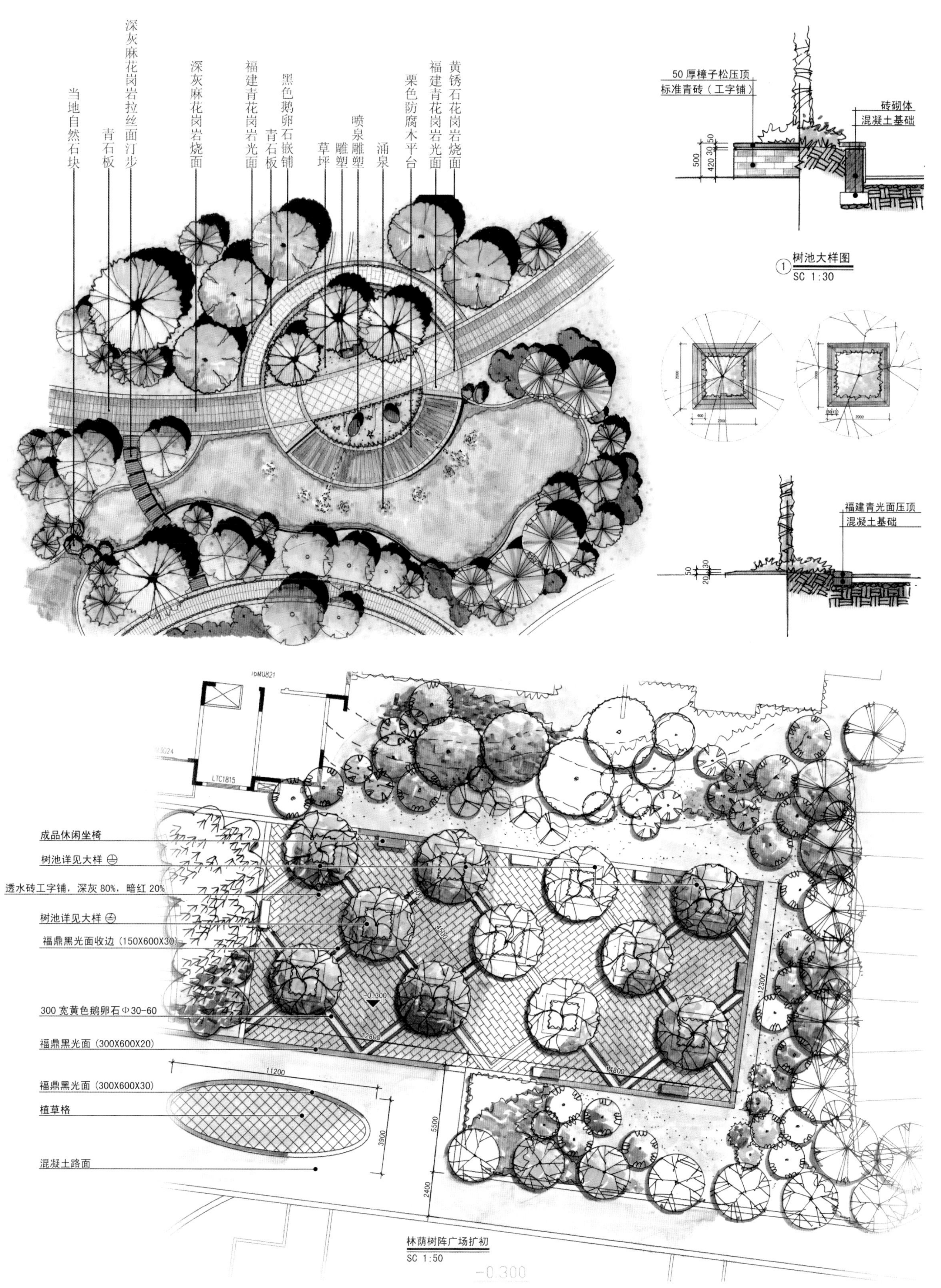

当地自然石块
青石板
深灰麻花岗岩拉丝面汀步
深灰麻花岗岩烧面
福建青花岗岩光面
青石板
黑色鹅卵石嵌铺
草坪
雕塑
喷泉雕塑
涌泉
栗色防腐木平台
福建青花岗岩光面
黄锈石花岗岩烧面
50 厚樟子松压顶
标准青砖（工字铺）
砖砌体
混凝土基础
树池大样图
SC 1:30
福建青光面压顶
混凝土基础
成品休闲坐椅
树池详见大样
透水砖工字铺，深灰 80%，暗红 20%
树池详见大样
福鼎黑光面收边（150X600X30）
300 宽黄色鹅卵石 Φ30-60
福鼎黑光面（300X600X20）
福鼎黑光面（300X600X30）
植草格
混凝土路面
林荫树阵广场扩初
SC 1:50

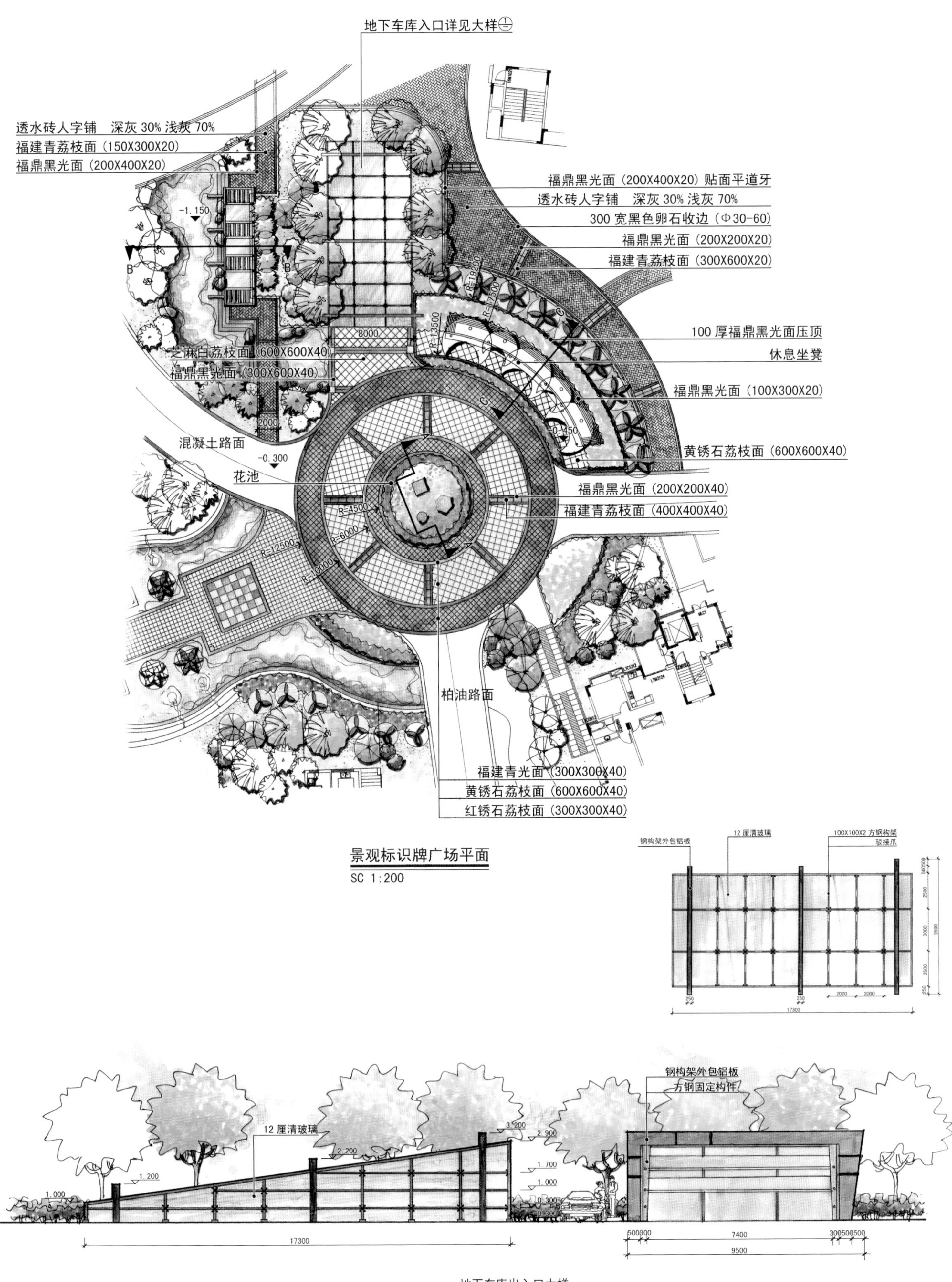

景观标识牌广场平面
SC 1:200

①地下车库出入口大样
SC 1:50

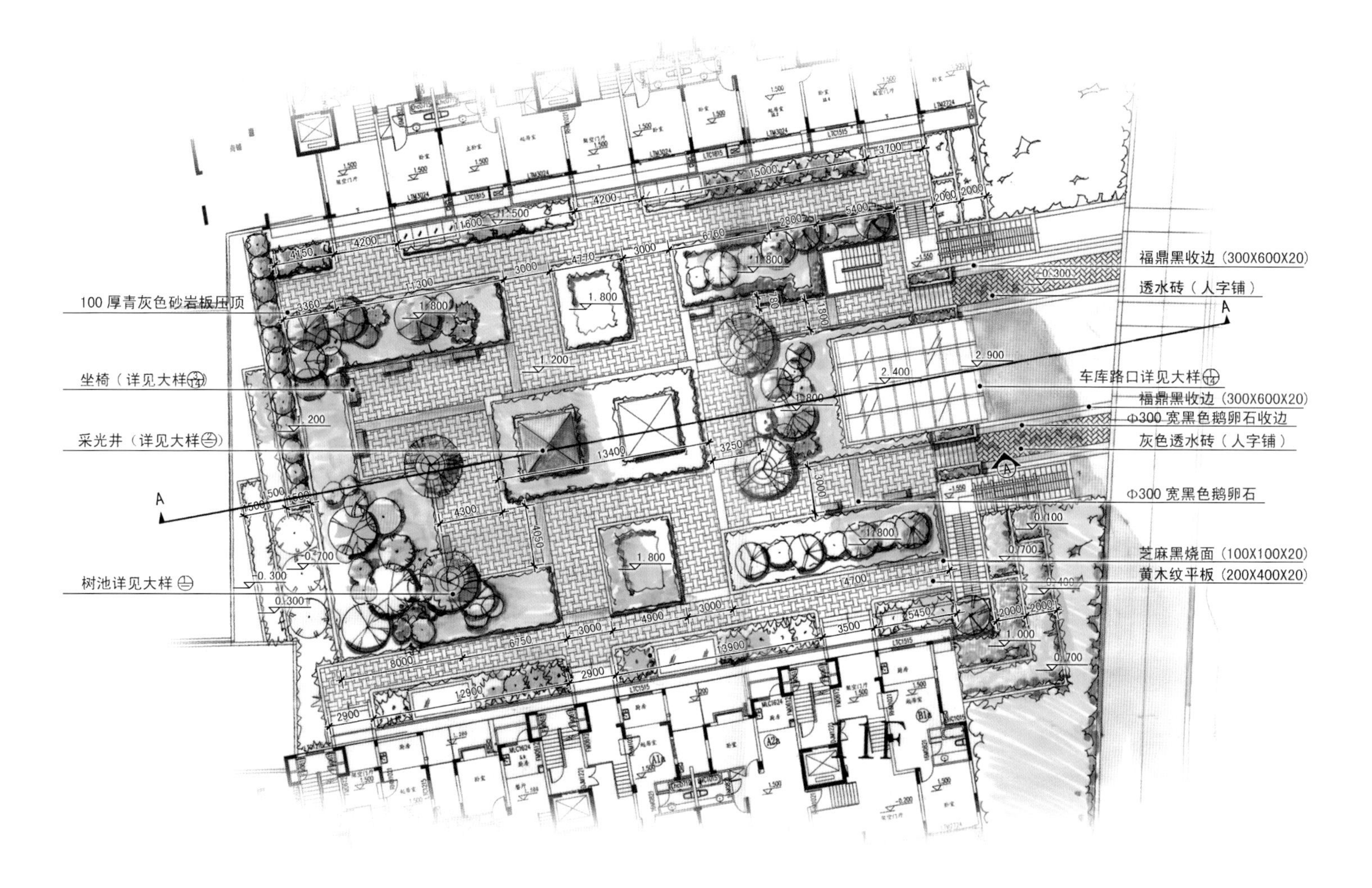

景观标识牌花池平面

SC 1:100

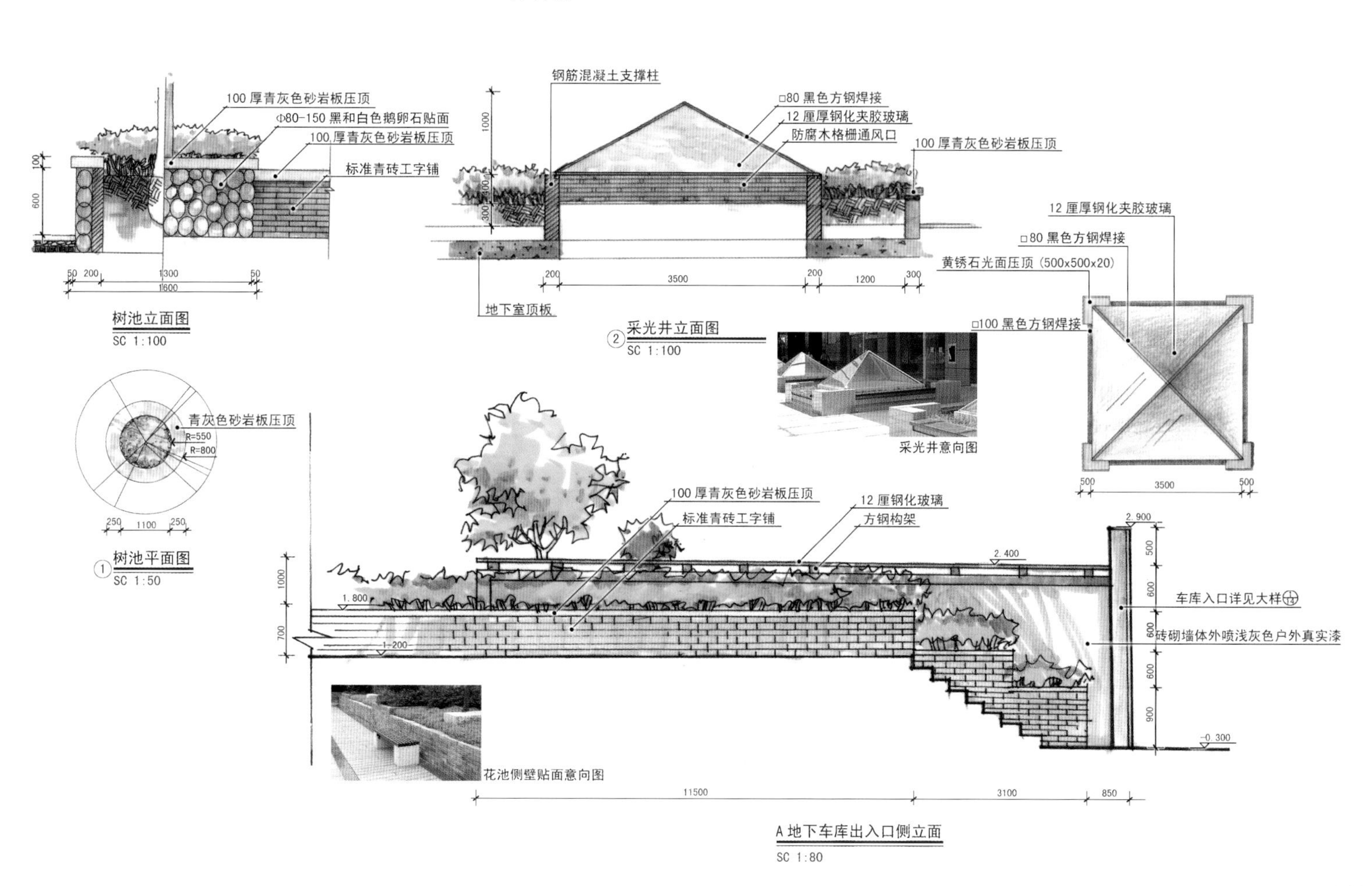

A 地下车库出入口侧立面

SC 1:80

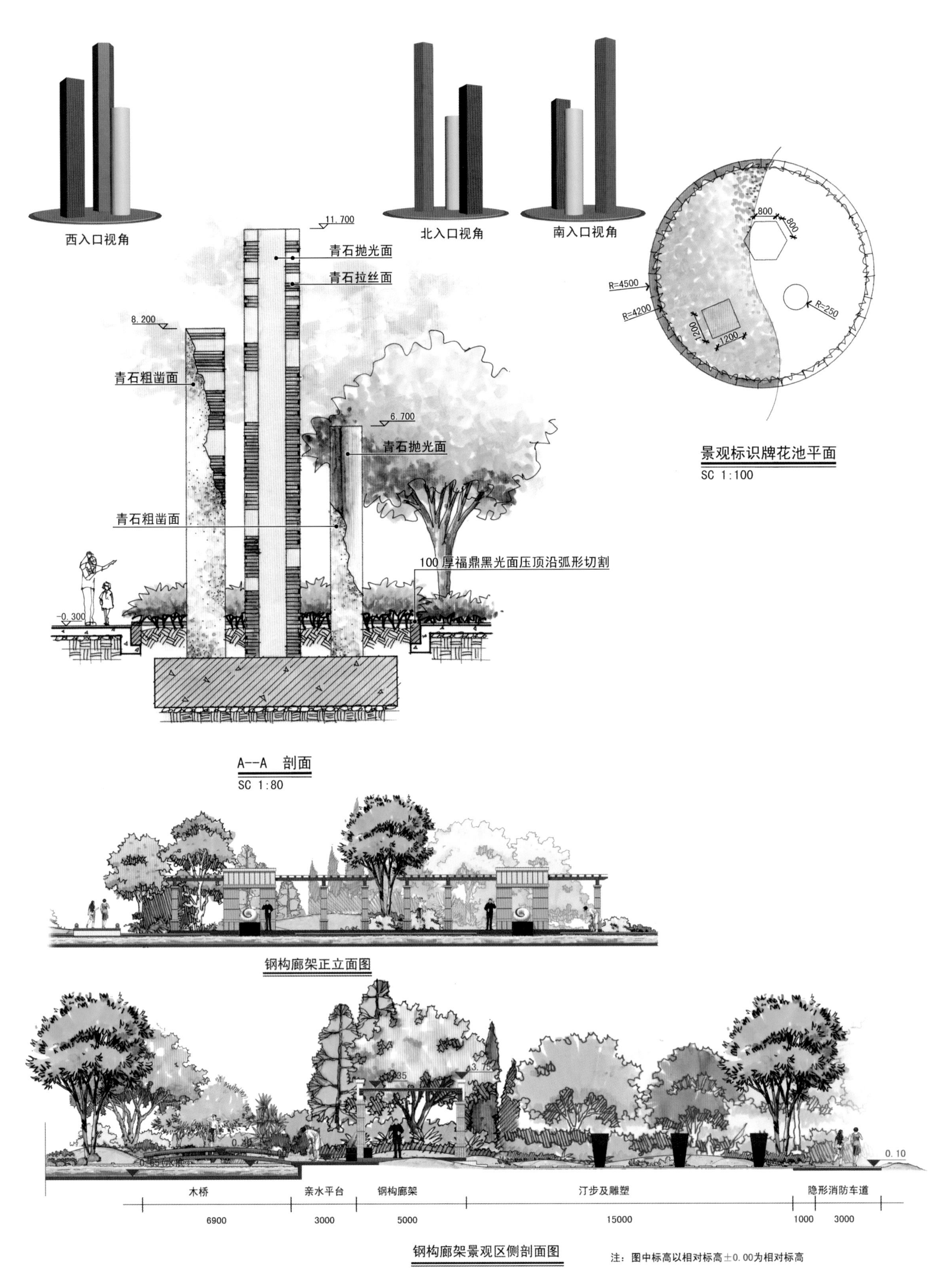

西入口视角
北入口视角
南入口视角
11.700
青石抛光面
青石拉丝面
8.200
青石粗凿面
6.700
青石抛光面
青石粗凿面
100 厚福鼎黑光面压顶沿弧形切割
-0.300
A--A 剖面
SC 1:80
800
800
R=4500
R=4200
R=250
1200
1200
景观标识牌花池平面
SC 1:100
钢构廊架正立面图
0.10
木桥
亲水平台
钢构廊架
汀步及雕塑
隐形消防车道
6900
3000
5000
15000
1000
3000
钢构廊架景观区侧剖面图
注：图中标高以相对标高±0.00为相对标高

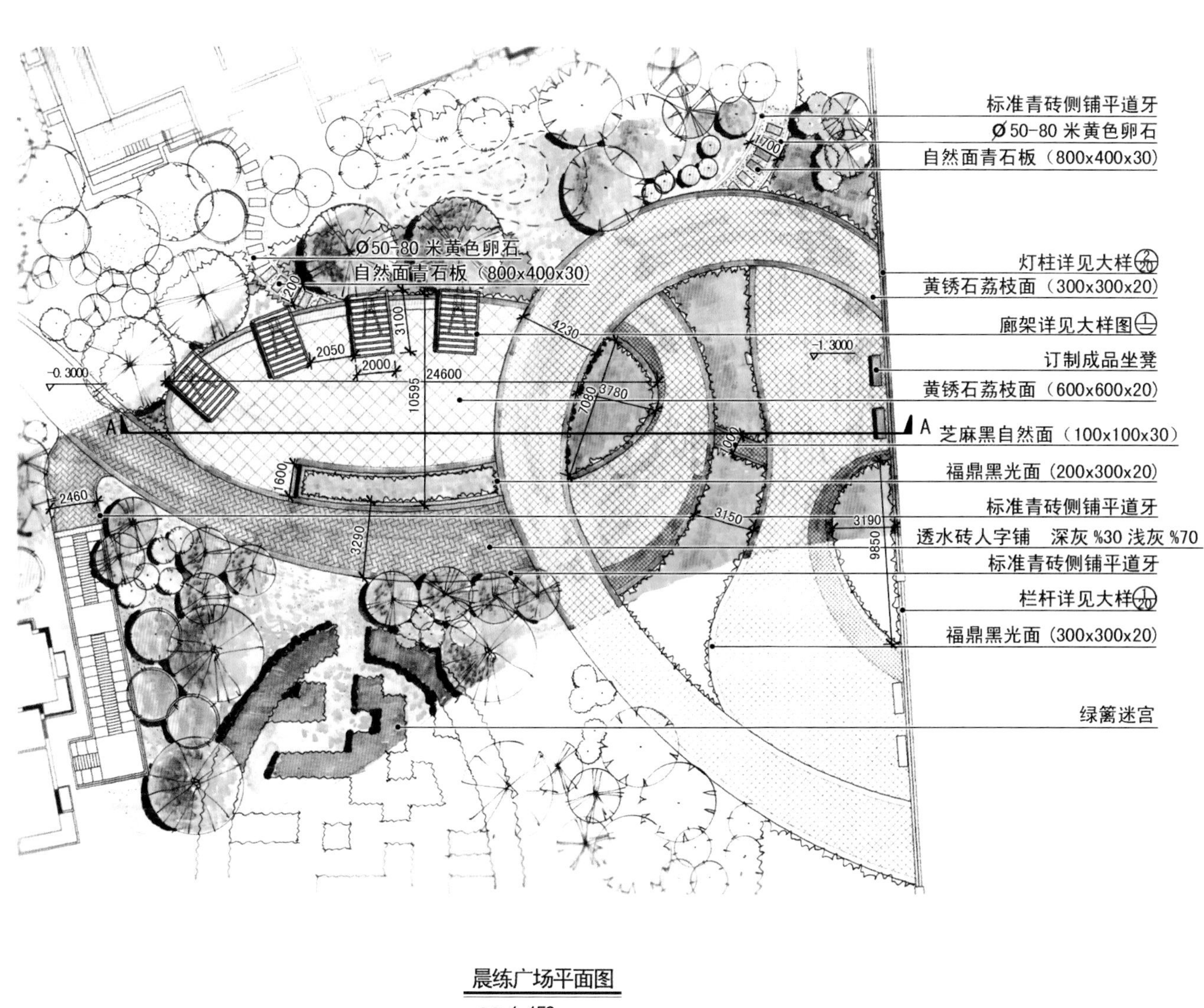

晨练广场平面图
SC:1:150

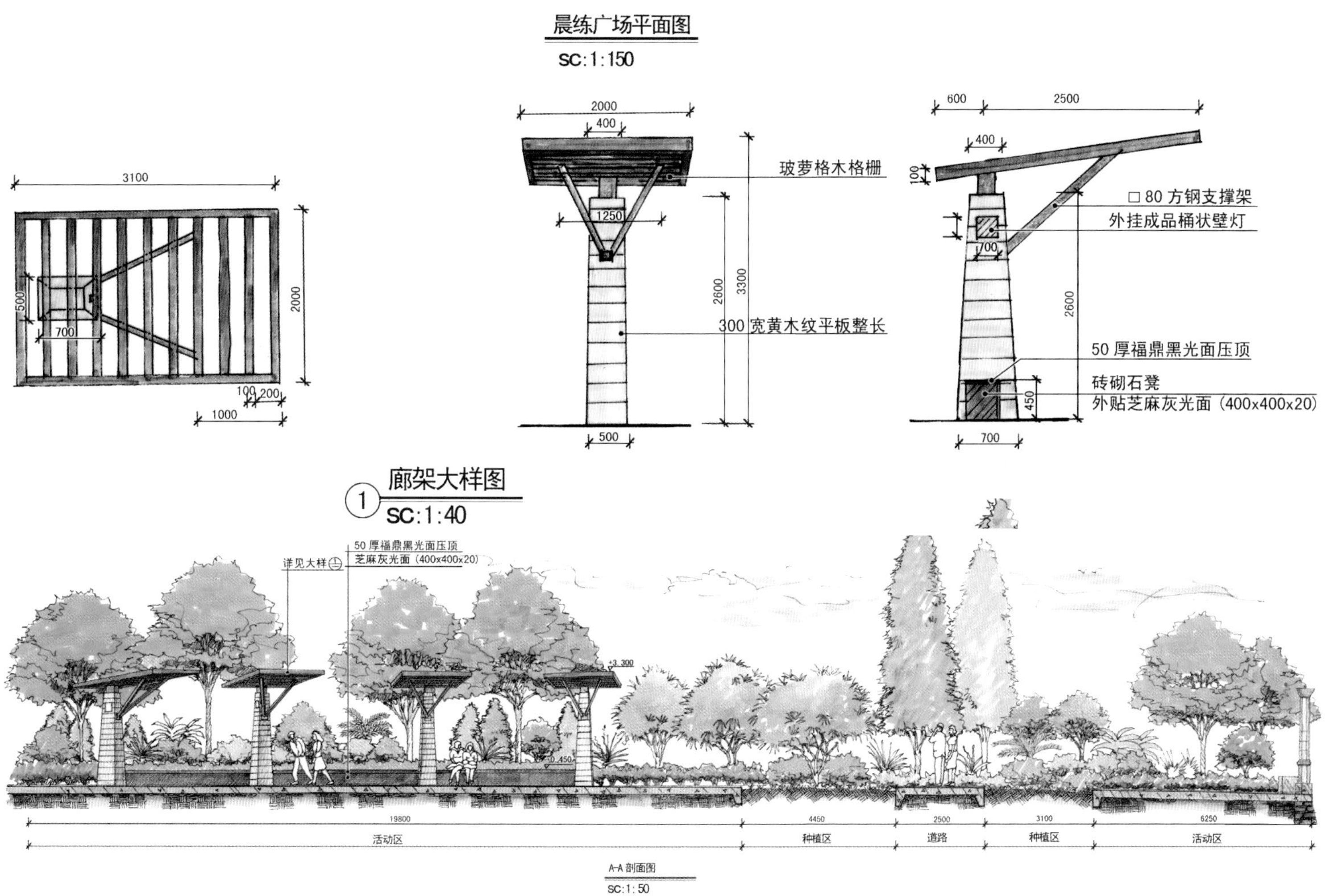

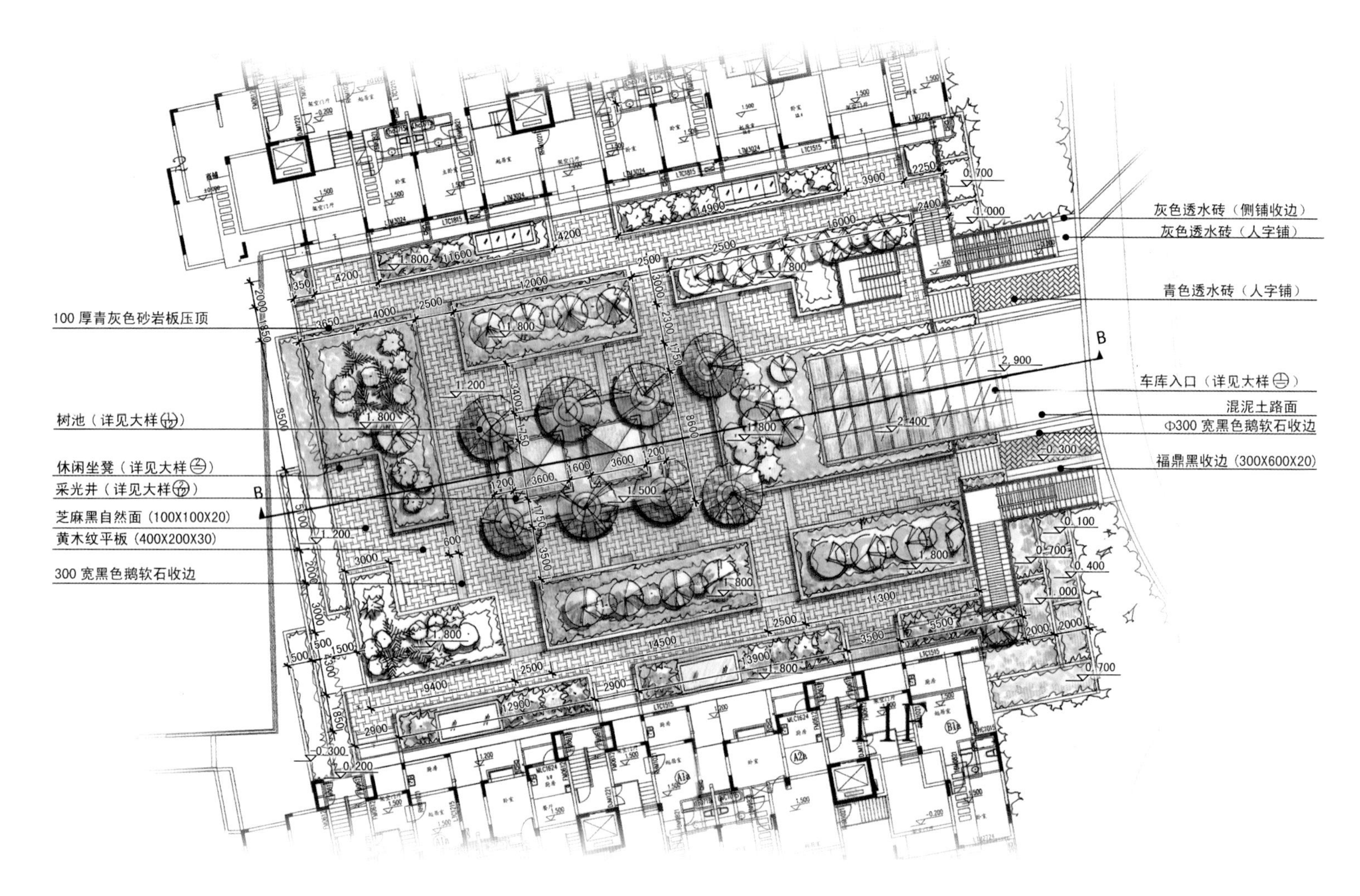

康乐臻园景观平面图扩初

SC 1:100

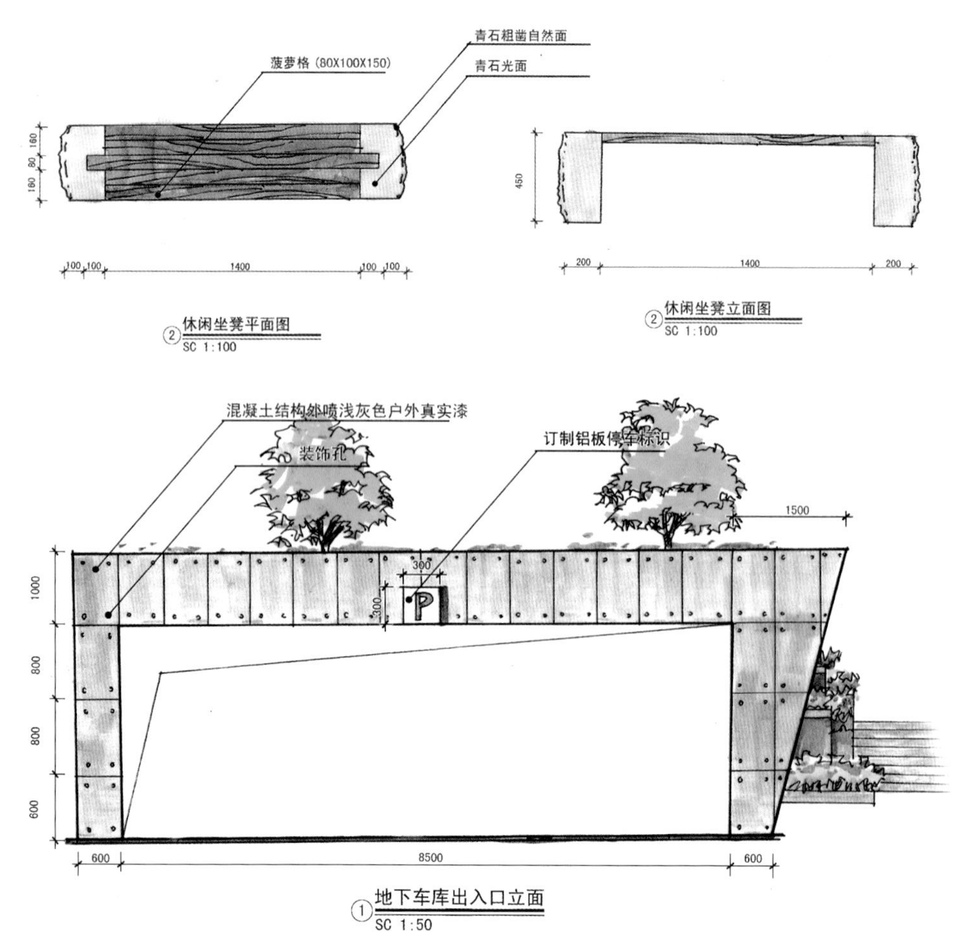

② 休闲坐凳平面图

SC 1:100

② 休闲坐凳立面图

SC 1:100

① 地下车库出入口立面

SC 1:50

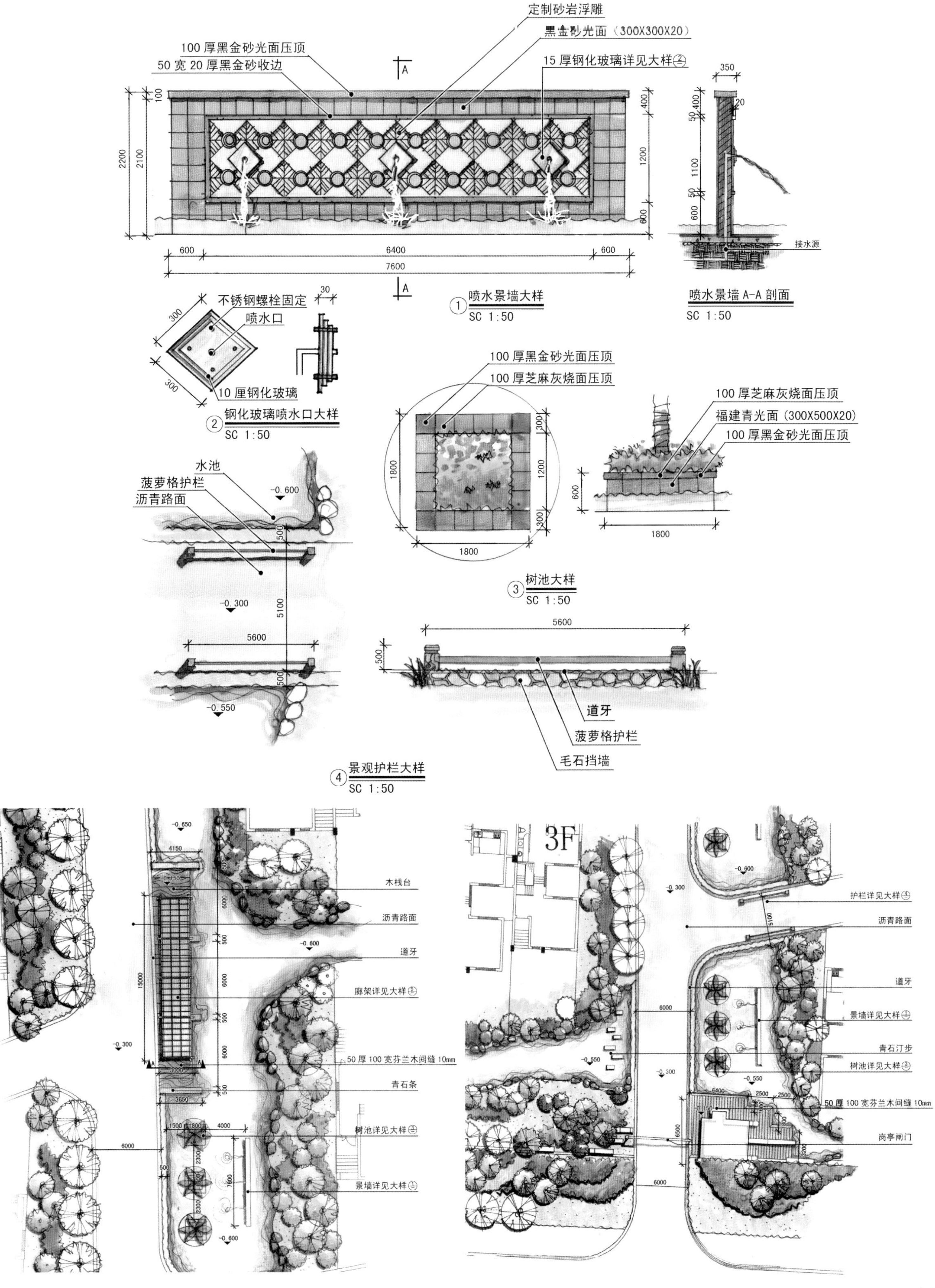
定制砂岩浮雕
黑金砂光面（300X300X20）
100 厚黑金砂光面压顶
50 宽 20 厚黑金砂收边
15 厚钢化玻璃详见大样②
喷水景墙大样
SC 1:50
喷水景墙 A-A 剖面
SC 1:50
接水源
不锈钢螺栓固定
喷水口
10 厘钢化玻璃
钢化玻璃喷水口大样
SC 1:50
100 厚黑金砂光面压顶
100 厚芝麻灰烧面压顶
100 厚芝麻灰烧面压顶
福建青光面（300X500X20）
100 厚黑金砂光面压顶
树池大样
SC 1:50
水池
菠萝格护栏
沥青路面
道牙
菠萝格护栏
毛石挡墙
景观护栏大样
SC 1:50
木栈台
沥青路面
道牙
廊架详见大样
50 厚 100 宽芬兰木间缝 10mm
青石条
树池详见大样
景墙详见大样
3F
护栏详见大样
沥青路面
道牙
景墙详见大样
青石汀步
树池详见大样
50 厚 100 宽芬兰木间缝 10mm
岗亭闸门

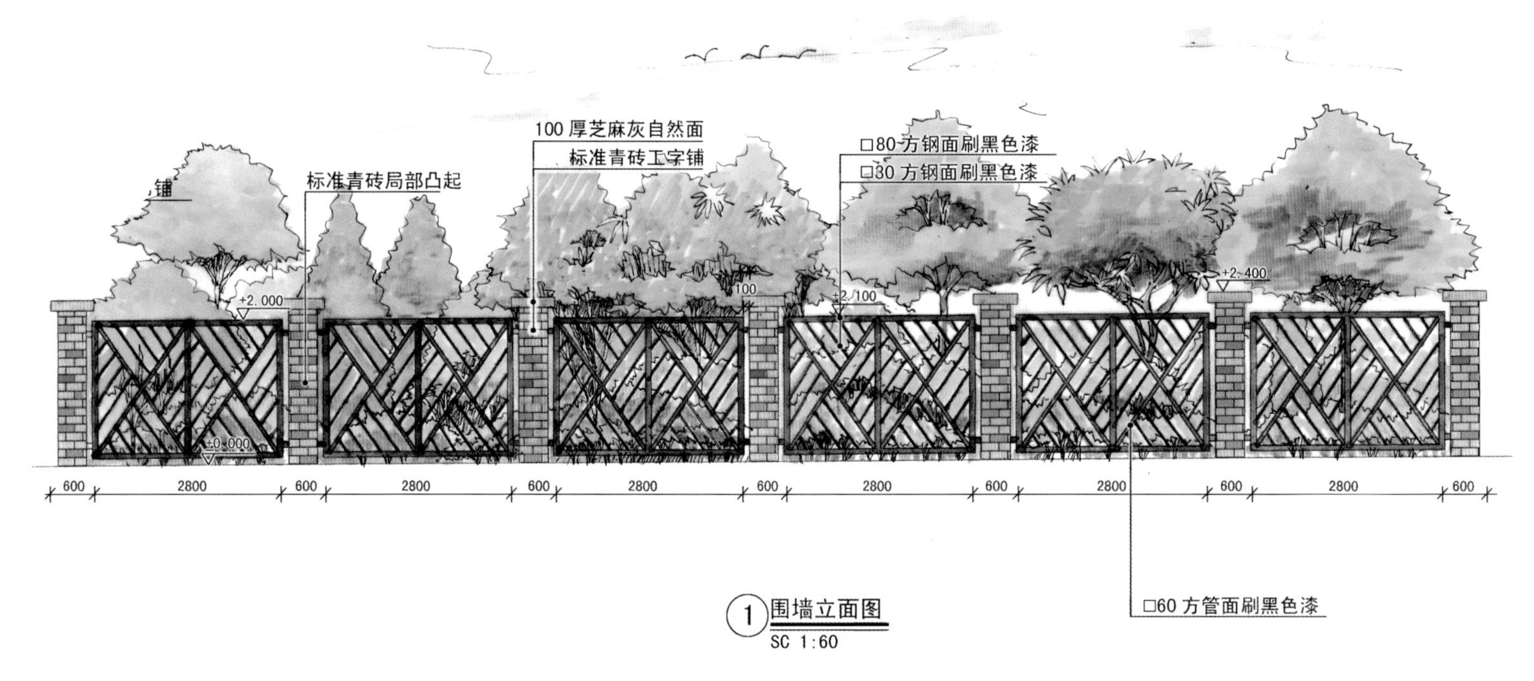

1 围墙立面图
SC 1:60

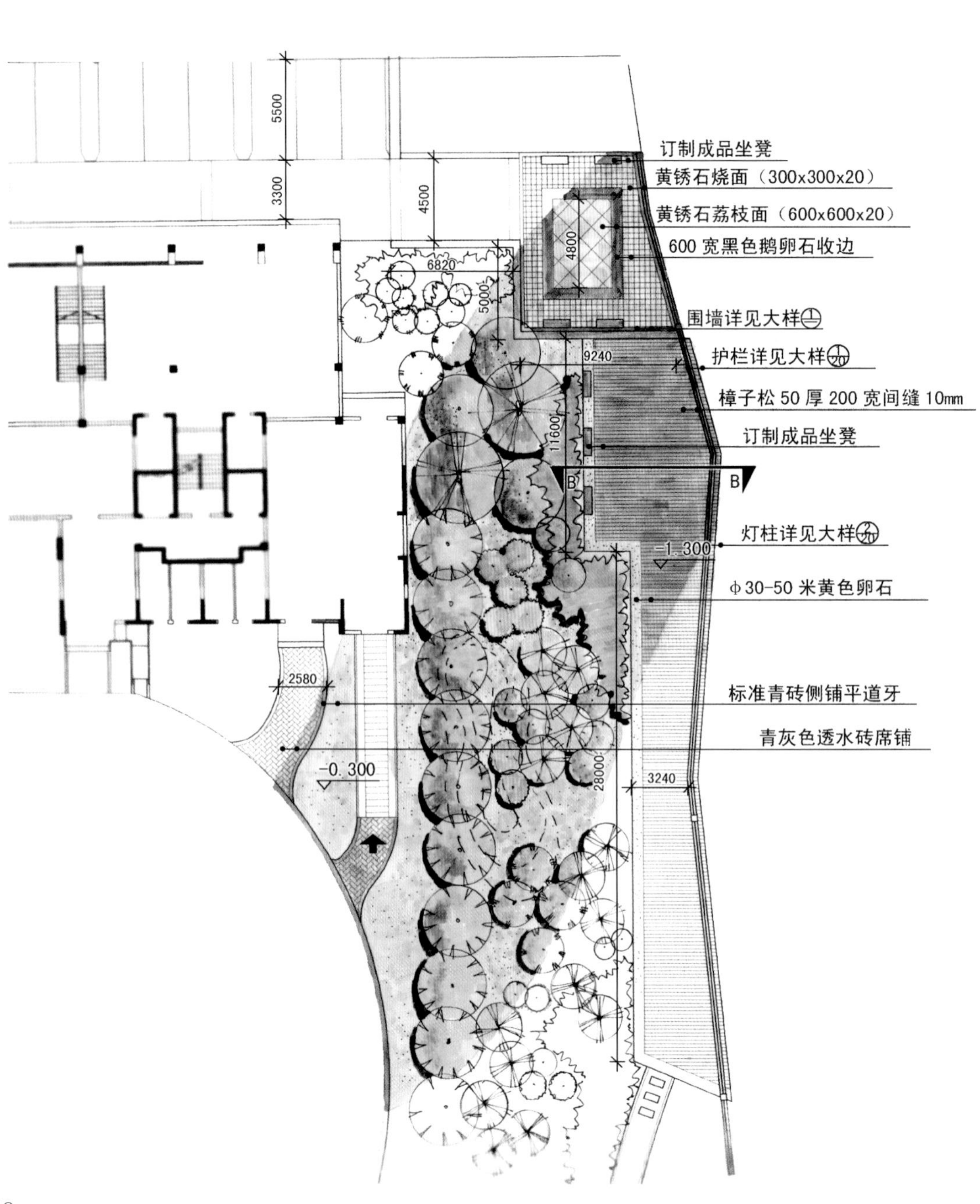

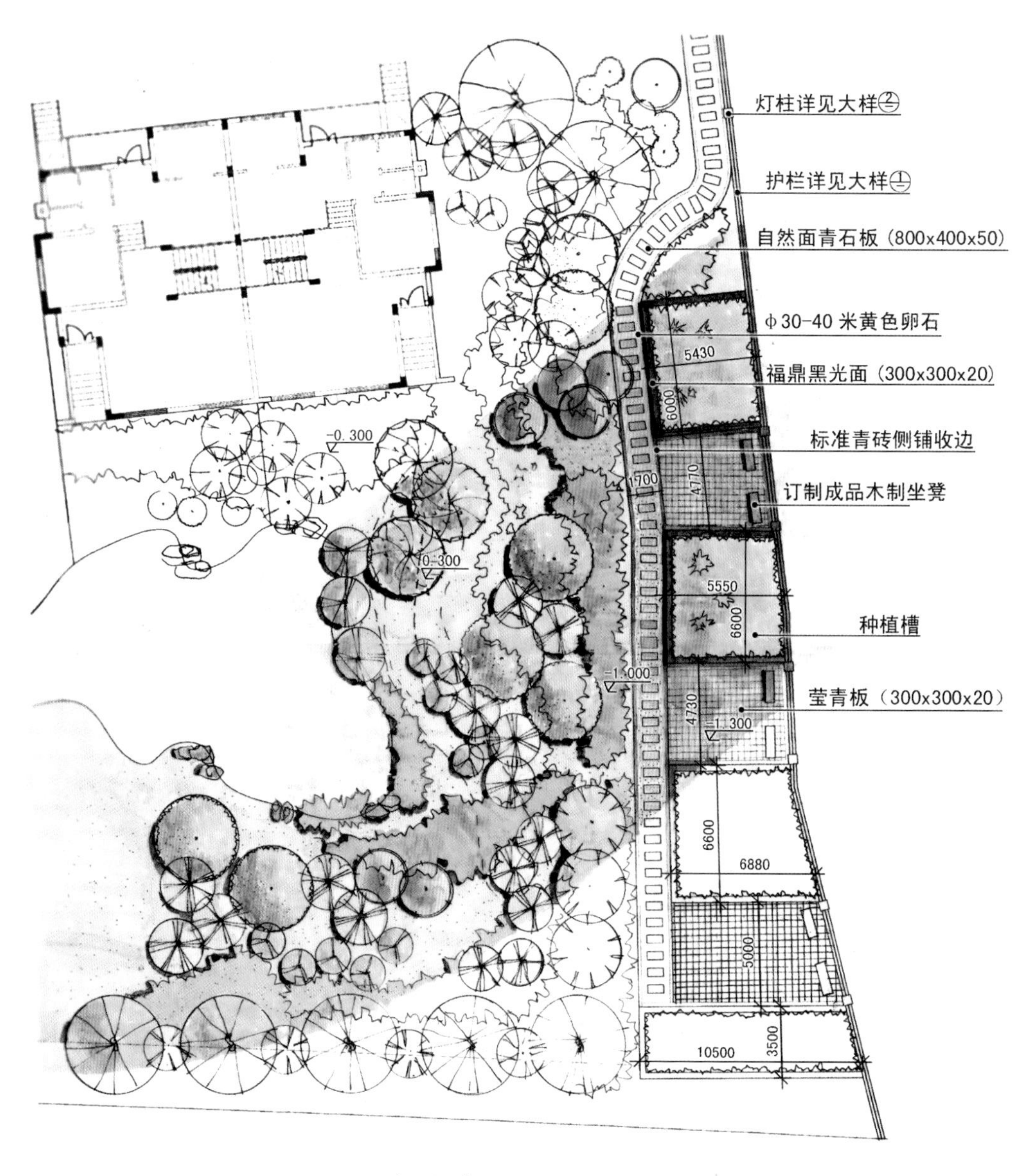

滨河带青竹一隅平面扩初

SC 1:180

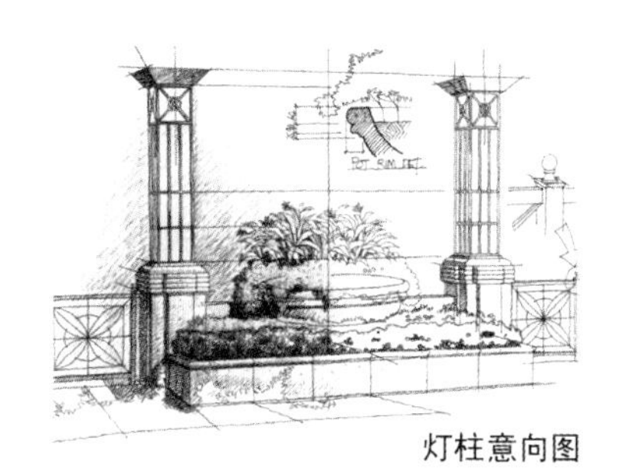

灯柱意向图

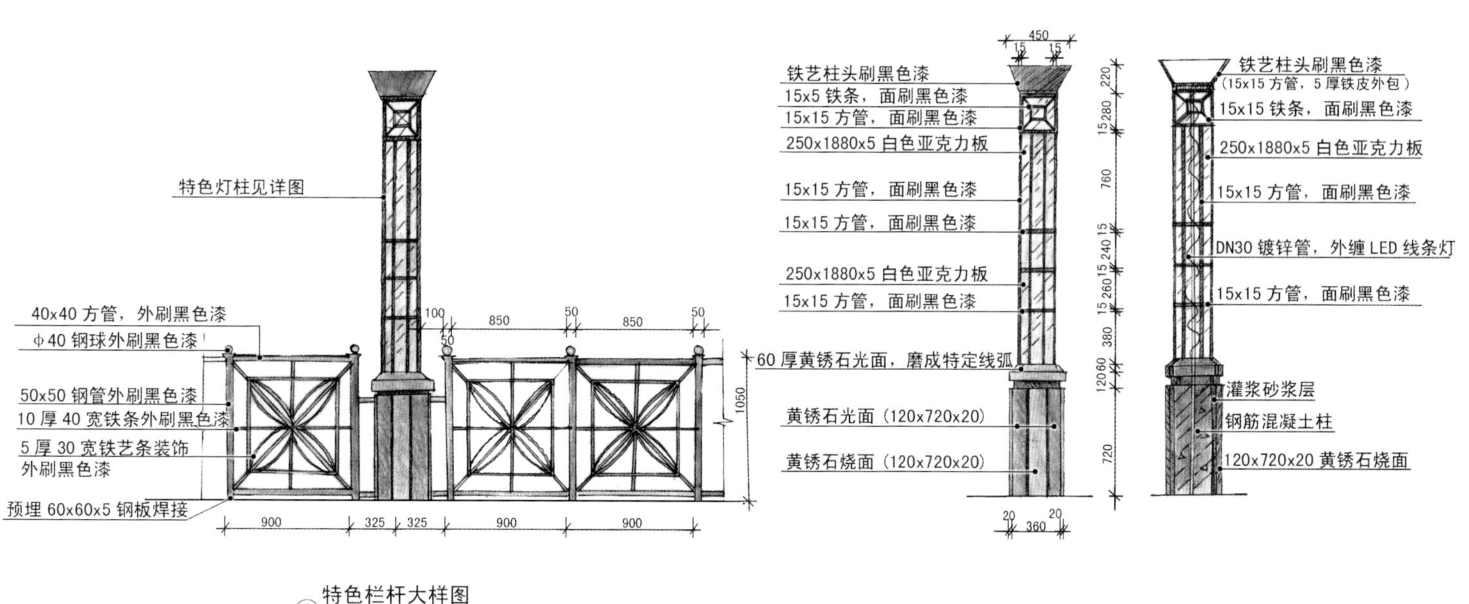

① 特色栏杆大样图

SC 1:25

② 特色灯柱大样图

SC 1:25

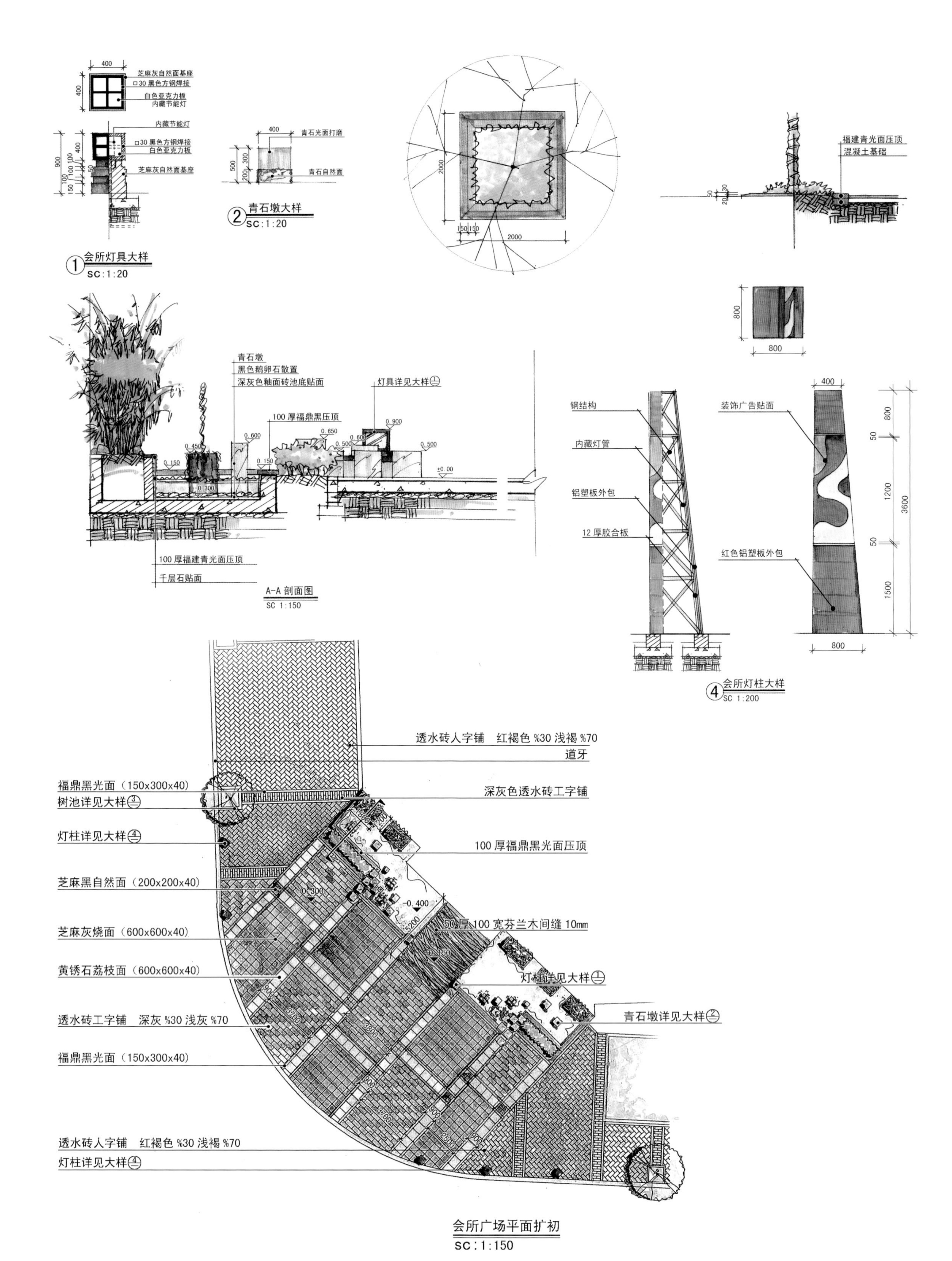

会所广场平面扩初

SC:1:150

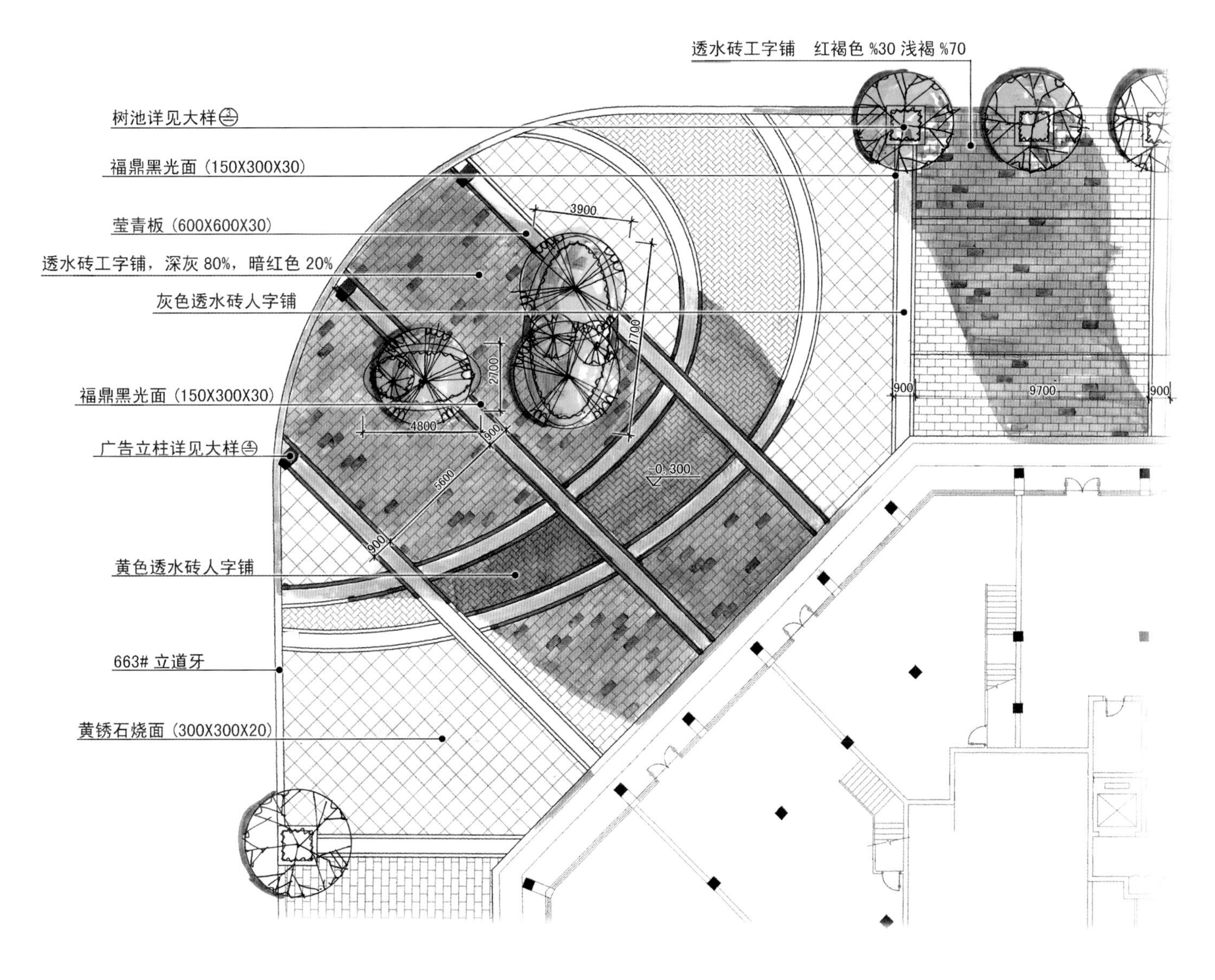

卵形树池商业广场平面扩初

SC 1:100

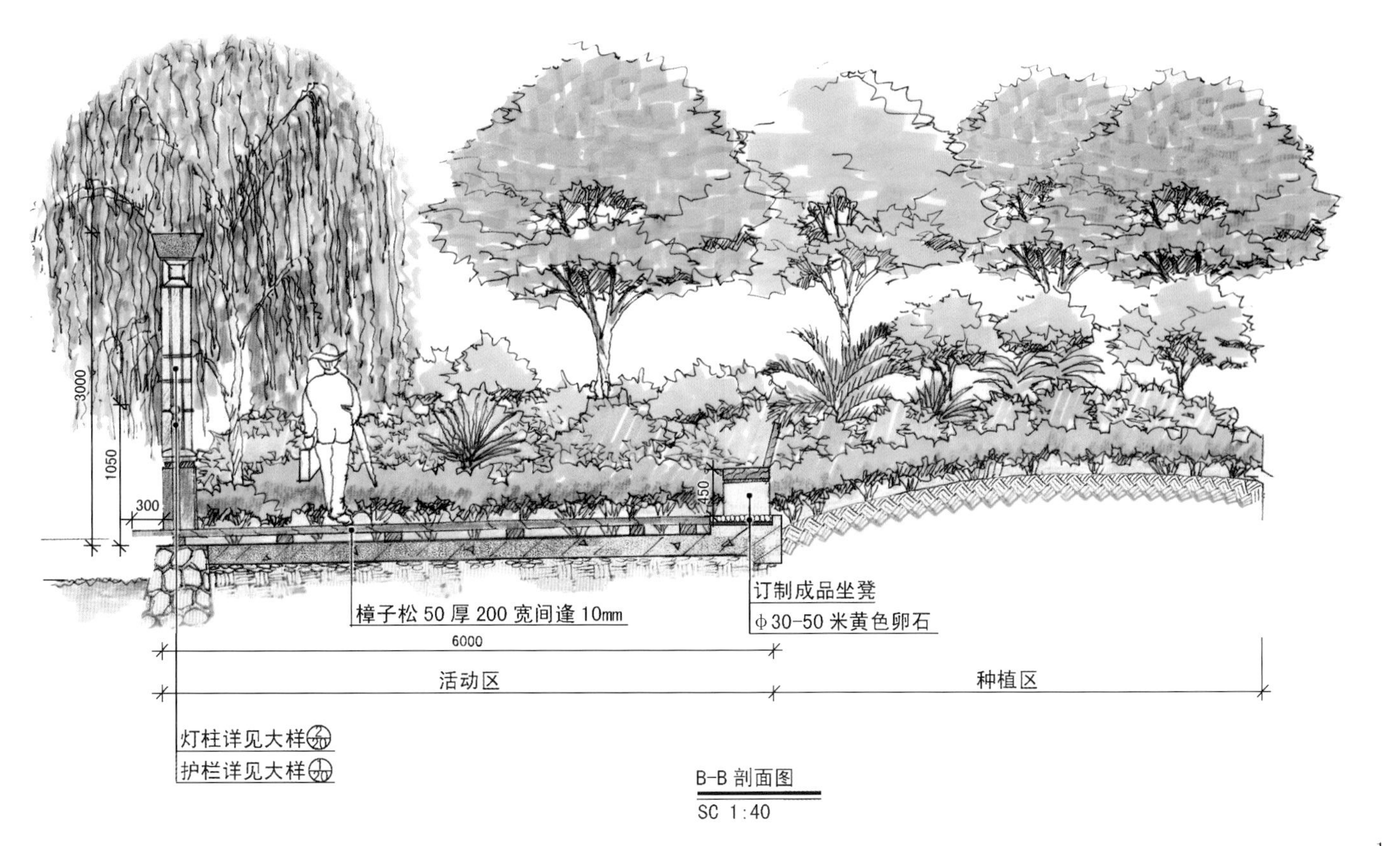

B-B 剖面图

SC 1:40

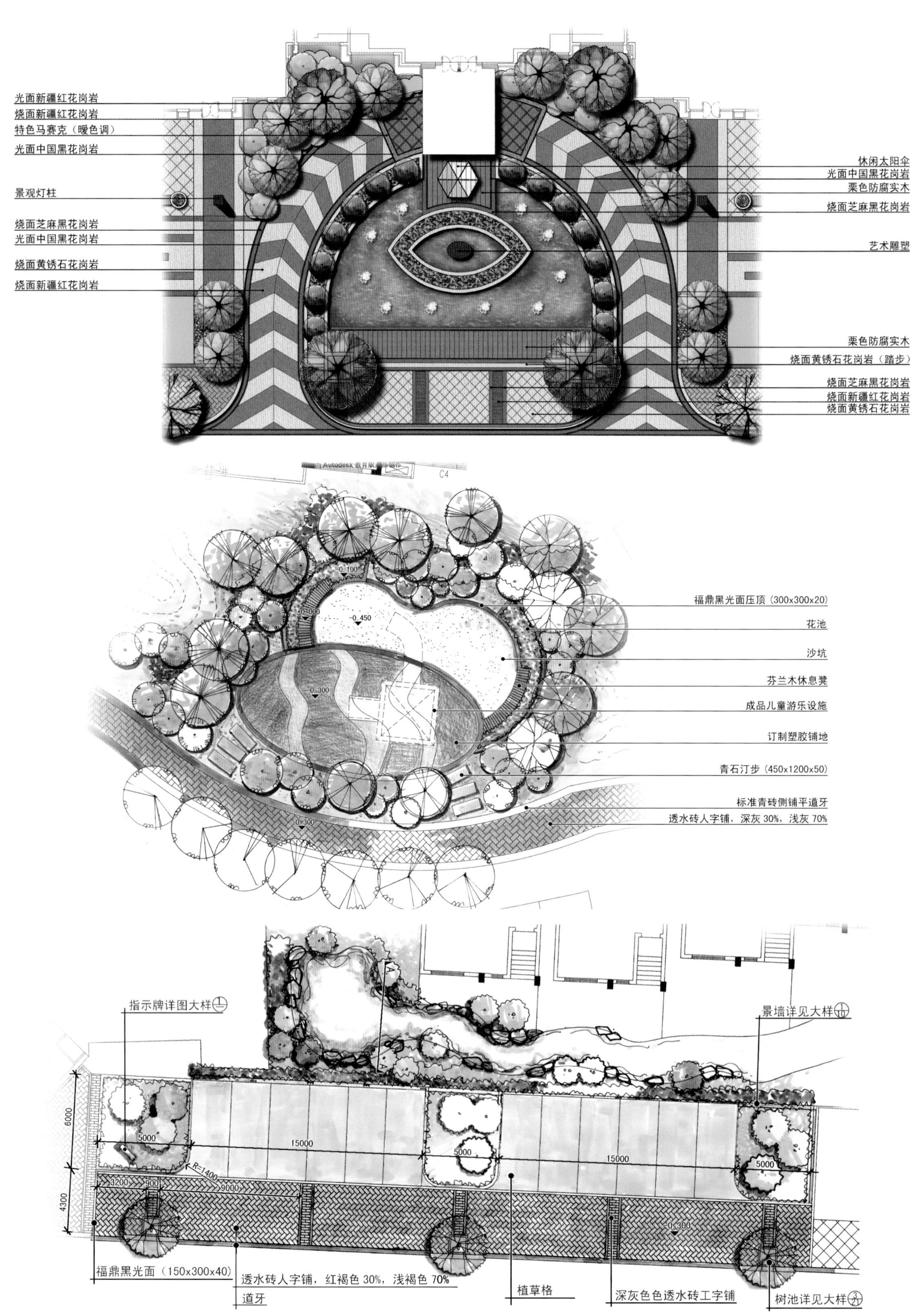
光面新疆红花岗岩
烧面新疆红花岗岩
特色马赛克（暖色调）
光面中国黑花岗岩
景观灯柱
烧面芝麻黑花岗岩
光面中国黑花岗岩
烧面黄锈石花岗岩
烧面新疆红花岗岩
休闲太阳伞
光面中国黑花岗岩
栗色防腐实木
烧面芝麻黑花岗岩
艺术雕塑
栗色防腐实木
烧面黄锈石花岗岩（踏步）
烧面芝麻黑花岗岩
烧面新疆红花岗岩
烧面黄锈石花岗岩
福鼎黑光面压顶（300x300x20）
花池
沙坑
芬兰木休息凳
成品儿童游乐设施
订制塑胶铺地
青石汀步（450x1200x50）
标准青砖侧铺平道牙
透水砖人字铺，深灰 30%，浅灰 70%
指示牌详图大样
景墙详见大样
6000
4300
5000
15000
5000
15000
5000
R=1400
3200
900
9000
福鼎黑光面（150x300x40）
透水砖人字铺，红褐色 30%，浅褐色 70%
道牙
植草格
深灰色色透水砖工字铺
树池详见大样

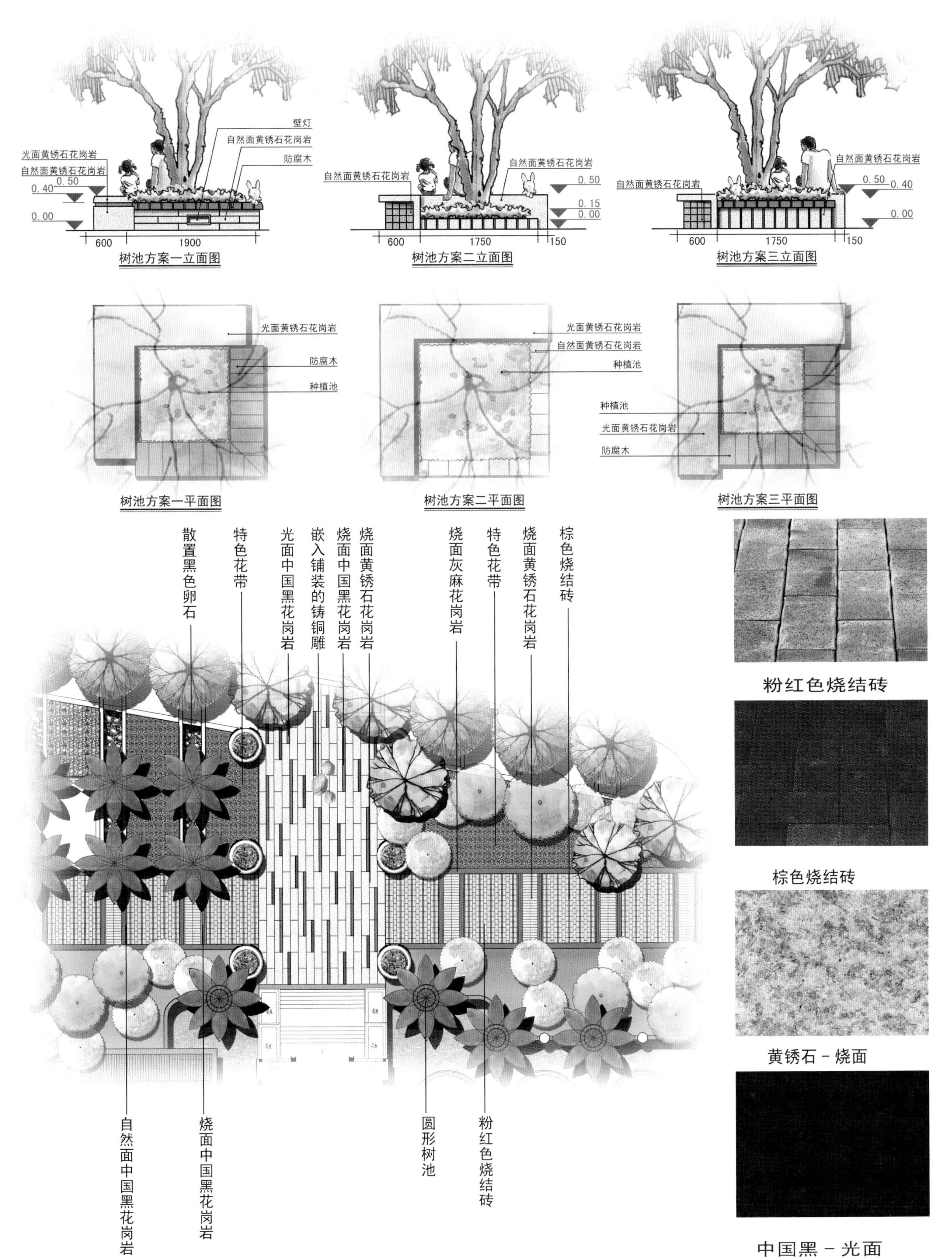

壁灯
自然面黄锈石花岗岩
光面黄锈石花岗岩
自然面黄锈石花岗岩
防腐木
0.50
0.40
0.00
600
1900
树池方案一立面图
自然面黄锈石花岗岩
自然面黄锈石花岗岩
0.50
0.15
0.00
600
1750
150
树池方案二立面图
自然面黄锈石花岗岩
自然面黄锈石花岗岩
0.50
0.40
0.00
600
1750
150
树池方案三立面图
光面黄锈石花岗岩
防腐木
种植池
树池方案一平面图
光面黄锈石花岗岩
自然面黄锈石花岗岩
种植池
树池方案二平面图
种植池
光面黄锈石花岗岩
防腐木
树池方案三平面图
散置黑色卵石
特色花带
光面中国黑花岗岩
嵌入铺装的铸铜雕
烧面中国黑花岗岩
烧面黄锈石花岗岩
烧面灰麻花岗岩
特色花带
烧面黄锈石花岗岩
棕色烧结砖
自然面中国黑花岗岩
烧面中国黑花岗岩
圆形树池
粉红色烧结砖
粉红色烧结砖
棕色烧结砖
黄锈石－烧面
中国黑－光面

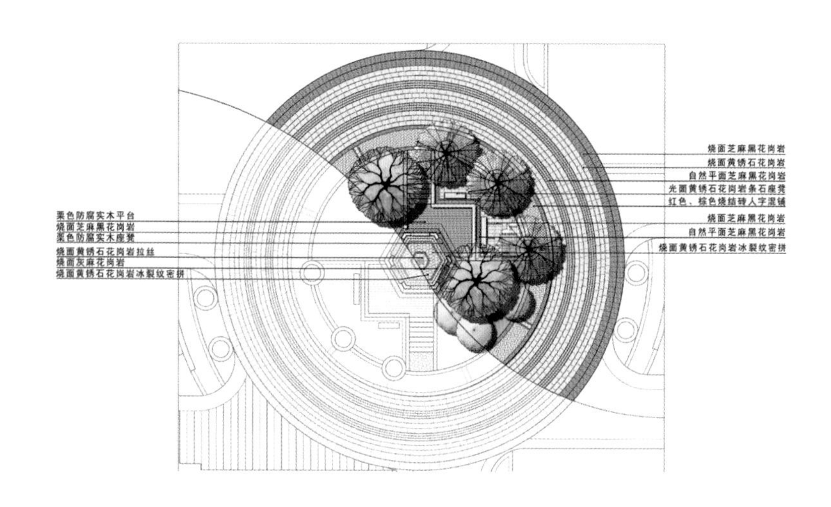

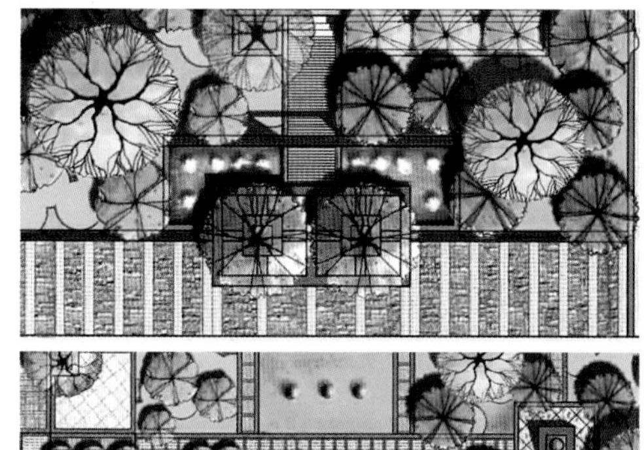

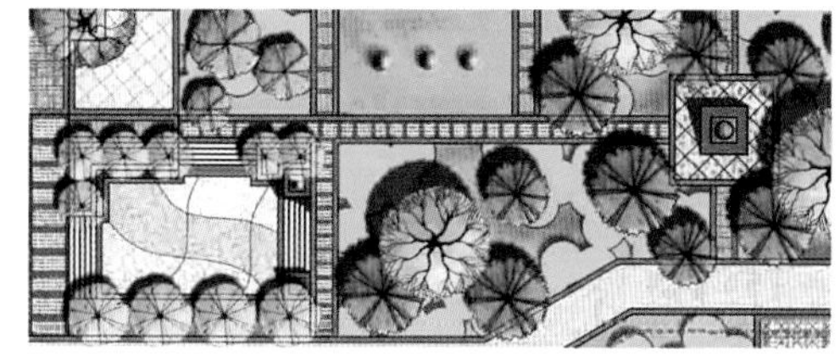

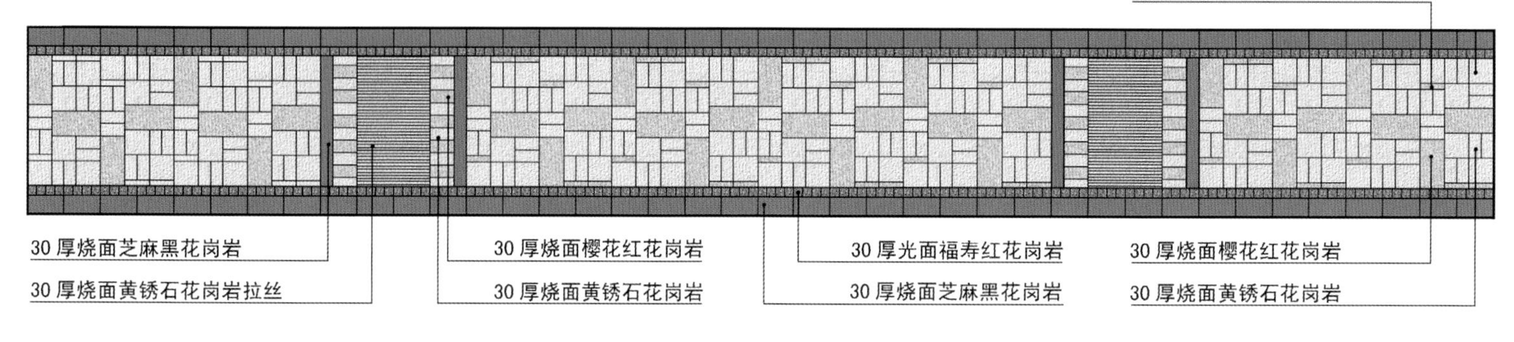

消防通道三米硬质铺装标准段

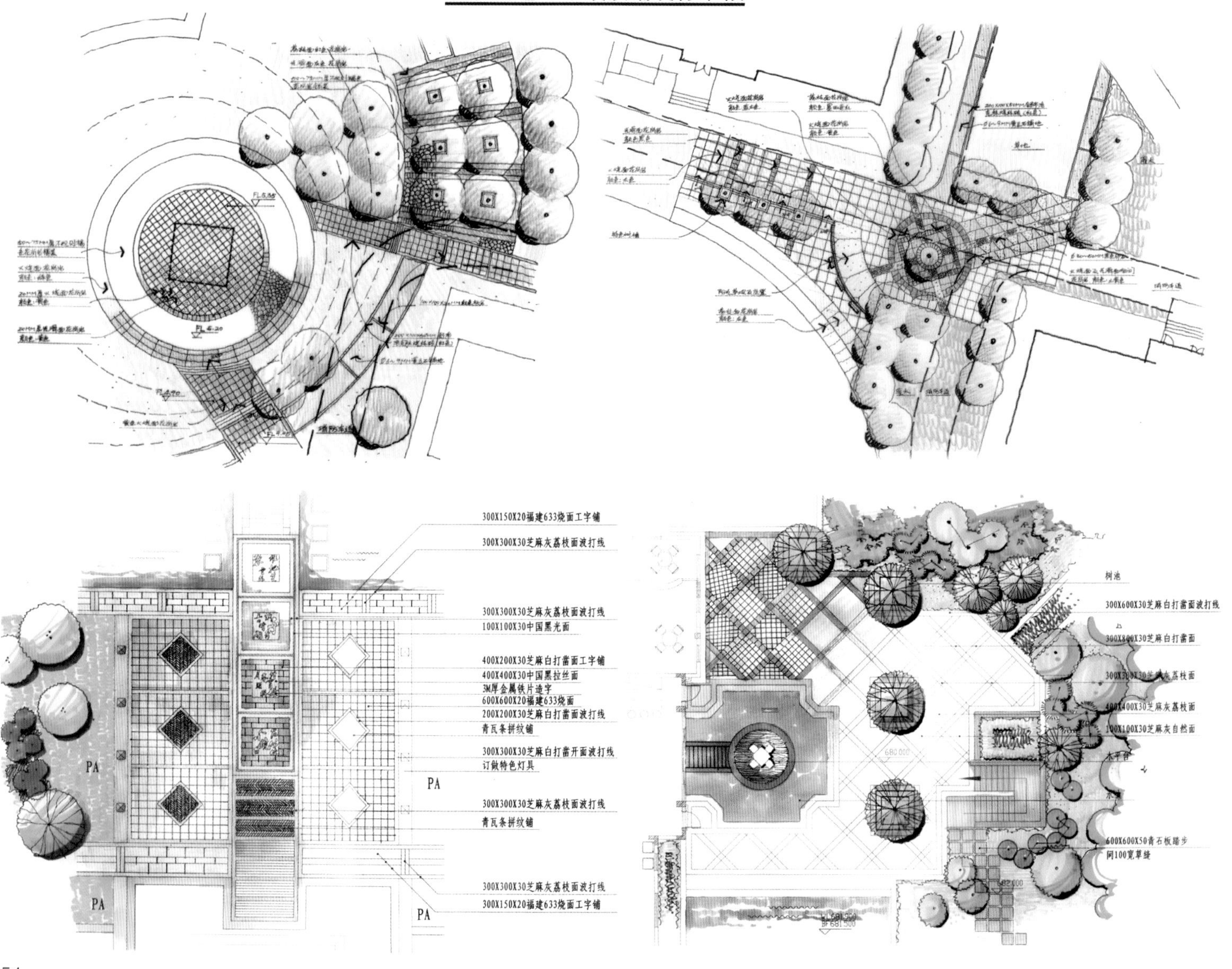

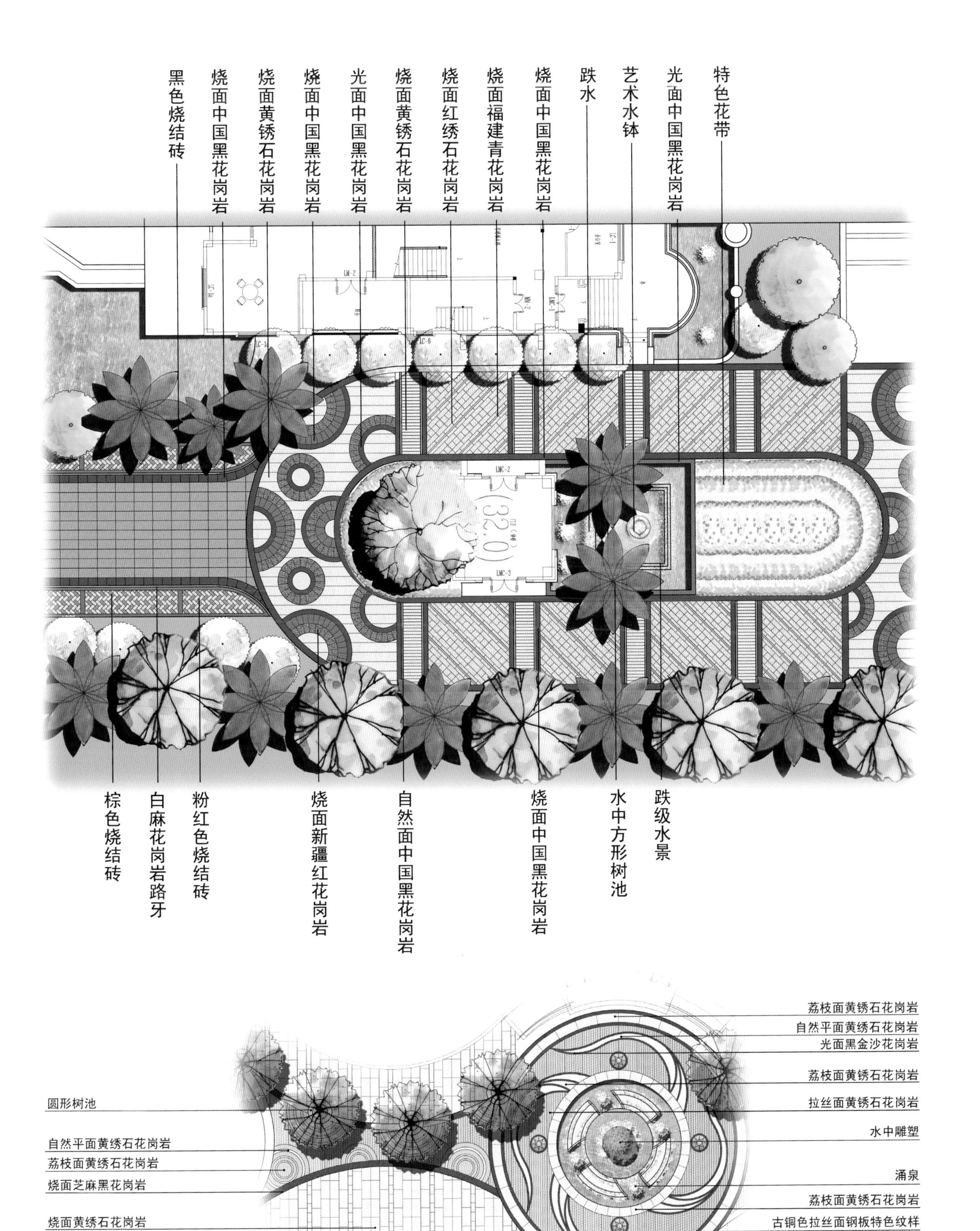
黑色烧结砖
烧面中国黑花岗岩
烧面黄锈石花岗岩
烧面中国黑花岗岩
光面中国黑花岗岩
烧面黄锈石花岗岩
烧面红锈石花岗岩
烧面福建青花岗岩
烧面中国黑花岗岩
跌水
艺术水钵
光面中国黑花岗岩
特色花带
棕色烧结砖
白麻花岗岩路牙
粉红色烧结砖
烧面新疆红花岗岩
自然面中国黑花岗岩
烧面中国黑花岗岩
水中方形树池
跌级水景
荔枝面黄锈石花岗岩
自然平面黄锈石花岗岩
光面黑金沙花岗岩
荔枝面黄锈石花岗岩
拉丝面黄锈石花岗岩
水中雕塑
涌泉
荔枝面黄锈石花岗岩
古铜色拉丝面钢板特色纹样
（由专业公司设计）
圆形树池
自然平面黄锈石花岗岩
荔枝面黄锈石花岗岩
烧面芝麻黑花岗岩
烧面黄锈石花岗岩
自然平面黄锈石花岗岩

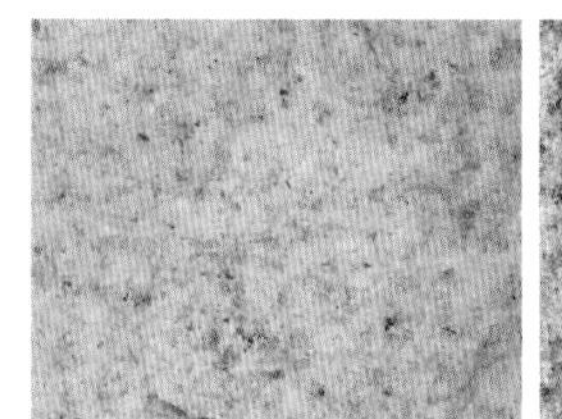

自然平面黄锈石花岗岩

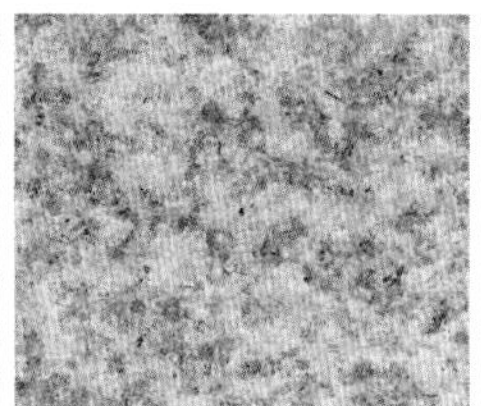

烧面黄锈石花岗岩

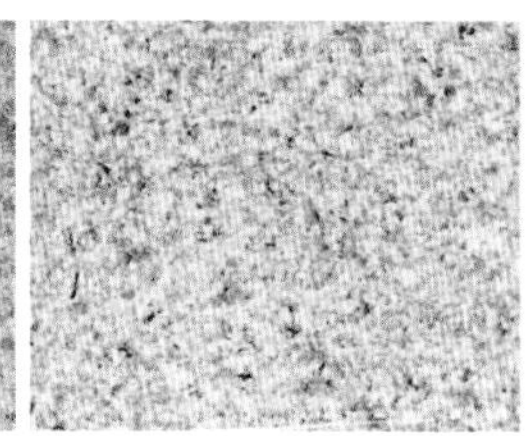

荔枝面黄锈石花岗岩

烧面芝麻黑花岗岩

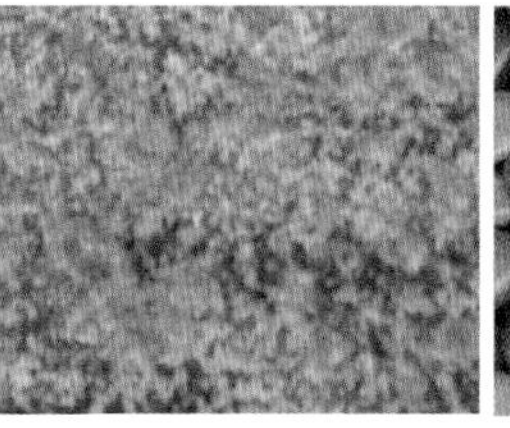

烧面福建青花岗岩

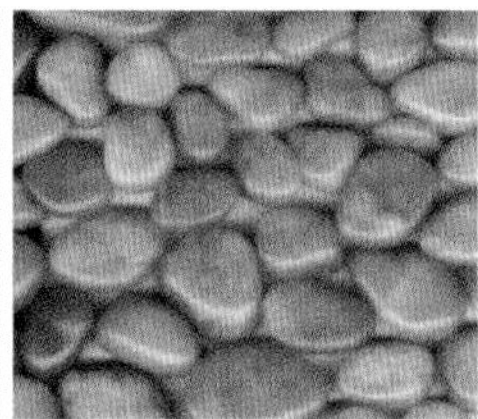

黄色雨花石

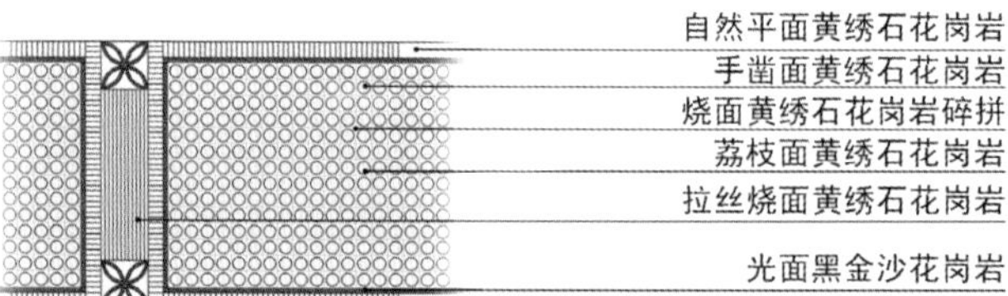

小区主干道（方案一）

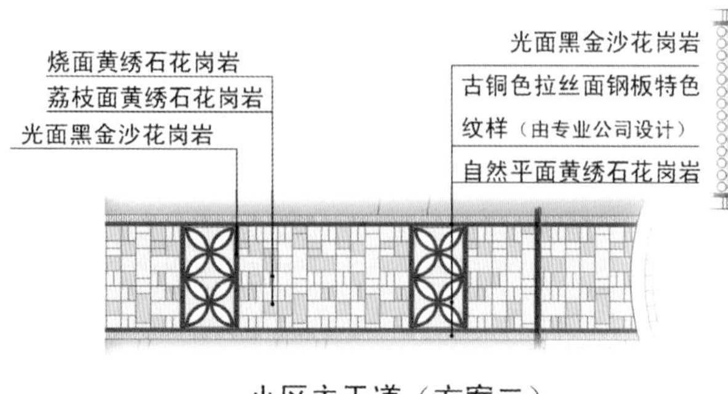

小区主干道（方案二）

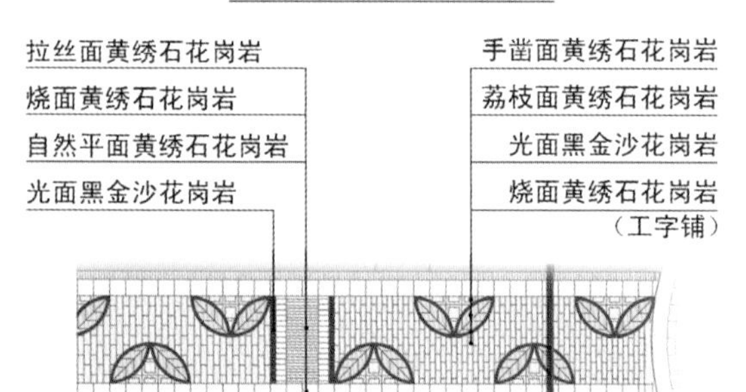

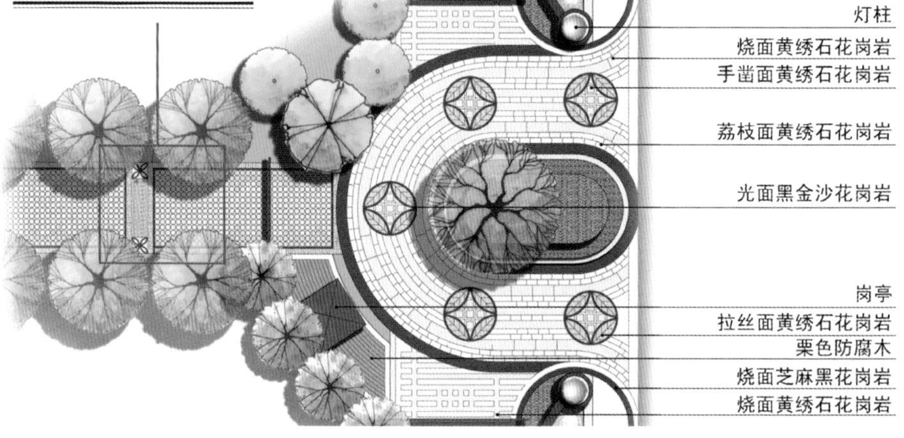

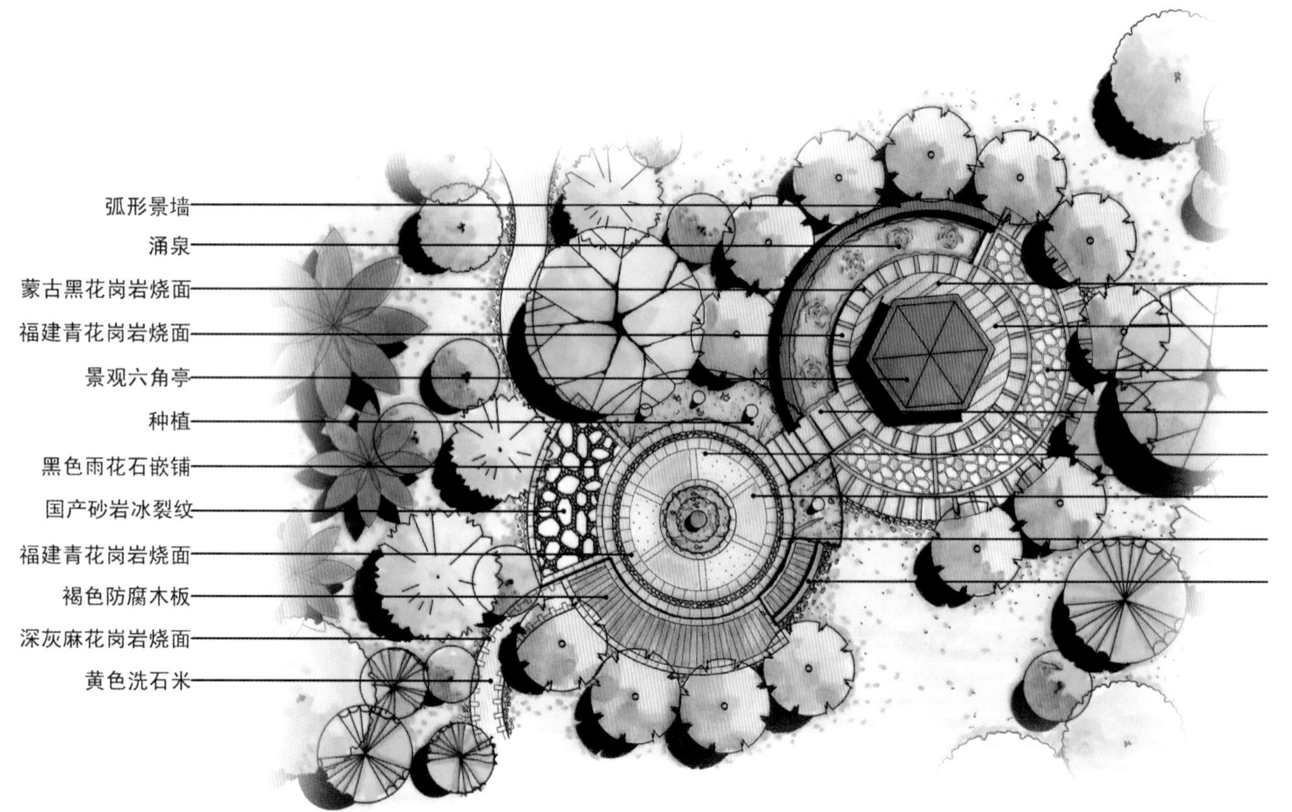

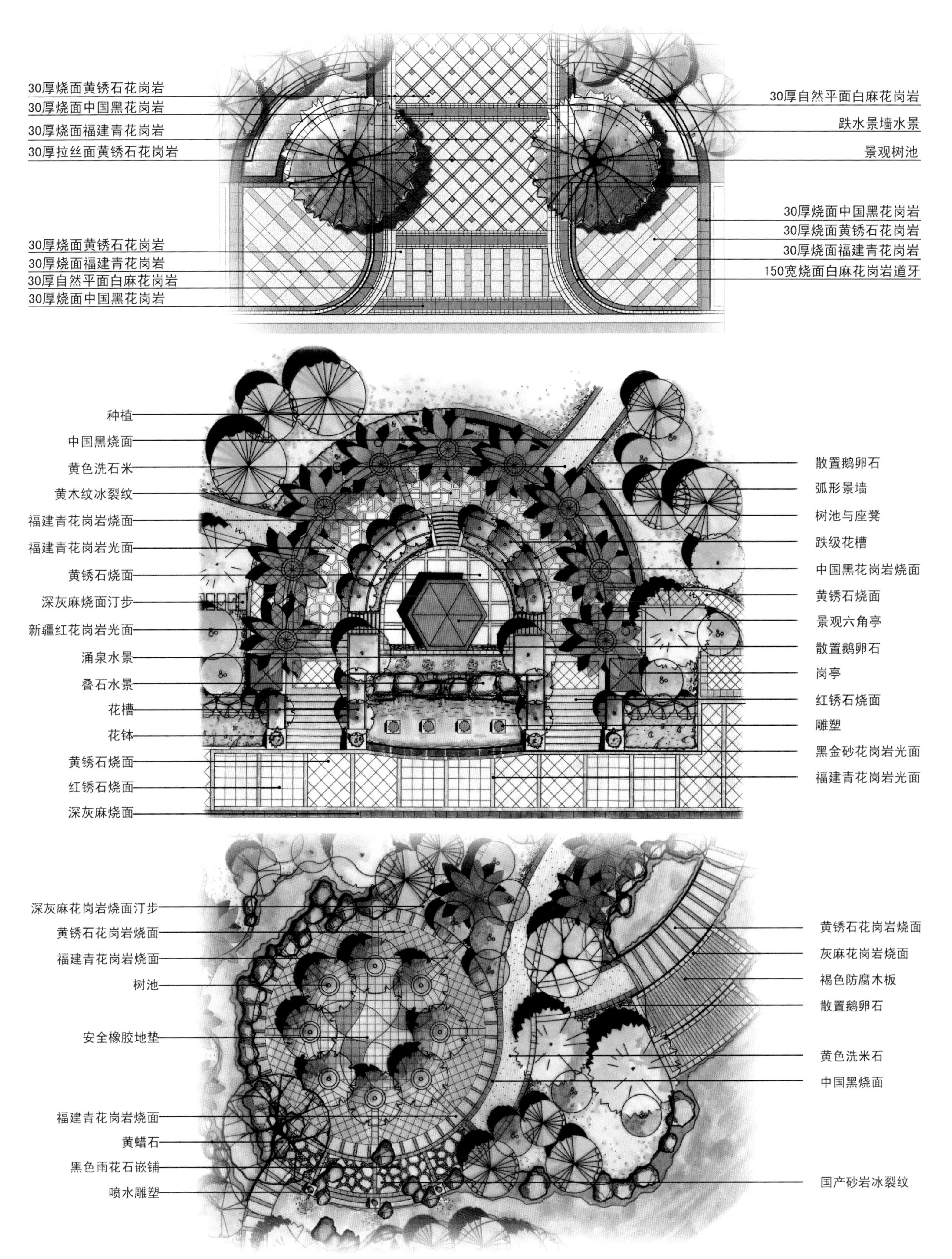
30厚烧面黄锈石花岗岩
30厚烧面中国黑花岗岩
30厚烧面福建青花岗岩
30厚拉丝面黄锈石花岗岩
30厚烧面黄锈石花岗岩
30厚烧面福建青花岗岩
30厚自然平面白麻花岗岩
30厚烧面中国黑花岗岩
30厚自然平面白麻花岗岩
跌水景墙水景
景观树池
30厚烧面中国黑花岗岩
30厚烧面黄锈石花岗岩
30厚烧面福建青花岗岩
150宽烧面白麻花岗岩道牙
种植
中国黑烧面
黄色洗石米
黄木纹冰裂纹
福建青花岗岩烧面
福建青花岗岩光面
黄锈石烧面
深灰麻烧面汀步
新疆红花岗岩光面
涌泉水景
叠石水景
花槽
花钵
黄锈石烧面
红锈石烧面
深灰麻烧面
散置鹅卵石
弧形景墙
树池与座凳
跌级花槽
中国黑花岗岩烧面
黄锈石烧面
景观六角亭
散置鹅卵石
岗亭
红锈石烧面
雕塑
黑金砂花岗岩光面
福建青花岗岩光面
深灰麻花岗岩烧面汀步
黄锈石花岗岩烧面
福建青花岗岩烧面
树池
安全橡胶地垫
福建青花岗岩烧面
黄蜡石
黑色雨花石嵌铺
喷水雕塑
黄锈石花岗岩烧面
灰麻花岗岩烧面
褐色防腐木板
散置鹅卵石
黄色洗米石
中国黑烧面
国产砂岩冰裂纹

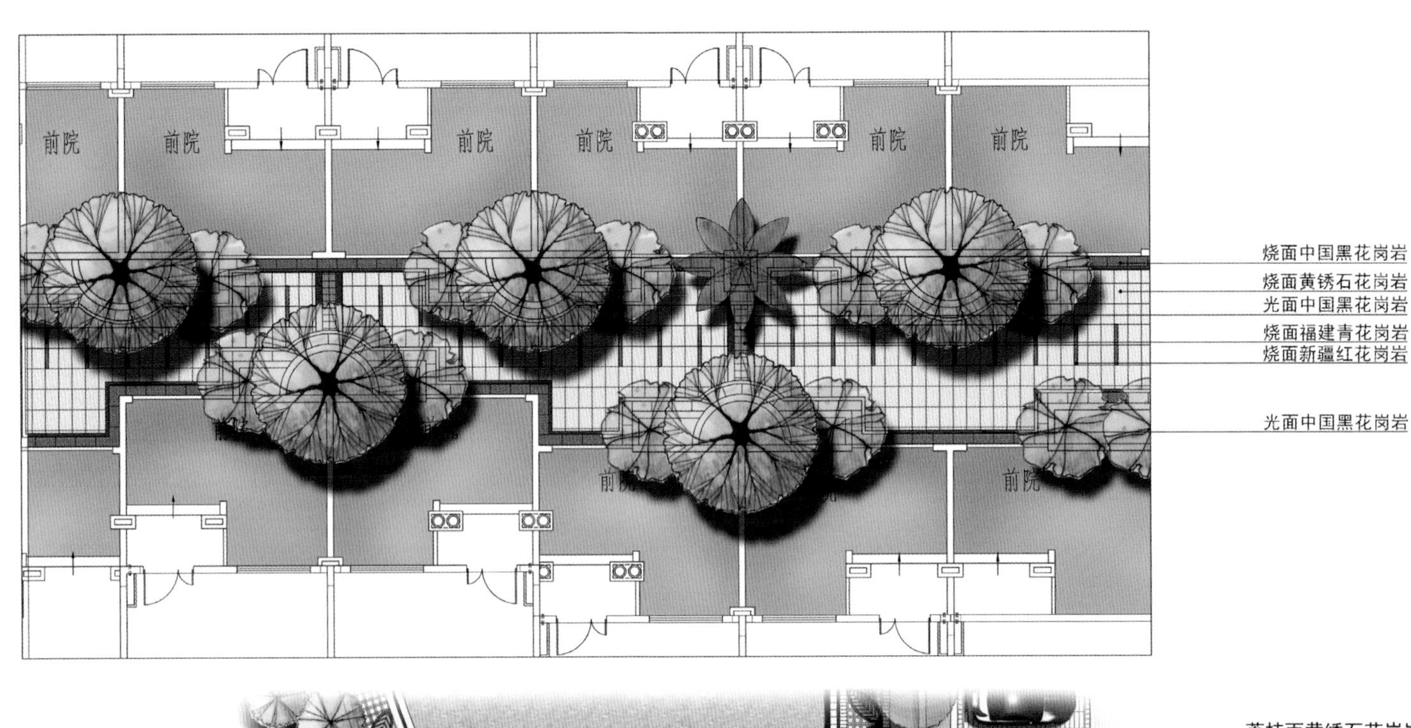
前院
前院
前院
前院
前院
前院
前院
前院
烧面中国黑花岗岩
烧面黄锈石花岗岩
光面中国黑花岗岩
烧面福建青花岗岩
烧面新疆红花岗岩
光面中国黑花岗岩

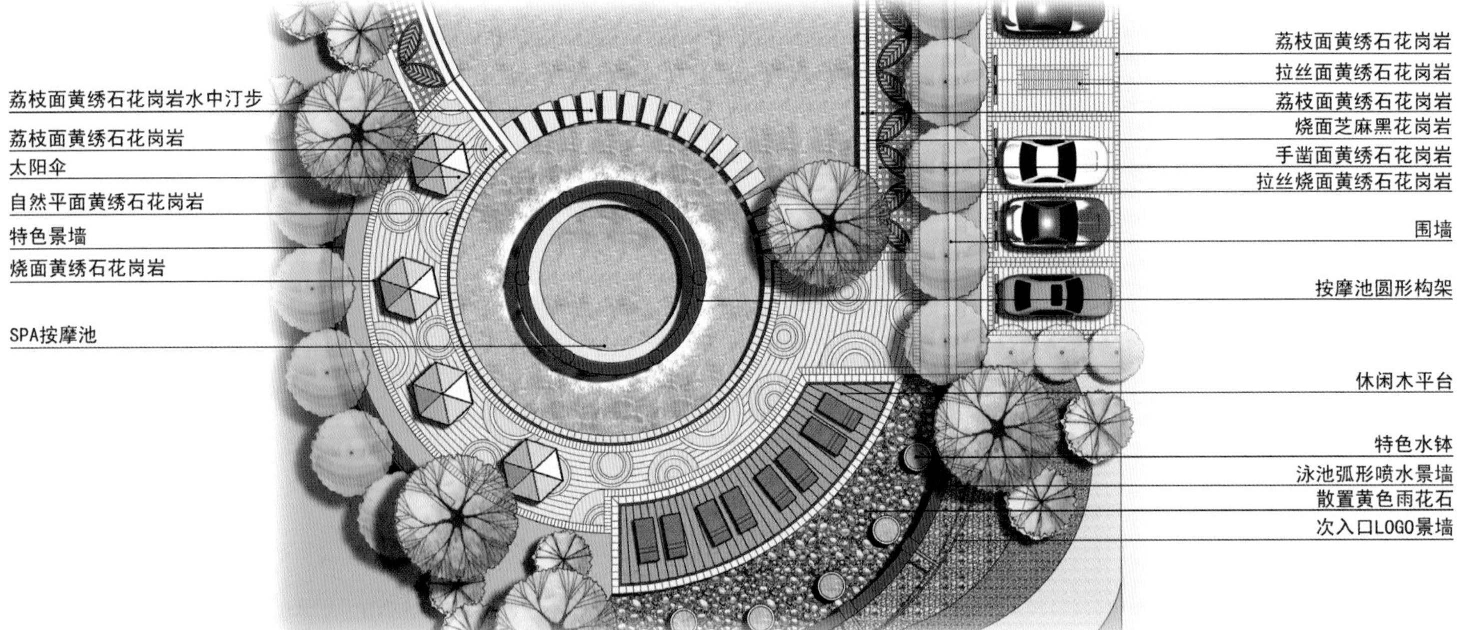
荔枝面黄锈石花岗岩水中汀步
荔枝面黄锈石花岗岩
太阳伞
自然平面黄锈石花岗岩
特色景墙
烧面黄锈石花岗岩
SPA按摩池
荔枝面黄锈石花岗岩
拉丝面黄锈石花岗岩
荔枝面黄锈石花岗岩
烧面芝麻黑花岗岩
手凿面黄锈石花岗岩
拉丝烧面黄锈石花岗岩
围墙
按摩池圆形构架
休闲木平台
特色水钵
泳池弧形喷水景墙
散置黄色雨花石
次入口LOGO景墙

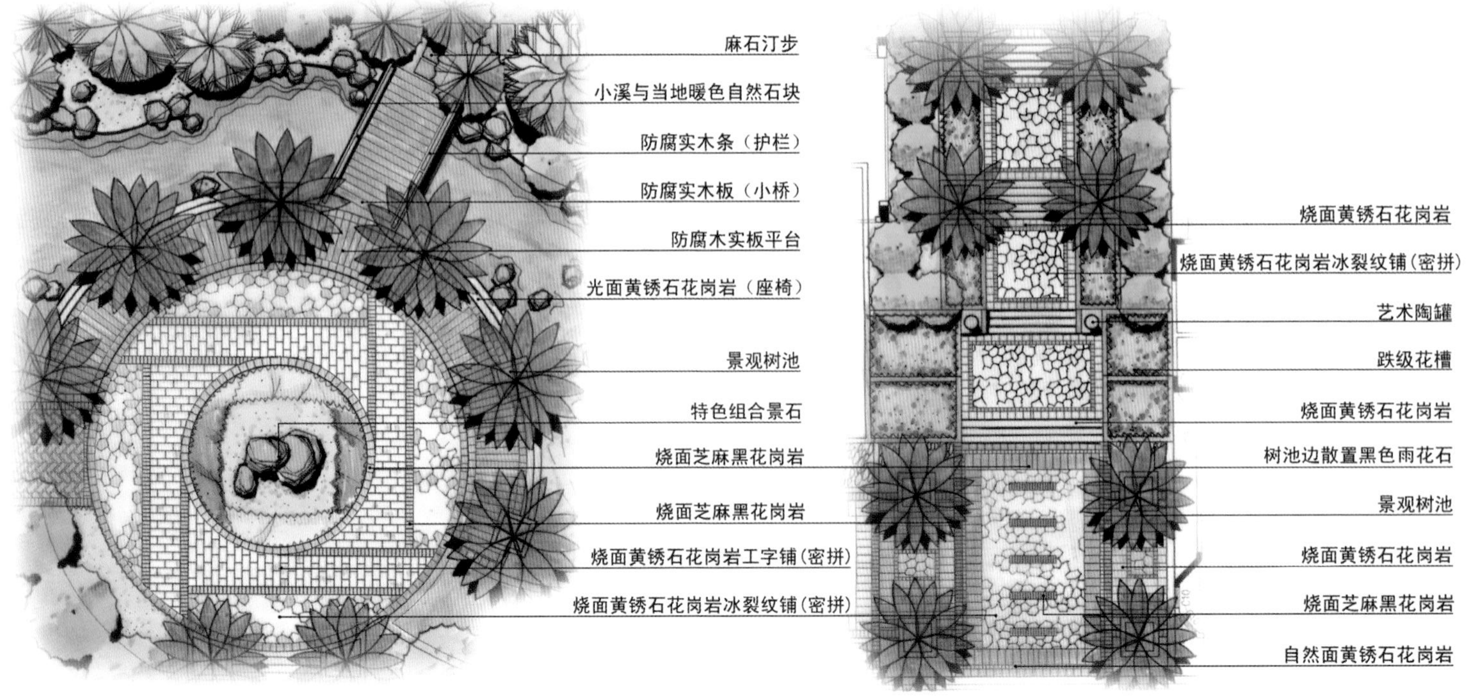
麻石汀步
小溪与当地暖色自然石块
防腐实木条（护栏）
防腐实木板（小桥）
防腐木实板平台
光面黄锈石花岗岩（座椅）
景观树池
特色组合景石
烧面芝麻黑花岗岩
烧面芝麻黑花岗岩
烧面黄锈石花岗岩工字铺(密拼)
烧面黄锈石花岗岩冰裂纹铺(密拼)
烧面黄锈石花岗岩
烧面黄锈石花岗岩冰裂纹铺(密拼)
艺术陶罐
跌级花槽
烧面黄锈石花岗岩
树池边散置黑色雨花石
景观树池
烧面黄锈石花岗岩
烧面芝麻黑花岗岩
自然面黄锈石花岗岩

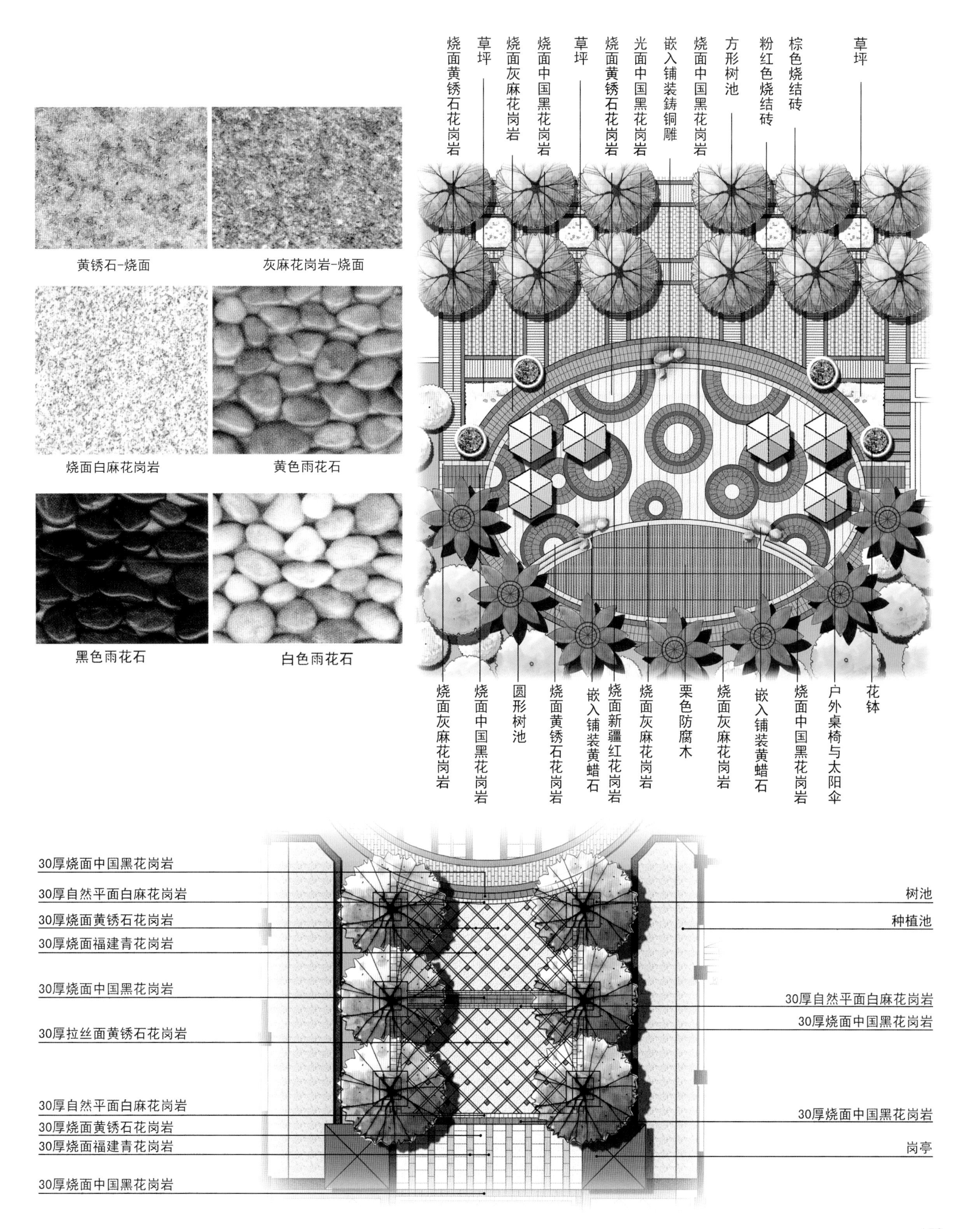

黄锈石-烧面
灰麻花岗岩-烧面
烧面白麻花岗岩
黄色雨花石
黑色雨花石
白色雨花石
烧面黄锈石花岗岩
草坪
烧面灰麻花岗岩
烧面中国黑花岗岩
草坪
烧面黄锈石花岗岩
光面中国黑花岗岩
嵌入铺装铸铜雕
烧面中国黑花岗岩
方形树池
粉红色烧结砖
棕色烧结砖
草坪
烧面灰麻花岗岩
烧面中国黑花岗岩
圆形树池
烧面黄锈石花岗岩
嵌入铺装黄蜡石
烧面新疆红花岗岩
烧面灰麻花岗岩
栗色防腐木
烧面灰麻花岗岩
嵌入铺装黄蜡石
烧面中国黑花岗岩
户外桌椅与太阳伞
花钵
30厚烧面中国黑花岗岩
30厚自然平面白麻花岗岩
30厚烧面黄锈石花岗岩
30厚烧面福建青花岗岩
30厚烧面中国黑花岗岩
30厚拉丝面黄锈石花岗岩
30厚自然平面白麻花岗岩
30厚烧面黄锈石花岗岩
30厚烧面福建青花岗岩
30厚烧面中国黑花岗岩
树池
种植池
30厚自然平面白麻花岗岩
30厚烧面中国黑花岗岩
30厚烧面中国黑花岗岩
岗亭

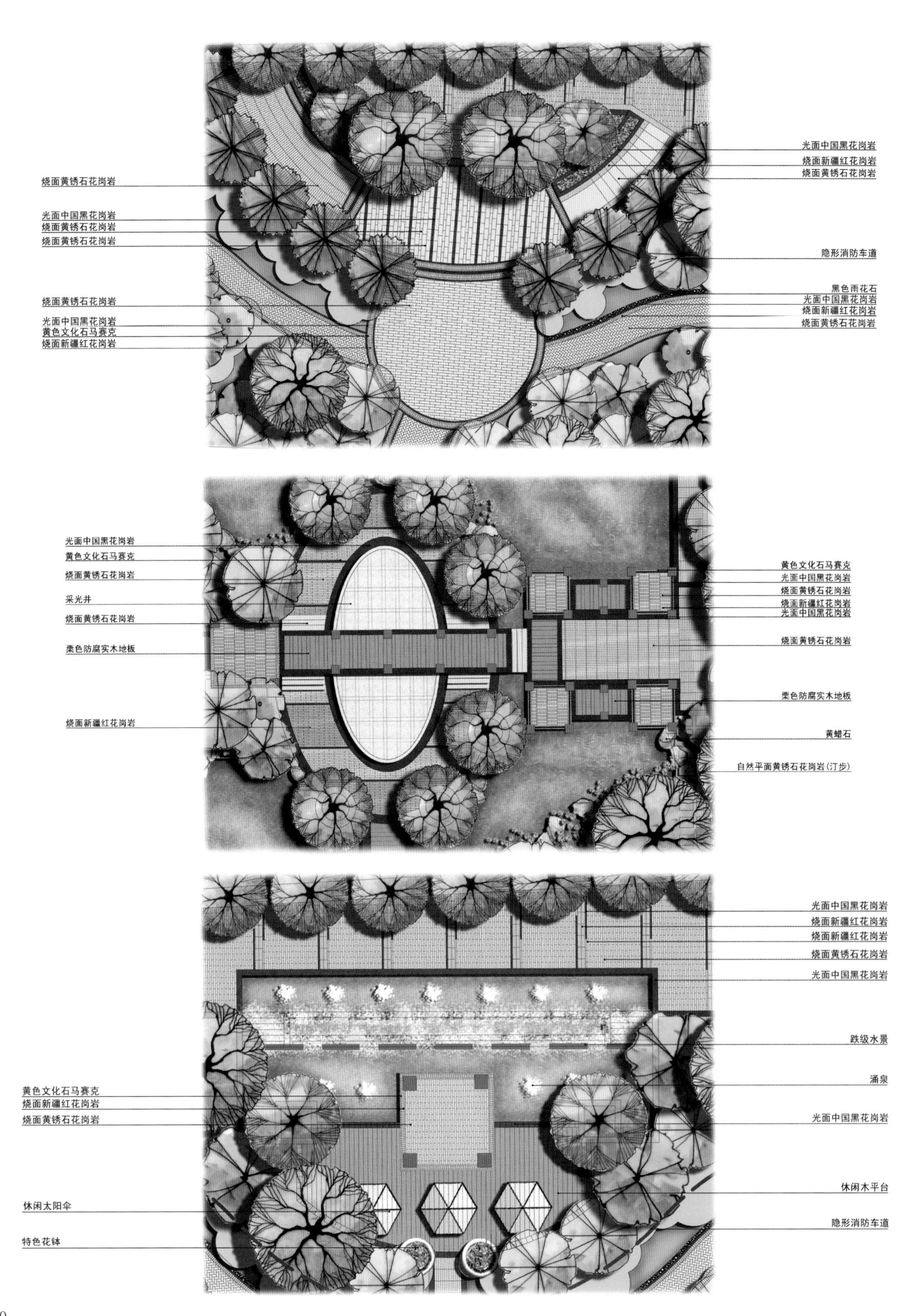
烧面黄锈石花岗岩
光面中国黑花岗岩
烧面黄锈石花岗岩
烧面黄锈石花岗岩
烧面黄锈石花岗岩
光面中国黑花岗岩
黄色文化石马赛克
烧面新疆红花岗岩
光面中国黑花岗岩
烧面新疆红花岗岩
烧面黄锈石花岗岩
隐形消防车道
黑色雨花石
光面中国黑花岗岩
烧面新疆红花岗岩
烧面黄锈石花岗岩
光面中国黑花岗岩
黄色文化石马赛克
烧面黄锈石花岗岩
采光井
烧面黄锈石花岗岩
栗色防腐实木地板
烧面新疆红花岗岩
黄色文化石马赛克
光面中国黑花岗岩
烧面黄锈石花岗岩
烧面新疆红花岗岩
光面中国黑花岗岩
烧面黄锈石花岗岩
栗色防腐实木地板
黄蜡石
自然平面黄锈石花岗岩(汀步)
光面中国黑花岗岩
烧面新疆红花岗岩
烧面新疆红花岗岩
烧面黄锈石花岗岩
光面中国黑花岗岩
跌级水景
涌泉
光面中国黑花岗岩
休闲木平台
隐形消防车道
黄色文化石马赛克
烧面新疆红花岗岩
烧面黄锈石花岗岩
休闲太阳伞
特色花钵

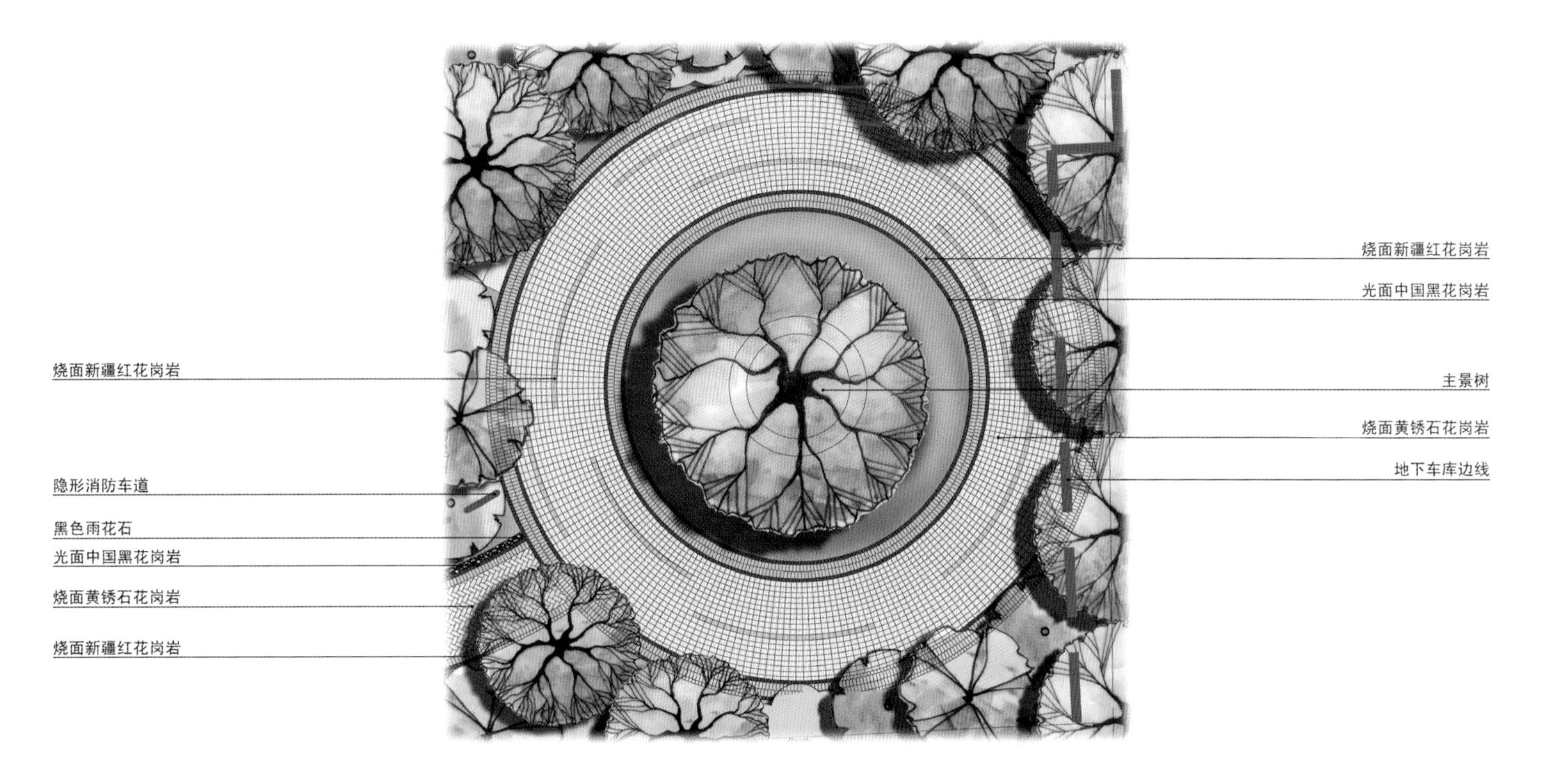
烧面新疆红花岗岩
光面中国黑花岗岩
烧面新疆红花岗岩
主景树
烧面黄锈石花岗岩
地下车库边线
隐形消防车道
黑色雨花石
光面中国黑花岗岩
烧面黄锈石花岗岩
烧面新疆红花岗岩

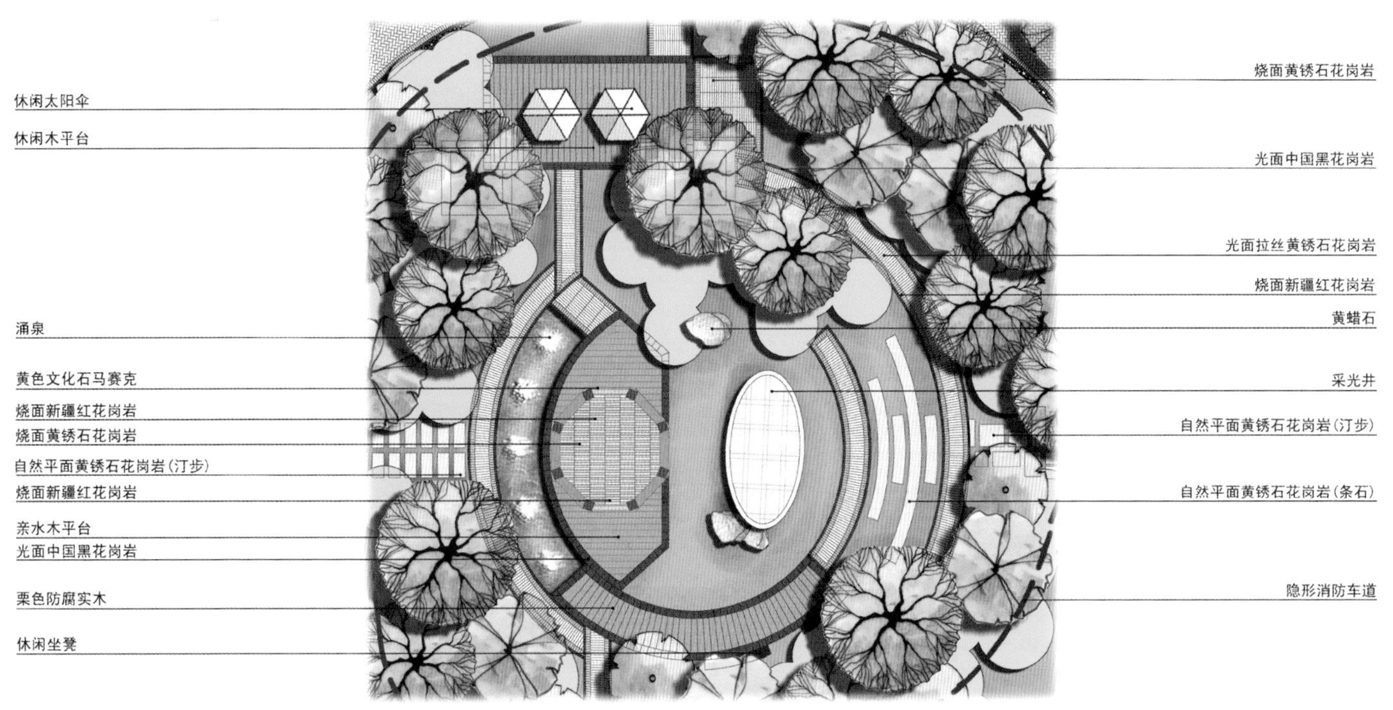
休闲太阳伞
烧面黄锈石花岗岩
休闲木平台
光面中国黑花岗岩
光面拉丝黄锈石花岗岩
烧面新疆红花岗岩
涌泉
黄蜡石
黄色文化石马赛克
采光井
烧面新疆红花岗岩
烧面黄锈石花岗岩
自然平面黄锈石花岗岩(汀步)
自然平面黄锈石花岗岩(汀步)
烧面新疆红花岗岩
自然平面黄锈石花岗岩(条石)
亲水木平台
光面中国黑花岗岩
栗色防腐实木
隐形消防车道
休闲坐凳

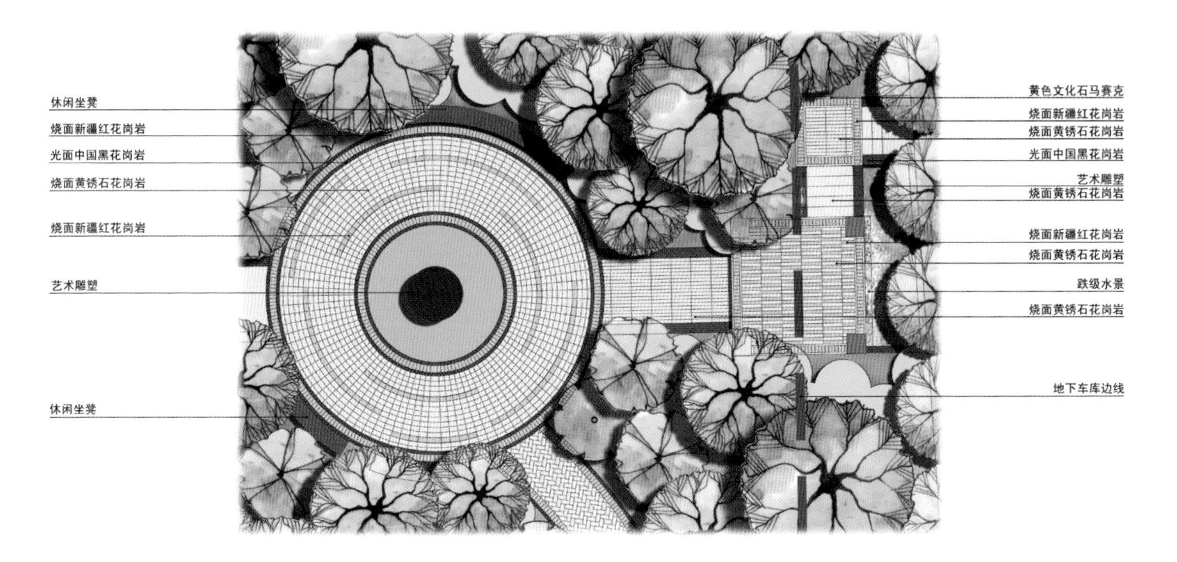
休闲坐凳
黄色文化石马赛克
烧面新疆红花岗岩
烧面新疆红花岗岩
烧面黄锈石花岗岩
光面中国黑花岗岩
光面中国黑花岗岩
烧面黄锈石花岗岩
艺术雕塑
烧面黄锈石花岗岩
烧面新疆红花岗岩
烧面新疆红花岗岩
烧面黄锈石花岗岩
艺术雕塑
跌级水景
烧面黄锈石花岗岩
地下车库边线
休闲坐凳

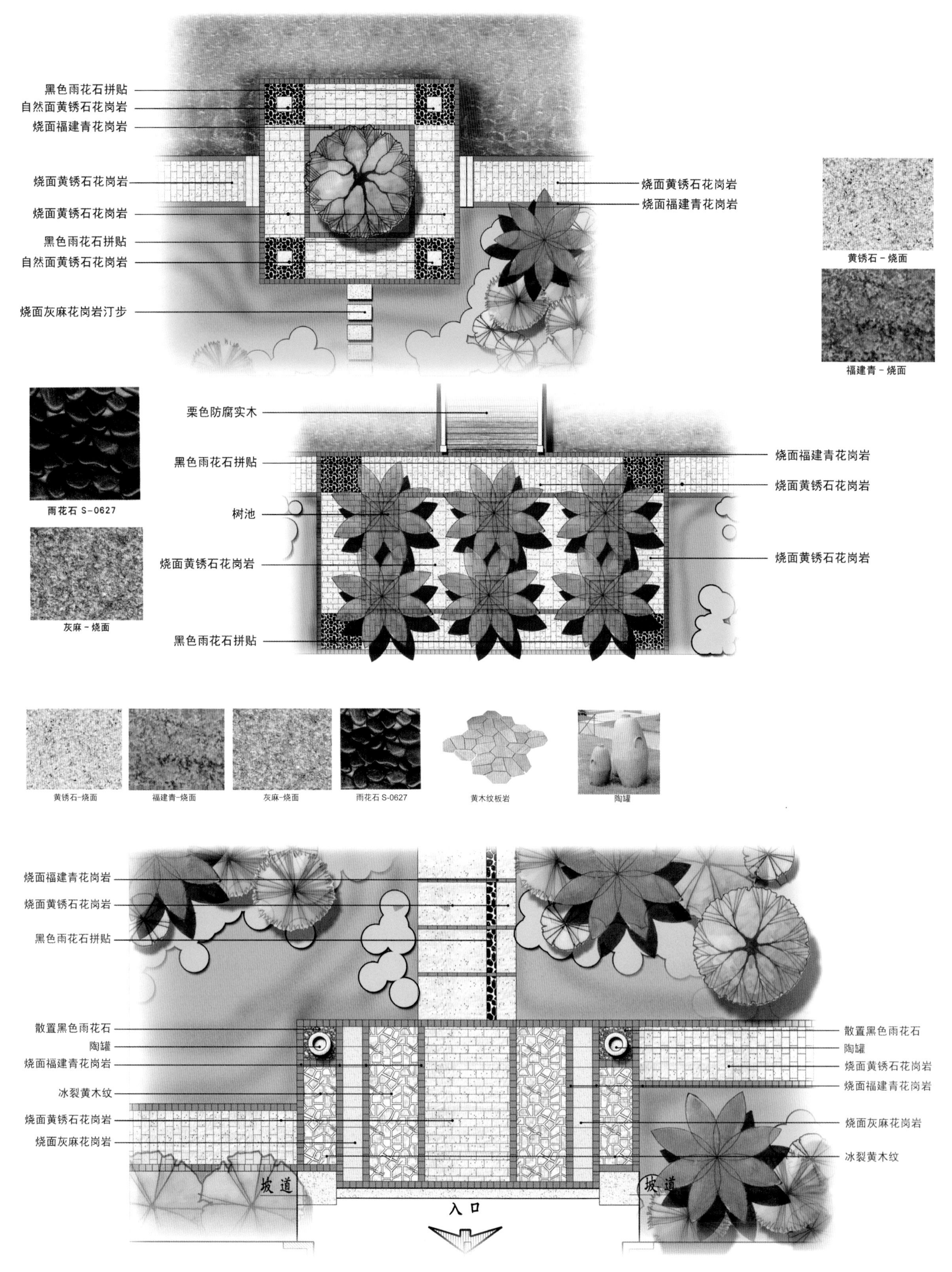

黑色雨花石拼贴
自然面黄锈石花岗岩
烧面福建青花岗岩
烧面黄锈石花岗岩
烧面黄锈石花岗岩
黑色雨花石拼贴
自然面黄锈石花岗岩
烧面灰麻花岗岩汀步
烧面黄锈石花岗岩
烧面福建青花岗岩
黄锈石－烧面
福建青－烧面
栗色防腐实木
黑色雨花石拼贴
树池
烧面黄锈石花岗岩
黑色雨花石拼贴
烧面福建青花岗岩
烧面黄锈石花岗岩
烧面黄锈石花岗岩
雨花石 S-0627
灰麻－烧面
黄锈石-烧面
福建青-烧面
灰麻-烧面
雨花石 S-0627
黄木纹板岩
陶罐
烧面福建青花岗岩
烧面黄锈石花岗岩
黑色雨花石拼贴
散置黑色雨花石
陶罐
烧面福建青花岗岩
冰裂黄木纹
烧面黄锈石花岗岩
烧面灰麻花岗岩
散置黑色雨花石
陶罐
烧面黄锈石花岗岩
烧面福建青花岗岩
烧面灰麻花岗岩
冰裂黄木纹
坡道
坡道
入口

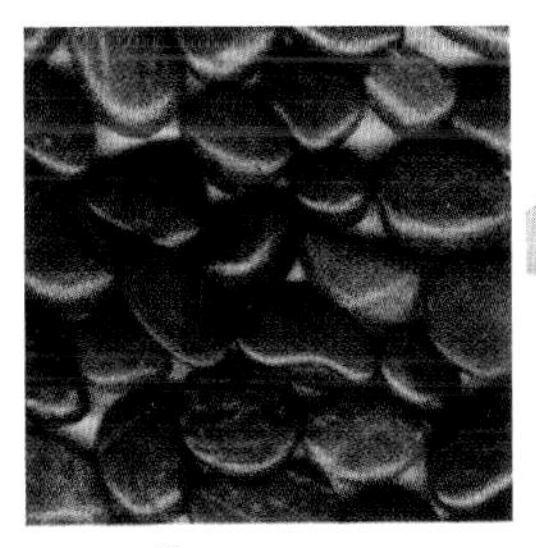
雨花石 S-0627

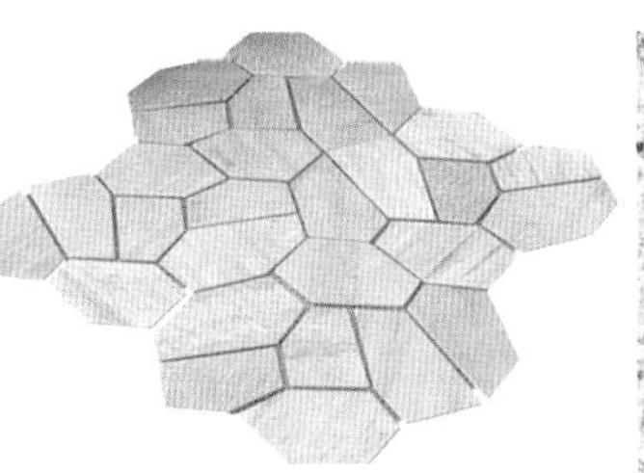
黄木纹板岩

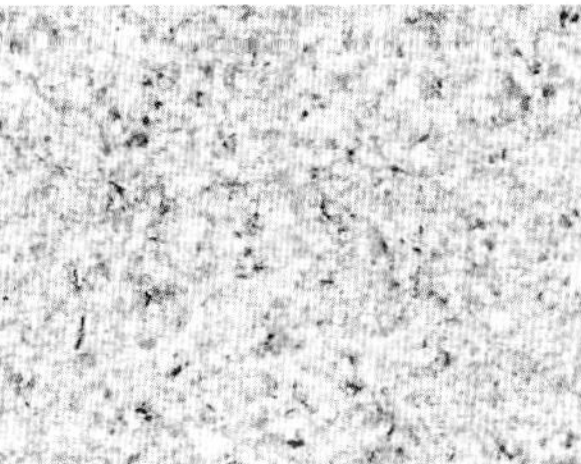
黄锈石-烧面

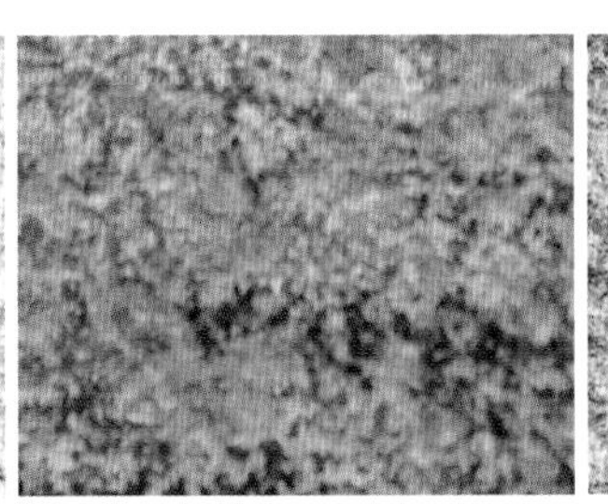
福建青-烧面

灰麻-烧面

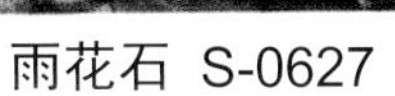

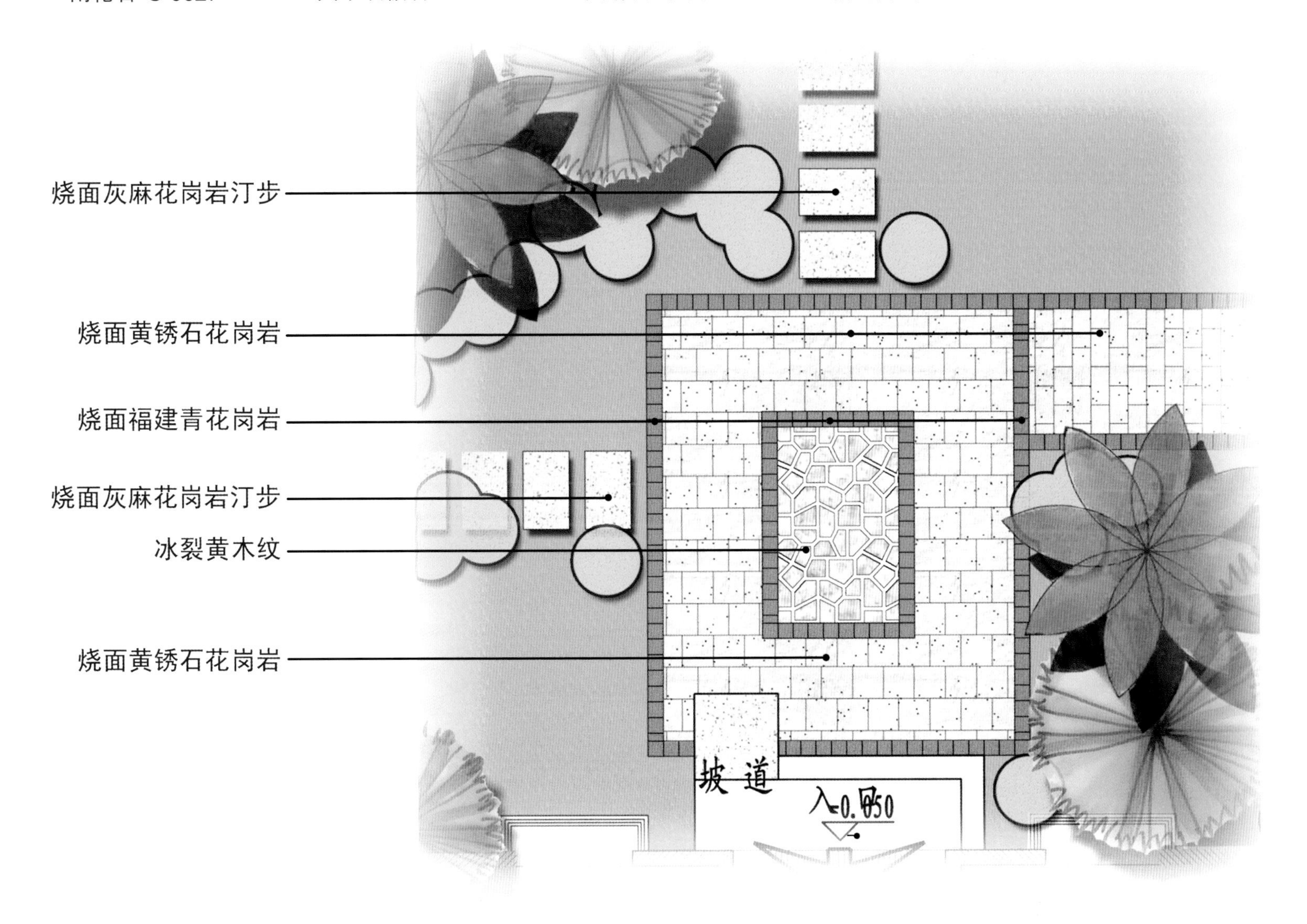

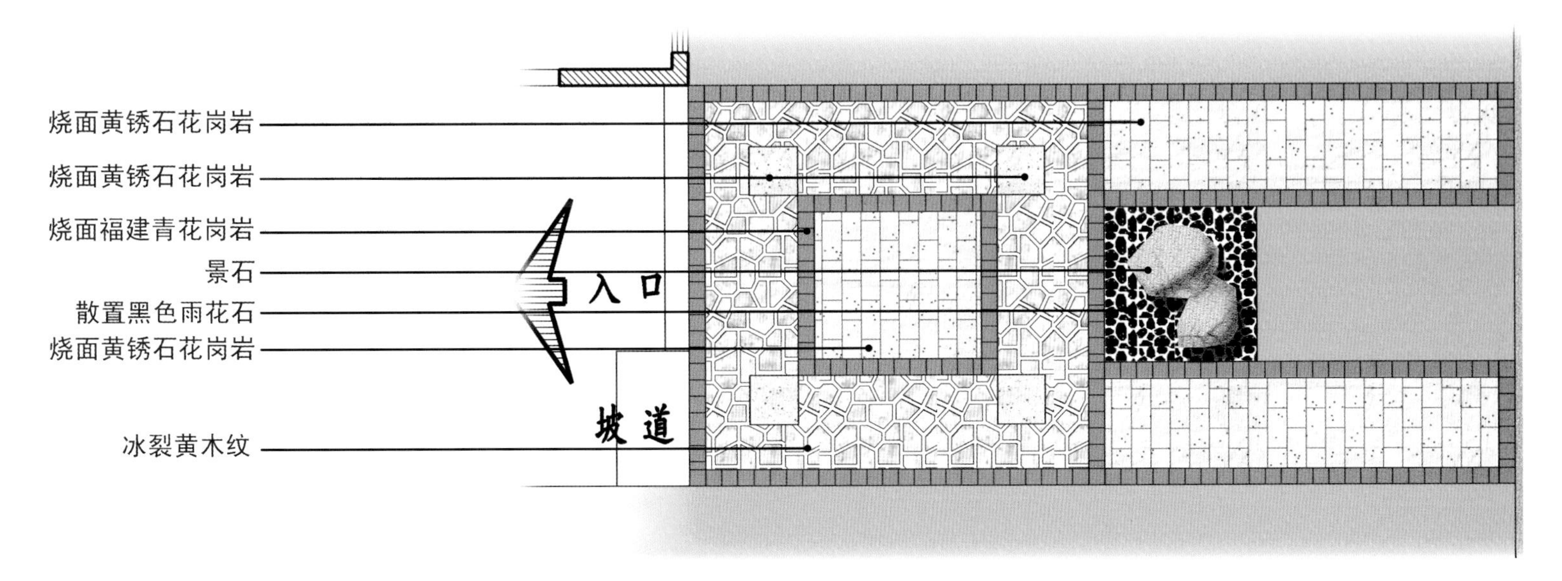

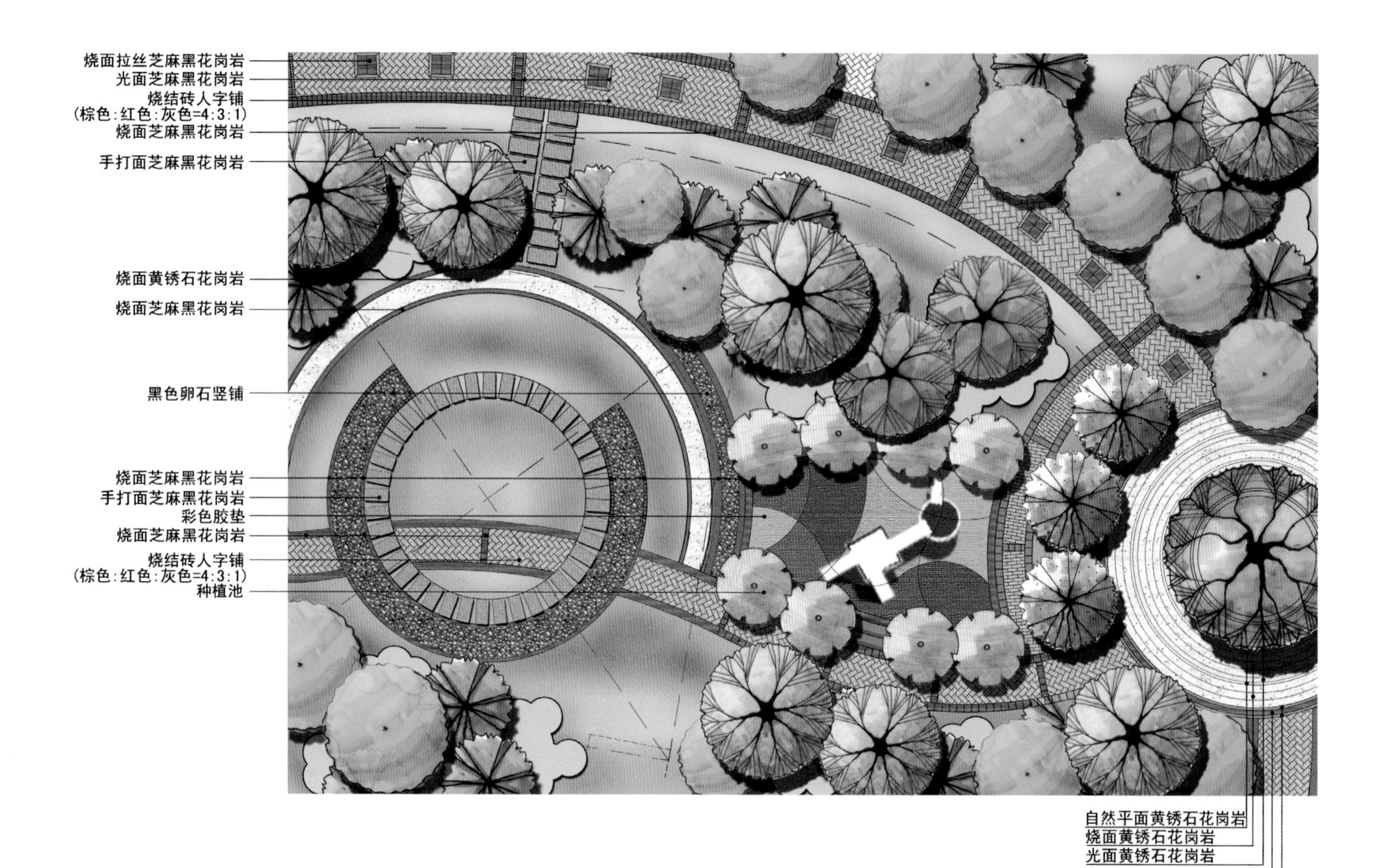
烧面拉丝芝麻黑花岗岩
光面芝麻黑花岗岩
烧结砖人字铺
（棕色:红色:灰色=4:3:1）
烧面芝麻黑花岗岩
手打面芝麻黑花岗岩
烧面黄锈石花岗岩
烧面芝麻黑花岗岩
黑色卵石竖铺
烧面芝麻黑花岗岩
手打面芝麻黑花岗岩
彩色胶垫
烧面芝麻黑花岗岩
烧结砖人字铺
（棕色:红色:灰色=4:3:1）
种植池
自然平面黄锈石花岗岩
烧面黄锈石花岗岩
光面黄锈石花岗岩
烧面芝麻黑花岗岩
光面芝麻黑花岗岩

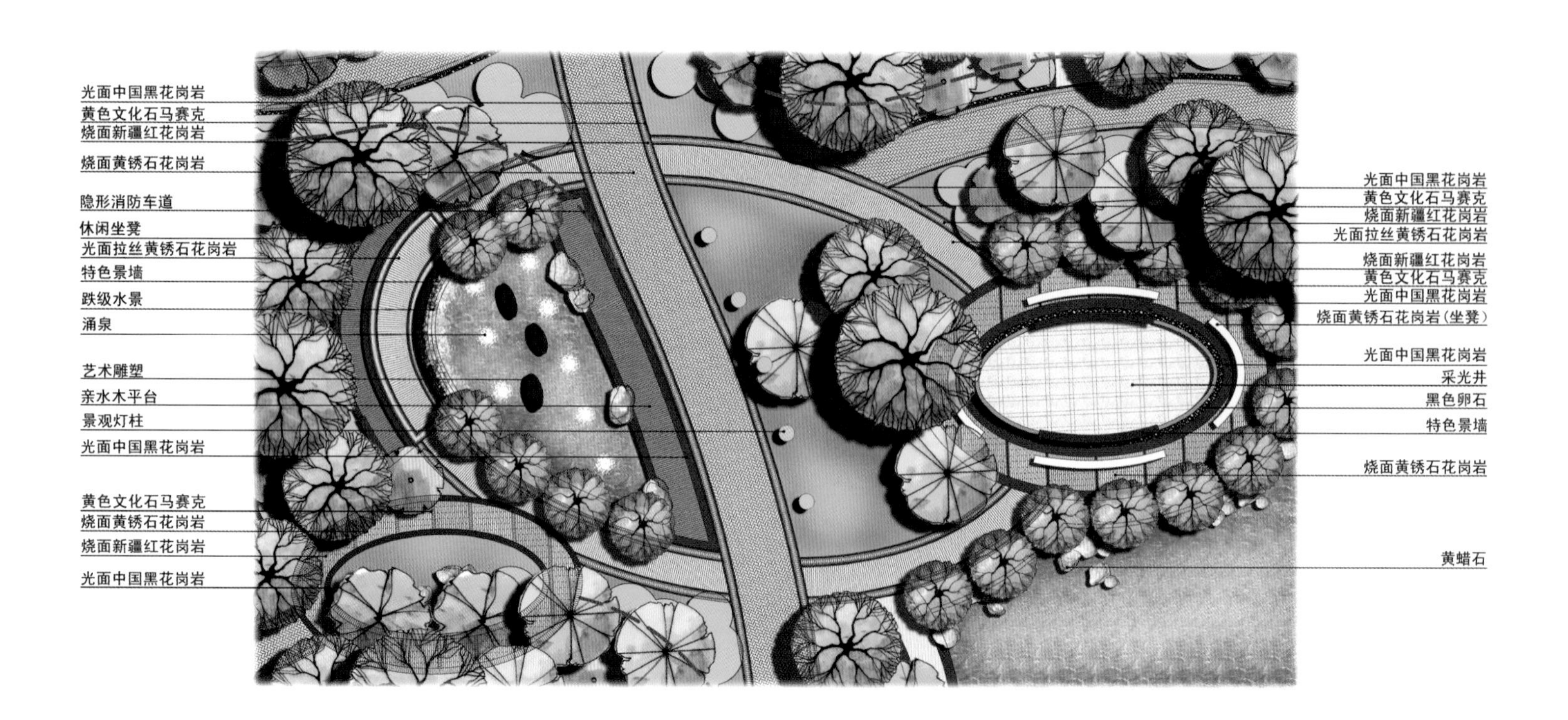
光面中国黑花岗岩
黄色文化石马赛克
烧面新疆红花岗岩
烧面黄锈石花岗岩
隐形消防车道
休闲坐凳
光面拉丝黄锈石花岗岩
特色景墙
跌级水景
涌泉
艺术雕塑
亲水木平台
景观灯柱
光面中国黑花岗岩
黄色文化石马赛克
烧面黄锈石花岗岩
烧面新疆红花岗岩
光面中国黑花岗岩
光面中国黑花岗岩
黄色文化石马赛克
烧面新疆红花岗岩
光面拉丝黄锈石花岗岩
烧面新疆红花岗岩
黄色文化石马赛克
光面中国黑花岗岩
烧面黄锈石花岗岩（坐凳）
光面中国黑花岗岩
采光井
黑色卵石
特色景墙
烧面黄锈石花岗岩
黄蜡石

烧面黄锈石花岗岩工字铺(密拼)
种植
棕榈科
草坡
烧面芝麻黑花岗岩
光面中国黑花岗岩
当地暖色自然石块
棕色混凝土地砖人字型铺(密拼)
1/2毛面青色混凝土地砖侧铺
烧面芝麻黑花岗岩
洗黄色石米
洗黄色石米
烧面芝麻黑花岗岩
黑色雨花石竖铺
烧面黄锈石花岗岩
防腐实木护栏
小溪与当地暖色自然石块

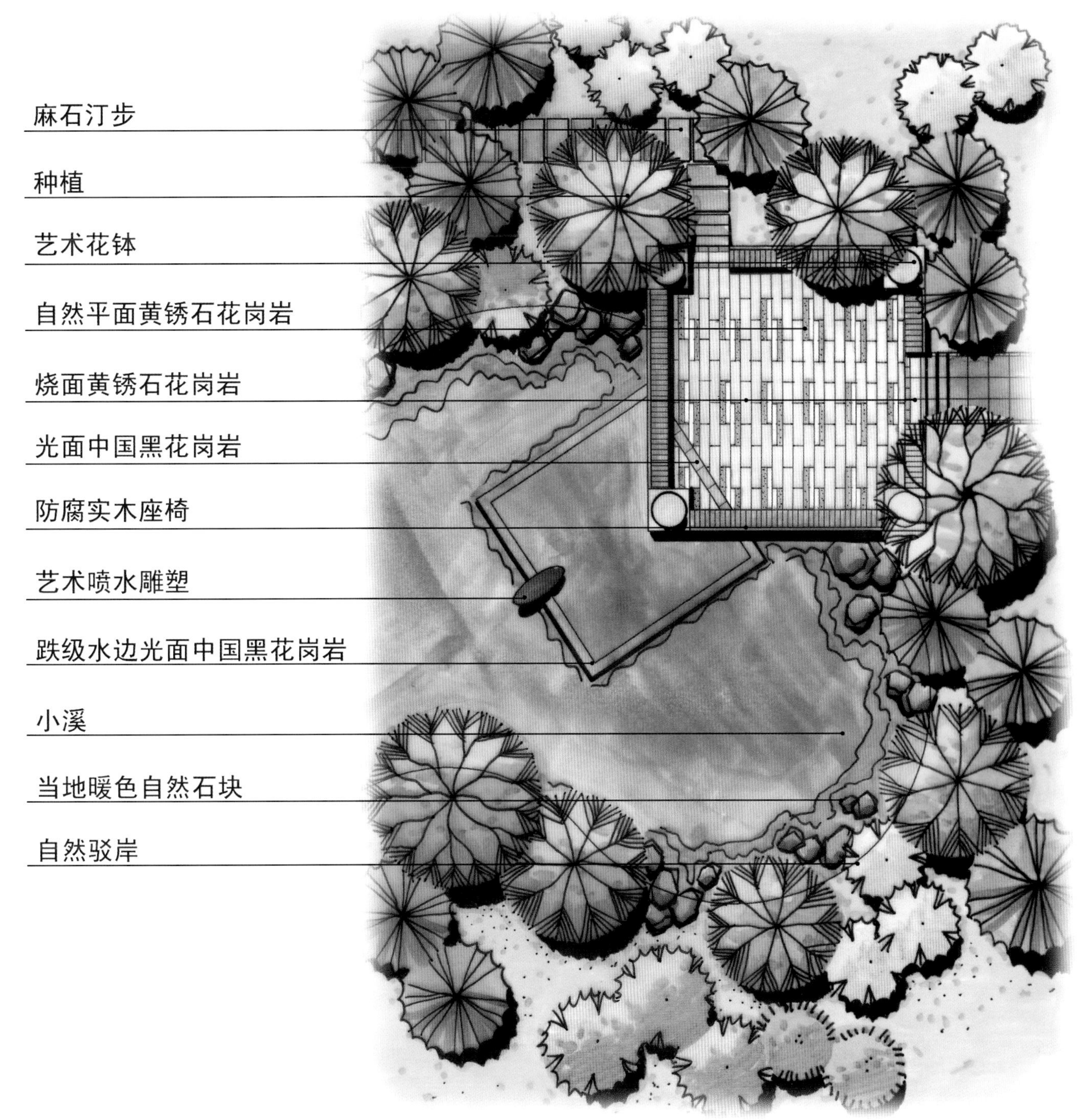
麻石汀步
种植
艺术花钵
自然平面黄锈石花岗岩
烧面黄锈石花岗岩
光面中国黑花岗岩
防腐实木座椅
艺术喷水雕塑
跌级水边光面中国黑花岗岩
小溪
当地暖色自然石块
自然驳岸

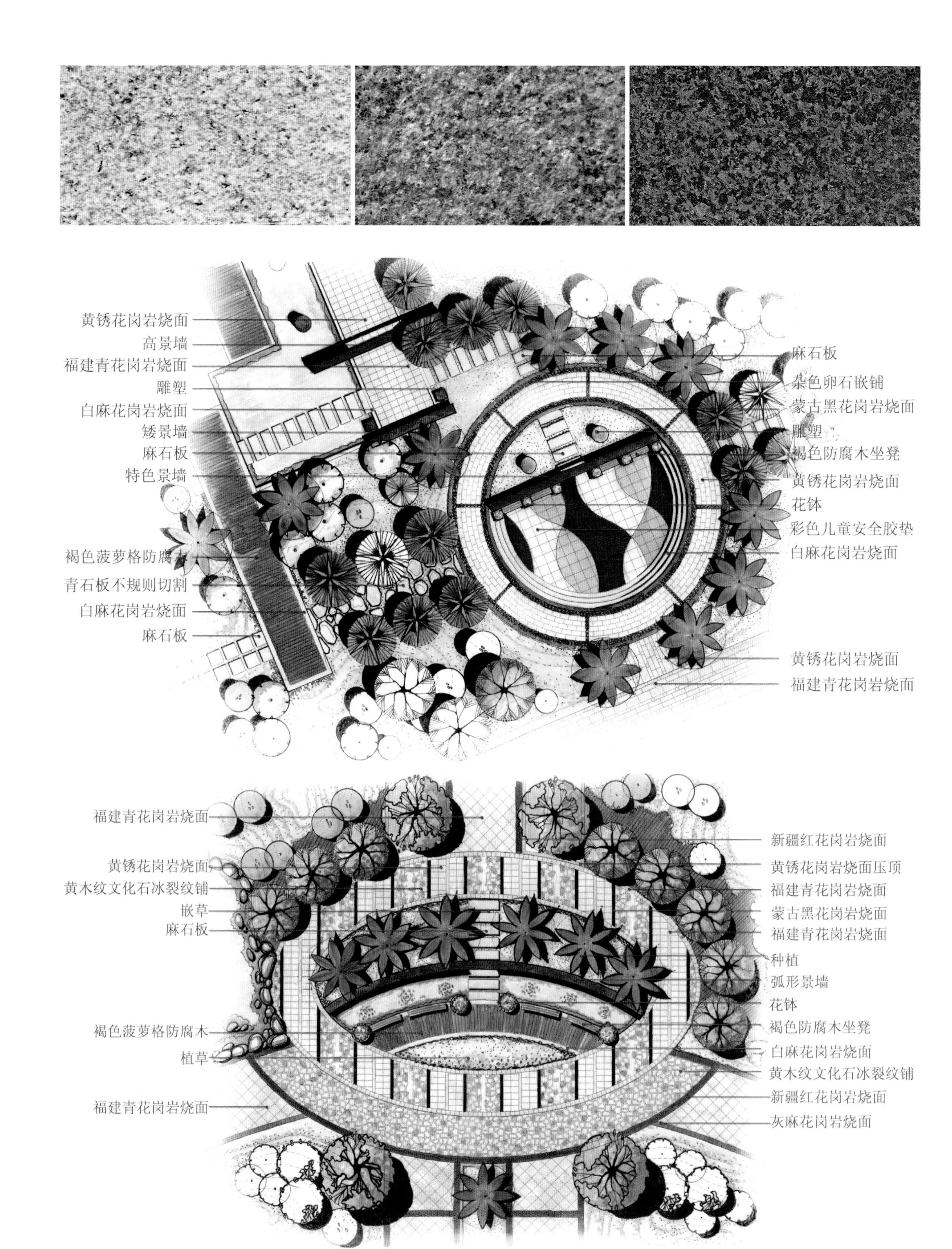
黄锈花岗岩烧面
高景墙
福建青花岗岩烧面
雕塑
白麻花岗岩烧面
矮景墙
麻石板
特色景墙
褐色菠萝格防腐木
青石板不规则切割
白麻花岗岩烧面
麻石板
麻石板
杂色卵石嵌铺
蒙古黑花岗岩烧面
雕塑
褐色防腐木坐凳
黄锈花岗岩烧面
花钵
彩色儿童安全胶垫
白麻花岗岩烧面
黄锈花岗岩烧面
福建青花岗岩烧面
福建青花岗岩烧面
黄锈花岗岩烧面
黄木纹文化石冰裂纹铺
嵌草
麻石板
褐色菠萝格防腐木
植草
福建青花岗岩烧面
新疆红花岗岩烧面
黄锈花岗岩烧面压顶
福建青花岗岩烧面
蒙古黑花岗岩烧面
福建青花岗岩烧面
种植
弧形景墙
花钵
褐色防腐木坐凳
白麻花岗岩烧面
黄木纹文化石冰裂纹铺
新疆红花岗岩烧面
灰麻花岗岩烧面

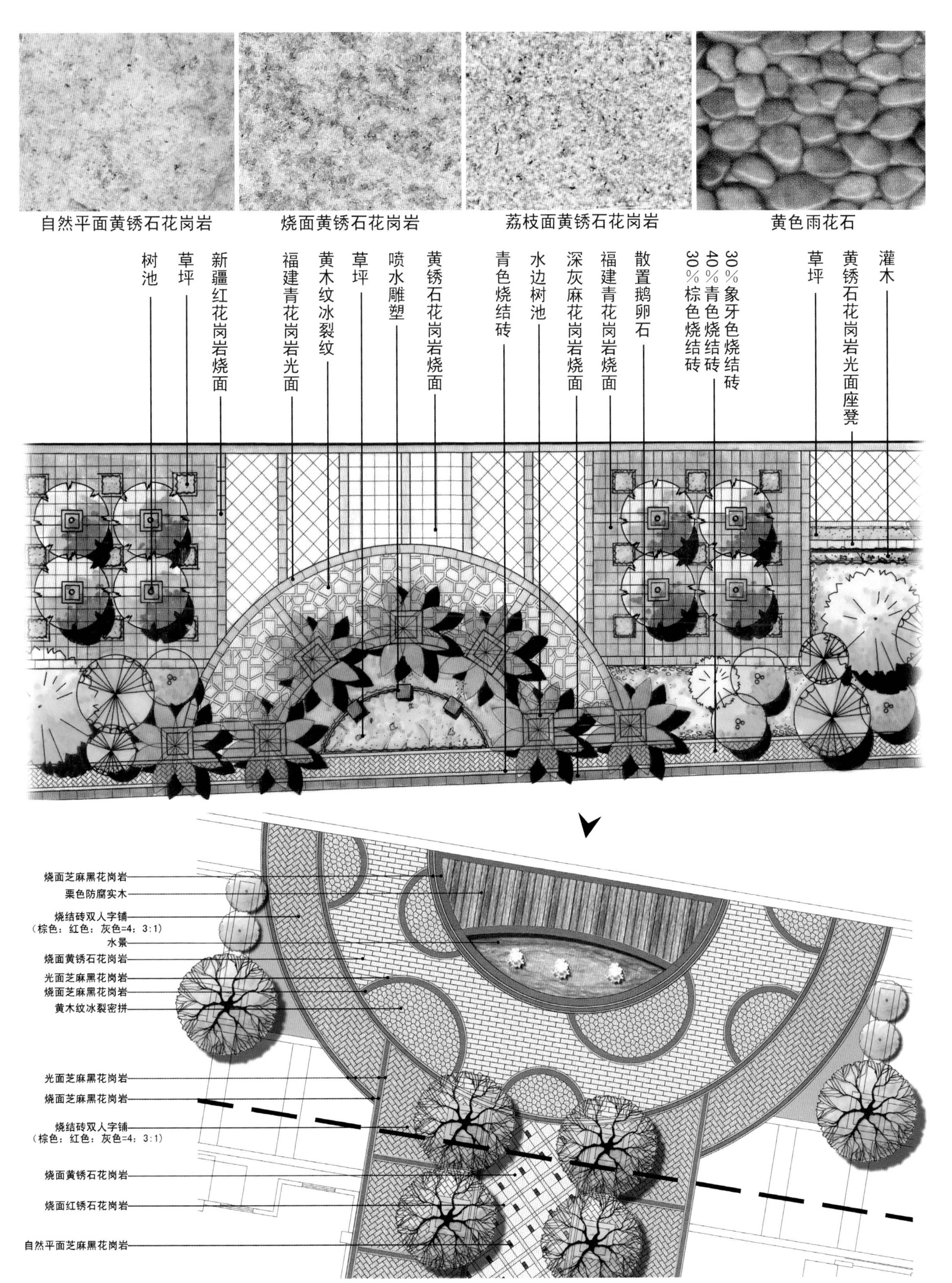

自然平面黄锈石花岗岩
烧面黄锈石花岗岩
荔枝面黄锈石花岗岩
黄色雨花石
树池
草坪
新疆红花岗岩烧面
福建青花岗岩光面
黄木纹冰裂纹
草坪
喷水雕塑
黄锈石花岗岩烧面
青色烧结砖
水边树池
深灰麻花岗岩烧面
福建青花岗岩烧面
散置鹅卵石
30％象牙色烧结砖
40％青色烧结砖
30％棕色烧结砖
草坪
黄锈石花岗岩光面座凳
灌木
烧面芝麻黑花岗岩
栗色防腐实木
烧结砖双人字铺
（棕色：红色：灰色=4：3:1）
水景
烧面黄锈石花岗岩
光面芝麻黑花岗岩
烧面芝麻黑花岗岩
黄木纹冰裂密拼
光面芝麻黑花岗岩
烧面芝麻黑花岗岩
烧结砖双人字铺
（棕色：红色：灰色=4：3:1）
烧面黄锈石花岗岩
烧面红锈石花岗岩
自然平面芝麻黑花岗岩

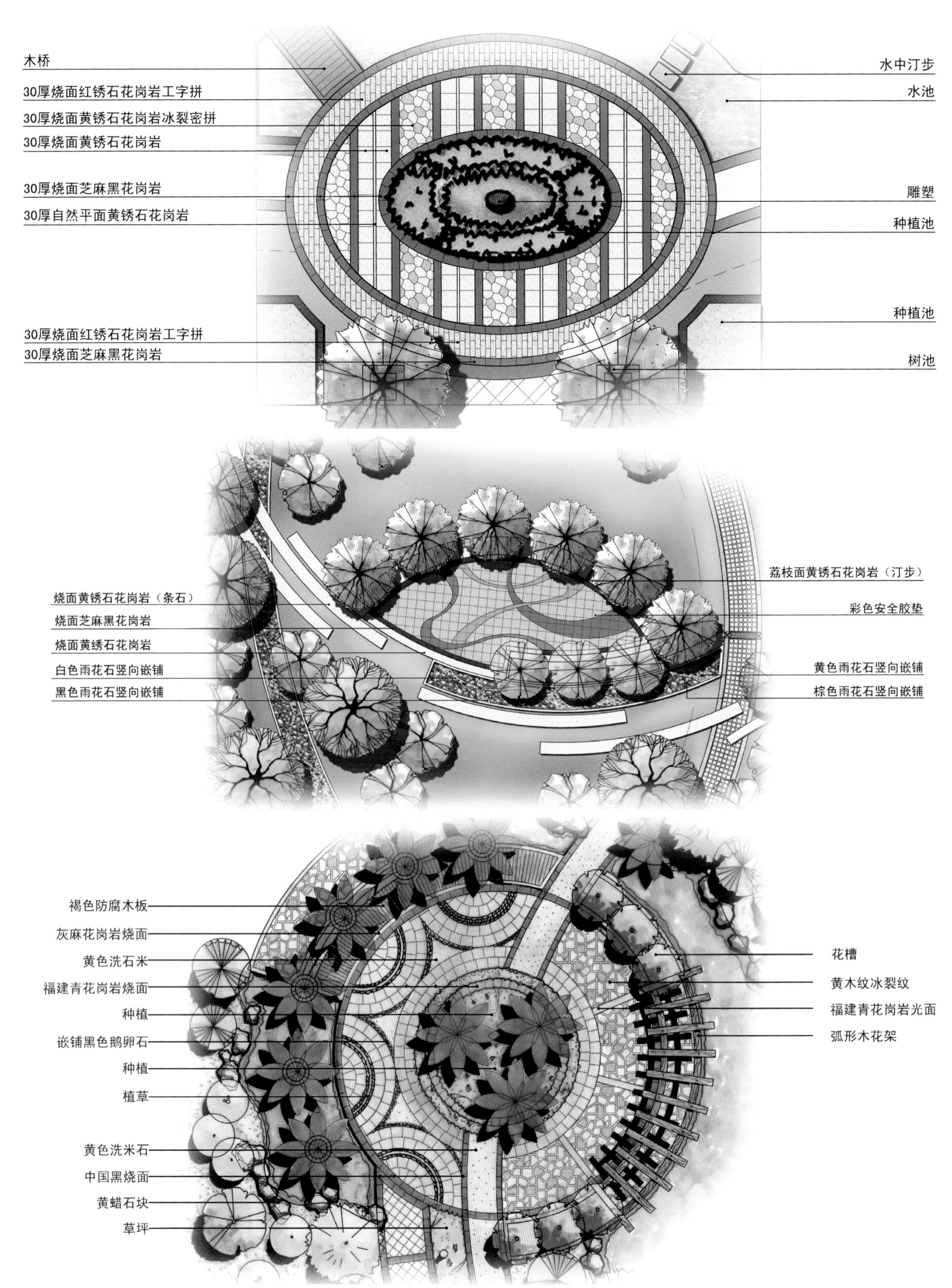
木桥
30厚烧面红锈石花岗岩工字拼
30厚烧面黄锈石花岗岩冰裂密拼
30厚烧面黄锈石花岗岩
30厚烧面芝麻黑花岗岩
30厚自然平面黄锈石花岗岩
30厚烧面红锈石花岗岩工字拼
30厚烧面芝麻黑花岗岩
水中汀步
水池
雕塑
种植池
种植池
树池
烧面黄锈石花岗岩（条石）
烧面芝麻黑花岗岩
烧面黄锈石花岗岩
白色雨花石竖向嵌铺
黑色雨花石竖向嵌铺
荔枝面黄锈石花岗岩（汀步）
彩色安全胶垫
黄色雨花石竖向嵌铺
棕色雨花石竖向嵌铺
褐色防腐木板
灰麻花岗岩烧面
黄色洗石米
福建青花岗岩烧面
种植
嵌铺黑色鹅卵石
种植
植草
黄色洗米石
中国黑烧面
黄蜡石块
草坪
花槽
黄木纹冰裂纹
福建青花岗岩光面
弧形木花架

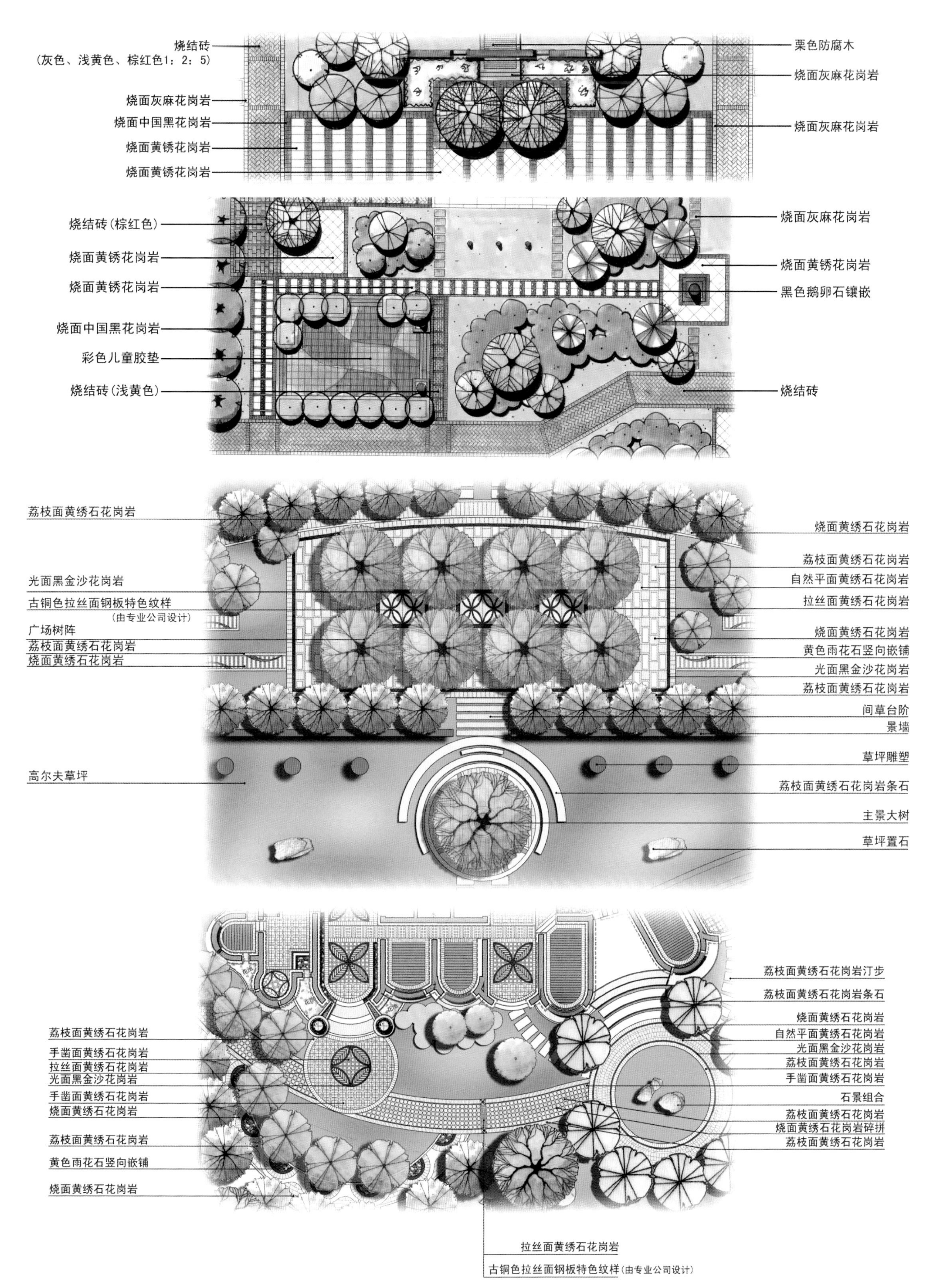
烧结砖
（灰色、浅黄色、棕红色1：2：5）
烧面灰麻花岗岩
烧面中国黑花岗岩
烧面黄锈花岗岩
烧面黄锈花岗岩
栗色防腐木
烧面灰麻花岗岩
烧面灰麻花岗岩
烧结砖(棕红色)
烧面黄锈花岗岩
烧面黄锈花岗岩
烧面中国黑花岗岩
彩色儿童胶垫
烧结砖(浅黄色)
烧面灰麻花岗岩
烧面黄锈花岗岩
黑色鹅卵石镶嵌
烧结砖
荔枝面黄绣石花岗岩
光面黑金沙花岗岩
古铜色拉丝面钢板特色纹样
(由专业公司设计)
广场树阵
荔枝面黄绣石花岗岩
烧面黄绣石花岗岩
高尔夫草坪
烧面黄绣石花岗岩
荔枝面黄绣石花岗岩
自然平面黄绣石花岗岩
拉丝面黄绣石花岗岩
烧面黄绣石花岗岩
黄色雨花石竖向嵌铺
光面黑金沙花岗岩
荔枝面黄绣石花岗岩
间草台阶
景墙
草坪雕塑
荔枝面黄绣石花岗岩条石
主景大树
草坪置石
荔枝面黄绣石花岗岩
手凿面黄绣石花岗岩
拉丝面黄绣石花岗岩
光面黑金沙花岗岩
手凿面黄绣石花岗岩
烧面黄绣石花岗岩
荔枝面黄绣石花岗岩
黄色雨花石竖向嵌铺
烧面黄绣石花岗岩
荔枝面黄绣石花岗岩汀步
荔枝面黄绣石花岗岩条石
烧面黄绣石花岗岩
自然平面黄绣石花岗岩
光面黑金沙花岗岩
荔枝面黄绣石花岗岩
手凿面黄绣石花岗岩
石景组合
荔枝面黄绣石花岗岩
烧面黄绣石花岗岩碎拼
荔枝面黄绣石花岗岩
拉丝面黄绣石花岗岩
古铜色拉丝面钢板特色纹样(由专业公司设计)

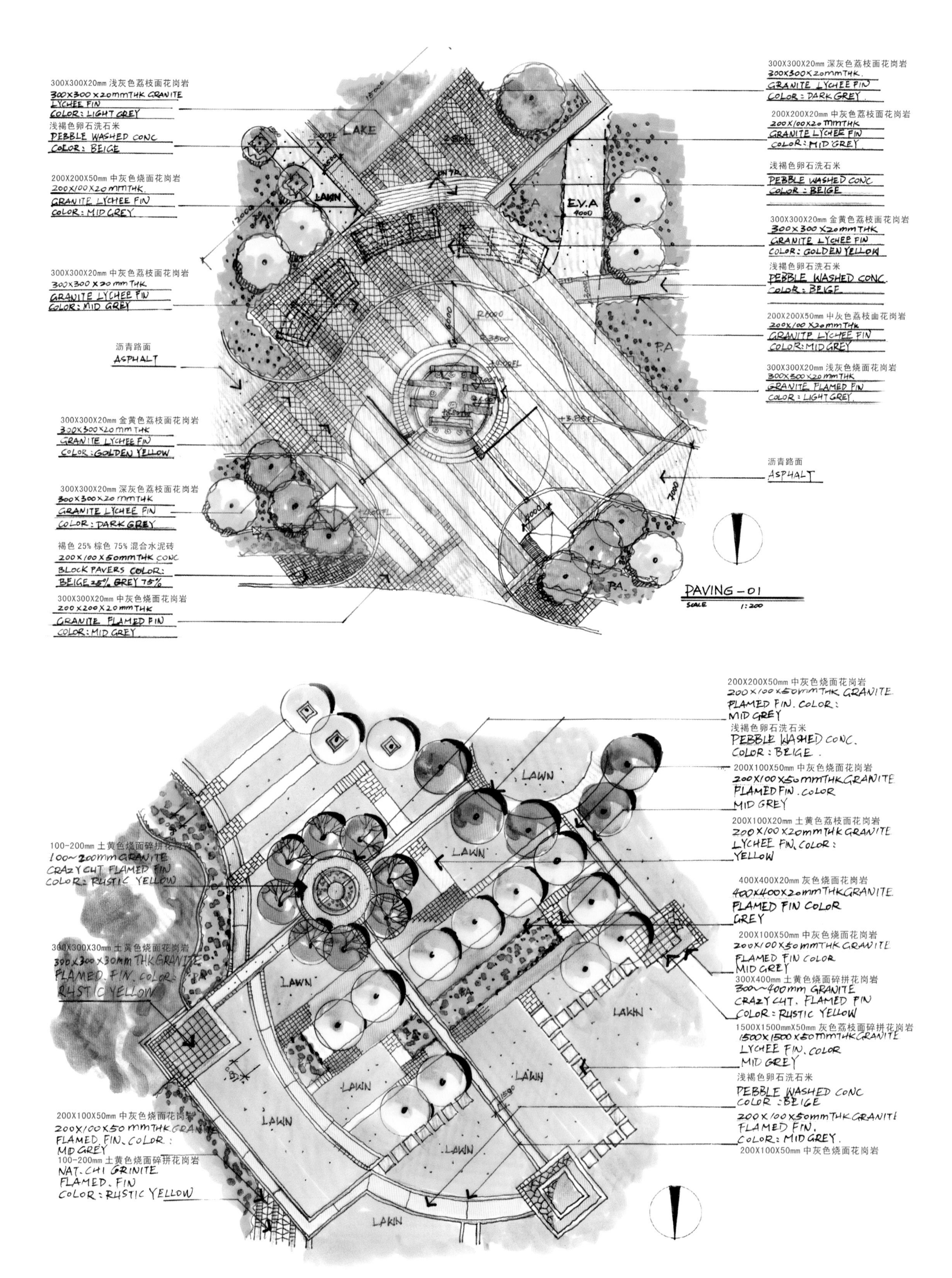

300X300X20mm 浅灰色荔枝面花岗岩
300X300X20mmTHK GRANITE LYCHEE FIN
COLOR: LIGHT GREY
浅褐色卵石洗石米
PEBBLE WASHED CONC
COLOR: BEIGE
200X200X50mm 中灰色烧面花岗岩
200X100X20mmTHK.
GRANITE LYCHEE FIN
COLOR: MID GREY
300X300X20mm 中灰色荔枝面花岗岩
300X300X20mmTHK
GRANITE LYCHEE FIN
COLOR: MID GREY
沥青路面
ASPHALT
300X300X20mm 金黄色荔枝面花岗岩
300X300X20mmTHK
GRANITE LYCHEE FIN
COLOR: GOLDEN YELLOW
300X300X20mm 深灰色荔枝面花岗岩
300X300X20mmTHK
GRANITE LYCHEE FIN
COLOR: DARK GREY
褐色 25% 棕色 75% 混合水泥砖
200X100X50mmTHK CONC
BLOCK PAVERS COLOR:
BEIGE 25% GREY 75%
300X300X20mm 中灰色烧面花岗岩
200X200X20mmTHK
GRANITE FLAMED FIN
COLOR: MID GREY
300X300X20mm 深灰色荔枝面花岗岩
300X300X20mmTHK.
GRANITE LYCHEE FIN
COLOR: DARK GREY.
200X200X20mm 中灰色荔枝面花岗岩
200X100X20mmTHK
GRANITE LYCHEE FIN
COLOR: MID GREY
浅褐色卵石洗石米
PEBBLE WASHED CONC
COLOR: BEIGE
300X300X20mm 金黄色荔枝面花岗岩
300X300X20mmTHK
GRANITE LYCHEE FIN
COLOR: GOLDEN YELLOW
浅褐色卵石洗石米
PEBBLE WASHED CONC.
COLOR: BEIGE
200X200X50mm 中灰色荔枝面花岗岩
200X100X20mmTHK
GRANITE LYCHEE FIN
COLOR: MID GREY
300X300X20mm 浅灰色烧面花岗岩
300X300X20mmTHK
GRANITE FLAMED FIN
COLOR: LIGHT GREY
沥青路面
ASPHALT
LAKE
LAWN
E.V.A
PA
PAVING-01
SCALE 1:200
200X200X50mm 中灰色烧面花岗岩
200X100X50mmTHK GRANITE
FLAMED FIN. COLOR:
MID GREY
浅褐色卵石洗石米
PEBBLE WASHED CONC.
COLOR: BEIGE.
200X100X50mm 中灰色烧面花岗岩
200X100X50mmTHK GRANITE
FLAMED FIN. COLOR
MID GREY
200X100X20mm 土黄色荔枝面花岗岩
200X100X20mmTHK GRANITE
LYCHEE FIN. COLOR:
YELLOW
400X400X20mm 灰色烧面花岗岩
400X400X20mmTHK GRANITE
FLAMED FIN COLOR
GREY
200X100X50mm 中灰色烧面花岗岩
200X100X50mmTHK GRANITE
FLAMED FIN COLOR
MID GREY
300X400mm 土黄色烧面碎拼花岗岩
300~400mm GRANITE
CRAZY CUT. FLAMED FIN
COLOR: RUSTIC YELLOW
1500X1500mmX50mm 灰色荔枝面碎拼花岗岩
1500X1500X50mmTHK GRANITE
LYCHEE FIN. COLOR
MID GREY
浅褐色卵石洗石米
PEBBLE WASHED CONC
COLOR: BEIGE
200X100X50mmTHK GRANITE
FLAMED FIN.
COLOR: MID GREY.
200X100X50mm 中灰色烧面花岗岩
100-200mm 土黄色烧面碎拼花岗岩
100~200mm GRANITE
CRAZY CUT FLAMED FIN
COLOR: RUSTIC YELLOW
300X300X30mm 土黄色烧面花岗岩
300X300X30mmTHK GRANITE
FLAMED. FIN. COLOR:
RUSTIC YELLOW
200X100X50mm 中灰色烧面花岗岩
200X100X50mmTHK GRANITE
FLAMED. FIN. COLOR:
MID GREY
100-200mm 土黄色烧面碎拼花岗岩
NAT. CUT GRANITE
FLAMED. FIN
COLOR: RUSTIC YELLOW
LAWN

光面中国黑花岗岩
黄色文化石马赛克
烧面新疆红花岗岩
烧面黄锈石花岗岩
隐形消防车道
休闲坐凳
光面拉丝黄锈石花岗岩
特色景墙
跌级水景
涌泉
艺术雕塑
亲水木平台
景观灯柱
光面中国黑花岗岩
黄色文化石马赛克
烧面黄锈石花岗岩
烧面新疆红花岗岩
光面中国黑花岗岩
光面中国黑花岗岩
黄色文化石马赛克
烧面新疆红花岗岩
光面拉丝黄锈石花岗岩
烧面新疆红花岗岩
黄色文化石马赛克
光面中国黑花岗岩
烧面黄锈石花岗岩(坐凳)
光面中国黑花岗岩
采光井
黑色卵石
特色景墙
烧面黄锈石花岗岩
黄蜡石

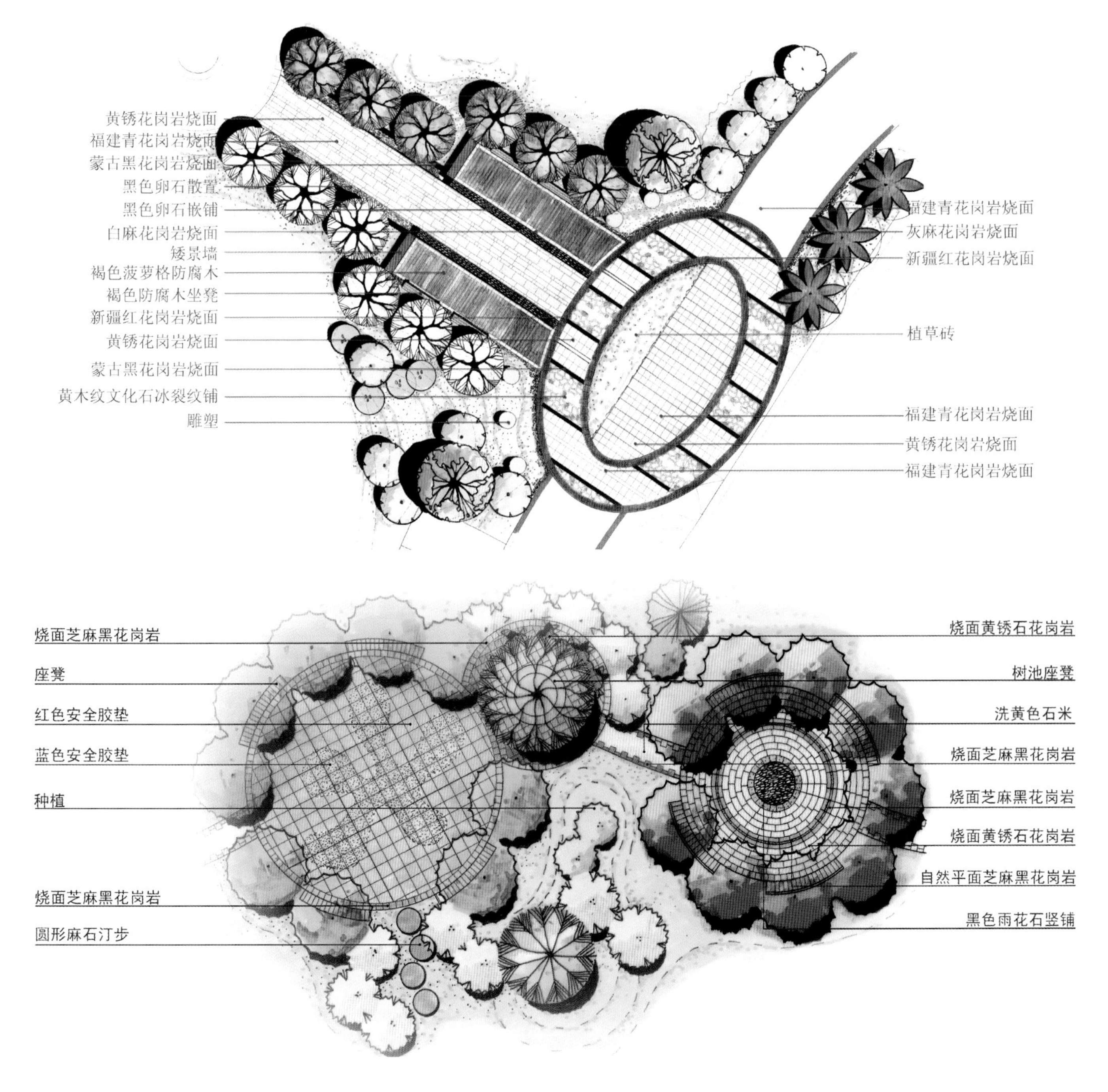
黄锈花岗岩烧面
福建青花岗岩烧面
蒙古黑花岗岩烧面
黑色卵石散置
黑色卵石嵌铺
白麻花岗岩烧面
矮景墙
褐色菠萝格防腐木
褐色防腐木坐凳
新疆红花岗岩烧面
黄锈花岗岩烧面
蒙古黑花岗岩烧面
黄木纹文化石冰裂纹铺
雕塑
福建青花岗岩烧面
灰麻花岗岩烧面
新疆红花岗岩烧面
植草砖
福建青花岗岩烧面
黄锈花岗岩烧面
福建青花岗岩烧面
烧面芝麻黑花岗岩
座凳
红色安全胶垫
蓝色安全胶垫
种植
烧面芝麻黑花岗岩
圆形麻石汀步
烧面黄锈石花岗岩
树池座凳
洗黄色石米
烧面芝麻黑花岗岩
烧面芝麻黑花岗岩
烧面黄锈石花岗岩
自然平面芝麻黑花岗岩
黑色雨花石竖铺

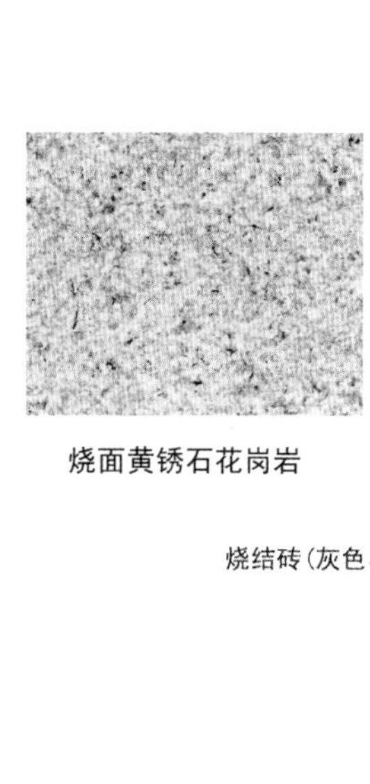

烧面黄锈石花岗岩

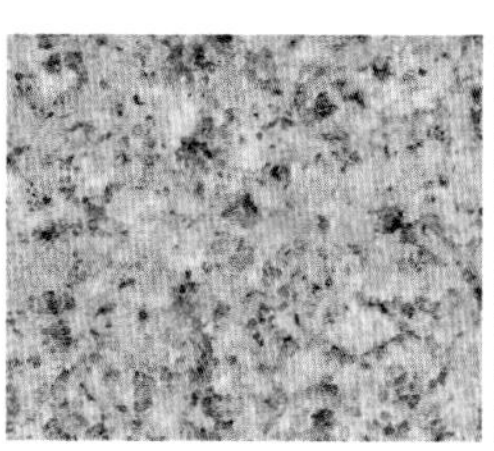

光面黄锈石花岗岩

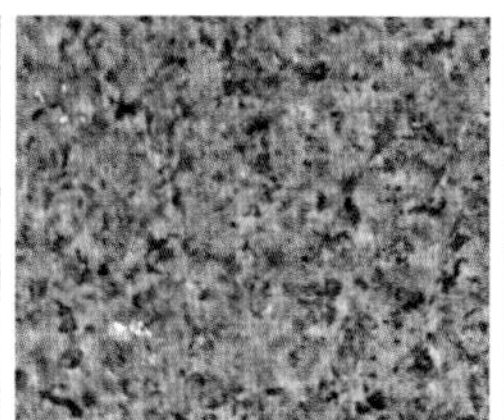

烧面芝麻黑花岗岩

烧面白麻花岗岩

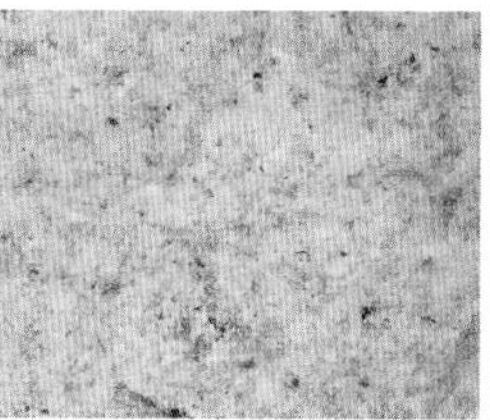

自然平面黄锈石花岗岩

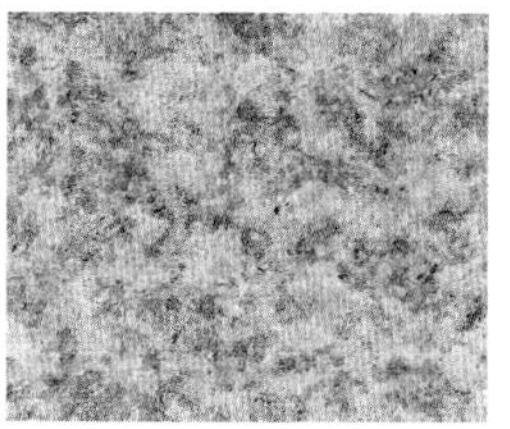

烧面红锈石花岗岩

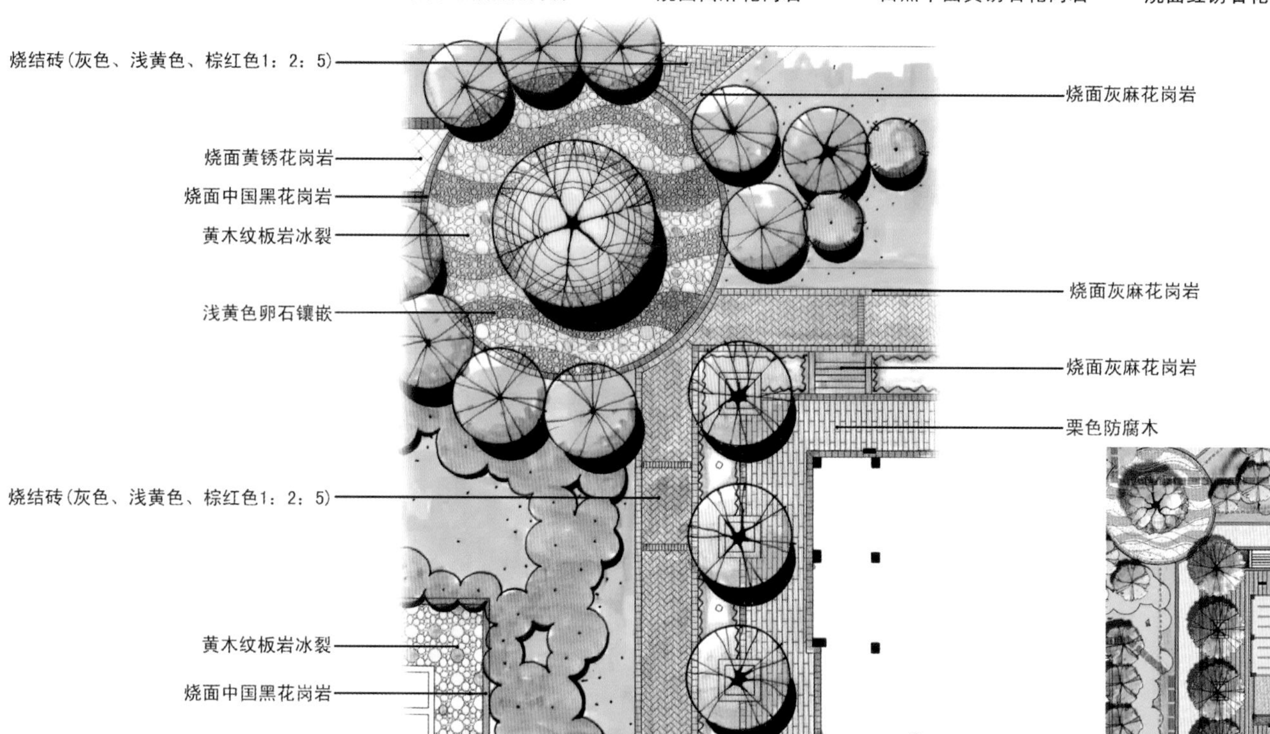

索 引 图

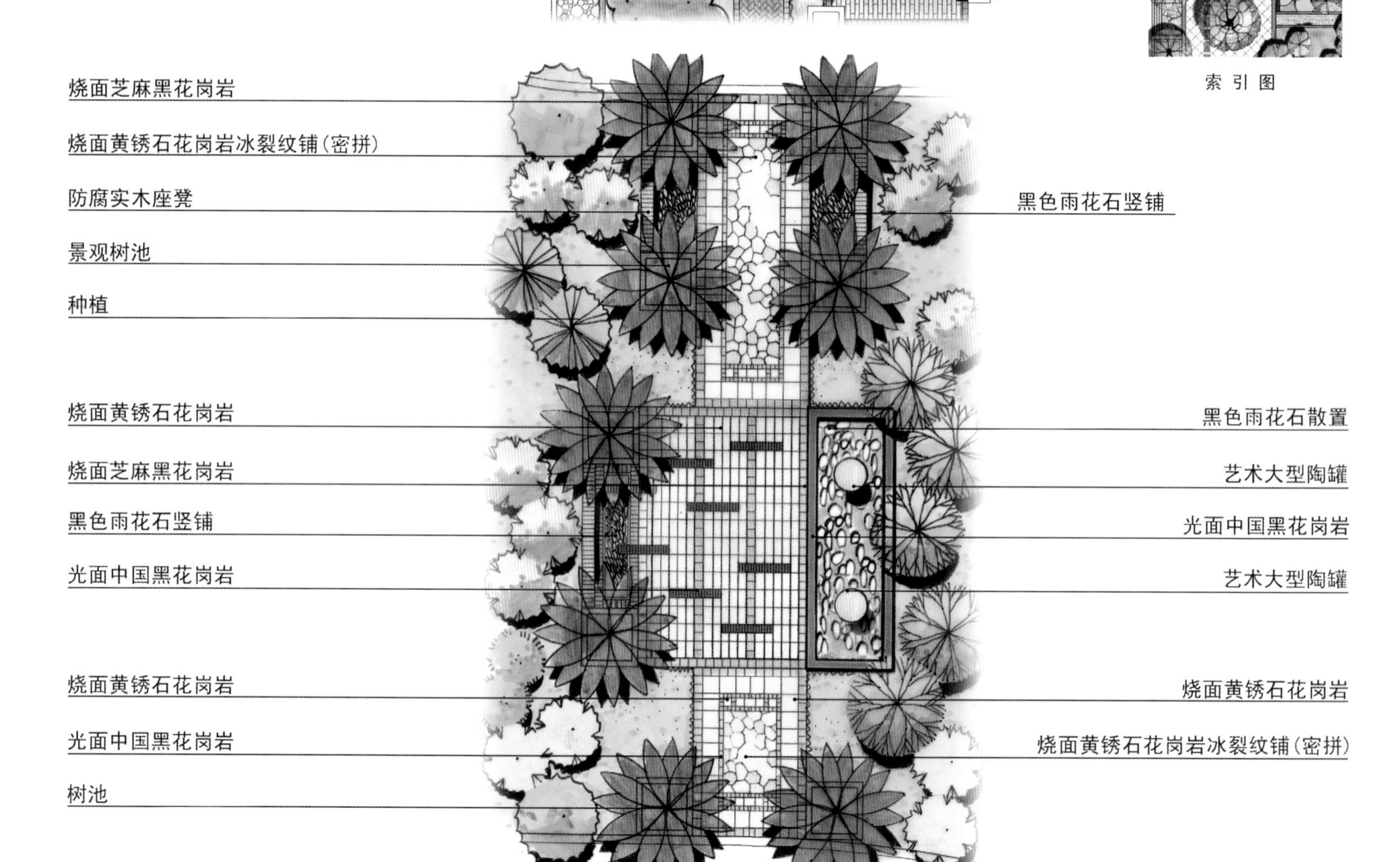

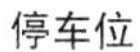
停车位

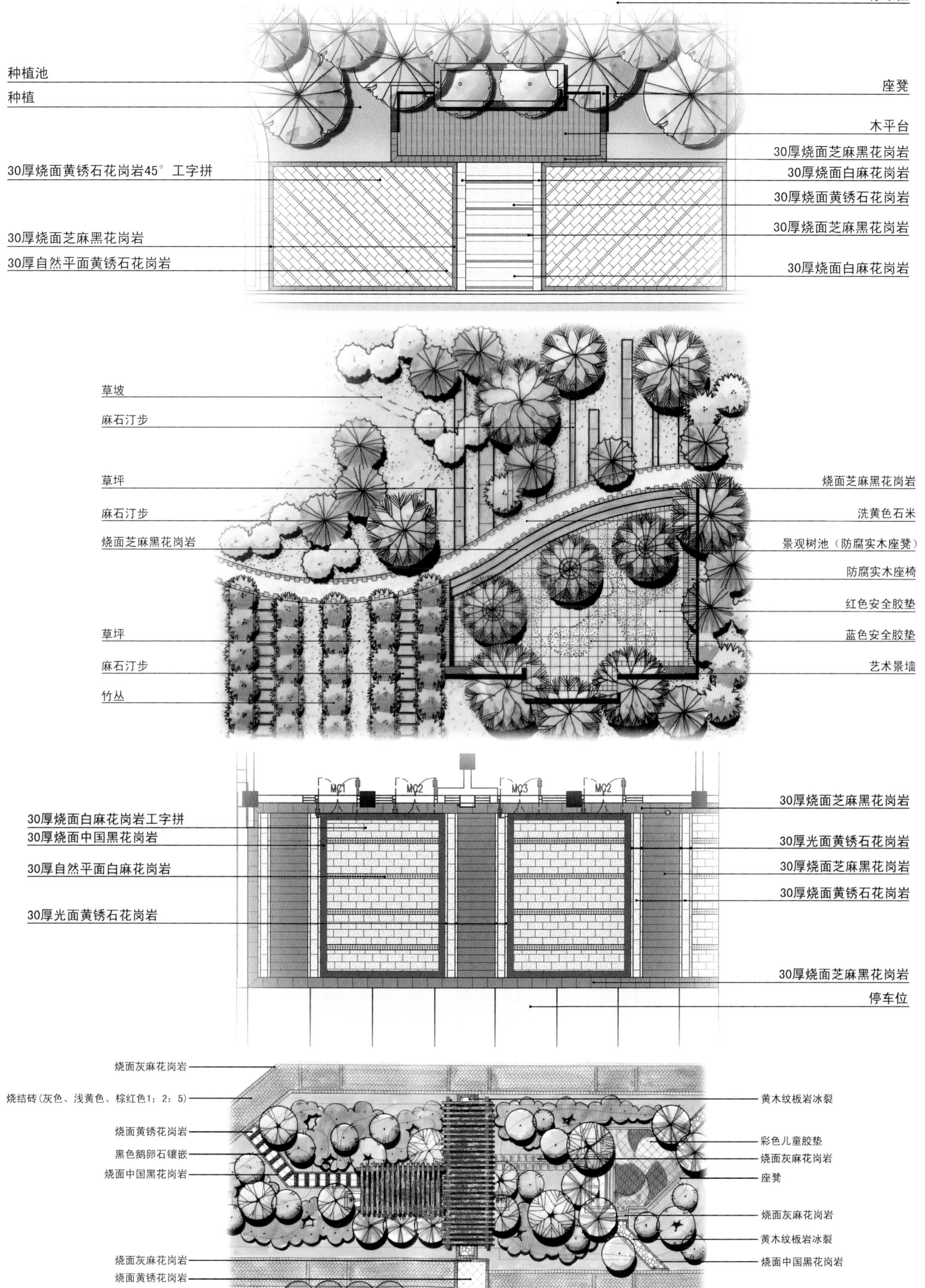
种植池
种植
座凳
木平台
30厚烧面芝麻黑花岗岩
30厚烧面黄锈石花岗岩45° 工字拼
30厚烧面白麻花岗岩
30厚烧面黄锈石花岗岩
30厚烧面芝麻黑花岗岩
30厚烧面芝麻黑花岗岩
30厚自然平面黄锈石花岗岩
30厚烧面白麻花岗岩
草坡
麻石汀步
草坪
麻石汀步
烧面芝麻黑花岗岩
烧面芝麻黑花岗岩
洗黄色石米
景观树池（防腐实木座凳）
防腐实木座椅
红色安全胶垫
蓝色安全胶垫
艺术景墙
草坪
麻石汀步
竹丛
MC1
MC2
MC3
MC2
30厚烧面芝麻黑花岗岩
30厚烧面白麻花岗岩工字拼
30厚烧面中国黑花岗岩
30厚光面黄锈石花岗岩
30厚烧面芝麻黑花岗岩
30厚自然平面白麻花岗岩
30厚烧面黄锈石花岗岩
30厚光面黄锈石花岗岩
30厚烧面芝麻黑花岗岩
停车位
烧面灰麻花岗岩
烧结砖(灰色、浅黄色、棕红色1：2：5)
黄木纹板岩冰裂
烧面黄锈花岗岩
黑色鹅卵石镶嵌
烧面中国黑花岗岩
彩色儿童胶垫
烧面灰麻花岗岩
座凳
烧面灰麻花岗岩
黄木纹板岩冰裂
烧面中国黑花岗岩
烧面灰麻花岗岩
烧面黄锈花岗岩

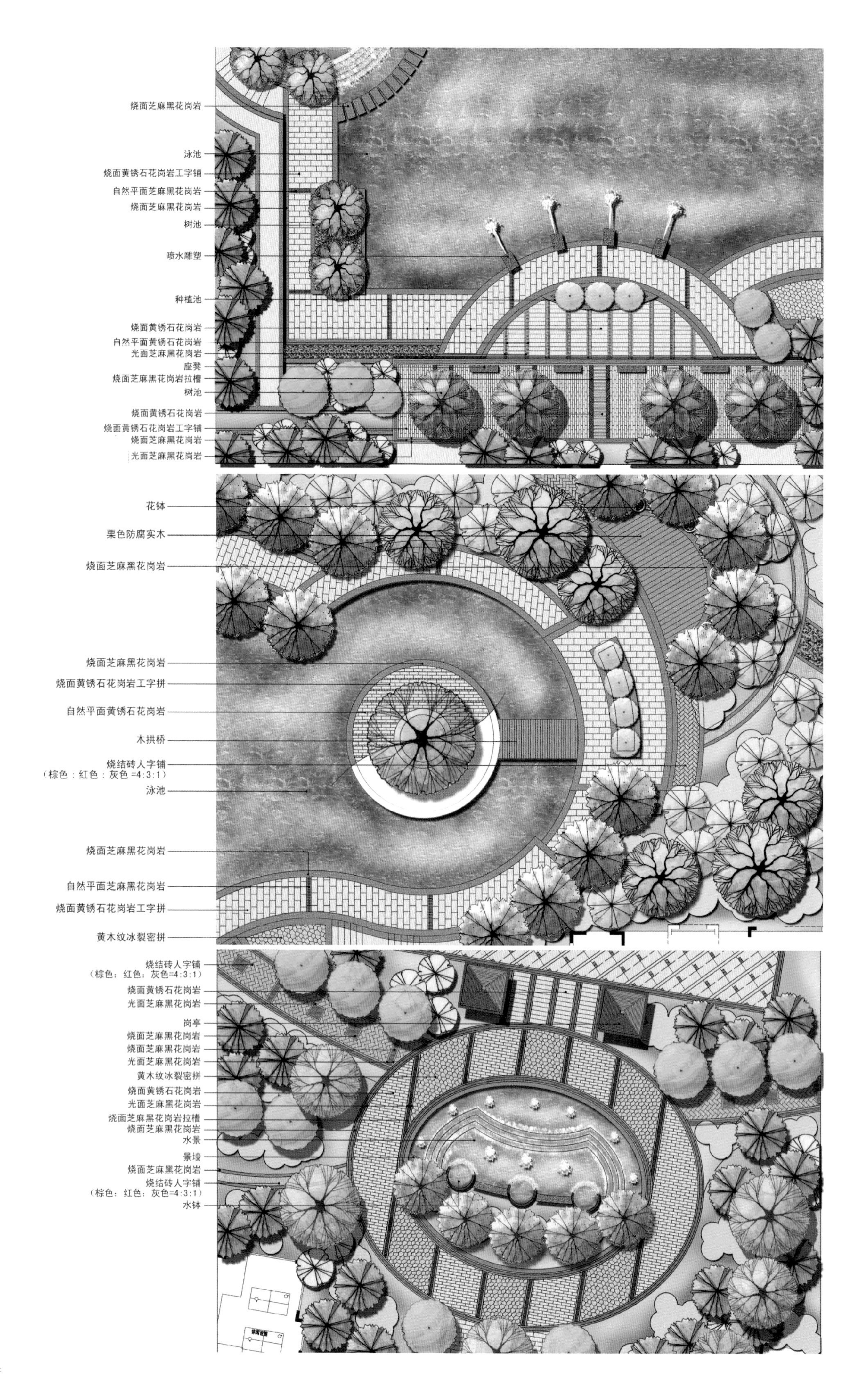
烧面芝麻黑花岗岩
泳池
烧面黄锈石花岗岩工字铺
自然平面芝麻黑花岗岩
烧面芝麻黑花岗岩
树池
喷水雕塑
种植池
烧面黄锈石花岗岩
自然平面黄锈石花岗岩
光面芝麻黑花岗岩
座凳
烧面芝麻黑花岗岩拉槽
树池
烧面黄锈石花岗岩
烧面黄锈石花岗岩工字铺
烧面芝麻黑花岗岩
光面芝麻黑花岗岩
花钵
栗色防腐实木
烧面芝麻黑花岗岩
烧面芝麻黑花岗岩
烧面黄锈石花岗岩工字拼
自然平面黄锈石花岗岩
木拱桥
烧结砖人字铺
（棕色：红色：灰色=4:3:1）
泳池
烧面芝麻黑花岗岩
自然平面芝麻黑花岗岩
烧面黄锈石花岗岩工字拼
黄木纹冰裂密拼
烧结砖人字铺
（棕色：红色：灰色=4:3:1）
烧面黄锈石花岗岩
光面芝麻黑花岗岩
岗亭
烧面芝麻黑花岗岩
烧面芝麻黑花岗岩
光面芝麻黑花岗岩
黄木纹冰裂密拼
烧面黄锈石花岗岩
光面芝麻黑花岗岩
烧面芝麻黑花岗岩拉槽
烧面芝麻黑花岗岩
水景
景墙
烧面芝麻黑花岗岩
烧结砖人字铺
（棕色：红色：灰色=4:3:1）
水钵

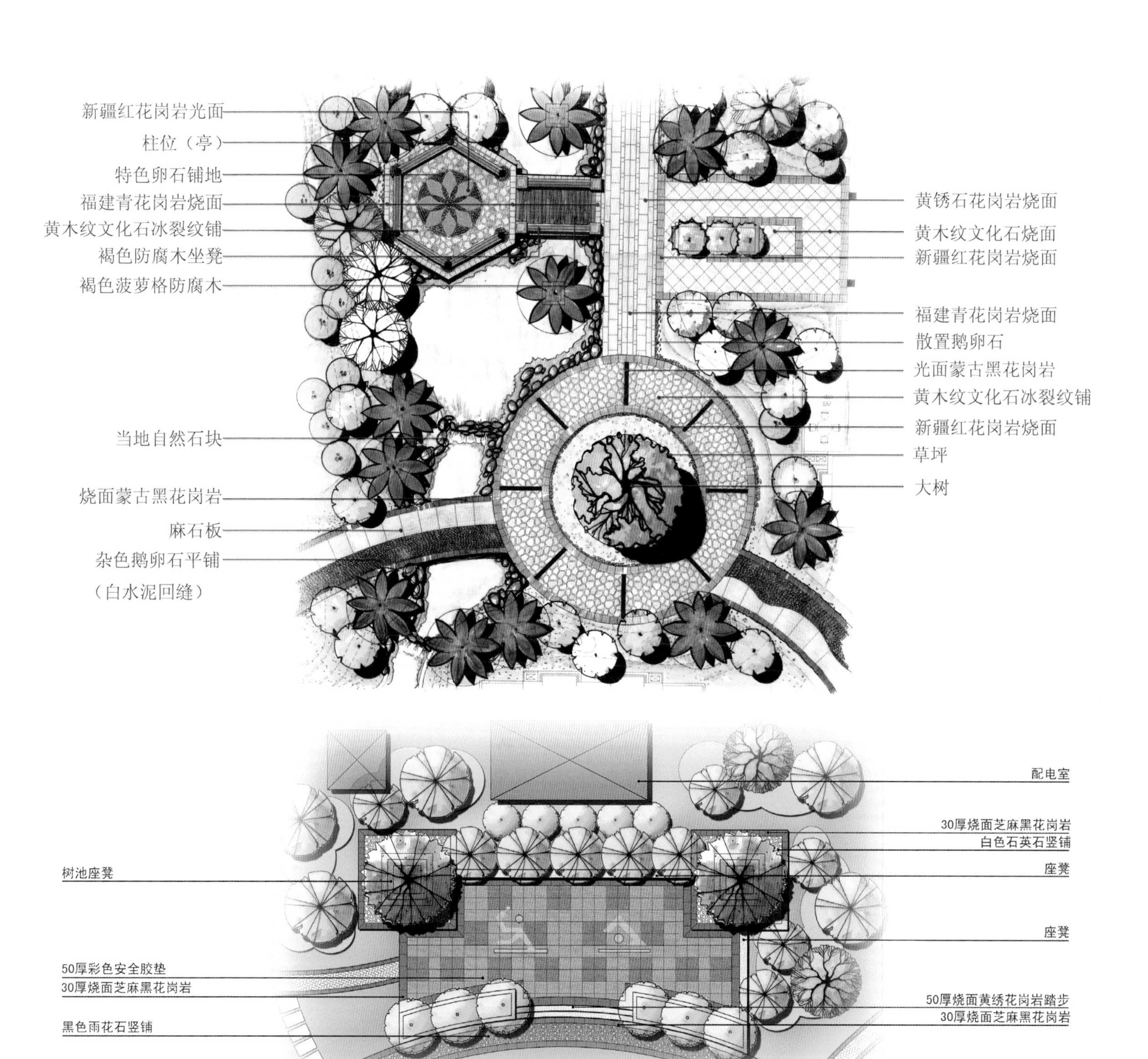
新疆红花岗岩光面
柱位（亭）
特色卵石铺地
福建青花岗岩烧面
黄木纹文化石冰裂纹铺
褐色防腐木坐凳
褐色菠萝格防腐木
当地自然石块
烧面蒙古黑花岗岩
麻石板
杂色鹅卵石平铺
（白水泥回缝）
黄锈石花岗岩烧面
黄木纹文化石烧面
新疆红花岗岩烧面
福建青花岗岩烧面
散置鹅卵石
光面蒙古黑花岗岩
黄木纹文化石冰裂纹铺
新疆红花岗岩烧面
草坪
大树
配电室
30厚烧面芝麻黑花岗岩
白色石英石竖铺
座凳
座凳
树池座凳
50厚彩色安全胶垫
30厚烧面芝麻黑花岗岩
黑色雨花石竖铺
50厚烧面黄绣花岗岩踏步
30厚烧面芝麻黑花岗岩

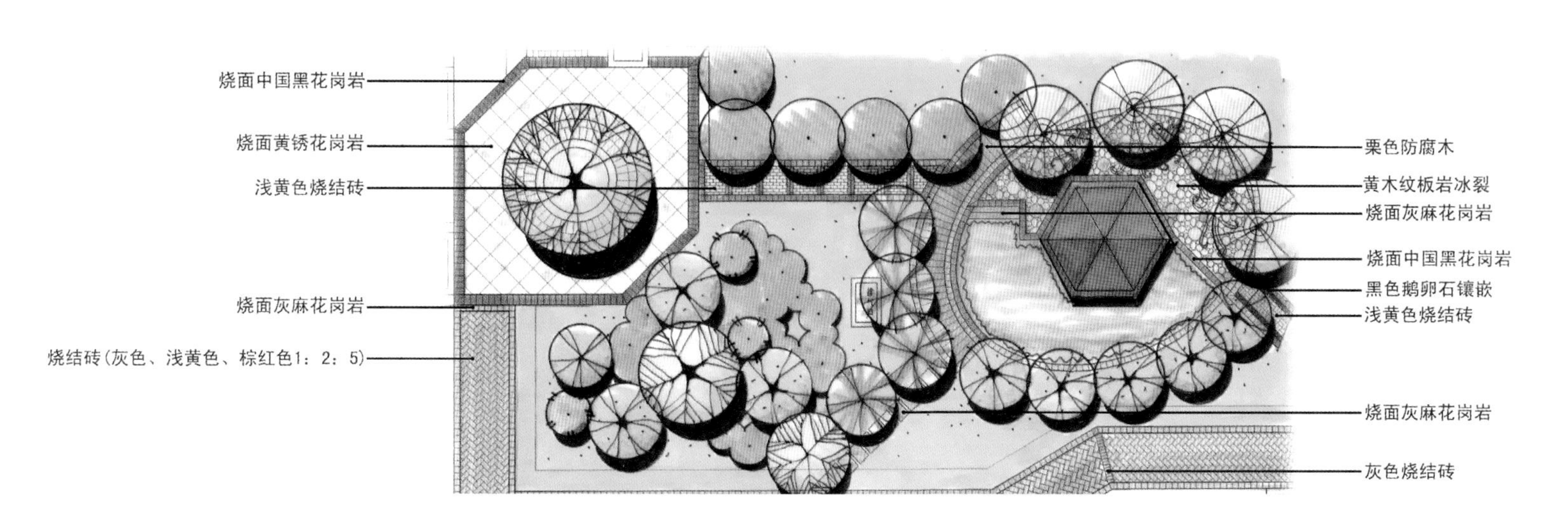
烧面中国黑花岗岩
烧面黄锈花岗岩
浅黄色烧结砖
烧面灰麻花岗岩
烧结砖(灰色、浅黄色、棕红色1：2：5)
栗色防腐木
黄木纹板岩冰裂
烧面灰麻花岗岩
烧面中国黑花岗岩
黑色鹅卵石镶嵌
浅黄色烧结砖
烧面灰麻花岗岩
灰色烧结砖

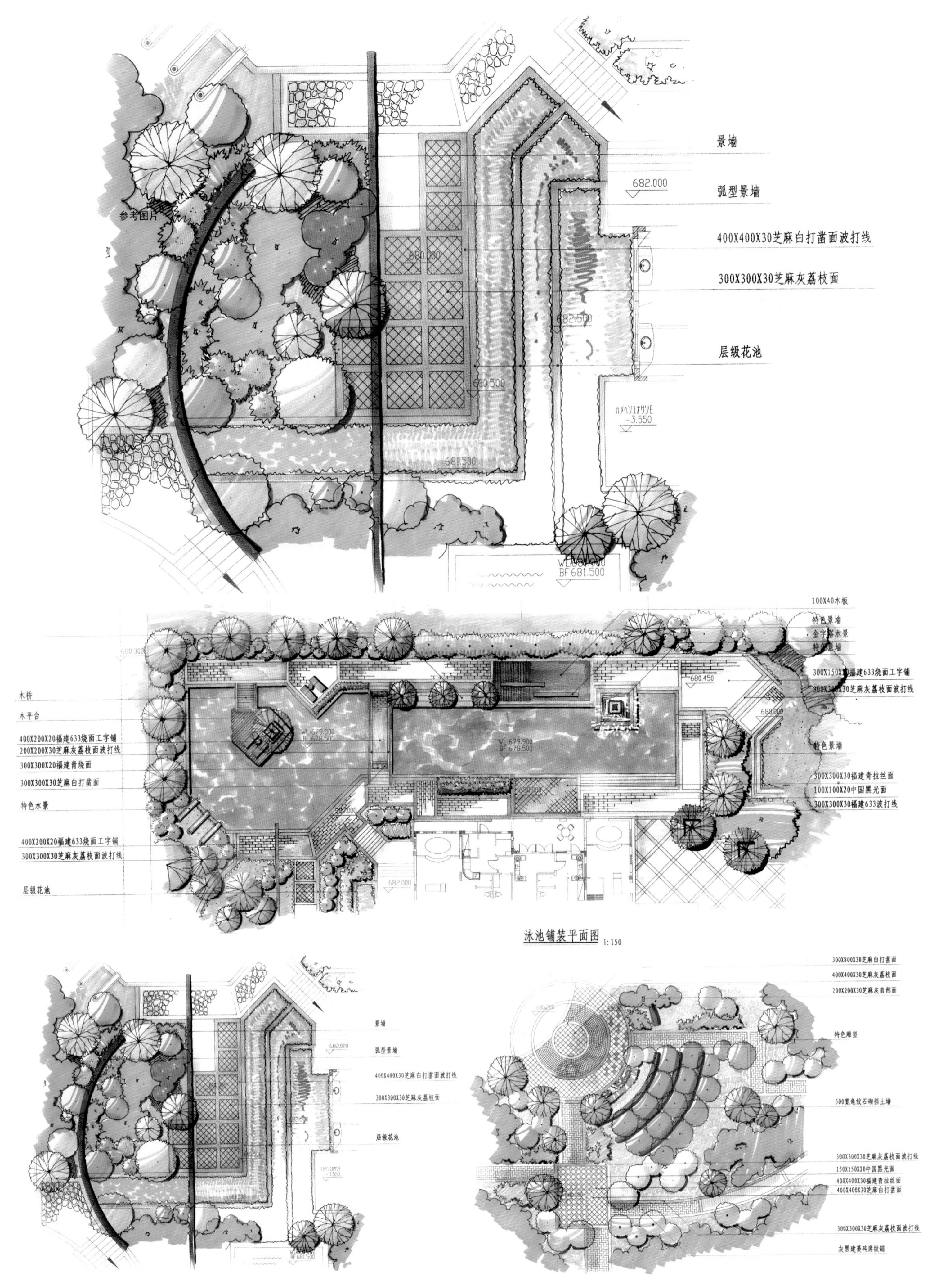

泳池铺装平面图 1:150

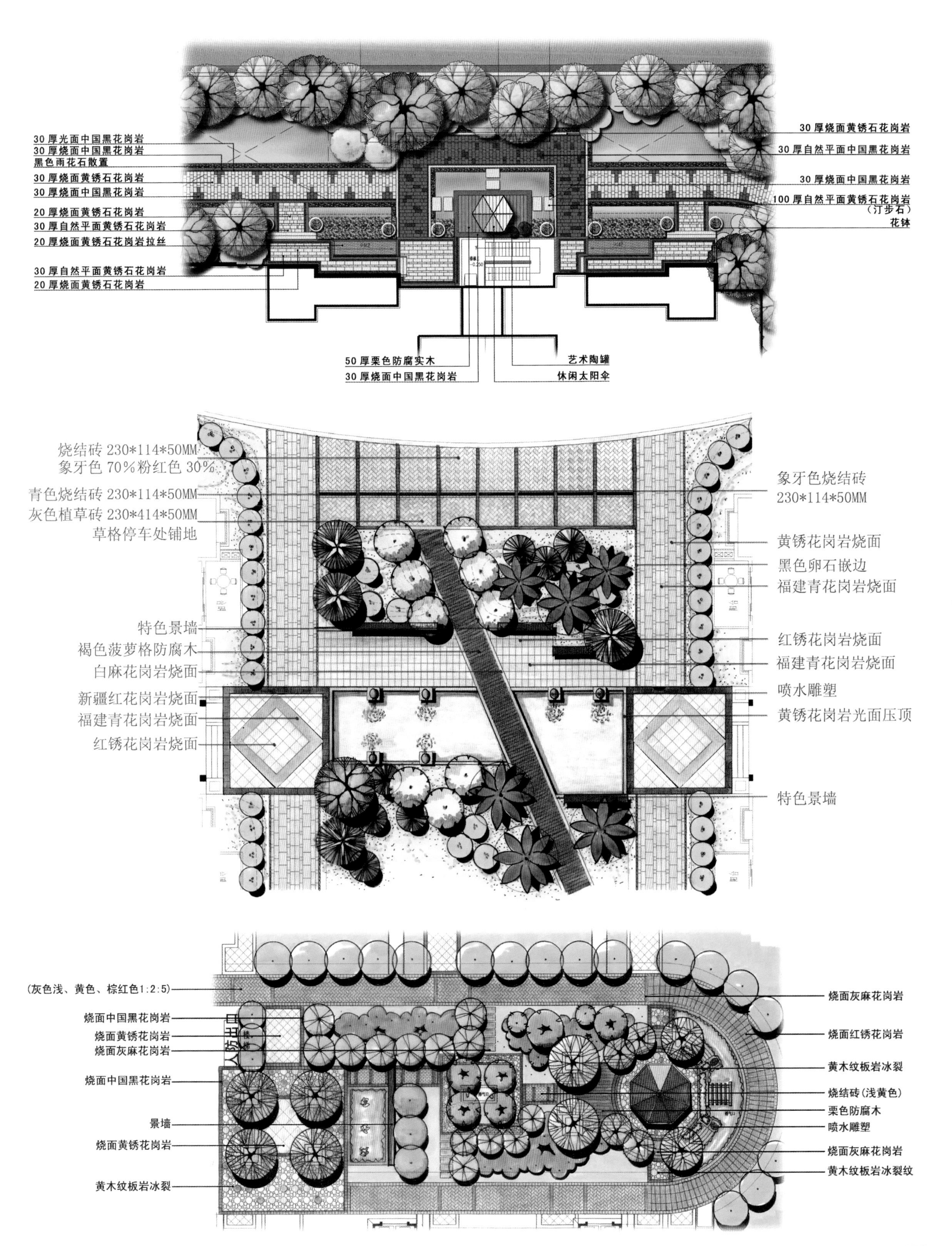

30厚光面中国黑花岗岩
30厚烧面中国黑花岗岩
黑色雨花石散置
30厚烧面黄锈石花岗岩
30厚烧面中国黑花岗岩
20厚烧面黄锈石花岗岩
30厚自然平面黄锈石花岗岩
20厚烧面黄锈石花岗岩拉丝
30厚自然平面黄锈石花岗岩
20厚烧面黄锈石花岗岩
30厚烧面黄锈石花岗岩
30厚自然平面中国黑花岗岩
30厚烧面中国黑花岗岩
100厚自然平面黄锈石花岗岩
（汀步石）
花钵
50厚栗色防腐实木
30厚烧面中国黑花岗岩
艺术陶罐
休闲太阳伞
烧结砖 230*114*50MM
象牙色 70%粉红色 30%
青色烧结砖 230*114*50MM
灰色植草砖 230*414*50MM
草格停车处铺地
特色景墙
褐色菠萝格防腐木
白麻花岗岩烧面
新疆红花岗岩烧面
福建青花岗岩烧面
红锈花岗岩烧面
象牙色烧结砖
230*114*50MM
黄锈花岗岩烧面
黑色卵石嵌边
福建青花岗岩烧面
红锈花岗岩烧面
福建青花岗岩烧面
喷水雕塑
黄锈花岗岩光面压顶
特色景墙
(灰色浅、黄色、棕红色1:2:5)
烧面中国黑花岗岩
烧面黄锈花岗岩
烧面灰麻花岗岩
烧面中国黑花岗岩
景墙
烧面黄锈花岗岩
黄木纹板岩冰裂
烧面灰麻花岗岩
烧面红锈花岗岩
黄木纹板岩冰裂
烧结砖(浅黄色)
栗色防腐木
喷水雕塑
烧面灰麻花岗岩
黄木纹板岩冰裂纹

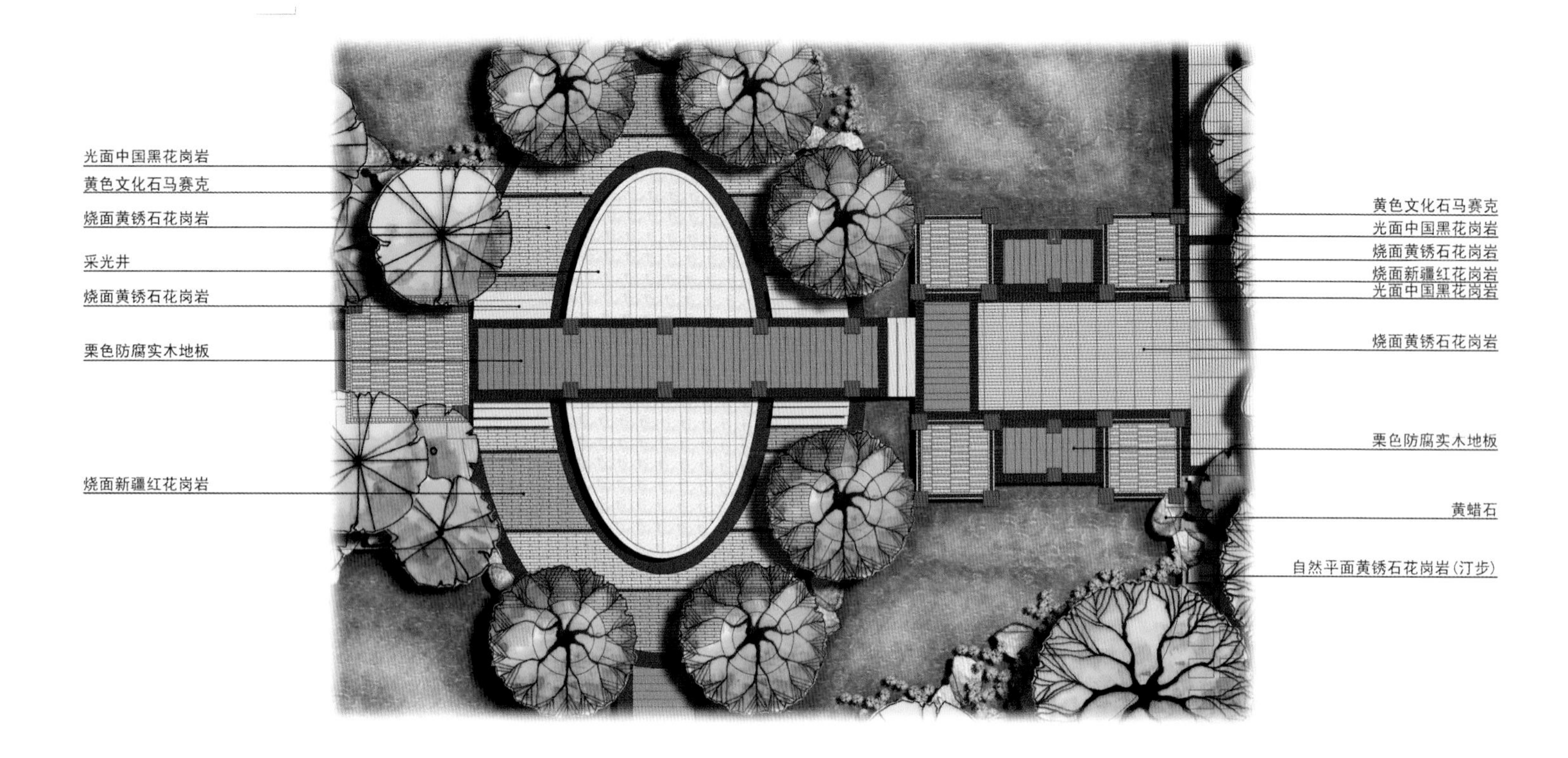
光面中国黑花岗岩
黄色文化石马赛克
烧面黄锈石花岗岩
采光井
烧面黄锈石花岗岩
栗色防腐实木地板
烧面新疆红花岗岩
黄色文化石马赛克
光面中国黑花岗岩
烧面黄锈石花岗岩
烧面新疆红花岗岩
光面中国黑花岗岩
烧面黄锈石花岗岩
栗色防腐实木地板
黄蜡石
自然平面黄锈石花岗岩(汀步)

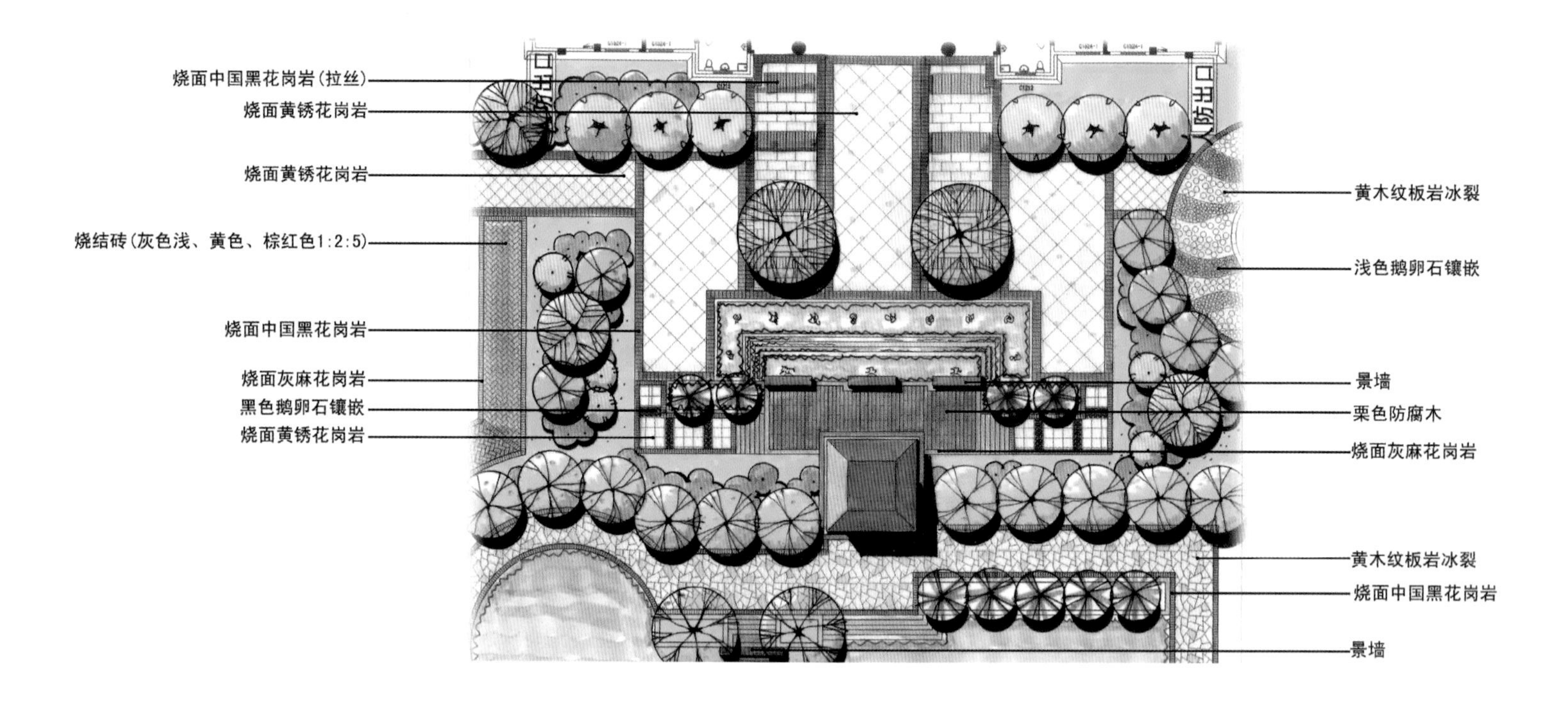
烧面中国黑花岗岩(拉丝)
烧面黄锈花岗岩
烧面黄锈花岗岩
烧结砖(灰色浅、黄色、棕红色1:2:5)
烧面中国黑花岗岩
烧面灰麻花岗岩
黑色鹅卵石镶嵌
烧面黄锈花岗岩
黄木纹板岩冰裂
浅色鹅卵石镶嵌
景墙
栗色防腐木
烧面灰麻花岗岩
黄木纹板岩冰裂
烧面中国黑花岗岩
景墙

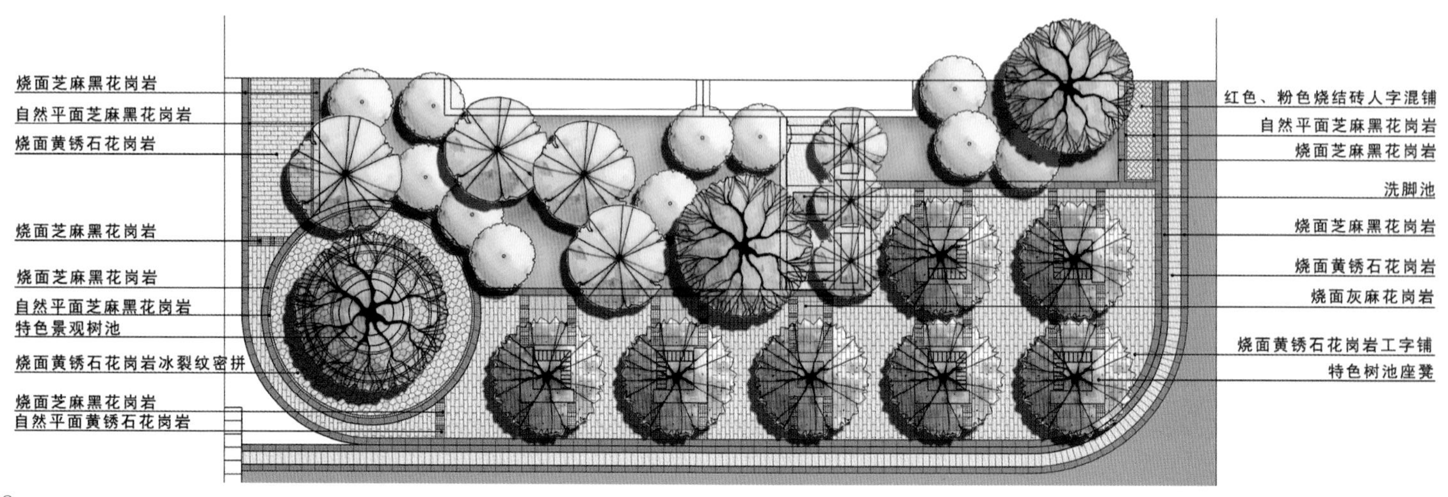
烧面芝麻黑花岗岩
自然平面芝麻黑花岗岩
烧面黄锈石花岗岩
烧面芝麻黑花岗岩
烧面芝麻黑花岗岩
自然平面芝麻黑花岗岩
特色景观树池
烧面黄锈石花岗岩冰裂纹密拼
烧面芝麻黑花岗岩
自然平面黄锈石花岗岩
红色、粉色烧结砖人字混铺
自然平面芝麻黑花岗岩
烧面芝麻黑花岗岩
洗脚池
烧面芝麻黑花岗岩
烧面黄锈石花岗岩
烧面灰麻花岗岩
烧面黄锈石花岗岩工字铺
特色树池座凳

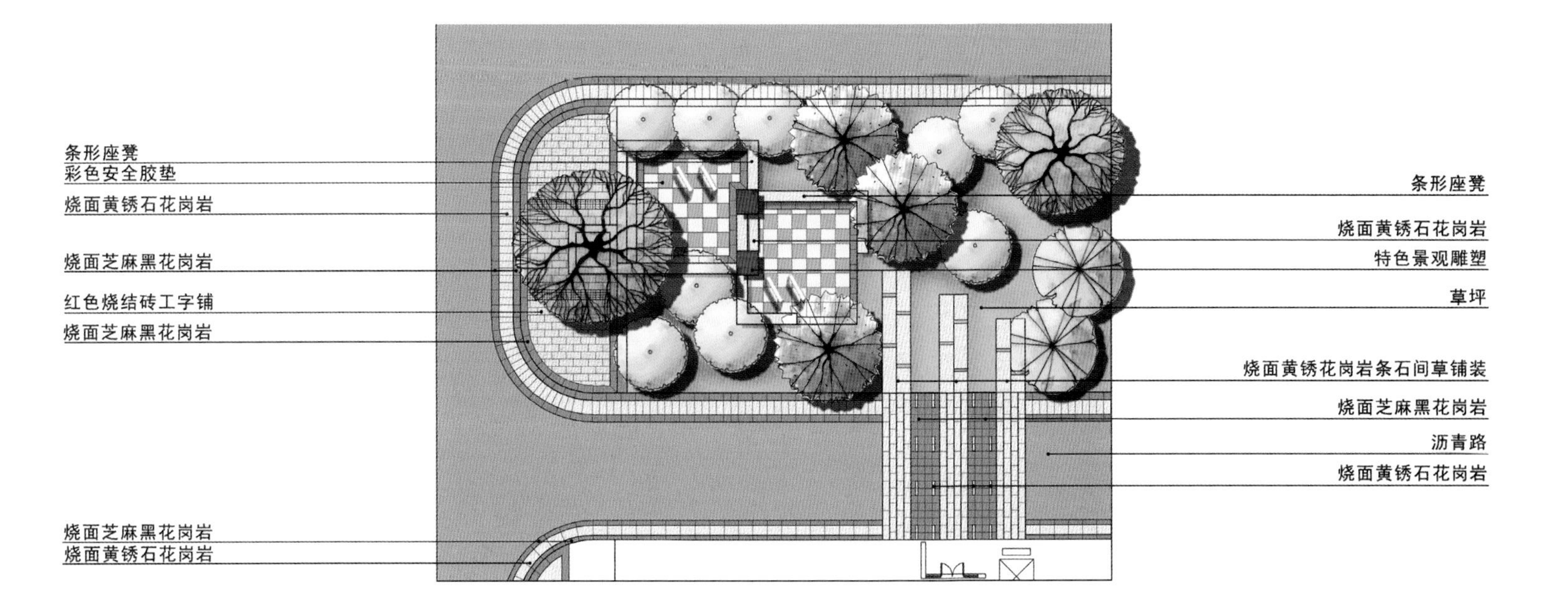
条形座凳
彩色安全胶垫
烧面黄锈石花岗岩
烧面芝麻黑花岗岩
红色烧结砖工字铺
烧面芝麻黑花岗岩
烧面芝麻黑花岗岩
烧面黄锈石花岗岩
条形座凳
烧面黄锈石花岗岩
特色景观雕塑
草坪
烧面黄锈花岗岩条石间草铺装
烧面芝麻黑花岗岩
沥青路
烧面黄锈石花岗岩

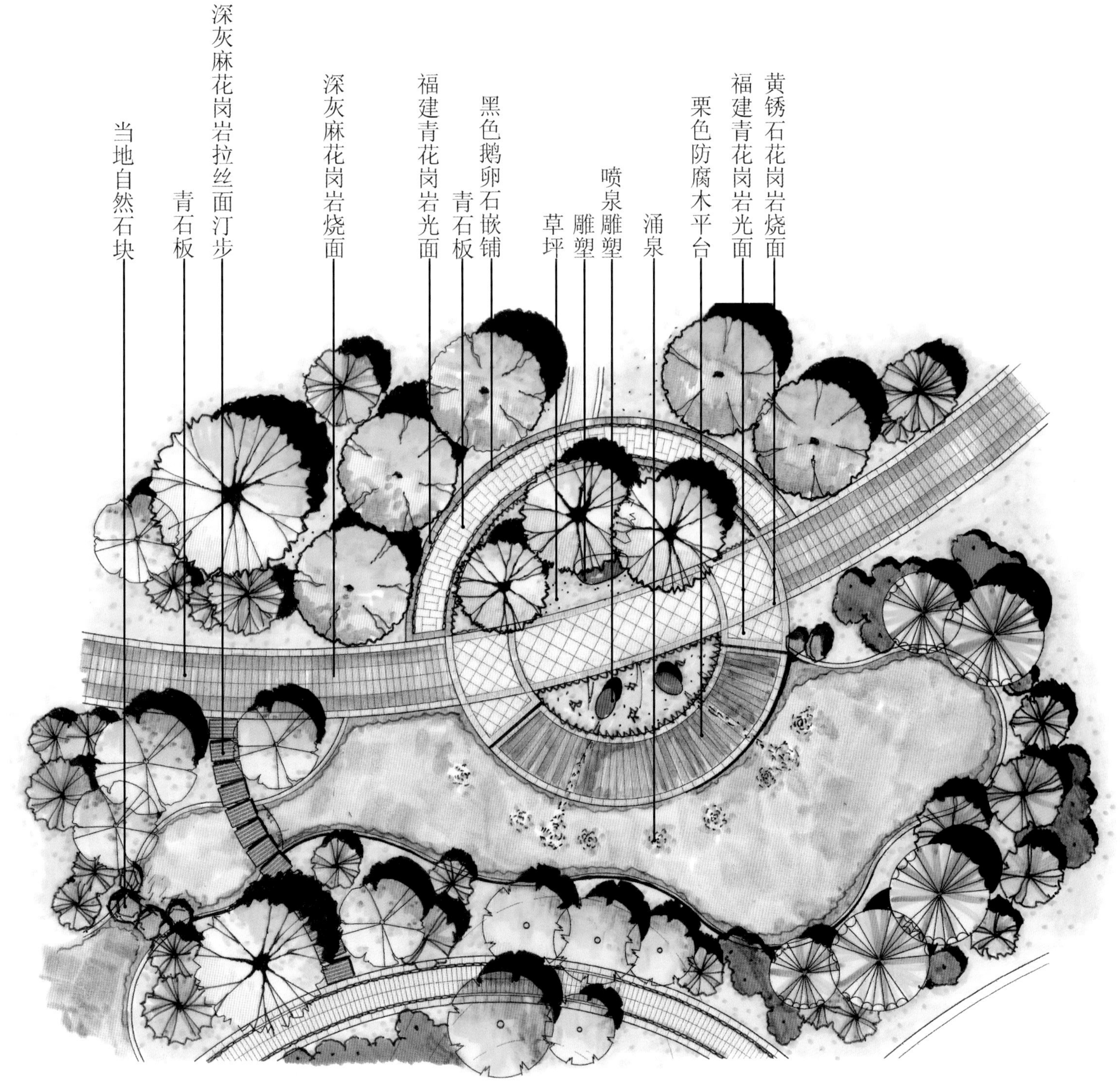
当地自然石块
青石板
深灰麻花岗岩拉丝面汀步
深灰麻花岗岩烧面
福建青花岗岩光面
青石板
黑色鹅卵石嵌铺
草坪
雕塑
喷泉雕塑
涌泉
栗色防腐木平台
福建青花岗岩光面
黄锈石花岗岩烧面

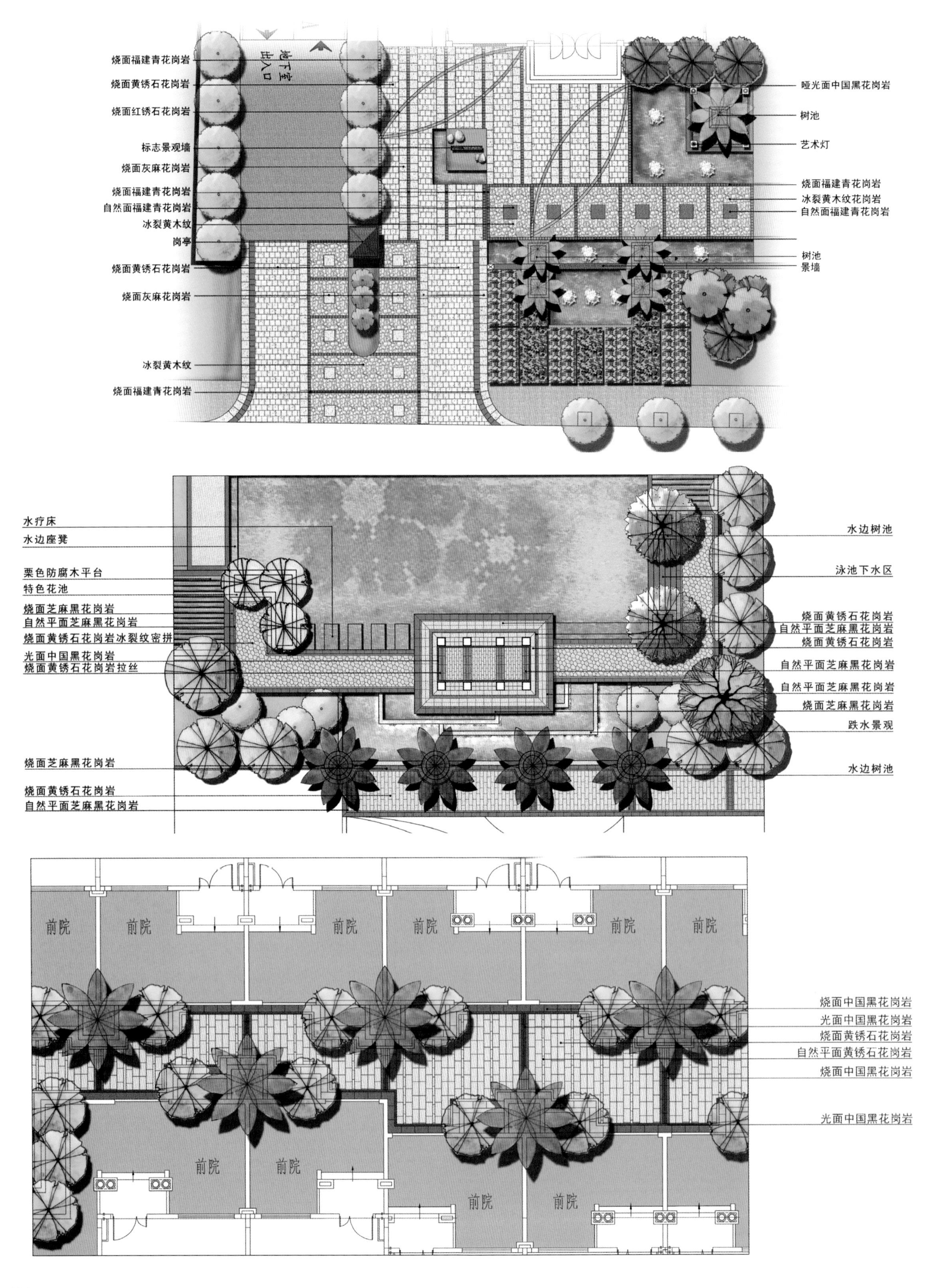
烧面福建青花岗岩
烧面黄锈石花岗岩
烧面红锈石花岗岩
标志景观墙
烧面灰麻花岗岩
烧面福建青花岗岩
自然面福建青花岗岩
冰裂黄木纹
岗亭
烧面黄锈石花岗岩
烧面灰麻花岗岩
冰裂黄木纹
烧面福建青花岗岩
地下室出入口
哑光面中国黑花岗岩
树池
艺术灯
烧面福建青花岗岩
冰裂黄木纹花岗岩
自然面福建青花岗岩
树池
景墙
水疗床
水边座凳
栗色防腐木平台
特色花池
烧面芝麻黑花岗岩
自然平面芝麻黑花岗岩
烧面黄锈石花岗岩冰裂纹密拼
光面中国黑花岗岩
烧面黄锈石花岗岩拉丝
烧面芝麻黑花岗岩
烧面黄锈石花岗岩
自然平面芝麻黑花岗岩
水边树池
泳池下水区
烧面黄锈石花岗岩
自然平面芝麻黑花岗岩
烧面黄锈石花岗岩
自然平面芝麻黑花岗岩
自然平面芝麻黑花岗岩
烧面芝麻黑花岗岩
跌水景观
水边树池
前院
前院
前院
前院
前院
前院
前院
前院
前院
前院
烧面中国黑花岗岩
光面中国黑花岗岩
烧面黄锈石花岗岩
自然平面黄锈石花岗岩
烧面中国黑花岗岩
光面中国黑花岗岩

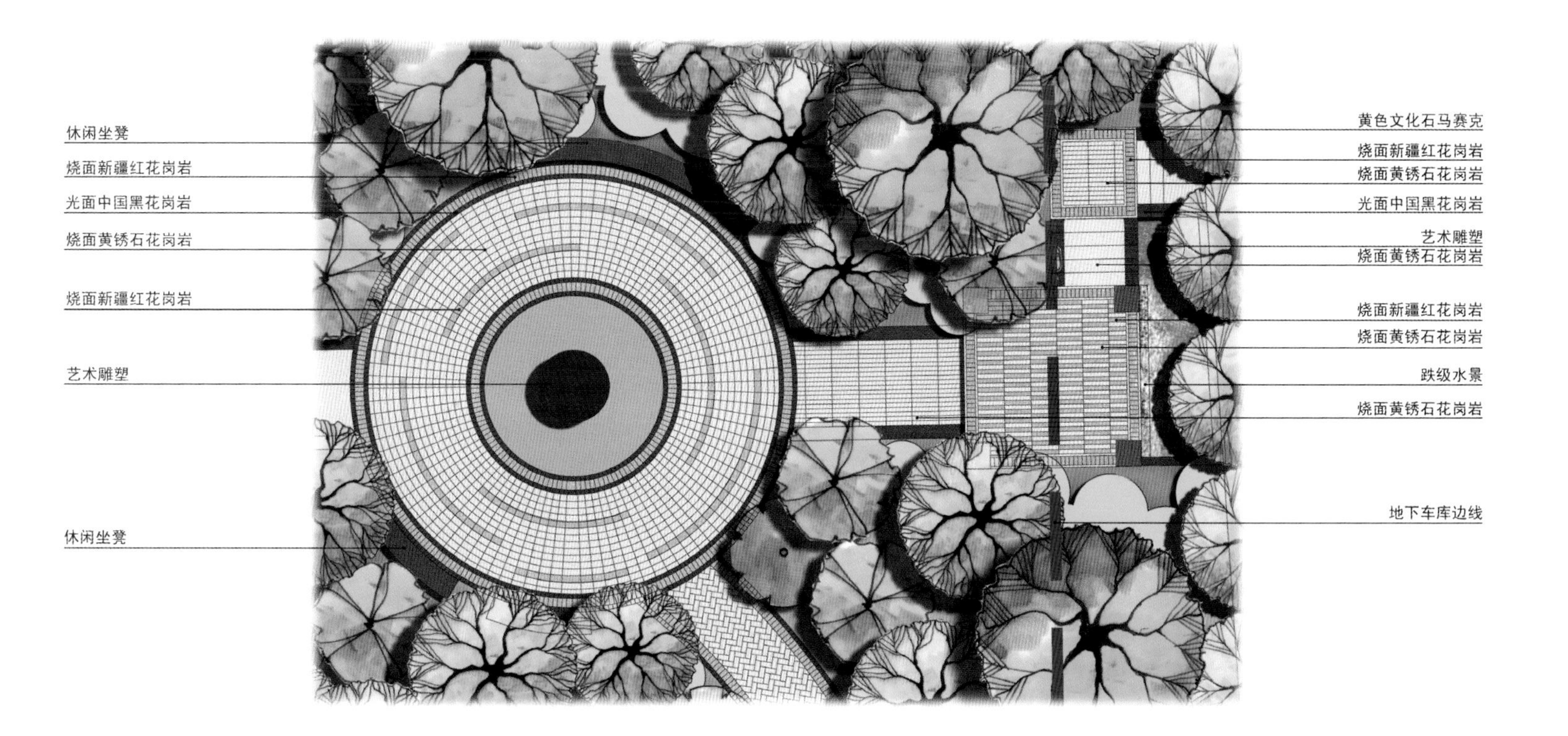
休闲坐凳
烧面新疆红花岗岩
光面中国黑花岗岩
烧面黄锈石花岗岩
烧面新疆红花岗岩
艺术雕塑
休闲坐凳
黄色文化石马赛克
烧面新疆红花岗岩
烧面黄锈石花岗岩
光面中国黑花岗岩
艺术雕塑
烧面黄锈石花岗岩
烧面新疆红花岗岩
烧面黄锈石花岗岩
跌级水景
烧面黄锈石花岗岩
地下车库边线

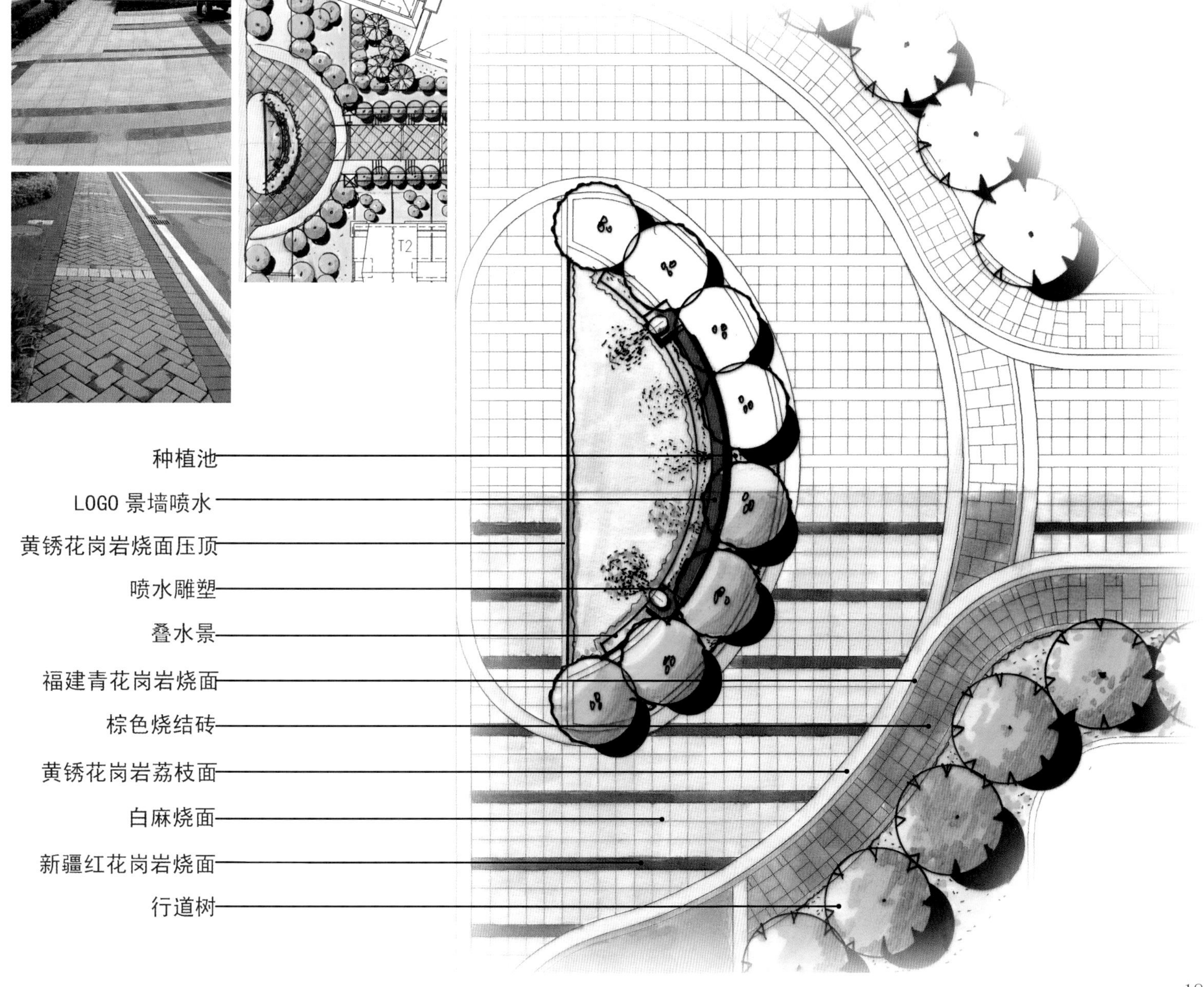
种植池
LOGO 景墙喷水
黄锈花岗岩烧面压顶
喷水雕塑
叠水景
福建青花岗岩烧面
棕色烧结砖
黄锈花岗岩荔枝面
白麻烧面
新疆红花岗岩烧面
行道树

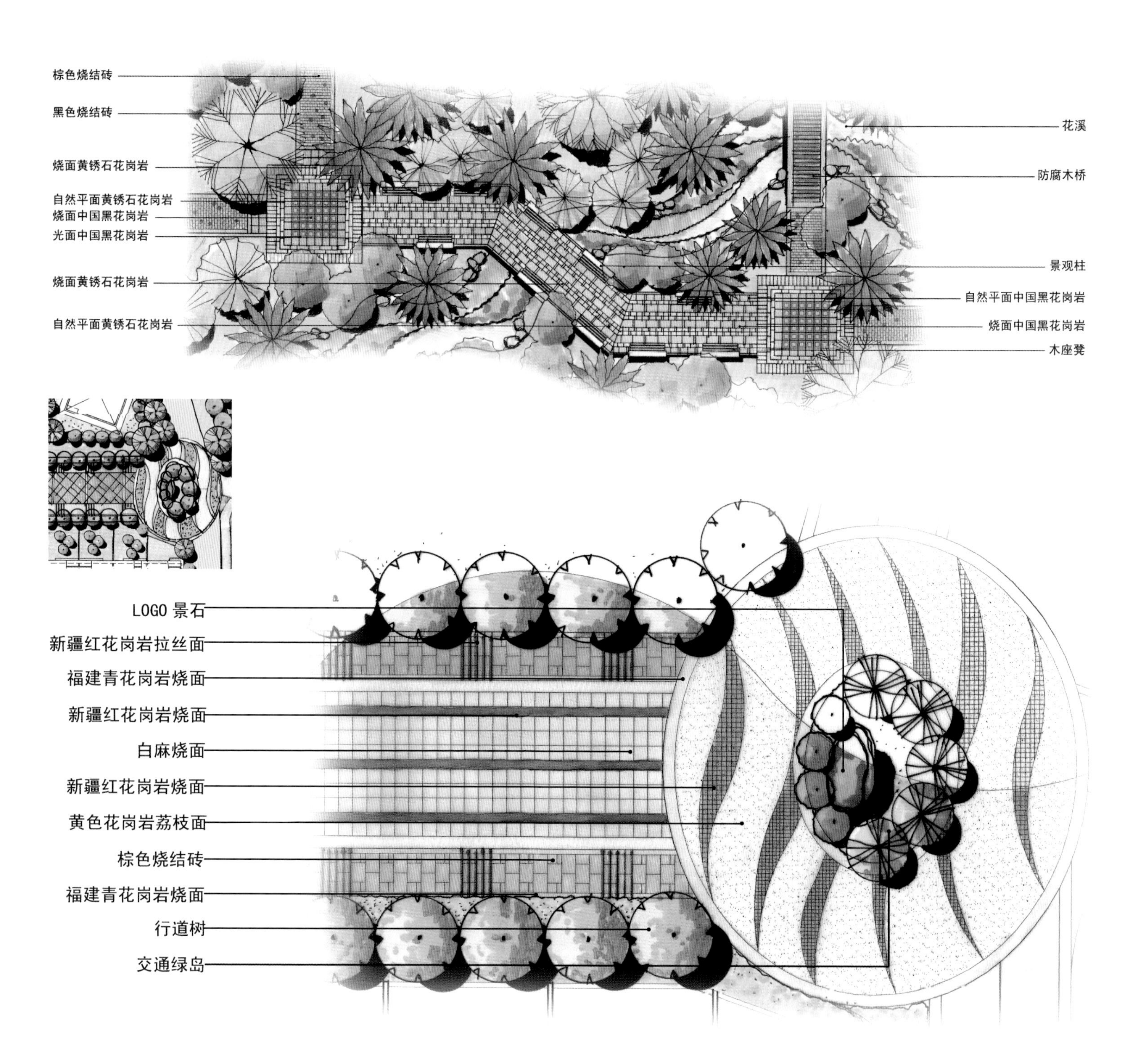
棕色烧结砖
黑色烧结砖
烧面黄锈石花岗岩
自然平面黄锈石花岗岩
烧面中国黑花岗岩
光面中国黑花岗岩
烧面黄锈石花岗岩
自然平面黄锈石花岗岩
花溪
防腐木桥
景观柱
自然平面中国黑花岗岩
烧面中国黑花岗岩
木座凳
LOGO 景石
新疆红花岗岩拉丝面
福建青花岗岩烧面
新疆红花岗岩烧面
白麻烧面
新疆红花岗岩烧面
黄色花岗岩荔枝面
棕色烧结砖
福建青花岗岩烧面
行道树
交通绿岛

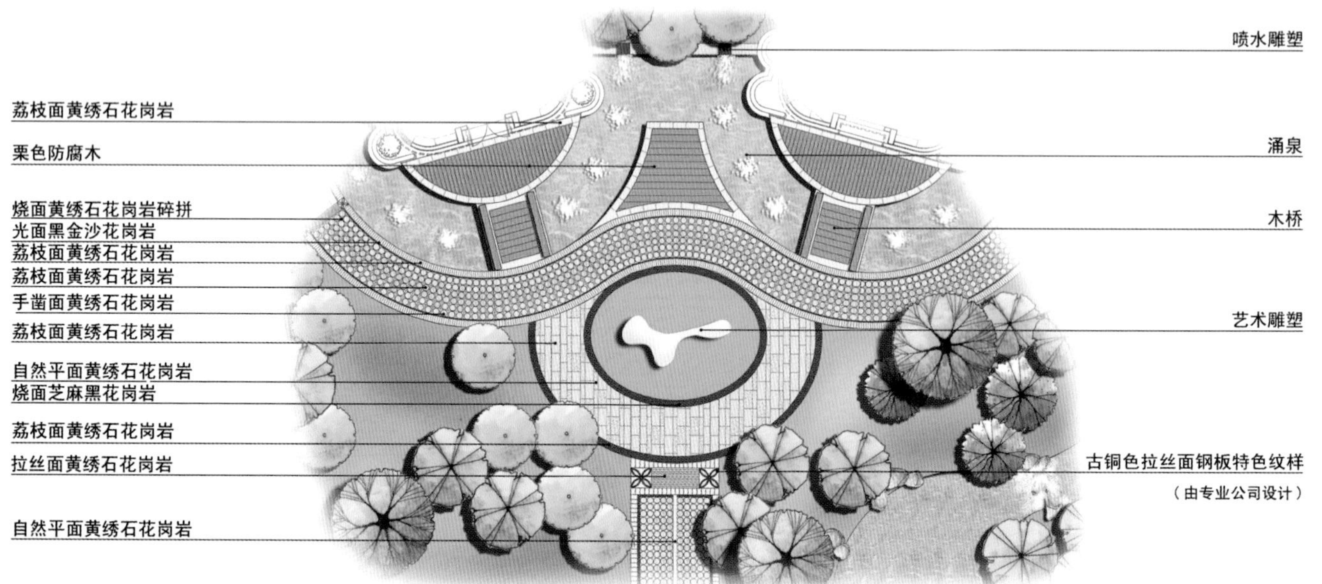
荔枝面黄绣石花岗岩
栗色防腐木
烧面黄绣石花岗岩碎拼
光面黑金沙花岗岩
荔枝面黄绣石花岗岩
荔枝面黄绣石花岗岩
手凿面黄绣石花岗岩
荔枝面黄绣石花岗岩
自然平面黄绣石花岗岩
烧面芝麻黑花岗岩
荔枝面黄绣石花岗岩
拉丝面黄绣石花岗岩
自然平面黄绣石花岗岩
喷水雕塑
涌泉
木桥
艺术雕塑
古铜色拉丝面钢板特色纹样
（由专业公司设计）

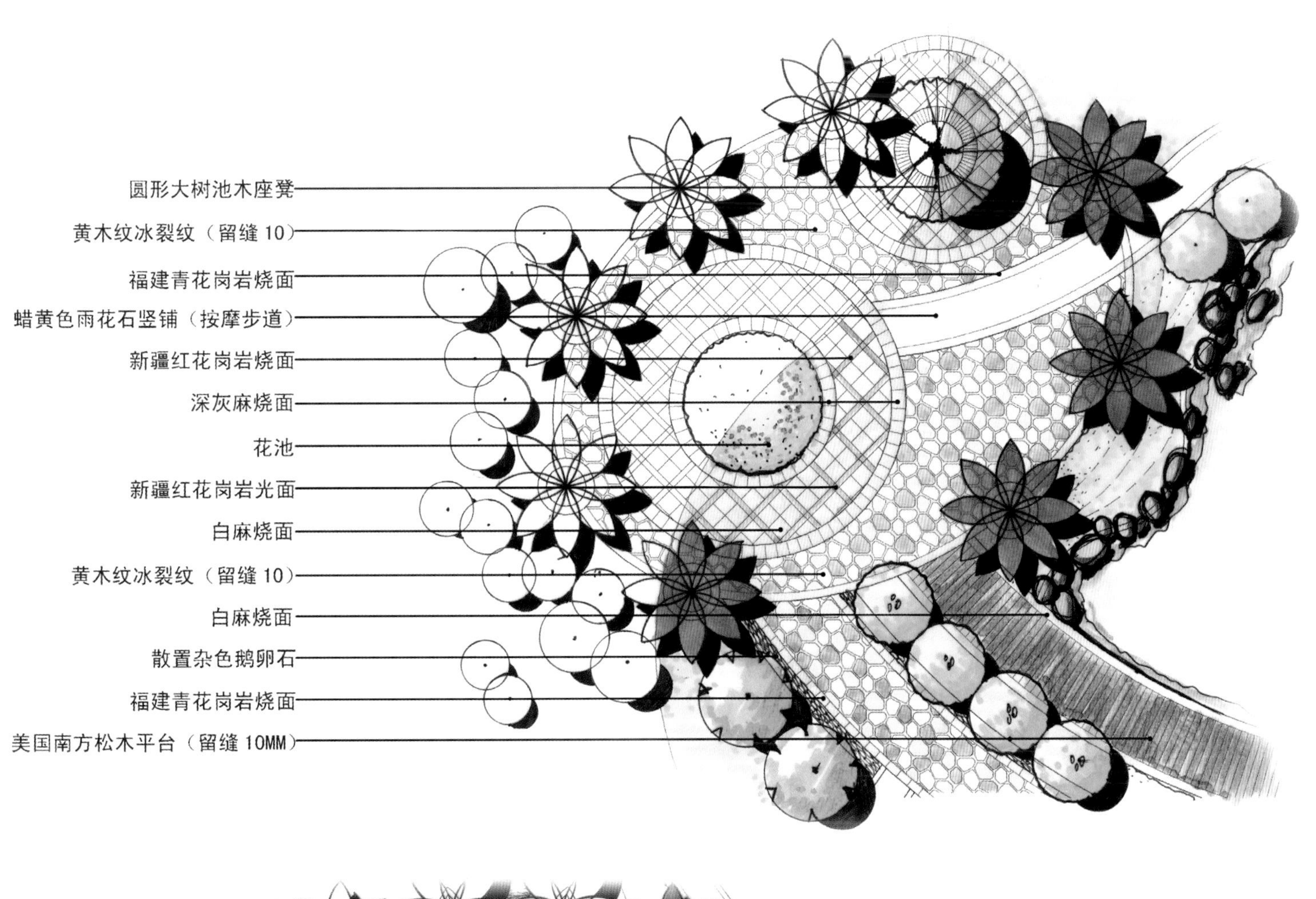
圆形大树池木座凳
黄木纹冰裂纹（留缝 10）
福建青花岗岩烧面
蜡黄色雨花石竖铺（按摩步道）
新疆红花岗岩烧面
深灰麻烧面
花池
新疆红花岗岩光面
白麻烧面
黄木纹冰裂纹（留缝 10）
白麻烧面
散置杂色鹅卵石
福建青花岗岩烧面
美国南方松木平台（留缝 10MM）

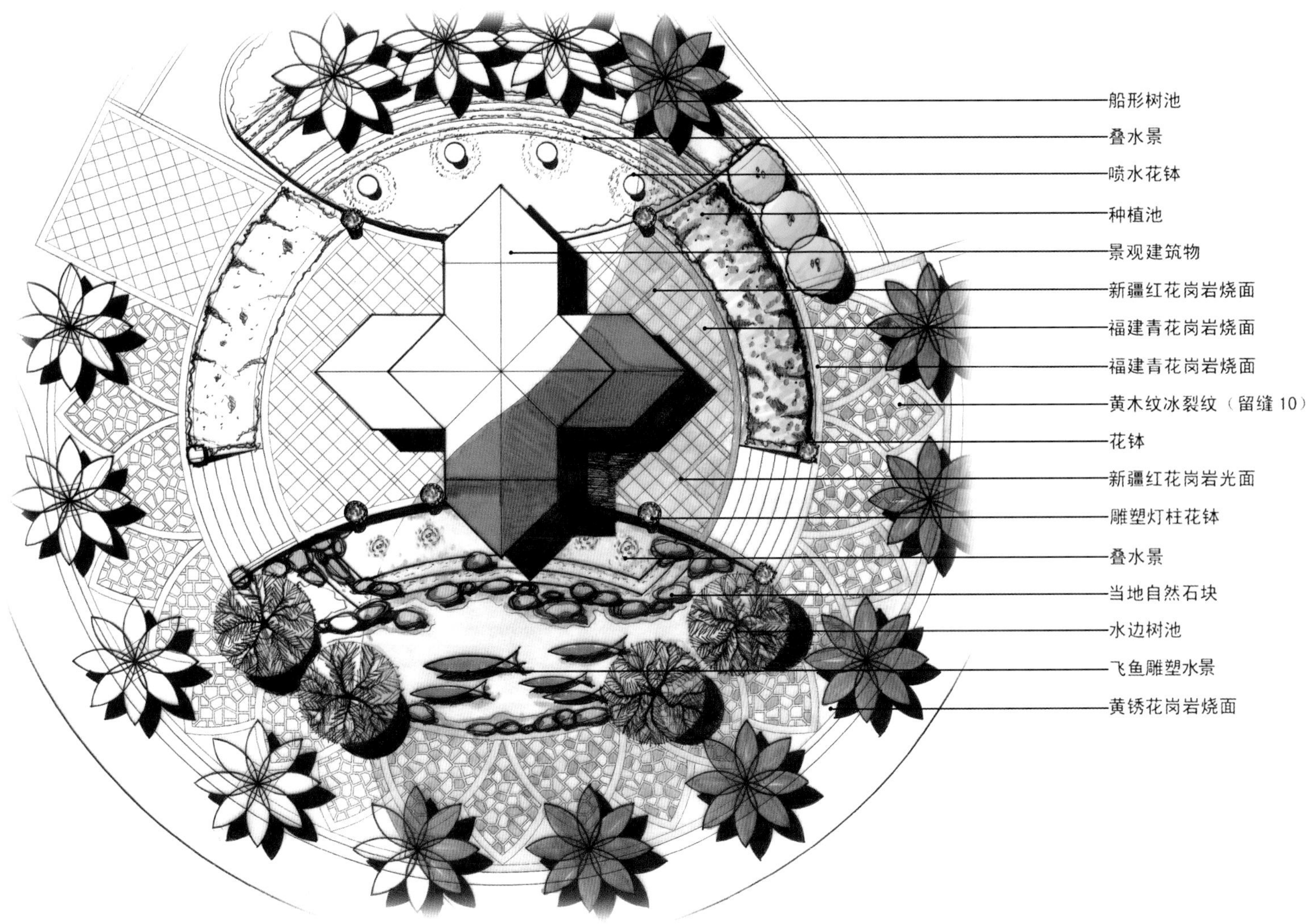
船形树池
叠水景
喷水花钵
种植池
景观建筑物
新疆红花岗岩烧面
福建青花岗岩烧面
福建青花岗岩烧面
黄木纹冰裂纹（留缝 10）
花钵
新疆红花岗岩光面
雕塑灯柱花钵
叠水景
当地自然石块
水边树池
飞鱼雕塑水景
黄锈花岗岩烧面

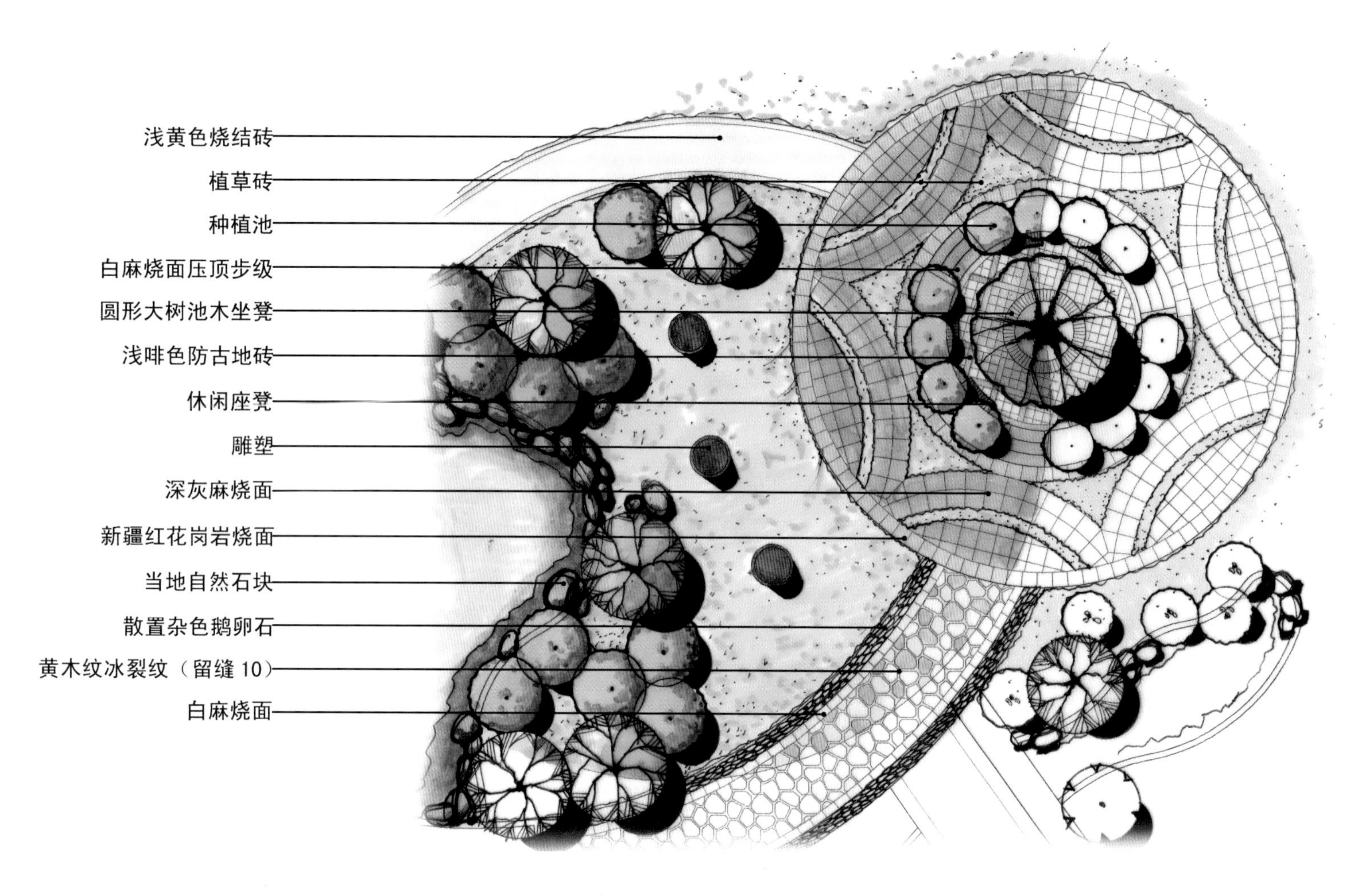
浅黄色烧结砖
植草砖
种植池
白麻烧面压顶步级
圆形大树池木坐凳
浅啡色防古地砖
休闲座凳
雕塑
深灰麻烧面
新疆红花岗岩烧面
当地自然石块
散置杂色鹅卵石
黄木纹冰裂纹（留缝 10）
白麻烧面

黑色烧结砖
当地自然石块（黄蜡石）
烧面福建青花岗岩
棕色烧结砖
防腐木桥
自然平面黄锈石花岗岩
光面中国黑花岗岩
烧面中国黑花岗岩
烧面黄锈石花岗岩
烧面中国黑花岗岩
防腐木平台

烧面福建青花岗岩
烧面黄锈石花岗岩
黑色雨花石拼贴
拉丝面黄锈石花岗岩
黑色雨花石拼贴
烧面福建青花岗岩
烧面黄锈石花岗岩
拉丝面黄锈石花岗岩
黑色雨花石
草坪
烧面黄锈石花岗岩
景墙
陶罐组合
烧面黄锈石花岗岩
烧面黄锈石花岗岩
烧面福建青花岗岩

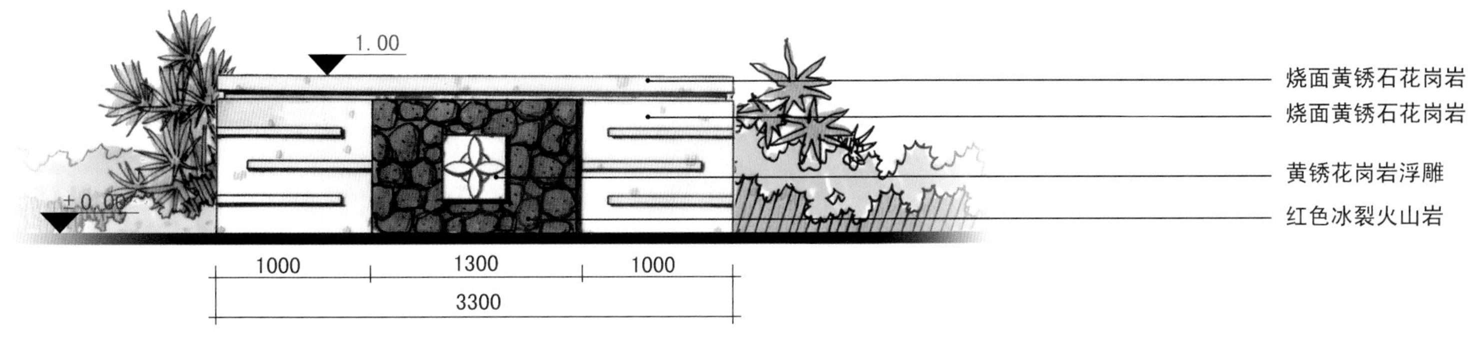
1.00
±0.00
烧面黄锈石花岗岩
烧面黄锈石花岗岩
黄锈花岗岩浮雕
红色冰裂火山岩
1000
1300
1000
3300

烧面黄锈石花岗岩
烧面福建青花岗岩
水中雕塑
景墙
散置黑色雨花石
自然平面黄锈石花岗岩
烧面中国黑花岗岩
光面中国黑花岗岩
烧面福建青花岗岩
防腐木平台
涌泉

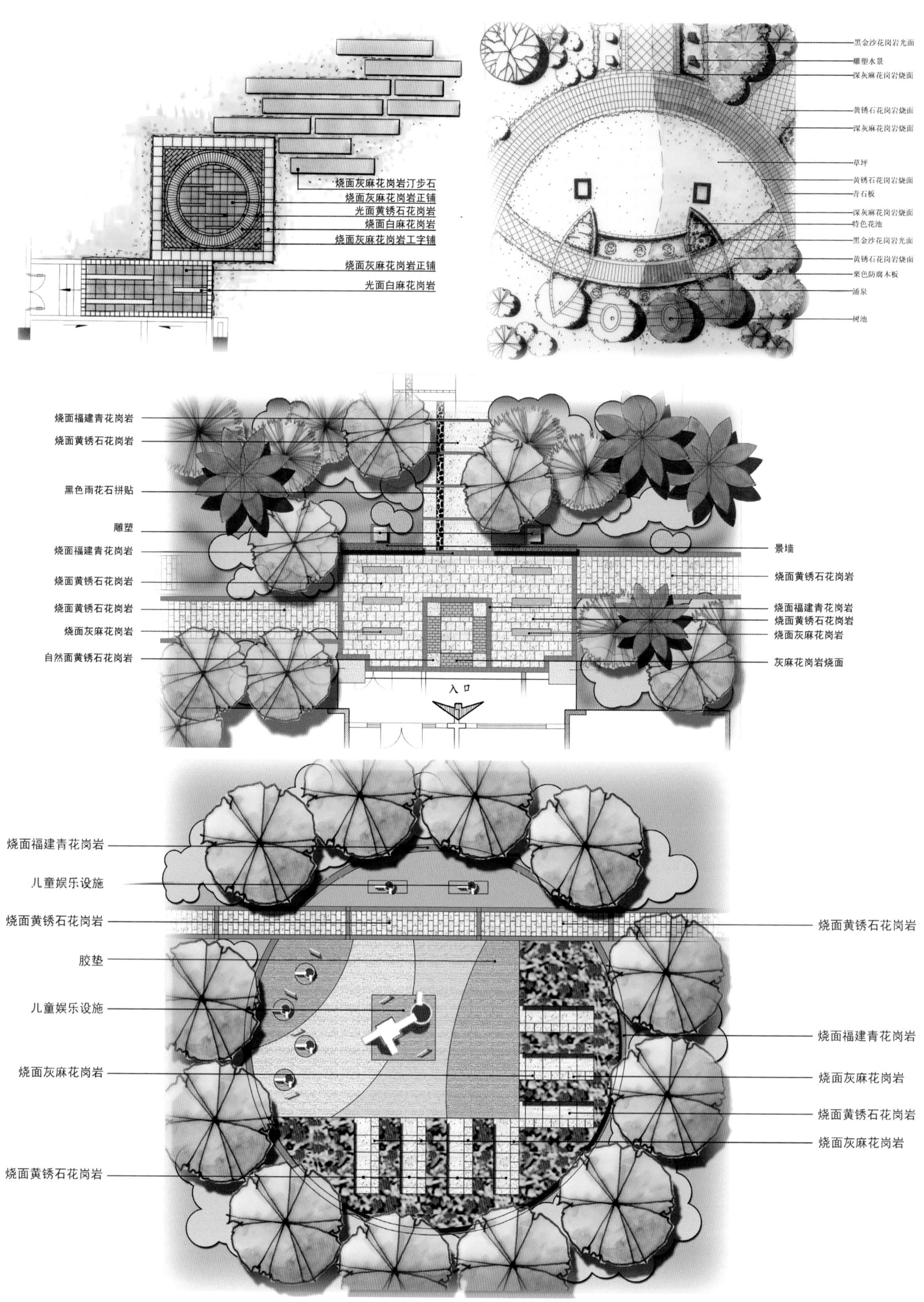
烧面灰麻花岗岩汀步石
烧面灰麻花岗岩正铺
光面黄锈石花岗岩
烧面白麻花岗岩
烧面灰麻花岗岩工字铺
烧面灰麻花岗岩正铺
光面白麻花岗岩
黑金沙花岗岩光面
雕塑水景
深灰麻花岗岩烧面
黄锈石花岗岩烧面
深灰麻花岗岩烧面
草坪
黄锈石花岗岩烧面
青石板
深灰麻花岗岩烧面
特色花池
黑金沙花岗岩光面
黄锈石花岗岩烧面
栗色防腐木板
涌泉
树池
烧面福建青花岗岩
烧面黄锈石花岗岩
黑色雨花石拼贴
雕塑
烧面福建青花岗岩
烧面黄锈石花岗岩
烧面黄锈石花岗岩
烧面灰麻花岗岩
自然面黄锈石花岗岩
景墙
烧面黄锈石花岗岩
烧面福建青花岗岩
烧面黄锈石花岗岩
烧面灰麻花岗岩
灰麻花岗岩烧面
入口
烧面福建青花岗岩
儿童娱乐设施
烧面黄锈石花岗岩
胶垫
儿童娱乐设施
烧面灰麻花岗岩
烧面黄锈石花岗岩
烧面黄锈石花岗岩
烧面福建青花岗岩
烧面灰麻花岗岩
烧面黄锈石花岗岩
烧面灰麻花岗岩

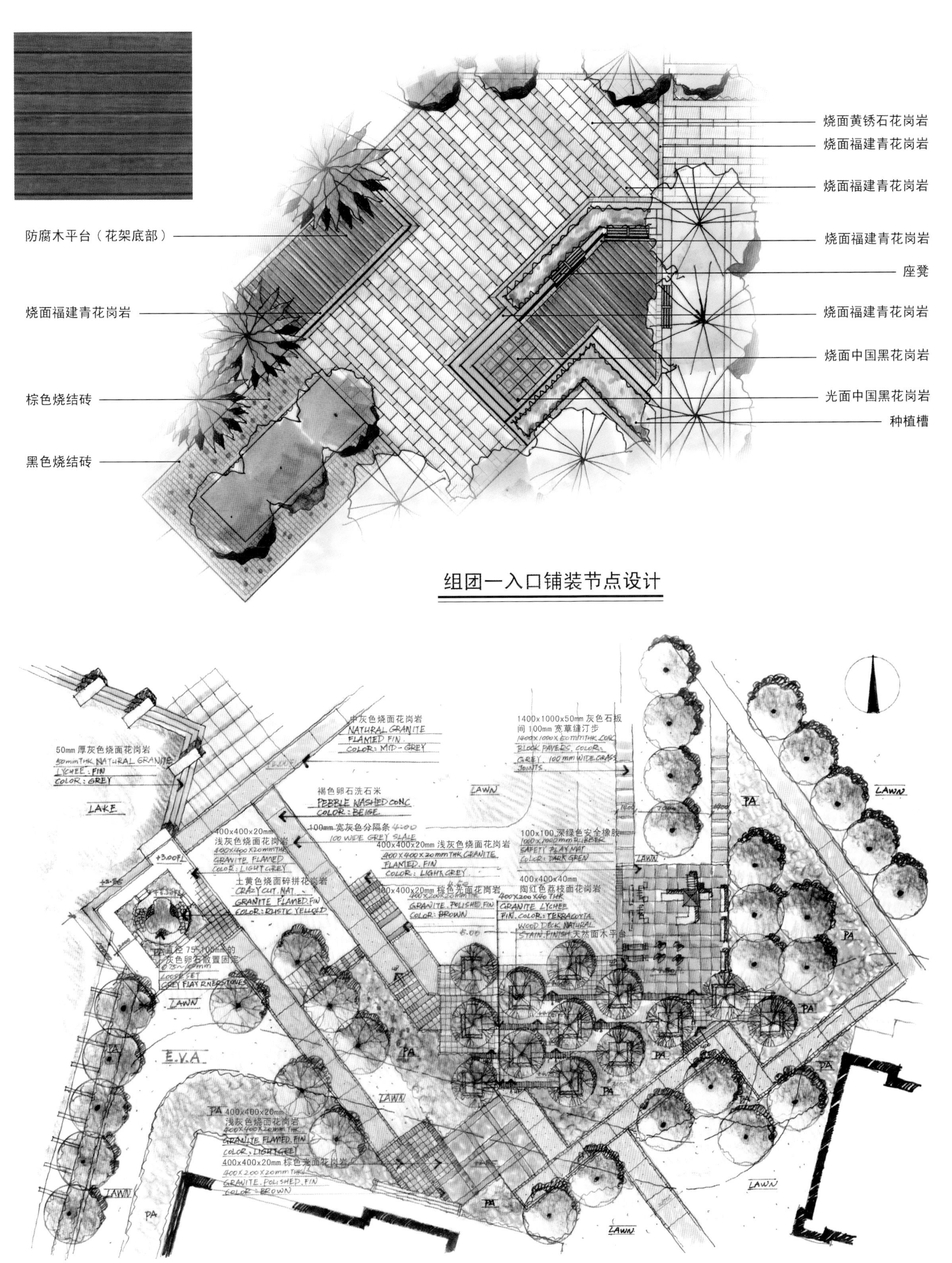

组团一入口铺装节点设计

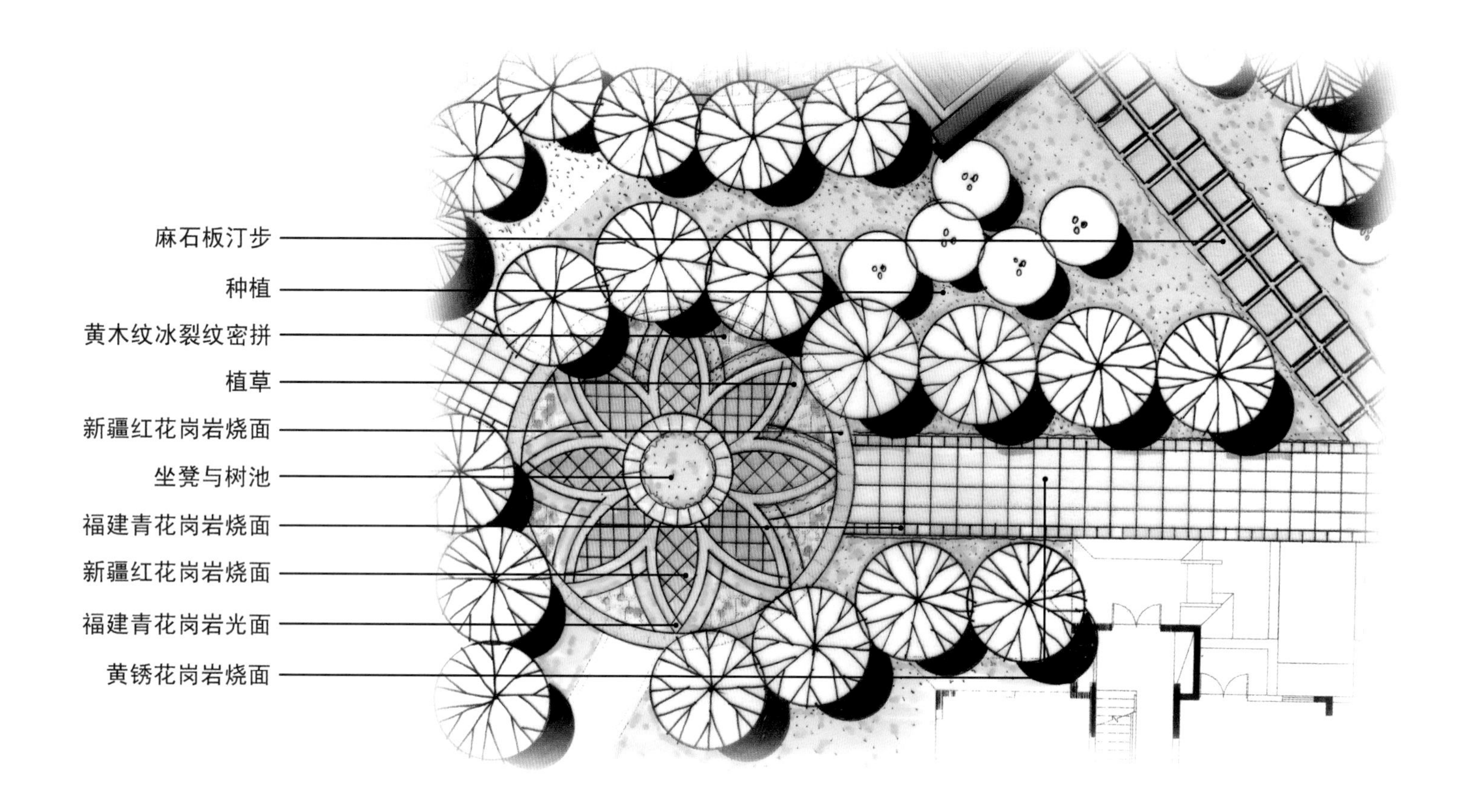

麻石板汀步
种植
黄木纹冰裂纹密拼
植草
新疆红花岗岩烧面
坐凳与树池
福建青花岗岩烧面
新疆红花岗岩烧面
福建青花岗岩光面
黄锈花岗岩烧面

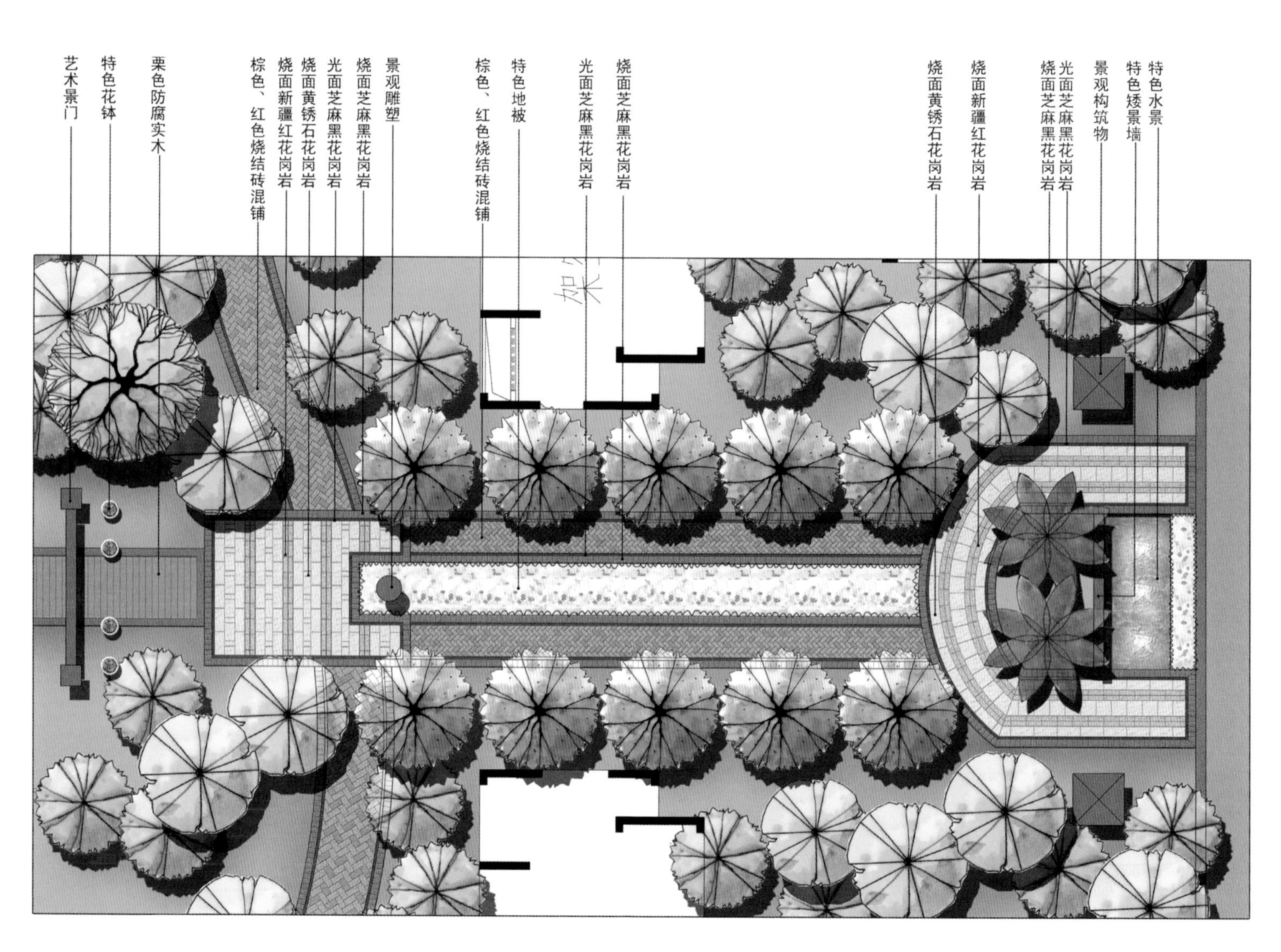

艺术景门
特色花钵
栗色防腐实木
棕色、红色烧结砖混铺
烧面新疆红花岗岩
烧面黄锈石花岗岩
光面芝麻黑花岗岩
烧面芝麻黑花岗岩
景观雕塑
棕色、红色烧结砖混铺
特色地被
光面芝麻黑花岗岩
烧面芝麻黑花岗岩
烧面黄锈石花岗岩
烧面新疆红花岗岩
烧面芝麻黑花岗岩
光面芝麻黑花岗岩
景观构筑物
特色矮景墙
特色水景

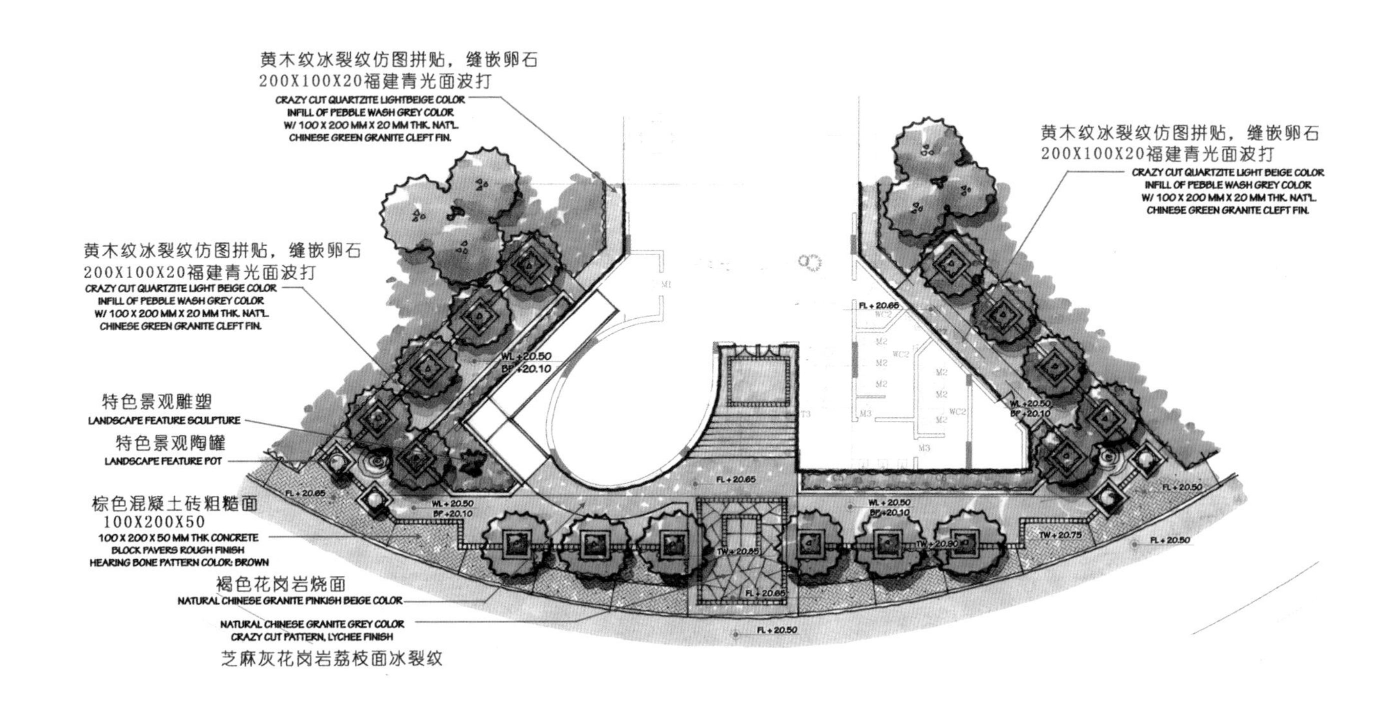
黄木纹冰裂纹仿图拼贴，缝嵌卵石
200X100X20福建青光面波打
CRAZY CUT QUARTZITE LIGHTBEIGE COLOR
INFILL OF PEBBLE WASH GREY COLOR
W/ 100 X 200 MM X 20 MM THK. NAT'L.
CHINESE GREEN GRANITE CLEFT FIN.
黄木纹冰裂纹仿图拼贴，缝嵌卵石
200X100X20福建青光面波打
CRAZY CUT QUARTZITE LIGHT BEIGE COLOR
INFILL OF PEBBLE WASH GREY COLOR
W/ 100 X 200 MM X 20 MM THK. NAT'L.
CHINESE GREEN GRANITE CLEFT FIN.
黄木纹冰裂纹仿图拼贴，缝嵌卵石
200X100X20福建青光面波打
CRAZY CUT QUARTZITE LIGHT BEIGE COLOR
INFILL OF PEBBLE WASH GREY COLOR
W/ 100 X 200 MM X 20 MM THK. NAT'L.
CHINESE GREEN GRANITE CLEFT FIN.
特色景观雕塑
LANDSCAPE FEATURE SCULPTURE
特色景观陶罐
LANDSCAPE FEATURE POT
棕色混凝土砖粗糙面
100X200X50
100 X 200 X 50 MM THK CONCRETE
BLOCK PAVERS ROUGH FINISH
HEARING BONE PATTERN COLOR: BROWN
褐色花岗岩烧面
NATURAL CHINESE GRANITE PINKISH BEIGE COLOR
NATURAL CHINESE GRANITE GREY COLOR
CRAZY CUT PATTERN, LYCHEE FINISH
芝麻灰花岗岩荔枝面冰裂纹

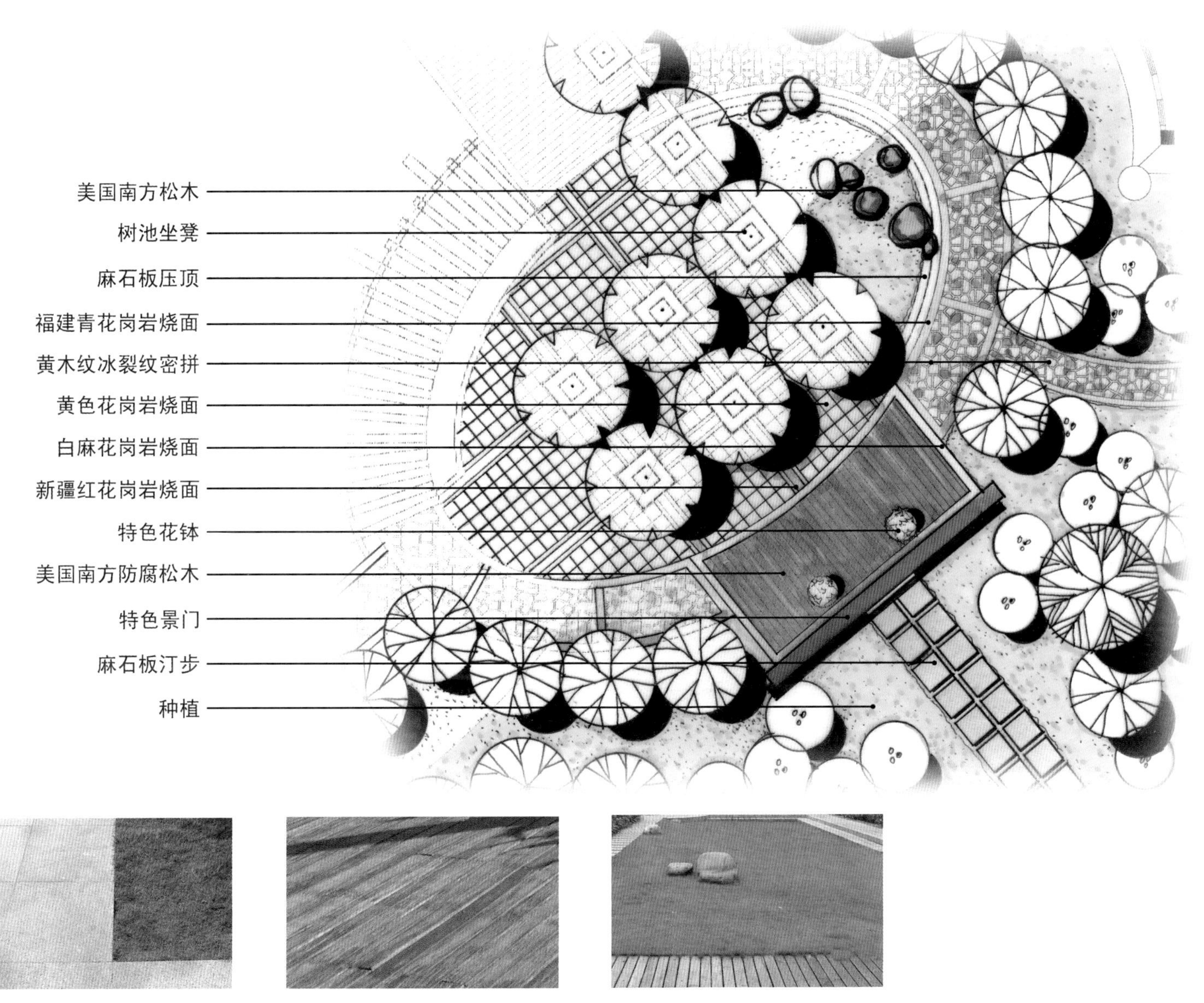
美国南方松木
树池坐凳
麻石板压顶
福建青花岗岩烧面
黄木纹冰裂纹密拼
黄色花岗岩烧面
白麻花岗岩烧面
新疆红花岗岩烧面
特色花钵
美国南方防腐松木
特色景门
麻石板汀步
种植

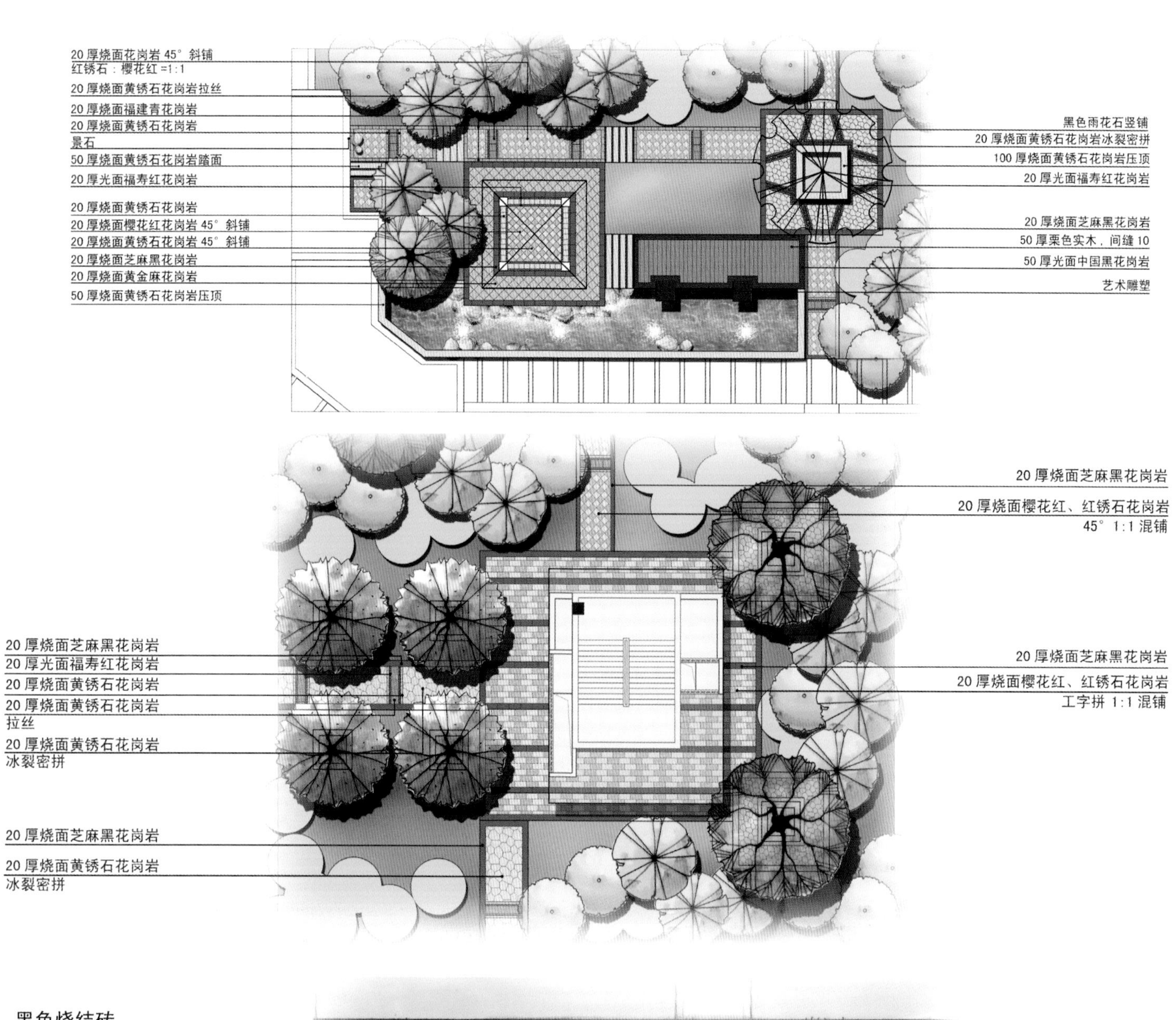

20厚烧面花岗岩45°斜铺
红锈石：樱花红=1:1
20厚烧面黄锈石花岗岩拉丝
20厚烧面福建青花岗岩
20厚烧面黄锈石花岗岩
景石
50厚烧面黄锈石花岗岩踏面
20厚光面福寿红花岗岩
20厚烧面黄锈石花岗岩
20厚烧面樱花红花岗岩45°斜铺
20厚烧面黄锈石花岗岩45°斜铺
20厚烧面芝麻黑花岗岩
20厚烧面黄金麻花岗岩
50厚烧面黄锈石花岗岩压顶
黑色雨花石竖铺
20厚烧面黄锈石花岗岩冰裂密拼
100厚烧面黄锈石花岗岩压顶
20厚光面福寿红花岗岩
20厚烧面芝麻黑花岗岩
50厚栗色实木，间缝10
50厚光面中国黑花岗岩
艺术雕塑
20厚烧面芝麻黑花岗岩
20厚烧面樱花红、红锈石花岗岩
45° 1:1 混铺
20厚烧面芝麻黑花岗岩
20厚光面福寿红花岗岩
20厚烧面黄锈石花岗岩
20厚烧面黄锈石花岗岩
拉丝
20厚烧面黄锈石花岗岩
冰裂密拼
20厚烧面芝麻黑花岗岩
20厚烧面樱花红、红锈石花岗岩
工字拼 1:1 混铺
20厚烧面芝麻黑花岗岩
20厚烧面黄锈石花岗岩
冰裂密拼

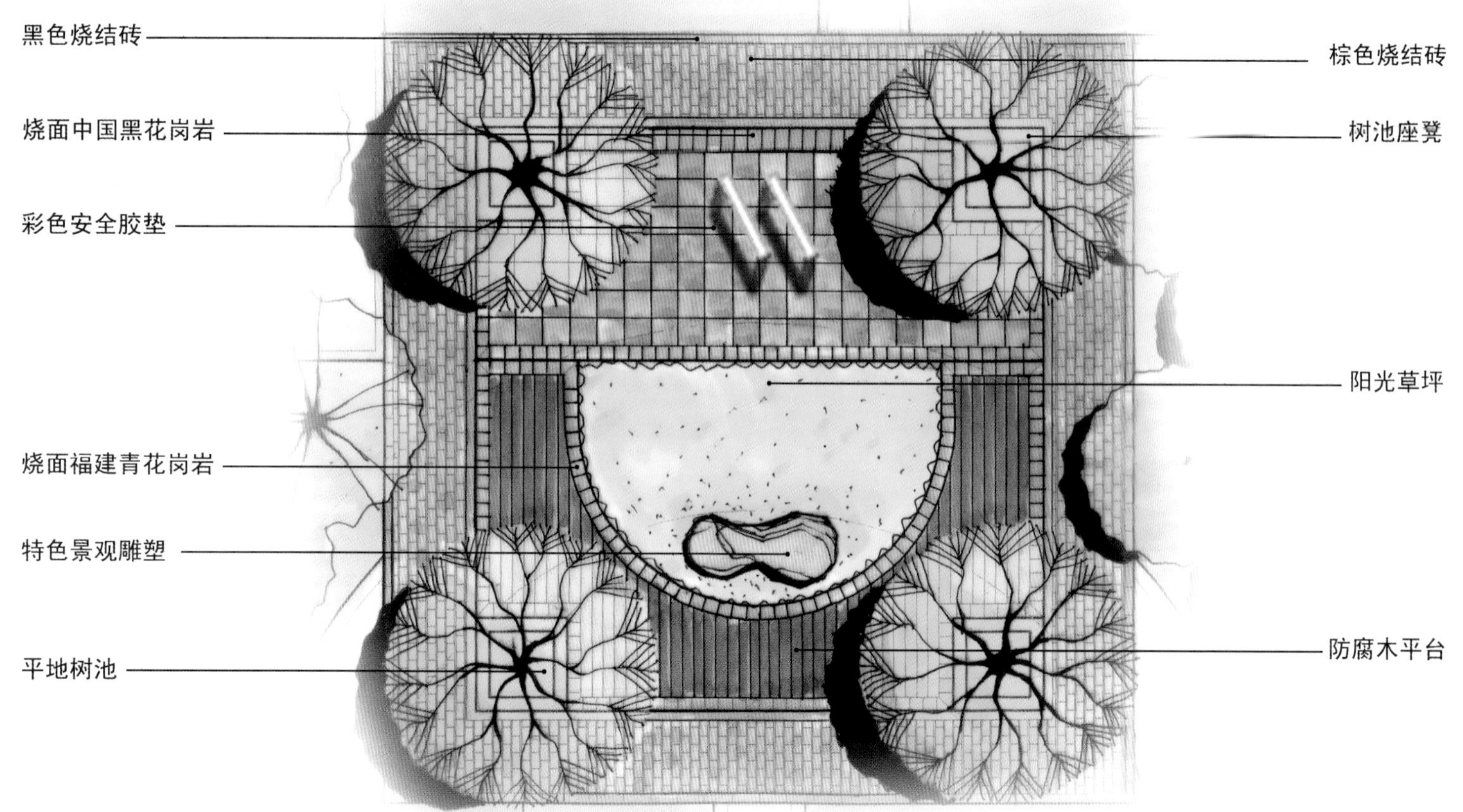

黑色烧结砖
棕色烧结砖
烧面中国黑花岗岩
树池座凳
彩色安全胶垫
阳光草坪
烧面福建青花岗岩
特色景观雕塑
平地树池
防腐木平台

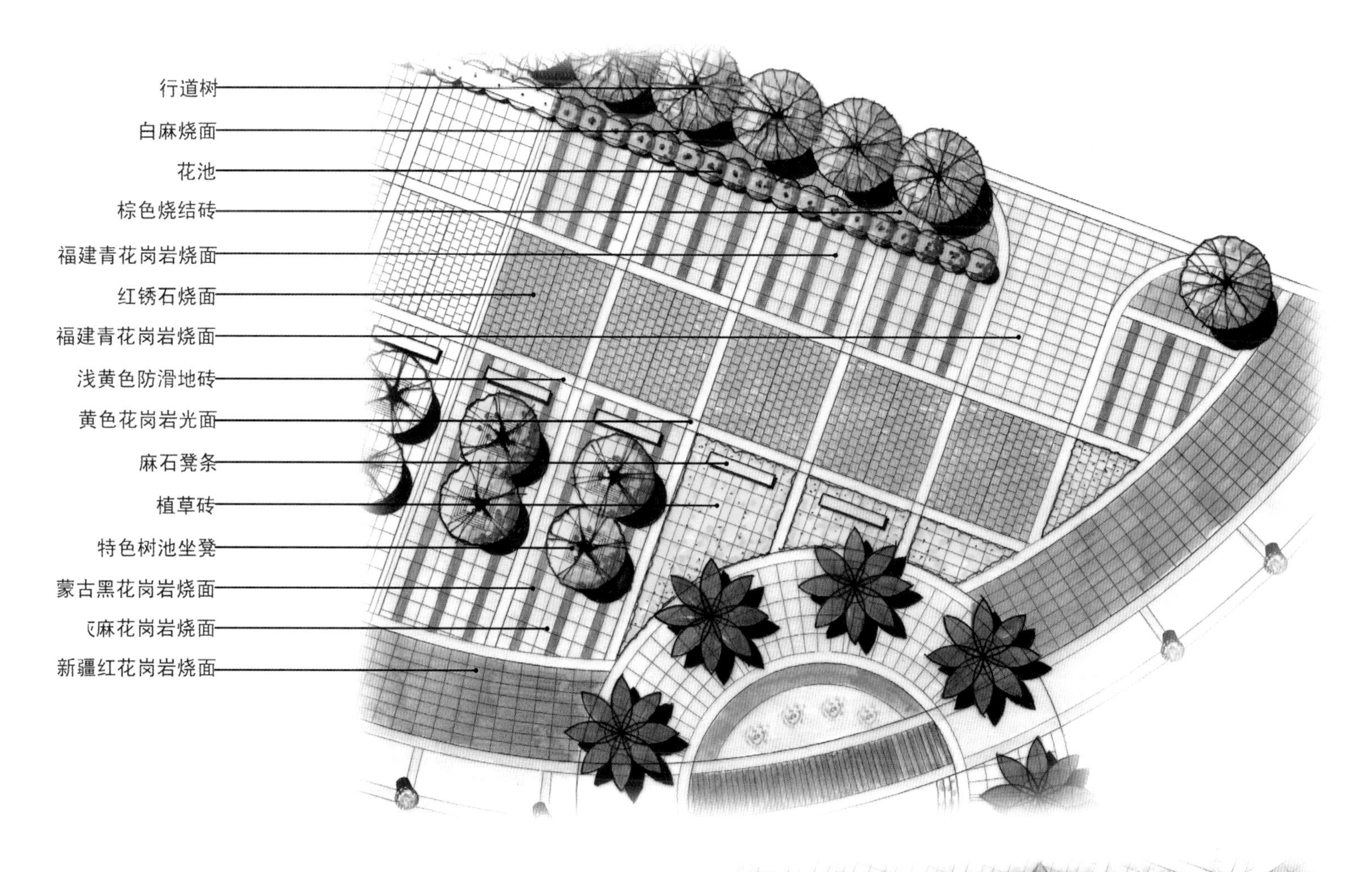

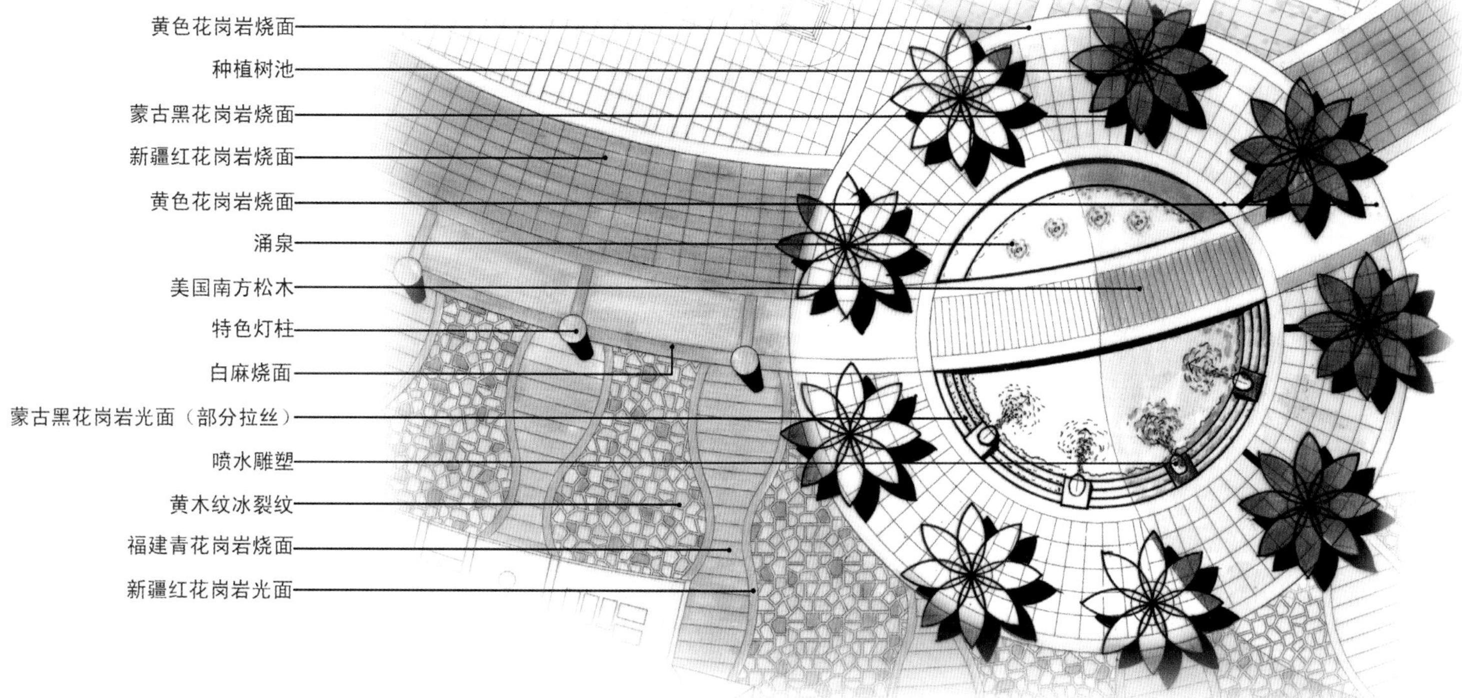

黑色雨花石

烧面黄锈石花岗岩

烧面红锈石花岗岩

光面中国黑花岗岩

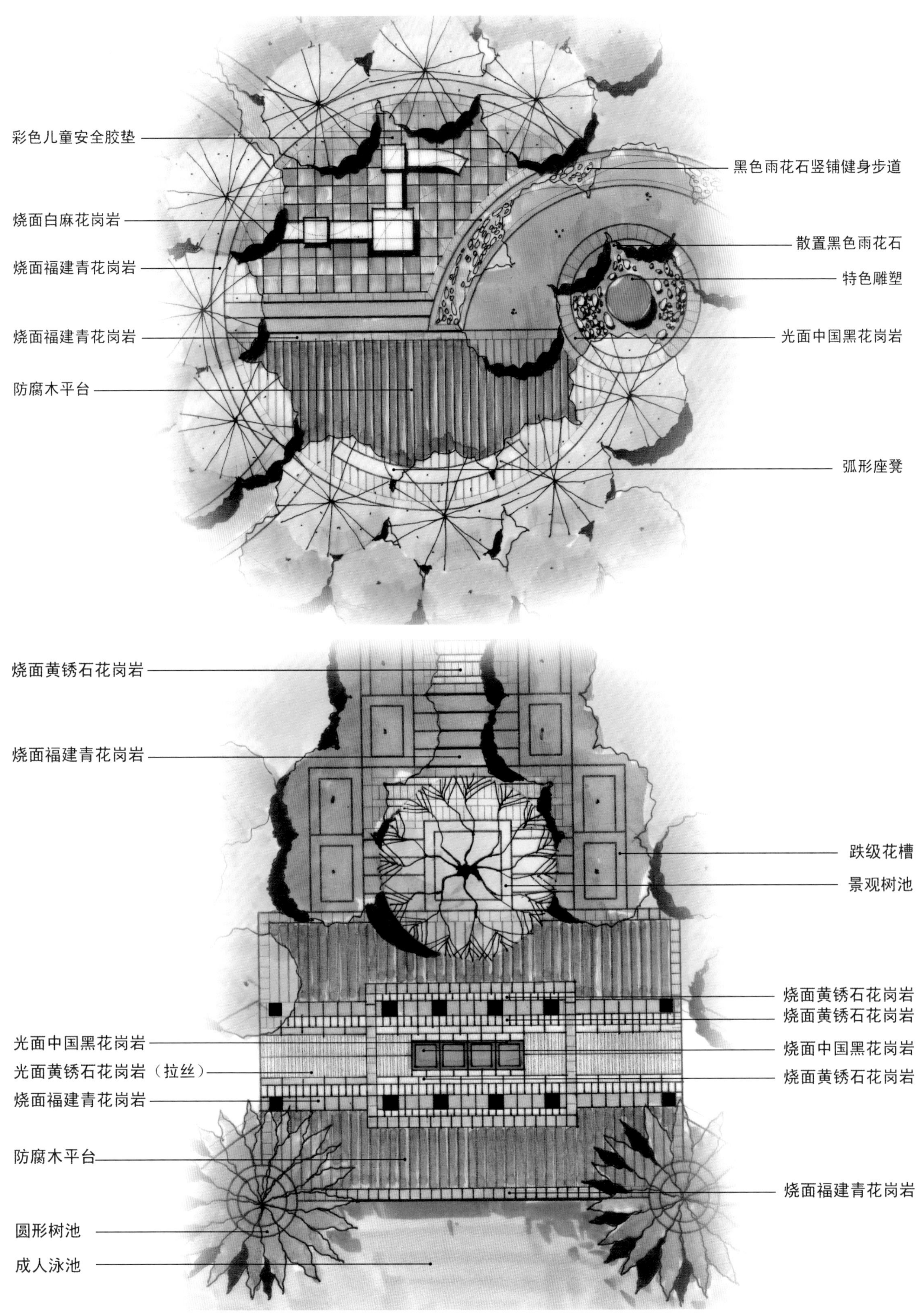

彩色儿童安全胶垫
黑色雨花石竖铺健身步道
烧面白麻花岗岩
散置黑色雨花石
烧面福建青花岗岩
特色雕塑
烧面福建青花岗岩
光面中国黑花岗岩
防腐木平台
弧形座凳
烧面黄锈石花岗岩
烧面福建青花岗岩
跌级花槽
景观树池
烧面黄锈石花岗岩
烧面黄锈石花岗岩
光面中国黑花岗岩
烧面中国黑花岗岩
光面黄锈石花岗岩（拉丝）
烧面黄锈石花岗岩
烧面福建青花岗岩
防腐木平台
烧面福建青花岗岩
圆形树池
成人泳池

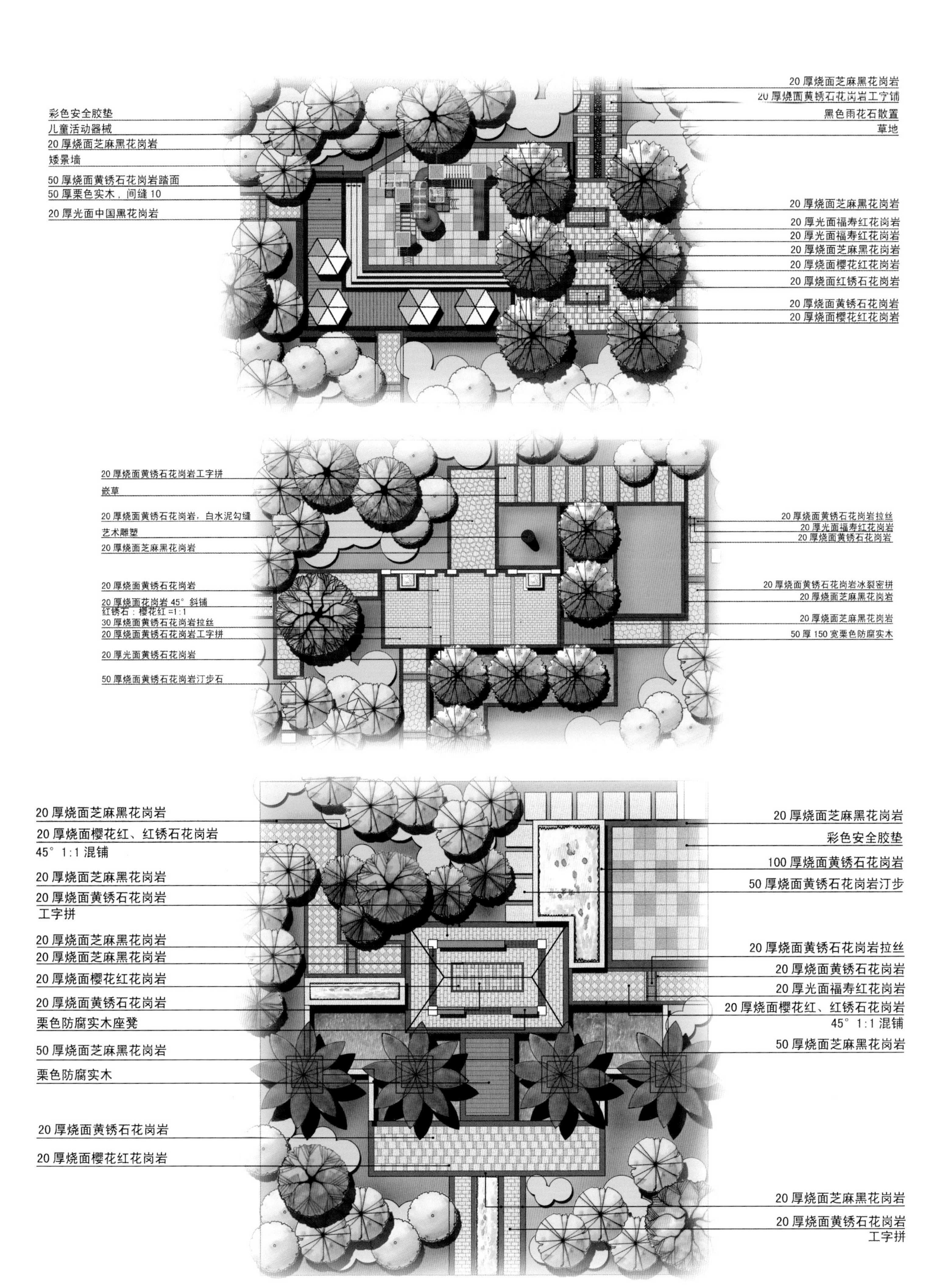

20厚烧面芝麻黑花岗岩
20厚烧面黄锈石花岗岩工字铺
黑色雨花石散置
草地
彩色安全胶垫
儿童活动器械
20厚烧面芝麻黑花岗岩
矮景墙
50厚烧面黄锈石花岗岩踏面
50厚栗色实木，间缝10
20厚光面中国黑花岗岩
20厚烧面芝麻黑花岗岩
20厚光面福寿红花岗岩
20厚光面福寿红花岗岩
20厚烧面芝麻黑花岗岩
20厚烧面樱花红花岗岩
20厚烧面红锈石花岗岩
20厚烧面黄锈石花岗岩
20厚烧面樱花红花岗岩
20厚烧面黄锈石花岗岩工字拼
嵌草
20厚烧面黄锈石花岗岩，白水泥勾缝
艺术雕塑
20厚烧面芝麻黑花岗岩
20厚烧面黄锈石花岗岩
20厚烧面花岗岩45°斜铺
红锈石：樱花红=1:1
30厚烧面黄锈石花岗岩拉丝
20厚烧面黄锈石花岗岩工字拼
20厚光面黄锈石花岗岩
50厚烧面黄锈石花岗岩汀步石
20厚烧面黄锈石花岗岩拉丝
20厚光面福寿红花岗岩
20厚烧面黄锈石花岗岩
20厚烧面黄锈石花岗岩冰裂密拼
20厚烧面芝麻黑花岗岩
20厚烧面芝麻黑花岗岩
50厚150宽栗色防腐实木
20厚烧面芝麻黑花岗岩
20厚烧面樱花红、红锈石花岗岩
45° 1:1 混铺
20厚烧面芝麻黑花岗岩
20厚烧面黄锈石花岗岩
工字拼
20厚烧面芝麻黑花岗岩
20厚烧面芝麻黑花岗岩
20厚烧面樱花红花岗岩
20厚烧面黄锈石花岗岩
栗色防腐实木座凳
50厚烧面芝麻黑花岗岩
栗色防腐实木
20厚烧面黄锈石花岗岩
20厚烧面樱花红花岗岩
20厚烧面芝麻黑花岗岩
彩色安全胶垫
100厚烧面黄锈石花岗岩
50厚烧面黄锈石花岗岩汀步
20厚烧面黄锈石花岗岩拉丝
20厚烧面黄锈石花岗岩
20厚光面福寿红花岗岩
20厚烧面樱花红、红锈石花岗岩
45° 1:1 混铺
50厚烧面芝麻黑花岗岩
20厚烧面芝麻黑花岗岩
20厚烧面黄锈石花岗岩
工字拼

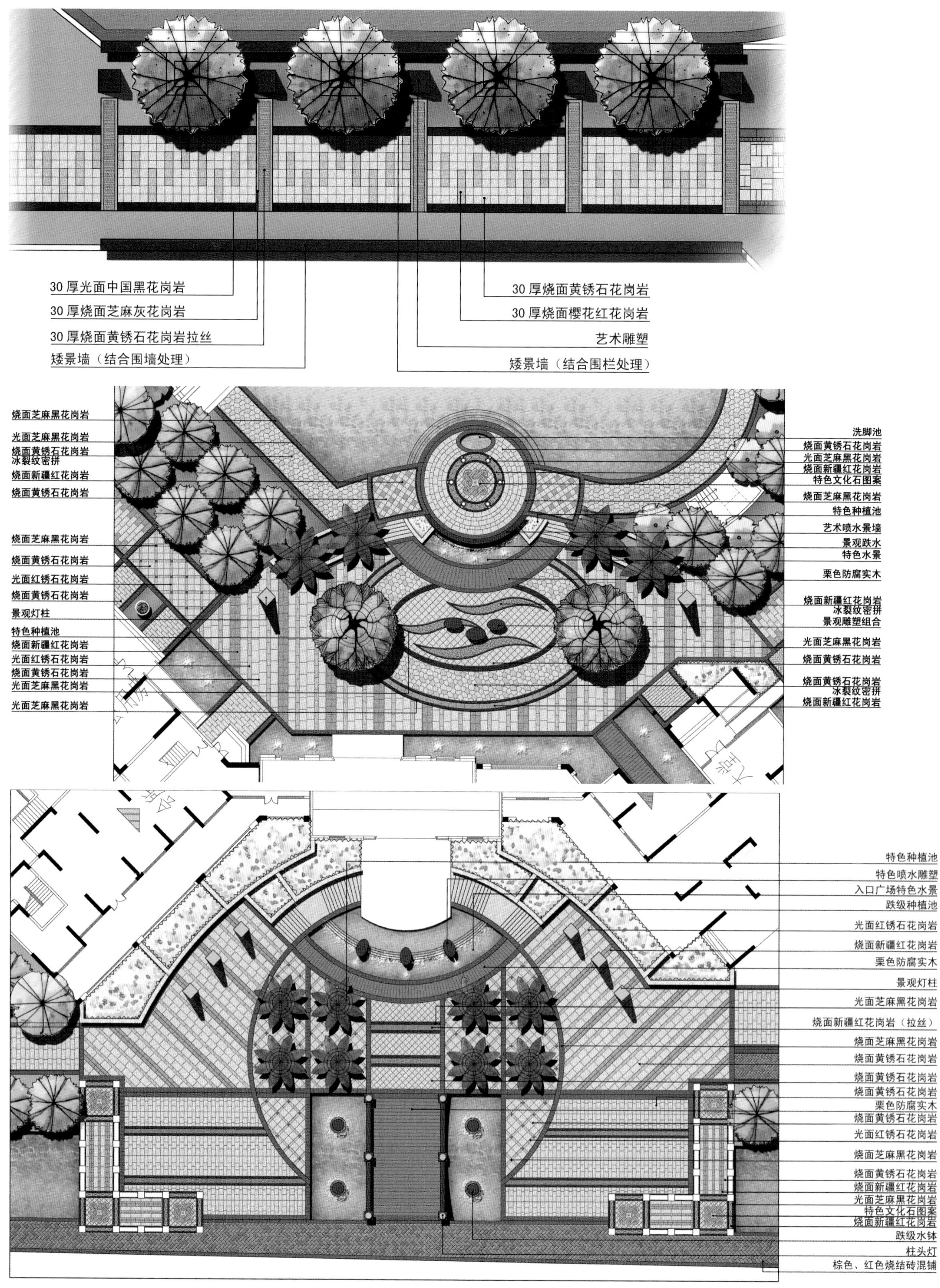
30厚光面中国黑花岗岩
30厚烧面芝麻灰花岗岩
30厚烧面黄锈石花岗岩拉丝
矮景墙（结合围墙处理）
30厚烧面黄锈石花岗岩
30厚烧面樱花红花岗岩
艺术雕塑
矮景墙（结合围栏处理）
烧面芝麻黑花岗岩
光面芝麻黑花岗岩
烧面黄锈石花岗岩
冰裂纹密拼
烧面新疆红花岗岩
烧面黄锈石花岗岩
烧面芝麻黑花岗岩
烧面黄锈石花岗岩
光面红锈石花岗岩
烧面黄锈石花岗岩
景观灯柱
特色种植池
烧面新疆红花岗岩
光面红锈石花岗岩
烧面黄锈石花岗岩
光面芝麻黑花岗岩
光面芝麻黑花岗岩
洗脚池
烧面黄锈石花岗岩
光面芝麻黑花岗岩
烧面新疆红花岗岩
特色文化石图案
烧面芝麻黑花岗岩
特色种植池
艺术喷水景墙
景观跌水
特色水景
栗色防腐实木
烧面新疆红花岗岩
冰裂纹密拼
景观雕塑组合
光面芝麻黑花岗岩
烧面黄锈石花岗岩
烧面黄锈石花岗岩
冰裂纹密拼
烧面新疆红花岗岩
特色种植池
特色喷水雕塑
入口广场特色水景
跌级种植池
光面红锈石花岗岩
烧面新疆红花岗岩
栗色防腐实木
景观灯柱
光面芝麻黑花岗岩
烧面新疆红花岗岩（拉丝）
烧面芝麻黑花岗岩
烧面黄锈石花岗岩
烧面黄锈石花岗岩
烧面黄锈石花岗岩
栗色防腐实木
烧面黄锈石花岗岩
光面红锈石花岗岩
烧面芝麻黑花岗岩
烧面黄锈石花岗岩
烧面新疆红花岗岩
光面芝麻黑花岗岩
特色文化石图案
烧面新疆红花岗岩
跌级水钵
柱头灯
棕色、红色烧结砖混铺

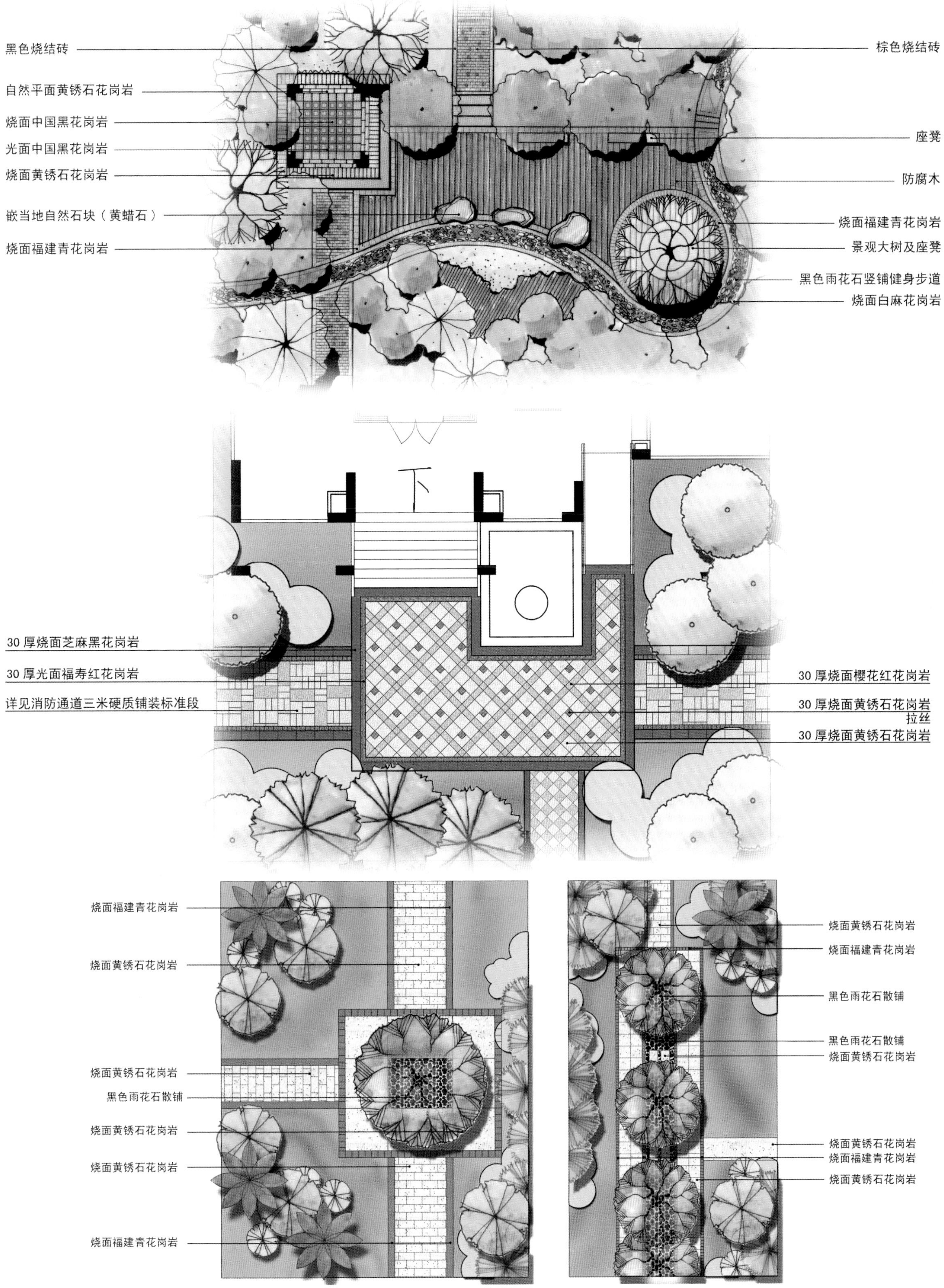

黑色烧结砖
自然平面黄锈石花岗岩
烧面中国黑花岗岩
光面中国黑花岗岩
烧面黄锈石花岗岩
嵌当地自然石块（黄蜡石）
烧面福建青花岗岩
棕色烧结砖
座凳
防腐木
烧面福建青花岗岩
景观大树及座凳
黑色雨花石竖铺健身步道
烧面白麻花岗岩
下
30厚烧面芝麻黑花岗岩
30厚光面福寿红花岗岩
详见消防通道三米硬质铺装标准段
30厚烧面樱花红花岗岩
30厚烧面黄锈石花岗岩拉丝
30厚烧面黄锈石花岗岩
烧面福建青花岗岩
烧面黄锈石花岗岩
烧面黄锈石花岗岩
黑色雨花石散铺
烧面黄锈石花岗岩
烧面黄锈石花岗岩
烧面福建青花岗岩
烧面黄锈石花岗岩
烧面福建青花岗岩
黑色雨花石散铺
黑色雨花石散铺
烧面黄锈石花岗岩
烧面黄锈石花岗岩
烧面福建青花岗岩
烧面黄锈石花岗岩

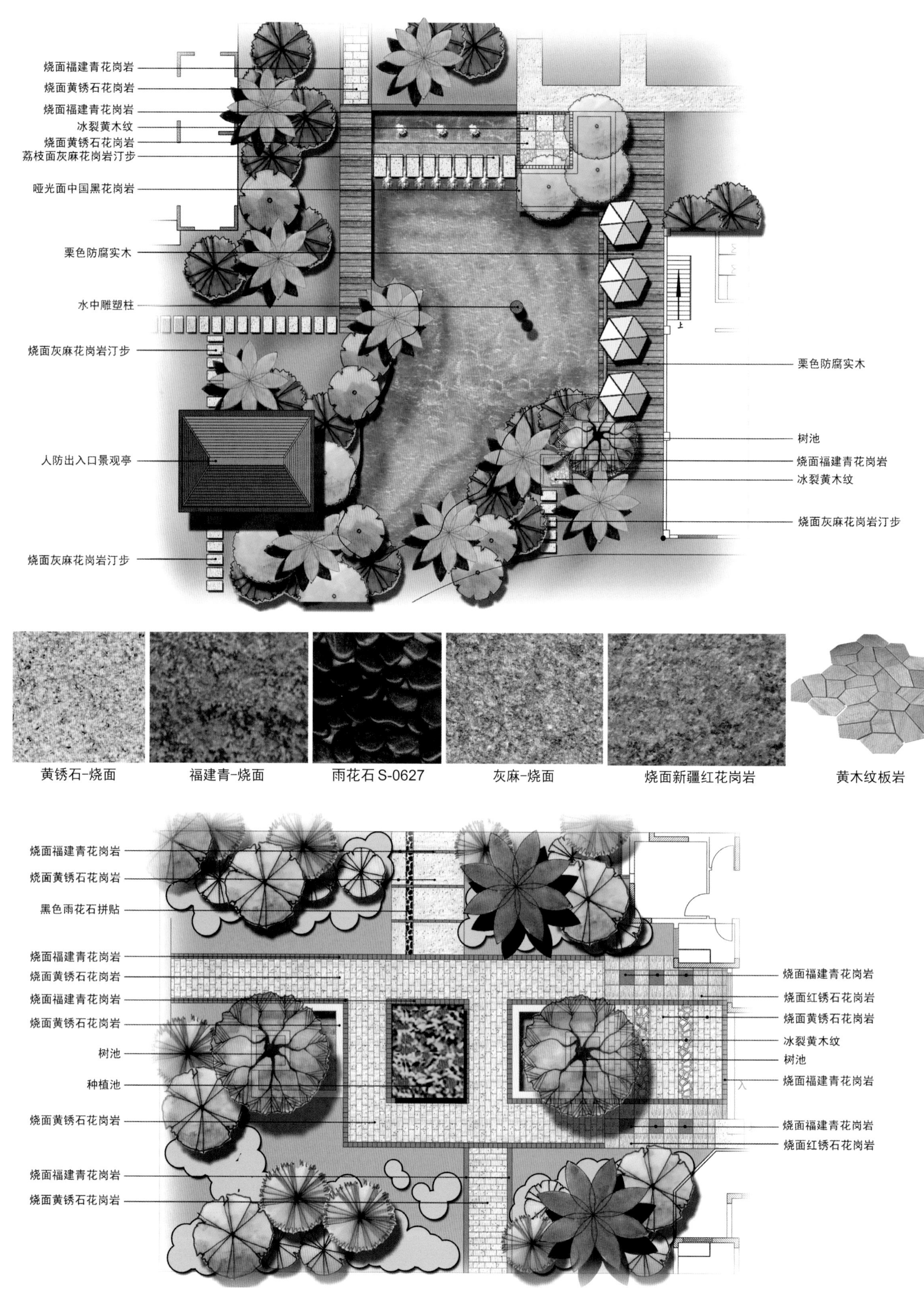
烧面福建青花岗岩
烧面黄锈石花岗岩
烧面福建青花岗岩
冰裂黄木纹
烧面黄锈石花岗岩
荔枝面灰麻花岗岩汀步
哑光面中国黑花岗岩
栗色防腐实木
水中雕塑柱
烧面灰麻花岗岩汀步
人防出入口景观亭
烧面灰麻花岗岩汀步
栗色防腐实木
树池
烧面福建青花岗岩
冰裂黄木纹
烧面灰麻花岗岩汀步
黄锈石-烧面
福建青-烧面
雨花石 S-0627
灰麻-烧面
烧面新疆红花岗岩
黄木纹板岩
烧面福建青花岗岩
烧面黄锈石花岗岩
黑色雨花石拼贴
烧面福建青花岗岩
烧面黄锈石花岗岩
烧面福建青花岗岩
烧面黄锈石花岗岩
树池
种植池
烧面黄锈石花岗岩
烧面福建青花岗岩
烧面黄锈石花岗岩
烧面福建青花岗岩
烧面红锈石花岗岩
烧面黄锈石花岗岩
冰裂黄木纹
树池
烧面福建青花岗岩
烧面福建青花岗岩
烧面红锈石花岗岩

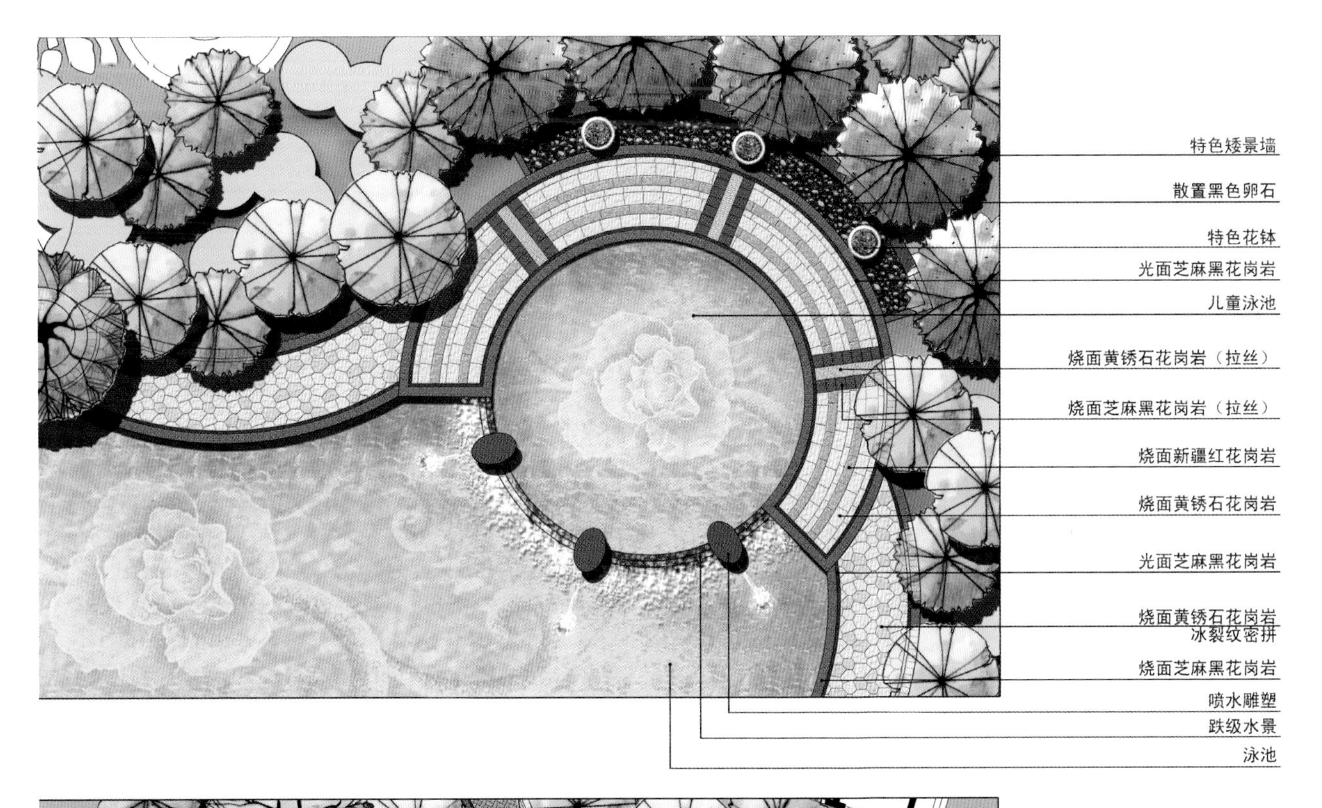
特色矮景墙
散置黑色卵石
特色花钵
光面芝麻黑花岗岩
儿童泳池
烧面黄锈石花岗岩（拉丝）
烧面芝麻黑花岗岩（拉丝）
烧面新疆红花岗岩
烧面黄锈石花岗岩
光面芝麻黑花岗岩
烧面黄锈石花岗岩
冰裂纹密拼
烧面芝麻黑花岗岩
喷水雕塑
跌级水景
泳池

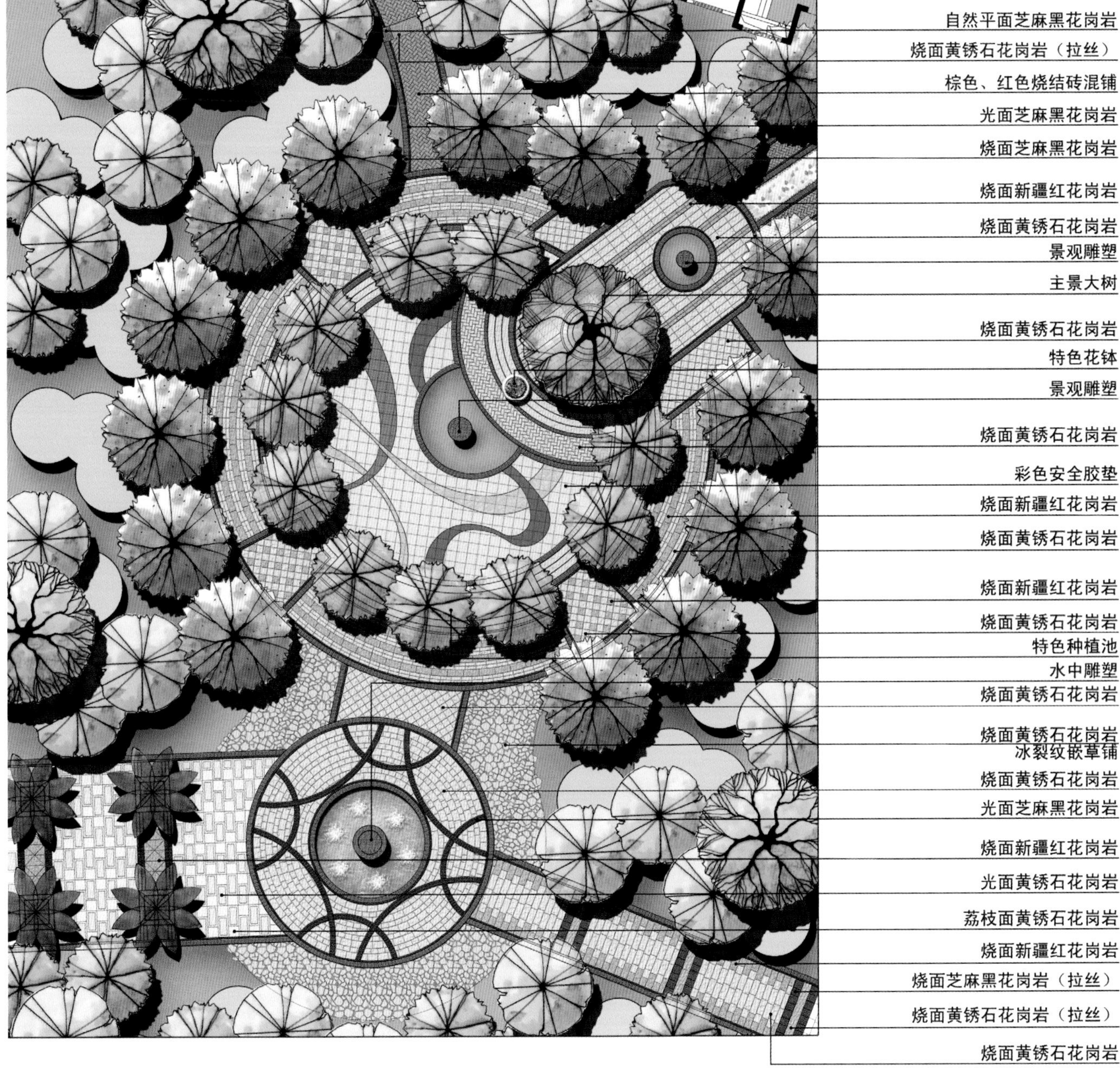
自然平面芝麻黑花岗岩
烧面黄锈石花岗岩（拉丝）
棕色、红色烧结砖混铺
光面芝麻黑花岗岩
烧面芝麻黑花岗岩
烧面新疆红花岗岩
烧面黄锈石花岗岩
景观雕塑
主景大树
烧面黄锈石花岗岩
特色花钵
景观雕塑
烧面黄锈石花岗岩
彩色安全胶垫
烧面新疆红花岗岩
烧面黄锈石花岗岩
烧面新疆红花岗岩
烧面黄锈石花岗岩
特色种植池
水中雕塑
烧面黄锈石花岗岩
烧面黄锈石花岗岩
冰裂纹嵌草铺
烧面黄锈石花岗岩
光面芝麻黑花岗岩
烧面新疆红花岗岩
光面黄锈石花岗岩
荔枝面黄锈石花岗岩
烧面新疆红花岗岩
烧面芝麻黑花岗岩（拉丝）
烧面黄锈石花岗岩（拉丝）
烧面黄锈石花岗岩

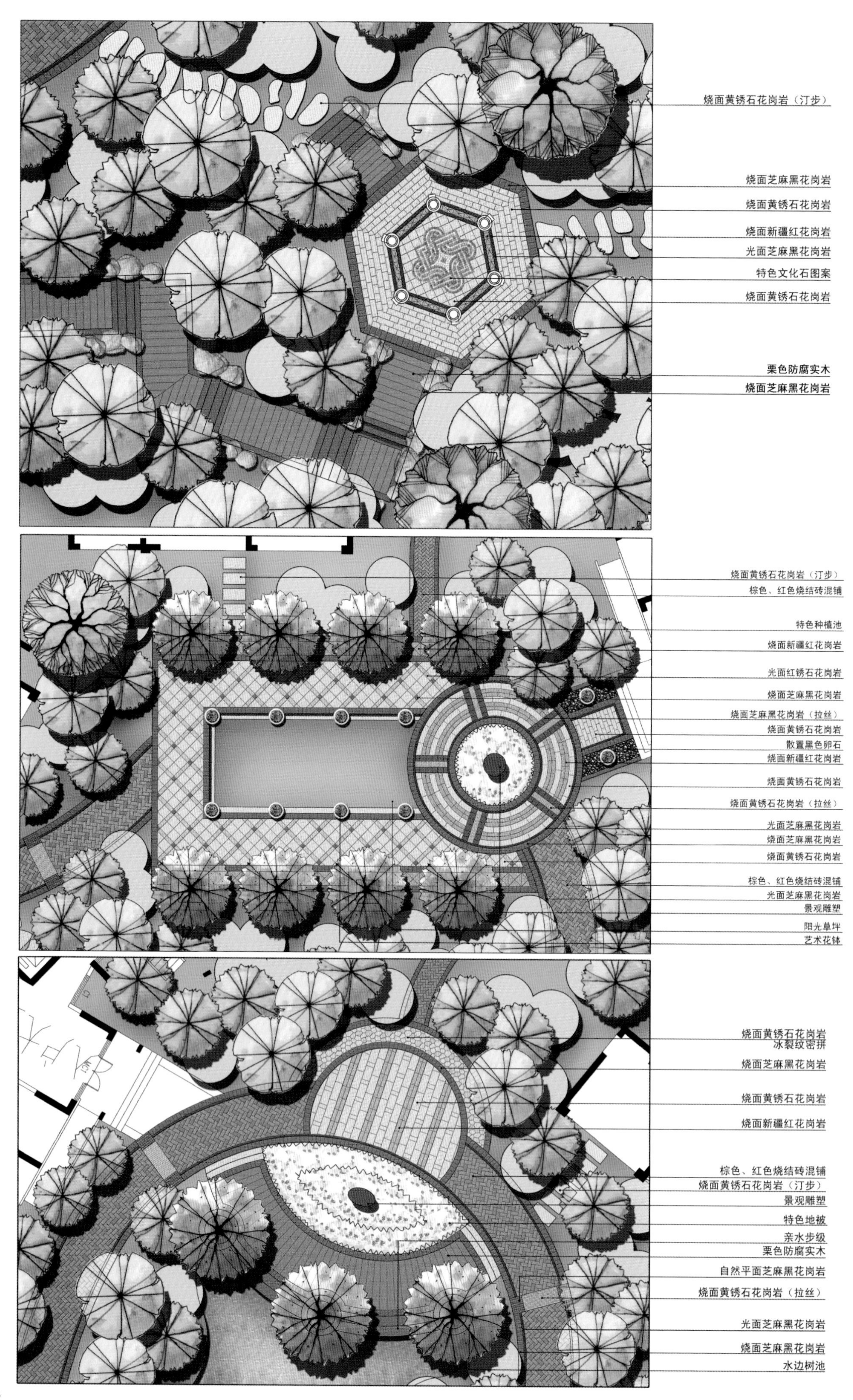
烧面黄锈石花岗岩（汀步）
烧面芝麻黑花岗岩
烧面黄锈石花岗岩
烧面新疆红花岗岩
光面芝麻黑花岗岩
特色文化石图案
烧面黄锈石花岗岩
栗色防腐实木
烧面芝麻黑花岗岩
烧面黄锈石花岗岩（汀步）
棕色、红色烧结砖混铺
特色种植池
烧面新疆红花岗岩
光面红锈石花岗岩
烧面芝麻黑花岗岩
烧面芝麻黑花岗岩（拉丝）
烧面黄锈石花岗岩
散置黑色卵石
烧面新疆红花岗岩
烧面黄锈石花岗岩
烧面黄锈石花岗岩（拉丝）
光面芝麻黑花岗岩
烧面芝麻黑花岗岩
烧面黄锈石花岗岩
棕色、红色烧结砖混铺
光面芝麻黑花岗岩
景观雕塑
阳光草坪
艺术花钵
烧面黄锈石花岗岩
冰裂纹密拼
烧面芝麻黑花岗岩
烧面黄锈石花岗岩
烧面新疆红花岗岩
棕色、红色烧结砖混铺
烧面黄锈石花岗岩（汀步）
景观雕塑
特色地被
亲水步级
栗色防腐实木
自然平面芝麻黑花岗岩
烧面黄锈石花岗岩（拉丝）
光面芝麻黑花岗岩
烧面芝麻黑花岗岩
水边树池

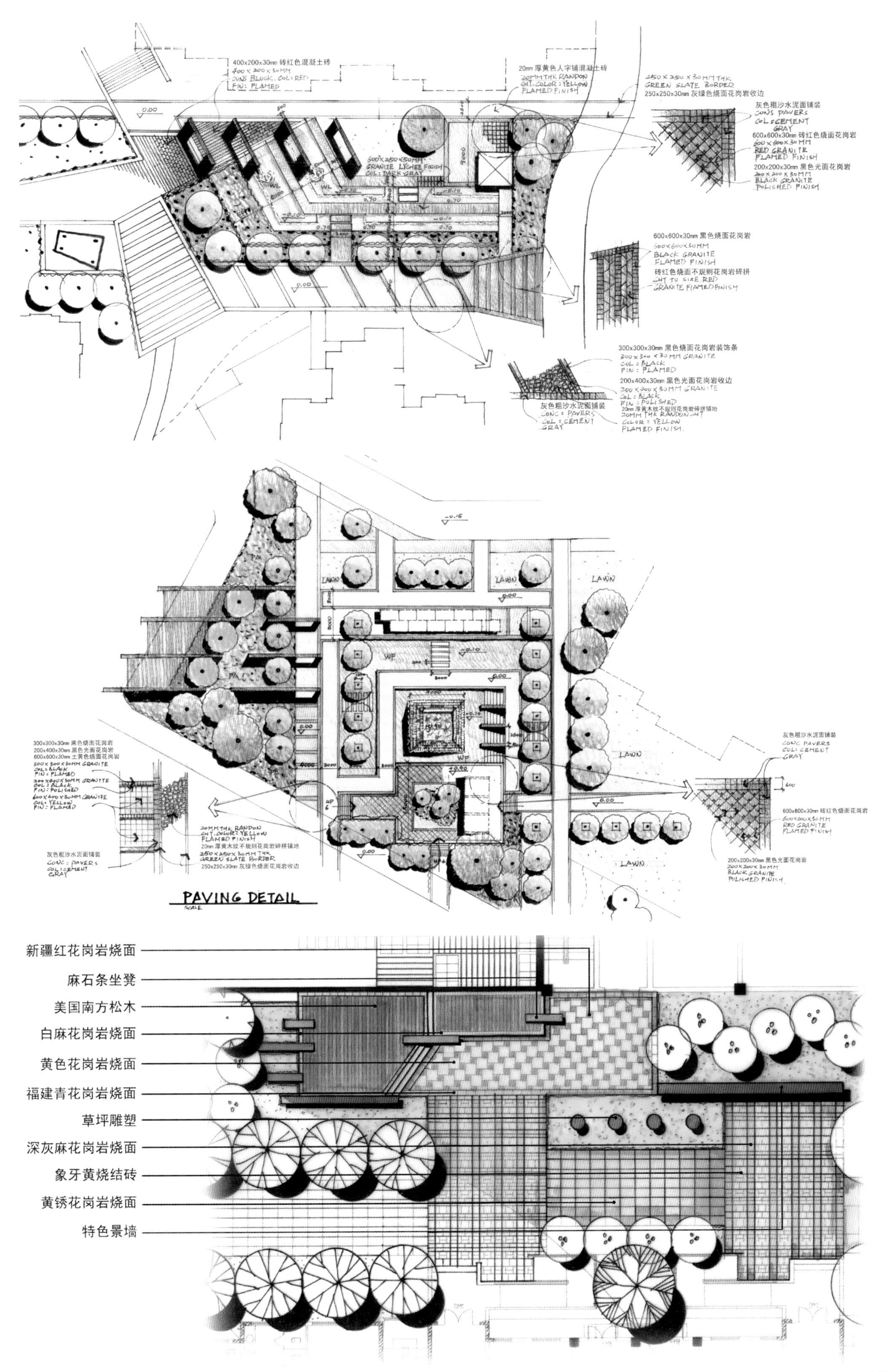

400x200x30mm 砖红色混凝土砖
20mm 厚黄色人字铺混凝土砖
250x250x30mm 灰绿色烧面花岗岩收边
灰色粗沙水泥面铺装
600x600x30mm 砖红色烧面花岗岩
200x200x30mm 黑色光面花岗岩
600x600x30mm 黑色烧面花岗岩
砖红色烧面不规则花岗岩碎拼
300x300x30mm 黑色烧面花岗岩装饰条
200x400x30mm 黑色光面花岗岩收边
LAWN
PAVING DETAIL
新疆红花岗岩烧面
麻石条坐凳
美国南方松木
白麻花岗岩烧面
黄色花岗岩烧面
福建青花岗岩烧面
草坪雕塑
深灰麻花岗岩烧面
象牙黄烧结砖
黄锈花岗岩烧面
特色景墙

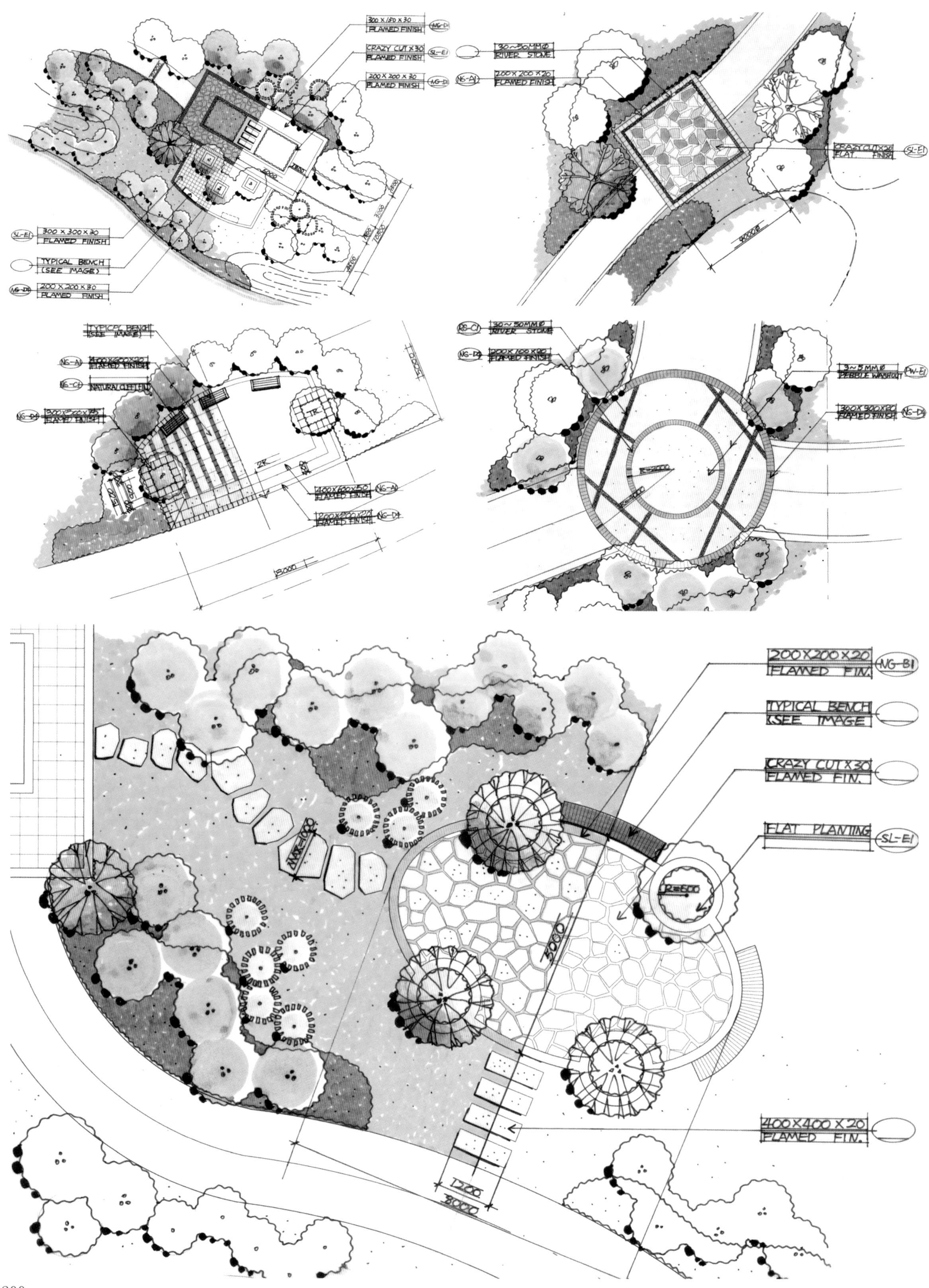

300 X 150 X 30
FLAMED FINISH
NG-D1
CRAZY CUT X 30
FLAMED FINISH
SL-E1
200 X 200 X 30
FLAMED FINISH
NG-D1
30~50MMØ
RIVER STONE
200 X 200 X 20
FLAMED FINISH
NG-A2
CRAZY CUT X 20
FLAT FINISH
SL-E1
300 X 300 X 30
FLAMED FINISH
SL-E1
TYPICAL BENCH
(SEE IMAGE)
200 X 200 X 30
FLAMED FINISH
NG-D1
TYPICAL BENCH
(SEE IMAGE)
NATURAL CLEFT FIN.
400X600X50
FLAMED FINISH
NG-A1
3000
30~50MMØ
RIVER STONE
RS-C1
3~5MMØ
PEBBLE WASHOUT
PW-E1
300X300X30
FLAMED FINISH
NG-D1
200X200X20
FLAMED FIN.
NG-B1
TYPICAL BENCH
(SEE IMAGE)
CRAZY CUT X 30
FLAMED FIN.
FLAT PLANTING
SL-E1
R=600
3000
400X400X20
FLAMED FIN.
1200
8000

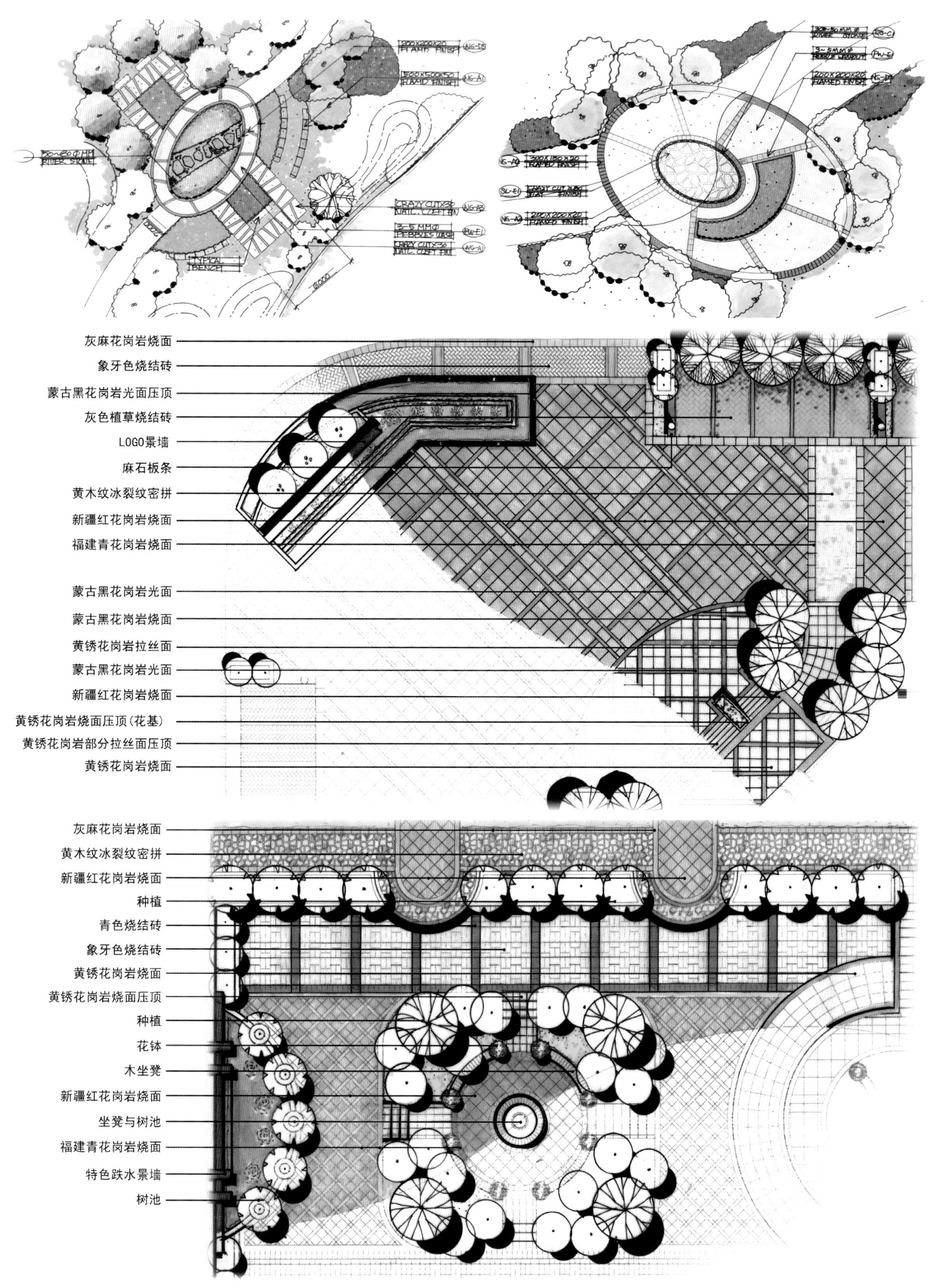

灰麻花岗岩烧面
象牙色烧结砖
蒙古黑花岗岩光面压顶
灰色植草烧结砖
LOGO景墙
麻石板条
黄木纹冰裂纹密拼
新疆红花岗岩烧面
福建青花岗岩烧面
蒙古黑花岗岩光面
蒙古黑花岗岩烧面
黄锈花岗岩拉丝面
蒙古黑花岗岩光面
新疆红花岗岩烧面
黄锈花岗岩烧面压顶(花基)
黄锈花岗岩部分拉丝面压顶
黄锈花岗岩烧面
灰麻花岗岩烧面
黄木纹冰裂纹密拼
新疆红花岗岩烧面
种植
青色烧结砖
象牙色烧结砖
黄锈花岗岩烧面
黄锈花岗岩烧面压顶
种植
花钵
木坐凳
新疆红花岗岩烧面
坐凳与树池
福建青花岗岩烧面
特色跌水景墙
树池

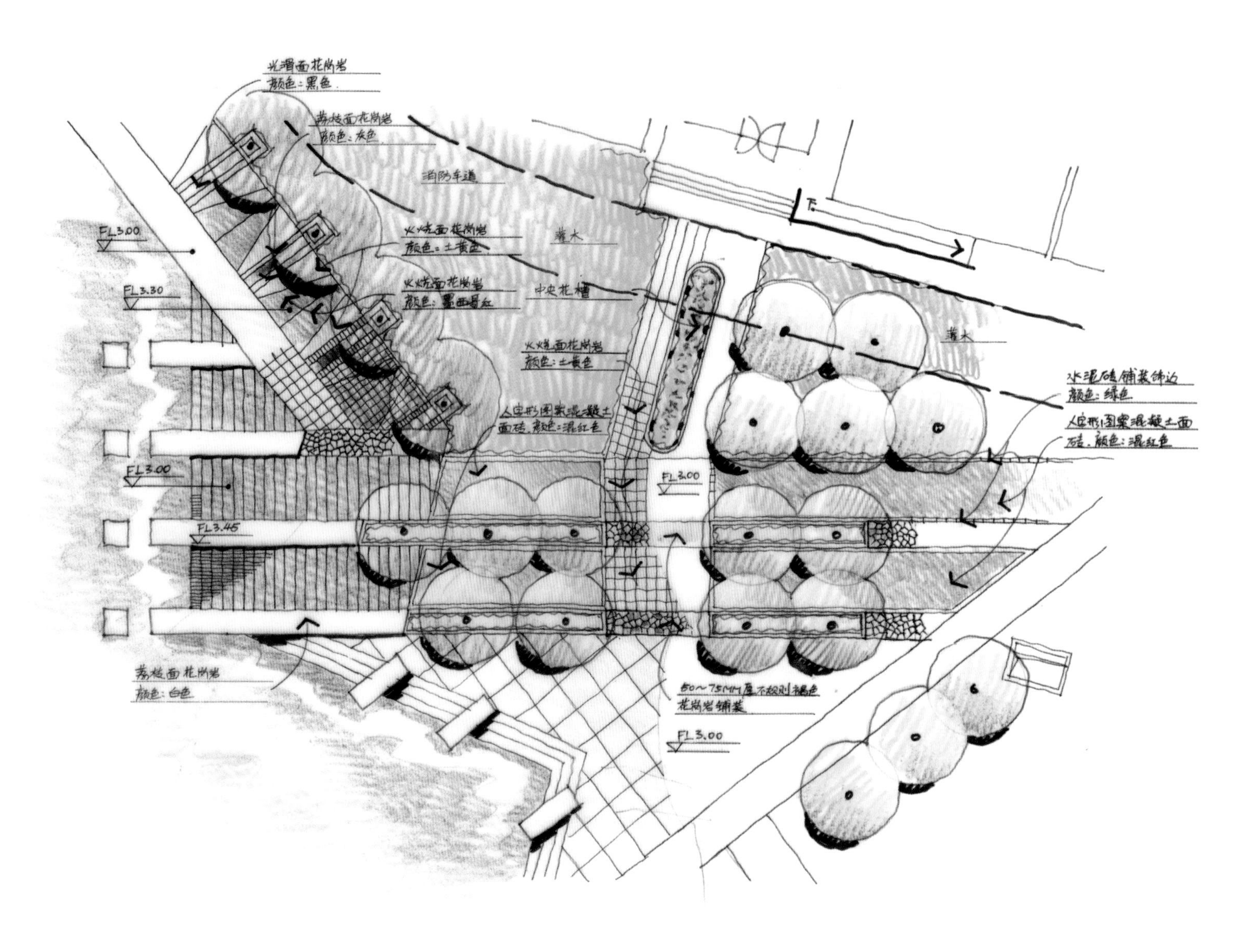
光滑面花岗岩
颜色：黑色
荔枝面花岗岩
颜色：灰色
消防车道
FL3.00
火烧面花岗岩
颜色：土黄色
灌木
FL3.30
火烧面花岗岩
颜色：墨西哥红
中央花槽
火烧面花岗岩
颜色：土黄色
灌木
水泥砖铺装饰边
颜色：绿色
人字形图案混凝土面砖，颜色：混红色
人字形图案混凝土面砖，颜色：混红色
FL3.00
FL3.00
FL3.45
荔枝面花岗岩
颜色：白色
50~75MM厚不规则褐色花岗岩铺装
FL3.00

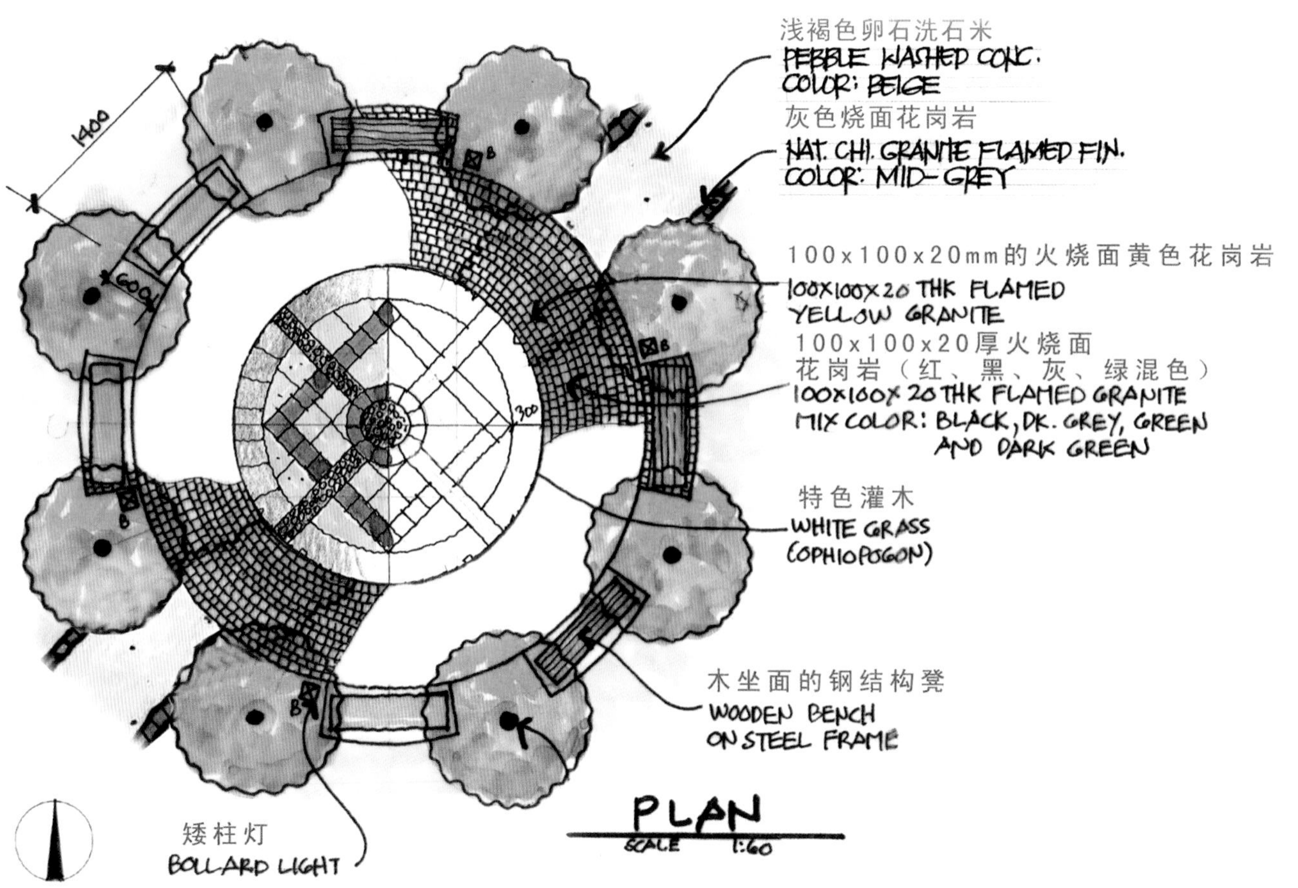
1400
600
300
浅褐色卵石洗石米
PEBBLE WASHED CONC.
COLOR: BEIGE
灰色烧面花岗岩
NAT. CHI. GRANITE FLAMED FIN.
COLOR: MID-GREY
100x100x20mm的火烧面黄色花岗岩
100X100X20 THK FLAMED
YELLOW GRANITE
100x100x20厚火烧面
花岗岩（红、黑、灰、绿混色）
100X100X20 THK FLAMED GRANITE
MIX COLOR: BLACK, DK. GREY, GREEN
AND DARK GREEN
特色灌木
WHITE GRASS
(OPHIOPOGON)
木坐面的钢结构凳
WOODEN BENCH
ON STEEL FRAME
矮柱灯
BOLLARD LIGHT
PLAN
SCALE 1:60

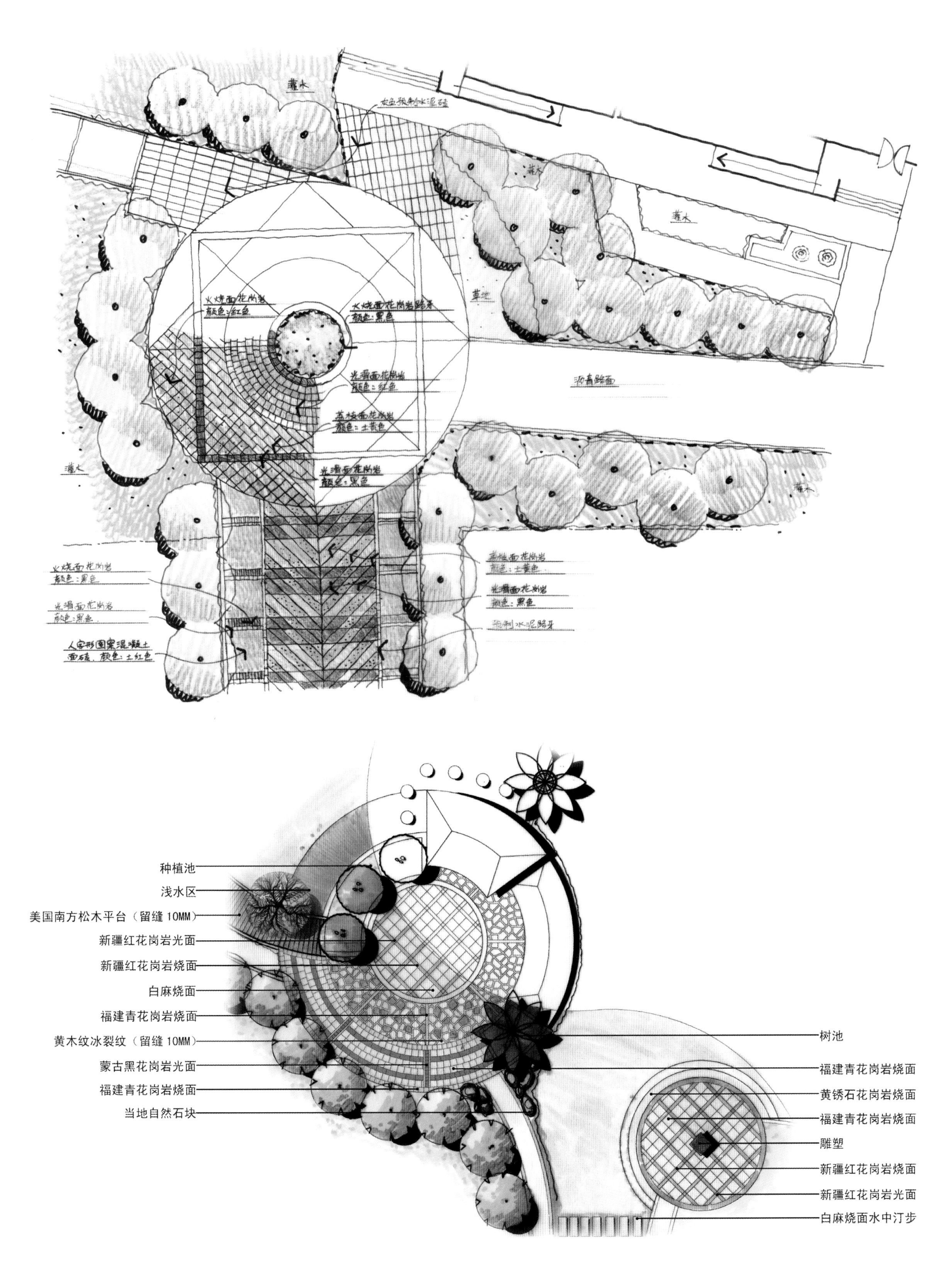
灌木
草地
沥青路面
火烧面花岗岩
颜色：红色
火烧面花岗岩路牙
颜色：黑色
光滑面花岗岩
颜色：红色
荔枝面花岗岩
颜色：土黄色
光滑面花岗岩
颜色：黑色
火烧面花岗岩
颜色：黑色
光滑面花岗岩
颜色：黑色
人字形图案混凝土
面砖，颜色：土红色
荔枝面花岗岩
颜色：土黄色
光滑面花岗岩
颜色：黑色
预制水泥路牙
种植池
浅水区
美国南方松木平台（留缝 10MM）
新疆红花岗岩光面
新疆红花岗岩烧面
白麻烧面
福建青花岗岩烧面
黄木纹冰裂纹（留缝 10MM）
蒙古黑花岗岩光面
福建青花岗岩烧面
当地自然石块
树池
福建青花岗岩烧面
黄锈石花岗岩烧面
福建青花岗岩烧面
雕塑
新疆红花岗岩烧面
新疆红花岗岩光面
白麻烧面水中汀步

FLOWER GALLERY WALL

HAND-PAINTED LANDSCAPE DETAILS DESIGN MANUAL　手绘景观 细部设计手册

花架 廊 景墙

花架

花架是指用刚性材料构成一定形状的格架供攀援植物攀附的园林设施，又称棚架、绿廊。花架可作遮阴休息之用，并可点缀园景。花架设计要了解所配置植物的原产地和生长习性，以创造适宜植物生长的条件和造型。花架，主要有两方面的作用。一是供人歇足休息、欣赏风景；二是为攀援植物创造生长条件。因此可以说花架是最接近自然的园林小品。

花架可应用于各种类型的园林绿地中，常设置在风景优美的地方，也可以与亭、廊、水榭等结合，组成外形美观的园林建筑群。

廊

廊是一种“虚”的建筑形式，由两排列柱顶着一个不太厚实的屋顶，其作用是把园内各单体建筑连在一起。廊一边通透，利用列柱、横楣构成一个取景框架，形成一个过渡的空间，造型别致、高低错落。在园林中廊不仅是单体建筑联系室内外的手段，而且还是各个建筑之间联系的通道，是园林内游览路线的组成部分。它既有遮阴避雨、休息、交通联系的功能，又有组织景观、分隔空间、增加风景层次的作用。

景墙

在园林小品中，景墙具有隔断、导游、衬景、装饰、保护等作用。景墙的形式也是多种多样，一般根据材料、断面的不同，有高矮、曲直、虚实、光洁与粗糙、有椽与无椽等形式之分。景墙既要美观，又要坚固耐用。常用的材料有砖、混凝土、花格围墙、石墙、铁花格围墙等。景观常将这些墙巧妙地组合与变化，并结合树、石、建筑、花木等其他因素，以及墙上的漏窗、门洞的巧妙处理，形成空间有序、富有层次、虚实相间、明暗变化的景观效果。

景墙是园林景观的一个有机组成部分。中国园林善于运用藏与露、分与合等对比的艺术手法，营造不同的、个性的园林景观空间，使景墙与隔断得到了极大的发展，在古典园林与现代园林中，应用都极其广泛。

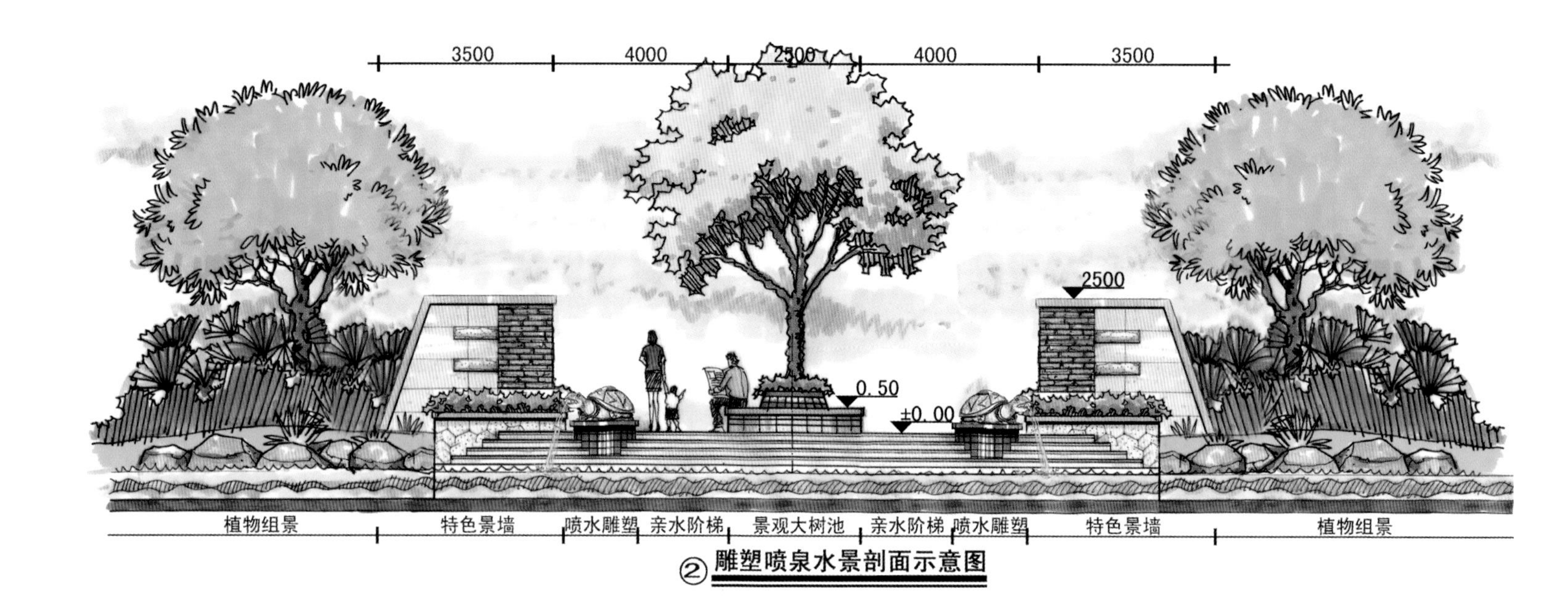

②雕塑喷泉水景剖面示意图

400
7000
400
3000
PA
GRASS JOINT 间草缝
100X100 100x100mm的绿色板岩
GREEN SLATE
120Ø WOODEN COLUMNS (TREATED) 边长120mm的花架木柱
灯饰
BOX LIGHTING
100mm宽间草缝
100 WIDE GRASS JOINT
LAWN
木坐面的钢结构凳
WOOD BENCH ON STEEL FRAME
500x500x50mm的黄色花岗岩菠萝饰面
500X500X50 THK YELLOW GRANITE PINEAPPLE FINISH

PLAN

SCALE 1:50

80X30 TREATED WOODEN TRELLIS 80x30mm的木花架
边长120mm的花架木柱
120Ø TREATED WOOD COLUMNS
15mm的强化玻璃
15MM POLYCARBONATE ROOFING SHEET
270
+2.50
120X60 TREATED WOODEN BEAMS 120x60mm的木横梁
灯饰藏于两柱间
LIGHTING BETWEEN COLUMNS
木坐面的钢结构凳
BENCH FROM WOODEN SLATS ON STEEL FRAMING
PA
+0.00
LAWN

SECTION

SCALE 1:30

15MM THK POLYCARBONATE SHEET 15mm的强化玻璃
边长120mm的花架木柱
120Ø TREATED WOOD COLUMN
80x30mm的木条
80X30 TREATED WOODEN TRELLIS
120x60mm的花架木横梁带槽位
120X60 TREATED WOODEN BEAM WITH FIXING BOLTS
+2.50
+0.45
+0.00
木坐面的钢结构凳
TREATED WOOD SLATS BENCH ON STEEL FRAMING, PAINT FIN.

ELEVATION

SCALE 1:30

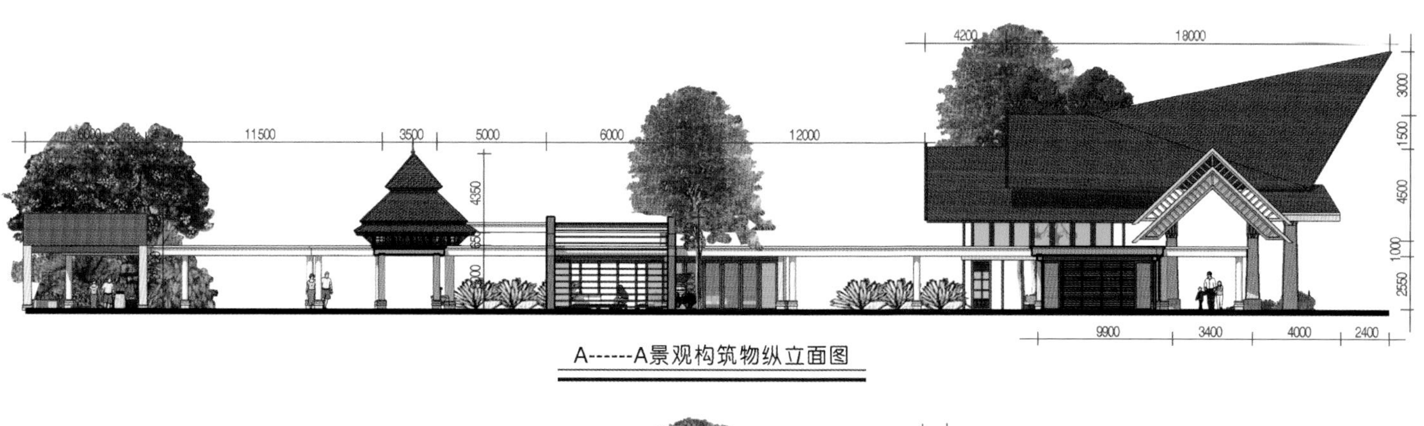

A------A景观构筑物纵立面图

B------B主构筑正立面图

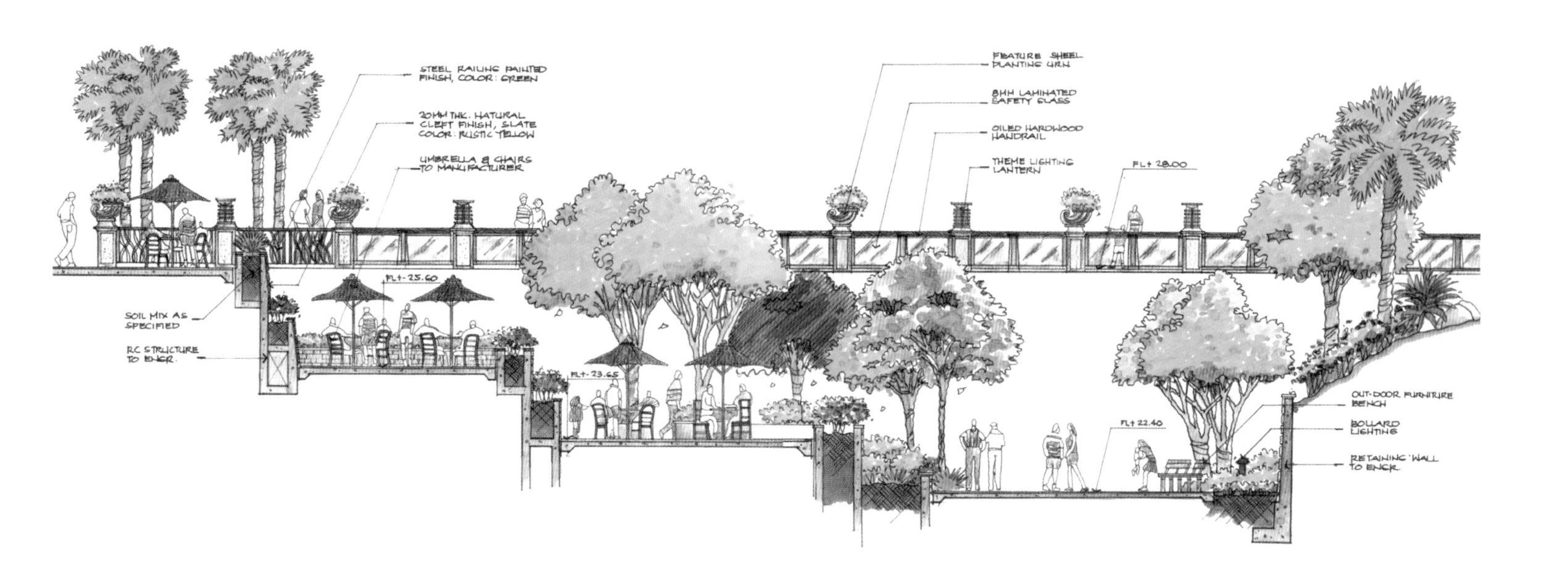

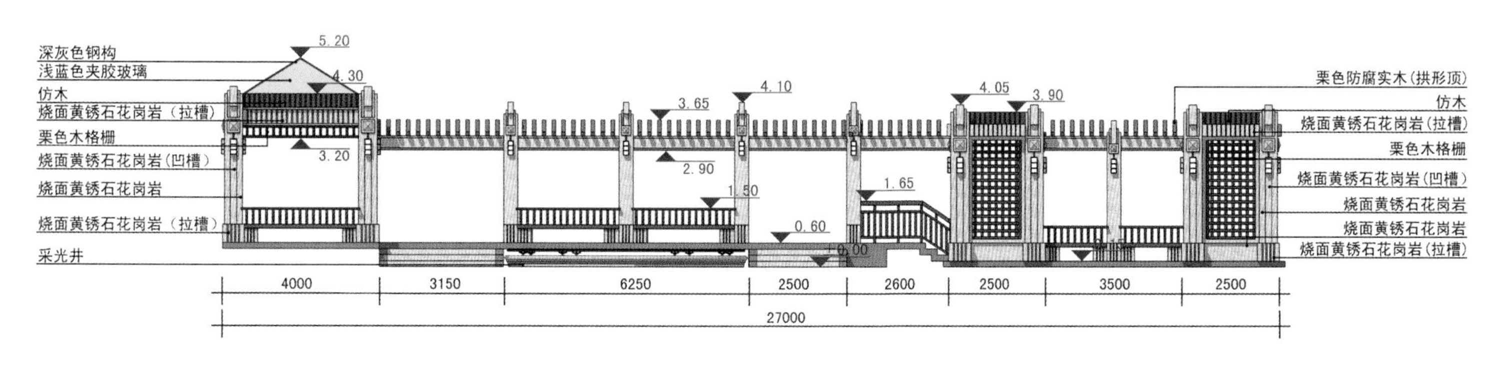

特色亭廊组合立面图

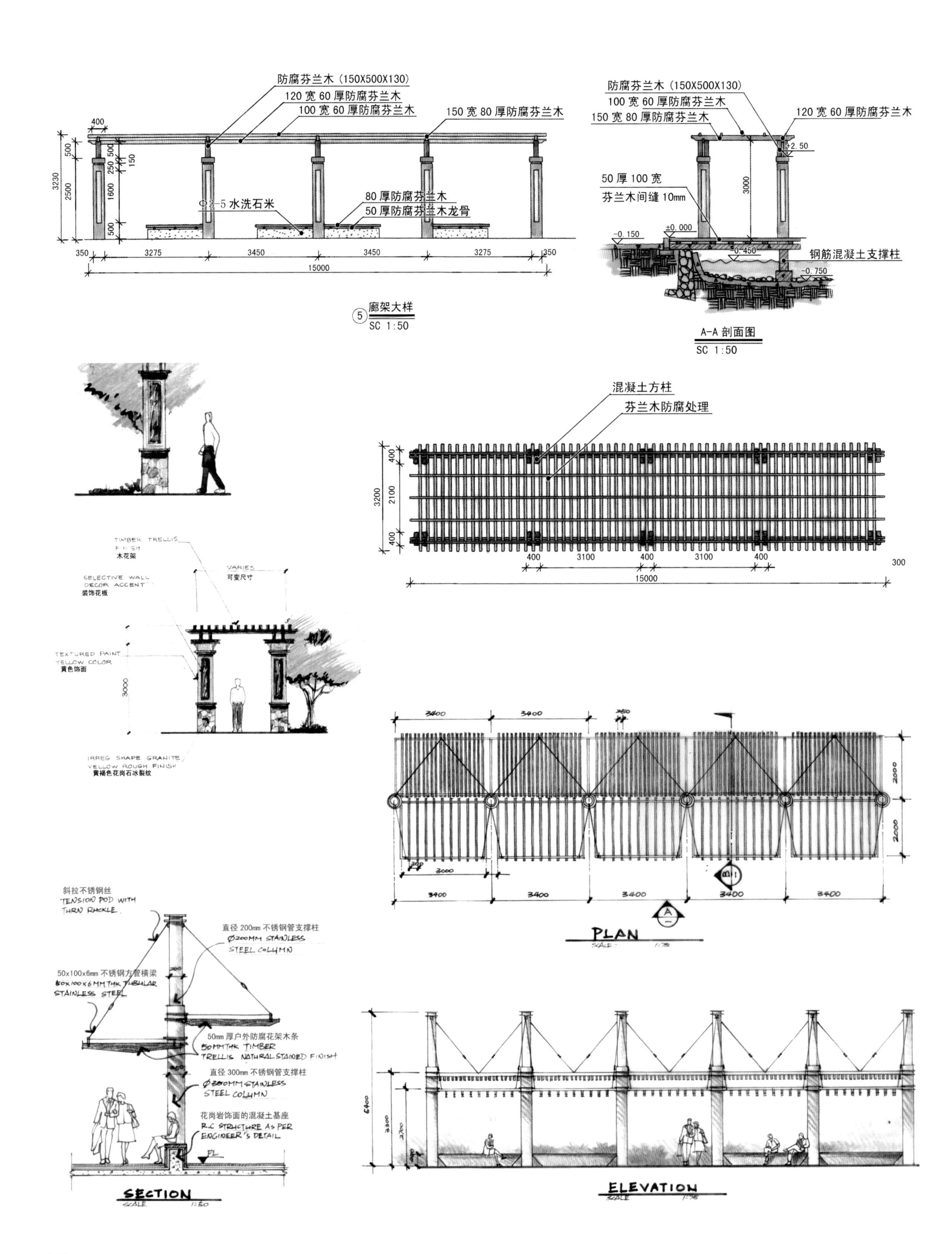
防腐芬兰木（150X500X130）
120 宽 60 厚防腐芬兰木
100 宽 60 厚防腐芬兰木
150 宽 80 厚防腐芬兰木
Φ3-5 水洗石米
80 厚防腐芬兰木
50 厚防腐芬兰木龙骨
廊架大样
SC 1:50
150 宽 80 厚防腐芬兰木
120 宽 60 厚防腐芬兰木
50 厚 100 宽
芬兰木间缝 10mm
钢筋混凝土支撑柱
A-A 剖面图
SC 1:50
混凝土方柱
芬兰木防腐处理
TIMBER TRELLIS FINISH
木花架
SELECTIVE WALL DECOR ACCENT
装饰花板
VARIES
可变尺寸
TEXTURED PAINT YELLOW COLOR
黄色饰面
IRREG SHAPE GRANITE YELLOW ROUGH FINISH
黄褐色花岗石冰裂纹
PLAN
斜拉不锈钢丝
TENSION ROD WITH TURN BUCKLE
直径 200mm 不锈钢管支撑柱
Ø200MM STAINLESS STEEL COLUMN
50x100x6mm 不锈钢方管横梁
50x100x6MM THK TUBULAR STAINLESS STEEL
50mm 厚户外防腐花架木条
50MM THK TIMBER TRELLIS NATURAL STAINED FINISH
直径 300mm 不锈钢管支撑柱
Ø300MM STAINLESS STEEL COLUMN
花岗岩饰面的混凝土基座
R.C STRUCTURE AS PER ENGINEER'S DETAIL
FL
SECTION
ELEVATION

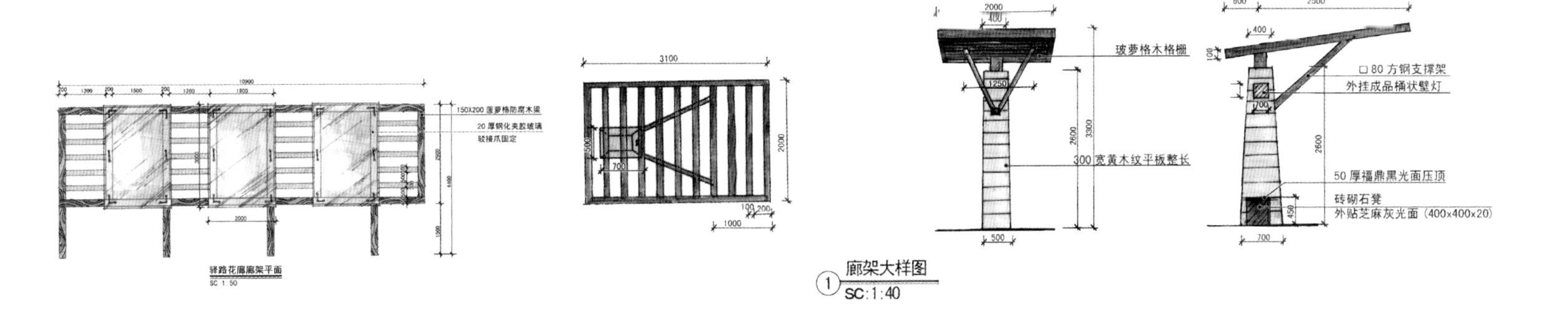

150X200 菠萝格防腐木梁
20 厚钢化夹胶玻璃
驳接爪固定
驿路花廊廊架平面
SC 1:50
玻萝格木格栅
300 宽黄木纹平板整长
□ 80 方钢支撑架
外挂成品桶状壁灯
50 厚福鼎黑光面压顶
砖砌石凳
外贴芝麻灰光面（400x400x20）
廊架大样图
SC:1:40

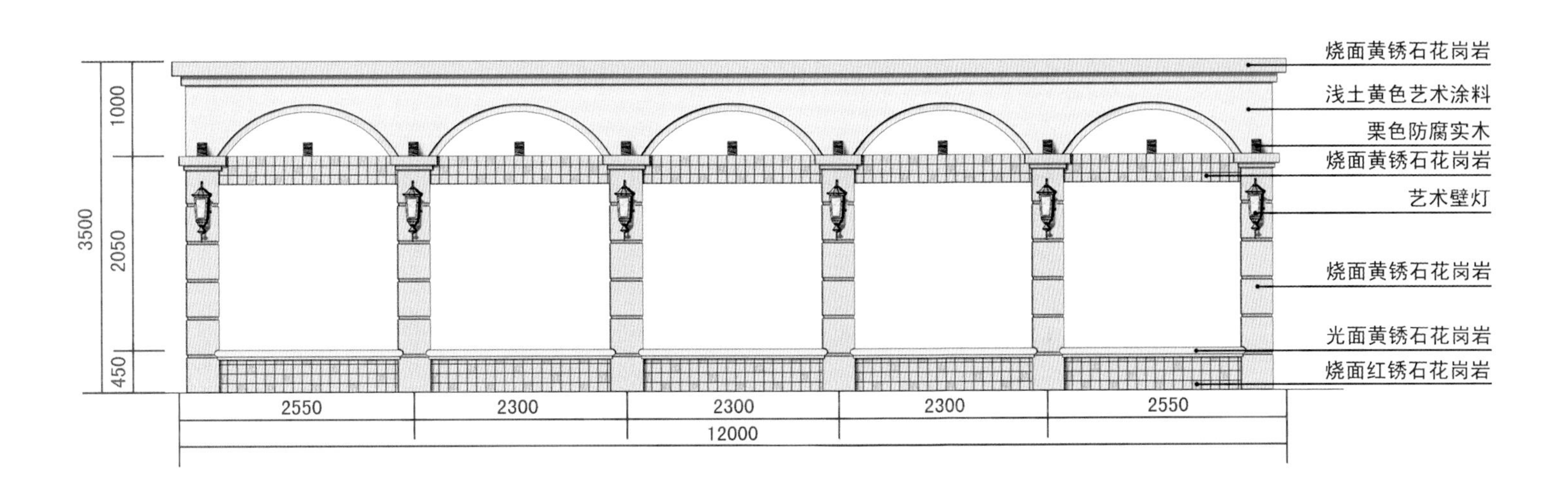

烧面黄锈石花岗岩
浅土黄色艺术涂料
栗色防腐实木
烧面黄锈石花岗岩
艺术壁灯
烧面黄锈石花岗岩
光面黄锈石花岗岩
烧面红锈石花岗岩
1000
2050
450
3500
2550
2300
2300
2300
2550
12000

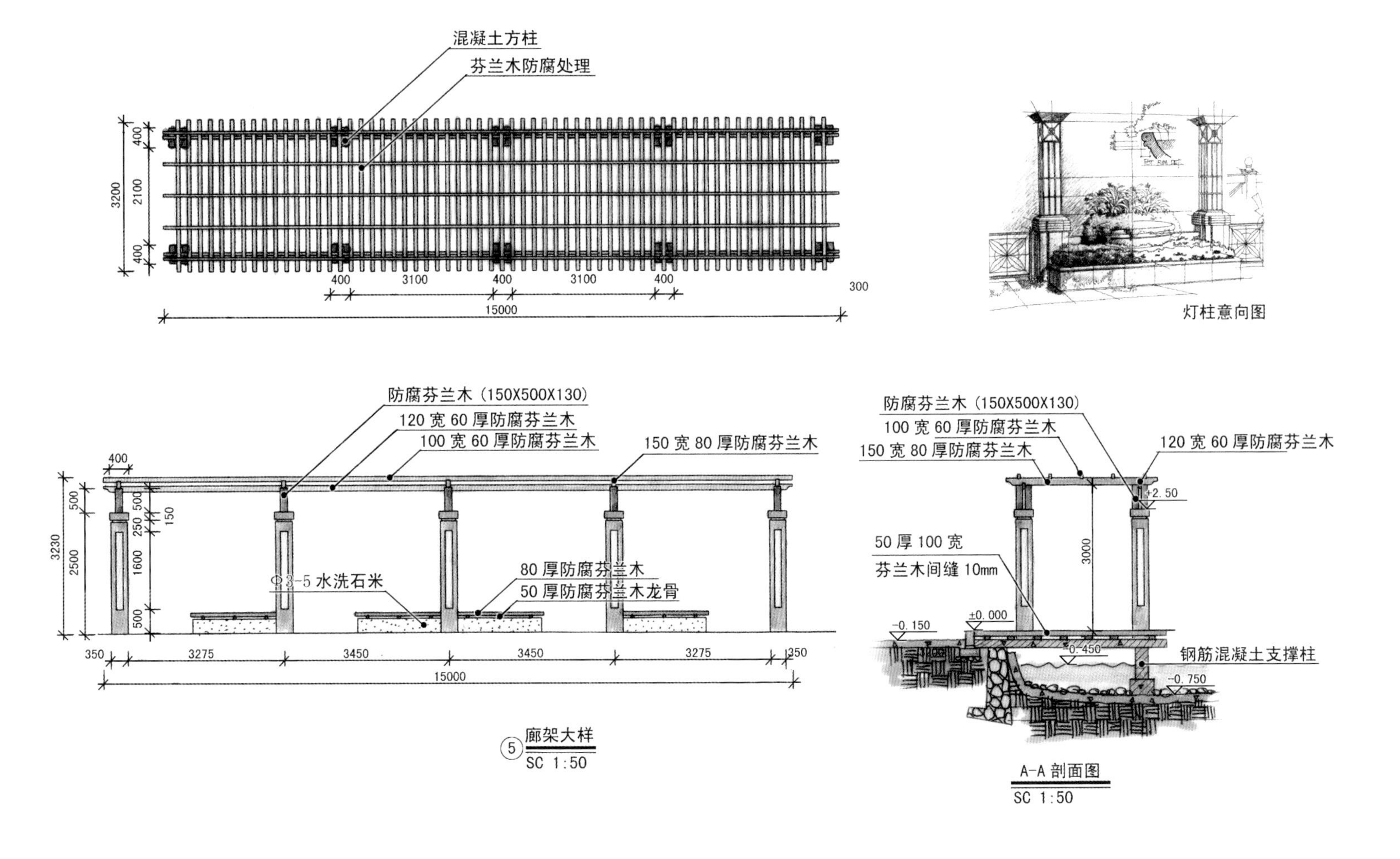

混凝土方柱
芬兰木防腐处理
400
2100
400
3200
400
3100
400
3100
400
300
15000
灯柱意向图
防腐芬兰木（150X500X130）
120 宽 60 厚防腐芬兰木
100 宽 60 厚防腐芬兰木
150 宽 80 厚防腐芬兰木
80 厚防腐芬兰木
50 厚防腐芬兰木龙骨
水洗石米
350
3275
3450
3450
3275
350
15000
廊架大样
SC 1:50
防腐芬兰木（150X500X130）
100 宽 60 厚防腐芬兰木
150 宽 80 厚防腐芬兰木
120 宽 60 厚防腐芬兰木
50 厚 100 宽
芬兰木间缝 10mm
钢筋混凝土支撑柱
±0.000
-0.150
-0.450
-0.750
+2.50
3000
A-A 剖面图
SC 1:50

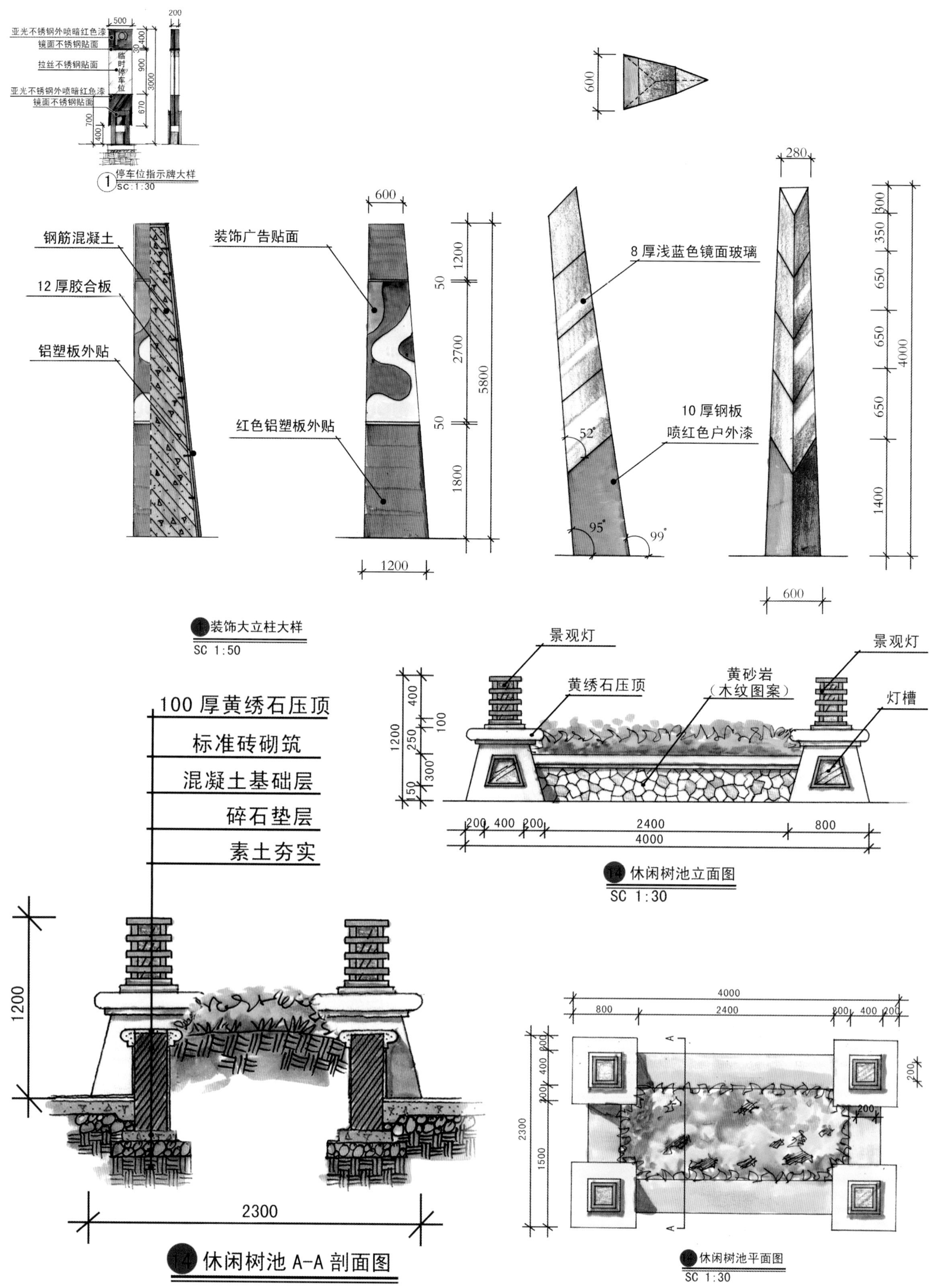

亚光不锈钢外喷暗红色漆
镜面不锈钢贴面
拉丝不锈钢贴面
亚光不锈钢外喷暗红色漆
镜面不锈钢贴面
临时停车位
1 停车位指示牌大样
SC:1:30
钢筋混凝土
12 厚胶合板
铝塑板外贴
装饰广告贴面
红色铝塑板外贴
8 厚浅蓝色镜面玻璃
10 厚钢板
喷红色户外漆
装饰大立柱大样
SC 1:50
景观灯
黄绣石压顶
黄砂岩
（木纹图案）
景观灯
灯槽
休闲树池立面图
SC 1:30
100 厚黄绣石压顶
标准砖砌筑
混凝土基础层
碎石垫层
素土夯实
休闲树池 A-A 剖面图
休闲树池平面图
SC 1:30

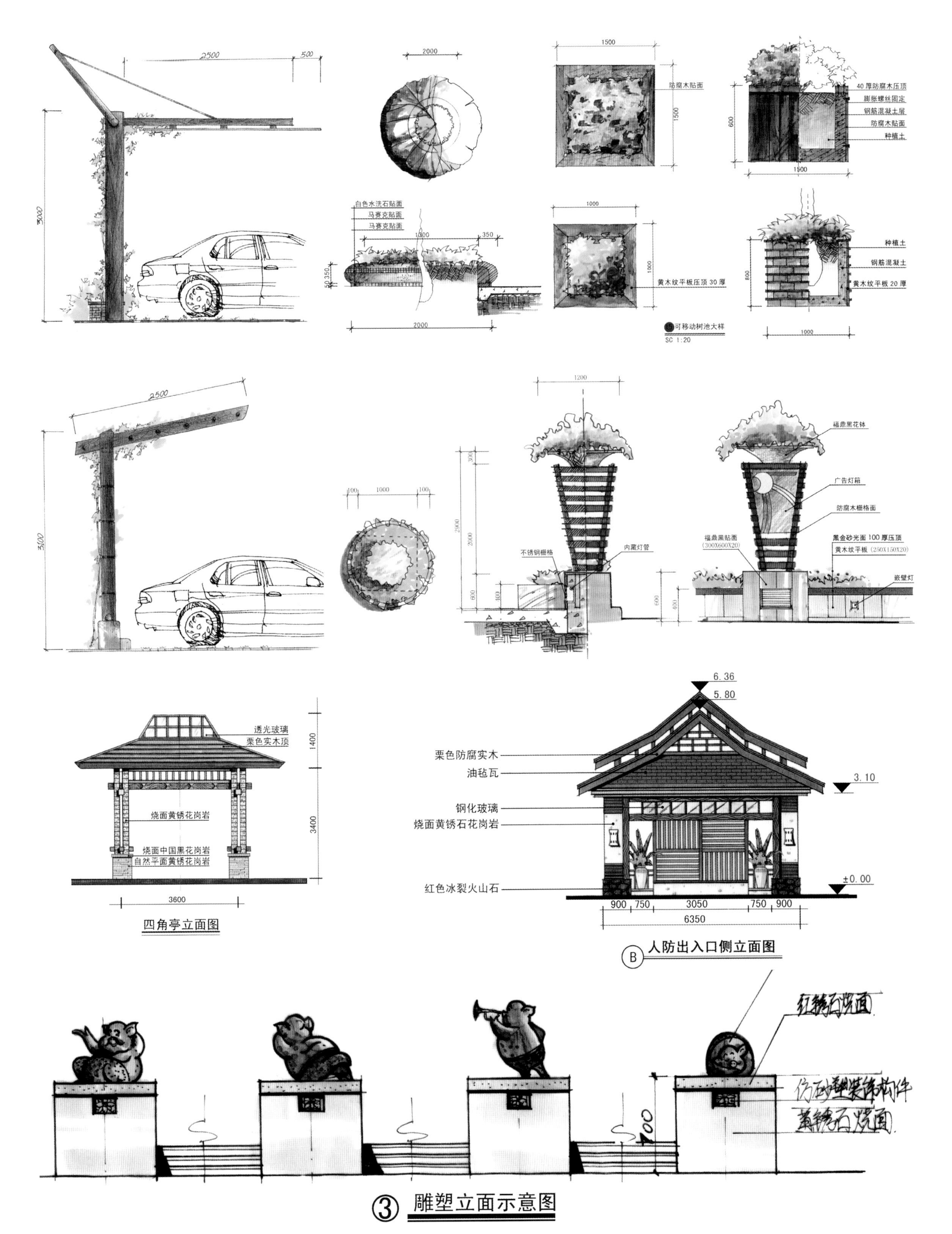
2500
500
3000
2000
1500
防腐木贴面
1500
40厚防腐木压顶
膨胀螺丝固定
钢筋混凝土层
防腐木贴面
种植土
600
1500
白色水洗石贴面
马赛克贴面
马赛克贴面
1300
350
2000
1000
1000
黄木纹平板压顶 30 厚
可移动树池大样
SC 1:20
种植土
钢筋混凝土
黄木纹平板 20 厚
800
1000
2500
3100
1200
100
1000
100
福鼎黑花钵
广告灯箱
防腐木栅格面
不锈钢栅格
内藏灯管
福鼎黑贴面
(300X600X20)
黑金砂光面 100 厚压顶
黄木纹平板 (250X150X20)
嵌壁灯
透光玻璃
栗色实木顶
烧面黄锈花岗岩
烧面中国黑花岗岩
自然平面黄锈花岗岩
1400
3400
3600
四角亭立面图
6.36
5.80
栗色防腐实木
油毡瓦
3.10
钢化玻璃
烧面黄锈石花岗岩
红色冰裂火山石
±0.00
900
750
3050
750
900
6350
B 人防出入口侧立面图
红锈石烧面
仿砂岩装饰构件
黄锈石烧面
700

③ 雕塑立面示意图

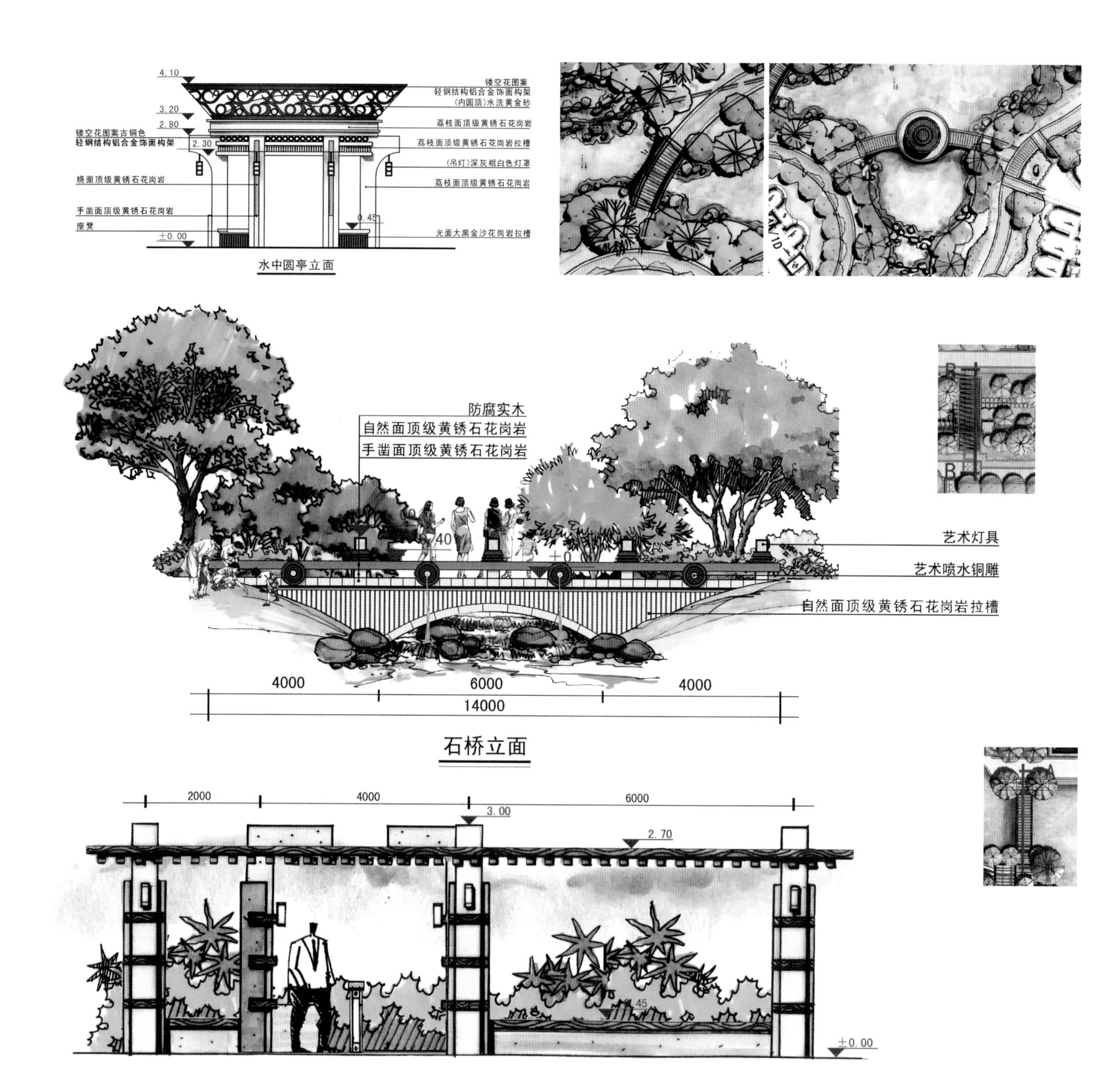

水中圆亭立面

石桥立面

B弧形花架正立面示意图

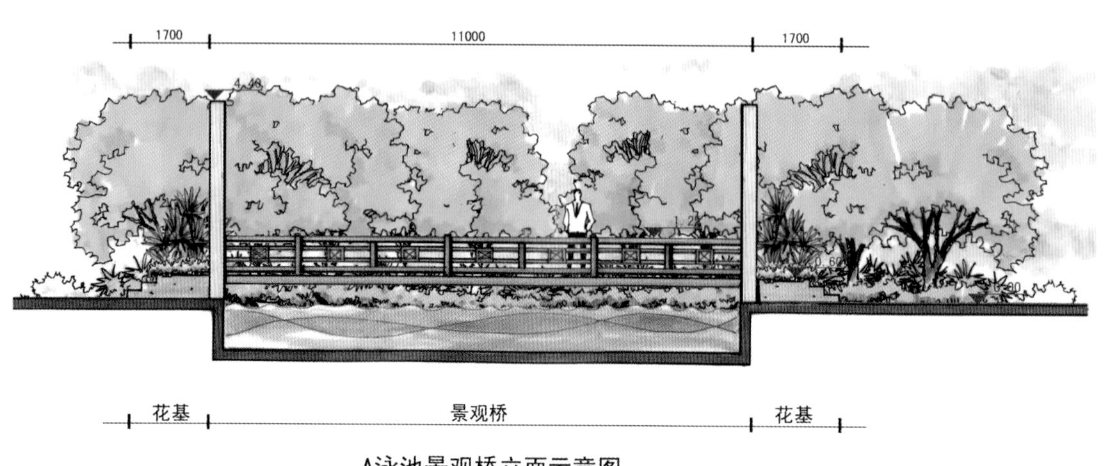

A泳池景观桥立面示意图

C弧形花架侧立面示意图

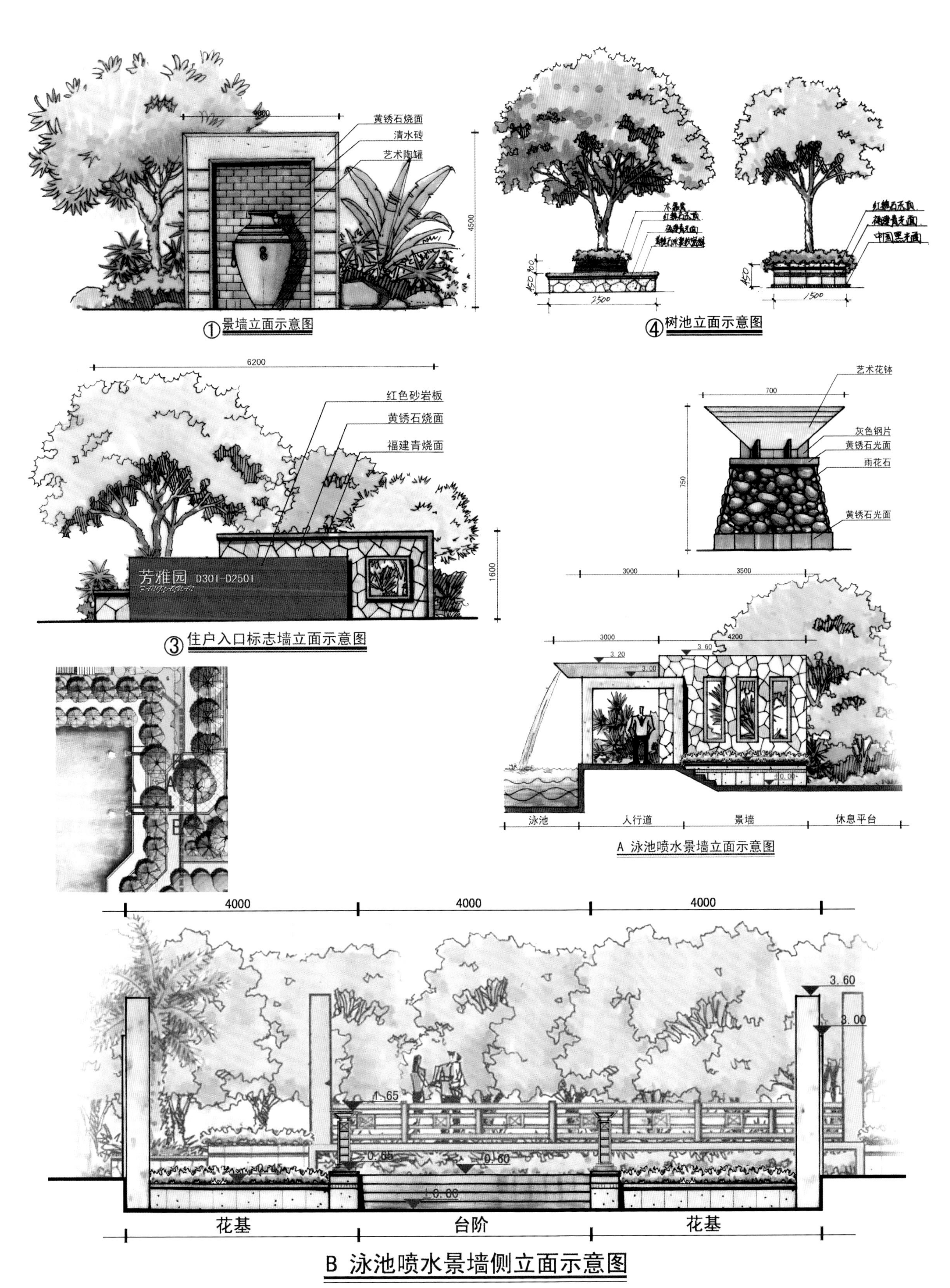
4000
黄锈石烧面
清水砖
艺术陶罐
4500
①景墙立面示意图
中国黑光面
450
2500
1500
④树池立面示意图
6200
红色砂岩板
黄锈石烧面
福建青烧面
芳雅园 D301-D2501
1600
③住户入口标志墙立面示意图
艺术花钵
700
灰色钢片
黄锈石光面
雨花石
黄锈石光面
750
3000
3500
3000
4200
3.20
3.60
3.00
±0.00
泳池
人行道
景墙
休息平台
A 泳池喷水景墙立面示意图
4000
4000
4000
3.60
3.00
1.65
0.65
0.60
±0.00
花基
台阶
花基
B 泳池喷水景墙侧立面示意图

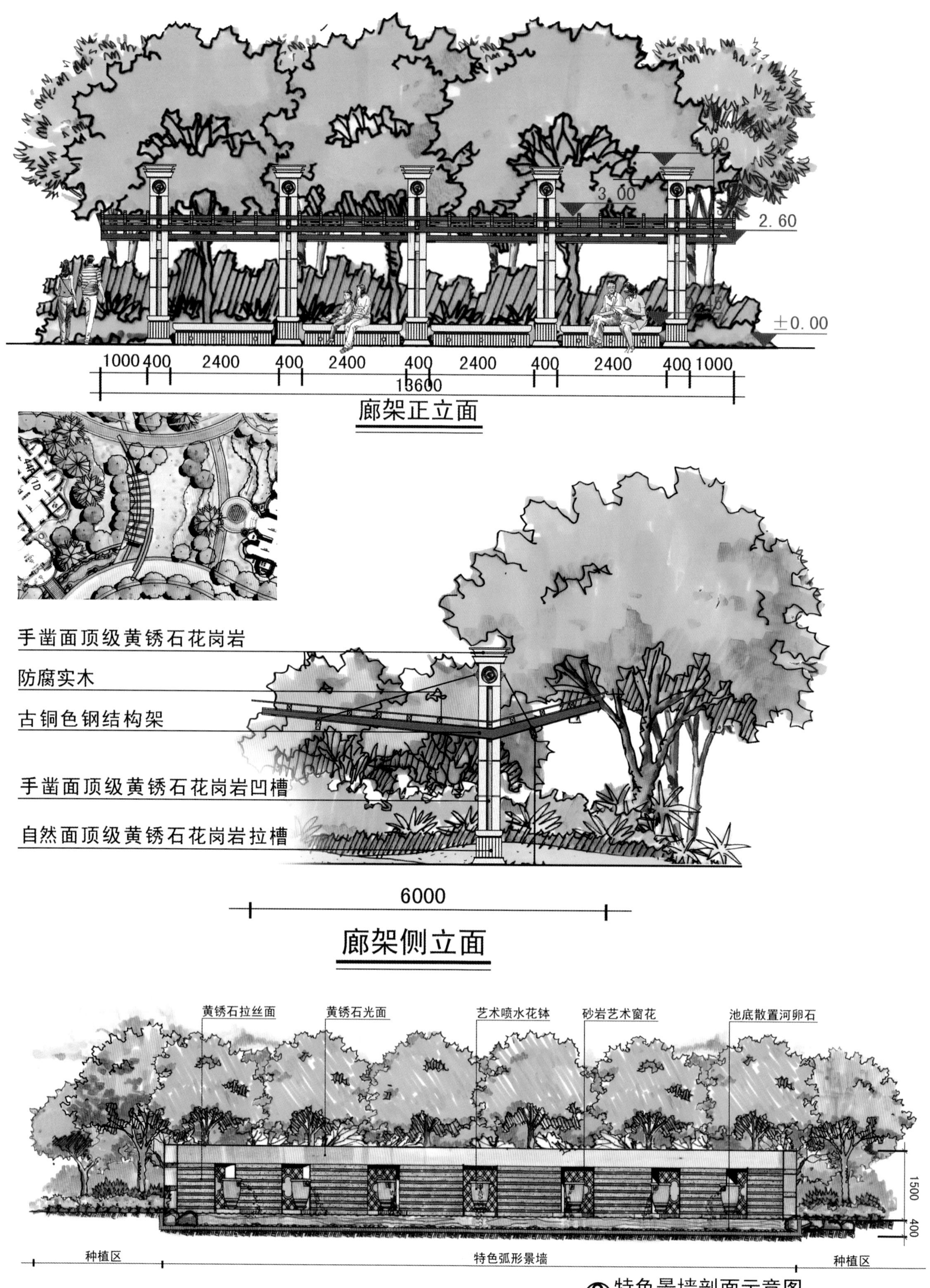
3.00
2.60
±0.00
1000
400
2400
400
2400
400
2400
400
2400
400
1000
13600
廊架正立面
手凿面顶级黄锈石花岗岩
防腐实木
古铜色钢结构架
手凿面顶级黄锈石花岗岩凹槽
自然面顶级黄锈石花岗岩拉槽
6000
廊架侧立面
黄锈石拉丝面
黄锈石光面
艺术喷水花钵
砂岩艺术窗花
池底散置河卵石
1500
400
种植区
特色弧形景墙
种植区
③特色景墙剖面示意图

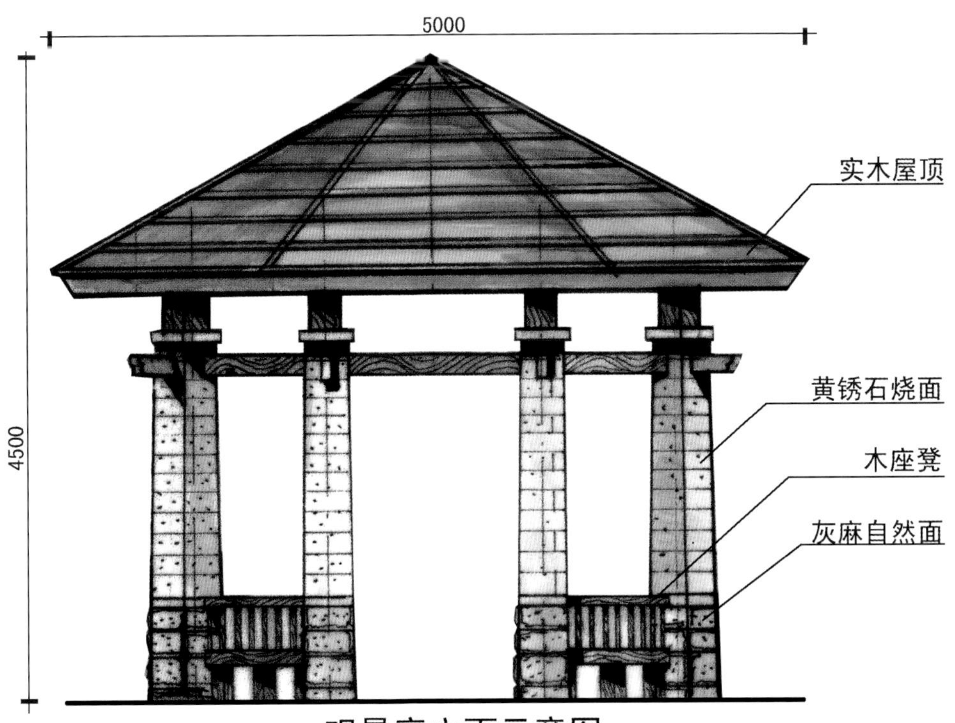

②观景亭立面示意图

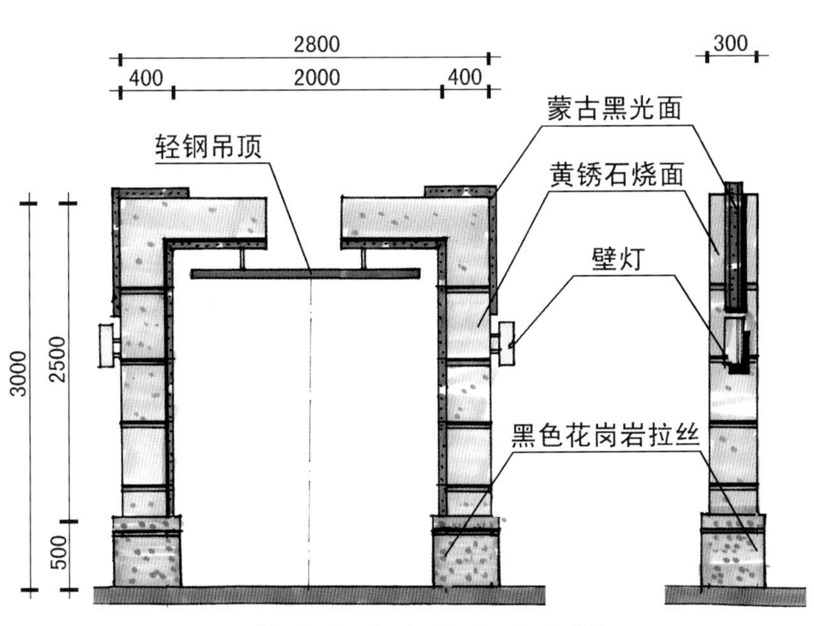

②特色廊亭节点示意图

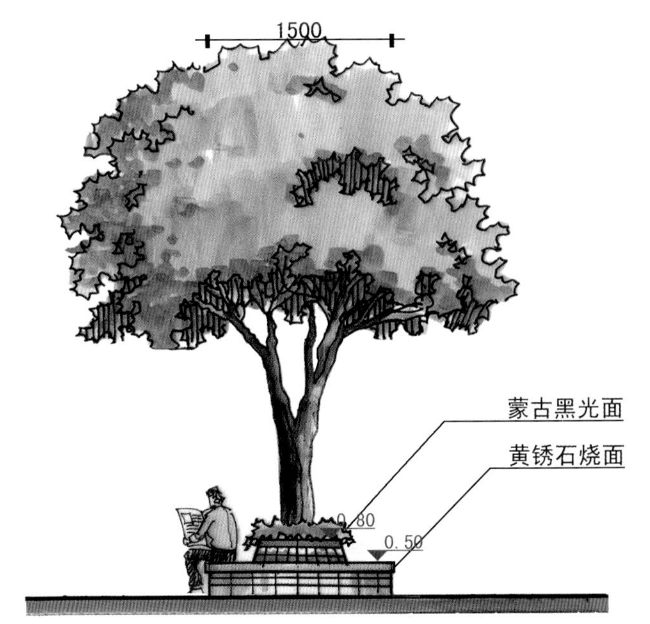

①特色花架正立面示意图

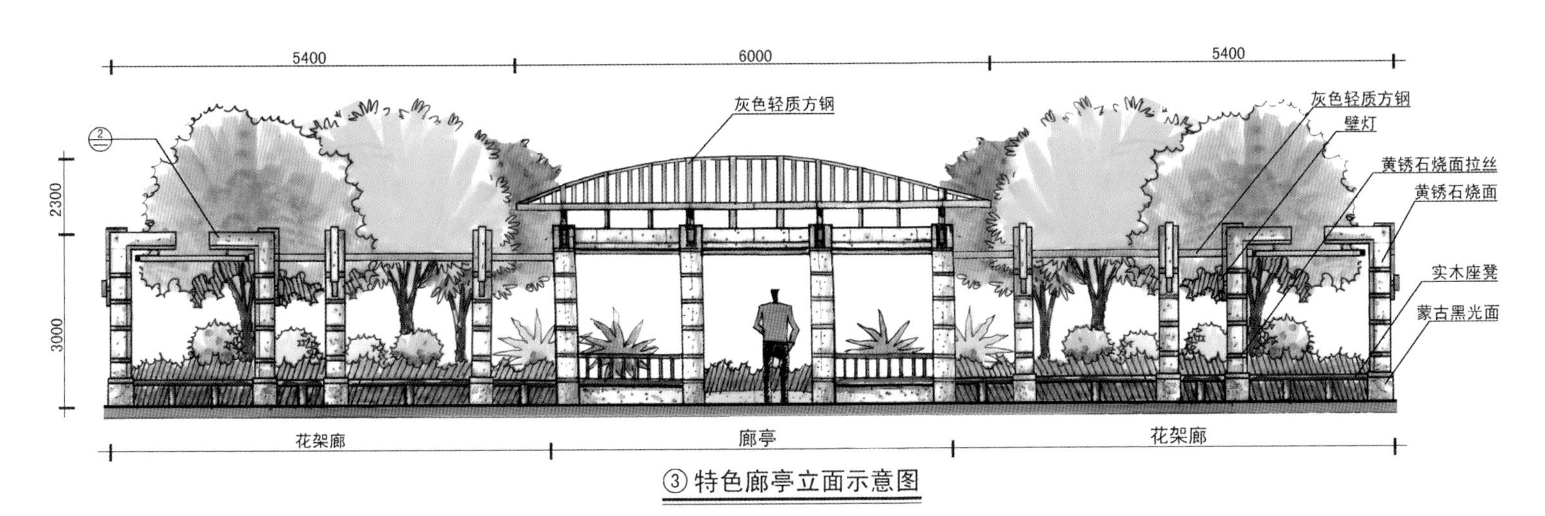

③特色廊亭立面示意图

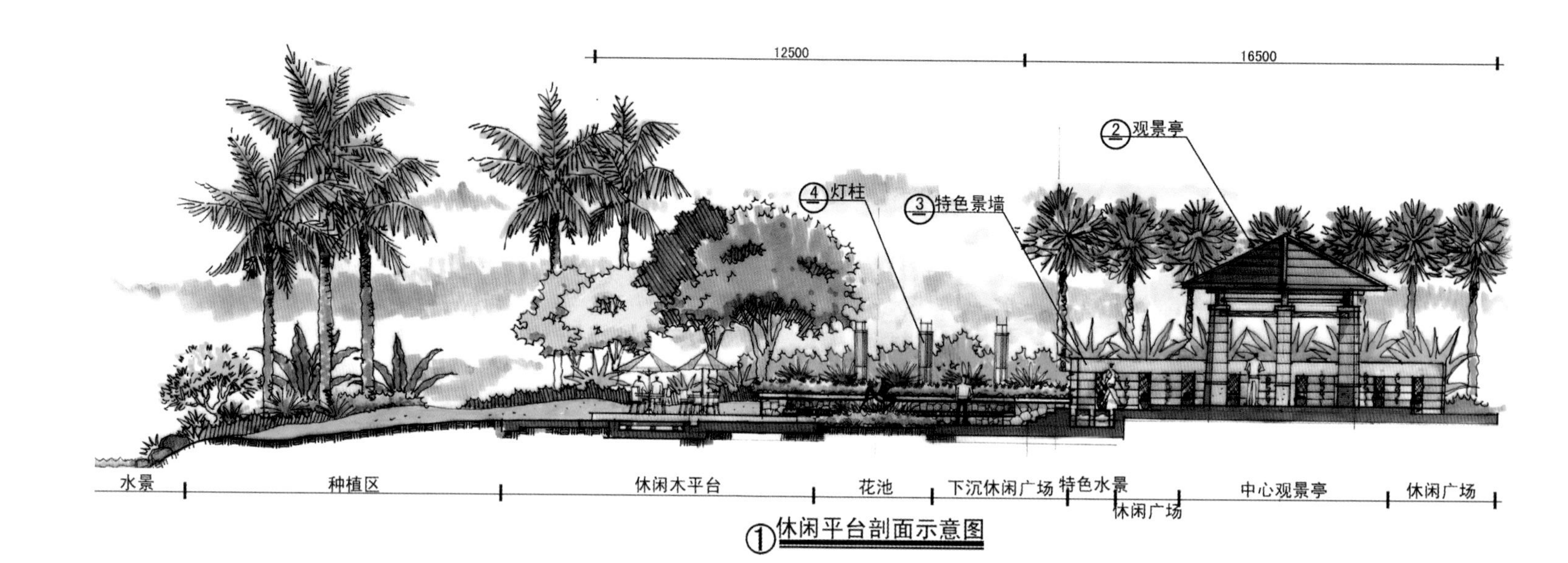

①休闲平台剖面示意图

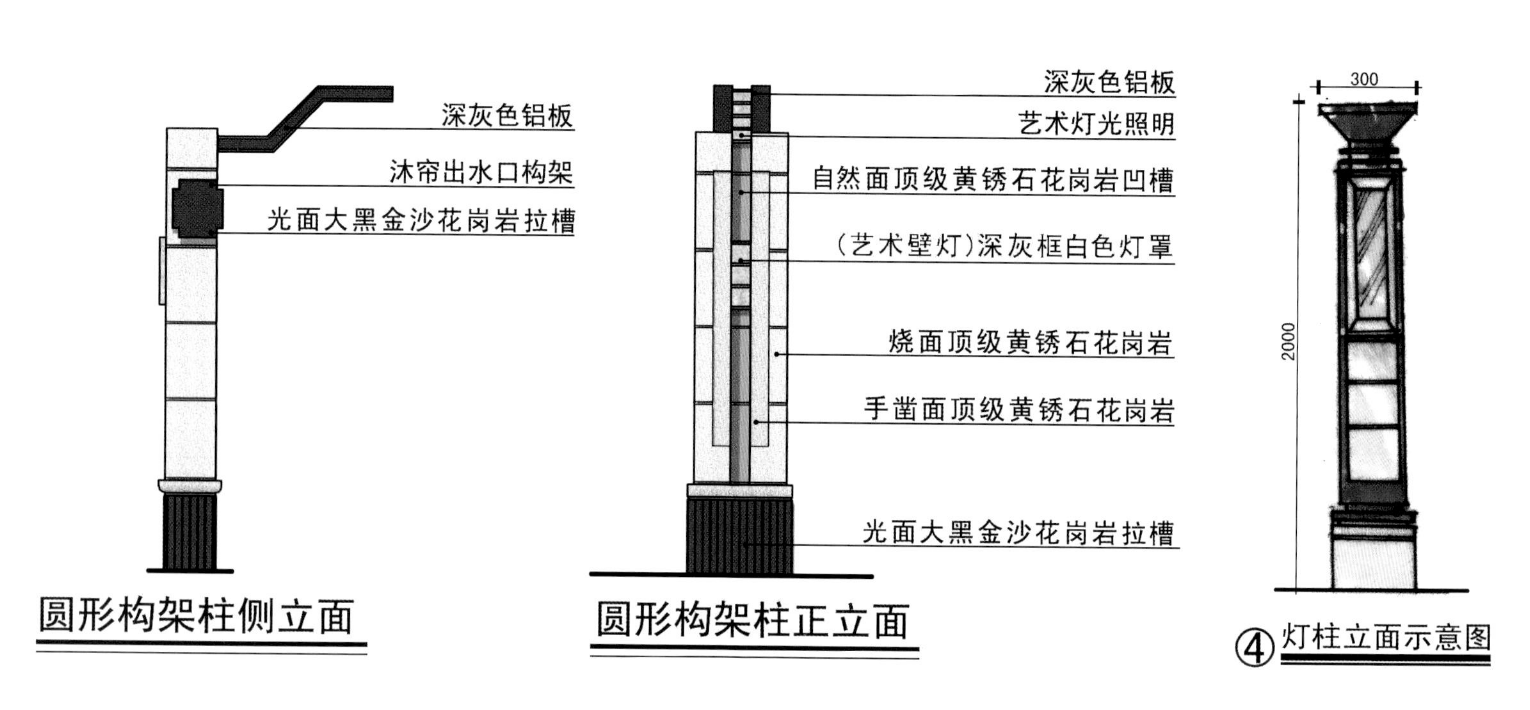

圆形构架柱侧立面

圆形构架柱正立面

④灯柱立面示意图

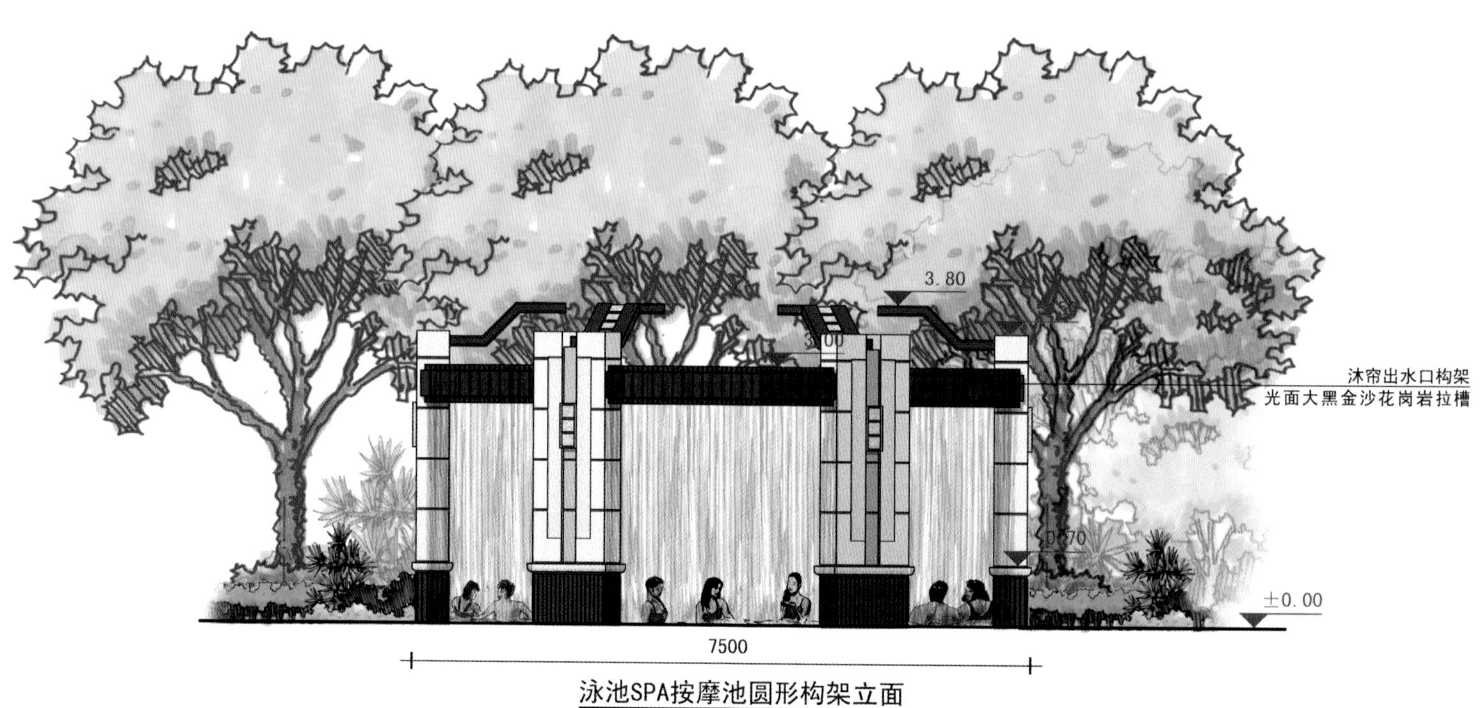

泳池SPA按摩池圆形构架立面

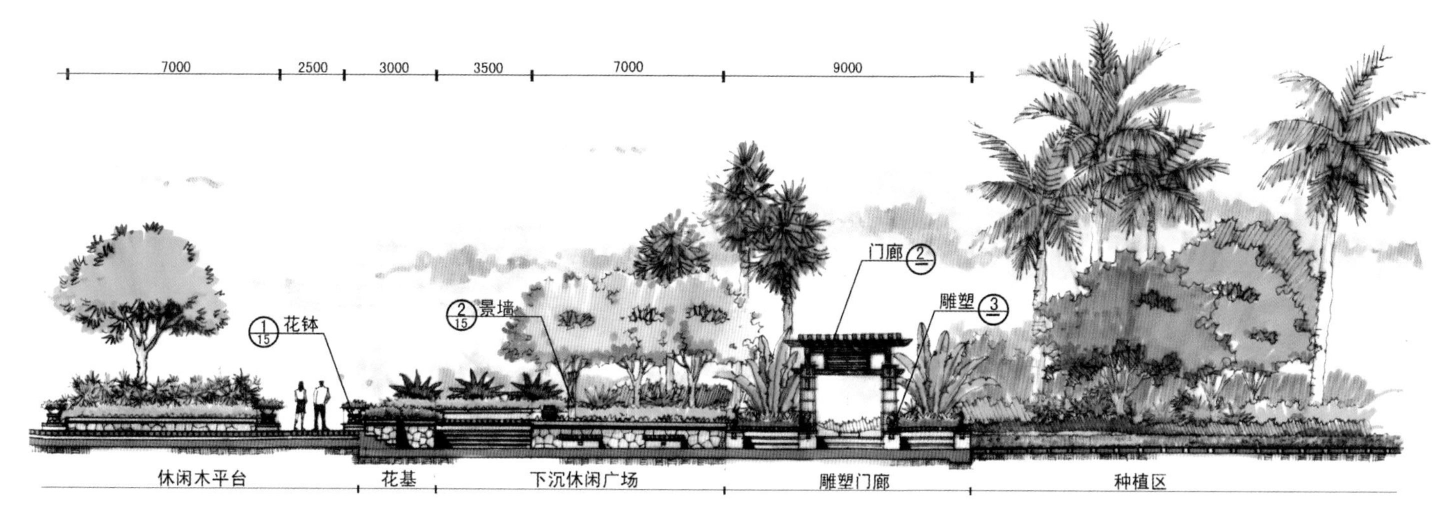

① 观景平台剖面示意图

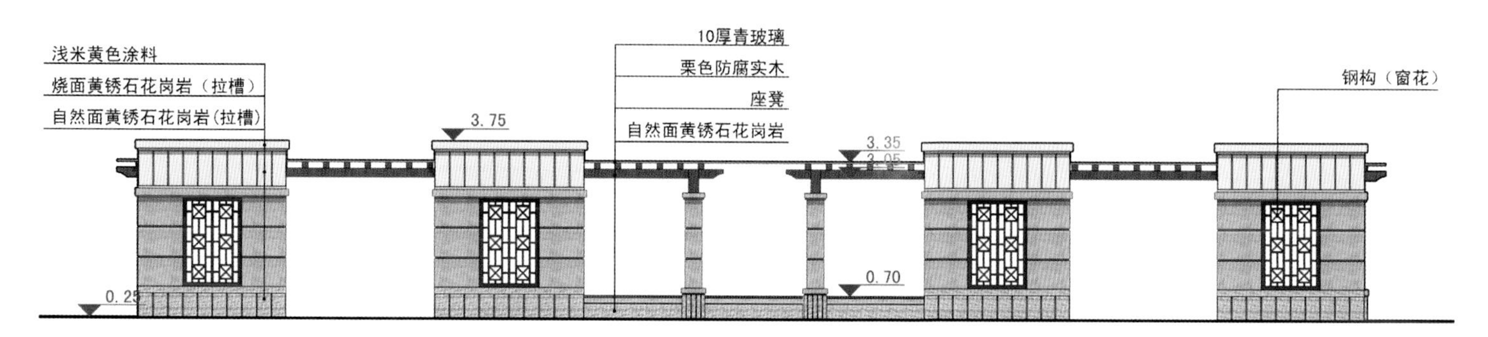

钢构廊架立面图

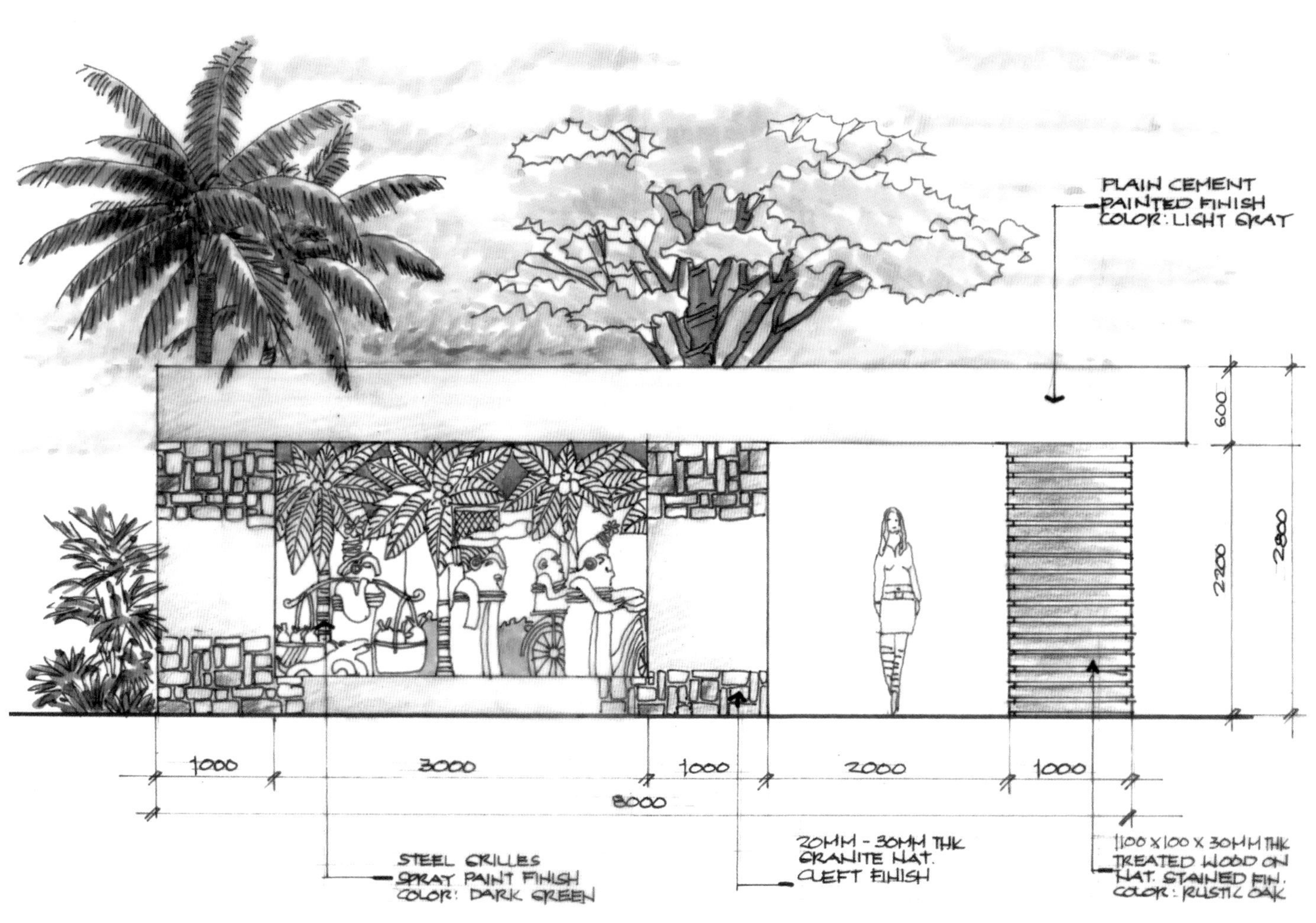

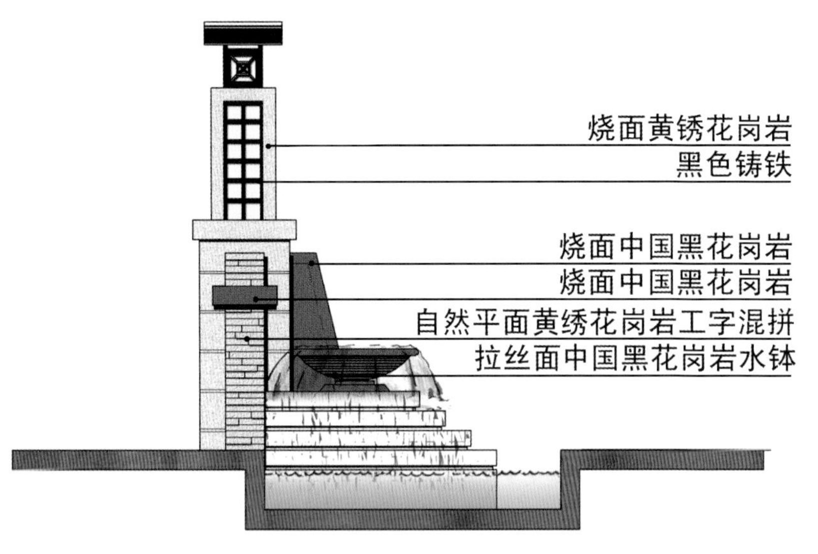

入口跌水景墙侧立面图

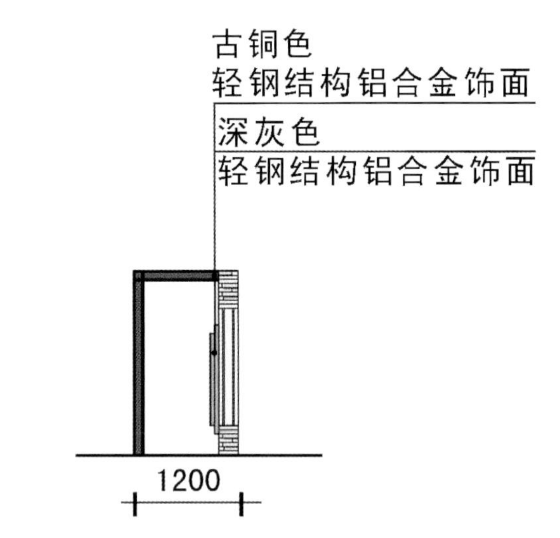

LOGO与泳池弧形景墙侧立面

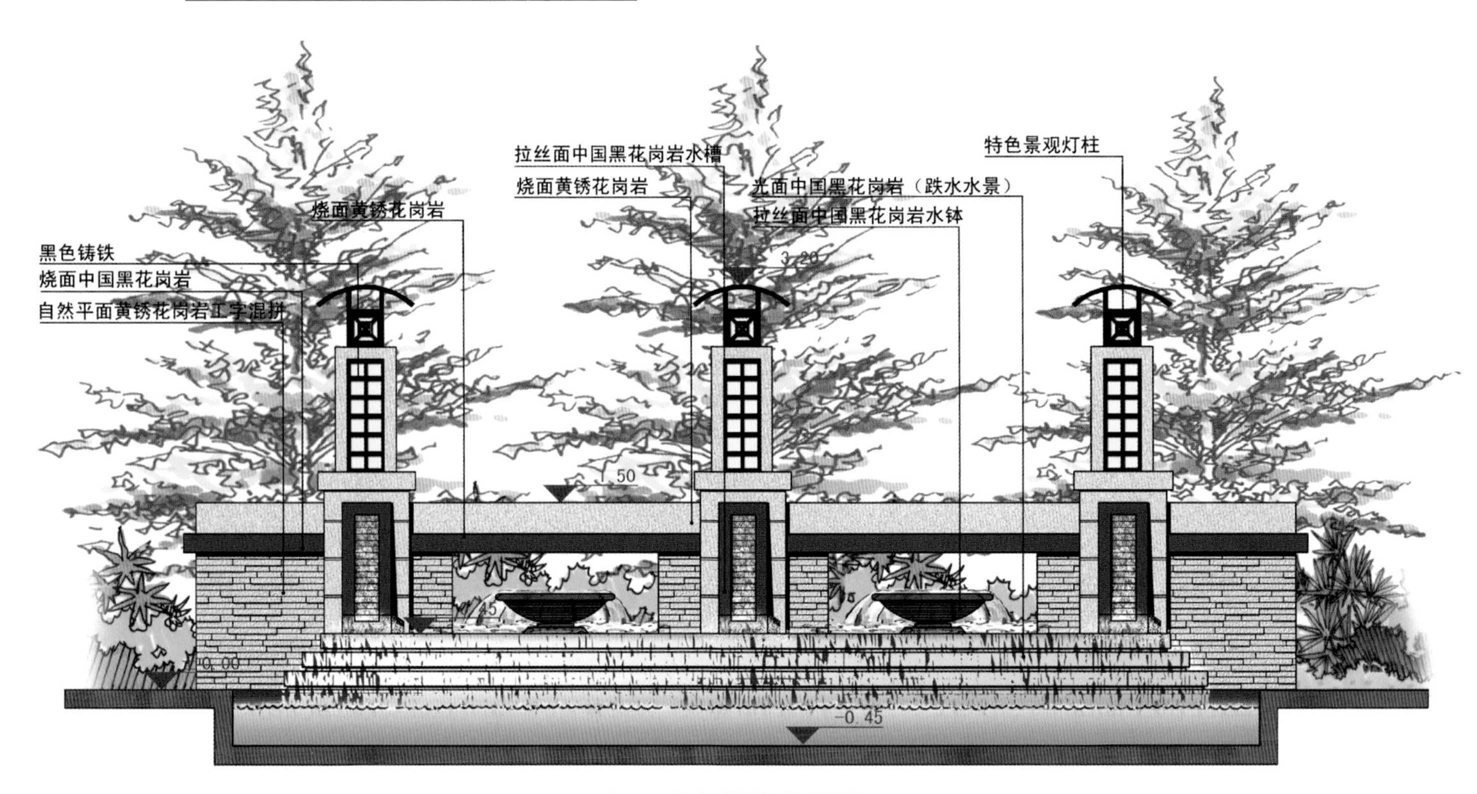

D-D入口跌水景墙立面图

② 特色景墙正剖面示意图

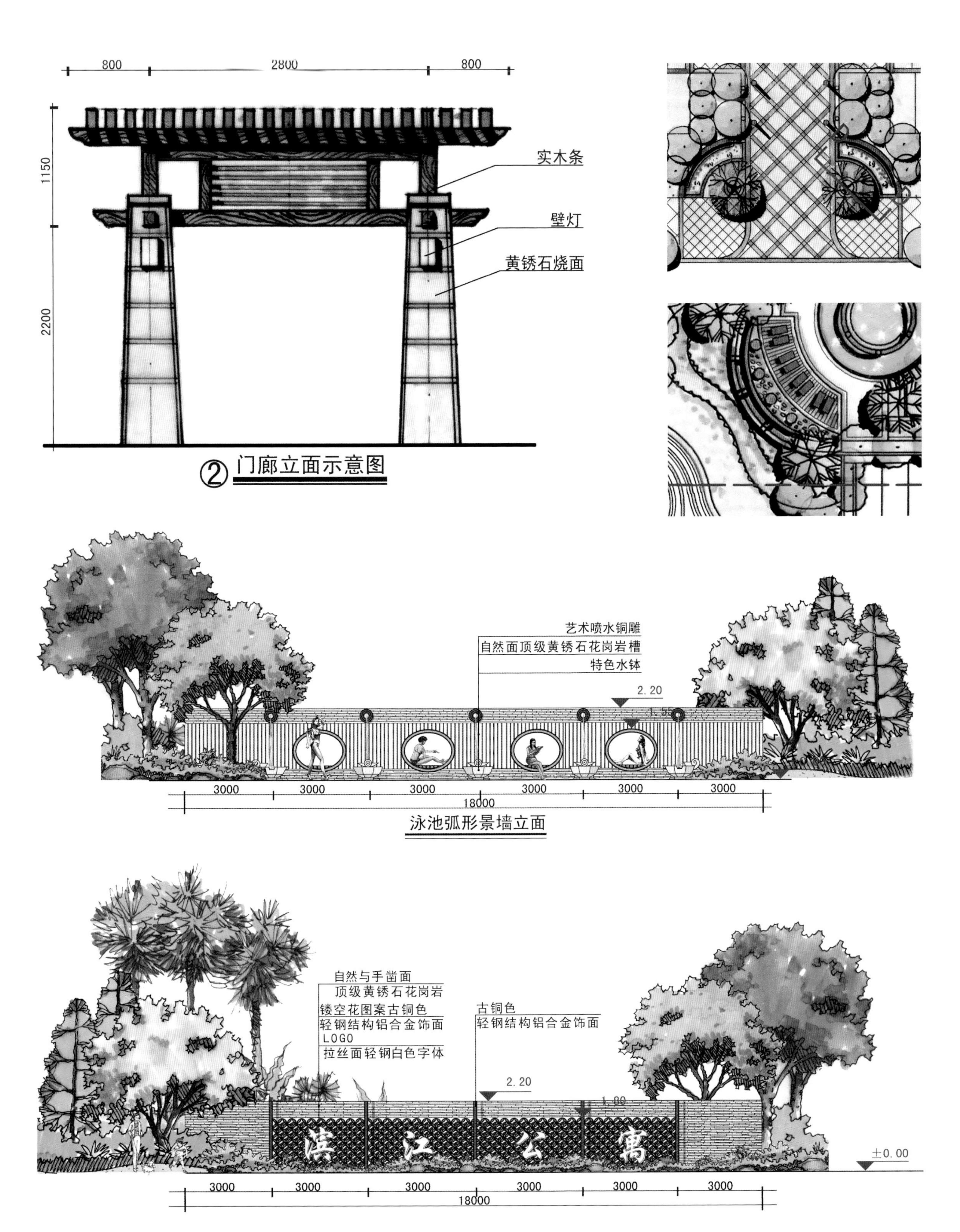
800
2800
800
1150
2200
实木条
壁灯
黄锈石烧面
②门廊立面示意图
艺术喷水铜雕
自然面顶级黄锈石花岗岩槽
特色水钵
2.20
1.55
3000
3000
3000
3000
3000
3000
18000
泳池弧形景墙立面
自然与手凿面
顶级黄锈石花岗岩
镂空花图案古铜色
轻钢结构铝合金饰面
LOGO
拉丝面轻钢白色字体
古铜色
轻钢结构铝合金饰面
2.20
1.00
滨江公寓
±0.00
3000
3000
3000
3000
3000
3000
18000
次入口LOGO弧形景墙立面

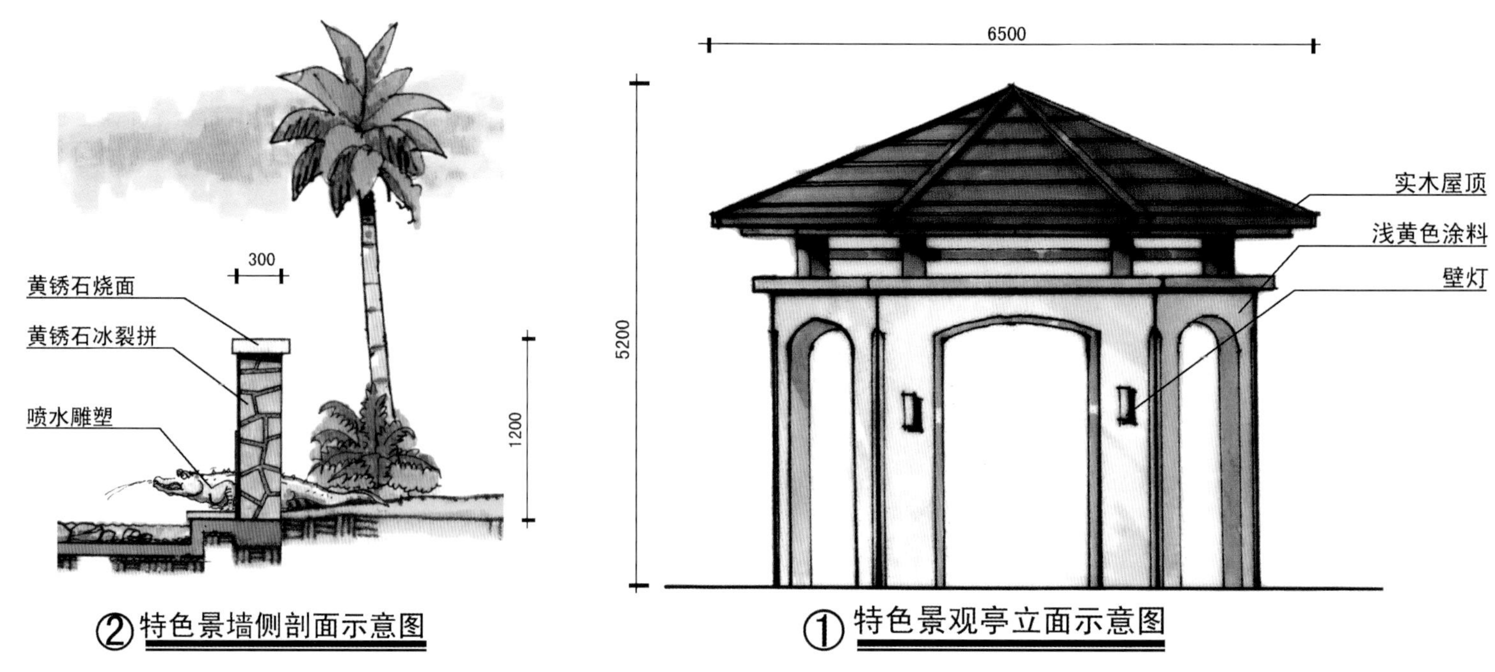

②特色景墙侧剖面示意图

①特色景观亭立面示意图

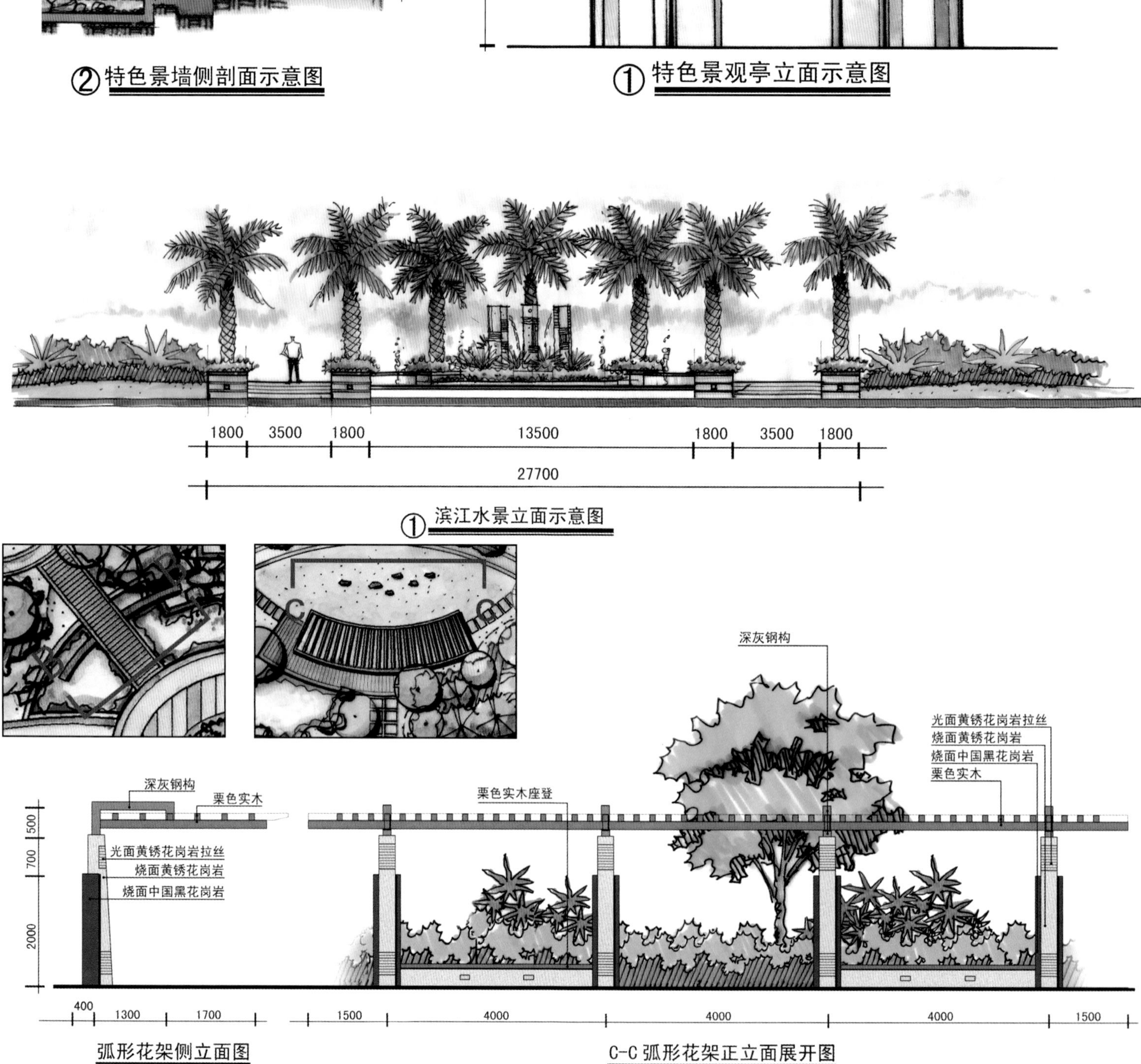

弧形花架侧立面图

C-C 弧形花架正立面展开图

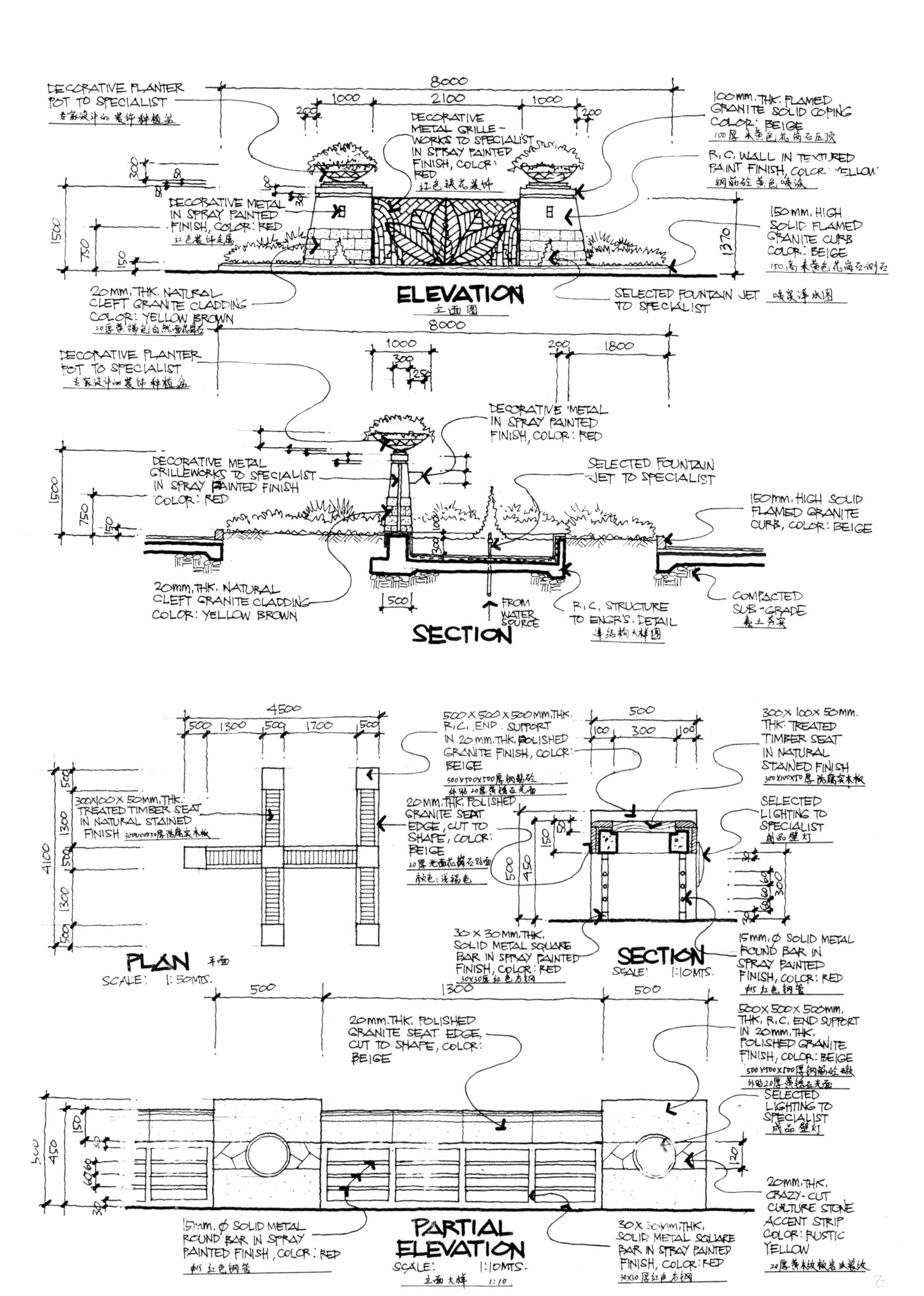
DECORATIVE PLANTER POT TO SPECIALIST
专家设计的装饰种植盆
DECORATIVE METAL GRILLE-WORKS TO SPECIALIST IN SPRAY PAINTED FINISH, COLOR: RED
红色铁花装饰
100mm. THK. FLAMED GRANITE SOLID COPING COLOR: BEIGE
R.C. WALL IN TEXTURED PAINT FINISH, COLOR: YELLOW
DECORATIVE METAL IN SPRAY PAINTED FINISH, COLOR: RED
150mm. HIGH SOLID FLAMED GRANITE CURB COLOR: BEIGE
20mm. THK. NATURAL CLEFT GRANITE CLADDING COLOR: YELLOW BROWN
ELEVATION
立面图
SELECTED FOUNTAIN JET TO SPECIALIST
喷泉泽水图
DECORATIVE METAL GRILLEWORKS TO SPECIALIST IN SPRAY PAINTED FINISH COLOR: RED
SELECTED FOUNTAIN JET TO SPECIALIST
150mm. HIGH SOLID FLAMED GRANITE CURB, COLOR: BEIGE
COMPACTED SUB-GRADE
素土夯实
R.C. STRUCTURE TO ENGR'S. DETAIL
FROM WATER SOURCE
SECTION
500x500x500mm.THK. R.C. END SUPPORT IN 20mm.THK. POLISHED GRANITE FINISH, COLOR: BEIGE
300x100x50mm. THK. TREATED TIMBER SEAT IN NATURAL STAINED FINISH
20mm.THK. POLISHED GRANITE SEAT EDGE, CUT TO SHAPE, COLOR: BEIGE
SELECTED LIGHTING TO SPECIALIST
成品壁灯
PLAN 平面
SCALE: 1:50MTS.
30x30mm.THK. SOLID METAL SQUARE BAR IN SPRAY PAINTED FINISH, COLOR: RED
SECTION
SCALE: 1:10MTS.
15mm. Ø SOLID METAL ROUND BAR IN SPRAY PAINTED FINISH, COLOR: RED
20mm.THK. POLISHED GRANITE SEAT EDGE, CUT TO SHAPE, COLOR: BEIGE
500x500x500mm. THK. R.C. END SUPPORT IN 20mm. THK. POLISHED GRANITE FINISH, COLOR: BEIGE
20mm. THK. CRAZY-CUT CULTURE STONE ACCENT STRIP COLOR: RUSTIC YELLOW
PARTIAL ELEVATION
SCALE: 1:10MTS.
立面大样 1:10

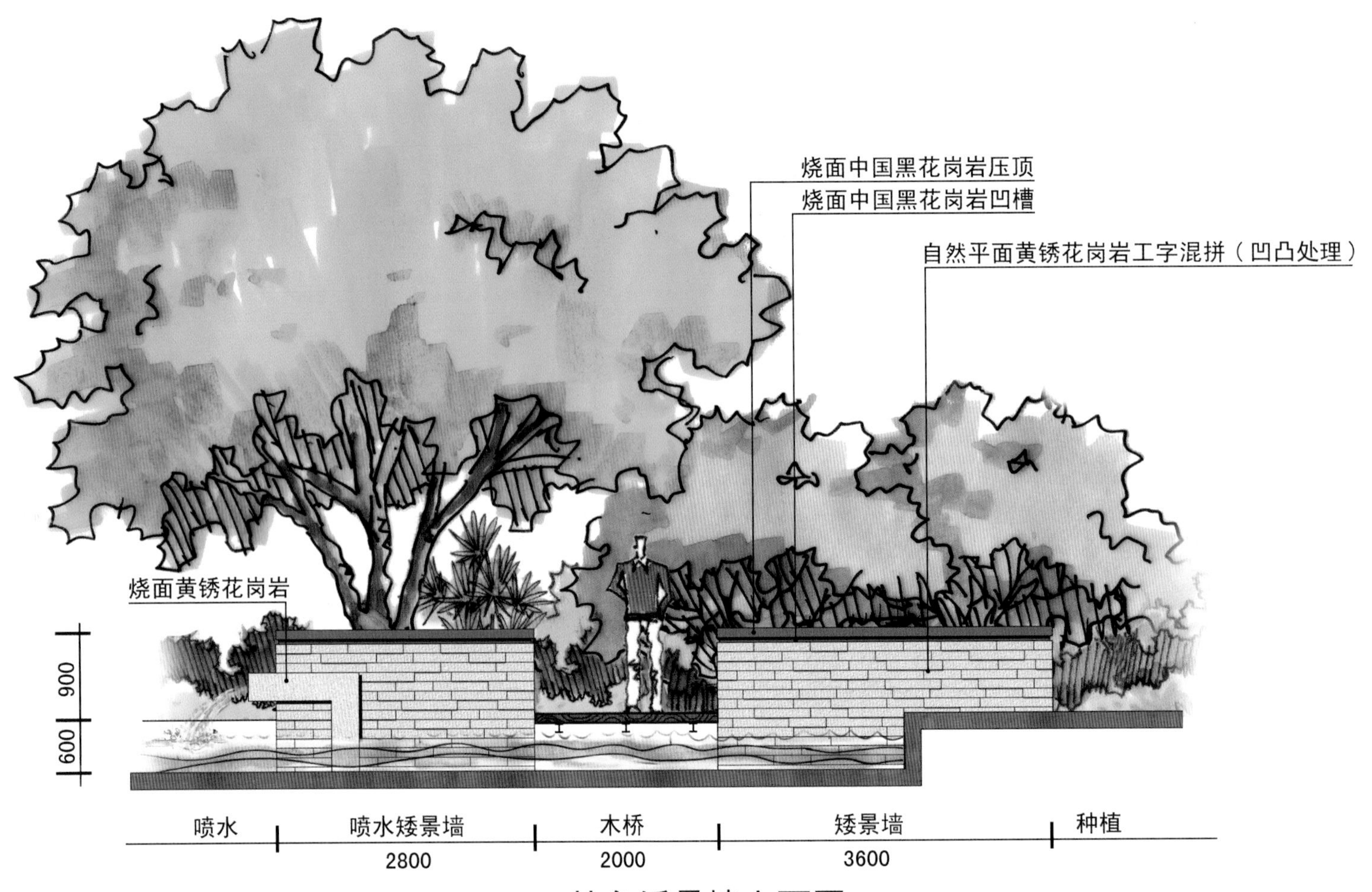

B-B 特色矮景墙立面图

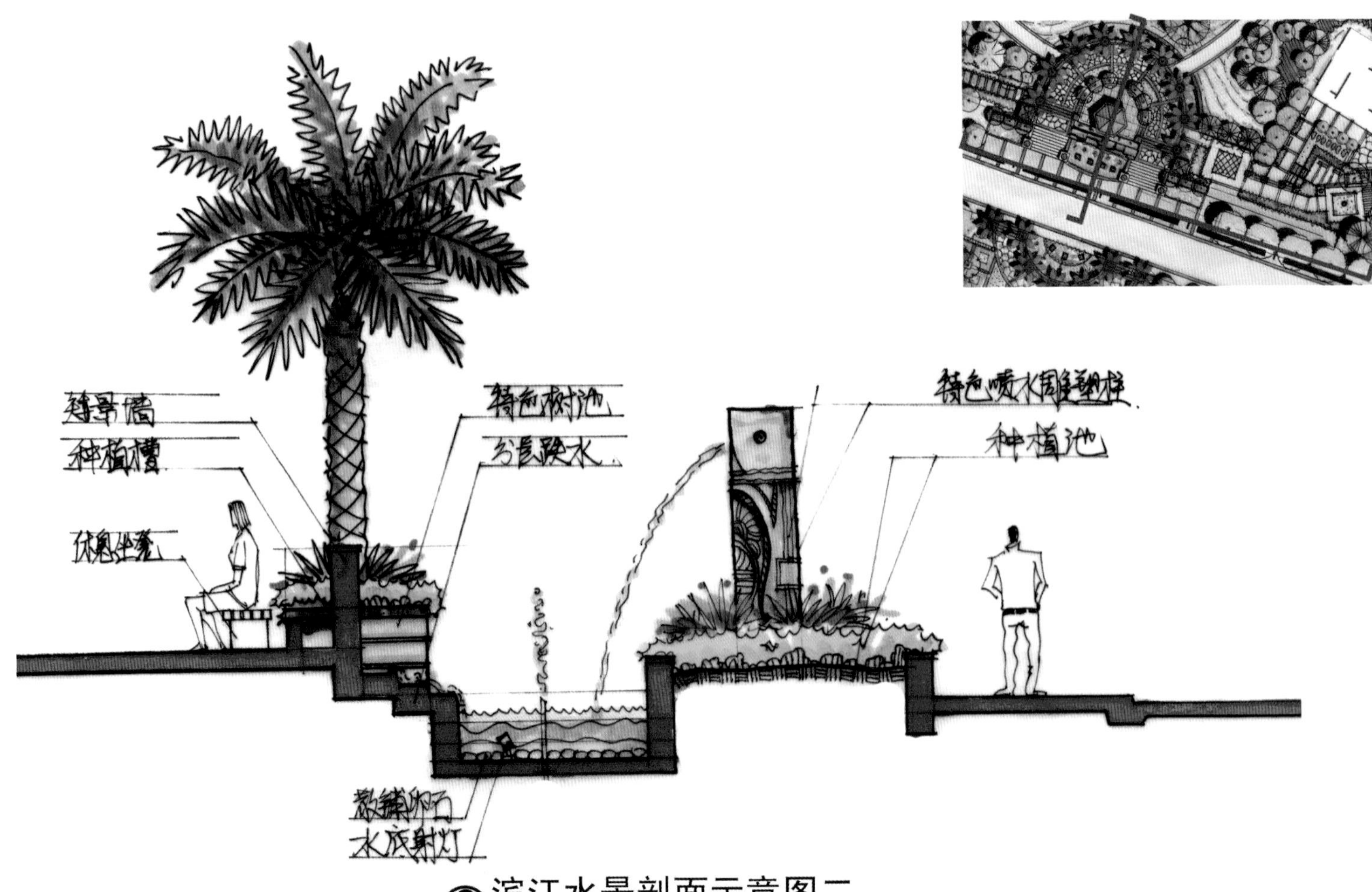

③滨江水景剖面示意图二

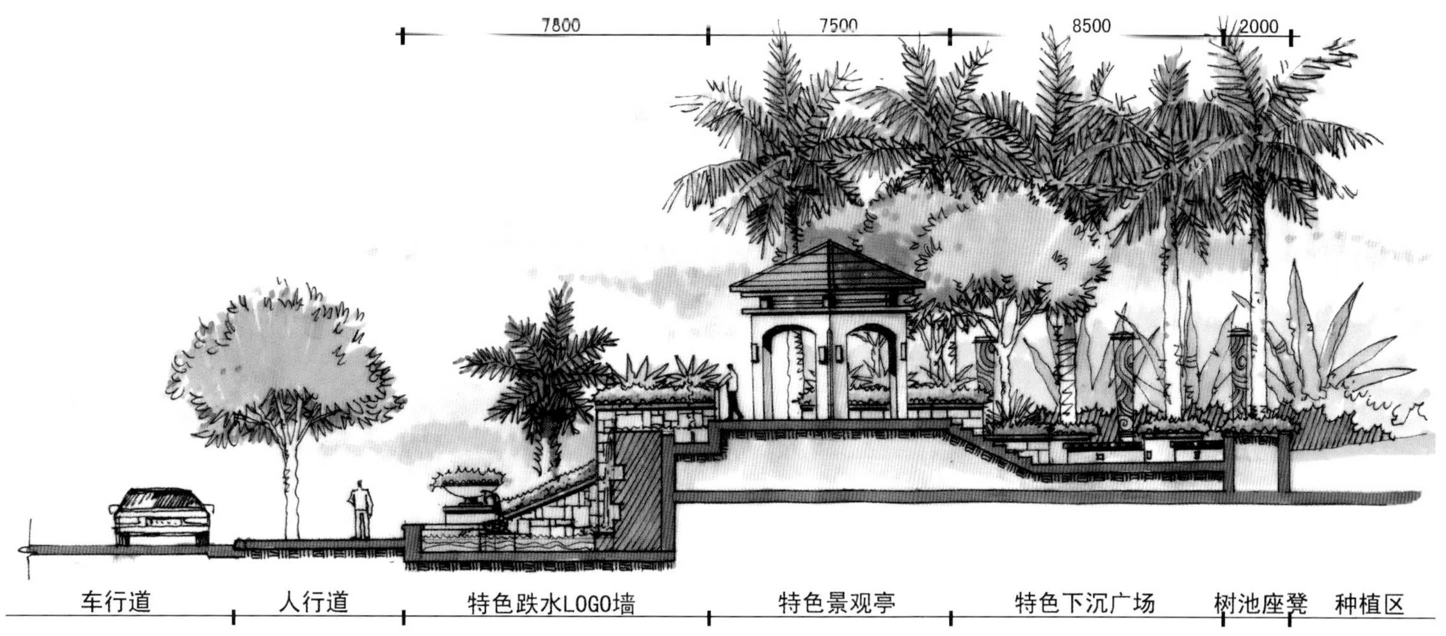

② 沿江主入口剖面示意图

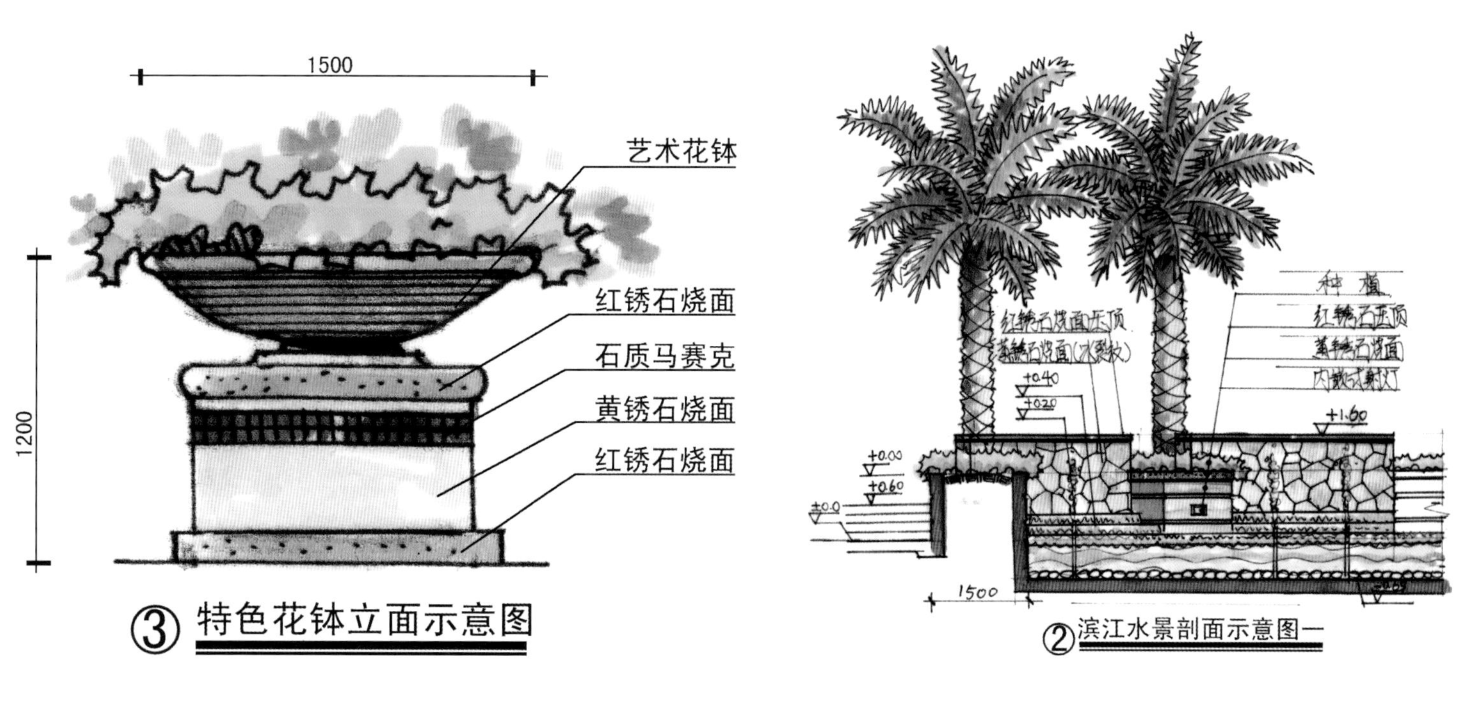

③ 特色花钵立面示意图

② 滨江水景剖面示意图一

① 沿江主入口立面示意图

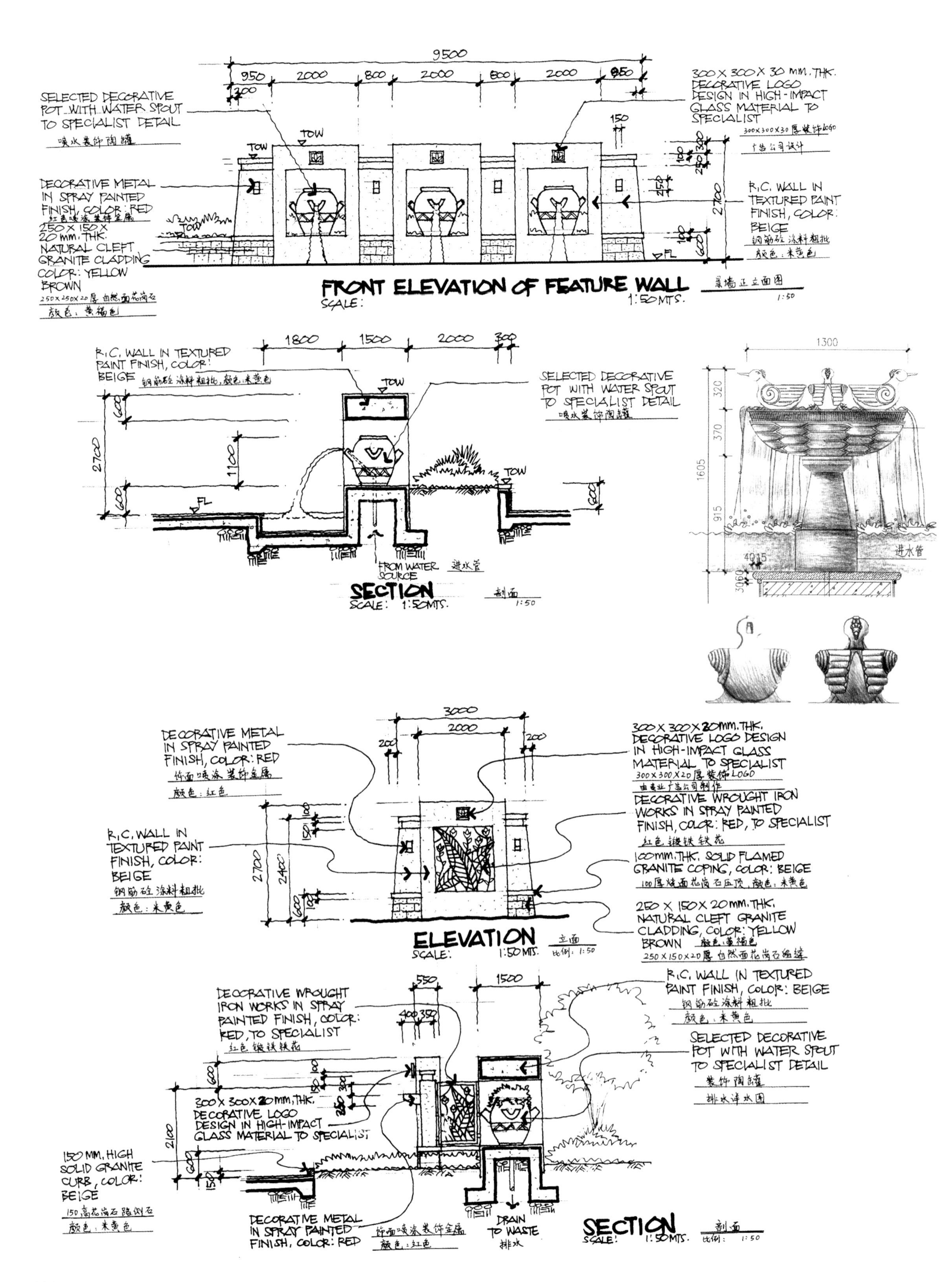

SELECTED DECORATIVE POT WITH WATER SPOUT TO SPECIALIST DETAIL
喷水装饰陶罐
DECORATIVE METAL IN SPRAY PAINTED FINISH, COLOR: RED
红色喷涂装饰金属
250 X 150 X 20 MM. THK. NATURAL CLEFT GRANITE CLADDING COLOR: YELLOW BROWN
250X250X20厚 自然面花岗石
颜色：黄褐色
300 X 300 X 30 MM. THK. DECORATIVE LOGO DESIGN IN HIGH-IMPACT GLASS MATERIAL TO SPECIALIST
300X300X30厚装饰logo
广告公司设计
R.C. WALL IN TEXTURED PAINT FINISH, COLOR: BEIGE
钢筋砼 涂料粗批
颜色：米黄色
FRONT ELEVATION OF FEATURE WALL
SCALE: 1:50MTS.
景墙正立面图
1:50
R.C. WALL IN TEXTURED PAINT FINISH, COLOR: BEIGE
钢筋砼 涂料粗批，颜色：米黄色
SELECTED DECORATIVE POT WITH WATER SPOUT TO SPECIALIST DETAIL
喷水装饰陶罐
FROM WATER SOURCE
进水管
SECTION
SCALE: 1:50MTS.
剖面
1:50
进水管
DECORATIVE METAL IN SPRAY PAINTED FINISH, COLOR: RED
饰面喷涂装饰金属
颜色：红色
R.C. WALL IN TEXTURED PAINT FINISH, COLOR: BEIGE
钢筋砼 涂料粗批
颜色：米黄色
300 X 300 X 20MM. THK. DECORATIVE LOGO DESIGN IN HIGH-IMPACT GLASS MATERIAL TO SPECIALIST
300X300X20厚装饰LOGO
由专业广告公司制作
DECORATIVE WROUGHT IRON WORKS IN SPRAY PAINTED FINISH, COLOR: RED, TO SPECIALIST
红色镀铁铁花
100MM. THK. SOLID FLAMED GRANITE COPING, COLOR: BEIGE
100厚烧面花岗石压顶，颜色：米黄色
250 X 150 X 20MM. THK. NATURAL CLEFT GRANITE CLADDING, COLOR: YELLOW BROWN
颜色：黄褐色
250X150X20厚 自然面花岗石贴墙
ELEVATION
SCALE: 1:50MTS.
立面
比例：1:50
DECORATIVE WROUGHT IRON WORKS IN SPRAY PAINTED FINISH, COLOR: RED, TO SPECIALIST
红色镀铁铁花
R.C. WALL IN TEXTURED PAINT FINISH, COLOR: BEIGE
钢筋砼涂料粗批
颜色：米黄色
SELECTED DECORATIVE POT WITH WATER SPOUT TO SPECIALIST DETAIL
装饰陶罐
排水详见图
300 X 300 X 20MM. THK. DECORATIVE LOGO DESIGN IN HIGH-IMPACT GLASS MATERIAL TO SPECIALIST
150 MM. HIGH SOLID GRANITE CURB, COLOR: BEIGE
150高花岗石路侧石
颜色：米黄色
DECORATIVE METAL IN SPRAY PAINTED FINISH, COLOR: RED
饰面喷涂装饰金属
颜色：红色
DRAIN TO WASTE
排水
SECTION
SCALE: 1:50MTS.
剖面
比例：1:50

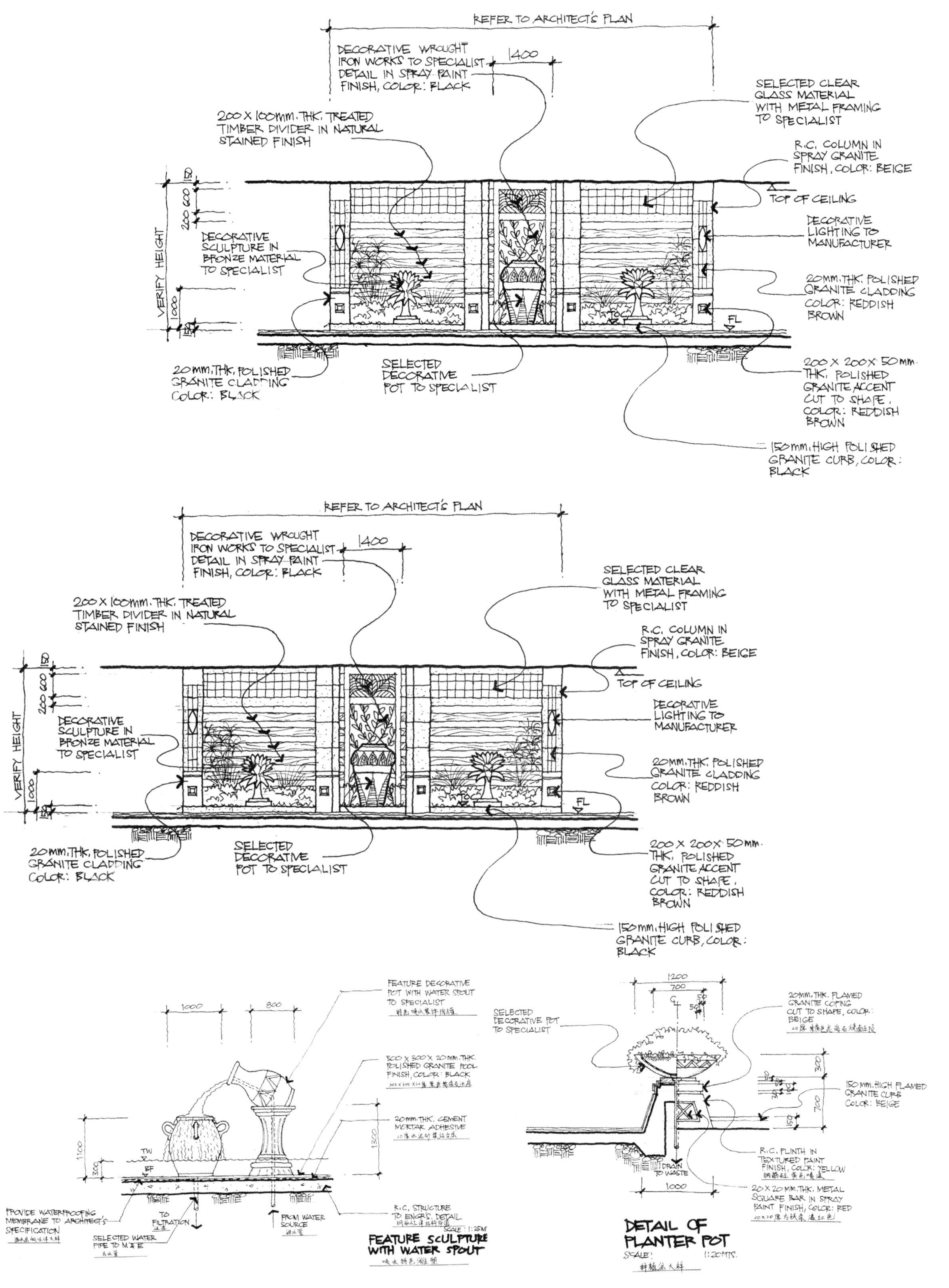
REFER TO ARCHITECT'S PLAN
DECORATIVE WROUGHT IRON WORKS TO SPECIALIST DETAIL IN SPRAY PAINT FINISH, COLOR: BLACK
1400
200 X 100MM. THK. TREATED TIMBER DIVIDER IN NATURAL STAINED FINISH
SELECTED CLEAR GLASS MATERIAL WITH METAL FRAMING TO SPECIALIST
R.C. COLUMN IN SPRAY GRANITE FINISH, COLOR: BEIGE
TOP OF CEILING
DECORATIVE LIGHTING TO MANUFACTURER
DECORATIVE SCULPTURE IN BRONZE MATERIAL TO SPECIALIST
VERIFY HEIGHT
150
200 600
200
1000
150
20MM. THK. POLISHED GRANITE CLADDING COLOR: REDDISH BROWN
FL
20MM. THK. POLISHED GRANITE CLADDING COLOR: BLACK
SELECTED DECORATIVE POT TO SPECIALIST
200 X 200 X 50MM. THK. POLISHED GRANITE ACCENT CUT TO SHAPE, COLOR: REDDISH BROWN
150MM. HIGH POLISHED GRANITE CURB, COLOR: BLACK
REFER TO ARCHITECT'S PLAN
DECORATIVE WROUGHT IRON WORKS TO SPECIALIST DETAIL IN SPRAY PAINT FINISH, COLOR: BLACK
1400
200 X 100MM. THK. TREATED TIMBER DIVIDER IN NATURAL STAINED FINISH
SELECTED CLEAR GLASS MATERIAL WITH METAL FRAMING TO SPECIALIST
R.C. COLUMN IN SPRAY GRANITE FINISH, COLOR: BEIGE
TOP OF CEILING
DECORATIVE LIGHTING TO MANUFACTURER
DECORATIVE SCULPTURE IN BRONZE MATERIAL TO SPECIALIST
VERIFY HEIGHT
20MM. THK. POLISHED GRANITE CLADDING COLOR: REDDISH BROWN
FL
20MM. THK. POLISHED GRANITE CLADDING COLOR: BLACK
SELECTED DECORATIVE POT TO SPECIALIST
200 X 200 X 50MM. THK. POLISHED GRANITE ACCENT CUT TO SHAPE, COLOR: REDDISH BROWN
150MM. HIGH POLISHED GRANITE CURB, COLOR: BLACK
1000
800
FEATURE DECORATIVE POT WITH WATER SPOUT TO SPECIALIST
300 X 300 X 20MM. THK. POLISHED GRANITE POOL FINISH, COLOR: BLACK
20MM. THK. CEMENT MORTAR ADHESIVE
1100
300
1300
TW
BF
PROVIDE WATERPROOFING MEMBRANE TO ARCHITECT'S SPECIFICATION
TO FILTRATION
SELECTED WATER PIPE TO M&E
FROM WATER SOURCE
R.C. STRUCTURE TO ENGR'S. DETAIL
SCALE: 1:25M
FEATURE SCULPTURE WITH WATER SPOUT
1200
700
50
50
SELECTED DECORATIVE POT TO SPECIALIST
20MM. THK. FLAMED GRANITE COPING CUT TO SHAPE, COLOR: BEIGE
300
700
150
150MM. HIGH FLAMED GRANITE CURB COLOR: BEIGE
DRAIN TO WASTE
1000
R.C. PLINTH IN TEXTURED PAINT FINISH, COLOR: YELLOW
钢筋砼黄色喷漆
20 X 20 MM. THK. METAL SQUARE BAR IN SPRAY PAINT FINISH, COLOR: RED
DETAIL OF PLANTER POT
SCALE: 1:20MTS.
种植盆大样

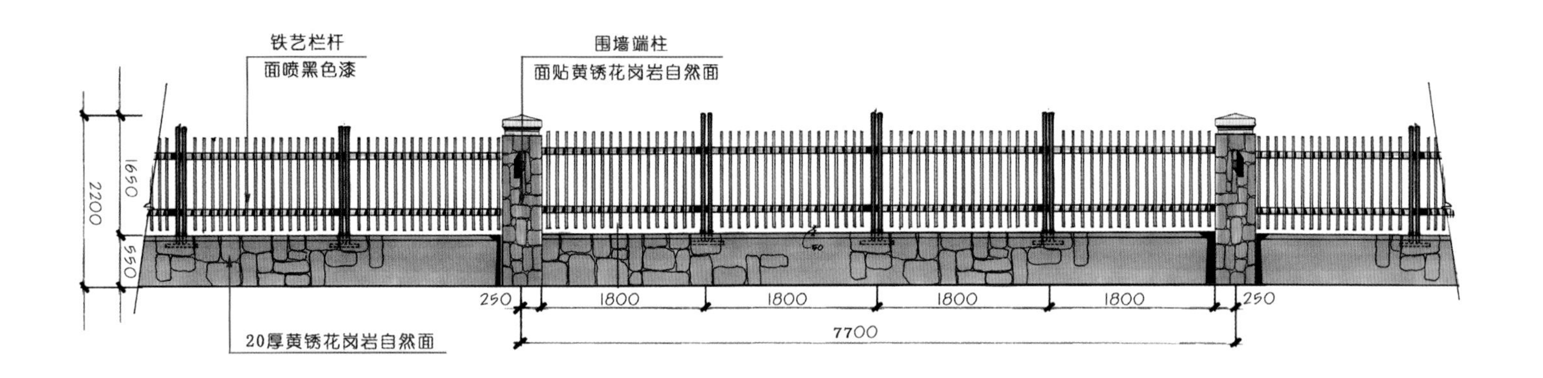

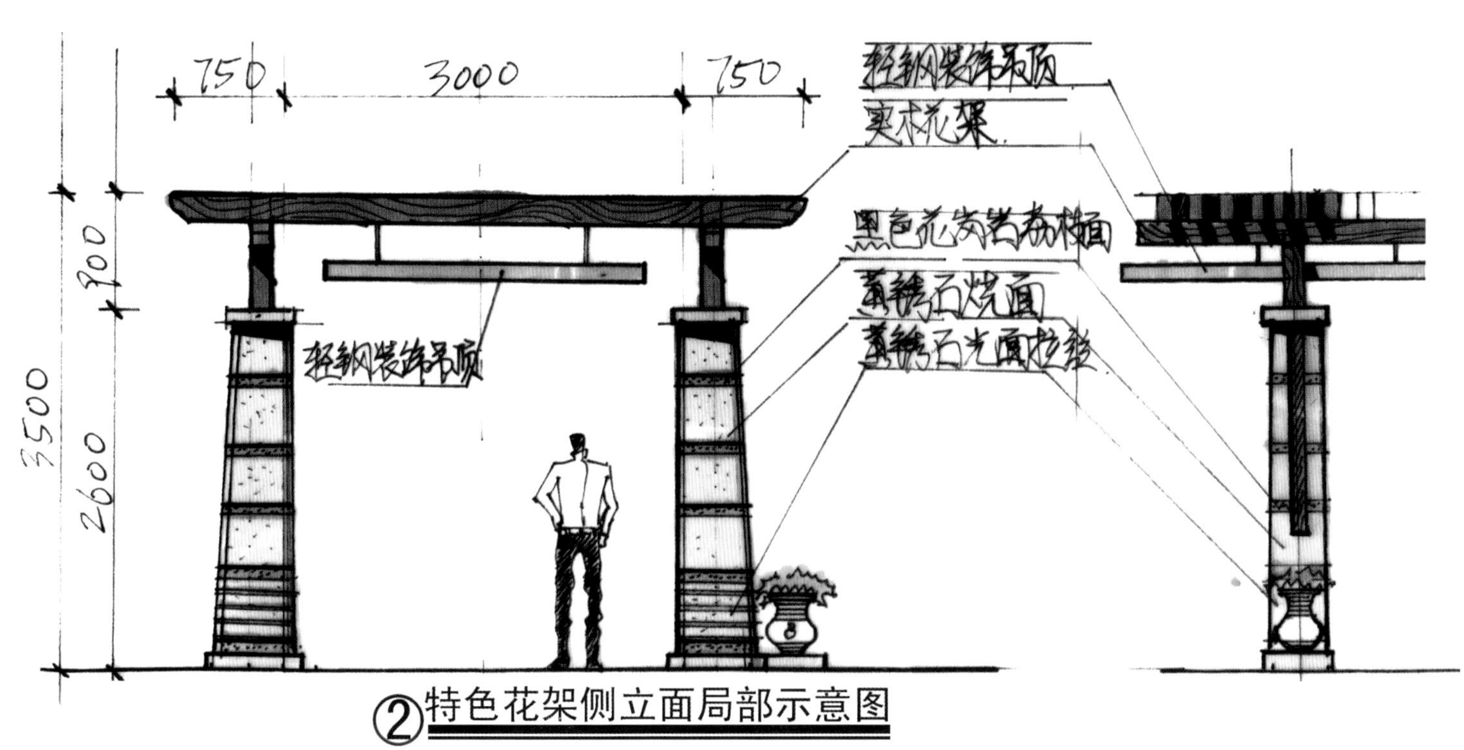

②特色花架侧立面局部示意图

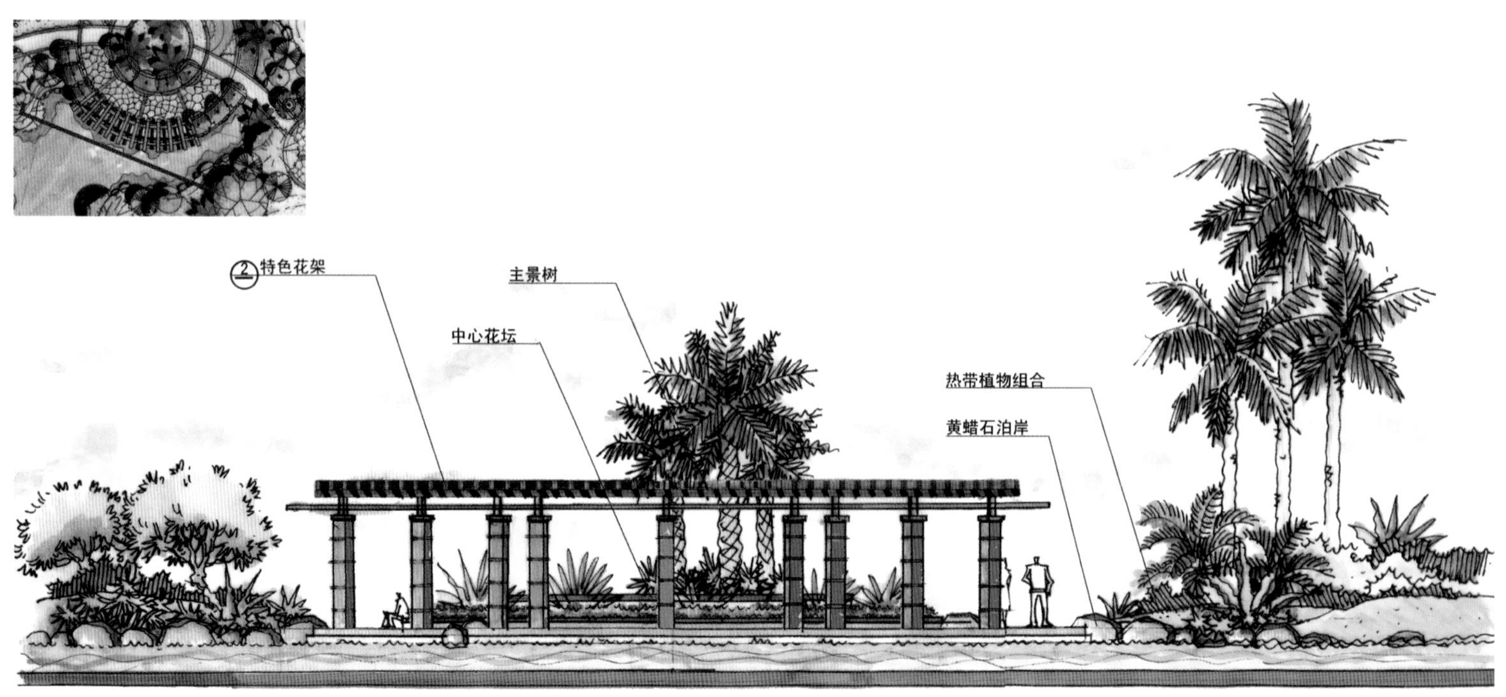

①特色花架立面示意图

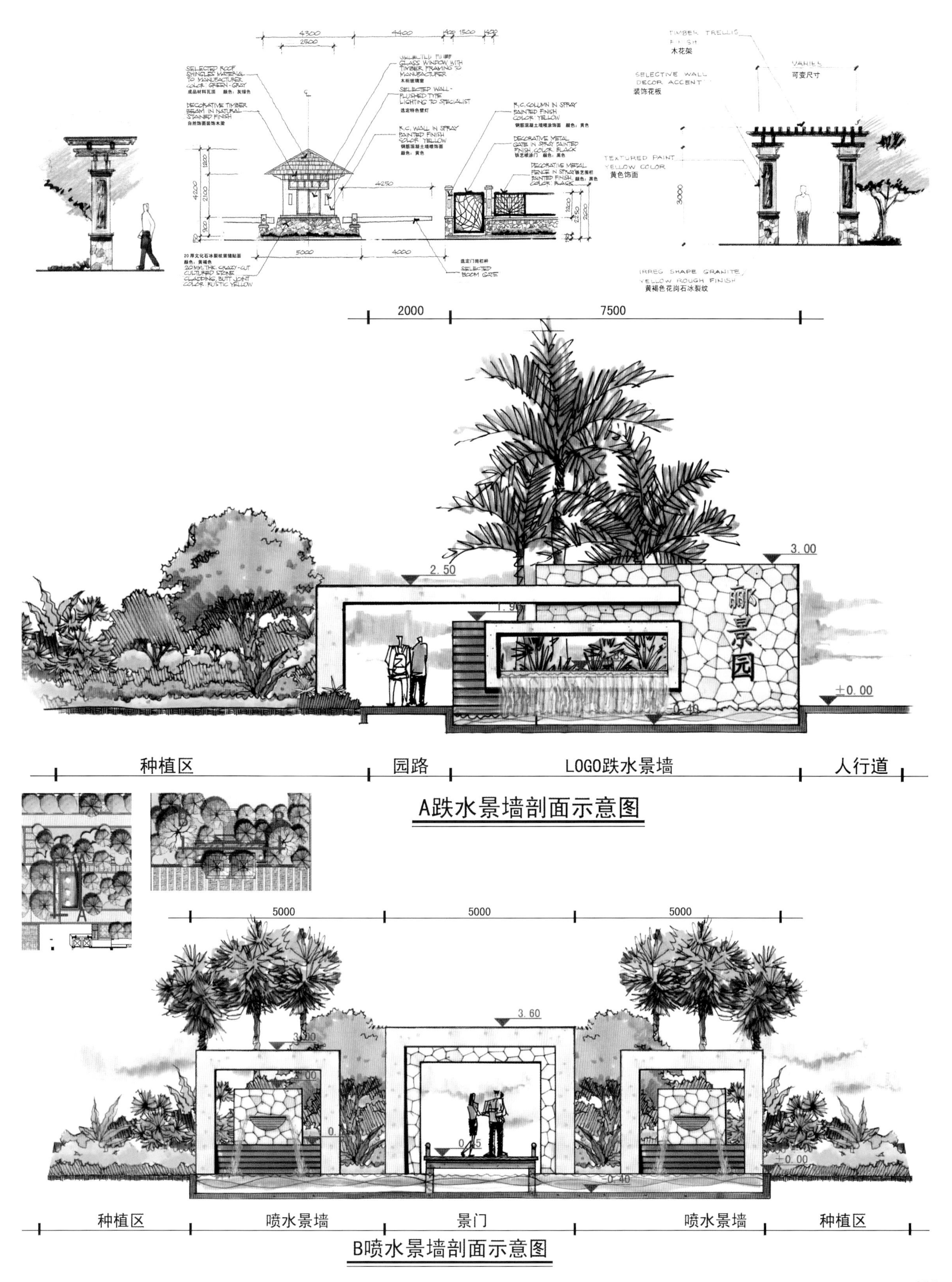

A跌水景墙剖面示意图

B喷水景墙剖面示意图

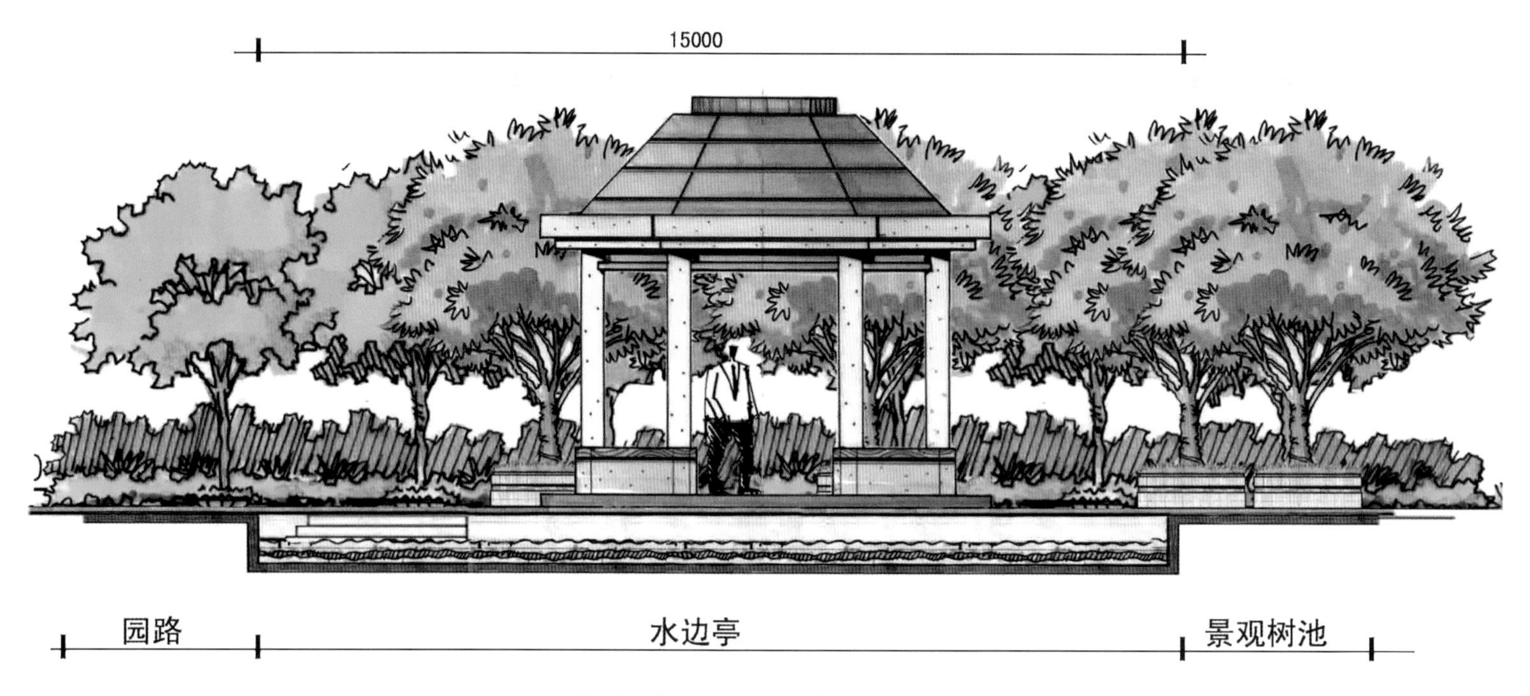

A水边亭立面示意图

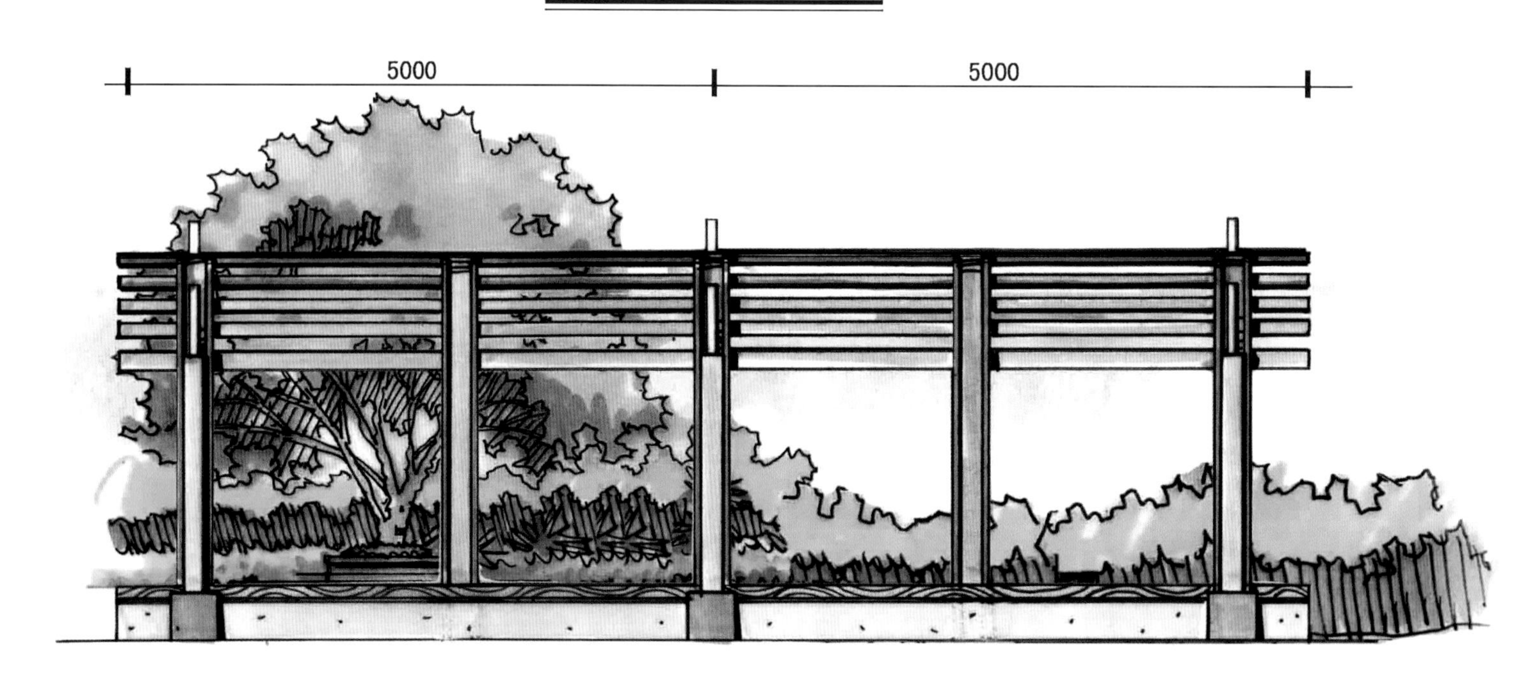

B泳池旁廊架正立面示意图

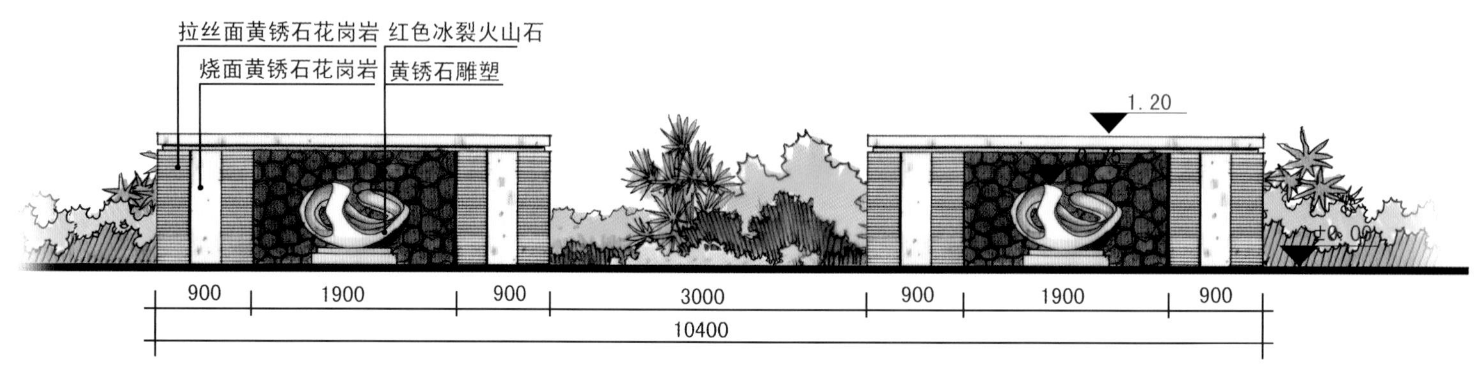

Ⓑ 二栋入户景墙立面图

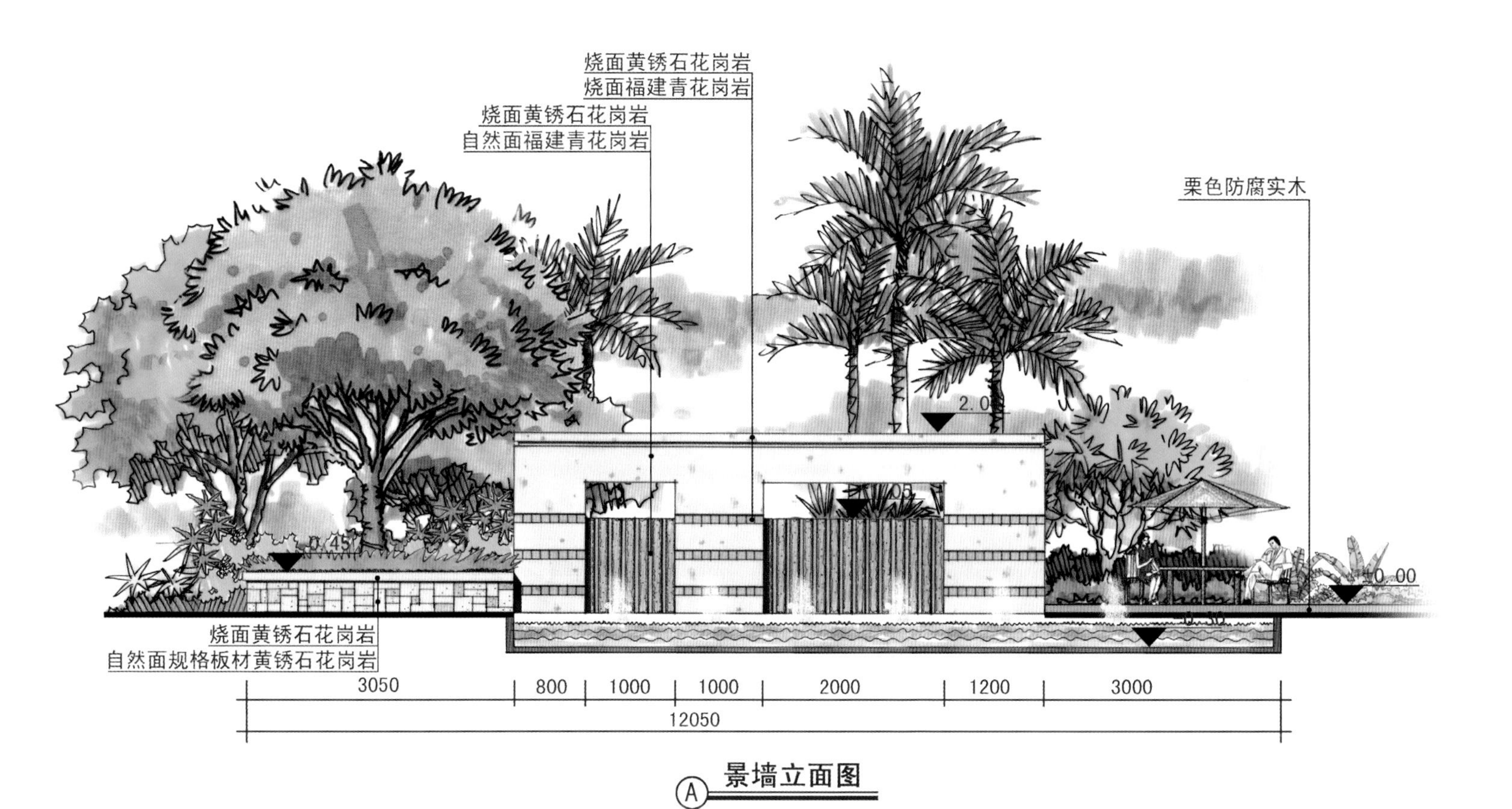
烧面黄锈石花岗岩
烧面福建青花岗岩
烧面黄锈石花岗岩
自然面福建青花岗岩
栗色防腐实木
烧面黄锈石花岗岩
自然面规格板材黄锈石花岗岩
3050
800
1000
1000
2000
1200
3000
12050

A 景墙立面图

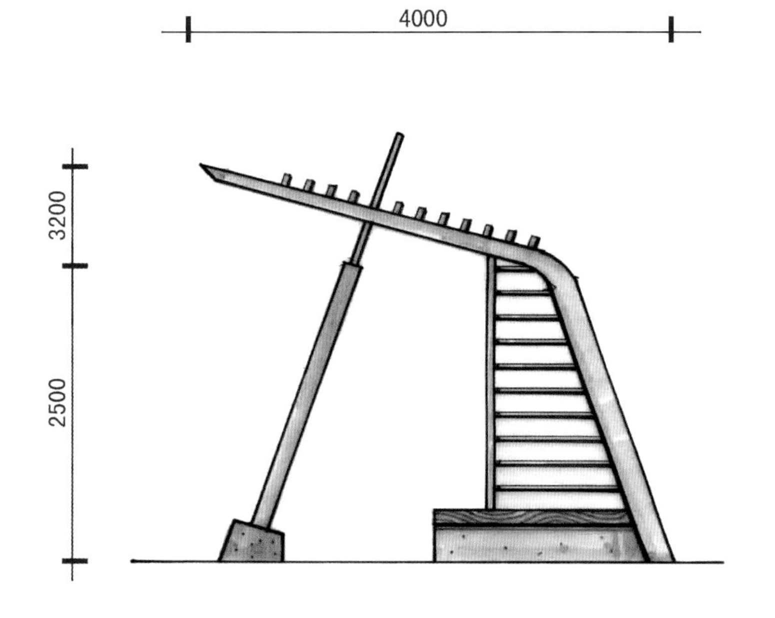
4000
3200
2500

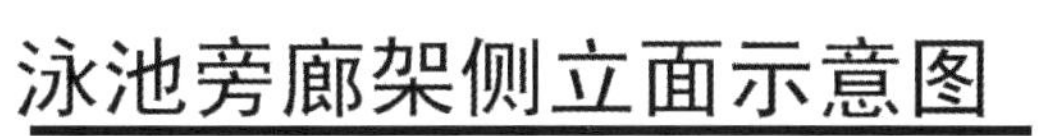
泳池旁廊架侧立面示意图

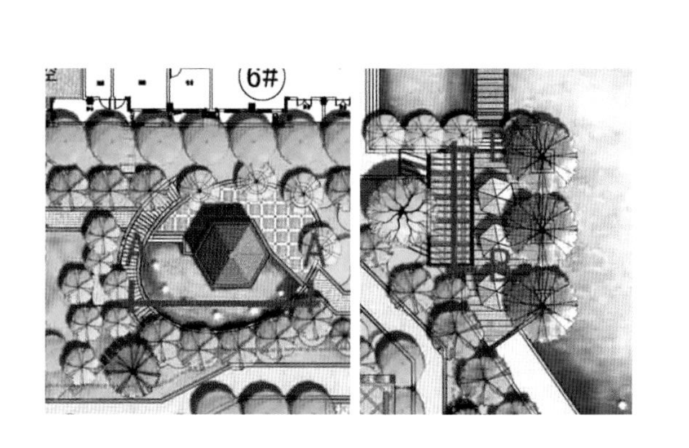
6#

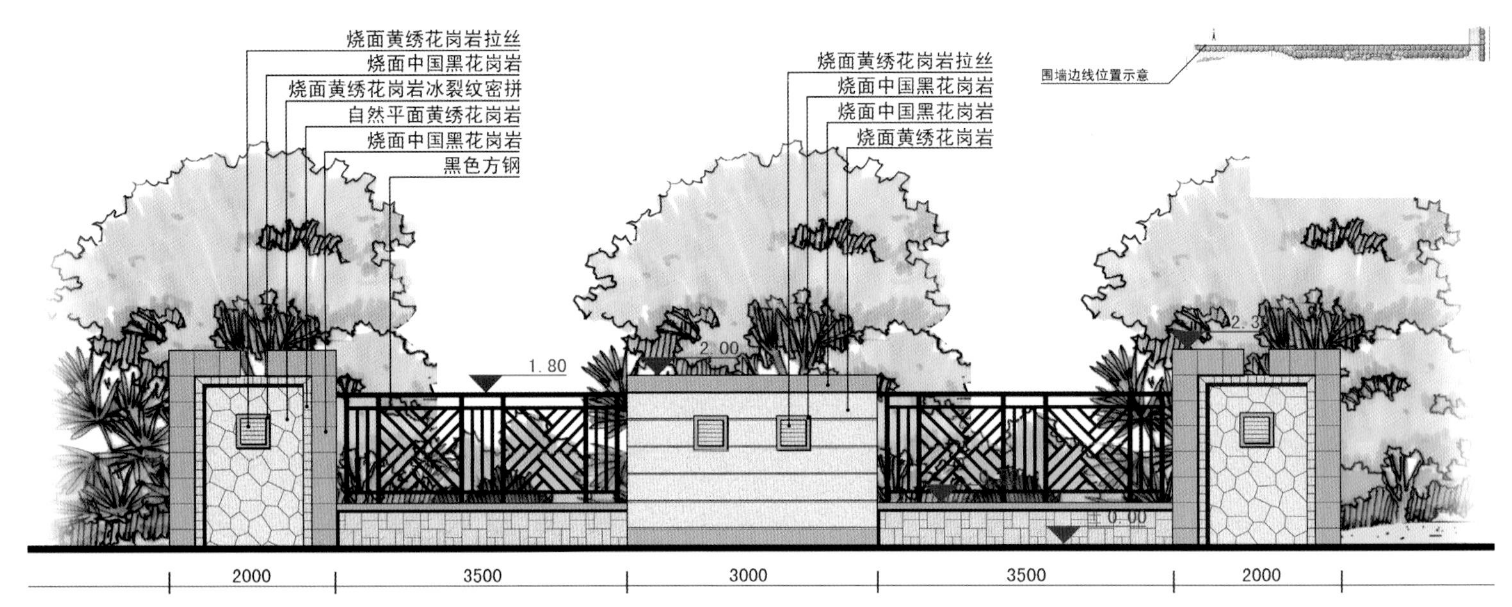

围墙立面方案一

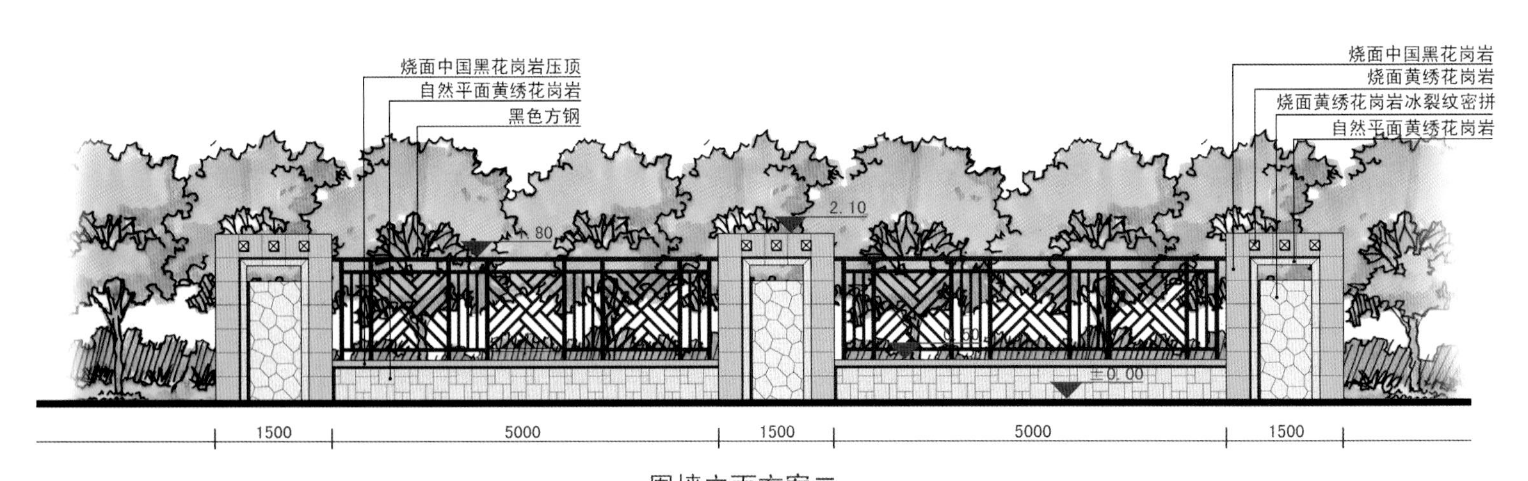

围墙立面方案二

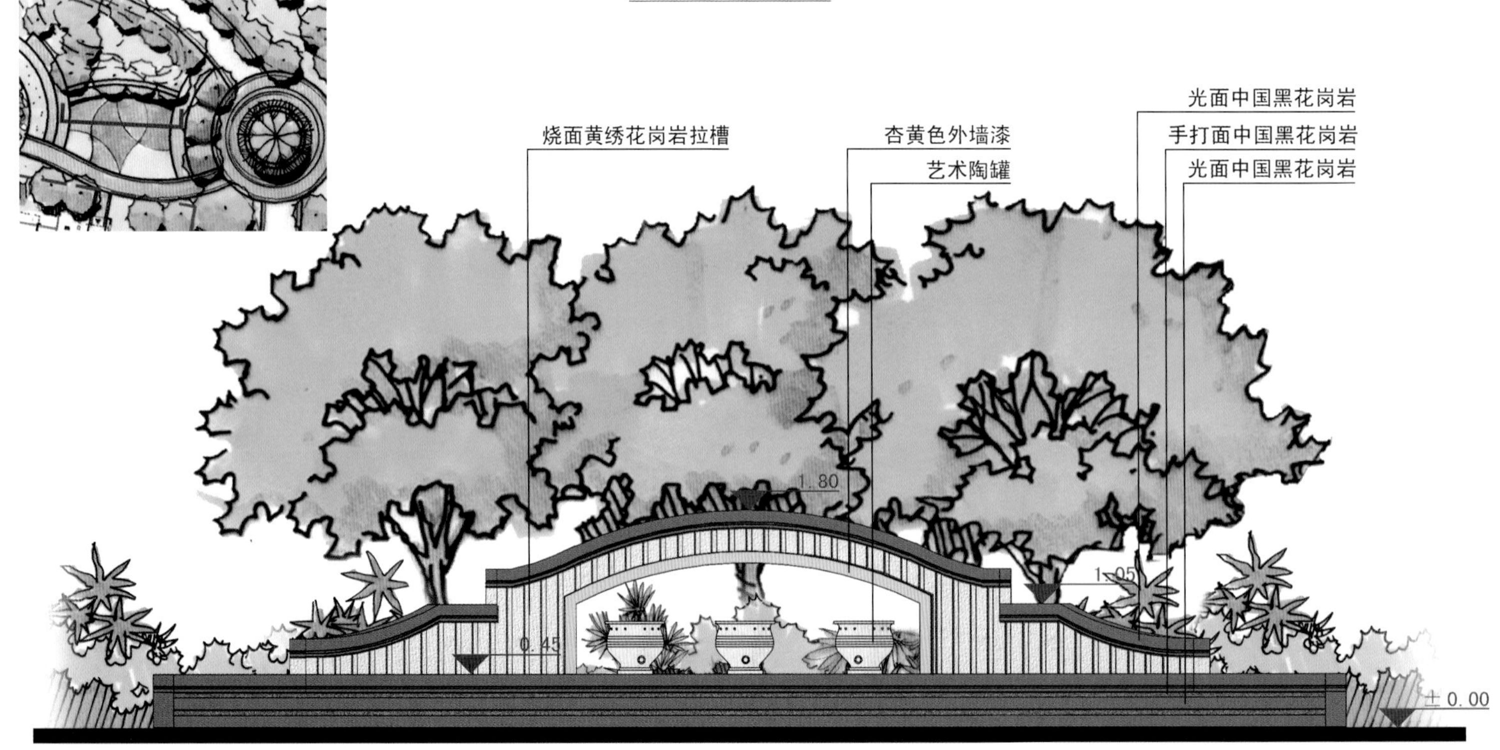

儿童区矮景墙立面图

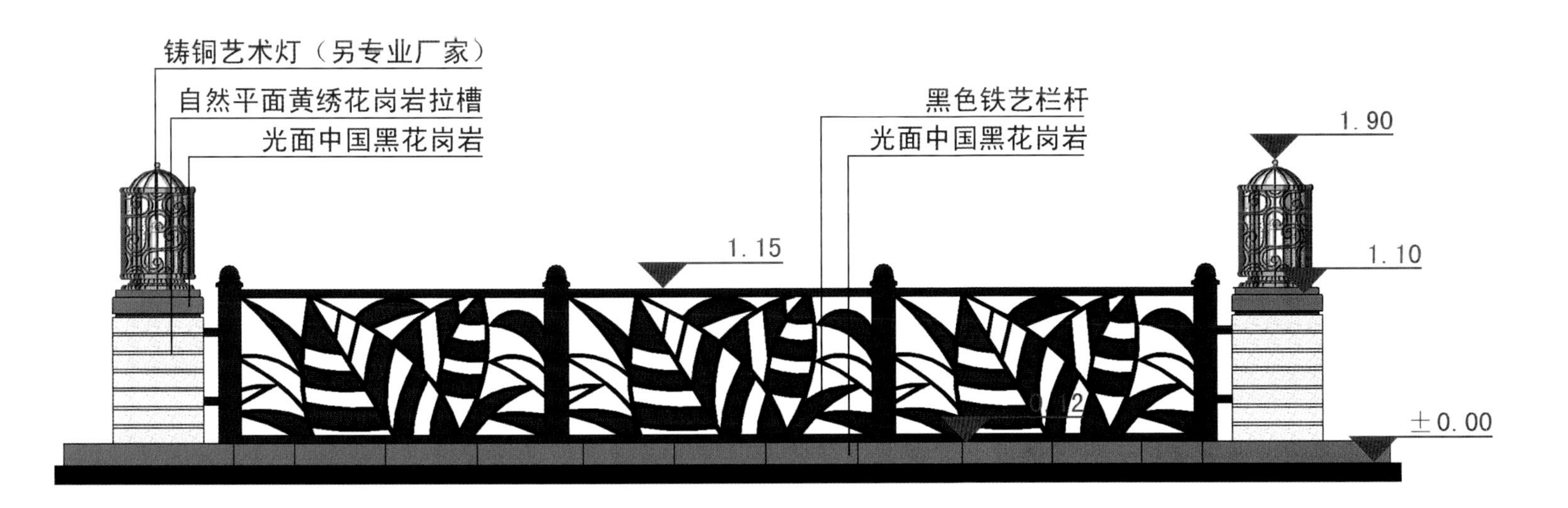

栏杆标准段立面图

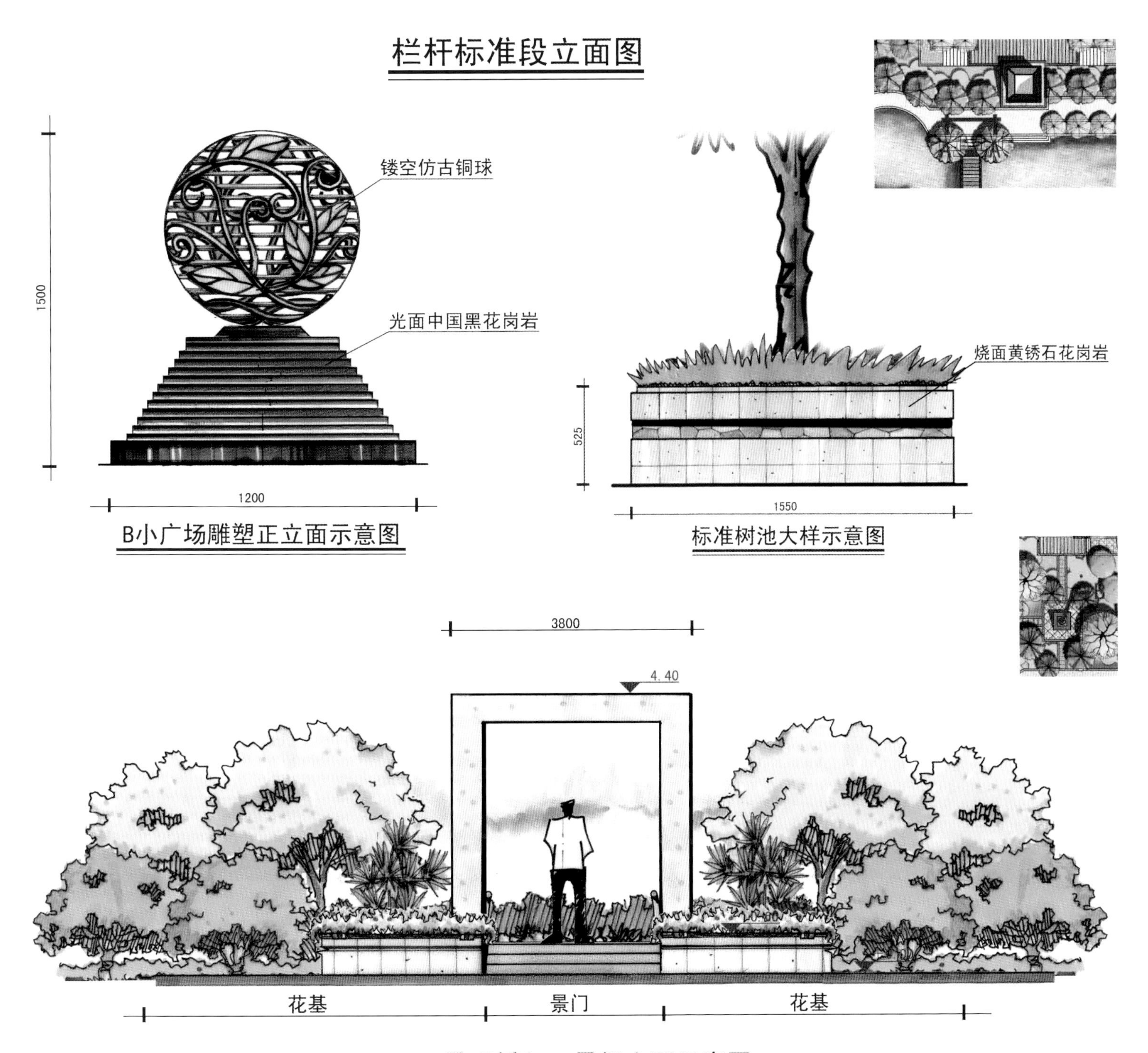

B小广场雕塑正立面示意图

标准树池大样示意图

A景观桥入口景门立面示意图

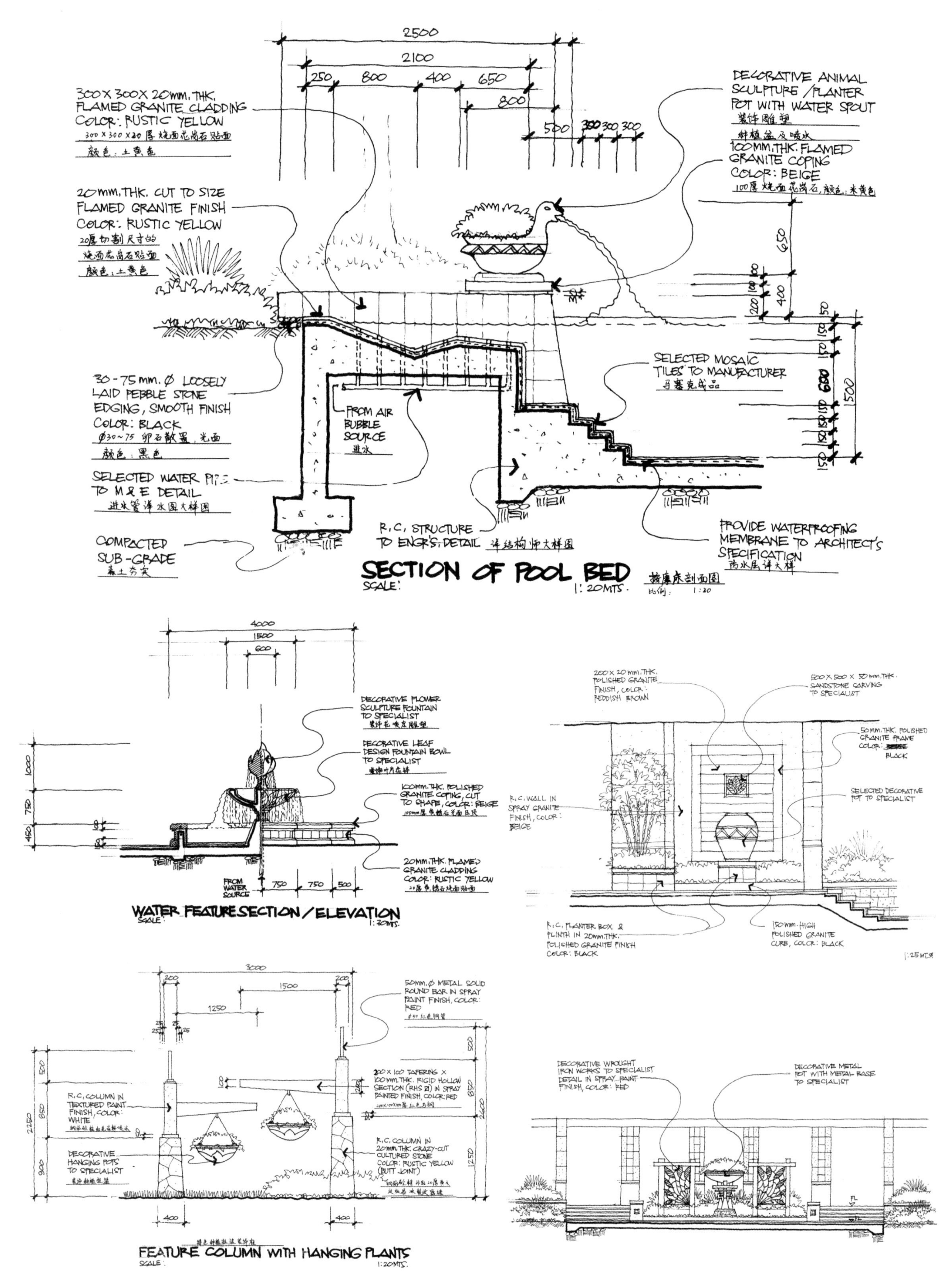
SECTION OF POOL BED
SCALE: 1:20MTS.
措廉床剖面图
比例：1:20
300 X 300 X 20MM. THK. FLAMED GRANITE CLADDING COLOR: RUSTIC YELLOW
20MM. THK. CUT TO SIZE FLAMED GRANITE FINISH COLOR: RUSTIC YELLOW
30-75MM. Ø LOOSELY LAID PEBBLE STONE EDGING, SMOOTH FINISH COLOR: BLACK
SELECTED WATER PIPE TO M&E DETAIL
COMPACTED SUB-GRADE
R.C. STRUCTURE TO ENGR'S DETAIL
FROM AIR BUBBLE SOURCE
DECORATIVE ANIMAL SCULPTURE / PLANTER POT WITH WATER SPOUT
100MM. THK. FLAMED GRANITE COPING COLOR: BEIGE
SELECTED MOSAIC TILES TO MANUFACTURER
PROVIDE WATERPROOFING MEMBRANE TO ARCHITECT'S SPECIFICATION
WATER FEATURE SECTION / ELEVATION
SCALE: 1:30MTS.
DECORATIVE FLOWER SCULPTURE FOUNTAIN TO SPECIALIST
DECORATIVE LEAF DESIGN FOUNTAIN BOWL TO SPECIALIST
100MM. THK. POLISHED GRANITE COPING, CUT TO SHAPE, COLOR: BEIGE
20MM. THK. FLAMED GRANITE CLADDING COLOR: RUSTIC YELLOW
FROM WATER SOURCE
200 X 20 MM. THK. POLISHED GRANITE FINISH, COLOR: REDDISH BROWN
500 X 500 X 30 MM. THK. SANDSTONE CARVING TO SPECIALIST
50MM. THK. POLISHED GRANITE FRAME COLOR: BLACK
SELECTED DECORATIVE POT TO SPECIALIST
R.C. WALL IN SPRAY GRANITE FINISH, COLOR: BEIGE
R.C. PLANTER BOX & PLINTH IN 20MM. THK. POLISHED GRANITE FINISH COLOR: BLACK
150MM. HIGH POLISHED GRANITE CURB, COLOR: BLACK
1:25MTS
FEATURE COLUMN WITH HANGING PLANTS
SCALE: 1:20MTS.
50MM. Ø METAL SOLID ROUND BAR IN SPRAY PAINT FINISH, COLOR: RED
200 X 100 TAPERING X 100MM. THK. RIGID HOLLOW SECTION (RHS) IN SPRAY PAINTED FINISH, COLOR: RED
R.C. COLUMN IN TEXTURED PAINT FINISH, COLOR: WHITE
DECORATIVE HANGING POTS TO SPECIALIST
R.C. COLUMN IN 20MM. THK. CRAZY-CUT CULTURED STONE COLOR: RUSTIC YELLOW (BUTT JOINT)
DECORATIVE WROUGHT IRON WORKS TO SPECIALIST DETAIL IN SPRAY PAINT FINISH, COLOR: RED
DECORATIVE METAL POT WITH METAL BASE TO SPECIALIST

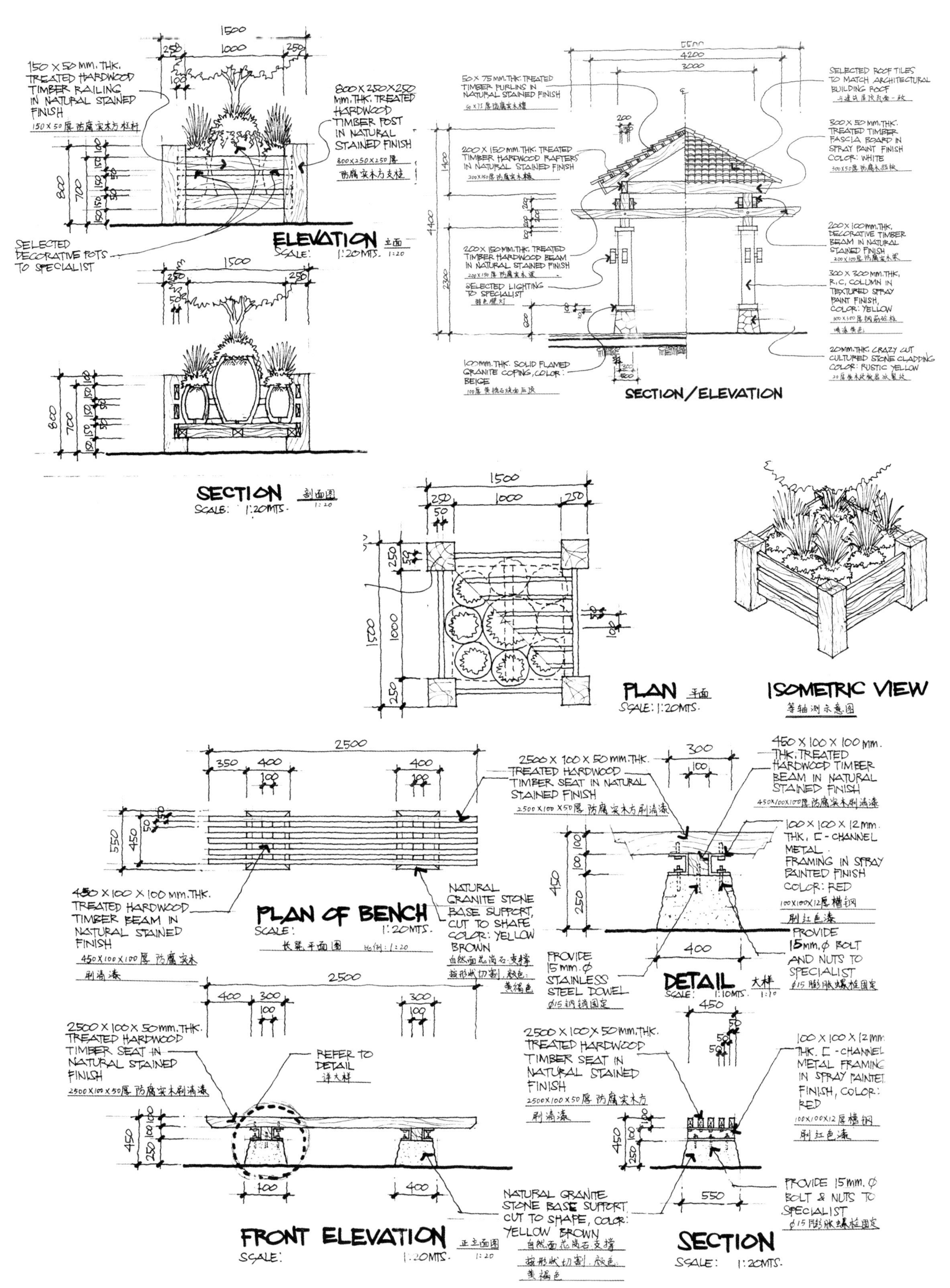

150 X 50 MM. THK. TREATED HARDWOOD TIMBER RAILING IN NATURAL STAINED FINISH
150 X 50 厚 防腐实木方栏杆
800 X 250 X 250 MM. THK. TREATED HARDWOOD TIMBER POST IN NATURAL STAINED FINISH
800 X 250 X 250 厚 防腐实木方支柱
SELECTED DECORATIVE POTS TO SPECIALIST
ELEVATION 立面
SCALE: 1:20MTS.
SECTION 剖面图
SCALE: 1:20MTS.
50 X 75 MM. THK. TREATED TIMBER PURLINS IN NATURAL STAINED FINISH
200 X 150 MM. THK. TREATED TIMBER HARDWOOD RAFTERS IN NATURAL STAINED FINISH
200 X 150 MM. THK. TREATED TIMBER HARDWOOD BEAM IN NATURAL STAINED FINISH
SELECTED LIGHTING TO SPECIALIST
100MM. THK. SOLID FLAMED GRANITE COPING, COLOR: BEIGE
SELECTED ROOF TILES TO MATCH ARCHITECTURAL BUILDING ROOF
300 X 50 MM. THK. TREATED TIMBER FASCIA BOARD IN SPRAY PAINT FINISH COLOR: WHITE
200 X 100 MM. THK. DECORATIVE TIMBER BEAM IN NATURAL STAINED FINISH
300 X 300 MM. THK. R.C. COLUMN IN TEXTURED SPRAY PAINT FINISH, COLOR: YELLOW
20MM. THK. CRAZY CUT CULTURED STONE CLADDING COLOR: RUSTIC YELLOW
SECTION/ELEVATION
PLAN 平面
SCALE: 1:20MTS.
ISOMETRIC VIEW
等轴测示意图
2500 X 100 X 50 MM. THK. TREATED HARDWOOD TIMBER SEAT IN NATURAL STAINED FINISH
2500 X 100 X 50 厚 防腐实木方刷清漆
450 X 100 X 100 MM. THK. TREATED HARDWOOD TIMBER BEAM IN NATURAL STAINED FINISH
450 X 100 X 100 厚 防腐实木刷清漆
100 X 100 X 12 MM. THK. C-CHANNEL METAL FRAMING IN SPRAY PAINTED FINISH COLOR: RED
100 X 100 X 12 厚 槽钢 刷红色漆
PROVIDE 15MM. Ø BOLT AND NUTS TO SPECIALIST
Ø15 膨胀螺栓固定
PROVIDE 15MM. Ø STAINLESS STEEL DOWEL
Ø15 钢销固定
NATURAL GRANITE STONE BASE SUPPORT, CUT TO SHAPE, COLOR: YELLOW BROWN
自然面花岗石支撑 按形状切割，颜色：黄褐色
PLAN OF BENCH
SCALE: 1:20MTS.
长凳平面图 比例：1:20
DETAIL 大样
SCALE: 1:10MTS.
REFER TO DETAIL 详大样
FRONT ELEVATION 正立面图
SCALE: 1:20MTS.
SECTION
SCALE: 1:20MTS.

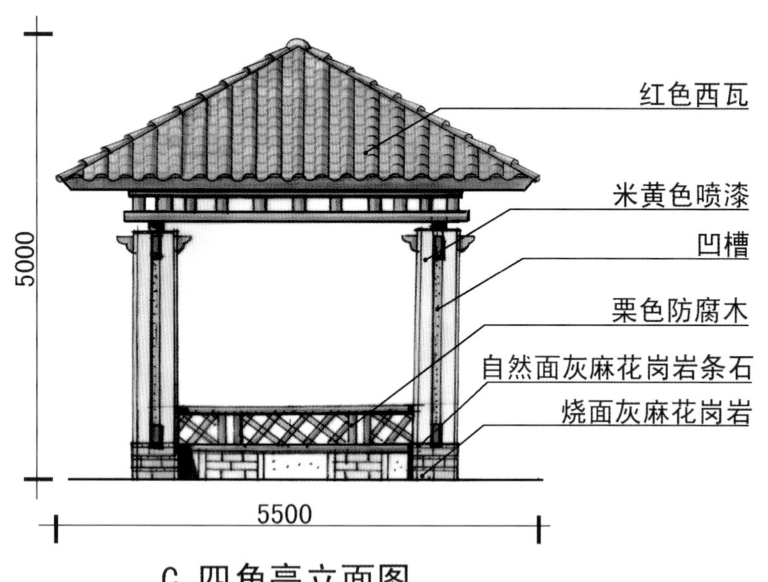

C 四角亭立面图

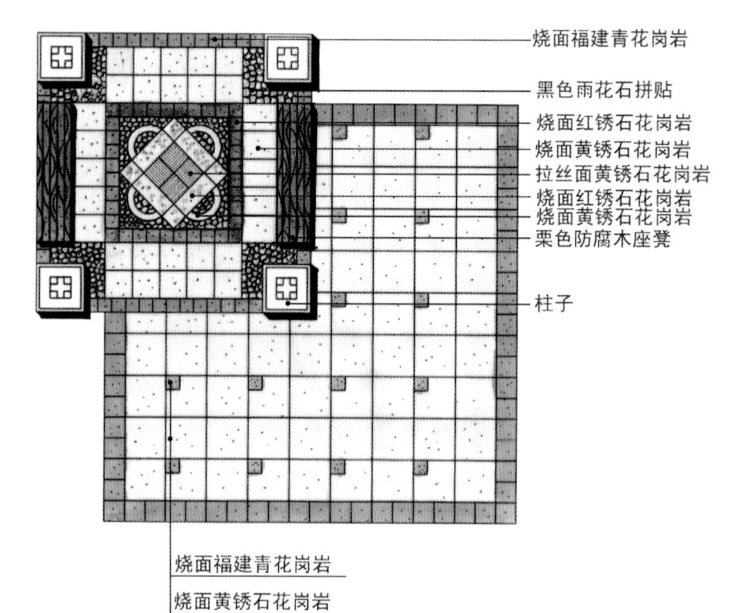

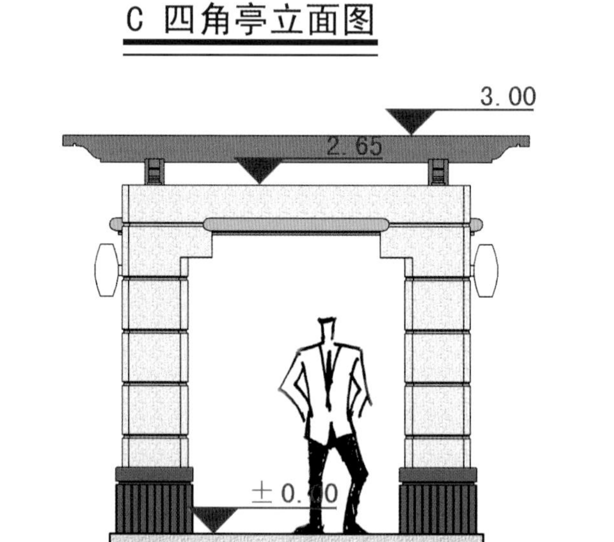

特色弧形花架侧立面图

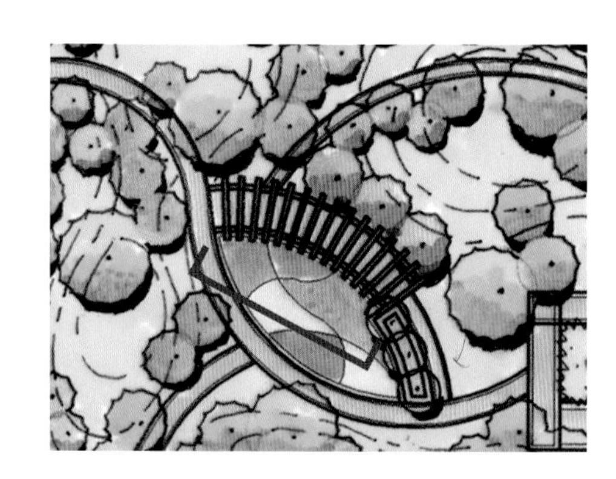

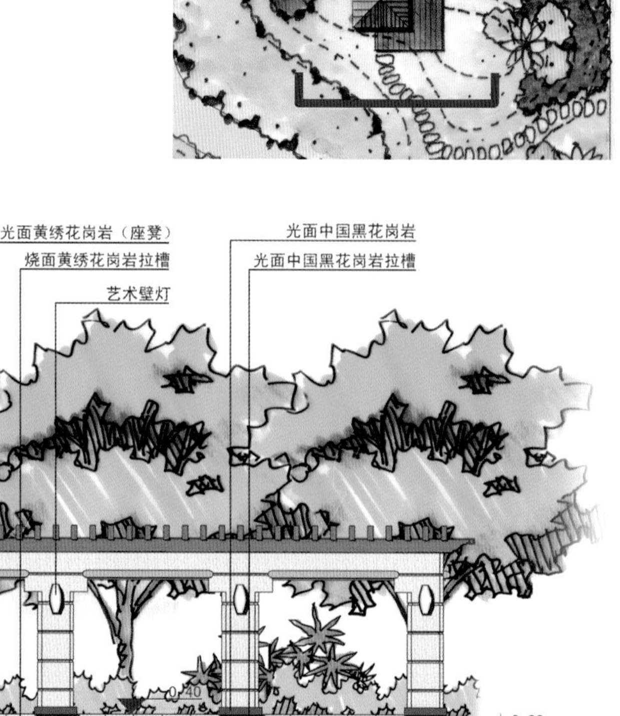

特色弧形花架展开立面图

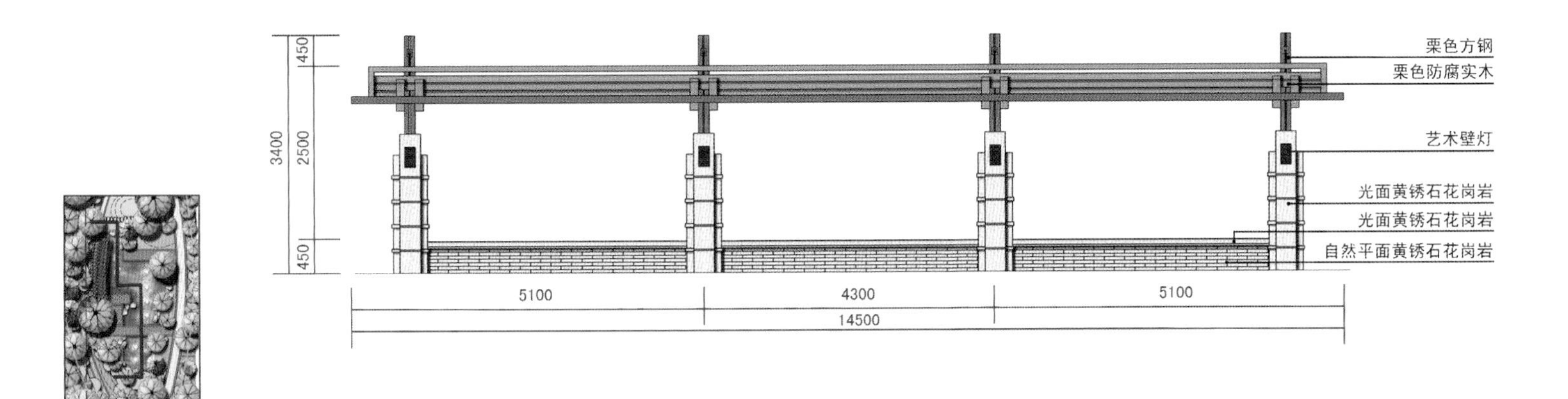

指示图

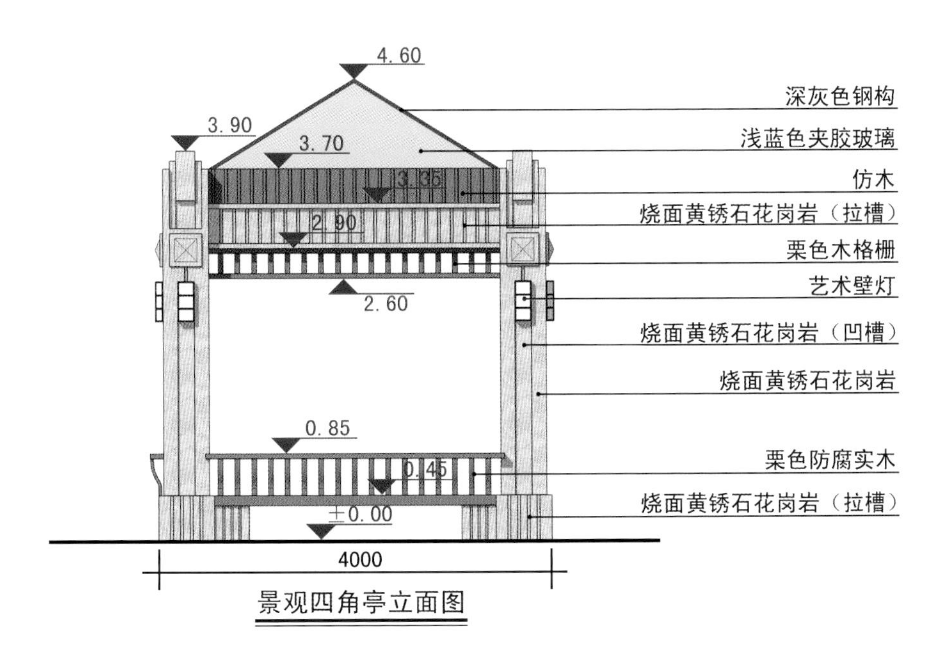

景观四角亭立面图

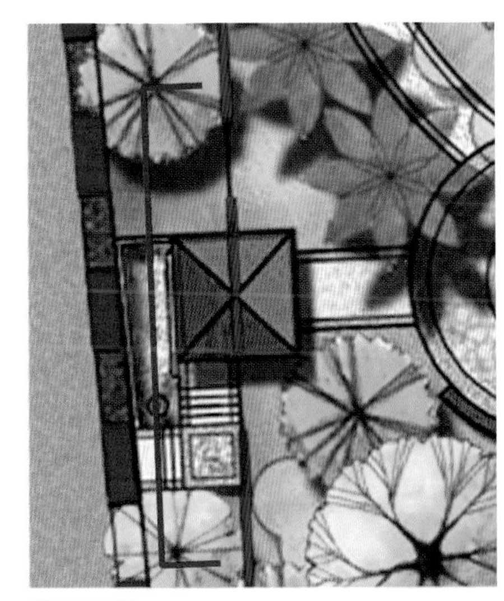
索引图

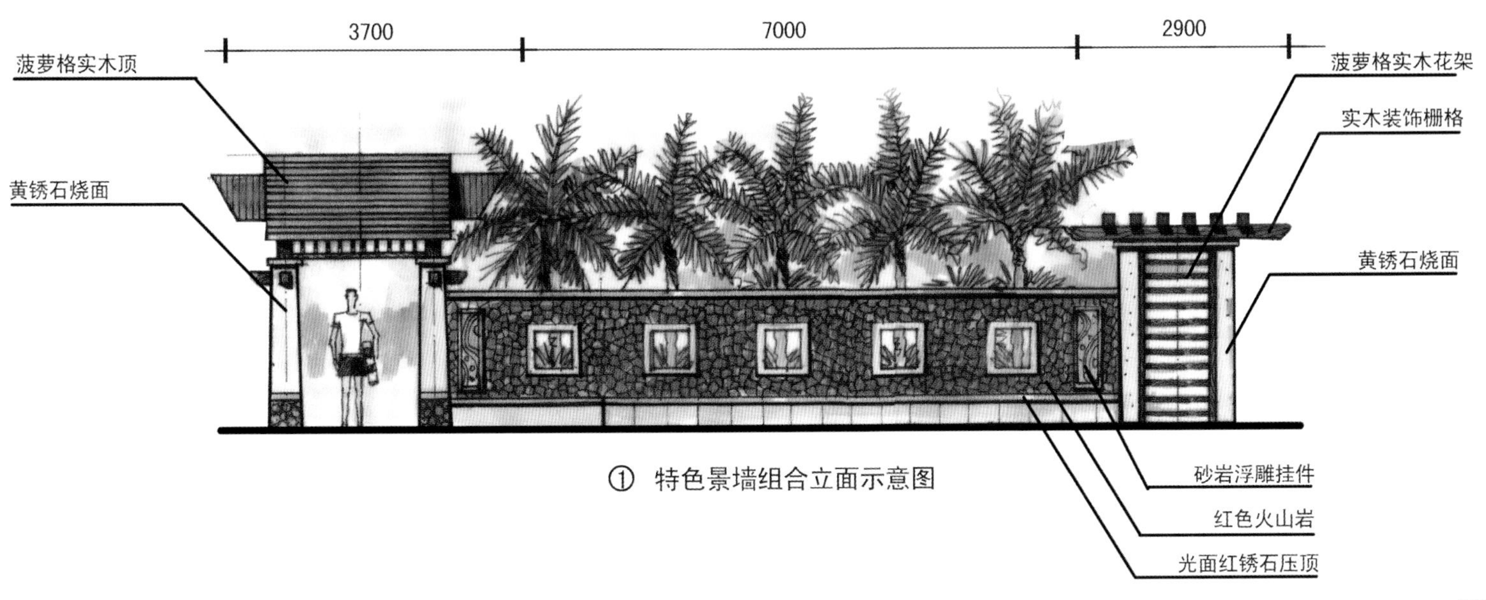

① 特色景墙组合立面示意图

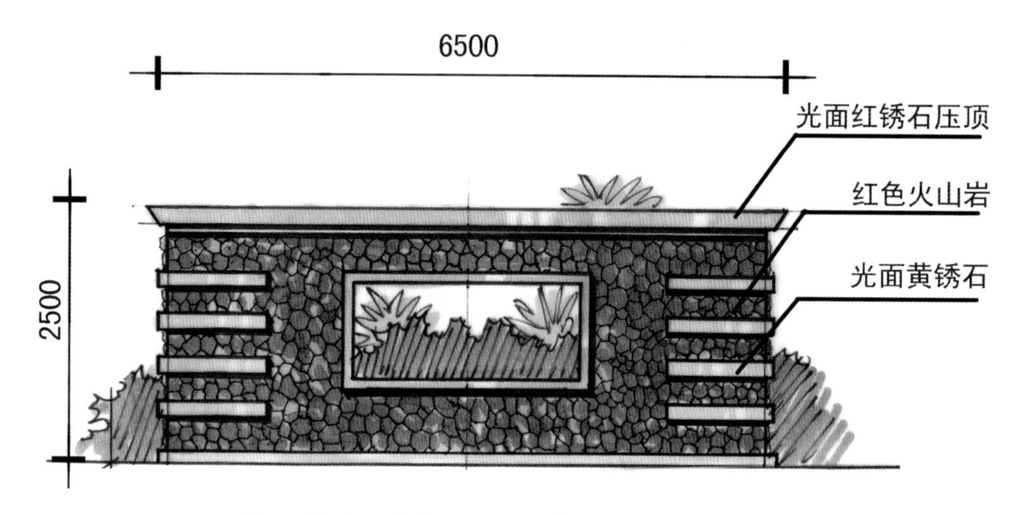

② 特色景墙立面示意图

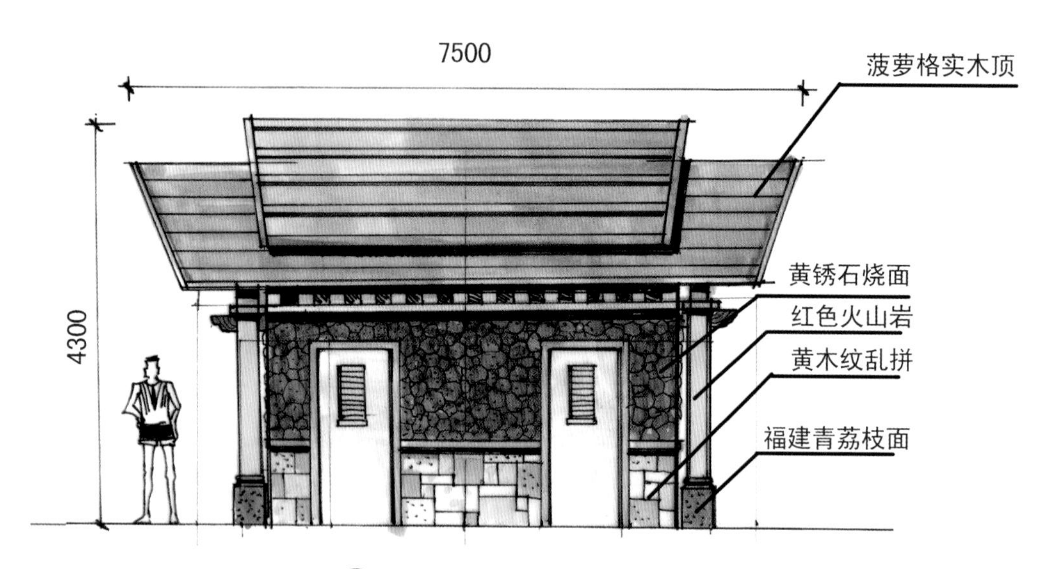

③ 更衣室立面示意图

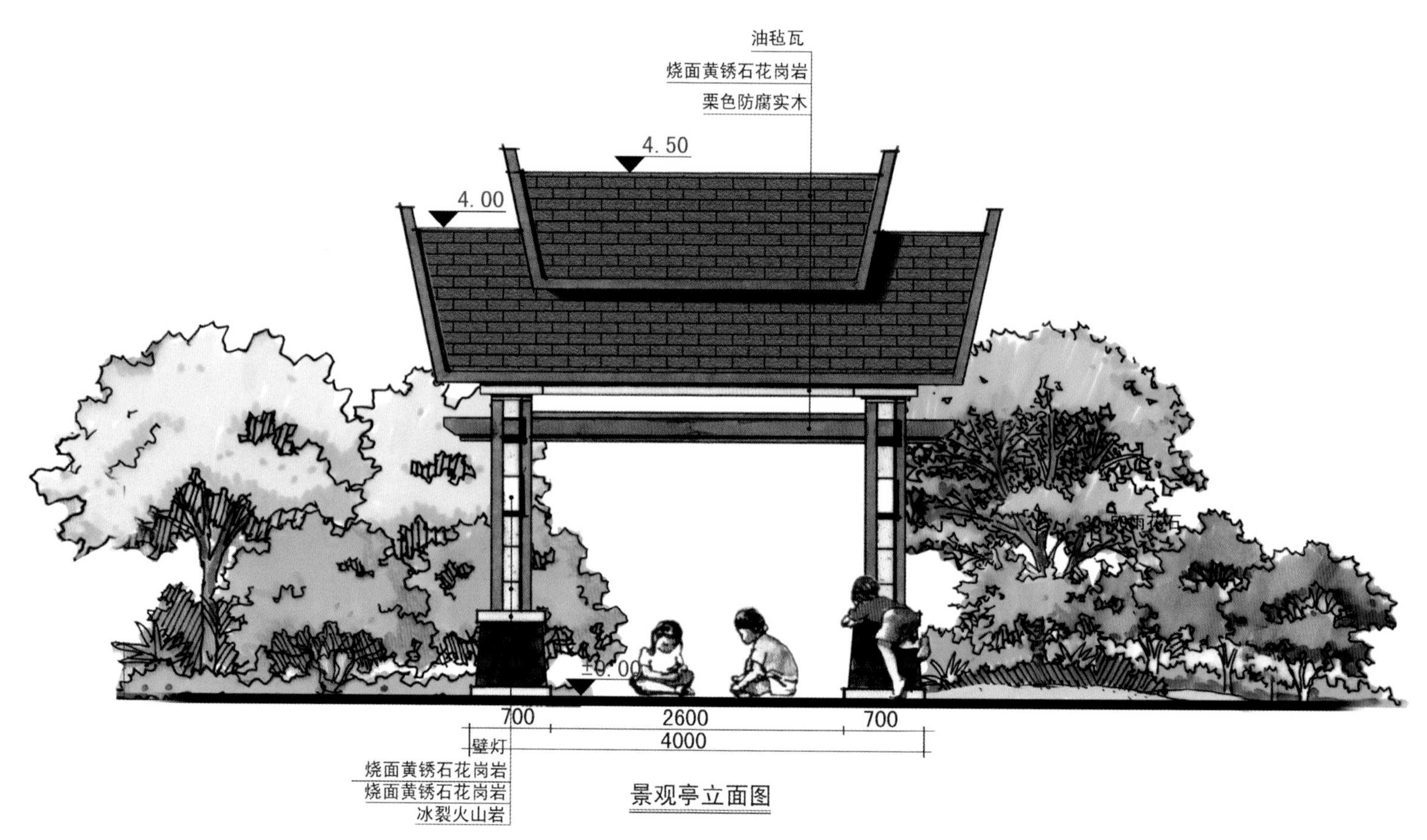

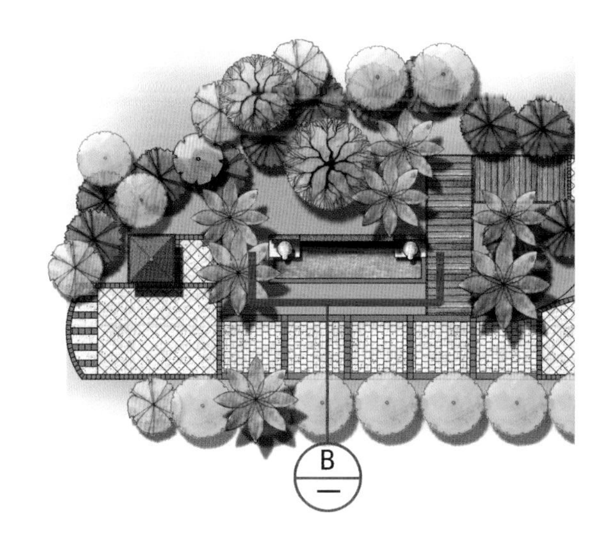

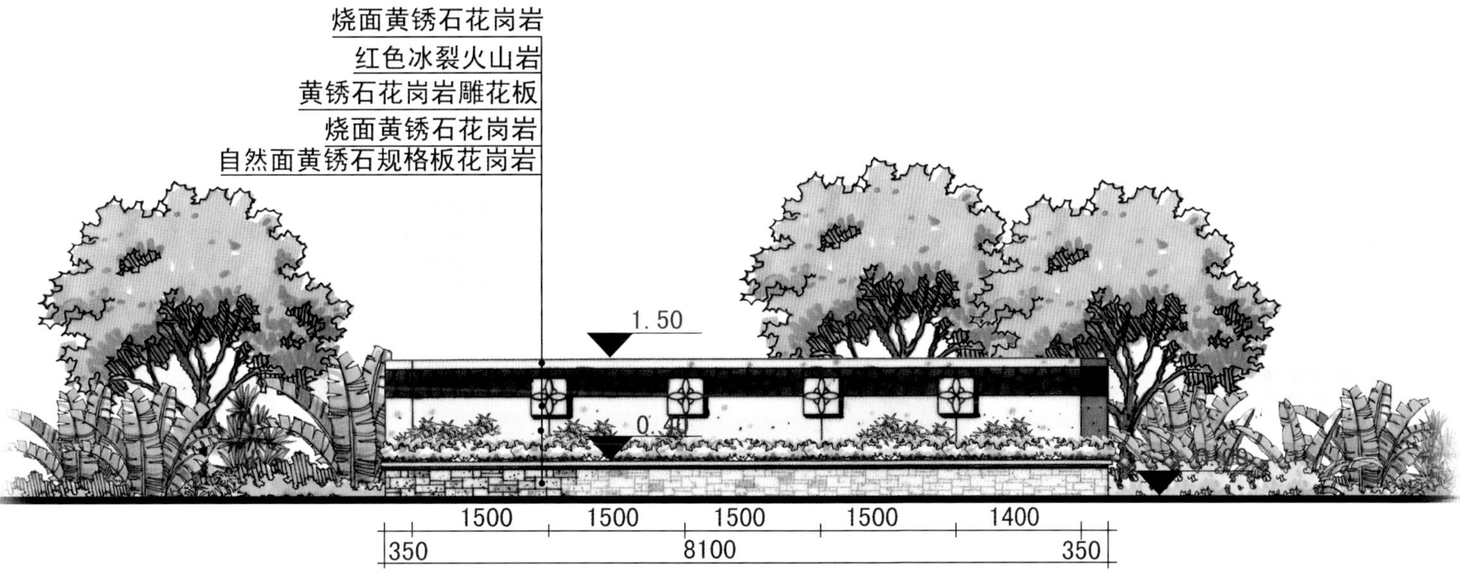

Ⓐ 弧形景墙立面图

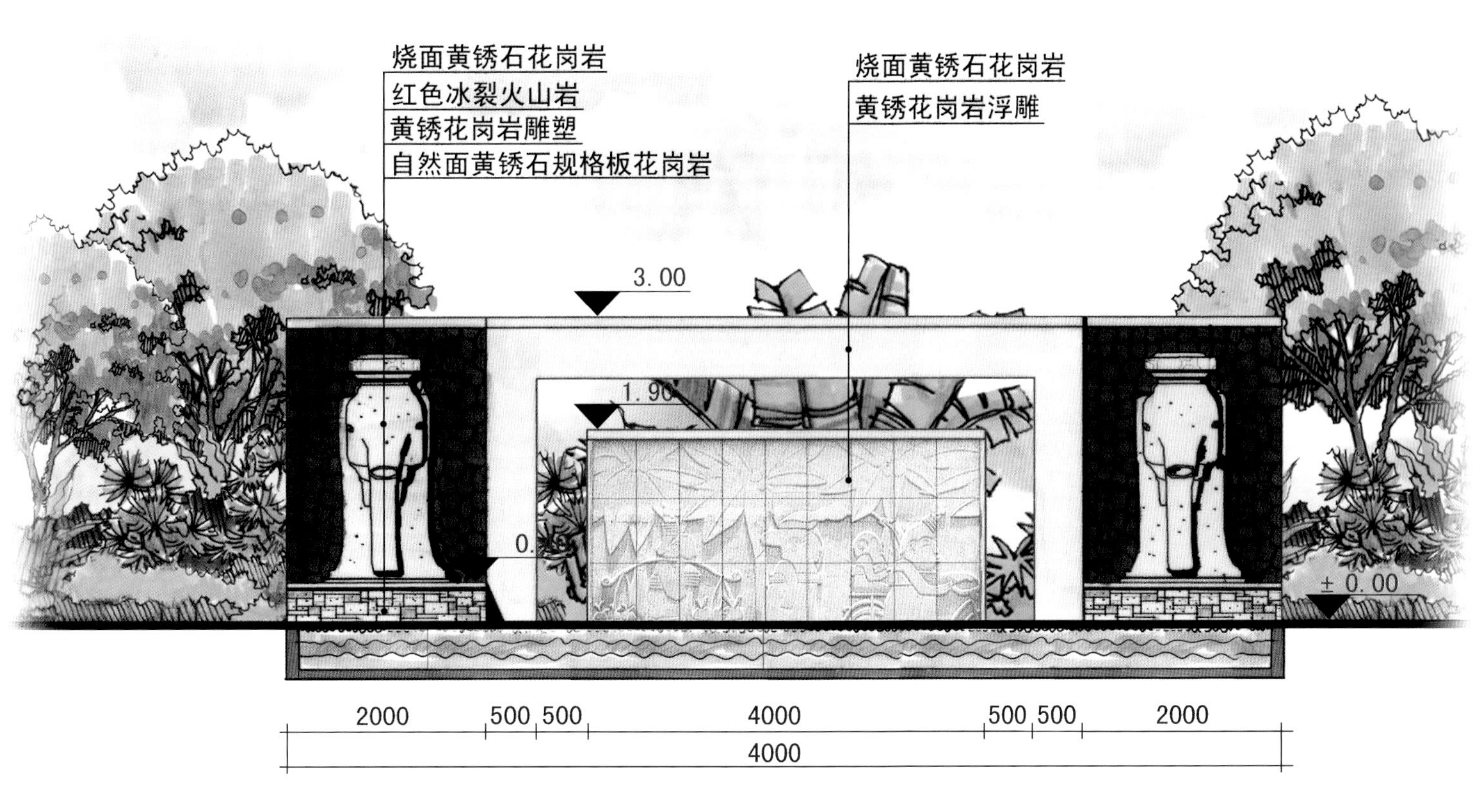

Ⓑ 浮雕景墙立面图

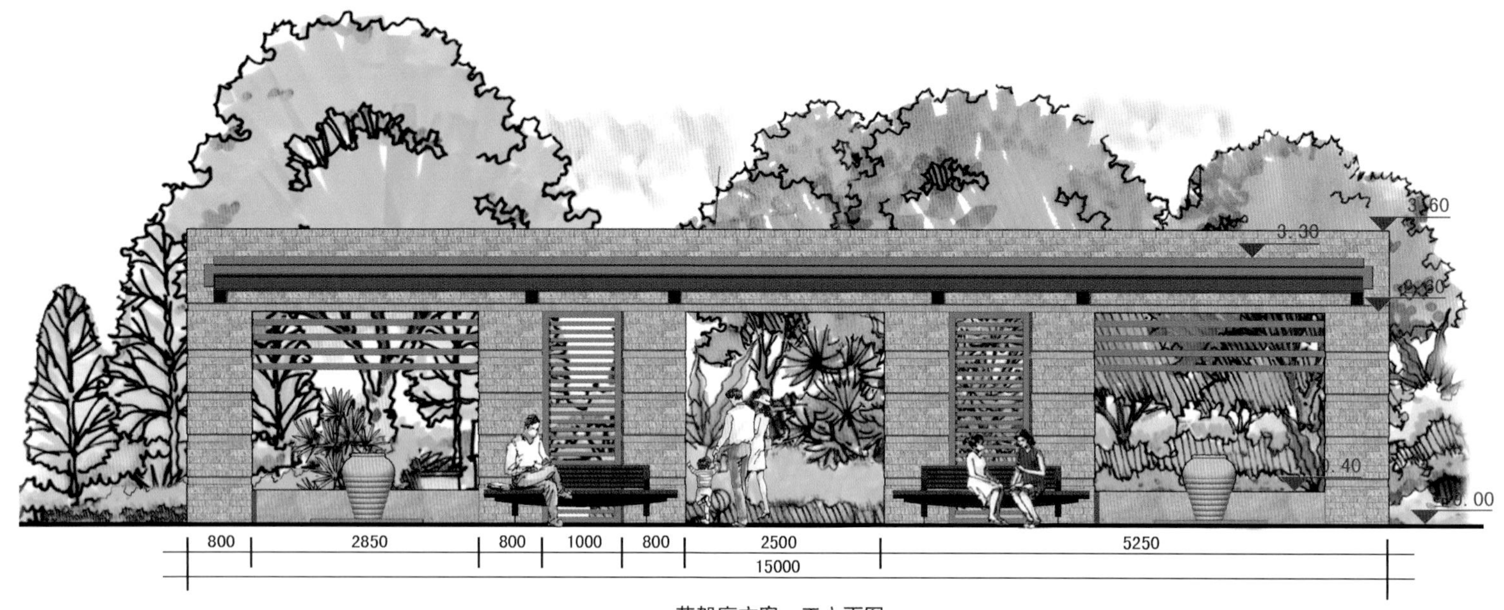

花架廊方案一正立面图

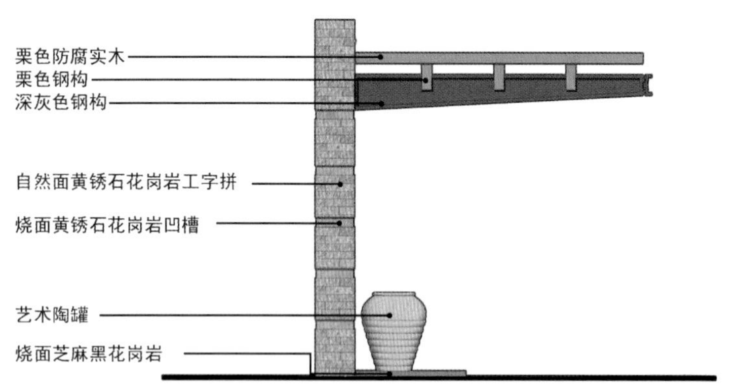

花架廊方案一侧立面图

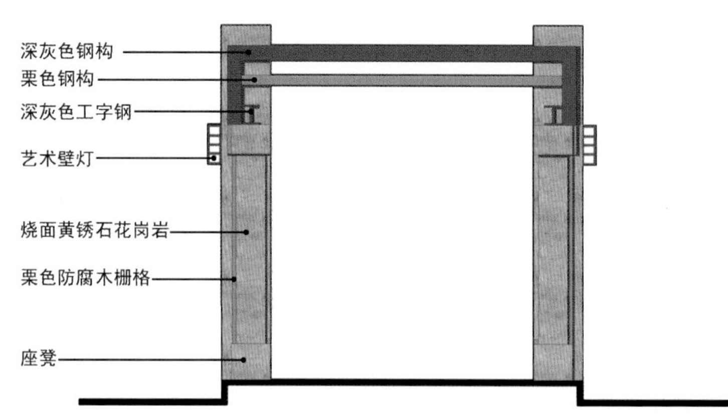

花架廊方案二侧立面图

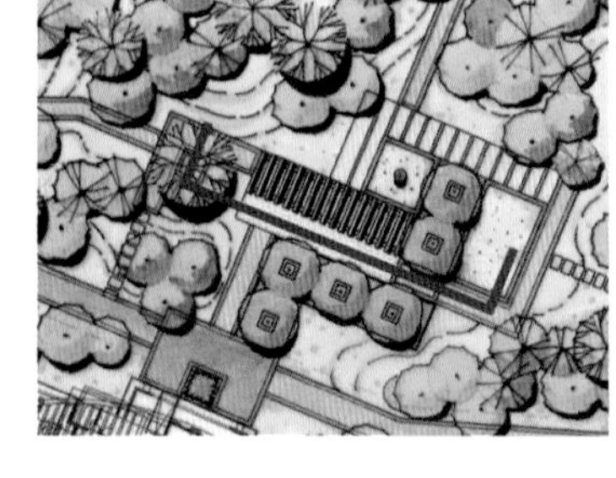

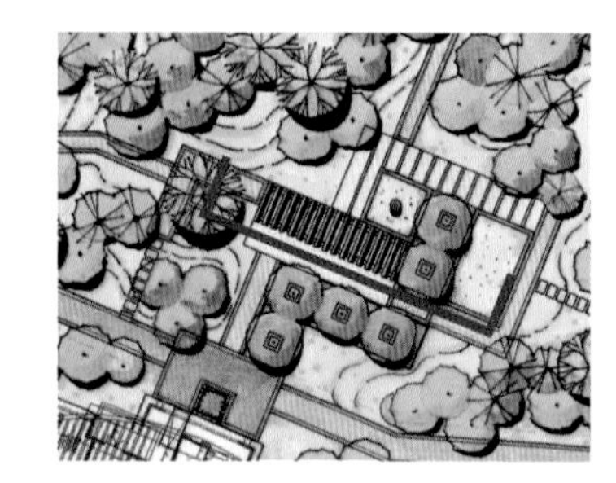

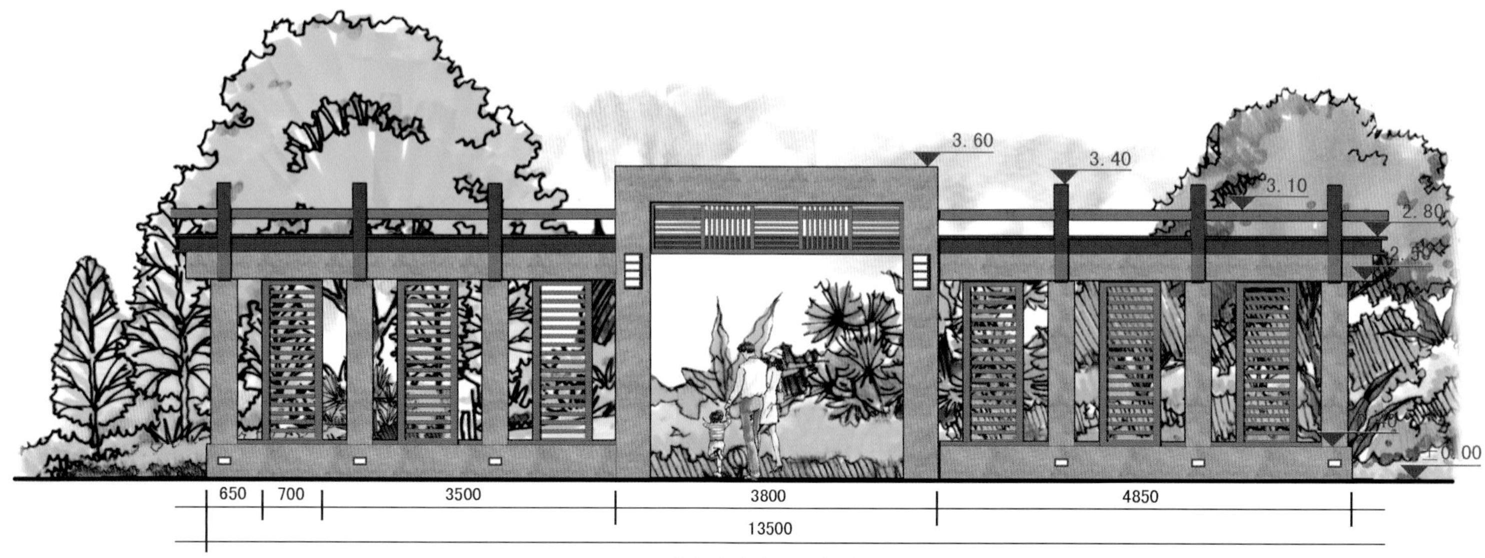

花架廊方案二正立面图

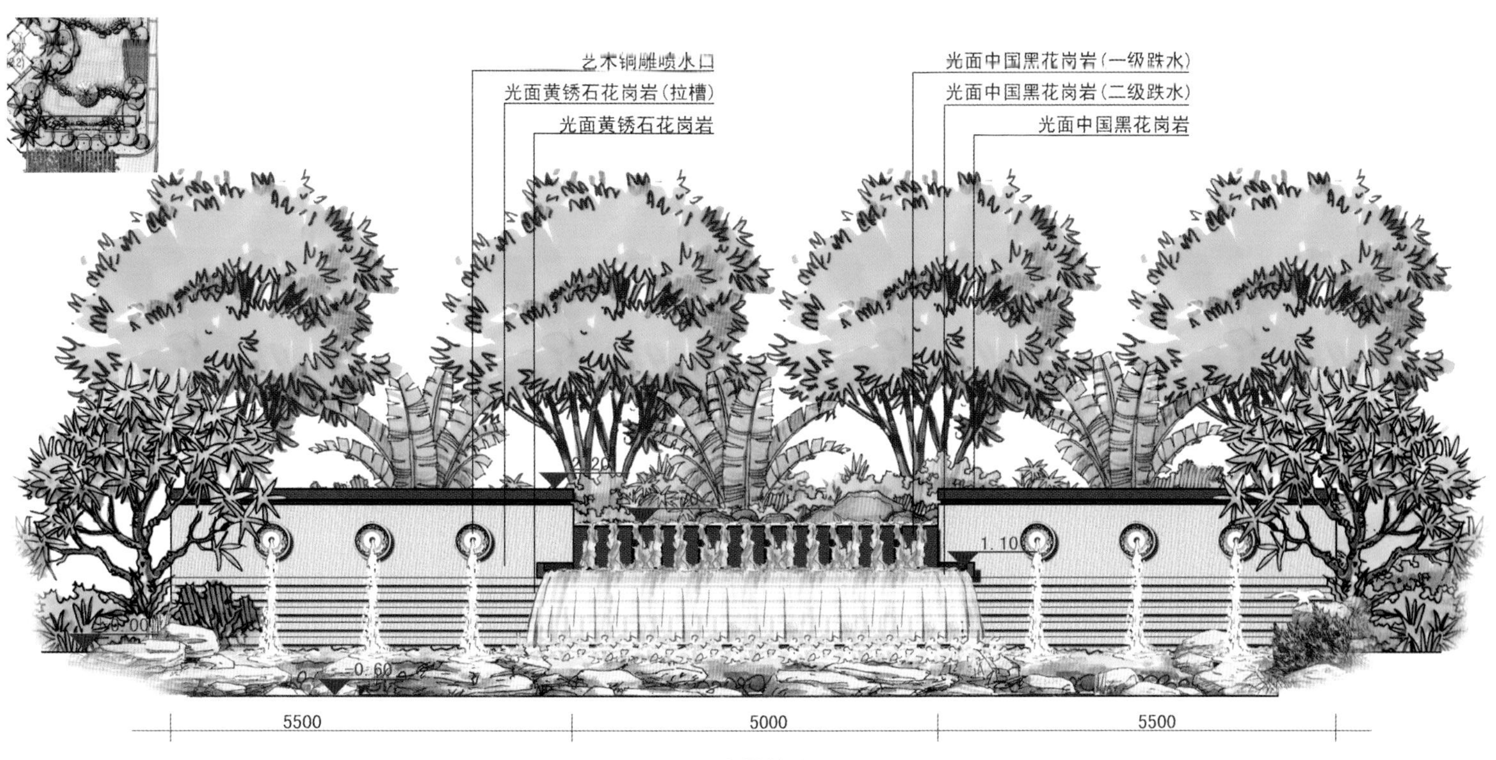
艺术铜雕喷水口
光面黄锈石花岗岩(拉槽)
光面黄锈石花岗岩
光面中国黑花岗岩(一级跌水)
光面中国黑花岗岩(二级跌水)
光面中国黑花岗岩
1.100
±0.00
-0.60
5500
5000
5500

跌水景墙立面

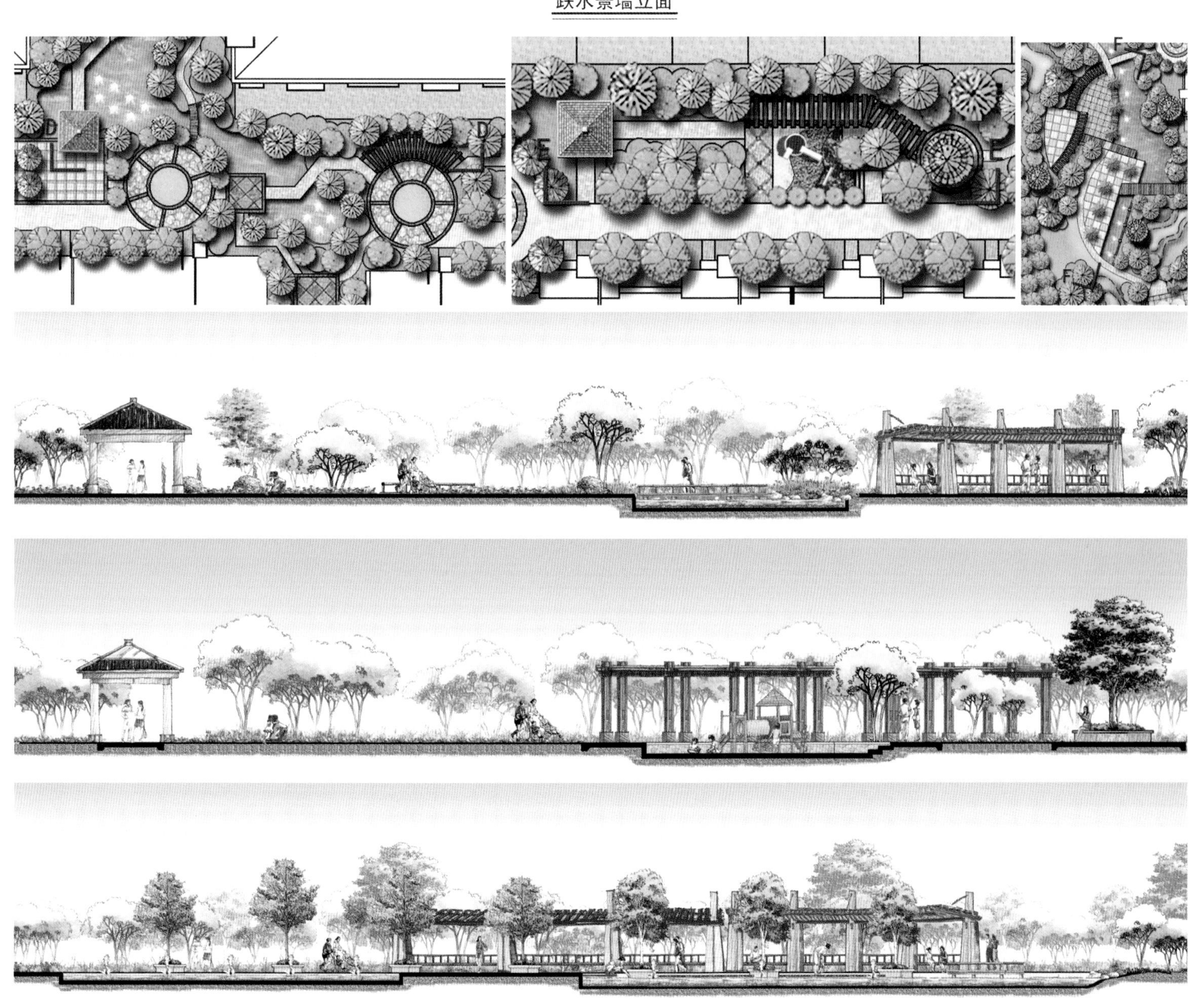

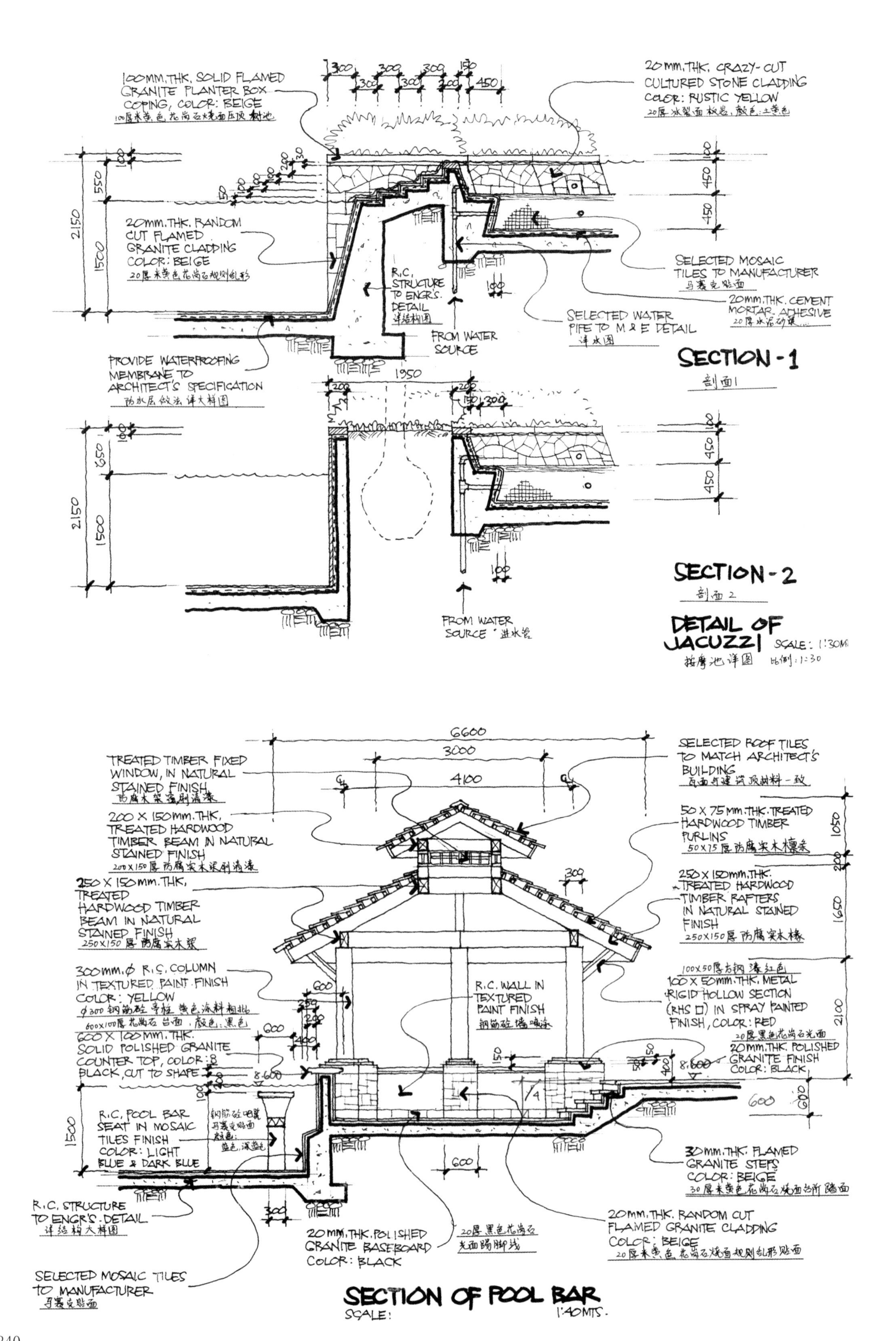
100MM.THK. SOLID FLAMED GRANITE PLANTER BOX COPING, COLOR: BEIGE
100厚米黄色花岗石烧面压顶 树池
20MM.THK. CRAZY-CUT CULTURED STONE CLADDING COLOR: RUSTIC YELLOW
20厚冰裂面板岩，颜色：土黄色
20MM.THK. RANDOM CUT FLAMED GRANITE CLADDING COLOR: BEIGE
20厚米黄色花岗石规则乱形
R.C. STRUCTURE TO ENGR'S. DETAIL
详结构图
SELECTED MOSAIC TILES TO MANUFACTURER
马赛克贴面
20MM.THK. CEMENT MORTAR ADHESIVE
SELECTED WATER PIPE TO M & E DETAIL
详水图
FROM WATER SOURCE
PROVIDE WATERPROOFING MEMBRANE TO ARCHITECT'S SPECIFICATION
防水层做法 详大样图
SECTION-1
剖面1
SECTION-2
剖面2
FROM WATER SOURCE 进水管
DETAIL OF JACUZZI
按摩池详图
SCALE: 1:30M
比例：1:30
TREATED TIMBER FIXED WINDOW, IN NATURAL STAINED FINISH
防腐木窗刷清漆
200 X 150MM.THK. TREATED HARDWOOD TIMBER BEAM IN NATURAL STAINED FINISH
200X150厚防腐实木梁刷清漆
250 X 150MM.THK. TREATED HARDWOOD TIMBER BEAM IN NATURAL STAINED FINISH
250X150厚防腐实木梁
SELECTED ROOF TILES TO MATCH ARCHITECT'S BUILDING
瓦面与建筑顶材料一致
50 X 75MM.THK. TREATED HARDWOOD TIMBER PURLINS
50X75厚防腐实木檩条
250 X 150MM.THK. TREATED HARDWOOD TIMBER RAFTERS IN NATURAL STAINED FINISH
250X150厚防腐实木椽
300MM.Ø R.C. COLUMN IN TEXTURED PAINT FINISH COLOR: YELLOW
Ø300钢筋砼亭柱 黄色涂料粗批
600X100厚花岗石台面，颜色：黑色
600 X 100MM.THK. SOLID POLISHED GRANITE COUNTER TOP, COLOR: BLACK, CUT TO SHAPE
R.C. WALL IN TEXTURED PAINT FINISH
钢筋砼墙喷涂
100X50厚方钢 漆红色
100 X 50MM.THK. METAL RIGID HOLLOW SECTION (RHS ☐) IN SPRAY PAINTED FINISH, COLOR: RED
20厚黑色花岗石光面
20MM.THK. POLISHED GRANITE FINISH COLOR: BLACK
R.C. POOL BAR SEAT IN MOSAIC TILES FINISH COLOR: LIGHT BLUE & DARK BLUE
钢筋砼吧凳 马赛克贴面 颜色：浅蓝色，深蓝色
30MM.THK. FLAMED GRANITE STEPS COLOR: BEIGE
30厚米黄色花岗石烧面台阶踏面
R.C. STRUCTURE TO ENGR'S. DETAIL
详结构大样图
20MM.THK. POLISHED GRANITE BASEBOARD COLOR: BLACK
20厚黑色花岗石光面踢脚线
20MM.THK. RANDOM CUT FLAMED GRANITE CLADDING COLOR: BEIGE
20厚米黄色花岗石烧面规则乱形贴面
SELECTED MOSAIC TILES TO MANUFACTURER
马赛克贴面
SECTION OF POOL BAR
SCALE: 1:40MTS.

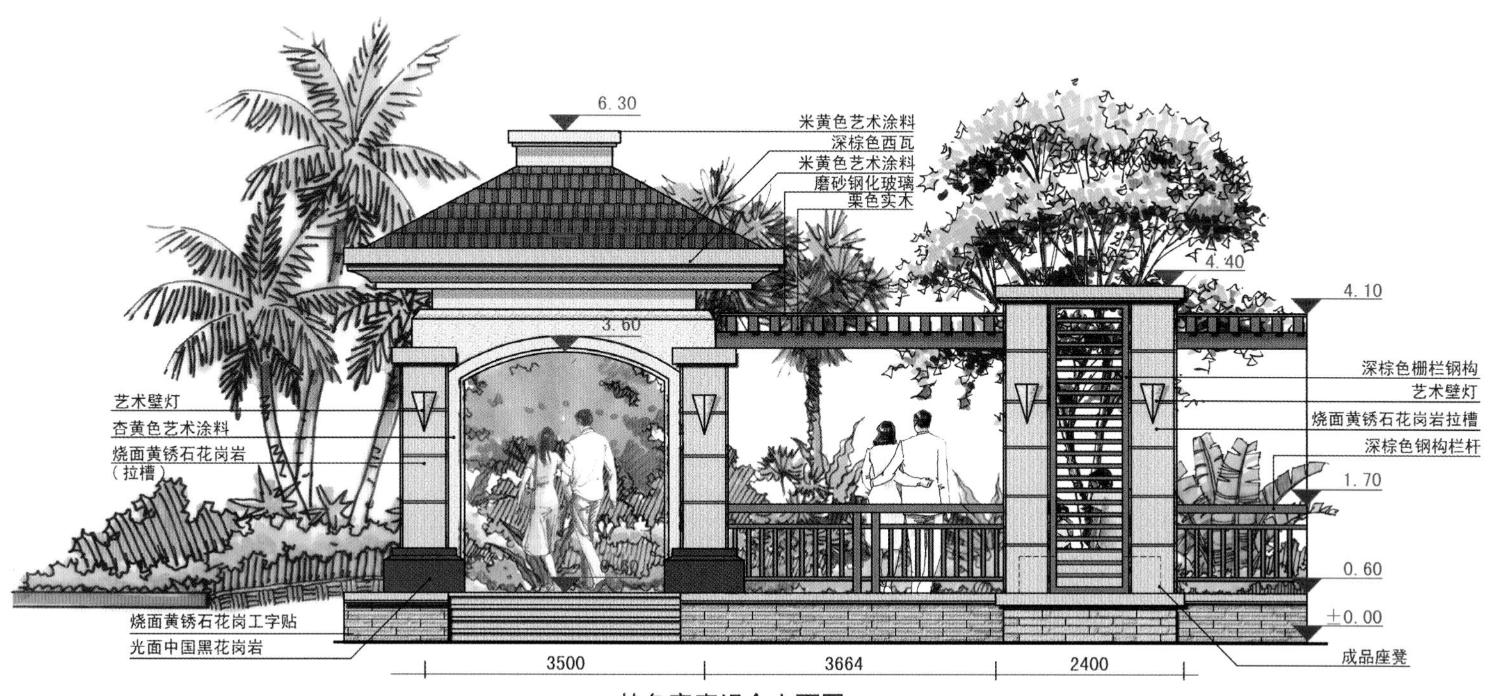

特色亭廊组合立面图

阳光车库剖面图

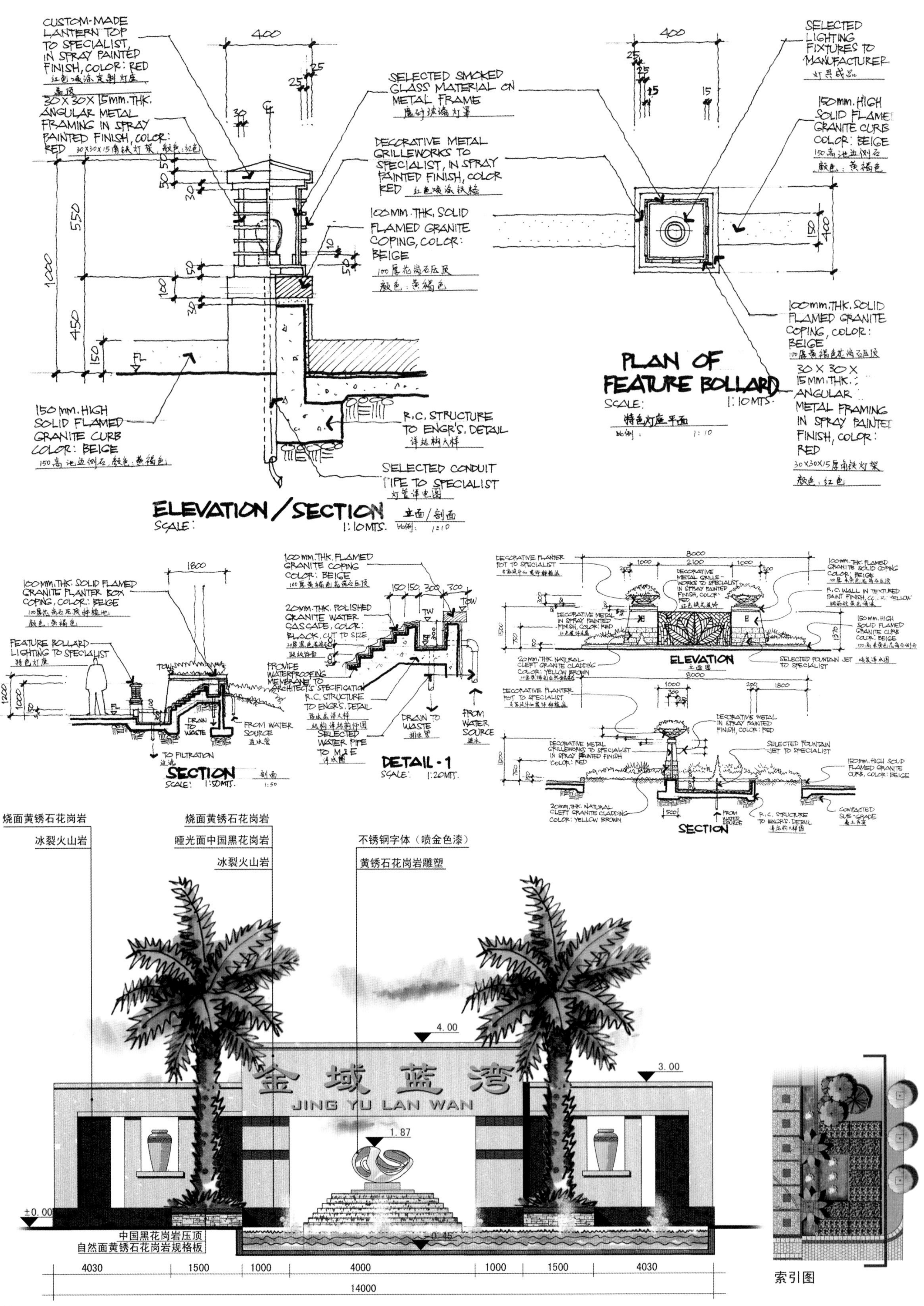

CUSTOM-MADE LANTERN TOP TO SPECIALIST, IN SPRAY PAINTED FINISH, COLOR: RED
30X30X15mm. THK. ANGULAR METAL FRAMING IN SPRAY PAINTED FINISH, COLOR: RED
SELECTED SMOKED GLASS MATERIAL ON METAL FRAME
DECORATIVE METAL GRILLEWORKS TO SPECIALIST, IN SPRAY PAINTED FINISH, COLOR RED
100MM. THK. SOLID FLAMED GRANITE COPING, COLOR: BEIGE
150 MM. HIGH SOLID FLAMED GRANITE CURB COLOR: BEIGE
R.C. STRUCTURE TO ENGR'S. DETAIL
SELECTED CONDUIT PIPE TO SPECIALIST
ELEVATION / SECTION
SCALE: 1:10MTS.
立面/剖面
SELECTED LIGHTING FIXTURES TO MANUFACTURER
150mm. HIGH SOLID FLAMED GRANITE CURB COLOR: BEIGE
100mm. THK. SOLID FLAMED GRANITE COPING, COLOR: BEIGE
30 X 30 X 15mm. THK. ANGULAR METAL FRAMING IN SPRAY PAINTED FINISH, COLOR: RED
PLAN OF FEATURE BOLLARD
SCALE: 1:10MTS.
特色灯座平面
100MM. THK. SOLID FLAMED GRANITE PLANTER BOX COPING, COLOR: BEIGE
FEATURE BOLLARD LIGHTING TO SPECIALIST
SECTION
SCALE: 1:50MTS.
100MM. THK. FLAMED GRANITE COPING COLOR: BEIGE
20MM. THK. POLISHED GRANITE WATER CASCADE, COLOR: BLACK, CUT TO SIZE
PROVIDE WATERPROOFING MEMBRANE TO ARCHITECT'S SPECIFICATION
R.C. STRUCTURE TO ENGR'S. DETAIL
SELECTED WATER PIPE TO M&E
DRAIN TO WASTE
FROM WATER SOURCE
DETAIL - 1
SCALE: 1:20MTS.
ELEVATION
SECTION
烧面黄锈石花岗岩
冰裂火山岩
烧面黄锈石花岗岩
哑光面中国黑花岗岩
冰裂火山岩
不锈钢字体（喷金色漆）
黄锈石花岗岩雕塑
金域蓝湾
JING YU LAN WAN
4.00
3.00
1.87
±0.00
-0.45
中国黑花岗岩压顶
自然面黄锈石花岗岩规格板
4030
1500
1000
4000
1000
1500
4030
14000
索引图

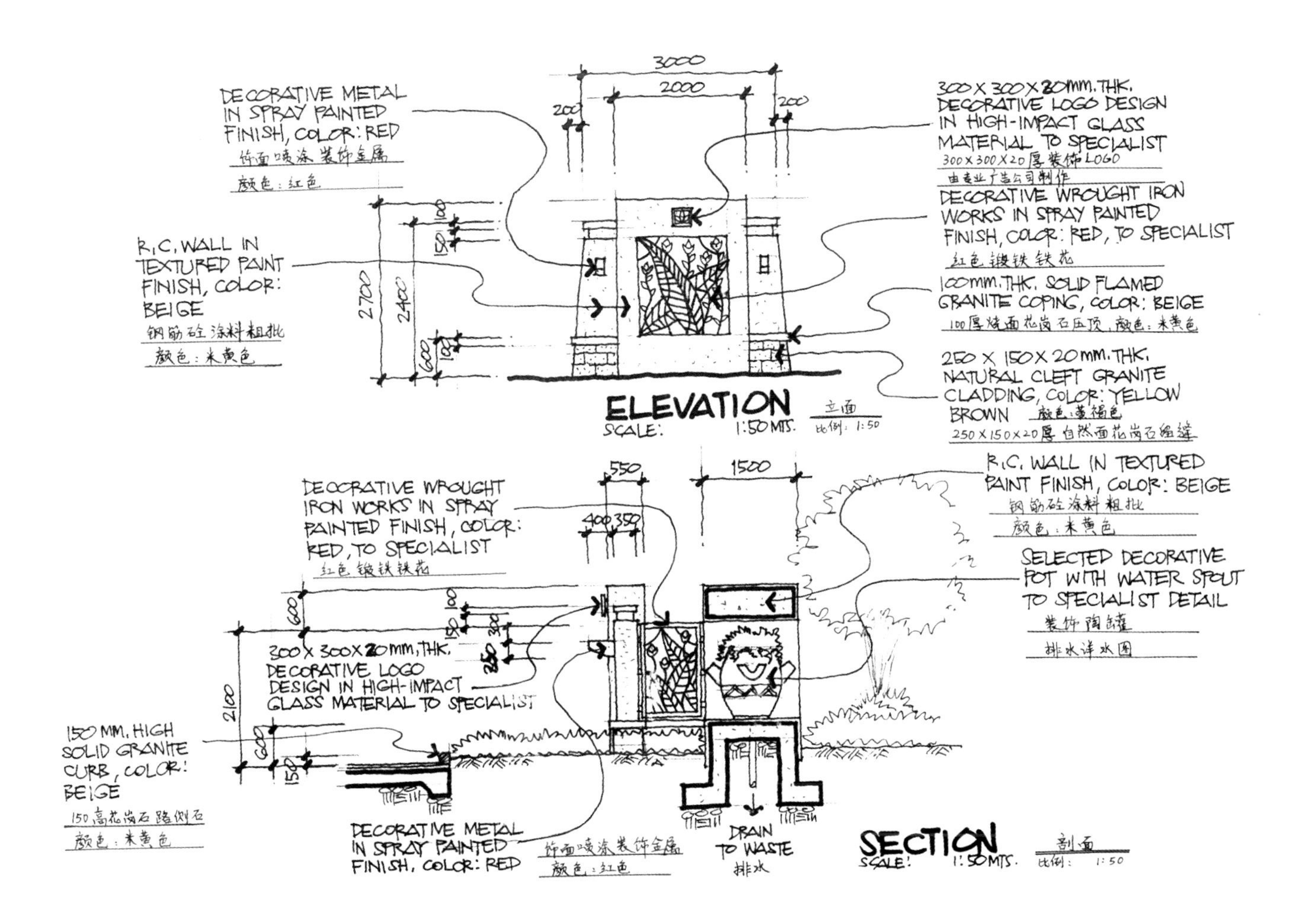
DECORATIVE METAL IN SPRAY PAINTED FINISH, COLOR: RED
饰面喷涂 装饰金属
颜色：红色
R.C. WALL IN TEXTURED PAINT FINISH, COLOR: BEIGE
钢筋砼 涂料粗批
颜色：米黄色
300 X 300 X 20MM. THK. DECORATIVE LOGO DESIGN IN HIGH-IMPACT GLASS MATERIAL TO SPECIALIST
DECORATIVE WROUGHT IRON WORKS IN SPRAY PAINTED FINISH, COLOR: RED, TO SPECIALIST
红色 锻铁铁花
100MM. THK. SOLID FLAMED GRANITE COPING, COLOR: BEIGE
250 X 150 X 20MM. THK. NATURAL CLEFT GRANITE CLADDING, COLOR: YELLOW BROWN
ELEVATION
SCALE: 1:50 MTS.
立面
比例：1:50
R.C. WALL IN TEXTURED PAINT FINISH, COLOR: BEIGE
钢筋砼 涂料粗批
颜色：米黄色
SELECTED DECORATIVE POT WITH WATER SPOUT TO SPECIALIST DETAIL
装饰陶罐
排水详水图
150 MM. HIGH SOLID GRANITE CURB, COLOR: BEIGE
颜色：米黄色
DECORATIVE METAL IN SPRAY PAINTED FINISH, COLOR: RED
饰面喷涂 装饰金属
颜色：红色
DRAIN TO WASTE
排水
SECTION
SCALE: 1:50 MTS.
剖面
比例：1:50

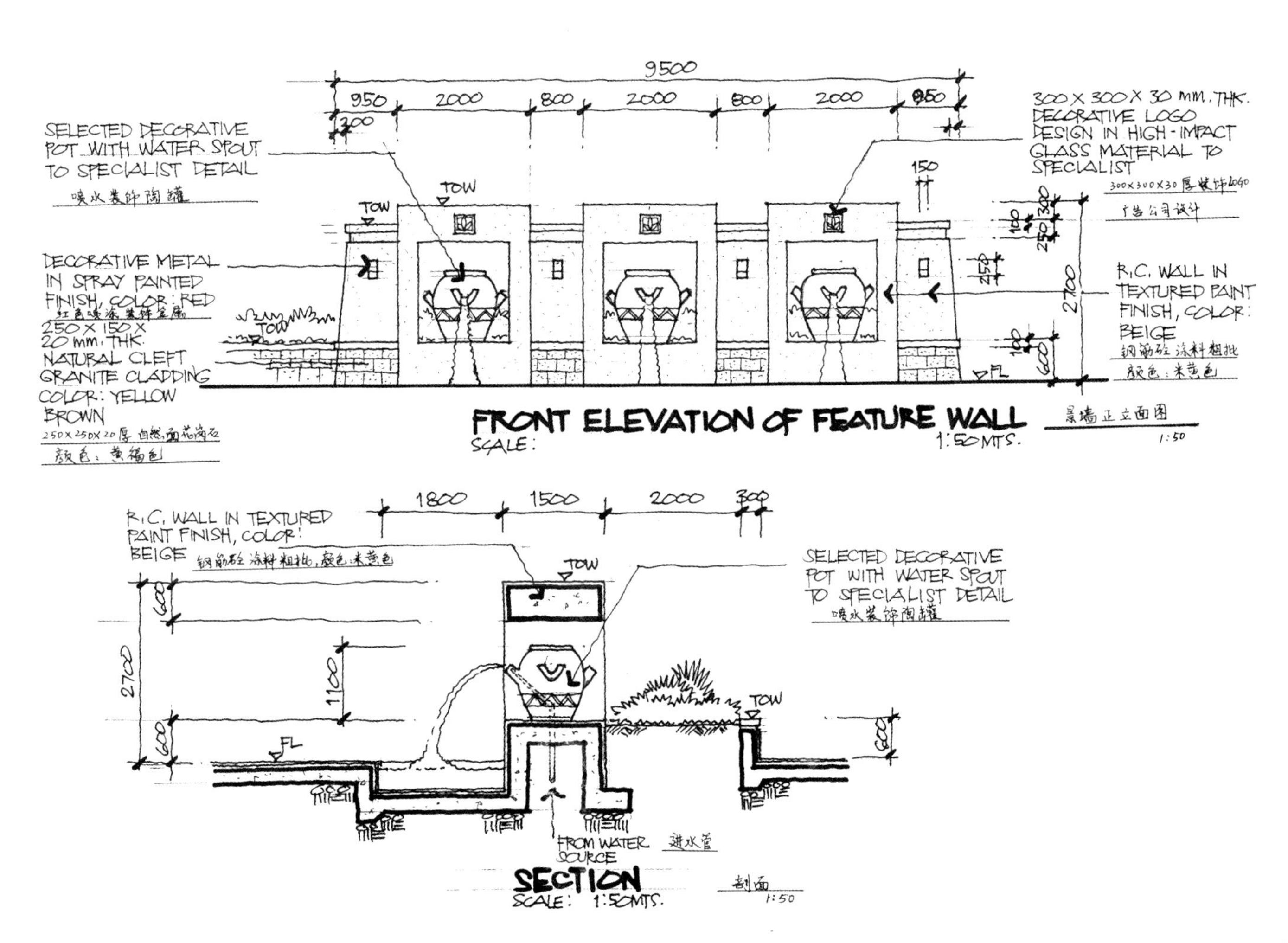
SELECTED DECORATIVE POT WITH WATER SPOUT TO SPECIALIST DETAIL
喷水装饰陶罐
DECORATIVE METAL IN SPRAY PAINTED FINISH, COLOR: RED
250 X 150 X 20 mm. THK. NATURAL CLEFT GRANITE CLADDING COLOR: YELLOW BROWN
颜色：黄褐色
300 X 300 X 30 MM. THK. DECORATIVE LOGO DESIGN IN HIGH-IMPACT GLASS MATERIAL TO SPECIALIST
广告公司设计
R.C. WALL IN TEXTURED PAINT FINISH, COLOR: BEIGE
钢筋砼 涂料粗批
颜色：米黄色
FRONT ELEVATION OF FEATURE WALL
SCALE: 1:50 MTS.
景墙正立面图
1:50
R.C. WALL IN TEXTURED PAINT FINISH, COLOR: BEIGE
钢筋砼 涂料粗批，颜色：米黄色
SELECTED DECORATIVE POT WITH WATER SPOUT TO SPECIALIST DETAIL
喷水装饰陶罐
FROM WATER SOURCE
进水管
SECTION
SCALE: 1:50 MTS.
剖面
1:50

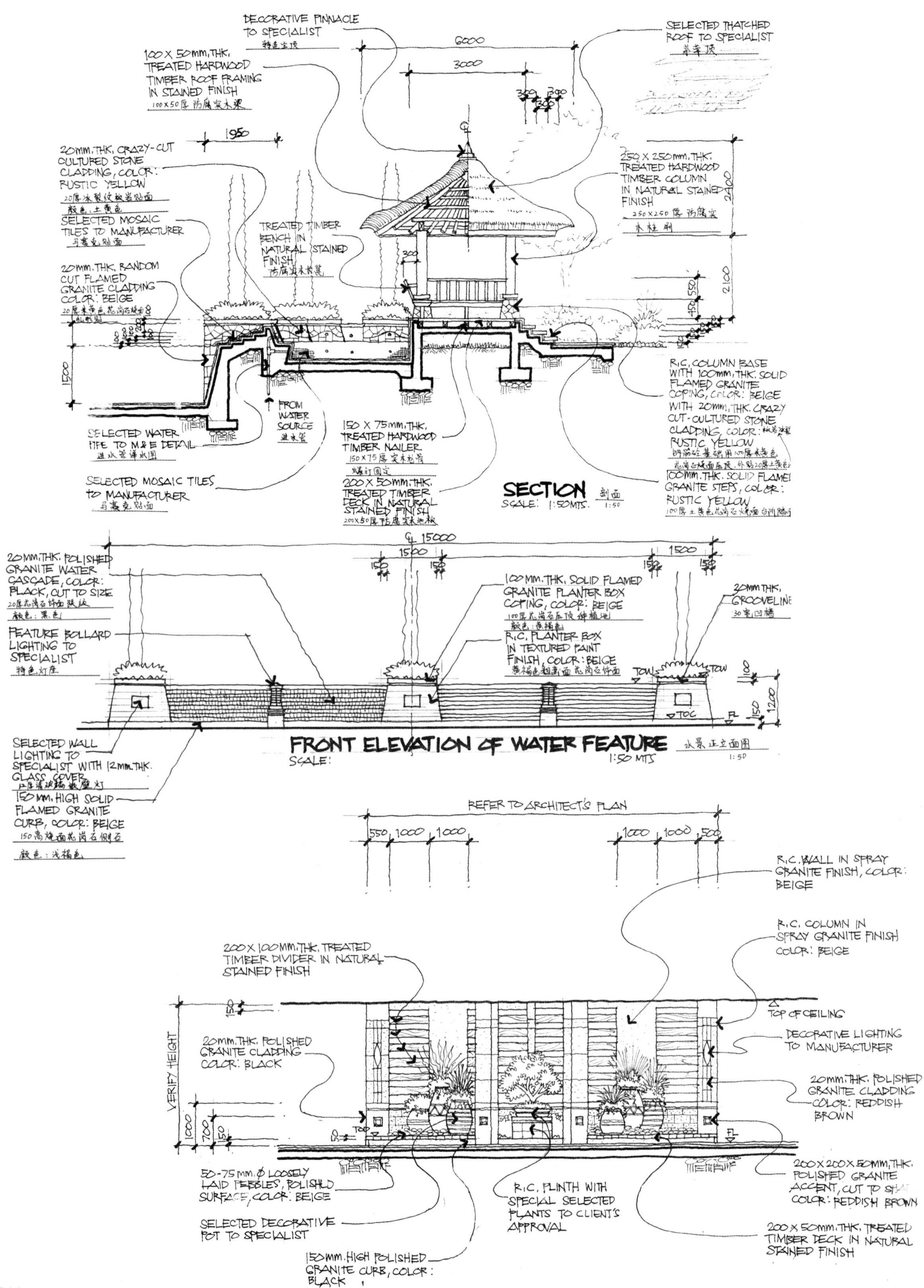
DECORATIVE PINNACLE TO SPECIALIST
特色宝顶
SELECTED THATCHED ROOF TO SPECIALIST
茅草顶
100 X 50MM.THK. TREATED HARDWOOD TIMBER ROOF FRAMING IN STAINED FINISH
100X50厚 防腐实木梁
20MM.THK. CRAZY-CUT CULTURED STONE CLADDING, COLOR: RUSTIC YELLOW
SELECTED MOSAIC TILES TO MANUFACTURER
马赛克贴面
250 X 250MM.THK. TREATED HARDWOOD TIMBER COLUMN IN NATURAL STAINED FINISH
TREATED TIMBER BENCH IN NATURAL STAINED FINISH
20MM.THK. RANDOM CUT FLAMED GRANITE CLADDING COLOR: BEIGE
R.C. COLUMN BASE WITH 100MM.THK. SOLID FLAMED GRANITE COPING, COLOR: BEIGE WITH 20MM.THK. CRAZY CUT-CULTURED STONE CLADDING, COLOR: RUSTIC YELLOW
SELECTED WATER PIPE TO M&E DETAIL
FROM WATER SOURCE
150 X 75MM.THK. TREATED HARDWOOD TIMBER NAILER
SELECTED MOSAIC TILES TO MANUFACTURER
马赛克贴面
200 X 50MM.THK. TREATED TIMBER DECK IN NATURAL STAINED FINISH
100MM.THK. SOLID FLAMED GRANITE STEPS, COLOR: RUSTIC YELLOW
SECTION 剖面
SCALE: 1:50MTS. 1:50
20MM.THK. POLISHED GRANITE WATER CASCADE, COLOR: BLACK, CUT TO SIZE
FEATURE BOLLARD LIGHTING TO SPECIALIST
特色灯座
100MM.THK. SOLID FLAMED GRANITE PLANTER BOX COPING, COLOR: BEIGE
R.C. PLANTER BOX IN TEXTURED PAINT FINISH, COLOR: BEIGE
30MM.THK. GROOVELINE
30宽凹槽
SELECTED WALL LIGHTING TO SPECIALIST WITH 12MM.THK. GLASS COVER
150MM.HIGH SOLID FLAMED GRANITE CURB, COLOR: BEIGE
FRONT ELEVATION OF WATER FEATURE 水景正立面图
SCALE: 1:50 MTS 1:50
REFER TO ARCHITECT'S PLAN
R.C. WALL IN SPRAY GRANITE FINISH, COLOR: BEIGE
R.C. COLUMN IN SPRAY GRANITE FINISH COLOR: BEIGE
200 X 100MM.THK. TREATED TIMBER DIVIDER IN NATURAL STAINED FINISH
TOP OF CEILING
20MM.THK. POLISHED GRANITE CLADDING COLOR: BLACK
DECORATIVE LIGHTING TO MANUFACTURER
20MM.THK. POLISHED GRANITE CLADDING COLOR: REDDISH BROWN
VERIFY HEIGHT
50-75MM.Ø LOOSELY LAID PEBBLES, POLISHED SURFACE, COLOR: BEIGE
R.C. PLINTH WITH SPECIAL SELECTED PLANTS TO CLIENT'S APPROVAL
200 X 200 X 50MM.THK. POLISHED GRANITE ACCENT, CUT TO SHAPE COLOR: REDDISH BROWN
SELECTED DECORATIVE POT TO SPECIALIST
200 X 50MM.THK. TREATED TIMBER DECK IN NATURAL STAINED FINISH
150MM.HIGH POLISHED GRANITE CURB, COLOR: BLACK

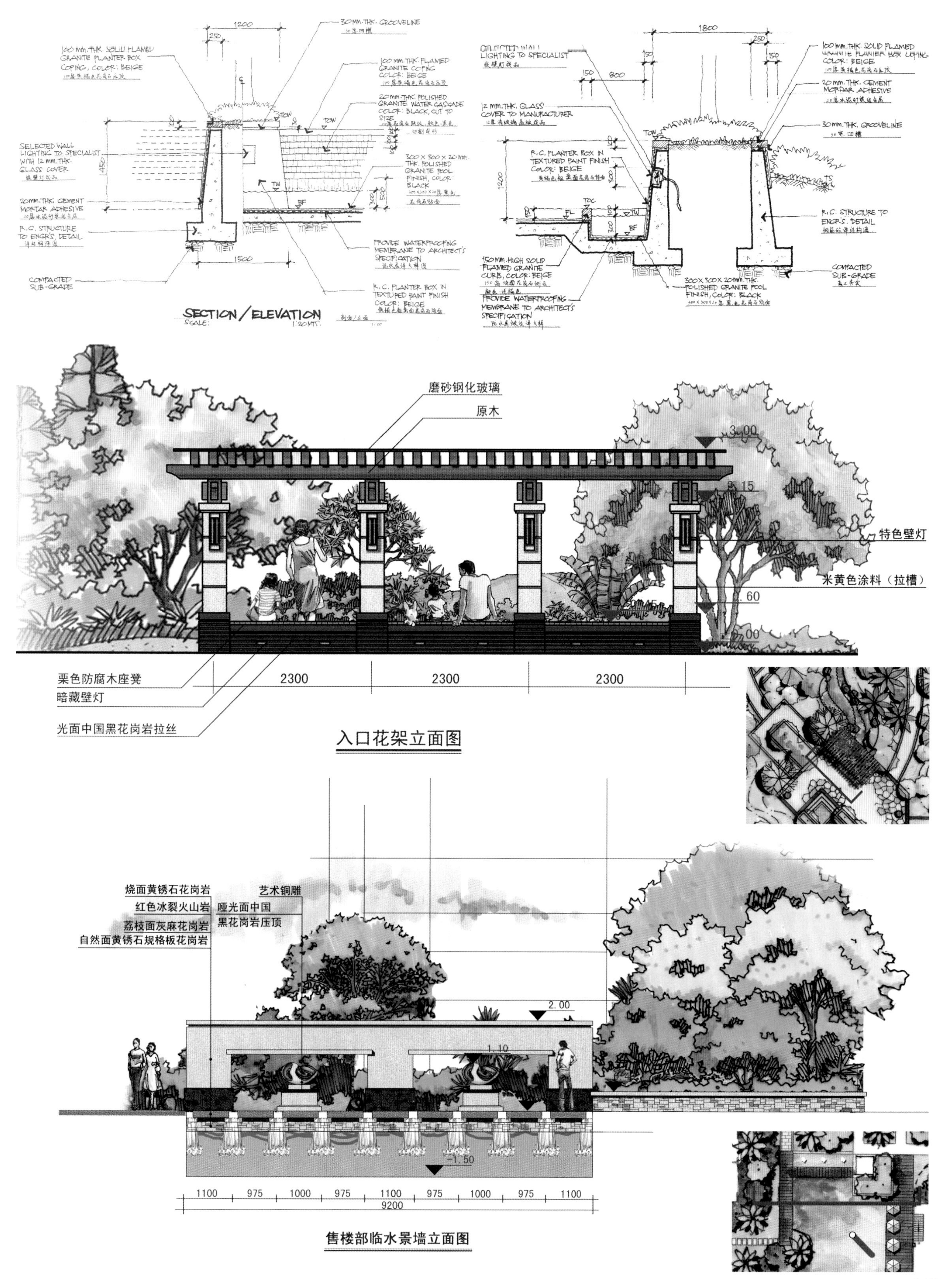

SECTION / ELEVATION
磨砂钢化玻璃
原木
特色壁灯
米黄色涂料（拉槽）
栗色防腐木座凳
暗藏壁灯
光面中国黑花岗岩拉丝
2300
2300
2300
入口花架立面图
烧面黄锈石花岗岩
红色冰裂火山岩
荔枝面灰麻花岗岩
自然面黄锈石规格板花岗岩
艺术铜雕
哑光面中国
黑花岗岩压顶
2.00
1.10
-1.50
1100
975
1000
975
1100
975
1000
975
1100
9200
售楼部临水景墙立面图

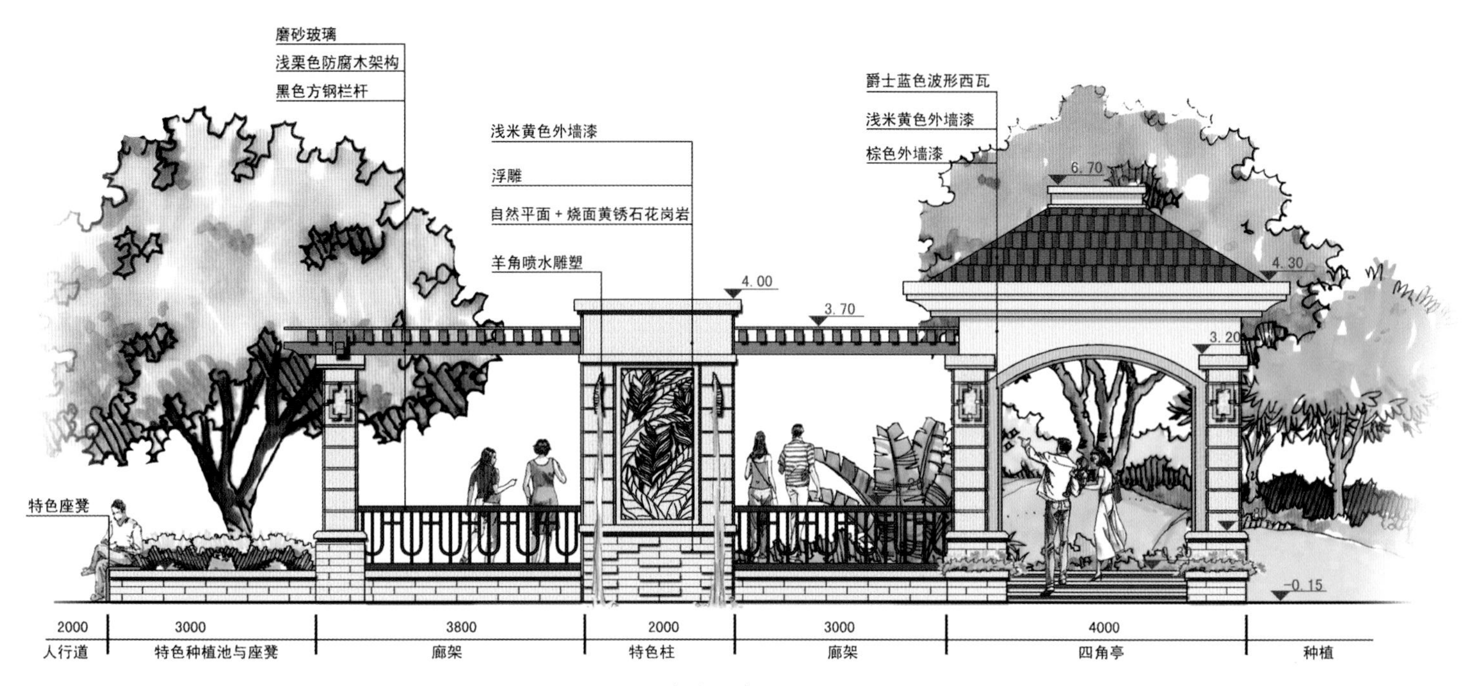

亭廊组合立面图 注：图中标高以建筑室内 ±0.00 为相对标高

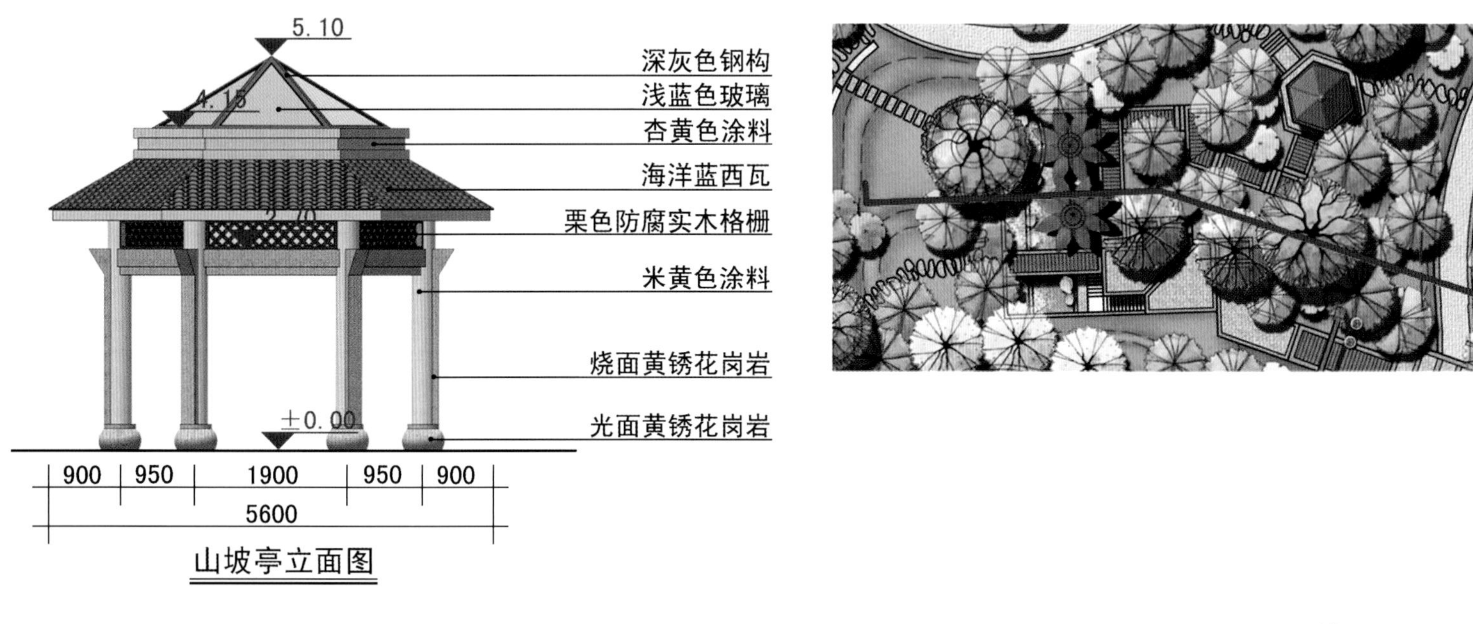

山坡亭立面图

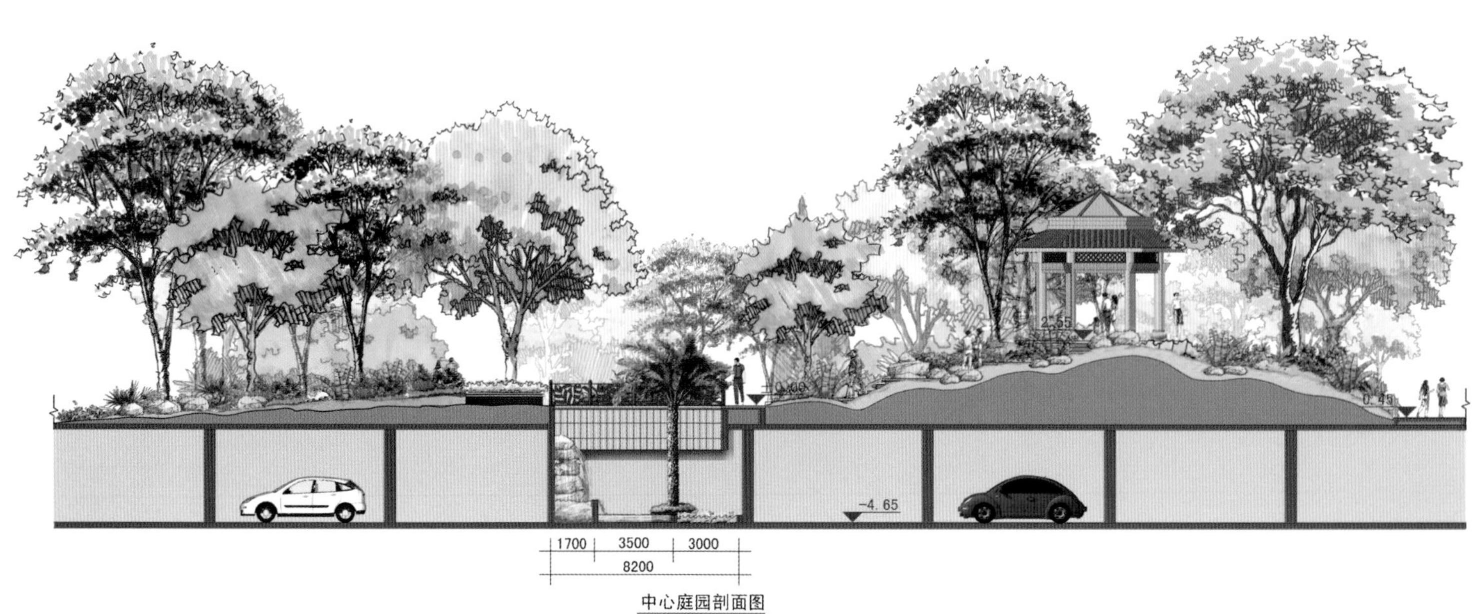

中心庭园剖面图

中心水景岛中亭立面图

休闲亭立面图

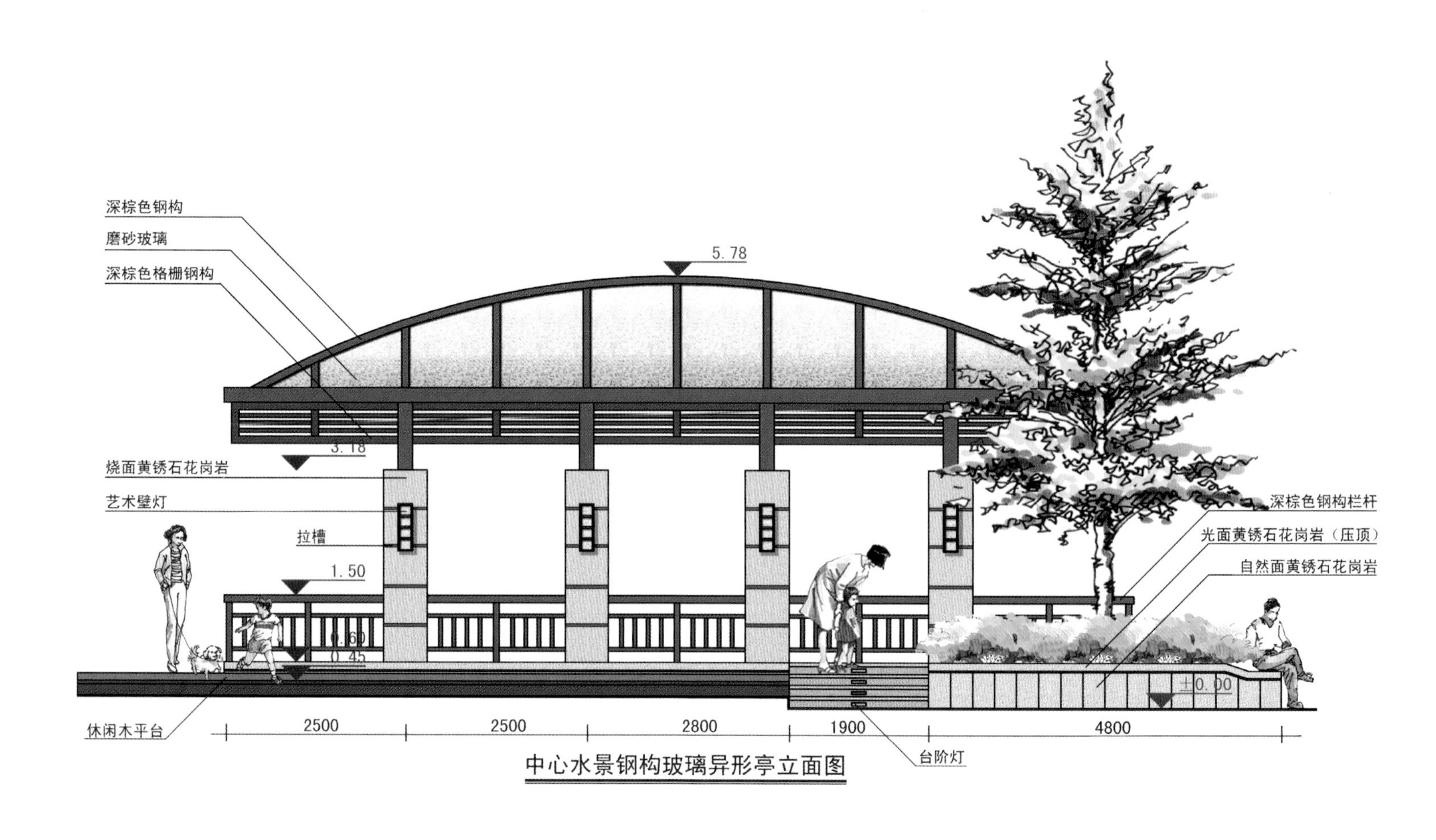

中心水景钢构玻璃异形亭立面图

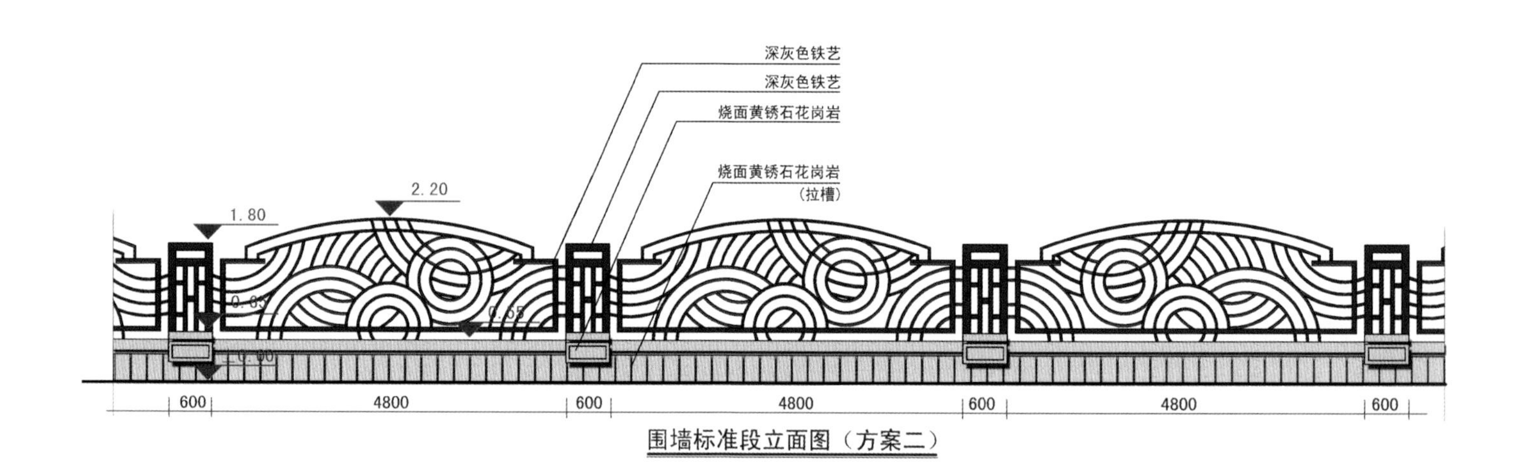

围墙标准段立面图（方案二）

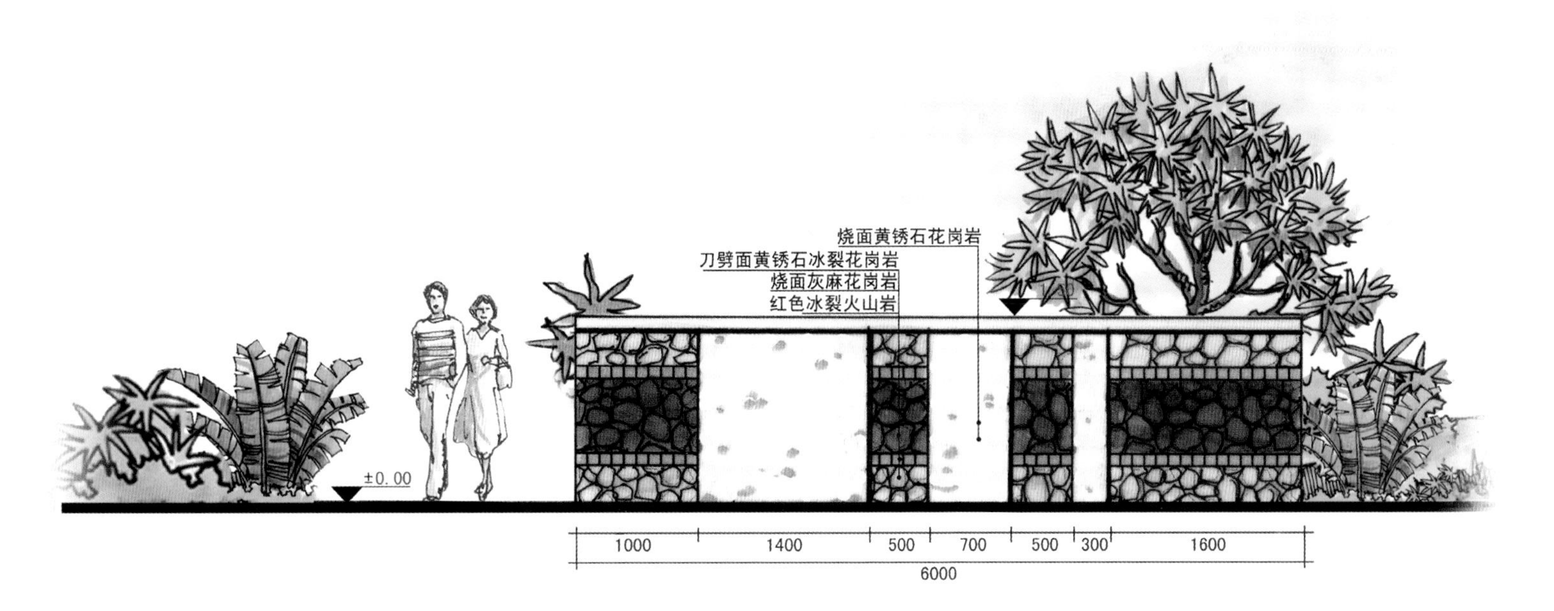

Ⓐ 景墙立面图

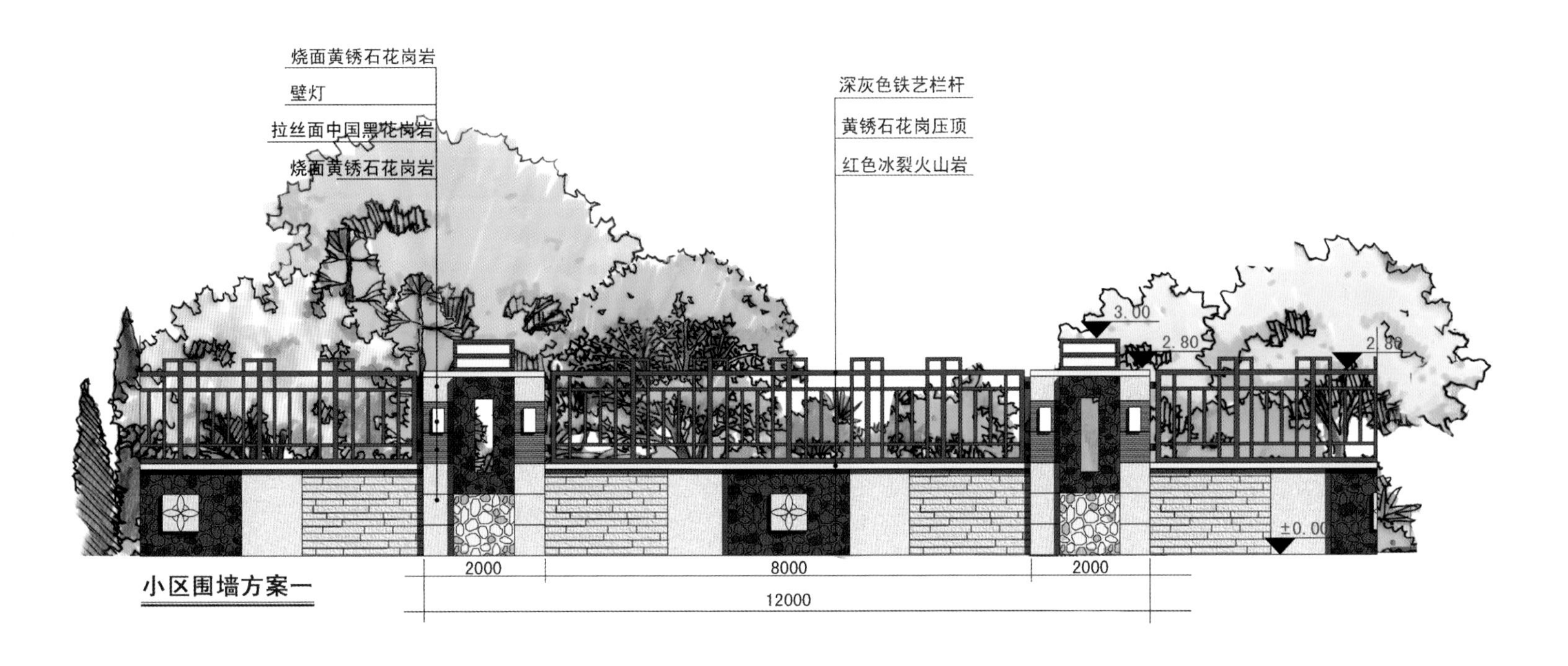

小区围墙方案一

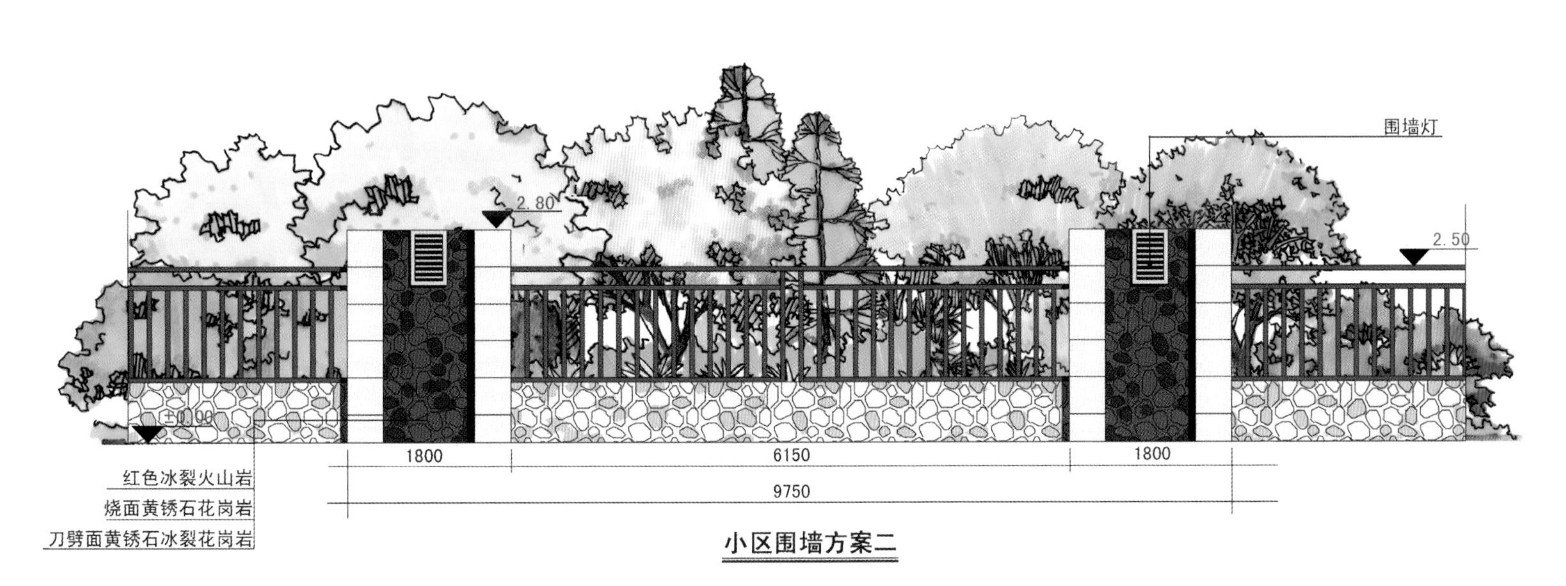

小区围墙方案二

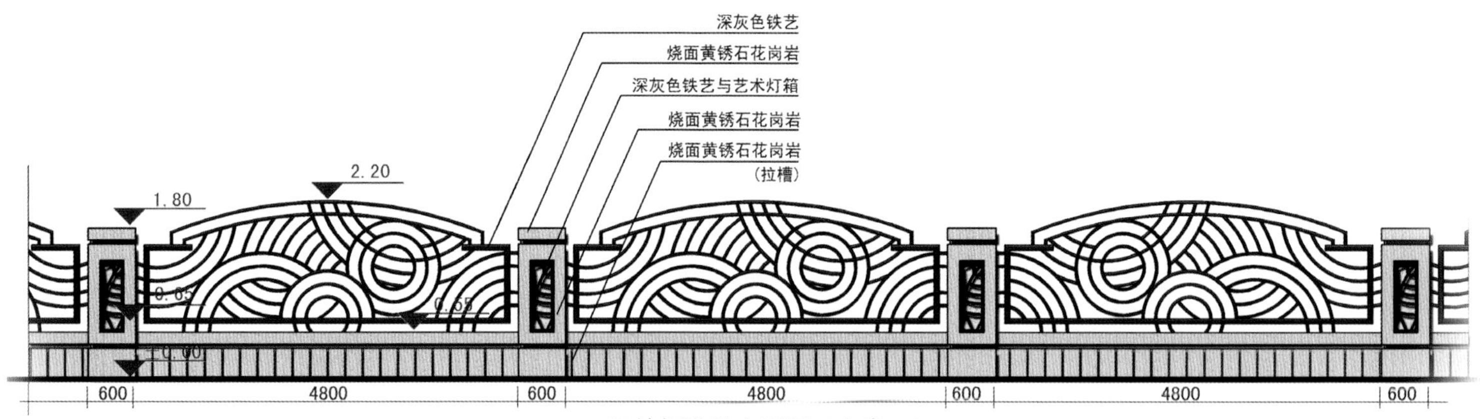

围墙标准段立面图（方案一）

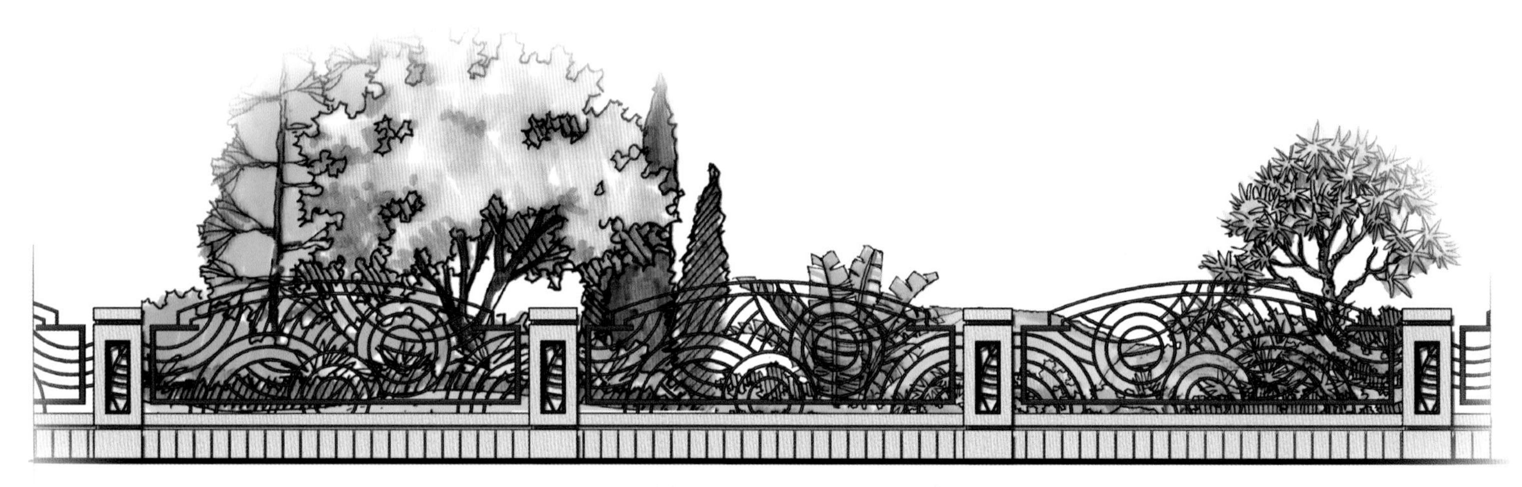

围墙标准段立面图效果（方案一）

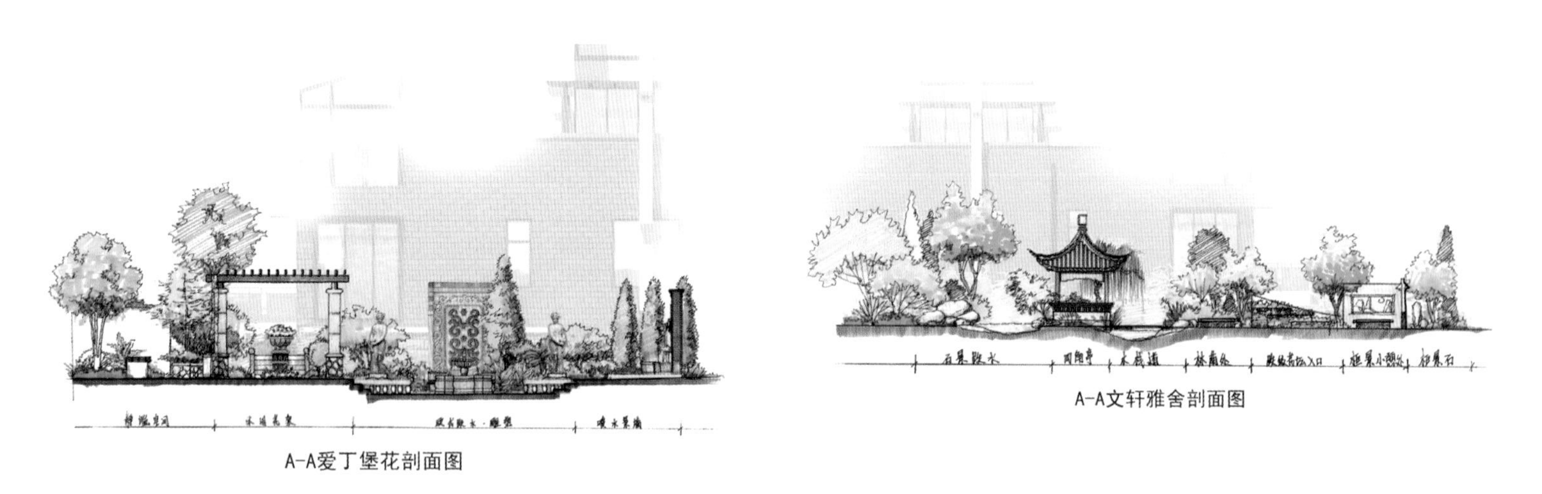

A-A爱丁堡花剖面图

A-A文轩雅舍剖面图

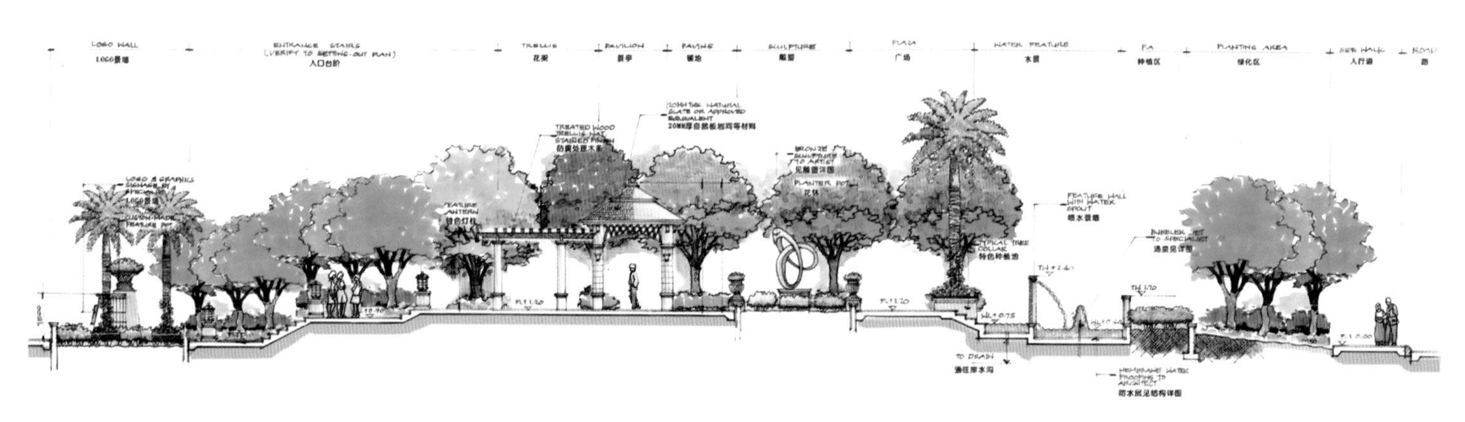

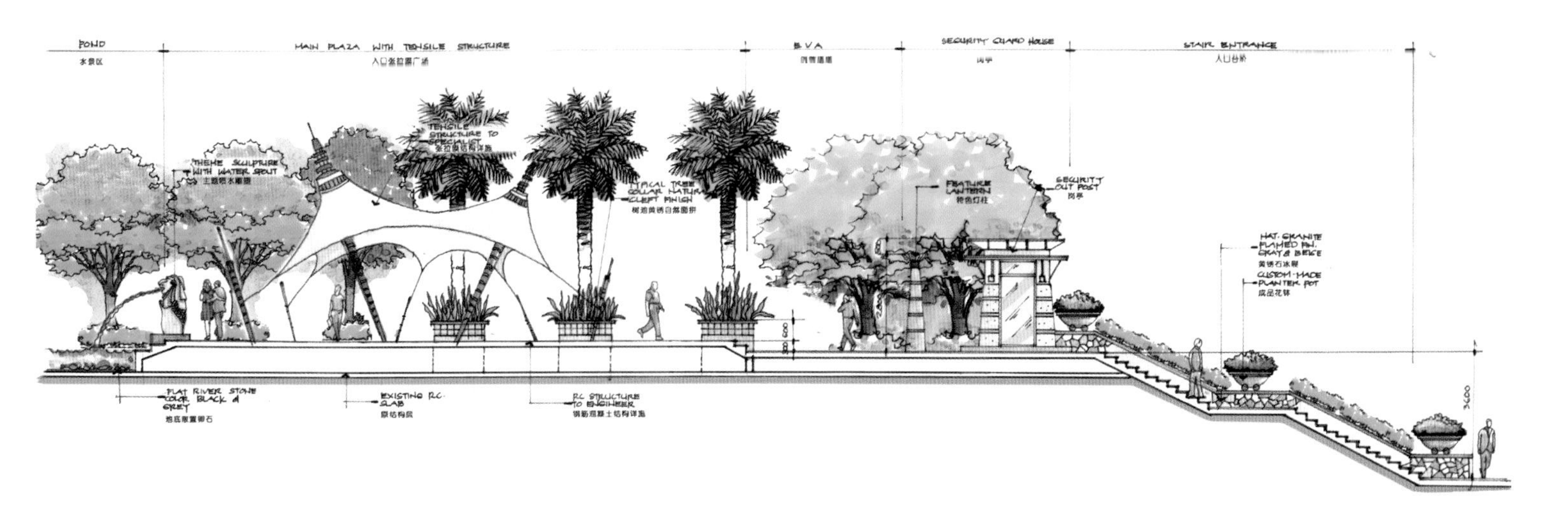

LANDSCAPE SECTION-04B
SCALE 1:30
PP-04节点B-B剖面 1：30

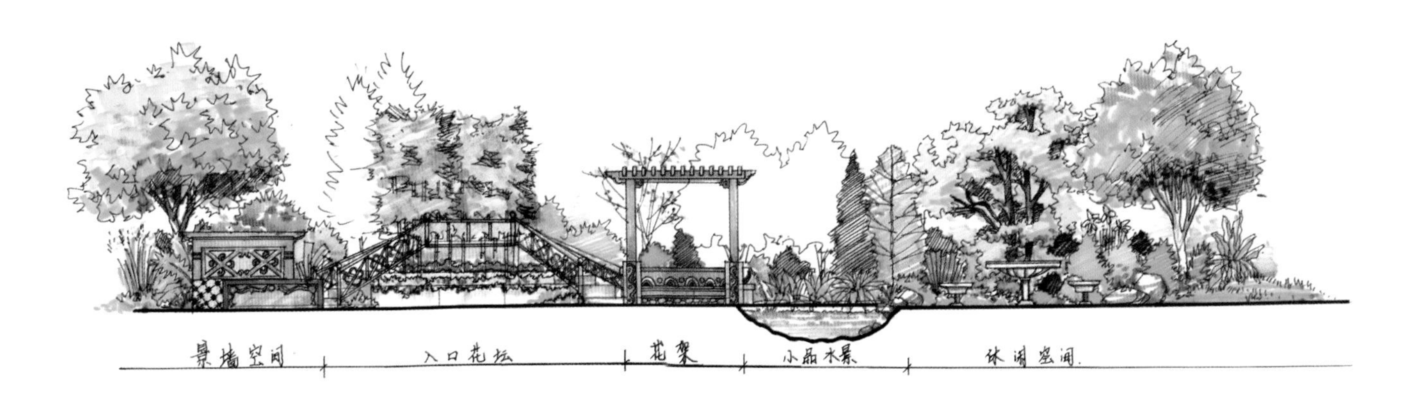

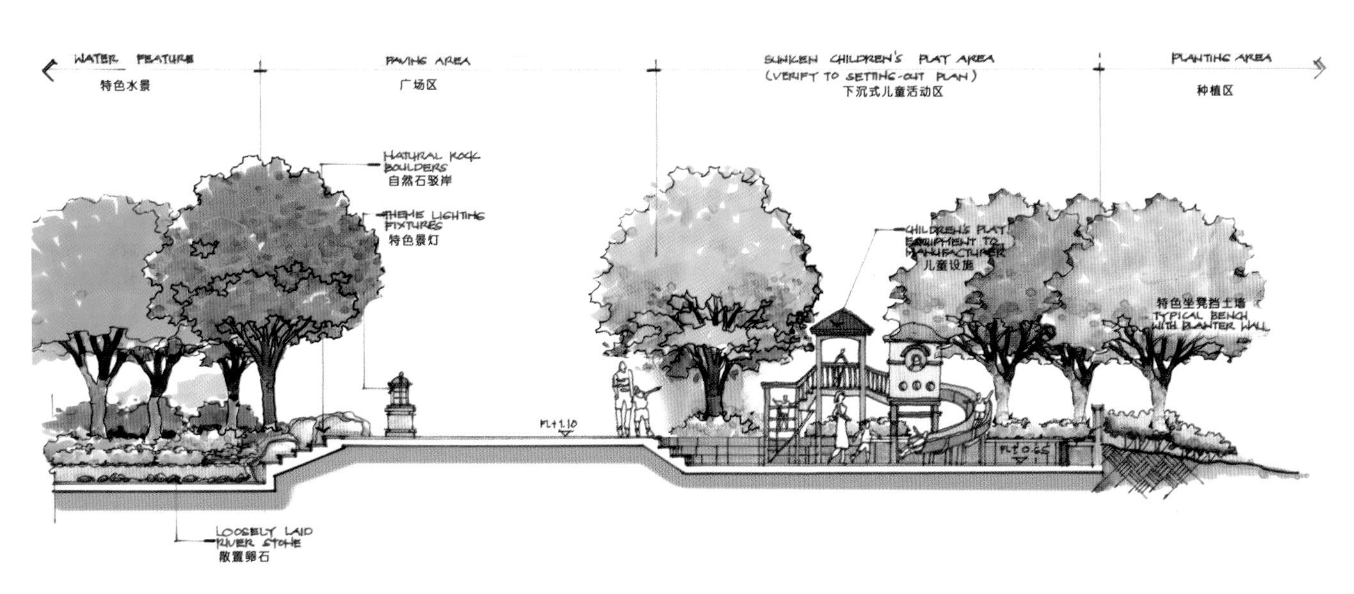

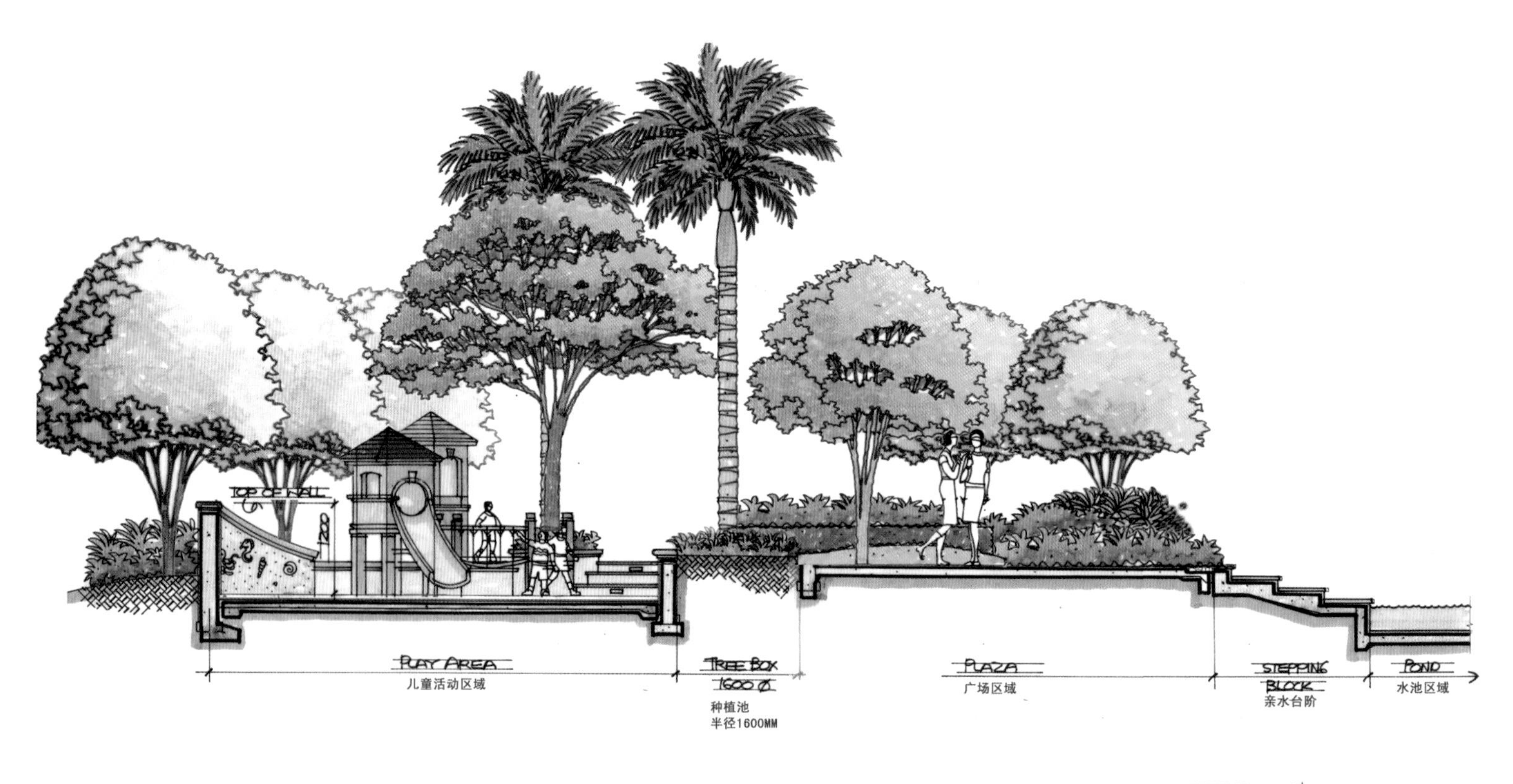
TOP OF WALL
PLAY AREA
儿童活动区域
TREE BOX
1600 Ø
种植池
半径1600MM
PLAZA
广场区域
STEPPING
BLOCK
亲水台阶
POND
水池区域

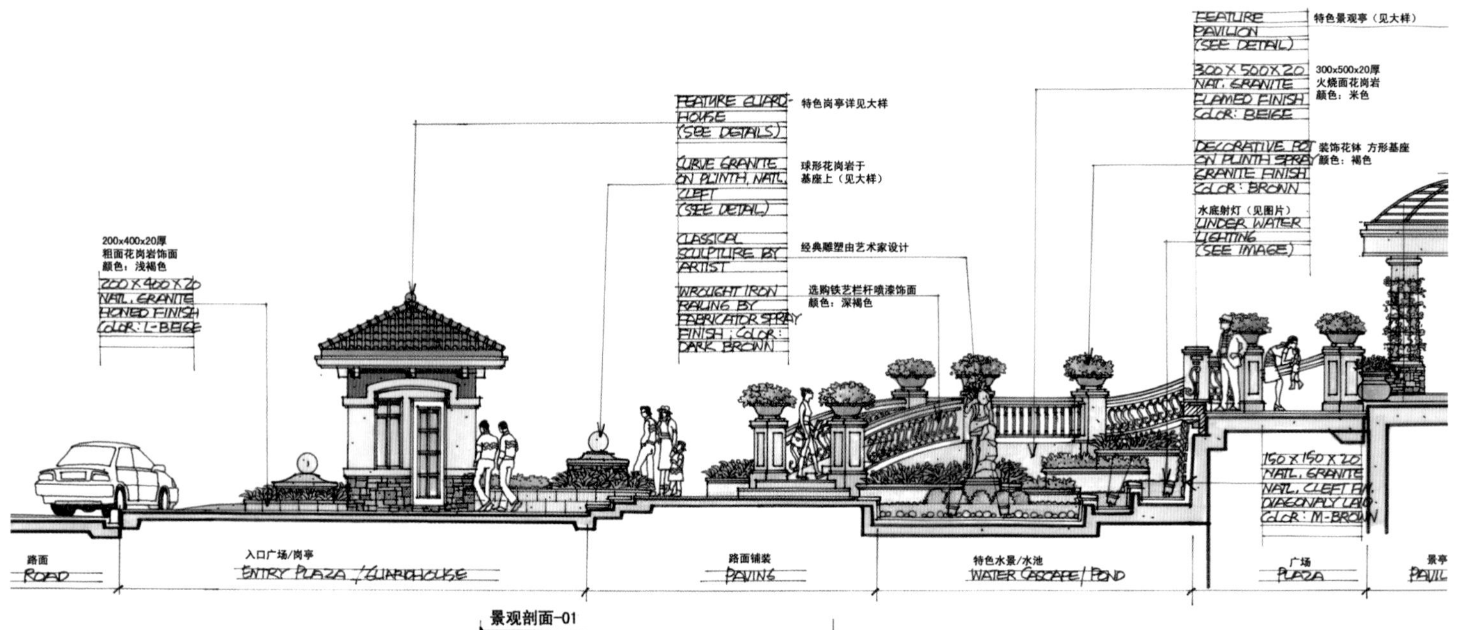
200x400x20厚
粗面花岗岩饰面
颜色：浅褐色
200 X 400 X 20
NATL. GRANITE
HONED FINISH
COLOR: L-BEIGE
FEATURE GUARD HOUSE (SEE DETAILS)
特色岗亭详见大样
CURVE GRANITE ON PLINTH, NATL. CLEFT (SEE DETAIL)
球形花岗岩于
基座上（见大样）
CLASSICAL SCULPTURE BY ARTIST
经典雕塑由艺术家设计
WROUGHT IRON RAILING BY FABRICATOR SPRAY FINISH; COLOR: DARK BROWN
选购铁艺栏杆喷漆饰面
颜色：深褐色
FEATURE PAVILION (SEE DETAIL)
特色景观亭（见大样）
300 X 500 X 20
NAT. GRANITE
FLAMED FINISH
COLOR: BEIGE
300x500x20厚
火烧面花岗岩
颜色：米色
DECORATIVE POT ON PLINTH SPRAY GRANITE FINISH COLOR: BRONN
装饰花钵 方形基座
颜色：褐色
水底射灯（见图片）
UNDER WATER LIGHTING (SEE IMAGE)
150 X 150 X 20
NATL. GRANITE
NATL. CLEFT FIN.
DIAGONALLY LAID
COLOR: M-BROWN
路面
ROAD
入口广场/岗亭
ENTRY PLAZA / GUARDHOUSE
路面铺装
PAVING
特色水景/水池
WATER CASCADE / POND
广场
PLAZA
景亭
PAVIL
景观剖面-01
LANDSCAPE SECTION-01
SCALE 1:50

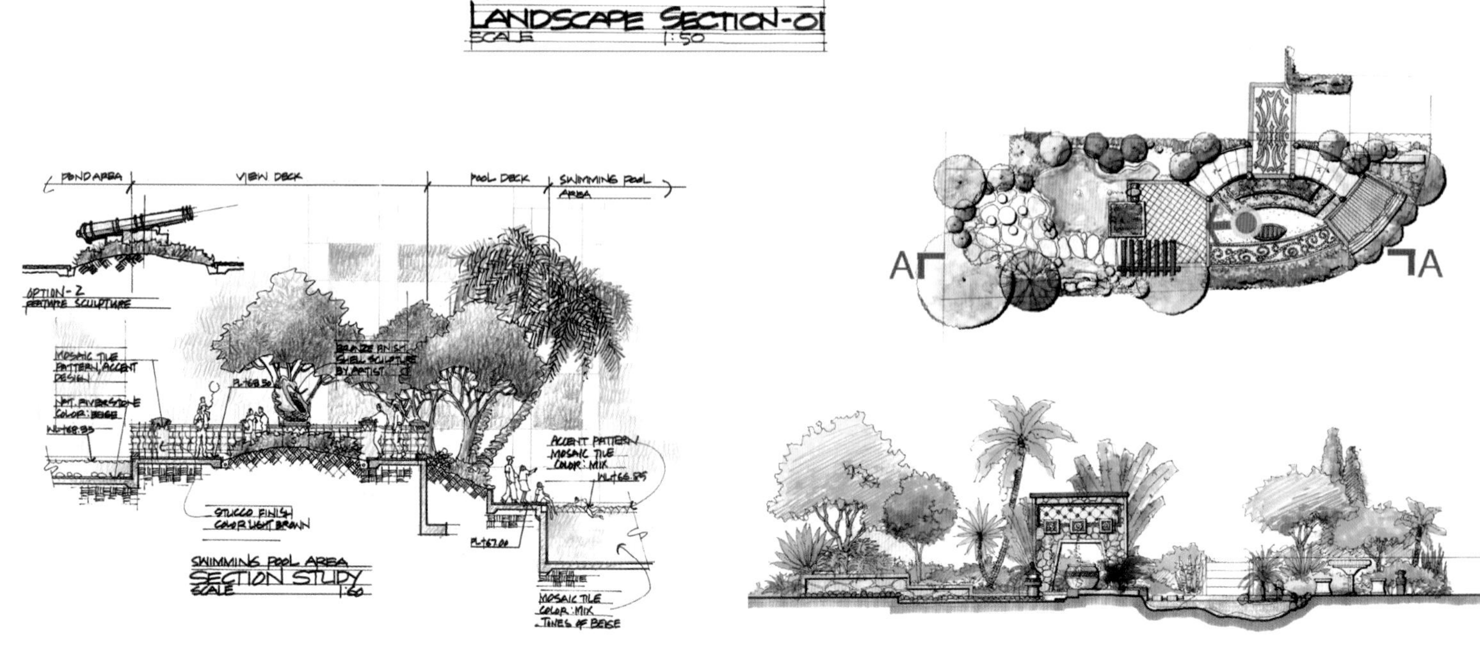
POND AREA
VIEW DECK
POOL DECK
SWIMMING POOL AREA
OPTION-2
FEATURE SCULPTURE
MOSAIC TILE PATTERN ACCENT DESIGN
STUCCO FINISH COLOR LIGHT BROWN
ACCENT PATTERN MOSAIC TILE COLOR: MIX
MOSAIC TILE COLOR: MIX TONES OF BEIGE
SWIMMING POOL AREA
SECTION STUDY
SCALE 1:60
A
A

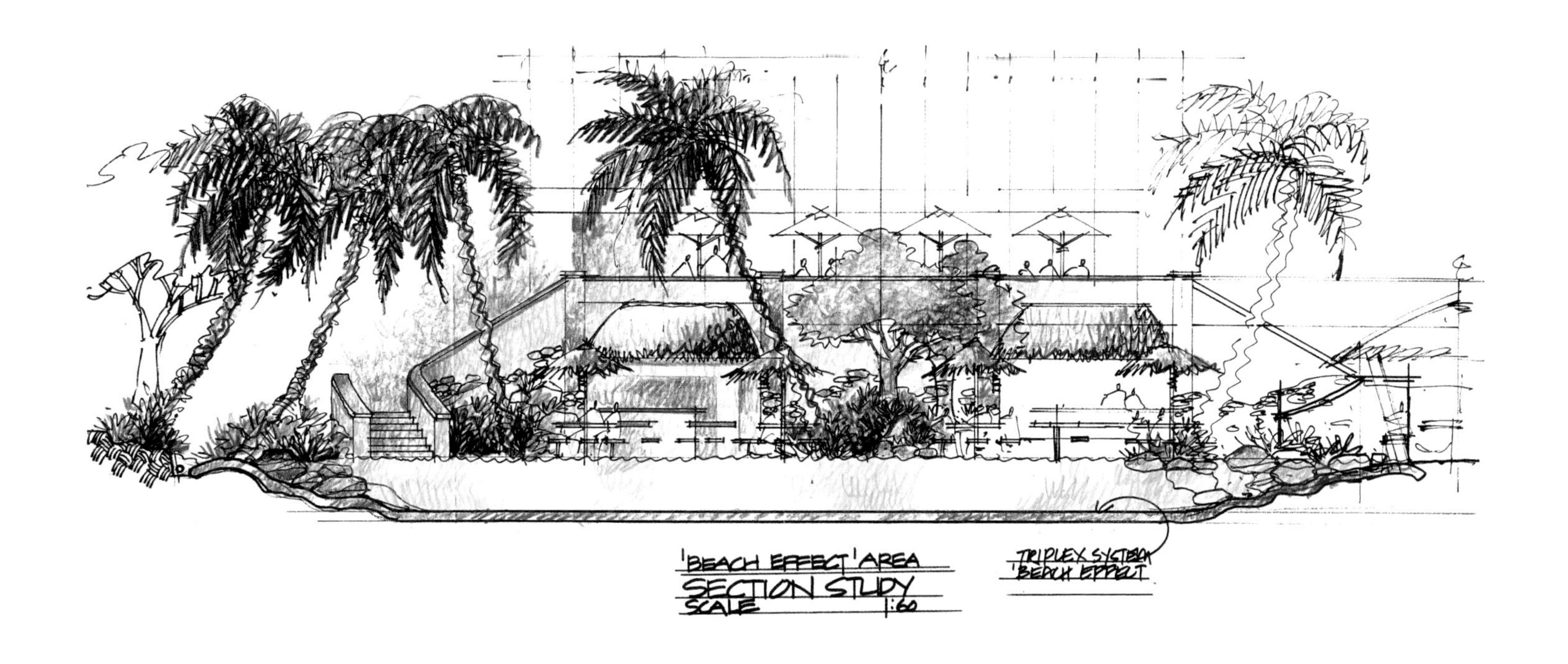

'BEACH EFFECT' AREA
SECTION STUDY
SCALE 1:60
TRIPLEX SYSTEM
'BEACH EFFECT'

特色景墙立面图 1:50

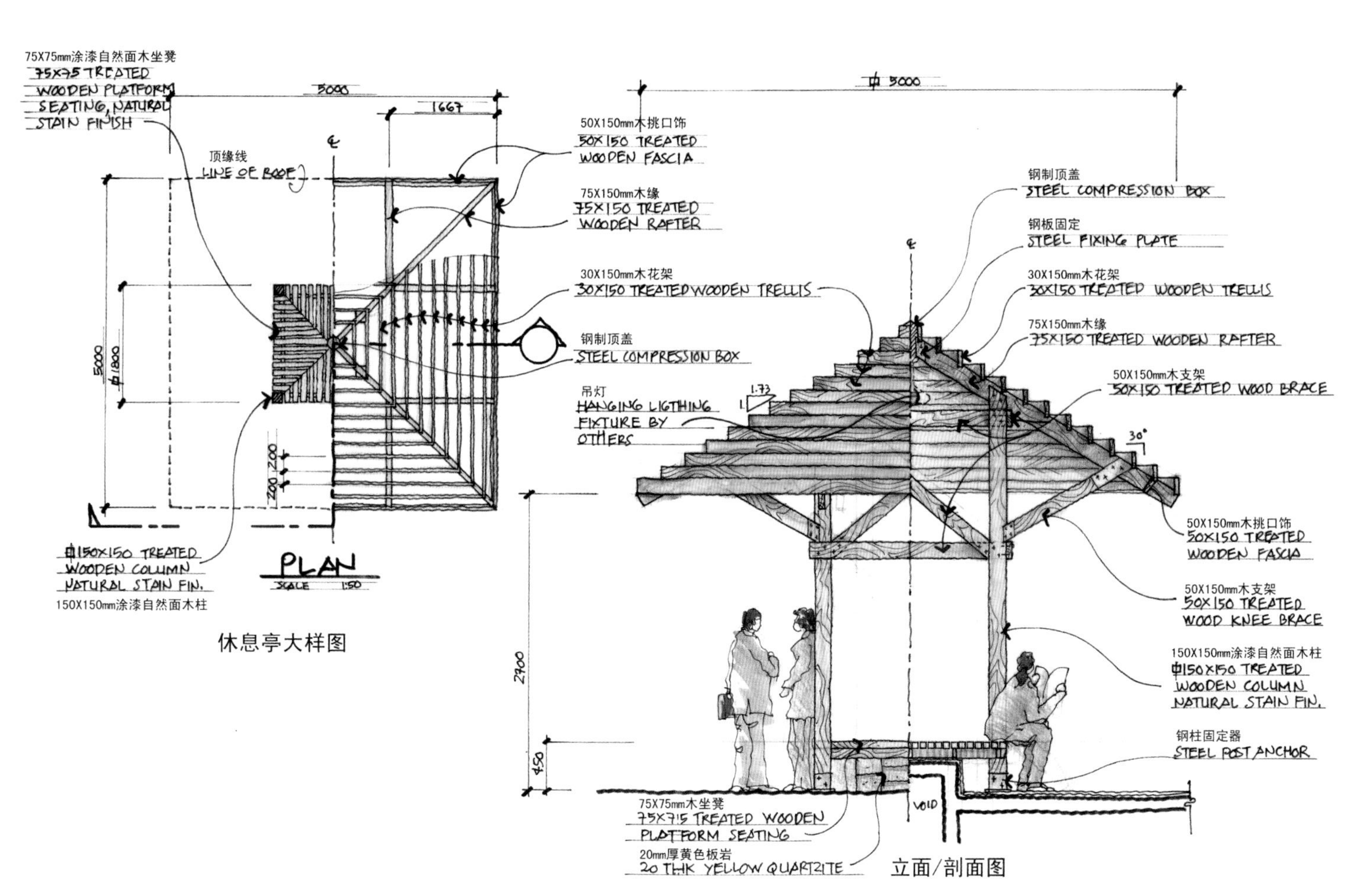

75X75mm涂漆自然面木坐凳
75X75 TREATED WOODEN PLATFORM SEATING, NATURAL STAIN FINISH
3000
1667
顶缘线
LINE OF ROOF
5000
1800
200 200 200
50X150mm木挑口饰
50X150 TREATED WOODEN FASCIA
75X150mm木椽
75X150 TREATED WOODEN RAFTER
30X150mm木花架
30X150 TREATED WOODEN TRELLIS
钢制顶盖
STEEL COMPRESSION BOX
150X150 TREATED WOODEN COLUMN NATURAL STAIN FIN.
150X150mm涂漆自然面木柱
PLAN
SCALE 1:50
休息亭大样图
3000
钢制顶盖
STEEL COMPRESSION BOX
钢板固定
STEEL FIXING PLATE
30X150mm木花架
30X150 TREATED WOODEN TRELLIS
75X150mm木椽
75X150 TREATED WOODEN RAFTER
吊灯
HANGING LIGTHING FIXTURE BY OTHERS
1.73
50X150mm木支架
50X150 TREATED WOOD BRACE
30°
50X150mm木挑口饰
50X150 TREATED WOODEN FASCIA
50X150mm木支架
50X150 TREATED WOOD KNEE BRACE
150X150mm涂漆自然面木柱
150X150 TREATED WOODEN COLUMN NATURAL STAIN FIN.
钢柱固定器
STEEL POST ANCHOR
2900
450
VOID
75X75mm木坐凳
75X75 TREATED WOODEN PLATFORM SEATING
20mm厚黄色板岩
20 THK YELLOW QUARTZITE
立面/剖面图

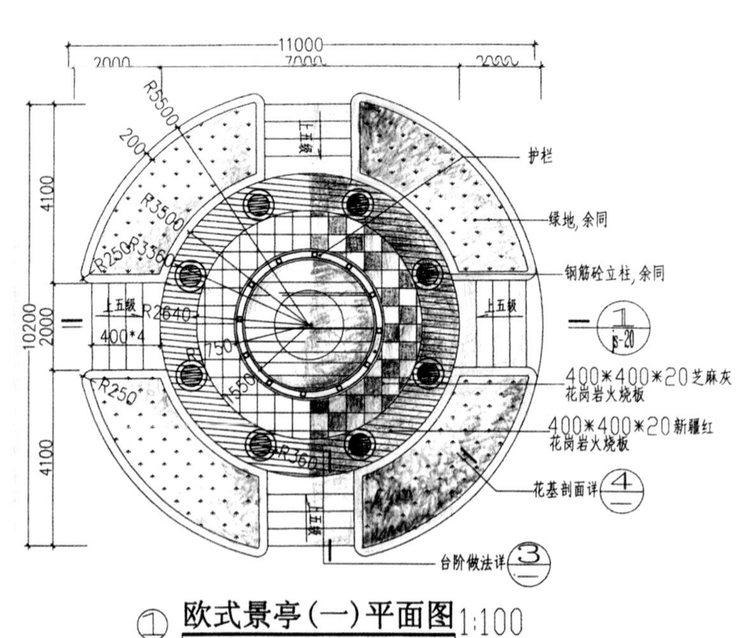

① 欧式景亭（一）平面图 1:100

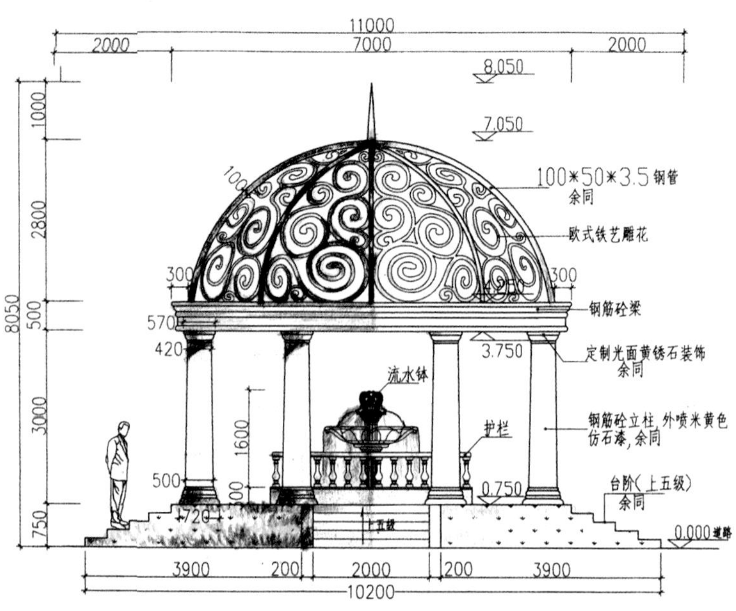

② 欧式景亭（一）立面图 1:75

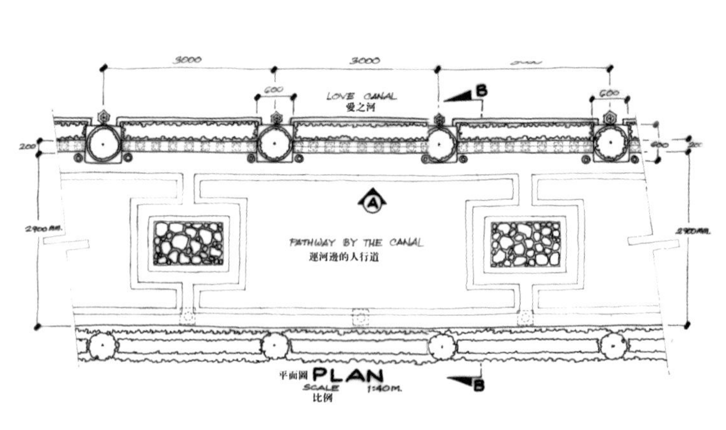

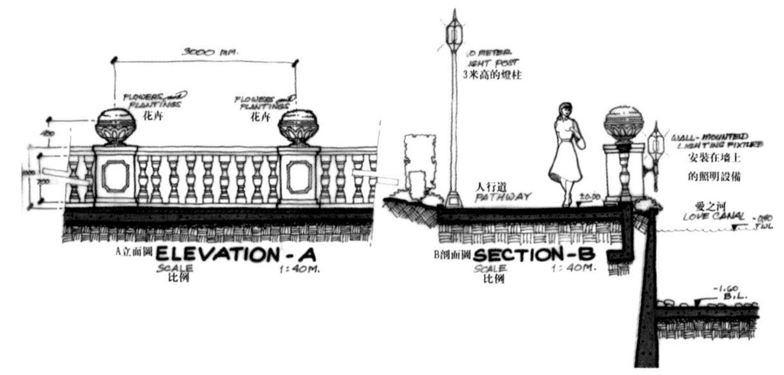

POSEIDON RISING:

上升中的波塞頓雕塑效果圖

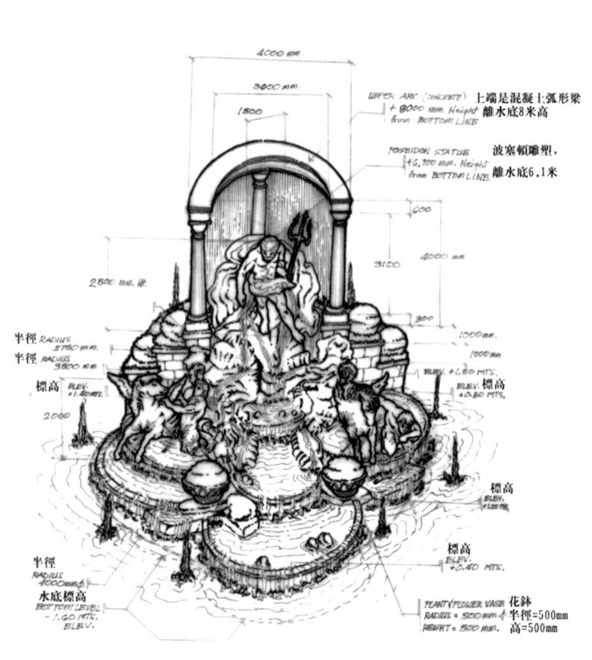

效果圖

PERSPECTIVE

POSEIDON RISING:

上升中的波塞頓雕塑剖面圖

7600 MM.

1350 1150 2200 700 450 850 900

550

CONCRET ARCHED BEAM and COLUMN with WATER CURTAIN

混凝土弧形梁和柱以水幕墻爲裝飾

波塞頓雕塑

POSEIDON STATUE

3250

2500

1000

8000 MM.

波塞頓的戰士及其有翼的飛馬

POSEIDON'S WARRIOR WITH WINGED HORSE

植物

PLANTINGS

以混凝土花鉢種花裝飾

DECORATED CONCRETE VASE WITH FLOWERS and PLANTS

6700 MM.

500

600

600

600

500

WATERFALLS

瀑布

噴泉

FOUNTAIN

2150

鋪地飾面層

WALKWAY FINISHED FLOOR LINE

±0.00

WATERFALLS

瀑布

2800

T.W.L. -0.40

水面標高

礫石層

GRAVEL BEDDING

COMPACTED SOIL

素土夯實

水底標高

-1.60 B.L.

AS PER ENGINEER'S DETAILS

詳圖由工程師提供

剖面圖

CROSS SECTION

SCALE 1:40 MTS.

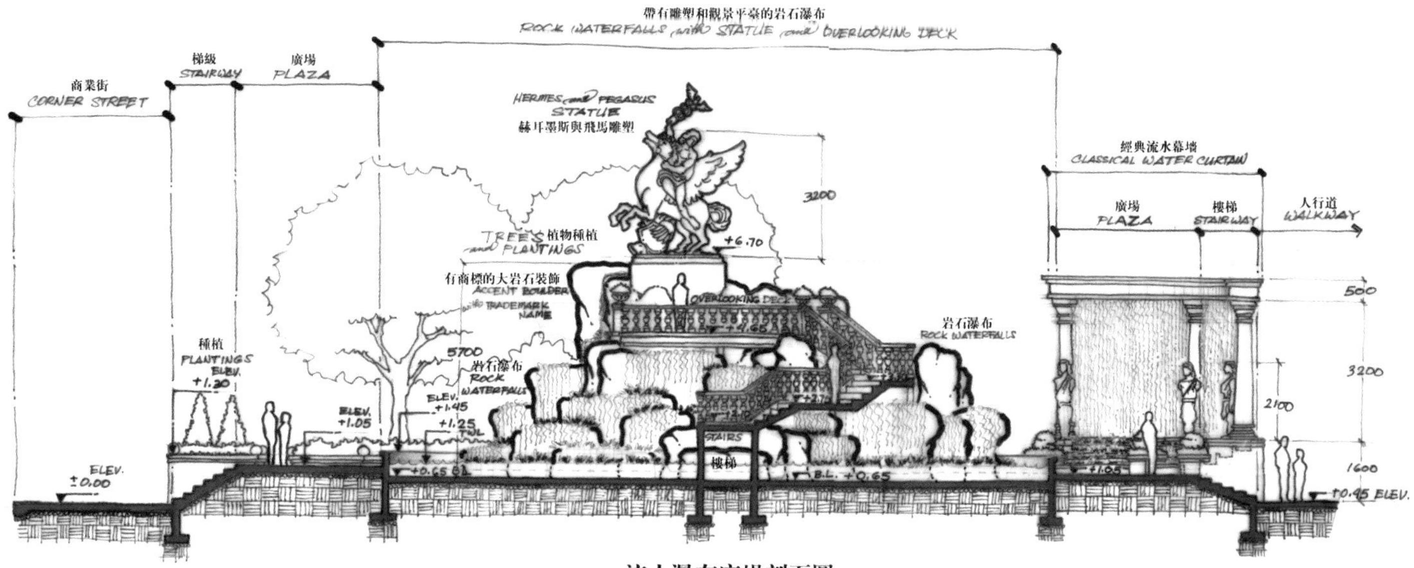

流水瀑布廣場剖面圖

SECTION @ WATERFALLS PLAZA

SCALE 比例 1 = 100 MTS.

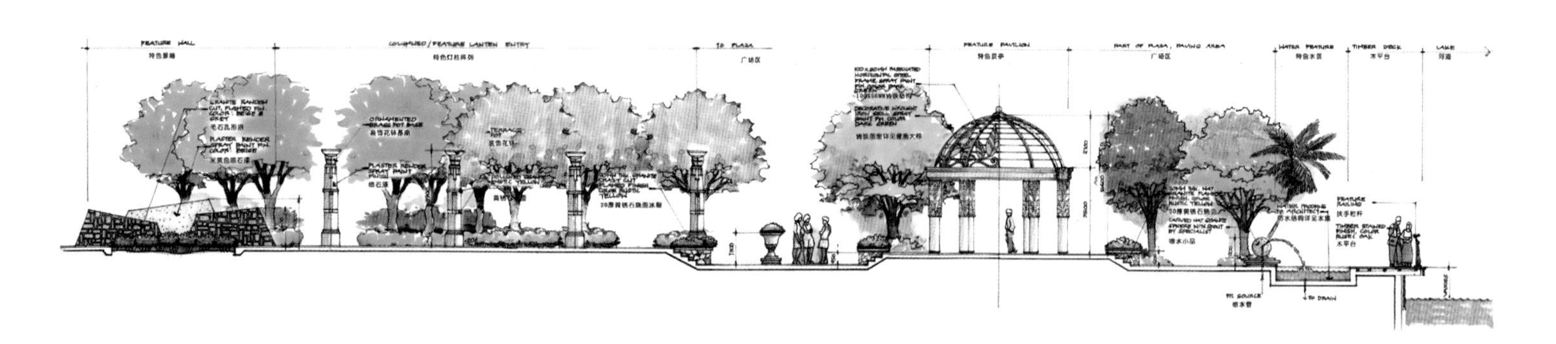

∴ A MULTI-PURPOSE PAVILLION, THAT CAN BE USED FOR SMALL OCCASSIONS and GET-TOGETHER PARTIES, and CAN ALSO ACCOMODATE SMALL BANDS and MUSICIANS.

多用途亭，可用于小場合或聚會、聯歡會，也可以用于小樂隊的演奏會。

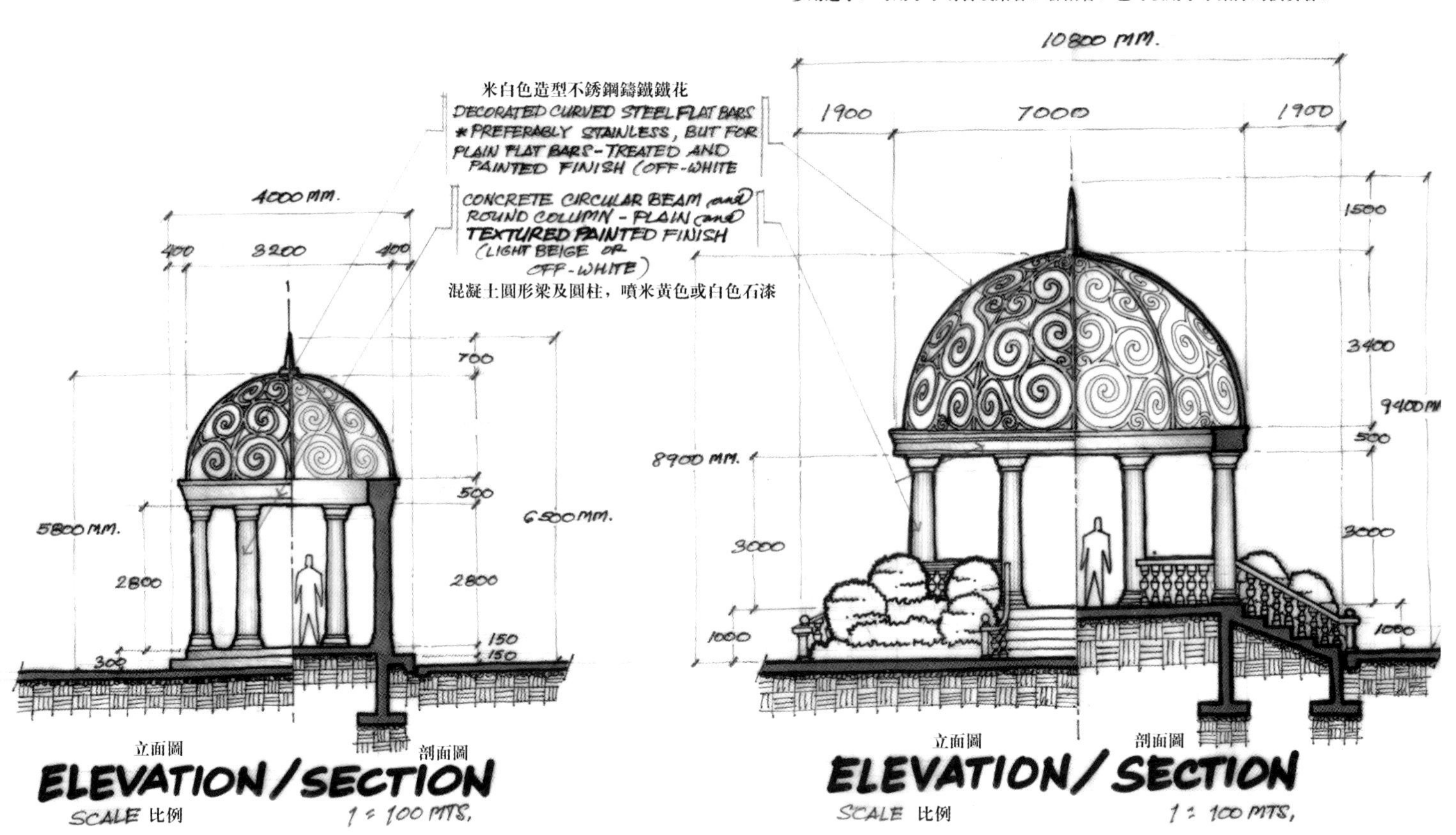

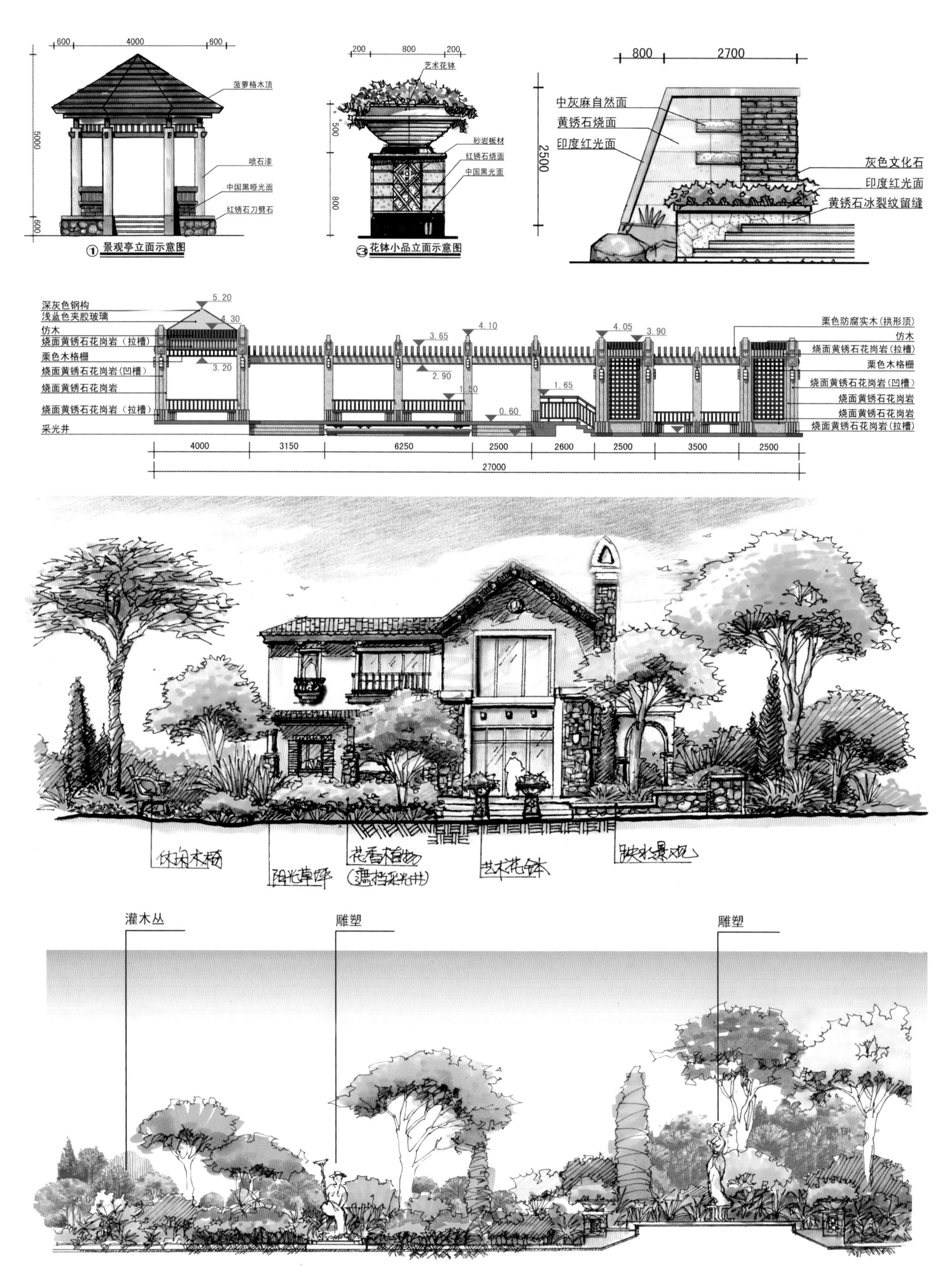
600
4000
600
5000
600
菠萝格木顶
喷石漆
中国黑哑光面
红锈石刀劈石
①景观亭立面示意图
200
800
200
艺术花钵
500
800
砂岩板材
红锈石烧面
中国黑光面
③花钵小品立面示意图
800
2700
2500
中灰麻自然面
黄锈石烧面
印度红光面
灰色文化石
印度红光面
黄锈石冰裂纹留缝
深灰色钢构
浅蓝色夹胶玻璃
仿木
烧面黄锈石花岗岩（拉槽）
栗色木格栅
烧面黄锈石花岗岩（凹槽）
烧面黄锈石花岗岩
烧面黄锈石花岗岩（拉槽）
采光井
5.20
4.30
3.20
3.65
2.90
4.10
1.50
0.60
1.65
4.05
3.90
栗色防腐实木（拱形顶）
仿木
烧面黄锈石花岗岩（拉槽）
栗色木格栅
烧面黄锈石花岗岩（凹槽）
烧面黄锈石花岗岩
烧面黄锈石花岗岩
烧面黄锈石花岗岩（拉槽）
4000
3150
6250
2500
2600
2500
3500
2500
27000
休闲木椅
阳光草坪
花香植物
（遮挡采光井）
艺术花钵
跌水景观
灌木丛
雕塑
雕塑

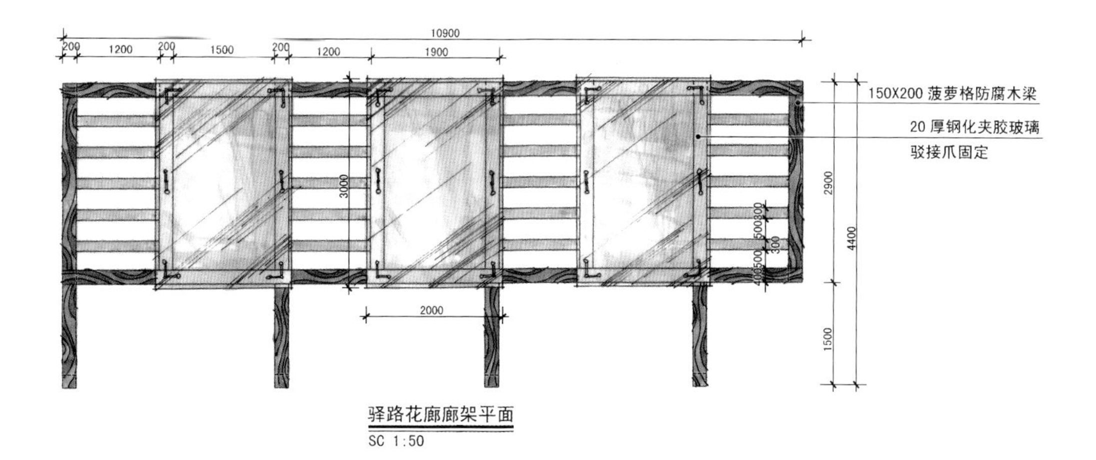

驿路花廊廊架平面

SC 1:50

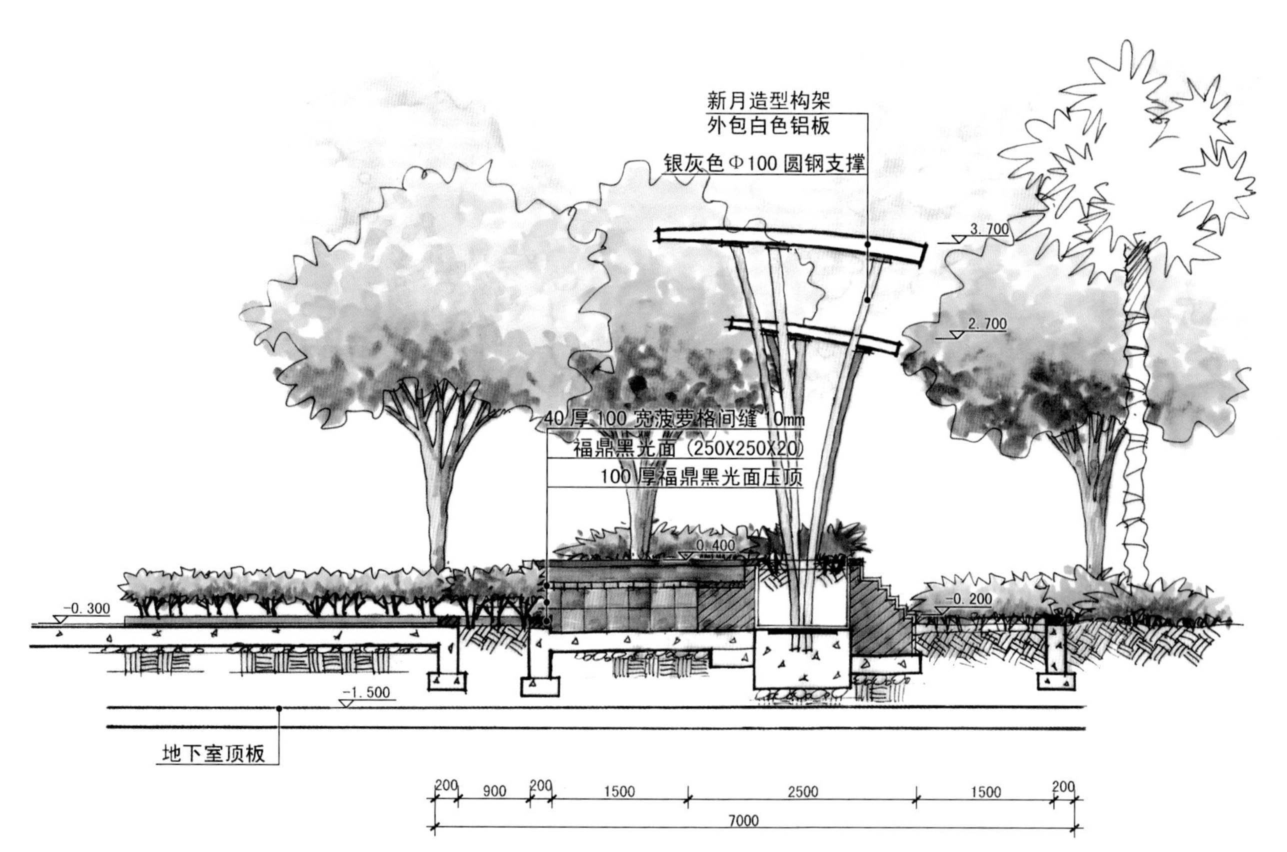

B--B 剖面

SC 1:50

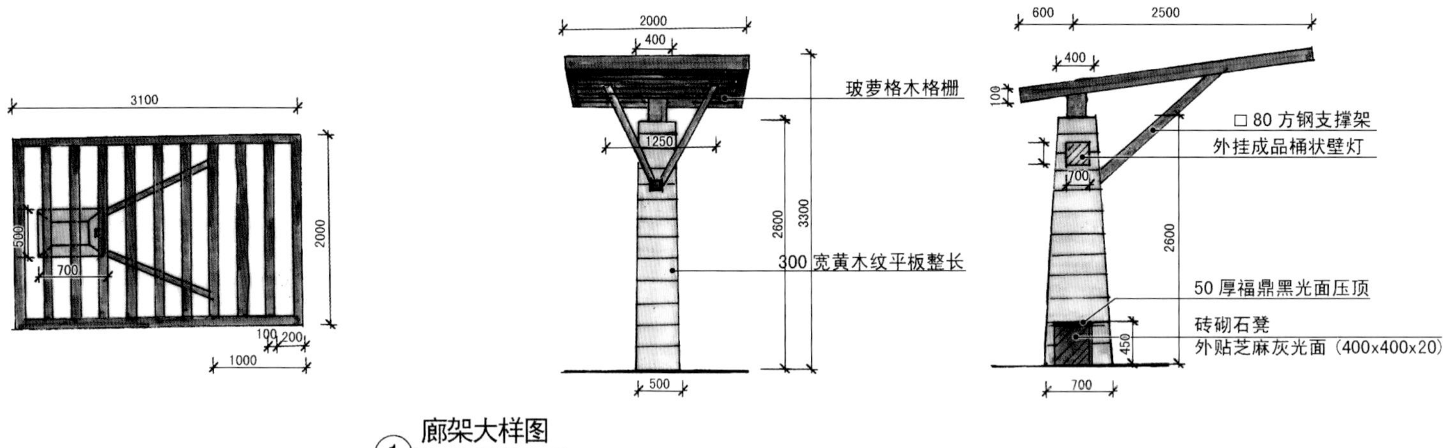

廊架大样图

SC:1:40

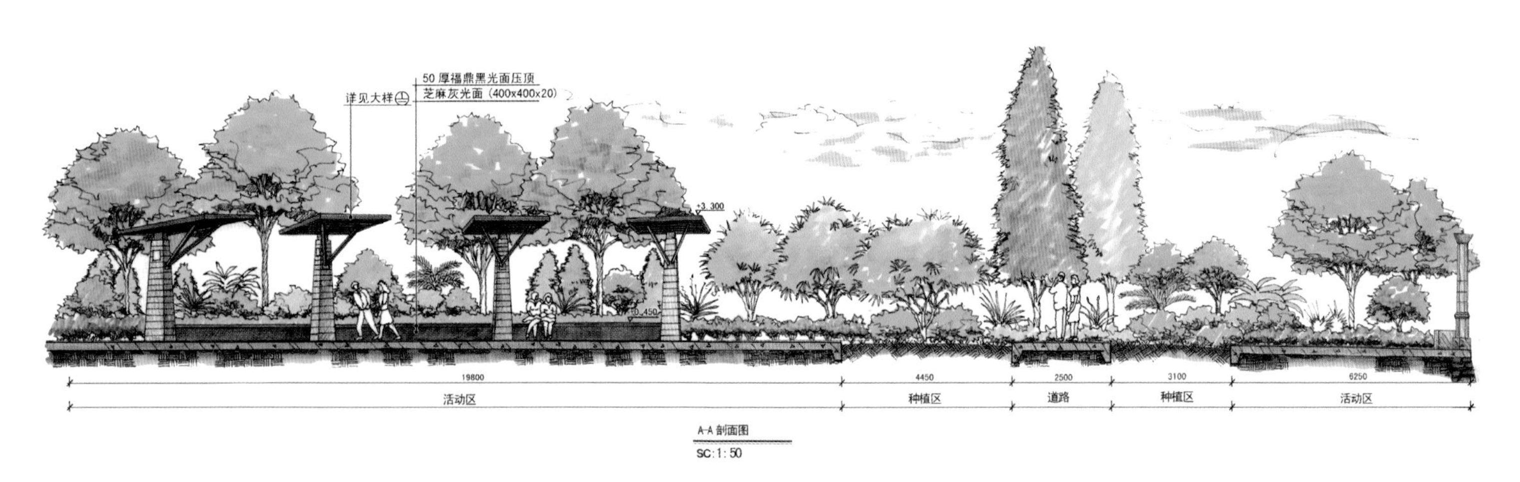

A-A 剖面图

SC:1:50

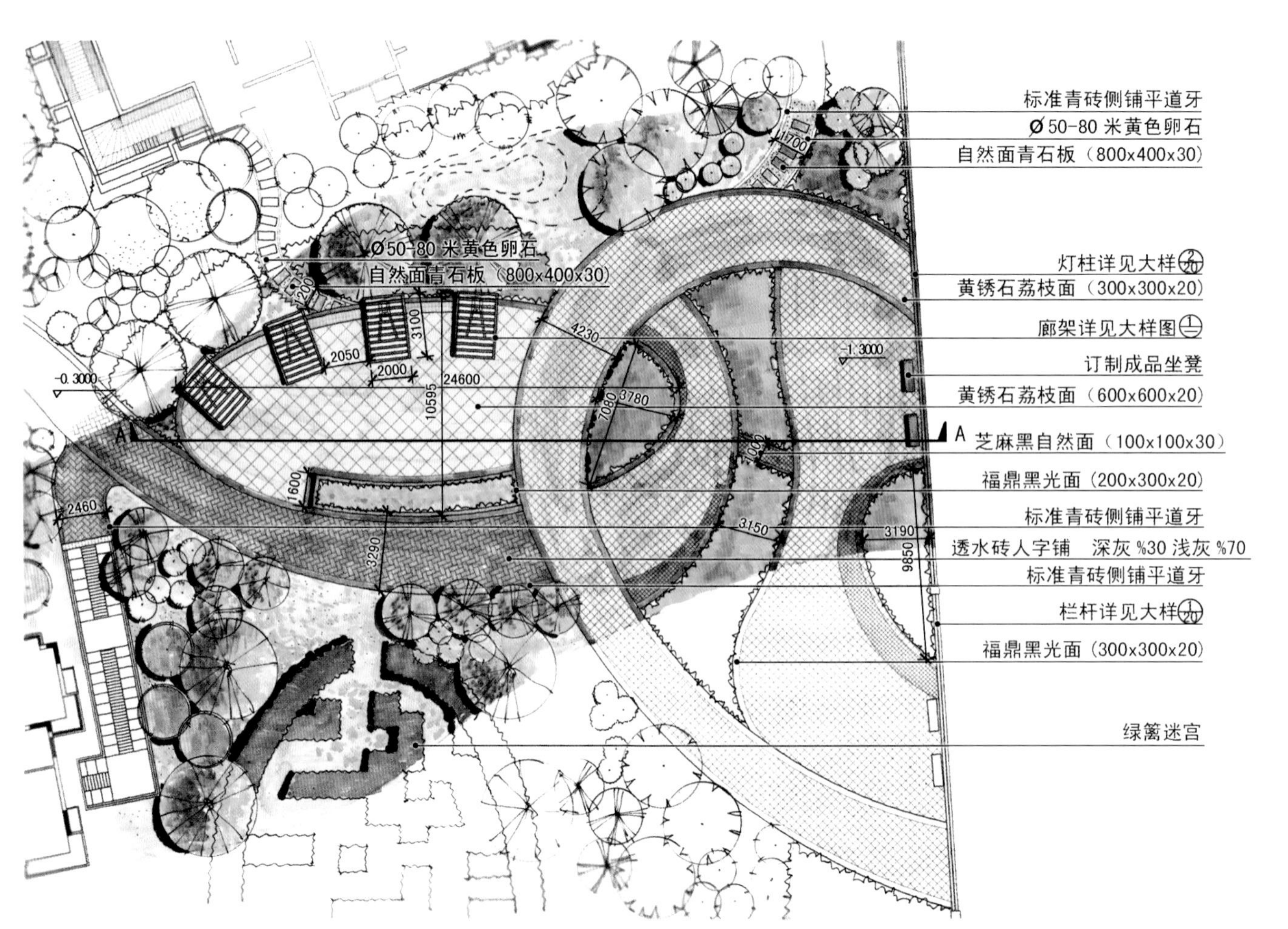

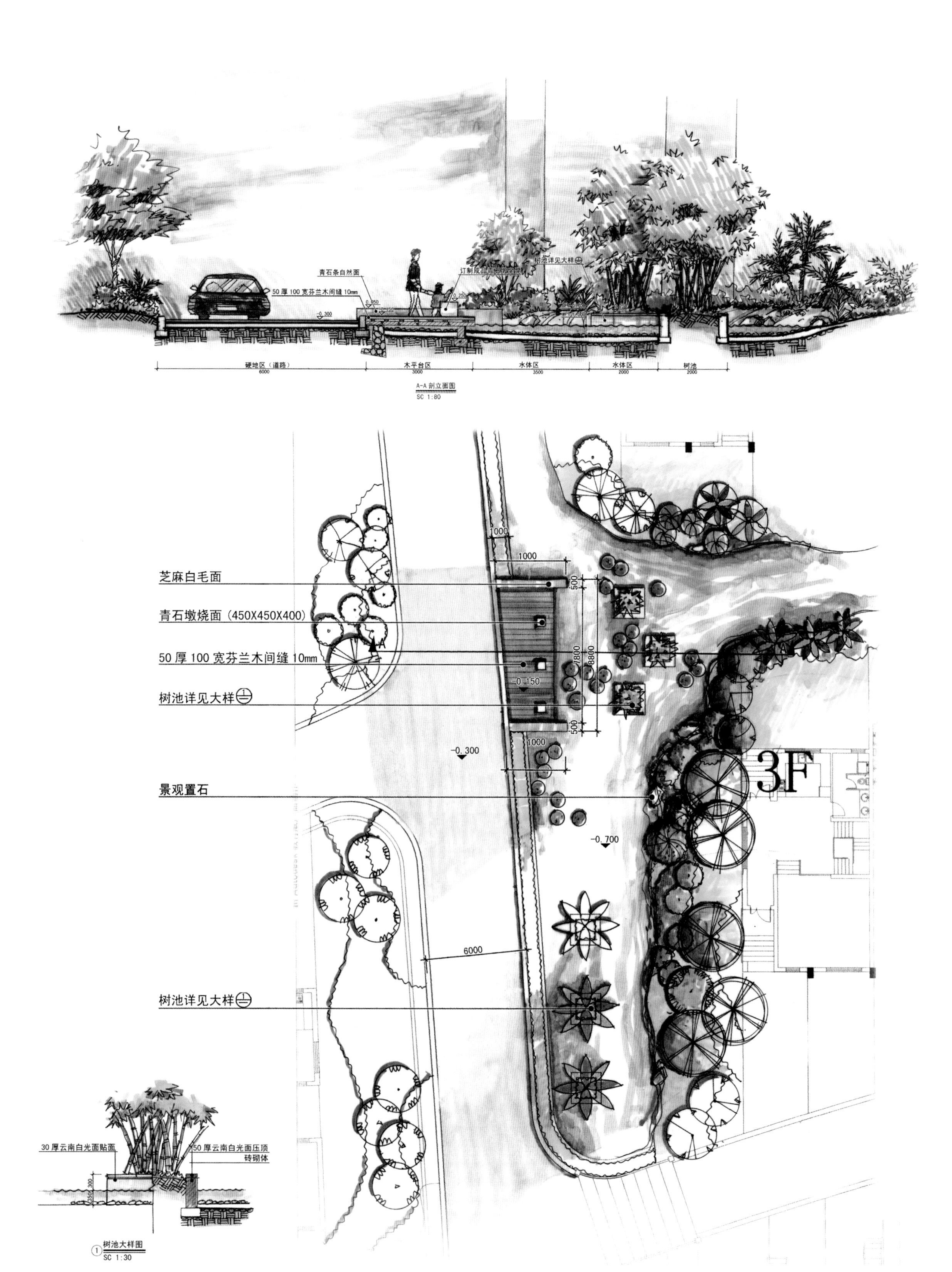
青石条自然面
50 厚 100 宽芬兰木间缝 10mm
订制成品青石墩坐凳
树池详见大样
0.050
-0.150
-0.300
0.250
硬地区（道路）
6000
木平台区
3000
水体区
3500
水体区
2000
树池
2000
A-A 剖立面图
SC 1:80
芝麻白毛面
青石墩烧面（450X450X400）
50 厚 100 宽芬兰木间缝 10mm
树池详见大样
1000
1000
500
7800
8800
500
1000
-0.150
-0.300
景观置石
-0.700
3F
6000
树池详见大样
30 厚云南白光面贴面
50 厚云南白光面压顶
砖砌体
300
350
树池大样图
SC 1:30

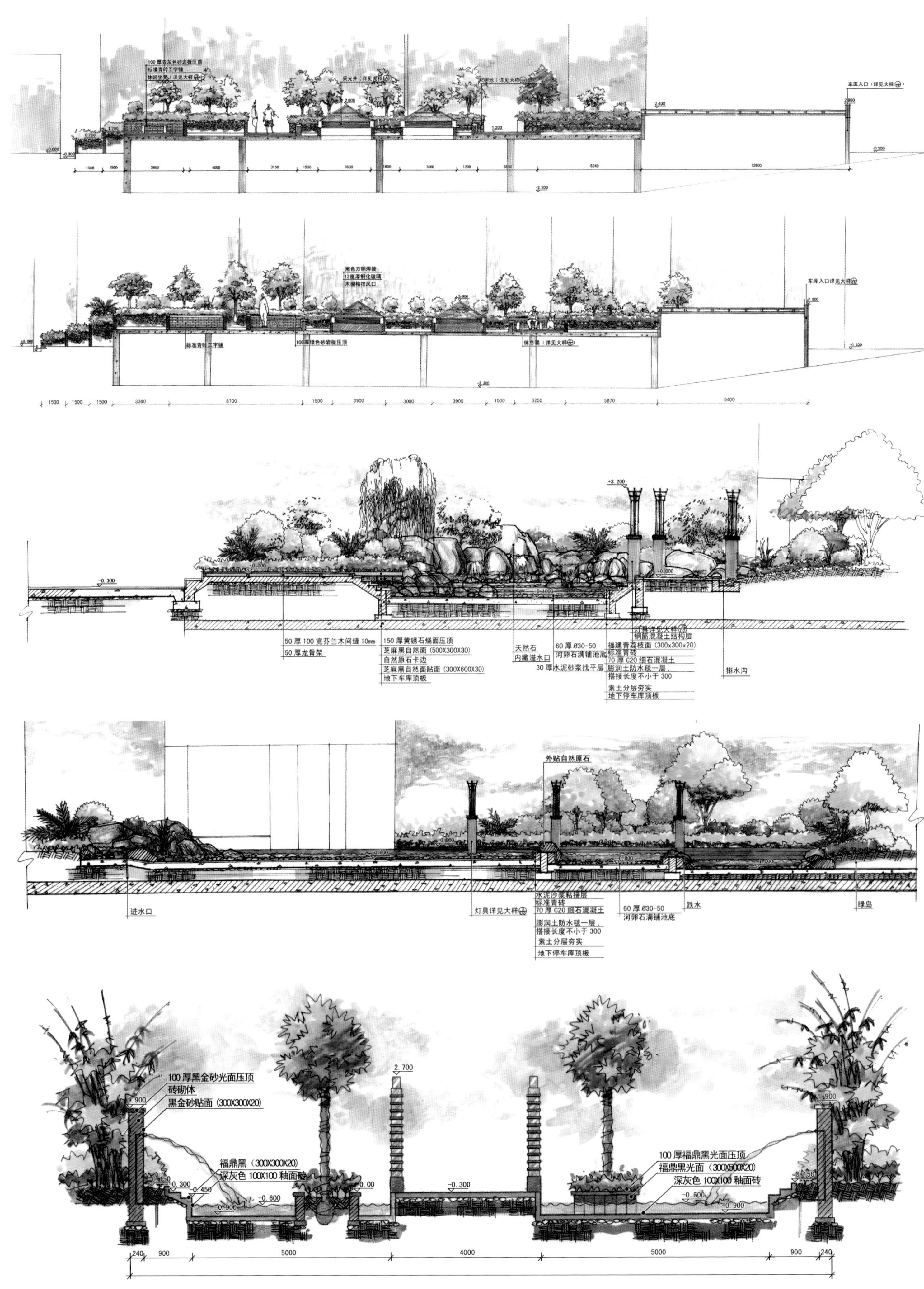

车库入口（详见大样）
车库入口详见大样
50 厚 100 宽芬兰木间缝 10mm
50 厚龙骨架
150 厚黄锈石烧面压顶
芝麻黑自然面（500X300X30）
自然原石卡边
芝麻黑自然面贴面（300X600X30）
地下车库顶板
天然石
内藏溢水口
60 厚 Ø30-50
河卵石满铺池底
30 厚水泥砂浆找平层
钢筋混凝土结构层
福建青荔枝面（300x300x20）
标准青砖
70 厚 C20 细石混凝土
膨润土防水毯一层，
搭接长度不小于 300
素土分层夯实
地下停车库顶板
排水沟
外贴自然原石
进水口
灯具详见大样
水泥沙浆粘接层
标准青砖
70 厚 C20 细石混凝土
膨润土防水毯一层，
搭接长度不小于 300
素土分层夯实
地下停车库顶板
60 厚 Ø30-50
河卵石满铺池底
跌水
绿岛
100 厚黑金砂光面压顶
砖砌体
黑金砂贴面（300X300X20）
福鼎黑（300X300X20）
深灰色 100X100 釉面砖
100 厚福鼎黑光面压顶
福鼎黑光面（300X500X20）
深灰色 100X100 釉面砖
2.700
0.900
-0.150
-0.300
-0.450
-0.600
-0.900
0.00
240
900
5000
4000

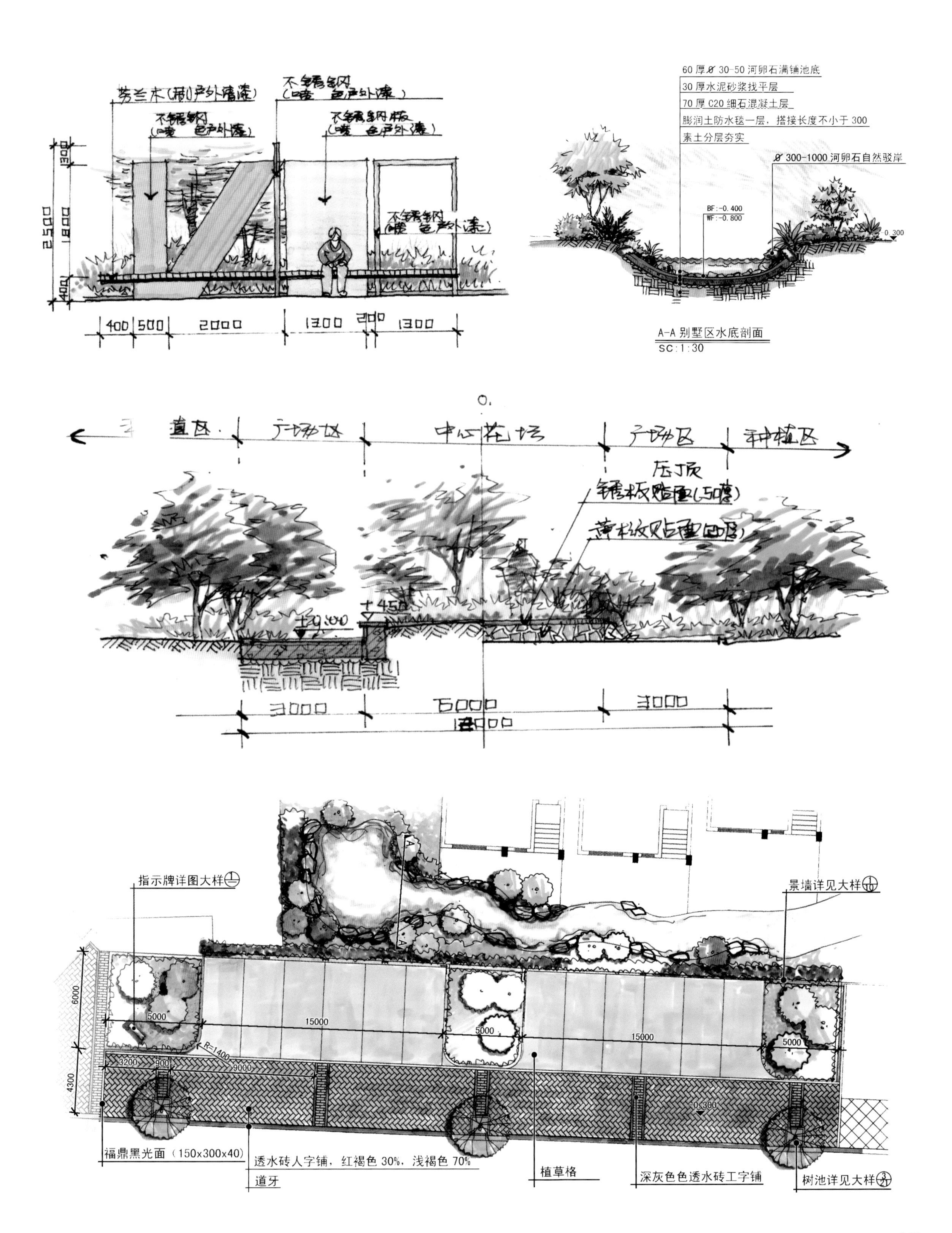

2500
1800
300
400
400
500
2000
1300
200
1300
60 厚Ø 30-50 河卵石满铺池底
30 厚水泥砂浆找平层
70 厚 C20 细石混凝土层
膨润土防水毯一层，搭接长度不小于 300
素土分层夯实
Ø 300-1000 河卵石自然驳岸
BF:-0.400
WF:-0.800
0.300
A-A 别墅区水底剖面
SC:1:30
广场区
中心花坛
广场区
种植区
压顶
+450
3000
6000
3000
指示牌详图大样
景墙详见大样
6000
4300
5000
15000
5000
15000
5000
3200
900
R=1400
9000
-0.300
福鼎黑光面（150x300x40）
透水砖人字铺，红褐色 30%，浅褐色 70%
道牙
植草格
深灰色色透水砖工字铺
树池详见大样

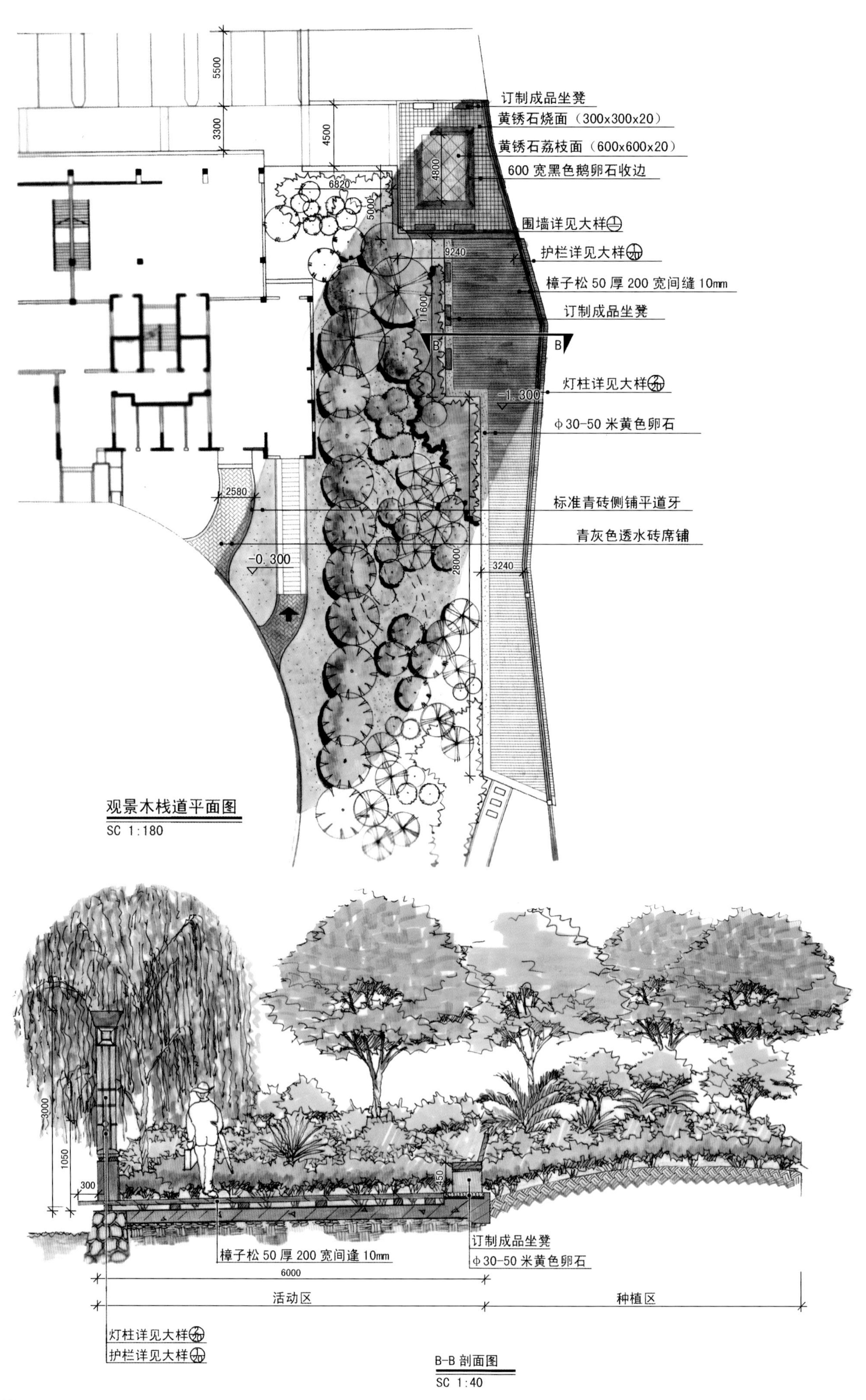
5500
3300
4500
6820
5000
4800
9240
11600
2580
28000
3240
-1.300
-0.300
B
订制成品坐凳
黄锈石烧面（300x300x20）
黄锈石荔枝面（600x600x20）
600 宽黑色鹅卵石收边
围墙详见大样
护栏详见大样
樟子松 50 厚 200 宽间缝 10mm
订制成品坐凳
灯柱详见大样
φ30-50 米黄色卵石
标准青砖侧铺平道牙
青灰色透水砖席铺
观景木栈道平面图
SC 1:180
3000
1050
300
450
樟子松 50 厚 200 宽间逢 10mm
订制成品坐凳
φ30-50 米黄色卵石
6000
活动区
种植区
灯柱详见大样
护栏详见大样
B-B 剖面图
SC 1:40

① 围墙立面图
SC 1:60

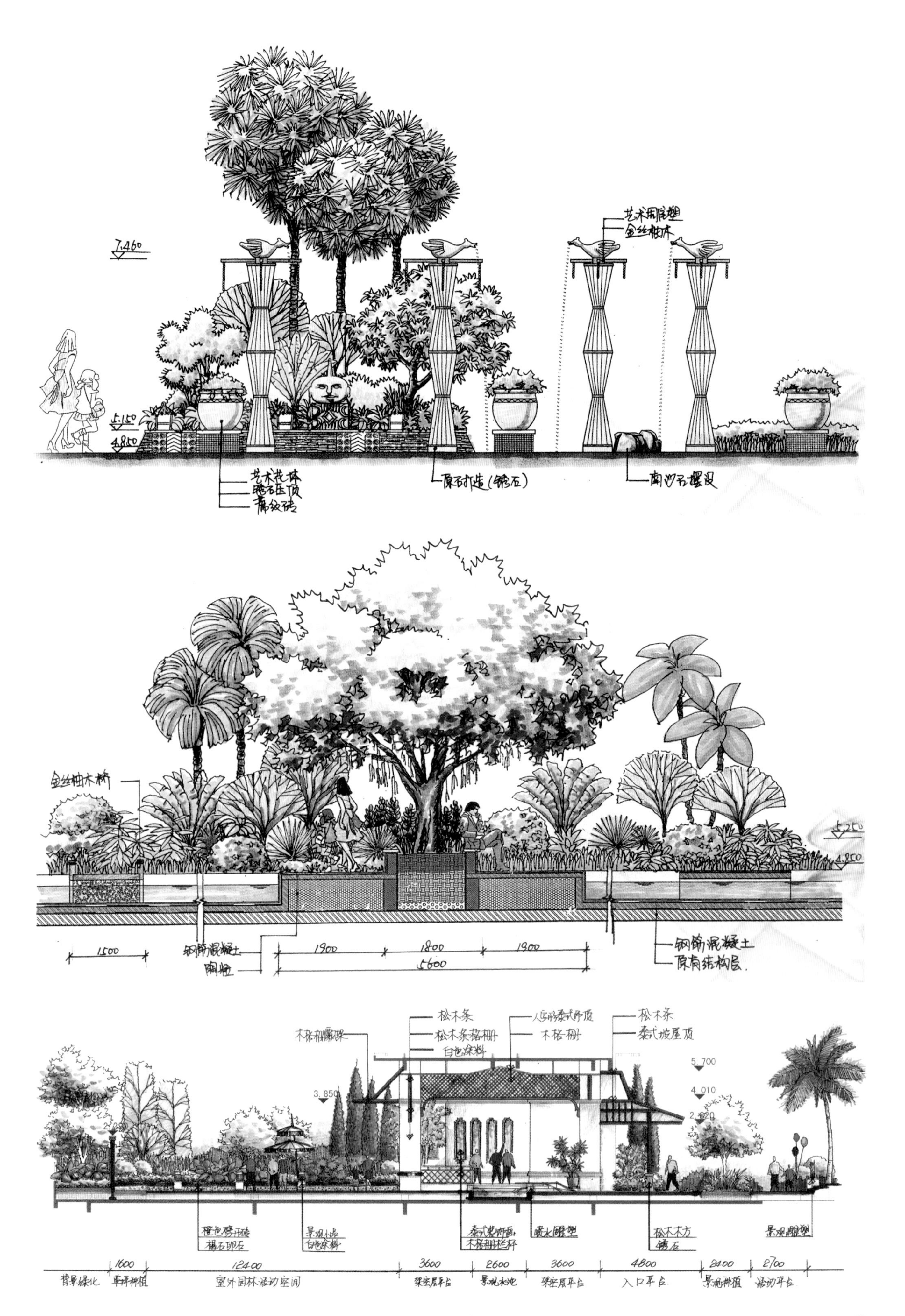

A-A剖面图　　C区

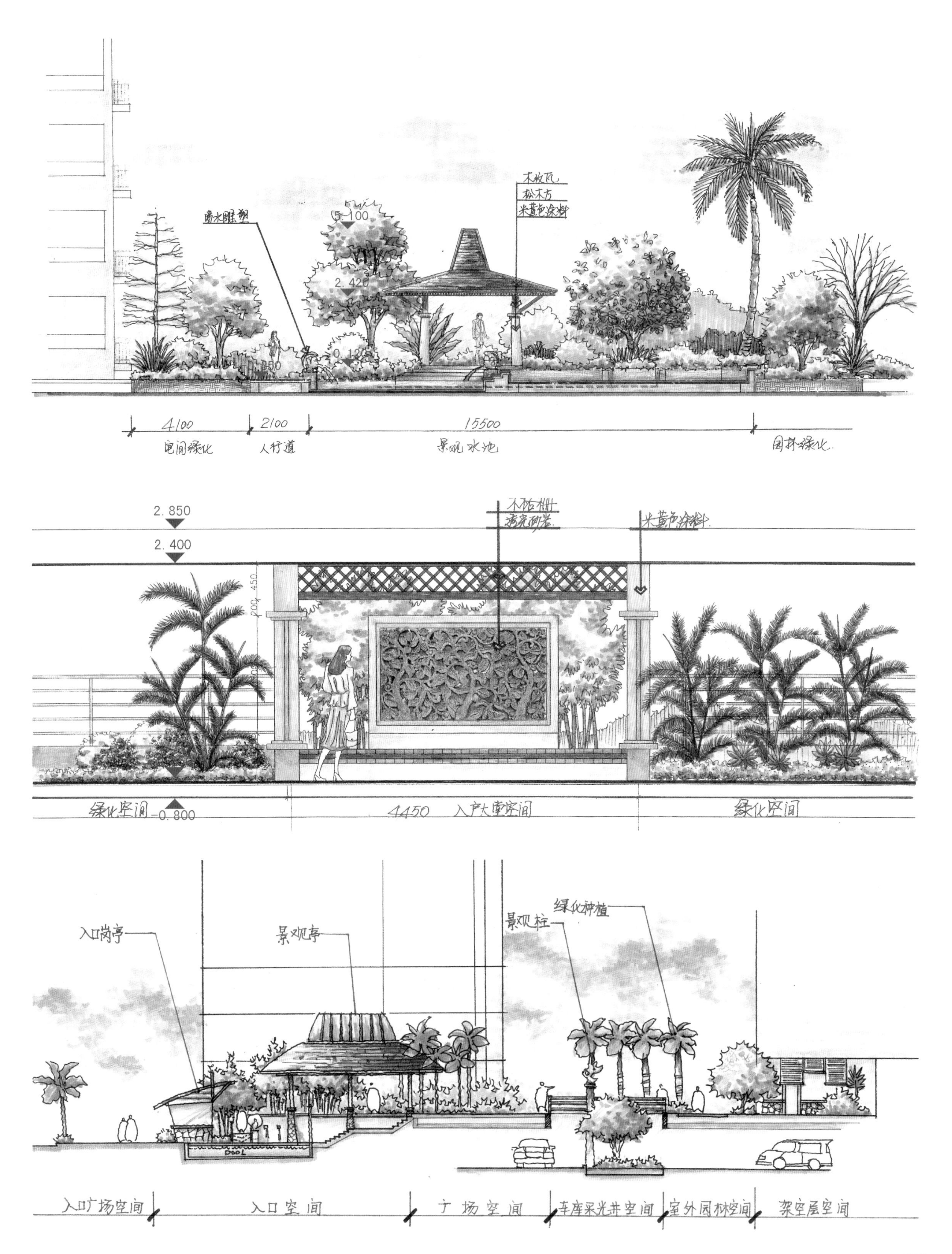
喷水雕塑
5.100
2.420
松木方
米黄色涂料
4100
2100
15500
宅间绿化
人行道
景观水池
园林绿化
2.850
2.400
木格栅
米黄色涂料
绿化空间
-0.800
4450
入户大堂空间
绿化空间
入口岗亭
景观亭
景观柱
绿化种植
入口广场空间
入口空间
广场空间
车库采光井空间
室外园林空间
架空层空间

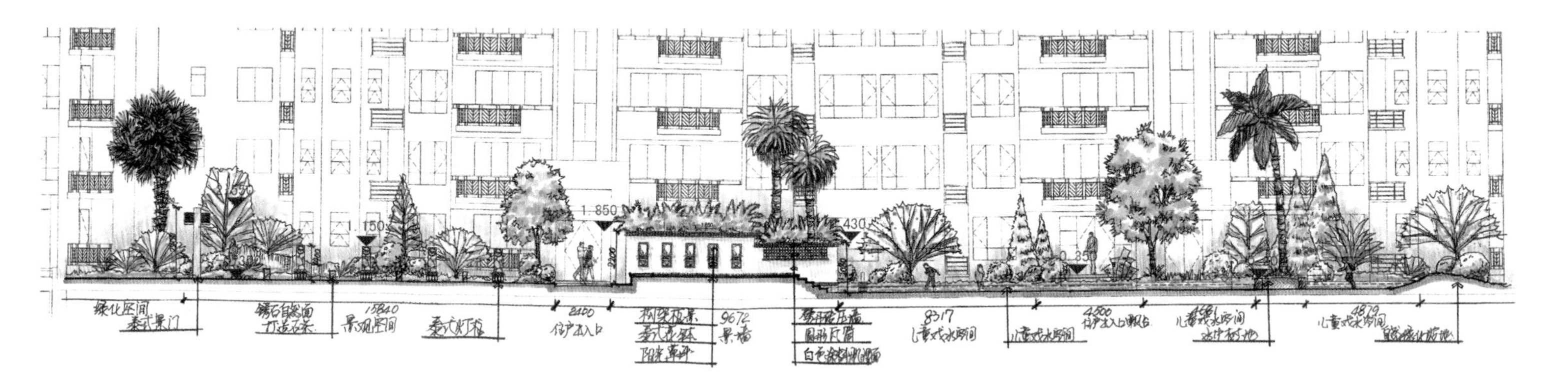

A-A剖面图

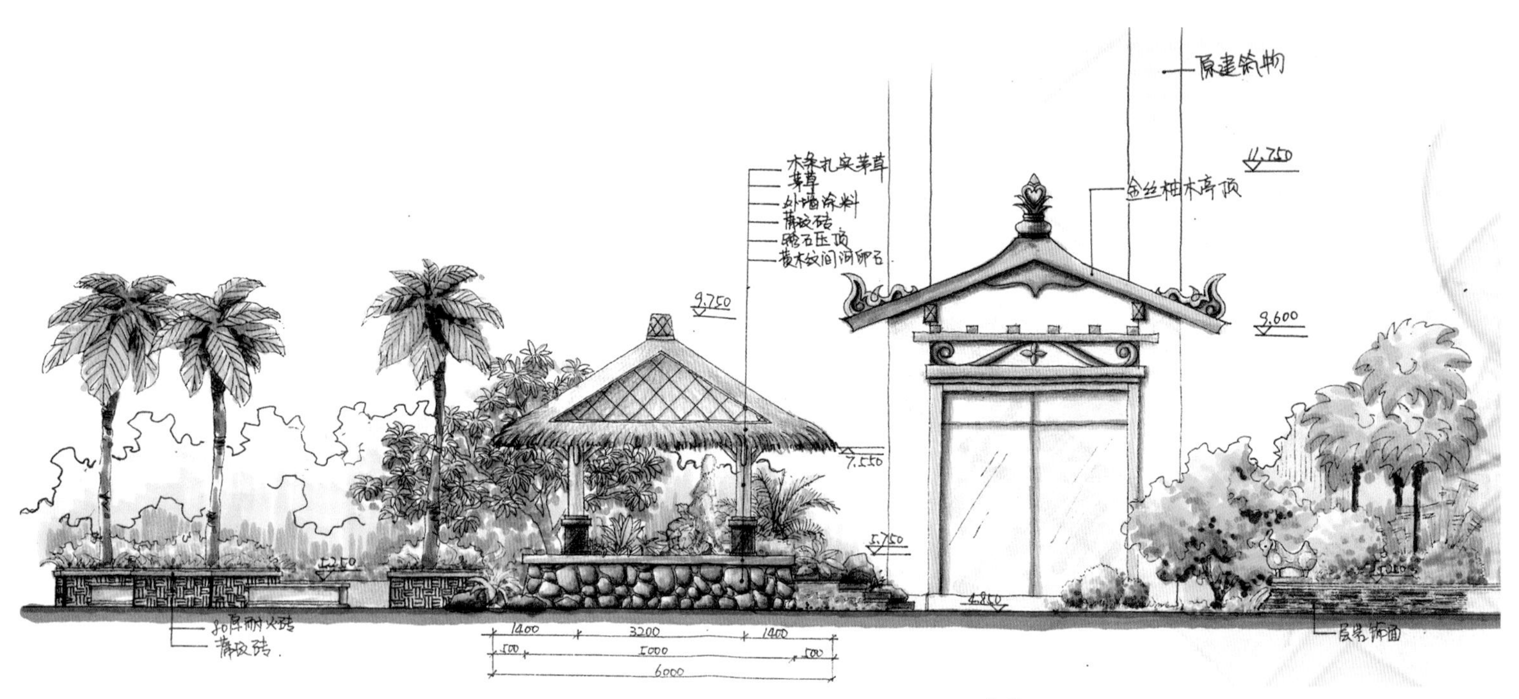

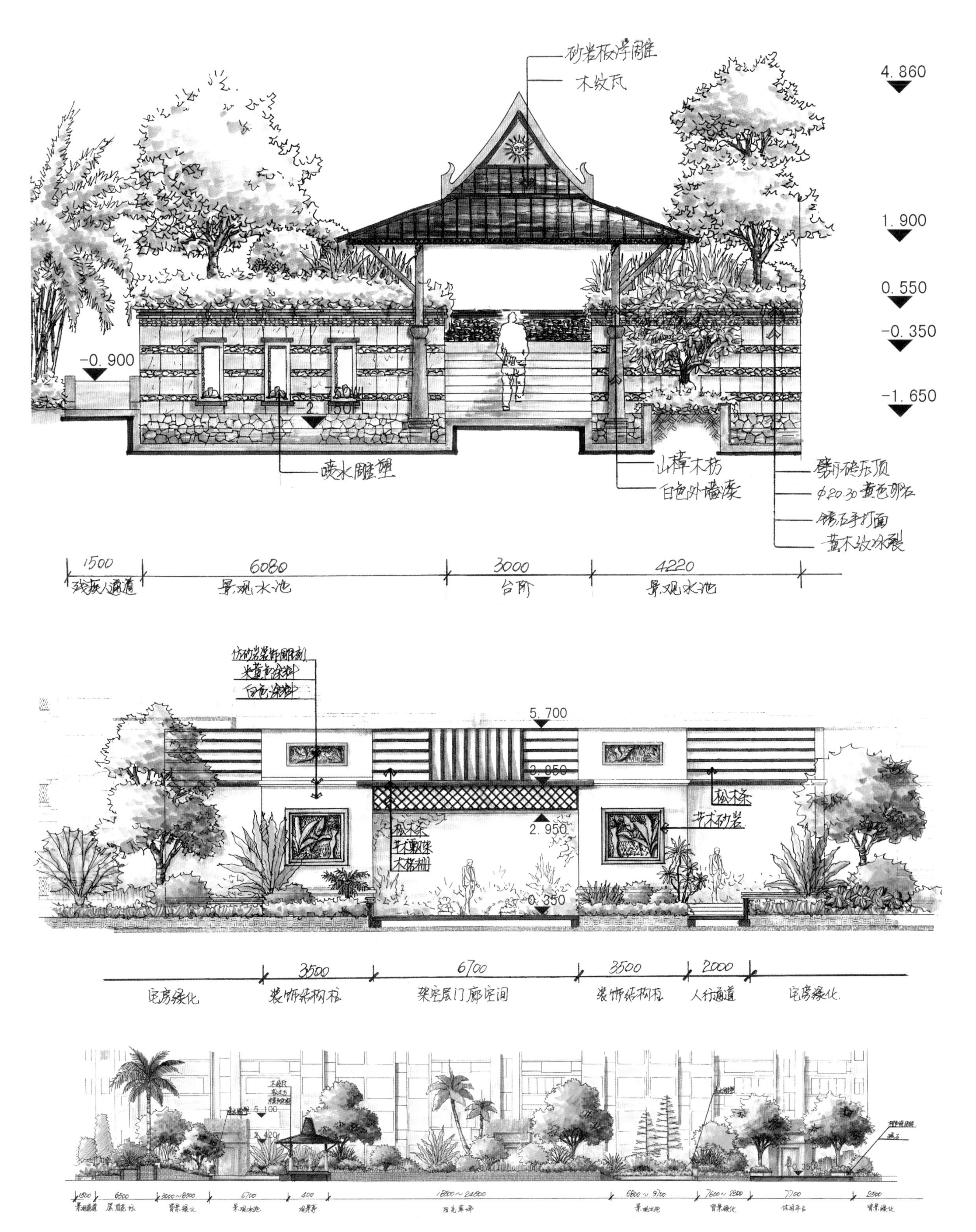
砂岩板浮雕
木纹瓦
4.860
1.900
0.550
-0.350
-1.650
-0.900
喷水雕塑
山樟木枋
白色外墙漆
1500
6080
3000
4220
景观水池
台阶
景观水池
5.700
2.850
2.950
松木条
艺术砂岩
0.350
3500
6700
3500
2000
宅房绿化
装饰结构柱
架空层门廊空间
装饰结构柱
人行通道
宅房绿化
5.100
2.420
0.350

C区立面效果图一

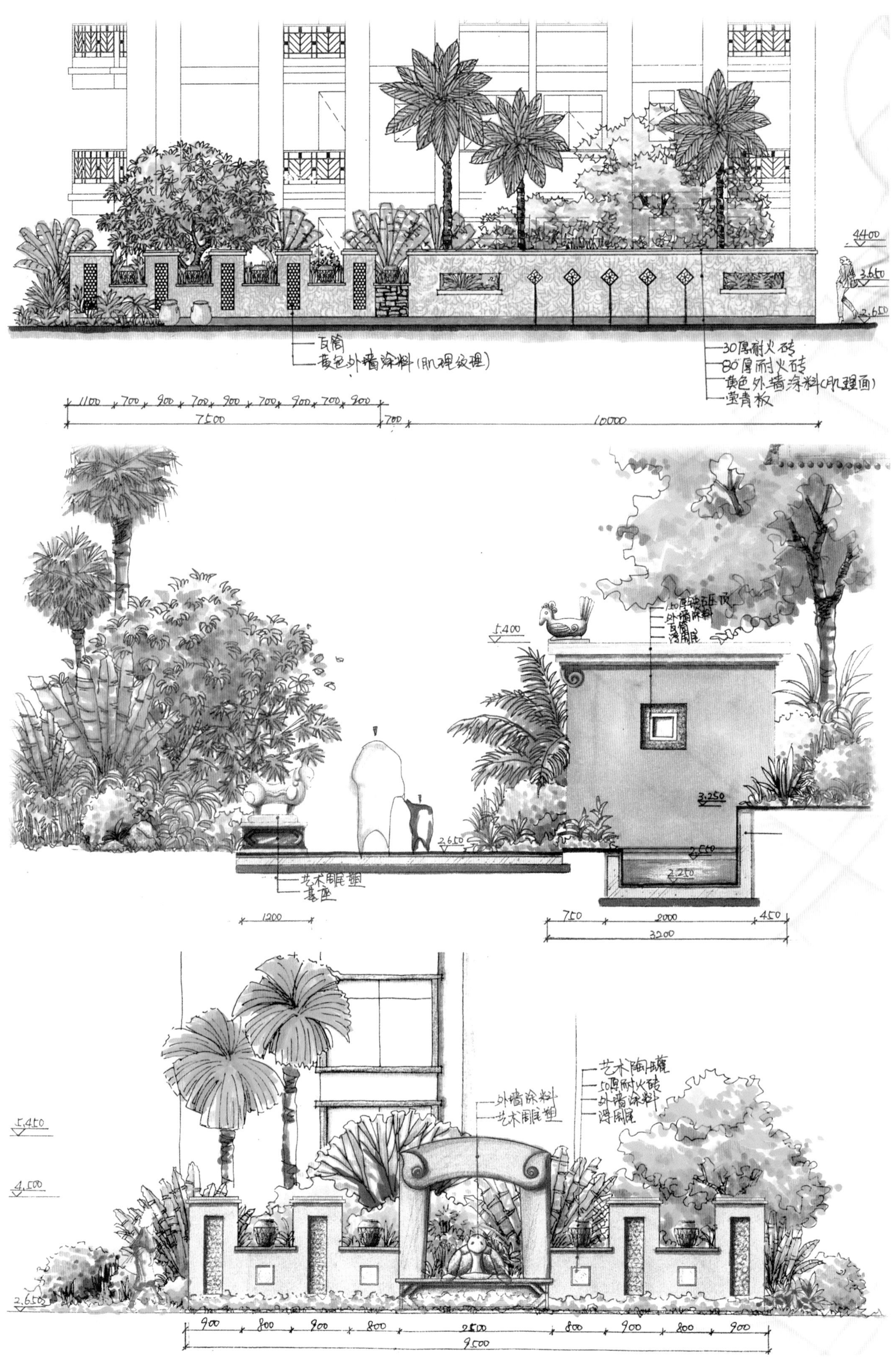

4.400
3.650
2.650
瓦筒
黄色外墙涂料（肌理纹理）
30厚耐火砖
80厚耐火砖
黄色外墙涂料（肌理面）
1100
700
900
700
900
700
900
700
900
7500
700
10000
5.400
3.250
2.650
2.550
2.250
艺术雕塑
基座
1200
750
2000
450
3200
艺术陶罐
50厚耐火砖
外墙涂料
浮雕
外墙涂料
艺术雕塑
5.450
4.500
2.650
900
800
900
800
2500
800
900
800
900
9500

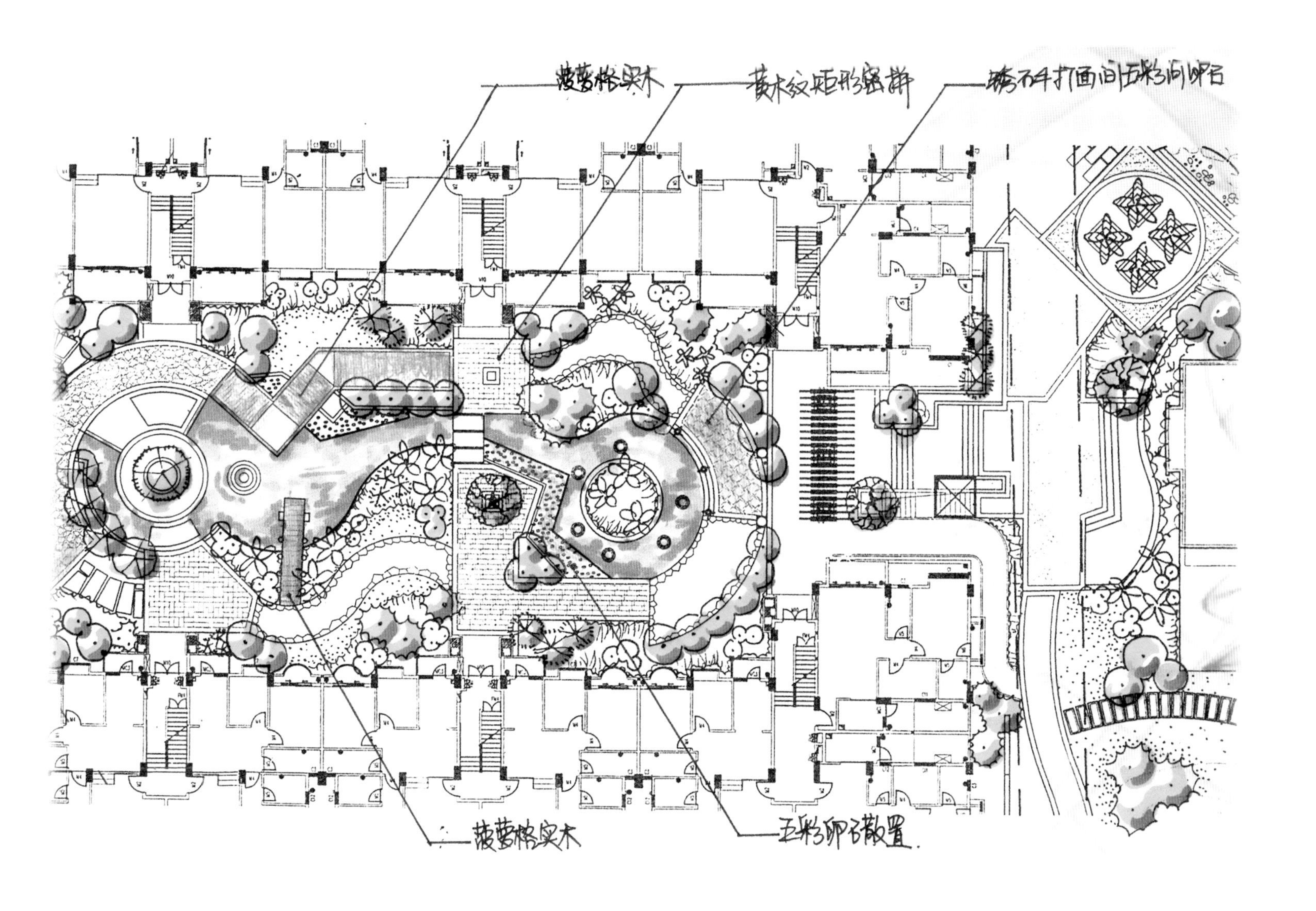

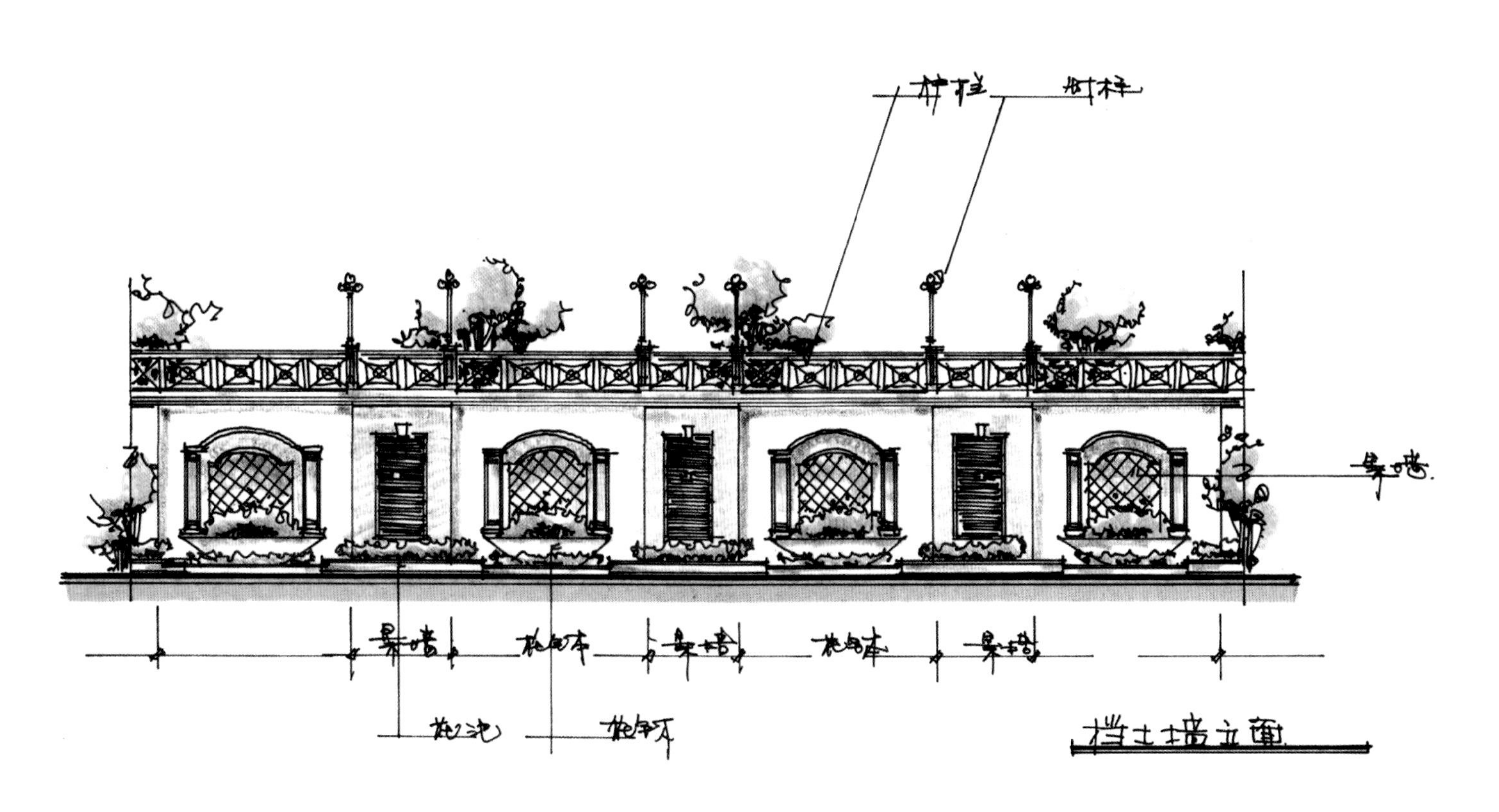

挡土墙立面图

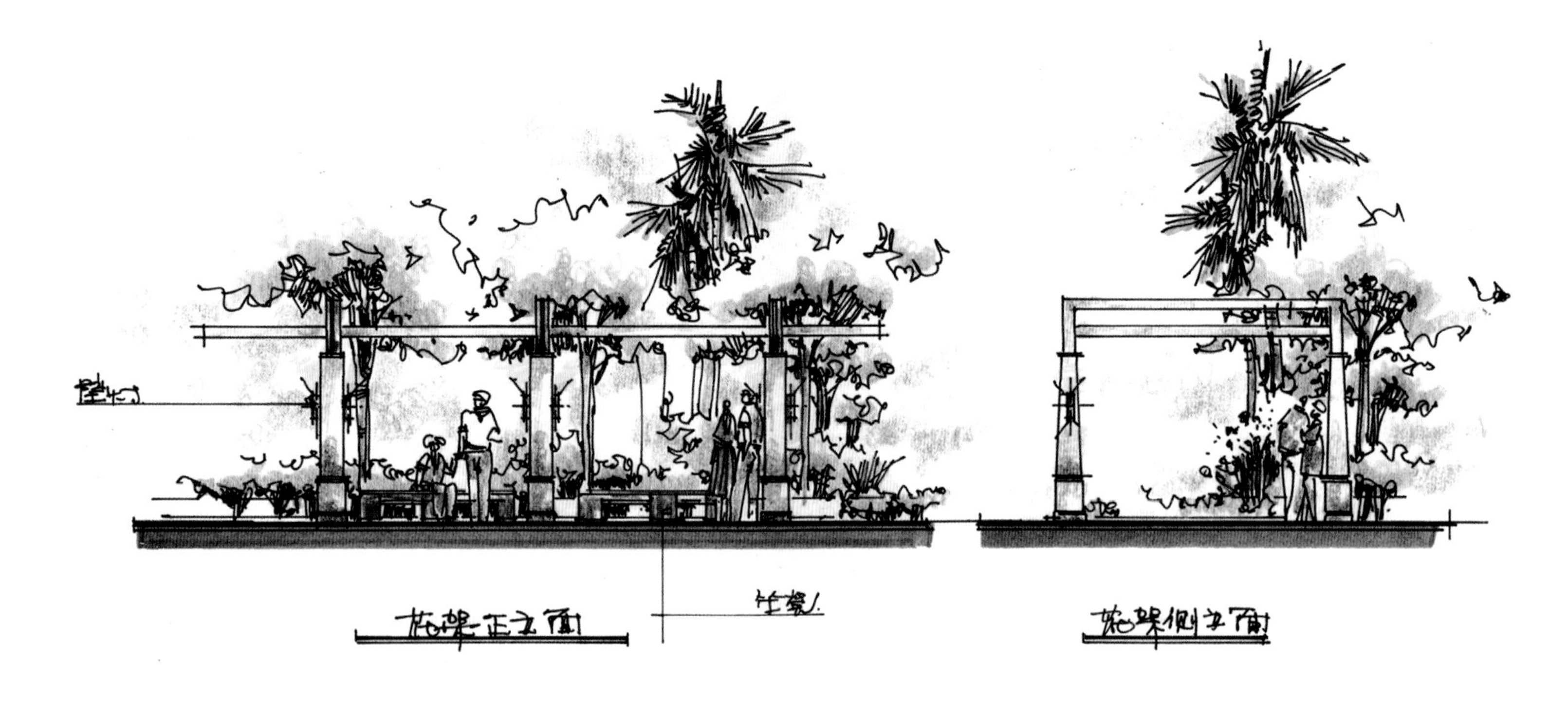

花架立面图

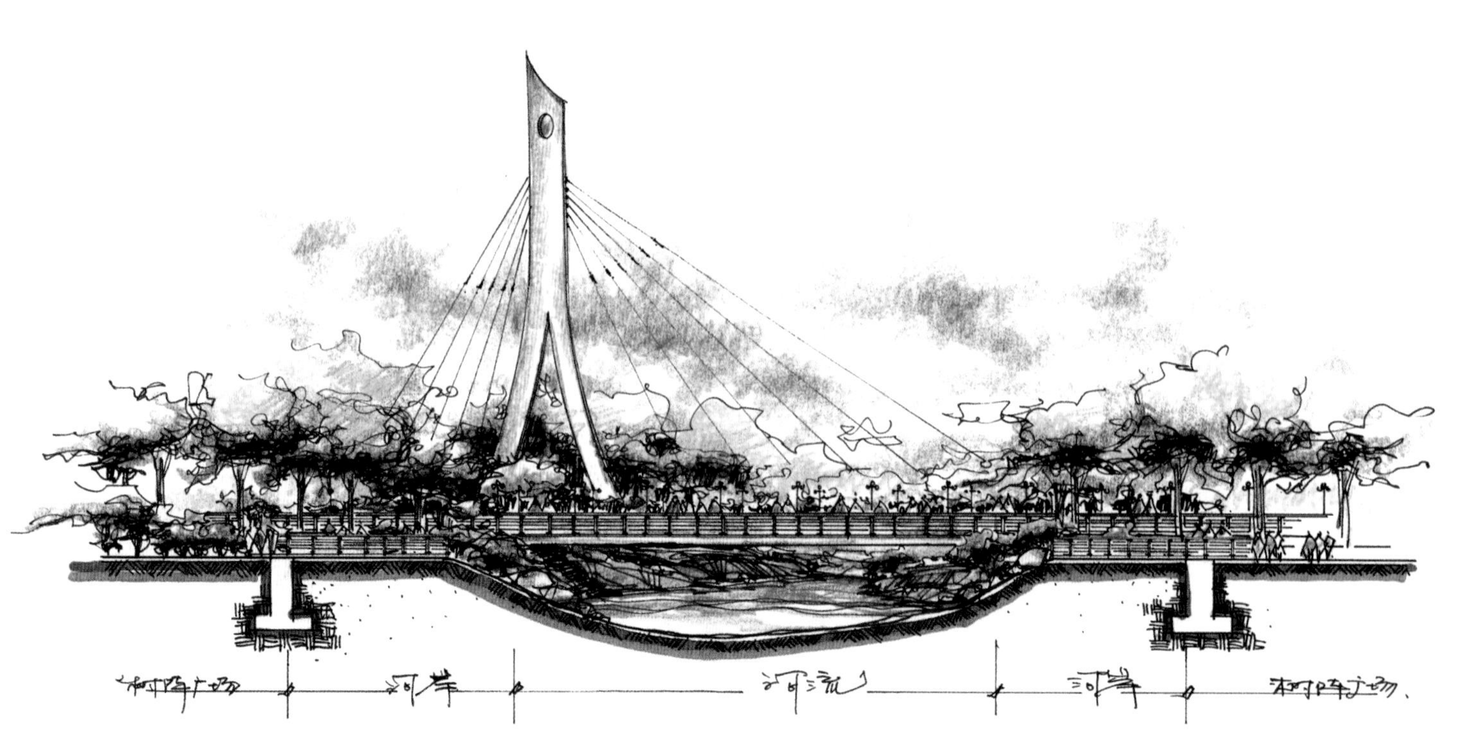

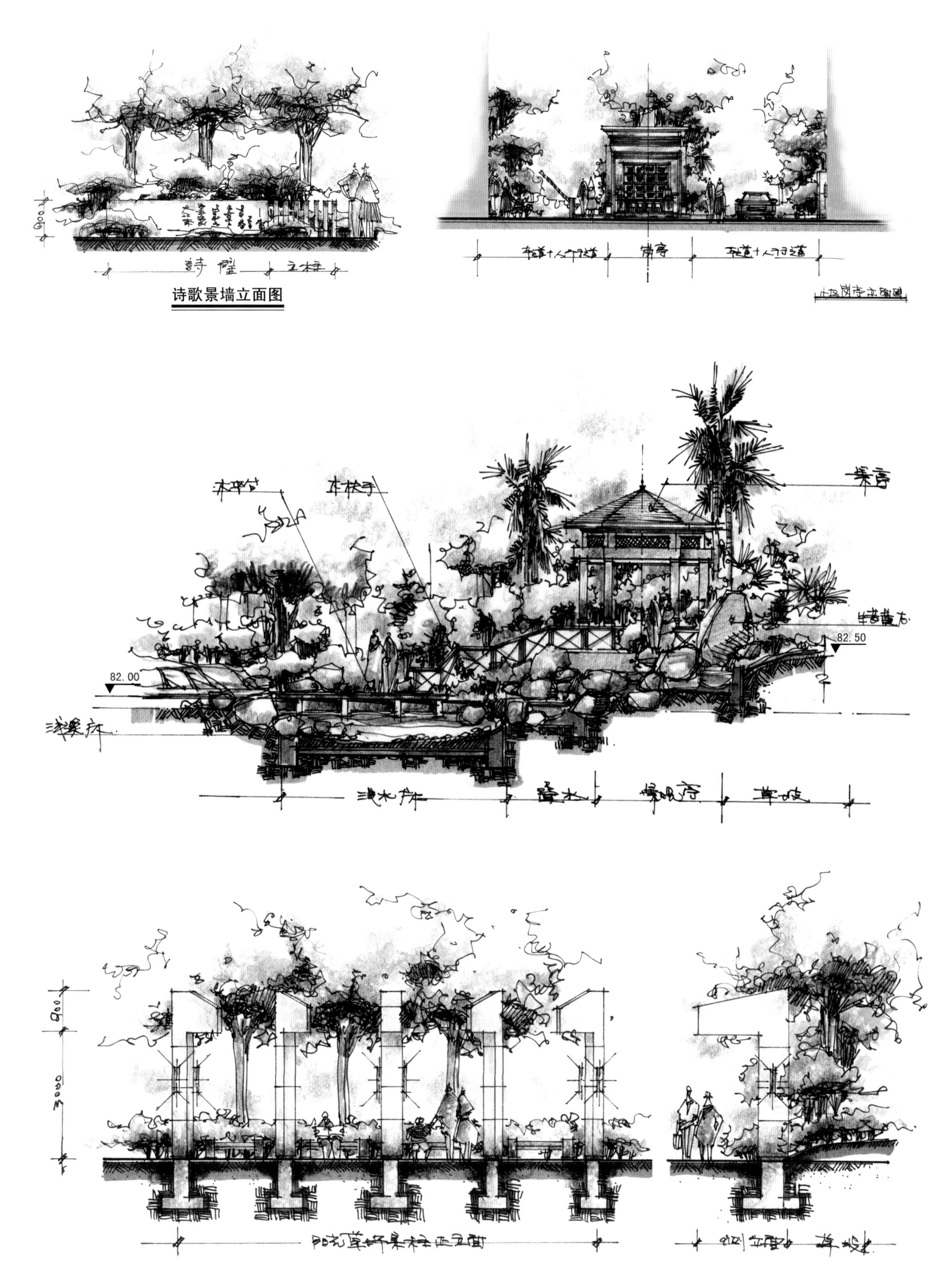
诗歌景墙立面图
82.00
82.50

C-C剖面

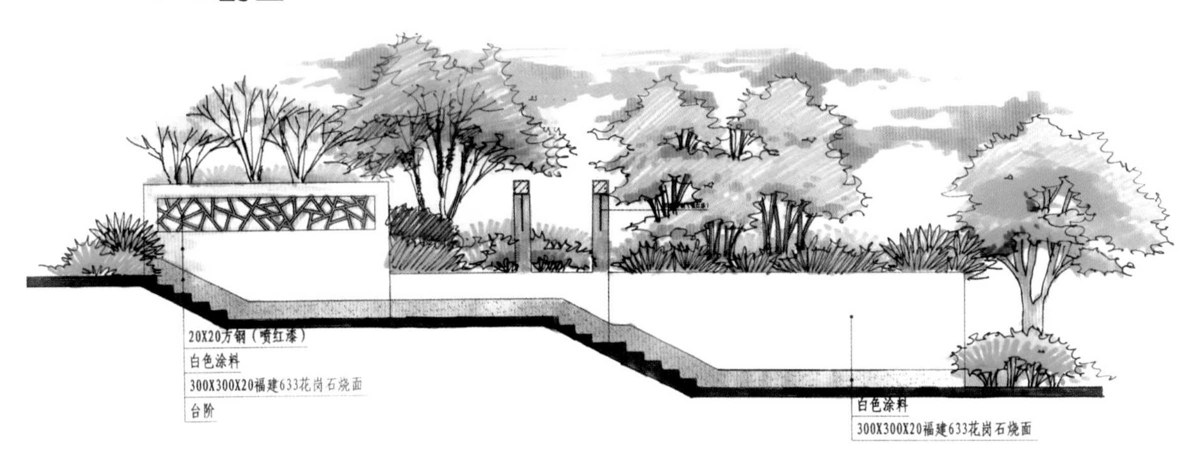

D-D剖面

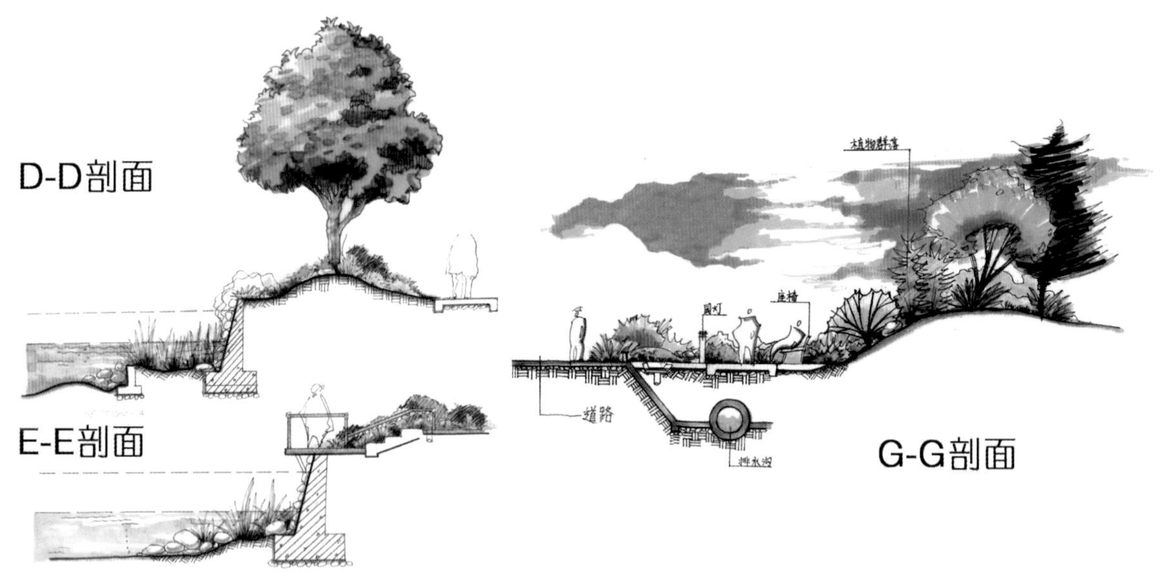

E-E剖面

G-G剖面

F-F剖面

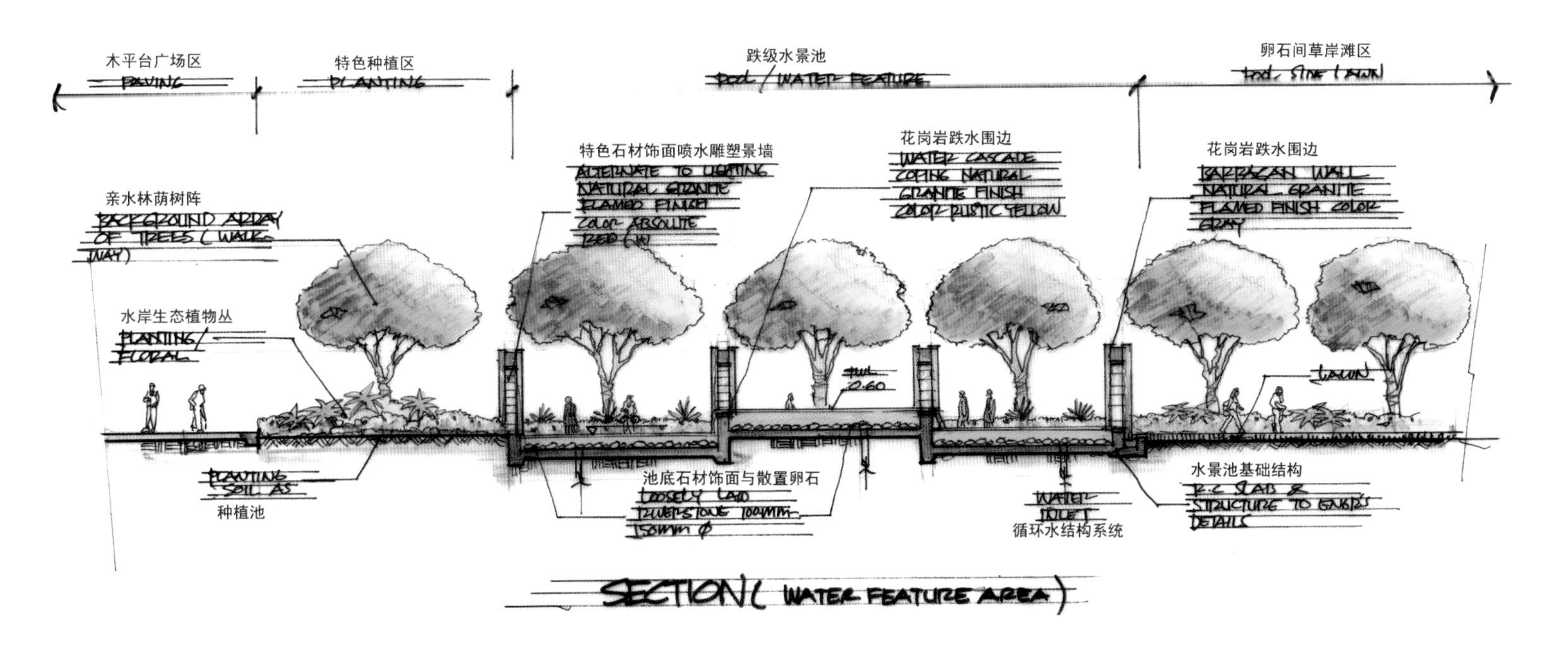

木平台广场区
PAVING
特色种植区
PLANTING
跌级水景池
POOL / WATER FEATURE
卵石间草岸滩区
特色石材饰面喷水雕塑景墙
ALTERNATE TO LIGHTING
NATURAL GRANITE
FLAMED FINISH
花岗岩跌水围边
WATER CASCADE
COPING NATURAL
GRANITE FINISH
COLOR RUSTIC YELLOW
花岗岩跌水围边
NATURAL GRANITE
FLAMED FINISH COLOR
GRAY
亲水林荫树阵
BACKGROUND ARRAY OF TREES (WALK WAY)
水岸生态植物丛
PLANTING / FLORAL
LAWN
池底石材饰面与散置卵石
LOOSELY LAID
种植池
水景池基础结构
R.C SLAB &
DETAILS
WATER INLET
循环水结构系统
SECTION (WATER FEATURE AREA)

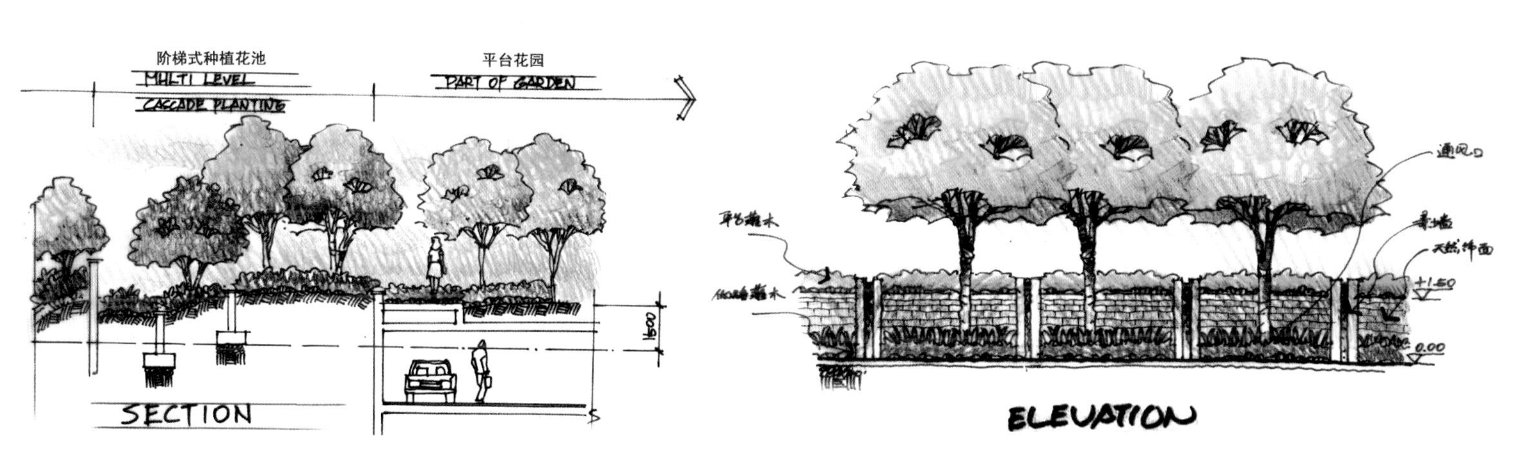

阶梯式种植花池
MULTI LEVEL
CASCADE PLANTING
平台花园
PART OF GARDEN
SECTION
通风口
+1.50
0.00
ELEVATION

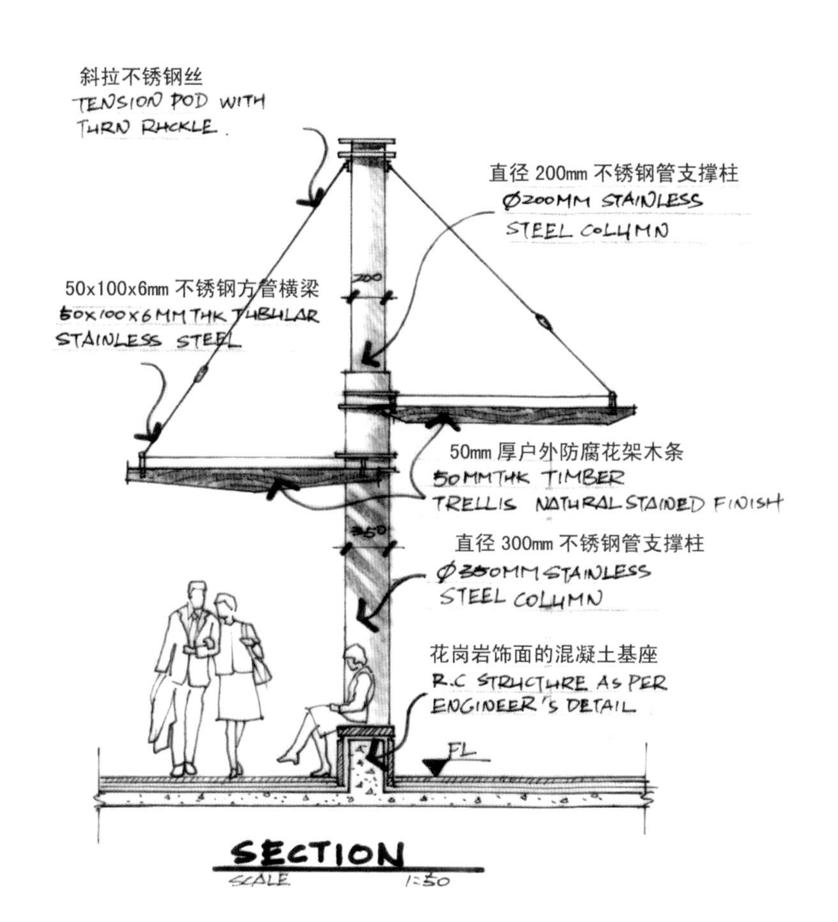

斜拉不锈钢丝
TENSION ROD WITH TURN BUCKLE
直径 200mm 不锈钢管支撑柱
Ø200MM STAINLESS STEEL COLUMN
50x100x6mm 不锈钢方管横梁
50x100x6MM THK TUBULAR STAINLESS STEEL
50mm 厚户外防腐花架木条
50MMTHK TIMBER TRELLIS NATURAL STAINED FINISH
直径 300mm 不锈钢管支撑柱
STEEL COLUMN
花岗岩饰面的混凝土基座
R.C STRUCTURE AS PER ENGINEER'S DETAIL
FL
SECTION
SCALE 1:50

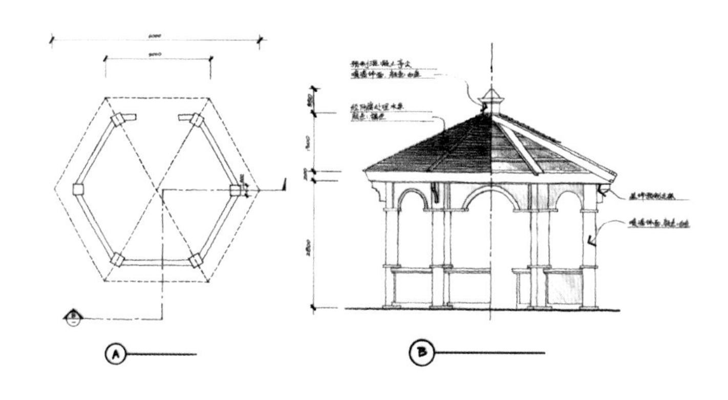

A
B

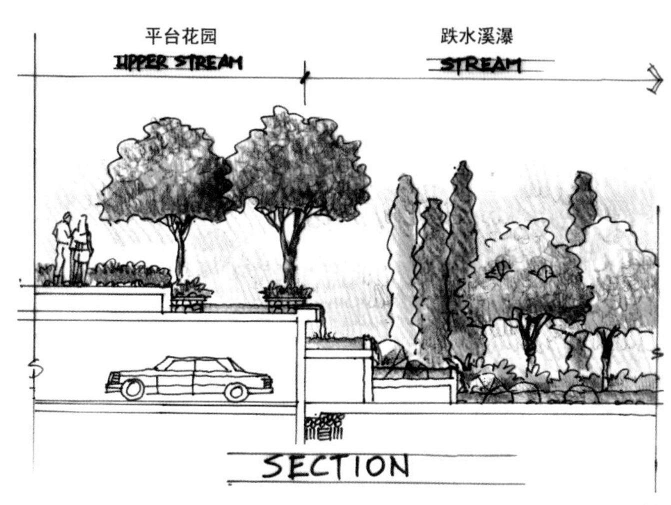

平台花园
UPPER STREAM
跌水溪瀑
STREAM
SECTION

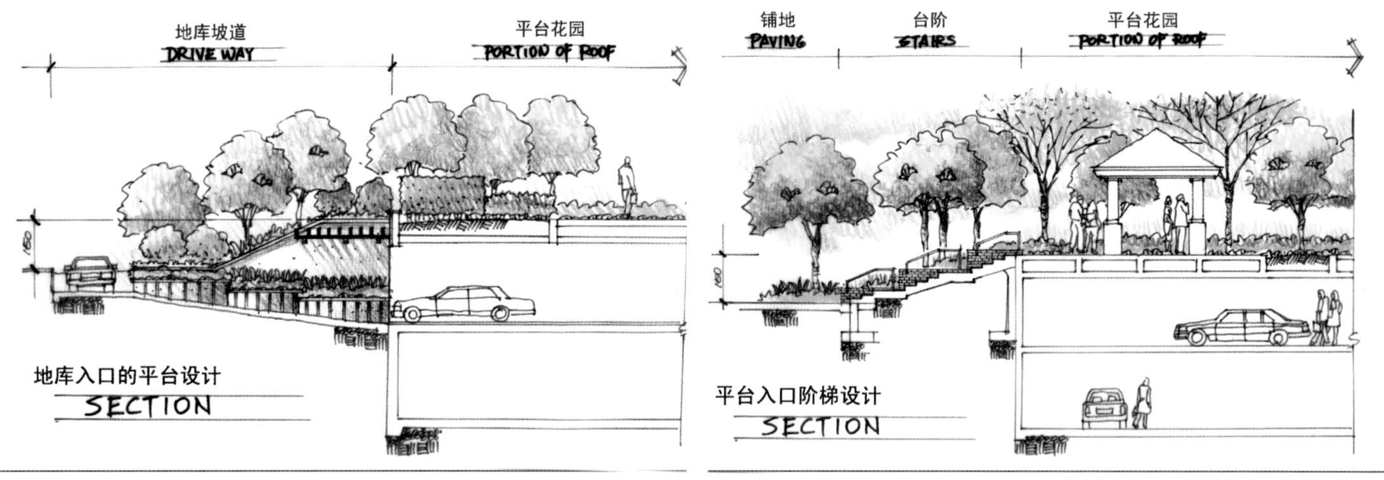
地库坡道
DRIVE WAY
平台花园
PORTION OF ROOF
地库入口的平台设计
SECTION
铺地
PAVING
台阶
STAIRS
平台花园
PORTION OF ROOF
平台入口阶梯设计
SECTION

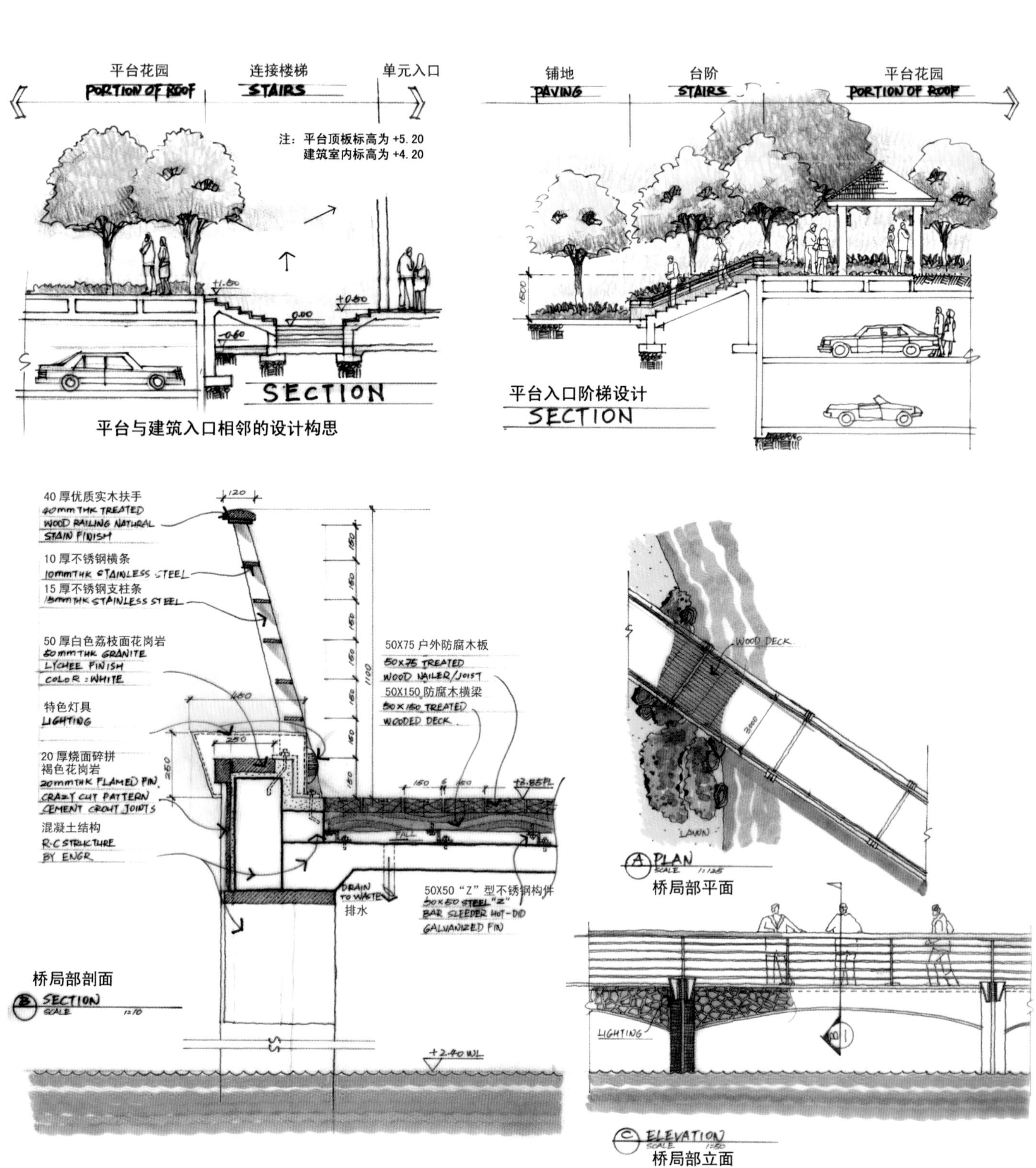
平台花园
PORTION OF ROOF
连接楼梯
STAIRS
单元入口
注：平台顶板标高为 +5.20
建筑室内标高为 +4.20
SECTION
平台与建筑入口相邻的设计构思
铺地
PAVING
台阶
STAIRS
平台花园
PORTION OF ROOF
平台入口阶梯设计
SECTION
40 厚优质实木扶手
40mm THK TREATED
WOOD RAILING NATURAL
STAIN FINISH
10 厚不锈钢横条
10mm THK STAINLESS STEEL
15 厚不锈钢支柱条
15mm THK STAINLESS STEEL
50 厚白色荔枝面花岗岩
50mm THK GRANITE
LYCHEE FINISH
COLOR : WHITE
特色灯具
LIGHTING
20 厚烧面碎拼
褐色花岗岩
20mm THK FLAMED FIN.
CRAZY CUT PATTERN
CEMENT GROUT JOINTS
混凝土结构
R.C STRUCTURE
BY ENGR
50X75 户外防腐木板
50X75 TREATED
WOOD NAILER/JOIST
50X150 防腐木横梁
50X150 TREATED
WOODED DECK
DRAIN TO WASTE
排水
50X50 "Z" 型不锈钢构件
50X50 STEEL "Z"
BAR SLEEPER HOT-DIP
GALVANIZED FIN
+2.40 WL
桥局部剖面
SECTION
WOOD DECK
LAWN
PLAN
桥局部平面
LIGHTING
ELEVATION
桥局部立面

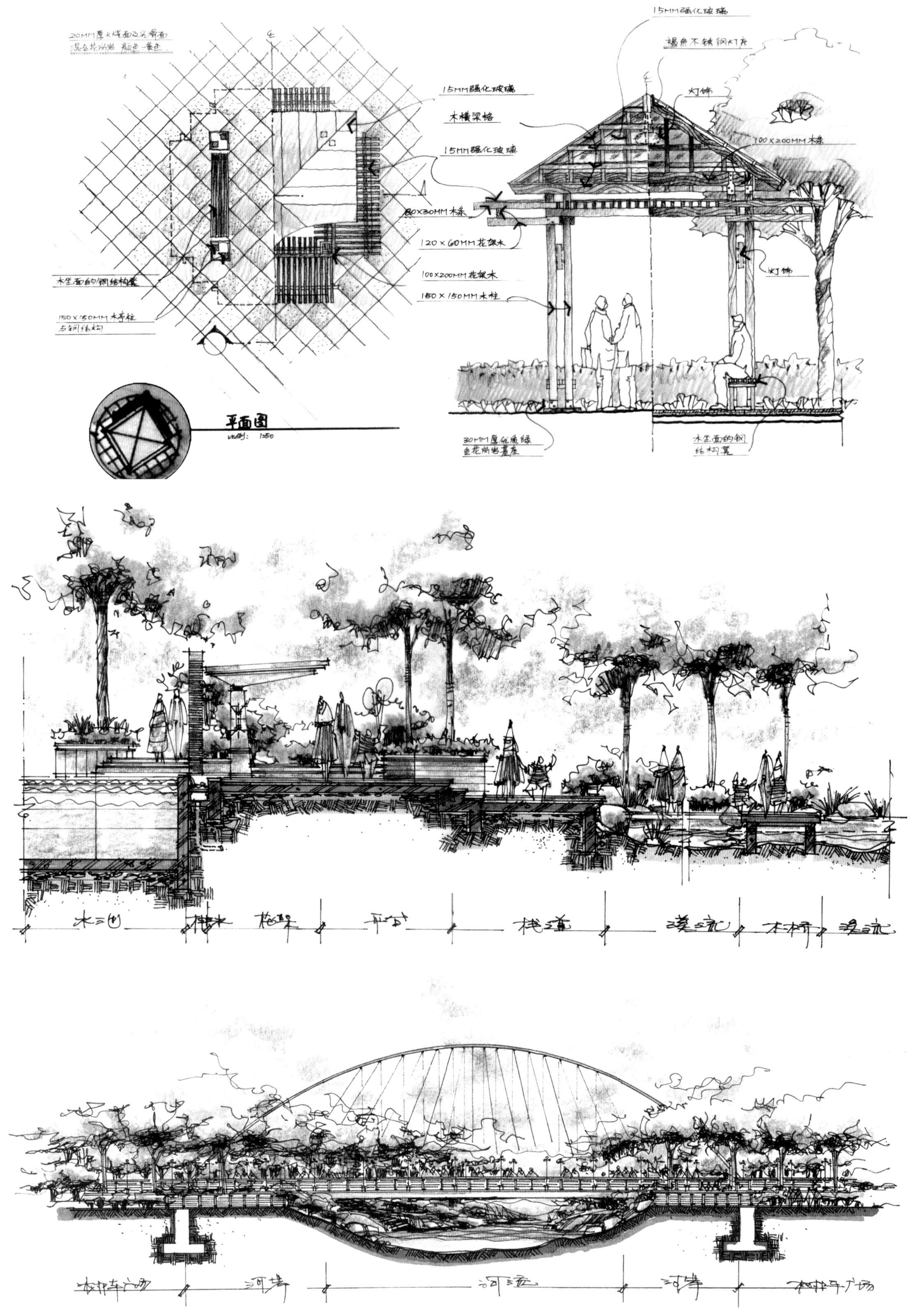

20MM厚火烧面及光面
混合花岗岩 颜色-黄色
15MM强化玻璃
木横梁格
15MM强化玻璃
80X30MM木条
120×60MM花架木
100X200MM花架木
150×150MM木柱
木坐面的钢结构凳
150X150MM木亭柱
与钢结构
平面图
15MM强化玻璃
灯饰
100X200MM木条
灯饰
30MM厚优质绿
色花岗岩基座
木坐面的钢
结构凳
水池
花架
平台
栈道
溪流
木桥
溪流
河岸
河流
河岸

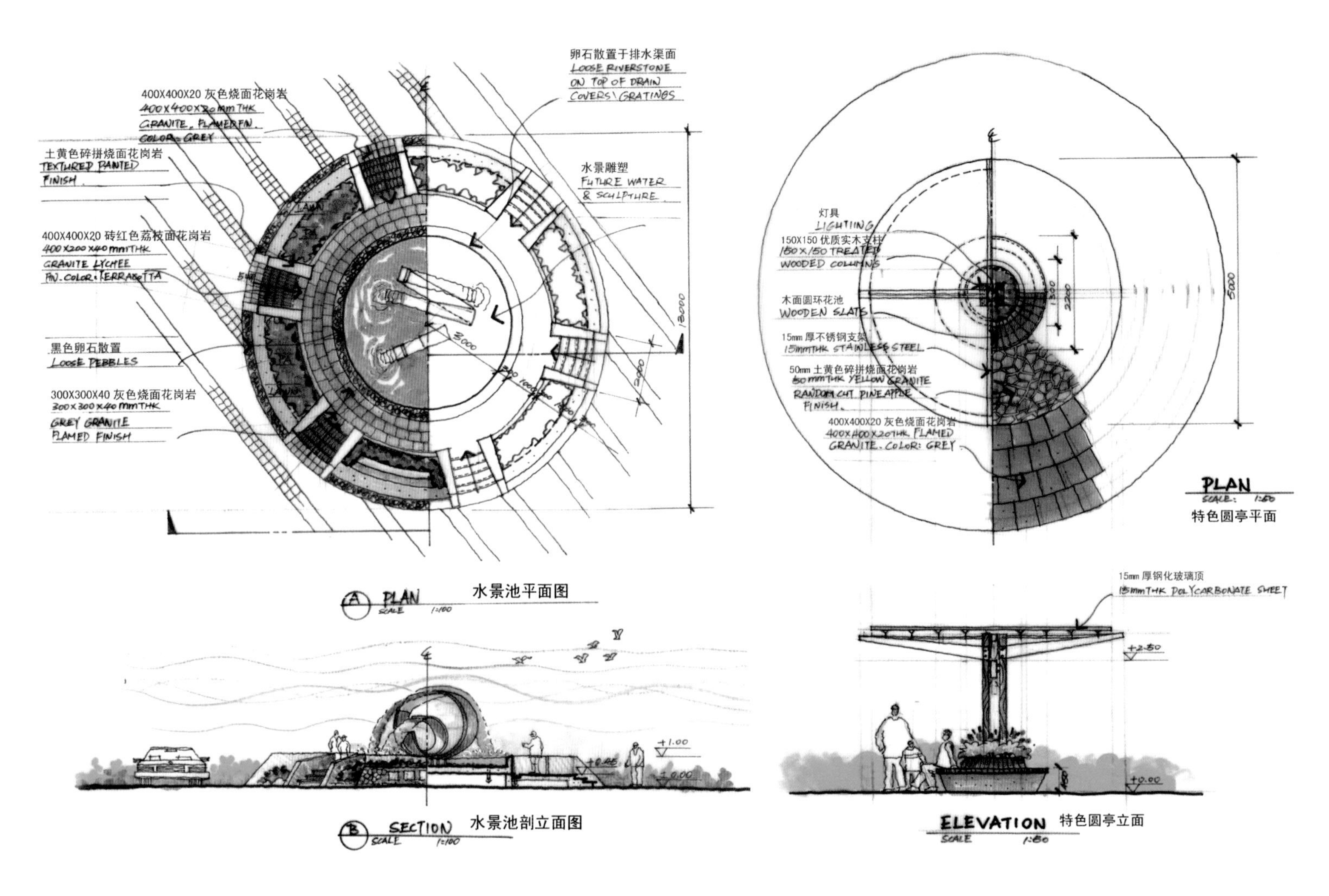
卵石散置于排水渠面
LOOSE RIVERSTONE ON TOP OF DRAIN COVERS\GRATINGS
400X400X20 灰色烧面花岗岩
400X400X20mm THK GRANITE, FLAMED FIN. COLOR: GREY
土黄色碎拼烧面花岗岩
TEXTURED PAINTED FINISH
水景雕塑
FUTURE WATER & SCULPTURE
400X400X20 砖红色荔枝面花岗岩
400X200X40mm THK GRANITE LYCHEE FIN. COLOR: TERRACOTTA
黑色卵石散置
LOOSE PEBBLES
300X300X40 灰色烧面花岗岩
300X300X40mm THK GREY GRANITE FLAMED FINISH
A PLAN SCALE 1:100
水景池平面图
灯具
LIGHTING
150X150 优质实木支柱
150X150 TREATED WOODED COLUMNS
木面圆环花池
WOODEN SLATS
15mm 厚不锈钢支架
15mm THK STAINLESS STEEL
50mm 土黄色碎拼烧面花岗岩
50mm THK YELLOW GRANITE RANDOM CUT PINEAPPLE FINISH
400X400X20 灰色烧面花岗岩
400X400X20 THK FLAMED GRANITE. COLOR: GREY
PLAN SCALE 1:50
特色圆亭平面
B SECTION SCALE 1:100
水景池剖立面图
15mm 厚钢化玻璃顶
15mm THK POLYCARBONATE SHEET
ELEVATION SCALE 1:50
特色圆亭立面

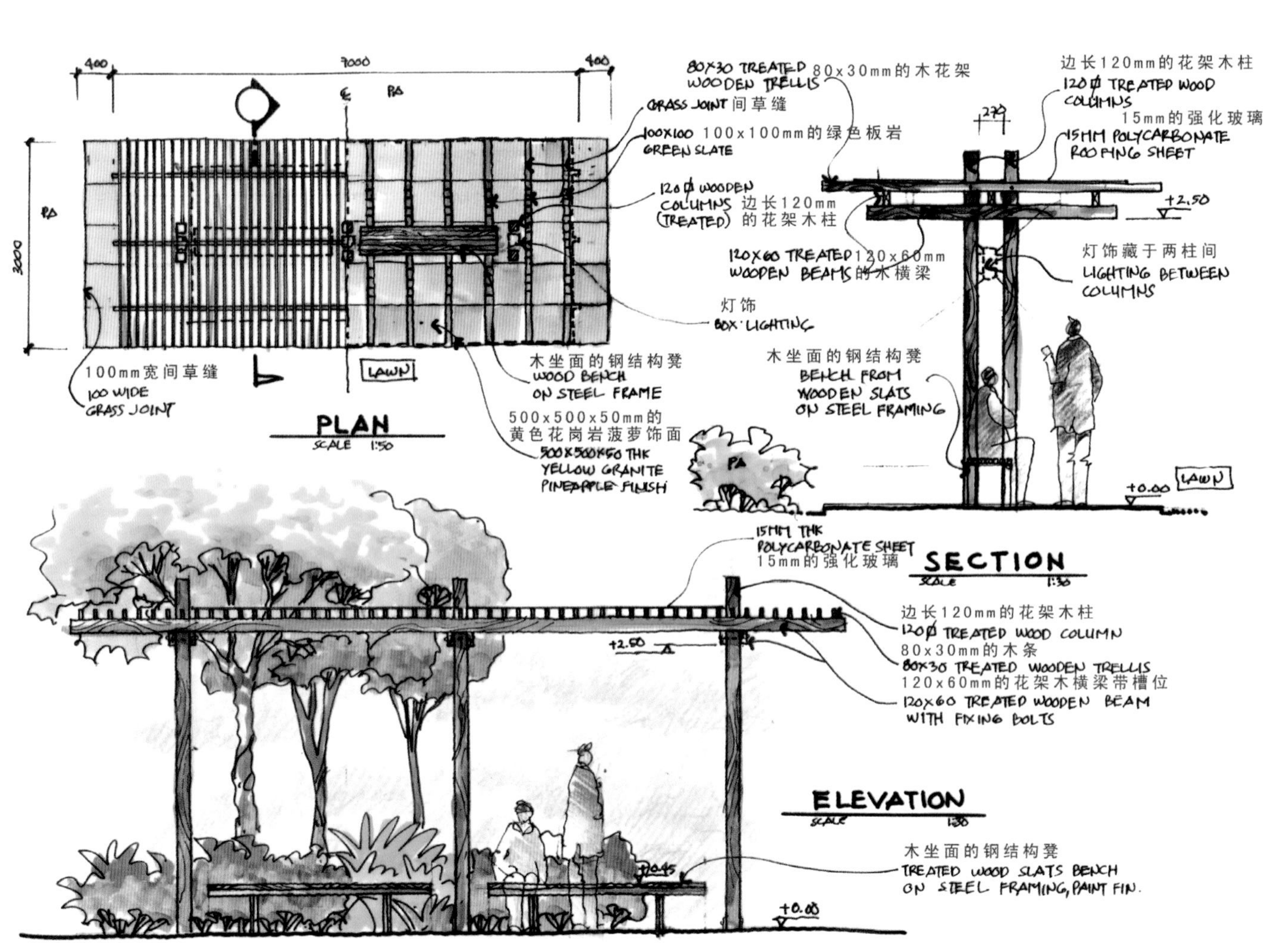
80X30 TREATED WOODEN TRELLIS 80x30mm的木花架
GRASS JOINT 间草缝
100X100 100x100mm的绿色板岩 GREEN SLATE
120Ø WOODEN COLUMNS (TREATED) 边长120mm的花架木柱
120X60 TREATED WOODEN BEAMS 120x60mm的木横梁
灯饰 BOX LIGHTING
100mm宽间草缝
100 WIDE GRASS JOINT
LAWN
木坐面的钢结构凳
WOOD BENCH ON STEEL FRAME
500x500x50mm的黄色花岗岩菠萝饰面
500X500X50 THK YELLOW GRANITE PINEAPPLE FINISH
PLAN SCALE 1:50
边长120mm的花架木柱
120Ø TREATED WOOD COLUMNS
15mm的强化玻璃
15MM POLYCARBONATE ROOFING SHEET
灯饰藏于两柱间
LIGHTING BETWEEN COLUMNS
木坐面的钢结构凳
BENCH FROM WOODEN SLATS ON STEEL FRAMING
SECTION SCALE 1:30
15MM THK POLYCARBONATE SHEET
15mm的强化玻璃
边长120mm的花架木柱
120Ø TREATED WOOD COLUMN
80x30mm的木条
80X30 TREATED WOODEN TRELLIS
120x60mm的花架木横梁带槽位
120X60 TREATED WOODEN BEAM WITH FIXING BOLTS
ELEVATION SCALE 1:30
木坐面的钢结构凳
TREATED WOOD SLATS BENCH ON STEEL FRAMING, PAINT FIN.

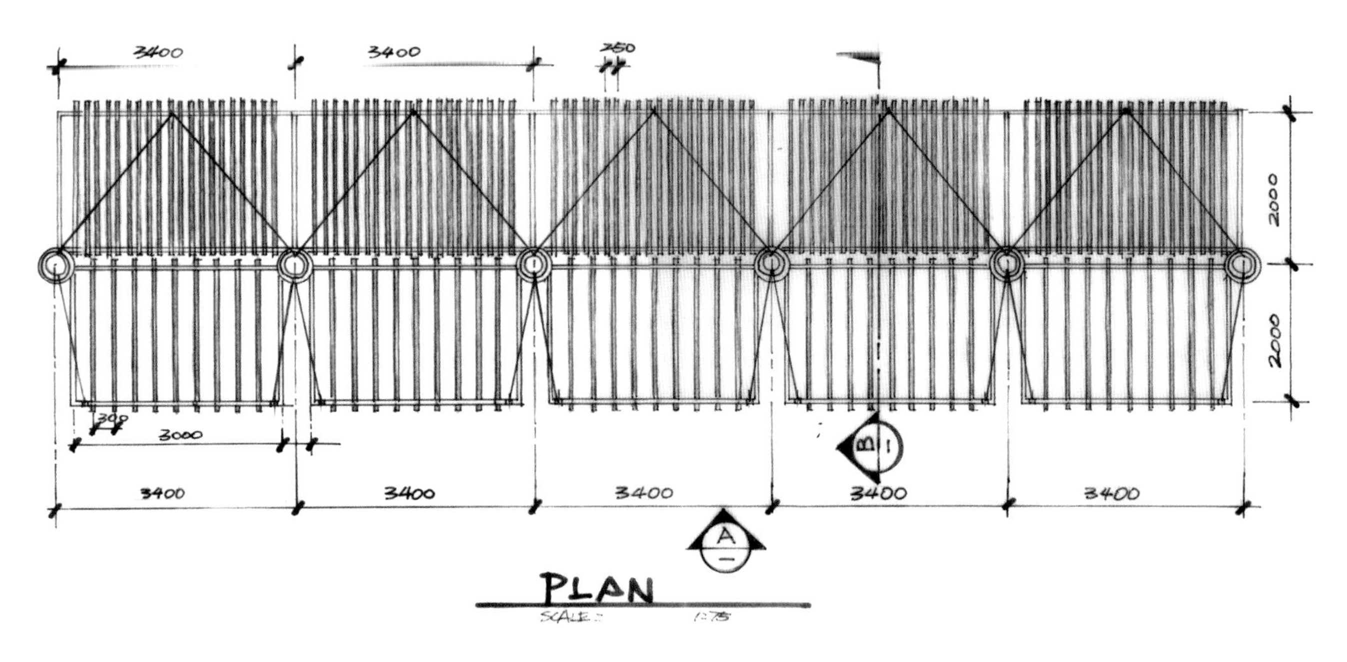
3400
3400
250
2000
2000
300
3000
3400
3400
3400
3400
3400
A
PLAN
SCALE: 1:75

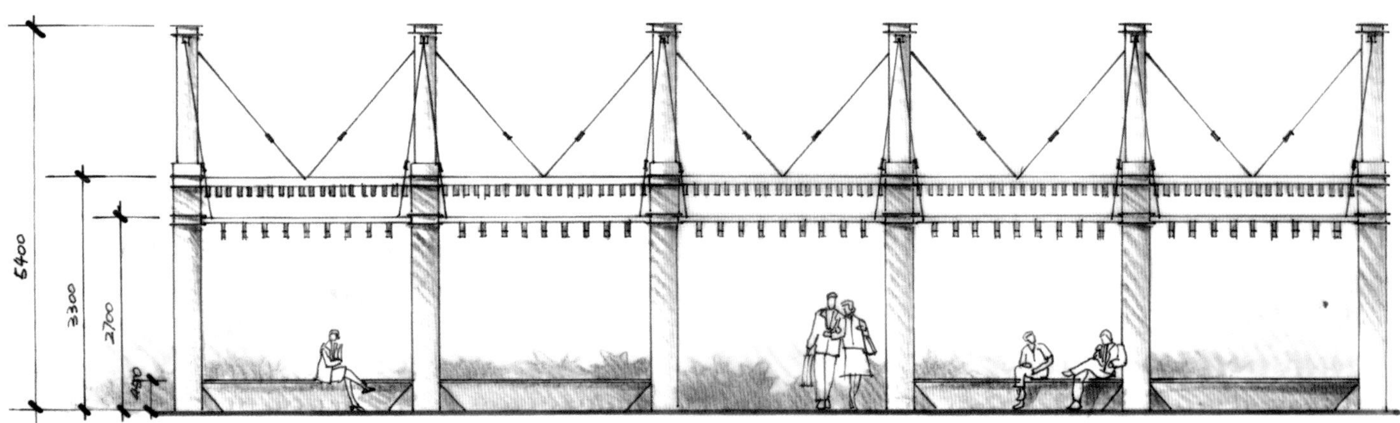
5400
3300
2700
450
ELEVATION
SCALE 1:75

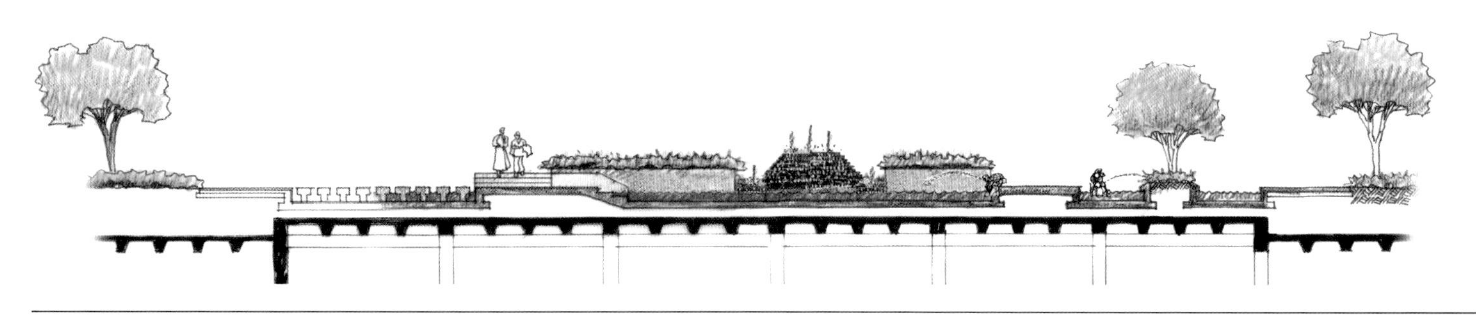

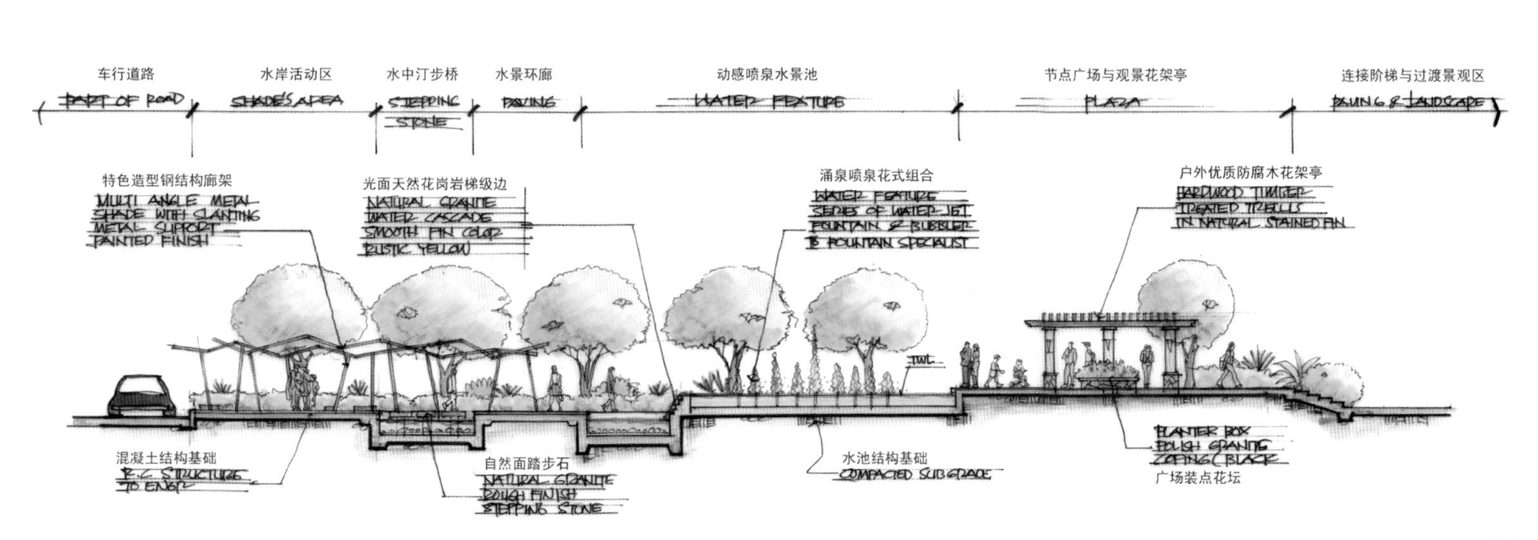
车行道路
PART OF ROAD
水岸活动区
SHADE'S AREA
水中汀步桥
STEPPING STONE
水景环廊
PAVING
动感喷泉水景池
WATER FEATURE
节点广场与观景花架亭
PLAZA
连接阶梯与过渡景观区
PAVING & LANDSCAPE
特色造型钢结构廊架
MULTI ANGLE METAL
SHADE WITH SLANTING
METAL SUPPORT
PAINTED FINISH
光面天然花岗岩梯级边
NATURAL GRANITE
WATER CASCADE
SMOOTH FIN COLOR
RUSTIC YELLOW
涌泉喷泉花式组合
WATER FEATURE
SERIES OF WATER JET
FOUNTAIN & BUBBLER
TO FOUNTAIN SPECIALIST
户外优质防腐木花架亭
HARDWOOD TIMBER
TREATED TRELLIS
IN NATURAL STAINED FIN
TWL
混凝土结构基础
R.C STRUCTURE
TO ENGR
自然面踏步石
NATURAL GRANITE
ROUGH FINISH
STEPPING STONE
水池结构基础
COMPACTED SUBGRADE
PLANTER BOX
POLISH GRANITE
COPING(BLACK
广场装点花坛

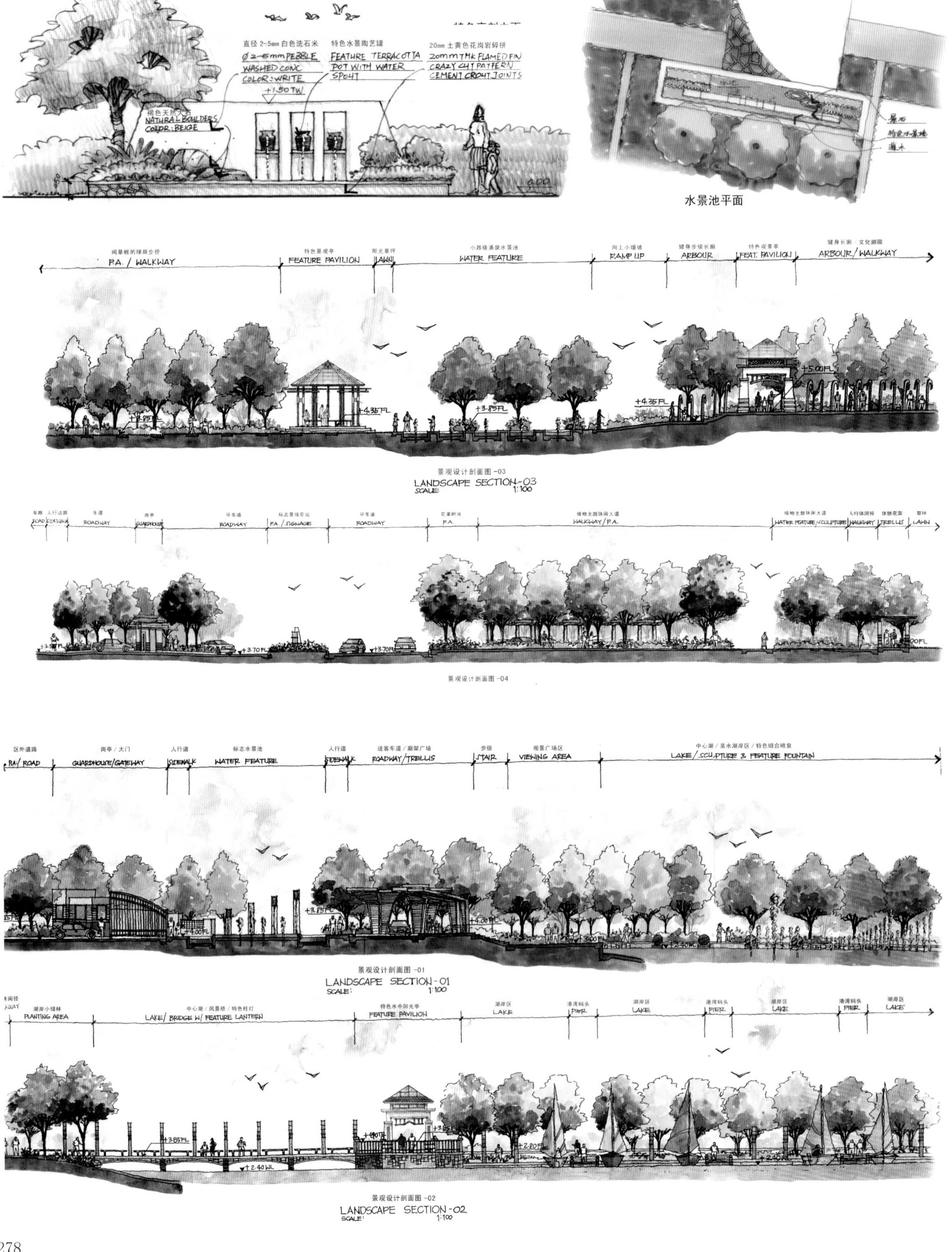
直径 2-5mm 白色洗石米
Ø2-5mm PEBBLE
WASHED CONC
COLOR: WRITE
+1.50TW
特色水景陶艺罐
FEATURE TERRACOTTA
POT WITH WATER
SPOUT
20mm 土黄色花岗岩碎拼
20mm THK FLAMED FIN
CRAZY CUT PATTERN
CEMENT GROUT JOINTS
褐色天然大石
NATURAL BOULDERS
COLOR: BEIGE
0.00
水景池平面
闲草too的绿荫步径
P.A. / WALKWAY
特色景观亭
FEATURE PAVILION
阳光草坪
LAWN
小跌级涌泉水景池
WATER FEATURE
向上小缓坡
RAMP UP
健身步级长廊
ARBOUR
特色观景亭
FEAT. PAVILION
健身长廊 / 文化翻园
ARBOUR / WALKWAY
+4.35FL
+3.85FL
+5.00FL
景观设计剖面图 -03
LANDSCAPE SECTION-03
SCALE: 1:100
ROADWAY
GUARDHOUSE
P.A. / SIGNAGE
P.A.
WALKWAY / P.A.
WATER FEATURE / SCULPTURE
WALKWAY
TRELLIS
LAWN
+3.70FL
景观设计剖面图 -04
区外道路
P.A. / ROAD
岗亭 / 大门
GUARDHOUSE/GATEWAY
人行道
SIDEWALK
标志水景池
WATER FEATURE
人行道
SIDEWALK
送客车道 / 廊架广场
ROADWAY / TRELLIS
步级
STAIR
观景广场区
VIEWING AREA
中心湖 / 亲水湖岸区 / 特色组合喷泉
LAKE / SCULPTURE & FEATURE FOUNTAIN
+3.85FL
+4.00FL
景观设计剖面图 -01
LANDSCAPE SECTION-01
SCALE: 1:100
湖岸小绿林
PLANTING AREA
中心湖 / 风景桥 / 特色柱灯
LAKE / BRIDGE W/ FEATURE LANTERN
特色水中阳光亭
FEATURE PAVILION
湖岸区
LAKE
港湾码头
PIER
+3.85FL
+2.40WL
+2.80FL
景观设计剖面图 -02
LANDSCAPE SECTION-02
SCALE: 1:100

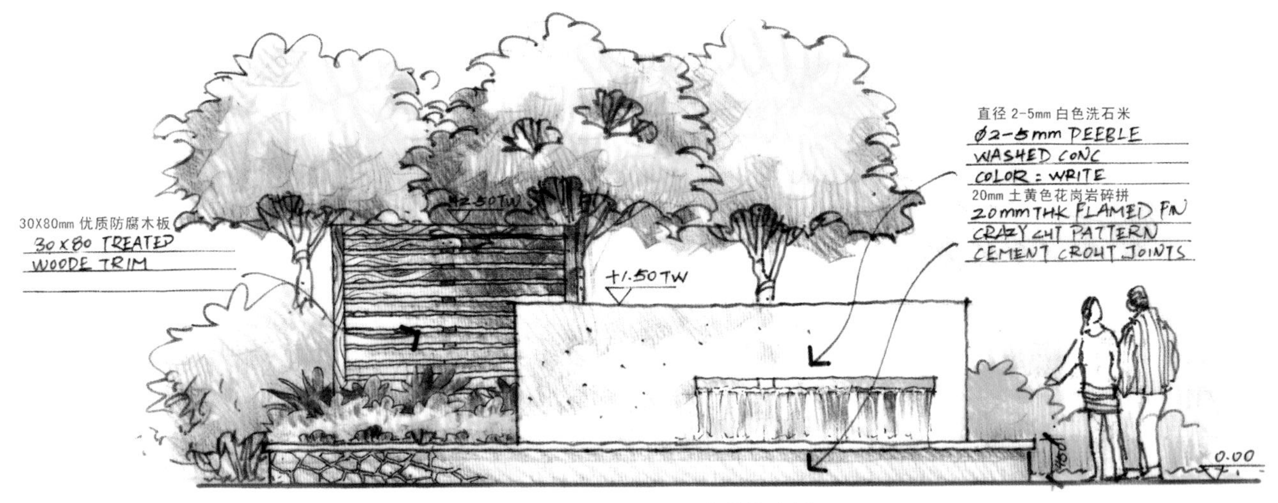

水景池立面

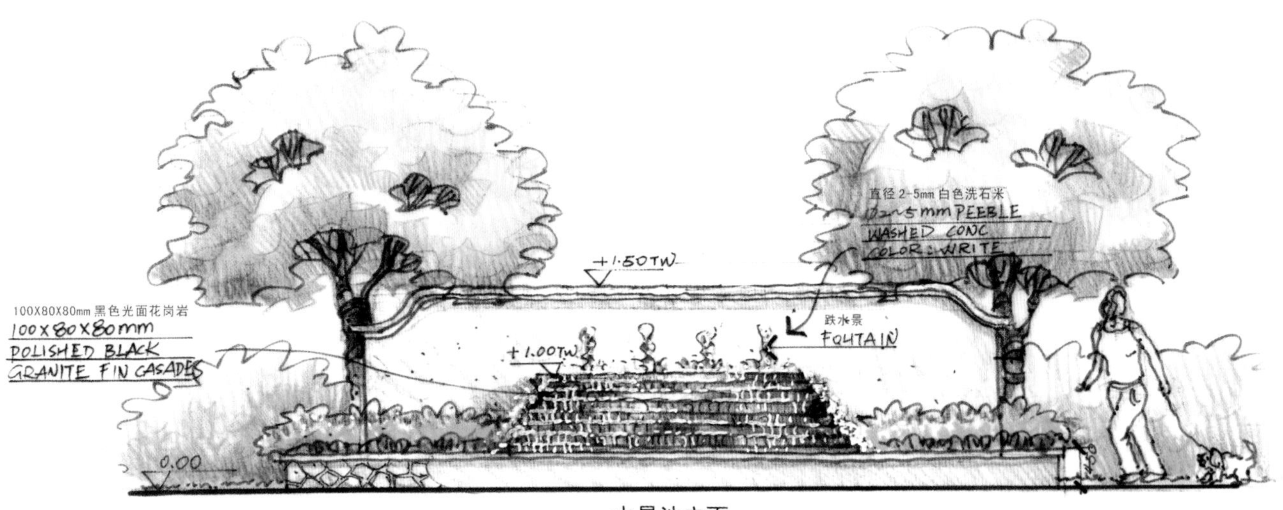

水景池立面

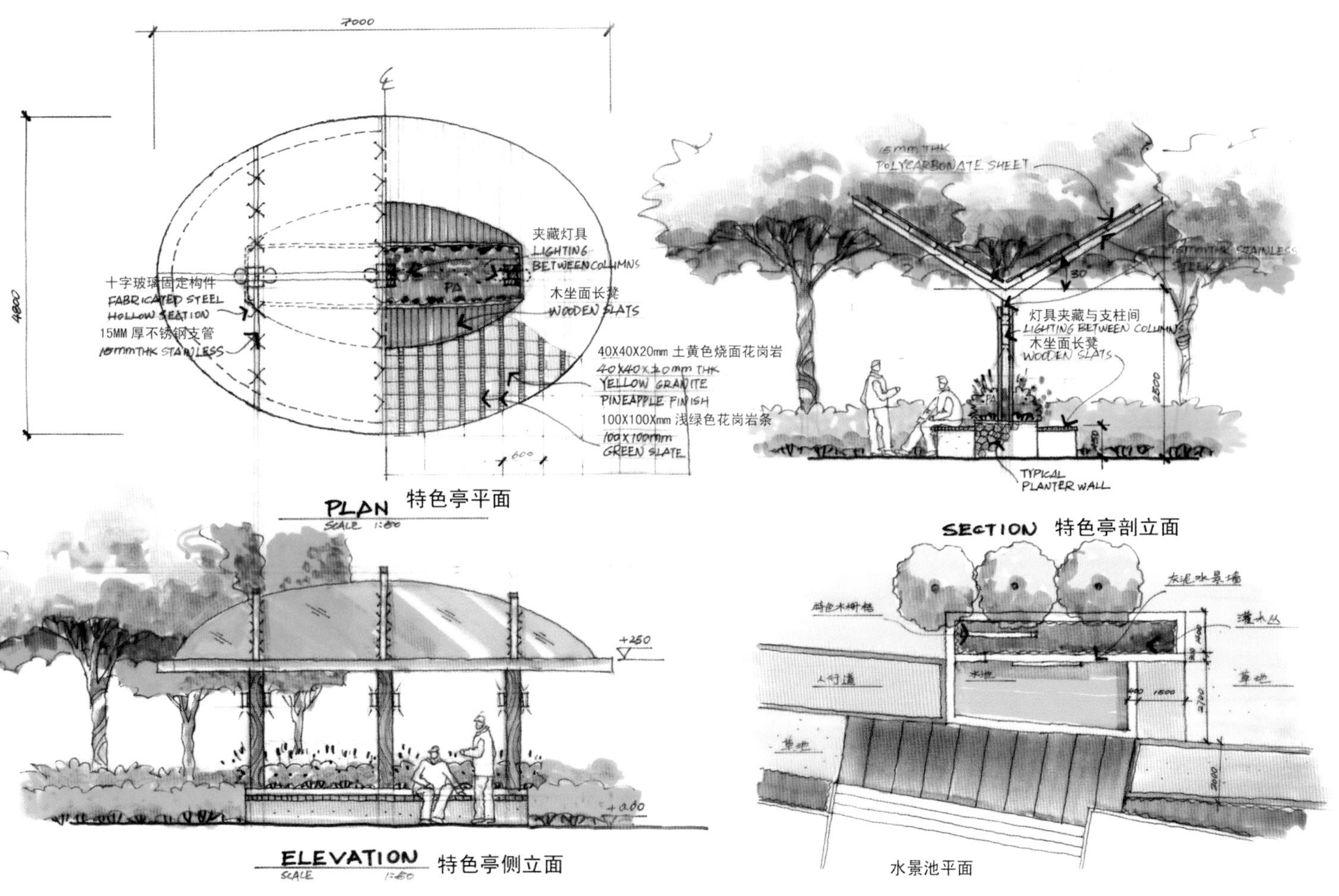

PLAN 特色亭平面

SCALE 1:50

SECTION 特色亭剖立面

ELEVATION 特色亭侧立面

SCALE 1:50

水景池平面

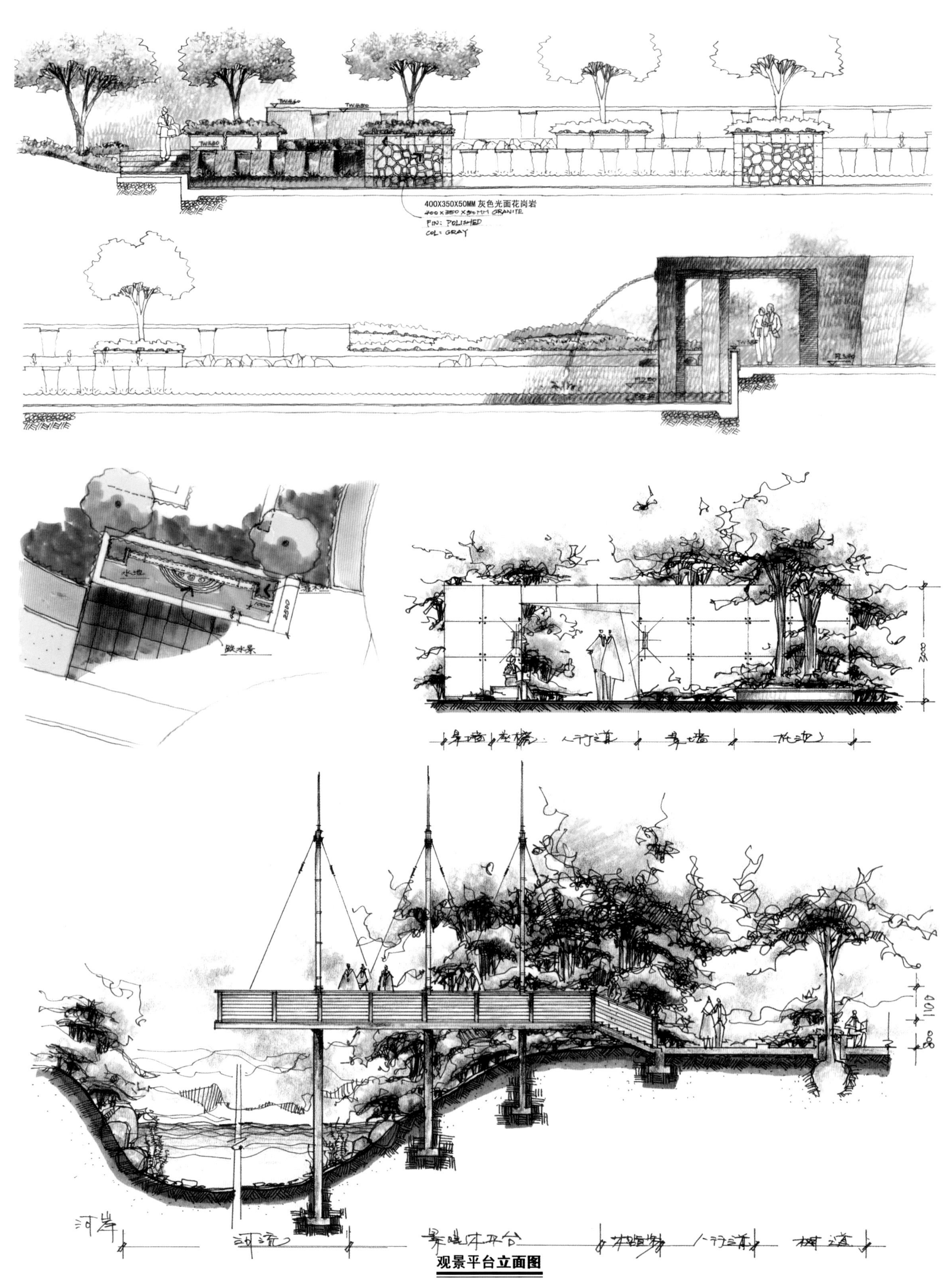

400X350X50MM 灰色光面花岗岩
400X350X50MM GRANITE
FIN: POLISHED
COL: GRAY
景墙
座椅
人行道
景墙
花池
河岸
河流
人行道

观景平台立面图

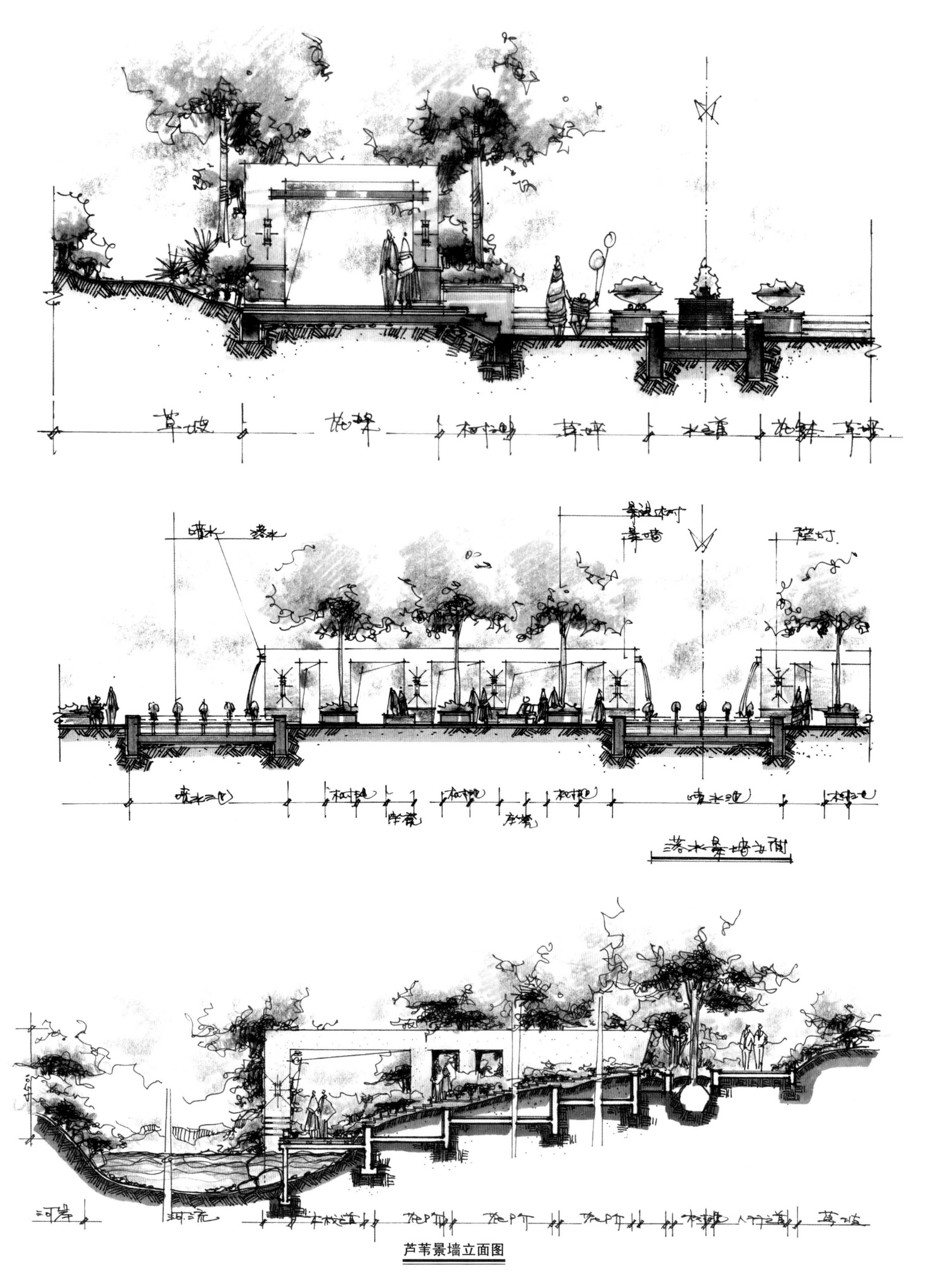

芦苇景墙立面图

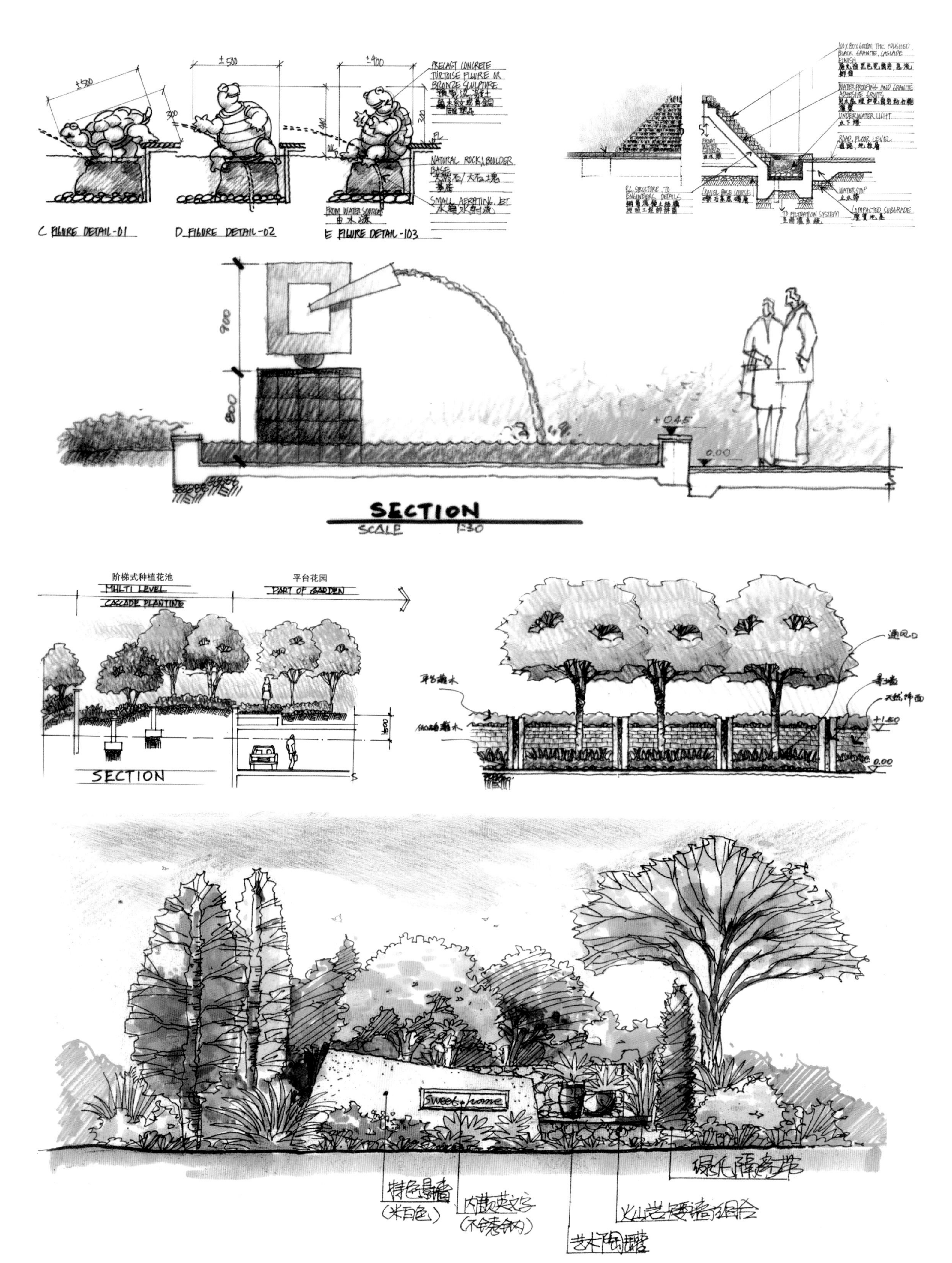
C FIGURE DETAIL-01
D FIGURE DETAIL-02
E FIGURE DETAIL-103
SECTION
SCALE 1:30
阶梯式种植花池
MULTI LEVEL CASCADE PLANTING
平台花园
PART OF GARDEN
SECTION
Sweet home

绿地
建筑
木平台
台阶
步行道
台阶
特色景墙
平台
挡土墙
别墅
芦苇丛
攀爬植物
入口景墙
艺术围墙
入口门柱
黑色铁艺
艺术灯柱
TENNYSON GARDENS
休闲座凳(内嵌灯)
景墙隔离带
绿篱分隔
溢水景墙
水池(内置黑色卵石)
特色灯柱
芦苇丛
艺术花钵
露天咖啡座
阳光草坪
情景小品

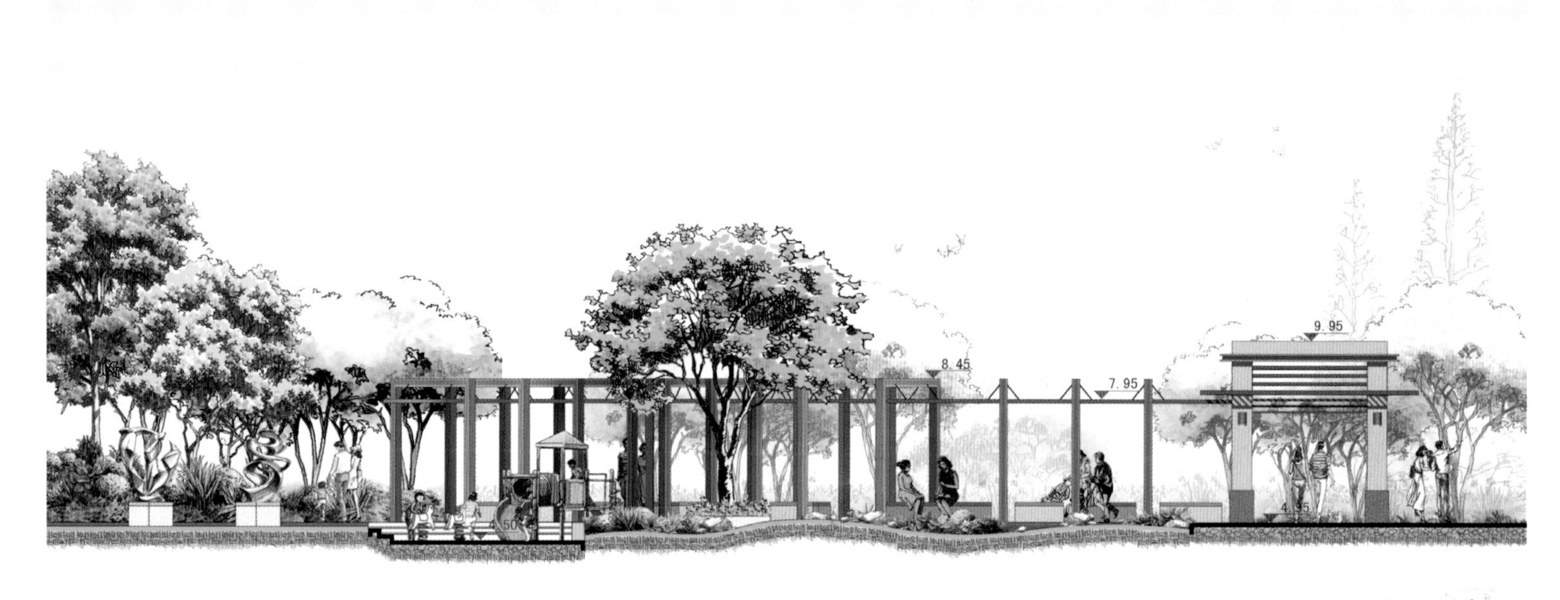

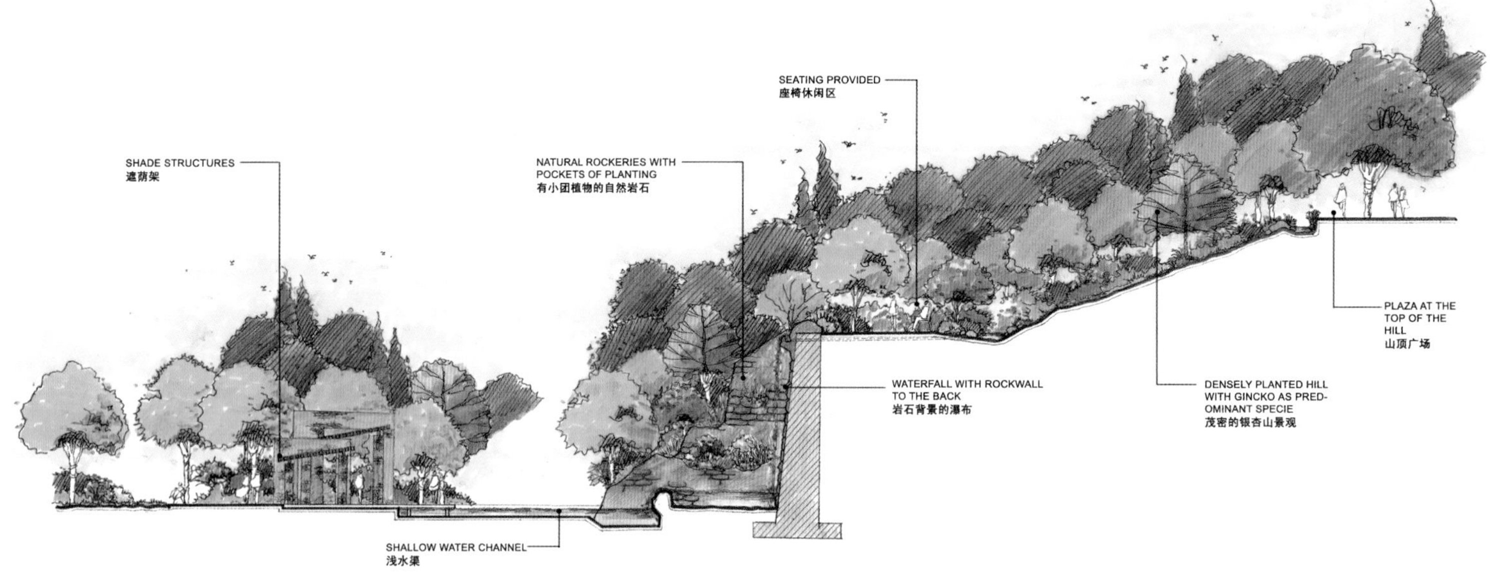

A-A立面效果图

B-B立面效果图

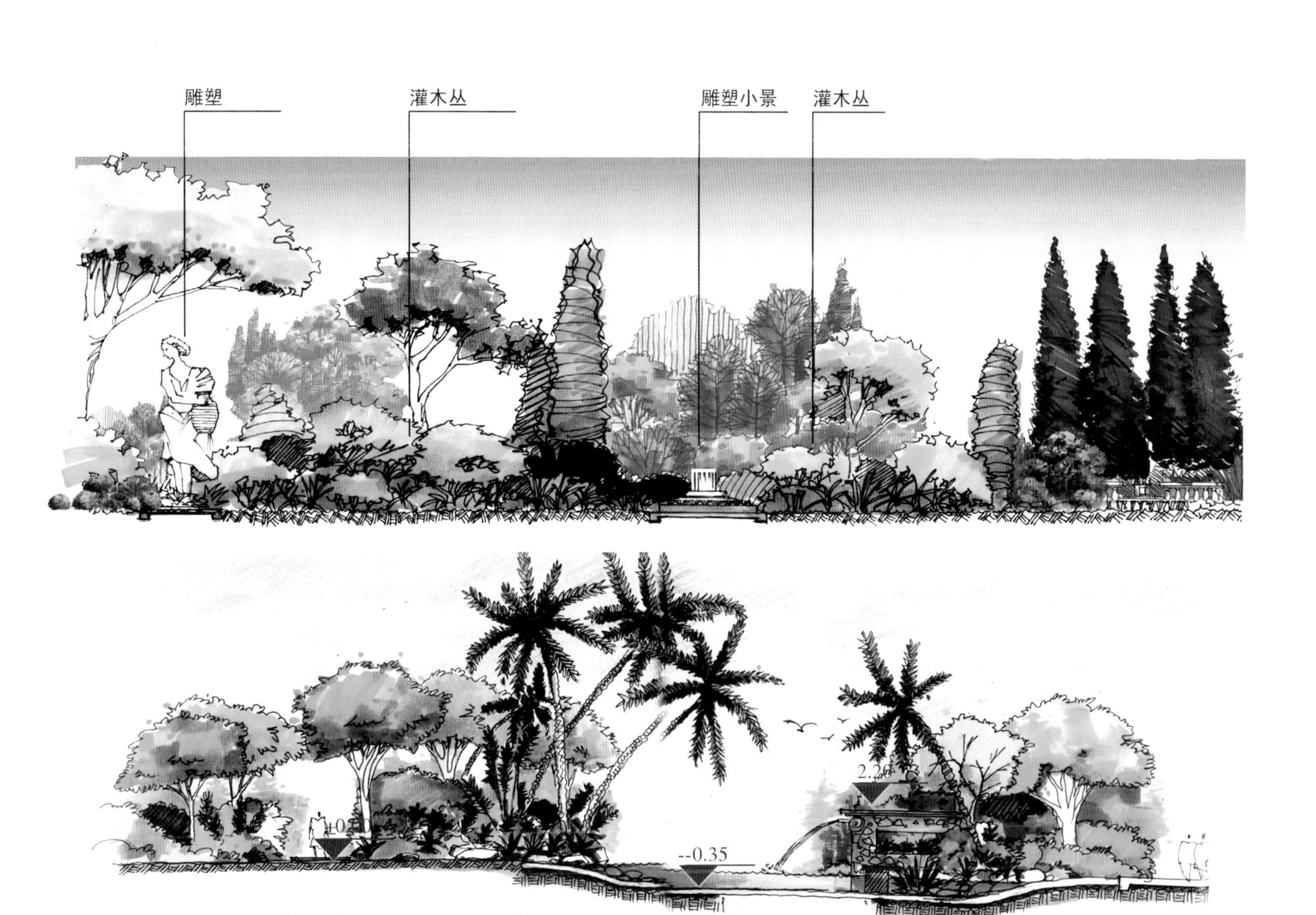
雕塑
灌木丛
雕塑小景
灌木丛
-0.35
2.20
绿化種植
人行道
巴厘島
水之韵
落水景牆
綠化
人行道

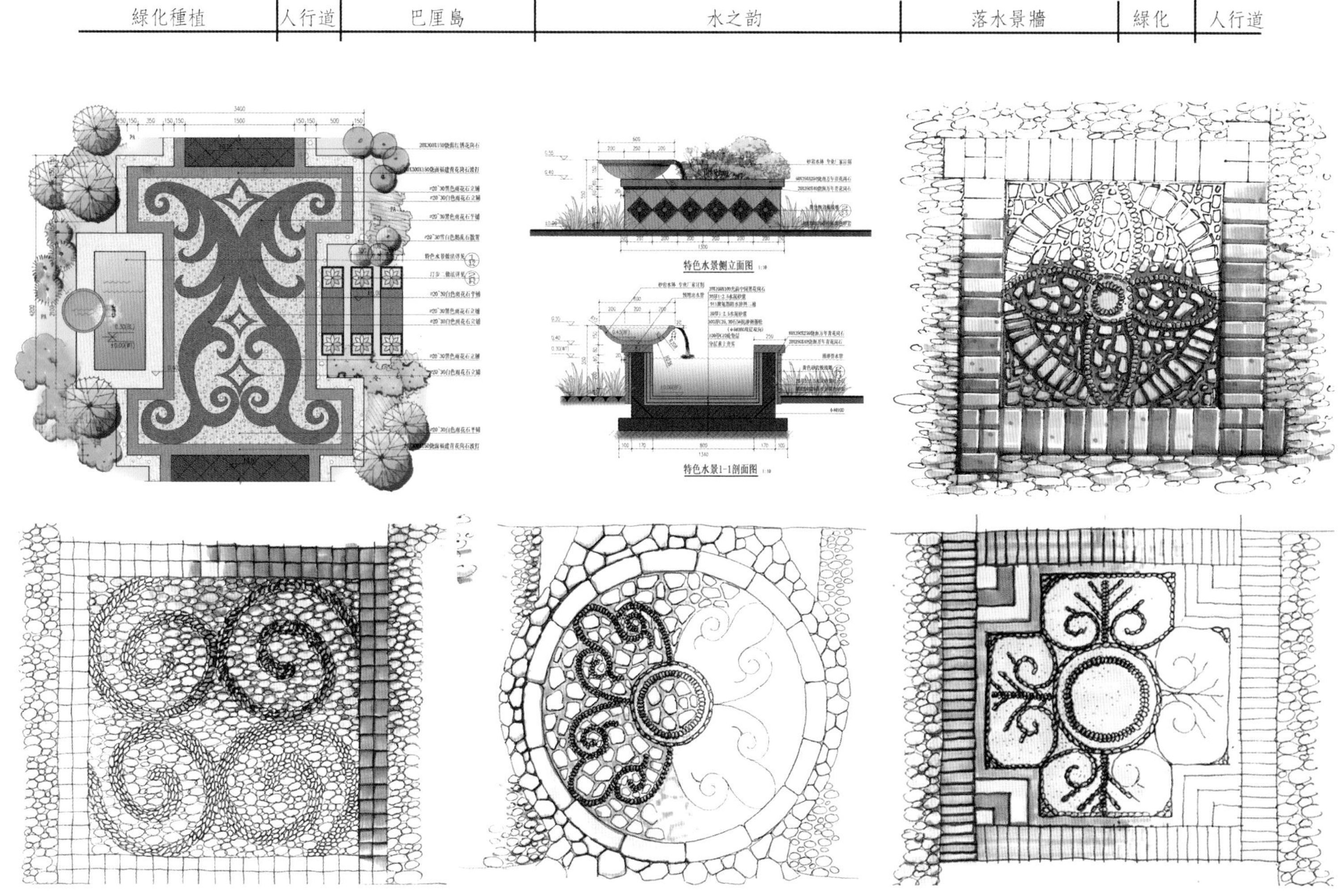
特色水景侧立面图
特色水景1-1剖面图

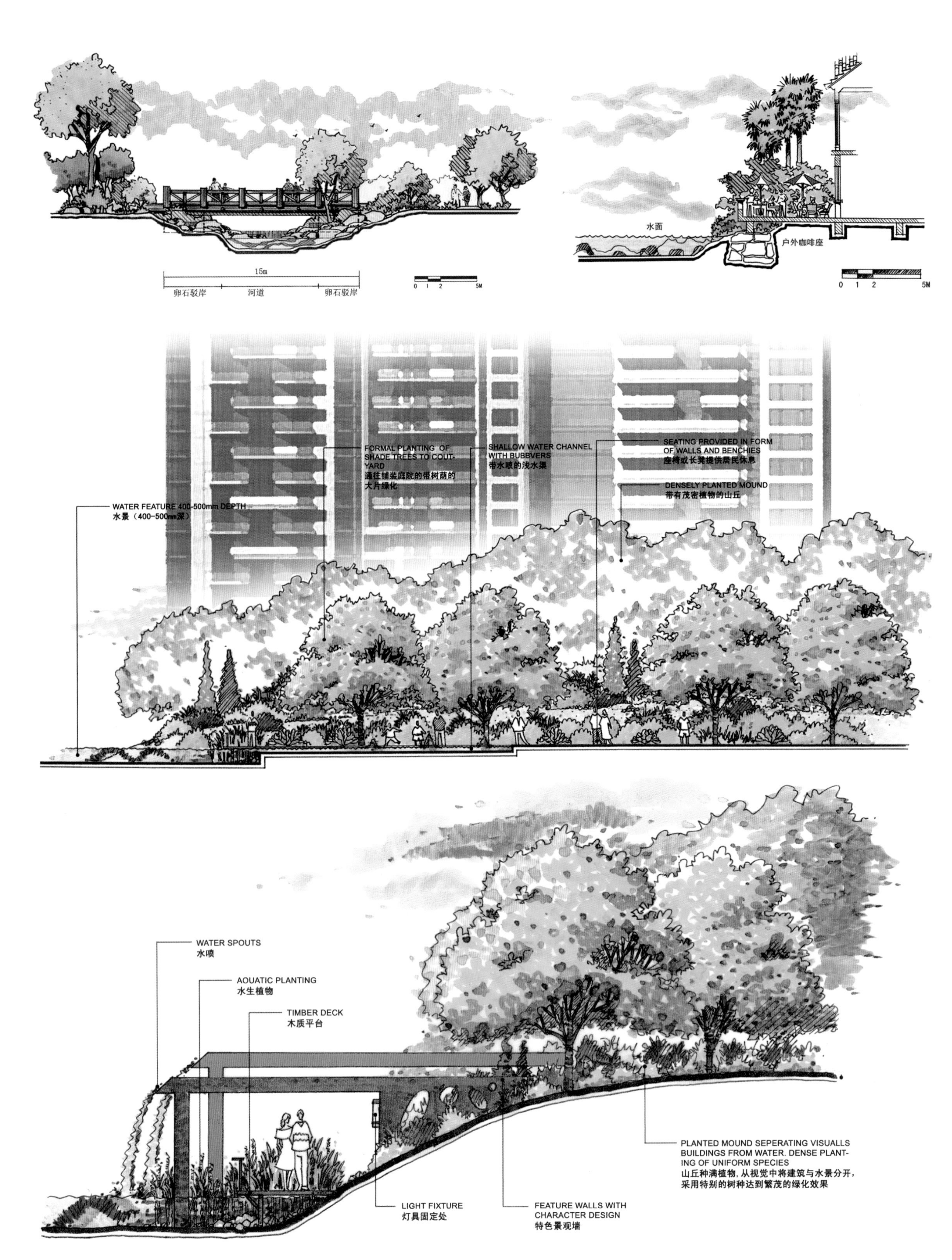
15m
卵石驳岸
河道
卵石驳岸
0 1 2 5M
水面
户外咖啡座
0 1 2 5M
FORMAL PLANTING OF SHADE TREES TO COUT-YARD
通往铺装庭院的带树荫的大片绿化
SHALLOW WATER CHANNEL WITH BUBBVERS
带水喷的浅水渠
SEATING PROVIDED IN FORM OF WALLS AND BENCHIES
座椅或长凳提供居民休息
DENSELY PLANTED MOUND
带有茂密植物的山丘
WATER FEATURE 400-500mm DEPTH
水景（400-500mm深）
WATER SPOUTS
水喷
AOUATIC PLANTING
水生植物
TIMBER DECK
木质平台
PLANTED MOUND SEPERATING VISUALLS BUILDINGS FROM WATER. DENSE PLANT-ING OF UNIFORM SPECIES
山丘种满植物，从视觉中将建筑与水景分开，采用特别的树种达到繁茂的绿化效果
LIGHT FIXTURE
灯具固定处
FEATURE WALLS WITH CHARACTER DESIGN
特色景观墙

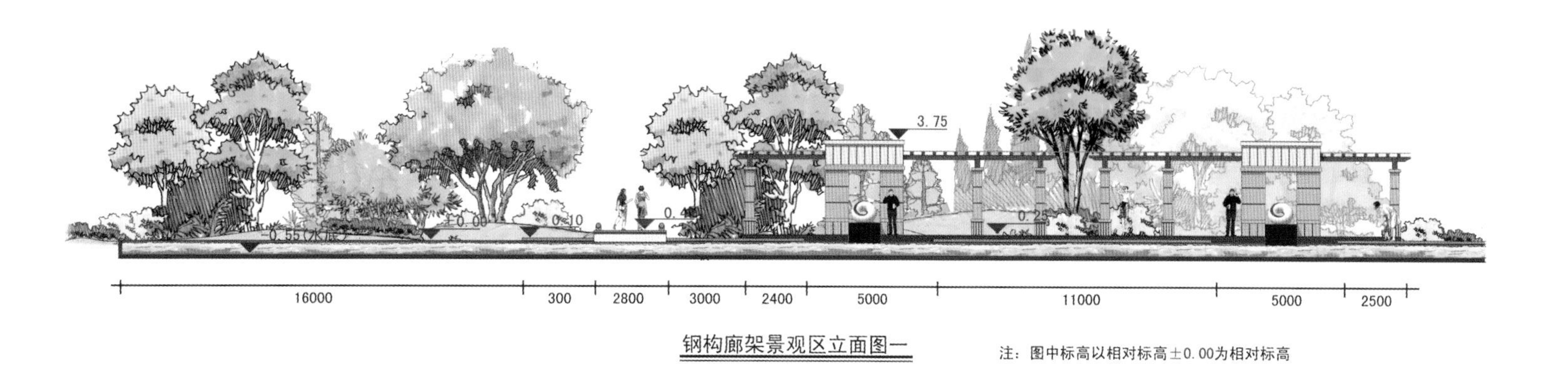

钢构廊架景观区立面图一

注：图中标高以相对标高±0.00为相对标高

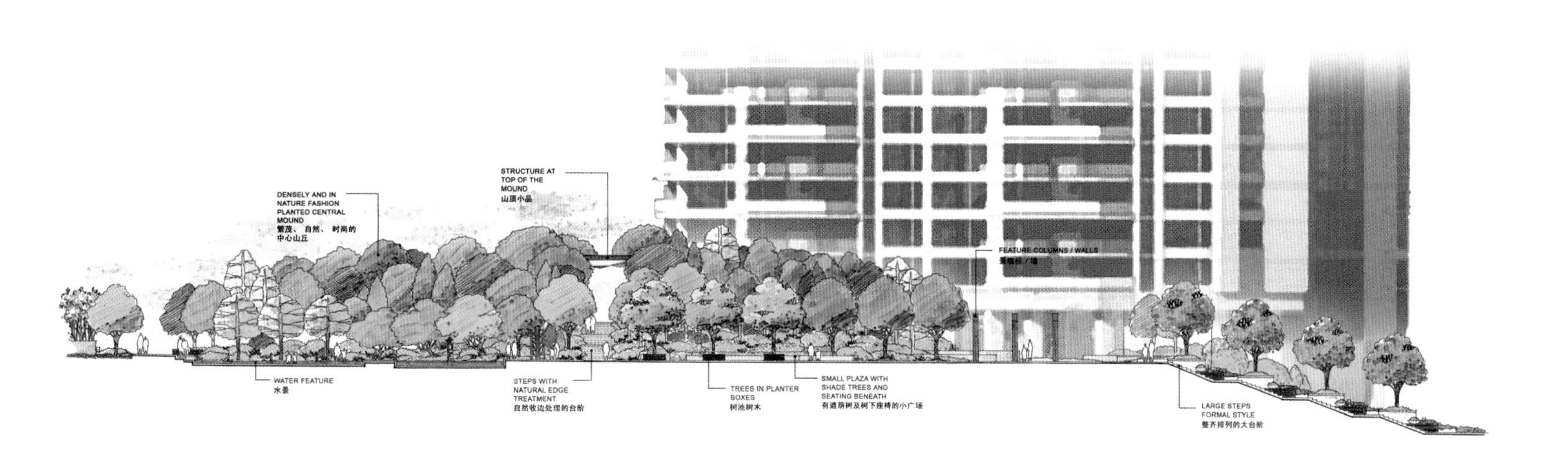

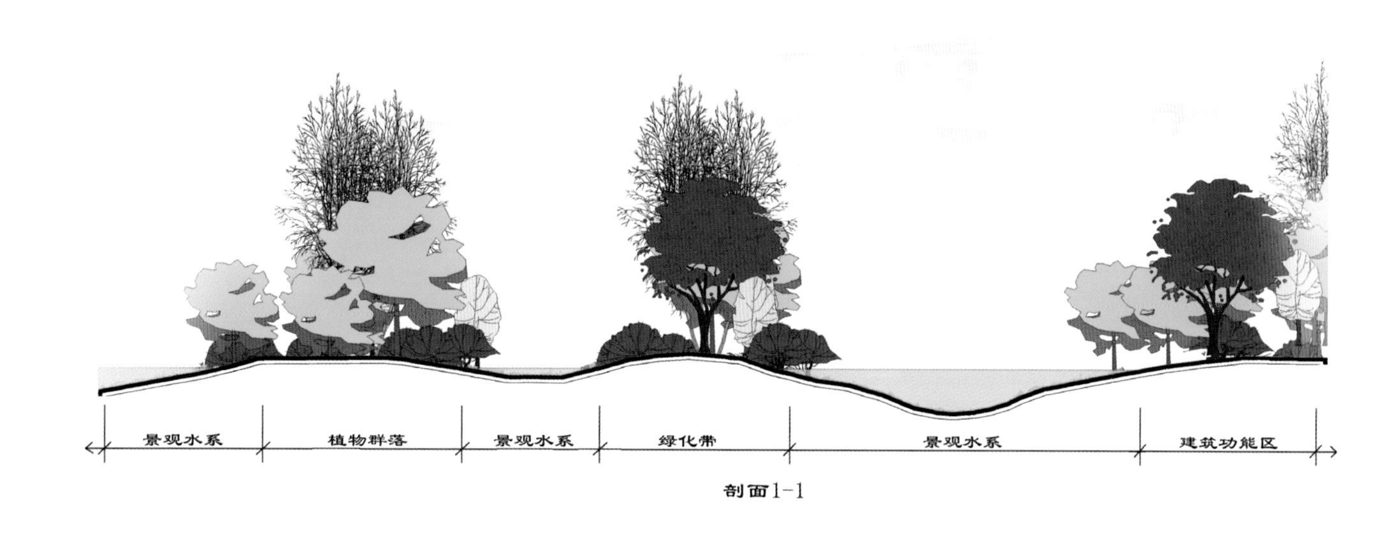

剖面1-1

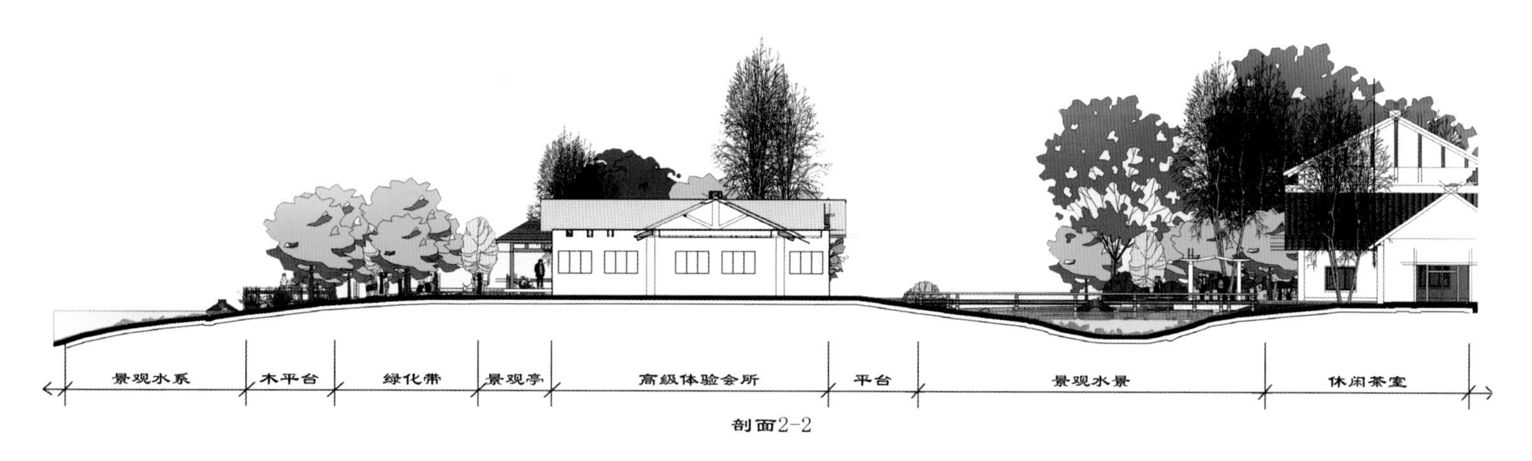

剖面2-2

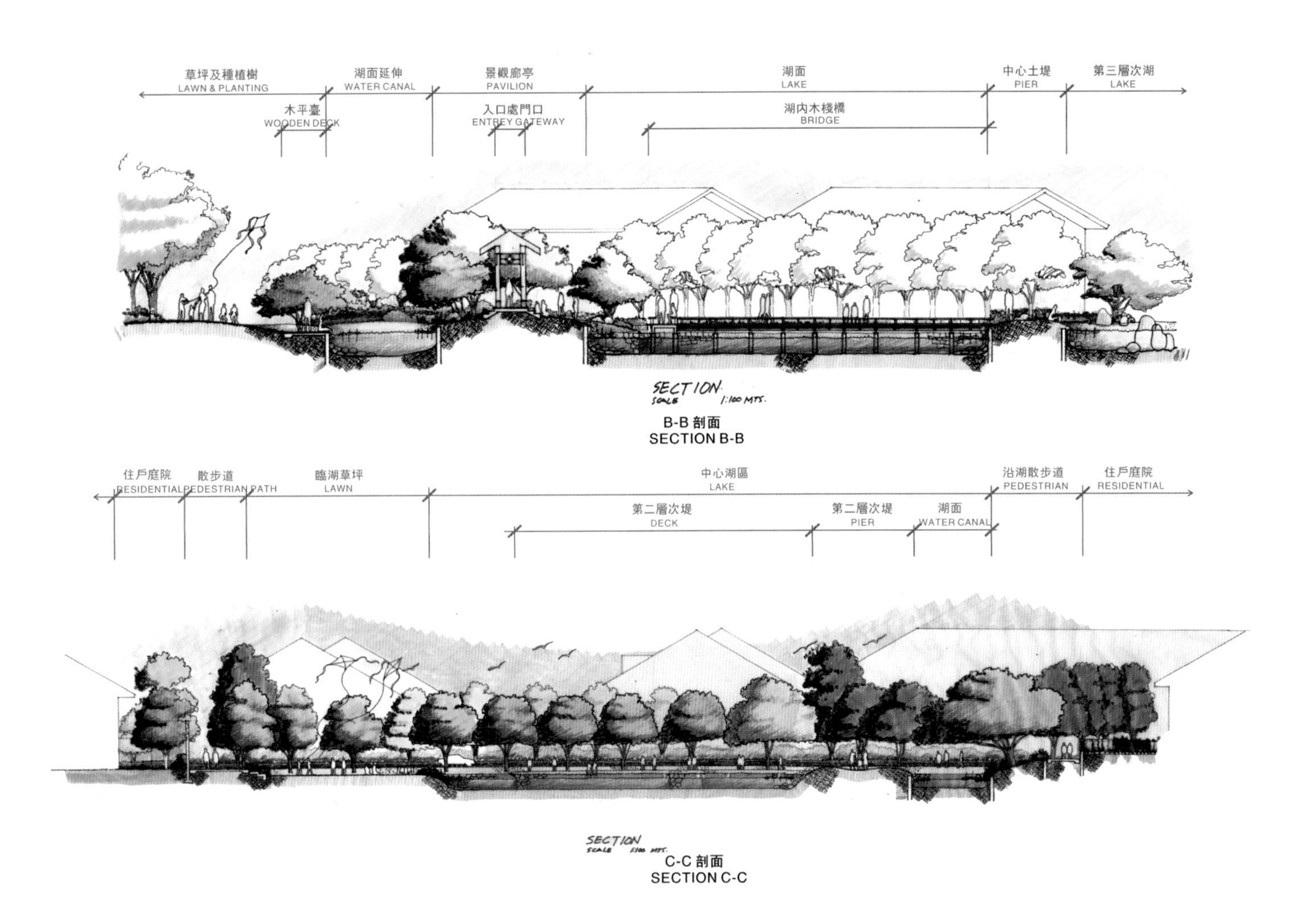
草坪及種植樹
LAWN & PLANTING
湖面延伸
WATER CANAL
景觀廊亭
PAVILION
湖面
LAKE
中心土堤
PIER
第三層次湖
LAKE
木平臺
WOODEN DECK
入口處門口
ENTREY GATEWAY
湖內木棧橋
BRIDGE
SECTION
SCALE 1:100 MTS.
B-B 剖面
SECTION B-B
住戶庭院
RESIDENTIAL
散步道
PEDESTRIAN PATH
臨湖草坪
LAWN
中心湖區
LAKE
沿湖散步道
PEDESTRIAN
住戶庭院
RESIDENTIAL
第二層次堤
DECK
第二層次堤
PIER
湖面
WATER CANAL
SECTION
C-C 剖面
SECTION C-C

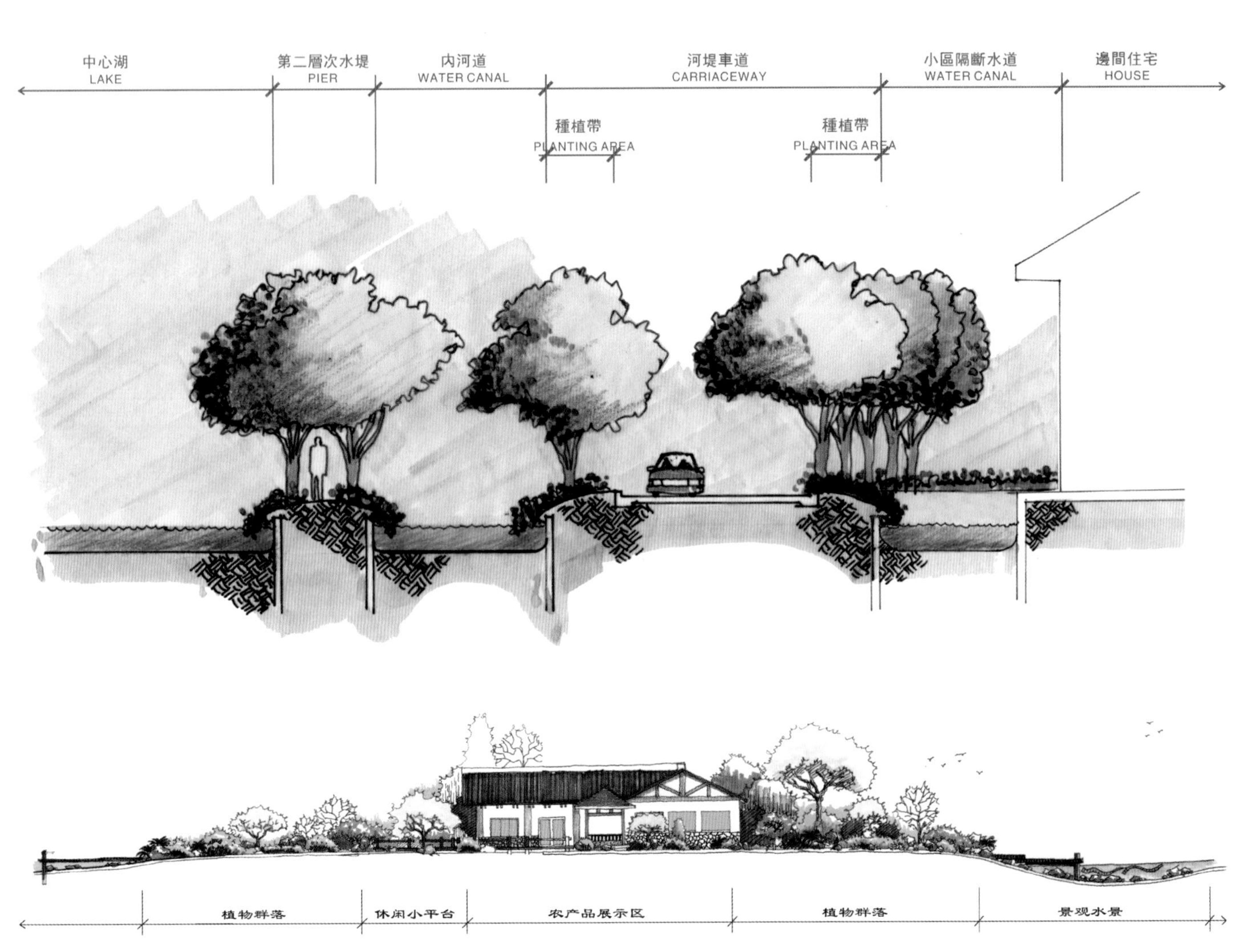
中心湖
LAKE
第二層次水堤
PIER
內河道
WATER CANAL
河堤車道
CARRIACEWAY
小區隔斷水道
WATER CANAL
邊間住宅
HOUSE
種植帶
PLANTING AREA
種植帶
PLANTING AREA
植物群落
休闲小平台
农产品展示区
植物群落
景观水景

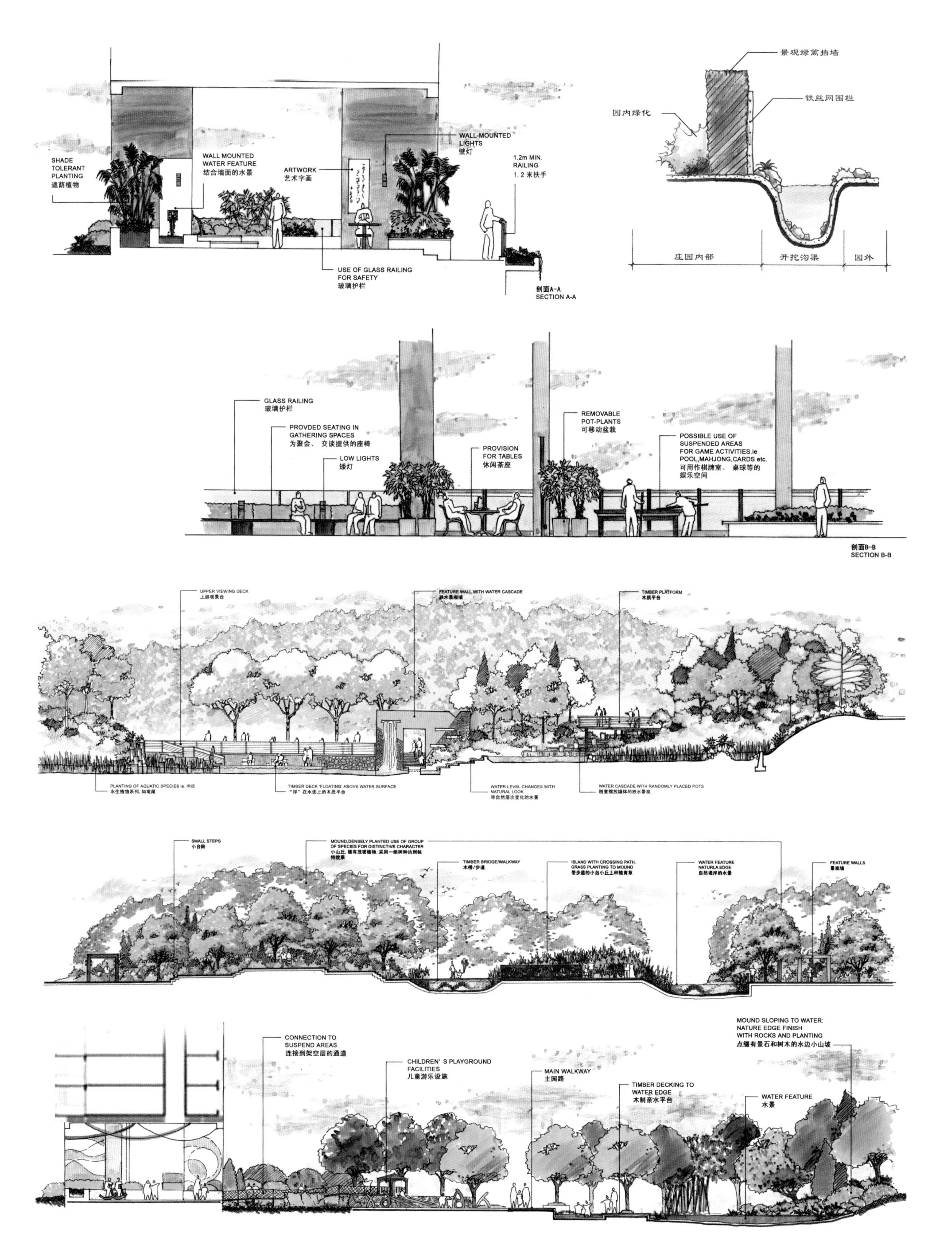
SHADE TOLERANT PLANTING
遮荫植物
WALL MOUNTED WATER FEATURE
结合墙面的水景
ARTWORK
艺术字画
WALL-MOUNTED LIGHTS
壁灯
1.2m MIN. RAILING
1.2 米扶手
USE OF GLASS RAILING FOR SAFETY
玻璃护栏
剖面A-A
SECTION A-A
景观绿篱挡墙
铁丝网围栏
园内绿化
庄园内部
开挖沟渠
园外
GLASS RAILING
玻璃护栏
PROVDED SEATING IN GATHERING SPACES
为聚会、交谈提供的座椅
LOW LIGHTS
矮灯
PROVISION FOR TABLES
休闲茶座
REMOVABLE POT-PLANTS
可移动盆栽
POSSIBLE USE OF SUSPENDED AREAS FOR GAME ACTIVITIES.ie POOL,MAHJONG,CARDS etc.
可用作棋牌室、桌球等的娱乐空间
剖面B-B
SECTION B-B
UPPER VIEWING DECK
上层观景台
FEATURE WALL WITH WATER CASCADE
跌水景观墙
TIMBER PLATFORM
木质平台
PLANTING OF AQUATIC SPECIES ie. IRIS
水生植物系列, 如鸢尾
TIMBER DECK 'FLOATING' ABOVE WATER SURFACE
“浮”在水面上的木质平台
WATER LEVEL CHANGES WITH NATURAL LOOK
带自然层次变化的水景
WATER CASCADE WITH RANDOMLY PLACED POTS
随意摆放罐体的跌水景观
SMALL STEPS
小台阶
MOUND,DENSELY PLANTED USE OF GROUP OF SPECIES FOR DISTINCTIVE CHARACTER
小山丘, 植有茂密植物, 采用一组树种达到独特效果
TIMBER BRIDGE/WALKWAY
木桥/步道
ISLAND WITH CROSSING PATH. GRASS PLANTING TO MOUND
带步道的小岛小丘上种植青草
WATER FEATURE NATURLA EDGE
自然堤岸的水景
FEATURE WALLS
景观墙
CONNECTION TO SUSPEND AREAS
连接到架空层的通道
CHILDREN' S PLAYGROUND FACILITIES
儿童游乐设施
MAIN WALKWAY
主园路
TIMBER DECKING TO WATER EDGE
木制亲水平台
WATER FEATURE
水景
MOUND SLOPING TO WATER: NATURE EDGE FINISH WITH ROCKS AND PLANTING
点缀有景石和树木的水边小山坡

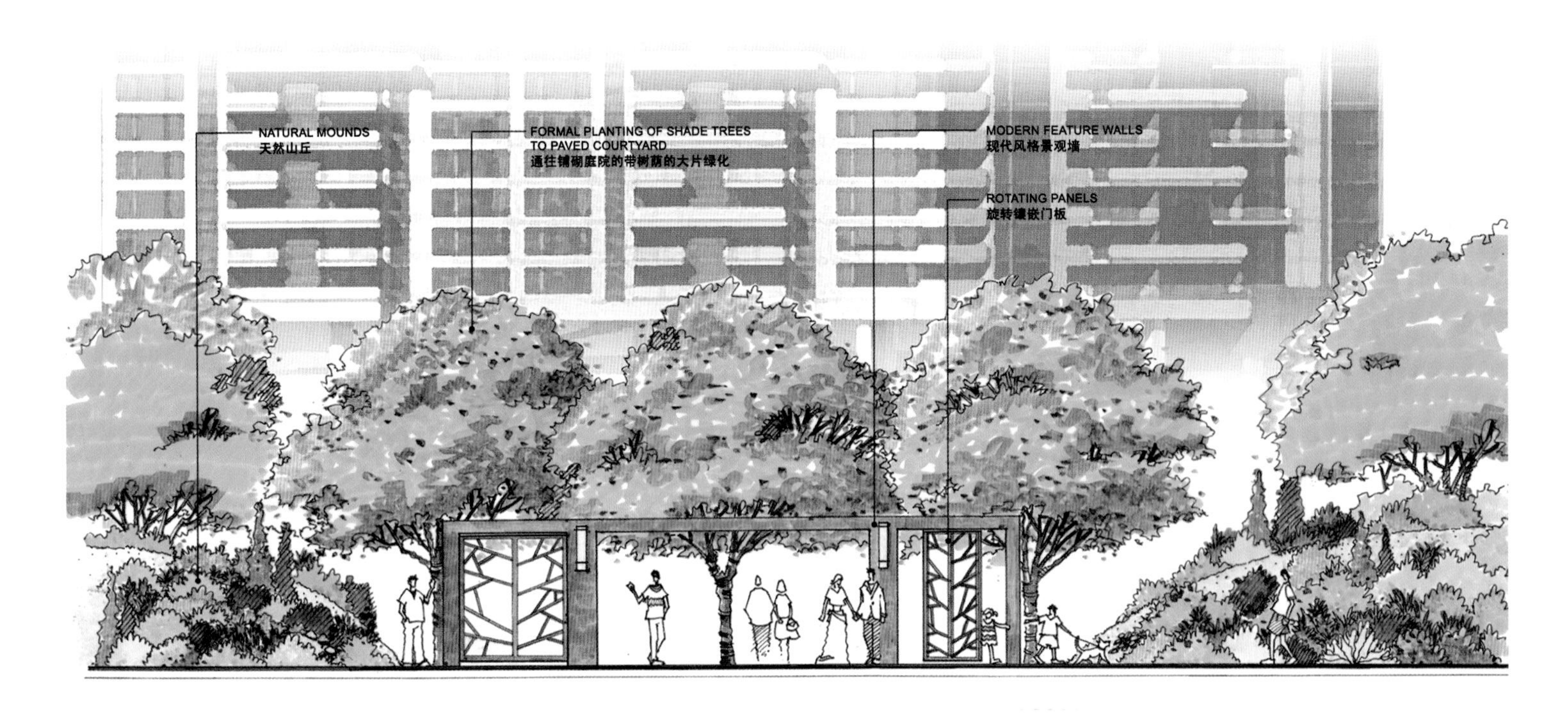

指示图

弧形廊架立面图

注：图中标高以相对标高±0.00为相对标高

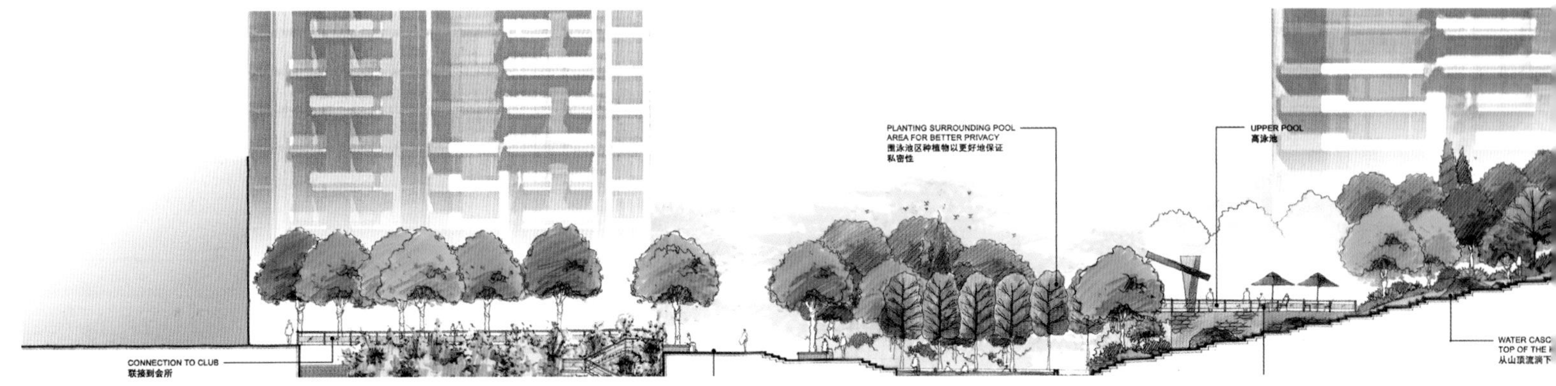

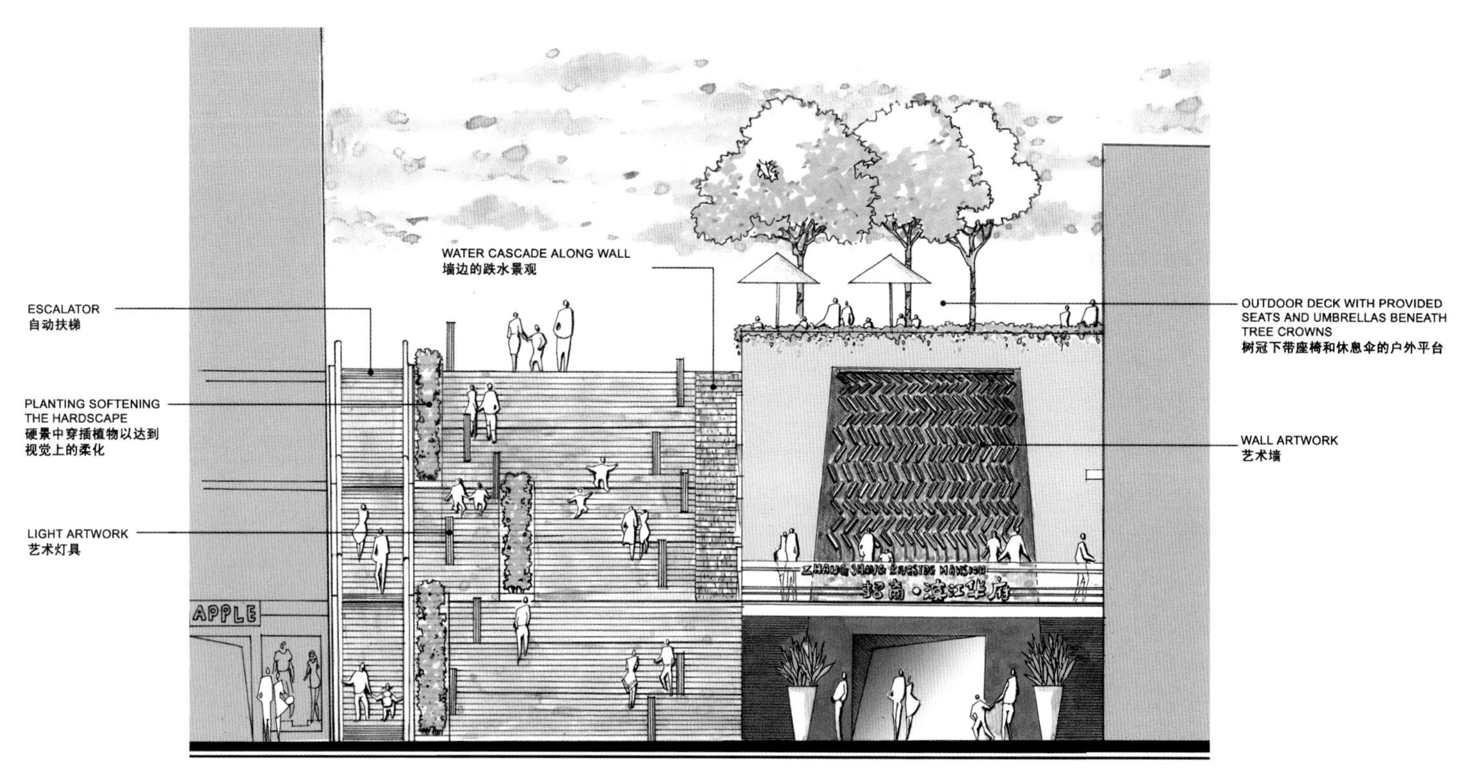
WATER CASCADE ALONG WALL
墙边的跌水景观
ESCALATOR
自动扶梯
OUTDOOR DECK WITH PROVIDED SEATS AND UMBRELLAS BENEATH TREE CROWNS
树冠下带座椅和休息伞的户外平台
PLANTING SOFTENING THE HARDSCAPE
硬景中穿插植物以达到视觉上的柔化
WALL ARTWORK
艺术墙
LIGHT ARTWORK
艺术灯具
APPLE
招商·滨江华府

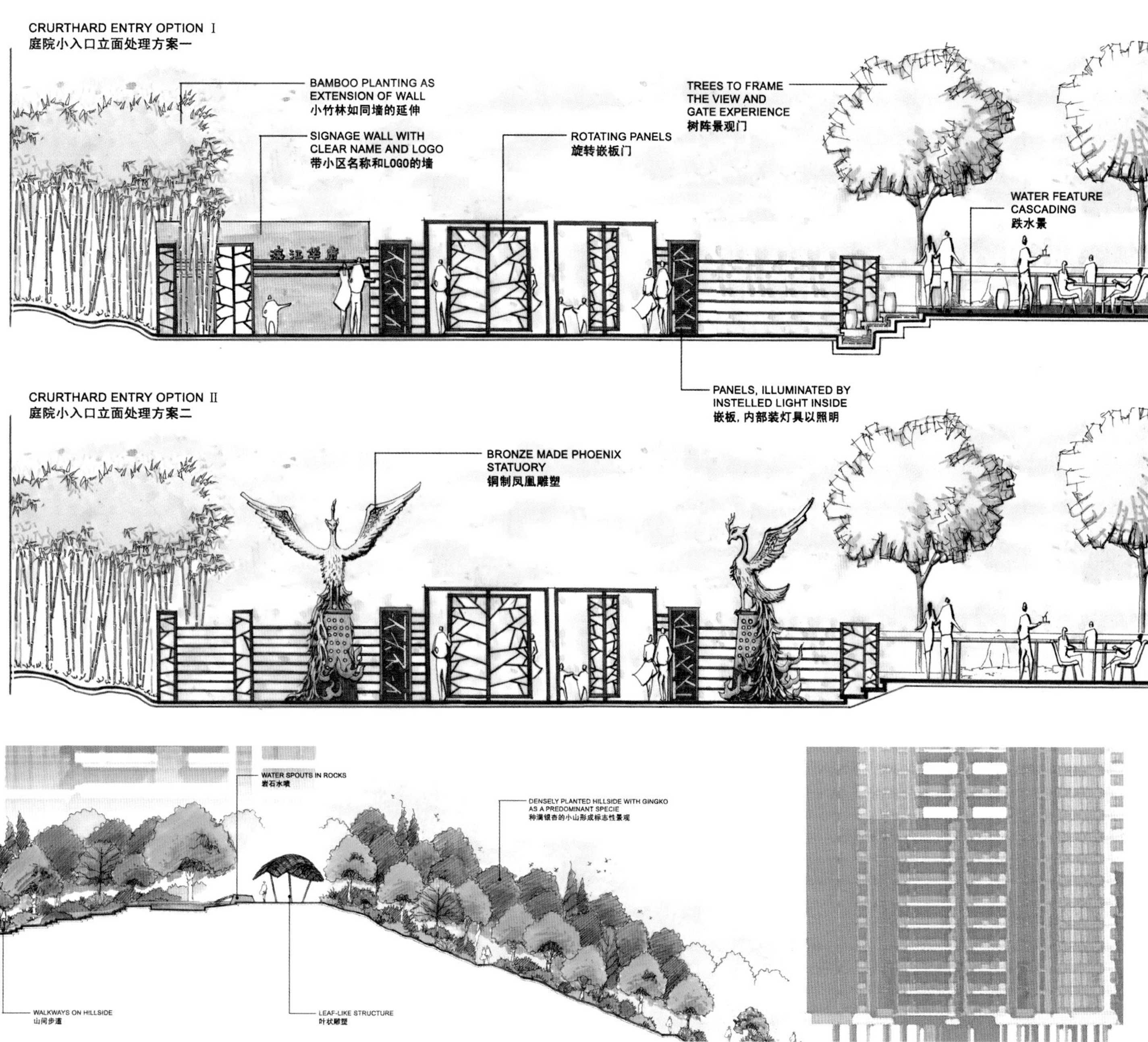
CRURTHARD ENTRY OPTION Ⅰ
庭院小入口立面处理方案一
BAMBOO PLANTING AS EXTENSION OF WALL
小竹林如同墙的延伸
TREES TO FRAME THE VIEW AND GATE EXPERIENCE
树阵景观门
SIGNAGE WALL WITH CLEAR NAME AND LOGO
带小区名称和LOGO的墙
ROTATING PANELS
旋转嵌板门
WATER FEATURE CASCADING
跌水景
PANELS, ILLUMINATED BY INSTELLED LIGHT INSIDE
嵌板，内部装灯具以照明
CRURTHARD ENTRY OPTION Ⅱ
庭院小入口立面处理方案二
BRONZE MADE PHOENIX STATUORY
铜制凤凰雕塑
WATER SPOUTS IN ROCKS
岩石水喷
DENSELY PLANTED HILLSIDE WITH GINGKO AS A PREDOMINANT SPECIE
种满银杏的小山形成标志性景观
WALKWAYS ON HILLSIDE
山间步道
LEAF-LIKE STRUCTURE
叶状雕塑

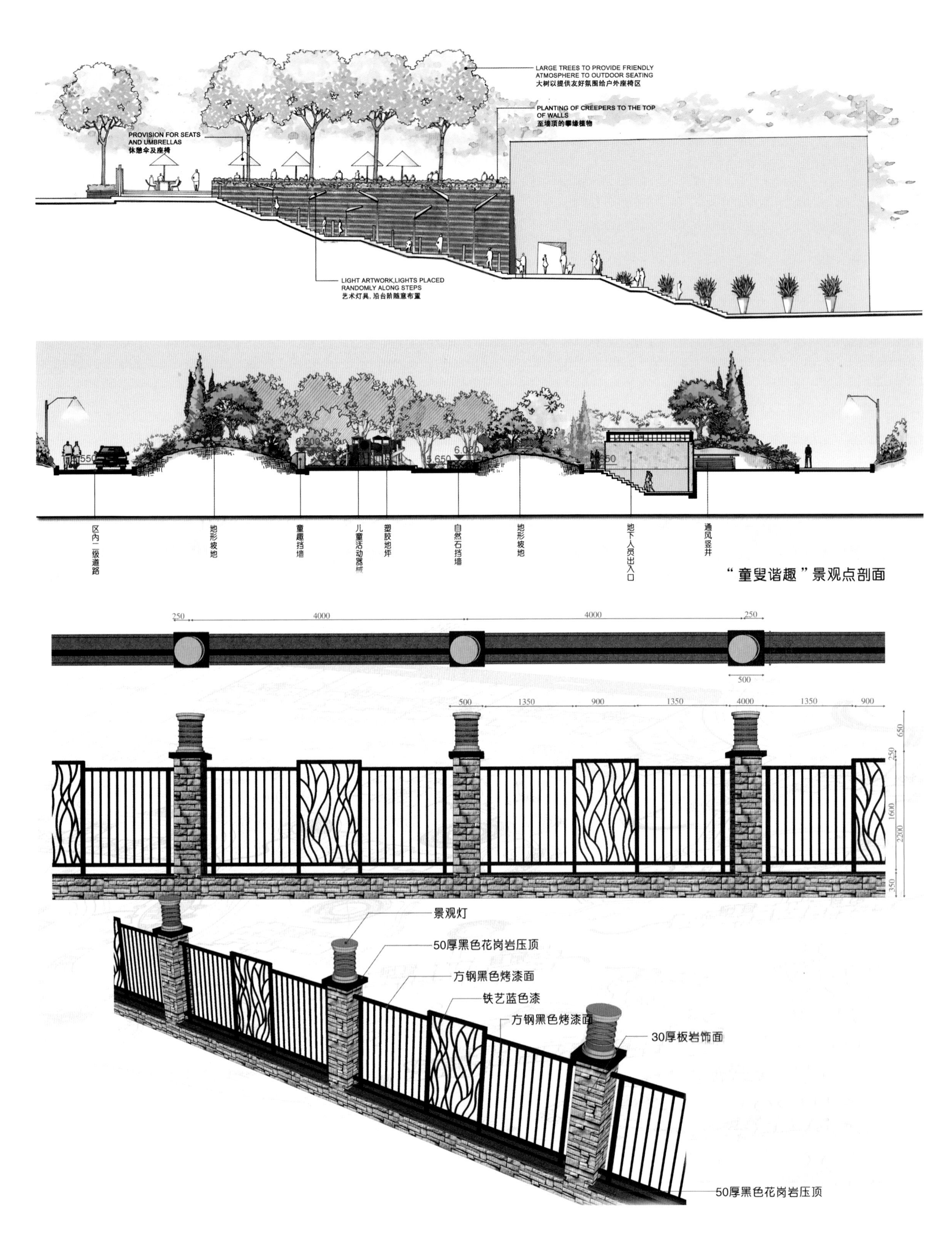
LARGE TREES TO PROVIDE FRIENDLY ATMOSPHERE TO OUTDOOR SEATING
大树以提供友好氛围给户外座椅区
PLANTING OF CREEPERS TO THE TOP OF WALLS
至墙顶的攀缘植物
PROVISION FOR SEATS AND UMBRELLAS
休憩伞及座椅
LIGHT ARTWORK,LIGHTS PLACED RANDOMLY ALONG STEPS
艺术灯具，沿台阶随意布置
区内一级道路
地形坡地
童趣挡墙
儿童活动器械
塑胶地坪
自然石挡墙
地形坡地
地下人员出入口
通风竖井
250
4000
4000
250
500
500
1350
900
1350
4000
1350
900
650
250
1600
2200
350
景观灯
50厚黑色花岗岩压顶
方钢黑色烤漆面
铁艺蓝色漆
方钢黑色烤漆面
30厚板岩饰面
50厚黑色花岗岩压顶

"童叟谐趣"景观点剖面

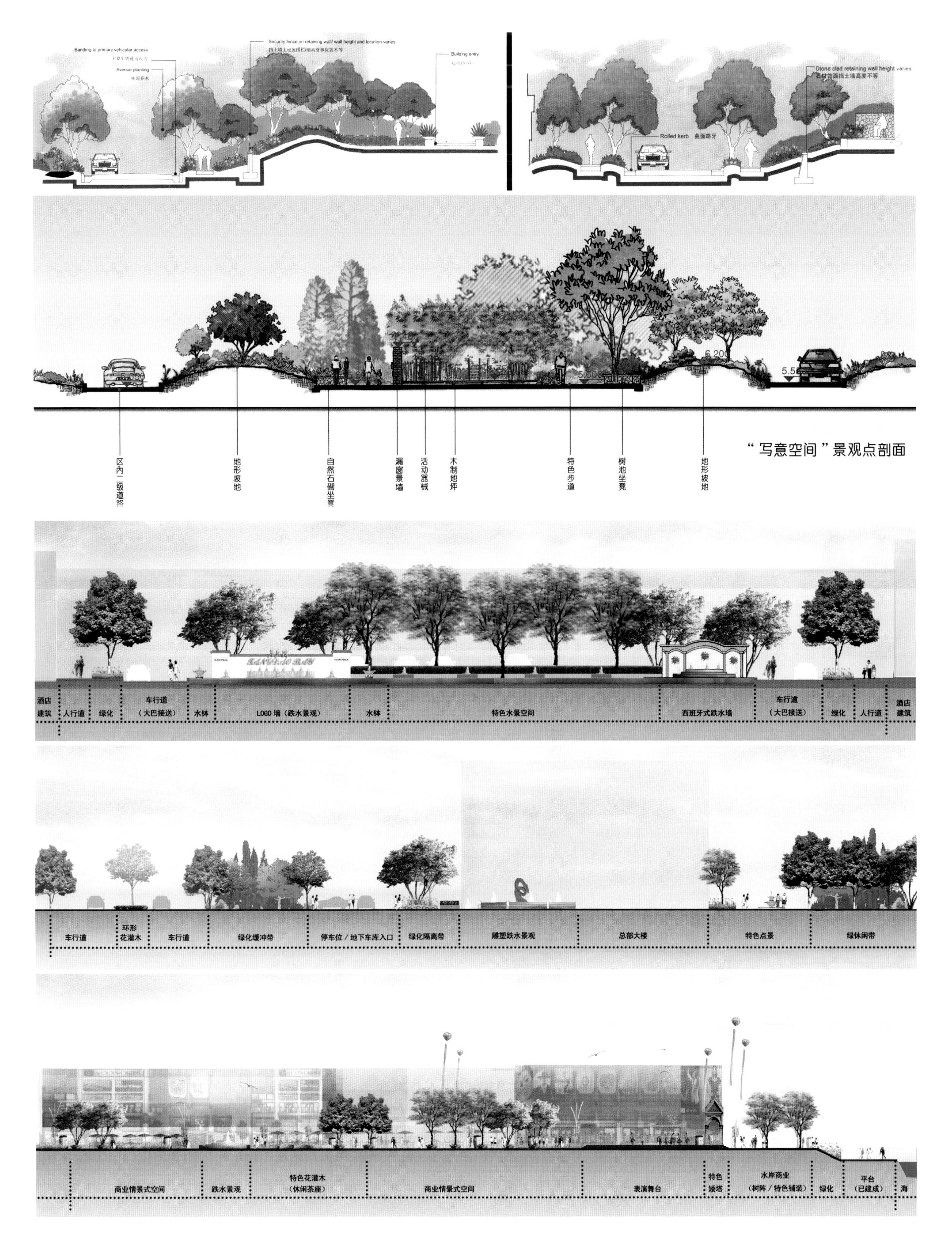

Banding to primary vehicular access
Avenue planting
Security fence on retaining wall/ wall height and location varies
Building entry
Rolled kerb 曲面路牙
Stone clad retaining wall height varies
石材饰面挡土墙高度不等
"写意空间"景观点剖面
区内二级道路
地形坡地
自然石砌坐凳
漏窗景墙
活动器械
木制地坪
特色步道
树池坐凳
地形坡地
酒店建筑
人行道
绿化
车行道（大巴接送）
水体
LOGO 墙（跌水景观）
水体
特色水景空间
西班牙式跌水墙
车行道（大巴接送）
绿化
人行道
酒店建筑
车行道
环形花灌木
车行道
绿化缓冲带
停车位 / 地下车库入口
绿化隔离带
雕塑跌水景观
总部大楼
特色点景
绿休闲带
商业情景式空间
跌水景观
特色花灌木（休闲茶座）
商业情景式空间
表演舞台
特色矮塔
水岸商业（树阵 / 特色铺装）
绿化
平台（已建成）
海

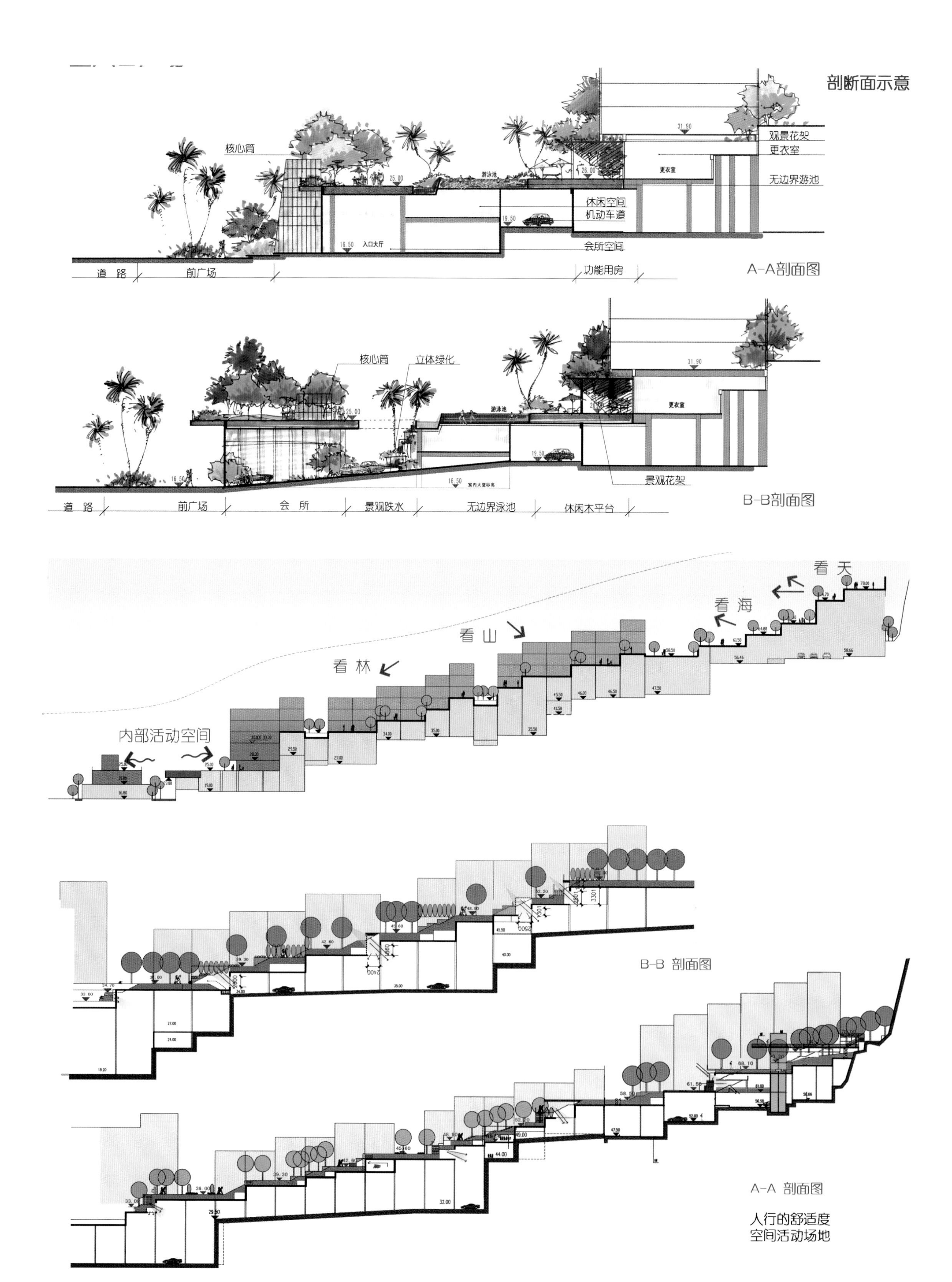
剖断面示意
核心筒
观景花架
更衣室
无边界游池
游泳池
休闲空间
机动车道
会所空间
入口大厅
道路
前广场
功能用房
A-A剖面图
核心筒
立体绿化
景观花架
道路
前广场
会所
景观跌水
无边界泳池
休闲木平台
B-B剖面图
看天
看海
看山
看林
内部活动空间
B-B 剖面图
A-A 剖面图
人行的舒适度
空间活动场地

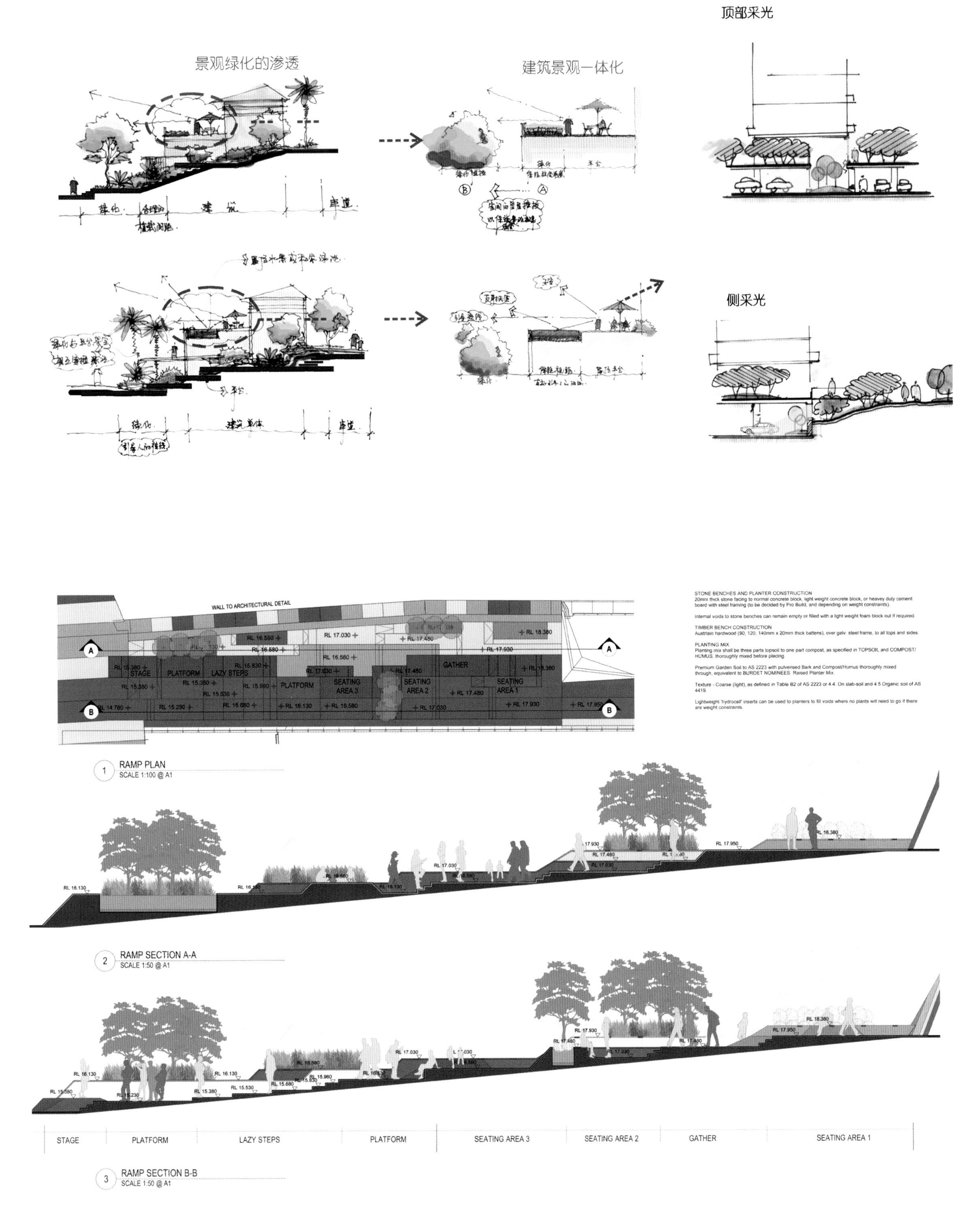

景观绿化的渗透
建筑景观一体化
顶部采光
侧采光
WALL TO ARCHITECTURAL DETAIL
STAGE
PLATFORM
LAZY STEPS
PLATFORM
SEATING AREA 3
SEATING AREA 2
GATHER
SEATING AREA 1
STONE BENCHES AND PLANTER CONSTRUCTION
20mm thick stone facing to normal concrete block, light weight concrete block, or heavey duty cement board with steel framing (to be decided by Pro Build, and depending on weight constraints).
Internal voids to stone benches can remain empty or filled with a light weight foam block out if required.
TIMBER BENCH CONSTRUCTION
Austriain hardwood (90, 120, 140mm x 20mm thick battens), over galv. steel frame, to all tops and sides.
PLANTING MIX
Planting mix shall be three parts topsoil to one part compost, as specified in TOPSOIL and COMPOST/HUMUS, thoroughly mixed before placing.
Premium Garden Soil to AS 2223 with pulverised Bark and Compost/Humus thoroughly mixed through, equivalent to BURDET NOMINEES Raised Planter Mix.
Texture - Coarse (light), as defined in Table B2 of AS 2223 or 4.4. On slab-soil and 4.5 Organic soil of AS 4419.
Lightweight 'hydrocell' inserts can be used to planters to fill voids where no plants will need to go if there are weight constraints.
1 RAMP PLAN
SCALE 1:100 @ A1
2 RAMP SECTION A-A
SCALE 1:50 @ A1
STAGE
PLATFORM
LAZY STEPS
PLATFORM
SEATING AREA 3
SEATING AREA 2
GATHER
SEATING AREA 1
3 RAMP SECTION B-B
SCALE 1:50 @ A1

B-B剖面图

A-A剖面图

800
2000
600
1500
人物浮雕
花钵
绿篱墙
浮雕
浮雕景墙
水池

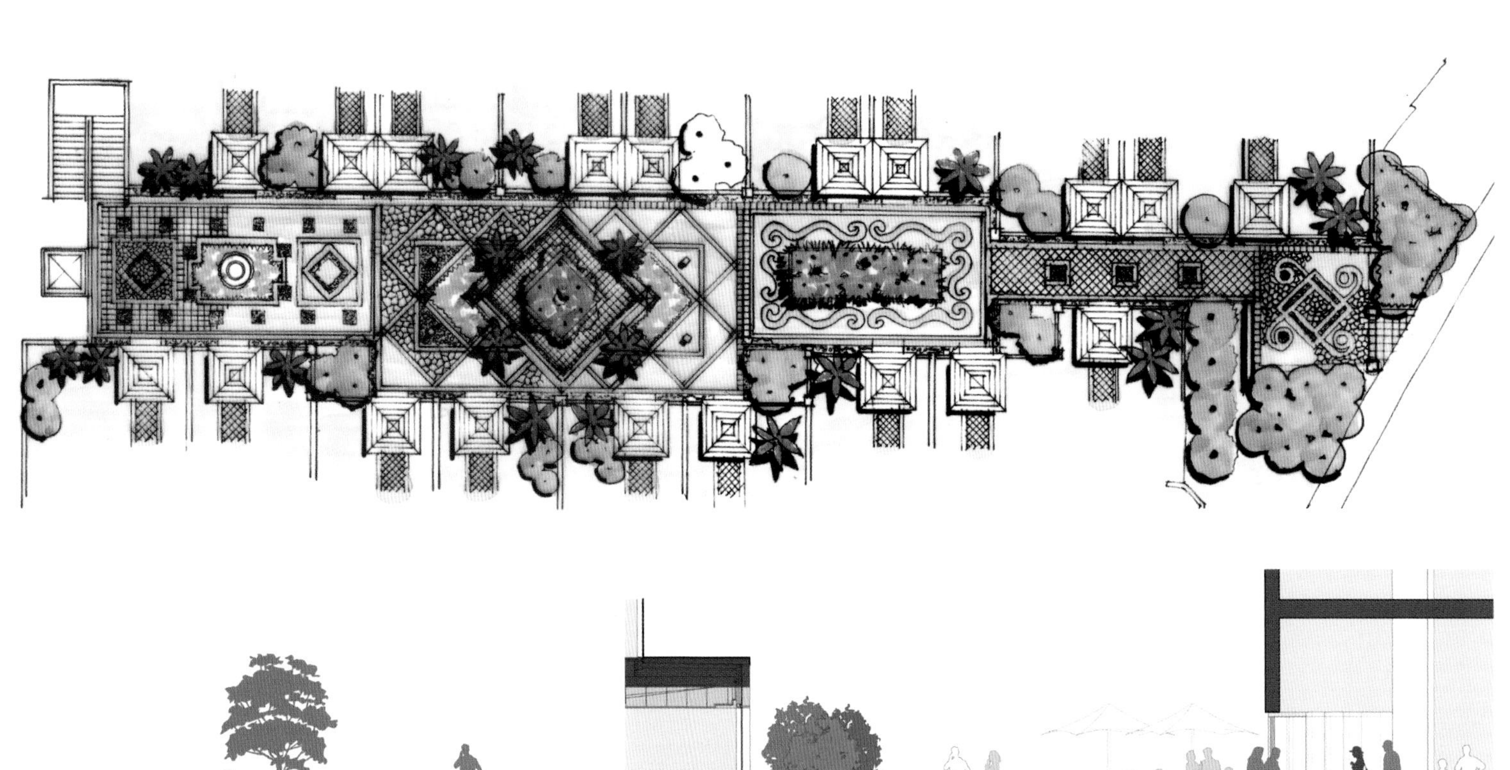

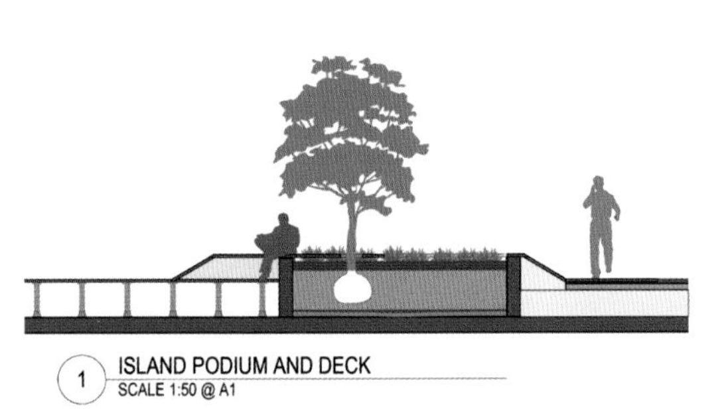

1 ISLAND PODIUM AND DECK
SCALE 1:50 @ A1

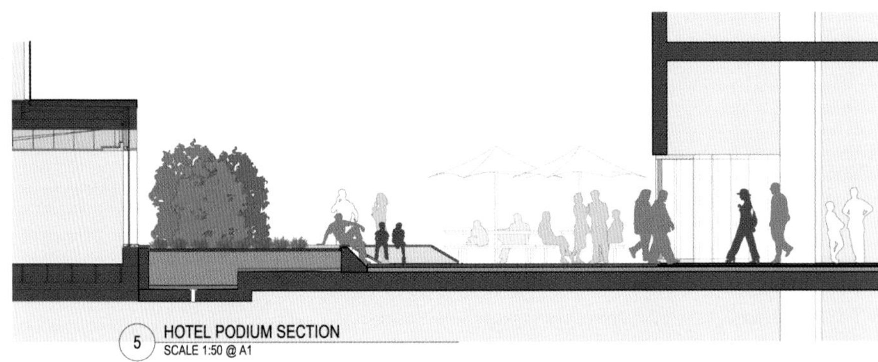

5 HOTEL PODIUM SECTION
SCALE 1:50 @ A1

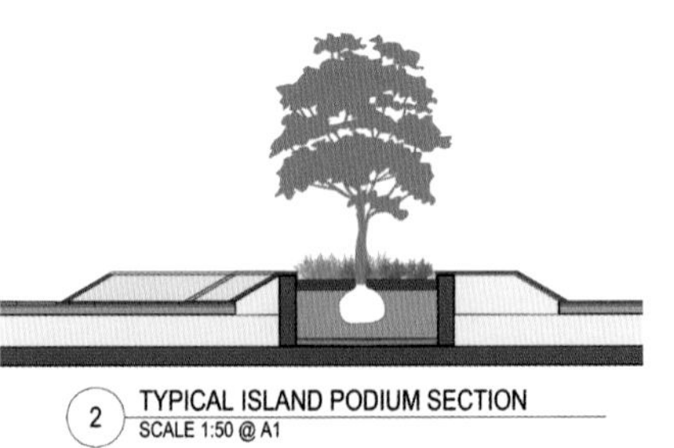

2 TYPICAL ISLAND PODIUM SECTION
SCALE 1:50 @ A1

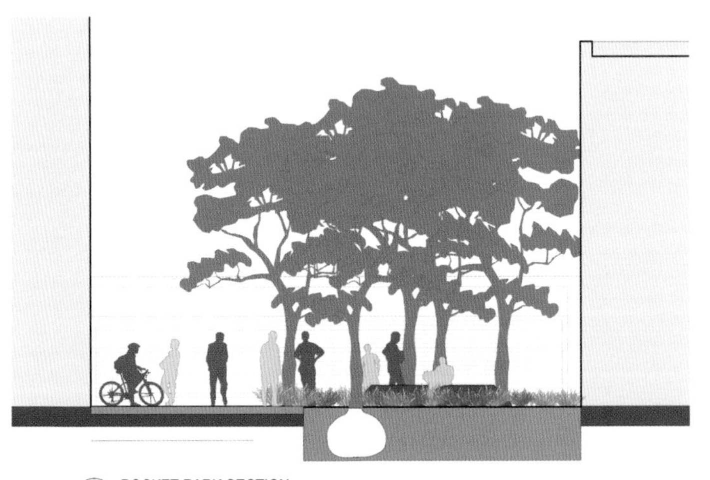

6 POCKET PARK SECTION
SCALE 1:50 @ A1

3 TYPICAL ISLAND PODIUM ELEVATION
SCALE 1:50 @ A1

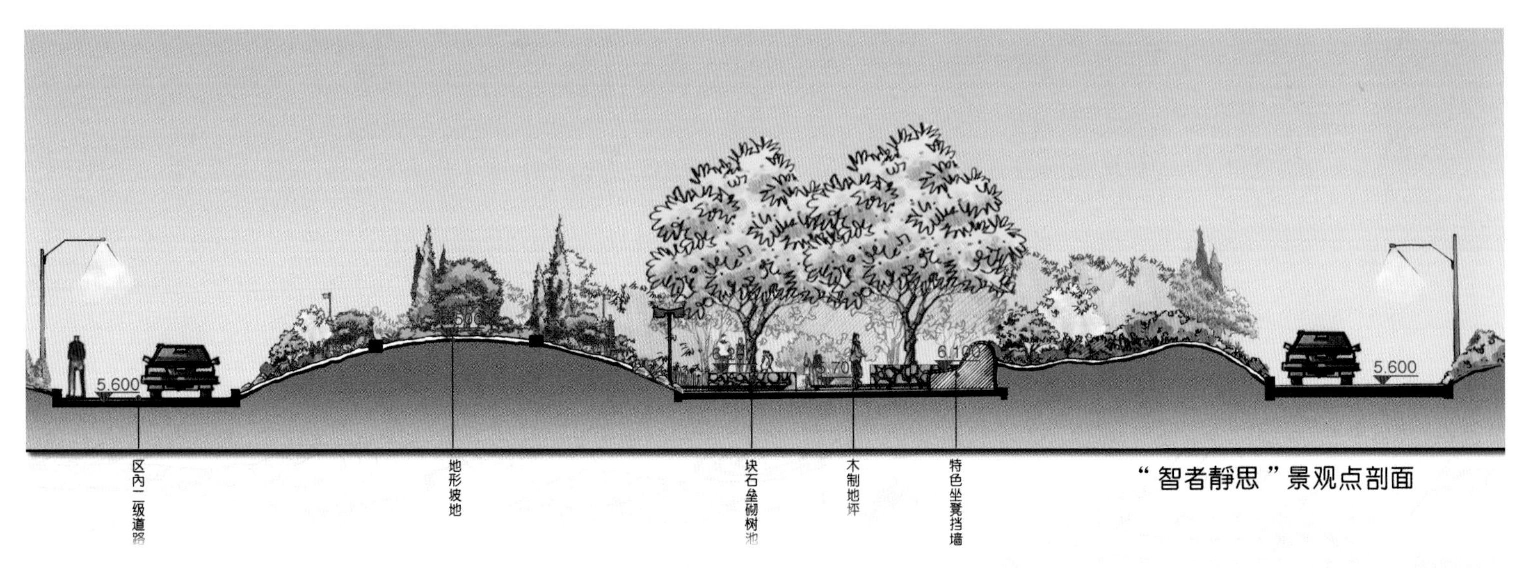

“智者静思”景观点剖面

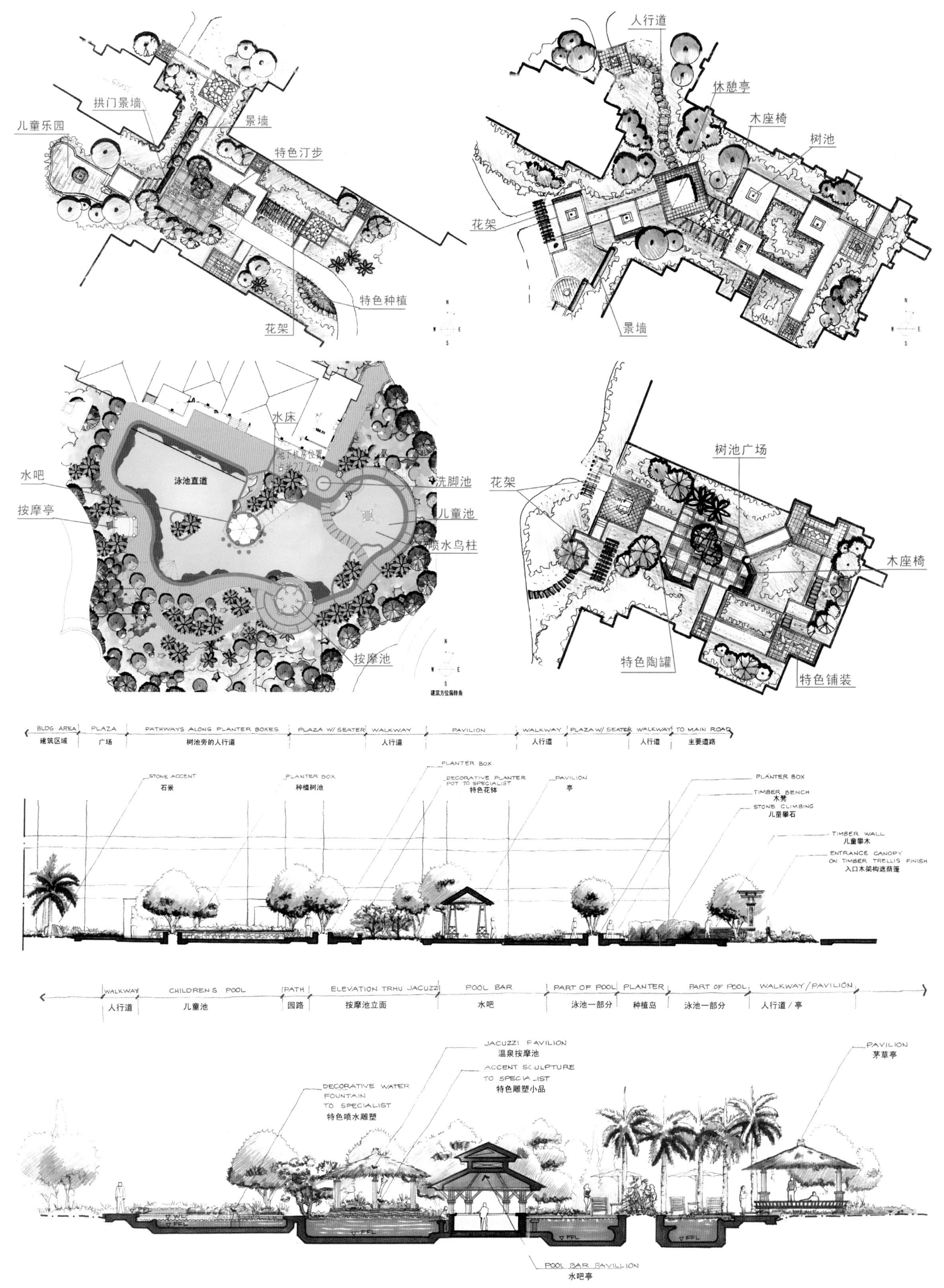

拱门景墙
儿童乐园
景墙
特色汀步
特色种植
花架
人行道
休憩亭
木座椅
树池
花架
景墙
水床
水吧
按摩亭
泳池直道
洗脚池
儿童池
喷水鸟柱
按摩池
建筑方位偏转角
树池广场
花架
木座椅
特色陶罐
特色铺装
BLDG. AREA
建筑区域
PLAZA
广场
PATHWAYS ALONG PLANTER BOXES
树池旁的人行道
PLAZA W/ SEATER
WALKWAY
人行道
PAVILION
WALKWAY
人行道
PLAZA W/ SEATER
WALKWAY
人行道
TO MAIN ROAD
主要道路
STONE ACCENT
石景
PLANTER BOX
种植树池
PLANTER BOX
DECORATIVE PLANTER POT TO SPECIALIST
特色花钵
PAVILION
亭
PLANTER BOX
TIMBER BENCH
木凳
STONE CLIMBING
儿童攀石
TIMBER WALL
儿童攀木
ENTRANCE CANOPY ON TIMBER TRELLIS FINISH
入口木架构遮荫篷
WALKWAY
人行道
CHILDRENS POOL
儿童池
PATH
园路
ELEVATION TRHU JACUZZI
按摩池立面
POOL BAR
水吧
PART OF POOL
泳池一部分
PLANTER
种植岛
PART OF POOL
泳池一部分
WALKWAY/PAVILION
人行道/亭
JACUZZI PAVILION
温泉按摩池
ACCENT SCULPTURE TO SPECIALIST
特色雕塑小品
DECORATIVE WATER FOUNTAIN TO SPECIALIST
特色喷水雕塑
PAVILION
茅草亭
POOL BAR PAVILLION
水吧亭

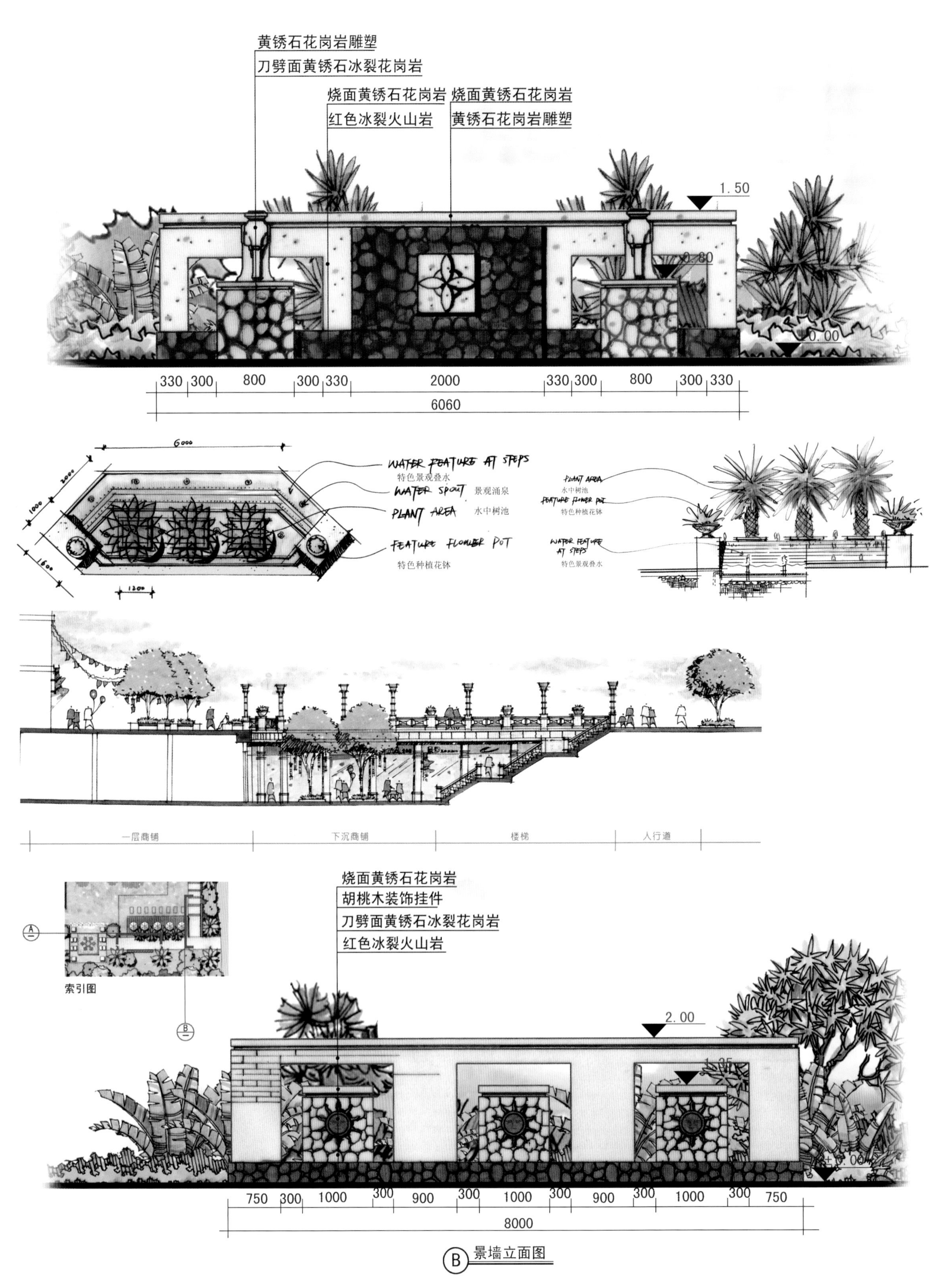
黄锈石花岗岩雕塑
刀劈面黄锈石冰裂花岗岩
烧面黄锈石花岗岩
红色冰裂火山岩
烧面黄锈石花岗岩
黄锈石花岗岩雕塑
1.50
0.80
0.00
330
300
800
300
330
2000
330
300
800
300
330
6060
6000
WATER FEATURE AT STEPS
特色景观叠水
WATER SPOUT
景观涌泉
PLANT AREA
水中树池
FEATURE FLOWER POT
特色种植花钵
PLANT AREA
水中树池
FEATURE FLOWER POT
特色种植花钵
WATER FEATURE AT STEPS
特色景观叠水
一层商铺
下沉商铺
楼梯
人行道
烧面黄锈石花岗岩
胡桃木装饰挂件
刀劈面黄锈石冰裂花岗岩
红色冰裂火山岩
A
B
索引图
2.00
1.35
±0.00
750
300
1000
300
900
300
1000
300
900
300
1000
300
750
8000

Ⓑ景墙立面图

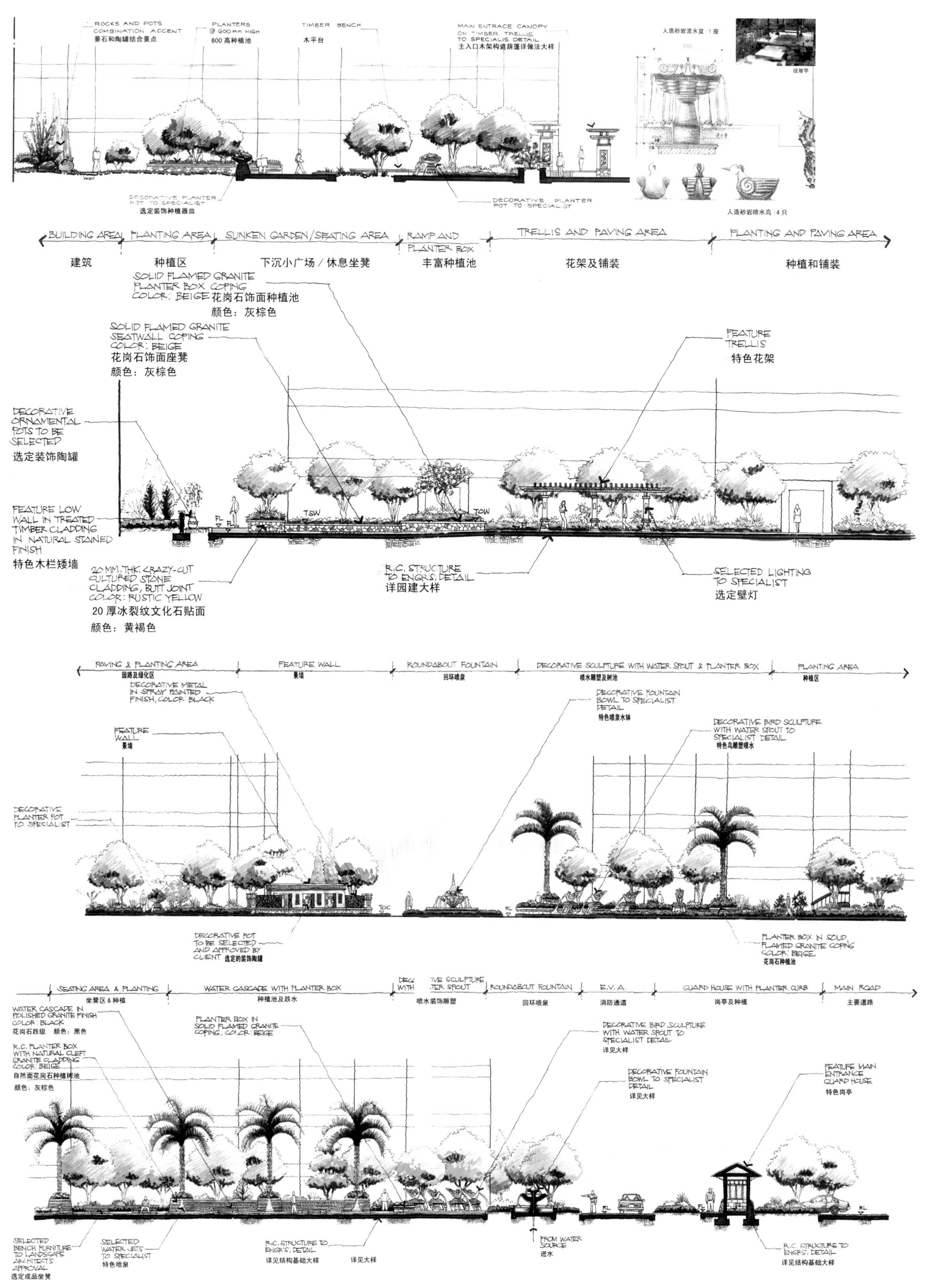
ROCKS AND POTS COMBINATION ACCENT
景石和陶罐结合景点
PLANTERS @ 600mm HIGH
600 高种植池
TIMBER BENCH
木平台
MAIN ENTRACE CANOPY ON TIMBER TRELLIS TO SPECIALIS DETAIL
主入口木架构遮荫篷详做法大样
人造砂岩流水盆：1 座
人造砂岩喷水鸟：4 只
DECORATIVE PLANTER POT TO SPECIALIST
选定装饰种植器皿
DECORATIVE PLANTER POT TO SPECIALIST
BUILDING AREA
建筑
PLANTING AREA
种植区
SUNKEN GARDEN/SEATING AREA
下沉小广场 / 休息坐凳
RAMP AND PLANTER BOX
丰富种植池
TRELLIS AND PAVING AREA
花架及铺装
PLANTING AND PAVING AREA
种植和铺装
SOLID FLAMED GRANITE PLANTER BOX COPING COLOR: BEIGE 花岗石饰面种植池
颜色：灰棕色
SOLID FLAMED GRANITE SEATWALL COPING COLOR: BEIGE
花岗石饰面座凳
颜色：灰棕色
FEATURE TRELLIS
特色花架
DECORATIVE ORNAMENTAL POTS TO BE SELECTED
选定装饰陶罐
FEATURE LOW WALL IN TREATED TIMBER CLADDING IN NATURAL STAINED FINISH
特色木栏矮墙
20MM THK. CRAZY-CUT CULTURED STONE CLADDING, BUTT JOINT COLOR: RUSTIC YELLOW
20 厚冰裂纹文化石贴面
颜色：黄褐色
R.C. STRUCTURE TO ENGR'S. DETAIL
详园建大样
SELECTED LIGHTING TO SPECIALIST
选定壁灯
PAVING & PLANTING AREA
园路及绿化区
FEATURE WALL
景墙
ROUNDABOUT FOUNTAIN
回环喷泉
DECORATIVE SCULPTURE WITH WATER SPOUT & PLANTER BOX
喷水雕塑及树池
PLANTING AREA
种植区
DECORATIVE METAL IN SPRAY PAINTED FINISH, COLOR: BLACK
DECORATIVE FOUNTAIN BOWL TO SPECIALIST DETAIL
特色喷泉水钵
FEATURE WALL
景墙
DECORATIVE BIRD SCULPTURE WITH WATER SPOUT TO SPECIALIST DETAIL
特色鸟雕塑喷水
DECORATIVE PLANTER POT TO SPECIALIST
DECORATIVE POT TO BE SELECTED AND APPROVED BY CLIENT 选定的装饰陶罐
PLANTER BOX IN SOLID FLAMED GRANITE COPING COLOR: BEIGE
花岗石种植池
SEATING AREA & PLANTING
坐凳区&种植
WATER CASCADE WITH PLANTER BOX
种植池及跌水
喷水装饰雕塑
ROUNDABOUT FOUNTAIN
回环喷泉
E.V.A.
消防通道
GUARD HOUSE WITH PLANTER CURB
岗亭及种植
MAIN ROAD
主要道路
WATER CASCADE IN POLISHED GRANITE FINISH COLOR: BLACK
花岗石跌级 颜色：黑色
R.C. PLANTER BOX WITH NATURAL CLEFT GRANITE CLADDING COLOR: BEIGE
自然面花岗石种植树池
颜色：灰棕色
PLANTER BOX IN SOLID FLAMED GRANITE COPING, COLOR: BEIGE
DECORATIVE BIRD SCULPTURE WITH WATER SPOUT TO SPECIALIST DETAIL
详见大样
DECORATIVE FOUNTAIN BOWL TO SPECIALIST DETAIL
详见大样
FEATURE MAIN ENTRANCE GUARD HOUSE
特色岗亭
SELECTED BENCH FURNITURE TO LANDSCAPE ARCHITECT'S APPROVAL
选定成品坐凳
SELECTED WATER JETS TO SPECIALIST
特色喷泉
R.C. STRUCTURE TO ENGR'S. DETAIL
详见结构基础大样
详见大样
FROM WATER SOURCE
进水
R.C. STRUCTURE TO ENGR'S. DETAIL
详见结构基础大样

PART PLAN

HAND-PAINTED LANDSCAPE DETAILS DESIGN MANUAL 手绘景观 细部设计手册

局部平面

局部景观是人与环境契合的焦点，也是一个景观构成的重要设计环节。多个局部景观设计组合形成整体景观，局部景观在景观设计中按照功能不同分为不同的区域，是将各功能局部景观的特性和其他部分的关系进行深入细致、合理、有效的结合，从而决定它们各自在基地内的位置、范围及其相互关系。局部景观常依据动静原则、公共与私密原则、开放与封闭原则进行功能定位分区。也就是在大的景观环境或条件下，充分了解其环境周围及邻近实体对人产生相互作用的特定区域。

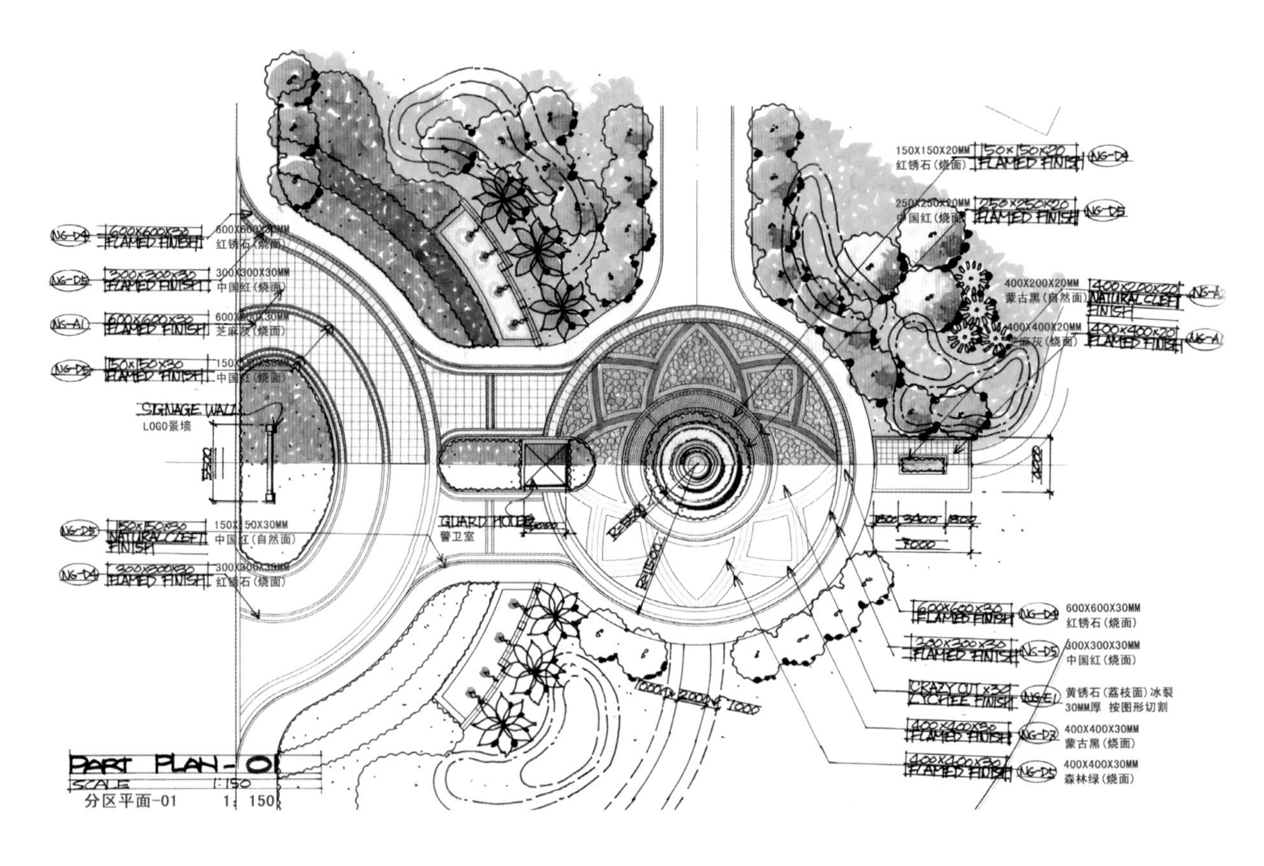

NG-D4
600X600X30
FLAMED FINISH
红锈石（烧面）
NG-D5
300X300X30
FLAMED FINISH
300X300X30MM
中国红（烧面）
NG-A1
600X600X30
FLAMED FINISH
芝麻灰（烧面）
NG-D5
150X150X30
FLAMED FINISH
中国红（烧面）
SIGNAGE WALL
LOGO景墙
NG-D5
150X150X30
NATURAL CLEFT FINISH
150X150X30MM
中国红（自然面）
NG-D4
300X300X30
FLAMED FINISH
红锈石（烧面）
GUARD HOUSE
警卫室
150X150X20MM
红锈石（烧面）
150X150X20
FLAMED FINISH
NG-D4
250X250X20
FLAMED FINISH
NG-D5
400X200X20MM
蒙古黑（自然面）
400X200X20
NATURAL CLEFT FINISH
400X400X20MM
400X400X20
FLAMED FINISH
NG-A1
1800
3400
1800
7000
600X600X30
FLAMED FINISH
NG-D4
600X600X30MM
红锈石（烧面）
300X300X30
FLAMED FINISH
NG-D5
300X300X30MM
中国红（烧面）
CRAZY CUT X30
LYCHEE FINISH
NG-E1
黄锈石（荔枝面）冰裂
30MM厚 按图形切割
400X400X30
FLAMED FINISH
NG-D3
400X400X30MM
蒙古黑（烧面）
400X400X30
FLAMED FINISH
NG-D5
400X400X30MM
森林绿（烧面）
PART PLAN-01
SCALE 1:150

分区平面-01　　1：150

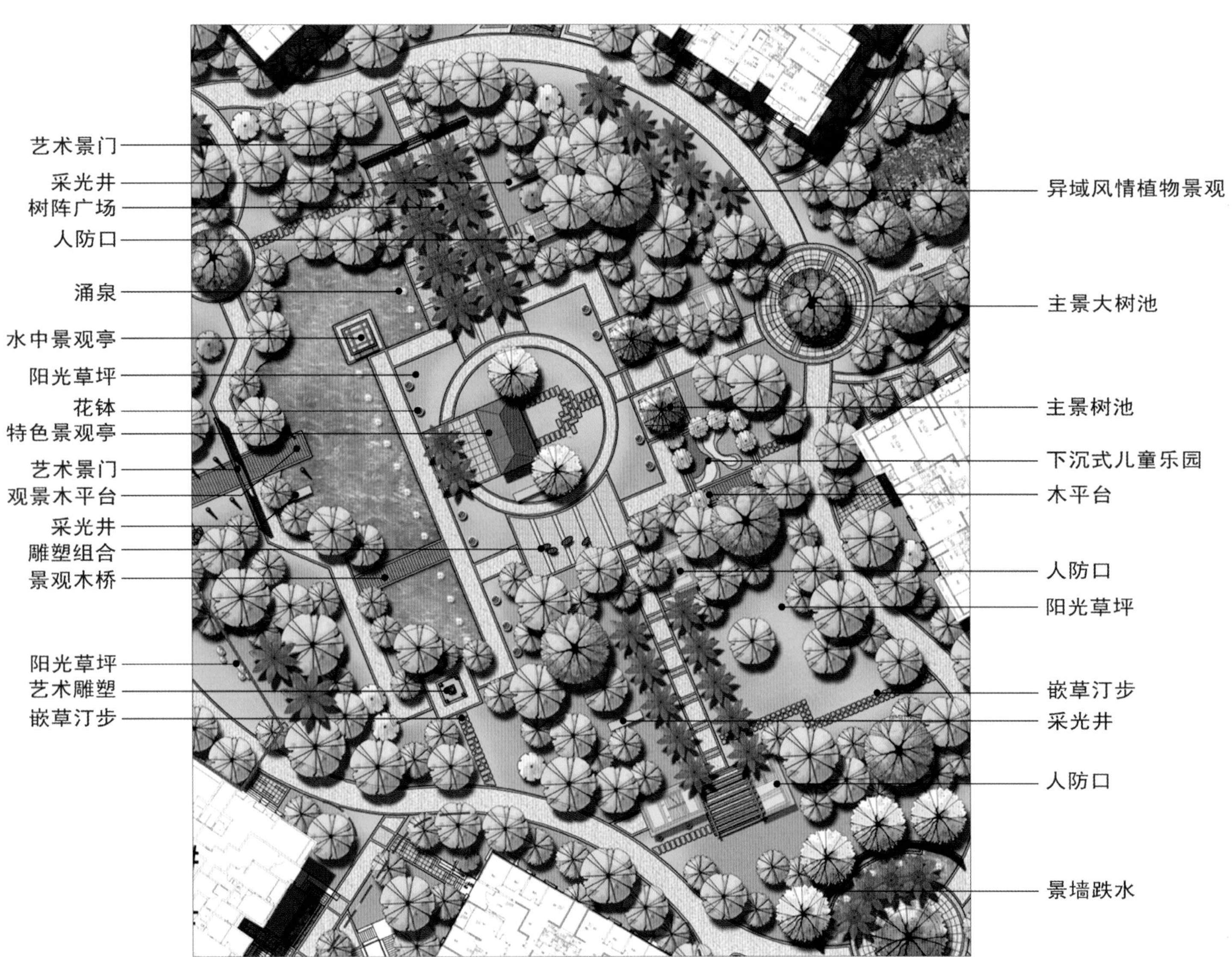

艺术景门
采光井
树阵广场
人防口
涌泉
水中景观亭
阳光草坪
花钵
特色景观亭
艺术景门
观景木平台
采光井
雕塑组合
景观木桥
阳光草坪
艺术雕塑
嵌草汀步
异域风情植物景观
主景大树池
主景树池
下沉式儿童乐园
木平台
人防口
阳光草坪
嵌草汀步
采光井
人防口
景墙跌水

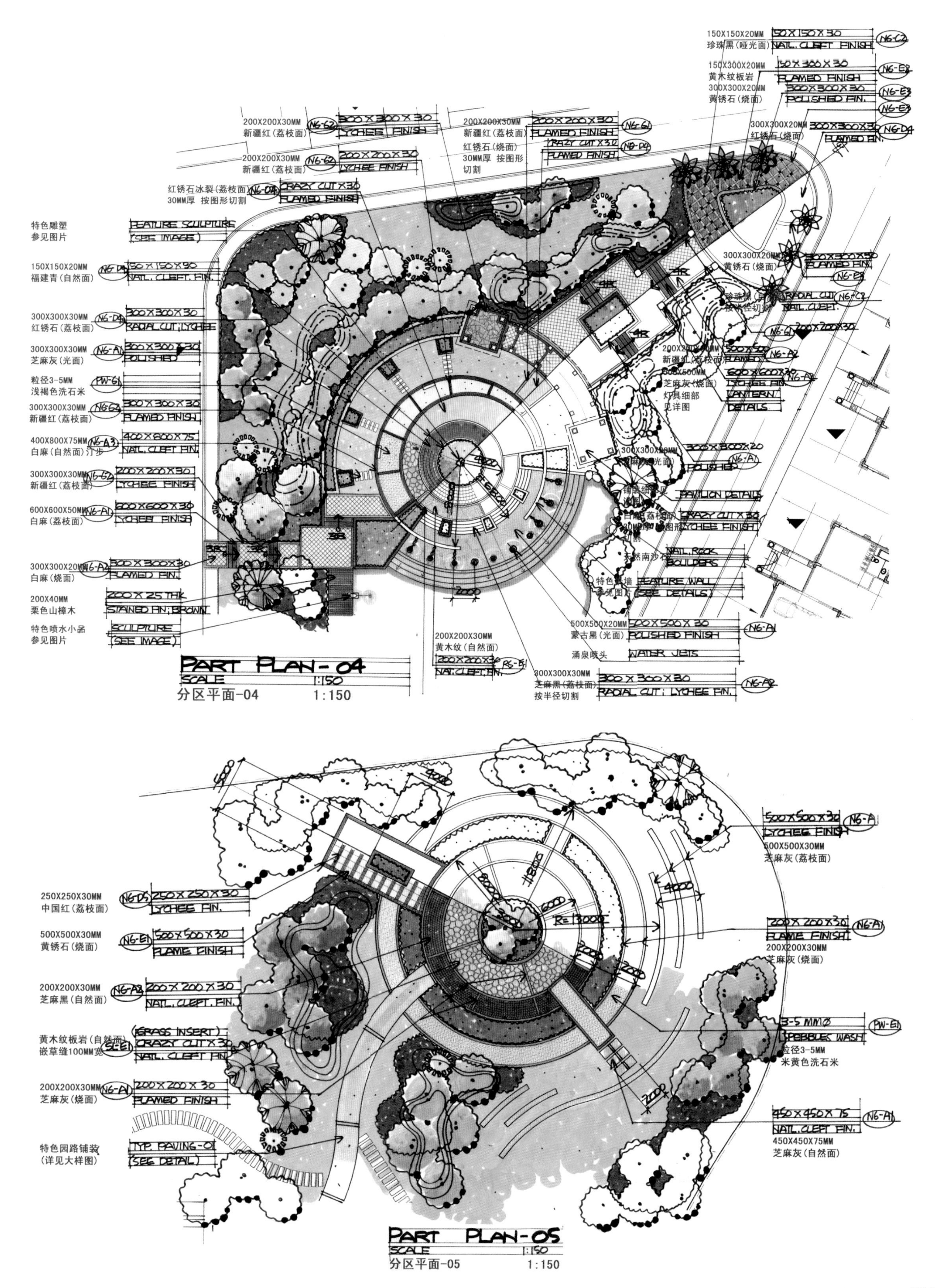

150X150X20MM
珍珠黑(哑光面)
150X300X20MM
黄木纹板岩
300X300X20MM
黄锈石(烧面)
POLISHED FIN.
200X200X30MM
新疆红(荔枝面)
300X300X30
LYCHEE FINISH
200X200X30MM
新疆红(烧面)
200X200X30
FLAMED FINISH
红锈石(烧面)
30MM厚 按图形
切割
CRAZY CUT X30
200X200X30MM
新疆红(荔枝面)
200X200X30
LYCHEE FINISH
300X300X20MM
红锈石(烧面)
红锈石冰裂(荔枝面)
30MM厚 按图形切割
CRAZY CUT X30
FLAMED FINISH
特色雕塑
参见图片
FEATURE SCULPTURE
(SEE IMAGE)
150X150X20MM
福建青(自然面)
150X150X30
NATL. CLEFT. FIN.
300X300X30MM
红锈石(荔枝面)
300X300X30
RADIAL CUT;LYCHEE
300X300X30MM
芝麻灰(光面)
300X300X30
POLISHED
粒径3-5MM
浅褐色洗石米
PW-E1
300X300X30MM
新疆红(荔枝面)
300X300X30
FLAMED FINISH
400X800X75MM
白麻(自然面)汀步
400X800X75
NATL. CLEFT FIN.
300X300X30MM
新疆红(荔枝面)
200X200X30
LYCHEE FINISH
600X600X50MM
白麻(荔枝面)
600X600X30
LYCHEE FINISH
300X300X20MM
白麻(烧面)
300X300X30
FLAMED FIN.
200X40MM
栗色山樟木
200X25 THK
STAINED FIN. BROWN
特色喷水小品
参见图片
SCULPTURE
(SEE IMAGE)
300X300X20MM
黄锈石(烧面)
300X300X30
FLAMED FIN.
RADIAL CUT
NATL. CLEFT
LANTERN
DETAILS
灯具细部
见详图
300X300X20MM
POLISHED
PAVILION DETAILS
CRAZY CUT X30
LYCHEE FINISH
NATL. ROCK
BOULDERS
FEATURE WALL
(SEE DETAILS)
4000
2000
500X500X20MM
蒙古黑(光面)
500X500X30
POLISHED FINISH
涌泉喷头
WATER JETS
200X200X30MM
黄木纹(自然面)
200X200X30
NATL. CLEFT. FIN.
300X300X30MM
芝麻黑(荔枝面)
按半径切割
300X300X30
RADIAL CUT; LYCHEE FIN.
PART PLAN-04
SCALE 1:150
分区平面-04 1:150
500X500X30
LYCHEE FINISH
500X500X30MM
芝麻灰(荔枝面)
250X250X30MM
中国红(荔枝面)
250X250X30
LYCHEE FIN.
500X500X30MM
黄锈石(烧面)
500X500X30
FLAME FINISH
200X200X30MM
芝麻黑(自然面)
200X200X30
NATL. CLEFT. FIN.
200X200X30
FLAME FINISH
200X200X30MM
芝麻灰(烧面)
R=13000
4000
黄木纹板岩(自然面)
嵌草缝100MM宽
(GRASS INSERT)
CRAZY CUT X30
NATL. CLEFT FIN.
3-5 MMØ
PEBBLES WASH
粒径3-5MM
米黄色洗石米
PW-E1
200X200X30MM
芝麻灰(烧面)
200X200X30
FLAMED FINISH
450X450X75
NATL. CLEFT FIN.
450X450X75MM
芝麻灰(自然面)
特色园路铺装
(详见大样图)
TYP. PAVING-01
(SEE DETAIL)
PART PLAN-05
SCALE 1:150
分区平面-05 1:150

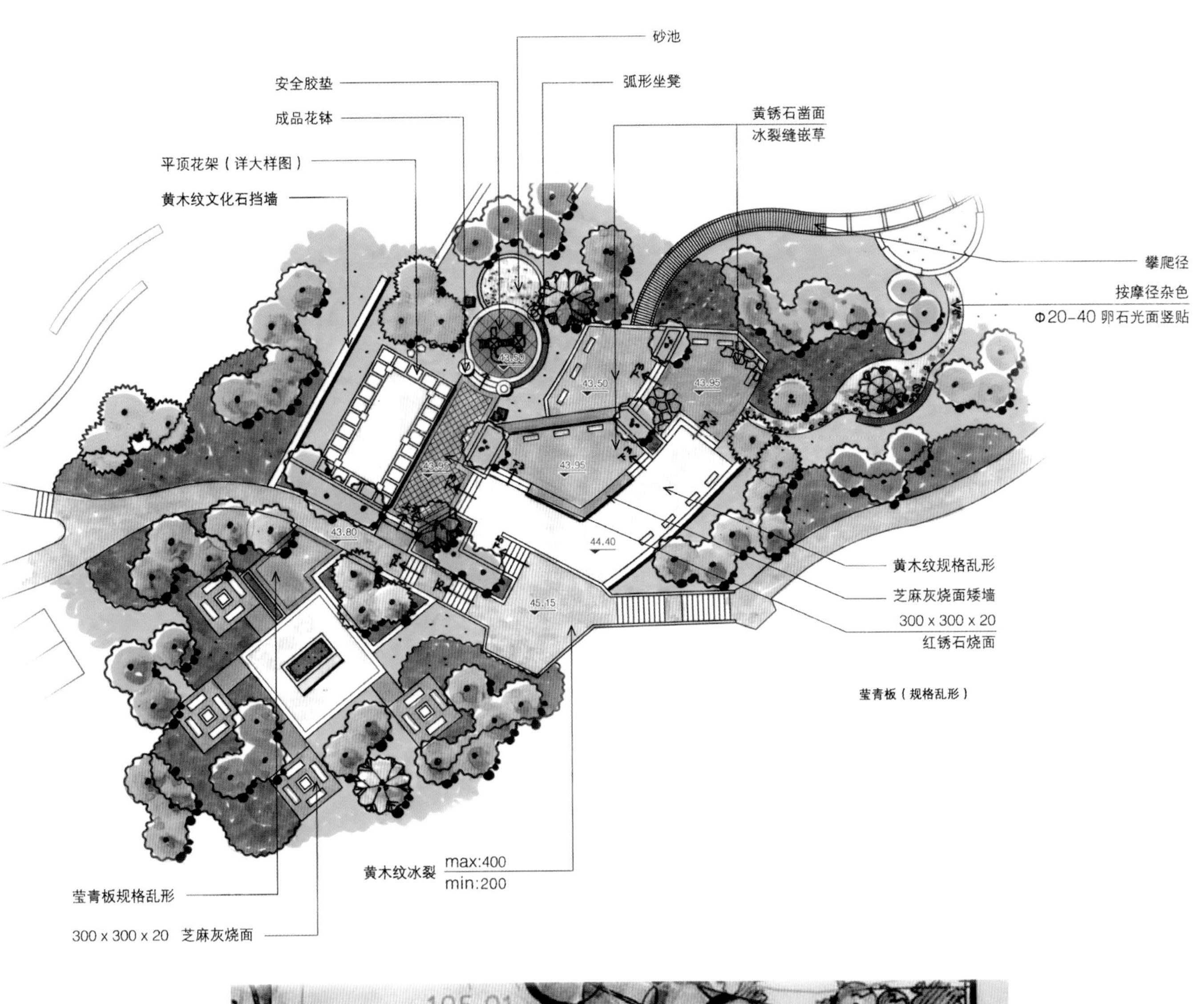

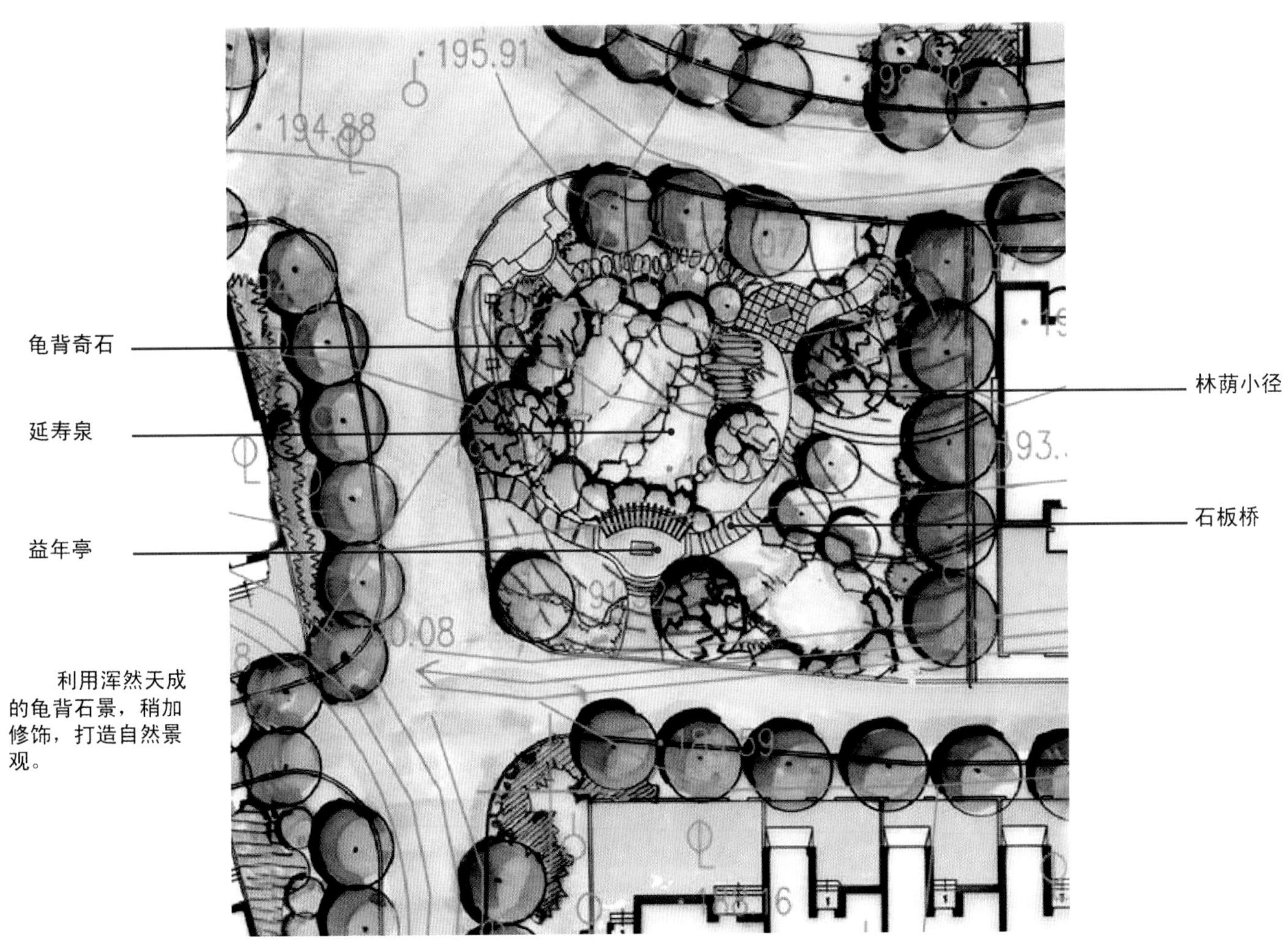

利用浑然天成的龟背石景，稍加修饰，打造自然景观。

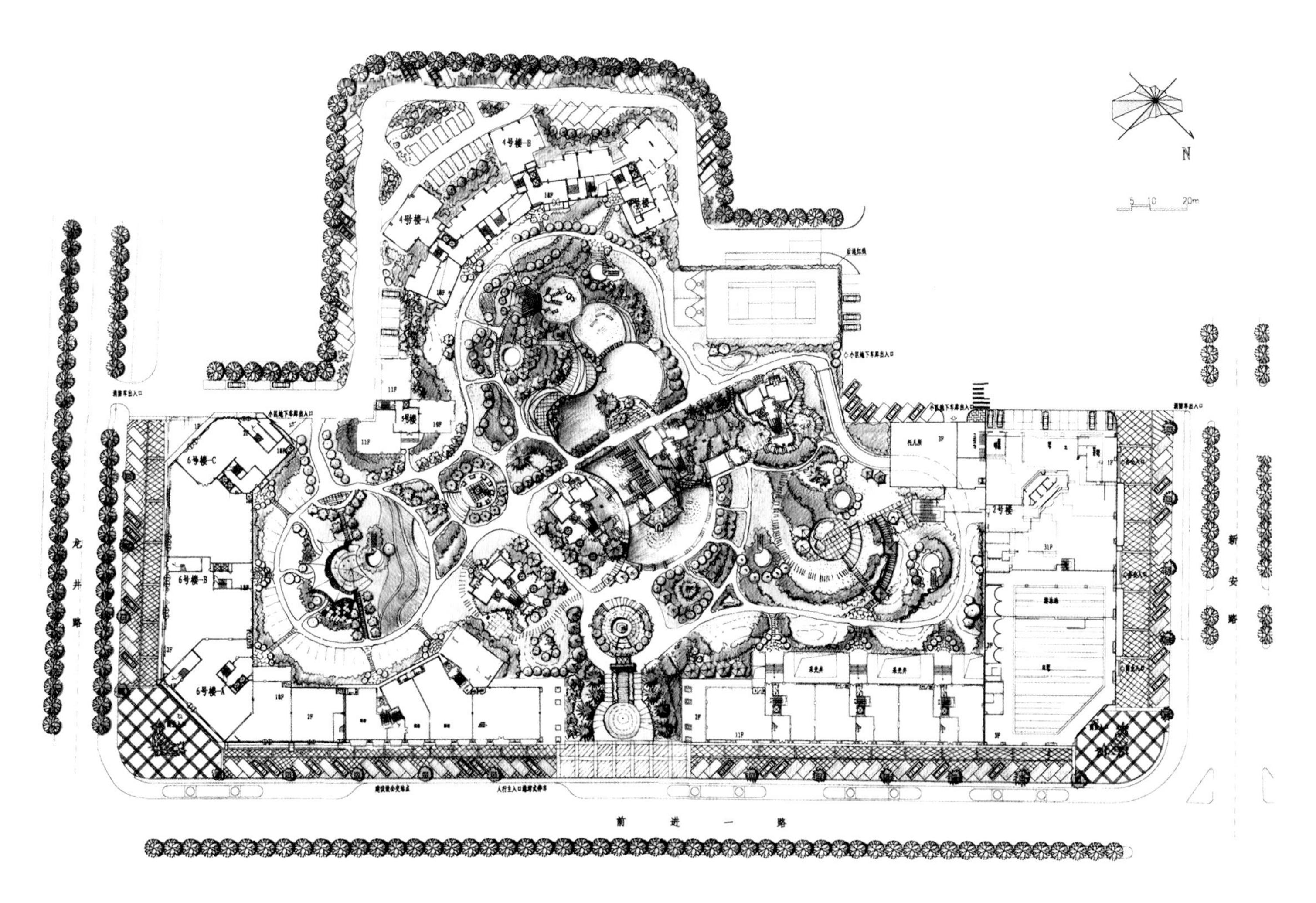

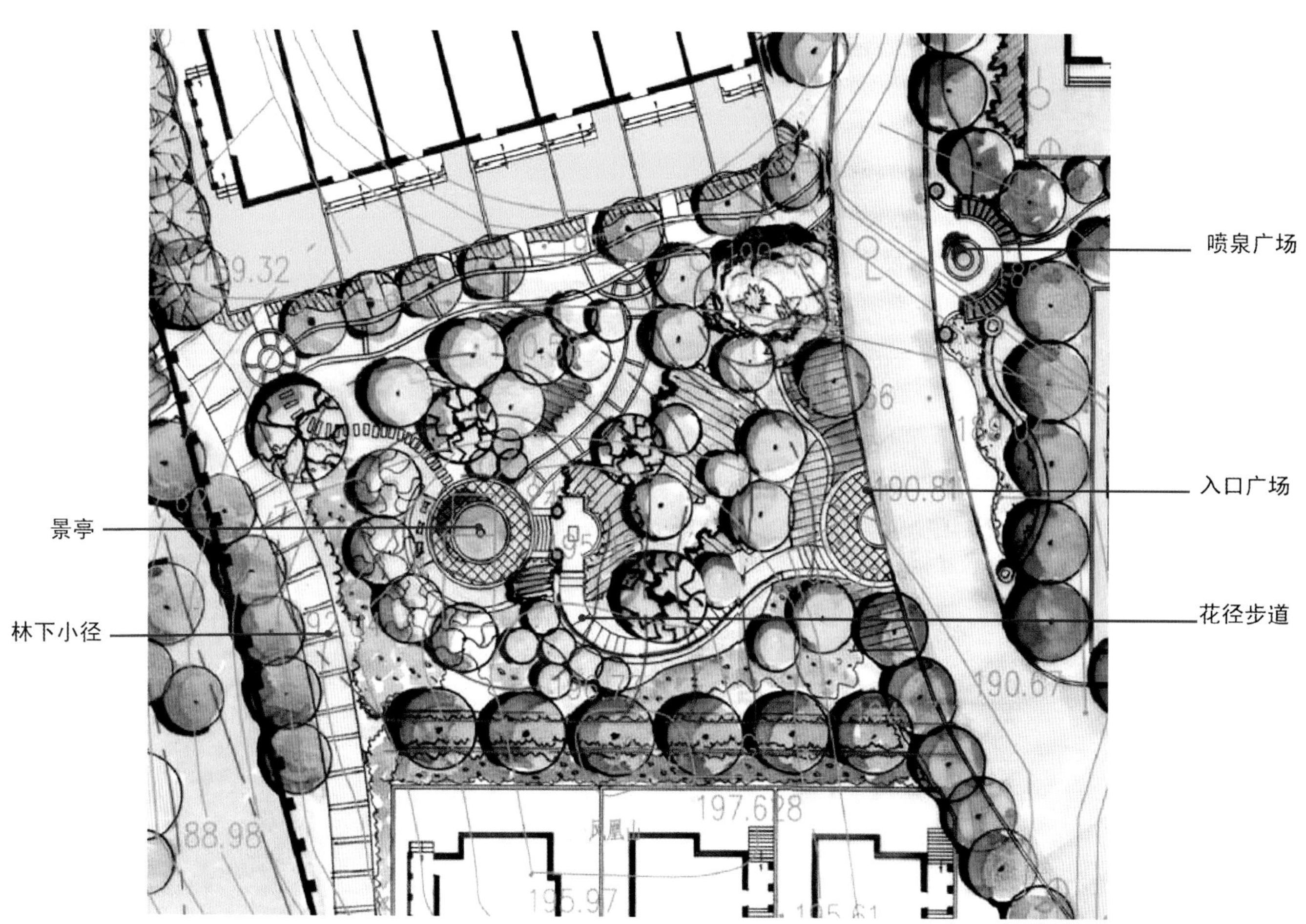

对现状地形进行梳理，运用景观手法，为原本局促的宅间空间，营造出以小见大的景观节点。

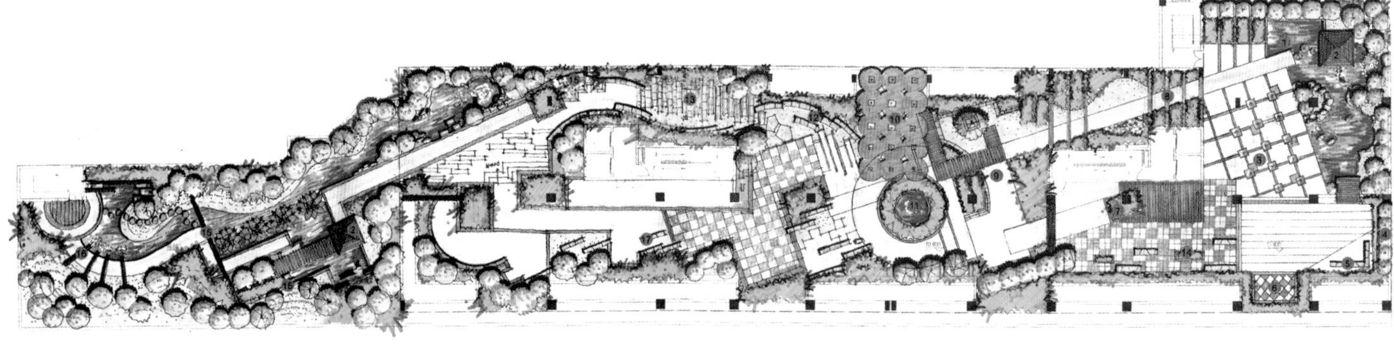

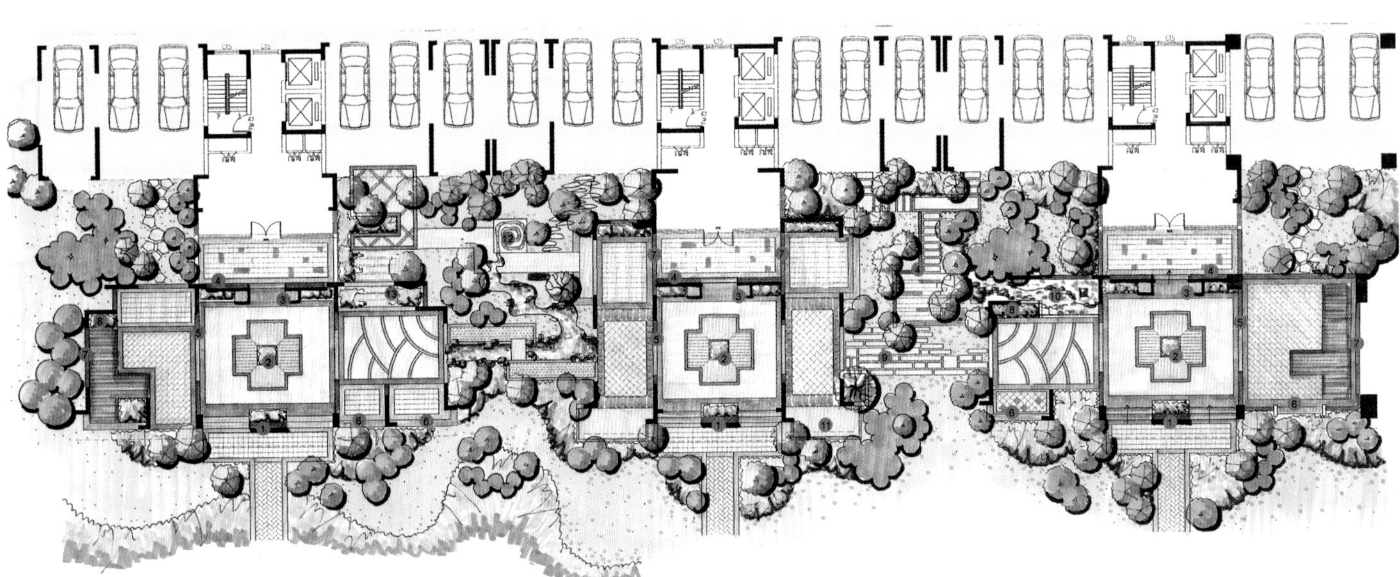

Lawn Area With Sculptures On The Edge
边缘设置花钵小品的草坪

Jacuzzi Under Classical Shade Structure
遮荫景亭下的按摩池

Steps To Adult Swimming Pool,1.5m Deer
通向1.5M深的成人泳池的台阶

Main Pool Deck Area With Palm Plantingshade Staucture And Space For Deckchairs
主要泳池休闲区及遮荫的棕榈植物和景观小品

Steps To Childrens Pool,0.6m Deep
通向0.6M深儿童泳池的台阶

Infinity Edge
跌水水景

Shallow Water With Randomly Placed Rocks
随意摆放的石头及浅滩戏水区

Playground
儿童游戏场

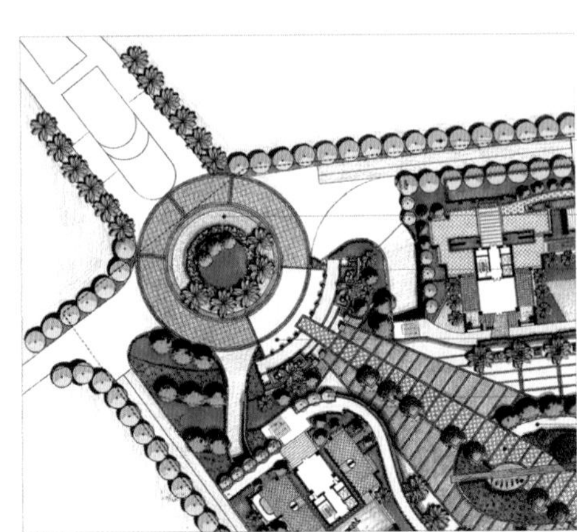

Buffer Planting To Screen Exsting Buildings
建筑旁的隔离植物

Entry To The Estate Marked By Entry Wall And Ornamental Planting
小区铭牌标志的入口景墙和多彩的观赏植物

Entry Features : Classic Cowmns Walls, Vases With Water To Plaza A
入口特征：经典的柱景墙、花钵及流水通向A广场

Drop-off Area
落客区

Row Of Colourful Trees
列植的开花乔木

Seating Area Under Shade Trees
树下休闲坐椅区

Distinctive Paving
特色铺装

Interactive Fountain
交互式的喷泉

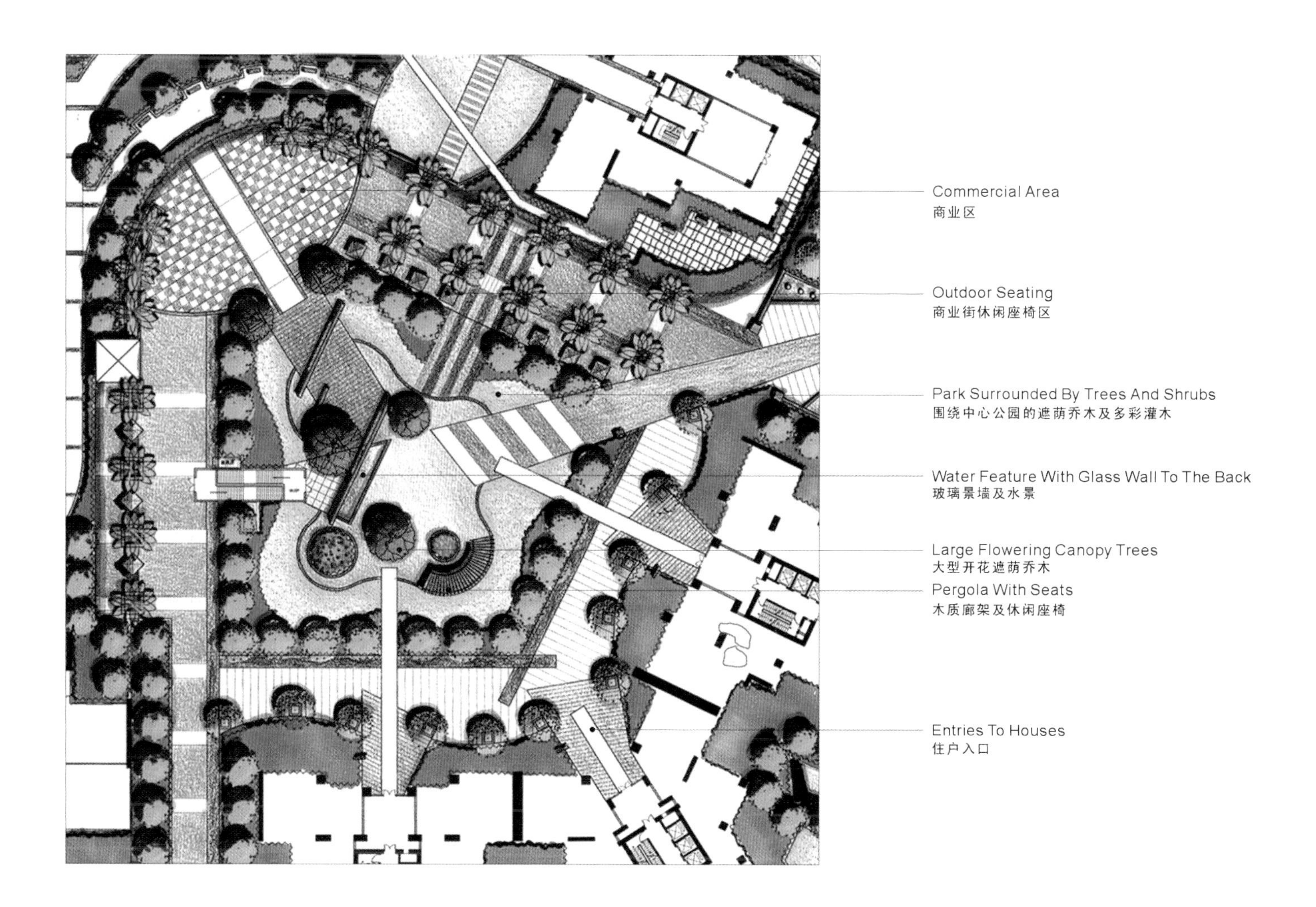
Commercial Area
商业区
Outdoor Seating
商业街休闲座椅区
Park Surrounded By Trees And Shrubs
围绕中心公园的遮荫乔木及多彩灌木
Water Feature With Glass Wall To The Back
玻璃景墙及水景
Large Flowering Canopy Trees
大型开花遮荫乔木
Pergola With Seats
木质廊架及休闲座椅
Entries To Houses
住户入口

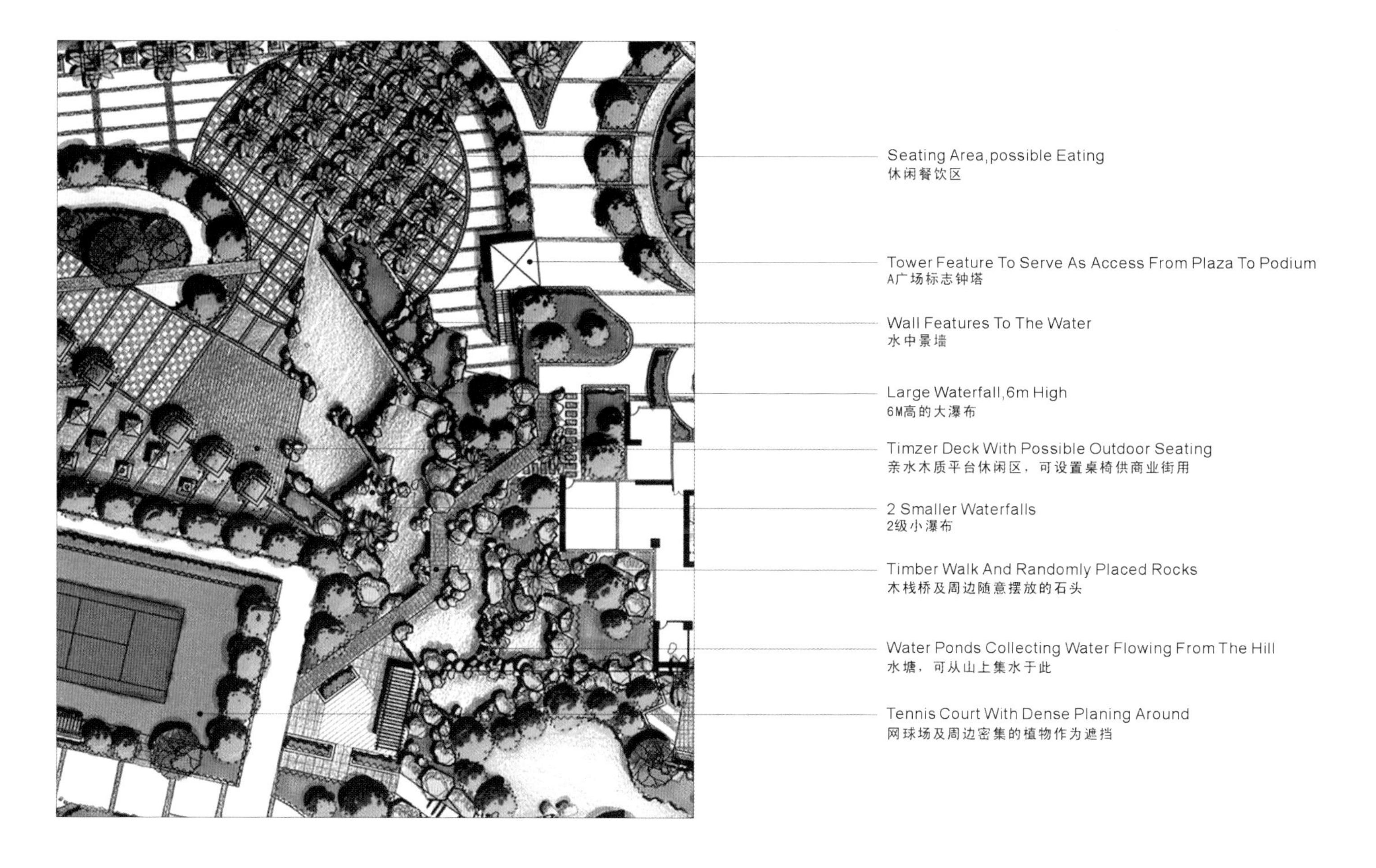
Seating Area,possible Eating
休闲餐饮区
Tower Feature To Serve As Access From Plaza To Podium
A广场标志钟塔
Wall Features To The Water
水中景墙
Large Waterfall,6m High
6M高的大瀑布
Timzer Deck With Possible Outdoor Seating
亲水木质平台休闲区，可设置桌椅供商业街用
2 Smaller Waterfalls
2级小瀑布
Timber Walk And Randomly Placed Rocks
木栈桥及周边随意摆放的石头
Water Ponds Collecting Water Flowing From The Hill
水塘，可从山上集水于此
Tennis Court With Dense Planing Around
网球场及周边密集的植物作为遮挡

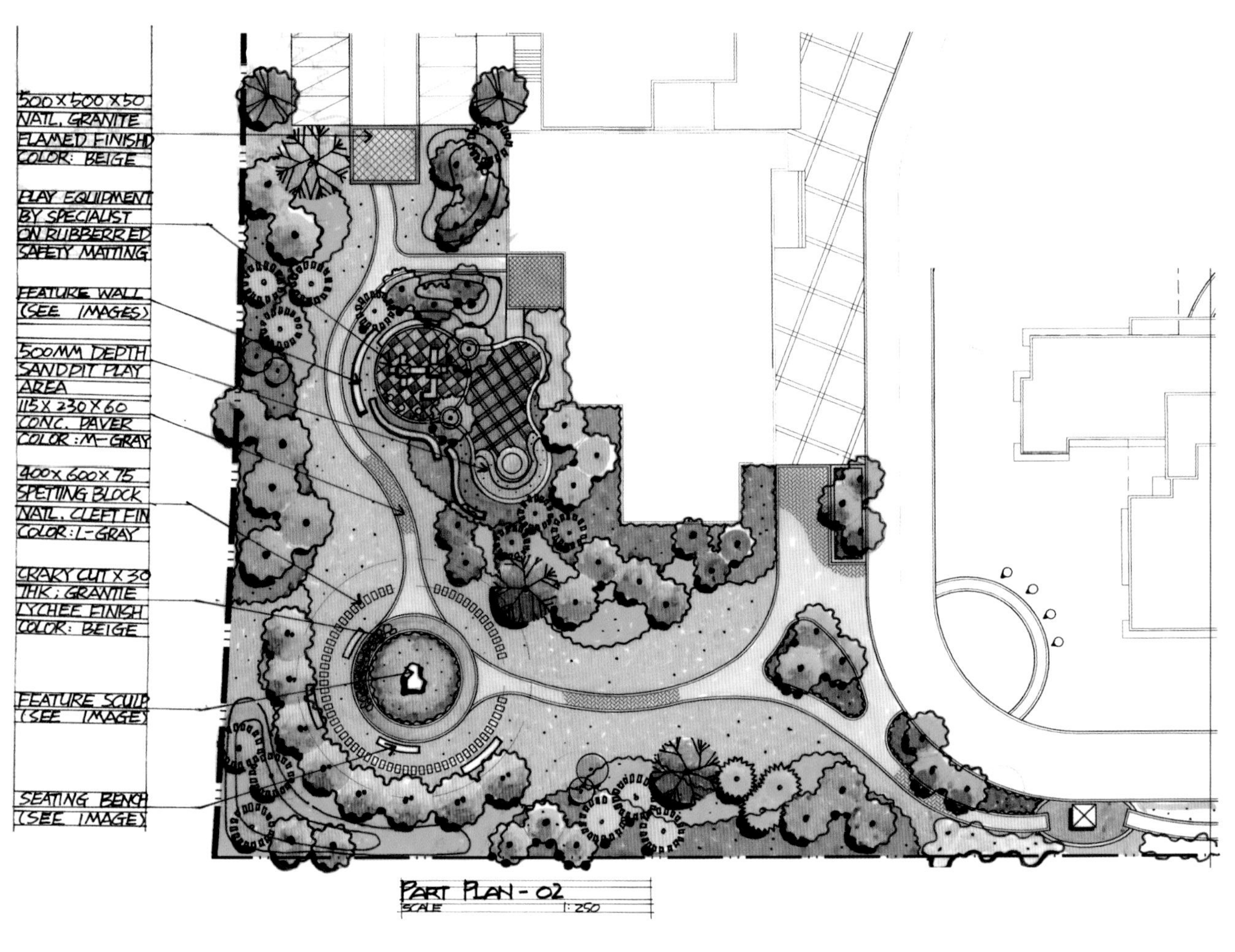
500X500X50
NATL. GRANITE
FLAMED FINISHD
COLOR: BEIGE
PLAY EQUIPMENT
BY SPECIALIST
ON RUBBERRED
SAFETY MATTING
FEATURE WALL
(SEE IMAGES)
500MM DEPTH
SANDPIT PLAY
AREA
115X230X60
CONC. PAVER
COLOR: M-GRAY
400X600X75
SPETTING BLOCK
NATL. CLEFT FIN
COLOR: L-GRAY
CRAZY CUT X 30
THK; GRANITE
LYCHEE FINISH
COLOR: BEIGE
FEATURE SCULP
(SEE IMAGE)
SEATING BENCH
(SEE IMAGE)
PART PLAN-02
SCALE 1:250

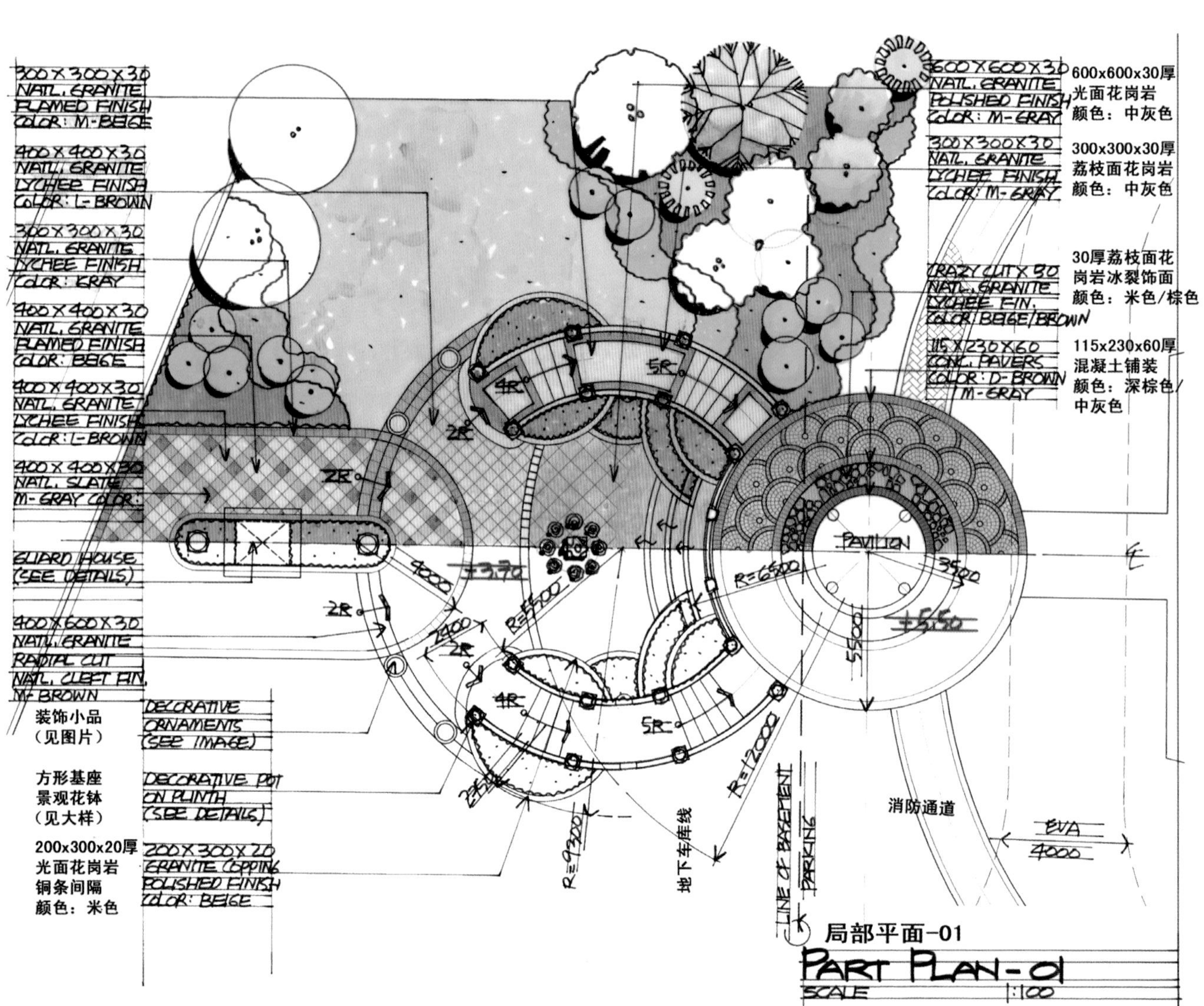
300X300X30
NATL. GRANITE
FLAMED FINISH
COLOR: M-BEIGE
400X400X30
NATL. GRANITE
LYCHEE FINISH
COLOR: L-BROWN
300X300X30
NATL. GRANITE
LYCHEE FINISH
COLOR: GRAY
400X400X30
NATL. GRANITE
FLAMED FINISH
COLOR: BEIGE
400X400X30
NATL. GRANITE
LYCHEE FINISH
COLOR: L-BROWN
400X400X30
NATL. SLATE
M-GRAY COLOR
GUARD HOUSE
(SEE DETAILS)
400X600X30
NATL. GRANITE
RADIAL CUT
NATL. CLEFT FIN.
M-BROWN
装饰小品
(见图片)
DECORATIVE
ORNAMENTS
(SEE IMAGE)
方形基座
景观花钵
(见大样)
DECORATIVE POT
ON PLINTH
(SEE DETAILS)
200x300x20厚
光面花岗岩
铜条间隔
颜色：米色
200X300X20
GRANITE COPPING
POLISHED FINISH
COLOR: BEIGE
600X600X30
NATL. GRANITE
POLISHED FINISH
COLOR: M-GRAY
600x600x30厚
光面花岗岩
颜色：中灰色
300X300X30
NATL. GRANITE
LYCHEE FINISH
COLOR: M-GRAY
300x300x30厚
荔枝面花岗岩
颜色：中灰色
CRAZY CUT X 30
NATL. GRANITE
LYCHEE FIN.
COLOR: BEIGE/BROWN
30厚荔枝面花
岗岩冰裂饰面
颜色：米色/棕色
115X230X60
CONC. PAVERS
COLOR: D-BROWN
M-GRAY
115x230x60厚
混凝土铺装
颜色：深棕色/
中灰色
PAVILION
4R
5R
2R
R=6500
R=5500
R=12000
R=9300
3500
5500
4000
2400
+3.70
+5.50
地下车库线
LINE OF BASEMENT
PARKING
消防通道
EVA
4000
局部平面-01
PART PLAN-01
SCALE 1:100

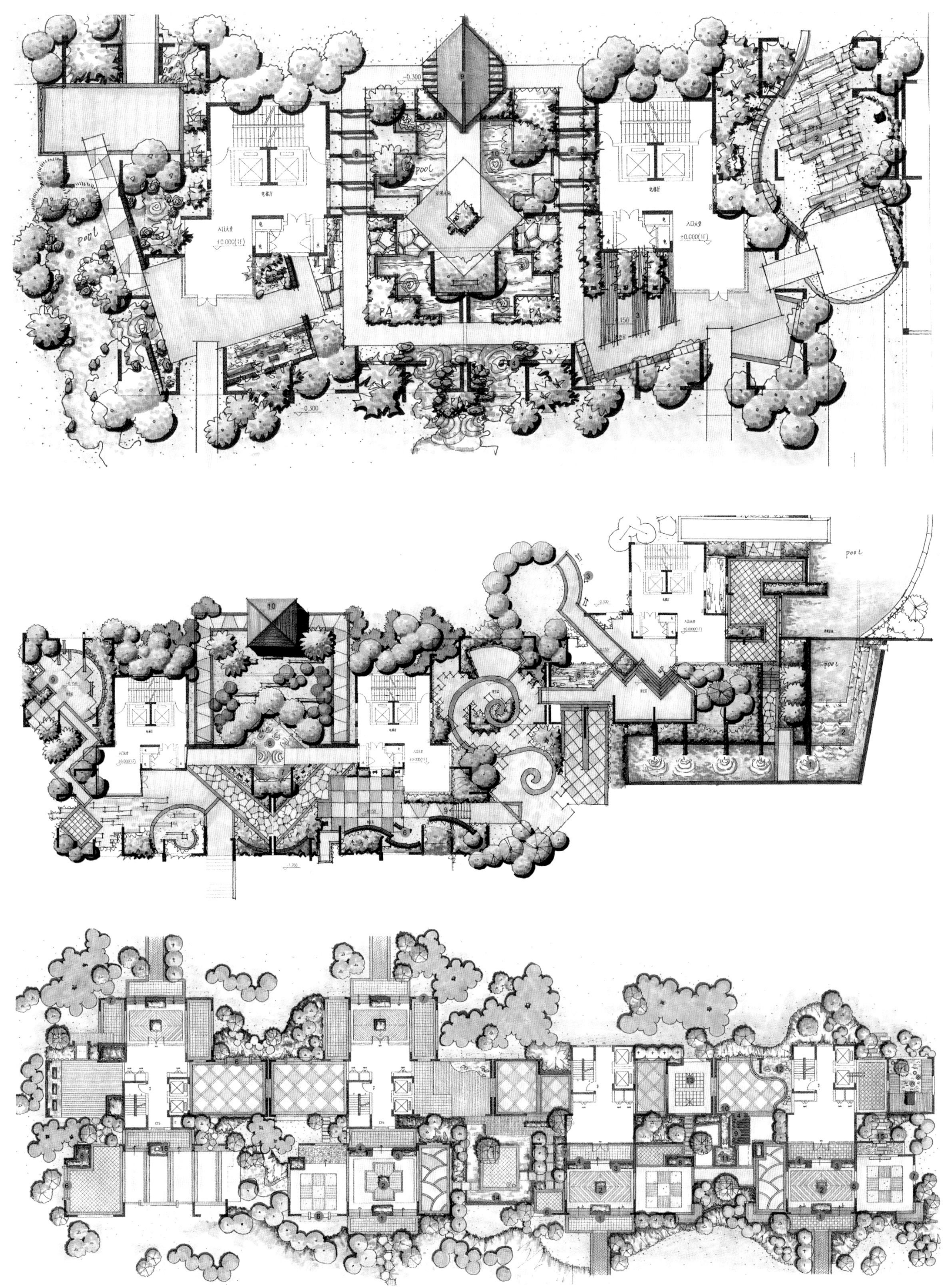

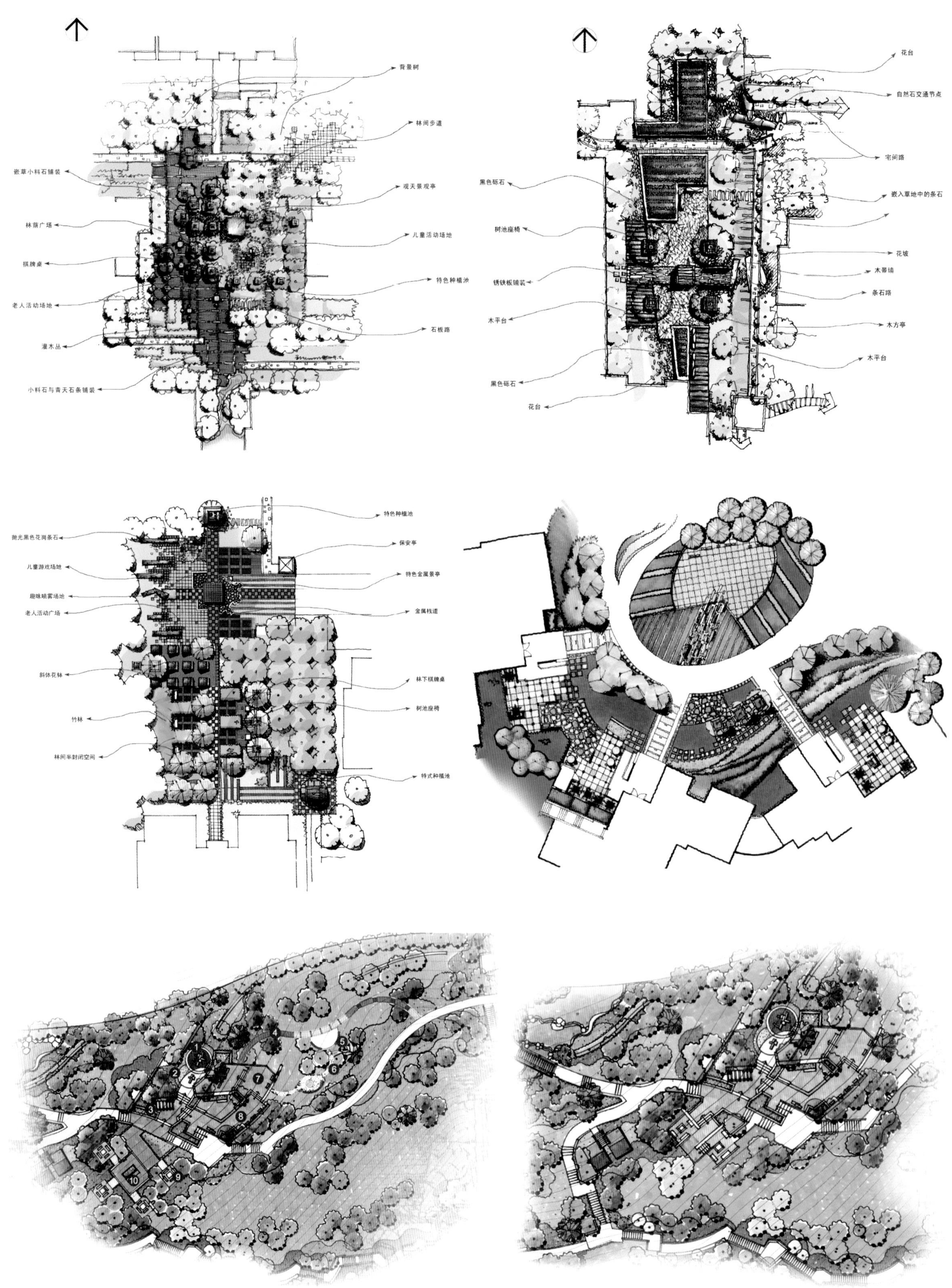
背景树
林间步道
嵌草小料石铺装
观天景观亭
林荫广场
儿童活动场地
棋牌桌
特色种植池
老人活动场地
石板路
灌木丛
小料石与青天石条铺装
花台
自然石交通节点
宅间路
黑色砾石
嵌入草地中的条石
树池座椅
花坡
锈铁板铺装
条石路
木平台
木方亭
木平台
黑色砾石
花台
特色种植池
抛光黑色花岗条石
保安亭
儿童游戏场地
特色金属景亭
趣味喷雾场地
老人活动广场
金属栈道
斜体花钵
林下棋牌桌
树池座椅
竹林
林间半封闭空间
特式种植池
1
2
3
4
5
6
7
8
9
10

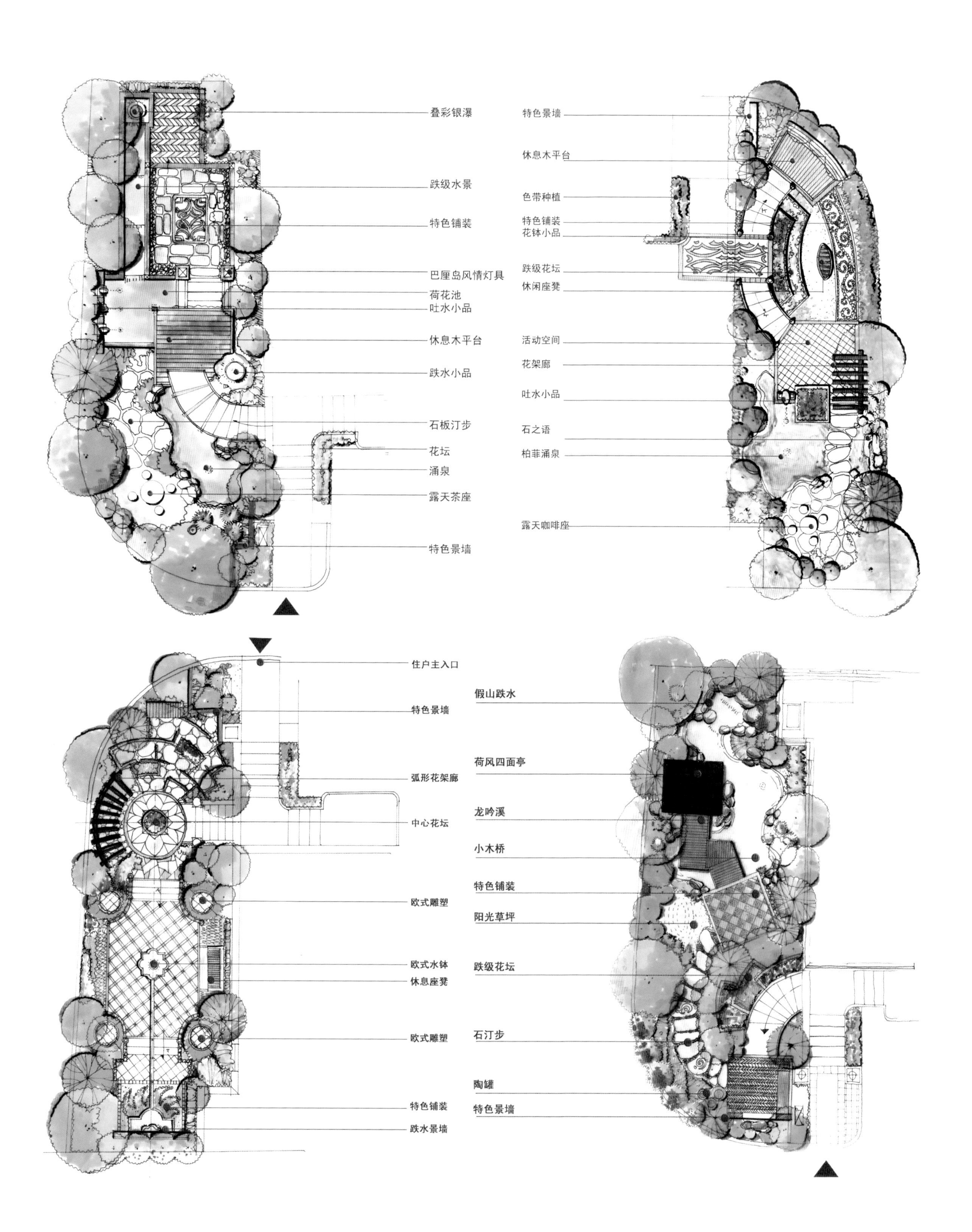

叠彩银瀑
跌级水景
特色铺装
巴厘岛风情灯具
荷花池
吐水小品
休息木平台
跌水小品
石板汀步
花坛
涌泉
露天茶座
特色景墙
特色景墙
休息木平台
色带种植
特色铺装
花钵小品
跌级花坛
休闲座凳
活动空间
花架廊
吐水小品
石之语
柏菲涌泉
露天咖啡座
住户主入口
特色景墙
弧形花架廊
中心花坛
欧式雕塑
欧式水钵
休息座凳
欧式雕塑
特色铺装
跌水景墙
假山跌水
荷风四面亭
龙吟溪
小木桥
特色铺装
阳光草坪
跌级花坛
石汀步
陶罐
特色景墙

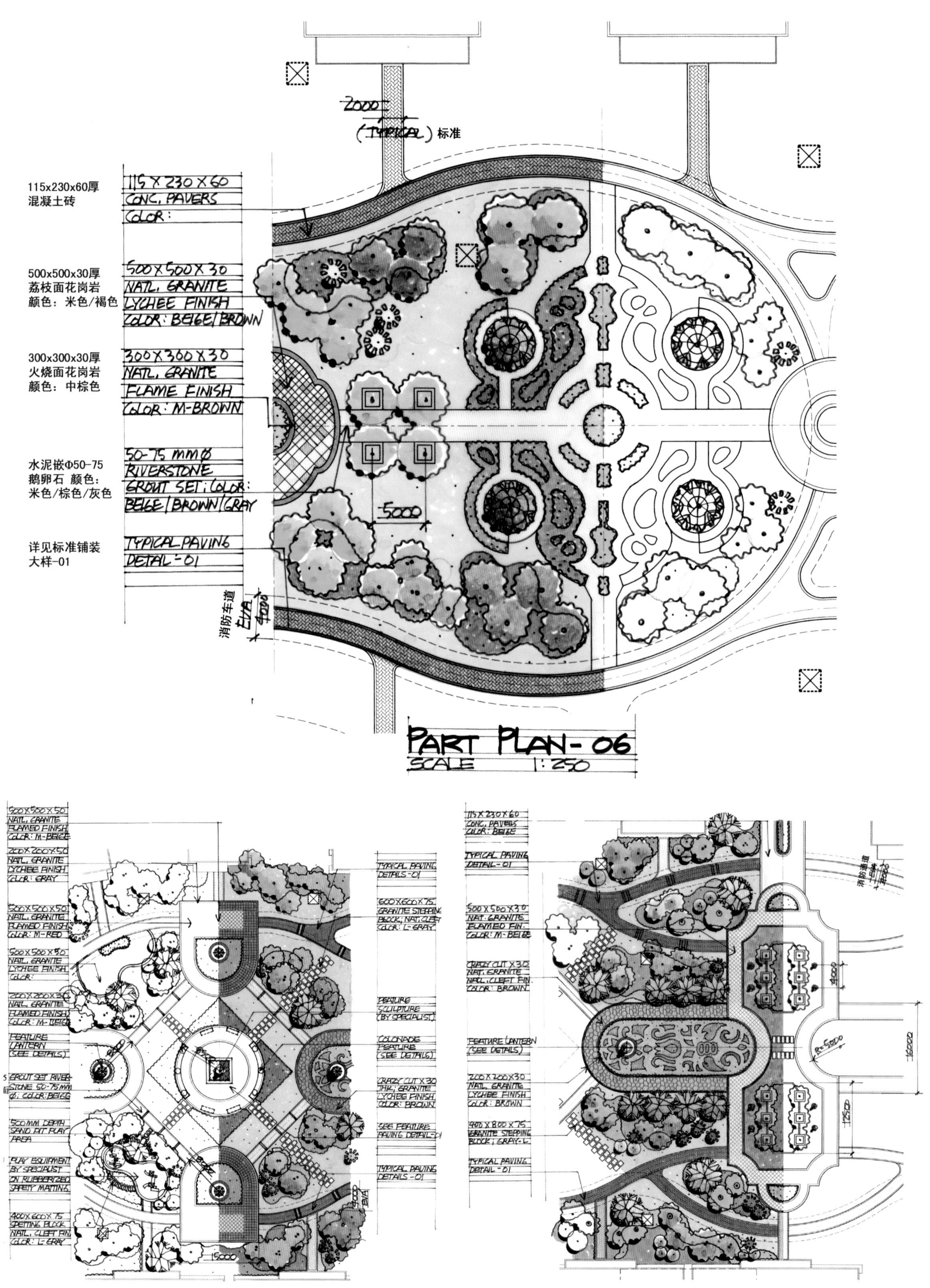
2000
(TYPICAL) 标准
115x230x60厚
混凝土砖
115 X 230 X 60
CONC. PAVERS
COLOR:
500x500x30厚
荔枝面花岗岩
颜色：米色/褐色
500 X 500 X 30
NATL. GRANITE
LYCHEE FINISH
COLOR: BEIGE/BROWN
300x300x30厚
火烧面花岗岩
颜色：中棕色
300 X 300 X 30
NATL. GRANITE
FLAME FINISH
COLOR: M-BROWN
水泥嵌Φ50-75
鹅卵石 颜色：
米色/棕色/灰色
50-75 MM Ø
RIVERSTONE
GROUT SET; COLOR:
BEIGE/BROWN/GRAY
详见标准铺装
大样-01
TYPICAL PAVING
DETAIL-01
5000
消防车道
EVA
4000
PART PLAN-06
SCALE 1:250
500X500X50
NATL. GRANITE
FLAMED FINISH
COLOR: M-BEIGE
200X200X50
NATL. GRANITE
LYCHEE FINISH
COLOR: GRAY
500X500X50
NATL. GRANITE
FLAMED FINISH
COLOR: M-RED
500X500X30
NATL. GRANITE
LYCHEE FINISH
COLOR:
200X200X30
NATL. GRANITE
FLAMED FINISH
COLOR: M-BEIGE
FEATURE
LANTERN
(SEE DETAILS)
GROUT SET RIVER-
STONE 50-75MM
Ø; COLOR: BEIGE
500MM DEPTH
SAND PIT PLAY
AREA
PLAY EQUIPMENT
BY SPECIALIST
ON RUBBERIZED
SAFETY MATTING
400X600X75
SPETTING BLOCK
NATL. CLEFT FIN
COLOR: L-GRAY
TYPICAL PAVING
DETAILS-01
600X600X75
GRANITE STEPPING
BLOCK; NAT. CLEFT
COLOR: L-GRAY
FEATURE
SCULPTURE
(BY SPECIALIST)
COLONADE
FEATURE
(SEE DETAILS)
CRAZY CUT X 30
THK; GRANITE
LYCHEE FINISH
COLOR: BROWN
SEE FEATURE
PAVING DETAIL-01
TYPICAL PAVING
DETAILS-01
4000
EVA
15000
115X230X60
CONC. PAVERS
COLOR: BEIGE
TYPICAL PAVING
DETAIL-01
500X500X30
NAT. GRANITE
FLAMED FIN.
COLOR: M-BEIGE
CRAZY CUT X30
NAT. GRANITE
NATL. CLEFT FIN.
COLOR: BROWN
FEATURE LANTERN
(SEE DETAILS)
200X200X30
NATL. GRANITE
LYCHEE FINISH
COLOR: BROWN
400X800X75
GRANITE STEPPING
BLOCK; GRAY-L
TYPICAL PAVING
DETAIL-01
消防通道
4000
R=5000
16000
12500

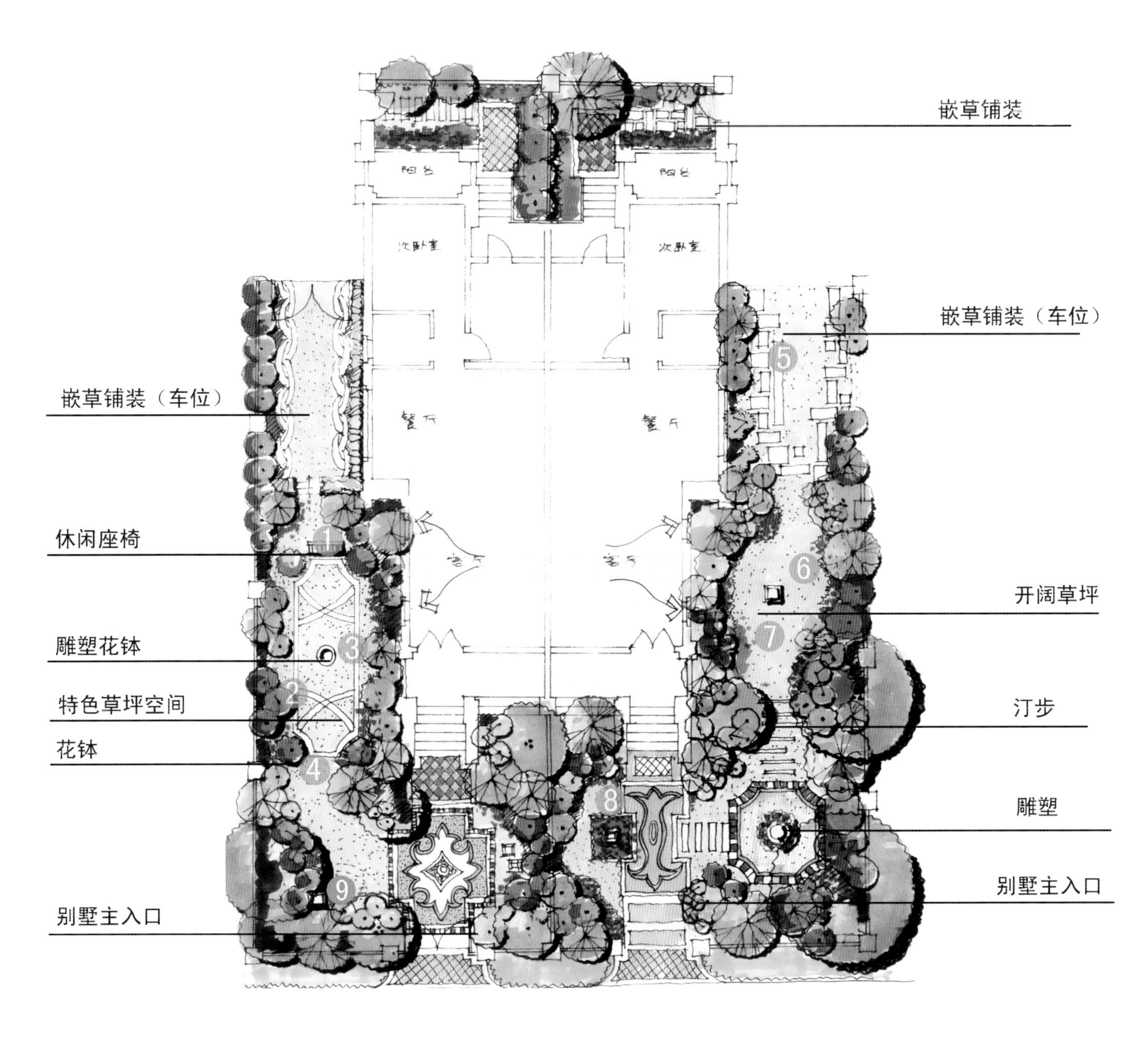
嵌草铺装
嵌草铺装（车位）
嵌草铺装（车位）
休闲座椅
开阔草坪
雕塑花钵
特色草坪空间
汀步
花钵
雕塑
别墅主入口
别墅主入口

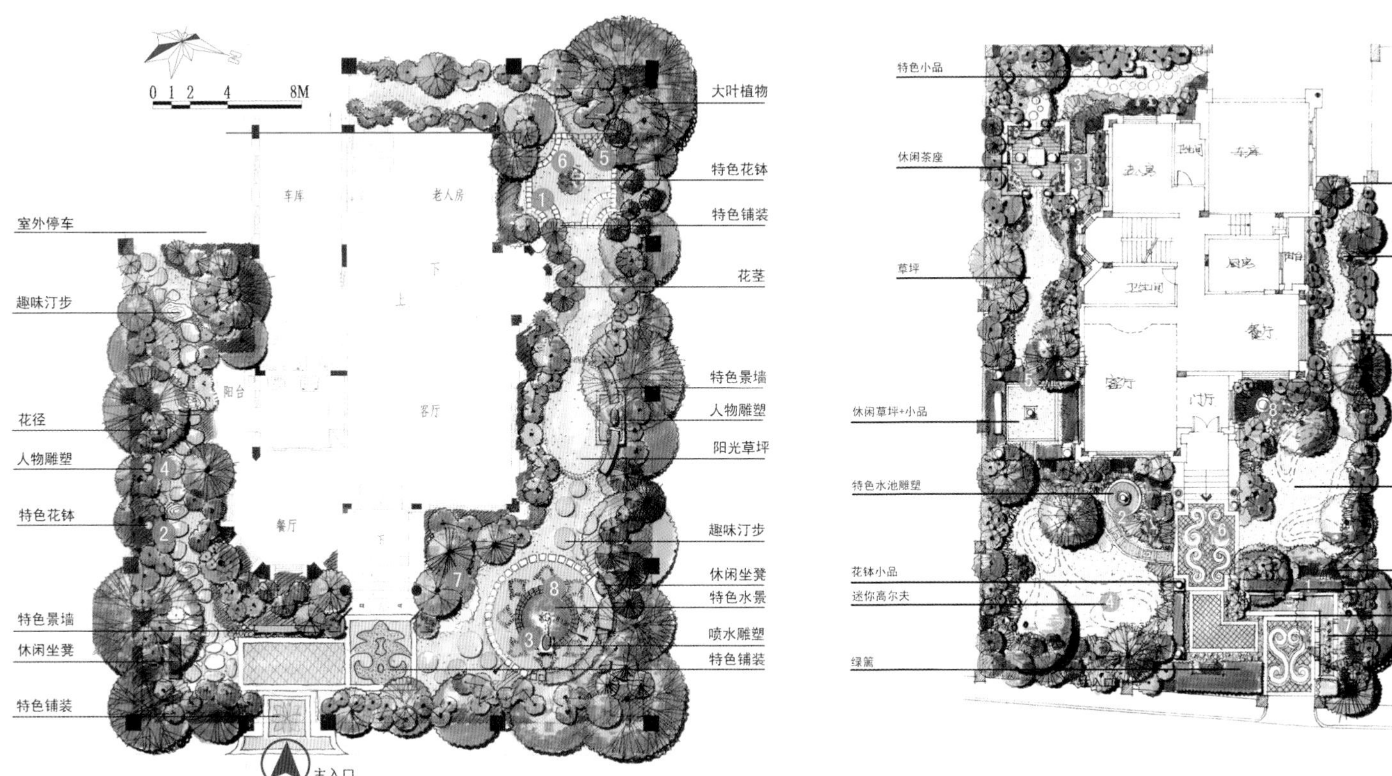
0 1 2 4 8M
大叶植物
特色花钵
室外停车
特色铺装
花茎
趣味汀步
特色景墙
花径
人物雕塑
人物雕塑
阳光草坪
特色花钵
趣味汀步
休闲坐凳
特色水景
特色景墙
喷水雕塑
休闲坐凳
特色铺装
特色铺装
主入口
特色小品
休闲茶座
花园后门
特色小品
草坪
特色小品
休闲草坪+小品
特色水池雕塑
草坪花境
花钵小品
绿篱
迷你高尔夫
流水景观
拼花铺地
特色水景
绿篱

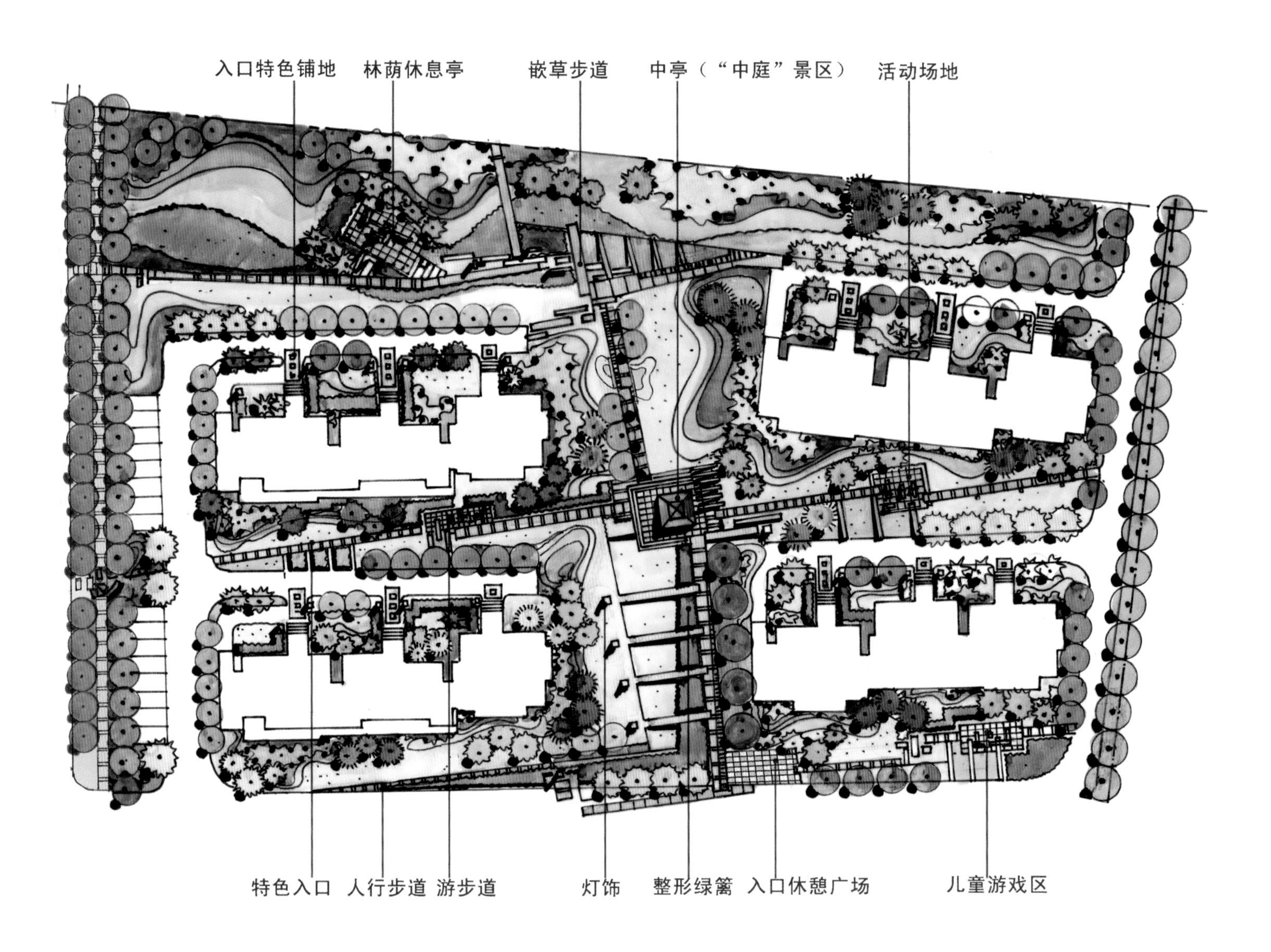
入口特色铺地
林荫休息亭
嵌草步道
中亭（“中庭”景区）
活动场地
特色入口
人行步道
游步道
灯饰
整形绿篱
入口休憩广场
儿童游戏区

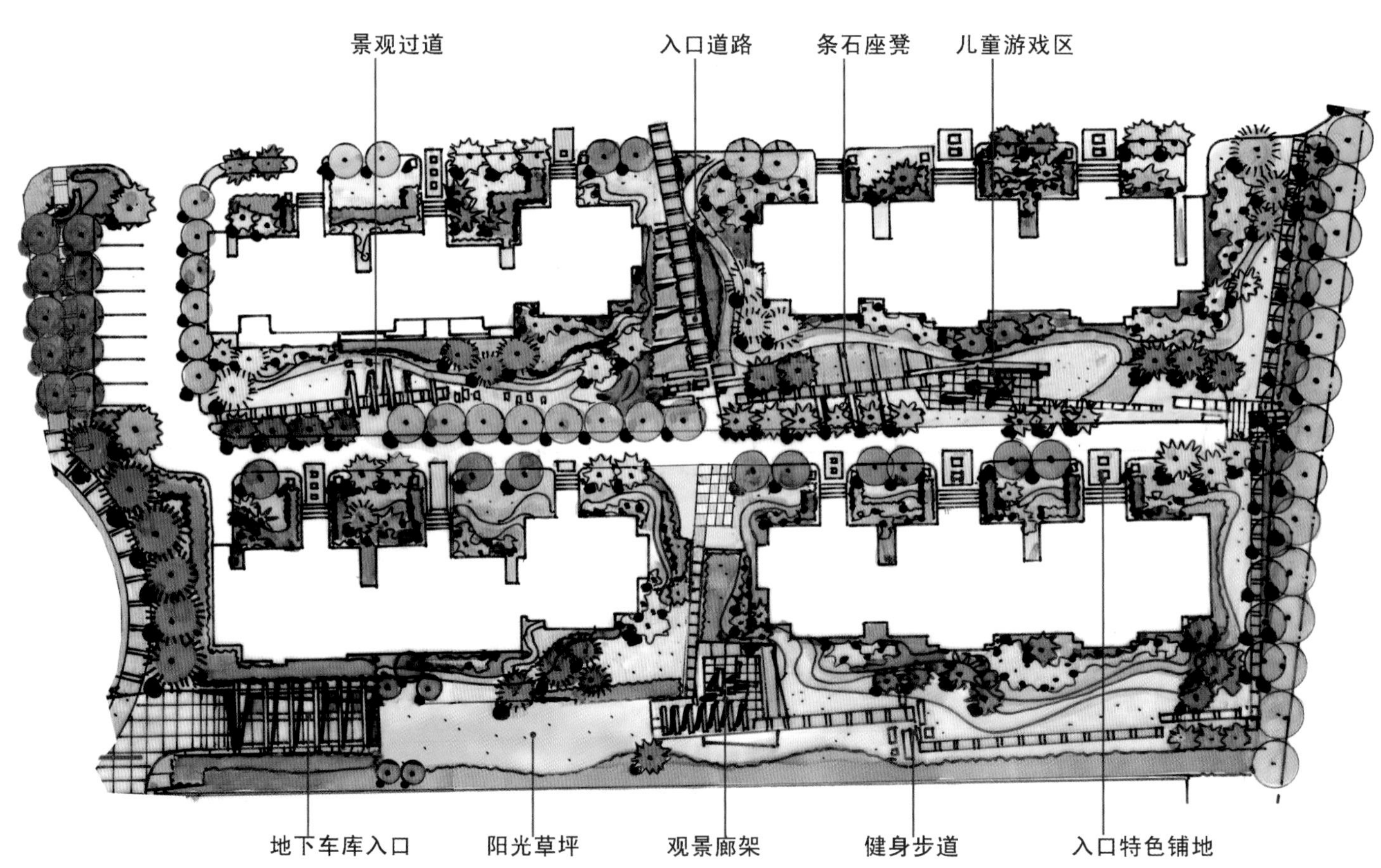
景观过道
入口道路
条石座凳
儿童游戏区
地下车库入口
阳光草坪
观景廊架
健身步道
入口特色铺地

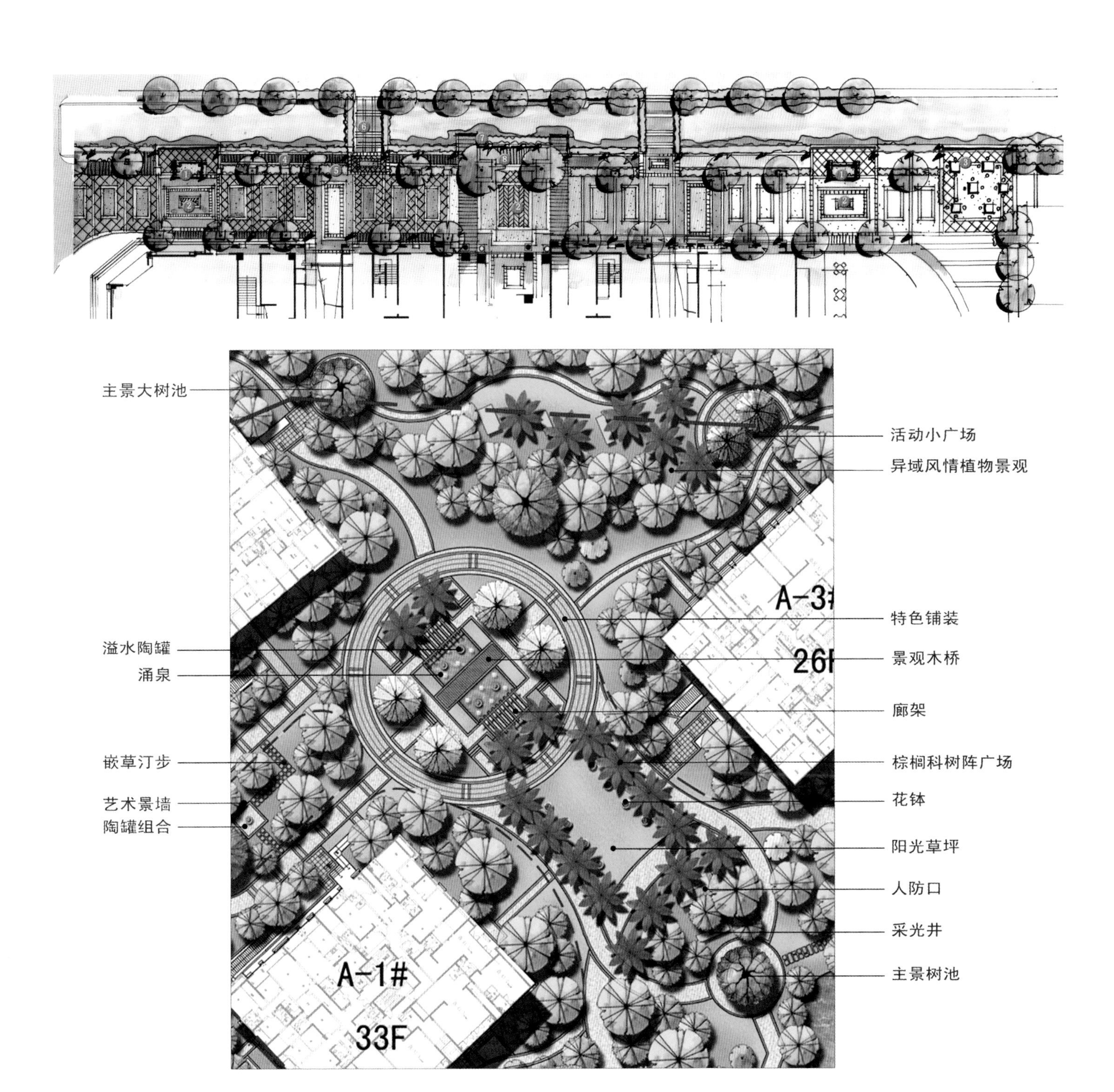

主景大树池
活动小广场
异域风情植物景观
A-3#
26F
特色铺装
溢水陶罐
景观木桥
涌泉
廊架
嵌草汀步
棕榈科树阵广场
艺术景墙
花钵
陶罐组合
阳光草坪
人防口
采光井
主景树池
A-1#
33F

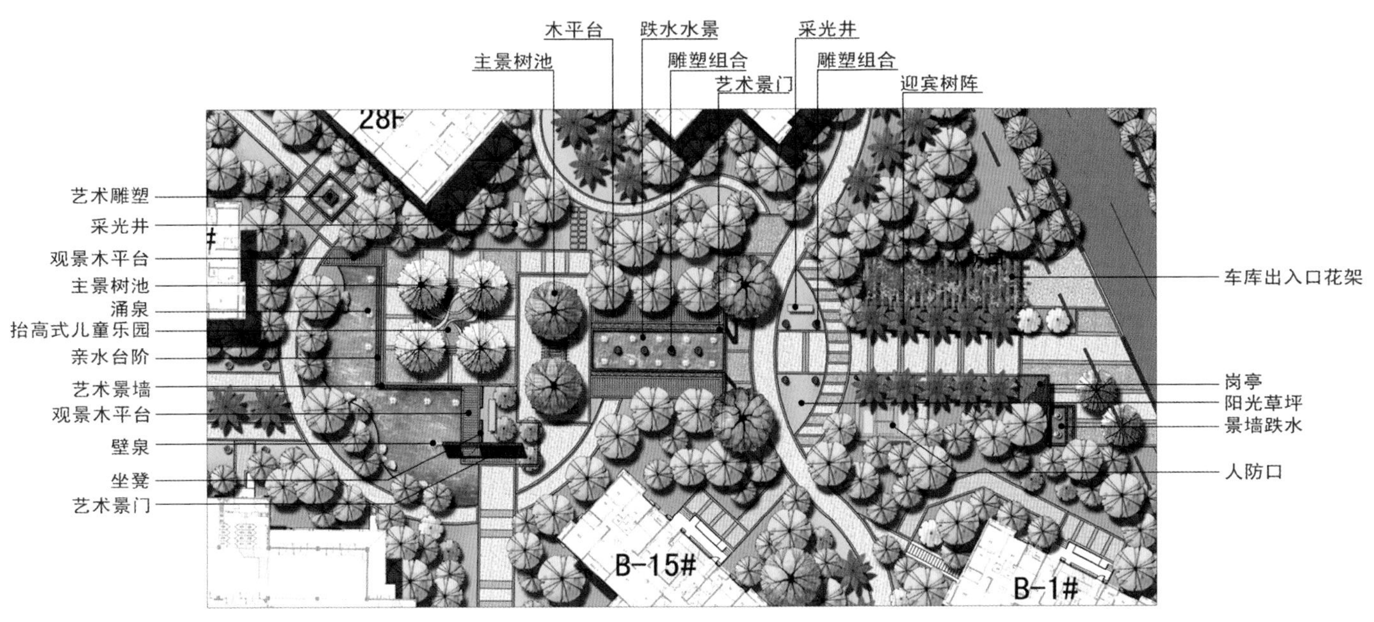

木平台
跌水水景
采光井
主景树池
雕塑组合
雕塑组合
艺术景门
迎宾树阵
28F
艺术雕塑
采光井
观景木平台
主景树池
涌泉
抬高式儿童乐园
亲水台阶
艺术景墙
观景木平台
壁泉
坐凳
艺术景门
车库出入口花架
岗亭
阳光草坪
景墙跌水
人防口
B-15#
B-1#

PART OF LANDSCAPE
REST PAVILION
VIEW DECK
STEPS
PLANTING
DECK
STEPS/BOARDWALK
LOWER DECK
ROAD
PLANTING
NEO CLASSIC STYLE REST/VIEW PAVILION
TIMBER DECK
STAIR TO SUMMER GARDEN
OUTDOOR UMBRELLA TABLE/CHAIR
FEATURE POLE LIGHT
REINFORCED CONC. STAIR IN PLANTED GRANITE FINISH
EXISTING & PROPOSED LANDSCAPE TREES & PLANTING
DECORATIVE PLANTING POT ON R.C PLINTH
DECORATIVE PLANTING POT ON R.C PLINTH
MULTI LEVEL BOARDWALK PAINTED FINISH
FEATURE COLUMN WITH PLANTING & FLORAL CARVING
R.C STRUCTURE TO ENGR'S DET.
COMPACTED SUB-GRADE
PLANTING SOIL AS SPECIFIED
PERFORATED PIPE (DRAIN)
SECTION (SPRING PARK)
小区出入口
3号桥（L=8m）桥梁底标高+4.200
鼎
金
鼎
跳蚤市场
双子广场
朝阳亭
儿童戏水沙滩
贡多拉码头
生态停车场
生态停车场
Posiedon海神瀑布
垂钓区
景观雕塑
绿色迷宫
夕照亭
靖边路
北
双子广场
跳蚤市场
游船码头
特色河畔购物廊
景观桥
景观桥
亲水平台
喷水雕塑
玲珑水亭
绿野仙踪
生态停车场
博爱立交桥
地下车库
二栋 公建
地下车库出入口
九栋
街铺
配电房
十栋
八栋
七栋
六栋
24F

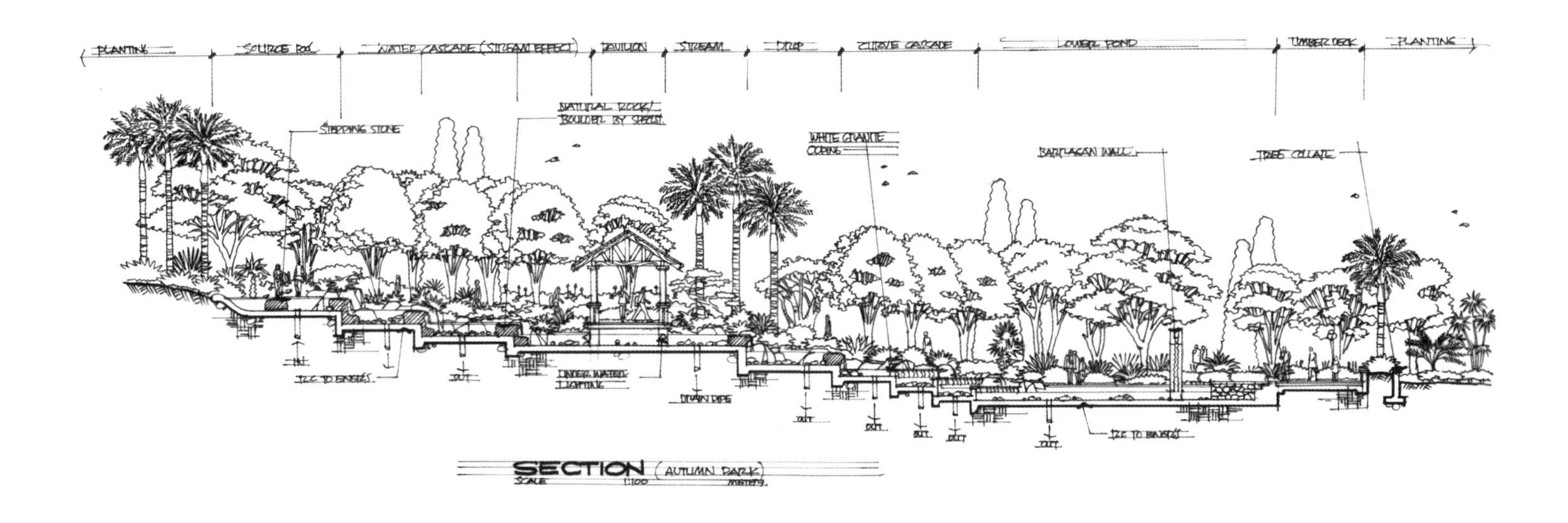
PLANTING
SOURCE POOL
WATER CASCADE (STREAM EFFECT)
PAVILION
STREAM
DROP
CURVE CASCADE
LOWER POND
TIMBER DECK
PLANTING
STEPPING STONE
NATURAL ROCK/ BOULDER BY SPECS
WHITE GRANITE COPING
BARBACAN WALL
TREE GRATE
UNDER WATER LIGHTING
DRAIN PIPE
SECTION (AUTUMN PARK)

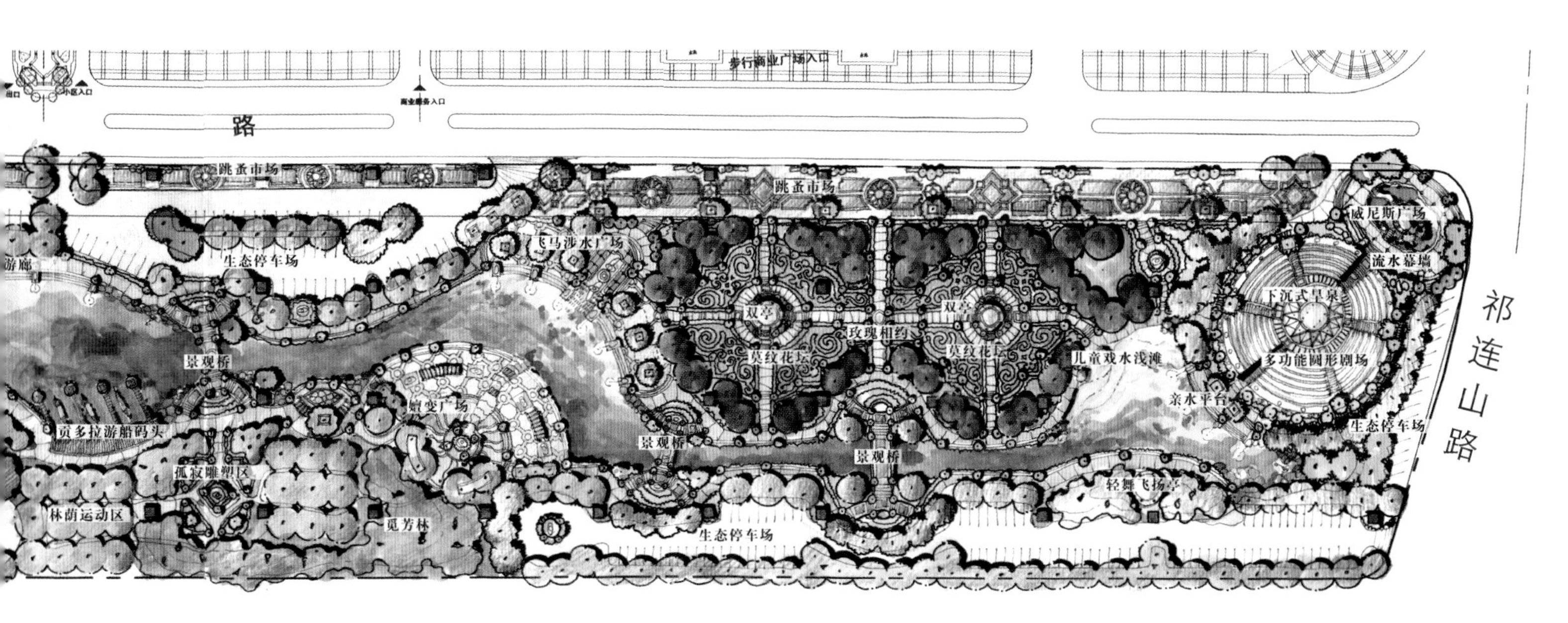
步行商业广场入口
路
跳蚤市场
跳蚤市场
威尼斯广场
流水幕墙
生态停车场
飞马涉水广场
下沉式旱泉
景观桥
玫瑰相约
莫纹花坛
莫纹花坛
儿童戏水浅滩
多功能圆形剧场
亲水平台
贡多拉游船码头
孤寂雕塑区
景观桥
景观桥
林荫运动区
觅芳林
生态停车场
轻舞飞扬
生态停车场
祁连山路

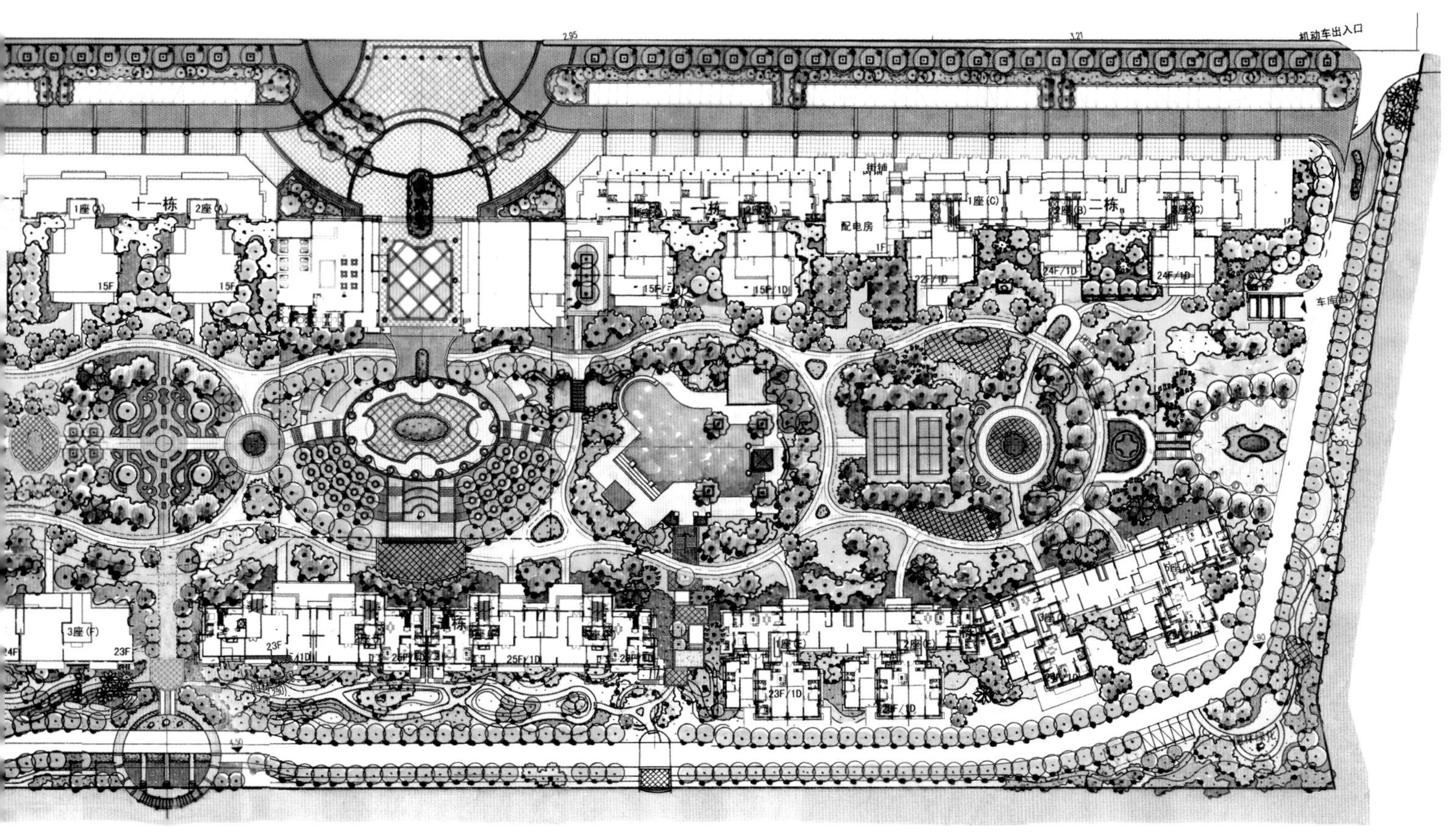
机动车出入口
十一栋
一栋
二栋
配电房
15F
15F
24F/1D
24F/1D
23F
23F/1D

图书在版编目（CIP）数据

手绘景观：细部设计手册 / 葛学朋 主编 . – 武汉 : 华中科技大学出版社 , 2013.9

ISBN 978-7-5609-9393-5

Ⅰ . ①手… Ⅱ . ①葛… Ⅲ . ①景观设计 – 细部设计 – 绘画技法 – 手册 Ⅳ . ① TU986.2-62

中国版本图书馆 CIP 数据核字 (2013) 第 233856 号

手绘景观：细部设计手册　　葛学朋 主编

出版发行：华中科技大学出版社（中国・武汉）
地　　址：武汉市武昌珞喻路1037号（邮编：430074）
出 版 人：阮海洪

责任编辑：熊纯　　责任监印：张贵君
责任校对：王莎莎　　装帧设计：筑美空间

印　　刷：深圳当纳利印刷有限公司
开　　本：965 mm × 1270 mm　1/16
印　　张：20
字　　数：160千字
版　　次：2014年4月第1版 第1次印刷
定　　价：328.00元（USD 65.99）

投稿热线 :（020）36218949　　duanyy@hustp.com
本书若有印装质量问题，请向出版社营销中心调换
全国免费服务热线：400-6679-118 竭诚为您服务